Technische Physik

in Einzeldarstellungen

Herausgegeben von W. Meissner

7

Grundlagen der Höchstfrequenztechnik

Von

Dr.-Ing. F. W. Gundlach

Professor an der Technischen Hochschule Darmstadt
Direktor des Instituts für Fernmeldetechnische Geräte und Anlagen

Mit 189 Abbildungen

Springer-Verlag / Berlin · Göttingen · Heidelberg
J. F. Bergmann / München
1950

Vorwort.

Die Bedeutung der Höchstfrequenztechnik für die elektrische Nachrichtentechnik und für viele physikalische und technische Forschungsgebiete ist heute allgemein bekannt. Daß es in Deutschland an zusammenfassenden Werken über dies Gebiet bisher gefehlt hat, dürfte auf den Krieg und seine Folgen zurückzuführen sein. Im Ausland, insbesondere in USA, ist in der Zwischenzeit eine größere Reihe von Büchern erschienen; eigentümlicherweise behandeln diese, soweit es sich um wissenschaftlich gründliche Werke handelt, niemals das Gesamtgebiet der Höchstfrequenztechnik, sondern immer nur gewisse Teilgebiete.

Es soll die Aufgabe des vorliegenden Buches sein, alle wesentlichen Fragen der Höchstfrequenztechnik mit der gleichen Gründlichkeit zu behandeln. Der Titel „Grundlagen der Höchstfrequenztechnik" ist nicht so zu verstehen, daß das Buch eine erste Einführung darstellt; vielmehr sind die Tatsachen, die von grundlegender Wichtigkeit sind, in eingehender und einheitlicher Darstellungsweise zusammengefaßt. Alle wesentlichen Zusammenhänge werden von den physikalischen Grundlagen her (insbesondere von der Elektronentheorie und der Maxwellschen Feldtheorie) hergeleitet; hierdurch erhält der Leser eine Anleitung, ähnliche Probleme selbständig zu bearbeiten. Gewisse Anforderungen an die mathematischen Vorkenntnisse des Lesers waren dabei unerläßlich; schwierigere Ableitungen sind jedoch mit einer gewissen Ausführlichkeit behandelt, und weniger bekannte Funktionen sind graphisch dargestellt.

Bei den Geräten der Höchstfrequenztechnik besteht zwischen den Bauelementen: Röhre, Schaltung und Strahler ein wesentlich engerer Zusammenhang als in der Technik niedrigerer Frequenzen. Beispielsweise ist der Schwingkreis in sehr vielen Fällen mit der Röhre unmittelbar baulich vereinigt oder doch wenigstens durch die Gestaltung der Röhre in seinen konstruktiven Einzelheiten festgelegt; ebenso besteht, insbesondere bei Hohlleitungssystemen, ein enger Zusammenhang zwischen Energieleitung und Strahler. Daraus folgt die Forderung, daß der Höchstfrequenztechniker die Gebiete: Röhre, Schaltung und Strahler in gleicher Weise beherrschen muß. Dies gab den wesentlichen Anlaß zur Zusammenfassung des Stoffes in der vorliegenden Art.

Bei der systematischen Darstellung des Stoffes hätte ein Zitieren von Urhebern, Quellen und ausführlicheren Arbeiten den Text belastet; deshalb werden diese Hinweise in einem besonderen Literaturverzeichnis am Schluß des Buches gegeben; dies Verzeichnis ist mit textlichen Erläuterungen versehen, damit der Leser den Inhalt der zitierten Arbeiten ungefähr erkennt. Eine Reihe der im Buch wiedergegebenen Ableitungen habe ich selbst erarbeitet; sie sind zum Teil an anderen Stellen noch nicht veröffentlicht.

Die Ereignisse des Krieges haben die Fertigstellung des Buches stark verzögert. Die erste Fassung des Manuskriptes hatte ich bereits im Jahre 1941 fertiggestellt; zweimal wurde der fertige, bereits umbrochene Satz durch Kriegsschäden in den Druckereien vollkommen vernichtet, ohne daß die Auflage ausgedruckt werden konnte. Der Zusammenbruch verzögerte die Wiederaufnahme der Herstellungsarbeiten erheblich. Die inzwischen nach Deutschland gekommene ausländische Literatur ließ eine wesentliche Umarbeitung des Manuskripts, das ich nur in einem einzigen Exemplar retten konnte, ratsam erscheinen. So kam es zu einer Neubearbeitung, leider ohne daß die erste Fassung der nutzbringenden Kritik einer breiteren Öffentlichkeit ausgesetzt gewesen wäre.

Dem Springer-Verlage danke ich für sein unermüdliches Ausharren bei der durch so viele Fehlschläge gehemmten Herstellung des Buches, ferner für sein verständnisvolles Eingehen auf meine Änderungswünsche, insbesondere bei der Umarbeitung. — In der langen Zeit, in der ich mich nun mit der Fertigstellung des Buches beschäftigt habe, konnte ich mit vielen Fachkollegen anregende Diskussionen führen, die der Darstellung zugute gekommen sind; diesen Herren im einzelnen zu danken, ist mir leider nicht möglich, da alle meine älteren Unterlagen durch Kriegsschäden vernichtet sind und da ich die näheren Einzelheiten vielfach nicht mehr genau im Gedächtnis habe. Bei der kritischen Durchsicht der letzten Korrekturen halfen mir die Herren Dr.-Ing. H. Döring und Dipl.-Ing. F. Gross und gaben mir eine Reihe willkommener Anregungen; ihnen möchte ich an dieser Stelle herzlichst danken.

Darmstadt, im Juli 1950.

F. W. Gundlach.

Inhaltsverzeichnis.

C. Die elementaren Wellen auf Doppelleitungen.

D. Die Wellen in Hohlleitungen.

E. Kugelwellen.

F. Vierpoltheorie.

G. Literaturverzeichnis.

Die Höchstfrequenztechnik und ihre Wesensunterschiede gegenüber der Hochfrequenztechnik.

Nach dem DIN-Einheitsblatt 40015 umfaßt die „Höchstfrequenztechnik" das Frequenzgebiet über 300 MHz, also das Gebiet der Dezimeter-, Zentimeter- und Millimeterwellen. Dies Frequenzgebiet weist gegen die niedrigeren Frequenzen derart viele abweichenden Eigenschaften auf, daß die Schaffung eines besonderen Namens und die gesonderte Behandlung seiner theoretischen Grundlagen gerechtfertigt ist.

Wenn man bei Sendern und Empfängern die Frequenz über die in der Hochfrequenztechnik üblichen Grenzen zu steigern sucht, so machen sich folgende Erscheinungen bemerkbar:

A. Bei den Elektronenströmungen. Die Elektronenströmungen arbeiten nicht mehr „trägheitslos". Das bedeutet, daß die Flugzeit eines Elektrons von der Kathode zur Anode nicht mehr verschwindend klein ist gegen die Periodendauer der Wechselspannung; das Elektron kann für seinen Flug einen beträchtlichen Teil der Periodendauer, unter Umständen sogar eine oder mehrere Perioden benötigen. Hierdurch ändern sich die aus der Technik niedrigerer Frequenzen bekannten Eigenschaften der Elektronenströmungen recht erheblich; es zeigen sich neue Effekte („Laufzeiterscheinungen"), deren Ausnutzung in der Höchstfrequenztechnik zu neuen Röhrenformen führt.

B. Bei den Energieverlusten in den Werkstoffen. In leitenden Werkstoffen ist bei hohen Frequenzen die Stromdichte an der Leiteroberfläche besonders groß und klingt nach der Tiefe hin schnell ab. Diese als „Hauteffekt" bezeichnete Erscheinung steigert sich mit höherer Frequenz immer mehr; im Gebiete der Höchstfrequenz werden nur noch Oberflächenschichten von einigen tausendsteln Millimetern Dicke wirksam durchströmt; die hierdurch bedingte Erhöhung der Stromleitungsverluste muß in den meisten Fällen durch Vergrößerung der leitenden Oberflächen ausgeglichen werden. — Bei den isolierenden Werkstoffen wachsen die dielektrischen Verluste mit steigender Frequenz an, wie auch schon aus der Technik niedrigerer Frequenzen bekannt ist. Die Verwendung von Isolierstoffen erfordert deshalb in der Höchstfrequenztechnik besondere Vorsicht.

C. Bei den Hochfrequenzleitungen. Leitungen zum Fortleiten hochfrequenter Energie haben in der Höchstfrequenztechnik fast immer eine Länge, die der Wellenlänge gleichkommt oder sie (unter Umständen sogar erheblich) übertrifft; es bildet sich deshalb längs der Leitung eine nichtstationäre Strom- und Spannungsverteilung aus, die meist die Form von stehenden Wellen hat. In vielen Fällen sind auch die Querschnittsabmessungen nicht mehr klein gegen die Wellenlänge; dann können sich auch über den Querschnitt, also senkrecht zur Energiefortpflanzungsrichtung, stehende Wellen ausbilden; derartige Wellenformen ermöglichen es, in der Höchstfrequenztechnik elektromagnetische Wellen durch hohle Rohrleitungen ohne Mittelleiter fortzuleiten („Hohlleitungen").

D. Bei den Schaltelementen. Schaltelemente (z. B. Schwingungskreise) sind in der Höchstfrequenztechnik in ihren räumlichen Abmessungen meist vergleichbar mit der Größe der Wellenlänge oder wenigstens der Viertelwellenlänge. Es bilden sich deshalb auch hier stehende Wellen aus, deren Eigenschaften man zum Bau von Resonatoren und Transformatoren vorteilhaft ausnutzen kann.

E. Bei den Strahlern. Wegen der Kürze der Wellenlängen bereitet es in der Höchstfrequenztechnik keine Schwierigkeiten, Strahler (Antennen) zu bauen, deren Abmessungen ein Mehrfaches der Wellenlänge betragen. Hierdurch läßt sich eine Bündelung der abgestrahlten Wellen erreichen, die in der Technik niedrigerer Frequenzen nicht möglich ist. Die Höchstfrequenztechnik besitzt außer den üblichen Drahtantennen noch eine weitere Strahlerform durch die Möglichkeit, offene Hohlleitungen oder Trichter als Strahler zu verwenden, wenn die Kantenlängen der Öffnungsfläche in die Größenordnung einer oder mehrerer Wellenlängen kommen. — Anderseits besteht infolge der kleinen Wellenlänge die Gefahr, daß die in den Schaltungen verwendeten Leitungsstücke in unerwünschter Weise Energie abstrahlen und dadurch zusätzliche Energieverluste hervorrufen; solche Leitungsstücke müssen besonders geschirmt werden oder eine solche Formgebung erhalten, daß die Störstrahlung von vornherein ausgeschlossen ist („Hohlraumresonatoren").

Die aufgezählten wesentlichen Kennzeichen der Höchstfrequenztechnik sind in Wellenlängengebieten von wenigen Metern bis hinunter zu wenigen Zentimetern, unter Umständen auch Millimetern vorhanden. Die in diesen Wellenlängengebieten auftretenden Frequenzen sind in Hunderten von Megahertz ($1 \text{ MHz} = 10^6 \text{ Hz}$) oder in Gigahertz ($1 \text{ GHz} = 10^9 \text{ Hz}$) zu messen.

Die Behandlung der Grundlagen der Höchstfrequenztechnik, die sich das vorliegende Buch zur Aufgabe stellt, soll die aufgezählten kennzeichnenden Eigenschaften im einzelnen quantitativ untersuchen und ihre Nutzbarmachung für technische Zwecke darstellen. Die Gliederung des Stoffes in einzelne Abschnitte entspricht inhaltlich ungefähr der obigen kurzen Aufzählung.

A. Elektronenströmungen.

I. Allgemeine Grundlagen.

1. Elektronen in beliebig gestalteten elektrischen Feldern.

a) Ladung und Masse des Elektrons.

Sämtliche Röhren der Höchstfrequenztechnik sind Hochvakuumröhren; die im Entladungsraum sich bewegenden Ladungsträger sind ausschließlich Elektronen. Ein Elektron besitzt eine negative Ladung von dem Betrage

$$e = 1{,}59 \cdot 10^{-19} \, \text{Cb} \; *$$

(e ist also nach dieser Festsetzung stets eine positive Zahl) und eine Masse von der Größe

$$m = 9{,}04 \cdot 10^{-28} \, \text{g}$$

(die relativistische Massenkorrektur kann vernachlässigt werden, da die auftretenden Elektronengeschwindigkeiten stets klein gegen die Lichtgeschwindigkeit sind; ebenso brauchen die Welleneigenschaften des Elektrons nicht berücksichtigt zu werden). Die Maßeinheit Gramm [g] muß in elektrischen Einheiten ausgedrückt werden, wozu folgende Kette von Beziehungen dient:

$1 \, \text{g} = 1 \, \text{dyn} \cdot \text{s}^2/\text{cm}; \quad 1 \, \text{dyn} = 1 \, \text{erg}/\text{cm}; \quad 1 \, \text{erg} = 10^{-7} \, \text{V} \cdot \text{A} \cdot \text{s}; \quad$ also $1 \, \text{g} = 10^{-7} \, \text{V} \cdot \text{A} \cdot \text{s}^3/\text{cm}^2.$

In sämtlichen später zu behandelnden Gleichungen taucht immer nur das Verhältnis von Ladung zu Masse auf:

$$\frac{e}{m} = 1{,}76 \cdot 10^{15} \, \frac{\text{cm}^2}{\text{Vs}^2} \, . \tag{1}$$

Die Elektronen bewegen sich infolge ihrer negativen Ladung stets in Richtung auf einen positiven Pol; da man in der Elektrotechnik die Stromrichtung vom positiven Pol zum negativen Pol als die positive Stromrichtung zu bezeichnen pflegt, ist also die Elektronenbewegung der positiven Stromrichtung entgegengesetzt.

b) Kräfte am Elektron, Bewegungsgleichungen.

Befindet sich ein einzelnes Elektron in einem elektrischen und einem magnetischen Feld, so werden von den Feldern Kräfte ausgeübt, wie

---

* Bezüglich sämtlicher Formelzeichen ist auf die Übersicht auf S. 484 zu verweisen

1*

Abb. 1a näher veranschaulicht. In der gezeichneten Ebene befindet sich ein mit $-e$ bezeichnetes Elektron, dessen augenblickliche Geschwindigkeit, dargestellt durch den Vektor $\mathfrak{v}$, in der waagerechten Ebene verlaufen möge; der durch die Elektronenbewegung erzeugte Strom hat dann die entgegengesetzte Richtung. Auf das Elektron wirke ein elektrisches Feld $\mathfrak{e}$ und ein Magnetfeld mit der Induktion $\mathfrak{b}$, das ebenfalls in der gezeichneten Ebene liegen und mit $\mathfrak{v}$ den Winkel ζ bilden soll. Das elektrische Feld $\mathfrak{e}$ übt auf das Elektron eine Kraft $\mathfrak{p}_e$ aus, die der Ladung e und dem Betrag der Feldstärke $\mathfrak{e}$ proportional ist, aber die entgegengesetzte Richtung wie $\mathfrak{e}$ hat, weil definitionsgemäß die positive Feldstärkenrichtung vom Pluspol zum Minuspol, also der Kraftwirkung auf das Elektron entgegengesetzt läuft. Also gilt in vektorieller Schreibweise:

$$\mathfrak{p}_e = -e\,\mathfrak{e}.$$

Das magnetische Feld $\mathfrak{b}$ übt auf das Elektron die Kraft $\mathfrak{p}_\mathfrak{b}$ aus; sie steht auf der durch die Geschwindigkeit $\mathfrak{v}$ und die magnetische Induktion $\mathfrak{b}$ gebildeten Ebene senkrecht, ihr Betrag ist proportional den Beträgen von $\mathfrak{b}$ und $\mathfrak{v}$,

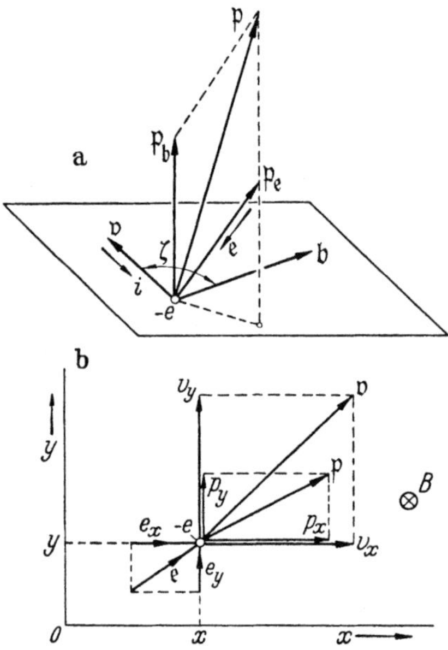

Abb. 1a u. b. a Vektorbild für die Kräfte am freien Elektron im Raum. b Schema für die positiven Richtungen der Feldstärke-, Geschwindigkeits- und Kraftkomponenten in der Ebene.

der Ladung e und dem Sinus des zwischen $\mathfrak{b}$ und $\mathfrak{v}$ eingeschlossenen Winkels ζ. Also gilt:

$$|\mathfrak{p}_\mathfrak{b}| = e\,|\mathfrak{b}|\,|\mathfrak{v}|\sin\zeta,$$

oder in der Darstellung durch ein Vektorprodukt:

$$\mathfrak{p}_\mathfrak{b} = e\,[\mathfrak{b}\,\mathfrak{v}] = -e\,[\mathfrak{v}\,\mathfrak{b}].$$

Anschaulich wird diese Beziehung, wenn man sich vergegenwärtigt, daß eine mit der Geschwindigkeit $\mathfrak{v}$ bewegte Ladung $-e$ und ein vom Strome i durchflossenes Drahtstück der Länge $\mathfrak{l}$ physikalisch äquivalent sind, sofern der Zusammenhang besteht:

$$i\,\mathfrak{l} = -e\,\mathfrak{v};$$

auf ein solches Drahtstück wird nach dem Gesetz von Biot-Savart daher auch die gleiche Kraft ausgeübt wie auf das bewegte Elektron. Infolge der Beschleunigung durch die Kraft $\mathfrak{p}_\mathfrak{b}$ erhält das Elektron eine Zusatzgeschwindigkeit, die aus der gezeichneten Ebene senkrecht nach oben heraustritt; die sich dadurch ergebende Bahnablenkung ist immer derart gerichtet, daß das Elektron die magnetischen Induktionslinien (Richtung von $\mathfrak{b}$) im Rechtsschraubensinn zu umkreisen sucht.

Die vektorielle Addition der Kräfte des elektrischen und des magnetischen Feldes ergeben die Gesamtkraft $\mathfrak{p}$, wie aus Abb. 1a folgt; also ist:

$$\mathfrak{p} = \mathfrak{p}_e + \mathfrak{p}_{\mathfrak{b}} = -e\,\mathfrak{e} - e\,[\mathfrak{b}\,\mathfrak{b}]. \tag{2}$$

Ein für die späteren Betrachtungen besonders wichtiger Sonderfall ist der in Abb. 1b dargestellte, bei dem sich die Bewegung des Elektrons nur in einer Ebene (x—y-Ebene) vollzieht, auf der ein homogenes Magnetfeld senkrecht steht. Das Elektron befindet sich an der durch die Koordinaten x und y bestimmten Stelle; seine Geschwindigkeit ist $\mathfrak{b}$ mit den Komponenten v_x und v_y. Auf das Elektron wirkt die elektrische Feldstärke $\mathfrak{e}$ mit den Komponenten e_x und e_y und die magnetische Induktion B, die überall auf der Zeichenebene senkrecht steht (vom Beschauer weg gerichtet) und überall gleich groß ist. Die auf das Elektron ausgeübte Kraft ist dann $\mathfrak{p}$ mit den Komponenten p_x und p_y. Diese beiden Kraftkomponenten erteilen dem Elektron Beschleunigungen von der Größe:

$$\frac{\mathrm{d}^2 y}{\mathrm{d}t^2} = \frac{p_y}{m} \quad \text{und} \quad \frac{\mathrm{d}^2 x}{\mathrm{d}t^2} = \frac{p_x}{m},$$

wobei mit t die Zeit bezeichnet ist. Löst man nun die Gl. (2) in die Komponenten auf, so folgt:

$$\left. \begin{aligned} \frac{\mathrm{d}^2 y}{\mathrm{d}t^2} &= -\frac{e}{m}\,e_y - \frac{e}{m}\,B\,\frac{\mathrm{d}x}{\mathrm{d}t}, \\ \frac{\mathrm{d}^2 x}{\mathrm{d}t^2} &= -\frac{e}{m}\,e_x + \frac{e}{m}\,B\,\frac{\mathrm{d}y}{\mathrm{d}t}. \end{aligned} \right\} \tag{3}$$

Die Geschwindigkeitskomponenten werden ausgedrückt durch die Beziehungen:

$$v_y = \frac{\mathrm{d}y}{\mathrm{d}t} \quad \text{und} \quad v_x = \frac{\mathrm{d}x}{\mathrm{d}t}.$$

Die Gl. (3) stellen die allgemeinen Bewegungsgleichungen für die Elektronenbewegung in einer Ebene dar; wie nach den obigen Ausführungen über die Kraftrichtungen verständlich ist, ist für die Beschleunigung in y-Richtung die elektrische Feldstärke in y-Richtung und die Elektronengeschwindigkeit in x-Richtung verantwortlich, während für die Beschleunigung in x-Richtung die elektrische Feldstärke in x-Richtung und die Geschwindigkeit in y-Richtung maßgebend sind.

c) Elektronenlaufzeit und Laufwinkel.

Wesentlich für die Vorgänge bei Höchstfrequenz ist die Laufzeit, die ein Elektron braucht, um sich von einer Elektrode (z. B. Kathode) zu einer anderen (z. B. Gitter oder Anode) zu bewegen. Diese Laufzeit, die aus den Bewegungsgleichungen für alle wesentlichen Sonderfälle weiter unten errechnet wird, soll mit τ bezeichnet werden. Wichtig ist, wie groß diese Laufzeit des Elektrons im Vergleich zur Periodendauer der vorhandenen Wechselspannung ist. Kennzeichnet man den Verlauf der ganzen Periode durch das Winkelmaß 360° oder das Bogenmaß 2π, so läßt sich im Vergleich hierzu die Laufzeit durch einen „Laufwinkel" α angeben. Bezeichnet man die Frequenz mit f und die Kreisfrequenz mit $\omega = 2\pi f$, so ergibt sich die Dauer der Hochfrequenzperiode zu $T = 1/f$ und der Laufwinkel zu:

$$\alpha = 2\pi\frac{\tau}{T} = \omega\tau. \tag{4}$$

d) Der Influenzstrom des einzelnen Elektrons.

Wenn sich ein Elektron in einem elektrischen Felde bewegt, so tritt infolge der durch das Feld auf das Elektron ausgeübten Kräfte ein Energieaustausch zwischen Feld und Elektron auf. Es entstehen infolge von Influenzwirkung auf den Elektroden, zwischen denen sich das elektrische Feld ausbildet, Ladungen, deren Größe sich bei Bewegung des Elektrons ändert. Dies hat einen Strom im Außenkreis zur Folge, der als Influenzstrom bezeichnet wird; es ist dabei keineswegs erforderlich, daß das Elektron eine von den Elektroden trifft.

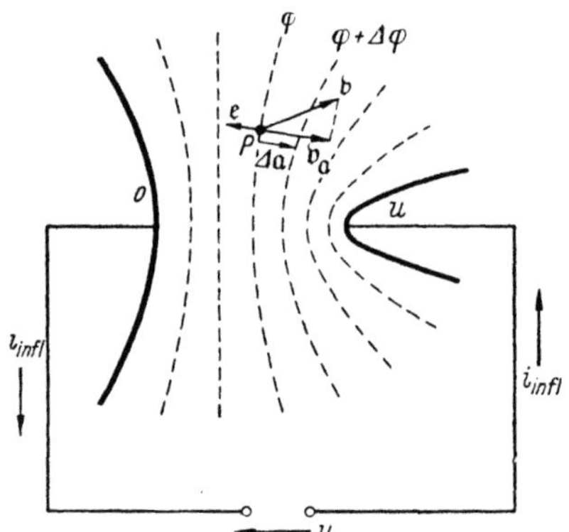

Abb. 2. Die Entstehung des Influenzstromes bei der Bewegung eines einzelnen Elektrons.

Zur zahlenmäßigen Bestimmung des Influenzstromes diene Abb. 2. Zwei (stark gezeichnete) Elektroden sind mit einer Spannungswelle u verbunden, wodurch die linke Elektrode das Potential Null und die rechte das Potential u erhalten möge. Zwischen den beiden Elektroden bildet sich dann ein elektrisches Potentialfeld aus, das durch die gestrichelten Potentiallinien φ gekennzeichnet ist. Am Punkte P befinde sich ein Elektron, das eine beliebige Geschwindigkeit $\mathfrak{v}$ haben soll; weitere Ladungen sollen zwischen den Elektroden nicht vorhanden sein. Die am Punkte P herrschende elektrische Feldstärke ist e; sie steht auf der Potentiallinie φ senkrecht und ist nach der negativen Elektrode hin gerichtet; ihre Größe ergibt sich aus dem Potentialunterschied $\Delta\varphi$ gegen die nächstfolgende Potentiallinie $\varphi + \Delta\varphi$, geteilt durch das Wegelement Δa in der zu den Potentiallinien senkrechten Richtung; es gilt also:

$$|e| = \frac{\Delta\varphi}{\Delta a} \quad \text{oder durch Grenzübergang:} \quad |e| = \frac{d\varphi}{da}.$$

Die vom elektrischen Feld auf das Elektron ausgeübte Kraft ist:

$$p = e\,|\mathfrak{e}| = e\,\frac{\mathrm{d}\varphi}{\mathrm{d}a}.$$

Bezeichnet man die in Richtung des Wegelementes $\varDelta a$ fallende Komponente der Geschwindigkeit $\mathfrak{v}$ mit $v_a = \dfrac{\mathrm{d}a}{\mathrm{d}t}$, so ergibt sich aus dem Produkt von p und v_a die dem Elektron zugeführte Leistung:

$$N = p\,v_a = e\,\frac{\mathrm{d}\varphi}{\mathrm{d}a}\frac{\mathrm{d}a}{\mathrm{d}t} = e\,\frac{\mathrm{d}\varphi}{\mathrm{d}t}.$$

Diese dem Elektron zugeführte Leistung kann nur von der Betriebsspannungsquelle u geliefert werden; es muß deshalb in den äußeren Zuleitungen ein Influenzstrom i_{infl} auftreten, der der Bedingung

$$N = u\,i_{infl}$$

genügt; somit ergibt sich für den Influenzstrom:

$$i_{infl} = e\,\frac{\mathrm{d}(\varphi/u)}{\mathrm{d}t}. \tag{5}$$

Der Influenzstrom ist also proportional der Ladung e des Elektrons und der Schnelligkeit $\dfrac{\mathrm{d}(\varphi/u)}{\mathrm{d}t}$, mit der das Elektron die Potentiallinien schneidet. Dies Gesetz gilt für vollkommen beliebige Elektronenbahnen und für beliebige zeitliche Veränderungen der Spannung u. (Hierzu ist jedoch einschränkend zu bemerken, daß die zeitlichen Veränderungen nicht so schnell werden dürfen, daß das Feld zwischen den Elektroden nicht mehr durch ein Potentialfeld darstellbar ist; dies tritt dann ein, wenn die Abmessungen des Raumes zwischen den Elektroden nicht mehr klein gegen eine Viertelwellenlänge der Höchstfrequenz sind.) Die Richtung des Influenzstromes ist derart, daß er die Spannungsquelle belastet, wenn das Elektron in Richtung auf die positive Elektrode fliegt.

Die Betrachtung des Influenzstromes ist für die Höchstfrequenztechnik wesentlich; bei niedrigeren Frequenzen genügt es wegen der im Vergleich zur Periodendauer kleinen Laufzeiten, die Größe des Stromes angenähert durch die Zahl der sekundlich auf eine Elektrode auftreffenden Elektronen zu bestimmen.

2. Elektronen in ebenen elektrischen Feldern.

a) Die Darstellung des Bewegungsvorganges.

Bisher war ein einzelnes Elektron betrachtet worden, das sich in einem beliebig gestalteten elektrischen Feld bewegt. Jetzt sollen die Betrachtungen dahin verallgemeinert werden, daß die Wirkung einer Vielzahl von Elektronen untersucht wird, und andererseits dahin eingeschränkt werden, daß ein ebenes elektrisches Feld vorausgesetzt wird. In einem ebenen elektrischen Felde laufen die elektrischen Feldlinien zueinander parallel, die elektrische Feldstärke ist innerhalb jeder senkrecht zu den Feldlinien gelegten Ebene konstant. Sind außerdem, wie vorerst immer vorausgesetzt wird, keine magnetischen Felder vorhanden, so kann auch die Bewegung der Elektronen nur in der Richtung der elektrischen Feldlinien erfolgen. (Einschränkend ist hierbei zu bemerken, daß der durch die Elektronenbewegung entstehende Strom selbst ein Magnetfeld hervorruft, das wiederum auf die Bewegung der Elektronen rückwirkt; es sind aber in allen praktischen Fällen diese Kräfte gegen die Kräfte des elektrischen Feldes derart klein, daß ihr Einfluß auf die Elektronenbewegung vernachlässigt werden kann.)

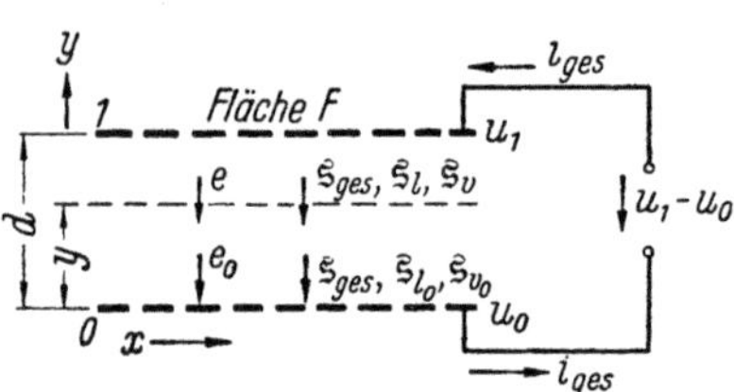

Abb. 3. Schema für die Elektronenströmung zwischen zwei ebenen Flächen ($u_1 > u_0$).

Nach Abb. 3 sei eine ebene Elektronenstömung zwischen den ebenen Flächen 0 und 1 vorhanden, deren Flächeninhalt F sein soll. Die Flächen können als sehr feine Gitter ausgebildet sein, um gegebenenfalls den Elektronen den Durchtritt zu gestatten; die Verzerrungen, die das elektrische Feld in der näheren Umgebung der Gitterstäbe naturgemäß haben muß, sollen hinsichtlich ihrer Wirkung auf die Elektronenbewegung vernachlässigt werden. Die Lage der Elektronen im Feld werde durch die Koordinaten x und y beschrieben; y ist der Abstand von der Fläche 0, die Richtung zur Fläche 1 sei die positive y-Richtung. Der Abstand zwischen den beiden Flächen ist d. Die Fläche 0 soll von außen das Potential u_0, die Fläche 1 das Potential u_1 erhalten ($u_1 > u_0$), die Potentialdifferenz zwischen beiden Flächen ist also $u_1 - u_0$. Die elektrische Feldstärke, die an einer beliebigen Stelle y die Größe e und an der Fläche 0 die Größe e_0 haben soll, läuft der y-Richtung entgegen; setzt man $|e| = - e_y = e$, so gehen die Bewegungsgleichungen (3) auf S. 5 in folgende einfache Form über:

$$\left.\begin{aligned} \frac{d^2 y}{d t^2} &= \frac{e_{el}}{m}\, e\,{}^*, \\ \frac{d^2 x}{d t^2} &= 0. \end{aligned}\right\} \tag{6}$$

Die Lösung dieser Gleichungen kann verhältnismäßig verwickelt sein, weil die elektrische Feldstärke e in mannigfacher Weise von der Zeit t und vom Orte y abhängen kann; die Ortsabhängigkeit der Feldstärke wird dabei durch die Raumladung der Elektronen verursacht, wie später gezeigt wird; nur im elektronenfreien Raum ist e vom Ort unabhängig, das Feld ist homogen. Unter allen Umständen kann die Lösung der

---

* Wenn Elektronenladung und elektrische Feldstärke in *einer* Gleichung auftreten, wird die Elektronenladung mit e_{el} bezeichnet.

Gl. (6) in folgender Form geschrieben werden:

$$y = y(t, t_0) \quad \text{und} \quad x = \text{konst.},$$

wobei t_0 die Startzeit darstellt, zu der das Elektron die Fläche 0 verlassen hat. Für die Gesamtheit aller zu verschiedenen Zeiten von der Elektrode 0 gestarteten Elektronen kann man sich ein Bewegungs-

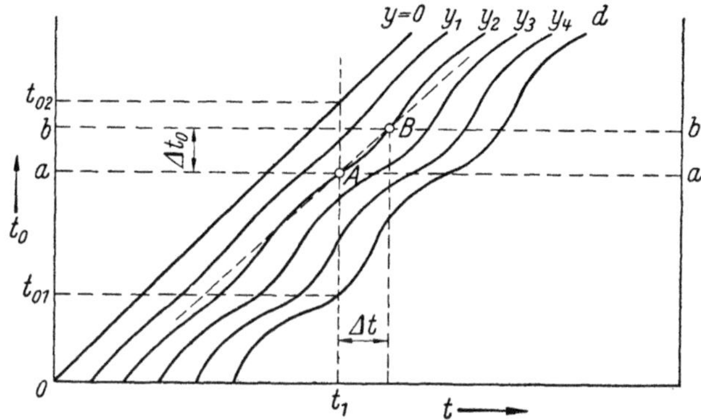

Abb. 4. Bewegungsschaubild bei schwachem Wechselfeld: Bewegung y in Abhängigkeit von der Zeit t und der Startzeit t_0.

schaubild entwerfen, wie es für zwei beliebig gewählte Beispiele in den Abb. 4 und 5 dargestellt ist. Es ist hier die Lage y der Elektronen als Parameter, die laufende Zeit t als Abszisse, die Startzeit t_0 als Ordinate

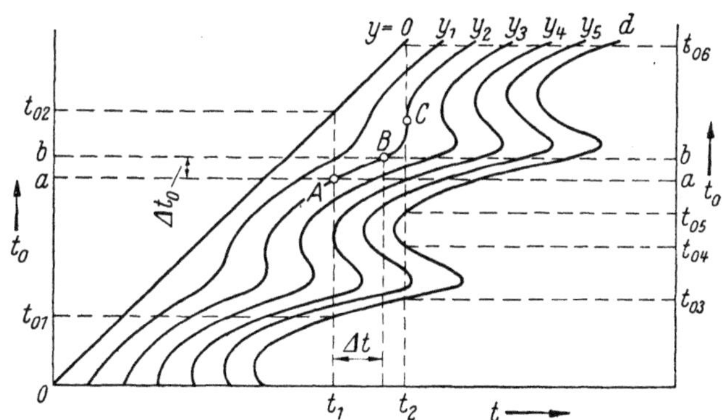

Abb. 5. Bewegungsschaubild bei starkem Wechselfeld.

gewählt; die Darstellung ist als ein Gebirge mit den Höhenlinien $0, y_1, y_2, \ldots, d$ zu betrachten; die Höhenlinien können sich niemals schneiden, weil ein zu einer bestimmten Zeit t_0 gestartetes Elektron in einem bestimmten Augenblick t nur an einer einzigen Stelle y sein kann. Legt man durch das Gebirge einen Schnitt in Richtung der Linie a—a oder b—b senkrecht zur Zeichenebene, so zeigt die Schnittkurve den zeitlichen Bewegungsverlauf eines einzigen, zu einer bestimmten Zeit t_0

gestarteten Elektrons. Legt man dagegen einen Schnitt parallel zur t_0-Achse, etwa an der Stelle t_1, so zeigt die Schnittkurve, an welcher Stelle y sich die einzelnen, zu den verschiedensten Zeiten t_0 gestarteten Elektronen im Augenblick t_1 befinden. — Die Höhenlinie $y = 0$ ist eine unter 45° geneigte Gerade; denn im Augenblick $t = t_0$ verläßt das Elektron die Fläche 0, seine Bewegungskoordinate y ist also Null. Bei der Höhenlinie $y = d$ bricht das Gebirge ab; denn wenn die Elektronen die Fläche 1 erreicht haben, ist der betrachtete Bewegungsvorgang zwischen den ebenen Elektroden beendet.

Der in den Abb. 4 und 5 dargestellte Bewegungsvorgang kommt dadurch zustande, daß die Elektronen einem elektrischen Gleichfeld mit einem überlagerten Wechselfeld unterliegen; in Abb. 4 ist das Wechselfeld klein, in Abb. 5 größer gewählt, weshalb hier die Höhenlinien stärker gekrümmt sind. Wie sich der Bewegungsvorgang im einzelnen errechnet, wird aus den unten folgenden Beispielen hervorgehen.

b) Der Elektronenleitungsstrom.

Bei der Elektronenströmung entsprechend Abb. 3 geht in jedem Augenblick durch eine in einem beliebigen Abstand y gelegte Querschnittsfläche eine bestimmte Anzahl von Elektronen, also auch eine bestimmte Ladung. Die auf die Zeiteinheit bezogene Ladungsmenge stellt einen von den Elektronen durch die Querschnittsfläche geleiteten Strom dar, der als Elektronenleitungsstrom oder kurz als Leitungsstrom bezeichnet wird. Dieser Leitungsstrom kann selbstverständlich im Verlaufe der Zeit seine Größe ändern, weil bald mehr, bald weniger Elektronen durch den betrachteten Querschnitt treten können. Die Dichte dieses Leitungsstromes, die mit $\mathfrak{S}_l$ bezeichnet werden soll (vgl. Abb. 3), ist ein der Elektronengeschwindigkeit und der y-Richtung entgegengerichteter Vektor. Der durch die gesamte Fläche F tretende Leitungsstrom sei: $i_l = \mathfrak{S}_l F$. An der Elektrode 0 werde die Leitungsstromdichte mit $\mathfrak{S}_{l_0}$, der Leitungsstrom mit i_{l_0} bezeichnet. Die Elektrode 0 kann entweder eine Kathode sein, die einen Elektronenstrom von bestimmter Größe aussendet, oder ein Gitter, durch das aus einem anderen Raume die Elektronen in einer bestimmten Dichte hindurchtreten; der Leitungsstrom an der Elektrode Null kann zeitlich veränderlich sein.

Kennt man den Leitungsstrom an der Elektrode 0 und den Bewegungsvorgang der Elektronen, so kann man die Größe des Leitungsstromes an jeder Stelle y im Raume errechnen, wie an Hand der Abb. 4 und 5 dargestellt werden soll. Durch eine im Abstand y_2 gelegte Fläche tritt in dem durch die Punkte A und B festgelegten Zeitintervall Δt eine bestimmte Menge von Elektronen; diese Elektronen sind in dem Startzeitintervall Δt_0 von der Elektrode 0 ausgegangen. In diesem — als kurz vorausgesetzten — Startzeitintervall hatte der Leitungsstrom an der Elektrode 0 die Größe $i_{l_0}(t_0)$, die im Intervall Δt_0 ausgegangene Ladung beträgt also $i_{l_0}(t_0)\,\Delta t_0$. Weil diese Ladung im Zeitintervall Δt die Stelle y_2 passiert, beträgt der Leitungsstrom: $i_l = i_{l_0}(t_0)\left|\dfrac{\Delta t_0}{\Delta t}\right|$ oder nach dem Grenzübergang:

$$i_l = i_{l_0}(t_0)\left|\frac{\partial t_0}{\partial t}\right|_{y=\text{konst.}} \tag{7a}$$

Der Elektronenleitungsstrom ist also immer proportional der Steigung der an die Höhenlinie $y =$ konst. gelegten Tangente. Wie Abb. 5 veranschaulicht, kann die Steigung der Höhenlinien unendlich (Punkt C der Kurve y_2) und sogar negativ werden. Bei unendlicher Steigung ist auch der Leitungsstrom unendlich; physikalisch bedeutet dies, daß mehrere zeitlich nacheinander gestartete Elektronen zur gleichen Zeit an der betrachteten Stelle eintreffen. Die negative Steigung bedeutet, daß später gestartete Elektronen die früher gestarteten überholt haben und vor diesen an der betrachteten Stelle eintreffen; für die Größe des Leitungsstromes ist aber nur die Menge der Elektronen, d. h. der absolute Betrag der Steigung maßgeblich, vorausgesetzt, daß die Elektronen in y-Richtung fortschreiten und ihre Bewegungsrichtung nicht umkehren. Besteht die Möglichkeit einer Richtungsumkehr, so muß die Gl. (7a) die folgende Form erhalten:

$$i_l = i_{l_0}(t_0)\left|\frac{\partial t_0}{\partial t}\right|_{y=\text{konst.}}\text{sgn}\left(\frac{\partial y}{\partial t}\right),$$

wobei $\text{sgn}\left(\dfrac{\partial y}{\partial t}\right)$ das Vorzeichen von $\left(\dfrac{\partial y}{\partial t}\right)$ bedeutet.

Für die unten folgenden Berechnungen ist folgende Umformung des Ausdrucks $\left|\dfrac{\partial t_0}{\partial t}\right|_{y=\text{konst.}}$ vorteilhaft: man bildet das vollständige Differential

$$\mathrm{d}y = \left(\frac{\partial y}{\partial t}\right)_{t_0=\text{konst.}}\mathrm{d}t + \left(\frac{\partial y}{\partial t_0}\right)_{t=\text{konst.}}\mathrm{d}t_0,$$

setzt für $y =$ konst. die Größe $\mathrm{d}y$ gleich Null und erhält:

$$\left(\frac{\partial t_0}{\partial t}\right)_{y=\text{konst.}} = \left(\frac{\mathrm{d}t_0}{\mathrm{d}t}\right)_{\mathrm{d}y=0} = \frac{\left(\dfrac{\partial y}{\partial t_0}\right)_{t_0=\text{konst.}}}{-\left(\dfrac{\partial y}{\partial t}\right)_{t=\text{konst.}}}.$$

Daraus ergibt sich die Beziehung für den Elektronenleitungsstrom:

$$i_l = i_{l_0}(t_0)\left|\frac{\partial t_0}{\partial t}\right|_{y=\text{konst.}}\text{sgn}\left(\frac{\partial y}{\partial t}\right) = i_{l_0}(t_0)\frac{\left(\dfrac{\partial y}{\partial t}\right)_{t_0=\text{konst.}}}{\left|\dfrac{\partial y}{\partial t_0}\right|_{t=\text{konst.}}}. \tag{7b}$$

In den Fällen negativer Steigung der Höhenlinien lassen sich für einen bestimmten Zeitpunkt an eine Höhenlinie mehrere Tangenten zeichnen (Beispiel: Abb. 5, Höhenlinie $y = d$, Zeitpunkt t_2, Tangenten sind zu zeichnen an den Punkten, die den Startzeiten t_{03}, t_{04} und t_{05} entsprechen); die den einzelnen Tangenten entsprechenden Leitungsströme sind dann zu summieren.

c) Verschiebungsstrom und Gesamtstrom.

Wie schon unter a) erwähnt, herrscht in jeder Querschnittsfläche eine konstante elektrische Feldstärke e; die Feldstärke an der Elektrode 0 ist e_0 (vgl. Abb. 3). Entsprechend dieser Feldstärke geht durch jede Fläche ein elektrischer Verschiebungsfluß von der Größe:

$$\varepsilon_0 F e;$$

der Verschiebungsfluß an der Elektrode 0 hat dementsprechend die Größe:

$$\varepsilon_0 F e_0.$$

Hierbei bedeutet $\varepsilon_0 = \dfrac{1}{36\pi \cdot 10^{11}} \dfrac{\mathrm{F}}{\mathrm{cm}}$ die absolute Dielektrizitätskonstante. Die zeitliche Änderung des Verschiebungsflusses wird als „Verschiebungsstrom" bezeichnet; es läßt sich also für jeden Querschnitt ein bestimmter Verschiebungsstrom i_v und eine bestimmte Verschiebungsstromdichte $\mathfrak{F}_v$ angeben (vgl. Abb. 3). Der Verschiebungsstrom beträgt:

$$i_v = \varepsilon_0 F \left(\frac{\partial e}{\partial t}\right)_{y=\mathrm{konst.}}; \tag{8}$$

die Verschiebungsstromdichte ist entsprechend:

$$\mathfrak{F}_v = \varepsilon_0 \left(\frac{\partial e}{\partial t}\right)_{y=\mathrm{konst.}}.$$

Für die Elektrode 0 gilt sinngemäß:

$$i_{v_0} = \varepsilon_0 F \frac{\partial e_0}{\partial t} \quad \text{und} \quad \mathfrak{F}_{v_0} = \varepsilon_0 \frac{\partial e_0}{\partial t}.$$

Die positive Richtung des Verschiebungsstromes entspricht der Richtung der elektrischen Feldstärke und der Richtung des Elektronenleitungsstromes.

Zwischen Verschiebungsstrom und Leitungsstrom besteht ein einfacher Zusammenhang. Zwischen der Elektrode 0 und einer im beliebigen Abstand y gelegten Fläche befindet sich eine bestimmte, durch die in diesem Raume befindlichen Elektronen gebildete negative Ladung. Nach einem bekannten Grundgesetz der Elektrostatik ist diese negative Ladung gleich der Summe aller auf ihren Grenzflächen endenden Verschiebungsflüsse, wenn man die eintretenden Flüsse positiv, die austretenden negativ zählt; in diesem Falle tritt der Verschiebungsfluß $\varepsilon_0 F e$ an der Fläche im Abstand y ein, der Verschiebungsfluß $\varepsilon_0 F e_0$ an der Elektrode 0 aus, die eingeschlossene Ladung hat also die Größe $\varepsilon_0 F (e - e_0)$. Die zeitliche Änderung dieser Ladung entspricht der zeitlichen Änderung der Verschiebungsflüsse, ist also gleich der Differenz der Verschiebungsströme $i_v - i_{v_0}$. Eine Änderung der im betrachteten Raume eingeschlossenen Ladung kann aber nur dadurch eintreten, daß Elektronenleitungsströme durch die Grenzflächen hindurchtreten, also ist die zeitliche Änderung der Ladung auch gleich der Differenz der Elektronenleitungsströme $i_{l_0} - i_l$, denn ein zufließender Strom vermindert, ein abfließender Strom erhöht die negative Ladung, da Strom und Elektronenbewegung entgegengesetzt gerichtet sind. Also ist:

$$i_v - i_{v_0} = i_{l_0} - i_l \quad \text{oder} \quad i_l + i_v = i_{l_0} + i_{v_0}.$$

Da die Betrachtung für jede Querschnittsfläche gilt, muß die Summe von Leitungs- und Verschiebungsstrom überall im Raume konstant sein; diese Summe bezeichnet man als den Gesamtstrom i_{ges}; er ist in jedem Zeitaugenblick im ganzen Raume der gleiche, kann sich aber im Verlaufe der Zeit selbstverständlich ändern; für ihn gilt die Beziehung:

$$i_{ges} = i_l + i_v = i_{l_0} + i_{v_0}. \tag{9}$$

Was für die die Fläche F durchsetzenden Ströme gilt, hat selbstverständlich auch für die Stromdichten Gültigkeit:

$$\mathfrak{S}_{ges} = \mathfrak{S}_l + \mathfrak{S}_v = \mathfrak{S}_{l_0} + \mathfrak{S}_{v_0}$$

(vgl. hierzu das Schema der Abb. 3).

d) Influenzstrom und kapazitiver Ladestrom.

Der Influenzstrom eines einzelnen Elektrons ist durch Gl. (5) auf S. 7 gegeben, und zwar für ein beliebiges elektrisches Feld. Für das ebene elektrische Feld nach Abb. 3 wird das Verhältnis φ/u besonders einfach, da das Feld homogen ist. Die Spannungsdifferenz zwischen den beiden Elektroden ist $u = u_1 - u_0$, das Potential an einer beliebigen Stelle y des elektronenfreien Feldes ist $\varphi = \frac{y}{d}(u_1 - u_0)$; für $y = 0$ ist dann $\varphi = 0$. Somit ist der Influenzstrom eines einzelnen Elektrons:

$$i_{infl} = e \frac{\mathrm{d}\,(\varphi/u)}{\mathrm{d}\,t} = \frac{e}{d} \frac{\mathrm{d}\,y}{\mathrm{d}\,t};$$

es kommt also nur auf die Geschwindigkeit $\mathrm{d}\,y/\mathrm{d}\,t$ an, mit der das Elektron sich bewegt.

Bei der Elektronenströmung bewegt sich nun nicht *ein* Elektron, sondern eine große Anzahl von Elektronen, und alle einzelnen Influenzströme müssen summiert werden. Hierbei behält die einfache Beziehung für den Influenzstrom auch dann ihre Gültigkeit, wenn durch die Raumladung der Elektronen der Potentialverlauf φ verändert wird; denn für die Größe des Influenzstromes ist nur der Energieaustausch zwischen den Elektronen und dem von den Elektroden erzeugten raumladungsfreien Feld maßgeblich. Zu einer bestimmten Startzeit t_0 (vgl. zu diesen Betrachtungen die Abb. 4 und 5) verläßt ein Elektronenleitungsstrom

$i_{l_0}(t_0)$ die Elektrode 0; die im Startzeitintervall dt_0 gestartete elektrische Ladung ist $i_{l_0}(t_0)\,dt_0$. Zu einer beliebig zu wählenden Zeit t ist diese Ladung an eine Stelle y im Raume gelangt, ihre Geschwindigkeit ist zu dieser Zeit $\partial y/\partial t$; also ist der in diesem Augenblick von der Ladung gelieferte Beitrag zum gesamten Influenzstrom:

$$d\,i_{infl} = \frac{i_{l_0}(t_0)}{d}\left(\frac{\partial y}{\partial t}\right)_{t_0=\text{konst.}} dt_0.$$

Um alle im Raume vorhandenen Ladungen zu erfassen, muß man über die Startzeit t_0 integrieren, angefangen von der Startzeit der Ladung, die im betrachteten Augenblick gerade die Elektrode 1 erreicht, bis zu der Startzeit der Ladung, die im betrachteten Augenblick gerade die Elektrode 0 verläßt. Will man im Beispiel der Abb. 4 und 5 beispielsweise den Influenzstrom zur Zeit t_1 ermitteln, so muß man über die Startzeiten von t_{01} bis t_{02} integrieren; die obere Startzeitgrenze t_{02} ist gleich der augenblicklichen Zeit t_1; die untere Startzeitgrenze ist $t_1-\tau$, wenn man mit τ die Laufzeit bezeichnet, die das gerade an der Elektrode 1 eintreffende Elektron zu seinem gesamten Flugwege benötigt hat. Somit ergibt sich für den Influenzstrom zu einer beliebigen Zeit t:

$$i_{infl} = \frac{1}{d}\int_{t-\tau}^{t} i_{l_0}(t_0)\left(\frac{\partial y}{\partial t}\right)_{t_0=\text{konst.}} dt_0. \tag{10}$$

Es gibt Betriebsfälle, in denen der Integrationsbereich in mehrere nicht zusammenhängende Teile zerfällt; dies tritt allgemein bei stärkeren Wechselfeldern ein. Will man z. B. im Beispiel der Abb. 5 den Influenzstrom zu der Zeit t_2 ermitteln, so muß man über die Startzeit in den Grenzen von t_{03} bis t_{04} und von t_{05} bis t_{06} integrieren; denn die zwischen den Zeiten t_{04} und t_{05} gestarteten Elektronen haben die im Abstand d befindliche Elektrode 1 bereits erreicht, sind also für den Influenzstrom nicht mehr wirksam.

Man kann die Gl. (10) für den Influenzstrom auch noch in anderer Weise darstellen. Nach Gl. (7b) auf S. 11 ist:

$$i_l = i_{l_0}(t_0)\left|\frac{\partial t_0}{\partial t}\right|_{y=\text{konst.}} \text{sgn}\left(\frac{dy}{dt}\right)$$

und für eine bestimmte unveränderliche Zeit ist

$$dt = \left(\frac{\partial t}{\partial y}\right)_{t_0=\text{konst.}} dy + \left(\frac{\partial t}{\partial t_0}\right)_{y=\text{konst.}} dt_0 = 0.$$

also

$$\left(\frac{\partial y}{\partial t}\right)_{t_0=\text{konst.}} dt_0 = -\left(\frac{\partial t_0}{\partial t}\right)_{y=\text{konst.}} dy;$$

daher folgt für den Influenzstrom nach Gl. (10):

$$i_{infl} = \frac{1}{d}\int_0^d i_l(y)\,dy. \tag{10a}$$

(Das Verschwinden des negativen Vorzeichens in der vorangegangenen Gleichung erklärt sich durch die wegen der Veränderung der Integrationsvariablen notwendige Veränderung der Integrationsgrenzen; aus dem gleichen Grunde erledigt sich auch die Berücksichtigung des Vorzeichens von $\partial y/\partial t$.) Hiernach stellt sich also der Influenzstrom als die Summe aller im Raume vorhandenen Leitungsströme dar. Drückt man den Leitungsstrom i_l nach Gl. (9) auf S. 13 durch den Gesamtstrom i_{ges} und den Verschiebungsstrom i_v aus, so folgt:

$$i_{infl} = \frac{1}{d} \int_0^d (i_{ges} - i_v(y))\, \mathrm{d}y$$

oder, weil i_{ges} von y unabhängig ist:

$$i_{infl} = i_{ges} - \frac{1}{d} \int_0^d i_v(y)\, \mathrm{d}(y).$$

Drückt man schließlich den Verschiebungsstrom i_v durch die elektrische Feldstärke e nach Gl. (8) auf S. 12 aus, so ergibt sich:

$$i_{infl} = i_{ges} - \frac{\varepsilon_0 F}{d} \int_0^d \frac{\partial e}{\partial t}\, \mathrm{d}y = i_{ges} - \frac{\varepsilon_0 F}{d} \frac{\mathrm{d}}{\mathrm{d}t} \int_0^d e\, \mathrm{d}y = i_{ges} - \frac{\varepsilon_0 F}{d} \frac{\mathrm{d}(u_1 - u_0)}{\mathrm{d}t}.$$

Die Größe

$$i_C = \frac{\varepsilon_0 F}{d} \frac{\mathrm{d}(u_1 - u_0)}{\mathrm{d}t} \tag{11}$$

ist nun nichts anderes als der kapazitive Ladestrom, der über die von den beiden Elektroden mit der Fläche F und dem Abstand d gebildete Kapazität fließt, für den Fall, daß keine Elektronen im Raume vorhanden sind. Also ergibt sich:

$$i_{ges} = i_{infl} + i_C. \tag{12}$$

Der Gesamtstrom, der in jedem Augenblick überall im Raume konstant ist, ist gleich der Summe von Influenzstrom und kapazitivem Ladestrom.

e) Sättigungsfall und Raumladungsfall.

Die bisher abgeleiteten Beziehungen gelten ganz allgemein für beliebig große Raumladungen, d. h. für beliebig große Leitungsströme. Bei der später durchzuführenden Behandlung der Anwendungen gabelt sich das Problem im allgemeinen in zwei Betriebsfälle, von denen sich der eine durch eine besonders geringe Raumladung, der andere durch größtmögliche Raumladung auszeichnet. Die beiden Fälle sollen kurz als Sättigungsfall und Raumladungsfall bezeichnet werden.

Im Sättigungsfall ist — beispielsweise bedingt durch Sättigungserscheinungen der Kathode — der Elektronenleitungsstrom sehr klein gegen den Verschiebungsstrom. Dann kann man die Wirkung des

Elektronenleitungsstromes, d. h. die Wirkung der Raumladung bei der Berechnung des Bewegungsvorganges der Elektronen, vernachlässigen. Hingegen darf für die Berechnung des Influenzstromes die Wirkung der Raumladung bzw. des Elektronenleitungsstromes keinesfalls vernachlässigt werden, da man ja sonst stets den Wert Null für den Influenzstrom erhielte. In diesem Sättigungsfall gestaltet sich die Bewegungsgleichung für die Elektronen besonders einfach. Wenn man die Wirkung des Leitungsstromes vernachlässigt, ist der Verschiebungsstrom gleich dem Gesamtstrom, d. h. an jeder Stelle des Raumes konstant; dann ist auch die elektrische Feldstärke überall konstant, d. h. $e = \dfrac{u_1 - u_0}{d}$. Die Bewegungsgleichung nach (6) auf S. 8 erhält dann die Form:

$$\frac{\partial^2 y}{\partial t^2} = \frac{e}{m}\,\frac{u_1 - u_0}{d}\,. \tag{13}$$

Man kann also unmittelbar aus der an den Elektroden liegenden Spannung den Bewegungsvorgang der Elektronen berechnen.

Beim Raumladungsfall werden die Bewegungsgleichungen verwickelter. Man muß hier bei der Berechnung vom Gesamtstrom ausgehen, da dieser allein in allen Querschnittsebenen konstant ist. Macht man über den Bewegungsvorgang der Elektronen die einschränkende Annahme, daß die einzelnen Elektronen sich nicht gegenseitig überholen können, so kommt man auch hier zu einfachen Beziehungen. Es werde eine Querschnittsfläche betrachtet, die mit einem Elektron mitlaufen soll; weil durch diese Fläche keine Elektronen hindurchtreten, ist in der Fläche nur ein Verschiebungsstrom und kein Leitungsstrom vorhanden. Es werde die zwischen der fortschreitenden Fläche und der ruhenden Elektrode 0 vorhandene Elektronenladung betrachtet; ihre zeitliche Änderung ist gleich dem Verschiebungsstrom in der fortschreitenden Fläche, vermindert um den Verschiebungsstrom an der Elektrode 0. Die Ladung kann sich nur dadurch ändern, daß an der Elektrode 0 ein Elektronenleitungsstrom fließt. Somit ist die Differenz der beiden Verschiebungsströme gleich dem Elektronenleitungsstrom an der Elektrode 0, oder der Verschiebungsstrom in der fortschreitenden Fläche ist gleich der Summe aus Leitungsstrom und Verschiebungsstrom an der Elektrode 0, d. h. gleich dem Gesamtstrom. Also ist der Verschiebungsstrom in einer mit den Elektronen mitlaufenden Fläche gleich dem Gesamtstrom. Differenziert man die allgemeine Bewegungsgleichung (6) auf S. 8 nach der Zeit und formt etwas um, so folgt:

$$\left(\frac{\partial^3 y}{\partial t^3}\right)_{t_0=\text{konst.}} = \frac{e_{el}}{m}\left(\frac{\partial e}{\partial t}\right)_{t_0=\text{konst.}} = \frac{e_{el}}{m}\frac{1}{\varepsilon_0 F}\left(\varepsilon_0 F \frac{\partial e}{\partial t}\right)_{t_0=\text{konst.}} = \frac{e_{el}}{m}\frac{1}{\varepsilon_0 F}\,(i_v)_{t_0=\text{konst.}}$$

oder:

$$\frac{\partial^3 y}{\partial t^3} = \frac{e}{m}\,\frac{i_{ges}}{\varepsilon_0 F}\,. \tag{14}$$

Dies ist die Bewegungsgleichung für den Raumladungsfall unter der Bedingung, daß sich keine Elektronen gegenseitig überholen, d. h. daß sich in jedem Querschnitt nur Elektronen von einer einheitlichen Geschwindigkeit befinden. Wenn man für geringe Raumladung im Gesamtstrom den Anteil des Leitungsstromes gegen den Verschiebungsstrom vernachlässigt, so geht diese Gleichung nach einmaliger Integration in die Form (13) für den Sättigungsfall über.

II. Zweipolstrecken (negative Widerstände).

Die als „Zweipolstrecken" bezeichneten Anordnungen sind dadurch gekennzeichnet, daß eine Elektronenströmung zwischen zwei Elektroden übergeht, die gegeneinander eine Hochfrequenzspannung führen; außer den zwei Hochfrequenzelektroden können noch weitere Elektroden vorhanden sein, die reine Gleichspannungen führen und deshalb für den hochfrequenten Elektronenmechanismus nicht wesentlich sind. Bei Höchstfrequenz haben derartige Zweipolstrecken bei geeigneten Betriebsbedingungen die Eigenschaft, Energie an die angeschlossenen Hochfrequenzkreise abzugeben, also als negative Widerstände zu wirken.

Die in diesem Kapitel behandelten Zweipolstrecken sollen ebene Elektroden besitzen; die Ausdehnung der Elektrodenflächen soll groß gegen den Abstand zwischen beiden Flächen sein, damit die Feldverzerrungen an den Rändern als unwesentlich vernachlässigt werden können.

1. Die Sättigungsdiode.

a) Das Verhalten bei Gleichspannungen.

Die Diode ist die einfachste Zweipolstrecke; sie besteht aus einer Kathode, die die Elektronen aussendet, und einer Anode, die die Elektronen auffängt. Abb. 6 veranschaulicht die Anordnung schematisch: K ist die ebene Kathode, A die Anode. Zwischen beiden ist außen angeschlossen eine aus einer Batterie stammende Gleichspannung $\bar{U}$ und eine über einen Resonanztransformator von einem Sender zugeführte Hochfrequenzwechselspannung $\hat{U} \sin \omega t$; $\hat{U}$ ist also der Scheitelwert dieser Spannung.

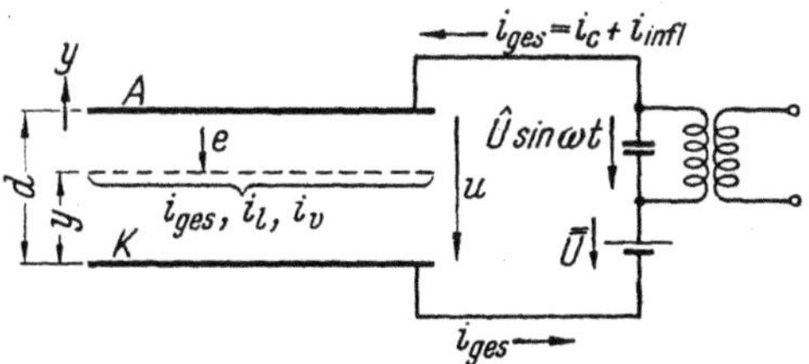

Abb. 6. Schema der ebenen Diode

Es soll für den Sonderfall der Sättigungsdiode vorausgesetzt werden, daß die Kathode K gesättigt ist, d. h. daß sie unabhängig von der zwischen den Elektroden liegenden Spannung (wobei jedoch die Anode stets positiv gegen die Kathode sein soll) den konstanten Strom $\bar{I}$ aussendet; dieser Strom soll außerdem so klein sein, daß die Elektronenraumladung in ihrer Wirkung auf den Bewegungsvorgang der Elektronen vernachlässigt werden kann. Derartige Verhältnisse lassen sich mit einer ebenen, schwach geheizten Wolframkathode verwirklichen. Wenn auch derartige Kathodenanordnungen in der Praxis nicht gebräuchlich sind, so sind doch die hieran zu gewinnenden theoretischen Erkenntnisse für spätere Ableitungen von solcher Bedeutung, daß die Betrachtung der Sättigungsdiode an den Anfang gestellt werden soll. Schließlich soll noch angenommen werden, daß die Elektronen die Kathode mit der Geschwindigkeit Null verlassen. Dies ist in der Praxis nicht genau erfüllt, denn die Elektronen haben entsprechend der Kathodentemperatur verschiedene Geschwindigkeiten von einer bestimmten Verteilung (Maxwellsche Geschwindigkeitsverteilung); jedoch sind diese Temperaturgeschwindigkeiten im Mittel gegen die Geschwindigkeiten, die das Elektron nach der Beschleunigung durch das elektrische Feld erhält, so klein, daß man in den meisten Fällen ihren Einfluß auf den Bewegungsvorgang vernachlässigen kann.

Vorerst soll nur die Wirkung der Gleichspannung $\bar{U}$ auf die Elektronen betrachtet werden, die Spannung $\hat{U}$ wird Null gesetzt. Die zwischen den Elektroden liegende Spannung ist dann $u = \bar{U}$, die für den Sättigungsfall gültige Bewegungsgleichung (13) auf S. 16 erhält die Form:

$$\frac{\partial^2 y}{\partial t^2} = \frac{e}{m}\,\frac{\bar{U}}{d}.$$

Durch einmalige Integration folgt:

$$\frac{\partial y}{\partial t} = \frac{e}{m}\,\frac{\bar{U}}{d}\,(t - t_0).$$

Als Integrationskonstante tritt dabei die Startzeit t_0 des Elektrons von der Kathode auf; somit erfüllt die Gleichung die Voraussetzung, daß beim Verlassen der Kathode, also zur Zeit $t = t_0$, die Elektronengeschwindigkeit Null ist. Eine nochmalige Integration gibt die Lage des Elektrons:

$$y = \frac{e}{m}\,\frac{\bar{U}}{d}\,\frac{(t - t_0)^2}{2}.$$

Die Integrationskonstante ist dabei so gewählt, daß zur Zeit des Verlassens der Kathode ($t = t_0$) die Entfernung y von der Kathode Null ist. Wenn das Elektron die Anode erreicht, ist $y = d$ und die Zeitdifferenz $t - t_0 = \bar{\bar{\tau}}$, d. h. gleich der Laufzeit des Elektrons zwischen den beiden Elektroden (da diese Laufzeit allein durch das Gleichfeld verursacht ist, wird sie durch die =-Striche besonders gekennzeichnet). Die Laufzeit $\bar{\bar{\tau}}$ ist für alle Elektronen gleich, zu welchen Zeitaugenblicken t_0 sie auch gestartet sein mögen. Durch Einsetzen in die letzte Gleichung ergibt sich:

$$d = \frac{e}{m}\,\frac{\bar{U}}{d}\,\frac{\bar{\bar{\tau}}^2}{2}; \quad \bar{\bar{\tau}} = d\sqrt{\frac{2m}{e\bar{U}}} = \frac{2d}{\sqrt{\dfrac{2e}{m}\bar{U}}}.$$

Aus der Gleichung für die Geschwindigkeit $\partial y/\partial t$ erkennt man, daß diese linear mit der Zeit $t - t_0$ ansteigt; setzt man $t - t_0 = \bar{\bar{\tau}}$, so erhält man die Geschwindigkeit $\bar{\bar{v}}_{\max}$ der Elektronen an der Anode, die die Höchstgeschwindigkeit der Elektronen darstellt; sie ist:

$$\bar{\bar{v}}_{\max} = \sqrt{\frac{2\,e}{m}\,\bar{U}}\,. \tag{15a}$$

Wegen der linearen Geschwindigkeitszunahme ist die mittlere Geschwindigkeit auf dem gesamten Fluge gerade halb so groß wie $\bar{\bar{v}}_{\max}$; sie ist anderseits natürlich gleich dem Verhältnis $d/\bar{\bar{\tau}}$, wie sich auch unmittelbar aus den obigen Beziehungen ergibt. Die durch (15a) gegebene Beziehung zwischen der Elektronengeschwindigkeit und der Spannung gilt nicht nur für die Anode, sondern für jede beliebige Ebene, bei der das Potential $\bar{\bar{\varphi}}$ und die Elektronengeschwindigkeit $\bar{\bar{v}}$ beträgt, also:

$$\bar{\bar{v}} = \sqrt{\frac{2\,e}{m}\,\bar{\bar{\varphi}}}\,. \tag{15b}$$

Die Laufzeit $\bar{\bar{\tau}}$ ist nur bei reiner Gleichspannung vorhanden; trotzdem hat sie auch beim Betrieb mit überlagerten Wechselspannungen eine Bedeutung, weil sie einen bestimmten Zusammenhang zwischen der Betriebsgleichspannung $\bar{U}$ und dem Elektrodenabstand d kennzeichnet, und es ist daher zweckmäßig, ihre Größe mit der Dauer der Hochfrequenzperiode zu vergleichen, d. h. die Größe des Laufwinkels anzugeben:

$$\bar{\bar{\alpha}} = \omega\bar{\bar{\tau}} = \omega\,\frac{2\,d}{\sqrt{\dfrac{2\,e}{m}\,\bar{U}}}\,. \tag{16}$$

Solange man die Diode mit reinen Gleichspannungen betreibt, ist ein Verschiebungsstrom und ein kapazitiver Ladestrom nicht vorhanden; der Elektronenleitungsstrom ist in allen Querschnittsebenen konstant und gleich dem Sättigungsstrom der Kathode, er ist auch gleich dem Gesamtstrom und dem Influenzstrom, wie man unmittelbar aus den Gl. (9) auf S. 13 und (12) auf S. 15) entnehmen kann.

b) Das Verhalten bei Wechselspannungen beliebiger Größe.

Die Sättigungsdiode soll nun außer der Gleichspannung die Hochfrequenzspannung $\hat{U} \sin \omega t$ erhalten, wie es Abb. 6 veranschaulicht; es soll vorausgesetzt werden, daß $\bar{U} \geqq \hat{U}$ ist; für größere $\hat{U}$ würde die Anode in gewissen Zeitphasen negativ gegen die Kathode werden, und die Voraussetzung, daß die Kathode stets ihren Sättigungsstrom $\bar{I}$ aussendet, wäre dann unhaltbar. Bei niedrigen Kreisfrequenzen wäre der Betrieb einer solchen Sättigungsdiode sinnlos, weil die Hochfrequenzspannung keinen Einfluß auf die Größe des Gesamtstromes ausüben könnte; erst wenn die Hochfrequenzperiode so klein wird, daß sie in die

Größenordnung der Elektronenlaufzeit kommt, ändern sich die Verhältnisse, wie die folgenden Betrachtungen lehren sollen.

Führt man die Gesamtspannung $u = \bar{U} + \hat{U} \sin \omega t$ in die Bewegungsgleichung (13) auf S. 16 ein, so erhält man:

$$\frac{\partial^2 y}{\partial t^2} = \frac{e}{m\,d}\,(\bar{U} + \hat{U} \sin \omega t). \tag{17}$$

Wie oben beim Fall reiner Gleichspannungen gelten für die Integration die Randbedingungen, daß zur Startzeit $t = t_0$ die Geschwindigkeit $\partial y/\partial t$ und die Entfernung y von der Kathode Null sein müssen. Also ergibt sich:

$$\frac{\partial y}{\partial t} = \frac{e}{m\,d}\left[\bar{U}(t - t_0) - \frac{\hat{U}}{\omega}(\cos \omega t - \cos \omega t_0)\right], \tag{18}$$

$$y = \frac{e}{m\,d}\left[\bar{U}\frac{(t - t_0)^2}{2} - \frac{\hat{U}}{\omega^2}(\sin \omega t - \sin \omega t_0) + \frac{\hat{U}}{\omega}(t - t_0)\cos \omega t_0\right]. \tag{19}$$

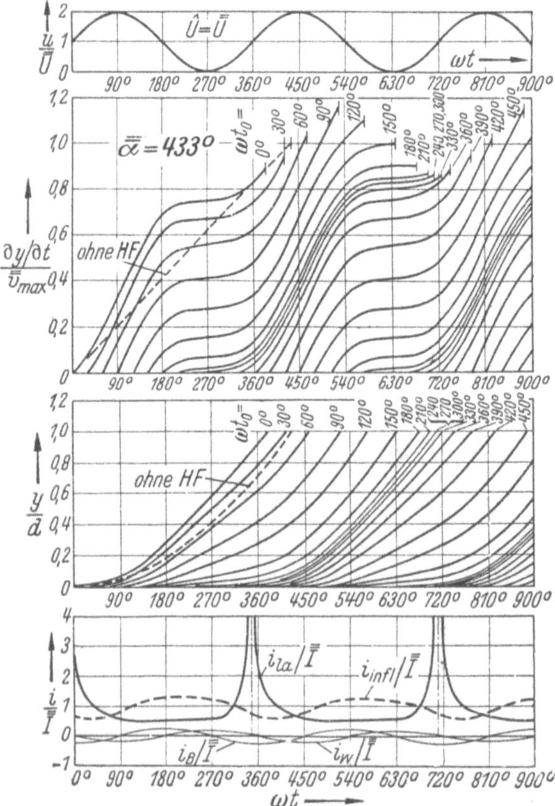

Abb. 7. Sättigungsdiode bei einem Laufwinkel $\bar{\bar{\alpha}} = 433°$: Zeitlicher Verlauf der Spannung u, der Elektronengeschwindigkeit $\partial y/\partial t$, der Bewegung y, des Leitungsstromes i_{la} an der Anode, des Influenzstromes i_{infl} und der Wirkkomponente i_W und der Blindkomponente i_B der Grundwelle des Influenzstromes.

Setzt man in der letzten Gleichung die Strecke $y = d$, so stellt die Zeit t den Zeitpunkt dar, in dem das zur Zeit t_0 gestartete Elektron die Anode erreicht und damit seinen Flug beendet. Da die Auflösung dieser Gleichung keine geschlossene analytische Lösung mehr gibt, ist es zweckmäßig, zur graphischen Lösung überzugehen, die gleichzeitig den Vorteil größerer Anschaulichkeit hat. Allerdings gibt jede graphische Lösung immer nur einen bestimmten Spezialfall für festgelegte Größen von $\bar{U}$ und $\hat{U}$ wieder.

In Abb. 7 ist im obersten Diagramm der Verlauf des Verhältnisses $u/\bar{U}$ in Abhängigkeit von der Zeit ωt (im Winkelmaß gemessen) dargestellt; für den hier gewählten Spezialfall ist $\hat{U}$ gleich $\bar{U}$ gewählt. Im darunterstehenden Diagramm ist der zeitliche Verlauf der Elektronengeschwindigkeit $\partial y/\partial t$ nach Gl. (18) im Verhältnis zu der durch die Gleichspannung allein erzeugten Maximalgeschwindigkeit $\bar{\bar{v}}_{\max}$ — vgl. Gl. (15a) auf S. 19 — gezeichnet; im dritten Diagramm ist der Weg y im Verhältnis zum Kathoden-Anoden-Abstand d in seinem Zeitverlauf aufgetragen. Hierbei ist die Voraussetzung gemacht, daß der durch die Gleichspannung allein verursachte Laufwinkel $\bar{\alpha} = 433°$ beträgt (die Gesichtspunkte, die zur Wahl gerade dieser Zahl führten, können erst später erörtert werden). Die Zeichnung der Diagramme geschieht in folgender Weise: Man zeichnet zunächst einmal die Geschwindigkeit $\partial y/\partial t$ und den Weg y für ein Elektron, das in der Startphase $t_0 = 0$ die Kathode verläßt und keiner Wechselspannung unterliegen soll ($\omega t_0 = 0$, gestrichelte Kurven „ohne HF" in den Diagrammen). Die Geschwindigkeit $\partial y/\partial t$ verläuft für dies Elektron, wie aus Gl. (18) hervorgeht, nach einer geraden Linie; beim Winkel $\omega t = \bar{\alpha} = 433°$ soll voraussetzungsgemäß die Anode erreicht sein, die Geschwindigkeit also $\bar{\bar{v}}_{\max}$ betragen und das Verhältnis $\dfrac{\partial y/\partial t}{\bar{\bar{v}}_{\max}} = 1$ sein. Die Entfernung y von der Kathode verläuft nach einer Parabel über der Zeit, wie Gl. (19) aussagt; man zeichnet diese Parabel, indem man die Fläche unter der gestrichelten Geschwindigkeitskurve bis zum jeweils betrachteten Abszissenwert planimetriert; bei $\omega t = \bar{\alpha} = 433°$ muß das Verhältnis y/d gleich 1 sein. — Nunmehr kann man im Geschwindigkeitsdiagramm für das bei $t_0 = 0$ gestartete Elektron den Einfluß der Wechselspannung überlagern; man formt Gl. (18) folgendermaßen um:

$$\frac{\partial y/\partial t}{\bar{\bar{v}}_{\max}} = \frac{e\,\bar{U}}{m\,d\,\omega\,\bar{\bar{v}}_{\max}}\left[\omega(t - t_0) - \frac{\hat{U}}{\bar{U}}\,(\cos\omega t - \cos\omega t_0)\right]$$

$$= K\left[\omega(t - t_0) - \frac{\hat{U}}{\bar{U}}\,(\cos\omega t - \cos\omega t_0)\right].$$

Der Wert für die Konstante K ergibt sich daraus, daß für $\hat{U} = 0$ und $\omega(t - t_0) = \bar{\alpha} = 7{,}56$ (Bogenmaß von $433°$) die Größe $\dfrac{\partial y/\partial t}{\bar{\bar{v}}_{\max}} = 1$ ist; also ist $K = \dfrac{1}{7{,}56} = 0{,}132$. Für $\dfrac{\hat{U}}{\bar{U}} = 1$ ist auch die Amplitude der Kosinuskurve gleich $0{,}132$. Die durch diese Zeichnung gefundene Geschwindigkeitskurve (ausgezogene Kurve für $\omega t_0 = 0$) wird planimetriert und ergibt die y/d-Kurve für $\omega t_0 = 0$; wo diese Kurve den Wert 1 erreicht, hat das Elektron die Anode getroffen, und bei dem hierzugehörigen Zeitwinkel ωt müssen die beiden Kurven $\dfrac{\partial y/\partial t}{\bar{\bar{v}}_{\max}}$ und $\dfrac{y}{d}$ abgebrochen werden. Die Geschwindigkeitskurven für andere Startphasen ωt_0 findet man sehr leicht dadurch, daß man die Geschwindigkeitskurve für $\omega t_0 = 0$ so weit senkrecht nach unten verschiebt, bis sie die Abszissenachse in dem gewünschten Punkt $\omega t_0 = \omega t$ schneidet [dies ergibt sich unmittelbar aus Gl. (18) oder einfacher aus der Randbedingung, daß im Startaugenblick die Geschwindigkeit der Elektronen Null sein muß]; auf diese Weise sind die Geschwindigkeitskurven für $\omega t_0 = 30$, 60, 90° usw. in Abb. 7 entstanden. Durch Planimetrieren kommt man auf die Kurven y/d und erkennt durch ihren Schnitt mit der Geraden $y/d = 1$ den Wert von ωt, wo die Geschwindigkeitskurven abgebrochen werden müssen. — Durch Umzeichnen des Diagramms für y/d erhält man das in Abb. 8 dargestellte Bewegungsschaubild; hier ist die Größe y/d als Parameter gewählt, die einzelnen Kurven geben den Zusammenhang zwischen ωt und ωt_0 für konstante Werte y/d.

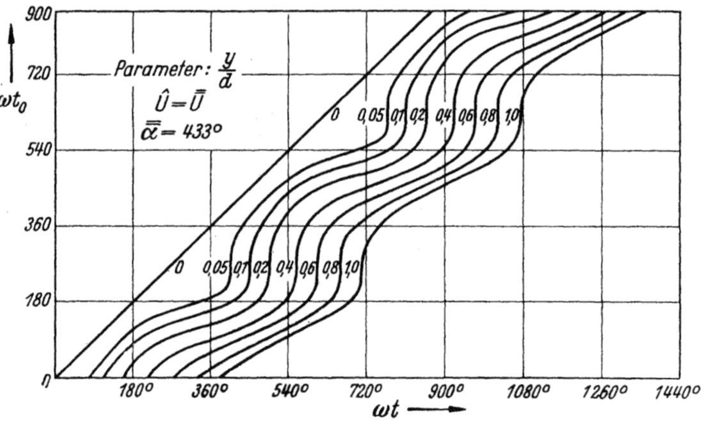

Abb. 8. Bewegungsschaubild für die Sättigungsdiode bei einem Laufwinkel von 433°.

Sämtliche Bewegungsvorgänge wiederholen sich periodisch, wenn man ωt und ωt_0 um ganzzahlige Vielfache von 360° vergrößert.

Aus den somit konstruierten Bewegungsschaubildern für die Elektronenbewegung läßt sich das elektrische Verhalten der Sättigungsdiode sehr anschaulich erkennen. So erkennt man aus dem y/d-Schaubild in Abb. 7 folgendes: Die Elektronen, die in gleichmäßigen Zeitabständen von 30° von der Kathode gestartet sind, treffen in ungleichmäßigen Zeitabständen an der Anode ein; d. h. der Elektronenleitungsstrom, der an der Kathode ein reiner Gleichstrom (Sättigungsstrom $\bar{I}$ der Kathode) ist, hat an der Anode eine überlagerte Wechselstromkomponente, da sich die Elektronendichte zeitweise erhöht, zeitweise erniedrigt. Nach Gl. (7a) auf S. 11 erhält man den Wert des Elektronenleitungsstromes dadurch, daß man den Leitungsstrom an der Kathode $i_{t_0}(t_0)$ ($= \bar{I}$ im vorliegenden Falle) mit der Größe $\left|\dfrac{\partial t_0}{\partial t}\right|_{y=\text{konst.}}$ für $\dfrac{y}{d} = 1$ multipliziert. $\partial t_0/\partial t$ erhält man dadurch, daß man im Bewegungsschaubild der Abb. 8 an die Kurve $y/d = 1$ überall die Tangenten zeichnet und deren Steigung als Funktion von ωt aufträgt; dadurch ergibt sich dann die Kurve $i_{la}/\bar{I}$, die im untersten Diagramm der Abb. 7 aufgetragen ist. Der Elektronenleitungsstrom i_{la} an der Anode ist also bei Höchstfrequenz keineswegs ein Gleichstrom, sondern zeigt eine starke Aussteuerung durch die Wechselspannung; er ist — wie stets bei größeren Werten der Wechselspannung — nicht sinusförmig, sondern zeigt starke Spitzen, die sogar in dem dargestellten Beispiel den Wert ∞ erreichen.

Bezüglich der Auftreffgeschwindigkeiten der Elektronen auf die Anode erkennt man aus dem zweiten Diagramm der Abb. 7 folgendes: Von den betrachteten Elektronen trifft ein Teil mit einer größeren und ein Teil mit einer kleineren Geschwindigkeit auf, als der durch die Gleichspannung bedingten Geschwindigkeit $\bar{v}_{\mathrm{max}}$ entspricht; die Zahl der Elektronen mit geringerer Aufprallgeschwindigkeit ist größer als die Zahl derer mit höherer Aufprallgeschwindigkeit. Dem Quadrat der Geschwindigkeit entspricht die kinetische Energie, die das Elektron bei seinem Aufprall verliert und die auf der Anode in Wärme umgesetzt wird. Somit wird in dem betrachteten Falle weniger Wärmeenergie an die Anode abgegeben als im Falle des reinen Gleichspannungsbetriebes; da aber die Gleichspannungsquelle in beiden Fällen die Leistung $\bar{U}\bar{I}$ abgibt, muß von der Elektronenströmung Energie an die Hochfrequenzspannungsquelle abgegeben werden; die Elektronenströmung wirkt also nicht dämpfend auf den äußeren Schwingungskreis, sondern anfachend; unter Umständen kann sie mit dem Kreis zusammen selbständig schwingen, nämlich dann, wenn die abgegebene Hochfrequenzenergie größer ist als die Verlustenergie im Kreise (einschließlich einer gegebenenfalls von außen angekoppelten Belastung).

Noch deutlicher werden die Verhältnisse, wenn man die Größe des Influenzstromes betrachtet. Man findet ihn mittels Gl. (10) auf S. 14. Weil der Leitungsstrom $i_{l_0}(t_0) = \bar{I}$ unabhängig von t_0 ist, kann er vor das Integral gesetzt werden. Um die graphische Konstruktion nach Abb. 7 auswerten zu können, verwandelt man das Integral zweckmäßig in eine Summe und erhält nach einigen Umformungen mit Hilfe der Gl. (15a) und (16) auf S. 19:

$$\frac{i_{infl}}{\bar{I}} = \frac{2}{\bar{\alpha}} \sum \frac{\partial y/\partial t}{\bar{v}_{\mathrm{max}}} \Delta\,\omega t_0 .$$

Die Summe ist zu erstrecken über alle Startwinkel ωt_0, deren zugehörige Ladungen sich zur betrachteten Zeit t im Raume befinden. Man muß also in Abb. 7 im zweiten Diagramm von oben für jeden Abszissenwert ωt die Ordinatenwerte aller über der Abszisse befindlichen Kurven addieren, wobei jeder Wert mit $\Delta\,\omega t_0 = \pi/6$ (entsprechend 30°, dem Startwinkelabstand zwischen den einzelnen Kurven) zu multiplizieren ist; teilt man die Summe noch durch $\dfrac{\bar{\alpha}}{2} = \dfrac{7{,}56}{2}$ und führt diese Operation für alle Abszissenwerte durch, so erhält man die Kurve $i_{infl}/\bar{I}$, die im untersten Diagramm der Abb. 7 gestrichelt dargestellt ist. (Die

Kurve ist — wie die Kurve für i_{la} — so dargestellt, als ob Elektronen schon zu früheren Zeiten als $\omega t = 0$ übergegangen wären; der Anlaufvorgang beim Einschalten der Anodenspannung soll hier nicht interessieren.) Aus einem Vergleich mit dem $\partial y/\partial t$-Diagramm erkennt man, daß der Influenzstrom in den Zeitaugenblicken groß wird, in denen die Mehrzahl der Elektronen eine hohe Geschwindigkeit besitzt; der zeitliche Mittelwert des Influenzstromes ist selbstverständlich gleich dem Gleichstrom $\bar{I}$. Man erkennt ferner, daß der Influenzstrom bei weitem nicht so stark durch die Wechselspannung ausgesteuert ist wie der Leitungsstrom i_{la}.

Der Verlauf des Influenzstromes ist nicht sinusförmig; einen guten Überblick über das Arbeiten der Diode erhält man, wenn man durch harmonische Analyse die Sinusgrundwelle des Influenzstromes ermittelt und diese in einen Wirkstrom i_W (mit der Wechselspannung in Phase) und einen Blindstrom i_B (gegen die Wechselspannung um $90°$ phasenverschoben) auflöst. Der Verlauf dieser beiden Ströme ist ebenfalls im untersten Diagramm der Abb. 7 dargestellt. Der Wirkstrom ist zur Wechselspannung gegenphasig; d. h. die Diode gibt nach außen hin Energie ab; der Scheitelwert des Wirkstromes hat die Größe $\hat{I}_W = -0{,}18\,\bar{I}$. Der Blindstrom eilt der Spannung um $90°$ nach, die Elektronenströmung wirkt deshalb induktiv; der Scheitelwert des Blindstromes ist $\hat{I}_B = -0{,}26\,\bar{I}$ (das Minuszeichen erklärt sich aus der Definition, daß der voreilende Blindstrom als positiv gezählt werden soll, entsprechend der Multiplikation mit $+\mathrm{j}$ in der komplexen Rechnung). Die Diode belastet die Gleichspannungsquelle mit einem Gleichstromleitwert $\bar{\bar{G}} = \bar{I}/\bar{U}$ und entzieht ihr die Leistung $\bar{U}\bar{I}$. Für die Wechselspannung stellt die Diode einen Wirkleitwert $G_W = \hat{I}_W/\hat{U}$ dar, der im vorliegenden Falle negativ ist; die Hochfrequenzleistung ist $\hat{U}\hat{I}_W/2$, ebenfalls negativ, weil Leistungsabgabe von seiten der Röhre stattfindet. Vergleicht man die Hochfrequenzleistung mit der Gleichstromleistung, so ergibt sich der Wirkungsgrad der Anfachung zu:

$$\eta = \left| \frac{1}{2}\,\frac{\hat{U}}{\bar{U}}\,\frac{\hat{I}_W}{\bar{I}} \right|. \tag{20}$$

Er beträgt für den vorliegenden Fall rund 9%. Weiterhin stellt die Röhre für die Wechselspannung einen Blindleitwert dar von der Größe: $G_B = \hat{I}_B/\hat{U}$ (definitionsgemäß wird der kapazitive Leitwert positiv gerechnet); schließlich ist noch der kapazitive Leitwert ωC von der Elektrodenkapazität C vorhanden; denn außer dem Influenzstrom i_{infl} ist ja auch noch der kapazitive Ladestrom i_C für den Gesamtstrom i_{ges} wirksam, wie bereits Gl. (12) auf S. 15 lehrt. Alle drei Leitwerte liegen parallel zum Schwingungskreis; der gesamte Leitwert ist also in komplexer Schreibweise: $G_W + \mathrm{j}G_B + \mathrm{j}\omega C = \mathfrak{G} + \mathrm{j}\omega C$, wobei

$$\mathfrak{G} = G_W + \mathrm{j}G_B \tag{21}$$

den durch die Elektronenströmung verursachten Leitwert („Influenzleitwert") darstellt; der kapazitive Leitwert ωC ist auch ohne Elektronenströmung vorhanden. Für die Leitwerte sind noch folgende Beziehungen leicht abzuleiten:

$$\frac{G_W}{\overline{\overline{G}}} = \frac{\bar{U}}{\bar{U}}\frac{\hat{I}_W}{\hat{I}}; \qquad \frac{G_B}{\overline{\overline{G}}} = \frac{\bar{U}}{\bar{U}}\frac{\hat{I}_B}{\hat{I}}. \tag{22}$$

Für das behandelte Beispiel sind die Zahlenwerte: $G_W/\overline{\overline{G}} = -0{,}187$ und
$G_B/\overline{\overline{G}} = -0{,}266$.

Wenn man zu einem vorhandenen Höchstfrequenzschwingkreis (wie
solche Schwingkreise aussehen können, wird in Abschnitt C und D
behandelt) eine Sättigungsdiode von den beschriebenen Eigenschaften
parallel schaltet, so treten folgende Wirkungen auf: Schon bei ab-
geschalteter Elektronenströmung wirkt der kapazitive Leitwert der
Elektrodenkapazität verstimmend auf die Eigenfrequenz des Kreises;
meist ist es sogar unumgänglich, den Schwingkreis mit der Röhre baulich zu vereinigen, so daß die Elektrodenkapazität zugleich die Schwing-
kreiskapazität ist. Schaltet man dann die Elektronenströmung ein, so
wirkt der Blindleitwert G_B abermals verstimmend, jedoch in geringerem
Maße als der kapazitive Leitwert. Denn für die Größe des Blindleit-
wertes ist zu bedenken, daß er proportional dem Gleichstromleitwert $\overline{\overline{G}}$
ist und daß dieser Wert $\overline{\overline{G}}$ eine gewisse Größe nicht überschreiten kann,
da der Gleichstrom $\overline{I}$ so klein bleiben muß, daß keine Raumladungserscheinungen auftreten. Es wird noch weiter unten bei der Raumladungsdiode bewiesen werden, daß der Blindleitwert die Größe des
kapazitiven Leitwertes nie erreichen kann. Der Wirkleitwert G_W wirkt
auf den Kreis dämpfend oder anfachend, je nachdem ob er positiv oder,
wie beim vorliegenden Beispiel, negativ ist. Bei negativem Wirkleitwert
ist die selbsttätige Schwingungserzeugung immer dann möglich, wenn
G_W dem Betrage nach größer ist als der Wirkleitwert G_{Wa} des Außen-
kreises; denn die Verluste des Kreises kann man durch einen dem Kreis
parallel liegenden Wirkleitwert darstellen.

Das Verhalten der Sättigungsdiode bei beliebigen Wechselspannungen ist bisher an einem einzigen Beispiel dargestellt worden. Entsprechend kann man nun das Verhalten bei anderen Betriebsbedingungen untersuchen, indem man andere Laufwinkel $\bar{\alpha}$ und andere Span-
nungsverhältnisse $\hat{U}/\bar{U}$ zugrunde legt. Dabei kann man feststellen, daß
es Laufwinkelbereiche gibt, in denen der Wirkleitwert positiv ist, wo
also die Diode dämpfend und nicht anfachend wirkt und daher eine
Schwingungserzeugung unmöglich ist. In den Bereichen, in denen die
Röhre anfachend wirkt, wird der Betrag des negativen Wirkleitwertes
bei Steigerung der Wechselspannungen $\hat{U}$ kleiner und schließlich Null,
worauf dann der Wirkleitwert positive Werte annimmt; aus diesem
Grunde können sich bei selbständiger Schwingungserzeugung die Span-

nungen immer nur bis zu einem bestimmten Betrage aufschaukeln. Der Wirkungsgrad läßt sich jedoch niemals nennenswert höher bringen als bei dem betrachteten Beispiel. Im Hinblick auf die geringe praktische Bedeutung, die die Sättigungsdiode besitzt, soll auf die ausführliche Wiedergabe von Diagrammen verzichtet werden.

c) Das Verhalten bei kleinen Wechselspannungen.

Beschränkt man sich auf den Sonderfall, daß die Wechselspannung $\hat{U}$ klein gegen die Gleichspannung $\bar{U}$ sein soll, so kann man das Verhalten der Sättigungsdiode mit guter Näherung in analytisch geschlossener Form darstellen und dadurch sofort für alle Betriebsbedingungen überschauen. Für die Bereiche der Anfachung ist der Betrag des negativen Wirkleitwertes bei kleinen Spannungen am größten, so daß man sofort aus den Lösungen bei kleinen Spannungen erkennt, ob ein vorgegebener Schwingungskreis von der Röhre noch zu selbsttätigen Schwingungen erregt wird oder nicht.

Die Bewegungsgleichungen für die einzelnen Elektronen sind die gleichen wie oben auf S. 20:

$$\left(\frac{\partial^2 y}{\partial t^2}\right)_{t_0=\text{konst.}} = \frac{e}{m\,d}\,(\bar{U} + \hat{U}\sin\omega t), \tag{17}$$

$$\left(\frac{\partial y}{\partial t}\right)_{t_0=\text{konst.}} = \frac{e}{m\,d}\left[\bar{U}\,(t - t_0) - \frac{\hat{U}}{\omega}\,(\cos\omega t - \cos\omega t_0)\right], \tag{18}$$

$$y = \frac{e}{m\,d}\left[\bar{U}\,\frac{(t - t_0)^2}{2} - \frac{\hat{U}}{\omega^2}\,(\sin\omega t - \sin\omega t_0) + \frac{\hat{U}}{\omega}\,(t - t_0)\cos\omega t_0\right]. \tag{19}$$

Setzt man in der letzten Gleichung $y = d$, so ergibt sich die Zeit t_0, zu welcher das Elektron gestartet ist, das zur Zeit t gerade die Anode trifft; setzt man für die Laufzeit dieses Elektrons:

$$\tau = t - t_0,$$

so erhält man aus (19):

$$\frac{e}{m\,d^2}\left\{\bar{U}\,\frac{\tau^2}{2} - \frac{\hat{U}}{\omega^2}\,[\sin\omega t - \sin\omega(t - \tau)] + \frac{\hat{U}}{\omega}\,\tau\cos\omega(t - \tau)\right\} = 1. \tag{19a}$$

Diese Gleichung dient zur Bestimmung der Laufzeiten τ der einzelnen zu verschiedenen Zeiten t auf der Anode eintreffenden Elektronen. τ ist streng zu unterscheiden von $\bar{\tau}$; die Laufzeit $\bar{\tau}$ im reinen Gleichfeld ist für alle Elektronen die gleiche, die Laufzeit τ im Gleich- und Wechselfeld ist von der Zeit t abhängig, d. h. für die einzelnen Elektronen verschieden.

Zur Berechnung des Influenzstromes wird wieder die Gl. (10) auf S. 14 verwendet; $i_{l_0}(t_0)$ ist gleich $\bar{I}$, d. h. von der Zeit unabhängig. $\partial y/\partial t$ wird aus Gl. (18) eingesetzt. Es folgt:

$$i_{infl} = \frac{\bar{I}}{d} \int\limits_{t-\tau}^{t} \frac{e}{md} \left[\bar{U}(t - t_0) - \frac{\hat{U}}{\omega}(\cos\omega t - \cos\omega t_0) \right] dt_0$$

$$= \bar{I}\, \frac{e}{md^2} \left[-\bar{U}\, \frac{(t - t_0)^2}{2} - \frac{\hat{U}}{\omega}\left(t_0 \cos\omega t - \frac{1}{\omega}\sin\omega t_0 \right) \right]_{t_0=t-\tau}^{t_0=t}$$

$$= \bar{I}\, \frac{e}{md^2} \left\{ \bar{U}\, \frac{\tau^2}{2} - \frac{\hat{U}}{\omega}\left[\tau\cos\omega t - \frac{1}{\omega}\sin\omega t + \frac{1}{\omega}\sin\omega(t-\tau) \right] \right\}.$$

In dieser Gleichung ist noch die Laufzeit τ als Funktion der Zeit t vorhanden. Mit Hilfe der Gl. (19a) gelingt es nicht, die Größe τ in analytisch geschlossener Form darzustellen; hingegen kann man wenigstens die Größe $\frac{e}{md^2}\,\bar{U}\,\frac{\tau^2}{2}$ durch Vereinigung der letzten Gleichung mit (19a) beseitigen; dann ergibt sich:

$$i_{infl} = \bar{I} + \frac{e}{md^2}\,\hat{U}\,\bar{I}\left\{ \frac{1}{\omega^2}(\sin\omega t - \sin\omega(t-\tau)) - \frac{\tau}{\omega}\cos\omega(t-\tau) \right.$$

$$\left. - \frac{\tau}{\omega}\cos\omega t + \frac{1}{\omega^2}(\sin\omega t - \sin\omega(t-\tau)) \right\}$$

$$= \bar{I} + \frac{e\,\hat{U}}{md^2\omega^2}\,\bar{I}\left\{ 2\,[\sin\omega t - \sin\omega(t-\tau)] - \omega\tau\,[\cos\omega t + \cos\omega(t-\tau)] \right\}$$

$$= \bar{I} + \frac{e\,\hat{U}}{md^2\omega^2}\,\bar{I}\left\{ \sin\omega t\,[2\,(1 - \cos\omega\tau) - \omega\tau\sin\omega\tau] \right.$$

$$\left. + \cos\omega t\,[2\sin\omega\tau - \omega\tau(1 + \cos\omega\tau)] \right\}.$$

Die Laufzeit τ ist jetzt nur noch in Gliedern vorhanden, die mit $\hat{U}$ multipliziert sind. Geht man jetzt zu der Voraussetzung kleiner Wechselspannungen über, so erkennt man aus (19a), daß τ nur wenig von der Laufzeit $\bar{\tau}$ im Gleichfeld $\left(\text{zu bestimmen aus: } \frac{e}{md^2}\,\bar{U}\,\frac{\bar{\tau}^2}{2} = 1 \right)$ abweicht; dadurch würde in der letzten Gleichung die Berücksichtigung der Differenz zwischen τ und $\bar{\tau}$ Glieder ergeben, die wegen der Multiplikation mit dem kleinen Wert $\hat{U}$ von zweiter Größenordnung klein sind. Deswegen kann man bei kleinen Wechselspannungen in der letzten Gleichung τ durch $\bar{\tau}$ ersetzen; setzt man außerdem noch $\bar{\alpha} = \omega\bar{\tau}$, so folgt:

$$i_{infl} = \bar{I} + \frac{e\,\bar{I}\,\hat{U}}{m\omega^2 d^2}\left\{ \sin\omega t\,[2\,(1 - \cos\bar{\alpha}) - \bar{\alpha}\sin\bar{\alpha}] \right.$$

$$\left. + \cos\omega t\,[2\sin\bar{\alpha} - \bar{\alpha}(1 + \cos\bar{\alpha})] \right\}.$$

Der Influenzstrom setzt sich somit aus drei Anteilen zusammen: erstens aus dem Gleichstrom $\bar{I}$, zweitens einem Anteil, der mit $\sin\omega t$ veränderlich und daher mit der Spannung $\hat{U}\sin\omega t$ in Phase ist und somit den hochfrequenten Wirkstrom darstellt; schließlich ist noch ein dritter Anteil vorhanden, der mit $\cos\omega t$ verläuft und deshalb den hochfrequenten Blindstrom darstellt. Setzt man die Scheitelwerte von Wirkstrom und Blindstrom ins Verhältnis zum Scheitelwert der Wechselspannung, so erhält man den Wirkleitwert G_W und den Blindleitwert G_B der Diode:

$$G_W = \frac{e\,\bar{\bar{I}}}{m\,\omega^2 d^2}\,[2\,(1 - \cos\bar{\bar{\alpha}}) - \bar{\bar{\alpha}}\sin\bar{\bar{\alpha}}],$$
$$G_B = \frac{e\,\bar{\bar{I}}}{m\,\omega^2 d^2}\,[2\sin\bar{\bar{\alpha}} - \bar{\bar{\alpha}}\,(1 + \cos\bar{\bar{\alpha}})]. \tag{23}$$

Verwendet man eine Diode mit dem Elektrodenabstand d und dem Kathodensättigungsstrom $\bar{I}$ bei der konstanten Kreisfrequenz ω, so hängt der Verlauf von Wirk- und Blindleitwert ausschließlich vom Laufwinkel $\bar{\bar{\alpha}}$ ab, dessen Größe man durch Anlegen verschiedener Anodenspannungen $\bar{U}$ entsprechend Gl. (16) auf S. 19 verändern kann; je

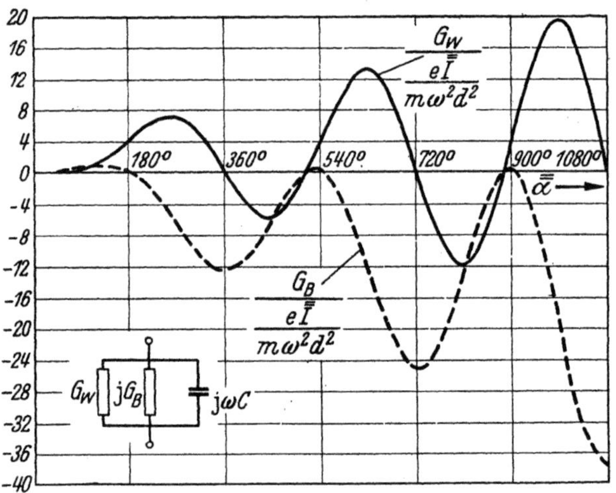

Abb. 9. Wirkleitwert G_B und Blindleitwert G_W der Sättigungsdiode in Abhängigkeit vom Laufwinkel.

kleiner man die Spannung macht, um so größer wird der Laufwinkel $\bar{\bar{\alpha}}$. Die Abhängigkeit des Wirk- und Blindleitwertes vom Laufwinkel $\bar{\bar{\alpha}}$ ist in Abb. 9 dargestellt. Der Wirkleitwert G_W ist bei kleinen Laufwinkeln $\bar{\bar{\alpha}}$ sehr klein, steigt dann auf höhere positive Werte an, um schließlich bei $\bar{\bar{\alpha}} = 360°$ wieder auf Null zurückzugehen; in dem bis jetzt beschriebenen Bereich wirkt also die Elektronenstrecke dämpfend auf den außen angeschlossenen Schwingkreis. Für $\bar{\bar{\alpha}} > 360°$ wird G_W negativ, erreicht bei $443°$ seinen negativen Höchstwert und geht bei $514°$ wieder auf Null zurück; in diesem Bereich wirkt die Elektronenstrecke anfachend. Dann folgt wieder ein Dämpfungsbereich bis $720°$, ein Anfachbereich bis $886°$ und ein Dämpfungsbereich bis $1080°$. Das Abwechseln von Schwing- und Dämpfungsbereichen setzt sich für höhere Werte des Laufwinkels immer weiter fort. Der Blindleitwert G_B ist von $\bar{\bar{\alpha}} = 0$ bis $180°$ positiv, d. h. die Elektronenstrecke wirkt kapazitiv; für höhere $\bar{\bar{\alpha}}$ wird der Blindleitwert negativ (die Elektronenströmung wirkt also induktiv) und schwankt im negativen Bereiche auf und ab, um nur in ganz kleinen Zipfeln stellenweise in den positiven Bereich überzugehen. Der Blindleitwert wirkt auf den Außenkreis verstimmend; die Verstimmung schwankt also mit dem Laufwinkel. Die absoluten Größen der Extremwerte von Wirk- und Blindleitwert steigen mit zunehmendem Laufwinkel ständig an; deshalb facht sich die Diodenstrecke mit einem vorgegebenen Schwingkreis in den höheren Schwingbereichen leichter an als in den niedrigeren; jedoch wird die Nutzleistung

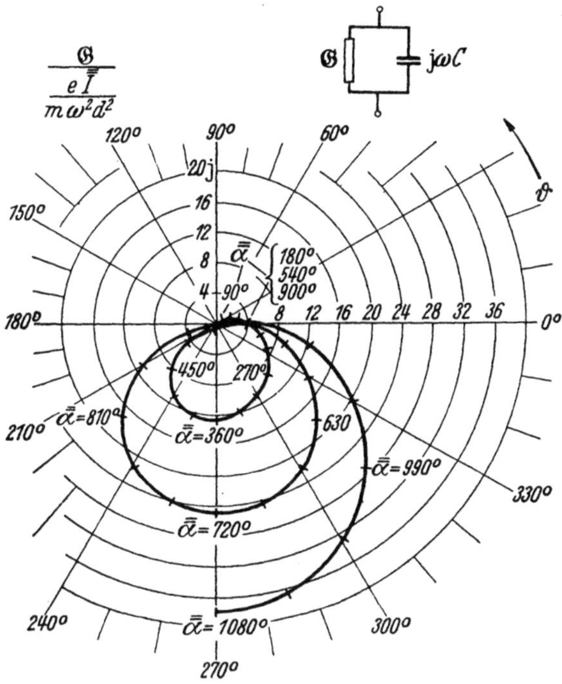

Abb. 10. Leitwert $\mathfrak{G}$ der Sättigungsdiode, als Ortskurve in Abhängigkeit von $\overline{\overline{\alpha}}$ dargestellt.

in den höheren Schwingbereichen geringer; denn der zunehmende Laufwinkel wird dadurch hergestellt, daß man die Anodenspannung verringert; je kleiner aber die Anodenspannung ist, zu um so kleineren Werten wird sich die Hochfrequenzspannung aufschaukeln, wodurch die gewonnene Nutzleistung abnimmt. Im übrigen ist der Zunahme der Extremwerte von den Leitwerten mit steigendem Laufwinkel eine Grenze dadurch gesetzt, daß man bei kleineren Anodenspannungen wegen der geringen Elektronengeschwindigkeiten schließlich starke Raumladungen erhält und dann in ein Gebiet kommt, in dem sich die Röhre vollkommen anders verhält, weil hier die für die Rechnung gemachten Voraussetzungen nicht mehr gelten. — Dem Wirk- und Blindleitwert der Elektronenströmung liegt natürlich immer der kapazitive

Leitwert der Elektroden parallel, wie dies auch in dem Schaltschema
in Abb. 9 dargestellt ist.

Man kann, um die Zusammenhänge zwischen Wirk- und Blindleitwert anschaulicher zu gestalten, entsprechend Gl. (21) auf S. 24 den
komplexen Leitwert

$$\mathfrak{G} = G_W + \mathrm{j} G_B = |\mathfrak{G}| e^{\mathrm{j}\vartheta}$$

bilden und als Ortskurve auftragen, wie dies in Abb. 10 geschehen ist;
im Polardiagramm ist der Zeiger $\mathfrak{G}$ nach Betrag $|\mathfrak{G}|$ und Phase ϑ bei
verschiedenen Werten von $\bar{\bar{\alpha}}$ aufgetragen, die Verbindungslinie der

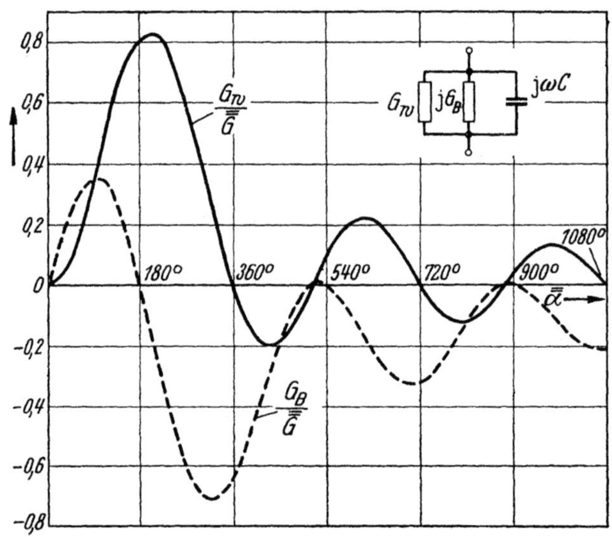

Abb. 11. Die Funktion $\mathfrak{Y}_1(\bar{\bar{\alpha}})$, dargestellt durch ihren Wirkanteil $G_W/\bar{\bar{G}}$
und ihren Blindanteil $G_B/\bar{\bar{G}}$; für den Fall der Sättigungsdiode stellt G_W den Wirkleitwert, G_B den
Blindleitwert und $\bar{\bar{G}}$ den Gleichstromleitwert dar.

Spitzen aller Zeiger stellt die Ortskurve dar; an einzelne Punkte sind
die zugehörigen Werte von $\bar{\bar{\alpha}}$ beigeschrieben. Die Darstellung als Ortskurve hat den Vorteil, daß sich die Figur leichter einprägt als die einzelnen Kurven für Wirk- und Blindleitwert entsprechend Abb. 9.

Man kann der Leitwertdarstellung nach Gl. (23) auf S. 28 noch eine
andere Darstellung geben; wenn man den Faktor $\dfrac{e\bar{I}}{m\omega^2 d^2}$ mit $\bar{\bar{\tau}}^2$ erweitert, im Nenner ω^2 und $\bar{\bar{\tau}}^2$ zu $\bar{\bar{\alpha}}^2$ zusammenfaßt und im Zähler $\bar{\bar{\tau}}^2$
durch $\dfrac{4d^2}{\dfrac{2e}{m}\bar{U}}$ entsprechend Gl. (16) auf S. 19 ersetzt; dann wird

$$\frac{e\bar{I}}{m\omega^2 d^2} = \frac{e\bar{I}\bar{\bar{\tau}}^2}{m d^2 \bar{\bar{\alpha}}^2} = 2\frac{\bar{I}}{\bar{U}}\frac{1}{\bar{\bar{\alpha}}^2} = \frac{2}{\bar{\bar{\alpha}}^2}\bar{\bar{G}},$$

also proportional dem Gleichstromleitwert $\overline{\overline{G}}$ der Diode. Dann folgt
aus Gl. (23):

$$\left.\begin{aligned}
\frac{G_W}{\overline{\overline{G}}} &= 2\left[\frac{2}{\overline{\alpha}^2}(1-\cos\overline{\overline{\alpha}}) - \frac{\sin\overline{\alpha}}{\overline{\alpha}}\right], \\
\frac{G_B}{\overline{\overline{G}}} &= 2\left(\frac{2}{\overline{\alpha}^2}\sin\overline{\overline{\alpha}} - \frac{1+\cos\overline{\alpha}}{\overline{\alpha}}\right).
\end{aligned}\right\} \quad (24)$$

Für den komplexen Leitwert folgt dann:

$$\left.\begin{aligned}
\frac{\mathfrak{G}}{\overline{\overline{G}}} &= \frac{G_W}{\overline{\overline{G}}} + \mathrm{j}\,\frac{G_B}{\overline{\overline{G}}} \\
&= \mathfrak{Y}_1(\overline{\alpha}) = 2\left[\frac{2}{\overline{\alpha}^2}(1-\cos\overline{\overline{\alpha}}) - \frac{\sin\overline{\alpha}}{\overline{\alpha}} + \mathrm{j}\left(\frac{2}{\overline{\alpha}^2}\sin\overline{\overline{\alpha}} - \frac{1+\cos\overline{\alpha}}{\overline{\alpha}}\right)\right].
\end{aligned}\right\} \quad (25)$$

Weil von dieser Funktion von $\overline{\alpha}$ noch an späterer Stelle Gebrauch gemacht werden soll, wird sie mit einem besonderen Buchstaben $\mathfrak{Y}_1(\overline{\alpha})$ gekennzeichnet. Der Real-
teil von $\mathfrak{Y}_1$, nämlich
$\mathrm{Re}\,(\mathfrak{Y}_1) = G_W/\overline{\overline{G}}$, und der
Imaginärteil von $\mathfrak{Y}_1$,
nämlich $\mathrm{Im}\,(\mathfrak{Y}_1) = G_B/\overline{\overline{G}}$,
sind in Abb. 11 dar-
gestellt; den Verlauf
von $\mathfrak{Y}_1(\overline{\alpha})$ als Ortskurve
zeigt Abb. 12. Man wird
diese Darstellung der
Leitwerte nach Gl. (24)
für *den* Betriebsfall wählen, daß man eine Diode
mit festem Abstand d
und festem Kathoden-
sättigungsstrom $\overline{I}$ bei
konstanter Anodenspan-
nung $\overline{U}$, aber veränderlicher Frequenz betreibt;
dann ändert sich ent-
sprechend Gl. (16) auf
S. 19 der Laufwinkel $\overline{\alpha}$
mit der Frequenz ω; je
größer ω wird, desto
größer wird auch der
Laufwinkel $\overline{\alpha}$. Die Extremwerte des Wirk- und

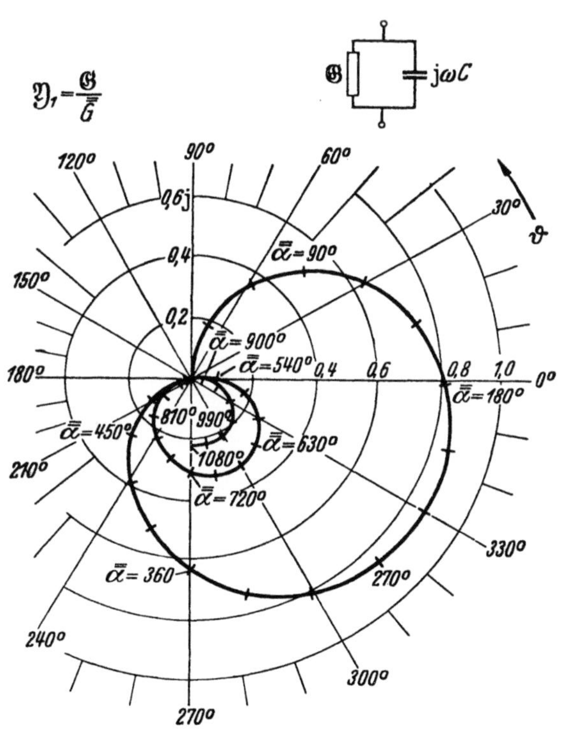

Abb. 12. Die Funktion $\mathfrak{Y}_1(\overline{\alpha})$ in Ortskurvendarstellung für den Fall der Sättigungsdiode ist $\mathfrak{Y}_1(\overline{\alpha}) = \mathfrak{G}/\overline{\overline{G}}$.

Blindleitwertes werden in diesem Falle mit zunehmendem Laufwinkel,
d. h. mit zunehmender Frequenz, kleiner. Bei der Frequenz Null ($\overline{\alpha} = 0$)
ist der Wirkleitwert (und ebenso auch der Blindleitwert) Null; bei

steigender Frequenz wird dann der Wirkleitwert positiv, wirkt also dämpfend, und beginnt erst später anfachend zu wirken. Die Lage der Nullstellen und (in guter Näherung) auch der Extremwerte ist die gleiche wie bei dem früheren Betriebsfall bei veränderlicher Anodenspannung. Wie aus der Ableitung der Gl. (24) leicht zu ersehen ist, unterscheiden sich die in Abb. 11 und 9 bzw. 12 und 10 dargestellten Funktionen nur um den Faktor $2/\bar{\bar{\alpha}}^2$.

Schließlich ist noch der Verlauf des Elektronenleitungsstromes an der Anode von Interesse, insbesondere im Hinblick auf das später zu behandelnde Problem, daß man die Anode durch ein Gitter ersetzt, durch das der Elektronenleitungsstrom in einen anderen Raum hindurchtreten kann. Der Elektronenleitungsstrom ist nach Gl. (7b) auf S. 11 zu bestimmen:

$$i_l = i_{l_0}(t_0)\,\frac{\left(\dfrac{\partial y}{\partial t}\right)_{t_0=\text{konst.}}}{\left|\dfrac{\partial y}{\partial t_0}\right|_{t=\text{konst.}}}.$$

Für den hier vorliegenden Sonderfall der Sättigungsdiode ist die Größe $\partial y/\partial t$ bereits durch Gl. (18) auf S. 26 bestimmt. Die Größe $\partial y/\partial t_0$ erhält man leicht durch Differenzieren der Gl. (19) (ebenfalls auf S. 26) nach der Startzeit t_0:

$$\frac{\partial y}{\partial t_0} = \frac{e}{m\,d}\left[-\bar{U}(t-t_0) - \hat{U}(t-t_0)\sin\omega t_0\right].$$

Der Leitungsstrom an der Kathode ist: $i_{l_0} = \bar{I}$. Also folgt:

$$i_l = \bar{I}\,\frac{1 - \dfrac{\hat{U}}{\bar{U}}\,\dfrac{1}{\omega(t-t_0)}\,(\cos\omega t - \cos\omega t_0)}{1 + \dfrac{\hat{U}}{\bar{U}}\sin\omega t_0}.$$

Macht man wieder die Voraussetzung kleiner Wechselspannungen, so kann man das Glied $\dfrac{\hat{U}}{\bar{U}}\sin\omega t_0$ mit Hilfe der binomischen Reihe aus dem Nenner fortschaffen und außerdem t_0 durch $t - \bar{\tau}$ ersetzen, da die Veränderung der Laufzeit durch die Wechselspannung verschwindend klein gegen die Laufzeit im Gleichfeld ist. Also ergibt sich für den Elektronenleitungsstrom an der Anode:

$$i_{la} = \bar{I} + \bar{I}\,\frac{\hat{U}}{\bar{U}}\left\{\frac{1}{\bar{\alpha}}\left[\cos\omega(t-\bar{\tau}) - \cos\omega t\right] - \sin\omega(t-\bar{\tau})\right\}$$

$$= \bar{I} + \bar{I}\,\frac{\hat{U}}{\bar{U}}\left[\sin\omega t\left(\frac{\sin\bar{\alpha}}{\bar{\alpha}} - \cos\bar{\alpha}\right) + \cos\omega t\left(\frac{\cos\bar{\alpha}-1}{\bar{\alpha}} + \sin\bar{\alpha}\right)\right].$$

Der Leitungsstrom an der Anode setzt sich — ähnlich wie der Influenzstrom — zusammen aus dem Gleichstrom $\bar{I}$, einem Wechselstromanteil, der mit der Hochfrequenzspannung in Phase ist, und einem Wechsel-

stromanteil, der gegen sie um 90° in der Phase versetzt ist. Man faßt
nun diese beiden Wechselstromanteile zweckmäßig zu einem gegen die
Spannung phasenverschobenen Strom $\Im_{la}$ (in Zeigerdarstellung) zusammen. Das Verhältnis dieses Wechselstromes zur Wechselspannung $\mathfrak{U}$
(in Zeigerdarstellung) wird als „Steilheit" $\mathfrak{S}$ bezeichnet; $\mathfrak{S}$ bezeichnet
also die Größe des Elektronenleitungsstromes an der Anode im Ver-
hältnis zu der steuernden Wechselspannung $\mathfrak{U}$. Ersetzt man schließlich
noch $\bar{I}/\bar{U}$ durch $\bar{\bar{G}}$, so folgt:

$$\frac{\mathfrak{S}}{\bar{\bar{G}}} = \frac{\Im_{la}}{\mathfrak{U}\bar{\bar{G}}} = \mathfrak{Y}_2(\bar{\alpha}) = \frac{\sin\bar{\alpha}}{\bar{\alpha}} - \cos\bar{\alpha} + j\left(\sin\bar{\alpha} - \frac{1-\cos\bar{\alpha}}{\bar{\alpha}}\right). \quad (26)$$

Diese Funktion von $\bar{\alpha}$ werde mit einem besonderen Buchstaben $\mathfrak{Y}_2(\bar{\alpha})$
gekennzeichnet. In komplexer Darstellung ist $\mathfrak{Y}_2$ in Abb. 13 als Ortskurve dargestellt.

Die Darstellung in
Gl. (26) und in Abb. 13
kennzeichnet den Be-
triebsfall, daß man die
Anodenspannung $\bar{U}$ konstant hält (dann ist auch
$\bar{\bar{G}}$ konstant) und die
Größe des Laufwinkels
durch die Frequenz
ändert. Bei sehr kleinen
Laufwinkeln ist auch die
Steilheit sehr klein, d. h.
bei sehr niedrigen Fre-
quenzen tritt kein Lei-
tungswechselstrom der
Elektronen an der Anode
auf. Bei größeren Lauf-
winkeln bleibt der Be-
trag der Steilheit immer
nahezu gleich $\bar{\bar{G}}$, ledig-

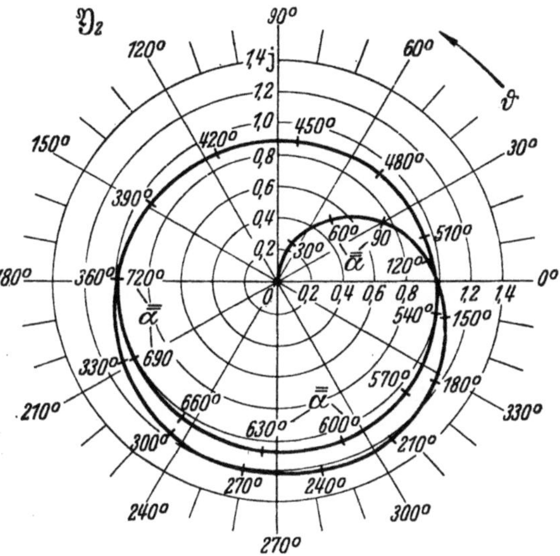

Abb. 13. Die Funktion $\mathfrak{Y}_2(\bar{\alpha})$ in Ortskurvendarstellung;
für den Fall der Sättigungsdiode bedeutet $\mathfrak{Y}_2(\bar{\alpha})$ das Verhältnis der komplexen Steilheit $\mathfrak{S}$ zum Gleichstromleitwert $\bar{\bar{G}}$.

lich die Phase dreht sich, und zwar nahezu proportional mit dem Laufwinkel $\bar{\alpha}$. — Wenn man die Größe des Laufwinkels $\bar{\alpha}$ durch die
Anodenspannung $\bar{U}$ verändert, so muß man berücksichtigen, daß $\bar{\bar{G}}$
sich entsprechend verändert; verkleinert man die Anodenspannung,
so vergrößert sich $\bar{\alpha}$ und $\bar{\bar{G}}$, der Betrag von $\mathfrak{S}$ steigt deshalb ständig an; bezüglich des Erreichens des Raumladegebietes gilt das oben
Gesagte.

Die Geschwindigkeit, mit der die Elektronen auf die Anode auftreffen, unterliegt ebenfalls einer zeitlichen Schwankung, die sich aus
Gl. (18) auf S. 26 mit ähnlichen Näherungen berechnen läßt.

2. Die Raumladungsdiode.

a) Das Verhalten bei Gleichspannungen.

In ihrem Aufbau unterscheidet sich die ebene Raumladungsdiode nicht von der ebenen Sättigungsdiode; als Schema gilt deshalb auch hier die Abb. 6. Die Voraussetzungen über die Kathode sind hier andere: sie soll imstande sein, beliebig viele Elektronen zu liefern, und die Begrenzung der Elektronenmenge, die zur Anode übergehen kann, soll durch die Raumladung erfolgen. Der auftretende Anodenstrom ist daher für diesen Fall der größtmögliche, der bei der angelegten Anodenspannung überhaupt übergehen kann. Die Voraussetzung, daß die Elektronen die Kathode mit der Geschwindigkeit Null verlassen, soll auch hier gemacht werden. (Die Lösung für den Fall, daß die Elektronen mit Maxwellscher Geschwindigkeitsverteilung aus der Kathode austreten, ist bei Gleichspannungen bekannt, jedoch nicht bei Höchstfrequenz.)

Bei reinen Gleichspannungen ist ein Verschiebungsstrom und ein kapazitiver Ladestrom nicht vorhanden; der Gesamtstrom, der Influenzstrom und der Elektronenleitungsstrom sind gleich und werden sämtlich mit $\bar{I}$ bezeichnet. Als Bewegungsgleichung dient für den Raumladungsfall die Gl. (14) auf S. 16:

$$\frac{\partial^3 y}{\partial t^3} = \frac{e}{m} \frac{\bar{I}}{\varepsilon_0 F}.$$

Zur Zeit t_0 des Elektronenstartes von der Kathode sollen die Beschleunigung $\partial^2 y/\partial t^2$, die Geschwindigkeit $\partial y/\partial t$ und die Strecke y Null sein. Die Randbedingung der an der Kathodenoberfläche verschwindenden Beschleunigung ist gleichbedeutend mit der Forderung nach größtmöglicher Raumladung; da die Elektronenbeschleunigung der elektrischen Feldstärke proportional ist, ist die Feldstärke an der Kathode Null, d. h. die Raumladung aller zur Anode fliegenden Elektronen ist so groß, daß das elektrische Feld der positiven Anode gerade völlig aufgehoben wird; eine noch größere Raumladung ist unmöglich, da diese eine negative Feldstärke an der Kathode bedingen und jede Emission unmöglich machen würde. Integriert man die Gleichung unter den Randbedingungen, so folgt:

$$\frac{\partial^2 y}{\partial t^2} = \frac{e}{m} \frac{\bar{I}}{\varepsilon_0 F} (t - t_0),$$

$$\frac{\partial y}{\partial t} = \frac{e}{m} \frac{\bar{I}}{\varepsilon_0 F} \frac{(t - t_0)^2}{2},$$

$$y = \frac{e}{m} \frac{\bar{I}}{\varepsilon_0 F} \frac{(t - t_0)^3}{6}.$$

Für den Fall, daß das Elektron die Anode gerade erreicht, ist $y = d$ und $t - t_0 = \bar{\tau}$, also:

$$d = \frac{e}{m} \frac{\bar{I}}{\varepsilon_0 F} \frac{\bar{\tau}^3}{6} \quad \text{oder} \quad \bar{\tau} = \sqrt[3]{\frac{6 m \,\varepsilon_0 F d}{e \bar{I}}}.$$

Diese Gleichung gestattet, aus den geometrischen Abmessungen F und d der Diode und dem Anodenstrom $\bar{I}$ die Laufzeit $\bar{\tau}$ im Gleichfeld zu errechnen. Hieraus ist ein für die Höchstfrequenztechnik sehr wichtiger Schluß zu ziehen: Das Verhältnis $\bar{I}/F$ bezeichnet die spezifische Emission der Kathode; der Höchstwert dieser Größe ist vom Werkstoff der Kathode abhängig und kann einen gewissen Betrag (etwa 0,2 A/cm² bei Oxydkathoden im Dauerbetrieb, etwa 15 A/cm² im Impulsbetrieb) nicht überschreiten, ohne daß die Kathode zerstört wird; bei einem festgelegten Elektrodenabstand d gibt es also bei der Raumladungsdiode einen Mindestwert für die Laufzeit, der nicht mehr unterschritten werden kann. Bei der Sättigungsdiode dagegen lassen sich grundsätzlich beliebig kurze Laufzeiten erzielen.

Um die zwischen Kathode und Anode wirksame Gleichspannung zu ermitteln, muß man die Größe des elektrischen Feldes an jeder Stelle y kennen. An der Kathode ist die elektrische Feldstärke bei der Raumladungsdiode Null; denn solange eine elektrische Feldstärke vorhanden ist, erhöht sich die Elektronenemission, und zwar so lange, bis durch die negative Raumladung die elektrische Feldstärke zum Verschwinden gebracht ist (vgl. oben). Deshalb ist auch der dielektrische Verschiebungsfluß an der Kathode Null. Wie schon auf S. 16 ausgeführt, ist der an einem beliebigen Punkte y durch den Querschnitt F gehende Verschiebungsfluß $\varepsilon_0 Fe(y)$ gleich der zwischen der Querschnittsfläche und der Kathode liegenden Ladung; diese Ladung ist ihrerseits gleich $\bar{I}(t - t_0)$, weil sie aus der Elektronenmenge besteht, die durch den Strom $\bar{I}$ in der Zeit $t - t_0$ von der Kathode her eingeströmt ist. Also ergibt sich die elektrische Feldstärke zu:

$$e(y) = \frac{\bar{I}}{\varepsilon_0 F}(t - t_0)$$

oder bei Ersetzen von $t - t_0$ durch eine Funktion von y nach der obigen Bewegungsgleichung:

$$e(y) = \frac{\bar{I}}{\varepsilon_0 F} \sqrt[3]{\frac{6m\,\varepsilon_0 F\,y}{e\,\bar{I}}} = \left(\frac{\bar{I}}{\varepsilon_0 F}\right)^{2/3}\left(\frac{6m}{e}\right)^{1/3} y^{1/3}.$$

Die Spannung $\bar{U}$ zwischen Kathode und Anode folgt dann durch Integration über die elektrische Feldstärke $e(y)$ längs des Weges d:

$$\bar{U} = \int_0^d e(y)\,dy = \left(\frac{\bar{I}}{\varepsilon_0 F}\right)^{2/3}\left(\frac{6m}{e}\right)^{1/3} \frac{3}{4}\,d^{4/3}.$$

Durch Umformen der Gleichung ergibt sich dann das bekannte Raumladungsgesetz:

$$\bar{I} = \frac{4}{9}\sqrt{\frac{2e}{m}}\,\varepsilon_0 F\,\frac{\bar{U}^{3/2}}{d^2}. \tag{27}$$

Die kurvenmäßige Darstellung des Raumladungsgesetzes zeigt Abb. 14. Die Kurve, die den Zusammenhang zwischen $\bar{I}$ und $\bar{U}$ darstellt, entspricht in dem als „Raumladungsgebiet" gekennzeichneten Teil dem $\bar{\bar{U}}^{3/2}$-Gesetz; sobald dann der Strom den Sättigungsstrom der Kathode erreicht hat, knickt die Kurve ab, und es folgt der als „Übergangs- gebiet" bezeichnete Teil (Oxyd- kathoden weisen bei statischem Be- trieb einen solchen Sättigungsknick nicht auf, wohl aber Wolfram- kathoden). Im Übergangsgebiet ist bereits eine elektrische Feldstärke an der Kathode vorhanden, die aber wegen der Raumladung der Elek- tronen kleiner ist als die elektrische Feldstärke an der Anode. Erst wenn man die Anodenspannung noch wei- ter steigert, wird die Elektronen- geschwindigkeit so hoch, daß die im Raume befindliche Ladung so klein wird, daß sie auf die Feldstärkenverteilung keinen nennenswerten Ein- fluß mehr ausübt; dann ist das eigentliche Sättigungsgebiet erreicht.

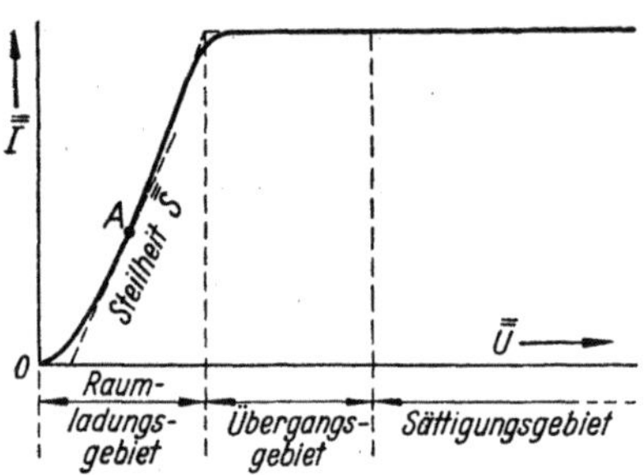

Abb. 14. Statische Raumladungskennlinie.

Für die Raumladungskennlinie ist es von Wichtigkeit, in jedem Arbeitspunkt A die Steilheit $\bar{\bar{S}}$ zu kennen; es soll die Steigung der Tangente, die an die Kennlinie im Arbeitspunkt A (vgl. Abb. 14) gelegt wird, in Anlehnung an die bei Gitterröhren in der Hochfrequenztechnik üblichen Definitionen auch bei der Diode als Steilheit bezeichnet werden, obwohl man sonst vorzugsweise den Begriff des inneren Widerstandes gebraucht. Die Steilheit ergibt sich durch Differenzieren der Gl. (27) nach $\bar{U}$; das Ergebnis kann man in verschiedener Weise umformen, indem man $\bar{\bar{S}}$ als Funktion von $\bar{U}$, $\bar{I}$ oder vom Verhältnis $\bar{U}/\bar{I}$ darstellt; man erhält:

$$\bar{\bar{S}} = \frac{2}{3} \sqrt{\frac{2e}{m}} F \varepsilon_0 \frac{\bar{U}^{1/2}}{d^2} = \sqrt[3]{\frac{4}{3} \frac{e}{m} \frac{F^2 \varepsilon_0^2}{d^4}} \sqrt[3]{\bar{\bar{I}}} = \frac{3}{2} \frac{\bar{I}}{\bar{U}} . \tag{28}$$

In ähnlicher Weise kann man auch in der oben gefundenen Gleichung für die Laufzeit $\bar{\tau}$ den Strom $\bar{I}$ mit Hilfe der Raumladungsgleichung (27) durch die Spannung $\bar{U}$ ersetzen und erhält:

$$\bar{\tau} = \frac{3d}{\sqrt{\frac{2e}{m} \bar{U}}} .$$

Die Größe $\bar{v}_{\max} = \sqrt{\frac{2e}{m} \bar{U}}$ ist die maximale Geschwindigkeit, die die Elektronen an der Anode erreichen [vgl. Gl. (15a) auf S. 19], die Größe $d/\bar{\tau}$ ist die mittlere Geschwindigkeit auf dem gesamten Flugweg; daraus folgt, daß bei der Raumladungsdiode die mittlere Geschwindigkeit ein Drittel der maximalen beträgt (bei der Sättigungsdiode ist die mittlere Geschwindigkeit die Hälfte der maximalen; der Elektronenflug in der Raumladungsdiode dauert — gleiche Anodenspannung vorausgesetzt —

länger). Für die Größe des durch die Gleichspannung verursachten Laufwinkels erhält man:

$$\bar{\bar{\alpha}} = \omega\bar{\bar{\tau}} = \omega\,\frac{3\,d}{\sqrt{\dfrac{2\,e}{m}\,\bar{U}}} = \omega\sqrt[3]{\frac{6\,d\,m\,\varepsilon_0\,F}{e\,\bar{I}}}\,. \tag{29}$$

Bildet man das Produkt aus Laufwinkel und Steilheit, so folgt:

$$\bar{\bar{\alpha}}\,\bar{\bar{S}} = 2\,\omega\,\varepsilon_0\,\frac{F}{d} = 2\,\omega C\,; \tag{30}$$

das Produkt ist gleich dem doppelten kapazitiven Leitwert der Elektrodenkapazität $C = \varepsilon_0\,\dfrac{F}{d}$.

b) Das Verhalten bei kleinen Wechselspannungen.

Wie schon oben erwähnt, muß man bei der Berechnung bei Raumladung vom Gesamtstrom ausgehen, weil dieser in allen Abständen y in jedem beliebigen Zeitaugenblick konstant ist. Man macht deshalb den Ansatz, daß dieser Strom aus einem Gleichstrom $\bar{I}$ und einem überlagerten sinusförmigen Wechselstrom mit dem Scheitelwert $\hat{I}$ besteht, also: $i_{ges} = \bar{I} + \hat{I}\sin\omega t$. Die Bewegungsgleichung (14) auf S. 16 erhält dann die Form:

$$\frac{\partial^3 y}{\partial t^3} = \frac{e}{m\,\varepsilon_0 F}\,(\bar{I} + \hat{I}\sin\omega t)\,. \tag{31}$$

Diese Gleichung ist dreimal zu integrieren unter den Voraussetzungen, daß im Augenblick t_0 des Elektronenstarts von der Kathode die Beschleunigung $\partial^2 y/\partial t^2$, die Geschwindigkeit $\partial y/\partial t$ und der Abstand y Null sind; dann erhält man:

$$\frac{\partial^2 y}{\partial t^2} = \frac{e}{m\,\varepsilon_0 F}\left[\bar{I}\,(t - t_0) - \frac{\hat{I}}{\omega}\,(\cos\omega t - \cos\omega t_0)\right], \tag{32}$$

$$\frac{\partial y}{\partial t} = \frac{e}{m\,\varepsilon_0 F}\left[\bar{I}\,\frac{(t - t_0)^2}{2} - \frac{\hat{I}}{\omega^2}\,(\sin\omega t - \sin\omega t_0) + \frac{\hat{I}}{\omega}\,(t - t_0)\cos\omega t_0\right], \tag{33}$$

$$\begin{aligned}
y = \frac{e}{m\,\varepsilon_0 F}\Bigg[&\bar{I}\,\frac{(t - t_0)^3}{6} + \frac{\hat{I}}{\omega^3}\,(\cos\omega t - \cos\omega t_0) \\
&+ \frac{\hat{I}}{\omega^2}\,(t - t_0)\sin\omega t_0 + \frac{\hat{I}}{\omega}\,\frac{(t - t_0)^2}{2}\cos\omega t_0\Bigg].
\end{aligned} \tag{34}$$

Für das Elektron, das zur Zeit t gerade die Anode trifft ($y = d$) und das die Laufzeit $\tau = t - t_0$ hinter sich hat, gilt:

$$\begin{aligned}
\frac{e}{m\,\varepsilon_0 F d}\Bigg\{&\bar{I}\,\frac{\tau^3}{6} + \frac{\hat{I}}{\omega^3}\,[\cos\omega t - \cos\omega(t - \tau)] \\
&+ \frac{\hat{I}}{\omega^2}\,\tau\sin\omega(t - \tau) + \frac{\hat{I}}{\omega}\,\frac{\tau^2}{2}\cos\omega(t - \tau)\Bigg\} = 1\,.
\end{aligned} \tag{34a}$$

Nunmehr kann wie bei der Sättigungsdiode der Influenzstrom nach Gl. (10) auf S. 14 berechnet werden; da an der Kathode kein Verschiebungsstrom fließt, ist $i_{l_\mathbf{0}}(t_0) = i_{ges}(t_0) = \bar{I} + \hat{I}\sin\omega t_0$, also:

$$i_{infl} = \frac{1}{d}\int\limits_{t-\tau}^{t} i_{l_\mathbf{0}}(t_0)\,\frac{\partial y}{\partial t}\,\mathrm{d}t_0$$

$$= \frac{e}{m\,\varepsilon_0 F d}\int\limits_{t-\tau}^{t}(\bar{I}+\hat{I}\sin\omega t_0)\left[\bar{I}\,\frac{(t-t_0)^2}{2} - \frac{\hat{I}}{\omega^2}(\sin\omega t - \sin\omega t_0)\right.$$
$$\left.+ \frac{\hat{I}}{\omega}(t-t_0)\cos\omega t_0\right]\mathrm{d}t_0.$$

Bei der Integration bleiben die Glieder mit $\hat{I}^2$ fort, da sie von zweiter Ordnung klein sind:

$$i_{infl} = \frac{e\,\bar{I}}{m\,\varepsilon_0 F d}\left\{\bar{I}\,\frac{\tau^3}{6} + \frac{\hat{I}}{\omega^3}\left[-\omega\tau\sin\omega t - \cos\omega t + \cos\omega(t-\tau)\right.\right.$$
$$\left.\left.+ \frac{\omega^2\tau^2}{2}\cos\omega(t-\tau)\right]\right\}.$$

Mit Hilfe der Gl. (34a) kann man dann das Glied $\bar{I}\dfrac{\tau^3}{6}$ eliminieren:

$$i_{infl} = \bar{I} + \frac{e\,\bar{I}\,\hat{I}}{m\,\varepsilon_0 F d\,\omega^3}\left[-\omega\tau\sin\omega t - 2\cos\omega t + 2\cos\omega(t-\tau) - \omega\tau\sin\omega(t-\tau)\right].$$

Nunmehr benutzt man abermals die Voraussetzung, daß der Wechselstrom klein sein soll gegen den Gleichstrom ($\hat{I}\ll\bar{I}$); dann lehrt Gl. (34a), daß die Laufzeit τ im Wechselfeld nur wenig abweicht von der Laufzeit $\bar{\tau}$ im Gleichfeld $\left(\text{zu berechnen aus }\dfrac{e}{m\,\varepsilon_0 F d}I\,\dfrac{\bar{\tau}^3}{6}=1\right)$. Da alle Glieder, die τ enthalten, mit der kleinen Größe $\hat{I}$ multipliziert sind, kann man τ durch $\bar{\tau}$ ersetzen und macht dabei nur Fehler, die von zweiter Größenordnung klein sind; führt man dann noch $\bar{\alpha} = \omega\bar{\tau}$ und $\dfrac{e}{m\,\varepsilon_0 F d}I = \dfrac{6}{\bar{\tau}^3}$ ein, so folgt:

$$i_{infl} = \bar{I} + \hat{I}\,\frac{6}{\bar{\alpha}^3}\left\{\sin\omega t\left[2\sin\bar{\alpha} - \bar{\alpha}(1+\cos\bar{\alpha})\right] + \cos\omega t\left[2(\cos\bar{\alpha}-1)+\bar{\alpha}\sin\bar{\alpha}\right]\right\}.$$

Für den Wechselstromanteil ergibt sich in Zeigerdarstellung:

$$\mathfrak{J}_{infl} = \mathfrak{J}\,\frac{6}{\bar{\alpha}^3}\left\{2\sin\bar{\alpha} - \bar{\alpha}(1+\cos\bar{\alpha}) + \mathrm{j}\left[2(\cos\bar{\alpha}-1)+\bar{\alpha}\sin\bar{\alpha}\right]\right\}. \qquad (35)$$

Da jetzt der Gesamtstrom und der Influenzstrom bekannt sind, kann man nach Gl. (12) auf S. 15 auch den kapazitiven Ladestrom ermitteln, der gleich der Differenz aus Gesamtstrom und Influenzstrom ist; es folgt:

$$i_C = \hat{I}\,\frac{6}{\bar{\alpha}^3}\left\{\sin\omega t\left[\frac{\bar{\alpha}^3}{6} - (2\sin\bar{\alpha} - \bar{\alpha}(1+\cos\bar{\alpha}))\right] - \cos\omega t\left[2(\cos\bar{\alpha}-1)+\bar{\alpha}\sin\bar{\alpha}\right]\right\}.$$

Aus der Größe des kapazitiven Ladestromes läßt sich dann leicht nach Gl. (11) auf S. 15 die zwischen den Elektroden liegende Spannung u

ermitteln: $u = \bar{U} + \dfrac{d}{\varepsilon_0 F} \int i_C \, dt$; die nach Gl. (29) auf S. 37 zu ermittelnde Gleichspannung $\bar{U}$ tritt dabei als Integrationskonstante auf;

$$u = \bar{U} + \frac{6d}{\omega\,\varepsilon_0 F}\,\frac{\hat{I}}{\bar{\alpha}^3}\Big\{\sin\omega t\,[2\,(1-\cos\bar{\alpha}) - \bar{\alpha}\sin\bar{\alpha}]$$
$$+ \cos\omega t\Big[2\sin\bar{\alpha} - \bar{\alpha}\,(1+\cos\bar{\alpha}) - \frac{\bar{\alpha}^3}{6}\Big]\Big\}.$$

Mit Berücksichtigung von Gl. (30) auf S. 37 folgt:

$$u = \bar{U} + \frac{\hat{I}}{\bar{\bar{S}}}\,\frac{12}{\bar{\alpha}^4}\Big\{\sin\omega t\,[2\,(1-\cos\bar{\alpha}) - \bar{\alpha}\sin\bar{\alpha}]$$
$$+ \cos\omega t\Big[2\sin\bar{\alpha} - \bar{\alpha}\,(1+\cos\bar{\alpha}) - \frac{\bar{\alpha}^3}{6}\Big]\Big\}$$

oder in Zeigerdarstellung:

$$\mathfrak{U} = \mathfrak{I}\,\frac{12}{\bar{\bar{S}}\,\bar{\alpha}^4}\Big\{2\,(1-\cos\bar{\alpha}) - \bar{\alpha}\sin\bar{\alpha} + \mathrm{j}\Big[2\sin\bar{\alpha} - \bar{\alpha}\,(1+\cos\bar{\alpha}) - \frac{\bar{\alpha}^3}{6}\Big]\Big\}. \quad (36)$$

Diese Beziehung gibt den Zusammenhang zwischen der außen an die Diode angeschlossenen Spannung und dem Gesamtstrom, kennzeichnet also das Verhalten der Röhre vollständig. Zu bedenken ist, daß der Gesamtstrom aus dem kapazitiven Ladestrom und dem Influenzstrom der Elektronenströmung besteht. Der kapazitive Ladestrom ist auch vorhanden, wenn keine Elektronen übergehen; für die Anwendungen in der Praxis und im Hinblick auf einen Vergleich mit der Sättigungsdiode ist es deshalb zweckmäßig, das Verhältnis von Influenzwechselstrom $\mathfrak{I}_{infl}$ nach Gl. (35) und Anodenwechselspannung $\mathfrak{U}$ nach Gl. (36) zu bilden und — wie bei der Sättigungsdiode — als Leitwert $\mathfrak{G}$ der Elektronenstrecke zu bezeichnen; er ist:

$$\frac{\mathfrak{G}}{\bar{\bar{S}}} = \frac{G_W}{\bar{\bar{S}}} + \mathrm{j}\,\frac{G_B}{\bar{\bar{S}}} = \frac{\bar{\alpha}}{2}\,\frac{2\sin\bar{\alpha} - \bar{\alpha}\,(1+\cos\bar{\alpha}) + \mathrm{j}\,[2\,(\cos\bar{\alpha}-1) + \bar{\alpha}\sin\bar{\alpha}]}{2\,(1-\cos\bar{\alpha}) - \bar{\alpha}\sin\bar{\alpha} + \mathrm{j}\Big[2\sin\bar{\alpha} - \bar{\alpha}\,(1+\cos\bar{\alpha}) - \dfrac{\bar{\alpha}^3}{6}\Big]}. \quad (37)$$

Er ist von der statischen Steilheit $\bar{\bar{S}}$ und vom Laufwinkel $\bar{\alpha}$ abhängig; die Zusammenhänge sind in den Abb. 15 und 16 dargestellt. Abb. 15 veranschaulicht den Verlauf des Wirkleitwertes G_W und des Blindleitwertes G_B, Abb. 16 den komplexen Leitwert $\mathfrak{G}$ als Ortskurve. Diese Kurven gelten für den Betriebsfall, daß man der Diode eine konstante Anodengleichspannung $\bar{U}$ erteilt (dann ist auch $\bar{I}$ und $\bar{S}$ konstant) und den Laufwinkel durch Verändern der Frequenz ω entsprechend der Gl. (29) auf S. 37 variiert. Der Vergleich mit der Sättigungsdiode (Abb. 11 und 12) zeigt große Ähnlichkeiten. Für höhere Werte des Laufwinkels $\bar{\alpha}$ haben die Kurven den gleichen Verlauf und unterscheiden sich nur durch den Faktor $\frac{3}{2}$, wie man auch durch Grenzbetrachtungen für große $\bar{\alpha}$ aus den Gl. (37) und (25) auf S. 31 entnehmen kann [der Faktor $\frac{3}{2}$ rührt daher, daß $\bar{\bar{S}} = \frac{3}{2}\,\bar{G}$ ist, wie Gl. (28) auf S. 36 zeigt]. Für $\bar{\alpha} = 0$, d. h. bei sehr niedrigen Frequenzen, hat der Wirkleitwert der Raumladungsdiode seinen positiven Höchstwert, der der statischen Steilheit $\overline{\overline{S}}$ gleich ist, während die Sättigungsdiode den Wirkleitwert Null hat. Der Blindleitwert der Raumladungsdiode ist im Gebiet kleinerer $\bar{\alpha}$ im Gegensatz zur Sättigungsdiode immer negativ, d. h. induktiv.

Es ist noch von Wichtigkeit, den induktiven Blindleitwert der Elektronenströmung mit dem kapazitiven Leitwert ωC der Elektrodenkapazität C zu vergleichen. Für diesen gilt nach Gl. (30) auf S. 37: $\omega C = \bar{\alpha}\,\overline{\overline{S}}/2$. Wie man aus dem Vergleich mit der Abb. 15 sehr leicht ent-

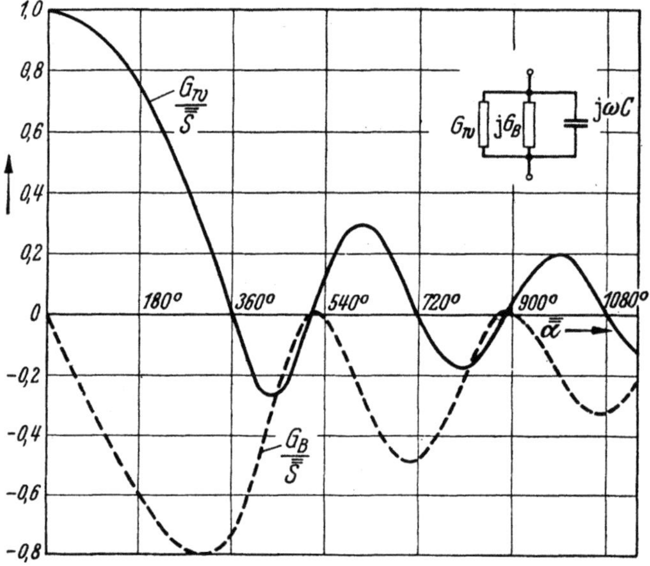

Abb. 15. Wirkleitwert G_W und Blindleitwert G_B der Raumladungsdiode im Verhältnis zur statischen Steilheit $\overline{\overline{S}}$ für veränderliche Laufwinkel $\overline{\overline{\alpha}}$.

nimmt, ist der Betrag des kapazitiven Blindleitwertes der Elektrodenkapazität bei allen Frequenzen größer als der induktive Blindleitwert der Elektronenströmung (lediglich bei der Frequenz 0 sind beide gleich, nämlich Null). Aus diesem Grunde kann die Elektronenströmung niemals zusammen mit der Elektrodenkapazität ein resonanzfähiges Gebilde ergeben; Eigenfrequenzen der Elektronenströmung gibt es bei der Diode nicht. Wenn die Diode in ihren Anfachbereichen Schwingungen erzeugen soll, so ist immer ein äußerer Schwingungskreis als Taktgeber erforderlich, der allerdings durch die Elektronenströmung verstimmt wird. (Was hier für die Raumladungsdiode bewiesen ist, gilt selbstverständlich auch für die Sättigungsdiode; denn die Sättigungsdiode hat stets geringere Elektronenstromdichten, also ist bei ihr auch der induktive Blindleitwert geringer.)

Betreibt man die Raumladungsdiode bei konstanter Frequenz und ändert man den Laufwinkel gemäß Gl. (29) auf S. 37 durch die Anodenspannung, so muß man bei der Auswertung der Kurven nach den Abb. 15 und 16 bedenken, daß sich mit der Anodenspannung auch die statische Steilheit $\overline{\overline{S}}$ gemäß Gl. (28) auf S. 36 ändert.

Endlich interessiert bei der Raumladungsdiode noch der Elektronenleitungsstrom i_{la} an der Anode und die daraus abzuleitende Steilheit $\mathfrak{S}$. Nach Gl.(7b) auf S. 11 ist:

$$i_l = i_{l_0}(t_0)\,\frac{\left(\dfrac{\partial y}{\partial t}\right)_{t_0=\text{konst.}}}{\left|\dfrac{\partial y}{\partial t_0}\right|_{t=\text{konst.}}},$$

wobei im vorliegenden Falle

$$i_{l_0}(t_0) = \overline{I} + \hat{I}\sin\omega t_0$$

ist; $\partial y/\partial t$ ist durch Gl. (33) auf S. 37 gegeben, $\partial y/\partial t_0$ ergibt sich durch Differenzieren von Gl. (34) auf S. 37:

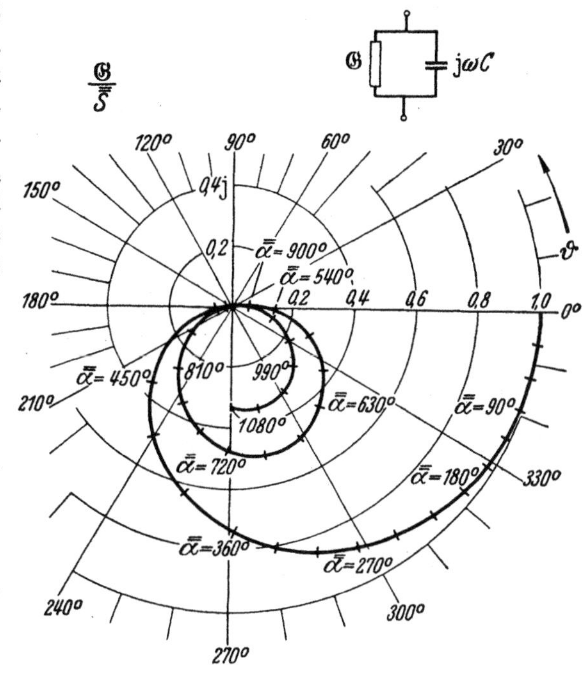

Abb. 16. Leitwert $\mathfrak{G}$ der Raumladungsdiode im Verhältnis zur statischen Steilheit $\overline{\overline{S}}$, als Ortskurve dargestellt.

$$\frac{\partial y}{\partial t_0} = \frac{e}{m\,\varepsilon_0 F}\left[-\overline{I}\,\frac{(t-t_0)^2}{2} - \hat{I}\,\frac{(t-t_0)^2}{2}\sin\omega t_0\right].$$

Also folgt:

$$i_{la} = (\overline{I} + \hat{I}\sin\omega t_0)\,\frac{\overline{I}\,\dfrac{(t-t_0)^2}{2} - \dfrac{\hat{I}}{\omega^2}(\sin\omega t - \sin\omega t_0) + \dfrac{\hat{I}}{\omega}(t-t_0)\cos\omega t_0}{\overline{I}\,\dfrac{(t-t_0)^2}{2} + \hat{I}\,\dfrac{(t-t_0)^2}{2}\sin\omega t_0}$$

und für kleine Wechselstromwerte $\hat{I}$: $(t - t_0 = \tau \approx \overline{\overline{\tau}})$

$$i_{la} = \overline{I} - \frac{2\hat{I}}{\omega^2\overline{\overline{\tau}}^2}\left[\sin\omega t - \sin\omega(t-\overline{\overline{\tau}})\right] + \frac{2\hat{I}}{\omega\overline{\overline{\tau}}}\cos\omega(t-\overline{\overline{\tau}})$$

und für die Wechselstromgrößen in Zeigerdarstellung:

$$\mathfrak{I}_{la} = \mathfrak{I}\,\frac{2}{\overline{\alpha}^2}\left[\cos\overline{\alpha} - 1 + \overline{\alpha}\sin\overline{\alpha} + j(\overline{\alpha}\cos\overline{\alpha} - \sin\overline{\alpha})\right].$$

Zur Bildung der Steilheit $\mathfrak{S}$ ist $\mathfrak{I}_{la}$ zu $\mathfrak{U}$ nach Gl. (36) auf S. 39 ins Verhältnis zu setzen, also ergibt sich:

$$\frac{\mathfrak{S}}{\overline{\overline{S}}} = \frac{\overline{\alpha}^2}{6}\,\frac{\cos\overline{\alpha} + \overline{\alpha}\sin\overline{\alpha} - 1 + j(\overline{\alpha}\cos\overline{\alpha} - \sin\overline{\alpha})}{2(1-\cos\overline{\alpha}) - \overline{\alpha}\sin\overline{\alpha} + j\left[2\sin\overline{\alpha} - \overline{\alpha}(1+\cos\overline{\alpha}) - \dfrac{\overline{\alpha}^3}{6}\right]}. \tag{38}$$

Die Steilheit $\mathfrak{S}$ für die Leitungsstromaussteuerung an der Anode ist in Abb. 17 als Ortskurve in der komplexen Ebene dargestellt. Bemerkenswert ist, daß diese Steilheit $\mathfrak{S}$ ihrem Betrage nach niemals nennenswert von der statischen Steilheit $\overline{\overline{S}}$ abweicht, sondern lediglich ihre Phase dreht; bei der Frequenz Null ($\bar{\alpha} = 0$) ist $\mathfrak{S} = \overline{\overline{S}}$. Vergleicht man die Kurve mit der für die Sättigungsdiode, so stellt man nennenswerte Unterschiede nur bei kleinen Werten von $\bar{\alpha}$ fest; insbesondere hat die Steilheit der Sättigungsdiode bei $\bar{\alpha} = 0$ den Wert Null.

Der Betrag des Leitungswechselstromes an der Anode ändert für die Raumladungsdiode bei konstanter Wechselspannung und bei Steigerung der Frequenz, d. h. des Laufwinkels $\bar{\alpha}$, seine Größe nicht nennenswert; der Elektronenleitungsstrom an der Kathode, der ja gleich

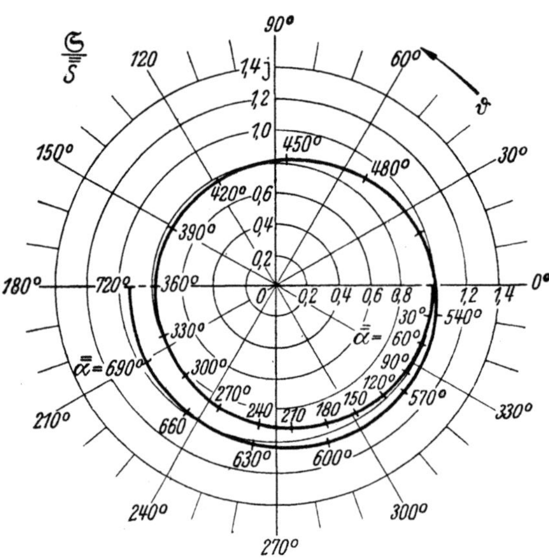

Abb. 17. Komplexe Steilheit $\mathfrak{S}$ der Raumladungsdiode im Verhältnis zur statischen Steilheit $\overline{\overline{S}}$, als Ortskurve dargestellt.

Gesamtstrom ist, nimmt dagegen mit dem Laufwinkel zu, wie man dem entweder aus Gl. (36) auf S. 39 entnimmt oder durch die Überlegung erkennt, daß der kapazitive Ladestrom, der ja einen erheblichen Teil des Gesamtstromes darstellt, mit der Frequenz zunimmt. Die Kathode liefert also bei höheren Frequenzen immer höhere Leitungswechselströme, die sich jedoch auf dem Flugweg zur Anode hin immer mehr verschleifen, so daß der Anodenleitungsstrom in seinem Betrage von der Frequenz nahezu unabhängig ist.

c) Das Verhalten bei großen Wechselspannungen.

Bei großen Wechselamplituden ist eine analytische Lösung in geschlossener Form unmöglich, man geht am besten zu graphischen Konstruktionen über. Um gemäß Gl. (14) auf S. 16 eine einfache Bewegungsgleichung für die Elektronen zu erhalten, muß man wiederum vom Gesamtstrom ausgehen; man schickt also über die Diodenstrecke einen Gleichstrom $\overline{I}$ mit einem überlagerten sinusförmigen Wechselstrom vom Scheitelwert $\hat{I}$, der nunmehr eine beliebige Größe haben darf. Die an der Diodenstrecke abfallende Wechselspannung ist dann nicht mehr rein sinusförmig, und infolge von Gleichrichtereffekten ist die abfallende Gleichspannung $\bar{U}$ nicht nur durch den Gleichstrom $\bar{I}$, sondern auch durch den Wechselstrom bestimmt. Bezeichnet man die bei verschwindendem Wechselstrom ($\hat{I} = 0$) abfallende Gleichspannung mit $\bar{U}_0$, so gilt für sie nach Gl. (27) auf S. 35:

$$\bar{\bar{I}} = \frac{4}{9} \sqrt{\frac{2e}{m}}\, \varepsilon_0 F \frac{\bar{U}_0{}^{3/2}}{d^2}\,.$$

Entsprechend ist der Laufwinkel $\bar{\alpha}$ im reinen Gleichfeld nach Gl. (29) auf S. 37 zu definieren:

$$\bar{\alpha} = \omega\, \frac{3d}{\sqrt{\dfrac{2e}{m}\,\bar{U}_0}} = \omega \sqrt[3]{\frac{6\,d\,m\,\varepsilon_0 F}{e\,\bar{I}}}\,.$$

Die Bewegungsgleichung (34) auf S. 37 gilt auch für große Wechselströme unverändert, solange sich die einzelnen Elektronen gegenseitig nicht überholen; solange $\bar{I} \geqq \hat{I}$ ist, ist eine·Richtungsänderung der Elektronengeschwindigkeit unmöglich, und die Gl. (34) beschreibt den Bewegungsvorgang exakt. Für größere Wechselströme nimmt man die Gleichung in Näherung noch als gültig an und versucht, den Bahnverlauf nach dem Verfahren der schrittweisen Näherung zu korrigieren; hierbei stellt sich heraus, daß die Korrekturen derart klein sind, daß man sie innerhalb der Genauigkeitsgrenzen der graphischen Lösung vernachlässigen kann; infolgedessen sollen die Methoden, nach denen die Korrektur möglich ist, hier nicht näher behandelt werden.

Die nach Gl. (34) berechneten Elektronenbahnen sind als Beispiel für das Stromverhältnis $\hat{I}/\bar{I} = 5$ in Abb. 18 über dem Zeitwinkel ωt aufgetragen. Der Abstand der Elektronen von der Kathode ist in reduziertem Maßstab aufgetragen, und zwar ist

$$y_{red} = \frac{6\,y\,m\,\varepsilon_0 F\,\omega^3}{e\,\hat{I}}$$

gesetzt; durch Einführen dieser Größe erhält man eine Vereinfachung der Gl. (34). Das Diagramm a der Abb. 18 behandelt den Fall, daß die Anode weit von der Kathode entfernt ist. Die in der Zeit zwischen ωt_0 und ωt_k gestarteten Elektronen laufen in den Raum hinaus, zum Teil mit zweimaliger Richtungsumkehr. Die in der Zeit zwischen ωt_k und ωt_1 gestarteten Elektronen laufen zur Kathode zurück. In der Zeit zwischen ωt_1 und $\omega t_0 + 2\pi$ können keine Elektronen die Kathode verlassen. Es gibt also für die Kathode eine „Emissionsphase", in der die Elektronen austreten können, und eine „Sperrphase", in der die Emission gesperrt ist. Die Phasen wiederholen sich fortlaufend mit der Periode 2π. Während der Emissionsphase ist der die Kathode verlassende Elektronenleitungsstrom gleich dem Gesamtstrom i_{ges}, die elektrische Feldstärke an der Kathodenoberfläche ist Null; während der

Sperrphase dagegen herrscht eine negative elektrische Feldstärke an der Kathodenoberfläche und unterbindet jeglichen Elektronenaustritt, ermöglicht aber die Rückkehr eines Teiles der im Raum befindlichen Elektronen. Die Sperrphase beginnt in dem Augenblick, in dem der

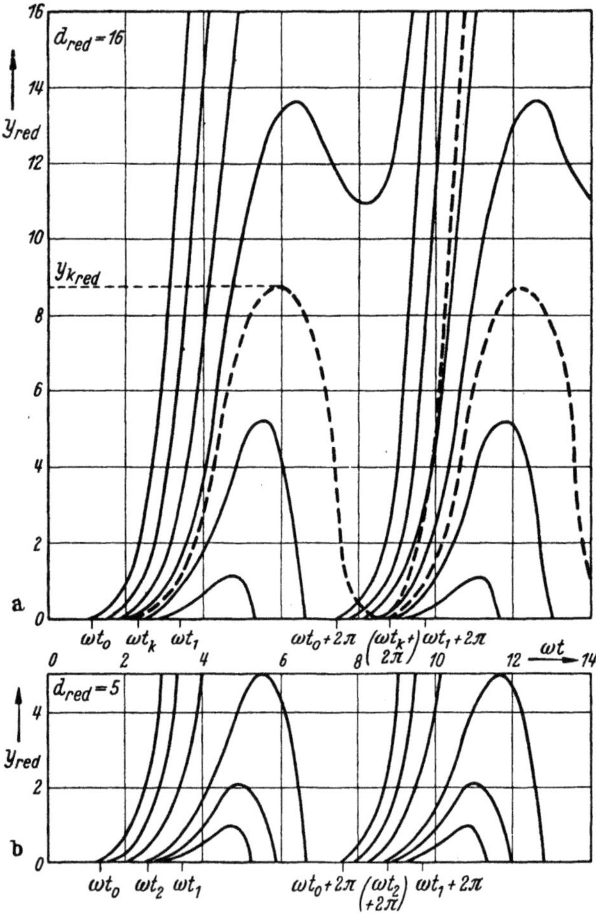

Abb. 18. Elektronenbewegung in einer Raumladungsdiode bei einem Stromverhältnis $\hat{\imath}/\overline{\overline{I}} = 5$.

Gesamtstrom i_{ges}, von positiven Werten kommend, den Wert Null erreicht.

Die während der Emissionsphase emittierten Elektronen erreichen zum Teil die Anode, zum Teil kehren sie zur Kathode zurück. Die Emissionsphase zerfällt somit in eine „Anodenphase" zwischen ωt_0 und ωt_k und in eine „Kathodenphase" zwischen ωt_k und ωt_1. Ist die Anode wie im Beispiel der Abb. 18a weit von der Kathode entfernt, so gibt es eine Elektronenbahn, die bei der Rückkehr zur Kathode unmittelbar vor der Kathodenoberfläche umkehrt, um dann endgültig auf der Anode zu landen. Diese Bahn, die in Abb. 18a durch Punktierung besonders hervorgehoben ist, soll als „kritische Elektronenbahn" bezeichnet werden; ihr Startwinkel ist ωt_k, ihr erstes Maximum ist von der Kathode um $y_{k\,red}$ entfernt. Der Startwinkel ωt_k trennt Anodenphase und Kathodenphase. Sobald man bei einem vorgegebenen Stromverhältnis $\hat{I}/\bar{I}$ die Größe ωt_k aus der Bewegungsgleichung ermittelt hat, kann man auch die Anfangszeit ωt_0 für die Anodenphase berechnen. Denn die zwischen ωt_0 und ωt_k emittierte Ladung erreicht die Anode und muß deshalb gleich der Ladung sein, die der Gleichstromanteil $\bar{I}$ des Gesamtstromes i_{ges} in jeder Periode transportiert. Auf die Darstellung der umfangreichen formelmäßigen Zusammenhänge soll hier verzichtet werden.

Wesentlich anders werden die Verhältnisse, wenn der Anodenabstand d_{red} kleiner ist als das erste Maximum $y_{k\,red}$ der kritischen Elektronenbahn, wie dies in Abb. 18b dargestellt ist; hier wird die kritische Elektronenbahn und ebenso eine Reihe später gestarteter Bahnen vor ihrer Rückkehr zur Kathode von der Anode abgefangen. Es läßt sich dann eine Elektronenbahn finden, die unmittelbar vor der Anode umkehrt; ihr Startwinkel werde mit ωt_2 bezeichnet. Dann trennt ωt_2 die Anodenphase von der Kathodenphase, der Beginn der Anodenphase muß dann unter Zugrundelegung von ωt_2 berechnet werden.

Es würde im vorliegenden Rahmen zu weit führen, den gesamten weiteren Berechnungsgang im einzelnen darzustellen; nur der Lösungsweg soll kurz skizziert werden. Für ein angenommenes Verhältnis $\hat{I}/\bar{I}$ stellt man den Bewegungsvorgang in Form eines Bewegungsschaubildes nach Art der Abb. 4 auf S. 9 dar. In jedem beliebigen Abstand y_{red} von der Kathode kann man dann den Elektronenleitungsstrom durch graphische Auswertung der Gl. (7b) auf S. 11 bestimmen; da dieser nicht sinusförmig ist, ermittelt man zweckmäßig auch seine Grundwelle durch Fourier-Analyse nach Größe und Phase. Ist der Leitungsstrom in jedem Abstand bekannt, so ermittelt man durch graphische Integration den Influenzstrom nach Gl. (10a) auf S. 14. Da nunmehr Influenzstrom und Gesamtstrom bekannt sind, ergibt sich nach Gl. (12) auf S. 15 auch der kapazitive Ladestrom i_C, und aus diesem nach Gl. (11) auf S. 15 auch die an der Diode liegende Wechselspannung (die als Integrationskonstante auftretende Gleichspannung bleibt vorerst noch unbestimmt). Sofern man sich beim Einführen des Leitungsstromes auf die Grundwelle beschränkt hat, erhält man auch sogleich die Grundwelle der anliegenden Wechselspannung. Die anliegende Gleichspannung ist etwas schwieriger zu bestimmen: Die durch Gl. (32) auf S. 37 festgelegte Elektronenbeschleunigung ist stets der elektrischen Feldstärke an dem betreffenden Raumpunkt proportional, wie Gl. (6) auf S. 8 lehrt. Da man so die elektrische Feldstärke an jedem Raumpunkt kennt, kann man ihren zeitlichen Mittelwert bestimmen und durch Integration über den ganzen Raum zwischen Kathode und Anode die anliegende Gleichspannung $\bar{U}$ ermitteln.

Wie im Falle der kleinen Wechselspannungen erhält man den Leitwert $\mathfrak{G}$ der Elektronenstrecke aus dem Verhältnis der Grundwelle des Influenzstromes zur Grundwelle der anliegenden Spannung. Das Ergebnis der Berechnung ist in Abb. 19 dargestellt; es ist das Verhältnis $\mathfrak{G}/\bar{\bar{S}}$ als Ortskurve in Abhängigkeit vom Laufwinkel $\bar{\alpha}$ aufgetragen,

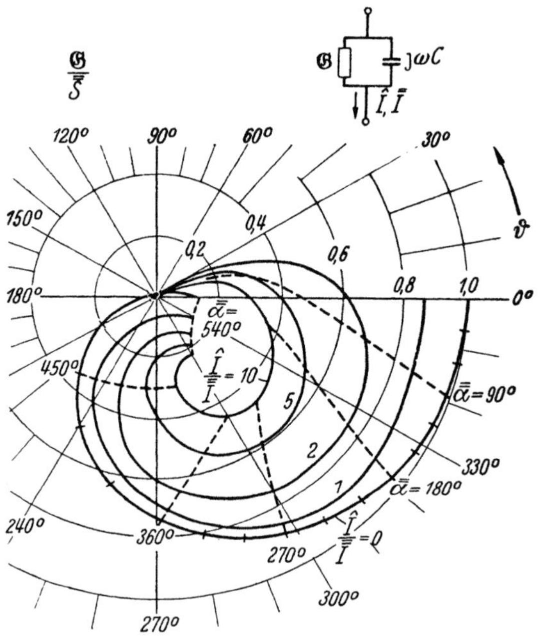

Abb. 19. Leitwert $\mathfrak{G}$ der Raumladungsdiode im Verhältnis zur statischen Steilheit $\bar{\bar{S}}$, bei verschiedenen Stromverhältnissen $\hat{I}/\bar{\bar{I}}$ als Ortskurve dargestellt.

und zwar für verschiedene Werte des Stromverhältnisses $\hat{I}/\bar{\bar{I}}$. Die Ortskurve für $\hat{I}/\bar{\bar{I}} = 0$ deckt sich mit der Kurve in Abb. 16. Bei höheren Wechselströmen ist der Betrag des Leitwertes im allgemeinen kleiner. Besonders wichtig ist, daß bei höheren Wechselströmen schließlich keine negativen Wirkleitwerte mehr existieren, d. h. die Raumladungsdiode kann nur bei kleinen Aussteuerungen anfachend wirken, d. h. die Schwingungen können sich nur bis zu einem gewissen Wert aufschaukeln. Durch Auswertung der Kurven in ähnlicher Weise, wie es bei der Sättigungsdiode auf S. 24 beschrieben ist, ermittelt man leicht, daß der Wirkungsgrad der Schwingungserzeugung den Wert von 3% nicht nennenswert überschreiten kann. — Etwas eigentümlich ist der Kurvenverlauf bei sehr kleinen Laufwinkeln, d. h. bei niedrigen Frequenzen.

Dies ist auf die Voraussetzung zurückzuführen, daß man einen vorgegebenen Strom über die Diodenstrecke schickt: Während sich für Stromverhältnisse $\hat{I}/\bar{\bar{I}} \leq 1$ Werte ergeben, die sich bei sehr niedrigen Frequenzen aus der statischen Kennlinie bestimmen lassen, bilden sich bei $\hat{I}/\bar{\bar{I}} > 1$ Sperrphasen aus, die bei verschwindend niedrigen Frequenzen zu unendlich hohen Sperrspannungen führen, da die Röhrenkapazität durch den zugeführten negativen Strom aufgeladen wird; daher wird der Leitwert in diesem Falle Null. Für die praktische Anwendung ist diese Grenzbetrachtung ohne besondere Bedeutung.

Aus dem Verhältnis von Elektronenleitungsstrom an der Anode und anliegender Wechselspannung wird die Steilheit $\mathfrak{S}$ gebildet, die

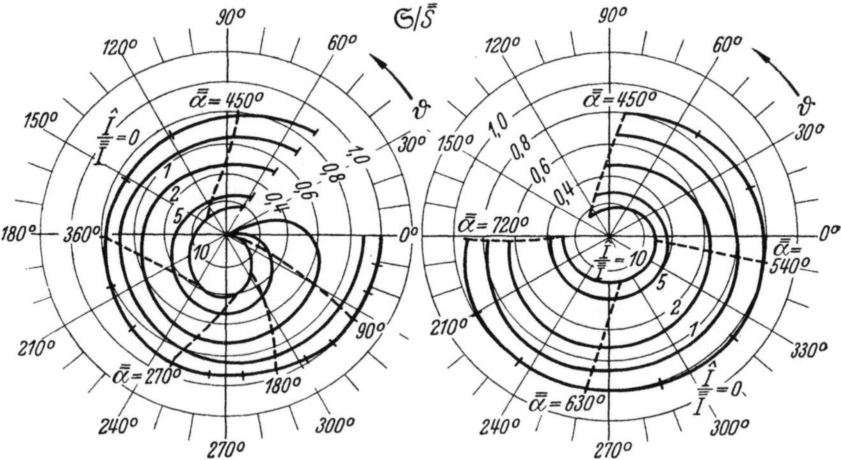

Abb. 20. Komplexe Steilheit $\mathfrak{S}$ der Raumladungsdiode im Verhältnis zur statischen Steilheit $\bar{\bar{S}}$, als Ortskurve bei verschiedenen Stromverhältnissen $\hat{I}/\bar{\bar{I}}$ dargestellt.

für verschiedene Stromverhältnisse $\hat{I}/\bar{\bar{I}}$ als Ortskurve in Abb. 20 dargestellt ist. Um das gegenseitige Überschneiden der Ortskurven zu vermeiden, sind die Laufwinkelbereiche von 0 bis 450° und von 450° bis 720° nebeneinander getrennt dargestellt. Der Betrag der Steilheit wird mit zunehmendem Wechselstromanteil kleiner, ist jedoch vom Laufwinkel nur wenig abhängig (dies gilt für konstanten Wechselstrom, jedoch keineswegs für konstante Wechselspannung!).

Der an der Diode entstehende Gleichspannungsabfall $\bar{U}$ (zum Gleichspannungsabfall $\bar{U}_0$ der wechselstromfreien Diode ins Verhältnis gesetzt) ist in Abb. 21 in Abhängigkeit vom Laufwinkel $\bar{\alpha}$ und vom Stromverhältnis dargestellt. Je größer der Wechselstromanteil wird, um so kleiner wird die Gleichspannung, die schließlich sogar negative Werte annimmt; bei großen Laufwinkeln wird dieser Effekt geringer. Dreht man einmal die Betrachtungsweise um, so besagen die Kurven, daß bei hohen Wechselstromamplituden auch bei einer kleinen oder sogar

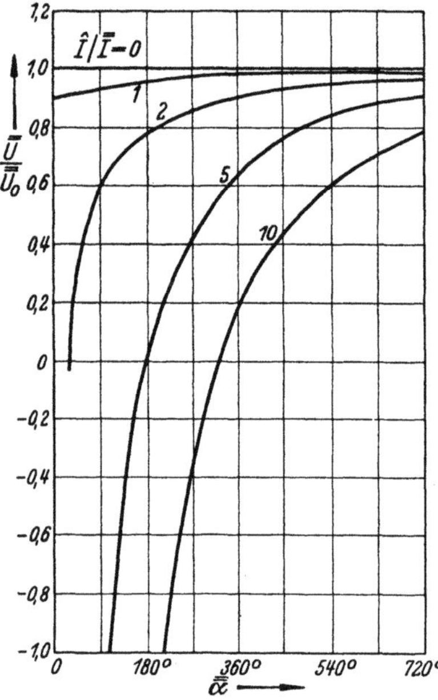

Abb. 21. Gleichspannung $\bar{\bar{U}}$ an der wechselstromdurchflossenen Raumladungsdiode im Verhältnis zur Gleichspannung $\bar{\bar{U}}_0$ an der wechselstromfreien Diode, dargestellt in Abhängigkeit vom Laufwinkel $\bar{\bar{\alpha}}$ und vom Stromverhältnis $\hat{I}/\bar{I}$.

negativen Gleichspannung ein kräftiger Gleichstrom zustande kommen kann.

3. Die Diode mit endlicher Startgeschwindigkeit der Elektronen.

a) Das Verhalten bei Gleichspannungen.

Bei den bisher behandelten Zweipolstrecken war vorausgesetzt, daß die Elektronen die negative Elektrode mit der Geschwindigkeit Null verlassen; es war dies der Fall der Thermokathode, bei der die Maxwellsche Geschwindigkeitsverteilung vernachlässigt wird (vgl. S. 34). Die nunmehr folgenden Betrachtungen nehmen an, daß die Elektronen mit einer bestimmten endlichen, zeitlich konstanten Geschwindigkeit in das Feld der Zweipolstrecke eintreten. Eine Möglichkeit der praktischen Verwirklichung zeigt Abb. 22. Die von der Thermokathode K mit der Geschwindigkeit Null startenden Elektronen werden durch die Gleichspannung $\bar{\bar{U}}_g$ auf dem Wege zum Gitter G beschleunigt; das Gitter sei sehr feinmaschig und aus sehr dünnen Drähten hergestellt, so daß

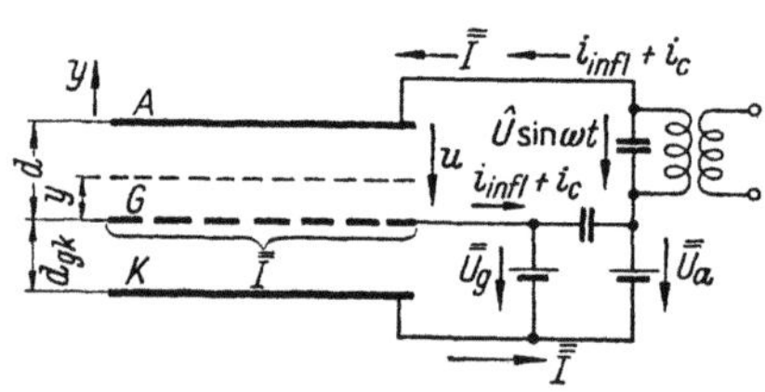

Abb. 22. Schema der Diode mit endlicher Startgeschwindigkeit der Elektronen.

der weitaus größte Teil der Elektronen durch die Maschen hindurchtritt und in das Feld der eigentlichen, aus Gitter G und Anode A bestehenden Zweipolstrecke gelangt; an dieser Diodenstrecke wirkt die Gleichspannung $\bar{\bar{U}}_a - \bar{\bar{U}}_g$ und die Hochfrequenzspannung $\hat{U}\sin\omega t$.

Zuerst werde der Fall der reinen Gleichspannungen behandelt, $\hat{U}$ werde gleich Null gesetzt. Um die Wirkung der Raumladung auf die Elektronenbewegung zu berücksichtigen, wird auf Gl. (14) auf S. 16 zurückgegriffen; der Gesamtstrom entspricht dem Gleichstrom $\bar{I}$, die Bewegungskoordinate werde vom Gitter aus gezählt. Es ergibt sich somit:

$$\frac{\partial^3 y}{\partial t^3} = \frac{e}{m}\frac{\bar{I}}{\varepsilon_0 F}.$$

Bei der Integration kommt als Integrationskonstante die elektrische Feldstärke $\bar{E}_g$ an der Gitterebene hinzu, die hier nicht wie bei der oben behandelten Raumladungsdiode (S. 34) gleich Null gesetzt werden darf; die durch diese Feldstärke den Elektronen erteilte Anfangsbeschleunigung ist nach Gl. (6) auf S. 8 $\frac{e}{m}\bar{E}_g$, also gilt:

$$\frac{\partial^2 y}{\partial t^2} = \frac{e}{m}\bar{E}_g + \frac{e}{m}\frac{\bar{I}}{\varepsilon_0 F}(t-t_0).$$

Bei der weiteren Integration kommt als Integrationskonstante die Anfangsgeschwindigkeit $\sqrt{\frac{2e}{m}\bar{U}_g}$ hinzu, die die Elektronen gemäß Gl. (15b) auf S. 19 beim Durchtritt durch die Gitterebene haben, also:

$$\frac{\partial y}{\partial t} = \frac{e}{m}\bar{E}_g(t-t_0) + \sqrt{\frac{2e}{m}\bar{U}_g} + \frac{e}{m}\frac{\bar{I}}{\varepsilon_0 F}\frac{(t-t_0)^2}{2}.$$

Die letzte Integration ergibt den Elektronenweg y, der bei der Startzeit t_0 die Größe Null haben muß:

$$y = \frac{e}{m}\bar{E}_g\frac{(t-t_0)^2}{2} + \sqrt{\frac{2e}{m}\bar{U}_g}(t-t_0) + \frac{e}{m}\frac{\bar{I}}{\varepsilon_0 F}\frac{(t-t_0)^3}{6}.$$

Erreicht y den Wert d, so ist die gesamte Elektronenflugzeit im Gleichfeld $\bar{\tau} = t - t_0$ zurückgelegt, also:

$$d = \frac{e}{m}\bar{E}_g\frac{\bar{\tau}^2}{2} + \sqrt{\frac{2e}{m}\bar{U}_g}\,\bar{\tau} + \frac{e}{m}\frac{\bar{I}}{\varepsilon_0 F}\frac{\bar{\tau}^3}{6}.$$

Um die noch unbekannte Feldstärke $\bar{E}_g$ am Gitter aus der Gleichung zu eliminieren, berücksichtigt man die Tatsache, daß die Elektronengeschwindigkeit an der Anode, d. h. nach Durchlaufen der Laufzeit τ, allein durch die Anodenspannung $\bar{U}_a$ bestimmt sein kann, d. h.

$$\left(\frac{\partial y}{\partial t}\right)_{(t-t_0=\bar{\tau})} = \sqrt{\frac{2e}{m}\bar{U}_a} = \frac{e}{m}\bar{E}_g\bar{\tau} + \sqrt{\frac{2e}{m}\bar{U}_g} + \frac{e}{m}\frac{\bar{I}}{\varepsilon_0 F}\frac{\bar{\tau}^2}{2}.$$

Setzt man den hieraus ermittelten Wert von $\bar{E}_g$ in die vorangegangene Gleichung ein, so erhält man als Bestimmungsgleichung für die Elektronenlaufzeit:

$$d = \frac{\bar{\tau}}{2}\sqrt{\frac{2e}{m}}(\sqrt{\bar{U}_a} + \sqrt{\bar{U}_g}) - \frac{e}{m}\frac{\bar{I}}{\varepsilon_0 F}\frac{\bar{\tau}^3}{12}$$

oder:

$$\bar{\tau}^3 - \frac{6m}{e}\frac{\varepsilon_0 F}{\bar{I}}\sqrt{\frac{2e}{m}}(\sqrt{\bar{U}_a} + \sqrt{\bar{U}_g})\,\bar{\tau} + \frac{12m}{e}\frac{\varepsilon_0 F}{\bar{I}}d = 0.$$

Diese kubische Gleichung hat nur dann eine reelle positive Lösung, wenn

$$\left(\frac{1}{2}\cdot\frac{12m}{e}\frac{\varepsilon_0 F}{\bar{I}}d\right)^2 \leqq \left[\frac{1}{3}\cdot\frac{6m}{e}\frac{\varepsilon_0 F}{\bar{I}}\sqrt{\frac{2e}{m}}(\sqrt{\bar{U}_a} + \sqrt{\bar{U}_g})\right]^3$$

ist, d. h. es besteht für den eintretenden Strom $\bar{I}$ die Bedingung:

$$\bar{I} \leqq \frac{4}{9}\sqrt{\frac{2e}{m}}\,\varepsilon_0 F\frac{(\sqrt{\bar{U}_a} + \sqrt{\bar{U}_g})^3}{d^2}. \tag{39a}$$

Erreicht man diesen Grenzwert, so sinken an einer Stelle der Diode die Elektronengeschwindigkeit und das Potential bis auf Null herab, wie sich leicht aus den Bewegungsgleichungen nachweisen läßt; überschreitet man den Grenzwert, so wird ein Teil der Elektronen zur Umkehr zum Gitter gezwungen, und es entsteht ein Betriebsfall, der von vornherein nicht beabsichtigt war und der hier nicht näher behandelt werden soll. Die Grenzbedingung (39a) kann man auch noch anders formulieren, wenn man voraussetzt, daß die Strecke zwischen Kathode und Gitter eine Raumladungsdiode mit dem Elektrodenabstand d_{gk} ist; dann ist nach Gl. (27) auf S. 35 der Emissionsstrom $\bar{I}$ bestimmt durch die Beziehung:

$$\bar{I} = \frac{4}{9} \sqrt{\frac{2\,e}{m}}\, \varepsilon_0 F \frac{\bar{U}_g{}^{3/2}}{d_{gk}{}^2}\,,$$

man kann $\bar{I}$ eliminieren und erhält die Grenzbedingung in der Form:

$$\frac{d}{d_{gk}} \leqq \left(1 + \sqrt{\frac{\bar{U}_a}{\bar{U}_g}}\right)^{3/2}. \tag{39b}$$

Bei verschwindend kleinen Stromdichten $\bar{I}/F$ wird in der kubischen Gleichung für $\bar{\tau}$ das kubische Glied sehr klein gegen die beiden anderen Glieder, und für die Laufzeit gilt die einfache Beziehung:

$$\bar{\bar{\tau}} = \frac{2\,d}{\sqrt{\dfrac{2\,e}{m}}\,(\sqrt{\bar{U}_a} + \sqrt{\bar{U}_g})}.$$

Dieser Zusammenhang hätte sich auch nach den für den Sättigungsfall gültigen Gleichungen leicht ableiten lassen; die Laufzeit ist hier gleich dem Elektrodenabstand d, geteilt durch die mittlere Geschwindigkeit; diese wiederum ist das arithmetische Mittel aus der Geschwindigkeit $\sqrt{\dfrac{2\,e}{m}\,\bar{U}_g}$ am Gitter und der Geschwindigkeit $\sqrt{\dfrac{2\,e}{m}\,\bar{U}_a}$ an der Anode. Wenn der Anodenstrom die Hälfte des durch Gl. (39a) bestimmten Grenzwertes beträgt, so weicht die Laufzeit $\bar{\tau}$ nur noch etwa um 5% von dem aus dem Sättigungsfall berechneten Wert ab, wie man aus der kubischen Gleichung entnehmen kann. In sehr vielen Fällen kann man deshalb die Wirkung der Raumladung auf die Elektronenbewegung vernachlässigen und zu den sehr viel einfacher zu behandelnden Gleichungen des Sättigungsfalles übergehen, wie es auch im folgenden bei der Betrachtung des Verhaltens bei Wechselspannungen geschehen soll. Der Laufwinkel in der Diode mit endlicher Eintrittsgeschwindigkeit der Elektronen erhält somit die Form:

$$\bar{\alpha} = \omega\bar{\tau} = \frac{2\,\omega\,d}{\sqrt{\dfrac{2\,e}{m}}\,(\sqrt{\bar{U}_a} + \sqrt{\bar{U}_g})}. \tag{40}$$

b) Das Verhalten bei Wechselspannungen beliebiger Größe.

Die rechnerische Behandlungsweise der Elektronenbewegung ist die gleiche wie bei der Sättigungsdiode nach den Gl. (17), (18) und (19) auf S. 20; unterschiedlich ist nur die Stärke des elektrischen Gleichfeldes $\dfrac{\bar{U}_a - \bar{U}_g}{d}$ und die Größe $\sqrt{\dfrac{2e}{m}\bar{U}_g}$ der Elektroneneintrittsgeschwindigkeit. Es folgt also:

$$\frac{\partial^2 y}{\partial t^2} = \frac{e}{md}\left(\bar{U}_a - \bar{U}_g + \hat{U}\sin\omega t\right), \tag{41}$$

$$\frac{\partial y}{\partial t} = \frac{e}{md}\left[(\bar{U}_a - \bar{U}_g)(t - t_0) + \frac{md}{e}\sqrt{\frac{2e}{m}\bar{U}_g} - \frac{\hat{U}}{\omega}(\cos\omega t - \cos\omega t_0)\right], \tag{42}$$

$$y = \frac{e}{md}\left[(\bar{U}_a - \bar{U}_g)\frac{(t - t_0)^2}{2} + \frac{md}{e}\sqrt{\frac{2e}{m}\bar{U}_g}(t - t_0)\right.$$
$$\left. - \frac{\hat{U}}{\omega^2}(\sin\omega t - \sin\omega t_0) + \frac{\hat{U}}{\omega}(t - t_0)\cos\omega t_0\right]. \tag{43}$$

Wie bei der Sättigungsdiode ist eine Lösung in analytisch geschlossener Form unmöglich, man wendet daher zweckmäßig die gleichen graphischen Methoden an. Abb. 23 veranschaulicht die Verhältnisse für den Sonderfall $\bar{U}_g = \bar{U}_a$, d. h. zwischen den Elektroden G und A besteht kein elektrisches Gleichfeld. Der Scheitelwert $\hat{U}$ der Wechselspannung ist gleich dem vierfachen Wert der Gleichspannung $\bar{U}_a$ gewählt (die für die Sättigungsdiode angegebene Grenzbedingung $\hat{U} < \bar{U}_a$ gilt hier wegen der endlichen Elektroneneintrittsgeschwindigkeit nicht); der Laufwinkel $\bar{\alpha}$ beträgt 433°. Der im zweiten Diagramm der Abb. 23 gezeichnete Geschwindigkeitsverlauf ist nur für Startphasen zwischen 0 und 360° dargestellt, um das Diagramm nicht allzu unübersichtlich zu machen. Die Geschwindigkeit verläuft nach einer reinen Sinuskurve; lediglich der Mittelwert verschiebt sich je nach Startphase in der Weise, daß die Geschwindigkeit im Startaugenblick die Größe $\bar{v}_a = \sqrt{\dfrac{2e}{m}\bar{U}_a}$ hat. Die im dritten Diagramm dargestellte Elektronenbewegung y umfaßt alle Startphasen ohne Rücksicht auf die Übersichtlichkeit. Da die Elektronen sich zum Teil gegenseitig überholen, ergibt sich der klare Überblick nur aus dem Bewegungsschaubild, das in Abb. 24 dargestellt ist. Im Gegensatz zum Bewegungsschaubild der Sättigungsdiode nach Abb. 8 auf S. 22 beobachtet man eine gleichmäßigere Stufung der einzelnen Linien infolge der fehlenden Nachbeschleunigung durch ein Gleichfeld und eine stärkere Verzerrung der einzelnen Linien infolge der höheren Wechselspannung.

Der Elektronenleitungsstrom i_{la} an der Anode wird wie bei der Sättigungsdiode dadurch bestimmt, daß man an die Kurve $y/d = 1,0$ des Bewegungsschaubildes die Tangenten legt und den Betrag ihrer Steigung $\partial t_0/\partial t$ ermittelt; nach Multiplikation mit $\bar{I}$ ergibt sich daraus

4*

entsprechend Gl. (7a) auf S. 11 der Leitungsstrom i_{la}, der im untersten Diagramm der Abb. 23 dargestellt ist. Er hat zwei Unendlichkeitsstellen, da sich an die Kurve des Bewegungsschaubildes an zwei Punkten senkrechte Tangenten legen lassen; zwischen den beiden Unendlich-

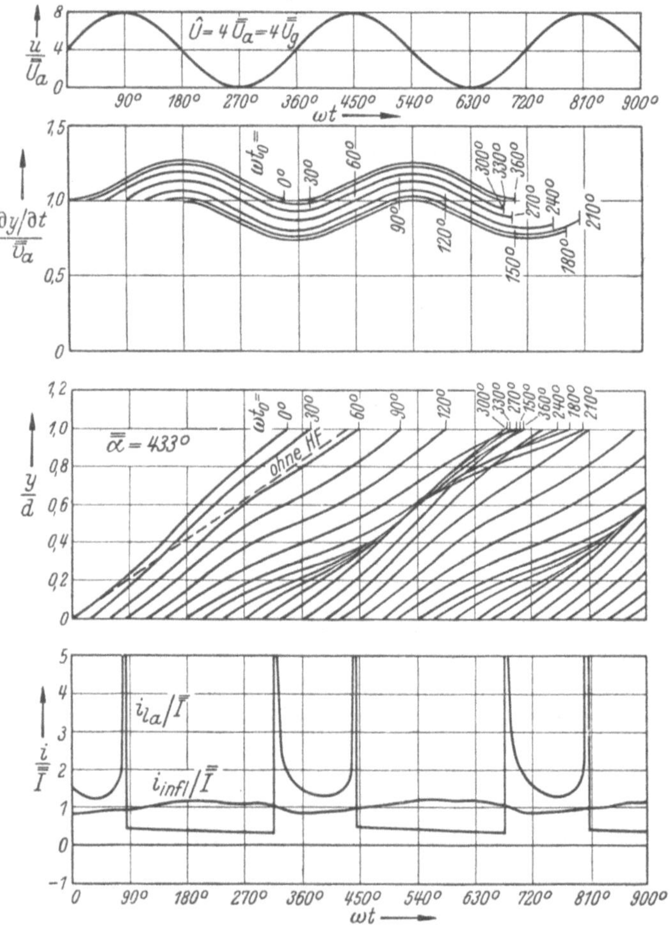

Abb. 23. Diode ohne Gleichfeld bei einem Laufwinkel $\overline{\overline{\alpha}} = 433°$: Zeitlicher Verlauf der Spannung u, der Elektronengeschwindigkeit $\partial y/\partial t$, der Bewegung y des Leitungsstromes i_{la} an der Anode und des Influenzstromes i_{infl}.

keitsstellen setzt sich die Kurve für i_{la} aus der Summe zweier Anteile zusammen (vgl. hierzu Abb. 5 auf S. 9 und die zugehörige Diskussion).

Bei der Betrachtung des Geschwindigkeitsverlaufes nach dem zweiten Diagramm der Abb. 23 erkennt man, daß der größere Teil der Elektronen mit einer verminderten Geschwindigkeit auf der Anode landet; hieraus ist unmittelbar zu entnehmen, daß die Elektronenströmung Energie nach außen an das Hochfrequenzfeld abgeben muß. Das Resultat wird bestätigt durch die Ermittlung des Influenzstromes, den man wie bei der Sättigungsdiode graphisch oder tabellarisch dadurch ermittelt, daß man das Integral der Gl. (10) auf S. 14 in eine Summe umwandelt und

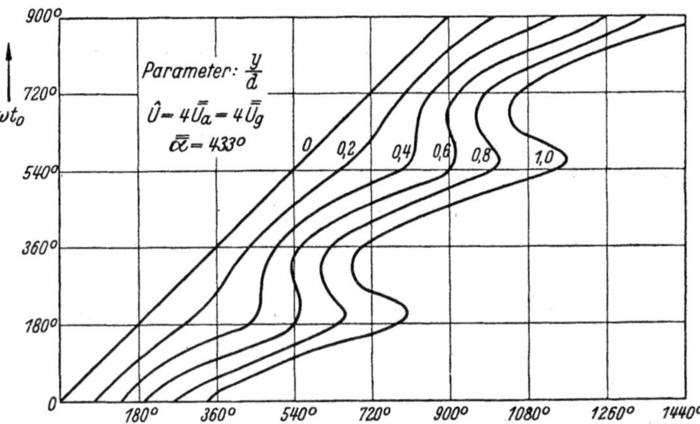

Abb. 24. Bewegungsschaubild für die Diode ohne Gleichfeld bei einem Laufwinkel $\bar{\bar{\alpha}} = 433°$.

unter Zuhilfenahme der Gl. (40) auf S. 50 und (15b) auf S. 19 etwas umformt:

$$\frac{i_{infl}}{I} = \frac{1}{\omega d} \sum \left(\frac{\partial y}{\partial t}\right)_{t_0=\text{konst.}} \Delta \omega t_0 = \frac{1}{\bar{\alpha}} \sum \frac{\partial y/\partial t}{\bar{v}_a} \Delta \omega t_0.$$

Der so ermittelte Verlauf des Influenzstromes ist ebenfalls unten in Abb. 23 dargestellt; er ist nicht sinusförmig, seine Grundwelle verläuft

nahezu gegenphasig zur angelegten Wechselspannung. Da die Amplitude der Grundwelle des Influenzstromes klein ist, ist auch der in diesem Betriebsfall durch die Elektronenströmung verursachte negative Wirkleitwert klein; er beträgt etwa 7% des Gleichstromleitwertes $\bar{\bar{G}}_a = \bar{I}/\bar{\bar{U}}_a$.

Die gleichfeldfreie Diode ($\bar{U}_g = \bar{U}_a$) ist in Abb. 23 und 24 nur für den Sonderfall $\hat{U} = 4\,\bar{U}_a$ und $\bar{\alpha} = 433°$ behandelt. Führt man die Ermittlungen auch für andere Laufwinkel und andere Spannungsaussteuerungen durch

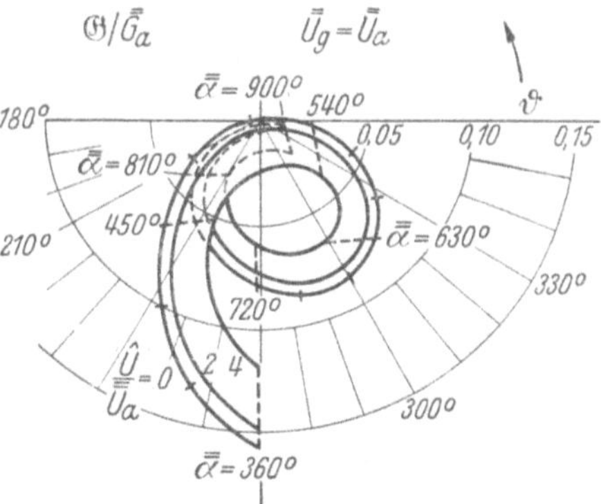

Abb. 25. Leitwert der Diode ohne Gleichfeld, als Ortskurven in Abhängigkeit vom Laufwinkel $\bar{\bar{\alpha}}$ und von der Spannungsaussteuerung $\hat{U}/\bar{\bar{U}}_a$ dargestellt.

und ermittelt jedesmal den Influenzleitwert $\mathfrak{G}$, so erhält man das Ortskurvendiagramm der Abb. 25. Die Ortskurven umfassen den Laufwinkelbereich $\bar{\alpha} = 360$ bis $900°$ und den Aussteuerungsbereich $\hat{U}/\bar{U}_a$ zwischen 0 und 4. Man erkennt zwei Schwingbereiche (Laufwinkelbereiche, in denen der Wirkleitwert negativ wird); mit zunehmender Spannungsaussteuerung nimmt der Wirkleitwert ab; bei sehr großen Aussteuerungen ist kein negativer Wirkleitwert mehr vorhanden, d. h. die Röhre kann Schwingungen nur bis zu einer bestimmten Amplitude erregen. Der Wirkungsgrad wird wie bei der Sättigungsdiode auf S. 24 ermittelt:

$$\eta = \frac{1}{2}\frac{\hat{U}\hat{I}_W}{\bar{U}_a\bar{I}} = \frac{1}{2}\frac{G_W}{\overline{\overline{G}}_a}\left(\frac{\hat{U}}{\bar{U}_a}\right)^2.$$

Das Optimum des Wirkungsgrades liegt ungefähr bei dem oben eingehend betrachteten Betriebsfall $\bar{\alpha} = 433°$ und $\hat{U}/\bar{U}_a = 4$; der Wert des optimalen Wirkungsgrades liegt etwas über 20%.

c) Das Verhalten bei kleinen Wechselspannungen.

Beim Übergang zu kleinen Spannungsamplituden $\hat{U}$ ist wie bei den früher betrachteten Fällen eine geschlossene Lösung möglich. Die Bewegungsgleichungen sind die gleichen wie oben:

$$\frac{\partial^2 y}{\partial t^2} = \frac{e}{md}\left(\bar{U}_a - \bar{U}_g + \hat{U}\sin\omega t\right), \tag{41}$$

$$\frac{\partial y}{\partial t} = \frac{e}{md}\left[(\bar{U}_a - \bar{U}_g)(t-t_0) + \frac{md}{e}\sqrt{\frac{2e}{m}\bar{U}_g} - \frac{\hat{U}}{\omega}(\cos\omega t - \cos\omega t_0)\right], \tag{42}$$

$$y = \frac{e}{md}\left[(\bar{U}_a - \bar{U}_g)\frac{(t-t_0)^2}{2} + \frac{md}{e}\sqrt{\frac{2e}{m}\bar{U}_g}\,(t-t_0)\right.$$
$$\left. - \frac{\hat{U}}{\omega^2}(\sin\omega t - \sin\omega t_0) + \frac{\hat{U}}{\omega}(t-t_0)\cos\omega t_0\right]. \tag{43}$$

Das Elektron, das zur Zeit t gerade die Anode erreicht ($y = d$), hat eine Laufzeit τ hinter sich, für die sich aus der letzten Gleichung ergibt:

$$d = \frac{e}{md}\left[(\bar{U}_a - \bar{U}_g)\frac{\tau^2}{2} + \frac{md}{e}\sqrt{\frac{2e}{m}\bar{U}_g}\,\tau\right.$$
$$\left. - \frac{\hat{U}}{\omega^2}(\sin\omega t - \sin\omega(t-\tau)) + \frac{\hat{U}}{\omega}\tau\cos\omega(t-\tau)\right]. \tag{43a}$$

Nach Gl. (10) auf S. 14 kann zusammen mit Gl. (42) der Influenzstrom gebildet werden:

$$i_{infl} = \frac{\bar{I}}{d}\int\limits_{t-\tau}^{t}\frac{e}{md}\left[(\bar{U}_a - \bar{U}_g)(t-t_0) + \frac{md}{e}\sqrt{\frac{2e}{m}\bar{U}_g} - \frac{\hat{U}}{\omega}(\cos\omega t - \cos\omega t_0)\right]dt_0$$

$$= \bar{I}\frac{e}{md^2}\left[(\bar{U}_a - \bar{U}_g)\frac{\tau^2}{2} + \frac{md}{e}\sqrt{\frac{2e}{m}\bar{U}_g}\,\tau\right.$$
$$\left. - \frac{\hat{U}}{\omega}\left(\tau\cos\omega t - \frac{1}{\omega}\sin\omega t + \frac{1}{\omega}\sin\omega(t-\tau)\right)\right].$$

Die beiden Glieder $(\bar{U}_a - \bar{U}_g)\dfrac{\tau^2}{2} + \dfrac{md}{e}\sqrt{\dfrac{2e}{m}\bar{U}_g}\,\tau$ können durch Gl. (43a) eliminiert werden:

$$i_{infl} = \bar{I} + \frac{e}{md^2\omega^2}\,\bar{I}\hat{U}\left\{\begin{array}{l}\sin\omega t\,[2(1-\cos\omega\tau) - \omega\tau\sin\omega\tau]\\ + \cos\omega t\,[2\sin\omega\tau - \omega\tau(1+\cos\omega\tau)]\end{array}\right\}.$$

Die Laufzeit τ kommt in dieser Darstellung nur in Gliedern vor, die mit der kleinen Größe $\hat{U}$ multipliziert werden; man macht also nur einen Fehler von zweiter Ordnung, wenn man sie durch die Laufzeit $\bar{\tau}$ im Gleichfeld ersetzt, also:

$$i_{infl} = \bar{I} + \frac{e}{md^2\omega^2}\,\bar{I}\hat{U}\left\{\begin{array}{l}\sin\omega t\,[2(1-\cos\bar{\alpha}) - \bar{\alpha}\sin\bar{\alpha}]\\ + \cos\omega t\,[2\sin\bar{\alpha} - \bar{\alpha}(1+\cos\bar{\alpha})]\end{array}\right\}.$$

Dies ist die gleiche Beziehung wie bei der Sättigungsdiode; man kann in der gleichen Weise wie oben die Wirk- und Blindleitwerte bilden:

$$\left.\begin{array}{l}G_W = \dfrac{e\bar{I}}{m\omega^2 d^2}\,[2(1-\cos\bar{\alpha}) - \bar{\alpha}\sin\bar{\alpha}],\\[2mm] G_B = \dfrac{e\bar{I}}{m\omega^2 d^2}\,[2\sin\bar{\alpha} - \bar{\alpha}(1+\cos\bar{\alpha})].\end{array}\right\} \tag{23}$$

Der Verlauf dieser Leitwerte ist bereits in Abb. 9 und 10 dargestellt und im zugehörigen Text diskutiert; die Verhältnisse gelten für konstante Frequenz und einen Laufwinkel, der durch Ändern der Gleichspannungen entsprechend Gl. (40) auf S. 50 variiert wird.

Eine andere Darstellung der Leitwerte erhält man, wenn man nach Gl. (40) die Größe ωd eliminiert:

$$\mathfrak{G} = G_W + \mathrm{j}G_B = \frac{\bar{I}}{(\sqrt{\bar{U}_a} + \sqrt{\bar{U}_g})^2}\,\mathfrak{Y}_1(\bar{\alpha}). \tag{44}$$

$\mathfrak{Y}_1$ ist die in Gl. (25) auf S. 31 und in den Abb. 11 und 12 dargestellte Laufwinkelfunktion. Wählt man $\bar{U}_g = 0$, läßt also die Elektronen mit der Geschwindigkeit Null eintreten, so entsteht die Gl. (25) für die Sättigungsdiode (mit $\bar{\bar{G}} = \bar{I}/\bar{U}_a$); macht man dagegen bei dem gleichen Wert von $\bar{U}_a$ die Gittergleichspannung $\bar{U}_g$ gleich der Anodengleichspannung $\bar{U}_a$, so ist der Leitwert um den Faktor 4 kleiner als bei der Sättigungsdiode (dies deckt sich auch mit der Kurve $\hat{U}/\bar{U}_a = 0$ in Abb. 25); zu beachten ist dabei jedoch, daß nach Gl. (40) auf S. 50 zur Erzielung des gleichen Laufwinkels der Elektrodenabstand $\bar{\alpha}$ verdoppelt werden muß.

Der Elektronenleitungsstrom an der Anode errechnet sich ebenfalls ähnlich wie bei der Sättigungsdiode. Aus Gl. (43) auf S. 54 folgt:

$$\frac{\partial y}{\partial t_0} = \frac{e}{md}\left[-(\bar{U}_a - \bar{U}_g)(t-t_0) - \frac{md}{e}\sqrt{\frac{2e}{m}\bar{U}_g} - \frac{\hat{U}}{\omega}(t-t_0)\sin\omega t_0\right].$$

Dann ergibt sich der Elektronenleitungsstrom i_{la} zusammen mit Gl. (7b) auf S. 11 und Gl. (42) auf S. 54:

$$i_{la} = \bar{\bar{I}}\,\frac{(\bar{U}_a - \bar{U}_g)(t - t_0) + \dfrac{m\,d}{e}\sqrt{\dfrac{2\,e}{m}\,\bar{U}_g} - \dfrac{\hat{U}}{\omega}\cos\omega t + \dfrac{\hat{U}}{\omega}\cos\omega t_0}{(\bar{U}_a - \bar{U}_g)(t - t_0) + \dfrac{m\,d}{e}\sqrt{\dfrac{2\,e}{m}\,\bar{U}_g} - \dfrac{\hat{U}}{\omega}(t - t_0)\sin\omega t_0}$$

und als Näherung für kleine Werte $\hat{U}$:

$$i_{la} = \bar{\bar{I}}\left\{1 - \frac{\hat{U}\,e}{\omega\,d\,m\,\bar{v}_a}\left[\sin\omega t\,(\sin\bar{\bar{\alpha}} - \bar{\bar{\alpha}}\cos\bar{\bar{\alpha}}) + \cos\omega t\,(\cos\bar{\bar{\alpha}} - 1 + \bar{\bar{\alpha}}\sin\bar{\bar{\alpha}})\right]\right\}.$$

Hierbei ist bereits wieder in den mit $\hat{U}$ multiplizierten Gliedern $t - t_0 = \bar{\bar{\tau}}$ gesetzt worden; Glieder zweiter Ordnung in $\hat{U}$ sind vernachlässigt. Zusammen mit Gl. (40) auf S. 50 ergibt sich die Steilheit:

$$\mathfrak{S} = \frac{\mathfrak{I}_{la}}{\mathfrak{U}} = \frac{\bar{\bar{I}}}{\sqrt{\bar{U}_a}(\sqrt{\bar{U}_a} + \sqrt{\bar{U}_g})}\left[\frac{\sin\bar{\bar{\alpha}}}{\bar{\bar{\alpha}}} - \cos\bar{\bar{\alpha}} + j\left(\frac{\cos\bar{\bar{\alpha}} - 1}{\bar{\bar{\alpha}}} + \sin\bar{\bar{\alpha}}\right)\right],$$

$$\mathfrak{S} = \frac{\bar{\bar{I}}}{\sqrt{\bar{U}_a}(\sqrt{\bar{U}_a} + \sqrt{\bar{U}_g})}\,\mathfrak{Y}_2(\bar{\bar{\alpha}}). \tag{45}$$

Die Laufwinkelfunktion $\mathfrak{Y}_2$ ist in Gl. (26) auf S. 33 angegeben und in Abb. 13 dargestellt. Für $\bar{U}_g = 0$ ergibt sich die Steilheit der Sättigungsdiode; für $\bar{U}_g = \bar{U}_a$ geht der Wert für die Steilheit auf die Hälfte zurück, während der Influenzleitwert auf ein Viertel absinkt.

4. Die Bremsfeldröhre.

a) Das Verhalten bei Gleichspannungen.

Der Aufbau und die Betriebsschaltung der Bremsfeldröhre ist in Abb. 26 schematisch dargestellt. Die Bremsfeldröhre besteht aus einer ebenen Kathode K, einem Gitter G und einer sog. Bremselektrode B, die die Form einer ebenen Platte hat. Das Gitter erhält gegen die Kathode die positive Gleichspannung $\bar{U}_g$, die Bremselektrode die negative Gleichspannung $\bar{U}_b$. Zwischen Gitter und Bremselektrode liegt außerdem die hochfrequente Wechselspannung $\hat{U}\sin\omega t$, die von außen her zugeführt werden soll. Das hochfrequente elektrische Feld bildet

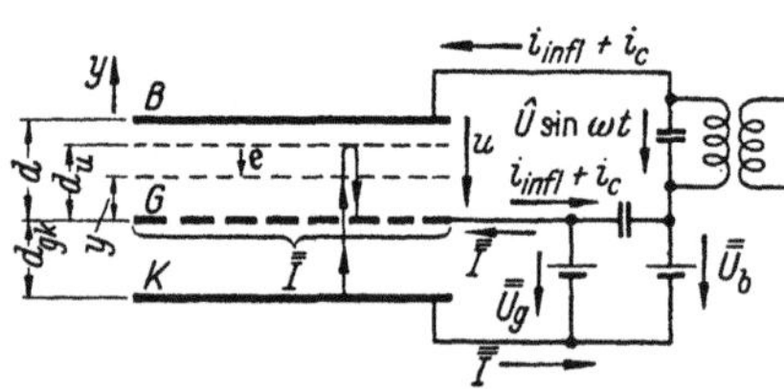

Abb. 26. Schema der Bremsfeldröhre.

sich nur zwischen Gitter und Bremselektrode aus (das Gitter soll als derart engmaschig angenommen werden, daß der Durchgriff des Hochfrequenzfeldes in den Gitter-Kathoden-Raum vernachlässigbar klein ist). Der gesamte Aufbau entspricht vollkommen der oben behandelten Diode mit endlicher Startgeschwindigkeit der Elektronen mit dem einzigen

Unterschiede, daß die Elektronen nicht auf die Bremselektrode auftreffen können; sie werden nach ihrem Durchtritt durch das Gitter von dem elektrischen Feld vor der Bremselektrode „gebremst" und kehren zum Gitter zurück, wie es die mit Pfeilen versehene Bahnkurve in Abb. 26 schematisch andeutet.

Für die folgenden Ableitungen soll nun eine Voraussetzung gemacht werden, die von den meisten Röhrenaufbauten der Praxis in guter Annäherung erfüllt wird: diejenigen Elektronen, die durch die Gittermaschen hindurchfliegen, sollen nur einmal mit dem Hochfrequenzfeld in Berührung kommen, d. h. sie sollen nach der Abbremsung im Bremsfeld das Gitter treffen, oder sie sollen nochmals in den Gitter-Kathoden-Raum zurücktreten, dort einmal hin- und zurückpendeln und dann das Gitter treffen; unter keinen Umständen aber sollen sie ein zweites Mal in das Feld zwischen Gitter und Bremselektrode treten. Diese Voraussetzung ist um so besser erfüllt, um so engmaschiger das Gitter ist. Der Strom von Elektronen, die, von der Kathode kommend, durch das Gitter hindurchtreten, soll mit $\bar{I}$ bezeichnet werden; der Strom von Elektronen, die unmittelbar von der Kathode aus das Gitter treffen, bleibt bei der gesamten Betrachtung fort, da er mit dem Hochfrequenzfeld nicht in Berührung kommt; er stellt eine meist recht unerwünschte thermische Belastung des Gitters dar, ohne sonst wirksam zu sein.

Zuerst wird die Berechnung der von der Gitterebene aus gemessenen Elektronenbewegung y durchgeführt, ohne die Wechselspannung zu berücksichtigen. Bei Berücksichtigung der Raumladung ist die Gl. (14) auf S. 16 nicht ohne weiteres anwendbar, da die Elektronen auf ihrem Hin- und Rückwege gegeneinanderlaufen. Folgende Überlegung hilft hier aus der Schwierigkeit: An jeder Stelle des elektronendurchsetzten Raumes fliegen ebensoviel Elektronen in der einen wie in der anderen Richtung; die Beträge der Geschwindigkeiten sind gleich. Stellt man sich nun eine Querschnittsfläche vor, die mit einem vom Gitter startenden Elektron mitläuft, so ist in jedem Zeitaugenblick die zwischen der Fläche und dem Gitter befindliche Ladung genau doppelt so groß wie die während der Flugzeit $t - t_0$ durch das Gitter getretene Elektronenmenge. Da die am Gitter vorhandene elektrische Feldstärke $\bar{E}_g$ konstant bleibt, gilt für den Verschiebungsstrom in der betrachteten Ebene:

$$\varepsilon_0 F \left(\frac{\partial e}{\partial t}\right)_{t_0 = \text{konst.}} = \frac{\mathrm{d}}{\mathrm{d}t}\left[2\,\bar{I}\,(t - t_0)\right] = 2\bar{I}$$

und zusammen mit Gl. (6) auf S. 8:

$$\frac{\partial^3 y}{\partial t^3} = \frac{e_{el}}{m}\left(\frac{\partial e}{\partial t}\right)_{t_0 = \text{konst.}} = \frac{e_{el}}{m}\,\frac{2\,\bar{I}}{\varepsilon_0 F}.$$

Diese Gleichung ist selbstverständlich nur für die Flugrichtung vom Gitter fort gültig; der Rückflug erfolgt dann genau spiegelbildlich (bezogen auf das Weg-Zeit-Diagramm) und braucht nicht gesondert berechnet zu werden. Die Integration erfolgt in der gleichen Weise wie bei Diode mit endlicher Startgeschwindigkeit der Elektronen auf S. 49:

$$\frac{\partial^2 y}{\partial t^2} = \frac{e}{m}\,\bar{\bar{E}}_g + \frac{e}{m}\,\frac{2\,\bar{I}}{\varepsilon_0 F}\,(t - t_0),$$

$$\frac{\partial y}{\partial t} = \frac{e}{m}\,\bar{\bar{E}}_g(t - t_\mathrm{l}) + \sqrt{\frac{2\,e}{m}\,\bar{U}_g} + \frac{e}{m}\,\frac{2\,\bar{I}}{\varepsilon_0 F}\,\frac{(t - t_0)^2}{2},$$

$$y = \frac{e}{m}\,\bar{\bar{E}}_g\,\frac{(t - t_0)^2}{2} + \sqrt{\frac{2\,e}{m}\,\bar{U}_g}\,(t - t_0) + \frac{e}{m}\,\frac{2\,\bar{I}}{\varepsilon_0 F}\,\frac{(t - t_0)^3}{6}.$$

Die Umkehr der Elektronen erfolgt in einem gewissen Abstand d_u, dem sog. Umkehrabstand; bei der Umkehr ist gerade die Hälfte der gesamten Elektronenflugzeit $\bar{\bar{\tau}}$ im Entladungsraum verstrichen. Also folgt mit $y = d_u$ aus der letzten Gleichung:

$$d_u = \frac{e}{m}\,\bar{\bar{E}}_g\,\frac{\bar{\bar{\tau}}^2}{8} + \sqrt{\frac{2\,e}{m}\,\bar{U}_g}\,\frac{\bar{\bar{\tau}}}{2} + \frac{e}{m}\,\frac{2\,\bar{I}}{\varepsilon_0 F}\,\frac{\bar{\bar{\tau}}^3}{48}.$$

Da bei der Umkehr die Elektronengeschwindigkeit Null sein muß, folgt aus der Geschwindigkeitsgleichung:

$$\frac{e}{m}\,\bar{\bar{E}}_g\,\frac{\bar{\bar{\tau}}}{2} + \sqrt{\frac{2\,e}{m}\,\bar{U}_g} + \frac{e}{m}\,\frac{2\,\bar{I}}{\varepsilon_0 F}\,\frac{\bar{\bar{\tau}}^2}{8} = 0.$$

Die am Umkehrabstand vorhandene elektrische Feldstärke $\bar{\bar{E}}_u$ ist aus der Beschleunigungsgleichung zu ermitteln:

$$\frac{e}{m}\,\bar{\bar{E}}_u = \left(\frac{\partial^2 y}{\partial t^2}\right)_{t - t_0 = \bar{\bar{\tau}}/2},$$

$$\bar{\bar{E}}_u = \bar{\bar{E}}_g + \frac{\bar{I}}{\varepsilon_0 F}\,\bar{\bar{\tau}} = \frac{\bar{U}_b}{d - d_u}.$$

Die rechte Seite der letzten Gleichung ist aus folgender Überlegung zu gewinnen: An der Umkehrstelle d_u ist das gegen Kathode gemessene Potential Null, da die Elektronengeschwindigkeit Null ist; jenseits der Umkehrstelle ist der Raum elektronenfrei, die elektrische Feldstärke ist also vom Ort unabhängig und gleich $\bar{U}_b/(d - d_u)$; da an der Umkehrstelle kein Feldstärkesprung auftreten kann, muß diese Größe der Umkehrfeldstärke gleich sein. Da die Feldstärke $\bar{\bar{E}}_g$ am Gitter leicht eliminiert werden kann, ergeben sich die beiden Gleichungen:

$$d_u = \sqrt{\frac{2\,e}{m}\,\bar{U}_g}\,\frac{\bar{\bar{\tau}}}{4} - \frac{1}{48}\,\frac{e}{m}\,\frac{\bar{I}}{\varepsilon_0 F}\,\bar{\bar{\tau}}^3, \tag{46}$$

$$\frac{\bar{U}_b}{d - d_u} = \frac{\bar{I}}{\varepsilon_0 F}\,\frac{\bar{\bar{\tau}}}{2} - \sqrt{\frac{2\,e}{m}\,\bar{U}_g}\,\frac{2\,m}{e\,\bar{\bar{\tau}}}. \tag{47}$$

Aus diesen beiden Gleichungen läßt sich schließlich noch d_u eliminieren, um die Gleichung für $\bar{\bar{\tau}}$ zu erhalten, die sich jedoch nur außerordentlich schwer diskutieren läßt.

Die einfachsten Beziehungen ergeben sich bei verschwindender Stromdichte $\bar{I}/F = 0$. Man erhält dann nach kurzer Zwischenrechnung:

$$d_u = d\,\frac{\bar{U}_g}{\bar{U}_g - \bar{U}_b} \tag{48}$$

und

$$\bar{\bar{\tau}} = \frac{4\,d\,\bar{U}_g}{(\bar{U}_g - \bar{U}_b)\sqrt{\dfrac{2\,e}{m}\,\bar{U}_g}}\,,$$

woraus sich der Laufwinkel ergibt:

$$\bar{\bar{\alpha}} = \omega\bar{\bar{\tau}} = \sqrt{\frac{8\,m}{e}\,\bar{U}_g}\,\frac{\omega\,d}{\bar{U}_g - \bar{U}_b}\,. \tag{49}$$

Diese Beziehungen lassen sich aus dem Sättigungsfall auch leicht in anschaulicher Weise ableiten.

Bei beliebigen Stromdichten erhält man die größte Laufzeit immer dann, wenn man $\bar{U}_b = 0$ macht. Bei kleinen Stromdichten kehren dann die Elektronen unmittelbar an der Bremselektrode um, es ist $d_u = d$, die Gl. (47) wird unbestimmt, die Laufzeit ergibt sich aus (46); in diesem Bereich wird die Laufzeit kleiner, wenn man bei vorgegebener Stromdichte die Gitterspannung vergrößert. Bei großen Stromdichten dagegen ist $d_u < d$, und der Raum hinter dem Umkehrpunkt ist elektronen- und feldfrei. In diesem Bereich errechnet sich die Laufzeit nach Gl. (47):

$$\bar{\bar{\tau}}^2 = \frac{4\,m}{e}\,\frac{\varepsilon_0 F}{\bar{I}}\sqrt{\frac{2\,e}{m}\,\bar{U}_g}\,,$$

sie nimmt also mit zunehmender Gitterspannung zu. Errechnet man zusammen mit Gl. (46) den Umkehrabstand d_u und berücksichtigt, daß er kleiner als der Elektrodenabstand d sein muß, so erhält man daraus die Bedingungsgleichung für die Größe der Stromdichte, bei der die angeschriebene Laufzeitgleichung gilt:

$$d_u = \sqrt{\frac{2\,e}{m}\,\bar{U}_g}\cdot\frac{1}{6}\sqrt{\frac{4\,m}{e}\,\frac{\varepsilon_0 F}{\bar{I}}\sqrt{\frac{2\,e}{m}\,\bar{U}_g}} \leqq d,$$

also:

$$\bar{I} \geqq \frac{2}{9}\sqrt{\frac{2\,e}{m}}\,\varepsilon_0 F\,\frac{\bar{U}_g^{3/2}}{d^2}\,.$$

Die längstmögliche Laufzeit ist erreicht, wenn gerade

$$\bar{I} = \frac{2}{9}\sqrt{\frac{2\,e}{m}}\,\varepsilon_0 F\,\frac{\bar{U}_g^{3/2}}{d^2}$$

ist; diese Laufzeit selbst ergibt sich zu:

$$\bar{\bar{\tau}}_{\mathrm{max}} = \sqrt[3]{\frac{24\,m\,\varepsilon_0 F\,d}{e\,\bar{I}}}\,. \tag{50}$$

Wenn also der Elektrodenabstand d und die Stromdichte $\bar{I}/F$ vorgegeben sind, so läßt sich dieser Laufzeitwert nie überschreiten, welche Spannungen man auch den Elektroden geben mag.

Da die anschließenden Berechnungen mit Wechselspannung nur unter Vernachlässigung der Raumladung durchgeführt werden, ist es von Interesse, die Grenzen für die Stromdichte zu kennen, unterhalb deren die Raumladungseinflüsse gering bleiben; man stellt zu diesem Zwecke fest, wie sich Laufzeit und Umkehrabstand bei geringen Stromdichten gegenüber dem raumladungsfreien Fall [Gl. (48) und (49)] verändern. Zu diesem Zwecke differenziert man die Gl. (46) und (47) auf S. 58 nach $\bar{I}$ an der Stelle $\bar{I} = 0$ und erhält aus den beiden Gleichungen die Differentialquotienten $\mathrm{d}\,d_u/\mathrm{d}\,\bar{I}$ und $\mathrm{d}\bar{\bar{\tau}}/\mathrm{d}\,\bar{I}$. Ersetzt man dann die Differentiale $\mathrm{d}\,d_u$ und $\mathrm{d}\bar{\bar{\tau}}$ in Näherung durch endliche Änderungen Δd_u und $\Delta\bar{\bar{\tau}}$, ferner das Differential $\mathrm{d}\bar{I}$ durch den kleinen Strom $\bar{I}$, so folgt:

$$\frac{\Delta\bar{\bar{\tau}}}{\bar{\bar{\tau}}} = \frac{2\,\bar{I}\,d^2\,\sqrt{\bar{U}_g}\,(\bar{U}_g/3 + \bar{U}_b)}{\sqrt{\dfrac{2\,e}{m}}\,\varepsilon_0\,F\,(\bar{U}_g - \bar{U}_b)^3}\cdot$$

$$\frac{\Delta d_u}{d_u} = \frac{8}{3}\,\frac{\bar{I}\,d^2\,\sqrt{\bar{U}_g}\,\bar{U}_b}{\sqrt{\dfrac{2\,e}{m}}\,\varepsilon_0\,F\,(\bar{U}_g - \bar{U}_b)^3}\cdot$$

Man erkennt hieraus, daß eine kleine Stromdichte $\bar{I}/F$ an der Stelle $\bar{U}_b = -\bar{U}_g/3$ die Laufzeit $\bar{\tau}$ und an der Stelle $\bar{U}_b = 0$ den Umkehrabstand nicht verändert; abgesehen von der nächsten Umgebung der Stelle $\bar{U}_b = 0$ ist die relative Änderung des Umkehrabstandes $\Delta d_u/d_u$ dem Betrage nach größer als die relative Änderung der Laufzeit $\Delta\bar{\bar{\tau}}/\bar{\bar{\tau}}$. Setzt man eine gewisse relative Änderung des Umkehrabstandes als zulässig an, so ergibt sich für den durch das Gitter tretenden Elektronenstrom $\bar{I}$ eine Grenze:

$$\bar{I} \lessgtr \left(\frac{\Delta d_u}{d_u}\right)_{zul}\cdot\frac{3}{8}\,\sqrt{\frac{2\,e}{m}}\,\varepsilon_0\,F\,\frac{\bar{U}_g^{3/2}}{d^2}\,\frac{(\bar{U}_g - \bar{U}_b)^3}{\bar{U}_g^2\,\bar{U}_b}. \tag{51a}$$

Man kann diese Grenzbedingung auch noch etwas anders formulieren, wenn man voraussetzt, daß die Strecke zwischen Kathode und Gitter eine Raumladungsdiode mit dem Elektrodenabstand d_{gk} ist; dann bestimmt sich der Emissionsstrom nach Gl. (27) auf S. 35 und man erhält unter der Voraussetzung, daß nur ein verschwindend kleiner Teil der Elektronen auf die Gitterdrähte auftrifft:

$$\frac{d^2}{d_{gk}^2} \leqq \left(\frac{\Delta d_u}{d_u}\right)_{zul}\cdot\frac{27}{32}\,\frac{(\bar{U}_g - \bar{U}_b)^3}{\bar{U}_g^2\,\bar{U}_b}. \tag{51b}$$

b) Das Verhalten bei Wechselspannungen beliebiger Größe.

Das Lösungsverfahren für die Vorgänge bei der Bremsfeldröhre im Sättigungsgebiet ist genau das gleiche wie bei der Diode mit endlicher Startgeschwindigkeit der Elektronen. Die Bewegungsgleichungen für die Elektronen lauten (vgl. die Ableitung bei der Sättigungsdiode auf S. 20):

$$\frac{\partial^2 y}{\partial t^2} = \frac{e}{md}\left[-(\bar{U}_g - \bar{U}_b) + \hat{U}\sin\omega t\right], \tag{52}$$

$$\frac{\partial y}{\partial t} = \frac{e}{md}\left[-(\bar{U}_g - \bar{U}_b)(t-t_0) + \frac{md}{e}\sqrt{\frac{2e}{m}\bar{U}_g} - \frac{\hat{U}}{\omega}(\cos\omega t - \cos\omega t_0)\right], \tag{53}$$

$$y = \frac{e}{md}\left[-(\bar{U}_g - \bar{U}_b)\frac{(t-t_0)^2}{2} + \frac{md}{e}\sqrt{\frac{2e}{m}\bar{U}_g}\,(t-t_0)\right.$$

$$\left. - \frac{\hat{U}}{\omega^2}(\sin\omega t - \sin\omega t_0) + \frac{\hat{U}}{\omega}(t-t_0)\cos\omega t_0\right]. \tag{54}$$

Wie bei der Diode lassen sich die Zusammenhänge für Wechselspannungen beliebiger Größe aus zeichnerischen Lösungen erkennen; Abb. 27 zeigt den Sonderfall, daß der Scheitelwert der Wechselspannung $\hat{U}$ gleich dem Wert $\bar{U}_g - \bar{U}_b$ ist. Das oberste Diagramm zeigt den Verlauf der Spannung u im Vergleich zu $\bar{U}_g - \bar{U}_b$; das zweite Diagramm den Verlauf der Elektronengeschwindigkeit $\partial y/\partial t$ im Vergleich zur Geschwindigkeit $\bar{v}_g$ am Gitter für die Elektronen, die zu verschiedenen Startphasen die Gitterebene verlassen haben. Die Kurven sind abwärts laufende Geraden, denen Kosinuskurven überlagert sind, wie auch aus Gl. (53) zu entnehmen ist (die Art der Konstruktion ist die gleiche wie bei der Diode auf S. 21). Als Laufwinkel im Gleichfeld ist $\bar{\alpha} = 433°$ vorausgesetzt. Das dritte Diagramm in Abb. 27 zeigt die Bewegung y der Elektronen im Vergleich zu der Strecke $\bar{v}_g/f$, die die Elektronen während einer Periodendauer der Frequenz f durchfliegen würden, wenn kein Bremsfeld vorhanden wäre und sie die Geschwindigkeit $\bar{v}_g$ unverändert beibehielten. Man erkennt, daß die Elektronen die für $\hat{U} = 0$ geltende Umkehrzone, d. h. $y = d_u$, zum Teil nicht erreichen und zum Teil weit überschreiten. Es soll immer vorausgesetzt werden, daß die Bremselektrode so weit vom Gitter entfernt ist, daß auch die am weitesten in den Raum vordringenden Elektronen die Bremselektrode nicht treffen. (Im übrigen kann man mit der durchgeführten graphischen Lösung auch die Verhältnisse für den Fall auftreffender Elektronen ermitteln, was hier aber nicht näher behandelt werden soll.) Das Diagramm für die Größe $yf/\bar{v}_g$ in Abb. 27 enthält viele sich überschneidende Kurven und wird unübersichtlich, insbesondere wenn man die Kurven für eine größere Anzahl von Startphasen ωt_0 zeichnet. Übersichtlicher bleiben die Zusammenhänge, wenn man auf das in Abb. 28 dargestellte Bewegungsschaubild übergeht, indem man $yf/\bar{v}_g$ als Parameter und ωt und ωt_0 als Variable darstellt. Im Gegensatz zum Bewegungsschaubild der Diode in Abb. 24 schnüren sich hier die Kurven für größere y-Werte ab, weil die in gewissen Startphasen gestarteten Elektronen die hohen y-Werte nicht erreichen; die Abschlußlinie bildet wieder eine Linie für $y = 0$, weil alle Elektronen wieder zum Gitter zurückkehren.

Eine Betrachtung der Elektronenleitungsströme ist bei der Bremsfeldröhre nicht von Interesse, Bedeutung für das elektrische Verhalten

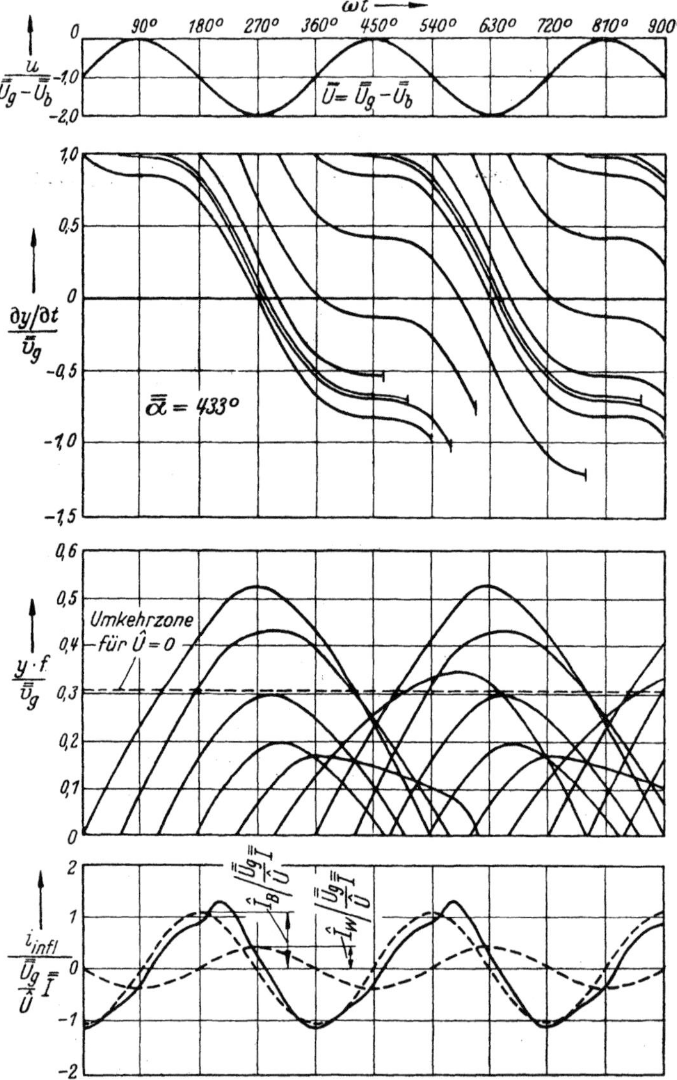

Abb. 27. Bremsfeldröhre bei einem Laufwinkel $\overline{\overline{\alpha}} = 433°$: Zeitlicher Verlauf der Spannung u, der Elektronengeschwindigkeit $\partial y/\partial t$, der Elektronenbewegung y, des Influenzstromes $i_{h.fl}$ und der Wirk- und Blindkomponente der Grundwelle des Influenzstromes ($\hat{I}_W$ und $\hat{I}_B$).

hat nur der Influenzstrom. Wie bei der Behandlung der Diode auf S. 23 formt man das Integral der Gl. (10) auf S. 14 in eine Summe um, setzt $\bar{v}_g = \sqrt{\frac{2e}{m} \bar{U}_g}$, eliminiert durch die Gl. (49) den Elektrodenabstand d

und setzt für das vorliegende Beispiel $\hat{U} = \bar{\bar{U}}_g - \bar{\bar{U}}_b$; dann ergibt sich:

$$\frac{i_{infl}}{\hat{I}} = \frac{\bar{v}_g}{\omega d} \sum \frac{\partial y/\partial t}{\bar{v}_g} \Delta \omega t_0 = 4 \frac{\bar{\bar{U}}_g}{\hat{U} \bar{\bar{\alpha}}} \sum \frac{\partial y/\partial t}{\bar{v}_g} \Delta \omega t_0.$$

Das auf diese Weise ermittelte Verhältnis $\dfrac{i_{infl}}{\dfrac{\bar{\bar{U}}_g}{\hat{U}} \hat{I}}$ ist im untersten Dia-

gramm der Abb. 27 durch den stark ausgezogenen Kurvenzug dargestellt
(bei dieser Darstellung ist angenommen, daß auch schon vor der Zeit
$t_0 = 0$ Elektronen übergegangen sind, wodurch die Kurve rein periodisch
wird und keine Einschaltvorgänge enthält). Der Influenzstrom ist nicht
sinusförmig; den besten Überblick erhält man, wenn man die in der
Kurve enthaltene Grundwelle in eine Wirkkomponente mit dem Scheitel-

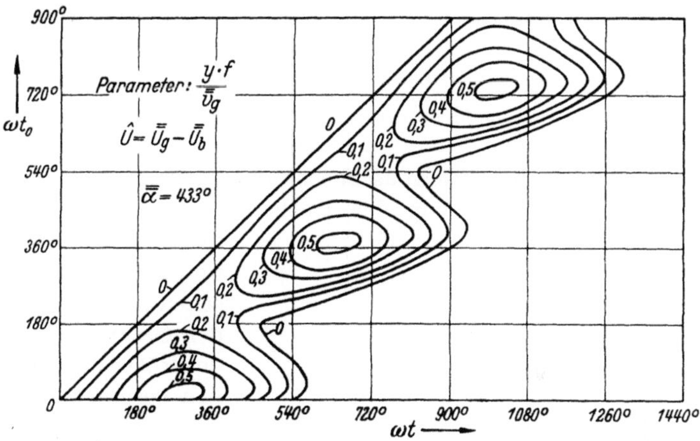

Abb. 28. Bewegungsschaubild für die Bremsfeldröhre bei einem Laufwinkel $\bar{\bar{\alpha}} = 433°$.

wert $\hat{I}_W$ und eine Blindkomponente mit dem Scheitelwert $\hat{I}_B$ zerlegt,
wie die gestrichelten Kurven im untersten Diagramm der Abb. 27 zeigen.
Für die Größe der Scheitelwerte ergibt die graphische Konstruktion:
$\dfrac{\hat{I}_W}{\dfrac{\bar{\bar{U}}_g}{\hat{U}} \hat{I}} = -0{,}4$ und $\dfrac{\hat{I}_B}{\dfrac{\bar{\bar{U}}_g}{\hat{U}} \hat{I}} = -1{,}1$. In dem gewählten Beispiel ist die

Wirkkomponente also negativ, die Röhre gibt Leistung nach außen
hin ab und wirkt daher anfachend; auch der Blindstrom ist negativ,
d. h. die Elektronenströmung stellt einen induktiven Blindleitwert dar.
Der Wirkungsgrad der Hochfrequenzenergieerzeugung ist:

$$\eta = \frac{\hat{U} \hat{I}_W}{2 \bar{\bar{U}}_g \hat{I}} = 20\%,$$

also etwa doppelt so hoch wie bei dem oben dargestellten Beispiel der
Sättigungsdiode. (Der ausführliche Vergleich zwischen Bremsfeldröhre
und Sättigungsdiode folgt unter c.)

Führt man die graphischen Konstruktionen beim Laufwinkel $\bar{\bar{\alpha}} = 433°$ für verschiedene Verhältnisse $\dfrac{\hat{U}}{\overline{\overline{U}}_g - \overline{\overline{U}}_b}$, d. h. für verschieden große Wechselspannungen durch, so verändern sich die Wirkungsgrade, wie Abb. 29 zeigt. Der höchstmögliche Wirkungsgrad liegt etwa bei $\dfrac{\hat{U}}{\overline{\overline{U}}_g - \overline{\overline{U}}_b} = 1$ und beträgt rund 20 %. Für Spannungsaussteuerungen $\dfrac{\hat{U}}{\overline{\overline{U}}_g - \overline{\overline{U}}_b}$ von rund 1,5 geht der Wirkungsgrad nach Null, darüber hinaus wirkt die Röhre dann nicht mehr anfachend, sondern dämpfend. Die gleichen Verhältnisse wurden schon bei der Diode besprochen. Bei der Beurteilung des Wirkungsgrades ist zu betonen, daß er stets auf den

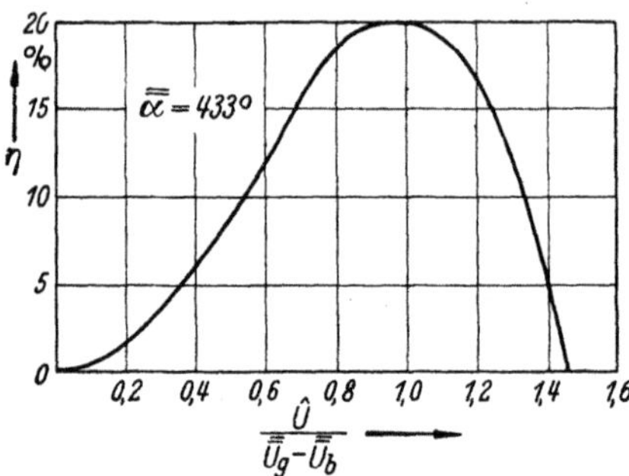

Abb. 29. Wirkungsgrad der Bremsfeldröhre bei einem Laufwinkel $\bar{\bar{\alpha}} = 433°$ in Abhängigkeit von der Spannungsaussteuerung $\hat{U}/(\overline{\overline{U}}_g - \overline{\overline{U}}_b)$.

Strom $\bar{I}$, der durch die Gittermaschen hindurchtritt, bezogen ist; wenn eine größere Anzahl der von der Kathode kommenden Elektronen direkt das Gitter trifft und nicht durch die Maschen hindurchtritt, wird der Gesamtwirkungsgrad der Röhre selbstverständlich geringer.

Wenn man die Ermittlungen auch noch für andere Laufwinkel $\bar{\bar{\alpha}}$ und für verschiedene Spannungsaussteuerungen $\dfrac{\hat{U}}{\overline{\overline{U}}_g - \overline{\overline{U}}_b}$ durchführt, so läßt sich das in Abb. 30 dargestellte Ortskurvendiagramm für den Influenzleitwert $\mathfrak{G}$ im Verhältnis zum Gleichstromleitwert $\overline{\overline{G}}_g = \bar{I}/\overline{U}_b$

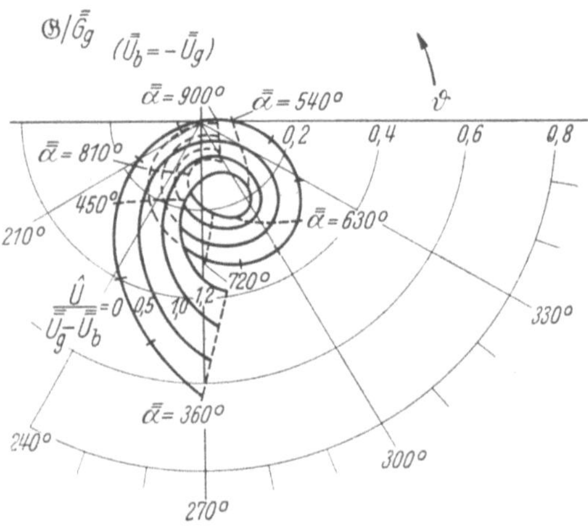

Abb. 30. Leitwert der Bremsfeldröhre, als Ortskurven in Abhängigkeit vom Laufwinkel $\bar{\bar{\alpha}}$ und von der Spannungsaussteuerung $\hat{U}/(\overline{\overline{U}}_g - \overline{\overline{U}}_b)$ dargestellt.

zeichnen. Der prinzipielle Verlauf ist dem bei der Diode mit endlicher Startgeschwindigkeit nach Abb. 25 auf S. 53 recht ähnlich. Zu beachten ist, daß die Werte der Abb. 30 nur für den Sonderfall $\overline{U}_b = -\overline{U}_g$ gelten; für andere Werte der Bremselektrodenspannung sind die Werte mit

$$\left(\frac{2\,\overline{U}_g}{\overline{U}_g - \overline{U}_b}\right)^2 = \left(\frac{2\,d_u}{d}\right)^2 \text{ zu multiplizieren.}$$

c) Das Verhalten bei kleinen Wechselspannungen.

Wenn man zu kleinen Wechselspannungsamplituden $\hat{U}$ übergeht, läßt sich wie bei der Diode der Influenzstrom in analytisch geschlossener Form darstellen. Außerdem muß für die hier durchgeführte Lösung stets angenommen werden, daß die negative Bremselektrodenspannung mindestens eine solche Größe hat, daß niemals Elektronen auf die Bremselektrode gelangen können. Es gelten die schon oben angeschriebenen Bewegungsgleichungen:

$$\frac{\partial^2 y}{\partial t^2} = \frac{e}{md} \left[-(\bar{U}_g - \bar{U}_b) + \hat{U} \sin \omega t \right], \tag{52}$$

$$\frac{\partial y}{\partial t} = \frac{e}{md} \left[-(\bar{U}_g - \bar{U}_b)(t - t_0) + \frac{md}{e} \sqrt{\frac{2e}{m} \bar{U}_g} - \frac{\hat{U}}{\omega} (\cos \omega t - \cos \omega t_0) \right], \tag{53}$$

$$y = \frac{e}{md} \left[-(\bar{U}_g - \bar{U}_b) \frac{(t - t_0)^2}{2} + \frac{md}{e} \sqrt{\frac{2e}{m} \bar{U}_g} (t - t_0) \right.$$
$$\left. - \frac{\hat{U}}{\omega^2} (\sin \omega t - \sin \omega t_0) + \frac{\hat{U}}{\omega} (t - t_0) \cos \omega t_0 \right]. \tag{54}$$

Das Elektron, das zur Zeit t gerade wieder zum Gitter ($y = 0$) zurückkehrt, hat eine Laufzeit τ hinter sich; für diese Laufzeit ergibt sich aus der letzten Gleichung:

$$(\bar{U}_g - \bar{U}_b) \frac{\tau^2}{2} - \frac{md}{e} \sqrt{\frac{2e}{m} \bar{U}_g} \, \tau = -\frac{\hat{U}}{\omega^2} [\sin \omega t - \sin \omega(t - \tau)]$$
$$+ \frac{\hat{U}}{\omega} \tau \cos \omega(t - \tau). \tag{54a}$$

Nunmehr kann der Influenzstrom gebildet werden [vgl. Gl. (10) auf S. 14]:

$$i_{infl} = \frac{I}{d} \int_{t-\tau}^{t} \frac{e}{md} \left[-(\bar{U}_g - \bar{U}_b)(t - t_0) + \frac{md}{e} \sqrt{\frac{2e}{m} \bar{U}_g} - \frac{\hat{U}}{\omega} (\cos \omega t - \cos \omega t_0) \right] dt_0,$$

$$= I \frac{e}{md^2} \left[(\bar{U}_g - \bar{U}_b) \frac{(t - t_0)^2}{2} + \frac{md}{e} \sqrt{\frac{2e}{m} \bar{U}_g} \, t_0 \right.$$
$$\left. - \frac{\hat{U}}{\omega} \left(t_0 \cos \omega t - \frac{1}{\omega} \sin \omega t_0 \right) \right]_{t_0 = t - \tau}^{t_0 = t},$$

$$= I \frac{e}{md^2} \left[-(\bar{U}_g - \bar{U}_b) \frac{\tau^2}{2} + \frac{md}{e} \sqrt{\frac{2e}{m} \bar{U}_g} \, \tau \right.$$
$$\left. - \frac{\hat{U}}{\omega} \left(\tau \cos \omega t - \frac{1}{\omega} \sin \omega t + \frac{1}{\omega} \sin \omega(t - \tau) \right) \right].$$

Durch die Beziehung (54a) werden die Größen $-(\bar{U}_g - \bar{U}_b) \frac{\tau^2}{2}$ $+ \frac{md}{e} \sqrt{\frac{2e}{m} \bar{U}_g} \, \tau$ eliminiert:

$$i_{infl} = \frac{e}{md^2 \omega^2} I \hat{U}$$

$$\times \{ \sin \omega t \, [2(1 - \cos \omega \tau) - \omega \tau \sin \omega \tau] + \cos \omega t \, (2 \sin \omega \tau - \omega \tau (1 + \cos \omega \tau)) \}.$$

Dann kommt die Laufzeit τ nur noch in Gliedern vor, die mit $\hat{U}$ multipliziert sind; man kann für kleine Amplituden $\hat{U}$ die Laufzeit τ in erster Näherung durch $\bar{\tau}$ ersetzen, wie schon bei der Sättigungsdiode auf S. 27 ausgeführt wurde. Als Lösung für den Influenzstrom ergibt sich dann:

$$i_{infl} = \frac{e\,\bar{I}\,\hat{U}}{m\,\omega^2 d^2}$$

$$\times \{\sin \omega t\,[2\,(1 - \cos \bar{\alpha}) - \bar{\alpha} \sin \bar{\alpha}] + \cos \omega t\,[2 \sin \bar{\alpha} - \bar{\alpha}\,(1 + \cos \bar{\alpha})]\}.$$

Dies ist genau die gleiche Beziehung wie bei der Sättigungsdiode mit dem einzigen Unterschied, daß der Gleichstromanteil $\bar{I}$ bei der Bremsfeldröhre fehlt, was erklärlich ist, da ja die negative Bremselektrode

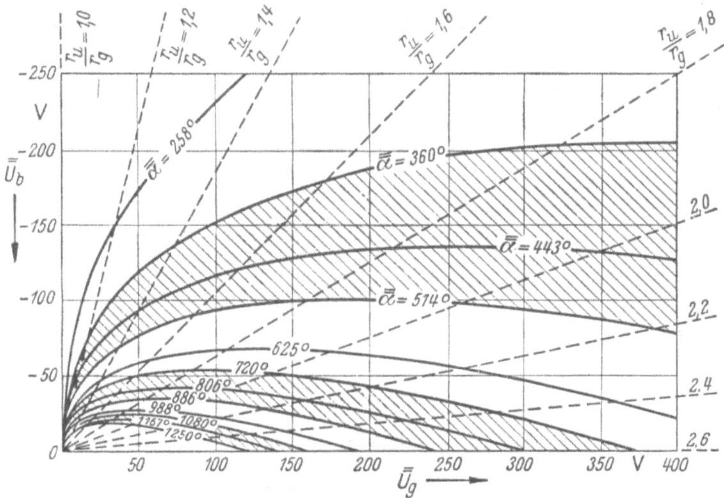

Abb. 31. Lage der Schwingbereiche (schraffiert) einer Bremsfeldröhre mit dem Gitter-Bremselektroden-Abstand $d = 1{,}5$ mm in Abhängigkeit von der Gitterspannung $\bar{U}_g$ und der Bremselektrodenspannung $\bar{U}_b$ für eine Wellenlänge $\lambda_0 = 10$ cm.

keinen Gleichstrom führen kann. Bildet man die Wirk- und Blindleitwerte, so ergeben sich vollkommen die gleichen Werte wie bei der Sättigungsdiode und der Diode mit endlicher Startgeschwindigkeit:

$$\left.\begin{aligned} G_W &= \frac{e\,\bar{I}}{m\,\omega^2 d^2}\,[2\,(1 - \cos \bar{\alpha}) - \bar{\alpha} \sin \bar{\alpha}], \\ G_B &= \frac{e\,\bar{I}}{m\,\omega^2 d^2}\,[2 \sin \bar{\alpha} - \bar{\alpha}\,(1 + \cos \bar{\alpha})]. \end{aligned}\right\} \tag{23}$$

Der Verlauf der Leitwerte ist in den Abb. 9 und 10 dargestellt; die abwechselnde Folge von Schwing- und Dämpfungsbereichen ist bereits oben erörtert.

Die Lage der Schwing- und Dämpfungsbereiche ist verhältnismäßig schwer zu überschauen, da $\bar{\alpha}$ gemäß Gl. (49) von den beiden Größen $\bar{U}_g$ und $\bar{U}_b$ abhängig ist. In Abb. 31 ist zum besseren Überblick für ein

Zahlenbeispiel ($d = 1{,}5$ mm, $f = 3$ GHz, also Wellenlänge $\lambda_0 = 10$ cm) die Abhängigkeit des Laufwinkels $\bar{\bar{\alpha}}$ (Parameter) von den Betriebsspannungen $\bar{U}_g$ und $\bar{U}_b$ aufgetragen. Für die Zeichnung der Kurven sind diejenigen Werte von $\bar{\alpha}$ gewählt, für die die Funktion $\dfrac{G_W}{e\,\bar{I}/m\,\omega^2 d^2}$ Nullstellen und Extremstellen besitzt. Die Schwingbereiche, innerhalb deren die Elektronenstrecke anfachend wirkt, sind schraffiert gezeichnet. Die Darstellung enthält drei Schwingbereiche, der erste zwischen $\bar{\bar{\alpha}}$ = 360 bis 514°, der zweite von 720 bis 886° und der dritte von 1080 bis 1250°. In den höheren Schwingbereichen wird der negative Wirkleitwert immer größer, wie Abb. 9 zeigt; angeschlossene Schwingkreise werden in den höheren Bereichen leichter angefacht; da aber die höheren Schwingbereiche im Gebiet kleiner Gleichspannungen liegen, wie Abb. 31 zeigt, können sich hier Raumladungserscheinungen bemerkbar machen und die Voraussetzungen der Rechnung unter Umständen zerstören (vgl. S. 59). Der erste Schwingbereich liegt im Gebiet großer Betriebsgleichspannungen; hier kann sich die Hochfrequenzspannung bei Selbsterregung auf hohe Werte aufschaukeln, die gewonnene Nutzleistung ist daher im ersten Schwingbereich am größten.

Man kann dem Ausdruck (23) für den Leitwert der Elektronenstrecke auch noch eine andere Form geben, wenn man die Beziehungen (48) und (49) auf S. 59 einführt. Man erhält dann für die Größe $\dfrac{e\,\bar{I}}{m\,\omega^2 d^2}$ den Wert:

$$\frac{e\,\bar{I}}{m\,\omega^2 d^2} = \bar{\bar{I}}\,\frac{8\,\bar{U}_g}{(\bar{U}_g - \bar{U}_b)^2}\,\frac{1}{\bar{\bar{\alpha}}^2} = 4\,\frac{\bar{I}}{\bar{U}_g}\left(\frac{\bar{U}_g}{\bar{U}_g - \bar{U}_b}\right)^2\frac{2}{\bar{\bar{\alpha}}^2} = \frac{\bar{I}}{\bar{U}_g}\left(\frac{2\,d_u}{d}\right)\frac{2}{\bar{\bar{\alpha}}^2}\,,$$

und der gesamte Leitwert der Elektronenstrecke erhält die Form:

$$\frac{\circledS}{\bar{\bar{G}}_g} = \left(\frac{2\,\bar{U}_g}{\bar{U}_g - \bar{U}_b}\right)^2 \mathfrak{Y}_1(\bar{\alpha}) = \left(\frac{2\,d_u}{d}\right)^2 \mathfrak{Y}_1(\bar{\alpha})\,, \tag{55}$$

wobei $\bar{\bar{G}}_g = \bar{I}/\bar{U}_g$ den zwischen Kathode und Gitter wirksamen Gleichstromleitwert und $\mathfrak{Y}_1$ die in der Gl. (25) auf S. 31 und in den Abb. 11 und 12 dargestellte Funktion des Laufwinkels $\bar{\alpha}$ ist. Bis auf den Faktor $\left(\dfrac{2\,\bar{U}_g}{\bar{U}_g - \bar{U}_b}\right)^2$ ist vollkommene Übereinstimmung mit den Beziehungen der Sättigungsdiode vorhanden. Bei sehr kleinen Wechselspannungen kann man $\bar{U}_b$ nahezu Null machen, ohne daß Elektronen auf die Bremselektrode auftreffen. Man kann dadurch den Faktor $\left(\dfrac{2\,\bar{U}_g}{\bar{U}_g - \bar{U}_b}\right)^2$ bis auf den Höchstwert 4 bringen. Der Leitwert der Elektronenströmung ist dann im Vergleich zum Gleichstromleitwert $\bar{\bar{G}}_g$ bei der Bremsfeldröhre viermal so groß wie bei der Sättigungsdiode und 16mal so groß wie bei der Diode ohne Gleichfeld, wie man durch Vergleich mit den Gl. (25) auf S. 31 und (44) auf S. 55 erkennt. Es ist dabei jedoch zu bedenken, daß für gleiche Gleichspannungen $\bar{U} = \bar{U}_g$ an beiden Röhren der Abstand d zwischen Gitter und Bremselektrode bei der Bremsfeldröhre nur halb so groß sein darf wie der Abstand zwischen Kathode und Anode bei der Sättigungsdiode und nur ein Viertel des Abstandes zwischen Gitter und Anode bei der Diode ohne Gleichfeld betragen darf, sofern man die gleichen Laufwinkel in den Röhren erreichen will; denn bei der Bremsfeldröhre gilt der Laufwinkel für den Hin- und Rücklauf, bei den Dioden aber nur für den einfachen Weg.

Die Vergleiche zwischen Bremsfeldröhre und Sättigungsdiode ergeben zusammenfassend, daß die Bremsfeldröhre wegen des größeren Wirkleitwertes der Elektronenstrecke leichter Schwingungen anfachen kann als die Sättigungsdiode und außerdem am optimalen Arbeitspunkt einen besseren Wirkungsgrad zu erreichen gestattet, wie die unter b) durchgeführten Betrachtungen zeigten. Gegen die Diode ohne Gleichfeld gilt nur der Vorteil des größeren Wirkleitwertes, der Wirkungsgrad ist nahezu gleich.

Alle bisherigen Betrachtungen setzten voraus, daß der am Gitter eintretende Elektronengleichstrom $\bar{I}$ und mit ihm die im Bremsfeld vorhandene Raumladung derart gering ist, daß sie keinen Einfluß auf die Bewegung der Elektronen ausübt. Unter Berücksichtigung der Raumladung wird die Lösung wesentlich verwickelter; es ist überdies nur eine Lösung für verschwindend kleine Wechselspannungen bekannt (vgl. Literaturverzeichnis auf S. 464). Das wichtigste Ergebnis ist, daß genau wie bei der Raumladungsdiode der induktive Blindleitwert der Elektronenstrecke niemals die Größe des Blindleitwertes der Elektrodenkapazität erreichen kann; wie die Raumladungsdiode kann deshalb auch die Bremsfeldröhre unter den getroffenen Voraussetzungen für die Elektronenbewegung nicht ohne äußeren Schwingungskreis selbständige Schwingungen anfachen.

Weiterhin war für die oben durchgeführten Betrachtungen angenommen, daß niemals Elektronen auf die Bremselektrode treffen. Wenn sich die Röhre in einem Schwingbereich zu hohen Wechselspannungen aufschaukelt, so kann auch unter Umständen die stark negative Bremselektrode von Elektronen getroffen werden, es fließt dann ein Bremselektronengleichstrom, der Energie an die Gleichspannungsquelle $\bar{U}_b$ abgibt; ein solcher Strom, der gegen den Gitterstrom klein ist, beeinflußt den Schwingungszustand im allgemeinen nur wenig. — Man kann aber die Bremsfeldröhre auch noch unter anderen als den bislang betrachteten Betriebsbedingungen arbeiten lassen, nämlich derart, daß man der Bremselektrode die Gleichspannung Null (oder sehr kleine negative oder auch positive Werte) erteilt und so bewirkt, daß entsprechend dem Verlauf der Hochfrequenzwechselspannung etwa die Hälfte der Elektronen unmittelbar die Bremselektrode trifft, während die andere Hälfte zum Gitter zurückkehrt. Bei diesem Betrieb mit „Bremselektroden-Aussortierung" erhält man völlig andere Schwingbereiche, deren rechnerische Ermittlung hier nicht durchgeführt werden soll.

Schließlich war für alle bisherigen Betrachtungen angenommen, daß die Elektronen nur einmal mit dem Hochfrequenzfeld in Berührung kommen und nicht mehrfach durch die Gittermaschen hin- und herpendeln. Verwendet man Röhren, deren Gitter so gebaut sind, daß sie ein mehrmaliges Pendeln einer größeren Anzahl von Elektronen zulassen, so ergeben sich sehr verwickelte Verhältnisse, deren rechnerische Behandlung einen großen Aufwand erfordert. Die Lage der Schwingbereiche ist eine andere als die bisher berechnete. Die Mehrfachpendelung der Elektronen erhöht die Raumladung stark und setzt dadurch der Größe des übergehenden Elektronengleichstroms eine Grenze. Die Wirkungsweise solcher Bremsfeldröhren entspricht den anschließend zu behandelnden Vierpolstrecken, da die Elektronenströmung beim ersten Durchgang durch den Bremsraum eine Steuerung erfährt und beim zweiten Durchgang anfachend wirken kann.

III. Vierpolstrecken (Steuerung und Anfachung).

Die als „Vierpolstrecken" bezeichneten Anordnungen sollen dadurch gekennzeichnet sein, daß eine Elektronenströmung durch vier Elektroden hindurchtritt, die paarweise gegeneinander eine Hochfrequenzspannung führen; unter Umständen können die beiden mittleren Elektroden in eine zusammenfallen; wesentlich ist immer, daß die Elektronenströmung nacheinander zwei verschiedene Hochfrequenzfelder durchsetzt; die Anordnungen werden daher auch als „Zweifeldanordnungen" bezeichnet. Außer den Hochfrequenzelektroden können noch weitere Elektroden vorhanden sein, die reine Gleichspannungen führen und deshalb für den hochfrequenten Elektronenmechanismus unwesentlich sind. Röhren dieser Art stellen Verstärker für die Höchstfrequenz dar. Eine von außen dem einen Elektrodenpaar zugeführte Hochfrequenzspannung beeinflußt den Elektronenstrom, übt also eine „Steuerung" aus; das von dieser Spannung erzeugte Hochfrequenzfeld ist also das steuernde Feld. Der gesteuerte Elektronenstrom tritt dann in das zweite Hochfrequenzfeld ein und gibt hier hochfrequente Energie ab und übt somit eine „Anfachung" auf den an das zugehörige Elektrodenpaar angeschlossenen Kreis aus. Die Vorgänge der Steuerung und der Anfachung sollen in diesem Kapitel zuerst getrennt und dann bei den Anwendungsbeispielen in ihrem Zusammenwirken behandelt werden.

Zuvor müssen die von den Elektronenströmungen durchsetzten Elektroden etwas eingehender behandelt werden.

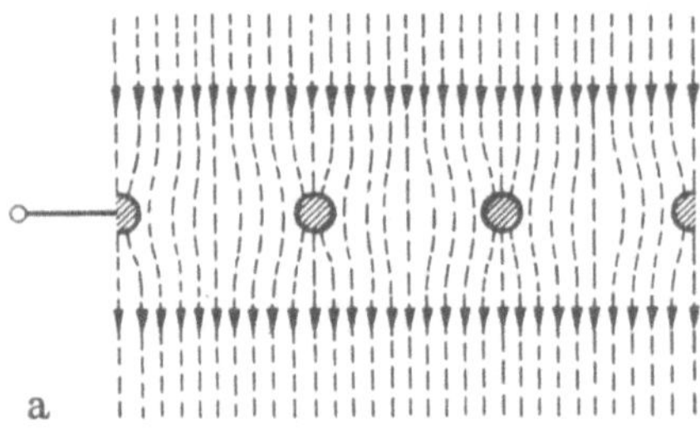

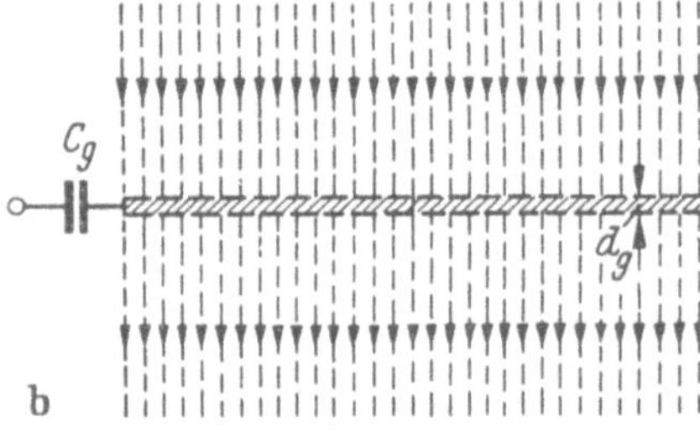

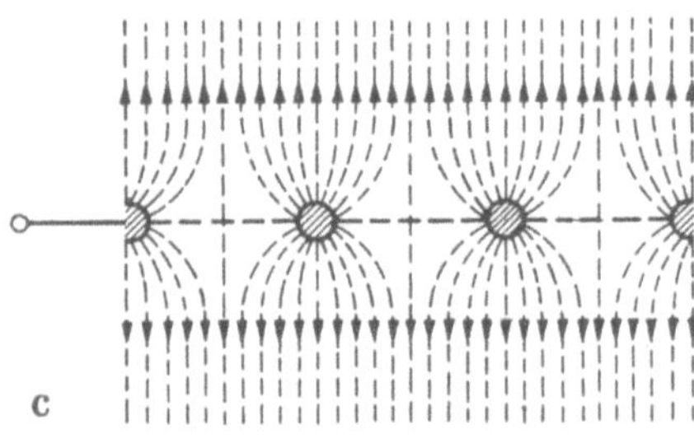

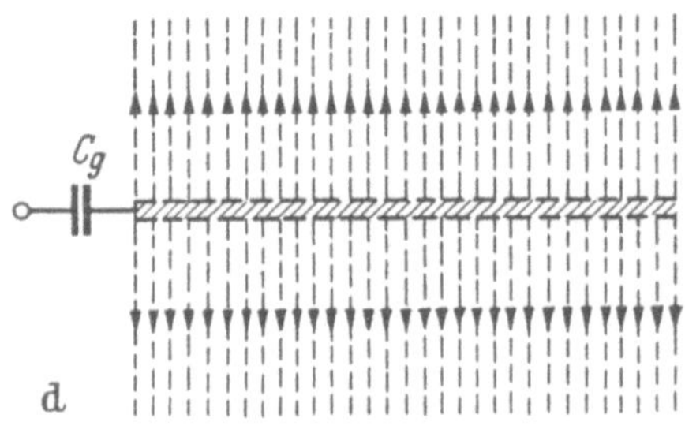

Abb. 32a—d.　Ebenes　Paralleldrahtgitter und sein Ersatzbild.

1. Die von Elektronenströmungen durchsetzten Elektroden.

a) Gitterelektroden.

Elektronenströmungen von der bislang behandelten Art, deren Querschnittsabmessungen groß gegen ihre Länge sind, können wirksam nur durch gitterförmige Elektroden beeinflußt werden. Bei der Diode mit endlicher Startgeschwindigkeit der Elektronen und bei der Bremsfeldröhre wurden die Gitter bisher nur in idealisierter Form als elektronendurchlässige leitende Platten behandelt; für die Untersuchung von Steuerung und Anfachung genügt diese Betrachtungsweise in vielen Fällen nicht mehr.

Zuerst werden die Potentialfelder von ebenen Gittern betrachtet. Abb. 32a zeigt den Querschnitt durch ein unendlich ausgedehntes Gitter aus parallelen Runddrähten. Wird ein solches Gitter in ein homogenes elektrisches Feld gelegt, dessen Feldlinien senkrecht zur Gitterebene stehen, so bilden sich die in der Abb. 32a dargestellten Feldlinien aus. In größerer Entfernung vom Gitter ist die Gitterstruktur aus dem Feldlinienbild nahezu völlig verschwunden. Sind die außer dem Gitter noch vorhandenen (in Abb. 32 nicht gezeichneten) Elektroden genügend weit von der Störzone des Gitters entfernt, so interessiert im wesentlichen nur das entfernte unverzerrte Feld. Extrapoliert man dieses Feld aus größerer Entfernung von beiden Seiten her nach dem Gitter hin, so findet man dicht neben der Gittermittelfläche zwei Flächen gleichen Potentials; man kann deshalb das Gitter ersetzen durch eine metallisch leitende Platte von einer bestimmten Dicke d_g, wie es in Abb. 32b dargestellt ist. Man kann dies auch dadurch erklären, daß durch das Einbringen des Drahtgitters in das Feld ein Teil der Feldlinien verkürzt wird und daß die leitende Ersatzplatte diese mittlere Verkürzung in gleicher Weise bewirkt. Der in Abb. 32b gezeichnete Kondensator C_g ist wirkungslos, da der Platte von außen keine Ladung zugeführt wird. — Nimmt man nun anderseits an, daß das Drahtgitter gegen seine Umgebung aus einer Spannungsquelle aufgeladen wird, so entsteht das in Abb. 32c gezeichnete Feldbild. Wiederum verschwindet in einem gewissen Abstand vom Gitter die Gitterstruktur des elektrischen Feldes. Übernimmt man nun von Abb. 32b die Ersatzdarstellung durch die leitende Platte von der schon gefundenen Dicke d_g und extrapoliert wieder das elektrische Feld von beiden Seiten her zur Platte hin, so stellt man fest, daß das Potential der Platte geringer ist als die den wirklichen Gitterdrähten erteilte Spannung. Man kann den Spannungsabfall sich dadurch entstanden denken, daß man der Ersatzplatte einen Kondensator von geeigneter Größe vorschaltet; die Größe des Ersatzkondensators ist ebenso wie die Dicke der Ersatzplatte allein durch die geometrischen Dimensionen des Gitters bestimmt. — Alle überhaupt nur möglichen Feldverteilungen um das Gitter lassen sich aus den beiden behandelten Grenzfällen nach Abb. 32a u. c superponieren (nach Multiplikation mit geeigneten Zahlenfaktoren und Hinzuzählung entsprechender Summanden). Die Ersatzbilddarstellung ist also auch in allen beliebigen Fällen gültig, da sie für die beiden Grenzfälle richtig ist. — Eine ähnliche Ersatzbilddarstellung läßt sich auch für zylindrische Gitter durchführen; die Ersatzplatte hat dann zylindrische Form. Die Darstellung ist überall dort anwendbar, wo der elektronenoptische Einfluß der Gitterstruktur ohne Bedeutung ist. Auch für elektrische Gleichfelder ist diese Darstellung richtig. Die Ersatzplatte muß man sich als durchlässig für Elektronen und als

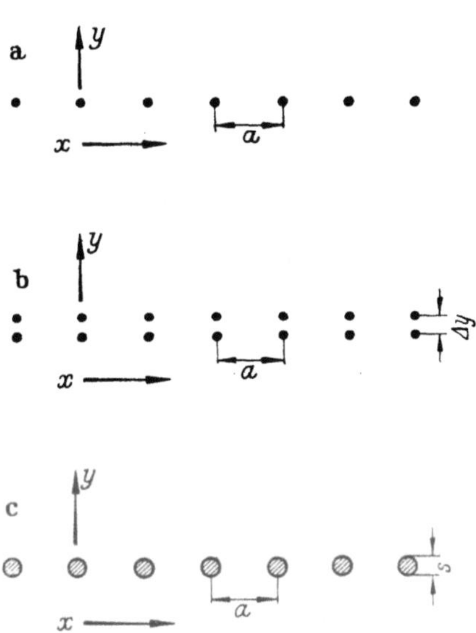

Abb. 33a—c. Zur Ableitung der Potentialverteilung eines ebenen Paralleldrahtgitters: *a* parallele Linienladungen, *b* parallele Dipollinienladungen, *c* parallele Runddrähte.

undurchlässig für elektrische Feldlinien vorstellen.

Für ein Gitter aus parallelen Runddrähten sollen die Größen d_g und C_g der Ersatzbilddarstellung rechnerisch hergeleitet werden. Ausgegangen wird von dem Potentialfeld paralleler Linienladungen, die

sich entsprechend Abb. 33a im gegenseitigen Abstand a in der zur
y-Richtung senkrechten Ebene befinden. Wird die auf den senkrecht
zur Zeichenebene stehenden Linien verteilte Ladung pro Längeneinheit mit Q' bezeichnet, so errechnet sich für das Potential an jeder
beliebigen Stelle des Raumes:

$$\varphi = \frac{Q'}{4\pi\varepsilon_0}\ln\left\{2\left[\mathfrak{Cof}\,\frac{2\pi y}{a} - \cos\frac{2\pi x}{a}\right]\right\}.$$

Zum Nachweis der Richtigkeit dieser Formel werde die elektrische Feldstärke E_x in x-Richtung und E_y in y-Richtung gebildet:

$$E_x = -\frac{\partial\varphi}{\partial x} = \frac{Q'}{2\varepsilon_0 a}\cdot\frac{\sin\dfrac{2\pi x}{a}}{\mathfrak{Cof}\,\dfrac{2\pi y}{a} - \cos\dfrac{2\pi x}{a}},$$

$$E_y = -\frac{\partial\varphi}{\partial y} = \frac{Q'}{2\varepsilon_0 a}\cdot\frac{\mathfrak{Sin}\,\dfrac{2\pi y}{a}}{\mathfrak{Cof}\,\dfrac{2\pi y}{a} - \cos\dfrac{2\pi x}{a}}.$$

Hieraus ergibt sich:

$$\frac{\partial E_x}{\partial x} = \frac{Q'\pi}{\varepsilon_0 a^2}\cdot\frac{\mathfrak{Cof}\,\dfrac{2\pi y}{a}\cos\dfrac{2\pi x}{a} - 1}{\left[\mathfrak{Cof}\,\dfrac{2\pi y}{a} - \cos\dfrac{2\pi x}{a}\right]^2} = -\frac{\partial E_y}{\partial y}$$

Durch die Tatsache $\dfrac{\partial E_x}{\partial x} + \dfrac{\partial E_y}{\partial y} = 0$ ist bewiesen, daß die allgemeine
Potentialgleichung erfüllt ist. Für große Entfernungen von der Ladungs-
ebene, d. h. $y = \pm\infty$, gilt:

$$E_x = 0, \qquad E_y = \pm\frac{Q'}{2\varepsilon_0 a}.$$

Die Beziehung ist sogleich verständlich, wenn man bedenkt, daß Q'/a
der Ladungsbelag pro Flächeneinheit ist. In der Umgebung der Linienladungen ist $y \approx 0$ und $x = na + \delta$, wobei n eine beliebige ganze Zahl
und δ der Abstand in x-Richtung von der Linienladung n ist; somit gilt:

$$\varphi = \frac{Q'}{4\pi\varepsilon_0}\ln\left\{2\left[\mathfrak{Cof}\,\frac{2\pi y}{a} - \cos\frac{2\pi\delta}{a}\right]\right\}$$

und für kleine Werte von y und δ:

$$\varphi = \frac{Q'}{4\pi\varepsilon_0}\ln\left[\left(\frac{2\pi}{a}\right)^2(y^2 + \delta^2)\right] = \frac{Q'}{2\pi\varepsilon_0}\ln\left[\frac{2\pi}{a}\sqrt{y^2 + \delta^2}\right] = \frac{Q'}{2\pi\varepsilon_0}\ln\left(\frac{2\pi}{a}\,r\right),$$

wobei $r = \sqrt{y^2 + \delta^2}$ der Abstand des Aufpunktes von der Linienladung n ist. In nächster Umgebung der Linienladungen sind die Linien
gleichen Potentials also Kreise, die Linienladung könnte daher durch
einen Runddraht von endlichem Durchmesser ersetzt werden, ohne das
Feldbild zu verändern. Jedoch ist dies nur bei einem zur Gitterebene
symmetrischen Feldbild möglich (vgl. Abb. 32c).

Abb. 33b zeigt zwei im engen Abstand Δy übereinander angeordnete Ebenen mit Linienladungen von entgegengesetztem Vorzeichen. Das Potentialfeld ergibt sich ohne weiteres durch Anwendung der oben angegebenen Gleichung:

$$\varphi = \frac{Q'}{4\pi\varepsilon_0}\left[\ln\left\{2\left[\mathfrak{Cof}\,\frac{2\pi(y+\Delta y)}{a} - \cos\frac{2\pi x}{a}\right]\right\} - \ln\left\{2\left[\mathfrak{Cof}\,\frac{2\pi y}{a} - \cos\frac{2\pi x}{a}\right]\right\}\right].$$

Geht man jetzt mit dem Abstand Δy zu immer kleineren Werten über, erhöht aber gleichzeitig den Ladungsbelag Q' derart, daß die sog. Dipollinienladung

$$M' = Q'\Delta y$$

konstant bleibt, so folgt:

$$\varphi = \frac{M'}{4\pi\varepsilon_0}\,\frac{\mathrm{d}\ln\left\{2\left[\mathfrak{Cof}\,\frac{2\pi y}{a} - \cos\frac{2\pi x}{a}\right]\right\}}{\mathrm{d}y}$$

$$= \frac{M'}{2a\varepsilon_0}\,\frac{\mathfrak{Sin}\,\frac{2\pi y}{a}}{\mathfrak{Cof}\,\frac{2\pi y}{a} - \cos\frac{2\pi x}{a}}.$$

Das Potentialfeld der Linienladungen Q', der Dipollinienladungen M' und ein homogenes Feld von der Größe Ey sollen nun superponiert werden, um eine bessere Näherung für ein Drahtgitter nach Abb. 33c zu erhalten:

$$\varphi = Ey + \frac{Q'}{4\pi\varepsilon_0}\ln\left\{2\left[\mathfrak{Cof}\,\frac{2\pi y}{a} - \cos\frac{2\pi x}{a}\right]\right\} + \frac{M'}{2a\varepsilon_0}\,\frac{\mathfrak{Sin}\,\frac{2\pi y}{a}}{\mathfrak{Cof}\,\frac{2\pi y}{a} - \cos\frac{2\pi x}{a}}.$$

Die Oberfläche der einzelnen Gitterdrähte erfüllt die Gleichung:

$$(x - na)^2 + y^2 = \frac{s^2}{4}.$$

Wenn der Drahtdurchmesser s verhältnismäßig klein gegen den Drahtabstand a ist, gelten die Näherungen:

$$\mathfrak{Cof}\,\frac{2\pi y}{a} - \cos\frac{2\pi(x - na)}{a} \approx \frac{\pi^2 s^2}{2a^2},$$

$$\mathfrak{Sin}\,\frac{2\pi y}{a} \approx \frac{2\pi y}{a}.$$

An der Gitteroberfläche herrscht also das Potential:

$$\varphi_g = Ey + \frac{Q'}{4\pi\varepsilon_0}\ln\left(\frac{\pi s}{a}\right)^2 + \frac{M'}{2a\varepsilon_0}\,\frac{\frac{2\pi y}{a}}{\frac{\pi^2 s^2}{2a^2}}.$$

Da längs der Drahtoberfläche einheitliches Potential herrschen muß, muß die Abhängigkeit von der y-Koordinate herausfallen, es ergibt sich also für die Konstanten die Bedingung:

$$M' = -\frac{\pi}{2}\,\varepsilon_0\,s^2\,E,$$

und das Gitterpotential ist:

$$\varphi_g = \frac{Q'}{2\pi\varepsilon_0}\ln\frac{\pi s}{a}.$$

In großer Entfernung vom Gitter ist: $\mathfrak{Cof}\,x \approx e^{|x|}/2$,

$$\varphi_\infty = Ey + \frac{Q'|y|}{2\varepsilon_0 a} + \frac{M'}{2\varepsilon_0 a}\frac{y}{|y|}.$$

Um nun auf das in Abb. 32b dargestellte Ersatzbild zu kommen, muß man das in großer Entfernung gültige homogene Feld bis zur Ersatzplatte ($y = \pm d_g/2$) hin extrapolieren und erhält somit das „Effektivpotential" der Ersatzplatte:

$$\varphi_{eff} = \pm E\frac{d_g}{2} + \frac{Q'd_g}{4\varepsilon_0 a} \pm \frac{M'}{2\varepsilon_0 a}.$$

Da das Potential im oberen und unteren Halbraum die gleiche Größe haben muß, ist zu fordern:

$$E\frac{d_g}{2} = -\frac{M'}{2\varepsilon_0 a}; \qquad d_g = -\frac{M'}{E\,2\varepsilon_0 a},$$

also:

$$d_g = \frac{\pi}{4}\frac{s^2}{a} \tag{56}$$

und

$$\varphi_{eff} = \frac{Q'd_g}{4\varepsilon_0 a}.$$

Der Ersatzbildkondensator C_g muß nun eine solche Größe haben, daß er unter der Spannung $-\varphi_g + \varphi_{eff}$ die gesamte Gitterladung $Q'l = Q'F/a$ aufnimmt, wobei l die Gesamtlänge aller Gitterdrähte zusammen und F die Gitterfläche ist, also

$$C_g = \frac{Q'F}{a(-\varphi_g + \varphi_{eff})},$$

$$C_g = \frac{2\varepsilon_0 F}{\dfrac{d_g}{2} - \dfrac{a}{\pi}\ln\dfrac{\pi s}{a}}. \tag{57}$$

Die durch die Gl. (56) und (57) gegebenen Werte stellen im Bereich $s/a \leq 0{,}15$ sehr gute Näherungen dar.

Die Brauchbarkeit der Ersatzbilddarstellung eines Gitters soll nun an dem Beispiel einer Triode erläutert werden; für Röhren mit einer größeren Anzahl von Gittern lassen sich die Betrachtungen in analoger Weise durchführen. Abb. 34a zeigt eine ebene Triode in schematischer Darstellung, in Abb. 34b ist die Ersatzbilddarstellung durchgeführt;

die Ersatzplatte wird durch die Ebenen E_1 und E_2 begrenzt, die Abstände zu Kathode und Anode hin sind mit d_1 und d_2 bezeichnet. Die Kapazitäten der beiden Ebenen gegen Kathode und Anode kann man dann als konzentrierte Kapazitäten C_1 und C_2 entsprechend Abb. 34c auffassen und die Influenzströme $\mathfrak{J}_{k\,infl}$, $\mathfrak{J}_{g\,infl}$ und $\mathfrak{J}_{a\,infl}$ der Elektroden getrennt zuführen bzw. die Influenzleitwerte der beiden Entladungsstrecken zwischen Kathode und Gitter und zwischen Gitter und Anode den Kapazitäten parallel geschaltet denken.

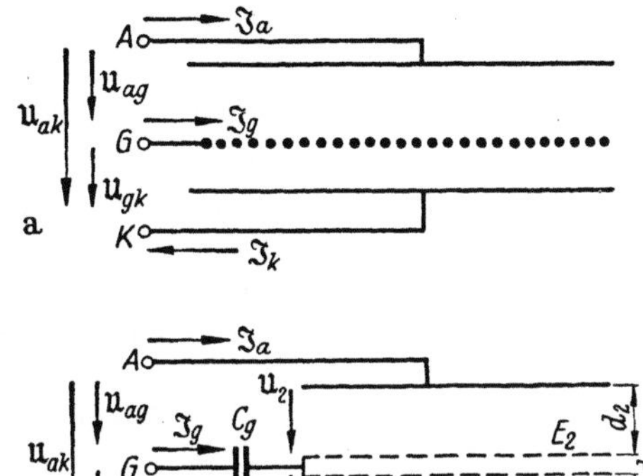

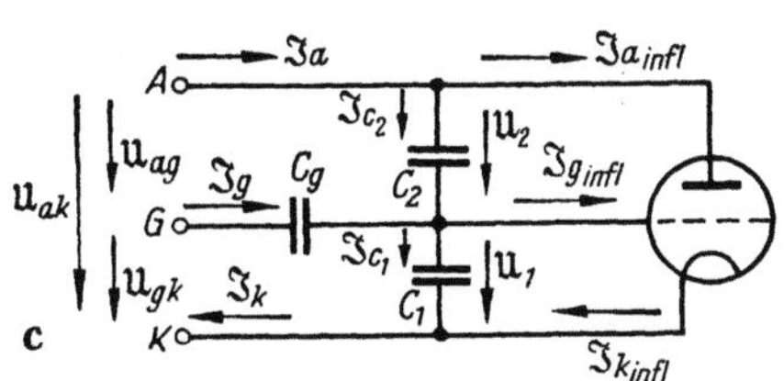

Abb. 34 a—c. Ersatzbilddarstellung einer Triode: a Triode mit Paralleldrahtgitter, b Ersatz des Gitters durch zwei leitende Ebenen und die Kapazität C_g, c Auflösung in zwei Kapazitäten C_1 und C_2 und Influenzströme.

Die Zusammenhänge, die sich aus dem Ersatzbild der Abb. 34c ergeben, seien für die statischen Verhältnisse, d. h. ohne Elektronenübergang, näher erläutert. An den Kapazitäten C_1 und C_2 liegen die Spannungen $\mathfrak{U}_1$ und $\mathfrak{U}_2$, an der Kapazität C_g die Spannung $\mathfrak{U}_{gk} - \mathfrak{U}_1$; $\mathfrak{U}_1$ ist die in der Gitterebene wirkende Effektivspannung; an der Gitterklemme selbst liegt die Spannung $\mathfrak{U}_{gk}$ gegen Kathode. Infolge der Ladungsverschiebung, die an dem Sternpunkt der drei Kapazitäten auftritt, gilt:

$$(\mathfrak{U}_{gk} - \mathfrak{U}_1)\,C_g = C_1\mathfrak{U}_1 - C_2\mathfrak{U}_2.$$

Bezüglich der Spannungen gilt:

$$\mathfrak{U}_1 + \mathfrak{U}_2 = \mathfrak{U}_{gk} + \mathfrak{U}_{ag} = \mathfrak{U}_{ak}.$$

Somit folgt:

$$\mathfrak{U}_{gk} - \mathfrak{U}_1 = \frac{C_1}{C_g}\,\mathfrak{U}_1 - \frac{C_2}{C_g}\,[(\mathfrak{U}_{ag} + \mathfrak{U}_{gk}) - \mathfrak{U}_1],$$

$$\mathfrak{U}_1 = \sigma\,[\mathfrak{U}_{gk} + D(\mathfrak{U}_{ag} + \mathfrak{U}_{gk})], \tag{58a}$$

wobei das Verhältnis

$$D = \frac{C_2}{C_g} \tag{58b}$$

als Durchgriff und das Verhältnis

$$\sigma = \frac{C_g}{C_g + C_1 + C_2} \tag{58c}$$

als Steuerschärfe bezeichnet wird. Bei engmaschigen Gittern ist die Ersatzbildkapazität C_g groß, der Durchgriff daher nahezu Null und die Steuerschärfe nahezu 1. In diesem Fall entspricht dann die Effektivspannung $\mathfrak{U}_1$ fast völlig der außen angelegten Spannung $\mathfrak{U}_{gk}$. Bei vielen der folgenden Berechnungen von Anfachung und Steuerung wird von dieser Tatsache stillschweigend Gebrauch gemacht; in manchen Fällen ist jedoch diese Vereinfachung nicht gestattet; es sei insbesondere an die bekannte Tatsache erinnert, daß bei schwach negativer Gittergleichspannung $\bar{U}_{gk}$ und großer positiver Anodenspannung $\bar{U}_{ak}$ die Effektivspannung $\bar{U}_1$ an der Gitterersatzplatte positiv ist, so daß eine Elektronenemission von der Kathode her möglich ist.

b) Blendenelektroden.

Außer den breiten Elektronenströmungen finden in manchen Röhren der Höchstfrequenztechnik auch Elektronenstrahlen Anwendung, deren Durchmesser klein gegenüber der Länge ist. Die Elektronenstrahlen werden durch Kreisloch- oder Schlitzblenden beeinflußt, in deren Achse sie hindurchtreten. Die Kreislochblenden sollen etwas näher behandelt werden, für Schlitzblenden ergeben sich ähnliche Verhältnisse.

Abb. 35 veranschaulicht eine um die x-Achse rotationssymmetrische Blende, deren Öffnung den Radius R hat. In größerer Entfernung links und rechts der Blende sollen homogene elektrische Felder mit den Feldstärken e_1 und e_2 vorhanden sein. Das Potentialfeld dieser Blende hat folgende Größe:

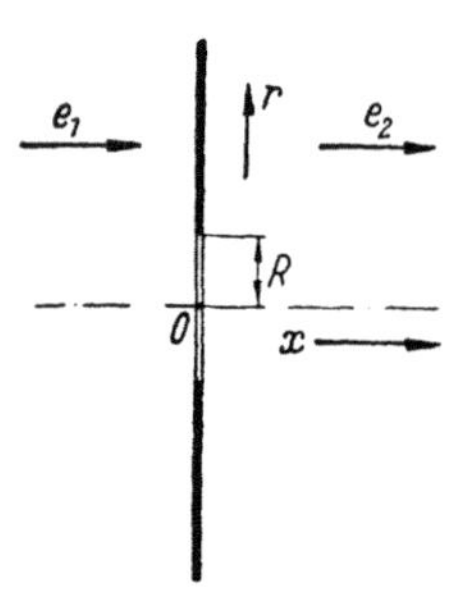

Abb. 35. Zur Ableitung des Potentialbildes einer Kreislochblende.

$$\varphi = \frac{1}{\pi}\,(e_1 - e_2)\,|x|\left(\operatorname{arctg}\alpha + \frac{1}{\alpha}\right) - \frac{1}{2}\,(e_1 + e_2)\,x,$$

wobei die Hilfsgröße α durch die Beziehungen:

$$\frac{x^2}{\alpha^2} + \frac{r^2}{1+\alpha^2} = R^2; \qquad \alpha \geqq 0$$

bestimmt ist. Für $x = 0$ und $\alpha > 0$ ist $\alpha^2 = \dfrac{r^2}{R^2} - 1 > 0$, d. h. $r \geqq R$, und $\varphi = 0$; das Potential der Blende selbst ist also Null. Nähern sich x und α gleichzeitig Null, so daß die Größe $\dfrac{x^2}{\alpha^2} = R^2 - r^2$ und $\dfrac{\alpha}{|x|} = \dfrac{1}{\sqrt{R^2 - r^2}}$ ist, so ist $R > r$, und das Potential innerhalb der Blendenöffnung ist durch die Gleichung

$$\varphi = \frac{1}{\pi}\,(e_1 - e_2)\,\sqrt{R^2 - r^2}$$

beschrieben. Nähert sich x dem Wert $+\infty$, so wird $\alpha = \dfrac{x}{R} = +\infty$, $\operatorname{arctg}\alpha = \dfrac{\pi}{2}$, und das Potential ist: $\varphi = -e_2 x$, d. h. es liegt ein homogenes Feld mit der Feldstärke e_2 vor. Entsprechend ergibt sich für $x = -\infty$ das Potential $\varphi = -e_1 x$. Der allgemeine Beweis für die Richtigkeit der Potentialformel sei hier nicht erbracht; bezüglich der Feldberechnung in Zylinderkoordinaten sei unten auf S. 303 verwiesen.

Von besonderem Interesse für den durchtretenden Elektronenstrahl ist die Potentialverteilung in der Blendenachse, da der Strahl sich im allgemeinen nur in Achsnähe bewegt. Für $r = 0$ ergibt sich mit $\alpha = |x|/R$ das Potential in der Achse:

$$\varphi_0 = \frac{1}{\pi}(e_1 - e_2) R \left[\frac{|x|}{R} \operatorname{arctg} \frac{|x|}{R} + 1 \right] - \frac{1}{2}(e_1 + e_2) x$$

und die Feldstärke:

$$e_x = -\frac{d\varphi_0}{dx} = -\frac{1}{\pi}(e_1 - e_2) \left[\frac{\dfrac{|x|}{R}}{1 + \left(\dfrac{x}{R}\right)^2} + \operatorname{sgn}(x) \operatorname{arctg} \frac{|x|}{R} \right] + \frac{1}{2}(e_1 + e_2).$$

Genau in der Blendenmitte ($x = 0$) herrscht das Potential:

$$\varphi_0 = \frac{R}{\pi}(e_1 - e_2).$$

Diese Größe ist ebenso wie beim Gitter das für die Elektronensteuerung maßgebliche Effektivpotential. Man kann ganz ähnlich wie bei Gitter nach Abb. 32 eine elektronendurchlässige Ersatzplatte einführen, die ebenso wie die der Blende benachbarten Elektroden die Fläche F haben soll und der eine Kapazität C_b vorgeschaltet ist; die Ersatzplatte hat hier verschwindend kleine Dicke, da auch die Dicke der Blendenscheibe verschwindend klein angenommen wurde. Die Größe der Ersatzbildkapazität C_b ergibt sich daraus, daß sie unter der Spannung $-\varphi_0 = \frac{R}{\pi}(e_2 - e_1)$ die Ladung $\varepsilon_0 F(e_2 - e_1)$ aufnehmen muß, also:

$$C_b = \frac{\pi \varepsilon_0 F}{R}. \tag{59}$$

Diese Ersatzbilddarstellung ist brauchbar für die Betrachtung der Längssteuerung der Elektronen in Achsnähe; die elektronenoptischen Eigenschaften der Blende werden nicht nachgebildet.

Die Raumladungsverhältnisse sind in einem Elektronenstrahl, dessen Länge groß gegen seinen Durchmesser ist, von denen in

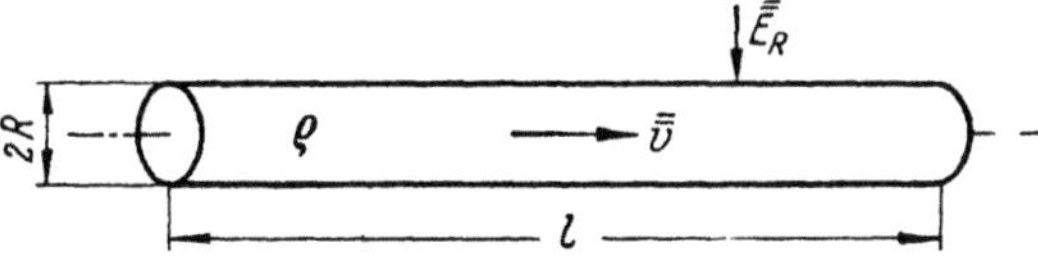

Abb. 36. Zur Ableitung der Raumladungsverhältnisse in einem Elektronenstrahl.

einer breiten Elektronenströmung völlig verschieden, wie an einem einfachen Beispiel nach Abb. 36 gezeigt werden soll. Der betrachtete Elektronenstrahl habe den Durchmesser $2R$, die Länge l und die Geschwindigkeit $\bar{v}$; eine Beschleunigung der Elektronen auf der betrachteten

Strecke l soll nicht stattfinden. Die Raumladungsdichte ϱ sei im Innern des Strahles homogen. Der durch den Strahl transportierte Elektronenleitungsstrom ist:

$$\bar{\bar{I}} = \pi R^2 \varrho \bar{\bar{v}}.$$

An der Strahloberfläche herrscht die radiale Feldstärke $\bar{\bar{E}}_R$, die durch die Ladung des Strahles erzeugt werden muß; ihre Größe läßt sich aus dem elektrischen Verschiebungsfluß berechnen:

$$\Phi_e = 2\pi R l \varepsilon_0 \bar{\bar{E}}_R = \varrho \pi R^2 l = \frac{\bar{\bar{I}}}{\bar{\bar{v}}} l,$$

also:

$$\bar{\bar{E}}_R = \frac{\bar{\bar{I}}}{2\pi \varepsilon_0 R \bar{\bar{v}}}.$$

Bemerkenswert ist, daß eine elektrische Feldstärke nur in radialer und nicht in axialer Richtung durch die Raumladung erzeugt wird. Die radiale Feldstärke sucht die Elektronen nach außen zu ziehen, bewirkt also eine Verbreiterung des Strahles auf seinem Flugwege. Ihr entgegen wirkt die magnetische Anziehung der fliegenden Elektronen, die allerdings erst wirksam wird, wenn die Fluggeschwindigkeit die Lichtgeschwindigkeit nahezu erreicht, also in den in der Höchstfrequenztechnik vorkommenden Fällen vollkommen vernachlässigt werden kann. Interessieren wird im allgemeinen nur die Größe der Strahlverbreiterung; wenn sie in kleinen Grenzen bleibt, so läßt sie sich leicht berechnen unter den Annahmen, daß die Geschwindigkeit $\bar{\bar{v}}$ in Strahlrichtung erhalten bleibt (grundsätzlich ist ja mit der Geschwindigkeitszunahme in radialer Richtung ein Geschwindigkeitsverlust in axialer Richtung verknüpft) und daß die elektrische Feldstärke $\bar{\bar{E}}_R$ über die ganze Strahllänge konstant bleibt. Für die am Rande des Strahles fliegenden Elektronen gilt dann nach der Bewegungsgleichung (6) auf S. 8:

$$\frac{d^2 r}{d t^2} = \frac{e}{m} \bar{\bar{E}}_R;$$

die Integration ergibt:

$$\frac{d r}{d t} = \frac{e}{m} \bar{\bar{E}}_R (t - t_0),$$

wobei $t - t_0 = \dfrac{l}{\bar{\bar{v}}}$ die Flugzeit längs des ganzen Strahles ist. Die nochmalige Integration liefert die Bewegung der Randelektronen:

$$r = R + \frac{e}{m} \bar{\bar{E}}_R \frac{(t - t_0)^2}{2}.$$

Die Strahlverbreiterung ΔR längs des Flugweges ist:

$$\Delta R = \frac{e}{m} \bar{\bar{E}}_R \frac{(t - t_0)^2}{2},$$

die Strahlbegrenzungskurve ist also eine Parabel. Führt man schließlich die Größen der Flugzeit $t - t_0$ und der Randfeldstärke $\bar{\bar{E}}_R$ ein, so ergibt sich für die relative Strahlverbreiterung:

$$\frac{\Delta R}{R} = \frac{\bar{I}\,l^2}{8\pi\varepsilon_0\sqrt{\dfrac{2e}{m}}\,\bar{U}^{3/2}R^2}\,,$$

wobei $\bar{U} = \dfrac{m\bar{v}^2}{2e}$ die Beschleunigungsspannung des Strahles ist. Betrachtet man eine gewisse Strahlverbreiterung als zulässig, so ergibt sich als Grenzbeziehung für den Strahlstrom:

$$\bar{I} \leqq \left(\frac{\Delta R}{R}\right)_{zul} 8\sqrt{\frac{2e}{m}}\,\varepsilon_0\pi R^2\,\bar{U}^{3/2}/l^2. \tag{60}$$

Diese Formel hat große Ähnlichkeit mit der Gl. (39a) auf S. 49 für die breite Elektronenströmung, wenn man die Spannung $\bar{U} = \bar{U}_a = \bar{U}_g$, die Länge $l = d$ und den Querschnitt $\pi R^2 = F$ setzt. Nur war dort die Grenze durch die Elektronenumkehr gegeben, während sie hier durch die zulässige Strahlverbreiterung festgelegt ist. Die durch (60) gegebene Grenze für die Strahlstromstärke des Elektronenstrahles ist natürlich nur dann gültig, wenn keine besonderen Hilfsmittel zur Konzentrierung (axiales Magnetfeld, Fokussierung des eintretenden Strahles od. ä.) angewendet werden.

Beim Elektronenstrahl beeinflußt die Raumladung die Bewegung in Längsrichtung nicht wesentlich, deshalb kann für die Berechnung des Einflusses von Wechselspannungen stets das Ergebnis der Berechnung für breite Elektronenströmungen ohne Berücksichtigung des Raumladungseinflusses auf die Bewegung übernommen werden.

2. Die Steuerung.

a) Die Intensitätssteuerung.

Eine Intensitätssteuerung liegt dann vor, wenn der das steuernde Hochfrequenzfeld verlassende Elektronenleitungsstrom in seiner Intensität im Rhythmus der steuernden Hochfrequenz schwankt. Im Gebiet der normalen Hochfrequenztechnik ist diese Art der Steuerung einer Elektronenströmung die einzig mögliche, bei Höchstfrequenz gibt es noch eine andere Möglichkeit, nämlich die später zu behandelnde Geschwindigkeitssteuerung.

Die Intensitätssteuerung einer Elektronenströmung läßt sich mit den in Kapitel II beschriebenen Diodenanordnungen durchführen, wenn man die Anode durch ein Gitter ersetzt und dadurch dem Elektronenleitungsstrom die Möglichkeit gibt, aus dem steuernden Feld auszutreten. Ob es sich dabei um eine Sättigungs- oder um eine Raumladungsdiode handelt, ist im Prinzip gleichgültig. Das Schema einer solchen Anordnung zeigt Abb. 37. Von der ebenen Kathode K geht eine Elektronenströmung zum Gitter G über, durch dessen Maschen sie weiterfliegt. Zwischen Gitter und Kathode liegt eine Gleichspannung $\bar{U}_g$

und eine Hochfrequenzwechselspannung $\hat{U}\sin\omega t$, die von außen her zugeführt werden. Die beiden Spannungen bilden in ihrer Summe die Gitterspannung u_g. Für die Bewegung der Elektronen ist es unter Umständen wesentlich, daß jenseits des Gitters G noch weitere Elektroden liegen, deren elektrische Felder durch die Maschen des Gitters hindurchgreifen. Entsprechend den Methoden nach S. 70 behandelt man

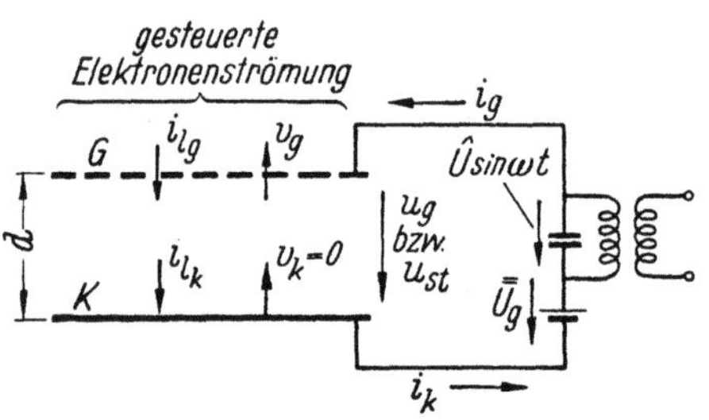

Abb. 37. Schema der Steuerung einer Elektronenströmung.

das Problem dann derart, daß man für die Elektronenbewegung an die Stelle des wirklich vorhandenen Gitters die Ersatzplatte mit der wirksamen Steuerspannung u_{st} setzt, deren Größe sich nach Gl. (58a) auf S. 75 näherungsweise aus der Summe der Gitterspannung und der mit dem Durchgriff multiplizierten Spannung der nächstfolgenden Elektrode ergibt.

Durch Einführung des Begriffes der Steuerspannung ist die Behandlung des Problems vollkommen auf die Theorie der Diode zurückgeführt: der Elektronenleitungsstrom der Kathode i_{lk}, der mit der Geschwindigkeit $v_k = 0$ die Kathode verläßt, wird zu einem gesteuerten Leitungsstrom i_{lg} am Gitter, der genau dem Elektronenleitungsstrom an der Anode bei den einfachen Dioden entspricht (vgl. Abb. 7 u. 23); das Verhältnis des durch die Gittermaschen tretenden Leitungswechselstromes zur steuernden Wechselspannung wird als Steilheit nach der gleichen Definition wie bei den Dioden bezeichnet [vgl. die Gl. (26) auf S. 33, (38) auf S. 41 und (45) auf S. 56]. Das Verhalten der Steilheit bei verschiedenen Laufwinkeln ist für die Sättigungs- und Raumladungsdiode in den Abb. 13, 17 und 20 dargestellt. Unter Umständen kann die Größe des durch die Gittermaschen tretenden Leitungsstromes dadurch geschwächt werden, daß ein gewisser Teil der Elektronen auf die Gitterdrähte auftrifft und nicht weiterfliegt; dann ist auch die Steilheit im Vergleich zur Steilheit der Dioden mit einem bestimmten Faktor (kleiner als 1) zu multiplizieren. In sehr vielen Fällen kann man die Gitterspannung u_g weitgehend negativ gegen die Kathode halten (wobei die Steuerspannung u_{st} wenigstens im Mittel positiv bleiben muß) und dadurch das Auftreffen der Elektronen unterbinden. Für die außen angeschlossene Hochfrequenzspannungsquelle stellt die Elektronenströmung einen Leitwert dar, dessen Größen für den Sättigungsfall durch die Gl. (23), (24), (25) und die Abb. 9 bis 12, für den Raumladungsfall durch die Gl. (37) und die Abb. 15, 16 und 19 gegeben ist.

Das Wesentliche der Intensitätssteuerung ist, daß die Intensität des durch die Gittermaschen tretenden Leitungsstromes gesteuert wird. Daß auch die Elektronengeschwindigkeit der durch das Gitter tretenden Elektronen unter dem Einfluß der steuernden Hochfrequenzspannung schwankt, ist eine unvermeidliche, für die meisten Anwendungszwecke aber unwesentliche Begleiterscheinung.

b) Geschwindigkeitssteuerung.

α) Das Grundverfahren.

Die Geschwindigkeitssteuerung wird oft auch als Geschwindigkeitsmodulation bezeichnet; dieser Name erscheint jedoch wenig glücklich, weil der Begriff „Modulation" in der Hochfrequenztechnik schon an anderer Stelle gebraucht wird. Röhren mit Geschwindigkeitssteuerung nennt man auch „Klystron" oder „Triftröhren". Geschwindigkeitssteuerung liegt dann vor, wenn der das steuernde Hochfrequenzfeld verlassende Elektronenleitungsstrom in seiner Intensität konstant (oder wenigstens nahezu konstant) ist, während die Geschwindigkeit der Elektronen im Rhythmus der steuernden Hochfrequenz schwankt. Eine derartige Elektronenströmung ist zur Anfachung eines zweiten Hochfrequenzfeldes noch nicht zu verwenden; denn nur intensitätsgesteuerte Elektronenströmungen können wirksam anfachen, wie aus den folgenden Betrachtungen hervorgehen wird. Läßt man eine geschwindigkeitsgesteuerte Elektronenströmung eine gewisse Strecke ohne Beeinflussung durch weitere Wechselfelder fortschreiten, so vollzieht sich die Umwandlung in eine intensitätsgesteuerte Strömung selbsttätig; denn die mit verschiedenen Geschwindigkeiten laufenden Elektronen können sich gegenseitig einholen, wodurch Verdichtungen und Verdünnungen der Elektronenströmung eintreten.

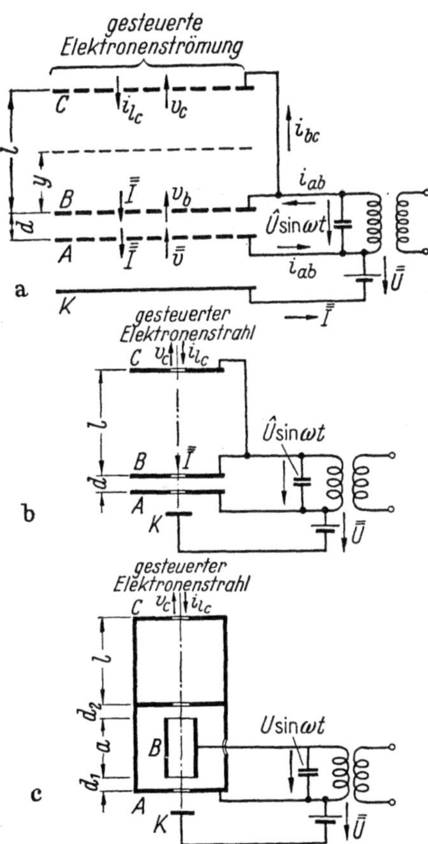

Abb. 38a—c. Schema der Geschwindigkeitssteuerung: *a* Steuerung durch Gitter, *b* Steuerung eines konzentrierten Strahles durch Blenden, *c* doppelte Steuerung eines konzentrierten Strahles.

Anordnungen zur Durchführung der Geschwindigkeitssteuerung zeigt schematisch Abb. 38. In Abb. 38a gehen die Elektronen von einer

Kathode K aus und durchfliegen drei gitterförmige Elektroden A, B und C. Diese drei Gitter sind für den Gleichstrom untereinander kurzgeschlossen und führen gegen die Kathode die positive Spannung $\bar{U}$. Zwischen A und B liegt eine von außen zugeführte Hochfrequenzwechselspannung $\hat{U} \sin \omega t$. Der Elektronengleichstrom $\bar{I}$ geht von der Kathode aus und tritt mit der für alle Elektronen gleichen Geschwindigkeit $\bar{v}$ durch das Gitter A (die Menge der auf die Gitter aufprallenden Elektronen sei als vernachlässigbar klein angenommen). Zwischen A und B unterliegt der Elektronenstrom über die als kurz anzunehmende Wegstrecke d dem elektrischen Wechselfeld der Spannung $\hat{U} \sin \omega t$; die Durchtrittsgeschwindigkeit v_b durch das Gitter B ist deshalb durch die Hochfrequenz gesteuert, die Intensität $\bar{I}$ des Elektronenleitungsstromes ist noch unverändert. Dann durchläuft die Strömung einen längeren Weg l, auf dem keine elektrischen Felder wirken; hier vollzieht sich die Umwandlung in die intensitätsgesteuerte Strömung, der durch das Gitter C tretende Leitungsstrom i_{l_c} ist intensitätsgesteuert; im einzelnen werden die Vorgänge in den nächsten Abschnitten betrachtet.

Abb. 38b zeigt eine Anordnung, die sich dadurch unterscheidet, daß die Elektronenströmung durch einen scharf gebündelten Elektronenstrahl und die Gitter durch Lochblenden ersetzt sind. Zur Bündelung des Strahles kann ein in Strahlrichtung verlaufendes konstantes Magnetfeld dienen; unter Umständen kann auch die Wirkung der Lochblenden als elektronenoptische Linsen ausgenutzt werden, wenn man ihnen verschieden große Gleichspannungen erteilt. Im übrigen ist die Wirkungsweise die gleiche wie bei der Anordnung mit Gittern nach Abb. 38a. — Abb. 38c zeigt schließlich eine etwas abweichende Anordnung, bei der die Geschwindigkeit des Elektronenstrahles zweifach beeinflußt wird, und zwar in den Spalten d_1 und d_2. Die genauere Behandlung dieser Anordnung soll erst im Abschnitt ε erfolgen.

β) Das Verhalten bei Wechselspannungen beliebiger Größe.

Bei der Anordnung nach Abb. 38a sei angenommen, daß die durch die Gleichspannung $\bar{U}$ erzeugte Geschwindigkeit $\bar{v}$ an der Elektrode A so groß und der Abstand d zwischen den Elektroden A und B so klein ist, daß die Flugzeit zwischen A und B klein ist im Vergleich zur Hochfrequenzperiode; dann ist die Geschwindigkeit v_b, mit der die Elektronen durch das Gitter B treten und ihren weiteren Weg y fortsetzen, nur durch die Summe der Spannungen $\bar{U}$ und $\hat{U} \sin \omega t$ gegeben; bezeichnet man die Zeit des Elektronendurchtritts durch B mit t_0, so folgt:

$$v_b = \sqrt{\frac{2e}{m} u} = \sqrt{\frac{2e}{m} (\bar{U} + \hat{U} \sin \omega t_0)} \tag{61}$$

[vgl. hierzu Gl. (15b) auf S. 19]. Die Zusammenhänge sind für das Beispiel $\hat{U} = \bar{U}/2$ in Abb. 39 graphisch veranschaulicht. Unten links ist der Verlauf der Spannung: $u = \bar{U} + \hat{U} \sin \omega t_0$ dargestellt; der Zusammenhang der Spannung u mit der Geschwindigkeit $v_b = \mathrm{d}y/\mathrm{d}t$ wird durch eine Parabel gemäß Gl. (61) wiedergegeben; $\bar{\bar{v}} = \sqrt{\dfrac{2e}{m}\,\bar{U}}$ ist dabei die durch die Gleichspannung $\bar{U}$ allein erzeugte Geschwindigkeit. Durch Spiegeln der sinusförmigen Spannungskurve an der Parabel erhält man den Verlauf der Geschwindigkeit $v_b = \mathrm{d}y/\mathrm{d}t$ in Abhängigkeit von der Startzeit t_0 bzw. dem Startphasenwinkel ωt_0. Dieser Zusammenhang, der nicht sinusförmig ist, ist in Abb. 39 unten in waagerechter Richtung aufgetragen. Mit der Geschwindigkeit v_b durchlaufen die einzelnen Elektronen ihren Weg y, der vom Gitter B aus gezählt wird. Raumladungs-

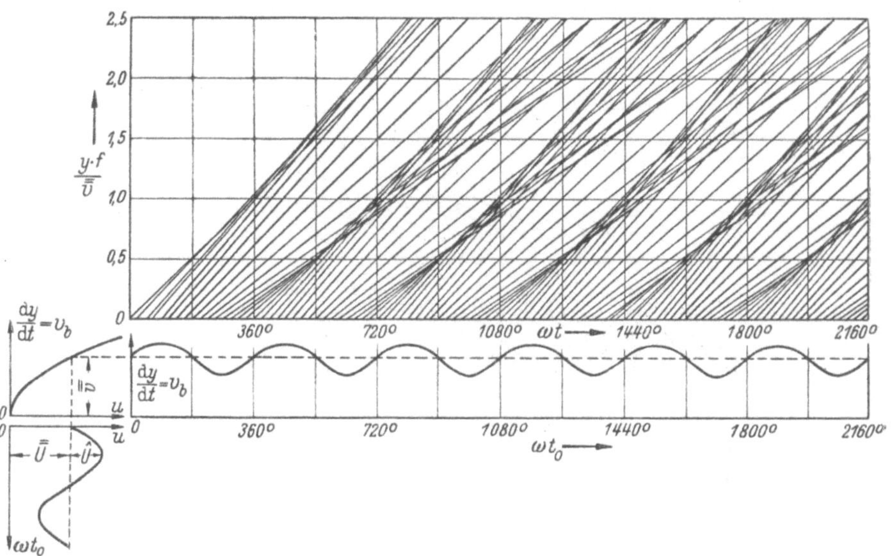

Abb. 39. Geschwindigkeitssteuerung: zeitlicher Verlauf der Wechselspannung u, der Elektronengeschwindigkeit $\mathrm{d}y/\mathrm{d}t$ und des Elektronenweges y.

erscheinungen können wegen der hohen Elektronengeschwindigkeiten vernachlässigt werden. Der Zusammenhang zwischen y und dem Zeitwinkel ωt ist gegeben durch gerade Linien von der Steigung v_b. Da v_b mit der Startphase ωt_0 schwankt, so schwankt auch die Steigung der Geraden je nach ihrem Anfangspunkt, wie das Diagramm oben in Abb. 39 veranschaulicht. Die Strecke y ist im Diagramm ins Verhältnis gesetzt zu der Strecke, die die Elektronen allein unter dem Einfluß der Gleichgeschwindigkeit $\bar{\bar{v}}$ in einer Hochfrequenzperiode durchlaufen würden. Wenn $yf/\bar{\bar{v}} = 1$ ist, so entspricht dies einem Laufwinkel $\bar{\alpha}_l = 360°$. Man erkennt, daß sich die einzelnen Geraden schneiden, und zwar beginnen die Schnittpunkte bei $yf/\bar{\bar{v}} = 0,5$. Physikalisch bedeutet dies, daß die einzelnen Elektronen sich von dieser Strecke y ab gegenseitig überholen; für alle größeren y-Werte treffen dann immer Elektronen zusammen, die zu verschiedenen Startphasen ωt_0 die Ebene des Gitters B

verlassen haben. Da die zu verschiedenen Zeiten gestarteten Elektronen
in einem Punkt zusammentreffen, spricht man im Vergleich zur Elektronenoptik oft von einem ,,zeitlichen Brennpunkt'' oder ,,Phasenbrenn-
punkt'' und bezeichnet den Vorgang als ,,Phasenfokussierung''. Wie
in der Elektronenoptik mehrere von verschiedenen Stellen des Raumes
ausgehende Elektronen in einen räumlichen Brennpunkt zusammen-
geholt werden, so treffen hier mehrere zu verschiedenen Zeiten startende
Elektronen in einem zeitlichen Brennpunkt zusammen.

Man kann das Diagramm der Abb. 39 auch in ein Bewegungsschau-
bild umzeichnen, wie dies in Abb. 40 geschehen sind; hier sind ωt und ωt_0
als Variable und die Größe $yf/\bar{v}$ als Parameter aufgetragen; wie bei allen
Bewegungsschaubildern ergibt sich eine größere Übersichtlichkeit, weil

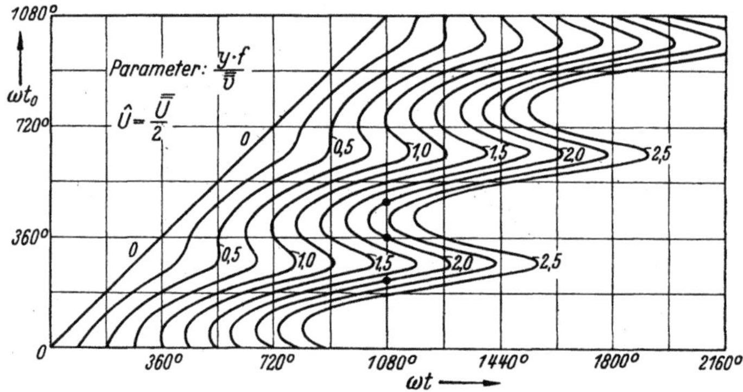

Abb. 40. Bewegungsschaubild für den Fall der Geschwindigkeitssteuerung.

sich die Kurven nicht überschneiden. An den Punkten, an denen die
Kurven eine senkrechte Tangente haben, ist ein Phasenbrennpunkt vorhanden: zwei zu verschiedenen, dicht benachbarten Zeiten ωt_0 gestartete
Elektronen treffen dann zur gleichen Zeit ωt an der betrachteten Stelle y
ein. Die Kurve für $yf/\bar{v} = 0{,}25$ hat keine senkrechte Tangente; in diesem
geringen Abstand vom Ausgangspunkt treten noch keine Phasenbrennpunkte auf. Erst bei der Kurve für $yf/\bar{v} = 0{,}5$ bildet sich in jeder Periode
von ωt_0 ein Phasenbrennpunkt, bei allen weiteren Kurven bilden sich
zwei Phasenbrennpunkte pro Periode. Nach Überschreiten des ersten
Phasenbrennpunktes, d. h. nach Überschreiten des Wertes $yf/\bar{v} = 0{,}5$,
treffen zu gewissen Zeiten drei in völlig verschiedenen Startphasen
gestartete Elektronen am gleichen Ort y zusammen; beispielsweise
kommen in der Zeitphase $\omega t = 1080°$ an dem durch $yf/\bar{v} = 2{,}0$ gekennzeichneten Orte drei Elektronen zusammen, die zu den Startphasen $\omega t_0 = 220$, 360 und $480°$ gestartet sind, wie man leicht aus
Abb. 40 entnimmt.

Von besonderem Interesse ist nun die Größe des Elektronenleitungsstromes in den verschiedenen Querschnitten y. Entsprechend der Be-

ziehung (7b) auf S. 11 ist er dadurch zu erhalten, daß man die Größe der Steigung der Kurven $yf/\bar{v}$ = konst. im Bewegungsschaubild in Abhängigkeit von der Zeitphase ωt aufträgt. Die auf diese Weise gewonnenen Kurven für den Zeitverlauf des Leitungsstromes zeigt Abb. 41. Im untersten Diagramm ist zum Vergleich der zeitliche Verlauf der steuernden Spannung u aufgetragen, das oberste Diagramm zeigt den Leitungsstrom i_l für $yf/\bar{v} = 0$, also unmittelbar in der Startebene; er ist zeitlich konstant und gleich dem von der Kathode kommenden Gleichstrom $\bar{I}$. Im Abstande $yf/\bar{v} = 0,25$ bilden sich dann infolge der gegenseitigen Abstandsveränderungen zwischen den hintereinanderfliegenden Elektronen Spitzen im Stromverlauf aus. Im Abstande $yf/\bar{v} = 0,5$ wird ein Phasenbrennpunkt erreicht, die Spitzen steigen bis zum Wert ∞; gleichzeitig hat sich die zeitliche Phasenlage der Spitzen etwas nach rechts verschoben, da ja beim Durchfliegen eines größeren Weges eine größere Zeit verflossen ist. Für alle größeren Entfernungen als $yf/\bar{v} = 0,5$ sind zwei Phasenbrennpunkte vorhanden, die Zahl der Spitzen verdoppelt sich daher, wie man deutlich aus der Kurve für $yf/\bar{v} = 1,0$ erkennt. Bei größerem Abstande y rücken die beiden Spitzen auseinander, wie die Kurve für $yf/\bar{v} = 1,5$ zeigt (außerdem verschieben sich beide weiter nach rechts, entsprechend einer verlängerten Laufzeit der Elektronen). Bei $yf/\bar{v} = 2,0$ haben sich die Abstände der beiden betrachteten Spitzen derart vergrößert, daß sie sich den Spitzen des vorangegangenen bzw. nachfolgenden Spitzenpaares nähern, bei $yf/\bar{v}$ $= 2,5$ haben sie diese Spitzen erreicht. Grundsätzlich kann man die

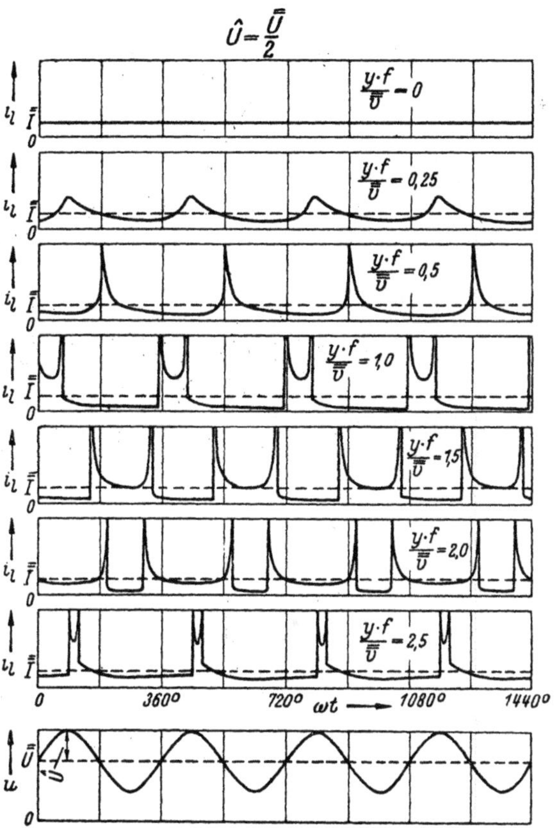

Abb. 41. Geschwindigkeitssteuerung: zeitlicher Verlauf der Wechselspannung u (unten) und des Elektronenleitungsstromes i_l für verschiedene Laufstrecken y.

Betrachtung für noch größere Abstände y weiter fortsetzen, die Überholung der Spitzen setzt sich immer weiter fort.

Die Abb. 41 ergibt einen klaren Überblick, einen wie großen Weg y man die Elektronen laufen lassen muß, damit die geschwindigkeitsgesteuerte Strömung zu einer intensitätsgesteuerten mit möglichst großem Aussteuerungsgrad wird. Man muß dazu die Sinusgrundwelle des Lei-

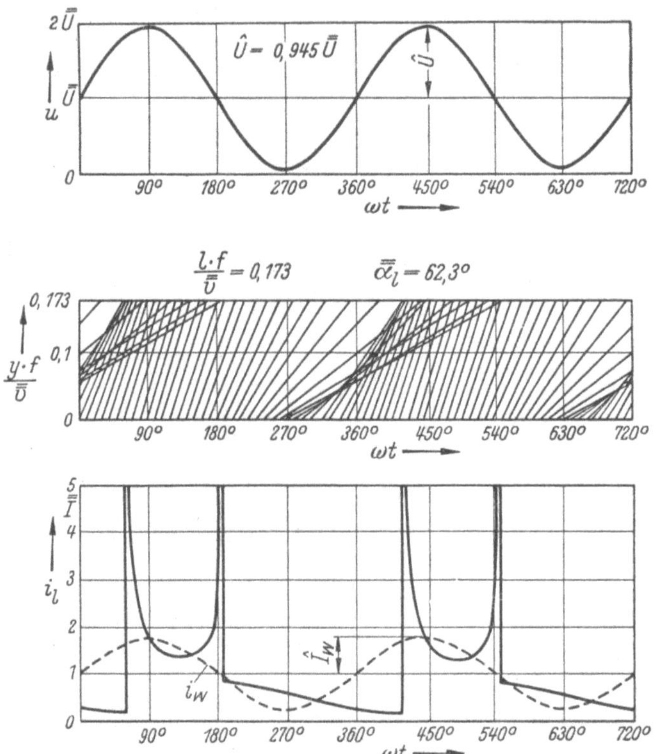

Abb. 42. Beispiel für die Geschwindigkeitssteuerung bei einer Spannungsaussteuerung $\hat{U}/\overline{\overline{U}} = 0,945$ und einem Laufwinkel $\overline{\overline{\alpha}}_l = 62,3°$; zeitlicher Verlauf der Wechselspannung u, des Elektronenweges y, des Elektronenleitungsstromes i_l und des Wirkanteiles $\hat{I}_W$ für die Grundwelle des Elektronenleitungsstromes.

tungsstromes ermitteln. Rein anschauungsmäßig erkennt man aus Abb. 41, daß diese Grundwelle bei kleinen y-Werten gering ist, dann ansteigt bis zur Kurve für $yf/\overline{\overline{v}} = 1,0$, dann wieder abnimmt und bei $yf/\overline{\overline{v}} = 2,5$ ein zweites Maximum erreicht, das allerdings nicht die Höhe des ersten Maximums hat. In der Kurve für $yf/\overline{\overline{v}} = 1,5$ ist die Oberwelle der doppelten Frequenz besonders stark vertreten, die Anordnung läßt sich also auch zur Verdoppelung der Frequenz verwenden. Daß die Aussteuerung des Elektronenleitungsstromes in Form scharfer Spitzen, also in Form von Impulsen geschieht, ist für den Wirkungsgrad der Anfachung günstig, wie spätere Betrachtungen noch ausführlich zeigen werden.

Abb. 42 veranschaulicht die Verhältnisse bei einer größeren Spannungsaussteuerung $\hat{U}/\bar{\bar{U}}$. Man erkennt durch Vergleich mit der Abb. 41, daß die gegenseitige Überholung der Elektronen schon nach kürzeren Wegstrecken y eintritt. Die gesamte Laufstrecke l ist also kürzer zu wählen, um eine möglichst große Grundwelle des Elektronenleitungsstromes zu erhalten.

Einen allgemeinen Überblick über die Geschwindigkeitssteuerung erhält man, wenn man die Grundwelle des Elektronenleitungsstromes bei den verschiedensten Laufwinkeln und Spannungsaussteuerungen nach Größe und Phase ermittelt. Bildet man das Verhältnis vom Elek-

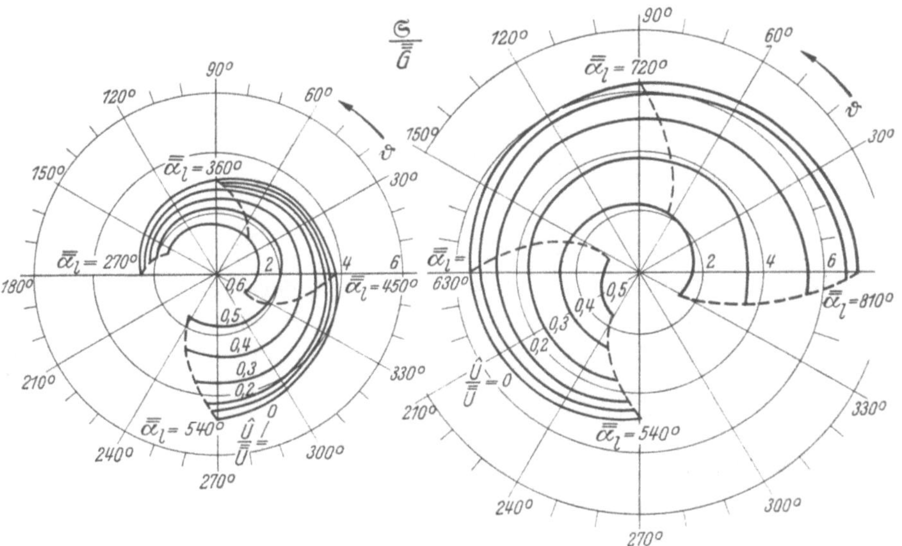

Abb. 43. Komplexe Steilheit $\mathfrak{S}$ der Geschwindigkeitssteuerung im Verhältnis zum Gleichstromleitwert $\bar{\bar{G}}$, dargestellt als Ortskurven in Abhängigkeit vom Laufwinkel $\bar{\bar{\alpha}}_l$ und der Spannungsaussteuerung $\hat{U}/\bar{\bar{U}}$.

tronenleitungsstrom zur steuernden Wechselspannung, so erhält man die Steilheit $\mathfrak{S}$ der Geschwindigkeitssteuerung, die im Verhältnis zum Gleichstromleitwert $\bar{\bar{G}} = \bar{I}/\bar{\bar{U}}$ in Abb. 43 in Ortskurvenform dargestellt ist. Um Überschneidungen der Kurven in größerem Umfange zu vermeiden, ist die Darstellung in zwei Diagramme mit verschiedenen Laufwinkelbereichen aufgelöst. Der Betrag der Steilheit nimmt mit steigendem Laufwinkel bis zu einem gewissen Höchstwert zu, um dann wieder zurückzufallen. Je kleiner die Spannungsaussteuerung ist, um so größer ist der Höchstwert der Steilheit (und zwar etwa in der Weise, daß die Grundwelle des Elektronenleitungsstromes einen bestimmten Höchstwert unabhängig von der Größe der Spannungsaussteuerung nicht überschreiten kann) und bei um so größeren Laufwinkeln liegt er. Diese Tatsachen sind nach Betrachtung der Bewegungsvorgänge der Elektronen ohne weiteres einleuchtend.

γ) Das Verhalten bei kleinen Wechselspannungen.

Wie bei allen bisher behandelten Fällen ist auch bei der Geschwindigkeitssteuerung für kleine Amplituden der Wechselspannung eine geschlossene analytische Lösung möglich. Vorerst sei vorausgesetzt, daß die Laufzeit im steuernden Hochfrequenzfeld zwischen den Elektroden A und B (vgl. Abb. 38a) sehr klein gegen die Periodendauer der Hochfrequenz sei. Dann ist die Geschwindigkeit der Elektronen längs des Weges y durch die Gl. (61) auf S. 82 gegeben; für kleine Scheitelwerte der Wechselspannung ist noch eine Umformung möglich:

$$\frac{\partial y}{\partial t} = v_b = \sqrt{\frac{2e}{m}(\bar{U} + \hat{U}\sin\omega t_0)} \approx \sqrt{\frac{2e}{m}\bar{U}}\left(1 + \frac{1}{2}\frac{\hat{U}}{\bar{U}}\sin\omega t_0\right)$$

$$= \bar{v}\left(1 + \frac{1}{2}\frac{\hat{U}}{\bar{U}}\sin\omega t_0\right); \qquad (61a)$$

durch einfache Integration ergibt sich der Weg y:

$$y = \bar{v}\left(1 + \frac{1}{2}\frac{\hat{U}}{\bar{U}}\sin\omega t_0\right)(t - t_0). \qquad (62)$$

Die Randbedingung ist, daß zur Zeit $t = t_0$ der Weg y Null ist. Der Elektronenleitungsstrom wird wieder durch die Gl. (7b) auf S. 11 bestimmt; hierzu bildet man zuerst die Größe:

$$\frac{\partial y}{\partial t_0} = -\bar{v}\left(1 + \frac{1}{2}\frac{\hat{U}}{\bar{U}}\sin\omega t_0\right) + \bar{v}\,\omega(t - t_0)\frac{\hat{U}}{2\bar{U}}\cos\omega t_0$$

und erhält dann:

$$i_l = \bar{I}\frac{\frac{\partial y}{\partial t}}{\left|\frac{\partial y}{\partial t_0}\right|} = \bar{I}\,\frac{1 + \frac{1}{2}\frac{\hat{U}}{\bar{U}}\sin\omega t_0}{1 + \frac{1}{2}\frac{\hat{U}}{\bar{U}}\sin\omega t_0 - \frac{\hat{U}}{2\bar{U}}\omega(t - t_0)\cos\omega t_0}.$$

Man erkennt, daß der Elektronenleitungsstrom auch bei beliebig kleinen Werten von $\hat{U}$ groß und sogar unendlich werden kann, wenn man die Laufzeit $\omega(t - t_0)$ (im Winkelmaß) der Elektronen genügend groß macht; denn es ist dann $\frac{\hat{U}}{2\bar{U}}\omega(t - t_0)$ nicht klein gegen 1, der Nenner der Gleichung kann Null werden. Das Anwachsen des Leitungsstromes auf Unendlich kennzeichnet das Auftreten eines Phasenbrennpunktes, der sich auch bei kleinen Steuerwechselspannungen bilden kann, wenn die Laufwege y genügend lang sind. Wenn $\frac{\hat{U}}{2\bar{U}}\omega(t - t_0) \ll 1$ ist, d. h. wenn man noch weit vor Erreichen des ersten Phasenbrennpunktes arbeitet, so kann man die Gleichung durch Beseitigen des Nenners nach der binomischen Reihe weiter vereinfachen:

$$i_l = \bar{I}\left[1 + \frac{1}{2}\frac{\hat{U}}{\bar{U}}\omega(t - t_0)\cos\omega t_0\right].$$

Außerdem kann man für kleine Wechselspannungsamplituden den Laufwinkel $\omega(t - t_0)$ bis zum Erreichen des im Abstande l liegenden Gitters C (vgl. Abb. 38a) durch den allein durch das Gleichfeld gegebenen Laufwinkel $\bar{\alpha}_l = \omega \dfrac{l}{\bar{v}}$ (vgl. S. 83) ersetzen und erhält somit:

$$i_{lc} = \bar{I}\left[1 + \frac{1}{2}\frac{\hat{U}}{\bar{U}}\,\bar{\alpha}_l\cos(\omega t - \bar{\alpha}_l)\right] = \bar{I} + \frac{\hat{I}}{2}\frac{\hat{U}}{\bar{U}}\,\bar{\alpha}_l\,(\sin\omega t\,\sin\bar{\alpha}_l + \cos\omega t\,\cos\bar{\alpha}_l).$$

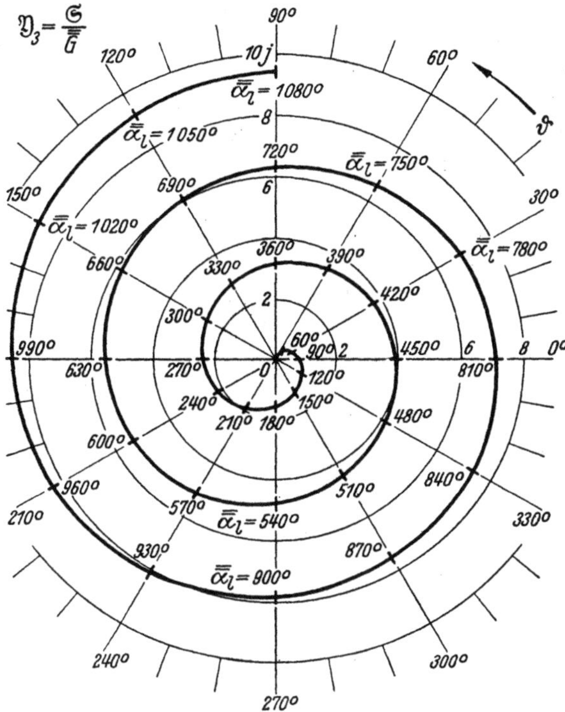

Abb. 44. Die Funktion $\mathfrak{Y}_3$ in Ortskurvendarstellung; für den Fall der Geschwindigkeitssteuerung ist $\mathfrak{Y}_3$ das Verhältnis der komplexen Steilheit $\mathfrak{S}$ zum Gleichstromleitwert $\bar{\bar{G}}$.

Der Leitungsstrom i_{lc} an der Elektrode C setzt sich also zusammen aus einem Gleichstromanteil $\bar{I}$ und einem überlagerten Wechselanteil; setzt man diesen Wechselanteil ins Verhältnis zur steuernden Wechselspannung, so erhält man die Steilheit $\mathfrak{S}$ der Geschwindigkeitssteuerung in Zeigerdarstellung:

$$\mathfrak{S} = \frac{\bar{I}}{\bar{U}}\frac{\bar{\alpha}_l}{2}\,(\sin\bar{\alpha}_l + \mathrm{j}\cos\bar{\alpha}_l) = \bar{\bar{G}}\,\frac{\bar{\alpha}_l}{2}\,\mathrm{j}\,\mathrm{e}^{-\mathrm{j}\bar{\bar{\alpha}}_l} = \bar{\bar{G}}\,\mathfrak{Y}_3(\bar{\alpha}_l). \qquad (63)$$

Die Größe $\bar{\bar{G}} = \bar{I}/\bar{U}$ ist der Gleichstromleitwert, die Funktion $\mathfrak{Y}_3$ ist in Abb. 44 dargestellt. Die Kurve hat die Gestalt einer archimedischen Spirale; die Steilheit nimmt mit zunehmendem Laufwinkel zu und dreht mit ihm ihre Phase. Grundsätzlich kann man also bei der Anwendung

der Geschwindigkeitssteuerung beliebig große Steilheiten erzielen, muß
aber bedenken, daß diese nur für sehr kleine Steuerwechselspannungen
wirksam sind, weil bei größeren Spannungen durch Erreichen und Überschreiten des Phasenbrennpunktes eine Begrenzung und schließlich sogar
wieder eine Abnahme eintritt (vgl. dazu Abb. 41, den zugehörigen Text
auf S. 85 und die unten folgenden Rechnungen).

Wie man aus Abb. 38a erkennt, sind die beiden Gitter B und C,
die den Laufweg l der Elektronen begrenzen, miteinander verbunden.
Über die Verbindungsleitung fließt ein Ausgleichstrom i_{bc}, der durch
die Influenzwirkung der Elektronen entsteht; er ist vorhanden, obwohl
keine Spannung zwischen den Gittern liegt. Seine Berechnung erfolgt
in der gleichen Weise wie bei der Diode. Aus den Gl. (10) auf S. 14 und
(61a) auf S. 88 folgt:

$$i_{bc} = \frac{I}{l} \int_{t-\tau}^{t} \bar{\bar{v}} \left(1 + \frac{1}{2} \frac{\hat{U}}{\bar{U}} \sin \omega t_0 \right) dt,$$

$$= \frac{I}{l} \bar{\bar{v}} \left[\tau - \frac{1}{2\omega} \frac{\hat{U}}{\bar{U}} \cos \omega t + \frac{1}{2\omega} \frac{\hat{U}}{\bar{U}} \cos \omega (t - \tau) \right]$$

und mit $\dfrac{\bar{\bar{v}}}{l\omega} = \dfrac{1}{\bar{\bar{\alpha}}_l}$:

$$i_{bc} = \frac{I}{\bar{\bar{\alpha}}_l} \left[\omega\tau - \frac{1}{2} \frac{\hat{U}}{\bar{U}} \cos \omega t + \frac{1}{2} \frac{\hat{U}}{\bar{U}} \cos \omega (t - \tau) \right].$$

Durch die Gl. (62) auf S. 88 kann die Größe $\omega\tau$ eliminiert werden:

$$\omega\tau = \frac{\omega l/\bar{v}}{1 + \frac{1}{2} \frac{\hat{U}}{\bar{U}} \sin \omega t_0} \approx \left[1 - \frac{1}{2} \frac{\hat{U}}{\bar{U}} \sin \omega (t - \tau) \right] \bar{\bar{\alpha}}_l,$$

also:

$$i_{bc} = \bar{I} + \frac{I}{\bar{\bar{\alpha}}_l} \frac{\hat{U}}{2\bar{U}} \left[-\bar{\bar{\alpha}}_l \sin \omega (t - \tau) - \cos \omega t + \cos \omega (t - \tau) \right]$$

$$= \bar{I} + \bar{I} \frac{\hat{U}}{2\bar{U}} \left[\sin \omega t \left(-\cos \omega\tau + \frac{\sin \omega\tau}{\bar{\bar{\alpha}}_l} \right) + \cos \omega t \left(\sin \omega\tau - \frac{1}{\bar{\bar{\alpha}}_l} + \frac{\cos \omega\tau}{\bar{\bar{\alpha}}_l} \right) \right].$$

Der Laufwinkel $\omega\tau$ bis zum Gitter C kann dann mit guter Näherung bei
den vorausgesetzten kleinen Wechselspannungen durch $\bar{\bar{\alpha}}_l$ ersetzt werden.
Der Influenzstrom setzt sich dann aus dem Gleichstrom $\bar{I}$ und einem
Wechselanteil zusammen, für den man in Zeigerdarstellung erhält:

$$\mathfrak{J}_{bc} = \frac{\bar{\bar{G}}}{2} \mathfrak{U} \left[\frac{\sin \bar{\bar{\alpha}}_l}{\bar{\bar{\alpha}}_l} - \cos \bar{\bar{\alpha}}_l + j \left(\sin \bar{\bar{\alpha}}_l - \frac{1 - \cos \bar{\bar{\alpha}}_l}{\bar{\bar{\alpha}}_l} \right) \right] = \frac{\bar{\bar{G}}}{2} \mathfrak{U} \mathfrak{Y}_2(\bar{\bar{\alpha}}_l). \tag{64}$$

Die Funktion $\mathfrak{Y}_2$ ist bereits durch Gl. (26) auf S. 33 gegeben und in
Abb. 13 dargestellt. Die Kenntnis des Stromes $\mathfrak{J}_{bc}$ ist für die Betrachtung der Geschwindigkeitssteuerung nicht sonderlich wichtig, da er
nur über eine Kurzschlußleitung fließt; wichtig aber ist, daß die beiden
Gitter B und C tatsächlich kurzgeschlossen sind; sonst hätte der Strom
$\mathfrak{J}_{bc}$ den Aufbau einer Spannung zur Folge, die ihrerseits wieder die
Elektronenbewegung beeinflussen würde.

Die bisher durchgeführte Berechnung des Elektronenleitungsstromes, die zu der Gl. (63) führte, hatte zur Voraussetzung, daß $\dfrac{\hat{U}}{2\,\bar{U}}\,\omega\,(t - t_0) \ll 1$ ist, d. h. daß man weit vor Erreichen des Phasenbrennpunktes arbeitet. Der im wesentlichen interessierende Bereich wird also nicht erfaßt, und es ist lohnend, eine bessere rechnerische Näherung zu suchen. Zu diesem Zweck wird die Grundwelle des nicht sinusförmigen Elektronenleitungsstromes, wie er in Abb. 41 dargestellt ist, durch harmonische Analyse errechnet:

$$\mathfrak{J}_l = \frac{1}{\pi} \int\limits_{\omega t = 0}^{2\pi} i_l \cdot \sin \omega t \cdot \mathrm{d}\,(\omega t) + \frac{\mathrm{j}}{\pi} \int\limits_{\omega t = 0}^{2\pi} i_l \cdot \cos \omega t \cdot \mathrm{d}\,(\omega t).$$

Die Größe von i_l drückt man jetzt nach Gl. (7 b) auf S. 11 aus durch die Beziehung:

$$i_l = \bar{I}\left|\frac{\partial t_0}{\partial t}\right| = \bar{I}\left|\frac{\partial \omega t_0}{\partial \omega t}\right|$$

und ändert beim Einsetzen die Integrationsvariable:

$$\mathfrak{J}_l = \frac{\bar{I}}{\pi} \int\limits_{\omega t_0 = 0}^{2\pi} \sin\left[\omega t(y,\,\omega t_0)\right] \mathrm{d}\omega t_0 + \mathrm{j}\,\frac{\bar{I}}{\pi} \int\limits_{\omega t_0 = 0}^{2\pi} \cos\left[\omega t(y,\,\omega t_0)\right] \mathrm{d}\,\omega t_0.$$

Da jetzt über ωt_0 integriert wird, stellt sich die Zeit t als Funktion von y und ωt_0 dar; unter Beibehaltung der Forderung $\hat{U} \ll \bar{U}$ ergibt sich nach Gl. (62) auf S. 88:

$$\omega t = \omega t_0 + \frac{\omega\,l}{\bar{v}} \cdot \frac{1}{1 + \dfrac{1}{2}\dfrac{\hat{U}}{\bar{U}}\sin \omega t_0} \approx \omega t_0 + \bar{\alpha}_l\left(1 - \frac{1}{2}\frac{\hat{U}}{\bar{U}}\sin\omega t_0\right).$$

Durch Einsetzen dieses Wertes unter den Integralen und durch Abspaltung der Funktionen $\sin \bar{\bar{\alpha}}_l$ und $\cos \bar{\bar{\alpha}}_l$ folgt:

$$\mathfrak{J}_l = \frac{\bar{I}}{\pi}\left\{ \begin{aligned} &(\sin \bar{\bar{\alpha}}_l + \mathrm{j} \cos \bar{\bar{\alpha}}_l) \int\limits_{0}^{2\pi} \cos\left(\omega t_0 - \frac{\bar{\alpha}_l}{2}\frac{\hat{U}}{\bar{U}}\sin\omega t_0\right) \mathrm{d}\,\omega t_0 \\ &+ (\cos \bar{\bar{\alpha}}_l - \mathrm{j} \sin \bar{\bar{\alpha}}_l) \int\limits_{0}^{2\pi} \sin\left(\omega t_0 - \frac{\bar{\alpha}_l}{2}\frac{\hat{U}}{\bar{U}}\sin\omega t_0\right) \mathrm{d}\omega t_0 \end{aligned} \right\}.$$

Das zweite Integral verschwindet bei der Integration über die ganze Periode, wie man sich aus den Symmetrieeigenschaften des Integranden leicht klarmacht. Das erste Integral läßt sich nach Umformung auf eine Bessel-Funktion erster Ordnung zurückführen (vgl. Jahnke und Emde, Funktionentafeln, Literaturverzeichnis, S. 464):

$$\mathfrak{J} = \bar{I}\,\frac{2}{\pi}\,\mathrm{j}\,\mathrm{e}^{-\mathrm{j}\bar{\bar{\alpha}}_l} \int\limits_{0}^{\pi} \cos\left(\frac{\bar{\alpha}_l}{2}\frac{\hat{U}}{\bar{U}}\sin\omega t_0 - \omega t_0\right) \mathrm{d}\,\omega t_0 = \bar{I}\,2\,\mathrm{j}\,\mathrm{e}^{-\mathrm{j}\bar{\bar{\alpha}}_l}\,\mathrm{J}_1\left(\frac{\bar{\alpha}_l}{2}\frac{\hat{U}}{\bar{U}}\right).$$

Der Verlauf der Funktion J_1 ist unten auf Abb. 127 zusammen mit anderen Besselschen Funktionen dargestellt. Damit ergibt sich für die Steilheit:

$$\mathfrak{S} = \frac{\bar{I}}{\bar{U}} \frac{\bar{\bar{\alpha}}_l}{2} \mathrm{j}\, e^{-\mathrm{j}\underset{=}{\alpha}_l} \cdot \frac{2\,J_1\left(\dfrac{\bar{\bar{\alpha}}_l}{2}\dfrac{\hat{U}}{\bar{U}}\right)}{\dfrac{\bar{\bar{\alpha}}_l}{2}\dfrac{\hat{U}}{\bar{U}}} = \bar{\bar{G}}\,\mathfrak{Y}_3(\bar{\bar{\alpha}}_l)\,\frac{2\,J_1\left(\dfrac{\bar{\bar{\alpha}}_l}{2}\dfrac{\hat{U}}{\bar{U}}\right)}{\dfrac{\bar{\bar{\alpha}}_l}{2}\dfrac{\hat{U}}{\bar{U}}} \cdot \tag{65}$$

Gegenüber der Gl. (63) ist also ein Korrekturglied aufgetreten, das die Fokussierung berücksichtigt; bei sehr kleinen Werten $\hat{U}/\bar{U}$ ist dies Glied gleich 1. Der Verlauf der Steilheit stimmt für kleinere Werte $\hat{U}/\bar{U}$ mit dem in Abb. 43 dargestellten und bereits erläuterten Verlauf überein.

δ) Geschwindigkeitssteuerung mit reflektierter Elektronenströmung.

Ähnlich wie man bei der Bremsfeldröhre durch eine umkehrende Elektronenströmung in einem Hochfrequenzfeld eine Anfachung erzielen kann, läßt sich mit einer umkehrenden Elektronenströmung eine Geschwindigkeitssteuerung durchführen. Die zu diesem Zweck dienenden Anordnungen sind in Abb. 45 schematisch dargestellt; sie unterscheiden sich von den Anordnungen nach Abb. 38 lediglich dadurch, daß die Elektrode C durch eine besondere Spannungsquelle $\bar{U}_b$ gegen die Elektroden A und B und gegen die Kathode K negativ gemacht wird, so daß die Elektronen nach einer gewissen Umkehrstrecke l_u ihre Flugrichtung wechseln. Die Gleichspannungsverhältnisse sind genau die gleichen, wie sie oben auf S. 56 bei der Bremsfeldröhre behandelt wurden. Die Elektronen, die infolge der Beschleunigung durch

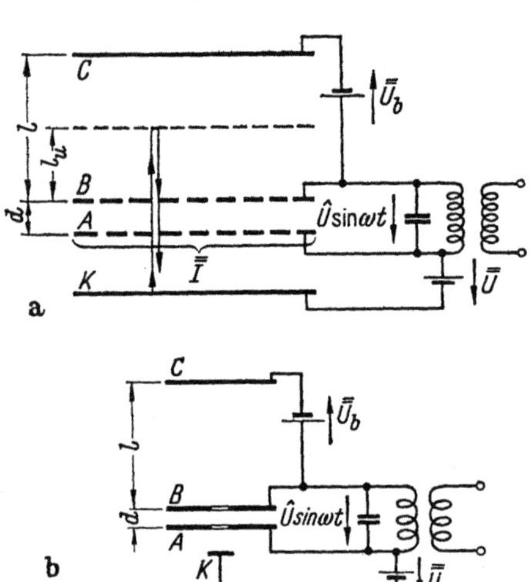

Abb. 45. Schema der Geschwindigkeitssteuerung mit reflektierter Elektronenströmung: *a* Steuerung durch Gitter, *b* Steuerung eines Elektronenstrahles durch Blenden.

das Feld der Wechselspannung $\hat{U}\sin\omega t$ mit erhöhter Geschwindigkeit durch die Elektrode hindurchtreten, durchfliegen eine größere Strecke l_u und kehren erst nach längerer Laufzeit nach B zurück als die mit verminderter Geschwindigkeit eingetretenen Elektronen. Deswegen werden die schnelleren Elektronen von den langsameren, später gestarteten Elektronen eingeholt; die Verhältnisse liegen also etwas anders als bei der Geschwindigkeitssteuerung mit einsinniger Elektronenrichtung.

Die Aufstellung der Bewegungsgleichungen erfolgt in gleicher Weise wie bei allen anderen Elektronenströmungen im Sättigungsfall. Nach den Gl. (41) auf S. 51 und (61) auf S. 82 bzw. (61a) auf S. 88 ergibt sich unter der Tatsache, daß die Spannung $\bar{U}_b$ nur an der Bremsstrecke liegt:

$$\frac{\partial^2 y}{\partial t^2} = \frac{e}{m\,l}\,(-\bar{U}_b), \tag{66}$$

$$\frac{\partial y}{\partial t} = \frac{e}{m\,l}\,(-\bar{U}_b)\,(t-t_0) + \sqrt{\frac{2e}{m}\,\bar{U}}\left(1 + \frac{1}{2}\,\frac{\hat{U}}{\bar{U}}\,\sin\omega t_0\right), \tag{67}$$

$$y = \frac{e}{m\,l}\,(-\bar{U}_b)\,\frac{(t-t_0)^2}{2} + \sqrt{\frac{2e}{m}\,\bar{U}}\left(1 + \frac{1}{2}\,\frac{\hat{U}}{\bar{U}}\,\sin\omega t_0\right)(t-t_0). \tag{68}$$

Die Laufzeit im Gleichfeld $\bar{\tau} = t - t_0$ ergibt sich durch den Ansatz $\hat{U} = 0$ und $y = 0$ zu:

$$\bar{\tau} = \frac{2m}{e}\,\frac{l}{\bar{U}_b}\,\sqrt{\frac{2e}{m}\,\bar{U}}.$$

Dies ist in Übereinstimmung mit Gl. (49) für die Bremsfeldröhre, wenn man die anders eingeführte Definition der Bremsspannung berücksichtigt. Entsprechend ergibt sich der Laufwinkel:

$$\bar{\alpha}_l = \omega\bar{\tau} = \sqrt{\frac{8m}{e}\,\bar{U}}\,\frac{\omega l}{\bar{U}_b}. \tag{69}$$

Zur Errechnung des Leitungsstromes nach Gl. (7b) auf S. 11 bildet man:

$$\frac{\partial y}{\partial t_0} = \frac{-e}{m\,l}\,(-\bar{U}_b)\,(t-t_0) - \sqrt{\frac{2e}{m}\,\bar{U}}\left(1 + \frac{1}{2}\,\frac{\hat{U}}{\bar{U}}\,\sin\omega t_0\right)$$

$$+ \sqrt{\frac{2e}{m}\,\bar{U}}\,\omega\,(t-t_0)\,\frac{1}{2}\,\frac{\hat{U}}{\bar{U}}\,\cos\omega t_0$$

und erhält:

$$i_l = \bar{I}\,\frac{\dfrac{\partial y}{\partial t}}{\left|\dfrac{\partial y}{\partial t_0}\right|}$$

$$= \bar{I}\,\frac{\dfrac{e}{m\,l}\,(-\bar{U}_b)\,(t-t_0) + \sqrt{\dfrac{2e}{m}\,\bar{U}}\left(1 + \dfrac{1}{2}\,\dfrac{\hat{U}}{\bar{U}}\,\sin\omega t_0\right)}{-\dfrac{e}{m\,l}\,(-\bar{U}_b)(t-t_0) - \sqrt{\dfrac{2e}{m}\,\bar{U}}\left(1 + \dfrac{1}{2}\,\dfrac{\hat{U}}{\bar{U}}\,\sin\omega t_0\right) + \sqrt{\dfrac{2e}{m}\,\bar{U}}\,\omega(t-t_0)\dfrac{\hat{U}}{2\bar{U}}\,\cos\omega t_0}.$$

Unter den Voraussetzungen $\hat{U} \ll \bar{U}$ und $2\dfrac{\hat{U}}{\bar{U}}\,\omega(t-t_0) \ll 1$ folgt nach dem gleichen Rechnungsgang wie bei der Geschwindigkeitssteuerung ohne Elektronenumkehr für den Leitungsstrom, der zur Elektrode B zurückkehrt:

$$i_{lb} = -\bar{I} + \bar{I}\,\frac{\hat{U}}{\bar{U}}\,\frac{\bar{\alpha}_l}{2}\,(\sin\omega t\,\sin\bar{\alpha}_l + \cos\omega t\,\cos\bar{\alpha}_l)$$

und für die Steilheit:

$$\mathfrak{S} = \frac{\overline{I}}{\overline{U}} \frac{\bar{\alpha}_l}{2} (\sin \bar{\alpha}_l + \mathrm{j} \cos \bar{\alpha}_l) = \overline{\overline{G}} \, \mathfrak{Y}_3(\bar{\alpha}_l) \qquad (70)$$

in völliger Übereinstimmung mit Gl. (63) auf S. 89.

Wie bei der Berechnung der Geschwindigkeitssteuerung ohne Elektronenumkehr kann man die Bedingung $2\frac{\hat{U}}{\overline{U}} \omega(t - t_0) \ll 1$ durch Auflösung nach der Grundwelle des Elektronenleitungsstromes fallenlassen. Der Ansatz wird wie oben auf S. 91 durchgeführt:

$$\mathfrak{I}_l = \frac{1}{\pi} \int\limits_{\omega t = 0}^{2\pi} i_l \cdot \sin \omega t \cdot \mathrm{d}(\omega t) + \frac{\mathrm{j}}{\pi} \int\limits_{\omega t = 0}^{2\pi} i_l \cdot \cos \omega t \cdot \mathrm{d}(\omega t).$$

Bei Einführung des Leitungsstromes nach Gl. (7b) auf S. 11 ist hier auf das durch die Richtungsumkehr verursachte negative Vorzeichen zu achten:

$$\mathfrak{I}_l = -\frac{\overline{I}}{\pi}\left\{ \int\limits_{\omega t_0 = 0}^{2\pi} \sin\left[\omega t\,(y,\,\omega t_0)\right] \mathrm{d}\,\omega t_0 + \mathrm{j} \int\limits_{\omega t_0 = 0}^{2\pi} \cos\left[\omega t\,(y,\,\omega t_0)\right] \mathrm{d}\,\omega t_0 \right\}.$$

Die Größe ωt ermittelt man nach Gl. (68) unter der Voraussetzung $\hat{U} \ll \overline{U}$:

$$\omega t = \omega t_0 + \bar{\alpha}_l + \frac{\bar{\alpha}_l}{2} \frac{\hat{U}}{\overline{U}} \sin \omega t_0.$$

Also ergibt sich nach dem gleichen Rechnungsgang wie auf S. 91:

$$\mathfrak{S} = \overline{\overline{G}} \, \mathfrak{Y}_3(\bar{\alpha}_l) \frac{2 \, \mathrm{J}_1\left(\dfrac{\bar{\alpha}_l}{2} \dfrac{\hat{U}}{\overline{U}}\right)}{\dfrac{\bar{\alpha}_l}{2} \dfrac{\hat{U}}{\overline{U}}}, \qquad (71)$$

mit dem gleichen Korrekturfaktor wie in Gl. (65) auf S. 92.

Auf die Darstellung der graphischen Lösung bei großen Spannungsaussteuerungen soll in diesem Zusammenhang verzichtet werden.

ε) Der Einfluß des endlichen Laufwinkels in der Steuerstrecke.

Bei der gesamten bisher durchgeführten Behandlung der Geschwindigkeitssteuerung ist die Voraussetzung gemacht, daß der Abstand d zwischen den beiden steuernden Gittern A und B in Abb. 38a bzw. 45a verschwindend klein ist; unter dieser Voraussetzung ist der durch B hindurchtretende Strom ideal geschwindigkeitsgesteuert ohne jede Intensitätssteuerung; außerdem vollzieht sich die Steuerung leistungslos, d. h. in den Zuleitungen zu den Gittern fließt kein Wirkstrom (da die Gitter eine Kapazität gegeneinander haben, muß selbstverständlich immer ein Blindstrom fließen). Wenn nun der Abstand d größer wird, so wird:

1. die Größe der Geschwindigkeitssteuerung verändert,
2. der durch B tretende Strom intensitätsgesteuert,
3. eine Steuerleistung benötigt.

Diese drei Wirkungen sind nunmehr zu berechnen, die Berechnung vollzieht sich in der genau gleichen Weise wie bei der Diode mit endlicher Startgeschwindigkeit. Die Beschleunigung der Elektronen zwischen den beiden Gittern ist:

$$\frac{\partial^2 y}{\partial t^2} = \frac{e}{m\,d}\, \hat{U} \sin \omega t.$$

(Eine Gleichspannung ist zwischen den Gittern nicht vorhanden.) Für die Geschwindigkeit ergibt sich:

$$\frac{\partial y}{\partial t} = \bar{\bar{v}} - \frac{e}{m\,d}\, \frac{\hat{U}}{\omega} (\cos \omega t - \cos \omega t_0)$$

(die Elektronen treten bereits mit der Geschwindigkeit $\bar{\bar{v}}$ in das Feld ein); für den Weg der Elektronen folgt dann:

$$y = \bar{\bar{v}}\,(t - t_0) - \frac{e}{m\,d}\, \frac{\hat{U}}{\omega^2} [\sin \omega t - \sin \omega t_0 - \omega(t - t_0) \cos \omega t_0].$$

Die Geschwindigkeit der Elektronen am Gitter B ergibt sich aus der vorletzten Gleichung, die nach einigen Umformungen folgende Gestalt erhält:

$$v_b = \left(\frac{\partial y}{\partial t}\right)_{y=d} = \bar{\bar{v}} - \frac{e}{m\,d}\, \frac{\hat{U}}{\omega} [-\sin \omega t \sin \omega \tau + \cos \omega t (1 - \cos \omega \tau)]$$

$$= \bar{\bar{v}} \left[1 + \frac{1}{2}\, \frac{\hat{U}}{\bar{U}} \left(\sin \omega t \frac{\sin \bar{\alpha}_d}{\bar{\alpha}_d} - \cos \omega t \frac{1 - \cos \bar{\alpha}_d}{\bar{\alpha}_d}\right)\right].$$

Hierin ist:

$$\bar{\bar{v}} = \sqrt{\frac{2e}{m}\,\bar{U}} \quad \text{und} \quad \frac{\bar{\bar{v}}}{d\,\omega} = \frac{1}{\bar{\alpha}_d},$$

also bedeutet

$$\bar{\alpha}_d = \omega \bar{\bar{\tau}}_d = \frac{\omega\,d}{\sqrt{\dfrac{2e}{m}\,\bar{U}}} \tag{72}$$

den Laufwinkel, den die Elektronen zum Durchlaufen der Strecke d allein unter dem Einfluß der Gleichspannung $\bar{U}$ benötigen. Bildet man den Wechselanteil der Geschwindigkeit, so erhält man in Zeigerdarstellung:

$$\mathfrak{V}_b = \frac{1}{2}\, \frac{\mathfrak{U}}{\bar{U}} \left(\frac{\sin \bar{\alpha}_d}{\bar{\alpha}_d} - \mathrm{j}\, \frac{1 - \cos \bar{\alpha}_d}{\bar{\alpha}_d}\right) \bar{\bar{v}}.$$

Wäre der Laufwinkel $\bar{\alpha}_d$ Null, so würde man die ideale Geschwindigkeitssteuerung erhalten; die Geschwindigkeit wäre dann:

$$\mathfrak{V}_{b_0} = \frac{1}{2}\, \frac{\mathfrak{U}}{\bar{U}}\, \bar{\bar{v}}.$$

Setzt man die beiden letzten Gleichungen ins Verhältnis, so ergibt sich
der Einfluß eines endlichen Laufwinkels:

$$\frac{\mathfrak{B}_b}{\mathfrak{B}_{b_0}} = \frac{\sin \bar{\alpha}_d}{\bar{\alpha}_d} - j\,\frac{1 - \cos \bar{\alpha}_d}{\bar{\alpha}_d} = \frac{\sin \dfrac{\bar{\alpha}_d}{2}}{\dfrac{\bar{\alpha}_d}{2}}\, e^{-j\frac{\bar{\alpha}_d}{2}} = \mathfrak{Y}_4\,(\bar{\alpha}_d)\,. \tag{73}$$

Der Verlauf der Funktion $\mathfrak{Y}_4$ ist in Ortskurvendarstellung durch Abb. 46
gegeben. Man erkennt, daß Laufwinkel bis zu 180° die absolute Größe
der Geschwindigkeitssteuerung nicht nennenswert herabsetzen, daß aber

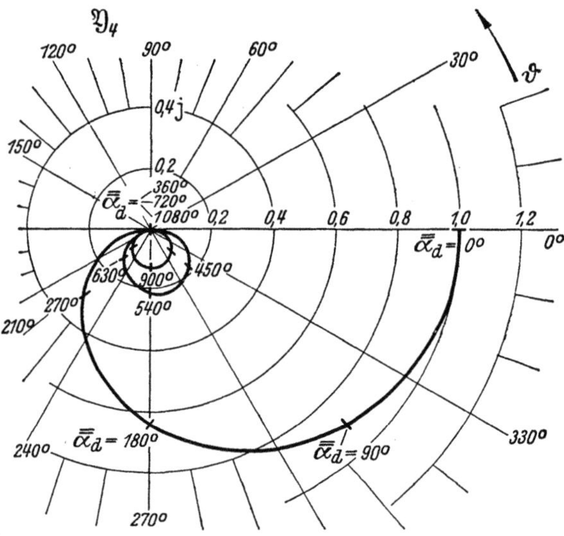

Abb. 46. Die Funktion $\mathfrak{Y}_4$ in Ortskurvendarstellung; für den Fall der Geschwindigkeitssteuerung
stellt sie die Wechselgeschwindigkeit $\mathfrak{B}_b$ am Ausgang der Steuerstrecke in Abhängigkeit vom
Laufwinkel $\bar{\bar{\alpha}}_a$ in der Steuerstrecke dar.

dann die Steuerung stark abnimmt und stellenweise sogar Null wird
(nämlich wenn $\bar{\alpha}_d$ ganzzahlige Vielfache von 360° beträgt).

Der Leitungsstrom am Gitter B, der sich bei endlichem Abstand d
zwischen den beiden Gittern A und B ausbildet, ist schon bei der Diode
mit endlicher Startgeschwindigkeit der Elektronen auf S. 56 berechnet.
Interessiert man sich nur für den Wechselstromanteil, so erhält man in
Zeigerdarstellung nach Gl. (45) mit $\bar{U}_a = \bar{U}_g = \bar{U}$:

$$\mathfrak{J}_{lb} = \frac{I}{2}\,\frac{\mathfrak{u}}{\bar{U}}\left[\frac{\sin \bar{\alpha}_d}{\bar{\alpha}_d} - \cos \bar{\alpha}_d - j\left(\frac{1 - \cos \bar{\alpha}_d}{\bar{\alpha}_d} - \sin \bar{\alpha}_d\right)\right] = \frac{I}{2}\,\frac{\mathfrak{u}}{\bar{U}}\,\mathfrak{Y}_2\,(\bar{\alpha}_d)\,. \tag{74}$$

Man erkennt, daß der Leitungswechselstrom am Gitter B nur bei sehr
kleinen Laufwinkeln den für ideale Geschwindigkeitssteuerung geforderten Wert Null hat, und daß er bereits bei Laufwinkeln $\bar{\alpha}_d = 120°$
einen hohen Wert erreicht hat, dessen Größe er dem Betrag nach für alle
größeren Laufwinkel näherungsweise beibehält (vgl. Abb. 13).

Schließlich ist zu berechnen, welche Steuerleistung die Geschwindigkeitssteuerung bei einem endlichen Gitterabstand d benötigt. Die Elektronenströmung erzeugt dann zwischen den beiden Gittern einen Influenzstrom, der gemäß Abb. 38a mit i_{ab} bezeichnet ist. Er ist bereits auf S. 54 berechnet und ergibt sich nach Gl. (44) zu:

$$\mathfrak{I}_{ab} = \frac{\bar{I}}{2}\,\frac{\mathfrak{U}}{\bar{U}}\left[\frac{2}{\bar{\bar{\alpha}}_d{}^2}\,(1 - \cos\bar{\bar{\alpha}}_d) - \frac{\sin\bar{\bar{\alpha}}_d}{\bar{\bar{\alpha}}_d} + \mathrm{j}\left(\frac{2\sin\bar{\bar{\alpha}}_d}{\bar{\bar{\alpha}}_d{}^2} - \frac{1 - \cos\bar{\bar{\alpha}}_d}{\bar{\bar{\alpha}}_d}\right)\right]$$

$$= \frac{\bar{I}}{4}\,\frac{\mathfrak{U}}{\bar{U}}\,\mathfrak{Y}_1\,(\bar{\bar{\alpha}}_d)\,. \tag{75}$$

Die Funktion $\mathfrak{Y}_1$ ist in den Abb. 11 und 12 dargestellt. Wichtig für den Leistungsbedarf bei der Geschwindigkeitssteuerung ist der Wirkanteil, dessen Verlauf besonders gut aus Abb. 11 zu erkennen ist; sobald die Laufwinkel in die Größe von $180°$ kommen, ist der Wirkstrom beträchtlich, und die Geschwindigkeitssteuerung ist keineswegs mehr als leistungslos anzusprechen.

Zum Abschluß der Geschwindigkeitssteuerung soll die in Abb. 38c dargestellte Anordnung behandelt werden. Der Elektronenstrahl durchsetzt einen Zylinder B, der sich in einer Kammer A befindet, deren Stirnflächen Bohrungen zum Durchtritt des Elektronenstrahles aufweisen. Der Zylinder liegt an dem einen, die Kammer an dem anderen Pol der Hochfrequenzwechselspannung; es bildet sich deshalb in den beiden Spalten mit der Weite d_1 und d_2 je ein Hochfrequenzfeld aus; die elektrischen Feldstärken in den beiden Hochfrequenzfeldern sind entgegengesetzt gerichtet. Im Innern des Zylinders B von der Länge a ist kein Hochfrequenzfeld vorhanden. Die Anordnung eignet sich zur Geschwindigkeitssteuerung bei sehr kleinen Wechselspannungen und kann bei geeigneter Bemessung eine Verdoppelung der Steuerung ergeben. Wenn nämlich die Laufzeit des Elektronenstrahles über die Strecke a beispielsweise eine halbe Periode beträgt, so ergibt das zu zweit durchlaufene Hochfrequenzfeld gerade eine Steuerung im gleichen Sinne wie das erste Feld. Zur Berechnung der Zusammenhänge sei angenommen, daß die Abstände d_1 und d_2 so klein sind, daß die Elektronenlaufzeiten zur Durchquerung der Abstände vernachlässigbar klein sind. Der Laufwinkel $\bar{\bar{\alpha}}_a$ für die Strecke a ergibt sich aus der Elektronengeschwindigkeit $\bar{\bar{v}}$; nach Gl. (72) auf S. 95 ergibt sich:

$$\bar{\bar{\alpha}}_a = \frac{\omega\,a}{\sqrt{\dfrac{2\,e}{m}\,\bar{U}}}\,.$$

Die angelegte Hochfrequenzspannung sei so klein, daß der Elektronenstrahl beim Durchlaufen der Strecke a noch keine nennenswerte Intensitätssteuerung durch gegenseitige Einholung der Elektronen erhält. Die Elektronen sollen den Spalt d_2 in der Zeitphase ωt_0 verlassen, den Spalt d_1 durchsetzen sie also zur Zeitphase $\omega t_0 - \bar{\bar{\alpha}}_a$. Bei kleinen

Wechselspannungen ergibt sich dann für die Geschwindigkeit der aus dem Spalt d_2 austretenden Elektronen [vgl. Gl. (61a) auf S. 88]:

$$v = \frac{\partial y}{\partial t} = \bar{\bar{v}} \left[1 + \frac{1}{2} \frac{\hat{U}}{\bar{U}} \sin(\omega t_0 - \bar{\alpha}_a) - \frac{1}{2} \frac{\hat{U}}{\bar{U}} \sin \omega t_0 \right].$$

(Das negative Vorzeichen für $\frac{1}{2} \frac{\hat{U}}{\bar{U}} \sin \omega t_0$ erklärt sich daraus, daß das elektrische Feld im Spalt d_2 entgegengesetzt gerichtet ist.) Betrachtet man nur den Wechselanteil der Austrittsgeschwindigkeit und verwendet die Zeigerdarstellung, so erhält man:

$$v = \bar{\bar{v}} \left\{ 1 + \frac{1}{2} \frac{\hat{U}}{\bar{U}} \left[\sin \omega t_0 (\cos \bar{\alpha}_a - 1) - \cos \omega t_0 \sin \bar{\alpha}_a \right] \right\};$$

$$\frac{\mathfrak{V}}{\bar{\bar{v}}} = -\frac{1}{2} \frac{\mathfrak{U}}{\bar{U}} (1 - \cos \bar{\alpha}_a + j \sin \bar{\alpha}_a)$$

$$= -\frac{1}{2} \frac{\mathfrak{U}}{\bar{U}} \left(2 \sin^2 \frac{\bar{\alpha}_a}{2} + 2j \sin \frac{\bar{\alpha}_a}{2} \cos \frac{\bar{\alpha}_a}{2} \right);$$

$$\frac{\mathfrak{V}}{\bar{\bar{v}}} = \frac{1}{2} \frac{\mathfrak{U}}{\bar{U}} \left(2 \sin \frac{\bar{\alpha}_a}{2} e^{-j\left(\frac{\pi}{2} + \frac{\bar{\alpha}_a}{2}\right)} \right) = \frac{1}{2} \frac{\mathfrak{U}}{\bar{U}} \mathfrak{Y}_5 (\bar{\alpha}_a). \tag{76}$$

Die Geschwindigkeitsaussteuerung $\mathfrak{V}/\bar{\bar{v}}$ erreicht ihren Höchstwert $\mathfrak{U}/\bar{U}$ für Laufwinkel $\bar{\alpha}_a$, die ein ungeradzahliges Vielfaches von $180°$ betragen; bei den Anordnungen mit einfacher Steuerung nach Abb. 38a und 38b beträgt die höchstmögliche Geschwindigkeitsaussteuerung $\frac{1}{2} \frac{\mathfrak{U}}{\bar{U}}$.

c) Zusammenwirken von Intensitäts- und Geschwindigkeitssteuerung.

Bei der Intensitätssteuerung verläßt ein in seiner Intensität im Hochfrequenzrhythmus beeinflußter Strom das steuernde Feld; bereits im Abschnitt a) wurde ausgeführt, daß dieser Strom stets auch eine gewisse Geschwindigkeitssteuerung aufweisen muß. Bei der Geschwindigkeitssteuerung soll lediglich die Geschwindigkeit der das steuernde Feld verlassenden Elektronenströmung beeinflußt sein; Abschnitt b) zeigte, daß dies nur im Idealfall eines verschwindend kleinen Laufwinkels im steuernden Feld eintreten kann; sonst ist das Auftreten einer gewissen Intensitätssteuerung unvermeidlich. Da sich diese beiden Steuerungsarten in den praktischen Fällen niemals voneinander trennen lassen, ist zu untersuchen, wie sich ihr gleichzeitiges Wirken bemerkbar macht.

Es sei eine Anordnung ähnlich Abb. 38a vorausgesetzt; ob das steuernde Feld zwischen zwei Gittern liegt oder sich etwa zwischen einem Gitter und einer Kathode erstreckt, bleibe offen; angenommen sei, daß durch die Elektrode B ein intensitätsgesteuerter Leitungsstrom tritt von der Größe:

$$i_{l_b} = \bar{I} + \hat{I}_{l_b} \sin(\omega t_0 + \vartheta_i)$$

und daß die Geschwindigkeit der Elektronen in folgender Weise gesteuert sein soll:

$$v_b = \bar{\bar{v}}_b + \hat{v}_b \sin(\omega t_0 + \vartheta_v).$$

Über die Phasenlagen ϑ_i und ϑ_v der beiden Steuerungen und über die Größenverhältnisse von $\hat{I}_{l_b}$ und $\hat{v}_b$ sei nichts vorausgesetzt; sie ergeben sich rechnerisch in verschiedener Weise, je nachdem die Steuerung durch eine Sättigungsdiode, eine Raumladungsdiode oder eine Diode mit zwei Gittern bewirkt wird. Es soll lediglich $\hat{I}_{l_b} \ll \bar{I}$ und $\hat{v}_b \ll \bar{\bar{v}}_b$ sein, damit die Lösung in analytisch geschlossener Form durchgeführt werden kann. Die Strömung durchlaufe dann eine hochfrequenzfreie Strecke l bis zur Elektrode C; in Abänderung der Abb. 38a sei angenommen, daß das Gitter C eine andere Gleichspannung $\bar{U}_c$ gegen die Kathode führt als das Gitter B; es liegt dann zwischen den beiden Gittern ein elektrisches Gleichfeld von der Größe $\bar{\bar{E}}_l = \dfrac{\bar{U}_c - \bar{U}_b}{l}$, das die Elektronen noch zusätzlich beschleunigen kann. Die durch die Gleichspannungen allein verursachte Geschwindigkeit am Gitter B ist $\bar{\bar{v}}_b = \sqrt{\dfrac{2e}{m}\,\bar{U}_b}$ und am Gitter C $\bar{\bar{v}}_c = \sqrt{\dfrac{2e}{m}\,\bar{U}_c}$ [vgl. Gl. (15b) auf S. 19]. Die Bewegungsgleichungen für die Elektronen ergeben sich dann in der gleichen Art wie bei allen früheren Berechnungen:

$$\frac{\partial^2 y}{\partial t^2} = \frac{e}{m}\,\bar{\bar{E}}_l,$$

$$\frac{\partial y}{\partial t} = \bar{\bar{v}}_b + \hat{v}_b \sin(\omega t_0 + \vartheta_v) + \frac{e}{m}\,\bar{\bar{E}}_l(t - t_0),$$

$$y = [\bar{\bar{v}}_b + \hat{v}_b \sin(\omega t_0 + \vartheta_v)]\,(t - t_0) + \frac{e}{m}\,\bar{\bar{E}}_l \frac{(t - t_0)^2}{2}.$$

Um den Elektronenleitungsstrom nach Gl. (7b) auf S. 11 berechnen zu können, benötigt man den Ausdruck:

$$\frac{\partial y}{\partial t_0} = -\bar{\bar{v}}_b - \hat{v}_b \sin(\omega t_0 + \vartheta_v) + \hat{v}_b \omega(t - t_0)\cos(\omega t_0 + \vartheta_v) - \frac{e}{m}\,\bar{\bar{E}}_l(t - t_0)$$

und erhält für kleine Werte von $\hat{v}$:

$$\frac{\dfrac{\partial y}{\partial t}}{\left|\dfrac{\partial y}{\partial t_0}\right|} = \frac{\bar{\bar{v}}_b + \hat{v}_b \sin(\omega t_0 + \vartheta_v) + \dfrac{e}{m}\,\bar{\bar{E}}_l(t - t_0)}{\bar{\bar{v}}_b + \hat{v}_b \sin(\omega t_0 + \vartheta_v) - \hat{v}_b \omega(t - t_0)\cos(\omega t_0 + \vartheta_v) + \dfrac{e}{m}\,\bar{\bar{E}}_l(t - t_0)}$$

$$\approx 1 + \frac{\hat{v}_b \omega(t - t_0)}{\bar{\bar{v}}_b + \dfrac{e}{m}\,\bar{\bar{E}}_l(t - t_0)}\cos(\omega t_0 + \vartheta_v).$$

Der Elektronenleitungsstrom ist dann:

$$i_{l_c} = [\bar{\bar{I}}_{l_b} + \hat{I}_{l_b}\sin(\omega t_0 + \vartheta_i)]\left[1 + \frac{\hat{v}_b \omega(t - t_0)}{\bar{\bar{v}}_b + \dfrac{e}{m}\,\bar{\bar{E}}_l(t - t_0)}\cos(\omega t_0 + \vartheta_v)\right].$$

Bei kleinen Aussteuerungen kann man das Produkt von $\hat{I}_{l_b}$ mit $\hat{v}_b$ vernachlässigen und die Laufzeit $t - t_0 = \bar{\tau}_l$ setzen; der Laufwinkel zwischen B und C ist nach Gl. (40) auf S. 50

$$\bar{\bar{\alpha}}_l = \omega \bar{\bar{\tau}}_l = \frac{2\,\omega\,l}{\bar{v}_b + \bar{v}_c} = \frac{2\,\omega\,l}{\sqrt{\dfrac{2\,e}{m}}\,(\sqrt{\bar{U}_b} + \sqrt{\bar{U}_c})}. \tag{77}$$

Durch Einsetzen dieser Größen ergibt sich der Leitungsstrom:

$$i_{l_c} = \bar{I} + \hat{I}_{l_b} \sin(\omega t_0 + \vartheta_i) + \bar{I}\bar{\bar{\alpha}}_l \frac{\hat{v}_b}{\bar{v}_b}\frac{\bar{v}_b}{\bar{v}_c} \cos(\omega t_0 + \vartheta_v)$$

$$= \bar{I} + \hat{I}_{l_b} \sin(\omega t + \vartheta_i - \bar{\bar{\alpha}}_l) + \bar{I}\frac{\hat{v}_b}{\bar{v}_b}\frac{\bar{v}_b}{\bar{v}_c} \bar{\bar{\alpha}}_l \cos(\omega t + \vartheta_v - \bar{\bar{\alpha}}_l)$$

und in Zeigerdarstellung $(\mathfrak{J}_{l_b} = \hat{I}_{l_b}\,\mathrm{e}^{\mathrm{j}\vartheta_i},\ \mathfrak{V}_b = \hat{v}_b\,\mathrm{e}^{\mathrm{j}\vartheta_v})$:

$$\frac{\mathfrak{J}i_c}{\bar{I}} = \frac{\mathfrak{J}_{l_b}}{\bar{I}}\,\mathrm{e}^{-\mathrm{j}\bar{\bar{\alpha}}_l} + \mathrm{j}\,\bar{\bar{\alpha}}_l \frac{\mathfrak{V}_b}{\bar{v}_b}\frac{\bar{v}_b}{\bar{v}_c}\,\mathrm{e}^{-\mathrm{j}\bar{\bar{\alpha}}_l}. \tag{78}$$

Diese letzte Gleichung lehrt folgendes: Durchläuft eine Elektronenströmung von kleinen Aussteuerungen einen hochfrequenzfreien Raum, in dem die Elektronen durch ein Gleichfeld beschleunigt werden, so bleibt die Intensitätssteuerung $\mathfrak{J}_{l_b}/\bar{I}$, die die Strömung bei ihrem Eintritt besaß, erhalten und dreht lediglich mit dem Laufwinkel $\bar{\bar{\alpha}}_l$ ihre Phase; die Geschwindigkeitssteuerung $\mathfrak{V}_b/\bar{v}_b$ setzt sich mit zunehmendem Laufwinkel $\bar{\bar{\alpha}}_l$ immer stärker in eine zusätzliche Intensitätssteuerung um, die ebenfalls ihre Phase mit $\bar{\bar{\alpha}}_l$ dreht; das Entstehen der Intensitätssteuerung wird geschwächt im Verhältnis $\dfrac{\bar{v}_b}{\bar{v}_c} = \sqrt{\dfrac{\bar{U}_b}{\bar{U}_c}}$, d. h. je stärker man die Elektronen durch ein Gleichfeld nachbeschleunigt, um so weniger kann sich die Geschwindigkeitssteuerung auswirken.

Je nach Art und Betriebszustand des steuernden Hochfrequenzfeldes, der sich nach den früher angegebenen Berechnungen ermitteln läßt, können die Phasen der Intensitäts- und Geschwindigkeitssteuerung des aus B austretenden Stromes so liegen, daß sich beide Steuerungen in bezug auf den Leitungsstrom am Gitter C gegenseitig verstärken oder schwächen. In vielen Fällen ist es deshalb wünschenswert, eine von den beiden Steuerungsarten zu unterdrücken. Will man eine möglichst reine Intensitätssteuerung durchführen, so wird man im steuernden Hochfrequenzfeld eine Diodenanordnung wählen, bei der die Elektronen von der Kathode an (d. h. von der Geschwindigkeit Null an) dem Hochfrequenzfeld ausgesetzt sind, weil sich dadurch eine starke Intensitätssteuerung ausbildet [vgl. die Gl. (26) für die Sättigungsdiode und Gl. (38) für die Raumladungsdiode einerseits mit der Gl. (74) für die Zweigitteranordnung anderseits]; außerdem wird man hinter dem steuernden Feld durch Gleichspannungen stark nachbeschleunigen und den Laufwinkel $\bar{\bar{\alpha}}_l$ nicht zu groß machen, damit die unvermeidlich auftretende Geschwindigkeitssteuerung sich nicht auswirken kann. Will man dagegen eine möglichst reine Geschwindigkeitssteuerung durchführen, so wird man beim steuernden Hochfrequenzfeld eine Anordnung von zwei möglichst eng benachbarten Gittern wählen, weil hierdurch die Intensitätssteuerung gering wird [vgl. wiederum Gl. (74) auf S. 96]; außerdem wird man nicht auf höhere Spannungen nachbeschleunigen und einen größeren Laufwinkel wählen, damit sich ein möglichst stark intensitätsgesteuerter Strom ergibt; selbstverständlich ist auch hier wieder durch das Auftreten eines Phasenbrennpunktes eine Grenze für den Laufwinkel gesetzt, wie schon oben auf S. 86 dargestellt wurde.

3. Die Anfachung.

a) Das Grundverfahren.

Wie schon zu Eingang dieses Kapitels erwähnt wurde, beruht das Wesen der Anfachung darin, daß ein in seiner Intensität gesteuerter Elektronenstrom einen Raum zwischen zwei (hier immer als eben angenommenen) Elektroden durchsetzt. Dabei muß der Elektronenleitungsstrom einen Influenzstrom in den beiden Elektroden erzeugen, der sich über einen äußeren Kreis schließen muß. Schaltet man außen zwischen die beiden Elektroden einen hohen Widerstand, so bildet sich eine durch den Elektronenstrom angefachte Hochfrequenzspannung aus. Diese Hochfrequenzspannung wirkt ihrerseits auf die Elektronen zurück; wie unten noch ausführlich dargestellt wird, bremst sie die Mehrzahl der Elektronen ab und entzieht ihnen dadurch Energie. Damit der Energieentzug hoch wird, muß der Außenwiderstand groß sein; wie er verwirklicht wird, ist grundsätzlich belanglos; im Gebiete der Höchstfrequenztechnik lassen sich hohe Widerstände jedoch — schon wegen der unvermeidlichen Elektrodenkapazitäten — nur durch Resonanzkreise herstellen, wobei die Elektrodenkapazität einen Teil des Resonanzkreises darstellt.

Möglichkeiten zur Durchführung der Anfachung sind schematisch in Abb. 47 dargestellt. Abb. 47a zeigt ein Gitter C, durch das eine intensitätsgesteuerte Elektronenströmung mit der Stromstärke i_{l_c} und der Geschwindigkeit v_c eintritt. Die Elektronen durchfliegen einen Raum von der Weglänge d bis zur Auffangelektrode D. Außen liegt zwischen den beiden Elektroden ein Resonanzkreis (die Kapazität dieses Kreises kann unter Umständen allein durch die Kapazität zwischen den beiden Elektroden dargestellt sein). Die Elektrode D führt die Gleichspannung $\bar{U}_d$, das Gitter C die Gleichspannung $\bar{U}_c$ gegen die Kathode K, von der die Elektronenströmung ihren Ausgang genommen hat. (Die Batterien sind im Schaltbild als Hochfrequenzkurzschluß anzusehen.) Der durch die gesteuerte Elektronenströmung erzeugte Influenzstrom ist mit i_{cd} bezeichnet. Für den Betrieb bei Höchstfrequenz ist es übrigens nicht unbedingt nötig, daß die Elektrode D eine positive Gleichspannung erhält; man kann durch eine negative Spannung $\bar{U}_d$ erreichen, daß die

Elektronen im Hochfrequenzfeld umkehren und ihren Flug auf dem Gitter C beenden; bei bestimmten, unten zu berechnenden Laufwinkeln kann auch eine solche „Bremsfeldanfachung" den Kreis zu kräftigen Schwingungen erregen.

Abb. 47b veranschaulicht eine Anordnung mit zwei gitterförmigen Hochfrequenzelektroden C und D, an die außen der Resonanzkreis angeschaltet ist. Auch hier wird der Kreis durch den Influenzstrom angeregt, die Elektronen treffen jedoch nicht auf die Elektrode D auf, sondern fliegen durch die Gittermaschen hindurch zur Auffangelektrode E. D und E führen keine Hochfrequenzspannung gegeneinander, sondern nur eine Gleichspannung $\bar{U}_e$, deren negativer Pol an E liegt. Diese Gleichspannung $\bar{U}_e$, die immer kleiner als die Gleichspannung $\bar{U}_c$ sein muß, soll bewirken, daß die Elektronen mit einer geringeren mittleren Geschwindigkeit die Elektrode E treffen und dadurch eine geringere Wärmeverlustleistung erzeugen. Die Anordnung hat den Vorteil, daß durch diese Maßnahme der Wirkungsgrad erhöht wird und daß die Hochfrequenzelektroden nicht die Verlustleistung aufzunehmen brauchen.

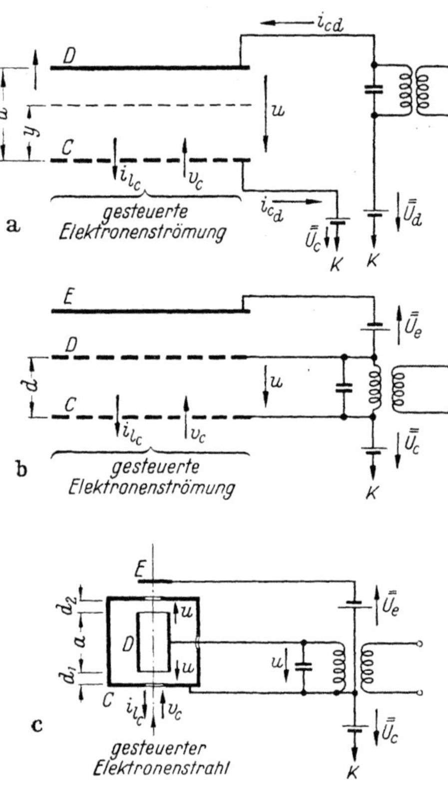

Abb. 47a—c. Schema der Anfachung: _a_ Die Hochfrequenzelektrode D ist zugleich Elektronenauffänger, _b_ gesonderter Elektronenauffänger E, _c_ doppelte Anfachung mit einem konzentrierten Strahl.

Abb. 47c zeigt eine Anordnung zur Anfachung mittels eines Elektronenstrahles, der mehrere Lochblenden durchsetzt. Ähnlich wie bei der Steuerelektrode nach Abb. 38c geschieht die Anfachung doppelt in den beiden Spalten d_1 und d_2. Der Elektronenstrahl wird durch eine besondere Auffangelektrode E aufgenommen.

b) Das Verhalten bei Wechselspannungen beliebiger Größe.

Es werde eine Anordnung nach Abb. 47a zugrunde gelegt. Vorerst soll angenommen werden, daß der Abstand d zwischen den beiden Elektroden derart klein ist, daß der Laufwinkel in dieser Strecke vernachlässigbar niedrig wird. Unter diesen Umständen ist der Influenz-

strom i_{cd} gleich dem eintretenden Leitungsstrom i_{l_c}. Wenn sich dieser
Leitungsstrom aus einem Gleichstromanteil $\bar{I}$ und einem Wechselanteil
$\mathfrak{J}_{l_c}$ (in Zeigerdarstellung) zusammensetzt, und wenn der außen angeschlossene Schwingungskreis einen Wechselstromwiderstand $\mathfrak{R}_a$ besitzt, so wird eine Wechselspannung angefacht von der Größe:

$$-\mathfrak{U} = \mathfrak{R}_a \mathfrak{J}_{l_c}.$$

Das Minuszeichen besagt dabei, daß von der Röhre Hochfrequenzleistung nach außen abgegeben wird. Ist der Außenwiderstand ein rein
Ohmscher Widerstand von der Größe R_a, so ist die angefachte Hochfrequenzleistung $\hat{I}_{l_c}^2 R_a/2$, wenn man mit $\hat{I}_{l_c}$ den Scheitelwert des eintretenden Leitungswechselstromes bezeichnet. Die aus den Batterien
zu entnehmende Gleichstromleistung ist $\bar{I}\bar{U}_d$. Die Differenz aus der
Gleichstromleistung und der Hochfrequenzleistung ist die Wärmeverlustleistung. Der Mechanismus des Entzuges der Hochfrequenzleistung
aus dem Elektronenstrahl ist folgender: In den Augenblicken, in denen
der eintretende Leitungsstrom groß ist, wirkt die Hochfrequenzspannung
infolge der Gegenphasigkeit von Wechselspannung und Wechselstrom
bremsend auf die Elektronen, so daß diese die Auffangelektrode mit
verminderter Geschwindigkeit treffen und eine geringere Wärmeverlustleistung erzeugen; in den Zeiten dagegen, in denen die Hochfrequenzspannung die Elektronen zusätzlich beschleunigt, ist der eintretende
Leitungsstrom klein. — Vergrößert man den Außenwiderstand, so steigt
die angefachte Hochfrequenzspannung an; jedoch ist der Größe dieser
Spannung dadurch eine Grenze gesetzt, daß sie schließlich in der Brems-
phase die Elektronen am Auftreffen auf der Anode hindert und zur
Umkehr zwingt (nämlich wenn $\hat{U}$ größer als $\bar{U}_d$ wird); dadurch wird
der Anfachmechanismus so geändert, daß eine Begrenzung der Spannung eintritt. Wie bei den oben behandelten, in Selbsterregung arbeiten-
den Zweipolstrecken erreicht die Spannung bei Vergrößerung des äußeren
Widerstandes nur einen gewissen Grenzwert; für die größte erzeugbare
Hochfrequenzleistung gibt es einen bestimmten Optimalwert des äußeren
Widerstandes.

Wesentlich verwickelter werden die Verhältnisse, wenn man eine
endliche Laufzeit der Elektronen zwischen den beiden Anfachelektroden
C und D (vgl. Abb. 47a) voraussetzt. Da für größere Werte der Wechselspannung wie in allen früheren Fällen eine geschlossene analytische
Lösung nicht möglich ist, sollen die Verhältnisse an einem graphisch
gelösten Beispiel in Abb. 48 erläutert werden. Raumladungserscheinungen brauchen im angefachten Hochfrequenzfeld in allen praktischen
Fällen nicht berücksichtigt zu werden; denn die Anodenspannung besitzt stets hohe Werte, wodurch die Elektronengeschwindigkeiten groß
werden. Entsprechend dem obersten Diagramm der Abb. 48 soll zwischen
den Anfachelektroden eine Spannung u angenommen werden, deren

Hochfrequenzscheitelwert $\hat{U}$ gerade gleich dem Gleichspannungswert $\bar{U} = \bar{U}_d - \bar{U}_c$ ist; an sich ist die Hochfrequenzspannung nicht von vornherein vorhanden; sie entsteht vielmehr erst durch das Zusammenwirken

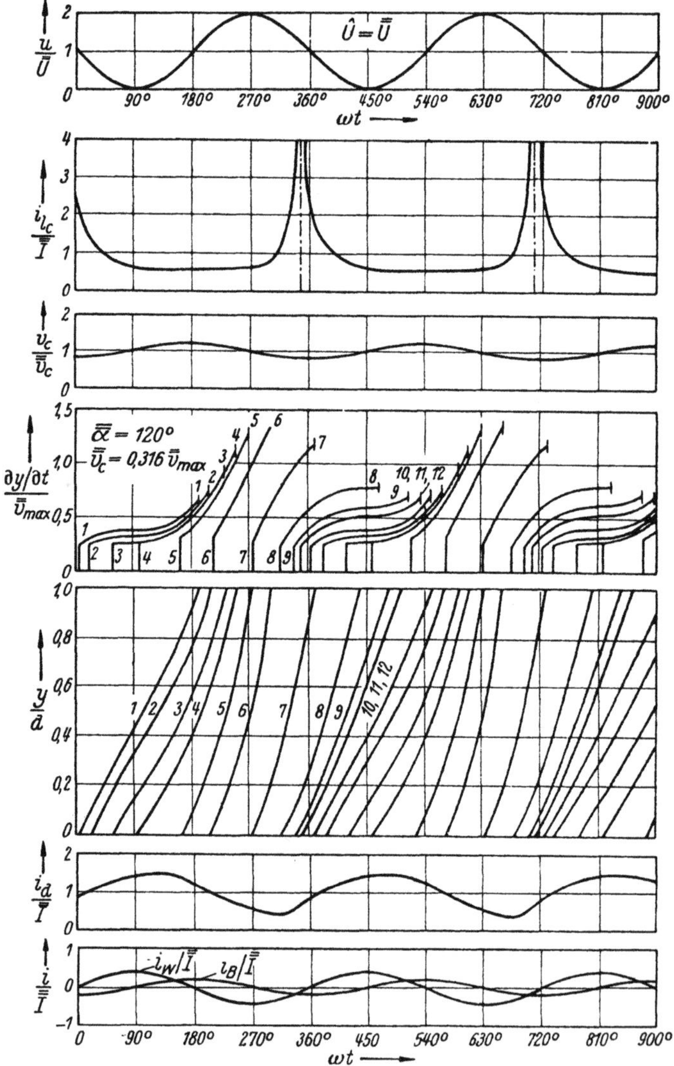

Abb. 48. Anfachung bei einem Laufwinkel $\overline{\overline{\alpha}} = 120°$: zeitlicher Verlauf der angefachten Wechselspannung u, des eintretenden Elektronenleitungsstromes i_{l_c}, der Geschwindigkeit v_c der eintretenden Elektronenströmung, der Elektronengeschwindigkeit $\partial y/\partial t$ im Anfachfeld, des Elektronenweges y im Anfachfeld, des angefachten Influenzstromes i_d und der Wirkkomponente i_W und der Blindkomponente i_B der Grundwelle des Influenzstromes.

des eintretenden Elektronenleitungsstromes mit dem Wechselstromwiderstand des äußeren Schwingkreises; die Aufgabe läßt sich jedoch leichter lösen, wenn man von der Größe der Hochfrequenzspannung und des eintretenden Leitungsstromes ausgeht und dann die Eigenschaften bestimmt, die der äußere Schwingungskreis haben muß, damit die angenommene Hochfrequenzspannung entstehen kann. Der Verlauf des an der Elektrode C eintretenden Leitungsstromes i_{l_c} ist im zweiten Diagramm der Abb. 48 dargestellt; es ist hier der gleiche Stromverlauf angenommen, wie er sich in Abb. 7 im untersten Diagramm an der Anode einer Sättigungsdiode ergeben hat (man kann sich also vorstellen, daß der Elektrode C eine Sättigungskathode gegenübersteht und daß die zwischen C und der Kathode angelegten Gleich- und Wechselspannungen gerade denen im Beispiel der Abb. 7 entsprechen). Den Verlauf der Geschwindigkeit v_c der bei C in den Anfachraum eintretenden Elektronenströmung zeigt das dritte Diagramm der Abb. 48; dieser Geschwindigkeitsverlauf ist ebenfalls dem Beispiel der Abb. 7 entnommen (obere Grenzwerte der einzelnen Geschwindigkeitskurven im zweiten Diagramm).

Die weiteren graphischen Konstruktionen entsprechen in Abb. 48 den bei der Sättigungsdiode auf S. 21 beschriebenen, abgesehen von den veränderten Randbedingungen. Die Kurven für die Geschwindigkeit $\partial y/\partial t$ ergeben sich durch die Integration des Spannungsverlaufes u; es sind ansteigende Geraden, denen Kosinuskurven überlagert sind; die Kurven für die zu verschiedenen Startzeiten durch das Gitter C treten den Elektronen sind in senkrechter Richtung gegeneinander verschoben; die Höhe des Anfangspunktes für die einzelnen Kurven ergibt sich durch die Geschwindigkeit v_c. Für das Beispiel in Abb. 48 ist angenommen, daß der Laufwinkel $\bar{\alpha}_d$ zwischen den Elektroden C und D gerade $120°$ beträgt und daß die durch die Gleichspannungen allein hervorgerufene Höchstgeschwindigkeit $\bar{v}_{\max}$ das $3{,}16$fache der Gleichspannungsgeschwindigkeit $\bar{v}_c$ am Gitter C beträgt (also $\bar{v}_c = 0{,}316\,\bar{v}_{\max}$); da die Geschwindigkeiten den Wurzeln aus den Spannungen proportional sind, bedeutet dies, daß die Gleichspannung an der Elektrode D zehnmal so groß ist wie die am Gitter C (d. h. $\bar{U}_d = 10\,\bar{U}_c$ oder $\bar{U} = \bar{U}_d - \bar{U}_c = 0{,}9\,\bar{U}_d$). Die einzelnen Geschwindigkeitskurven $\partial y/\partial t$ im vierten Diagramm der Abb. 48 haben ungleich gestufte Startzeiten; die einzelnen Kurven sind dort dicht gelegt, wo der eintretende Leitungsstrom i_{l_c} groß ist (die Kurven *10, 11, 12* fallen deshalb in einen einzigen Linienzug zusammen); auf diese Weise ist die Kurvendichte zugleich ein Maß für die Stromstärke. (Bei der Sättigungsdiode nach Abb. 7 waren die Startzeiten gleichmäßig gestuft, weil der startende Leitungsstrom ein reiner Gleichstrom war.) Durch Integration der Geschwindigkeitskurven erhält man die Kurven für den Weg y/d, die im fünften Diagramm der Abb. 48 gezeichnet sind; sobald $y/d = 1$ wird, haben die Elektronen die Elektrode D erreicht, die Bahnkurven y/d und die Geschwindigkeitskurven brechen in diesem Augenblick ab.

Aus den Kurven der Geschwindigkeit wird nach den bei der Sättigungsdiode auf S. 23 beschriebenen Verfahren der Influenzstrom i_{cd} ermittelt, der im vorletzten Diagramm der Abb. 48 dargestellt ist. Weil die einzelnen Startphasenintervalle verschieden gestuft sind, derart, daß $i_{l_e} \Delta \omega t_0$ überall konstant ist, erhält man die Influenzstromstärke an jedem Punkt einfach durch Summation der über diesem Punkt befindlichen Ordinatenwerte von $\dfrac{\partial y / \partial t}{\bar{v}_{\max}}$. Der gefundene Influenzstrom wird schließlich noch zerlegt in die Wirkkomponente i_W und die Blindkomponente i_B seiner Grundwelle; beide Größen sind im untersten Diagramm der Abb. 48 aufgetragen. Für die Scheitelwerte ergeben sich im vorliegenden Beispiel folgende Zahlen: $\dfrac{\hat{I}_W}{\hat{I}} = 0,42$ und $\dfrac{\hat{I}_B}{\hat{I}} = 0,19$.

Man erkennt aus Abb. 48, daß die Wirkkomponente der Grundwelle des Stromes gegenphasig zur angelegten Hochfrequenzspannung u verläuft; es findet also Leistungsabgabe von der Röhre an den äußeren Schwingungskreis statt. Der Wirkungsgrad des Energieumsatzes ist

$$\eta = \frac{1}{2} \frac{\hat{U}}{\bar{U}_d} \frac{\hat{I}_W}{\hat{I}} = \frac{1}{2} \frac{9}{10} 0,42 = 19\%.$$ Der äußere Schwingungskreis muß einen Wirkleitwert aufweisen von der Größe $G_{Wa} = \dfrac{\hat{I}_W}{\hat{U}} = \dfrac{0,42\,\hat{I}}{0,9\,\bar{U}_d} = 0,47\,\dfrac{\hat{I}}{\bar{U}_d}$ und einen induktiven Blindleitwert von der Größe: $G_{Ba} = \dfrac{\hat{I}_B}{\hat{U}} = \dfrac{0,19\,\hat{I}}{0,9\,\bar{U}_d} = 0,21\,\dfrac{\hat{I}}{\bar{U}_d}$ (die Kapazität zwischen den Elektroden C und D soll von vornherein als zum Resonanzkreis gehörig betrachtet werden). Die so errechneten Werte von G_{Wa} und G_{Ba} sind erforderlich, damit sich bei dem eintretenden Strom von der angenommenen Intensitäts- und Geschwindigkeitsverteilung die anfangs vorausgesetzte Wechselspannung überhaupt ergeben kann. Die im Influenzstrom vorhandenen Oberwellen sind für die Anfachung wirkungslos, da der Resonanzkreis für die Oberwellen einen sehr kleinen Widerstand darstellt, wodurch die Oberwellenspannungen derart klein werden, daß sie auf die Bewegung der Elektronen überhaupt keinen Einfluß ausüben können.

Beispiele der hier angegebenen Art lassen sich für die verschiedensten Betriebsfälle graphisch durchrechnen; stets ergibt sich, daß für den Wirkungsgrad ein eintretender Leitungsstrom mit möglichst scharfen Spitzen günstig ist, weil bei ihm das Verhältnis vom Scheitelwert der Grundwelle zum Gleichstrommittelwert groß wird.

c) Das Verhalten bei kleinen Wechselspannungen.

Wie in allen anderen behandelten Fällen läßt sich auch für die Anfachung eine analytisch geschlossene Lösung angeben, wenn man zu kleinen Werten von Wechselspannung, Wechselstrom und Wechselgeschwindigkeit übergeht; wie schon der vorangegangene Absatz über die Steuerung ergeben hat, können dann alle Wechselgrößen als sinusförmig angenommen werden.

Der am Gitter C (vgl. Abb. 47) zur Zeit t_0 eintretende Leitungsstrom soll die Größe haben:

$$i_{l_c} = \bar{I} + \hat{I}_{l_c} \sin(\omega t_0 + \vartheta_i);\qquad(79)$$

die Geschwindigkeit der Elektronen soll sein:

$$v_c = \bar{\bar{v}}_c + \hat{v}_c \sin(\omega t_0 + \vartheta_v).\qquad(80)$$

ϑ_i und ϑ_v sind hierbei die Phasenwinkel für den Strom und die Geschwindigkeit. Die zwischen den Elektroden C und D liegende Spannung sei:

$$u = \bar{U}_d - \bar{U}_c + \hat{U} \sin(\omega t + \vartheta_u).$$

Entsprechend Gl. (13) auf S. 16 lautet dann die Bewegungsgleichung der Elektronen:

$$\frac{\partial^2 y}{\partial t^2} = \frac{e}{m d} [\bar{U}_d - \bar{U}_c + \hat{U} \sin(\omega t + \vartheta_u)].\qquad(81)$$

Über das Vorzeichen und die Größe der Gleichspannung $\bar{U}_d$ soll dabei nichts vorausgesetzt werden; die Spannung $\bar{U}_d$ kann größer als $\bar{U}_c$ sein und die Elektronen im Anfachfeld zusätzlich beschleunigen, oder sie kann kleiner als $\bar{U}_c$ oder sogar negativ sein und die Elektronen zur Umkehr auf das Gitter C zwingen. Durch Integration ergibt sich der Verlauf der Geschwindigkeit:

$$\frac{\partial y}{\partial t} = \bar{\bar{v}}_c + \hat{v}_c \sin(\omega t_0 + \vartheta_v)$$

$$+ \frac{e}{m d}\left\{(\bar{U}_d - \bar{U}_c)(t - t_0) - \frac{\hat{U}}{\omega}[\cos(\omega t + \vartheta_u) - \cos(\omega t_0 + \vartheta_u)]\right\}.\quad(82)$$

Die Randbedingung für den Elektronenstart zur Zeit t_0 ist dabei durch Gl. (80) gegeben. Eine weitere Integration liefert die Lage des Elektrons:

$$y = [\bar{\bar{v}}_c + \hat{v}_c \sin(\omega t_0 + \vartheta_v)](t - t_0)$$

$$+ \frac{e}{m d}\left\{(\bar{U}_d - \bar{U}_c)\frac{(t - t_0)^2}{2} - \frac{\hat{U}}{\omega^2}\left[\begin{array}{l}\sin(\omega t + \vartheta_u) - \sin(\omega t_0 + \vartheta_u)\\ -\omega(t - t_0)\cos(\omega t_0 + \vartheta_u)\end{array}\right]\right\}.\quad(83)$$

Der Influenzstrom i_{cd} wird gebildet mittels der Gl. (10) auf S. 14, (79) und (82):

$$i_{cd} = \frac{1}{d} \int\limits_{t-\tau}^{t} [\bar{I} + \hat{I}_{l_c} \sin(\omega t_0 + \vartheta_i)]\left\{\bar{\bar{v}} + \hat{v}_c \sin(\omega t_0 + \vartheta_v)\right.$$

$$\left. + \frac{e}{m d}\left[(\bar{U}_d - \bar{U}_c)(t - t_0) - \frac{\bar{U}}{\omega}(\cos(\omega t + \vartheta_u) - \cos(\omega t_0 + \vartheta_u))\right]\right\} d t_0.$$

Da sämtliche Wechselgrößen klein sein sollen, können alle Produkte zweier Scheitelwerte vernachlässigt werden:

$$i_{cd} = \frac{1}{d} \int\limits_{t-\tau}^{t} \left\{ \bar{\bar{I}} \left\{ \begin{array}{l} \bar{\bar{v}}_c + \hat{v}_c \sin(\omega t_0 + \vartheta_v) \\ + \dfrac{e}{md}\left[(\bar{U}_d - \bar{U}_c)(t-t_0) - \dfrac{\hat{U}}{\omega}(\cos(\omega t + \vartheta_u) - \cos(\omega t_0 + \vartheta_u)) \right] \end{array} \right\} \right.$$
$$\left. + \hat{I}_{l_c} \sin(\omega t_0 + \vartheta_i) \left[\bar{\bar{v}}_c + \frac{e}{md}(\bar{U}_d - \bar{U}_c)(t-t_0) \right] \right\} dt_0. \qquad (84)$$

Nunmehr sind zwei Betriebsfälle zu unterscheiden, nämlich, daß die Elektronen auf die Elektrode D auftreffen (bzw. durch sie hindurchgehen, wenn D wie in Abb. 47b ein Gitter ist) oder daß die Elektronen im Anfachraum umkehren und auf dem Gitter C landen (Mehrfachpendelungen der Elektronen sollen wie oben bei der Behandlung der Bremsfeldröhre außer acht gelassen werden).

Für den Fall, daß die Elektronen auf die Elektrode D auftreffen, erhält man die Laufzeit $\tau = t - t_0$ im Anfachfeld, indem man in Gl. (83) den Wert $y = d$ setzt. Dann kann man nach Integration der Gl. (84) die Größe $\bar{\bar{v}}_c \tau + \dfrac{e}{md}(\bar{U}_d - \bar{U}_c)\dfrac{\tau^2}{2}$ eliminieren und zugleich in Näherung den Laufwinkel $\omega\tau$ durch den Laufwinkel $\bar{\alpha}$ im Gleichfeld ersetzen. Die Größe des Laufwinkels $\bar{\alpha}$ ist nach Gl. (40) auf S. 50:

$$\bar{\bar{\alpha}} = \frac{2\omega d}{\sqrt{\dfrac{2e}{m}}(\sqrt{U_c} + \sqrt{U_d})}.$$

Übersichtlicher wird das Ergebnis für den Influenzstrom i_{cd}, wenn man auf die reinen Wechselgrößen übergeht und diese in Zeigerdarstellung einsetzt; dann verschwinden auch die Phasenwinkel ϑ_u, ϑ_i und ϑ_v, weil die Zeiger $\mathfrak{U}$, $\mathfrak{J}_{l_c}$ und $\mathfrak{V}_c$ auch die Phasenlage darstellen. Man erhält dann im Endergebnis nach einigen Umrechnungen:

$$\mathfrak{J}_{cd} = \mathfrak{J}_{l_c}\left[\mathfrak{Y}_6(\bar{\alpha}) + \frac{\sqrt{\bar{U}_c}}{\sqrt{\bar{U}_c} + \sqrt{\bar{U}_d}}\,\mathfrak{Y}_1(\bar{\alpha}) \right] + \frac{\mathfrak{V}_c}{\bar{\bar{v}}_c}\,2\,\bar{\bar{I}}\,\frac{\sqrt{\bar{U}_c}}{\sqrt{\bar{U}_c} + \sqrt{\bar{U}_d}}\,\mathfrak{Y}_2(\bar{\alpha})$$
$$+ \frac{\mathfrak{U}}{\bar{U}_d}\,\bar{\bar{I}}\left(\frac{\sqrt{\bar{U}_d}}{\sqrt{\bar{U}_c} + \sqrt{\bar{U}_d}} \right)^2 \mathfrak{Y}_1(\bar{\alpha}). \qquad (85)$$

Hier sind zugleich einige schon von oben bekannte Laufwinkelfunktionen eingeführt; es wurden definiert: $\mathfrak{Y}_1$ durch Gl. (25) auf S. **31**, $\mathfrak{Y}_2$ durch Gl. (26) auf S. **33** und $\mathfrak{Y}_4$ durch Gl. (73) auf S. **96**; neu eingeführt wird noch die Beziehung:

$$\mathfrak{Y}_6(\bar{\alpha}) = \mathfrak{Y}_4(\bar{\alpha}) - \frac{\mathfrak{Y}_1(\bar{\alpha})}{2} = \frac{2}{\bar{\alpha}^2}\left[\bar{\alpha}\sin\bar{\alpha} - 1 + \cos\bar{\alpha} - j(\sin\bar{\alpha} - \bar{\alpha}\cos\bar{\alpha}) \right]; \qquad (86)$$

sie ist nach Größe und Phase als Ortskurve in Abb. 49 dargestellt. Bevor das Ergebnis der Gl. (85) näher diskutiert wird, sollen die Gleichungen für die Anfachung im Bremsfeld (d. h. bei im Anfachraum umkehrenden Elektronen) aufgestellt werden.

Für den Fall des Bremsfeldes erhält man die Laufzeit $\tau = t - t_0$ zwischen den Elektroden C und D, indem man in Gl. (83) den Wert $y = 0$ setzt. Dann kann man mit Hilfe dieser Gleichung die Größe $\bar{v}_c \tau + \frac{e}{md}(\bar{U}_d - \bar{U}_c)\frac{\tau^2}{2}$ in Gl. (84) nach Integration eliminieren und dann wieder den Laufwinkel $\omega\tau$ durch den Laufwinkel $\bar{\bar{\alpha}}$ im Gleichfeld annähern. Die Größe des Laufwinkels selbst ergibt sich zu:

$$\bar{\bar{\alpha}} = \sqrt{\frac{8\,m}{e}\,\bar{U}_c}\,\frac{d\,\omega}{\bar{U}_c - \bar{U}_d}.$$

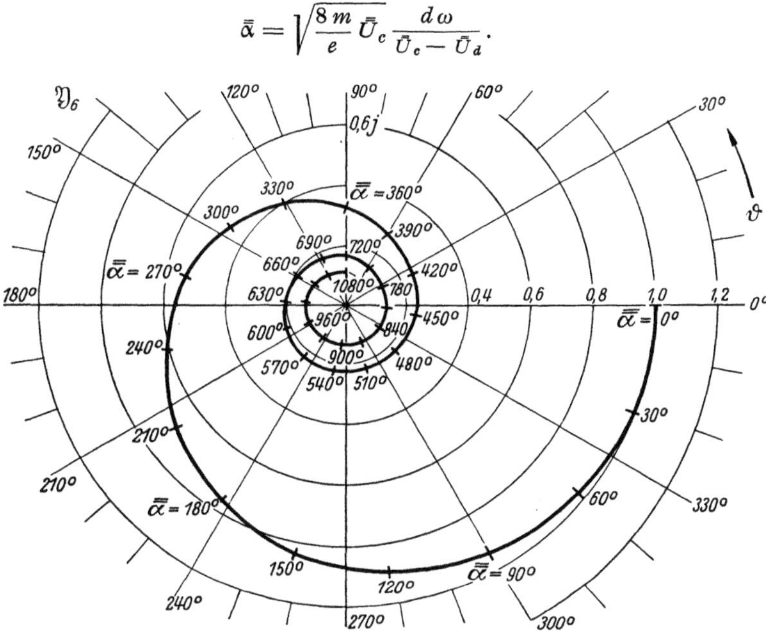

Abb. 49. Die Funktion $\mathfrak{Y}_6$ in Ortskurvendarstellung.

Diese Beziehung stimmt genau mit der Gl. (49) auf S. 59 für den Fall des Bremsfeldes in einer Zweipolstrecke überein. Es ist weiterhin vorteilhaft, auch hier die durch Gl. (48) auf S. 39 bestimmte Umkehrstrecke d_u einzuführen: $d_u = d\,\dfrac{\bar{U}_c}{\bar{U}_c - \bar{U}_d}$. Geht man schließlich auf die Wechselgrößen in Zeigerdarstellung über, so folgt für die Anfachung im Bremsfeld:

$$\mathfrak{I}_{cd} = \mathfrak{I}_{l_c}\frac{2\,\bar{U}_c}{\bar{U}_c - \bar{U}_d}\mathfrak{Y}_1(\bar{\bar{\alpha}}) + \frac{\mathfrak{V}_c}{\bar{v}_c}\,\bar{I}\,\frac{4\,\bar{U}_c}{\bar{U}_c - \bar{U}_d}\mathfrak{Y}_2(\bar{\bar{\alpha}}) + \frac{\mathfrak{u}}{\bar{U}_c}\,\bar{I}\left(\frac{2\,\bar{U}_c}{\bar{U}_c - \bar{U}_d}\right)^2\mathfrak{Y}_1(\bar{\bar{\alpha}}). \quad (87)$$

Um die Verhältnisse bei der Anfachung näher zu diskutieren, ist das Betrachten der graphischen Darstellungen der Laufwinkelfunktionen vorteilhaft; es ist dargestellt: $\mathfrak{Y}_1$ in Abb. 12, $\mathfrak{Y}_2$ in Abb. 13, $\mathfrak{Y}_4$ in Abb. 46, $\mathfrak{Y}_6$ in Abb. 49. Es sei vorausgesetzt, daß den Röhrenelektroden bestimmte Gleichspannungen erteilt werden, und es werde das Verhalten bei veränderlicher Frequenz betrachtet ($\bar{\alpha}$ wird also durch ω verändert). Für $\bar{\alpha} = 0$ haben nur die Funktionen $\mathfrak{Y}_4$ und $\mathfrak{Y}_6$ einen endlichen Wert, nämlich den Wert 1. Der Influenzstrom im Bremsfeld ist dann gemäß Gl. (87) Null, im Falle der zur Anode fliegenden Elektronen ist er entsprechend Gl. (85) gleich dem eintretenden Leitungswechselstrom $\mathfrak{J}_{l_c}$; es ist in diesem letzten Falle gleichgültig, ob die Elektronen im Anfachfeld nochmals beschleunigt oder verzögert werden.

Für die Betrachtungen bei beliebigen Laufwinkeln $\bar{\alpha}$ kann man in den Gl. (85) und (87) die Glieder, die $\mathfrak{B}_c/\bar{v}_c$ enthalten, meist vernachlässigen, da diese besonders klein sind; denn wie in dem Absatz über die Steuerung auseinandergesetzt wurde, sind die Wechselgeschwindigkeiten meist sehr klein. Bei der Durchführung einer reinen Intensitätssteuerung hält man die Geschwindigkeitsaussteuerung ohnehin niedrig gegen die Intensitätsaussteuerung; aber auch bei der Geschwindigkeitssteuerung sind die Geschwindigkeitsschwankungen allgemein nur klein und ergeben durch die verhältnismäßig langen Laufzeiten in einem hochfrequenzfreien Raum größere Intensitätsschwankungen.

Die eigentliche Anfachwirkung ergeben in den Gl. (85) und (87) die Glieder mit $\mathfrak{J}_{l_c}$; die Glieder mit $\mathfrak{U}$ stellen nur die Rückwirkung der angefachten Spannung auf die Elektronenströmung dar. Für den Fall der auf die Anode (Elektrode D) auftreffenden Elektronen ist die Anfachung durch das Glied $\mathfrak{Y}_6(\bar{\alpha}) + \dfrac{\sqrt{\bar{U}_c}}{\sqrt{\bar{U}_c} + \sqrt{\bar{U}_d}} \mathfrak{Y}_1(\bar{\alpha})$ gegeben. Für die Probleme des Hochfrequenzverstärkers ist die Phasenlage des angefachten Influenzstromes belanglos, maßgeblich ist nur sein Betrag. Treten die Elektronen mit kleiner Geschwindigkeit $\bar{v}_c$ ein und werden sie durch das Gleichfeld im Anfachraum stark nachbeschleunigt (d. h. ist $\bar{U}_d$ groß gegen $\bar{U}_c$), so ist fast ausschließlich die Funktion $\mathfrak{Y}_6$ für die Anfachung maßgeblich; wie Abb. 49 zeigt, sind Laufwinkel von 180° noch ohne weiteres zulässig, da der Betrag der Funktion dann erst auf 75% abgesunken ist; erst bei größeren Laufwinkeln setzt ein stärkeres Absinken ein. Werden die Elektronen im Anfachraum von keinem Gleichfeld beeinflußt, ist also $\bar{U}_c = \bar{U}_d$, so gilt die Funktion $\mathfrak{Y}_4 = \mathfrak{Y}_6 + \mathfrak{Y}_1/2$ [vgl. Gl. (86) auf S. 108]; wie Abb. 46 zeigt, ist hier das Abklingen etwas stärker; bei $\bar{\alpha} = 180°$ ist der Betrag auf etwa 65% zurückgegangen. Allgemein ist also bei der Anfachung für eine auf die Anode auftreffende Elektronenströmung das Einstellen des Laufwinkels im Anfachraum nicht kritisch; nur darf $\bar{\alpha}$ nicht zu hohe Werte annehmen, was sich praktisch auch meist erreichen läßt, weil an den Anfachelektroden hohe Gleichspannungen liegen.

Für den Fall der Anfachung im Bremsfeld ist nach Gl. (67) der Wert $\mathfrak{J}_{l_c}$ mit $\dfrac{2\,\bar{U}_c}{\bar{U}_c - \bar{U}_d} \mathfrak{Y}_1(\bar{\alpha})$ multipliziert. Wie man aus Abb. 12 erkennt, hat der Betrag der Funktion bei Laufwinkeln um 240° sein Maximum (vom Werte 0,87). Der Faktor $\dfrac{2\,\bar{U}_c}{\bar{U}_c - \bar{U}_d}$ kann im günstigsten Fall 2 betragen, also ist im Optimum: $\dfrac{2\,\bar{U}_c}{\bar{U}_c - \bar{U}_d}\,\mathfrak{Y}_1(\bar{\alpha}) = 1{,}74$. Das bedeutet, daß die Bremsfeldanfachung wirksamer ist als die Anfachung mit einer zur Anode hindurchlaufenden Elektronenströmung; es wird durch das Bremsfeld eine etwa 75% größere Anfachung erreicht. Allerdings läßt sich dieser Vorteil der Bremsfeldanfachung nur bei kleinen Wechselströmen voll ausnutzen.

Die Glieder mit $\mathfrak{U}$ in den Gl. (85) und (87) stellen die Rückwirkung der äußeren Hochfrequenzspannung auf die Elektronenströmung dar; die Koeffizienten von $\mathfrak{U}$ geben somit den „inneren Leitwert der Anfachstrecke" wieder; der Kehrwert hiervon ist der innere Widerstand der Anfachstrecke. Die Abhängigkeit vom Laufwinkel $\bar{\alpha}$ ist durch die Funktion $\mathfrak{Y}_1$ gegeben, die in Abb. 12 und, getrennt nach Wirk- und Blindanteil, in Abb. 11 dargestellt ist. Bei niedrigen Frequenzen, d. h. $\bar{\alpha} = 0$, ist der innere Leitwert Null, der innere Widerstand also unendlich; dies muß sich auch nach den aus der allgemeinen Hochfrequenztechnik bekannten Grundsätzen ergeben, da eine Rückwirkung von der Anfachstrecke auf die Steuerstrecke vernachlässigt, der Durchgriff der betrachteten Röhrenanordnungen also gleich Null gesetzt worden ist. Wie nun die Betrachtung der Funktion $\mathfrak{Y}_1$ zeigt, haben Röhren mit vernachlässigbar kleinem Durchgriff bei Höchstfrequenz nicht den inneren Leitwert Null, sondern einen Leitwert, der bis zu Laufwinkeln von 240° ansteigt, um dann wieder allmählich abzusinken. Bei der Bremsfeldanfachung sind die Leitwerte im allgemeinen höher als bei der Anfachung mit einer zur Anode fliegenden Elektronenströmung. Für Laufwinkel, die größer als 360° sind, wird der Wirkanteil des inneren Leitwertes negativ, wie Abb. 11 zeigt; der innere Leitwert gibt dann noch eine zusätzliche Anfachung; eine besondere praktische Bedeutung dürfte dieser Umstand jedoch nicht haben, weil man im allgemeinen nicht mit so großen Laufwinkeln arbeiten wird, um die Anfachung durch den eintretenden Leitungsstrom groß zu halten. Die Strecke CD kann bei gewissen Laufwinkelbereichen allein durch den eintretenden Gleichstrom zu Schwingungen angeregt werden, ähnlich wie die oben auf S. 48ff. behandelte Diode.

Wie stark der innere Leitwert sich im Betriebe bemerkbar macht, hängt nun von dem Leitwert des außen an die Anfachstrecke angeschlossenen Schwingkreises ab; ist der äußere Leitwert groß, so ist der innere Leitwert ohne Wirkung, ist der äußere Leitwert klein, so wird der innere Leitwert für die Größe der sich anfachenden Wechselspannung maßgeblich. Abb. 50 soll dies an einem Beispiel näher erläutern. Es sei angenommen, daß die beiden Elektroden C und D an derselben Gleichspannung $\bar{U}_c$ liegen, die Elektronen fliegen also durch den Raum zur Elektrode D. Unter dieser Annahme $(\bar{U}_c = \bar{U}_d)$ vereinfacht sich die Gl. (85):

$$\mathfrak{J}_{\overline{cd}} = \mathfrak{J}_{l_e}\,\mathfrak{Y}_4(\bar{\alpha}) + \frac{\mathfrak{u}}{\bar{U}_c}\,\bar{\bar{I}}\,\frac{\mathfrak{Y}_1(\bar{\alpha})}{4}\,.$$

Der außen angeschlossene Resonanzkreis besteht aus dem Wirkleitwert G_{Wa} und dem Blindleitwert G_{Ba}. Über den Blindleitwert G_{Ba} sei in allen Fällen angenommen, daß er zusammen mit dem Blindanteil des inneren Leitwertes in Resonanz ist; der äußere Kreis soll also immer genau auf maximale Anfachung abgestimmt werden. Bezeichnet man wie in Abb. 11 den Wirkanteil von $\mathfrak{Y}_1$ mit $G_W/\bar{\bar{G}}$, so ergibt die Gleichung (mit $\bar{\bar{I}}/\bar{U}_c = \bar{\bar{G}}$):

$$\mathfrak{J}_{cd} = -\mathfrak{u}\,G_{Wa}$$
$$= \mathfrak{J}_{l_e}\,\mathfrak{Y}_4(\bar{\alpha}) + \mathfrak{u}\,G_W(\bar{\alpha})$$

oder

$$\mathfrak{J}_{l_e}\,\mathfrak{Y}_4(\bar{\alpha}) + \mathfrak{u}\,[G_W(\bar{\alpha}) + G_{Wa}] = 0\,.$$

Weil die Phasenlage beim Hochfrequenzverstärker belanglos ist, folgt für die angefachte Hochfrequenzspannung:

$$\frac{\dfrac{|\mathfrak{u}|}{|\mathfrak{J}_{l_e}|}}{\bar{\bar{G}}} = \frac{|\mathfrak{Y}_4(\bar{\alpha})|}{\dfrac{G_W(\bar{\alpha})}{\bar{\bar{G}}} + \dfrac{G_{Wa}}{\bar{\bar{G}}}}\,.$$

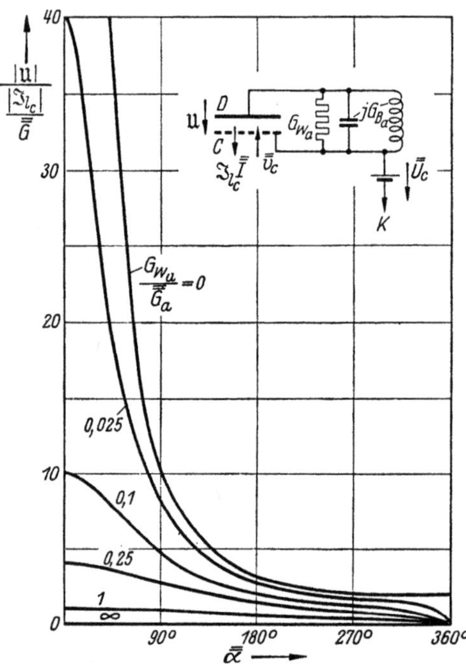

Abb. 50. Verlauf der angefachten Hochfrequenzspannung $|\mathfrak{u}|$ bei verschiedenen äußeren Wirkleitwerten G_{Wa} in Abhängigkeit vom Laufwinkel $\bar{\alpha}$ in der Anfachstrecke.

Die Größe der Spannung $\mathfrak{u}$ im Verhältnis zur Größe des anfachenden Leitungswechselstromes $\mathfrak{J}_{l_e}$ hängt also ab vom Laufwinkel $\bar{\alpha}$ (Funktionen $|\mathfrak{Y}_4|$ und $G_W(\bar{\alpha})/\bar{\bar{G}}$) und vom Verhältnis des äußeren Wirkleitwertes zum Gleichstromleitwert $G_{Wa}/\bar{\bar{G}}$. Diesen Zusammenhang veranschaulichen die Kurven der Abb. 50. Die angefachte Spannung nimmt ab mit zunehmendem Laufwinkel $\bar{\alpha}$ und mit zunehmendem Verhältnis $G_{Wa}/\bar{\bar{G}}$. Man erkennt, daß bei höheren Laufwinkeln eine Verbesserung des äußeren Resonanzkreises (d. h. eine Verringerung des Wirkleitwertes G_{Wa}) keine so große Erhöhung der angefachten Spannung ergibt wie bei geringeren Laufwinkeln. Bei $\bar{\alpha} \doteq 360°$ geht die angefachte Spannung auf Null (steigt aber bei noch höheren Werten wieder an, vgl. den Verlauf von $\mathfrak{Y}_4$ in Abb. 46); daß die Kurve für $G_{Wa}/\bar{\bar{G}} = 0$ den Wert Null bei $\bar{\alpha} = 360°$ nicht erreicht, ist ein für die Praxis nicht interessierender Grenzfall.

Zum Abschluß der Betrachtungen über die Anfachung soll noch die in Abb. 47c dargestellte Anordnung berechnet werden. Der ankommende, in seiner Intensität gesteuerte Elektronenstrahl durchläuft einen Zylinder D, der sich im Innern einer Kammer C befindet. Der Anschluß der Hochfrequenzspannung ist in der gleichen Weise durchgeführt wie bei der Steuerungsanordnung in Abb. 38c (vgl. S. 97). Wie oben seien die Spalte d_1 und d_2 als so schmal angenommen, daß die Elektronenlaufzeit zu ihrem Durchqueren vernachlässigbar klein ist; der Laufwinkel im Zylinder D ist wieder:

$$\bar{\alpha}_a = \frac{\omega\, a}{\sqrt{\dfrac{2\,e}{m}\,\bar{U}}}\,.$$

Ist der eintretende Elektronenleitungsstrom nach Gl. (79):

$$i_{l_e} = \bar{I} + \hat{I}_{l_e} \sin\left(\omega t + \vartheta_i\right),$$

so erzeugt er beim Durchtritt durch den Spalt d_1 einen Influenzstrom im Außenkreis: $i_{cd_1} = i_{l_e} = \bar{I} + \hat{I}_{l_e} \sin\left(\omega t + \vartheta_i\right)$. Im Spalt d_2, den er um den Laufwinkel $\bar{\alpha}_a$ später durchsetzt, erzeugt er dann einen Influenzstrom, der den Außenkreis infolge der Eigenart der Schaltung in entgegengesetzter Richtung durchfließt:

$$i_{cd_2} = -i_{l_e} = -\bar{I} - \hat{I}_{l_e} \sin\left(\omega t + \vartheta_i - \bar{\alpha}_a\right).$$

Der wirksame gesamte Influenzstrom im Außenkreis ist also:

$$i_{cd} = i_{cd_1} + i_{cd_2} = \hat{I}_{l_e}\left[\sin\left(\omega t + \vartheta_i\right) - \sin\left(\omega t + \vartheta_i - \bar{\alpha}_a\right)\right]$$

$$= \hat{I}_{l_e}\left[\sin\left(\omega t + \vartheta_i\right)\left(1 - \cos\bar{\alpha}_a\right) + \cos\left(\omega t + \vartheta_i\right)\sin\bar{\alpha}_a\right];$$

$$\frac{\mathfrak{I}_{cd}}{\mathfrak{I}_{l_e}} = 1 - \cos\bar{\alpha}_a + \mathrm{j}\sin\bar{\alpha}_a = 2\sin^2\frac{\bar{\alpha}_a}{2} + 2\,\mathrm{j}\sin\frac{\bar{\alpha}_a}{2}\cos\frac{\bar{\alpha}_a}{2};$$

$$\frac{\mathfrak{I}_{cd}}{\mathfrak{I}_{l_e}} = 2\sin\frac{\bar{\alpha}_a}{2}\, e^{\mathrm{j}\left(\frac{\pi}{2} + \frac{\bar{\alpha}_a}{2}\right)} = -\mathfrak{Y}_5\left(\bar{\alpha}_a\right).\qquad(88)$$

Die Funktion $\mathfrak{Y}_5$ ist die gleiche wie die in Gl. (76) auf S. 98 dargestellte. Die Höchstwerte der Anfachung werden erreicht, wenn der Winkel $\bar{\alpha}_a$ ein ungeradzahliges Vielfaches von $180°$ ist. Der im Höchstfalle erreichbare Influenzstrom ist $\mathfrak{I}_{cd} = 2\,\mathfrak{I}_{l_e}$, also der doppelte Wert des in einer einzigen Anfachstrecke erreichbaren Höchstwertes (vgl. die Darstellung auf S. 103).

4. Anwendungen.

a) Der Hochfrequenzverstärker.

α) Der Verstärker mit Intensitätssteuerung.

Nachdem die Wirkungsweise der Intensitäts- und Geschwindigkeitssteuerung und der Anfachung dargestellt ist, sind in diesem Absatz die schaltungstechnischen Anwendungsmöglichkeiten zu erläutern. Der Verstärker mit Intensitätssteuerung läßt sich mit einer aus Kathode, Steuergitter und Anode bestehenden Triode aufbauen oder mit einer Tetrode, die zwischen Steuergitter und Anode noch ein Schirmgitter enthält.

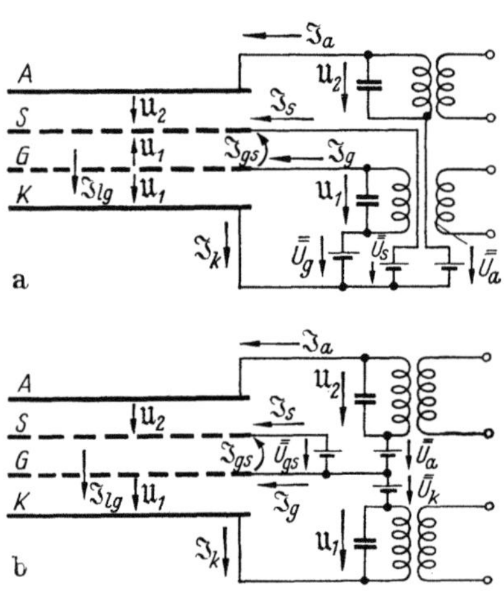

Abb. 51. Höchstfrequenzverstärker mit Intensitätssteuerung: *a* Kathodenbasisschaltung, Steuerschwingkreis und Anfachschwingkreis berühren sich an der Kathode, *b* Gitterbasisschaltung, die beiden Kreise berühren sich an den Gittern.

Schaltungen für Tetroden sind in den Beispielen der Abb. 51 gezeichnet; die beiden Bilder zeigen zwei verschiedene Schaltungen, deren Wirkungsweise unten ausführlich erläutert wird. Im Falle der Verwendung von Trioden sind in Abb. 51a das Schirmgitter S und die Gleichspannungsquelle $\bar{U}_s$ und in Abb. 51b das Schirmgitter S und die Gleichspannungsquelle $\bar{U}_{gs}$ fortzudenken. Die Anwendung von Tetroden hat den Vorteil, daß die Elektronen infolge der hohen Gleichspannung am Schirmgitter nach erfolgter Intensitätssteuerung stark nachbeschleunigt werden, was bei der Triode nicht möglich ist, da die Elektronen gleich in den Anfachraum zwischen Steuergitter und Anode eintreten. Der

Nachteil der Tetrode liegt darin, daß das Schirmgitter von einer gewissen Anzahl von Elektronen getroffen wird, die dann Sekundärelektronen erzeugen. Da die Sekundärelektronen das Schirmgitter mit sehr geringer Geschwindigkeit verlassen und deshalb wesentlich größere Laufwinkel haben, sind sie in nahezu allen Betriebsfällen sehr störend. Hieran kann auch die Einfügung des bei Pentoden üblichen Bremsgitters zwischen Schirmgitter und Anode nichts ändern, denn wenn man auch die Sekundärelektronen zur Rückkehr auf das Schirmgitter zwingt, so verursachen sie dennoch im Laufzeitgebiet beträchtliche Influenzströme.

In den beiden Schaltbildern nach Abb. 51 ist ein steuernder Schwingungskreis vorhanden, an dem sich durch Ankopplung an eine äußere, nicht dargestellte Hochfrequenzquelle die Hochfrequenzspannung $\mathfrak{U}_1$ ausbildet. Diese Spannung liegt bei beiden Schaltungen zwischen Kathode K und Steuergitter G. An dem Schwingkreis der Anfachstrecke bildet sich eine Hochfrequenzspannung $\mathfrak{U}_2$ aus; es kann von außen her dem Kreis durch einen nicht dargestellten Verbraucher Energie entzogen werden. Die beiden Schaltungen unterscheiden sich dadurch, daß bei der oberen Schaltung die Spannung $\mathfrak{U}_2$ zwischen Anode A und Kathode K liegt, während sie bei der unteren Schaltung zwischen Anode A und Schirmgitter S auftritt. Bei der oberen Schaltung berühren sich Eingangskreis und Ausgangskreis an der Kathode (die Gleichspannungsquellen sind für die Hochfrequenz als Kurzschluß zu betrachten), weshalb diese Schaltung als „Kathodenbasisschaltung" bezeichnet wird. In der unteren Schaltung berühren sich Eingangskreis und Ausgangskreis am Steuergitter, weshalb man hier von einer „Gitterbasisschaltung" spricht. Die Gleichspannungsquellen schaltet man zweckmäßig am Basispunkt ein; bei der Kathodenbasisschaltung liegen sämtliche Gleichspannungsquellen mit einem Pol an der Kathode, bei der Gitterbasisschaltung liegen sie mit einem Pol am Steuergitter.

Die Arbeitsweise der Kathodenbasisschaltung nach Abb. 51a ist folgende: Die von der Kathode emittierten Elektronen unterliegen einem elektrischen Gleichfeld, das durch die Spannungen $\bar{U}_g$ und $\bar{U}_s$ gebildet wird, und einem Hochfrequenzfeld, das durch die Spannung $\mathfrak{U}_1$ am Steuerkreis erzeugt wird. Legt man nämlich für das Steuergitter die in Abb. 34b dargestellte Ersatzbildschaltung zugrunde, indem man die nach Gl. (57) auf S. 74 dargestellte Ersatzbildkapazität C_g einführt, so kann man die Strecke zwischen Kathode und Steuergitter als eine Raumladungsdiode betrachten, an der näherungsweise entsprechend Gl. (58a) eine wirksame Gleichspannung von der Größe $\bar{U}_g + D_{sg}\bar{U}_s$ liegt. Hierbei ist entsprechend Gl. (58b) das Verhältnis der Kapazität zwischen Steuergitter und Schirmgitter zur Ersatzbildkapazität C_g als „Schirmgitterdurchgriff" D_{sg} bezeichnet worden. Die Gittergleichspannung $\bar{U}_g$ kann eine negative Spannung sein; es können dann keine Elektronen auf die Gitterdrähte auftreffen. Wenn man die Ersatzbilddarstellung nach Abb. 34b auch auf das Schirmgitter S anwendet, so läßt sich auch noch die Wirkung der Anodengleichspannung auf die an der Strecke zwischen Kathode und Steuergitter wirksame Gleichspannung berücksichtigen; dieser Einfluß ist jedoch so klein, daß er in diesem Zusammenhang vernachlässigt werden kann. Die übergehende Elektronenströmung erzeugt in der Kathodenzuleitung einen Influenzstrom $\mathfrak{J}_k$ und einen durch das Gitter tretenden Leitungsstrom $\mathfrak{J}_{l_g}$ (es interessieren hierin nur die Wechselstromanteile, die Gleichstromverhältnisse sind trivial). Beschränkt man sich auf die Betrachtung kleinerer Wechselspannungen (Vorverstärker), so sind folgende Formeln zugrunde zu legen: für den Laufwinkel zwischen Kathode und Steuergitter Gl. (29) auf S. 37 (die wirksame Gleichspannung ist $\bar{U}_g + D_{sg}\bar{U}_s$), für den Influenzstrom $\mathfrak{J}_k$ in der Kathodenleitung Gl. (37) auf S. 39, für den Elektronenleitungsstrom $\mathfrak{J}_{l_g}$ am

Gitter G Gl. (38) auf S. 41. Die durch das Steuergitter fliegenden Elektronen unterliegen dann in dem Raum zwischen Steuergitter G und Schirmgitter S einem elektrischen Gleichfeld, das durch die Steuergleichspannung $\bar{U}_g + D_{sg}\bar{U}_s$ und die Schirmgitterspannung $\bar{U}_s$ gebildet wird. (Den Anteil, den außerdem noch die Anodengleichspannung $\bar{U}_a$ auf die in der Schirmgitterebene wirksame Gleichspannung bildet, wird man meist vernachlässigen können, da die Ersatzbildkapazität für das Schirmgitter groß ist und die Gleichspannungen $\bar{U}_s$ und $\bar{U}_a$ von gleicher Größenordnung sind.) Außerdem wirkt in dem Raum zwischen G und S das Hochfrequenzfeld der Spannung $\mathfrak{U}_1$, weil das Schirmgitter für die Hochfrequenz mit der Kathode leitend verbunden ist; zu beobachten ist, daß dieses Hochfrequenzfeld die umgekehrte Richtung hat wie das Feld zwischen Steuergitter G und Kathode K. Da die Elektronen in dem Raum zwischen G und S durch das Gleichfeld stark nachbeschleunigt werden, wird die Intensitätssteuerung, d. h. die Größe des Leitungswechselstromes $|\mathfrak{J}_{l_g}|$, durch die Geschwindigkeitsunterschiede beim Durchtritt durch das Gitter G und auch durch die Wechselspannung $\mathfrak{U}_1$ wenig beeinflußt, wie schon aus den Ausführungen auf S. 100 hervorgegangen ist; man kann deshalb annehmen, daß der Leitungswechselstrom $\mathfrak{J}_{l_g}$ in der gleichen Größe, und lediglich in der Phase um den zwischen G und S vorhandenen Laufwinkel gedreht, am Schirmgitter vorhanden ist. Zur Berechnung dieses Laufwinkels ist Gl. (40) auf S. 50 zu verwenden (die Größen sind entsprechend neu zu benennen). Schließlich erzeugt die Elektronenströmung zwischen G und S einen Influenzstrom $\mathfrak{J}_{gs}$, dessen Größe sich aus Gl. (85) auf S. 108 ermitteln läßt (zu beachten ist insbesondere, daß als wirksame Wechselspannung hier der Wert $\mathfrak{U}_1$ einzusetzen ist). Dieser Influenzstrom muß über die Zuleitungen von G und S fließen; der Strom $\mathfrak{J}_g$ in der Gitterzuleitung setzt sich deshalb aus zwei Influenzströmen zusammen, nämlich dem Strom $\mathfrak{J}_k$ des Kathoden-Steuergitter-Raumes und dem Strom $\mathfrak{J}_{gs}$ des Steuergitter-Schirmgitter-Raumes, also ist: $\mathfrak{J}_g = \mathfrak{J}_k - \mathfrak{J}_{gs}$. Im Anfachraum erzeugt die Elektronenströmung schließlich einen Influenzstrom $\mathfrak{J}_a$, der über die Anodenzuleitung und den angefachten Resonanzkreis fließt. In der Zuleitung zum Schirmgitter sind wieder zwei Influenzströme wirksam, so daß $\mathfrak{J}_s = \mathfrak{J}_{gs} - \mathfrak{J}_a$ ist. Zur Berechnung des Stromes $\mathfrak{J}_a$ ist wieder die Gl. (85) auf S. 108 zu verwenden, für den Laufwinkel zwischen S und A wieder die Gl. (40) auf S. 50.

Zur Beurteilung des Arbeitens der Schaltung bei Höchstfrequenz muß man die Verhältnisse der Laufwinkel betrachten. Der Laufwinkel zwischen S und A kann ohne nennenswerte Schwächung der Anfachung bis zu 180° betragen, wie die Betrachtungen zu Gl. (85) auf S. 108 ergeben haben. Lediglich bei einem angefachten Kreis mit außerordentlich niedrigem Wirkleitwert kann der innere Leitwert der Elektronenstrecke bei größeren Laufwinkeln schwächend auf die Anfachung wirken, wie Abb. 50 zeigte. Der Laufwinkel zwischen G und S ist für den Betrag des durchlaufenden Leitungswechselstromes ohne Bedeutung, er dreht nur die Phase; ebenso hat der Laufwinkel zwischen K und G auf den Betrag des durch die Spannung $\mathfrak{U}_1$ ausgesteuerten Leitungswechselstromes $\mathfrak{J}_{l_g}$ keinen nennenswerten Einfluß; denn die Steilheit der Raumladungsdiode ändert ihre absolute Größe mit dem Laufwinkel sehr wenig, wie Abb. 17 zeigt. Wesentlich ist jedoch die Wirkung der beiden letztgenannten Laufwinkel auf den Strom in der Zuleitung zum Steuergitter; dieser Strom durchfließt zugleich den steuernden Schwingkreis und stellt daher eine Belastung des Steuerkreises dar. Besonders übersichtlich erkennt man diese Verhältnisse, wenn man den in der Praxis meist recht kleinen Laufwinkel zwischen Steuergitter und Schirmgitter gleich Null setzt. In diesem Fall wird nämlich der Influenzstrom $\mathfrak{J}_{gs}$ im Steuergitter-Schirmgitter-Raum gleich dem durch das Steuergitter hindurchgehenden Elektronenleitungsstrom $\mathfrak{J}_{l_g}$, wie schon oben bei der Diskussion der Gl. (85) auf S. 108 ausgeführt wurde. Man kann dann für den Strom der Gitterleitung schreiben:

$$\mathfrak{J}_g = \mathfrak{J}_k - \mathfrak{J}_{l_g} = \mathfrak{G}\mathfrak{U}_1 - \mathfrak{S}\mathfrak{U}_1,$$

wobei die Größen $\mathfrak{G}$ und $\mathfrak{S}$ nach den Gl. (37) auf S. 39 und (38) auf S. 41 einzuführen sind. Bezeichnet man das Verhältnis $\mathfrak{J}_g/\mathfrak{U}_1$ als den Eingangsleitwert $\mathfrak{G}_1$ der Verstärkerröhre (dieser Leitwert liegt dem Eingangskreis als Belastung parallel), so erhält man:

$$\mathfrak{G}_1 = \mathfrak{G} - \mathfrak{S}. \tag{89}$$

Da diese Größe $\mathfrak{G}_1$ nur vom Laufwinkel zwischen Kathode und Steuergitter abhängt, läßt sie sich leicht aus den graphischen Darstellungen der Abb. 16 und 17 gewinnen; die Ortskurve für $\mathfrak{G}_1/\overline{S}$ ist in Abb. 52 dargestellt. Man erkennt, daß bei verschwindend kleinen Laufwinkeln der Eingangsleitwert der Röhre Null ist, d. h. der Schwingkreis wird durch die Röhre nicht belastet, man hat die von laufzeitfreien Röhren her bekannte „leistungslose Steuerung". Mit zunehmendem Laufwinkel steigt der Eingangsleitwert seinem Betrage nach an, um schließlich größenordnungsmäßig den Wert $\overline{S}$ beizubehalten. Es ist also bei der Kathodenbasisschaltung die Steuerung im Laufzeitgebiet keineswegs leistungslos. In gewissen Laufwinkelbereichen wirkt der Eingangsleitwert entdämpfend auf den Eingangskreis.

Für die Arbeitsweise der Gitterbasisschaltung nach Abb. 51 b sind ähnliche Betrachtungen durchzuführen; die Berechnung der Laufwinkel, der Leitungswechselströme und der Influenzwechselströme erfolgt nach den gleichen Beziehungen; für die Berechnung der Laufwinkel ist im Hinblick auf die abweichende Schaltung der Gleichspannungsquellen zu beachten, daß die für die Elektronengeschwindigkeit maßgeblichen

Gleichspannungen immer auf die Kathode zu beziehen sind. Der Influenz-strom $\mathfrak{J}_k$ zwischen K und G durchfließt bei dieser Schaltung den steuern-den Kreis in voller Größe; der Eingangsleitwert der Röhre ist also durch die in Abb. 16 dargestellte Funktion gegeben. Die Steuerung erfordert beim Laufwinkel Null die größte Leistung; bei höheren Laufwinkeln nimmt der Betrag des Eingangsleitwerts im Mittel ständig ab. Bei niedrigen Frequenzen ist deshalb die Gitterbasisschaltung unvorteilhaft, weshalb sie in der normalen Hochfrequenztechnik keine Anwendung findet, bei Höchstfrequenz dagegen bevorzugt wird. Im Raum zwischen

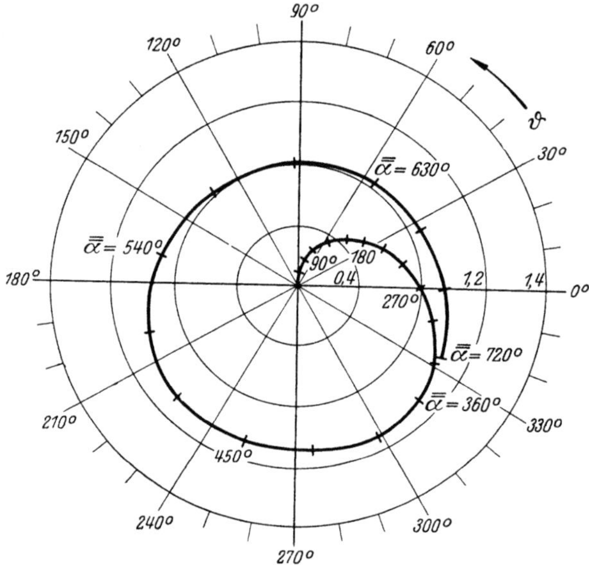

Abb. 52. Eingangsleitwert eines Verstärkers in Kathodenbasisschaltung bei sehr kleinem Lauf-winkel im Gitter-Anoden-Raum (bzw. Gitter-Schirmgitter-Raum), dargestellt als Ortskurve in Abhängigkeit vom Laufwinkel $\overline{\overline{\alpha}}$ im Kathoden-Gitter-Raum.

Steuergitter und Schirmgitter unterliegen bei der Gitterbasisschaltung nach Abb. 51b die Elektronen keinem Hochfrequenzfeld, sondern nur einem beschleunigenden Gleichfeld. Den Influenzstrom $\mathfrak{J}_{gs}$ zu errech-nen ist überflüssig, da er durch die Gleichspannungsquelle $\bar{U}_{gs}$ kurz-geschlossen wird und für die Schaltung ohne Bedeutung ist. Die An-fachung errechnet sich genau wie oben.

Ein besonders wichtiger Unterschied zwischen Kathodenbasisschal-tung und Gitterbasisschaltung liegt ferner in der Rückwirkung zwischen Steuerkreis und Anfachkreis, die durch die inneren Röhrenkapazitäten gegeben ist. Zur Erläuterung dieser Rückwirkung benutzt man zweck-mäßigerweise nicht die oben in Abb.34 dargestellte Ersatzbilddarstellung für die Röhrenkapazitäten, da die Effektivspannungen in den Elektronen-ebenen nicht interessieren. Man stellt sich hier eine „Durchgriffskapazität" vor, die von einer Elektrode durch ein Gitter auf eine jenseits gelegene Elektrode hindurchgreift. Bei der Kathodenbasisschaltung ergibt die zwischen Anode A und Steuergitter G vorhandene Durchgriffskapazität Rückwirkungen zwischen dem Eingangskreis und dem Ausgangskreis; ob diese Rückwirkung einer Mitkopplung oder einer Gegenkopplung entspricht, ist erst zu entscheiden, wenn man die Laufwinkel und die Phasenlagen der Spannungen und Ströme kennt. Wesentlich stärker wird die Rückwirkung, wenn man an Stelle der in Abb. 51a gezeichneten Tetrode eine Triode verwendet, weil hier die störende Kapazität keine Durchgriffskapazität, sondern die Kapazität zwischen zwei benachbarten Elektroden ist. Bei der Gitterbasisschaltung nach Abb. 51b ist für die Rückwirkung die Durchgriffskapazität zwischen Anode und Kathode maßgeblich, die durch zwei Gitter hindurchgehen muß und deswegen erheblich kleiner wird. Verwendet man statt der gezeichneten Tetrode eine Triode, so ist die rückwirkende Kapazität auch eine Durchgriffskapazität, die durch das Steuergitter hindurchgreift. Es ist also bei der Gitterbasisschaltung die Rückwirkung zwischen Eingangs- und Ausgangskreis bei Tetroden wie bei Trioden erheblich kleiner. Da im Gebiet der Höchstfrequenzen auch kleinere Kapazitäten schon einen verhältnismäßig großen Leitwert erzielen, zeigt die Gitterbasisschaltung eine erhebliche Überlegenheit.

β) **Der Verstärker mit Geschwindigkeitssteuerung (Klystron).**

Ein Verstärker mit Geschwindigkeitssteuerung ist schematisch in Abb. 53 dargestellt; neben das Schaltbild ist das Zeigerschaubild für

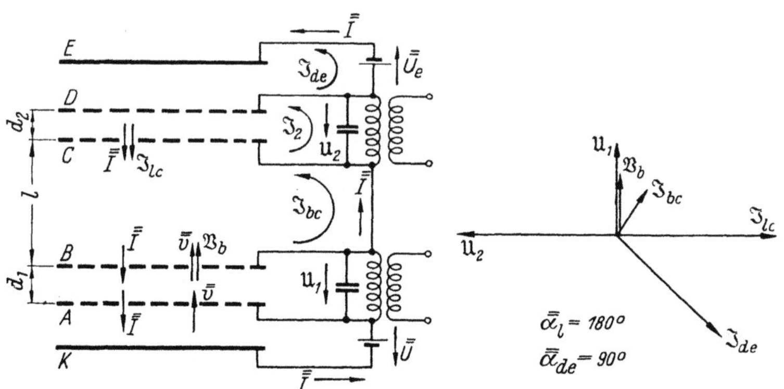

Abb. 53. Höchstfrequenzverstärker mit Geschwindigkeitssteuerung: Schaltschema und Zeigerdiagramm für einen Betriebsfall.

einen speziellen Betriebsfall gezeichnet. In der Anordnung der Schwingkreise ist die Schaltung dem intensitätsgesteuerten Verstärker nach der Gitterbasisschaltung (Abb. 51b) ähnlich; anders ist die Bemessung der Gleichspannungen und Laufwinkel. Der Elektronengleichstrom $\bar{I}$

durchläuft die vier Gitter A, B, C und D; die Zahl der auf die Gitterdrähte aufprallenden Elektronen sei vernachlässigbar klein, so daß man überall den gleichen Wert $\bar{I}$ für den Elektronengleichstrom annehmen kann (wenn man statt der Gitter Blenden verwendet, durch die ein konzentrierter Elektronenstrahl hindurchläuft, etwa in der Art nach Abb. 38b, so ist diese Voraussetzung besser als bei Gittern erfüllt). Die Elektronen treten aus der Kathode K und unterliegen bis zum Durchtritt durch das Gitter A nur dem Gleichfeld der Spannungsquelle $\bar{U}$. Zwischen den Elektroden A und B wirkt das Hochfrequenzfeld der steuernden Spannung $\mathfrak{U}_1$ und erteilt den durch B hindurchlaufenden Elektronen außer ihrer Gleichgeschwindigkeit $\bar{v}$ noch eine zeitlich veränderliche Geschwindigkeit mit dem Zeigerwert $\mathfrak{V}_b$. Auf dem Laufwege l zwischen den Gittern B und C bildet sich dann infolge der Geschwindigkeitssteuerung ein Leitungswechselstrom aus, der am Gitter C die Größe $\mathfrak{J}_{l_c}$ hat. Beim Durchtritt durch den Raum zwischen den Gittern C und D erzeugt dieser Leitungsstrom $\mathfrak{J}_{l_c}$ einen Influenzstrom $\mathfrak{J}_2$, der den Kreis auf eine Wechselspannung $\mathfrak{U}_2$ anfacht. Die Elektronen laufen dann noch weiter zur Auffangelektrode E, in deren Kreis eine zusätzliche Gleichspannung $\bar{U}_e$ liegt; die gegen die Kathode gemessene Gleichspannung dieser Elektrode ist somit $\bar{U} - \bar{U}_e$, also kleiner als $\bar{U}$, wodurch die beim Elektronenaufprall erzeugte Wärmeleistung kleiner wird.

Bei sehr kleinen Steuerwechselspannungen (Vorverstärker) ist die rechnerische Lösung nach Gl. (63) auf S. 89 möglich. Für diesen Fall zeigt das Zeigerschaubild in Abb. 53 ein Beispiel. Die steuernde Wechselspannung ist durch den Zeiger $\mathfrak{U}_1$ dargestellt; bei vernachlässigbar kleinen Laufzeiten zwischen den Gittern A und B hat der Zeiger der Wechselgeschwindigkeit $\mathfrak{V}_b$ die gleiche Richtung, die Steuerleistung ist somit Null. (Kleine Laufwinkel zwischen den Gittern A und B lassen sich sehr viel leichter erreichen als etwa zwischen Kathode und Steuergitter bei der Raumladungssteuerung unter Voraussetzung gleicher Elektrodenabstände, weil die Gleichspannung $\bar{U}$ bei der Geschwindigkeitssteuerung viel größer sein kann als die Steuergleichspannung an der Raumladungsdiode; außerdem treten die Elektronen bei der Geschwindigkeitssteuerung bereits mit Höchstgeschwindigkeit in das steuernde Feld ein, während sie bei der Raumladungssteuerung von der Geschwindigkeit Null an im Steuerfeld beschleunigt werden müssen.) Der Laufwinkel $\bar{\alpha}_l$ zwischen den im Abstand l voneinander befindlichen Gittern B und C habe im Beispiel die Größe von $180°$; dann läuft entsprechend Gl. (63) auf S. 89 der Zeiger $\mathfrak{J}_{l_c}$ für den Leitungswechselstrom dem Zeiger $\mathfrak{V}_b$ um $90°$ nach; der zwischen B und C entstehende Influenzstrom $\mathfrak{J}_{bc}$ ergibt sich nach Gl. (64) auf S. 90; in der Phase liegt er zwischen $\mathfrak{V}_b$ und $\mathfrak{J}_{l_c}$. Wenn man den Laufwinkel zwischen den Gittern C und D ebenfalls als vernachlässigbar klein annimmt, so ist der den Anfachkreis durchfließende Influenzstrom $\mathfrak{J}_2$ gleich dem Leitungsstrom $\mathfrak{J}_{l_c}$; die angefachte Spannung ist $\mathfrak{U}_2 = -R_a \mathfrak{J}_{l_e}$, wenn R_a den rein Ohmschen Resonanzwiderstand des Kreises darstellt. Im Raum zwischen dem Gitter D und der Auffangelektrode E soll der Laufwinkel $\bar{\bar{\alpha}}_{de} = 90°$ betragen; der über E fließende Influenzstrom $\mathfrak{J}_{de}$ errechnet sich nach der Gl. (85) auf S. 108; er eilt dem Strome $\mathfrak{J}_{l_e}$ etwa um den halben Laufwinkel $\bar{\bar{\alpha}}_{de}$ nach.

Wenn die zwischen den Elektroden A und B liegende Steuerwechselspannung groß ist, so sind die Zusammenhänge am besten mittels einer graphischen Konstruktion nach Abb. 39 zu übersehen. Wenn die steuernde Wechselspannung klein ist, zwischen den Elektroden B und C aber eine lange Laufzeit vorhanden ist, so kann ein Phasenbrennpunkt erreicht oder überschritten werden, und der Elektronenleitungsstrom $\mathfrak{J}_{l_e}$ an der Elektrode C läßt sich nach der Methode auf S. 91 und insbesondere nach Gl. (65) berechnen:

$$\mathfrak{J}_{l_e} = \bar{\bar{G}}\, \mathfrak{Y}_3(\bar{\alpha}_l) \frac{2\, \mathrm{J}_1\left(\frac{\bar{\alpha}_l}{2} \frac{\hat{U}_1}{\bar{U}}\right)}{\frac{\bar{\alpha}_l}{2} \frac{\hat{U}_1}{\bar{U}}}\, \mathfrak{U}_1 = \bar{I}\, \mathrm{j}\, e^{-\mathrm{j}\bar{\bar{\alpha}}_l} \cdot 2\, \mathrm{J}_1\left(\frac{\bar{\alpha}_l}{2} \frac{\hat{U}_1}{\bar{U}}\right) \cdot \frac{\mathfrak{U}_1}{\hat{U}_1}.$$

Da beim Verstärker die Phasenlage im Anfachraum nicht interessiert, errechnet man den Betrag des Stromes:

$$|\mathfrak{J}_{l_e}| = \bar{I} \cdot 2\, \mathrm{J}_1\left(\frac{\bar{\alpha}_l}{2} \frac{\hat{U}_1}{\bar{U}}\right).$$

Ist der Leitwert des an der Anfachstrecke liegenden Schwingungskreises rein ohmisch (Resonanzabgleich), so wird eine hochfrequente Wirkleistung abgegeben von der Größe:

$$N_W = \frac{1}{2}\, \hat{U}_2\, |\mathfrak{J}_{l_e}| = \hat{U}_2\, \bar{I}\, \mathrm{J}_1\left(\frac{\bar{\alpha}_l}{2} \frac{\hat{U}_1}{\bar{U}}\right).$$

Da die steuernde Wechselspannung $\hat{U}_1$ und die Geschwindigkeitsunterschiede sehr klein sind, kann man eine angefachte Wechselspannung zulassen, die die Größe der Gleichspannung $\bar{U}$ nahezu erreicht, ohne eine Elektronenumkehr befürchten zu müssen. Unter der Voraussetzung $\hat{U}_2 = \bar{U}$ ergibt sich der Wirkungsgrad des Verstärkers:

$$\eta = \frac{N_W}{\bar{U}\,\bar{I}} = \frac{N_W}{\hat{U}_2\,\bar{I}} = \mathrm{J}_1\left(\frac{\bar{\alpha}_l}{2} \frac{\hat{U}_1}{\bar{U}}\right). \tag{90}$$

Wie man aus Abb. 127 entnimmt, erreicht die Bessel-Funktion J_1 bei einem Wert $\frac{\bar{\alpha}_l}{2} \frac{\hat{U}_1}{\bar{U}} = 1{,}84$ ihr Maximum, und der zugehörige maximale Wirkungsgrad beträgt 58,2 %.

b) Der rückgekoppelte Generator.

Es ist aus der allgemeinen Hochfrequenztechnik bekannt, daß ein Hochfrequenzverstärker durch Rückkopplung zum selbsterregten Sender gemacht werden kann. Das Verfahren ist auch für die Höchstfrequenz-

technik brauchbar; es ergeben sich jedoch einige Unterschiede, die
insbesondere durch die Phasenverschiebung zwischen steuernder und
angefachter Spannung bedingt sind; diese Phasenverschiebung hängt
von dem Laufwinkel der übergehenden Elektronenströmung ab; der
Laufwinkel ist deshalb für die Phasenbedingungen der Rückkopplung
maßgeblich.

α) Die Rückkopplungsschaltung mit einer Triode.

Für die allgemein bekannte Trioden-Rückkopplungsschaltung sollen
die bei Höchstfrequenz auftretenden Grenzen der Verstärkung und der
Selbsterregung ermittelt werden. Weil nur die Grenzen der Schwingungs-

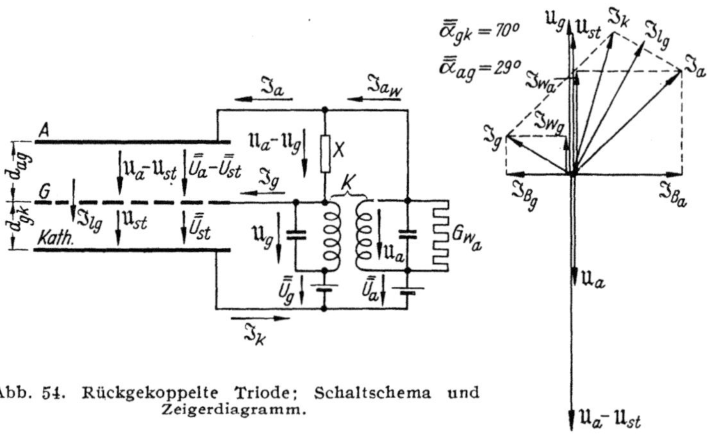

Abb. 54. Rückgekoppelte Triode; Schaltschema und
Zeigerdiagramm.

erzeugung untersucht werden sollen, ist es angängig, sich auf kleine
Wechselspannungen und -ströme zu beschränken. Die Berechnungen
sollen im vorliegenden Beispiel mit in der Praxis vorkommenden Werten
zahlenmäßig durchgeführt werden.

Das Schema einer Rückkopplungsschaltung mit einer Triode ist in
Abb. 54 dargestellt. Zwischen der Kathode (*Kath.*) und dem Steuergitter G liegt eine Gleichspannung $\bar{U}_g$ und eine Hochfrequenzspannung
mit dem Zeigerwert $\mathfrak{U}_g$, die sich an einem abgestimmten Kreis ausbildet. Zwischen Anode A und Kathode liegt die Gleichspannung $\bar{U}_a$
und eine Wechselspannung $\mathfrak{U}_a$, die sich an einem weiteren Kreis ausbildet. Die Spulen der beiden Kreise sind miteinander gekoppelt; der
Rückkopplungsfaktor werde mit K bezeichnet. (Die Kreise mit konzentrierten Induktivitäten und Kapazitäten darzustellen, ist für das
Gebiet der Höchstfrequenztechnik eine Idealisierung; die Spulen und
Kondensatoren sind, wie in allen bisher behandelten Fällen, nur als
Ersatzschaltbilder für die weiter unten zu behandelnden Resonatoren
anzusehen.) Für das hier zu behandelnde Zahlenbeispiel, für das auch
das in Abb. 54 dargestellte Zeigerschaubild gilt, soll die Betriebs-

frequenz 1 GHz, die Wellenlänge im freien Raum also 30 cm betragen. Die Röhre besitzt ebene Elektroden (wie noch weiter unten auszuführen sein wird, kann man in den meisten Fällen auch die üblichen zylindrischen Elektrodenaufbauten wie ebene Elektroden berechnen, wenn die Elektrodenabstände klein gegen die Elektrodendurchmesser sind). Der Gitter-Kathoden-Abstand sei $d_{gk} = 0{,}125$ mm, der Gitter-Anoden-Abstand $d_{ga} = 0{,}375$ mm; der Durchgriff der Anode durch das Gitter betrage $D = 7\%$. Für den Betriebsfall betrage die Anodengleichspannung $\bar{U}_a = 150$ V, die Gittergleichspannung sei Null. Die in der Gitterebene wirksame Steuergleichspannung ist dann ungefähr $\bar{U}_{st} = D\bar{U}_g = 10{,}5$ V; bei dieser Steuerspannung soll die im Raumladungsgebiet arbeitende Kathode einen Emissionsgleichstrom $\bar{I} = 24$ mA liefern. [Nach Gl. (27) auf S. 35 läßt sich daraus die wirksame Oberfläche der Kathode errechnen.] Die statische Steilheit der als Raumladungsdiode wirkenden Strecke zwischen Kathode und Gitter ist dann nach Gl. (28) auf S. 36 $\bar{\bar{S}} = \dfrac{3}{2}\dfrac{\bar{I}}{\bar{U}_{st}} = 3{,}4$ mA/V. Der durch die Gleichspannungen hervorgerufene Laufwinkel der Elektronen zwischen Kathode und Gitter ergibt sich nach Gl. (29) auf S. 37 $\bar{\alpha}_{gk} = \omega\,\dfrac{3d_{gk}}{\sqrt{\dfrac{2e}{m}\bar{U}_{st}}} = 70°$. Für die

Strecke zwischen Gitter und Anode braucht man wegen der starken Nachbeschleunigung durch die hohe Anodengleichspannung den Einfluß der Raumladung nicht mehr zu berücksichtigen; für diese Strecke ergibt sich der Laufwinkel nach Gl. (40) auf S. 50 zu

$$\bar{\bar{\alpha}}_{ag} = \omega\,\frac{2d_{ag}}{\sqrt{\dfrac{2e}{m}\left(\sqrt{\bar{U}_{st}} + \sqrt{\bar{U}_a}\right)}} = 29°.$$

Zur Berechnung der Wechselstromgrößen geht man aus von der Steuerwechselspannung $\mathfrak{U}_{st} = \mathfrak{U}_g + D\mathfrak{U}_a$, die man im Zeigerschaubild in beliebiger Größe und Richtung annehmen kann (da man sich auf die Berechnung kleiner Wechselspannungs- und Wechselstromgrößen beschränkt, liefert die gesamte Rechnung immer nur Verhältniswerte; die Amplituden, bis zu denen sich die Schwingungen aufschaukeln, bleiben unbekannt). Der Influenzwechselstrom zwischen Kathode und Gitter ist der Kathodenwechselstrom $\mathfrak{J}_k$. Seine Größe ergibt sich für den Laufwinkel $\bar{\alpha}_{gk} = 70°$ sogleich aus dem Diagramm der Abb. 15 oder 16 zu $\mathfrak{J}_k = \dfrac{\mathfrak{S}}{\bar{\bar{S}}}\bar{\bar{S}}\mathfrak{U}_{st} = (0{,}95 - 0{,}27\,\mathrm{j})\,\bar{\bar{S}}\mathfrak{U}_{st}$. Der Leitungswechselstrom $\mathfrak{J}_{lg}$, der durch die Gittermaschen hindurchtritt (die Zahl der auftreffenden Elektronen kann bei der Gittergleichspannung Null als vernachlässigbar klein angenommen werden), ergibt sich aus dem Diagramm der Abb. 17 zu $\mathfrak{J}_{lg} = \dfrac{\mathfrak{S}}{\bar{\bar{S}}}\bar{\bar{S}}\mathfrak{U}_{st} = (0{,}88 - 0{,}45\,\mathrm{j})\,\bar{\bar{S}}\mathfrak{U}_{st}$. Die beiden

Ströme $\mathfrak{J}_k$ und $\mathfrak{J}_{l_g}$ sind in der errechneten Phasenlage gegenüber $\mathfrak{U}_{st}$ in das Zeigerschaubild in Abb. 54 eingetragen.

Der Leitungswechselstrom $\mathfrak{J}_{l_g}$ tritt in den Raum zwischen G und A ein und erzeugt in Gitter und Anode den Influenzstrom $\mathfrak{J}_a$. Für die Berechnung dieses Stromes gilt die Gl. (85) auf S. 108. Da der Laufwinkel $\bar{\bar{\alpha}}_{ag}$ im vorliegenden Beispiel recht klein ist, ist auch die Funktion $\mathfrak{Y}_1$ klein (vgl. Abb. 11 oder 12); die Glieder mit $\mathfrak{Y}_1$ können daher in guter Annäherung vernachlässigt werden. Da die Nachbeschleunigung der Elektronen durch das Gleichfeld beträchtlich ist, kann auch das Glied, das die Wechselgeschwindigkeit $\mathfrak{V}_g$ am Gitter enthält, fortbleiben. Es ergibt sich dann: $\mathfrak{J}_a = \mathfrak{J}_{l_g} \mathfrak{Y}_6(\bar{\bar{\alpha}}_{ag})$; man kann also hier in guter Näherung den Influenzstrom zwischen G und A berechnen, ohne die zwischen den beiden Elektroden liegende Spannung zu kennen. Zahlenmäßig ergibt sich:

$$\mathfrak{J}_a = (0{,}94 - 0{,}32\,\mathrm{j})\,\mathfrak{J}_{l_g} = (0{,}94 - 0{,}32\,\mathrm{j})\,(0{,}88 - 0{,}45\,\mathrm{j})\,\bar{\bar{S}}\,\mathfrak{U}_{st}$$
$$= (0{,}69 - 0{,}70\,\mathrm{j})\,\bar{\bar{S}}\,\mathfrak{U}_{st}.$$

Auch dieser Strom ist in das Zeigerschaubild in Abb. 54 eingetragen. In der Zuleitung zum Gitter G fließen nun zwei Influenzströme, nämlich $\mathfrak{J}_k$ und $\mathfrak{J}_a$; also ist der über diese Leitung fließende Gitterstrom: $\mathfrak{J}_g = \mathfrak{J}_k - \mathfrak{J}_a$; seine Größe ergibt sich durch die geometrische Subtraktion im Zeigerschaubild.

Zur weiteren Berechnung müssen nun Voraussetzungen über die Eigenschaften der Schwingungskreise gemacht werden. Es sei angenommen, daß die Kreise gerade so abgestimmt sind, daß die Rückkopplung phasenrein erfolgt, daß also $\mathfrak{U}_g = K\mathfrak{U}_a$ ist, wobei der Rückkopplungsfaktor K eine reelle Zahl sein soll; die Größe von K soll erst später errechnet werden. Dann ergibt sich aus der Steuerspannung $\mathfrak{U}_{st} = \mathfrak{U}_g + D\mathfrak{U}_a$ die Gitterwechselspannung $\mathfrak{U}_g = \mathfrak{U}_{st}\dfrac{K}{K+D}$, die Anodenwechselspannung $\mathfrak{U}_a = \mathfrak{U}_{st}\dfrac{1}{K+D}$ und die Wechselspannung zwischen Gitter und Anode: $\mathfrak{U}_a - \mathfrak{U}_g = \dfrac{1-K}{K+D}\,\mathfrak{U}_{st}$. Da auf Grund dieser Voraussetzung die Zeiger aller Spannungen in die gleiche Richtung fallen, ist es zweckmäßig, den Gitterstrom $\mathfrak{J}_g$ und den Anodenstrom $\mathfrak{J}_a$ in die Wirkkomponenten $\mathfrak{J}W_g$ und $\mathfrak{J}W_a$ und die Blindkomponenten $\mathfrak{J}_{B_g}$ und $\mathfrak{J}_{B_a}$ zu zerlegen. Die graphische Konstruktion des Zeigerschaubildes der Abb. 54 ergibt:

$$\mathfrak{J}W_g = 0{,}26\,\bar{\bar{S}}\,\mathfrak{U}_{st} \quad \text{und} \quad \mathfrak{J}W_a = 0{,}69\,\bar{\bar{S}}\,\mathfrak{U}_{st}$$

und für die Blindkomponenten entsprechende Werte, deren Angabe ohne Interesse ist. Die Blindkomponente $\mathfrak{J}_{B_g}$ stellt eine zusätzliche Verstimmung des Gitterkreises dar und wird durch entsprechendes Nachstimmen des Kreises ausgeglichen. Dem Blindstrom $\mathfrak{J}_{B_a}$ soll eine besondere

Ausgleichsmöglichkeit dadurch geschaffen werden, daß zwischen G und A in der vorliegenden Schaltung ein besonderer Blindwiderstand X angeordnet ist, der so abgeglichen wird, daß er unter der Spannung $\mathfrak{U}_a - \mathfrak{U}_g$ gerade den Strom $\mathfrak{J}_{B_a}$ aufnimmt; X kompensiert also den inneren Blindwiderstand der Elektronenstrecke zwischen G und A (und außerdem auch noch die Elektrodenkapazität, die auf diese Weise ebenfalls unschädlich gemacht wird). Somit fließt über den Anodenkreis nur der Wirkstrom $\mathfrak{J}_{W_a}$. Aus den Wirkströmen und den Spannungen ergeben sich die Leistungen; die Leistung, die am Gitter zur Steuerung benötigt wird, ist:

$$N_g = \frac{\mathfrak{U}_g \mathfrak{J}_{W_g}}{2} = 0{,}13 \, \frac{\overline{\overline{S}} K}{K + D} \, \hat{U}_{st}^2 \,.$$

N_g stellt eine solche Belastung dar, daß man den Verlustwiderstand des Gitterschwingkreises dagegen vernachlässigen kann. Anodenseitig benötigt die Röhre eine Leistung:

$$N_a = \frac{\mathfrak{U}_a \mathfrak{J}_{W_a}}{2} = 0{,}345 \, \frac{\overline{\overline{S}}}{K + D} \, \hat{U}_{st}^2 \,;$$

ergibt sich dieser Wert als negativ, so erfolgt eine Leistungsabgabe von seiten der Röhre. Die Verlustleistung im Wirkleitwert des Anodenschwingkreises ist:

$$N_v = \frac{\hat{U}_a{}^2}{2} \, G_{W_a} = \frac{G_{W_a}}{2 \, (K + D)^2} \, \hat{U}_{st}^2 \,.$$

Damit die Röhre selbständige Schwingungen ausführt, muß die Leistung $-N_a$ die beiden Verlustleistungen N_g und N_v mindestens decken, also: $-N_a \geqq N_g + N_v$; $N_a + N_g + N_v \leqq 0$ oder durch Einsetzen der Zahlenwerte:

$$0{,}345 \, (K + D) + 0{,}13 \, K (K + D) + \frac{G_{W_a}}{2 \overline{\overline{S}}} \leqq 0 \,.$$

Diese Ungleichung ist bei $D = 7\%$ erfüllt, wenn der Rückkopplungsfaktor K zwischen den beiden Grenzwerten:

$$-1{,}37 - \sqrt{1{,}65 - 3{,}84 \, \frac{G_{W_a}}{\overline{\overline{S}}}} \leqq K \leqq -1{,}37 + \sqrt{1{,}65 - 3{,}84 \, \frac{G_{W_a}}{\overline{\overline{S}}}}$$

liegt. Für die Darstellung der Zeiger $\mathfrak{U}_g$ und $\mathfrak{U}_a$ in Abb. 54 ist $K = -1{,}37$ gewählt; der Rückkopplungsfaktor muß negativ sein, d. h. $\mathfrak{U}_g$ und $\mathfrak{U}_a$ müssen entgegengesetzte Richtung haben. Allgemein gibt es für den Rückkopplungsfaktor bei Höchstfrequenz zwei Grenzen; bildet man auf Grund der obigen Beziehungen die Verhältnisse:

$$\frac{N_g}{(-N_a)} = -0{,}38 \, K \quad \text{und} \quad \frac{N_v}{(-N_a)} = 1{,}45 \, \frac{-1}{K + D} \, \frac{G_{W_a}}{\overline{\overline{S}}} \,,$$

so erkennt man, daß bei zu kleinem $(-K)$ die Höchstfrequenzleistung am äußeren Kreise zu groß wird im Verhältnis zu der von der Anode abgegebenen Hochfrequenzleistung $(-N_a)$; macht man anderseits K zu groß, so wird die vom Gitter benötigte Steuerleistung N_g zu groß im Verhältnis zu der von der Anode abgegebenen Leistung $(-N_a)$. Eine Grenze der Selbsterregung für zu kleines $(-K)$ gibt es auch im Gebiete niedrigerer Frequenzen; eine Grenze für zu großes K dagegen ist nur bei Höchstfrequenz vorhanden, weil hier die Steuerung nicht mehr leistungslos erfolgt.

Schließlich erkennt man aus dem Zahlenbeispiel, daß die beiden Grenzen zusammenfallen, wenn $1{,}65 - 3{,}84 \dfrac{G_{W_a}}{\overline{\overline{S}}} = 0$ oder $G_{W_a} = 0{,}43\,\overline{\overline{S}}$ oder $R_{W_a} = \dfrac{1}{G_{W_a}} = 680\,\Omega$ wird. Dann ist die Selbsterregung nur bei einem einzigen Wert des Rückkopplungsfaktors K möglich; macht man den Außenwirkwiderstand R_{W_a} noch kleiner, so ist die Selbsterregung überhaupt ausgeschlossen. Die Grenze für die Erregung von Rückkopplungsschwingungen ist also nicht nur durch die Eigenschaften der Röhre, sondern auch durch den äußeren Schwingkreis gegeben; je höher man den Resonanzwiderstand des Schwingkreises machen kann, um so eher ist die Selbsterregung möglich. — Wenn man Rückkopplungsschwingungen bei größeren Laufwinkeln als im vorliegenden Beispiel erzeugen will, so muß der Rückkopplungsfaktor K schließlich infolge der größer werdenden Phasenverschiebungen sein Vorzeichen wechseln; jedoch wird die Selbsterregung bei großen Laufwinkeln dadurch erschwert, daß der Influenzstrom $\mathfrak{J}_a$ im Anodenkreis bei größeren Laufwinkeln stark abnimmt (vgl. die Funktion $\mathfrak{Y}_6$ in Abb. 49). Die in Abb. 54 dargestellte Rückkopplungsschaltung ist eine Kathodenbasisschaltung. Sofern man die durch die Elektronenströmung selbst bedingten Grenzen der Schwingungserregung betrachtet, ist es bei einer Rückkopplungsschaltung gleichgültig, ob man eine Kathodenbasis- oder Gitterbasisschaltung anwendet, denn die rein elektronischen Verhältnisse werden durch die äußere Schaltung nicht verändert, sofern man gleiche Laufwinkel und gleichen Rückkopplungsfaktor voraussetzt.

β) Der Heilsche Generator.

Der Heilsche Generator ist ein Rückkopplungssender, der mit Geschwindigkeitssteuerung arbeitet. Der Aufbau ist in Abb. 55 schematisch dargestellt. Ein Elektronenstrahl, der durch ein in Achsenrichtung laufendes Magnetfeld konzentriert wird, geht von der Kathode K aus, durchläuft die Elektroden A, B und C, um schließlich auf die Elektrode D aufzutreffen. Alle Elektroden führen gegen die Kathode die gleiche Gleichspannung $\bar{U}$. Die zylinderförmige Mittelelektrode B führt gegen die anderen Elektroden eine hochfrequente Wechselspannung $\hat{U} \sin \omega t$, die sich an einem Resonanzkreis ausbildet. Diese Spannung erzeugt elektrische Wechselfelder in den Spalten zwischen den Elektroden A und B einerseits und B und C anderseits; die beiden Felder sind entgegengesetzt gerichtet. (Es sind auch Röhren angegeben worden, bei denen durch geeignete Gestaltung des äußeren Kreises die beiden Felder gleichgerichtet sind; die Berechnung gestaltet sich in der gleichen Weise, wie es hier für den Heilschen Generator angegeben ist.) Der durch die Gleichspannung $\bar{U}$ auf hohe Geschwindigkeit gebrachte Elektronenstrahl wird beim Durchtritt durch den Spalt zwischen A und B geschwindigkeitsgesteuert; er durchläuft dann im Innern der Elektrode B eine hochfrequenzfeldfreie Strecke, in der sich die Geschwindigkeitssteuerung in eine Intensitätssteuerung umsetzt. Der intensitätsgesteuerte Strahl (Leitungsstrom i_l) durchfliegt den Spalt zwischen den Elektroden B und C und erzeugt dabei einen Influenzstrom i_l, der den Resonanzkreis auf die Spannung $\hat{U} \sin \omega t$

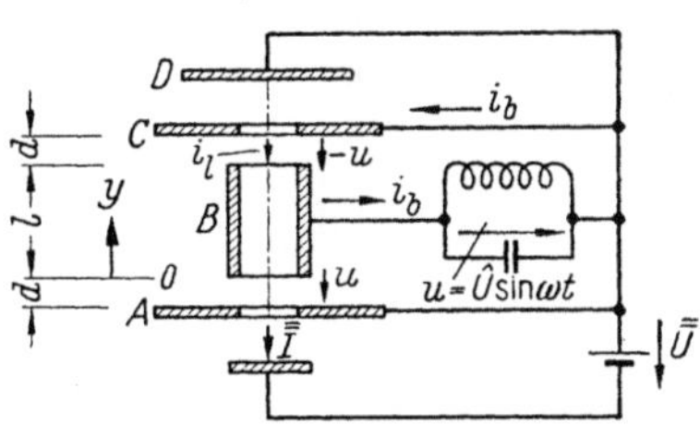

Abb. 55. Schema des Heilschen Generators.

anfacht. Die Elektronen landen dann auf einer besonderen Auffangelektrode D, wodurch die beim Aufprall auftretende Wärmeverlustleistung von den Hochfrequenzelektroden ferngehalten wird. Die angefachte Spannung $\hat{U} \sin \omega t$ ist auch zugleich die steuernde Spannung; durch die Eigenart der Anordnung hat also der Rückkopplungsfaktor unveränderlich die Größe 1. Um die richtigen Phasenbedingungen für die Anfachung durch den Strom i_l zu erfüllen, müssen die Laufwinkel eine bestimmte Größe haben; die genaue Einstellung des Laufwinkels erfolgt durch die Gleichspannung $\bar{U}$.

Für die eingehendere Behandlung sei die Voraussetzung gemacht, daß die Laufwinkel in den Spalten mit der Breite d vernachlässigbar klein sind (die gleiche Voraussetzung wurde auch schon beim geschwindigkeitsgesteuerten Hochfrequenzverstärker auf S. 120 getroffen). Dann läßt sich die Wirkungsweise des Heilschen Generators nach den gleichen Methoden behandeln, die bereits bei der Geschwindigkeitssteuerung in den Abb. 39 bis 42 durchgeführt wurden und hier nicht noch einmal beschrieben zu werden brauchen. Die Schwierigkeit im Betrieb des Heilschen Generators liegt darin, daß am Steuer- und am Anfachspalt gleich große Wechselspannungen liegen, und daß Elektronen mit gewissen Eintrittsphasen in beiden Spalten abgebremst und im zweiten Spalt zur Umkehr gezwungen werden können. Sobald ein Teil der Elektronen umkehrt, sind die Zusammenhänge schwer zu übersehen, insbesondere weil es unklar bleibt, wo die zurückpendelnden Elektronen schließlich abgefangen werden. (Sie können beispielsweise, je nach Konzentrierung des Elektronenstrahls, auf der Elektrode B oder auf der Elektrode A landen, oder in den Kathodenraum zurückkehren und nochmals ins Hochfrequenzfeld zurückpendeln.) Unter allen Umständen nimmt dabei der Leistungsumsatz schnell ab, und man wird sich im Betrieb bemühen, die Elektronenumkehr nicht zu erreichen. Wenn ein Elektron zur Zeit t_0 den sehr schmalen Steuerspalt durchsetzt, so hat es nach Gl. (61) auf S. 82 die Geschwindigkeit

$$\frac{\partial y}{\partial t} = \sqrt{\frac{2e}{m}\left(\bar{U} + \hat{U}\sin\omega t_0\right)}.$$

Wenn das Elektron zur Zeit t die Länge l des Laufraumes durchflogen hat, so gilt

$$l = \sqrt{\frac{2e}{m}\left(\bar{U} + \hat{U}\sin\omega t_0\right)}\,(t - t_0).$$

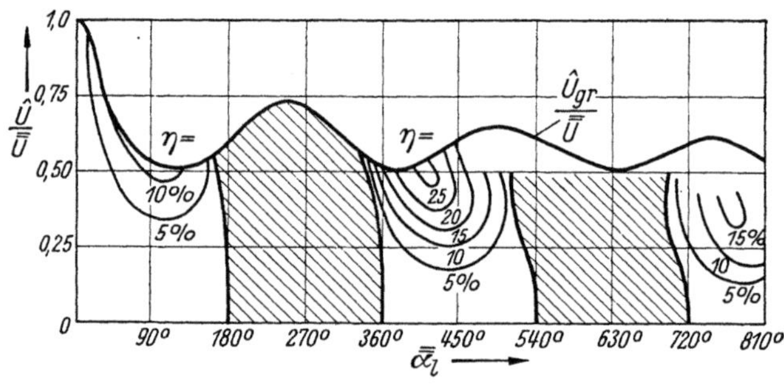

Abb. 56. Heilscher Generator: Grenzaussteuerung $\hat{U}_{gr}/\bar{\bar{U}}$, Schwingbereiche und Wirkungsgrad η in Abhängigkeit vom Laufwinkel $\bar{\alpha}_l$ und der Spannungsaussteuerung $\hat{U}/\bar{\bar{U}}$.

Am Anfachspalt liegt die Wechselspannung $-\hat{U}\sin\omega t$, und nach Durchlaufen dieser Spannung hat das Elektron die Austrittsgeschwindigkeit

$$\frac{\partial y}{\partial t} = \sqrt{\frac{2e}{m}\left(\bar{U} + \hat{U}\sin\omega t_0 - \hat{U}\sin\omega t\right)}$$

erreicht, die für alle beliebigen Zeiten t_0 reell sein muß. Also gilt:

$$\bar{U} + \hat{U}\sin\omega t_0 - \hat{U}\sin\left[\omega t_0 + \frac{\omega l}{\sqrt{\frac{2e}{m}\bar{U}}\sqrt{1 + \frac{\hat{U}}{\bar{U}}\sin\omega t_0}}\right] \geqq 0$$

oder:

$$1 + \frac{\hat{U}}{\bar{U}}\sin\omega t_0 - \frac{\hat{U}}{\bar{U}}\sin\left[\omega t_0 + \frac{\bar{\alpha}_l}{\sqrt{1 + \frac{\hat{U}}{\bar{U}}\sin\omega t_0}}\right] \geqq 0. \qquad (91)$$

Diese Ungleichung muß für alle Startphasen ωt_0 erfüllt sein und gibt deswegen für die Spannungsaussteuerung eine obere Grenze. Wenn man die Gleichung graphisch auswertet, so erhält man die in Abb. 56 stark gezeichnete Grenzkurve für die höchst zulässige Aussteuerung $\hat{U}_{gr}/\bar{U}$ bei den verschiedenen Laufwinkeln $\bar{\alpha}_l$. Es ist bei gewissen Laufwinkeln nur eine Spannungsaussteuerung von 0,5 möglich. Wenn man berücksichtigt, daß die Elektronen mit einer Startphase von $\omega t_0 = \frac{3}{2}\pi + 2\pi n$ (n = ganze Zahl) am stärksten abgebremst werden, so ergibt sich bei der Spannungsaussteuerung $\hat{U}/\bar{U} = 0{,}5$ nach Gl. (91) ein Laufwinkel von

$$\frac{\bar{\alpha}_l}{\sqrt{1-0{,}5}} = (2n-1)\,\pi \quad \text{oder} \quad \bar{\alpha}_l = \frac{\pi}{\sqrt{2}}\,(2n-1).$$

Die Begrenzung durch die Elektronenumkehr macht es unmöglich, den sonst bei der Geschwindigkeitssteuerung üblichen Wirkungsgrad beim Heilschen Generator mit sehr kurzen Steuer- und Anfachspalten auszunutzen. Nach Gl. (65) auf S. 92 ist die Steilheit bei kleinen Steuerwechselspannungen:

$$\frac{\mathfrak{J}_l}{\mathfrak{U}} = \mathfrak{S} = \overline{\overline{G}}\,\mathfrak{Y}_3(\bar{\alpha}_l)\,\frac{2\,\mathrm{J}_1\left(\frac{\bar{\alpha}_l}{2}\,\frac{\hat{U}}{\bar{U}}\right)}{\frac{\bar{\alpha}_l}{2}\,\frac{\hat{U}}{\bar{U}}}\,.$$

Die im Anfachspalt herrschende Spannung ist $-\mathfrak{U}$, also erzeugt die Elektronenströmung einen Leitwert von der Größe

$$\mathfrak{G} = -\frac{\mathfrak{J}_l}{\mathfrak{U}} = -\overline{\overline{G}}\,\mathfrak{Y}_3(\bar{\alpha}_l)\,\frac{2\,\mathrm{J}_1\left(\frac{\bar{\alpha}_l}{2}\,\frac{\hat{U}}{\bar{U}}\right)}{\frac{\bar{\alpha}_l}{2}\,\frac{\hat{U}}{\bar{U}}}\,. \tag{92}$$

Der Wirkanteil dieses Leitwertes bestimmt sich dadurch, daß man nach Gl. (63) auf S. 89 die Funktion $\mathfrak{Y}_3$ einführt:

$$G_W = -\overline{\overline{G}}\,\sin\bar{\alpha}_l\,\frac{2\,\mathrm{J}_1\left(\frac{\bar{\alpha}_l}{2}\,\frac{\hat{U}}{\bar{U}}\right)}{\frac{\hat{U}}{\bar{U}}}\,. \tag{93}$$

Wenn der Wirkleitwert negativ ist, so entsteht eine Anfachung von Schwingungen. [Dies ist im Rahmen der durch Gl. (65) gegebenen Näherung der Fall bei Laufwinkeln zwischen 0 und π, 2π und 3π usw.] Der Wirkungsgrad des Heilschen Generators mit sehr engen Spalten ist:

$$\eta = -\frac{G_W\,\hat{U}^2}{2\,\bar{U}\,I} = -\frac{G_W}{\overline{\overline{G}}}\left(\frac{\hat{U}}{\bar{U}}\right)^2,$$

$$\eta = \frac{\hat{U}}{\bar{U}}\,\sin\bar{\alpha}_l\,\mathrm{J}_1\left(\frac{\bar{\alpha}_l}{2}\,\frac{\hat{U}}{\bar{U}}\right). \tag{94}$$

Die Linien konstanten Wirkungsgrades sind innerhalb der Schwinggebiete ebenfalls in die Abb. 56 eingezeichnet. Da die Darstellung der Abb. 56 aus einer exakten Rechnung gewonnen ist, zeigen sich bei höheren Spannungsaussteuerungen gewisse Abweichungen von der Näherungsformel (94). Man erkennt aus der Darstellung, daß sich im ersten Schwingbereich Wirkungsgrade von wenig mehr als 10% und im zweiten Schwingbereich von wenig mehr als 25% mit dem Heilschen Generator der angegebenen Bauart erzielen lassen.

Die geschilderten ungünstigen Verhältnisse sind darauf zurückzuführen, daß die große Hochfrequenzspannung am Steuerspalt stärkere Geschwindigkeitsunterschiede in der Elektronenströmung hervorruft, als zur Erzielung eines kräftigen Leitungswechselstromes im Anfachspalt überhaupt erforderlich sind. Eine wirksame Abhilfe läßt sich dadurch schaffen, daß man den Steuerspalt erheblich breiter als den Anfachspalt macht, dadurch größere Laufwinkel im Steuerspalt erreicht und geringere Geschwindigkeitsunterschiede erhält, wie es für den Fall der kleinen Spannungsaussteuerung aus der Gl. (73) auf S. 96 zu entnehmen ist. Wenn die durch den Steuerspalt bedingten Geschwindigkeitsunterschiede geringer werden, muß selbstverständlich die Laufstrecke l erheblich vergrößert werden, um die nötige Intensitätssteuerung der Elektronenströmung zu erhalten; dafür kann aber die Wechselspannungsamplitude am Anfachspalt nahezu den Wert der Gleichspannung erreichen, ohne daß eine Umkehr der Elektronen zu befürchten ist. Der Wirkungsgrad kann dann im Grenzfall auf nahezu 58% ansteigen, wie er auch beim oben beschriebenen geschwindigkeitsgesteuerten Verstärker erzielt wird. Eine günstige Dimensionierung des Heilschen Generators ist z. B. bei folgenden Laufwinkeln gegeben:

$$\begin{aligned}
\text{Laufwinkel im Steuerspalt:} \quad & \bar{\bar{\alpha}}_{d_1} = 252°, \\
\text{Laufwinkel in der Laufstrecke:} \quad & \bar{\alpha}_{l} = 270°, \\
\text{Laufwinkel im Anfachspalt:} \quad & \bar{\bar{\alpha}}_{d_2} = 90°.
\end{aligned}$$

·Der Wirkungsgrad beträgt, wie exakte Rechnungen gezeigt haben, etwa 50%; durch den nicht mehr sehr kleinen Laufwinkel am Anfachspalt tritt eine gewisse Schwächung ein; engere Anfachspalte lassen sich jedoch aus konstruktiven Gründen nur schwer herstellen.

γ) Das Reflexionsklystron.

Der Aufbau des Reflexionsklystrons ist schematisch bereits in den Abb. 45a und b dargestellt. Es wird vorausgesetzt, daß der Elektronenstrahl durch geeignete elektronenoptische Maßnahmen nach dem zweiten Durchsetzen des Hochfrequenzfeldes von der Elektrode A abgefangen wird, ohne nochmals in das Hochfrequenzfeld zurückzupendeln.

Beim Reflexionsklystron tritt ebenso wie beim Heilschen Generator bei zu großen Spannungsaussteuerungen eine unerwünschte Elektronenumkehr dadurch auf, daß die Elektronen beim Zurückkommen aus dem Reflexionsraum durch das Hochfrequenzfeld nochmals in den Reflexionsraum zurückgeworfen werden. Ein Elektron, das, von der Kathode kommend, den sehr engen Hochfrequenzspalt zur Zeit t_0 durchlaufen hat, hat zur Zeit t beim Wiedereintreten in das Hochfrequenzfeld nach Gl. (67) auf S. 93 eine Geschwindigkeit von der Größe:

$$\frac{\partial y}{\partial t} = \frac{e}{m\,l}\,(-\bar{U}_b)\,(t - t_0) + \sqrt{\frac{2e}{m}\,\bar{\bar{U}}}\,\sqrt{1 + \frac{\hat{U}}{\bar{U}}\sin \omega t_0}.$$

Hierbei ist nach Gl. (68) auf S. 93

$$\frac{e}{m\,l}\,(-\,\bar{U}_b)\,\frac{(t-t_0)^2}{2}+\sqrt{\frac{2\,e}{m}\,\bar{U}}\,\sqrt{1+\frac{\hat{U}}{\bar{U}}\sin\omega t_0}\,(t-t_0)=0,$$

also folgt mit Gl. (69) auf S. 93:

$$t-t_0=\frac{2\,m\,l}{e\,\bar{U}_b}\sqrt{\frac{2\,e}{m}\,\bar{U}}\,\sqrt{1+\frac{\hat{U}}{\bar{U}}\sin\omega t_0}=\frac{\bar{\alpha}_l}{\omega}\sqrt{1+\frac{\hat{U}}{\bar{U}}\sin\omega t_0}.$$

Nach dem zweiten Durchtritt durch das Hochfrequenzfeld ist dann die Geschwindigkeit:

$$\frac{\partial y}{\partial t}=-\sqrt{\frac{2\,e}{m}\,\bar{U}}\,\sqrt{1+\frac{\hat{U}}{\bar{U}}\sin\omega t_0}-\frac{\hat{U}}{\bar{U}}\sin\omega t.$$

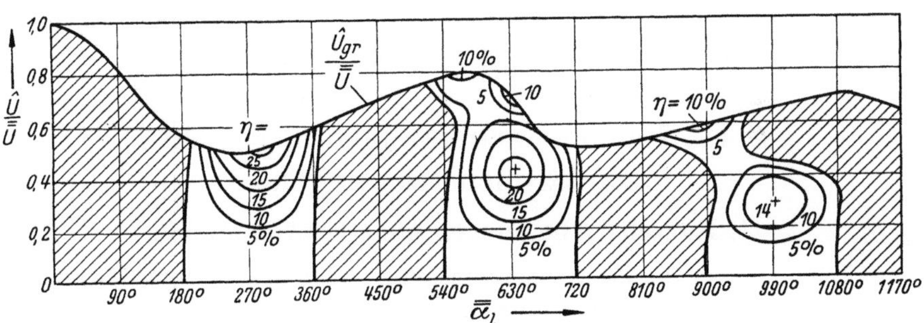

Abb. 57. Reflexionsklystron: Grenzaussteuerung $\hat{U}_{gr}/\bar{U}$, Schwingbereiche und Wirkungsgrad η in Abhängigkeit vom Laufwinkel $\bar{\alpha}_l$ und der Spannungsaussteuerung $\hat{U}/\bar{U}$.

Diese Geschwindigkeit muß unter allen Umständen reell bleiben, d. h. die Elektronen müssen ihre Bewegungsrichtung zur Kathode hin beibehalten. Somit entsteht die Beziehung:

$$1+\frac{\hat{U}}{\bar{U}}\sin\omega t_0-\frac{\hat{U}}{\bar{U}}\sin\left(\omega t_0+\bar{\alpha}_l\sqrt{1+\frac{\hat{U}}{\bar{U}}\sin\omega t_0}\right)\gtreqless 0,\qquad(95)$$

die der Gl. (91) beim Heilschen Generator ähnelt. Weil diese Ungleichung bei allen Werten von t_0 erfüllt sein muß, ergibt sich ein Grenzwert $\hat{U}_{gr}/\bar{U}$ für die Spannungsaussteuerung bei den verschiedenen Laufwinkeln $\bar{\alpha}_l$. Dieser Zusammenhang ist in Abb. 57 durch die oberste Kurve dargestellt.

Den Wirkungsgrad des Reflexionsklystrons erhält man für kleinere Wechselspannungen aus der Steilheit nach Gl. (71) auf S. 94. Durch Einführen der Funktion $\mathfrak{Y}_3$ nach Gl. (63) auf S. 89 ergibt sich der Wirkanteil dieses Leitwertes zu:

$$G_W=\bar{\bar{G}}\sin\bar{\alpha}_l\,\frac{2\,\mathrm{J}_1\left(\dfrac{\bar{\alpha}_l}{2}\dfrac{\hat{U}}{\bar{U}}\right)}{\hat{U}/\bar{U}}.\qquad(96)$$

Der Wirkungsgrad ist bei kleineren Spannungsaussteuerungen:

$$\eta=-\frac{\hat{U}}{\bar{U}}\sin\bar{\alpha}_l\,\mathrm{J}_1\left(\frac{\bar{\alpha}_l}{2}\frac{\hat{U}}{\bar{U}}\right).\qquad(97)$$

9*

Eine Schwingungsanfachung findet statt in den Laufwinkelbereichen zwischen π und 2π, 3π und 4π usw. Wenn die Spannungsaussteuerung $\hat{U}/\bar{U}$ klein ist, so lassen sich sehr hohe Leitwerte erzielen, wenn man den Laufwinkel $\bar{\alpha}_l$ genügend groß macht, während der Wert $\dfrac{\bar{\alpha}_l}{2}\dfrac{\hat{U}}{\bar{U}}$ nahe dem Optimalwert 1,84 (vgl. S. 121) bleibt. Linien für konstanten Wirkungsgrad in den einzelnen Schwingbereichen sind in die Abb. 57 eingezeichnet. Für höhere Spannungsaussteuerungen stimmen die exakt errechneten dargestellten Werte nicht mehr mit denen der Näherungsformel (97) überein.

Da beim Reflexionsklystron Steuerspalt und Anfachspalt zusammenfallen, ist der Kunstgriff des Heilschen Generators, den Steuerspalt zu verbreitern, hier nicht anwendbar, denn eine Vergrößerung des Hochfrequenzspaltes setzt gleichzeitig die Anfachung herab.

IV. Rauscherscheinungen in ebenen Elektronenströmungen.

1. Rauscherscheinungen ohne Laufzeiteffekte.

Der durch eine Elektronenströmung gebildete Leitungsstrom besteht aus Elementarteilchen von der Ladung e und ist deswegen kein kontinuierlicher Vorgang, wie es bisher bei allen Berechnungen angenommen wurde. Die angegebene Stromstärke ist in Wirklichkeit ein Mittelwert, um den der Strom herumschwankt, allerdings mit verhältnismäßig kleinen Schwankungserscheinungen. Jedoch sind es gerade diese Schwankungserscheinungen, die der Verstärkung sehr kleiner Hochfrequenzenergien eine Grenze setzen. Im Tonfrequenzgebiet werden die Schwankungserscheinungen als ein „Rauschen" wahrgenommen, weshalb man sie auch allgemein als Rauscherscheinungen bezeichnet.

Zur Untersuchung der Schwankungserscheinungen soll zuerst ein einzelner Elementarvorgang betrachtet werden: Ein einzelnes Elektron soll innerhalb einer sehr kurzen Zeit τ zwischen zwei ebenen Elektroden mit dem Abstand d übergehen. Bei diesem Übergang erzeugt es einen Influenzstrom, dessen Größe nach den Ausführungen auf S. 13 bestimmt ist durch die Gleichung:

$$i_{infl} = \frac{e}{d}\frac{dy}{dt}.$$

Nimmt man vorerst einmal an, daß der Übergang von einzelnen Elektronen sich in regelmäßiger Folge mit der Periode T wiederholt, wobei die Periodenlänge sehr groß sein möge gegenüber der Elektronenflugzeit τ, so erhält der Influenzstrom den in Abb. 58 gezeichneten Verlauf, d. h. er besteht aus einzelnen periodischen Impulsen, wobei die Kurvenform des einzelnen Impulses vorläufig unwichtig ist. Dieser impulsförmige Stromverlauf soll in eine Fourier-Reihe zerlegt werden:

$$i_{infl} = \bar{I} + \sum_{n=1}^{\infty} \left[\hat{I}_s \, \sin\left(n\frac{2\pi t}{T}\right) + \hat{I}_{c_n} \cos\left(n\frac{2\pi t}{T}\right) \right],$$

wobei $\bar{I}$ den Gleichstromanteil und die Größen $\hat{I}_{s_n}$ und $\hat{I}_{c_n}$ die Amplituden für die Sinus- und Kosinusanteile der verschiedenen Teilwellen darstellen. Die Teilwellen haben eine Frequenz von der Größe $f_n = n/T$. Entsprechend den Formeln über Fourier-Analyse beträgt der Gleichstromanteil:

$$\bar{I} = \frac{1}{T} \int_{-\tau/2}^{+\tau/2} i_{infl}\, \mathrm{d}t = \frac{1}{T} \int_{-\tau/2}^{\tau/2} \frac{e}{d}\, \frac{\mathrm{d}y}{\mathrm{d}t}\, \mathrm{d}t = \frac{1}{T}\, \frac{e}{d} \int_{y=0}^{d} \mathrm{d}y = \frac{e}{T},$$

die Amplitude des Sinusanteils der Oberschwingungen

$$\hat{I}_s = \frac{2}{T} \int_{-\tau/2}^{\tau/2} i_{infl} \sin\frac{2\pi n t}{T}\, \mathrm{d}t \approx 0$$

und die Amplitude des Kosinusanteiles der Oberschwingungen:

$$\hat{I}_c = \frac{2}{T} \int_{-\tau/2}^{\tau/2} i_{infl} \cos\frac{2\pi n t}{T}\, \mathrm{d}t \approx \frac{2}{T} \int_{-\tau/2}^{\tau/2} i_{infl}\, \mathrm{d}t = 2\bar{I} = \frac{2e}{T}.$$

Bei der Auflösung der Integrale ist angenommen, daß die Elektronenübergangszeit τ auch noch klein ist gegenüber der Periode T/n der betrachteten Oberschwingungen von der Ordnungszahl n. Das Verschwinden der Sinusamplituden ist auf die willkürlich angenommene Phasenanlage des impulsförmigen Stromes gegenüber dem zeitlichen Nullpunkt zurückzuführen (vgl. Abb. 58) und bedeutet keine Einschränkung der Allgemeinheit, weil es bei den

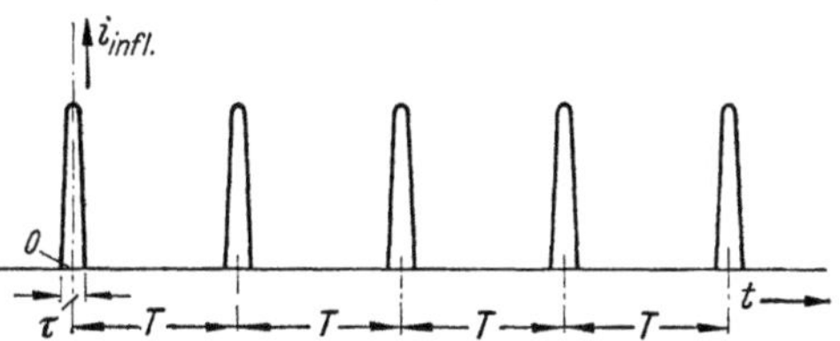

Abb. 58. **Zur Ableitung des Rauschspektrums.**

anschließenden Betrachtungen nur auf den Effektivwert des Stromes ankommt. Jeder Wechselstromanteil von der Ordnungszahl n hat einen Effektivwert von der Größe $\dfrac{2e}{\sqrt{2}\,T}$. Leitet man den Influenzstrom über irgendein Übertragungssystem, das einen gewissen Teilschwingungsbereich zwischen den Ordnungszahlen n_1 und n_2 hindurchläßt, so entsteht wegen der geometrischen Addition der Effektivwerte ein Stromeffektivwert von der Größe:

$$I_r = \sqrt{\sum_{n_1}^{n_2} \left(\frac{2e}{\sqrt{2}\,T}\right)^2} = \sqrt{\frac{2e^2}{T^2}(n_2 - n_1)}.$$

Führt man statt der Ordnungszahlen n_1 und n_2 die zugehörigen Frequenzen $f_1 = n_1/T$ und $f_2 = n_2/T$ ein und bezeichnet den gesamten übertragenen Frequenzbereich mit $\Delta f = f_2 - f_1$, so folgt für den Effektivwert des Stromes:

$$I_r = \sqrt{\frac{2\,e^2}{T}\left(\frac{n_2}{T} - \frac{n_1}{T}\right)} = \sqrt{\frac{2\,e^2}{T}\,(f_2 - f_1)} = \sqrt{\frac{2\,e^2}{T}\,\Delta f},$$

$$I_r = \sqrt{2\,e\,\bar{I}\,\Delta f}. \tag{98}$$

In der letzten Gleichung ist die Periodendauer T durch Einführen des Gleichstromanteils $\bar{I} = e/T$ eliminiert. Der durch den Impulsstrom nach Abb. 58 hervorgerufene Effektivwert hängt also ab von der Wurzel aus dem Gleichstrommittelwert $\bar{I}$, der vom Übertragungssystem durchgelassenen Bandbreite Δf und der Größe der Elementarladung e. Von der Größe der Periodendauer T und der Elektronenflugzeit τ ist das Ergebnis unabhängig, sofern nur die Voraussetzung $\tau \ll \dfrac{T}{n_2} = \dfrac{1}{f_2}$ erfüllt bleibt.

Macht man bei dem betrachteten Impulsstrom die Periodendauer T immer größer, so kommt man im Grenzfall zum Stromstoß eines einzelnen Elektronenübergangs; in den mathematischen Zusammenhängen ändert sich dabei nichts. Bei der Emission von Elektronen an einer wirklichen Kathode erfolgen die Elementarvorgänge nach reinen Wahrscheinlichkeitsgesetzen, sind also voneinander völlig unabhängig. Die Vielheit der einzelnen Elementarvorgänge erzeugt dann einen Rauschstrom, der durch die geometrische Addition der Rauschströme sämtlicher Elementarvorgänge entsteht und ebenfalls durch die Gl. (98) angegeben ist, wobei die arithmetische Summe der Gleichstromanteile den gesamten Gleichstrommittelwert $\bar{I}$ ergibt. Der Rauschstrom ist also durch diese einfachen Überlegungen bereits bestimmt, allerdings unter der Voraussetzung, daß die Elektronenemission der Kathode durch die Raumladung der bereits emittierten, im Raume befindlichen Elektronen nicht beeinflußt wird. Für den Fall der Sättigungskathode sind die Beziehungen auf alle Fälle richtig.

Erheblich anders werden die Verhältnisse bei einer Kathode, deren Emission raumladungsbegrenzt ist. Bei Berechnung des Rauschstromes kommt man mit der einfachen Vorstellung über die Emission in der Raumladungsdiode, die oben auf S. 34 gemacht wurde, nicht mehr aus. Man muß vielmehr berücksichtigen, daß die Elektronen aus der Kathode mit den verschiedensten nach Wahrscheinlichkeitsgesetzen verteilten Geschwindigkeiten austreten, und zwar in einer solchen Menge, wie es der Sättigungsstrom angibt. Infolge der starken Raumladung bildet sich sehr dicht vor der Kathode eine negative Potentialsenke aus, durch die im normalen Betrieb der größte Teil der ausgetretenen Elektronen zur Umkehr auf die Kathode gezwungen wird. Nur diejenigen Elektronen, die mit den größten Geschwindigkeiten aus der Kathode ausgetreten sind, können über das negative Potential hinweglaufen und stellen den eigentlichen zur Anode übergehenden Emissionsstrom dar. Jenseits der Potentialsenke sind die Raumladungsverhältnisse und die Potentialverteilung in sehr guter Näherung derart, wie es oben auf den S. 34 und 35 dargestellt ist. Da die Potentialsenke sehr dicht vor der Kathode liegt, war diese Näherungsdarstellung des Emissionsvorganges für die Ableitung der Laufzeiteigenschaften in einer Raumladungsdiode ohne weiteres zulässig. Will man dagegen die Schwankungserscheinungen berechnen, so muß man sich vergegenwärtigen, daß durch die Potentialsenke eine gewisse Ordnung in den an sich völlig ungeordnet verlaufenden Elektronenaustritt hineingebracht wird. Sind beispielsweise in einem gewissen Zeitaugenblick zuviel Elektronen ausgetreten, so wird die der Kathode vorgelagerte Raumladung erhöht, und die Potentialsenke geht auf einen etwas stärker negativen Potentialwert, wodurch unmittelbar anschließend eine etwas größere Anzahl von Elektronen zur Kathode zurückgeführt wird. Die Potentialsenke wirkt also wie ein Polster, das die starken Schwankungen in gewissem Grade ausgleicht. Entsprechend der Darstellung von Schottky wird die Schwächung des Rauschstromes durch einen besonderen Schwächungsfaktor F_k dargestellt, entsprechend der Beziehung

$$I_r = \sqrt{2e\,\bar{\bar{I}}\,F_k^2\,\Delta f}, \tag{98a}$$

die in Analogie zur Gl. (98) angeschrieben ist. Führt man die sog. Temperaturspannung $U_T = \dfrac{k\,T_k}{e}$ ein ($k =$ Boltzmannsche Konstante $= 1{,}38 \cdot 10^{-23}\,\dfrac{\text{Ws}}{\text{K}}$ und $T_k =$ absolute Kathodentemperatur), und bezeichnet man ferner die Spannung der Potentialsenke (gegen Kathode gemessen) mit $\bar{U}_m$, und macht man die bei üblichen Kathoden erfüllte Voraussetzung $\dfrac{\bar{U}_a - \bar{U}_m}{U_T} > 100$, so ergibt sich nach Schottky der Schwächungsfaktor:

$$F_k = \frac{\sqrt[3]{1 - \dfrac{\pi}{4}}}{\sqrt{\dfrac{\bar{U}_a - \bar{U}_m}{U_T}}}.$$

Bei den oben auf S. 34 dargestellten Beziehungen der Raumladungsdiode ist die Austrittsgeschwindigkeit der Elektronen nicht berücksichtigt. Im hier vorliegenden Fall muß deswegen bei der Einführung der statischen Steilheit $\bar{\bar{S}}$ nach Gl. (28) die Potentialsenke berücksichtigt werden, und man kann in Näherung für die Steilheit schreiben:

$$\bar{\bar{S}} = \frac{3}{2}\,\frac{{}'\bar{I}}{\bar{U}_a - \bar{U}_m}.$$

Führt man die Größe der Steilheit in die Beziehung für den Schwächungsfaktor ein, so erhält man für den Rauschstrom:

$$I_r = \sqrt{12\left(1 - \frac{\pi}{4}\right) kT_k \bar{\bar{S}}\,\Delta f},$$

$$I_r = \sqrt{4k\,(0{,}64\,T_k)\,\bar{\bar{S}}\,\Delta f}. \tag{98 b}$$

Bekanntlich erzeugt ein beliebig gebauter Ohmscher Widerstand R,
der sich auf der absoluten Temperatur T_0 befindet, im Frequenzbereich Δf einen Rauschstrom von der Größe:

$$I_r = \sqrt{4kT_0\,\Delta f/R}. \tag{99}$$

Durch Vergleich dieser Beziehung mit der Gl. (98b) kann man feststellen, daß die raumladungsbegrenzte Elektronenströmung einen
Rauschstrom von der gleichen Größe erzeugt wie ein Ohmscher
Widerstand vom Betrag $1/\bar{\bar{S}}$, der sich auf 0,64facher Kathodentemperatur befindet.

2. Rauscherscheinungen im Laufzeitgebiet.

a) Die Anfachung durch einen mit Schwankungserscheinungen behafteten Elektronenleitungsstrom.

Im vorigen Absatz wurde der von einer Kathode erzeugte Rauschstrom I_r berechnet. Dem Elektronenleitungsstrom, der die Umgebung
der Kathode verläßt, sind also Schwankungsströme überlagert, die innerhalb des Frequenzbereichs Δf in ihrer Gesamtwirkung den effektiven
Rauschstrom I_r ausmachen. Nimmt man an, daß ein solcher Elektronenleitungsstrom in die in Abb. 47a dargestellte Anfachstrecke eintritt, so
wird er an dem angeschlossenen Außenkreis eine Rauschspannung erzeugen, deren Größe von der Wirkung der Anfachung abhängt. Die
bereits gefundenen Gleichungen über die Anfachung bei kleinen Wechselspannungen lassen sich also unmittelbar anwenden. Jede Teilfrequenz
des Rauschstromes erzeugt im Außenkreis einen Influenzstrom $\mathfrak{J}_{cd}$,
dessen Größe nach Gl. (85) auf S. 108 darzustellen ist. Die Geschwindig-
keitsschwankung $\mathfrak{V}_c$ kann dabei vernachlässigt werden, weil die Elektronen durch die angelegte Gleichspannung im allgemeinen auf sehr
hohe Geschwindigkeiten $\bar{v}_c$ gebracht sind und die Geschwindigkeitsschwankungen, die beim Austritt aus der Kathode auftreten, sehr gering
sind. Die am Kreis liegende Wechselspannung $\mathfrak{U}$ kann vorerst gleich
Null gesetzt werden, weil nur die Wirkung des Rauschstromes auf den
Influenzstrom untersucht werden soll; die Anfachstrecke sei also für
Hochfrequenz kurzgeschlossen.

Eine sinusförmige Teilschwingung $\mathrm{d}\mathfrak{J}_{l_e}$ des Rauschstromes, die die Frequenz f hat, erzeugt nach Gl. (85) einen Influenzstrom vom Betrage

$$|\mathrm{d}\mathfrak{J}_{cd}| = |\mathrm{d}\mathfrak{J}_{l_e}| \left| \mathfrak{Y}_6\,(\bar{\alpha}) + \frac{\sqrt{\bar{U}_e}}{\sqrt{\bar{U}_e} + \sqrt{\bar{U}_a}}\,\mathfrak{Y}_1\,(\bar{\alpha}) \right|.$$

Hierbei ist der Laufwinkel $\bar{\alpha}$ eine Funktion der betrachteten Teilfrequenz:
$$\bar{\alpha} = 2\pi\,f\,\bar{\bar{\tau}}.$$

Nimmt man an, daß der Elektronenleitungsstrom aus einer Raumladungskathode stammt [effektiver Rauschstrom nach Gl. (98b) auf S. 136], und faßt man nun wiederum alle Teilschwingungen im Frequenzbereich Δf zusammen, so entsteht der Rausch-Influenzstrom durch geometrische Addition:

$$I_{r\,infl} = \sqrt{4\,k\,(0{,}64\,T_k)\,\bar{\bar{S}}}\,\sqrt{\int\limits_{f_1}^{f_2} \left| \mathfrak{Y}_6\,(\bar{\alpha}) + \frac{\sqrt{\bar{U}_e}}{\sqrt{\bar{U}_e} + \sqrt{\bar{U}_a}}\,\mathfrak{Y}_1\,(\bar{\alpha}) \right|^2 \mathrm{d}f.}$$

In sehr vielen Fällen interessiert der Rauschstrom nur für ein verhältnismäßig enges Frequenzband, in welchem der Laufwinkel $\bar{\alpha}$ keinen stärkeren Schwankungen unterworfen ist. In diesem Fall kann man die Laufwinkelfunktion vor das Integralzeichen setzen. Bezeichnet man mit $\bar{\alpha}$ den zur mittleren Frequenz des Übertragungsbereichs Δf gehörigen Laufwinkel, so erhält man

$$I_{r_{infl}} = \left| \mathfrak{Y}_6\,(\bar{\alpha}) + \frac{\sqrt{\bar{U}_e}}{\sqrt{\bar{U}_e} + \sqrt{\bar{U}_a}}\,\mathfrak{Y}_1\,(\bar{\alpha}) \right| \sqrt{4\,k\,(0{,}64\,T_k)\,\bar{\bar{S}}\,\Delta f}. \qquad (100)$$

Man kann also bei Voraussetzung eines genügend schmalen Frequenzbandes Δf das Problem rechnerisch so behandeln, als ob ein sinusförmiger Elektronenleitungsstrom vom Betrage $\sqrt{4\,k\,(0{,}64\,T_k)\,\bar{\bar{S}}}\,\Delta f$ in die Anfachstrecke eingetreten wäre und den Influenzstrom $I_{r_{infl}}$ erzeugt hätte. (Unter $\bar{\bar{S}}$ ist dabei die statische Steilheit in dem der Kathode unmittelbar vorgelagerten Entladungsraum zu verstehen.) Die weiteren Betrachtungen sollen stets unter der Voraussetzung eines schmalen zu übertragenden Frequenzbandes durchgeführt werden.

Nimmt man nunmehr an, daß die Anfachstrecke außen nicht kurzgeschlossen ist, sondern mit einem Außenkreis vom Leitwert $\mathfrak{G}_a$ überbrückt ist, so ergeben sich ganz ähnliche Verhältnisse, wie sie oben bei der Anfachung auf S. 112 behandelt wurden. Die Wechselspannung ist mit dem Influenzstrom $\mathfrak{J}_{cd}$ verknüpft durch die Beziehung: $\mathfrak{U} = -\mathfrak{J}_{cd}/\mathfrak{G}_a$, und es ergibt sich mit Gl. (85) auf S. 108 (unter Vernachlässigung der Wechselgeschwindigkeit $\mathfrak{V}_c$) der Zusammenhang:

$$\mathfrak{U} = -\mathfrak{J}_{l_e}\,\frac{\mathfrak{Y}_6\,(\bar{\alpha}) + \dfrac{\sqrt{\bar{U}_e}}{\sqrt{\bar{U}_e} + \sqrt{\bar{U}_a}}\,\mathfrak{Y}_1\,(\bar{\alpha})}{\mathfrak{G}_a + \dfrac{\bar{I}}{\bar{U}_d}\left(\dfrac{\sqrt{\bar{U}_e}}{\sqrt{\bar{U}_e} + \sqrt{\bar{U}_a}}\right)^2 \mathfrak{Y}_1\,(\bar{\alpha})}.$$

Führt man nun statt des Leitungsstromes $\mathfrak{J}_{l_c}$ den Rauschstrom nach Gl. (98b) ein, so ergibt sich die effektive Rauschspannung:

$$U_r = \sqrt{4k\,(0{,}64\,T_k)\,\bar{\bar{S}}\,\varDelta f}\;\left|\frac{\mathfrak{Y}_6(\bar{\bar{\alpha}}) + \dfrac{\sqrt{\bar{\bar{U}}_c}}{\sqrt{\bar{\bar{U}}_c} + \sqrt{\bar{\bar{U}}_d}}\,\mathfrak{Y}_1(\bar{\bar{\alpha}})}{\mathfrak{G}_a + \dfrac{\bar{\bar{I}}}{(\sqrt{\bar{\bar{U}}_c} + \sqrt{\bar{\bar{U}}_d})^2}\,\mathfrak{Y}_1(\bar{\bar{\alpha}})}\right|. \qquad (101)$$

b) Rauscherscheinungen in Verstärkern.

Von besonderem Interesse sind die Rauscherscheinungen in Verstärkern, weil sie die Grenzempfindlichkeit des Verstärkers bestimmen. Die Rauscherscheinungen sind bei Höchstfrequenzverstärkern dadurch gekennzeichnet, daß bereits die Steuerstrecke der Verstärkerröhre für den Rauschstrom wie eine Anfachstrecke in der soeben beschriebenen Weise wirkt. Der von der Kathode kommende Elektronenleitungsstrom, dem die Schwankungswechselströme überlagert sind, erzeugt durch Influenz im Steuerkreis eine Rauschspannung, deren Größe vom Leitwert des angeschlossenen äußeren Kreises abhängt, und die genau wie eine von außen zugeführte Wechselspannung auf die Steuerung der Elektronenströmung wirkt. In der allgemeinen Hochfrequenztechnik, bei der sich die Laufzeiteffekte in den Elektronenröhren noch nicht bemerkbar machen, tritt dieser Effekt nicht auf; denn hier arbeitet man in der Kathodenbasisschaltung nach Abb. 51a, bei der sich die Influenzwirkungen im Kathoden-Steuergitter-Raum und im Steuergitter-Schirmgitter-Raum gerade aufheben, wie die Ausführungen auf S. 117 gezeigt haben.

Rauscherscheinungen in intensitätsgesteuerten Höchstfrequenzverstärkern sind schwierig zu behandeln, da sie die Kenntnis der Rauscherscheinungen von Dioden im Laufzeitgebiet voraussetzen. Deshalb sollen hier die grundsätzlichen Probleme am Beispiel eines geschwindigkeitsgesteuerten Verstärkers dargestellt werden.

c) Beispiel: Das Rauschen eines geschwindigkeitsgesteuerten Verstärkers.

Der Verstärker sei nach dem Schema der Abb. 53 aufgebaut. Die Hochfrequenzspalte d_1 und d_2 seien sehr schmal, so daß die zugehörigen Laufwinkel als vernachlässigbar angesehen werden können. Die Rauscherscheinungen mögen nur in einem schmalen Frequenzband interessieren; dann kann entsprechend den vorangegangenen Ausführungen die Rechnung derart durchgeführt werden, als ob dem durch das Gitter A tretenden Elektronenleitungsstrom ein Wechselstrom mit nur einer einzigen sinusförmigen Komponente $\mathfrak{J}_{l_a}$ überlagert ist. Der zwischen den Gittern A und B liegende äußere Kreis soll den Leitwert $\mathfrak{G}_{a_1}$ haben.

Der durch das Gitterpaar AB tretende Leitungswechselstrom erzeugt an dem äußeren Kreise eine Wechselspannung $\mathfrak{U}_x$, die wegen des sehr kleinen Laufwinkels die Größe $\mathfrak{U}_x = -\mathfrak{J}_{l_a}/\mathfrak{G}_{a_1}$ hat (vgl. die Ausführungen auf S. 103). Diese Spannung verursacht eine Geschwindigkeitssteuerung, so daß nach Durchlaufen des Laufwinkels $\bar{\alpha}_l$ an der Elektrode C ein zusätzlicher Elektronenleitungsstrom entsteht, der nach Gl. (63) auf S. 89 die Größe

$$\mathfrak{S}\,\mathfrak{U}_x = -\,\mathfrak{J}_{l_a}\,\frac{\overline{\overline{G}}}{\mathfrak{G}_{a_1}}\,\mathrm{j}\,\mathrm{e}^{-\mathrm{j}\,\overline{\overline{\alpha}}_l}\,\frac{\bar{\alpha}_l}{2}$$

hat [bei den hier vorhandenen sehr kleinen Wechselamplituden ist die Entstehung eines Phasenbrennpunktes ausgeschlossen, so daß nicht nach der erweiterten Gl. (65) gerechnet zu werden braucht]. Hinzu kommt der ursprüngliche Elektronenleitungswechselstrom, der bei Durchlaufen der Strecke l eine Phasendrehung um den Winkel $\bar{\alpha}_l$ erhalten hat, so daß sich für den gesamten Leitungswechselstrom an der Elektrode C ergibt:

$$\mathfrak{J}_{l_c} = \mathfrak{J}_{l_a}\,\mathrm{e}^{-\mathrm{j}\,\overline{\overline{\alpha}}_l}\left(1 - \frac{\bar{\alpha}_l}{2}\,\frac{\overline{\overline{G}}}{\mathfrak{G}_{a_1}}\,\mathrm{j}\right).$$

Ersetzt man nun den Leitungswechselstrom $\mathfrak{J}_{l_a}$ durch den effektiven Rauschstrom nach Gl. (98b) auf S. 136, so erhält man die Rauschkomponente des Elektronenleitungsstromes an der Elektrode C:

$$I_{r_c} = \sqrt{6\,k\,(0{,}64\,T_k)\overline{\overline{G}}\,\varDelta f}\left|1 - \frac{\bar{\alpha}_l}{2}\,\frac{\overline{\overline{G}}}{\mathfrak{G}_{a_1}}\,\mathrm{j}\right|. \tag{102}$$

Hierbei ist die statische Steilheit $\overline{\overline{S}}$ der Entladungsstrecke zwischen Kathode und Gitter A entsprechend Gl. (28) auf S. 36 durch die Größe $\tfrac{3}{2}\overline{\overline{G}}$ ersetzt worden; es ist — wie übrigens bei der gesamten Berechnung — vorausgesetzt, daß von den Gittern selbst keine Elektronen abgefangen werden.

Einen wirklichen Überblick über die Bedeutung des Rauschstromes I_{r_c} erhält man erst dann, wenn man ihn mit dem Elektronenleitungsstrom I_{n_c} vergleicht, der durch ein von außen dem Verstärker zugeführtes Nutzsignal entsteht. Entsprechend Abb. 59a sei der an das Gitterpaar AB angeschlossene Schwingkreis transformatorisch an eine Spannungsquelle (z. B. eine Empfangsantenne) angeschlossen. In bekannter Weise läßt sich nach Abb. 59b ein Ersatzschaltbild für diese Anordnung entwerfen, indem man den Schwingkreis durch einen Wirkleitwert G_{W_1} und

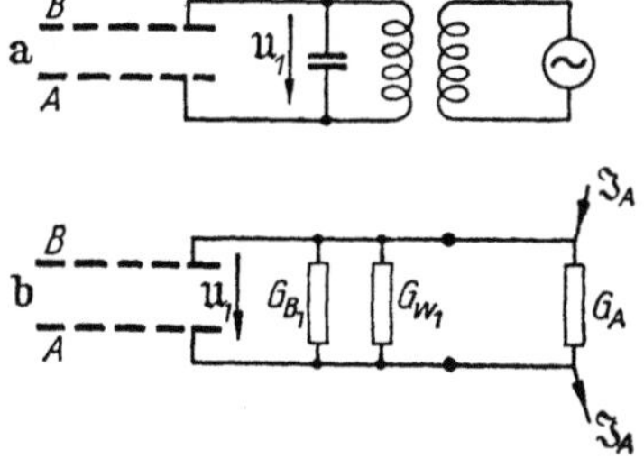

Abb. 59. Eingangskreis **eines** Verstärkers mit Geschwindigkeitssteuerung (*a*) und sein Ersatzschaltbild (*b*).

einen Blindleitwert G_{B_1} ersetzt und die angekoppelte Spannungsquelle durch einen Wirkleitwert G_A darstellt, in den ein Strom $\mathfrak{J}_A$ einströmt (ein durch den Generator verursachter Blindleitwert sei sogleich mit dem

Blindleitwert des Kreises, den man ja durch Abstimmung beliebig verändern kann, kombiniert gedacht). Je nach der Wahl der Ankopplung zwischen Spannungsquelle und Schwingkreis können $\mathfrak{J}_A$ und G_A sehr verschiedene Werte annehmen; unverändert bleibt jedoch die maximale Wirkleistung N_A, die man dem Generator im Höchstfalle entziehen kann; man würde sie gewinnen, wenn man an den Generator statt des Schwingungskreises einen Wirkleitwert von der Größe G_A anschließen würde; ihre Größe ist:

$$N_A = \frac{\hat{I}_A{}^2}{8\,G_A} = \frac{I_A{}^2}{4\,G_A} \quad (I_A = \text{Effektivwert von } \mathfrak{J}_A).$$

Die am Gitterpaar AB durch den Generator hervorgerufene Wechselspannung $\mathfrak{U}_1$ ist:

$$\mathfrak{U}_1 = \frac{\mathfrak{J}_A}{\mathfrak{G}_{a_1}}, \quad \text{wobei} \quad \mathfrak{G}_{a_1} = G_A + G_{W_1} + \mathrm{j}\,G_{B_1}.$$

Diese Wechselspannung erzeugt durch Geschwindigkeitssteuerung am Gitter C einen Elektronenleitungsstrom $\mathfrak{J}_{n_c}$, dessen Größe sich wiederum nach Gl. (63) auf S. 89 ergibt:

$$\mathfrak{J}_{n_c} = \mathfrak{S}\mathfrak{U}_1 = \mathfrak{J}_A \frac{\overline{\overline{G}}}{\mathfrak{G}_{a_1}} \mathrm{j} \cdot \frac{\bar{\alpha}_l}{2} \mathrm{e}^{-\mathrm{j}\bar{\bar{\alpha}}_l}.$$

Da nur der Effektivwert dieses Stromes interessiert, erhält man nach einigen Umrechnungen:

$$I_{n_c} = \left| \frac{\overline{\overline{G}}}{\mathfrak{G}_{a_1}} \right| \frac{\bar{\alpha}_l}{2} \sqrt{4\,N_A\,G_A}. \tag{103}$$

Um die Grenzempfindlichkeit des geschwindigkeitsgesteuerten Verstärkers zu ermitteln, nimmt man an, daß ein Signal noch gerade zu erkennen ist, wenn es genau so groß ist wie die Rauschstörung. Man muß also den „Rauschstrom" nach Gl. (102) und den „Signalstrom" nach Gl. (103) gleichsetzen, um die Grenzleistung N_A zu erhalten, die die Nutzspannungsquelle mindestens zur Verfügung stellen muß. Hierbei ist allerdings vorausgesetzt, daß der Schwingkreis und die Spannungsquelle selbst nicht noch zusätzliche Rauschstörungen verursachen. Um einen bequemen Vergleich mit dem Rauschen eines auf Raumtemperatur T_0 befindlichen Widerstandes durchführen zu können, ist es üblich, die Grenzleistung auf die „Leistungseinheit" $k\,T_0\,\Delta f$ $(k T_0 \approx 4 \cdot 10^{-21}\mathrm{W/Hz})$ zu beziehen. Somit erhält man:

$$\frac{N_A}{k\,T_0\,\Delta f} = \frac{3}{2} \cdot 0{,}64 \, \frac{T_k}{T_0} \frac{\overline{\overline{G}}}{G_A} \left| 1 - \frac{\mathfrak{G}_{a_1}}{\overline{\overline{G}}\,\mathrm{j}\,\dfrac{\bar{\alpha}_l}{2}} \right|^2$$

$$= \frac{3}{2} \cdot 0{,}64 \, \frac{T_k}{T_0} \frac{\overline{\overline{G}}}{G_A} \left[\left(1 - \frac{G_{B_1}}{\overline{\overline{G}}\,\bar{\alpha}_l/2} \right)^2 + \left(\frac{G_{W_1} + G_A}{\overline{\overline{G}}\,\bar{\alpha}_l/2} \right)^2 \right].$$

Durch Veränderung der Abstimmung des Schwingkreises und der transformatorischen Ankopplung des Generators entsprechend Abb. 59a kann man die Größen G_{B_1} und G_A beliebig verändern und daher so wählen, daß die Grenzleistung N_A möglichst klein wird. Wie man leicht beweist, ist dies der Fall, wenn

$$G_{B_1} = \overline{\overline{G}}\,\frac{\bar{\alpha}_l}{2} \quad \text{und} \quad G_A = G_{W_1}$$

ist; im Optimalfall gilt somit:

$$\left(\frac{N_A}{kT_0\Delta f}\right)_{opt} = \frac{3}{2}\cdot 0{,}64\cdot\frac{T_{\approx}}{T_0}\frac{4G_{W_1}}{\overline{\overline{G}}\left(\frac{\bar{\alpha}_l}{2}\right)^2} = 15{,}4\,\frac{T_k}{T_0}\frac{G_{W_1}}{\bar{\alpha}_2^2\,\overline{\overline{G}}}\,. \tag{104}$$

Wenn man beispielsweise die in der Praxis möglichen Werte

$$\frac{T_k}{T_0} = 4; \quad \bar{\alpha}_2 = 4\pi; \quad G_{W_1} = 50\,\mu\text{S}; \quad \overline{\overline{G}} = 20\,\mu\text{S}$$

zugrunde legt, so erhält man $\left(\dfrac{N_A}{\Delta f}\right)_{opt} = 0{,}98\,kT_0$. Berücksichtigt man auch das thermische Rauschen des auf Raumtemperatur T_0 befindlichen Leitwertes G_{W_1} und des Antennenleitwertes G_A, dem man eine Rauschtemperatur T_A zuschreibt, so erhält man nach einigen elementaren Rechnungen als Beziehung für die Grenzleistung:

$$\frac{N_A}{kT_0\Delta f} = \frac{T_A}{T_0} + \frac{G_{W_1}}{G_A} + \frac{3}{2}\cdot 0{,}64\,\frac{T_k}{T_0}\frac{\overline{\overline{G}}}{G_A}\left[\left(1 - \frac{G_{B_1}}{\overline{\overline{G}}\,\frac{\bar{\alpha}_l}{2}}\right)^2 + \left(\frac{G_{W_1}+G_A}{\overline{\overline{G}}\,\frac{\bar{\alpha}_l}{2}}\right)^2\right].$$

Das Optimum für G_A verschiebt sich dann wegen des zusätzlichen Gliedes $\dfrac{G_{W_1}}{G_A}$; im Fallle des Zahlenbeispiels erhält man: $G_A = 2{,}26\,G_{W_1}$ und $\dfrac{N_A}{kT_0\Delta f} = \dfrac{T_A}{T_0} + 1{,}59$; ohne das elektronische Rauschen würde sich der Grenzwert $\dfrac{T_A}{T_0}$ ergeben können, das elektronische Rauschen bleibt also in durchaus erträglichen Grenzen. Allerdings enthält die Rechnung eine nur sehr schwer erfüllbare Voraussetzung: alle Hochfrequenzelektroden A, B, C und D nach Abb. 53 sollen von Elektronen nicht getroffen werden. Beim Aufprallen von Elektronen entsteht nämlich das sog. „Stromverteilungsrauschen", das beträchtliche Größen erreicht, in diesem Zusammenhang aber nicht behandelt werden soll.

V. Zylindrische Elektrodensysteme.

1. Allgemeines.

Alle bisher behandelten Elektronenröhren besaßen ebene Elektroden; das vorliegende Kapitel beschäftigt sich nun mit Röhren mit zylindrischen Elektroden, die ineinandergeschachtelt sind und eine gemeinsame Achse besitzen. Infolge der Rotationssymmetrie läuft die elektrische Feldstärke in diesen Röhren rein radial, außerdem ist die Größe der Feldstärke ausschließlich vom Radius r (von der Rotationsachse aus gemessen) abhängig. Das Feld ist jedoch nicht homogen; der Abstand zwischen den elektrischen Feldlinien im raumladungsfreien Feld wird zur Mitte hin immer enger. Genau wie bei den ebenen Röhrenanordnungen muß man zwischen dem Sättigungsfall und dem Raumladungsfall unterscheiden.

Beim Sättigungsfall soll die durch die übergehenden Elektronen bedingte Raumladung derart klein sein, daß man ihren Einfluß auf die elektrische Feldstärke bei der Berechnung der Elektronenbewegung vernachlässigen kann. Da aber das elektrische Feld nicht homogen ist, kann man zur Berechnung der Elektronenbewegung nicht mehr die einfache Gl. (13) auf S. 16 anwenden; die elektrische Feldstärke ist eine Funktion des Abstandes r von der Achse, d. h. für das fortschreitende Elektron somit eine Funktion von der Zeit t und der Startzeit t_0. Auch die Gl. (10) auf S. 14 für die Berechnung des Influenzstromes gilt beim zylindrischen Feld nicht mehr; hingegen hat die Gl. (5) auf S. 7 für den Influenzstrom einer einzigen bewegten Elektronenladung noch ihre Gültigkeit. Der Influenzstrom ist durch die Geschwindigkeit bestimmt, mit welcher die Elektronen die elektrischen Potentiallinien schneiden; da die Potentiallinien in der Nähe der Achse dichter liegen, kommt es bei der Berechnung des Influenzstromes nicht nur wie beim ebenen Feld auf die Geschwindigkeit der Elektronen an, sondern auch auf den Radius r, an dem sie sich jeweils befinden. Die Gl. (7) auf S. 11 für die Berechnung des Elektronenleitungsstromes i_l behält auch für zylindrische Elektroden ihre Gültigkeit, wie aus der oben angegebenen Ableitung ohne weiteres einleuchtet.

Im Raumladungsfall behält die Bewegungsgleichung (14) auf S. 16 bei richtiger Deutung der einzelnen Größen ihre Gültigkeit; die Bewegungskoordinate y ist durch r zu ersetzen und die Fläche F durch die Zylinderfläche $2\pi r l$, wobei l die Länge des zylindrischen Elektrodensystems bedeuten soll; die Fläche ist also vom Radius r abhängig; je weiter sich die Elektronenströmung von der Achse entfernt, auf um so größere Flächen breitet sie sich aus; die Lösung der Gl. (14) ist durch diesen Umstand sehr erschwert. Bei der Berechnung des Influenzstromes aus der Elektronenbewegung gilt das bereits bei der Behandlung des Sättigungsfalles Gesagte.

Die Lösung für zylindrische Elektroden bei Höchstfrequenz ist nur für gewisse Sonderfälle bekannt und erfordert auch bei diesen einen erheblichen Rechenaufwand. Man kann sich einen gewissen Überblick über die Verhältnisse dadurch verschaffen, daß man die Laufzeiten der Elektronen in zylindrischen Feldern unter dem Einfluß von reinen Gleichspannungen errechnet. Man kann dann durch Vergleich mit den entsprechenden Laufzeiten in ebenen Elektrodenanordnungen die Größe der Unterschiede erkennen; außerdem kann man die bei Gleichfeldern für zylindrische Elektroden errechneten Laufwinkelwerte in die für ebene Elektroden abgeleiteten Laufzeitformeln einsetzen und erhält dadurch eine bessere Annäherung an die bei Zylinderelektroden gültigen Verhältnisse.

Die Laufzeiten werden im folgenden Absatz berechnet, und zwar für die Sonderfälle der Sättigungsdiode, der Raumladungsdiode und der Bremsfeldröhre (Sättigungsfall).

2. Das Verhalten bei Gleichspannungen.

a) Die zylindrische Sättigungsdiode.

Das Schema einer zylindrischen Diode ist oben in Abb. 60 dargestellt. Die zylindrischen Elektroden haben die Länge l, die in allen behandelten Fällen gegen die Radien der Elektroden so groß sein soll, daß man die Randstreuungen an den Zylinderenden vernachlässigen kann. Die Kathode hat den Radius r_0, die Anode den Radius r_a; ein beliebiger Aufpunkt P habe den Radius r. Das Potential $\overline{\overline{\varphi}}$ an der Kathode sei Null, an der Anode $\overline{U}$. Die im Innern herrschende elektrische Feldstärke $\overline{E}$ ist von der Anode auf die Kathode gerichtet und hängt vom Radius r ab.

Im Sättigungsfall übt die Raumladung der im Raum vorhandenen Elektronen keinen Einfluß auf die Potentialverteilung aus; diese ist daher genau so zu berechnen, als ob keine Elektronen vorhanden wären. Unter dem Einfluß der Gleichspannung $\overline{U}$ werden Kathode und Anode mit einer Ladung vom Betrage $\overline{\overline{Q}}$ geladen. Der zwischen Kathode und Anode übergehende elektrische Verschiebungsfluß ist dann gleich dieser Ladung; also gilt, da der Verschiebungsfluß $= \varepsilon_0 \overline{E}$ $\times$ Fläche des Zylinders vom Radius r ist:

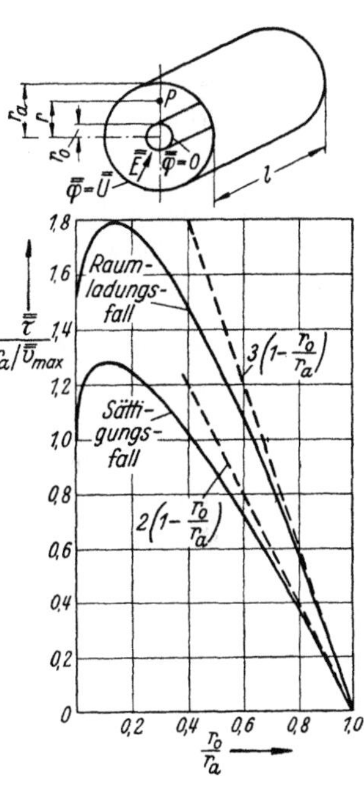

Abb. 60. Zylindrische Diode: Laufzeit $\overline{\overline{\tau}}$ in Abhängigkeit vom Anodenradius r_a und vom Kathodenradius r_0 im Sättigungs- und Raumladungsfall (über den Raumladungsfall vgl. S. 147).

$$\overline{\overline{Q}} = \varepsilon_0 \overline{E}\, 2\pi r l \quad \text{oder} \quad \overline{E} = \frac{\overline{\overline{Q}}}{2\pi \varepsilon_0 l}\, \frac{1}{r}.$$

Durch Integration über die elektrische Feldstärke erhält man dann das für einen beliebigen Radius geltende, gegen die Kathode gemessene Potential $\overline{\overline{\varphi}}$ (bei der Integration taucht hier kein negatives Vorzeichen auf, weil die positive Richtung von $\overline{E}$ der positiven Richtung von r entgegengesetzt ist):

$$\overline{\overline{\varphi}} = \int_{r_0}^{r} \overline{E}\, dr = \int_{r_0}^{r} \frac{\overline{\overline{Q}}}{2\pi \varepsilon_0 l}\, \frac{dr}{r} = \frac{\overline{\overline{Q}}}{2\pi \varepsilon_0 l} \ln \frac{r}{r_0}.$$

Insbesondere gilt für den Radius r_a der Anode:

$$\bar{U} = \frac{\bar{\bar{Q}}}{2\pi\varepsilon_0 l}\ln\frac{r_a}{r_0}.$$

Durch Beseitigung der Konstanten $\bar{\bar{Q}}/2\pi\varepsilon_0 l$ erhält man dann den allgemeinen Ausdruck für das innerhalb der Röhre herrschende Potential:

$$\bar{\bar{\varphi}} = \bar{U}\,\frac{\ln\dfrac{r}{r_0}}{\ln\dfrac{r_a}{r_0}}. \tag{105}$$

Entsprechend Gl. (15b) auf S. 19 ist im elektrischen Gleichfeld die Elektronengeschwindigkeit $\bar{v}$ an jeder Stelle des Raumes allein durch die Größe des dort herrschenden Potentials $\bar{\bar{\varphi}}$ bestimmt, sofern die Startgeschwindigkeit von der Kathode Null ist:

$$\bar{v} = \sqrt{\frac{2e}{m}\bar{\bar{\varphi}}}.$$

Setzt man jetzt die nach Gl. (105) bestimmte Größe des Potentials ein und integriert über den gesamten Elektronenweg von r_0 bis r_a, so erhält man die Elektronenlaufzeit:

$$\bar{\bar{\tau}} = \int_{r_0}^{r_a}\frac{dr}{\bar{v}} = \int_{r_0}^{r_a}\frac{dr}{\sqrt{\dfrac{2e}{m}\bar{U}\,\dfrac{\ln\dfrac{r}{r_0}}{\ln\dfrac{r_a}{r_0}}}} = \sqrt{\frac{\ln\dfrac{r_a}{r_0}}{2\dfrac{e}{m}\bar{U}}}\int_{r_0}^{r_a}\frac{dr}{\sqrt{\ln\dfrac{r}{r_0}}}.$$

Das Integral werde umgeformt durch den Ansatz:

$$\sqrt{\ln\frac{r}{r_0}} = x;$$

es ist dann:

$$r = r_0 e^{x^2}; \qquad dr = r_0\, 2x e^{x^2} dx,$$

woraus folgt:

$$\bar{\bar{\tau}} = \frac{2r_0\sqrt{\ln\dfrac{r_a}{r_0}}}{\sqrt{\dfrac{2e}{m}\bar{U}}}\int_{x=0}^{\sqrt{\ln\frac{r_a}{r_0}}} e^{x^2}\,dx.$$

Es ist nun zweckmäßig, die Laufzeit $\bar{\bar{\tau}}$ mit derjenigen Laufzeit zu vergleichen, die das Elektron zum Durchfliegen der Strecke benötigte, wenn es die maximale Geschwindigkeit $\bar{v}_{\max} = \sqrt{\dfrac{2e}{m}\bar{U}}$ von vornherein besäße; diese Laufzeit hat die Größe $r_a/\bar{v}_{\max}$; sie wäre vorhanden, wenn der Kathodenradius r_0 auf Null zusammenschrumpfte; denn in diesem Fall zieht sich das gesamte Potentialgefälle an der Kathode zusammen, und die Elektronen durchfliegen die Strecke r_a mit der Höchstgeschwindigkeit. Durch Bildung dieses Verhältnisses folgt:

$$\frac{\bar{t}}{r_a/\bar{v}_{\max}} = 2\,\frac{r_0}{r_a}\,\sqrt{\ln\frac{r_a}{r_0}}\int\limits_{x=0}^{\sqrt{\ln\frac{r_a}{r_0}}} e^{x^2}\,\mathrm{d}x. \tag{106}$$

Das Integral läßt sich nicht durch elementare Funktionen ausdrücken; es stellt eine dem Fehlerintegral verwandte Funktion dar, die beispielsweise in den „Funktionentafeln" von Jahnke-Emde (1948) S. 26 tabuliert ist (vgl. Literaturübersicht [4] auf S. 464). Der Verlauf der Gl. (106) ist in Abb. 60 durch die mit „Sättigungsfall" bezeichnete, ausgezogene Kurve wiedergegeben. Die Laufzeit ist in Abhängigkeit vom Verhältnis r_0/r_a aufgetragen. Ist der Kathodenradius nahezu gleich dem Anodenradius (r_0/r_a wenig unter 1), so ist die Laufzeit klein; verkleinert man den Kathodenradius, so vergrößert sich der Laufweg für die Elektronen, die Laufzeit wächst. Geht der Kathodenradius unter einen bestimmten Wert (r_0/r_a unter 0,12), so nimmt die Laufzeit wieder ab; hier wird der Kathodenradius so klein, daß sich in Kathodennähe sehr hohe elektrische Feldstärken ausbilden und das Elektron schon dicht an der Kathode so stark beschleunigen, daß es seinen gesamten Laufweg nahezu mit Höchstgeschwindigkeit zurücklegt.

Wenn der Kathodenradius nur wenig kleiner als der Anodenradius ist, so ist der Abstand zwischen den beiden Elektroden klein gegen die Radien, und man kann dann das elektrische Feld als homogen ansehen und die Anordnung wie zwei in engem Abstand befindliche ebene Elektroden betrachten, die zu einem Zylinder zusammengewickelt sind. Für ein solches ebenes Feld mit dem Elektrodenabstand $r_a - r_0$ ergibt sich die Laufzeit nach den Gl. (15) und (16) auf S. 19:

$$\bar{t} = \frac{2\,d}{\bar{v}_{\max}} = \frac{2\,(r_a - r_0)}{\bar{v}_{\max}} \quad \text{oder} \quad \frac{\bar{t}\,\bar{v}_{\max}}{r_a} = 2\left(1 - \frac{r_0}{r_a}\right).$$

Die Größe $2\left(1 - \dfrac{r_0}{r_a}\right)$ ist gestrichelt in das Diagramm der Abb. 60 eingetragen; man erkennt, daß für r_0/r_a größer als 0,6 die Abweichungen zwischen der exakten Kurve und der Näherung durch ein ebenes Feld gering sind, so daß man in solchen Fällen (die übrigens in der Praxis keineswegs selten sind) von vornherein mit einem ebenen Feld rechnen kann und somit auch für die Verhältnisse bei Höchstfrequenz eine exakte Lösung erhält.

Ähnliche Formeln bekommt man für die Laufzeiten, wenn man statt der Kathode auf dem Potential Null ein Gitter auf einem bestimmten positiven Potential anordnet, durch das die Elektronen von innen her hindurchtreten. Die Anordnung ist in diesem Falle folgende: Von einer Kathode her treten die Elektronen durch ein zylindrisches Gitter vom

Radius r_g, dessen Fläche auf einer Gleichspannung $\bar{U}_g$ liegt; dann durchfliegen sie den Raum bis zu einer zweiten zylindrischen Elektrode (Gitter oder Anode, je nach Betriebsfall) mit dem Radius r_a, die auf einer positiven Spannung $\bar{U}_a$ liegt; dadurch, daß $\bar{U}_a$ positiv ist, ist eine Elektronenumkehr im betrachteten Raume ausgeschlossen. In ähnlicher Weise wie oben errechnet sich dann für den Sättigungsfall die Potentialverteilung zwischen den beiden Elektroden. Für die elektrische Feldstärke ergibt sich:

$$\bar{E} = \frac{\bar{\bar{Q}}}{2\pi\varepsilon_0 l}\,\frac{1}{r}\,.$$

Durch Integration ergibt sich das Potential:

$$\bar{\bar{\varphi}} = \bar{U}_g + \int_{r_g}^{r_a}\bar{E}\,\mathrm{d}r = \bar{U}_g + \int_{r_g}^{r_a}\frac{\bar{\bar{Q}}}{2\pi\varepsilon_0 l}\,\frac{\mathrm{d}r}{r} = \bar{U}_g + \frac{\bar{\bar{Q}}}{2\pi\varepsilon_0 l}\ln\frac{r_a}{r_g}\,.$$

Als Randbedingung gilt, daß für $r = r_g$ das Potential $\bar{\bar{\varphi}} = \bar{U}_g$ und für $r = r_a$ das Potential $\bar{\bar{\varphi}} = \bar{U}_g$ ist; dann folgt:

$$\bar{\bar{\varphi}} = \bar{U}_g + (\bar{U}_a - \bar{U}_g)\frac{\ln\dfrac{r}{r_g}}{\ln\dfrac{r_a}{r_g}}\,,$$

also:

$$\bar{\tau} = \frac{\sqrt{\ln\dfrac{r_a}{r_g}}}{\sqrt{\dfrac{2e}{m}}}\int_{r_g}^{r_a}\frac{\mathrm{d}r}{\sqrt{\bar{U}_g(\ln r_a - \ln r_g) + (\bar{U}_a - \bar{U}_g)(\ln r - \ln r_g)}}\,.$$

Man führt zweckmäßig folgende Umformungen durch:

$$\sqrt{\bar{U}_g(\ln r_a - \ln r_g) + (\bar{U}_a - \bar{U}_g)(\ln r - \ln r_g)}$$
$$= \sqrt{\bar{U}_a - \bar{U}_g}\,\sqrt{\ln r + \ln\left[\frac{r_a^{\bar{\bar{U}}_g/(\bar{\bar{U}}_a - \bar{\bar{U}}_g)}}{r_g^{\bar{\bar{U}}_a/(\bar{\bar{U}}_a - \bar{U}_g)}}\right]}\,,$$

$$\bar{\tau} = \frac{\sqrt{\ln\dfrac{r_a}{r_g}}}{\sqrt{\dfrac{2e}{m}(\bar{U}_a - \bar{U}_g)}}\;2\left[\frac{r_g^{\,U_a/(\bar{\bar{U}}_a - \bar{\bar{U}}_g)}}{r_a^{\,\bar{\bar{U}}_g/(\bar{\bar{U}}_a - \bar{\bar{U}}_g)}}\right]\int\limits_{x=\sqrt{\frac{\bar{\bar{U}}_g}{\bar{\bar{U}}_a - \bar{\bar{U}}_g}\ln\frac{r_a}{r_g}}}^{\sqrt{\frac{\bar{\bar{U}}_a}{\bar{\bar{U}}_a - \bar{\bar{U}}_g}\ln\frac{r_a}{r_g}}}\mathrm{e}^{x^2}\,\mathrm{d}x$$

und erhält schließlich:

$$\bar{\bar{\tau}} = 2\,\frac{\sqrt{\ln\dfrac{r_a}{r_g}}}{\sqrt{\dfrac{2e}{m}(\bar{U}_a - \bar{U}_g)}}\,r_a\left(\frac{r_g}{r_a}\right)^{\frac{\bar{U}_a}{\bar{U}_a - \bar{U}_g}}\left[\int\limits_{x=0}^{\sqrt{\frac{\bar{\bar{U}}_a}{\bar{\bar{U}}_a - \bar{\bar{U}}_g}\ln\frac{r_a}{r_g}}}\mathrm{e}^{x^2}\,\mathrm{d}x - \int\limits_{x=0}^{\sqrt{\frac{\bar{\bar{U}}_g}{\bar{\bar{U}}_a - \bar{\bar{U}}_g}\ln\frac{r_a}{r_g}}}\mathrm{e}^{x^2}\,\mathrm{d}x\right]\,. \tag{107}$$

Die Beziehung ist verhältnismäßig unübersichtlich und soll im einzelnen hier nicht diskutiert werden. Beim Errechnen von Zahlenwerten kann man für die einzelnen Ausdrücke die für den Sättigungsfall geltende Kurve der Abb. 60 verwenden.

b) Die zylindrische Raumladungsdiode.

Für den Aufbau der Raumladungsdiode gilt wieder das in Abb. 60 oben dargestellte Schema. Im Gegensatz zur Sättigungsdiode kann man die Potentialverteilung nur angeben, wenn man die Größe des zur Anode übergehenden Gleichstromes $\bar{I}$ kennt. Die Beziehung $\dfrac{\mathrm{d}r}{\mathrm{d}t} = \bar{\bar{v}} = \sqrt{\dfrac{2e}{m}\bar{\bar{\varphi}}}$ bleibt auch bei der Raumladungsdiode bestehen, wenn man wiederum annimmt, daß die Elektronen mit der Geschwindigkeit Null von der Kathode ausgehen. Die Kathode soll — wie bei der Berechnung der ebenen Raumladungsdiode — in der Lage sein, Elektronen in beliebiger Menge zu liefern, so daß der übergehende Strom raumladungsbegrenzt ist und die elektrische Feldstärke an der Kathodenoberfläche Null wird.

Betrachtet man den Raum zwischen der Kathode und einer Zylinderfläche mit dem beliebigen Radius r, so befindet sich in ihm eine Elektronenladung $\bar{I}(t - t_0)$; hierbei ist die Größe $t - t_0$ die Laufzeit des Elektrons, das zur Zeit t_0 von der Kathode startete und zur Zeit t gerade an der Stelle r ist; die in der Zeit $t - t_0$ von der Kathode ausgesandte Ladung ist dann im betrachteten Raume enthalten. An der begrenzenden Zylinderfläche muß dann ein elektrischer Verschiebungsfluß angreifen, der der im Raum befindlichen Ladung gleich ist; also gilt:

$$\varepsilon_0\, 2\,\pi\, r\, l\, \bar{\bar{E}} = \bar{I}(t - t_0)$$

oder:

$$\bar{\bar{E}} = \frac{\mathrm{d}\bar{\bar{\varphi}}}{\mathrm{d}r} = \frac{\bar{I}(t - t_0)}{2\pi\varepsilon_0 l r}\,.$$

Bezieht man die letzte Gleichung auf die Anode, so ist die Laufzeit $t - t_0$ die gesamte Laufzeit $\bar{\bar{\tau}}$ und $\bar{\bar{E}}_a$ die elektrische Feldstärke an der Anode:

$$\bar{\bar{\tau}} = \frac{2\pi\varepsilon_0 l r_a}{\bar{I}}\,\bar{\bar{E}}_a\,. \tag{108}$$

Die Feldstärke $\bar{\bar{E}}_a$ ist noch nicht bekannt, man muß erst die Potentialverteilung berechnen; zu diesem Zwecke bildet man die Laufzeit der Elektronen von der Kathode bis zu einem beliebigen Radius r:

$$t - t_0 = \frac{2\pi\varepsilon_0 l r}{\bar{I}}\,\frac{\mathrm{d}\bar{\bar{\varphi}}}{\mathrm{d}r} = \int\limits_{r_0}^{r} \frac{\mathrm{d}r}{\sqrt{\dfrac{2e}{m}\bar{\bar{\varphi}}}}$$

und erhält durch Differenzieren nach r die Differentialgleichung:

$$r\,\frac{\mathrm{d}^2\bar{\bar{\varphi}}}{\mathrm{d}r^2} + \frac{\mathrm{d}\bar{\bar{\varphi}}}{\mathrm{d}r} = \frac{\bar{I}}{2\pi\varepsilon_0 l}\,\frac{1}{\sqrt{\dfrac{2e}{m}\bar{\bar{\varphi}}}}\,. \tag{109}$$

10*

Diese Gleichung soll zuerst für den Spezialfall eines verschwindend kleinen Kathodenradius gelöst werden ($r_0 = 0$); es besteht dann die Randbedingung, daß für $r = 0$ auch das Potential $\bar{\bar{\varphi}} = 0$ wird. Dann löst der Ansatz: $\bar{\bar{\varphi}} = (Kr)^{2/3}$ die Gleichung; durch Einsetzen findet man für die Konstante K den Wert: $K = \dfrac{9\,\bar{I}}{4 \cdot 2\pi\,\varepsilon_0\,l\,\sqrt{\dfrac{2e}{m}}}$, womit sich die Teillösung ergibt:

$$\left.\begin{aligned}
\bar{\bar{\varphi}} &= \left(\frac{9}{4}\,\frac{\bar{I}}{2\pi\,\varepsilon_0\,l\,\sqrt{\dfrac{2e}{m}}}\right)^{2/3} r^{2/3} = \bar{U}\left(\frac{r}{r_a}\right)^{2/3}; \\[2ex]
\bar{I} &= \frac{4}{9}\,2\pi\,\varepsilon_0\,l\,\sqrt{\frac{2e}{m}}\,\frac{\bar{U}^{3/2}}{r_a}.
\end{aligned}\right\} \qquad (110)$$

Die obere Gleichung gibt die Potentialverteilung im Innern der Röhre, die zweite ist spezialisiert auf die Verhältnisse an der Anode und gibt die Größe des Stromes in Abhängigkeit von der Anodenspannung $\bar{U}$ wieder; wie bei der ebenen Diode [Gl. (27)] ergibt sich also ein $\bar{U}^{3/2}$-Gesetz.

In ihrer allgemeinen Form wurde die Gl. (109) von Langmuir gelöst; der lösende Ansatz wird analog der Gl. (110) gemacht, erhält aber noch einen Korrekturfaktor β^2, der seinerseits vom Radienverhältnis r/r_0 abhängig ist; es ergibt sich dann die Form:

$$\bar{\bar{\varphi}} = (Kr\beta^2)^{2/3}. \qquad (111)$$

Durch Rückeinsetzen in die Differentialgleichung (109) erhält man eine neue Differentialgleichung für β^2, die man durch einen Reihenansatz lösen kann; es ergibt sich mit der Abkürzung $y = \ln\dfrac{r}{r_0}$:

$$\beta = y - \frac{2}{5}\,y^2 + \frac{11}{120}\,y^3 - \frac{47}{3300}\,y^4 + \cdots.$$

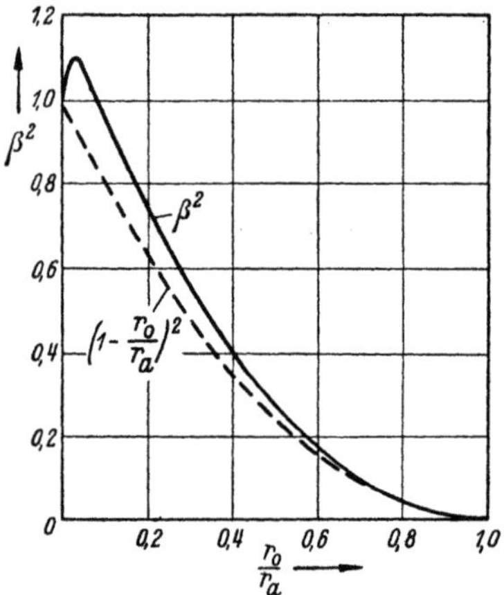

Abb. 61. Zylindrische Diode: Die Funktion β^2 zur Berechnung des Raumladungsstromes in Abhängigkeit vom Verhältnis des Kathodenradius r_0 zum Anodenradius r_a.

Der Verlauf von β^2 ist in Abhängigkeit von r_0/r_a in Abb. 61 dargestellt.

Nunmehr läßt sich durch Differenzieren die elektrische Feldstärke an der Anode ermitteln, und man erhält mit Hilfe der Gl. (108) für die Laufzeit von der Kathode zur Anode:

$$\bar{\tau} = \frac{2\pi\,\varepsilon_0\,l\,r_a}{\bar{I}}\,\frac{d\bar{\bar{\varphi}}}{dr} = \frac{2\pi\,\varepsilon_0\,l\,r_a}{\bar{I}}\,\frac{2}{3}\,K^{2/3}(r_a\beta^2)^{-1/3}\left(\frac{d\,r\beta^2}{dr}\right)_{r=r_a} = \frac{3}{2}\,\frac{r_a}{\sqrt{\dfrac{2e}{m}}\,\sqrt{\bar{U}}}\,\frac{d\,r\beta^2}{dr};$$

$$\frac{\bar{v}\,\bar{\tau}_{\max}}{r_c} = \frac{3}{2}\,\frac{d\,r\beta^2}{dr} = \frac{3}{2}\left(\beta^2 + 2\beta\frac{d\beta}{dy}\right). \qquad (112)$$

Der Verlauf der Kurve, der sich durch die rechnerische Auswertung beim Einsetzen von β ergibt, ist in Abb. 60 durch die mit „Raumladungsfall" bezeichnete Kurve dargestellt; der Verlauf ist der Kurve für den Sättigungsfall ähnlich, insbesondere nimmt die Laufzeit für sehr kleine Kathodenradien wieder ab; für gleiche Diodenabmessung und gleiche Anodenspannung ist die Laufzeit im Raumladungsfall die Laufzeit in Näherung 1,5mal so groß wie im Sättigungsfall (bei ebenen Dioden ist der Faktor genau 1,5).

Für den Fall, daß der Kathodenradius nur wenig kleiner als der Anodenradius ist, kann man den zylindrischen Fall durch den ebenen Raumladungsfall annähern. Man setzt in den Gl. (27) auf S. 35 und (29) auf S. 34 als wirksame Fläche F den Wert $2\pi l r_a$ und als Abstand d den Wert $r_a - r_0$ und erhält dann:

$$\bar{I} = \frac{4}{9}\sqrt{\frac{2e}{m}}\,\varepsilon_0\,2\pi l r_a\,\frac{\bar{U}^{3/2}}{(r_a - r_0)^2}\,;\qquad \beta^2 \approx \left(1 - \frac{r_0}{r_a}\right)^2\,;$$

$$\bar{\bar{\tau}} = \frac{3\,(r_a - r_0)}{\sqrt{\frac{2e}{m}\,\bar{U}}}\,;\qquad \frac{\bar{\bar{\tau}}\,\bar{v}_{\max}}{r_a} = 3\left(1 - \frac{r_0}{r_a}\right)\,.$$

Diese Näherungen für β^2 und $\bar{\bar{\tau}}\,\bar{v}_{\max}/r_a$ sind in die Diagramme der Abb. 61 und 60 gestrichelt eingetragen; man erkennt wie im Falle der Sättigungsdiode, daß der ebene Fall den zylindrischen bei Radienverhältnissen r_0/r_a über 0,6 gut annähert bei Berechnung der Laufzeiten; die Größe β^2 wird fast über den ganzen Bereich von r_0/r_a durch den Übergang zum ebenen Fall gut nachgebildet.

c) Die zylindrische Bremsfeldröhre.

Das Schema einer zylindrischen Bremsfeldröhre ist in Abb. 62 oben dargestellt; die Elektronen starten von der auf dem Potential Null liegenden Kathode, laufen durch das zylindrische Gitter mit dem Radius r_g und dem Potential $\bar{U}_g$ hindurch in Richtung auf die Bremselektrode mit dem Radius r_b und dem Potential $\bar{U}_b$; ist $\bar{U}_b$ negativ, so kehren die Elektronen an einem zestimmten Radius r_u um und laufen bum Gitter zurück. Wie bei der Be-

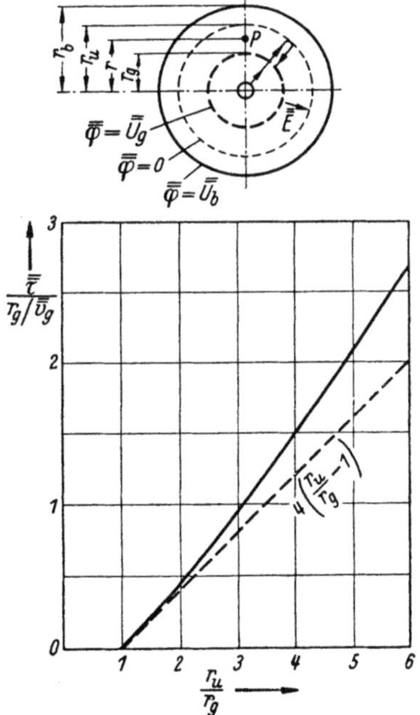

Abb. 62. Zylindrische Bremsfeldröhre: Laufzeit $\bar{\tau}$ der Elektronen vom Gitter bis zum Gitter zurück in Abhängigkeit vom Umkehrradius r_u und vom Gitterradius r_g.

handlung der ebenen Bremsfeldröhre interessiert die Laufzeit der Elektronen vom Gitter bis zum Gitter zurück. Die elektrische Feldstärke im Bremsraum ist $\bar{\bar{E}}$.

Es soll hier nur die Laufzeit im raumladungsfreien Feld berechnet werden; man kann dann wie bei der Sättigungsdiode erst die Potentialverteilung gesondert errechnen. Durch den Spannungsunterschied $\bar{U}_g - \bar{U}_b$ bildet sich auf Gitter und Bremselektrode je eine Ladung $\bar{\bar{Q}}$ aus, die dem durch den Raum tretenden Verschiebungsfluß gleich ist; also:

$$\bar{\bar{Q}} = 2\pi\varepsilon_0 l\, r\, \bar{\bar{E}} \quad \text{oder} \quad \bar{\bar{E}} = \frac{\bar{\bar{Q}}}{2\pi\varepsilon_0 l\, r}.$$

Durch Integration ergibt sich das Potential $\bar{\bar{\varphi}}$ an einem beliebigen Radius r, wenn man berücksichtigt, daß am Umkehrradius r_u das Potential den Wert Null hat:

$$\bar{\bar{\varphi}} = \int_0^{r_u - r} \bar{\bar{E}}\, d(r_u - r) = -\frac{\bar{\bar{Q}}}{2\pi\varepsilon_0 l} \ln\frac{r}{r_u}.$$

Für das Gitter ist $r = r_g$ und $\bar{\bar{\varphi}} = \bar{U}_g$, also:

$$\bar{U}_g = -\frac{\bar{\bar{Q}}}{2\pi\varepsilon_0 l} \ln\frac{r_g}{r_u}.$$

Aus den Gleichungen folgt dann:

$$\bar{\bar{\varphi}} = \bar{U}_g \frac{\ln\dfrac{r}{r_u}}{\ln\dfrac{r_g}{r_u}}. \tag{113}$$

Für die Bremselektrode ist $r = r_b$ und $\bar{\bar{\varphi}} = \bar{U}_b$, also:

$$\bar{U}_b = \bar{U}_g \frac{\ln\dfrac{r_b}{r_u}}{\ln\dfrac{r_g}{r_u}} \quad \text{oder} \quad \left(\frac{r_g}{r_u}\right)^{\bar{\bar{U}}_b} = \left(\frac{r_b}{r_u}\right)^{\bar{\bar{U}}_g}.$$

Dies ist die Bestimmungsgleichung für die Größe des Umkehrradius:

$$r_u = r_g \left(\frac{r_b}{r_g}\right)^{\frac{\bar{\bar{U}}_g}{\bar{U}_g - \bar{U}_b}}. \tag{114}$$

Nunmehr ist das Potential an jeder Stelle des Raumes und der Umkehrradius bekannt, man kann die Laufzeit berechnen; die Zeiten für den Hin- und Rückweg zwischen Gitter und Umkehrradius sind gleich; man berechnet zweckmäßig nur die Zeitdauer für die einzelne Flugzeit und erhält durch Verdoppeln die gesamte Laufzeit $\bar{\tau}$:

$$\bar{\tau} = 2\int_0^{r_u - r_g} \frac{d(r_u - r)}{\sqrt{\dfrac{2e}{m}\bar{\bar{\varphi}}}} = 2\frac{\sqrt{\ln\dfrac{r_g}{r_u}}}{\sqrt{\dfrac{2e}{m}\bar{U}_g}} \int_{r_g}^{r_u} \frac{dr}{\sqrt{\ln\dfrac{r}{r_u}}}.$$

Durch den Zwischenansatz: $\bar{\bar{v}}_g = \sqrt{\dfrac{2e}{m}\,\bar{\bar{U}}_g}$ und $\sqrt{\ln\dfrac{r_u}{r}} = y$ erhält man die Lösung:

$$\frac{\bar{\bar{\tau}}\,\bar{\bar{v}}_g}{r_g} = 4\,\frac{r_u}{r_g}\sqrt{\ln\frac{r_u}{r_g}}\int_0^{\sqrt{\ln\frac{|r_u}{r_g|}}} e^{-y^2}\,dy. \tag{115}$$

Das Integral ist das Gaußsche Fehlerintegral, das beispielsweise in den „Funktionentafeln" von Jahnke und Emde [1] angegeben ist. Die zahlenmäßige Auswertung der Gl. (115) ist in Abb. 62 dargestellt. Führt

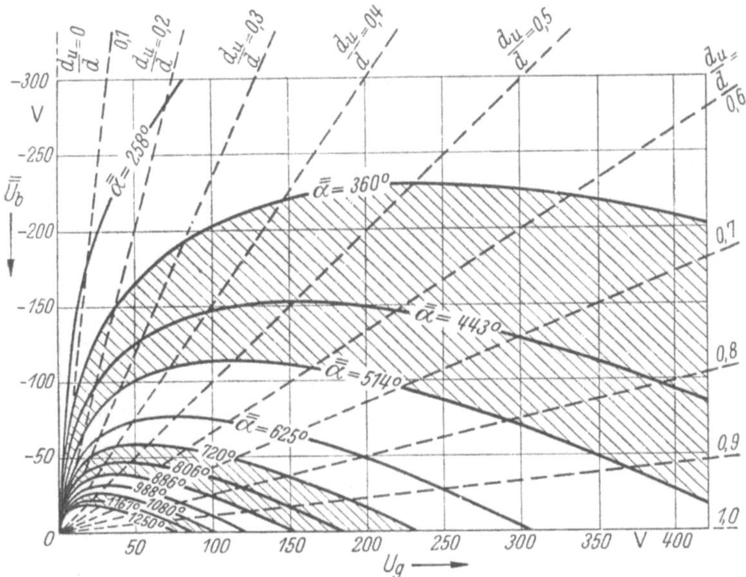

Abb. 63. Lage der Schwingbereiche (schraffiert) bei einer zylindrischen Bremsfeldröhre mit dem Gitterradius $r_g = 1{,}0$ mm und dem Bremselektrodenradius $r_b = 2{,}6$ mm in Abhängigkeit von der Gitterspannung $\bar{\bar{U}}_g$ und der Bremselektrodenspannung $\bar{\bar{U}}_b$ für eine Betriebswellenlänge von 10 cm.

man wieder wie in den bisherigen Fällen eine Annäherung durch den ebenen Fall aus, so muß man in den Gl. (48) und (49) die Umkehrstrecke d_u durch den Wert $r_u - r_g$ ersetzen und erhält als Näherung:

$$\bar{\bar{\tau}} = 4\sqrt{\frac{m}{2e\bar{\bar{U}}_g}}\,d_u = 4\,\frac{r_u - r_g}{\bar{\bar{v}}_g}\;;\qquad \frac{\bar{\bar{\tau}}\,\bar{\bar{v}}_g}{r_g} = 4\left(\frac{r_u}{r_g} - 1\right).$$

Dieser Verlauf ist in Abb. 62 gestrichelt dargestellt.

Bei der Behandlung der ebenen Bremsfeldröhre auf S. 66 ergaben sich gewisse Laufwinkelbereiche, in denen die Röhre anfachend wirkte; für ein Beispiel sind diese sog. Schwingbereiche in Abb. 31 in Abhängigkeit von den Betriebsspannungen aufgetragen worden. Legt man dieselben Laufwinkelwerte in Näherung auch als Grenzen der Schwing-

bereiche für den zylindrischen Fall fest, so erhält man ein Schwingbereichdiagramm, wie es in Abb. 63 dargestellt ist. Das Beispiel bezieht
sich auf eine Röhre mit den Abmessungen $r_g = 1{,}0$ mm und $r_b = 2{,}6$ mm,
die bei einer Wellenlänge von 10 cm betrieben werden soll; wie in Abb. 31
sind die Laufwinkel den Kurven beigeschrieben und die Schwingbereiche
durch Schraffur hervorgehoben. Die gestrichelten geraden Linien kennzeichnen ein konstantes Verhältnis r_u/r_g; je näher dieses Verhältnis
dem Wert 1 kommt, um so weniger tief dringen die Elektronen in den
Raum zwischen Gitter und Bremselektrode ein, und mit um so besserer
Annäherung gelten die für ebene Elektroden abgeleiteten Laufzeitformeln auch für die zylindrische Anordnung.

VI. Magnetfeldröhren.

Bei den Magnetfeldröhren ist die Elektronenströmung nicht nur den
elektrischen Gleich- und Wechselfeldern, sondern außerdem einem zeitlich gleichbleibenden, homogenen Magnetfeld ausgesetzt. Das Vorhandensein des Magnetfeldes ist dabei für den Elektronenmechanismus bei den
hier zu behandelnden Röhrentypen entscheidend. Röhrenanordnungen,
bei denen das Magnetfeld nur zur Konzentration eines Elektronenstrahles
dient (vgl. die oben beschriebenen Röhren mit einem geschwindigkeitsgesteuerten Elektronenstrahl), sonst aber keinen Einfluß auf die Arbeitsweise hat, sollen in diesem Kapitel nicht behandelt werden.

Die Magnetfeldröhren weichen von den bisher behandelten Röhrenanordnungen in ihrer Arbeitsweise sehr stark ab, so daß eine getrennte
Behandlung erforderlich wird. Es besteht bei den Magnetfeldröhren noch
keine so weitgehende Klarheit in der Theorie wie bei den bisher
besprochenen Anordnungen; ein großer Teil der Kenntnisse über diese
Röhren fußt auf experimentellen Ergebnissen; deshalb wird auch bei
den nächsten Absätzen gelegentlich auf experimentelle Ergebnisse hingewiesen werden müssen.

1. Die Grundlagen für die Elektronenbewegung in Magnetfeldern.

a) Die Bewegung unter Mitwirkung von homogenen elektrischen Feldern.

Es soll ein einzelnes Elektron betrachtet werden, das sich in einem
homogenen elektrischen Feld und einem dazu senkrechten homogenen
Magnetfeld befindet. Für diesen Fall gelten das Schema nach Abb. 1b
und die Bewegungsgleichungen (3) auf S. 5:

$$\frac{\mathrm{d}^2 y}{\mathrm{d}t^2} = -\frac{e}{m}e_y - \frac{e}{m}B\frac{\mathrm{d}x}{\mathrm{d}t}, \qquad \frac{\mathrm{d}^2 x}{\mathrm{d}t^2} = -\frac{e}{m}e_x + \frac{e}{m}B\frac{\mathrm{d}y}{\mathrm{d}t}.$$

Zuerst soll angenommen werden, daß das elektrische Feld Null ist,
daß also das Elektron, das eine bestimmte Anfangsgeschwindigkeit be-

sitzen soll, sich nur unter dem Einfluß des Magnetfeldes bewegt. Die Bewegungsgleichungen haben dann die Form:

$$\frac{d^2y}{dt^2} = -\frac{e}{m}\,B\,\frac{dx}{dt} \quad \text{und} \quad \frac{d^2x}{dt^2} = \frac{e}{m}\,B\,\frac{dy}{dt}.$$

Integriert man die zweite Gleichung, so ergibt sich:

$$\frac{dx}{dt} = \frac{e}{m}\,B\,(y - y_M),$$

wobei y_M eine noch unten zu deutende Integrationskonstante darstellt; durch Einführen in die erste Gleichung ergibt sich dann:

$$\frac{d^2y}{dt^2} + \left(\frac{e}{m}\,B\right)^2 (y - y_M) = 0.$$

Diese Gleichung läßt sich lösen durch den Ansatz:

$$y - y_M = R\sin(\omega_m t - \vartheta),$$

wobei R und ϑ ebenfalls Integrationskonstanten darstellen und die Kreisfrequenz ω_m folgende Größe erhält:

$$\omega_m = \frac{e}{m}\,B, \tag{116}$$

wie sich durch Einsetzen ergibt.

Setzt man die Werte für y in die Beziehungen für x ein, so folgt:

$$\frac{dx}{dt} = \omega_m R\sin(\omega_m t - \vartheta) \quad \text{und} \quad x - x_M = -R\cos(\omega_m t - \vartheta).$$

Die gesamte Lösung ist also:

$$\left.\begin{aligned} y &= y_M + R\sin(\omega_m t - \vartheta), \\ x &= x_M - R\cos(\omega_m t - \vartheta). \end{aligned}\right\} \tag{117}$$

Die durch diese Gleichungen dargestellte Elektronenbahn ist ein Kreis mit den Mittelpunktskoordinaten y_M und x_M und mit dem Radius R, wie er in Abb. 64 dargestellt ist. Der Kreis wird mit der Winkelgeschwindigkeit ω_m durchlaufen; der Umlaufsinn ist der Richtung der magnetischen Induktionslinien B durch eine Rechtsschraube zugeordnet. Die Tangentialgeschwindigkeit, mit der das Elektron die Kreisbahn durchläuft, ist $v_t = \omega_m R$. Die Größe dieser Tangentialgeschwindigkeit bzw. die Größe des Radius R hängt von den Randbedingungen ab, unter denen das Elektron einmal in das Feld hereingekommen

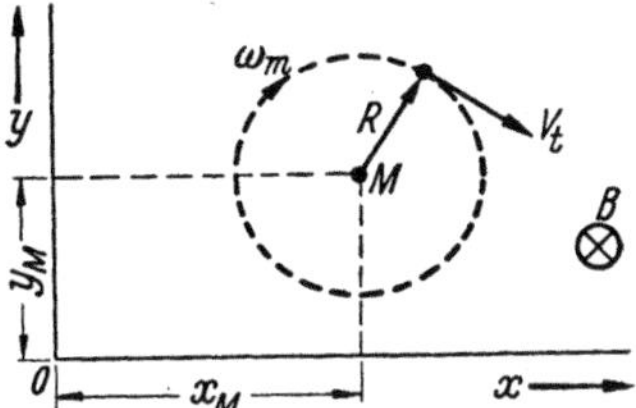

Abb. 64. Kreisbahn eines Elektrons im homogenen Magnetfeld.

ist. Durch das Magnetfeld ist nur die Kreisfrequenz ω_m für den Umlauf vorgeschrieben; ist das Elektron mit einer großen Geschwindigkeit in das Feld gelangt, so wird auch der Radius der Kreisbahn groß.

Nunmehr soll noch ein homogenes elektrisches Feld zusätzlich wirken; der Einfachheit der Rechnung halber soll es nur in y-Richtung wirken und die Größe $\bar{\bar{E}} = -e_y$ haben. Die Bewegungsgleichungen (3) erhalten dann die Form:

$$\frac{\mathrm{d}^2 y}{\mathrm{d} t^2} = \bar{\bar{E}} - \omega_m \frac{\mathrm{d} x}{\mathrm{d} t} \quad \text{und} \quad \frac{\mathrm{d}^2 x}{\mathrm{d} t^2} = \omega_m \frac{\mathrm{d} y}{\mathrm{d} t}$$

[hierbei ist sogleich die Kreisfrequenz ω_m des Magnetfeldes nach Gl. (116) eingeführt].

Die Lösung vollzieht sich in ähnlicher Weise wie oben; die zweite Gleichung wird integriert, wobei aus später zu erörternden Gründen die Integrationskonstante als Differenz der zwei Konstanten $v_L - \omega_m y_L$ eingeführt wird:

$$\frac{\mathrm{d} x}{\mathrm{d} t} = \omega_m (y - y_L) + v_L.$$

Durch Einsetzen in die erste Gleichung folgt:

$$\frac{\mathrm{d}^2 y}{\mathrm{d} t^2} = \frac{e}{m} \bar{\bar{E}} - \omega_m^2 (y - y_L) - \omega_m v_L.$$

Diese Gleichung kann man durch den Ansatz $y - y_L = R \sin(\omega_m t - \vartheta)$ lösen, wobei R und ϑ Integrationskonstanten sind; beim Einsetzen ergibt sich die Forderung:

$$v_L = \frac{\dfrac{e}{m} \bar{\bar{E}}}{\omega_m} = \frac{\bar{\bar{E}}}{B}. \tag{118}$$

Durch Rückeinsetzen in die Gleichung für $\mathrm{d} x/\mathrm{d} t$ ergibt sich:

$$\frac{\mathrm{d} x}{\mathrm{d} t} = v_L + \omega_m R \sin(\omega_m t - \vartheta)$$

und

$$x - x_0^* = v_L \left(t - \frac{\vartheta}{\omega_m}\right) - R \cos(\omega_m t - \vartheta).$$

Die Größe $x_0^* + v_L \left(t - \dfrac{\vartheta}{\omega_m}\right)$ soll mit x_L bezeichnet werden; dann ist die Gesamtlösung:

$$\left.\begin{aligned} y &= y_L + R \sin(\omega_m t - \vartheta), \\ x &= x_L - R \cos(\omega_m t - \vartheta), \\ x_L &= x_0^* + v_L \left(t - \frac{\vartheta}{\omega_m}\right). \end{aligned}\right\} \tag{119}$$

Die Form der sich aus diesen Gleichungen ergebenden Elektronenbewegung wird durch Abb. 65a veranschaulicht. Das Elektron umkreist wieder die magnetischen Feldlinien mit der Winkelgeschwindigkeit ω_m und dem Radius R im Rechtsschraubensinn; der Mittelpunkt des Kreises hat die Koordinaten y_L und x_L; infolge der Zeitabhängigkeit von x_L schreitet der Mittelpunkt mit der Geschwindigkeit v_L in der positiven x-Richtung auf der „Leitbahn" L fort. Infolge der Kreisbewegung und der Bewegung auf der Leitbahn wird die vom Elektron beschriebene Kurve eine Zykloide. Die Form der Zykloide hängt von der Größe des Radius R ab, d. h. von den Randbedingungen, unter denen das Elektron in das vorausgesetzte Feld gekommen ist. Ist R klein, so ist die Kurve eine gestreckte Zykloide nach Abb. 65b, bei einer gewissen Größe von R ergibt sich die spitze Zykloide nach Abb. 65c und für noch größere R die verschlungene Zykloide nach Abb. 65d.

Das Bemerkenswerte an der Elektronenbewegung ist, daß die Leitbahn nicht in Richtung der elektrischen Feldstärke verläuft, sondern gerade senkrecht dazu in Richtung einer elektrischen Potentiallinie. Die Richtung der Bewegung auf der Leitbahn ergibt sich daraus, daß die Vektoren $\bar{\bar{e}}$, $\mathfrak{b}$ und $\mathfrak{v}_L$ ein Rechtssystem bilden.

b) Die Bewegung unter Mitwirkung von beliebig gestalteten elektrischen Feldern, graphische Lösung.

Es sei ein elektrisches Feld vorausgesetzt, dessen Feldlinien sämtlich in einer Ebene verlaufen sollen, sonst aber beliebige Gestalt haben können. Auf dieser Ebene sollen die Induktionslinien eines homogenen magne-

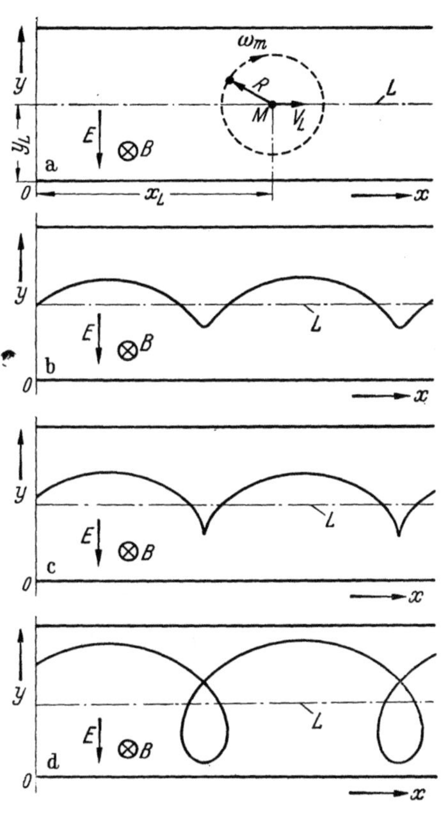

Abb. 65 a—d. Zykloidenbahnen in einem homogenen elektrischen und einem dazu senkrechten homogenen magnetischen Feld. *a* Entstehung der Zykloide, *b* gestreckte Zykloide, *c* gewöhnliche Zykloide, *d* verschlungene Zykloide.

tischen Feldes B senkrecht stehen, wie es Abb. 66a andeutet. Zu der betrachteten Zeit soll sich ein einzelnes Elektron am Orte P befinden und die Geschwindigkeit v haben, die nach der Beziehung

$$v = \sqrt{\frac{2e}{m}\,u}$$ einer durchlaufenen Potentialdifferenz u entsprechen soll. Das Koordinatensystem ist der Einfachheit halber so gelegt, daß v in die positive x-Richtung fällt; es ist also am Punkt P: $dx/dt = v$ und $dy/dt = 0$. Die Bewegungsgleichungen (3) von S. 5 bekommen dann die Form:

$$\frac{d^2y}{dt^2} = -\frac{e}{m}\,e_y - \omega_m v \quad \text{und} \quad \frac{d^2x}{dt^2} = -\frac{e}{m}\,e_x. \tag{120}$$

Hierbei ist entsprechend Gl. (116) auf S. 153 die Kreisfrequenz ω_m des Magnetfeldes eingeführt worden. Weil für den betrachteten Fall die Geschwindigkeit in y-Richtung $dy/dt = 0$ ist, ergibt sich der Krümmungsradius ϱ der Bahnkurve bzw. sein Kehrwert, die Bahnkrümmung, nach der Beziehung:

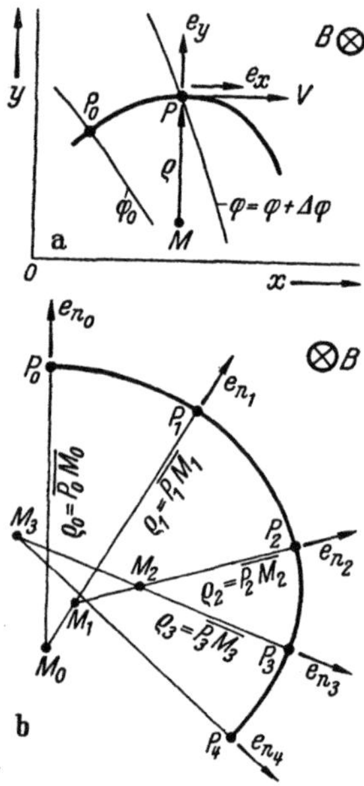

Abb. 66. Graphische Konstruktion der Elektronenbahnen: *a* Ableitung des Bahnkrümmungsradius, *b* Verfahren der Konstruktion.

$$\text{oder} \qquad \frac{1}{\varrho} = \frac{d^2 y}{d x^2} = \frac{\dfrac{d^2 y}{d t^2}}{\left(\dfrac{d x}{d t}\right)^2} = \frac{-\dfrac{e}{m} e_y}{v^2} - \frac{\omega_m}{v}$$

$$\frac{1}{\varrho} = -\frac{e_n}{2 u} - \frac{B}{\sqrt{\dfrac{2 m}{e} u}} . \qquad (120)$$

In der letzten Zeile ist statt der Größe e_y die Größe e_n eingesetzt worden, um anzudeuten, daß es sich um die Komponente der elektrischen Feldstärke normal zur Elektronenbahn handelt; denn die Ableitung gilt allgemein auch in den Fällen, wenn v nicht in die x-Richtung fällt; für die Bahnkrümmung ist dann immer die elektrische Feldstärke senkrecht zur Bahnbewegung maßgeblich.

Die Größe des Krümmungsradius nach Gl. (120) kann man verwenden, um in beliebigen vorgegebenen Feldern den Verlauf der Elektronenbahnen graphisch zu konstruieren (selbstverständlich immer unter Vernachlässigung der durch die Elektronen hervorgerufenen Raumladung). Im allgemeinen wird das Feld durch seine Potentiallinien vorgegeben sein, wie es auch die Potentiallinien φ_0 und $\varphi = \varphi_0 + \Delta\varphi$ in Abb. 66a ausdrücken. Die Größe der elektrischen Feldstärke senkrecht zur Bahn ermittelt man dann aus dem Verhältnis der Potentialdifferenz zum Abstand zwischen zwei Potentiallinien, in Richtung senkrecht zur Bahn gemessen. Handelt es sich um ein zeitlich konstantes elektrisches Feld, so ist durch die Größe des Potentials der Betrag der Geschwindigkeit v an jeder Stelle gegeben. Die graphische Konstruktion führt man in der Weise durch, wie es Abb. 66b angibt. Für ein Elektron, das sich am Ort P_0 befindet, errechnet man aus der Bahngeschwindigkeit, der Feldstärke e_{n_0} senkrecht zur Bahnrichtung und der Größe des Magnetfeldes B den Radius $\varrho_0 = \overline{P_0 M_0}$ der Bahnkrümmung, den man von P_0 aus senkrecht zur Bahn bis zum Punkte M_0 hin aufträgt. Dann schlägt man mit dem Radius ϱ_0 einen Kreisbogen um ein kurzes Stück, etwa bis zum Punkte P_1. An diesem Punkte hat sich die elektrische

Normalfeldstärke geändert und den Wert e_{n_1} erhalten; außerdem kann die Elektronengeschwindigkeit eine andere geworden sein; man berechnet nun hier einen neuen Krümmungsradius $\varrho_1 = \overline{P_1 M_1}$ und schlägt um den neu gefundenen Mittelpunkt M_1 einen weiteren Kreisbogen bis zum Punkte P_2. Durch Fortsetzen dieser Konstruktion erhält man den Verlauf der gesamten Elektronenbahn.

Das Konstruktionsverfahren läßt sich auch dann noch anwenden, wenn sich während des Elektronenfluges das elektrische Potentialfeld ändert. Man muß dann nur bedenken, daß das Potential φ, an dem sich das Elektron jeweils befindet, kein Maß für die Größe der Elektronengeschwindigkeit ist. Ist das Elektron beispielsweise im betrachteten Augenblick zu dem Punkt P_0 in Abb. 66a gekommen und beträgt seine Geschwindigkeit $v_0 = \sqrt{\dfrac{2e}{m}}\, u_0$ und wird die im betrachteten Augenblick vorhandene Potentialverteilung durch die Potentiallinien φ_0 und φ dargestellt, so verfährt man folgendermaßen: Aus der Potentialverteilung bestimmt man für den Punkt P_0 die Normalfeldstärke (die im vorliegenden Beispiel gerade Null ist), berechnet aus Bahngeschwindigkeit und Magnetfeld den Krümmungsradius und zeichnet den Bahnkreis bis zum Punkte P auf der nächstfolgenden Potentiallinie $\varphi = \varphi_0 + \varDelta\varphi$. Die Elektronengeschwindigkeit ist dabei auf die Größe $v = \sqrt{\dfrac{2e}{m}\,(u_0 + \varDelta\varphi)}$ gekommen, die zur Zurücklegung des gezeichneten Bahnkreises erforderliche Zeit ergibt sich aus der Länge des Weges und der Geschwindigkeit. Nach dieser Zeit hat sich nun die Potentialverteilung verändert, und man muß zur Weiterkonstruktion der Bahn vom Punkte P aus eine neue Potentialverteilung zugrunde legen. Wenn man die einzelnen Stufen der Konstruktion genügend klein macht, so kann man den Elektronenbahnverlauf in Wechselfeldern mit guter Genauigkeit ermitteln. Das Verfahren ist recht zeitraubend, stellt aber für kompliziert gestaltete elektrische Felder die einzige Möglichkeit zur genauen Ermittlung der Elektronenbahnen dar.

c) Die Bewegung unter Mitwirkung von beliebig gestalteten elektrischen Feldern, rechnerische Näherungslösung.

Um eine rechnerische Näherungslösung für die Elektronenbewegung in beliebig gestalteten elektrischen Feldern zu erhalten, geht man wieder von der allgemeinen Bewegungsgleichung (3) aus:

$$\frac{\mathrm{d}^2 y}{\mathrm{d} t^2} = -\frac{e}{m}\, e_y - \omega_m \frac{\mathrm{d} x}{\mathrm{d} t} \quad \text{und} \quad \frac{\mathrm{d}^2 x}{\mathrm{d} t^2} = -\frac{e}{m}\, e_x + \omega_m \frac{\mathrm{d} y}{\mathrm{d} t}.$$

In Übereinstimmung mit dem unter a) gegebenen Resultat für das ebene elektrische Feld macht man auch hier den Ansatz, daß die Elektronen auf einem Kreise laufen, dessen Mittelpunkt auf einer Leitbahn fortschreitet. Der Ansatz entspricht den beiden ersten Gleichungen unter (119):

$$y = y_L + R \sin(\omega_m t - \vartheta) \quad \text{und} \quad x = x_L - R \cos(\omega_m t - \vartheta).$$

Durch Einsetzen in die allgemeinen Differentialgleichungen ergeben sich dann die Differentialgleichungen für die Koordinaten y_L und x_L der Leitbahn:

$$\frac{d^2 y_L}{dt^2} = -\frac{e}{m} e_y - \omega_m \frac{dx_L}{dt} \quad \text{und} \quad \frac{d^2 x_L}{dt^2} = -\frac{e}{m} e_x + \omega_m \frac{dy_L}{dt}.$$

Wenn sich die Komponenten e_x und e_y des elektrischen Feldes innerhalb des vom Elektron beschriebenen Kreises vom Radius R nicht nennenswert ändern, so können sie in Näherung als räumlich konstant angesehen werden; wenn die zeitlichen Änderungen des elektrischen Feldes im Vergleich zur Umlaufperiode des Elektrons nur langsam erfolgen, so kann das elektrische Feld näherungsweise auch als zeitlich konstant angesehen werden; in den meisten Fällen erfolgen die Geschwindigkeitsänderungen $d^2 x_L/dt^2$ und $d^2 y_L/dt^2$ der Leitbahnbewegung im Vergleich zur Umlaufperiode der Elektronen so langsam, daß sie gegen die Größen $\omega_m \dfrac{dx_L}{dt}$ und $\omega_m \dfrac{dy_L}{dt}$ vernachlässigt werden können. Unter diesen Annäherungen erhalten die Differentialgleichungen der Leitbahnbewegung die einfache Form:

$$\frac{dy_L}{dt} = \frac{\dfrac{e}{m} e_x}{\omega_m} = \frac{e_x}{B} \quad \text{und} \quad \frac{dx_L}{dt} = \frac{-\dfrac{e}{m} e_y}{\omega_m} = -\frac{e_y}{B}.$$

Hieraus folgt unmittelbar:

$$\frac{dy_L}{dx_L} = -\frac{e_x}{e_y}. \tag{121}$$

Diese Gleichung besagt, daß die Leitbahn zu den elektrischen Feldlinien, deren Richtung durch das Verhältnis e_y/e_x gegeben ist, immer senkrecht verlaufen muß. Die Leitbahn folgt also einer elektrischen Potentiallinie. Die Geschwindigkeit des Fortschreitens auf der Leitbahn ergibt sich aus der Beziehung:

$$v_L = \sqrt{\left(\frac{dx_L}{dt}\right)^2 + \left(\frac{dy_L}{dt}\right)^2} = \frac{\sqrt{e_x{}^2 + e_y{}^2}}{B} = \frac{|e_{ges}|}{B}. \tag{122}$$

Die Geschwindigkeit ergibt sich also aus dem Verhältnis der senkrecht zur Leitbahn wirkenden elektrischen Gesamtfeldstärke $|e_{ges}|$ zur magnetischen Feldstärke.

Zusammenfassend ergibt die Näherungslösung, daß die Elektronen einer Potentiallinie als Leitbahn folgen und daß die Fortschreitegeschwindigkeit auf der Leitbahn durch das elektrische und das magnetische Feld gegeben ist. Welcher Potentiallinie des gesamten Potentialbildes das Elektron als Leitbahn folgt und mit einem wie großen Radius es die Leitbahn umkreist, hängt von den Randbedingungen des Elektronenstartes ab.

2. Die Röhren mit ungeteilter Anode.

a) Verhalten bei Gleichspannungen.

α) Die ebene Sättigungsdiode.

Es soll eine Diode vorausgesetzt werden, deren Elektroden ebene Platten darstellen und deren Längsabmessungen groß sind gegen den gegenseitigen Abstand d. Außerdem soll die Kathode Elektronen in so geringer Menge liefern, daß der Einfluß der Raumladung auf die Bewegung der Elektronen vernachlässigbar klein wird; bei einer zwischen Kathode und Anode liegenden Gleichspannung $\bar{U}$ ist dann die elektrische Feldstärke an jeder Stelle des Raumes $\bar{E} = \bar{U}/d$. Die allgemeine Lösung dieses Falles ist bereits durch das Gleichungssystem (119) auf S. 154 gegeben:

$$y = y_L + R \sin(\omega_m t - \vartheta) \quad \text{und} \quad x = x_0^* + v_L \left(t - \frac{\vartheta}{\omega_m}\right) - R \cos(\omega_m t - \vartheta).$$

Als Randbedingung für den Elektronenstart ist hier einzuführen, daß das Elektron zur Zeit t_0 am Ort $y = 0$ und $x = x_0$ ist, wobei die Startgeschwindigkeiten dy/dt und dx/dt Null sein müssen; also:

$$y_L + R \sin(\omega_m t_0 - \vartheta) = 0; \quad x_0^* + v_L \left(t_0 - \frac{\vartheta}{\omega_m}\right) - R \cos(\omega_m t_0 - \vartheta) = x_0;$$

$$\omega_m R \cos(\omega_m t_0 - \vartheta) = 0; \quad v_L + \omega_m R \sin(\omega_m t_0 - \vartheta) = 0.$$

Folglich:

$$\omega_m t_0 - \vartheta = \frac{3}{2}\pi; \quad y_L = R; \quad R = \frac{v_L}{\omega_m} = \frac{\bar{U}}{d B \omega_m}$$

[vgl. Gl. (118) auf S. 154];

$$x_0^* = x_0 - \frac{v_L}{\omega_m} \frac{3}{2}\pi.$$

Die Kurve der Elektronenbewegung ist eine spitze Zykloide; die Leitbahn befindet sich in der Höhe $y_L = R$. Die Strecke, um die sich das Elektron höchstens von der Kathode entfernen kann, soll als der „kritische Abstand" d_k bezeichnet werden; aus der Zykloidenbahn ergibt sich sogleich:

$$d_k = 2R = \frac{2\bar{U}}{d \omega_m B}$$

oder

$$d_k = \frac{2\frac{m}{e}\bar{U}}{dB^2}. \tag{123}$$

Die Bahngleichungen erhalten somit die Form:

$$\left. \begin{aligned} y &= \frac{d_k}{2}[1 - \cos\omega_m(t - t_0)] \\ x &= x_0 + \frac{d_k}{2}[\omega_m(t - t_0) - \sin\omega_m(t - t_0)]. \end{aligned} \right\} \tag{124}$$

und

Die Laufzeit, die das Elektron bis zum Erreichen des kritischen Abstandes d_k benötigt, entspricht einem Umlauf auf dem Kreis um den Winkel π bei der Winkelgeschwindigkeit ω_m; also ist die Laufzeit:

$$\bar{\bar{t}} = \frac{\pi}{\omega_m} = \frac{\pi}{\frac{e}{m}B} = \pi\sqrt{\frac{d\,d_k}{\frac{2e}{m}\bar{U}}}\,. \tag{125}$$

Das wesentliche Ergebnis der Berechnungen ist, daß die Elektronen sich nur bis zu dem kritischen Abstand von der Kathode entfernen können, und daß dieser kritische Abstand von der Spannung und vom Magnetfeld abhängt. Demnach sind im Betriebe zwei Fälle möglich, die in Abb. 67 dargestellt sind. Im einen Fall ist d_k größer als d, wie Abb. 67

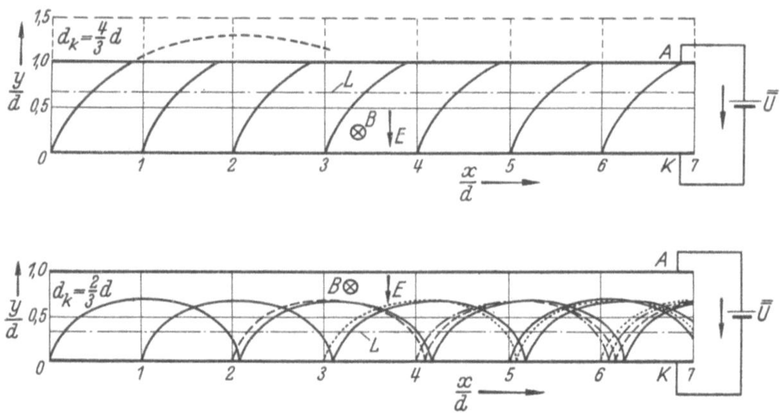

Abb. 67. Ebene Sättigungsdiode im homogenen Magnetfeld: Elektronenbahnen für zwei verschiedene Werte des kritischen Abstandes d_k.

im oberen Teil an dem Beispiel $d_k = \frac{4}{3}\,d$ veranschaulicht; dann treffen alle Elektronen auf die Anode (die erste der gezeichneten Elektronenbahnen ist gestrichelt über die Anode hinaus verlängert, um die Zykloidenform der Bahn besser erkennen zu lassen). Im zweiten Falle ist d_k kleiner als der Elektrodenabstand d $(d_k = \frac{2}{3}\,d)$; die Elektronen kehren sämtlich zur Kathode zurück, der Anodenstrom ist Null. Die im unteren Teil der Abb. 67 gezeichneten Bahnen laufen zur Kathode und starten dann von neuem; die Behandlung dieser Bahnform hat für den Sättigungsfall keine physikalische Bedeutung, weil die Raumladung vor der Kathode wegen der Sperrung des Elektronenflusses zur Anode stets so weit anwachsen muß, bis sich vor der Kathode eine negative Potentialsenke aufbaut, die weitere Elektronen am Austritt hindert.

Wenn man bei einer ebenen Sättigungsröhre das Magnetfeld konstant hält, so kann bei kleinen Anodenspannungen $\bar{U}$ kein Strom zur Anode übergehen, da entsprechend Gl. (123) der kritische Abstand d_k kleiner ist als der Elektrodenabstand d. Erst bei der Anodenspannung, bei der $d_k = d$ wird, setzt der Stromfluß ein; diese Anodenspannung wird als die „kritische Anodenspannung $\bar{U}_k$" bezeichnet; ihre Größe ergibt sich nach Gl. (123) zu:

$$\bar{U}_k = \frac{d^2 B^2}{2\dfrac{m}{e}}.$$

Die Kennlinie einer Sättigungsdiode für veränderliche Anodenspannungen ist in Abb. 68a dargestellt; für $\bar{U}/\bar{U}_k$ kleiner als 1 ist der Anodenstrom $\bar{I}$ gleich Null, für größere Spannungen dagegen ist er gleich dem Sättigungsstrom $\bar{I}_s$. — Wenn man anderseits die Anodenspannung konstant hält und die Größe des Magnetfeldes B verändert, so geht bei kleinen Werten von B der volle Sättigungsstrom $\bar{I}_s$ zur Anode über; mit zunehmendem B wird der kritische Abstand d_k kleiner, wie Gl. (123)

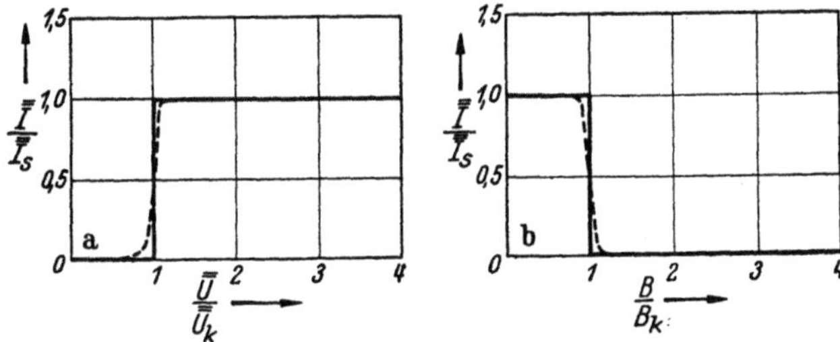

Abb. 68. Statische Kennlinien der Sättigungsdiode im Magnetfeld: *a* Strom in Abhängigkeit vom Spannungsverhältnis $\bar{U}/\bar{U}_k$, *b* Strom in Abhängigkeit vom Magnetfeldverhältnis B/B_k.

zeigt; wird $d_k = d$, so hört der Stromfluß auf, es ist das „kritische Magnetfeld B_k" erreicht; seine Größe folgt aus Gl. (123):

$$B_k = \frac{\sqrt{2\dfrac{m}{e}\,\bar{U}}}{d}.$$

Die Kennlinie der Röhre für veränderliches Magnetfeld ist in Abb. 68b gezeichnet. Für praktisch vorkommende Fälle verlaufen die beiden Kennlinien der Abb. 68 nicht scharf sprunghaft, sondern die Kurven sind etwas abgerundet, wie durch die gestrichelten Linien angedeutet ist; die Gründe hierfür sind die verschiedenen Geschwindigkeiten der die Kathode verlassenden Elektronen, ferner Unsymmetrien im mechanischen Aufbau und Inhomogenitäten des elektrischen und des magnetischen Feldes.

Verwickelter werden die Verhältnisse, wenn das Magnetfeld zur Richtung der elektrischen Feldlinien nicht genau senkrecht steht, sondern zu diesen einen bestimmten Winkel bildet, wie es Abb. 69 darstellt. Das Magnetfeld B liegt hier gegen die Ebenen der Kathode K und der Anode A um den Winkel ζ geneigt; es hat also eine Komponente in der negativen z-Richtung und eine Komponente in y-Richtung. Man muß dann die Bewegungsgleichungen aus der allgemeinen Beziehung (2) auf S. 5 für alle drei Koordinatenrichtungen herleiten, da die Elektronen jetzt nicht mehr in einer Ebene bleiben können. Ist die elektrische Feldstärke $-e_y = \bar{\bar{E}}$, so folgt:

$$\frac{\mathrm{d}^2 y}{\mathrm{d}t^2} = \frac{e}{m}\,\bar{\bar{E}} - \omega_m\,\cos\zeta\,\frac{\mathrm{d}x}{\mathrm{d}t}\,,$$

$$\frac{\mathrm{d}^2 x}{\mathrm{d}t^2} = \omega_m\,\cos\zeta\,\frac{\mathrm{d}y}{\mathrm{d}t} + \omega_m\,\sin\zeta\,\frac{\mathrm{d}z}{\mathrm{d}t}\,,$$

$$\frac{\mathrm{d}^2 z}{\mathrm{d}^2 t} = -\,\omega_m\,\sin\zeta\,\frac{\mathrm{d}x}{\mathrm{d}t}\,.$$

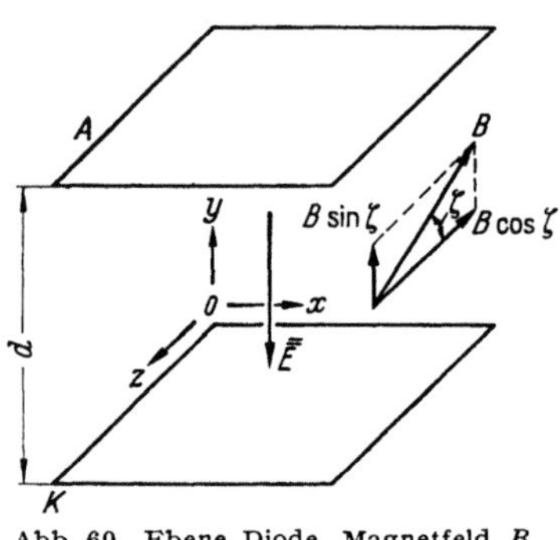

Abb. 69. Ebene Diode, Magnetfeld B gegen das elektrische Feld $\bar{\bar{E}}$ schräg gestellt.

Diese Gleichungen sind unter den Randbedingungen zu lösen, daß das betrachtete Elektron zur Zeit t_0 bei $y=0$, $x=x_0$ und $z=z_0$ mit der Geschwindigkeit Null startet. Das Ergebnis, von dessen Richtigkeit man sich leicht durch Rückeinsetzen überzeugen kann, ist:

$$y = \frac{e}{m}\,\frac{\bar{\bar{E}}}{\omega_m{}^2}\left\{\cos^2\zeta\,[1 - \cos\omega_m(t - t_0)] + \sin^2\zeta\,\frac{\omega_m{}^2(t - t_0)^2}{2}\right\},$$

$$x = x_0 + \frac{e}{m}\,\frac{\bar{\bar{E}}}{\omega_m{}^2}\cos\zeta\,[\omega_m(t - t_0) - \sin\omega_m(t - t_0)],$$

$$z = z_0 - \frac{e}{m}\,\frac{\bar{\bar{E}}}{\omega_m{}^2}\sin\zeta\,\cos\zeta\left[\omega_m^2\,\frac{(t - t_0)^2}{2} + \cos\omega_m(t - t_0) - 1\right].$$

Es liegt auch hier wieder eine Umlaufbewegung mit der Kreisfrequenz ω_m um einen auf einer Leitbahn fortschreitenden Mittelpunkt vor; für die Bewegung auf der Leitbahn gelten die Beziehungen:

$$y_L = \frac{e}{m}\,\frac{\bar{\bar{E}}}{\omega_m{}^2}\left[\cos^2\zeta + \sin^2\zeta\,\frac{\omega_m{}^2(t - t_0)^2}{2}\right],$$

$$x_L = x_0 + \frac{e}{m}\,\frac{\bar{\bar{E}}}{\omega_m{}^2}\cos\zeta\,\omega(t - t_0),$$

$$z_L = z_0 - \frac{e}{m}\,\frac{\bar{\bar{E}}}{\omega_m{}^2}\sin\zeta\,\cos\zeta\left(\omega_m^2\,\frac{(t - t_0)^2}{2} - 1\right).$$

Durch Eliminieren der zeitlichen Glieder erhält man:

$$y_L = \frac{e}{m}\,\frac{\bar{\bar{E}}}{\omega_m{}^2} - (z_L - z_0)\,\mathrm{tg}\,\zeta,$$

$$z_L - z_0 = \frac{e}{m}\,\frac{\bar{\bar{E}}}{\omega_m{}^2}\sin\zeta\,\cos\zeta - \frac{1}{2\,\dfrac{e}{m}\,\dfrac{\bar{\bar{E}}}{\omega_m{}^2}}\,\mathrm{tg}\,\zeta\,(x_L - x_0)^2.$$

Die Leitbahn ist also eine im Raume schräg liegende Parabel; wesentlich ist, daß y_L mit der Zeit zunimmt, d. h. alle Elektronen müssen nach einer gewissen Zeit die Anode erreichen, oft allerdings erst nach einer größeren Zahl von Umlaufbewegungen; dabei kann sich die Raumladung so stark erhöhen, daß sie auch bei schwach emittierender Kathode einen wesentlichen Einfluß auf die Elektronenbewegung und auf die Größe des übergehenden Stromes ausübt.

β) Die ebene Raumladungsdiode.

Die zu betrachtende Raumladungsdiode soll ebene Elektroden besitzen, zu denen parallel das Magnetfeld läuft; das Magnetfeld steht dann auf den elektrischen Feldlinien genau senkrecht. Die Kathode soll wieder — wie in allen bisher betrachteten Raumladungsfällen — so viel Elektronen liefern, daß das elektrische Feld unmittelbar vor der Kathode Null wird. Es soll zunächst der Fall untersucht werden, daß die Elektronen auf die Anode auftreffen; der kritische Abstand soll größer als der Anodenabstand d sein. Dann fließt in allen Querschnittsebenen der Strom $\bar{I}$, der gleich dem Anodenstrom ist. Die Bewegungsgleichungen ergeben sich wieder aus dem Gleichungssystem (3): $(-e_y = e_1)$

$$\frac{\mathrm{d}^2 y}{\mathrm{d} t^2} = \frac{e}{m} e_1 - \omega_m \frac{\mathrm{d} x}{\mathrm{d} t} \quad \text{und} \quad \frac{\mathrm{d}^2 x}{\mathrm{d} t^2} = \omega_m \frac{\mathrm{d} y}{\mathrm{d} t}.$$

Differenziert man die erste Gleichung nach der Zeit t und setzt $\mathrm{d}^2 x/\mathrm{d} t^2$ aus der zweiten Gleichung ein, so folgt:

$$\frac{\mathrm{d}^3 y}{\mathrm{d} t^3} = \frac{e}{m} \frac{\mathrm{d} e_1}{\mathrm{d} t} - \omega_m^2 \frac{\mathrm{d} y}{\mathrm{d} t}.$$

Die elektrische Feldstärke ist von der Raumkoordinate y abhängig; für das fliegende Elektron ändert sich deshalb die Größe $\mathrm{d} e_1/\mathrm{d} t$ mit der Zeit; bezüglich der Größe der Feldstärke in einer mit dem betrachteten Elektron mitlaufenden Querschnittsfläche gelten die gleichen Überlegungen, die auf S. 16 zur Gl. (14) geführt haben; es ist: $\dfrac{\mathrm{d} e_1}{\mathrm{d} t} = \dfrac{\bar{I}}{F \varepsilon_0}$ und somit:

$$\frac{\mathrm{d}^3 y}{\mathrm{d} t^2} = \frac{e}{m} \frac{\bar{I}}{F \varepsilon_0} - \omega_m^2 \frac{\mathrm{d} y}{\mathrm{d} t} \quad \text{und} \quad \frac{\mathrm{d}^2 x}{\mathrm{d} t^2} = \omega_m \frac{\mathrm{d} y}{\mathrm{d} t}.$$

Die Lösung dieser Gleichungen erfolgt unter den Randbedingungen, daß zur Startzeit t_0 die Größen $y=0$ und $x=x_0$ sein müssen. Dann ergibt sich:

$$\left. \begin{aligned} y &= \frac{e}{m\,\omega_m^3} \frac{\bar{I}}{\varepsilon_0 F} \left[\omega_m (t - t_0) - \sin \omega_m (t - t_0) \right], \\ x &= x_0 - \frac{1}{\omega_m^3} \frac{e}{m} \frac{\bar{I}}{\varepsilon_0 F} \left[1 - \frac{\omega_m^2 (t - t_0)^2}{2} - \cos \omega_m (t - t_0) \right] \end{aligned} \right\} \quad (126)$$

Es handelt sich hier wieder um eine Kreisbewegung um einen auf einer Leitbahn fortschreitenden Mittelpunkt; für die Leitbahn gilt:

$$y_L = R\,\omega(t - t_0) \quad \text{und} \quad x_L = x_0 - R \left(1 - \frac{\omega_m^2 (t - t_0)^2}{2} \right)$$

oder nach Eliminieren der zeitlichen Glieder:

$$y_L^2 = 2R(x_L - x_0 + R).$$

Hierbei ist $R = \dfrac{e}{m\,\omega_m^2}\dfrac{\bar{I}}{\varepsilon_0 F}$ der Radius der Kreisbewegung. Die Leitbahn hat die Form einer Parabel. Die Entstehung der Elektronenbahn aus der Leitbahn L und der Kreisbewegung um den Mittelpunkt M mit dem Radius R ist in zwei Beispielen in Abb. 70 dargestellt; im oberen Fall treffen die Elektronen die Anode, im unteren, erst später zu behandelnden Fall kehren sie zur Kathode zurück.

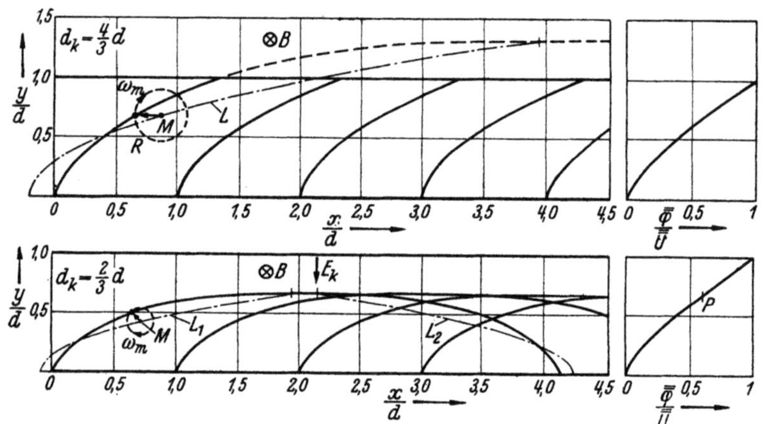

Abb. 70. Ebene Raumladungsdiode im homogenen Magnetfeld: Elektronenbahnen für zwei verschiedene Werte des kritischen Abstandes d_k.

Der Verlauf der Potentialverteilung zwischen den Elektroden ist mittels der elektrischen Feldstärke aus der Bewegungsgleichung der Elektronen zu bestimmen. Nach der obigen Beziehung war: $\dfrac{d e_1}{d t} = \dfrac{\bar{I}}{F\varepsilon_0}$ und somit:

$$e_1 = \frac{\bar{I}}{F\varepsilon_0}(t - t_0);$$

daraus ergibt sich:

$$e_1 = \frac{d\varphi}{d y} = \frac{\bar{I}}{F\varepsilon_0}(t - t_0) = \frac{\dfrac{d\varphi}{d t}}{\dfrac{d y}{d t}}$$

und durch Einsetzen der Bewegungsgleichungen (92):

$$\frac{d\varphi}{d t} = \frac{\bar{I}}{F\varepsilon_0}(t - t_0)\,R\,\omega_m\,[1 - \cos\omega_m(t - t_0)].$$

Die Randbedingung für die Integration ist, daß zur Zeit $t = t_0$, zu der das Elektron die Kathode verläßt, das Potential φ Null sein muß; somit ergibt sich schließlich:

$$\varphi = \frac{\bar{I}^2}{F^2\varepsilon_0^2\,\omega_m^4}\frac{e}{m}\left\{\omega_m(t-t_0)\left[\frac{\omega_m(t-t_0)}{2} - \sin\omega_m(t-t_0)\right] + 1 - \cos\omega_m(t-t_0)\right\}. \quad (127)$$

Da der Zusammenhang zwischen $(t - t_0)$ und y bekannt ist, kann man φ in Abhängigkeit von y darstellen, wie es in Abb. 70 rechts geschehen ist.

In dem Zeitpunkt, in dem die Elektronengeschwindigkeit $\mathrm{d}y/\mathrm{d}t = 0$ ist, haben die Elektronen ihre größtmögliche Entfernung von der Kathode, den kritischen Abstand d_k, erreicht. Durch Differenzieren der oberen Gl. (126) und durch Nullsetzen des Differentialquotienten erhält man für diesen Zeitpunkt: $1 - \cos\omega_m(t - t_0) = 0$, also: $\omega_m(t - t_0) = 2\pi$. Also ergibt sich für die Flugzeit der Elektronen bis zum kritischen Abstand:

$$\bar{\bar{\tau}} = \frac{2\pi}{\omega_m} = \frac{2\pi m}{eB}. \tag{128}$$

Diese Laufzeit ist doppelt so groß wie im Falle ohne Raumladung, wie ein Vergleich mit Gl. (125) auf S. 160 zeigt. Das Potential am kritischen Abstand ergibt sich durch Einsetzen von $\omega_m(t - t_0) = 2\pi$ in Gl. (127) zu:

$$\bar{U}_k = \frac{\bar{I}^2}{F^2 \varepsilon_0{}^2 \omega_m{}^4} \frac{e}{m} 2\pi^2 = \frac{\bar{I}}{F\varepsilon_0} \frac{R}{\omega_m} 2\pi^2.$$

Die Größe des kritischen Abstandes selbst folgt aus Gl. (126):

$$d_k = 2\pi R.$$

Es ergibt sich dann folgender Zusammenhang:

$$\bar{U}_k = \frac{e}{m} B^2 \frac{d_k^2}{2}; \qquad d_k^2 = \frac{2\dfrac{m}{e}\bar{U}_k}{B^2}; \tag{129}$$

$$\bar{I}_k = \frac{\varepsilon_0 F}{\pi} \sqrt{\frac{2e}{m}} \frac{\bar{U}_k^{3/2}}{d_k^2}. \tag{130}$$

Der Wert $\bar{I}_k$ stellt dabei den Strom dar, der gerade bei Erreichen des kritischen Zustandes von der Kathode zur Anode übergeht; vergleicht man seine Größe mit dem Strom, der bei Abwesenheit des Magnetfeldes übergeht [gewöhnliche Raumladungsgleichung (27) auf S. 35], so erkennt man, daß er um den Faktor $9/4\pi = 0{,}717$ kleiner ist; d. h. schon vor dem endgültigen Abreißen des Anodenstromes durch Überschreiten des kritischen Zustandes ist der Anodenstrom um etwa 30 % gesunken; dies ist darauf zurückzuführen, daß durch die Ablenkung der Elektronen in x-Richtung die Größe der Raumladung erhöht wird.

Von Interesse ist noch der Verlauf der gesamten Raumladekennlinie, d. h. der Verlauf des Anodenstromes $\bar{I}$ in Abhängigkeit von der Anodenspannung $\bar{U}$ bei konstantem Elektrodenabstand d und konstantem Magnetfeld B. Hierzu geht man am besten derart vor, daß man bestimmte Winkel $\omega_m(t - t_0)$ in die Gl. (126) und (127) einsetzt. Aus Gl. (126) ergibt sich dabei für $y = d$ die Größe des von der Kathode ausgehenden Stromes $\bar{I}$ und aus (127) die Größe der an der Anode legenden Spannung $\bar{U}$. Der auf diese Weise ermittelte Zusammenhang zwischen $\bar{I}$ und $\bar{U}$ ist in Abb. 71a aufgetragen; zum Vergleich ist die gewöhnliche Raumladungskennlinie nach Gl. (27) mit eingezeichnet. Die Spannung $\bar{U}$ ist ins Verhältnis gesetzt zur Spannung $\bar{U}_k$, der Strom $\bar{I}$ zum Stromwert $\bar{I}_{k_0}$; dies ist der Wert des Anodenstromes, der sich bei fehlendem Magnetfeld unter dem Einfluß der Spannung $\bar{U}_k$ einstellt. Man erkennt aus dem Diagramm, daß bei konstant gehaltenem Magnetfeld der Anodenstrom immer geringer ist als ohne Magnetfeld und bei Spannungen $U < \bar{U}_k$ nach Null springt (infolge von Unsymmetrien des Röhrenaufbaus, Inhomogenitäten der Felder und der Geschwindigkeitsverteilung der Elektronen beim Verlassen der Kathode erfolgt der Übergang bei den Röhren der Praxis nicht sprunghaft).

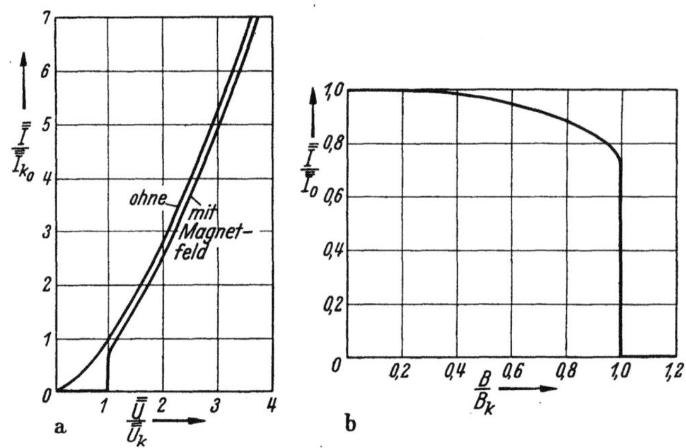

Abb. 71. Statische Kennlinien der Raumladungsdiode im Magnetfeld: *a* Strom in Abhängigkeit vom Spannungsverhältnis $\bar{\bar{U}}/\bar{\bar{U}}_k$, *b* Strom in Abhängigkeit vom Magnetfeldverhältnis B/B_k.

Die Kennlinie nach Abb. 71b erhält man, wenn man bei konstant gehaltener Anodenspannung die Größe des Magnetfeldes verändert; auch diese Beziehung wird dadurch errechnet, daß man aus den Gl. (126) und (127) die Zeit $\omega(t - t_0)$ eliminiert. Es sind die Verhältnisse $\bar{I}/\bar{I}_0$ und B/B_k aufgetragen. Dabei ist $\bar{I}_0$ der Strom, der unter dem Einfluß der Anodenspannung $\bar{U}$ bei Abwesenheit des Magnetfeldes zur Anode übergeht; B_k ist das kritische Magnetfeld, dessen Größe man durch Umformen der Gl. (129) erhält:

$$B_k = \frac{\sqrt{\dfrac{2\,m}{e}\,\bar{U}}}{d}.$$

Aus der Kurve der Abb. 71b erkennt man besonders deutlich, daß infolge erhöhter Raumladung der Anodenstrom durch das Magnetfeld schon vor Erreichen des kritischen Zustandes herabgesetzt wird.

Für den in Abb. 70 unten dargestellten Fall, daß die Elektronen zur Kathode zurückkehren, ist zu berücksichtigen, daß auch die zurückkehrenden Elektronen für die Raumladung wirksam sind; als Strom $\bar{I}$ ist deshalb der doppelte Wert des die Kathode verlassenden Elektronenstromes in die Formeln einzusetzen (da der Betrag der Elektronengeschwindigkeit bei Hin- und Rücklauf der gleiche ist, ist die Wirkung auf die Größe der Raumladung für beide Laufrichtungen gleich groß). Das Potential an der Umkehrzone $y = d_k$ ist entsprechend Gl. (129):

$\varphi_k = \dfrac{e}{m} B^2 \dfrac{d_k^2}{2}$, die elektrische Feldstärke an dieser Stelle ist:

$$\bar{\bar{E}}_k = \frac{\bar{I}}{F \varepsilon_0}(t - t_0)_k = \frac{\bar{I}}{F \varepsilon_0} \frac{2\pi}{\omega_m} = d_k \frac{e}{m} B^2 = 2\frac{\varphi_k}{d_k}.$$

Die Potentialverteilung zwischen den Elektroden verläuft zwischen $y = 0$ und $y = d_k$ nach der Gl. (127), oberhalb von d_k ist ein homogenes elektrisches Feld mit der Feldstärke $\bar{\bar{E}}_k$ vorhanden. Dies veranschaulicht auch der in Abb. 70 unten rechts dargestellte Potentialverlauf. Für den Fall, daß die Elektronen die Anode nicht erreichen, stellt sich dann immer ein solcher Kathodenstrom und ein solcher kritischer Abstand ein, daß die Potentialverteilung so verläuft, daß das Potential im Abstand d die Anodenspannung erreicht.

γ) Die zylindrische Diode.

Die bisher behandelten Fälle der ebenen Diode mit Magnetfeld dürften in der Praxis im allgemeinen nicht vorkommen; solche Röhren sind schwer realisierbar, denn die Elektrodenflächen müßten sehr groß sein, damit trotz des Fortschreitens der Elektronen in x-Richtung die Randstreuungen vernachlässigbar klein würden. Trotzdem vermitteln die bisher erhaltenen Lösungen einen guten Überblick über das Verhalten der Magnetfeldröhren, insbesondere wenn man mit zylindrischen Magnetfeldröhren arbeitet, deren Kathodenradius nicht allzu klein gegen den Anodenradius ist (vgl. oben: Zylindrische Elektrodensysteme, S. 143 ff.).

Bei rotationssymmetrischen Anordnungen, wie sie in Abb. 72 dargestellt sind, ist es zweckmäßig, die Bahn des Elektrons in Zylinder-

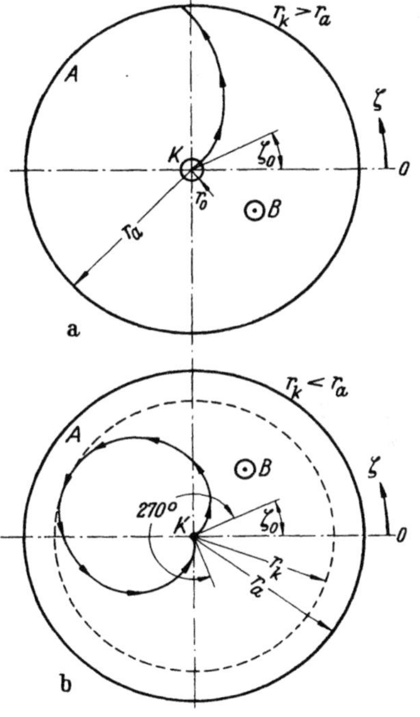

Abb. 72. Zylindrische Diode im homogenen Magnetfeld: Elektronenbahnen für zwei verschiedene Werte des kritischen Radius r_k.

koordinaten ζ und r auszudrücken; zu diesem Zwecke müssen die allgemeinen Bewegungsgleichungen (3) auf S. 5 umgeformt werden. Eine elektrische Feldstärke ist infolge der Rotationssymmetrie nur in radialer Richtung vorhanden; ihre positive Richtung soll in Richtung auf die Kathode, also entgegengesetzt der Richtung von r verlaufen; dann ist die Feldstärke: $e_1 = \mathrm{d}\overline{\overline{\varphi}}/\mathrm{d}r$.

Für die Aufstellung der Bewegungsgleichungen ist zu bedenken, daß in radialer Richtung außer der Radialbeschleunigung $\mathrm{d}^2r/\mathrm{d}t^2$ noch die Zentripetalbeschleunigung $r\left(\dfrac{\mathrm{d}\zeta}{\mathrm{d}t}\right)^2$ wirkt; entsprechend ist in der ζ-Richtung außer der Tangentialbeschleunigung $r\dfrac{\mathrm{d}^2\zeta}{\mathrm{d}t^2}$ noch die Coriolis-Beschleunigung $2\dfrac{\mathrm{d}r}{\mathrm{d}t}\dfrac{\mathrm{d}\zeta}{\mathrm{d}t}$ vorhanden. Wenn die magnetische Induktion B senkrecht nach oben gerichtet ist, so erhalten die Bewegungsgleichungen folgende Form:

$$\frac{\mathrm{d}^2r}{\mathrm{d}t^2} - r\left(\frac{\mathrm{d}\zeta}{\mathrm{d}t}\right)^2 = \frac{e}{m}e_1 - \omega_m r\frac{\mathrm{d}\zeta}{\mathrm{d}t},$$

$$r\frac{\mathrm{d}^2\zeta}{\mathrm{d}t^2} + 2\frac{\mathrm{d}r}{\mathrm{d}t}\frac{\mathrm{d}\zeta}{\mathrm{d}t} = \frac{1}{r}\frac{\mathrm{d}}{\mathrm{d}t}\left(r^2\frac{\mathrm{d}\zeta}{\mathrm{d}t}\right) = \omega_m \frac{\mathrm{d}r}{\mathrm{d}t}.$$

Die untere der beiden Gleichungen läßt sich sogleich integrieren:

$$\mathrm{d}\left(r^2\frac{\mathrm{d}\zeta}{\mathrm{d}t}\right) = \omega_m r\,\mathrm{d}r, \qquad r^2\frac{\mathrm{d}\zeta}{\mathrm{d}t} = \omega_m \frac{r^2}{2} + K_1; \qquad \frac{\mathrm{d}\zeta}{\mathrm{d}t} = \frac{\omega_m}{2} + \frac{K_1}{r^2}.$$

Die Integrationskonstante K_1 läßt sich aus der Randbedingung bestimmen, daß an der Kathodenoberfläche, d. h. für $r = r_0$, die Tangentialgeschwindigkeit $r_0\dfrac{\mathrm{d}\zeta}{\mathrm{d}t}$ verschwinden muß; denn die Elektronen sollen die Kathodenoberfläche mit der Geschwindigkeit Null verlassen. Also folgt:

$$K_1 = -\frac{r_0^2 \omega_m}{2}; \qquad \frac{\mathrm{d}\zeta}{\mathrm{d}t} = \frac{\omega_m}{2}\left(1 - \frac{r_0^2}{r^2}\right).$$

Setzt man diese Ergebnisse in die obere Differentialgleichung ein und drückt gleichzeitig die elektrische Feldstärke e_1 durch das Potential $\overline{\overline{\varphi}}$ aus, so erhält man:

$$\frac{\mathrm{d}^2r}{\mathrm{d}t^2} = \frac{1}{2}\frac{\mathrm{d}}{\mathrm{d}r}\left(\frac{\mathrm{d}r}{\mathrm{d}t}\right)^2 = \frac{e}{m}\frac{\mathrm{d}\overline{\overline{\varphi}}}{\mathrm{d}r} - \frac{\omega_m^2}{4}\left(r - \frac{r_0^4}{r^3}\right).$$

Diese Gleichung läßt sich integrieren:

$$\left(\frac{\mathrm{d}r}{\mathrm{d}t}\right)^2 = K_2 + \frac{2e}{m}\overline{\overline{\varphi}} - \frac{\omega_m^2}{4}\frac{r^4 + r_0^4}{r^2}.$$

Die Integrationskonstante K_2 ergibt sich aus der Randbedingung, daß an der Kathodenoberfläche, also für $r = r_0$, das elektrische Potential $\overline{\overline{\varphi}}$ gleich Null gesetzt wird und die Radialgeschwindigkeit $\mathrm{d}r/\mathrm{d}t$ verschwinden muß; also folgt:

$$K_2 - \frac{\omega_m^2}{2}r_0^2 = 0,$$

$$\frac{\mathrm{d}r}{\mathrm{d}t} = \sqrt{\frac{2e}{m}\overline{\overline{\varphi}} - \frac{\omega_m^2}{4}\left(\frac{r^2 - r_0^2}{r}\right)^2}. \tag{131}$$

Die weitere Integration der Gleichung gelingt erst, wenn man die räumliche Potentialverteilung, d. h. die Abhängigkeit der Größe $\bar{\bar{\varphi}}$ vom Radius r, kennt. Immerhin läßt sich aus der ganz allgemeinen Gl. (131) schon ein wesentlicher Rückschluß auf die Bewegung der Elektronen ziehen. Bei großen Radien r steigt das zweite Glied unter der Wurzel mit r^2 an und erreicht schließlich die Größe des ersten Gliedes, da das Potential $\bar{\bar{\varphi}}$ schwächer als quadratisch ansteigt (im Sättigungs- wie im Raumladungsfall, vgl. S. 144 u. 148). Sobald das zweite Glied die Größe des ersten Gliedes unter der Wurzel erreicht hat, wird die Radialgeschwindigkeit der Elektronen Null. Dies bedeutet, daß die Elektronen einen gewissen Radius r_k nicht überschreiten können, sondern an dieser Stelle umkehren und zur Kathode zurücklaufen. Bezeichnet man das an dem sog. „kritischen Radius" r_k vorhandene elektrische Potential mit $\bar{\bar{\varphi}}_k$, so ergibt sich der Zusammenhang:

$$\frac{2e}{m}\,\bar{\bar{\varphi}}_k = \frac{\omega_m{}^2}{4}\left(\frac{r_k{}^2 - r_0{}^2}{r_k}\right)^2$$

oder:

$$\bar{\bar{\varphi}}_k = \frac{eB^2}{8\,m}\,r_k^2\left(1 - \frac{r_0{}^2}{r_k{}^2}\right)^2. \tag{132}$$

Bezieht man die oben für den Radius r_k betrachteten Verhältnisse auf die Anode, so erkennt man, daß es eine bestimmte Anodenspannung $\bar{U}_k$ gibt, unterhalb deren die Elektronen die Anode nicht mehr erreichen können; die Verhältnisse liegen ganz ähnlich wie bei der ebenen Diode. Für die kritische Anodenspannung ergibt sich die Beziehung:

$$\bar{U}_k = \frac{eB^2}{8\,m}\,r_a^2\left(1 - \frac{r_0{}^2}{r_a{}^2}\right)^2. \tag{133}$$

Um auch die Bahnkurven der Elektronen in der zylindrischen Diode berechnen zu können, soll eine Näherungslösung durchgeführt werden. Es soll angenommen werden, daß die Kathode sehr dünn ist ($r_0 = 0$) und daß im Inneren der Röhre eine Potentialverteilung herrscht, die dem Raumladungsgesetz (110) auf S. 148 für eine zylindrische Diode ohne Magnetfeld genügt. Diese Potentialverteilung kann für den Betrieb mit Magnetfeld nur eine Näherung darstellen, weil sich infolge der Elektronenbahnkrümmung durch das Magnetfeld die Größe der Raumladung erhöht, wie auch schon die Behandlung der ebenen Diode auf S. 165 gezeigt hat. Es gilt dann:

$$\frac{\bar{\bar{\varphi}}}{\bar{U}} = \left(\frac{r}{r_a}\right)^{2/3}$$

und zusammen mit Gl. (131):

$$\frac{dr}{dt} = \sqrt{\frac{2e}{m}\,\bar{U}\left(\frac{r}{r_a}\right)^{2/3} - \frac{\omega_m{}^2\,r^2}{4}}.$$

Diese Gleichung ist lösbar durch den Ansatz:

$$r = r_k\left[\sin\frac{\omega_m}{3}(t - t_0)\right]^{3/2}, \tag{134}$$

wobei sich der kritische Radius r_k nach Gl. (132) ergibt:

$$r_k = \sqrt{\frac{8m}{e}}\,\frac{\sqrt{\varphi_k}}{B}; \qquad \frac{\bar{\bar{\varphi}}_k}{\hat{U}} = \left(\frac{r_k}{r_a}\right)^{2/3}. \tag{135}$$

Eliminiert man in der Gl. (134) die Zeit durch Einführen des Winkels $\zeta - \zeta_0 = \frac{\omega_m}{2}(t - t_0)$, so ergibt sich die Bahngleichung der Elektronen:

$$r = r_k [\sin \tfrac{2}{3}(\zeta - \zeta_0)]^{3/2}. \tag{136}$$

Diese Elektronenbahn ist in Abb. 72 dargestellt; in Abb. 72a ist der kritische Radius r_k größer als der Anodenradius r_a, die Elektronen treffen also auf die Anode auf. In Abb. 72b ist $r_k < r_a$, die Elektronen durchlaufen eine herzförmige Bahn und kehren zur Kathode zurück; die Richtungen des Elektronenstartes und der Elektronenrückkehr bilden einen Winkel von 270° gegeneinander. Dieser Winkel $270° = \frac{3}{2}\pi$ wird mit der Winkelgeschwindigkeit $\omega_m/2$ durchlaufen, die dazu benötigte Zeit ist $3\frac{\pi}{\omega_m}$. Die Laufzeit π des Elektrons vom Start bis zum Erreichen des kritischen Radius ist die Hälfte von diesem Wert, also:

$$\bar{\bar{\tau}} = \frac{3}{2}\,\frac{\pi}{\omega_m} = \frac{3}{2}\,\frac{\pi m}{eB}. \tag{137}$$

Diese Laufzeit ist kürzer als im Falle der ebenen Raumladungsdiode [Gl. (128) auf S. 165].

b) Verhalten bei Wechselspannungen.

α) Die Elektronenbewegung im Magnetfeld unter Mitwirkung eines elektrischen Wechselfeldes.

Die zu betrachtenden Elektronen sollen sich in einem konstanten magnetischen Felde und einem dazu senkrecht verlaufenden elektrischen Wechselfelde befinden; dieses Wechselfeld soll dadurch erzeugt werden, daß zwischen zwei ebenen parallelen Flächen mit dem Abstand d die Wechselspannung $\hat{U}\sin\omega t$ liegt. Ein elektrisches Gleichfeld sei nicht vorhanden, Raumladungserscheinungen seien vernachlässigbar klein. Für die Bewegung der Elektronen ergibt sich dann auf Grund der allgemeinen Bewegungsgleichungen (3) auf S. 5:

$$\frac{d^2y}{dt^2} = \frac{e}{md}\hat{U}\sin\omega t - \omega_m\frac{dx}{dt},$$

$$\frac{d^2x}{dt^2} = \omega_m\frac{dy}{dt}.$$

Durch Integration der zweiten dieser Gleichungen folgt:

$$\frac{dx}{dt} = \omega_m(y - y_M) \qquad (y_M = \text{Integrationskonstante})$$

und durch Einsetzen dieser Beziehung in die erste Gleichung:

$$\frac{d^2 y}{d t^2} + \omega_m^2 (y - y_M) = \frac{e}{m d} \hat{U} \sin \omega t.$$

Es ergibt sich dann für die Differentialgleichungen die folgende allgemeine Lösung, von deren Richtigkeit man sich leicht durch rückwärtiges Einsetzen überzeugen kann:

$$\left.\begin{aligned}
y &= y_M + R \sin(\omega_m t - \vartheta) + \frac{2e}{md}\frac{\hat{U}}{\omega_m^2 - \omega^2} \sin\frac{\omega - \omega_m}{2} t \cos\frac{\omega + \omega_m}{2} t, \\
x &= x_M - R \cos(\omega_m t - \vartheta) \\
&\quad + \frac{2e}{md}\frac{\hat{U}}{\omega_m^2 - \omega^2}\frac{\omega_m}{\omega} \sin\frac{\omega - \omega_m}{2} t \sin\frac{\omega + \omega_m}{2} t - \frac{e}{md}\frac{\hat{U}}{\omega(\omega + \omega_m)} \cos\omega_m t.
\end{aligned}\right\} \quad (138)$$

Hierbei sind die Größen y_M, x_M, R und ϑ Integrationskonstanten; Randbedingungen, unter denen die Elektronen in das gegebene Feld gekommen sind, seien vorläufig nicht vorausgesetzt. Die Bewegung der Elektronen nach Gl. (138) besteht aus einer periodischen Pendelung um einen festen Mittelpunkt mit den Koordinaten y_M und x_M. Die periodische Bewegung besteht aus einer Überlagerung mehrerer Bewegungsvorgänge. Erstens ist eine Kreisbewegung vorhanden, bei der ein Kreis vom Radius R mit der Winkelgeschwindigkeit ω_m durchlaufen wird. Zweitens stellen die Glieder mit dem Faktor $\frac{2e}{md}\frac{\hat{U}}{\omega_m^2 - \omega^2} \sin\frac{\omega - \omega_m}{2} t$ eine Bewegung auf einer Ellipse dar, deren Hauptachsen in x- und y-Richtung sich wie ω_m/ω verhalten; diese Ellipse wird mit der Winkelgeschwindigkeit $\frac{\omega + \omega_m}{2}$ durchlaufen; die Ellipse selbst wird entsprechend dem Faktor $\sin\frac{\omega - \omega_m}{2} t$ mit der Kreisfrequenz $\frac{\omega - \omega_m}{2}$ größer und kleiner. Wenn die Frequenzen ω und ω_m dicht benachbart sind, so ist $\frac{\omega - \omega_m}{2}$ niedrig, die mit hoher Winkelgeschwindigkeit $\frac{\omega + \omega_m}{2}$ durchlaufene Ellipse wird nur langsam größer und kleiner. Drittens überlagert sich noch in der x-Gleichung das Glied $\frac{e}{md}\frac{\hat{U}}{\omega(\omega + \omega_m)} \cos\omega_m t$, eine Pendelbewegung in x-Richtung mit der Kreisfrequenz ω_m.

Besonders interessant werden die Verhältnisse, wenn sich ω und ω_m immer mehr einander nähern und schließlich gleich werden. Die periodischen Größenschwankungen der Ellipsenbahn, die daher rühren, daß die mit den Frequenzen ω und ω_m verlaufenden Bewegungsvorgänge sich bald gegenseitig verstärken und bald gegenseitig schwächen, werden immer langsamer; außerdem nähert sich die Ellipse immer mehr dem Kreise. Ist $\omega = \omega_m$, so ist die Kreisform erreicht, und der Kreisradius wird mit zunehmender Zeit immer größer. Durch Grenzübergang

$$\frac{\hat{U}}{\omega_m^2 - \omega^2} \sin\frac{\omega - \omega_m}{2} t \rightarrow \frac{\hat{U}}{\omega_m^2 - \omega^2}\frac{\omega - \omega_m}{2} t = \frac{-\hat{U}}{2(\omega + \omega_m)} t$$

erhält man aus den Gl. (138):

$$\left.\begin{aligned}
y &= y_m + R\sin(\omega_m t - \vartheta) - \frac{e}{2md}\frac{\hat{U}}{\omega_m}t\cos\omega_m t, \\
x &= x_M - R\cos(\omega_m t - \vartheta) - \frac{e}{2md}\frac{\hat{U}}{\omega_m}t\sin\omega_m t - \frac{e}{2md}\frac{\hat{U}}{\omega_m^2}\cos\omega_m t.
\end{aligned}\right\} \quad (139)$$

Es sind jetzt zwei Kreisbewegungen mit der Winkelgeschwindigkeit ω_m vorhanden. Bei der ersten Kreisbewegung sind der Radius R und die Phase ϑ von den Randbedingungen des Elektronenstarts abhängig; bei der zweiten Kreisbewegung nimmt der Radius entsprechend der Beziehung $\frac{e}{2md}\frac{\hat{U}}{\omega_m}t$ mit der Zeit zu, Radius und Phase sind durch die Wechselspannung $\hat{U}\sin\omega t$ erzwungen. Aus diesen beiden Kreisbewegungen ergibt sich eine resultierende Kreisbahn; für diese kann sich der Radius je nach der Phase ϑ erst verkleinern und dann in gleichbleibender Zunahme vergrößern, oder er kann sich vom ersten Augenblick an vergrößern. Bei dieser Bewegung gibt es kein Elektron, das dauernd im Felde bleiben kann; weil der Radius immer zunimmt, muß letzten Endes jedes Elektron auf die begrenzenden Elektroden auftreffen.

β) **Die Sättigungsdiode mit schräg stehendem Magnetfeld.**

Es sei eine Sättigungsdiode mit ebenen Elektroden vorausgesetzt, bei der entsprechend Abb. 69 das Magnetfeld gegen die Ebene der Elektroden um einen bestimmten Winkel ζ geneigt ist. An den im gegenseitigen Abstande d befindlichen Elektroden liege außer der Gleichspannung $\bar{U}$ die Wechselspannung $\hat{U}\sin\omega_m t$; es ist also von vornherein angenommen, daß das Magnetfeld so bemessen ist, daß ω_m mit der Kreisfrequenz ω der angelegten Wechselspannung übereinstimmt; die in der Röhre wirkende elektrische Feldstärke ist dann: $e_1 = \frac{\bar{U}}{d} + \frac{\hat{U}}{d}\sin\omega_m t$. Führt man diese Größe in die bereits auf S. 162 aufgestellten Differentialgleichungen für die Elektronenbewegung ein, so folgt:

$$\frac{d^2 y}{dt^2} = \frac{e}{md}(\bar{U} + \hat{U}\sin\omega_m t) - \omega_m\cos\zeta\frac{dx}{dt},$$

$$\frac{d^2 x}{dt^2} = \omega_m\cos\zeta\frac{dy}{dt} + \omega_m\sin\zeta\frac{dz}{dt},$$

$$\frac{d^2 z}{dt^2} = -\omega_m\sin\zeta\frac{dx}{dt}.$$

Als Randbedingung für die Lösung dieser Gleichungen gilt, daß das Elektron zur Zeit $t = t_0$ von der Kathode an der Stelle $x = x_0, z = z_0$ und $y = 0$ mit der Geschwindigkeit Null (in sämtlichen Richtungen) startet. Für das Verhalten der Röhre bei Höchstfrequenz ist nur die Elektronenbewegung in der y-Richtung von Interesse; denn nur eine Bewegung senkrecht zur Kathoden- und Anodenebene kann einen Influenzstrom auf diesen Elektroden hervorrufen. Zur Auflösung der

Differentialgleichungen nach y geht man folgenden Weg: Die unterste Gleichung wird einmal integriert (unter Berücksichtigung der Randbedingungen):

$$\frac{\mathrm{d}z}{\mathrm{d}t} = -\omega_m \sin\zeta\,(x - x_0)$$

und in die vorletzte Gleichung eingesetzt:

$$\frac{\mathrm{d}^2 x}{\mathrm{d}t^2} = \omega_m \cos\zeta\,\frac{\mathrm{d}y}{\mathrm{d}t} - \omega_m^2 \sin^2\zeta\,(x - x_0);$$

dann wird auch diese Gleichung integriert und in die erste Gleichung eingesetzt:

$$\frac{\mathrm{d}x}{\mathrm{d}t} = \omega_m \cos\zeta\,y - \omega_m^2 \sin^2\zeta \int_{t_0}^{t} (x - x_0)\,\mathrm{d}t,$$

$$\frac{\mathrm{d}^2 y}{\mathrm{d}t^2} = \frac{e}{md}(\bar{U} + \hat{U}\sin\omega_m t) - \omega_m^2 \cos^2\zeta\,y + \omega_m^3 \sin^2\zeta \cos\zeta \int_{t_0}^{t} (x - x_0)\,\mathrm{d}t.$$

Jetzt integriert man die erste Gleichung in ihrer ursprünglichen Form zweimal:

$$y = \frac{e}{md}\left\{ \frac{\bar{U}(t - t_0)^2}{2} - \frac{\hat{U}}{\omega_m^2}\left[\sin\omega_m t - \sin\omega_m t_0 - \omega_m\,(t - t_0)\cos\omega_m t_0\right]\right\}$$

$$- \omega_m \cos\zeta \int_{t_0}^{t} (x - x_0)\,\mathrm{d}t$$

und eliminiert schließlich aus den beiden letztgefundenen Gleichungen das Glied:

$$\int_{t_0}^{t} (x - x_0)\,\mathrm{d}t,$$

also nach einigen Umformungen:

$$\frac{\mathrm{d}^2 y}{\mathrm{d}t^2} + \omega_m^2\,y = \frac{e}{md}\left\{\bar{U} + \hat{U}\sin\omega_m t\right.$$

$$\left. + \sin^2\zeta\left[\bar{U}\,\frac{\omega_m^2(t - t_0)^2}{2} + \hat{U}\,(\omega_m(t - t_0)\cos\omega_m t_0 - \sin\omega_m t + \sin\omega_m t_0)\right]\right\}.$$

Für diese Differentialgleichung gilt unter Berücksichtigung der Randbedingungen die Lösung:

$$y = \frac{e\,\bar{U}}{md\,\omega_m^2}\left\{ \cos^2\zeta\left[\begin{array}{l} 1 - \cos\omega_m\,(t - t_0) \\ + \dfrac{\hat{U}}{2\,\bar{U}}\,(\cos\omega_m t_0 \sin\omega_m(t - t_0) - \omega_m(t - t_0)\cos\omega_m t) \end{array}\right] \right.$$
$$\left. + \sin^2\zeta\left[\begin{array}{l} \dfrac{\omega_m^2(t - t_0)^2}{2} \\ + \dfrac{\hat{U}}{\bar{U}}\,(\omega_m(t - t_0)\cos\omega_m t_0 - \sin\omega_m t + \sin\omega_m t_0) \end{array}\right] \right\}. \quad (140)$$

Macht man $\zeta = 90°$, so hat das Magnetfeld auf die Elektronenbewegung in der y-Richtung keinen Einfluß, weil die Elektronenflugrichtung mit der Richtung des Magnetfeldes unter diesen Umständen zusammenfällt;

dann geht die Gl. (140) in die Lösung für die Sättigungsdiode ohne
Magnetfeld [Gl. (19) auf S. 20] über.

Um den Verlauf der Gl. (140) zu veranschaulichen, ist in Abb. 73
ein Bewegungsschaubild für einen Sonderfall dargestellt. Der Winkel ζ
für die Neigung des Magnetfeldes (vgl. Abb. 69) soll 9° betragen, der
Scheitelwert $\hat{U}$ der Wechselspannung soll ein Fünftel der Gleichspannung
sein. Das Verhältnis der Eigenfrequenz des Magnetfeldes zur Frequenz
der angelegten Hochfrequenzspannung

$$n = \frac{\omega_m}{\omega} = \frac{e}{m} \cdot \frac{B}{\omega} \tag{141}$$

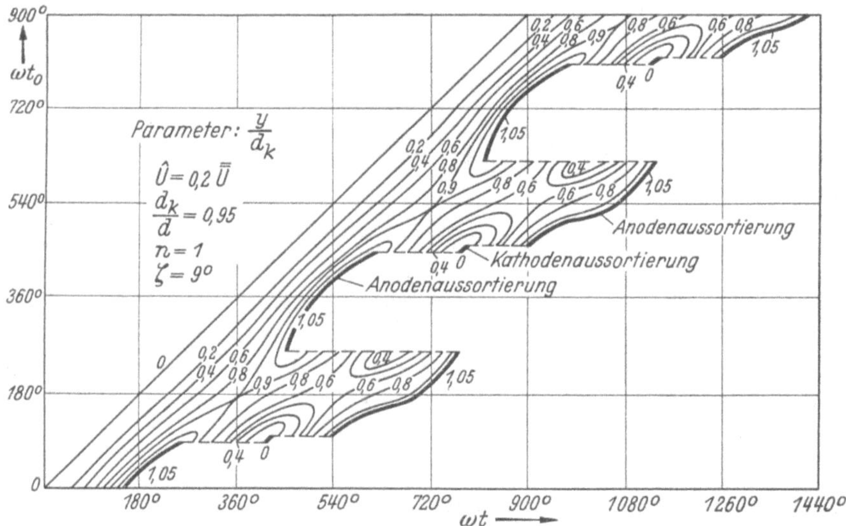

Abb. 73. Bewegungsschaubild für eine ebene Sättigungsdiode im Magnetfeld, wobei das Magnetfeld gegen die Elektrodenebene um einen Winkel $\zeta = 9°$ geneigt ist.

beträgt entsprechend den Voraussetzungen bei der Ableitung der
Gl. (140) Eins. Das Magnetfeld ist im Verhältnis zur Anodengleichspannung und zum Elektrodenabstand derart bemessen, daß der in
Gl. (123) auf S. 159 definierte kritische Abstand 95% des Elektroden-
abstandes beträgt; der kritische Abstand d_k stellt hier nur eine Rechengröße dar, da wegen der Neigung des Magnetfeldes alle Elektronen die
Anode letzten Endes treffen müssen. Die Tatsache, daß d_k kleiner als d
ist, besagt, daß ohne Wirken der Hochfrequenzspannung die Elektronen
beim ersten Vorschreiten die Anode nicht treffen können.

Die unter α) gemachten Vorbetrachtungen zeigten, daß es Startphasen für die Elektronen gibt, für die die Hochfrequenzspannung den
Radius des Elektronenumlaufkreises vergrößert, während für andere
Startphasen der Radius verkleinert wird und erst nach Durchlaufen
eines Minimums wieder anwächst. Hieran ändert sich auch durch die

geringe Neigung des Magnetfeldes nichts, wie Abb. 73 lehrt. Für die Elektronen, die etwa zwischen $\omega t_0 = 0$ bis $90°$, 270 bis $450°$ und 630 bis $810°$ starten, vergrößert sich der Radius des Kreisumlaufes, die Elektronen treffen beim ersten Hinlauf auf die Anode auf und werden aussortiert ("Anodenaussortierung"); im Bewegungsschaubild der Abb. 73 liegen bei diesen Startphasen die Linien für konstantes y/d_k dicht beieinander. Für die Elektronen, die zu den anderen Startphasen die Kathode verlassen, wirkt sich die Verkleinerung des Radius für den Umlaufkreis mehr oder weniger aus. Beispielsweise läuft ein bei $\omega t_0 = 180°$ gestartetes Elektron erst bis zum Wert $y/d_k = 0,9$, läuft dann zurück bis unter den Wert $y/d_k = 0,6$ und gelangt erst beim erneuten Hinlauf unter dem Einfluß der Schrägstellung des Magnetfeldes zur Anode $(d/d_k = 1,05)$. Eine geringe Anzahl von Elektronen in gewissen Startphasen erfahren bereits während des Rücklaufens eine derart große Zunahme ihres Umlaufkreisradius, daß sie auf die Kathode aufprallen ("Kathodenaussortierung").

Versuche haben ergeben, daß eine Magnetfeldröhre mit einem leicht geneigten Magnetfeld als ein negativer Wirkwiderstand wirkt, also einen außen angeschlossenen Schwingkreis anfacht, wenn das Magnetfeld so bemessen wird, daß das in Gl. (141) definierte Verhältnis n gleich Eins oder wenigstens nahezu gleich Eins ist, und wenn außerdem die Anodengleichspannung eine solche Größe erhält, daß der kritische Abstand nur wenig kleiner als der Elektrodenabstand wird. Den Vorgang der Energieabgabe kann man sich anschaulich etwa folgendermaßen vorstellen: Die Elektronen, deren Umlaufradius abnimmt, geben Energie an das Hochfrequenzfeld ab, da sie selbst kinetische Energie verlieren. Elektronen dagegen, deren Umlaufradius sich vergrößert, nehmen Energie aus dem Hochfrequenzfeld auf. Diese letzten Elektronen werden aber infolge des baldigen Auftreffens auf die Anode aussortiert, bevor sie eine große Energie aufgenommen haben, während die Energie abgebenden Elektronen dem Hochfrequenzfeld längere Zeit ausgesetzt sind. Es bleibt daher ein Energieüberschuß für das Hochfrequenzfeld vorhanden.

Das Bewegungsschaubild nach Abb. 73 im einzelnen auszuwerten, indem man wie in den früheren Beispielen bei den Röhren ohne Magnetfeld den Influenzstrom ermittelt, erweist sich als nicht lohnend, weil das Resultat mit den praktisch beobachteten Ergebnissen nicht in gutem Einklang steht; denn die Versuchsresultate wurden immer an zylindrischen Röhren erhalten, und außerdem ist die Berücksichtigung der Raumladung der Elektronen gerade bei den Magnetfeldröhren überaus wichtig, weil sich die Elektronen längere Zeit im Entladungsraum befinden als bei den Röhren ohne Magnetfeld.

Rechnerische Lösungen, die die Meßergebnisse in einwandfreier Form zu deuten gestatten, sind bei den Röhren mit ungeschlitzter Anode bisher nicht bekanntgeworden.

3. Die Röhren mit geteilter Anode.

a) Der grundsätzliche Aufbau.

Röhren mit geteilter Anode („Schlitzanoden-Magnetfeldröhren") sind auch bei niedrigen Frequenzen als Schwingungserzeuger brauchbar; sie haben jedoch nur im Gebiete der Höchstfrequenztechnik in größerem Maße Anwendung gefunden, weil sich hier infolge zusätzlicher Laufzeiteffekte besonders vorteilhafte Eigenschaften (hoher Wirkungsgrad, hoher negativer Wirkleitwert) zeigen. Die Anoden dieser Röhren sind zylindrisch und durch eine Anzahl von Schlitzen in mehrere Segmente zerlegt. Allgemein sind Zweischlitz-, Vierschlitz- und Achtschlitzröhren üblich; jedoch sind auch Röhren mit ungeraden Schlitzzahlen, z. B. drei, möglich. In vielen Fällen wird die Schlitzpaarzahl p angegeben.

In Abb. 74 sind drei Ausführungsformen von geschlitzten Magnetfeldröhren schematisch dargestellt. Abb. 74a zeigt eine Zweischlitzröhre, Abb. 74b eine Vierschlitzröhre mit einem Resonator und Abb. 74c eine Achtschlitzröhre mit acht einzelnen Resonatoren. Das Magnetfeld B wirkt in allen Fällen in Richtung der Röhrenachse. Eine Neigung zwischen Feld und Röhrenachse ist bei den geschlitzten Röhren nicht erforderlich.

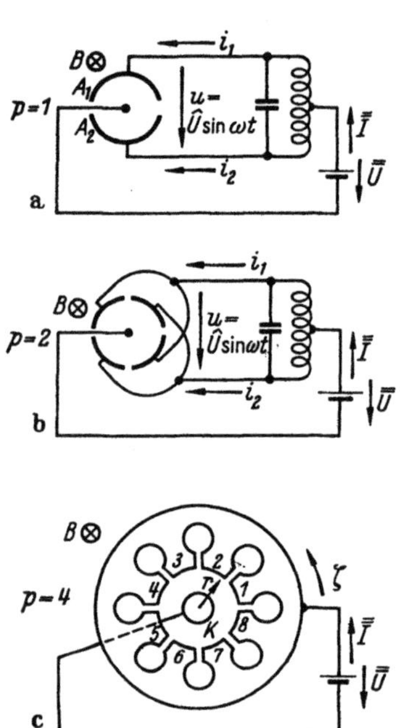

Abb. 74 a—c. Schema der geschlitzten Magnetfeldröhren und ihrer Schaltungen: *a* Zweischlitzröhre ($p = 1$), *b* Vierschlitzröhre ($p = 2$), *c* Achtschlitzröhre ($p = 4$) mit Vielfachresonator.

Bei der Zweischlitzröhre ($p = 1$) werden die beiden Segmente mit dem Resonanzkreis unmittelbar verbunden. Bei der Vierschlitzröhre ($p = 2$) werden die gegenüberliegenden Segmente miteinander verbunden und die beiden Verbindungsbügel an den Resonanzkreis angeschlossen. Zwischen den Segmenten bzw. den Segmentpaaren liegt dann bei schwingender Röhre die Hochfrequenzspannung $u = \hat{U} \sin \omega t$, und die in der Zuleitung zwischen Röhre und Kreis fließenden Teilströme sind i_1 und i_2. Sämtliche Segmente erhalten gegenüber der Kathode K die Gleichspannung $\bar{U}$, der über die Mittelanzapfung des Resonanzkreises zugeführte mittlere Gleichstrom ist $\bar{I}$. Für die Anfachung des Resonanzkreises ist der Strom $i = (i_1 - i_2)/2$, also die halbe Differenz der beiden Teilströme i_1 und i_2 wirksam, weil die beiden Teilströme je die halbe Induktivität in entgegengesetzter Richtung durchfließen.

Die in Abb. 74c gezeigte Ausführungsform mit acht Schlitzen und acht Einzelresonatoren eignet sich nur für den Betrieb bei sehr hohen Frequenzen. Die Schwingungskreise werden durch die Schlitze und die Bohrungen der massiv gestalteten Anode gebildet; in erster Näherung stellen die Bohrungen die Induktivitäten und die Schlitze die Kapazitäten der Resonanzkreise dar. Die einzelnen Kreise können völlig unabhängig voneinander schwingen; Möglichkeiten der Kopplung zwischen den einzelnen Kreisen sollen vorerst nicht betrachtet werden. Bei einem solchen Resonatorsystem sind verschiedene Schwingungszustände möglich, wie unten auf S. 181 näher auseinandergesetzt wird. Welcher Schwingungszustand sich anregt, ergibt sich aus dem Zusammenwirken des Resonatorsystems mit der Elektronenströmung.

b) Der Verlauf des elektrischen Feldes im geteilten Anodenzylinder.

Um die Elektronenbewegung innerhalb des geschlitzten Anodenzylinders zu ermitteln, muß man den Verlauf des elektrischen Feldes zwischen den Anodensegmenten kennen. Man kann das elektrische Feld darstellen als Summe von zwei Teilfeldern, von denen das erste durch die zwischen der Kathode einerseits und sämtlichen Anodensegmenten anderseits liegende Gleichspannung $\bar{U}$ erzeugt wird, während das zweite durch die zwischen den Segmenten wirkenden Hochfrequenzspannungen entsteht. Das elektrische Feld der Gleichspannung ist zylindersymmetrisch; seine Größe ist — ohne Berücksichtigung der Raumladung — bereits bei Behandlung der zylindrischen Diode in Gl. (105) auf S. 144 angegeben. Es bleibt also hier nur noch der Verlauf des zweiten Teilfeldes zu berechnen.

α) Felddarstellung bei dünner Kathode.

Die Berechnung des elektrischen Feldes führt sich am einfachsten auf dem in Abb. 75 dargestellten Wege durch. Voraussetzung dabei ist, daß die Kathode symmetrisch im Wechselfeld liegt und daß ihr Radius so klein ist, daß sie den Feldverlauf nicht nennenswert verzerrt. In Abb. 75a sind zwei sehr dicht benachbarte ebene metallische Platten dargestellt, die sich auf den elektrischen Potentialen $+u$ und $-u$ befinden sollen; das rechte Ende dieser Platten befindet sich im Nullpunkt eines Koordinatensystems, während das linke Ende sich sehr weit entfernt außerhalb der Zeichenebene befinden soll. Die Potentiallinien des durch diese Platten hervorgerufenen elektrischen Potentialfeldes sind dann durch den Nullpunkt laufende Strahlen; die Potentialwerte sind den einzelnen Strahlen in Abb. 75a beigeschrieben. Führt man den Winkel ζ oder die rechtwinkligen Koordinaten x und y ein, so ergibt sich für den Potentialverlauf:

$$\varphi = u\,\frac{\zeta}{\pi} = \frac{u}{\pi}\,\mathrm{arc\,tg}\,\frac{y}{x}. \tag{142}$$

In Abb. 75b sind zwei Paare *1* und *2* von sehr dicht benachbarten ebenen leitenden Platten dargestellt. Die auf der Zeichnung liegenden Kanten dieser Paare haben den Abstand $2r_a$, während die anderen Kanten sehr weit außerhalb des Zeichenblattes liegen sollen. Die Spannungszuführung für die Platten soll derart sein, daß die obere Platte eines jeden Paares das Potential $+u$ und die untere Platte das Potential $-u$

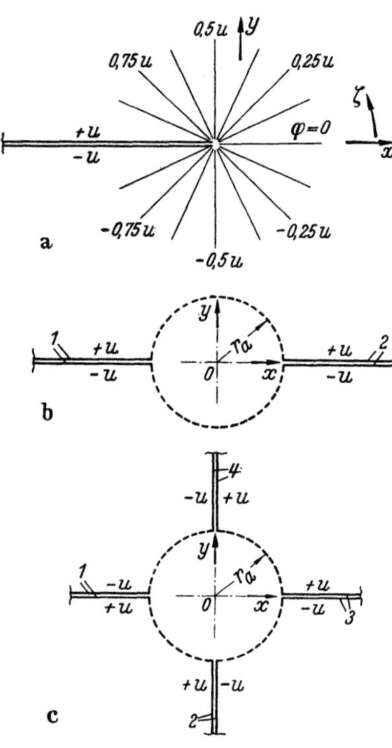

Abb. 75 a—d. Zur Ableitung der Feldverteilung im Innern der geschlitzten Anodensysteme: *a* Form des Elementarfeldes, *b* Feld der Zweischlitzröhre, durch zwei Elementarfelder nachgebildet, *c* Feld der Vierschlitzröhre, durch vier Elementarfelder nachgebildet.

erhält. Das durch das Plattenpaar *1* erzeugte elektrische Potentialfeld ist dann entsprechend Gl. (104) unter Berücksichtigung der Nullpunktsverschiebung:

$$\varphi_1 = \frac{u}{\pi} \operatorname{arc\,tg} \frac{y}{x + r_a}.$$

Entsprechend ergibt sich für das Plattenpaar *2* unter Berücksichtigung der Nullpunktsverschiebung und der umgekehrten Polarität:

$$\varphi_2 = - \frac{u}{\pi} \operatorname{arc\,tg} \frac{y}{x - r_a}.$$

Das resultierende Potentialfeld ist dann die Summe der einzelnen Felder, also:

$$\varphi = \varphi_1 + \varphi_2$$
$$= \frac{u}{\pi} \left(\operatorname{arc\,tg} \frac{y}{x + r_a} - \operatorname{arc\,tg} \frac{y}{x - r_a} \right)$$

oder nach Umformung:

$$\varphi = \frac{u}{\pi} \operatorname{arc\,tg} \frac{2 r_a y}{r_a^2 - x^2 - y^2}, \qquad (143)$$

wobei:

$$- \frac{\pi}{2} \leqq \operatorname{arc\,tg} \frac{2 r_a y}{r_a^2 - x^2 - y^2} \leqq \frac{\pi}{2}.$$

Nach dieser errechneten Potentialverteilung gilt insbesondere für den in Abb. 75b gestrichelt gezeichneten Kreis mit dem Radius r_a folgendes: Für den oberen Halbkreis ist $y > 0$ und $r_a^2 - x^2 - y^2 = 0$, also: $\varphi = \frac{u}{\pi} \operatorname{arc\,tg}\,(+\infty) = \frac{u}{\pi} \frac{\pi}{2} = \frac{u}{2}$; für den unteren Halbkreis ist: $y < 0$ und wieder $r_a^2 - x^2 - y^2 = 0$, also: $\varphi = \frac{u}{\pi} \operatorname{arc\,tg}\,(-\infty) = - \frac{u}{\pi} \frac{\pi}{2} = - \frac{u}{2}$. Die beiden Halbkreise sind somit Potentialflächen mit den Potentialen $\frac{u}{2}$ und $- \frac{u}{2}$; ersetzt man sie durch metallisch leitende Flächen, so wird an der Potentialverteilung nichts geändert. Daher ist die errechnete

Potentialverteilung im Innern des gestrichelten Kreises die gleiche wie die im Anodenzylinder der Zweischlitzröhre.

Nach dem gleichen Verfahren kann man die Potentialverteilung bei beliebigen Schlitzzahlen berechnen, wenn man eine der Schlitzzahl entsprechende Zahl von Plattenpaaren außerhalb um den Kreis vom Radius r_a anordnet und die einzelnen Potentialverteilungen der Plattenpaare überlagert. Für den Fall der Vierschlitzröhre ist dies durch Abb. 75c veranschaulicht. *1* bis *4* sind die vier Plattenpaare, die einerseits am Kreise enden und auf der anderen Seite unendlich ausgedehnt sind. Die Platten erhalten die Spannungen $+u$ und $-u$ in der dargestellten Weise. Die durch die einzelnen Plattenpaare hervorgerufenen Potentiale sind:

$$\varphi_1 = -\frac{u}{\pi}\,\text{arc tg}\,\frac{y}{x + r_a},$$

$$\varphi_2 = \frac{u}{\pi}\,\text{arc tg}\,\frac{-x}{y + r_a},$$

$$\varphi_3 = -\frac{u}{\pi}\,\text{arc tg}\,\frac{-y}{-x + r_a},$$

$$\varphi_4 = \frac{u}{\pi}\,\text{arc tg}\,\frac{-x}{-y + r_a}.$$

Durch Überlagerung ergibt sich das resultierende Potential:

$$\varphi = \frac{u}{\pi}$$

$$\times \left(-\text{arc tg}\,\frac{y}{x + r_a} - \text{arc tg}\,\frac{x}{y + r_a} \right.$$

$$\left. -\text{arc tg}\,\frac{y}{x - r_a} - \text{arc tg}\,\frac{x}{y - r_a} \right)$$

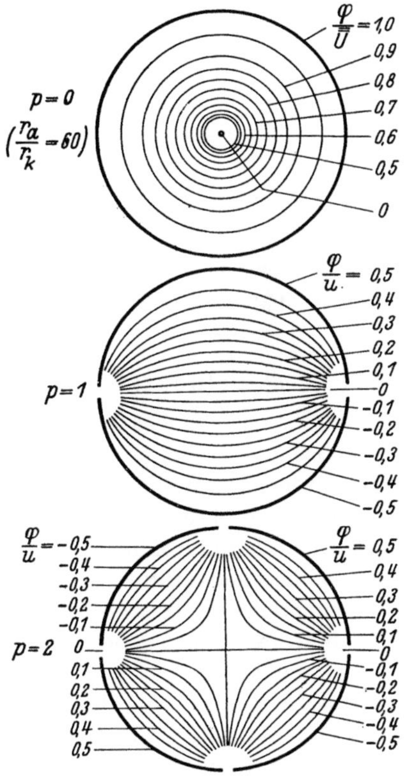

und nach einigen Umformungen:

Abb. 76. Bilder der Potentialverteilung in der ungeschlitzten ($p = 0$), der zweigeschlitzten ($p = 1$) und der viergeschlitzten ($p = 2$) Röhre.

$$\varphi = \frac{u}{\pi}\,\text{arc tg}\,\frac{4\,r_a{}^2\,x\,y}{r_a{}^4 - (x^2 + y^2)^2}, \tag{144}$$

wobei:

$$-\frac{\pi}{2} \leqq \text{arc tg}\,\frac{4\,r_a{}^2\,x\,y}{r_a{}^4 - (x^2 + y^2)^2} \leqq \frac{\pi}{2}.$$

Es läßt sich leicht zeigen, daß die Potentiale längs des Umfanges des Kreises mit dem Radius r_a der Spannungsverteilung an den Segmenten der Vierschlitzröhre entsprechen.

Die berechneten Potentialverteilungen sind in Abb. 76 dargestellt. Die oberste Zeichnung zeigt das Feld in dem ungeschlitzten Anodenzylinder ($p = 0$) und der Kathode, das für den Sonderfall $r_a/r_0 = 60$ nach Gl. (105) auf S. 144 errechnet ist. Die zweite Zeichnung zeigt die Potentialverteilung φ/u für die Zweischlitzröhre ($p = 1$) nach Gl. (143), die dritte für die Vierschlitzröhre ($p = 2$) nach Gl. (144). Bei der Zweischlitzröhre sind sämtliche Potentiallinien Kreise, die durch die beiden Schlitze hindurchlaufen; dies läßt sich leicht rechnerisch beweisen, wenn man die Gl. (143) folgendermaßen umformt:

oder

$$\left(r_a^2 - x^2 - y^2\right) \operatorname{tg}\left(\pi\,\frac{\varphi}{u}\right) = 2 r_a y$$

$$x^2 + \left(y - \frac{r_a}{\operatorname{tg}\left(\pi\frac{\varphi}{u}\right)}\right)^2 = r_a^2\left(1 + \frac{1}{\operatorname{tg}^2\left(\pi\frac{\varphi}{u}\right)}\right) = r_a^2\,\frac{1}{\sin^2\left(\pi\frac{\varphi}{u}\right)},$$

die einzelnen Potentialkreise haben den Radius $\dfrac{r_a}{\sin\left(\pi\frac{\varphi}{u}\right)}$, ihre Mittelpunkte liegen auf der y-Achse bei den Ordinatenwerten: $\dfrac{r_a}{\operatorname{tg}\left(\pi\frac{\varphi}{u}\right)}$.

β) Felddarstellung durch umlaufende Wellen.

Außer der im Absatz α) behandelten Berechnungsmethode für das elektrische Wechselfeld in geschlitzten Magnetfeldröhren gibt es noch eine andere Darstellungsmöglichkeit, die auch beliebig große Kathodendurchmesser berücksichtigt und sich für die Darstellung der unten zu behandelnden Leitbahnschwingungen besonders gut eignet. Insbesondere ist das Rechenverfahren in all den Fällen noch anschaulich, wo entsprechend Abb. 74c zwischen den einzelnen Anodenschlitzen getrennte Resonatoren liegen, die beliebige gegenseitige Phasenverschiebungen aufweisen können.

Die Anode hat p Schlitzpaare, also $2p$ Anodensegmente. Das elektrische Feld soll in Polarkoordinaten ζ, r entsprechend Abb. 74c berechnet werden. Die einzelnen Segmente werden im mathematisch positiven Umlaufsinn numeriert; sie liegen dann in folgenden Winkelbereichen:

$$\text{Segment 1:}\qquad 0 < \zeta < \frac{\pi}{p},$$

$$\text{Segment 2:}\qquad \frac{\pi}{p} < \zeta < 2\,\frac{\pi}{p},$$

$$\text{Segment } \nu:\qquad (\nu - 1)\,\frac{\pi}{p} < \zeta < \nu\,\frac{\pi}{p},$$

$$\text{Segment } 2p:\qquad (2p - 1)\,\frac{\pi}{p} < \zeta < 2p\,\frac{\pi}{p} = 2\pi.$$

Längs eines Segmentes ν ist die gegen Kathode gemessene Spannung $\mathfrak{U}_\nu$ des Anodenzylinders konstant; es werden hier im Gegensatz zur früheren Darstellung nicht die Spannungen an den Schlitzen, sondern die Spannungen der Segmente gegen die Kathode angegeben. Aus Symmetriegründen müssen im Betrieb der Röhre die einzelnen Segmentspannungen dem Betrage nach gleich sein, und zwischen den Spannungen von je zwei aufeinanderfolgenden Segmenten muß der gleiche Phasenverschiebungswinkel ψ herrschen:

$$\frac{\mathfrak{U}_2}{\mathfrak{U}_1} = \frac{\mathfrak{U}_3}{\mathfrak{U}_2} = \cdots = \frac{\mathfrak{U}_\nu}{\mathfrak{U}_{\nu-1}} = \cdots = \frac{\mathfrak{U}_{2p}}{\mathfrak{U}_{2p-1}} = \frac{\mathfrak{U}_1}{\mathfrak{U}_{2p}} = \epsilon^{j\psi}. \qquad (145\,\mathrm{a})$$

Da man bei einem vollen Umlauf über alle $2p$ Segmente auf die gleiche Phasenlage zurückkommen muß, ist ψ bestimmt durch die Beziehung:

$$2p\psi = 2k\pi \quad \text{oder} \quad \psi = \pi\frac{k}{p}, \qquad (145\,\mathrm{b})$$

wobei k eine ganze Zahl ist. k bezeichnet die Zahl der vollen Kreisumläufe in der Phase längs eines vollen Umlaufs um den Anodenzylinder, d. h. die Zahl der Wellen längs des Anodenumfangs. k kennzeichnet also die verschiedenen möglichen Schwingzustände des Resonatorsystems und kann insgesamt $2p$ verschiedene Werte annehmen. Vergrößert man k über diesen Bereich hinaus, so erhält man die gleichen Werte für den Phasenwinkel ψ, lediglich um ganzzahlige Vielfache von 2π erhöht. Die kleinsten Beträge für k erhält man, wenn man folgenden Bereich vorschreibt:

$$-p < k \leqq p.$$

Betrachtet man bei einem positiven Wert von k die Spannung eines beliebigen Segmentes, so eilt die Spannung des in mathematisch positiver Richtung nächstfolgenden Segmentes um den Winkel $\psi \leqq \pi$ vor, und die Spannung des im Uhrzeigersinn nächstfolgenden Segmentes um den gleichen Winkel nach. Man kann sich deshalb den Schwingungsvorgang des Resonatorsystems näherungsweise durch einen im Uhrzeigersinn umlaufenden Wellenzug vorstellen. Auf der Strecke π/p, die gerade einer Segmentbreite entspricht, hat man eine Nacheilung um den Winkel $\pi k/p$. Bei einer Hochfrequenz ω ergibt sich deshalb eine Winkelgeschwindigkeit ω_{Feld} des umlaufenden elektrischen Feldes von der Größe:

$$\omega_{Feld} = \frac{\pi/p}{\pi k/p\,\omega} = \frac{\omega}{k}. \qquad (146)$$

Die Zahl k drückt also nicht nur die Anzahl der auf dem ganzen Anodenumfang verteilten Wellen aus, sondern stellt gleichzeitig den Verzögerungsfaktor dar, um den die Winkelgeschwindigkeit des elektrischen Feldes kleiner ist als die Kreisfrequenz der vorhandenen Hochfrequenzspannung.

Ohne Beschränkung der Allgemeingültigkeit kann man die folgenden Betrachtungen auf die im Uhrzeigersinn umlaufenden Wellen beschränken, also für die Größe k folgende Grenzen angeben:

$$0 < k \leqq p. \qquad (147)$$

Der Fall $k = 0$ kann ebenfalls ausscheiden, da dies den Sonderfall der schon oben behandelten ungeschlitzten Röhre darstellt; denn hier führen alle Segmente die gleiche Spannung gegen die Kathode. Wenn k den Wert p erreicht, so haben die benachbarten Segmentspannungen je eine Phasenverschiebung von 180°; in diesem Fall ist eine fortschreitende Welle nicht mehr zu erkennen.

Bei einem Resonatorsystem mit der Schlitzpaarzahl p und dem Schwingungszustand k ergibt sich aus den Gl. (145) und (146) die Spannung eines beliebigen Segmentes zu:

$$\mathfrak{U}_\nu = \mathfrak{U}\, e^{j\,(\nu-1)\,\pi\,k/p}; \qquad (\nu-1)\,\frac{\pi}{p} < \zeta < \nu\,\frac{\pi}{p}. \tag{148}$$

Hierbei ist die Spannung des ersten Segmentes $\mathfrak{U}$ gesetzt. Durch die Gl. (148) ist die Spannungsverteilung an der Anode eindeutig festgelegt.

Das im Raum zwischen Anode und Kathode herrschende elektrische Feld läßt sich aus den Maxwellschen Gleichungen herleiten. Nennt man die Komponenten des elektrischen Feldes in r- und ζ-Richtung $\mathfrak{E}_r$ und $\mathfrak{E}_\zeta$, so folgt aus der Quellenfreiheit des elektrischen Feldes:

$$\frac{\partial \mathfrak{E}_r}{\partial r} + \frac{\mathfrak{E}_r}{r} + \frac{1}{r}\,\frac{\partial \mathfrak{E}_\zeta}{\partial \zeta} = 0. \tag{149}$$

Da das elektrische Feld im Entladungsraum wirbelfrei ist (es ist selbstverständlich vorausgesetzt, daß die Abmessungen der Röhren klein gegen die Wellenlänge bleiben), läßt sich das elektrische Feld aus einem Potential φ herleiten:

$$\mathfrak{E}_r = -\frac{\partial \varphi}{\partial r}; \qquad \mathfrak{E}_\zeta = -\frac{1}{r}\,\frac{\partial \varphi}{\partial \zeta}.$$

Auch die Größe φ ist eine Zeigergröße, sie kennzeichnet also ein Wechselpotential von der Frequenz ω mit beliebiger Phasenlage. Durch Einsetzen in die Gl. (149) folgt:

$$\frac{\partial^2 \varphi}{\partial r^2} + \frac{1}{r}\,\frac{\partial \varphi}{\partial r} + \frac{1}{r^2}\,\frac{\partial^2 \varphi}{\partial \zeta^2} = 0. \tag{150}$$

Zur Lösung der Differentialgleichung läßt sich φ als Produkt zweier Größen $f(r)$ und $g(\zeta)$ ansetzen, die jede nur von einer Variablen abhängen. Kennzeichnet man die Ableitung dieser beiden Größen nach ihrem zugehörigen Argument durch einen Strich, so folgt durch Einsetzen in die Gl. (150):

$$g\left(f'' + \frac{1}{r}\,f'\right) + \frac{f}{r^2}\,g'' = 0.$$

Durch Trennung der Variablen ergibt sich

$$\frac{g''}{g} = -\left(\frac{r^2 f'' + r f'}{f}\right) = -n_\zeta^2.$$

Da die Größen $\dfrac{g''}{g}$ und $-\left(\dfrac{r^2 f'' + r f'}{f}\right)$ bei allen beliebigen Werten ihrer Argumente r und ζ gleich sein müssen, läßt sich die Gleichung nur erfüllen, wenn sie selbst konstant sind; die Konstante ist willkürlich mit $-n_\zeta^2$ bezeichnet worden. Die Gleichung $\dfrac{g''}{g} = -n_\zeta^2$ läßt sich durch den Ansatz $g = \mathrm{e}^{\mathrm{j}\,n_\zeta\zeta}$ lösen. Da sich alle Verhältnisse nach einem vollen Umlauf von ζ periodisch wiederholen müssen, muß n_ζ eine ganze Zahl, $\gtrless 0$, sein. Die Lösung $n_\zeta = 0$ braucht hier nicht betrachtet zu werden. Die Differentialgleichung $\dfrac{r^2 f'' + r f'}{f} = n_\zeta^2$ ist durch den Ansatz $f = r^{\pm n_\zeta}$ zu lösen, wie man sich leicht durch Einsetzen klarmacht. Somit lautet die vollständige Lösung der Differentialgleichung (150):

$$\varphi = \sum_{n_\zeta = -\infty}^{+\infty} (\mathfrak{K}_1\, r^{n_\zeta} + \mathfrak{K}_2\, r^{-n_\zeta})\, \mathrm{e}^{\mathrm{j}\,n_\zeta\zeta}.$$

Hierbei sind $\mathfrak{K}_1$ und $\mathfrak{K}_2$ beliebige komplexe Größen, die von r und ζ unabhängig sind, aber sich mit den verschiedenen Werten von n_ζ ändern können.

Die Randbedingung an der Kathode verlangt, daß für den Radius $r = r_0$ das Potential bei jedem Wert von ζ die Größe Null hat, also gilt:

$$\mathfrak{K}_1 r_0^{n_\zeta} + \mathfrak{K}_2 r_0^{-n_\zeta} = 0,$$

und mit dem Ansatz $\mathfrak{K}_1 r_0^{n_\zeta} = \Phi_{n_\zeta}$ erhält man die Lösung:

$$\varphi = \sum_{n_\zeta = -\infty}^{+\infty} \Phi_{n_\zeta} \left[\left(\frac{r}{r_0}\right)^{n_\zeta} - \left(\frac{r_0}{r}\right)^{n_\zeta} \right] \mathrm{e}^{\mathrm{j}\,n_\zeta\zeta}. \tag{151}$$

Man erhält also die Lösung für das Potentialfeld im Entladungsraum als eine unendliche Summe von umlaufenden elektrischen Feldern („Wanderfelder"), deren Winkelgeschwindigkeit die Größe ω/n_ζ hat (bei positiven Werten von n_ζ erfolgt der Umlauf im Uhrzeigersinn), wobei n_ζ zugleich die Zahl der vollständigen Wellen auf dem Röhrenumfang angibt.

Um in der Lösung für das elektrische Feld die Koeffizienten Φ_{n_ζ} zu bestimmen, schreibt man den Wert des Potentials an der Anode, d. h. für $r = r_a$, an:

$$\varphi_a = \sum_{n_\zeta = -\infty}^{+\infty} \Psi_{n_\zeta}\, \mathrm{e}^{\mathrm{j}\,n_\zeta\zeta}, \tag{152}$$

wobei $\Psi_{n_\zeta} = \Phi_{n_\zeta} \left[\left(\dfrac{r_a}{r_0}\right)^{n_\zeta} - \left(\dfrac{r_0}{r_a}\right)^{n_\zeta} \right]$ gesetzt ist. Da diese Gleichung mit der Gl. (148) für die Spannungsverteilung auf der Anode übereinstimmen muß, lassen sich die Koeffizienten Ψ_{n_ζ} durch Fourier-Analyse im Komplexen bestimmen. Die Koeffizienten ergeben sich folgendermaßen:

$$\Psi_{n_\zeta} = \sum_{\nu=1}^{2p} \frac{1}{2\pi} \int_{\zeta=(\nu-1)\pi/p}^{\nu\pi/p} \mathfrak{U}_\nu\, \mathrm{e}^{-\mathrm{j}\,n_\zeta\zeta}\, \mathrm{d}\zeta.$$

Da die Spannungen $\mathfrak{U}_\nu$ sich an jedem Segment ändern, ist das Integral über die ganze Periode von ζ in eine Summe von Teilintegralen aufgelöst worden, von denen sich jedes über ein einzelnes Segment erstreckt. Zusammen mit Gl. (148) folgt durch eine Kette von einfachen Rechnungen:

$$\Psi_{n_\zeta} = \mathfrak{U}\, e^{-j\frac{\pi k}{p}}\, e^{j\frac{\pi n_\zeta}{2p}}\, \frac{\sin\frac{\pi n_\zeta}{2p}}{\frac{\pi n_\zeta}{2p}} \sum_{\nu=1}^{2p} \frac{e^{j\frac{\nu\pi}{p}(k-n_\zeta)}}{2p}.$$

In der letztgefundenen Formel läßt sich folgendes erkennen: Die Größe $k - n_\zeta$ ist eine ganze Zahl; die Größe $\frac{\pi}{p}(k - n_\zeta)$ ein bestimmter Winkel, um den die einzelnen Glieder der Summe gegeneinander in der Phase verschoben sind; die Größe $2p \cdot \frac{\pi}{p}(k - n_\zeta)$ ist ein ganzzahliges Vielfaches von 2π, d. h. die Summe aller Summanden hebt sich auf, da man beim Aneinandersetzen der einzelnen jeweils um $\frac{\pi}{p}(k - n_\zeta)$ in der Phase verschobenen Zeiger ein geschlossenes, regelmäßiges Vieleck erhält. Die Summe verschwindet nur dann nicht, wenn der Phasenwinkel $\frac{\pi}{p}(k - n_\zeta)$ ein ganzzahliges Vielfaches von 2π ist, d. h. wenn folgende Beziehung gilt:

$$\frac{\pi}{p}(k - n_\zeta) = 2\pi m.$$

In diesem Fall hat jeder einzelne Summand die Größe $\frac{1}{2p}$, die gesamte Summe hat den Wert 1. Die Koeffizienten Ψ_{n_ζ} haben also nur dann von Null verschiedene Werte, wenn

$$n_\zeta = k - 2pm$$

ist. Die Werte sind dann:

$$\Psi_{n_\zeta} = \mathfrak{U}\, e^{-j\frac{\pi k}{2p}}\, \frac{\sin\frac{\pi k}{2p}}{\frac{\pi k}{2p}}\, \frac{1}{1 - \frac{2pm}{k}}.$$

Durch Rückeinsetzen der Werte für Ψ_{n_ζ} und n_ζ in die Gl (152) ergibt sich:

$$\psi_a = \mathfrak{U}\, e^{-j\frac{\pi k}{2p}}\, \frac{\sin\frac{\pi k}{2p}}{\frac{\pi k}{2p}} \sum_{m=-\infty}^{+\infty} \frac{e^{j(k-2pm)\zeta}}{1 - \frac{2pm}{k}}. \tag{153}$$

In dieser Gleichung stellt die Größe $e^{-j\frac{\pi k}{2p}}$ eine für die gesamten Betrachtungen unwesentliche Phasendrehung dar. Da die Größe k den

Wert p nicht überschreiten soll, liegt das Glied $\sin\left(\frac{\pi k}{2p}\right)\Big/\left(\frac{\pi k}{2p}\right)$ in folgenden Grenzen:

$$1 \geq \frac{\sin\dfrac{\pi k}{2p}}{\dfrac{\pi k}{2p}} \geq \frac{\sin\dfrac{\pi}{2}}{\dfrac{\pi}{2}} = \frac{2}{\pi} = 0{,}637.$$

Es entsteht also bei vorgegebenen Werten von p und k eine Summe von umlaufenden Wellenzügen, deren Amplitude im wesentlichen proportional der Größe $\dfrac{1}{1-2pm/k}$ ist. Da nach Gl. (147) $\dfrac{2p}{k} \geq 2$ ist, hat die Welle mit der Ordnungszahl $m = 0$ die größte Amplitude; nur für den Sonderfall $k = p$ sind die Wellen $m = 0$ und $m = 1$ gleich groß. Die durch große Beträge von m gekennzeichneten hohen Oberwellen klingen in ihrer Amplitude schnell ab. Die Winkelgeschwindigkeit des Umlaufs ist durch die Gleichung

$$\omega_{Feld} = \frac{\omega}{k - 2pm} \tag{154}$$

gekennzeichnet. Dabei ist die Umlaufsrichtung für $m \leq 0$ im Uhrzeigersinn, für $m > 0$ im mathematisch positiven Sinn. Zusammen mit den Gl. (151) und (152) ergibt sich dann die allgemeine Feldverteilung:

$$\varphi = \mathfrak{U}\, e^{-j\frac{\pi k}{2p}}\, \frac{\sin\dfrac{\pi k}{2p}}{\dfrac{\pi k}{2p}} \sum_{m=-\infty}^{+\infty} \frac{\left(\dfrac{r}{r_0}\right)^{k-2pm} - \left(\dfrac{r}{r_0}\right)^{2pm-k}}{\left(\dfrac{r_a}{r_0}\right)^{k-2pm} - \left(\dfrac{r_a}{r_0}\right)^{2pm-k}} \cdot \frac{e^{j(k-2pm)\zeta}}{1 - \dfrac{2pm}{k}}. \tag{155}$$

Für große Ordnungszahlen $m \lessgtr 0$ vereinfacht sich die Abhängigkeit vom Radius in folgender Weise:

$$\frac{\left(\dfrac{r}{r_0}\right)^{k-2pm} - \left(\dfrac{r}{r_0}\right)^{2pm-k}}{\left(\dfrac{r_a}{r_0}\right)^{k-2pm} - \left(\dfrac{r_a}{r_0}\right)^{2pm-k}} \approx \left(\dfrac{r}{r_a}\right)^{|2pm-k|},$$

d. h. die Wellen höherer Ordnungszahlen klingen zur Kathode hin schnell ab, sind also nur in Anodennähe vorhanden.

Die bereits im Abschnitt α) auf den S. 177 bis 180 berechneten Betriebszustände sind gekennzeichnet durch den Ansatz $k = p$ und $r_0 = 0$. Es ergibt sich für diesen Fall:

$$\varphi = -j\,\mathfrak{U}\,\frac{2}{\pi} \sum_{m=-\infty}^{+\infty} \left(\frac{r}{r_a}\right)^{|p-2pm|} \frac{e^{j(1-2m)p\zeta}}{1-2m}.$$

Da in diesem Fall die Größe $e^{j(1-2m)p\zeta}/(1-2m)$ für die Wertepaare $m = 0$ und $+1$, $m = -1$ und $+2$, $m = -2$ und $+3$ usw. den gleichen Betrag, aber entgegengesetztes Vorzeichen hat, erhält man mit dem Ansatz $-m = m'$ und einer einfachen Umrechnung:

$$\varphi = \mathfrak{U}\,\frac{4}{\pi} \sum_{m'=0}^{\infty} \left(\frac{r}{r_a}\right)^{p(1+2m')} \frac{\sin(1+2m')p\zeta}{1+2m'}. \tag{156}$$

Man kann die Übereinstimmung dieses Resultats mit den Gl. (143) und (144) auf S. 178 und 179 am einfachsten dadurch nachprüfen, daß man die in diesen Gleichungen enthaltenen arctg-Faktoren in Reihen auflöst, nach Reihenentwicklung auf Polarkoordinaten übergeht, die Potenzen der Kreisfunktionen $\sin\zeta$ und $\cos\zeta$ durch Kreisfunktionen von ganzzahligen Vielfachen des Winkels ζ ausdrückt und die Glieder der Reihenentwicklung dann nach den Vielfachen des Winkels ordnet.

c) Das Verhalten bei niedrigen Frequenzen.

Wie schon eingangs erwähnt, können die Röhren mit geteilter Anode auch bei niedrigen Frequenzen schwingungsanfachend wirken. Die Verhältnisse lassen sich in diesem Frequenzbereich verhältnismäßig leicht überschauen, weil die Potentialverteilung sich während der Flugzeit eines Elektrons von der Kathode zur Anode nicht nennenswert ändert.

Nimmt man vorerst einmal den Fall an, daß die Gleichspannung vorhanden ist und keine Wechselspannung zwischen den Segmenten wirkt, so können bei vorgegebenem Anodenradius r_a, Kathodenradius r_0 und vorgegebenem Magnetfeld B nur dann Elektronen auf den Anodenzylinder auftreffen, wenn die Anodenspannung $\bar{U}$ den kritischen Wert $\bar{U}_k$ überschreitet. Diese Verhältnisse wurden bereits im Abschnitt 2a, γ auf S. 169 dargestellt; der Wert der kritischen Anodenspannung $\bar{U}_k$ ist durch Gl. (133) auf S. 169 gegeben. Es ist zweckmäßig, den Betriebszustand einer Magnetfeldröhre durch das Spannungsverhältnis $\bar{U}/\bar{U}_k$ zu kennzeichnen:

$$\frac{\bar{U}}{\bar{U}_k} = \frac{8m}{e} \frac{\bar{U}}{B^2 r_a^2 \left(1 - \dfrac{r_0^2}{r_a^2}\right)^2}. \tag{157}$$

Für den Sonderfall eines verschwindend kleinen Kathodenradius gilt:

$$\frac{\bar{U}}{\bar{U}_k} = \frac{8m}{e} \frac{\bar{U}}{B^2 r_a^2}. \tag{157a}$$

Ist das Verhältnis $\bar{U}/\bar{U}_k$ kleiner als 1, so können keine Elektronen auf die Anode auftreffen, für Werte von $\bar{U}/\bar{U}_k$ größer als 1 treffen alle Elektronen auf die Anode auf. Dies gilt selbstverständlich nur, wenn keine Wechselspannung zwischen den Anodensegmenten liegt; es hat sich jedoch als zweckmäßig erwiesen, die Größe $\bar{U}/\bar{U}_k$ auch für den Betriebsfall mit Wechselspannungen anzugeben, weil durch sie ein eindeutiger Zusammenhang zwischen Magnetfeld, Gleichspannung und Anodenradius angegeben ist.

Den Verlauf der Elektronenbahnen im Innern der Röhre kann man dadurch ermitteln, daß man zuerst nach Abschnitt 3b die Potentialverteilung für ein bestimmtes angenommenes Verhältnis der Wechselspannung u zur Gleichspannung $\bar{U}$ ermittelt und dann in das Potentialbild nach Abschnitt 1b die Elektronenbahnen graphisch konstruiert;

eine analytische Lösung für die Elektronenbahnen läßt sich nicht angeben. Ein Beispiel veranschaulicht Abb. 77. Es ist eine Zweischlitzröhre vorausgesetzt; der Augenblickswert der zwischen den beiden Segmenten wirkenden Wechselspannung u ist gleich der Gleichspannung $\bar{U}$ angenommen, die aus Gleich- und Wechselfeld sich ergebende Potentialverteilung ist durch die dünn ausgezogenen Linien gegeben; das obere Anodensegment hat das Potential $\varphi = \bar{U} + \dfrac{u}{2}$, das untere Segment das Potential $\varphi = \bar{U} - \dfrac{u}{2}$. Unter Annahme eines Spannungsverhältnisses $\bar{U}/\bar{U}_k = 0{,}45$ sind zwei verschiedene Elektronenbahnen konstruiert, und zwar im oberen Bild mit der Startrichtung von der Kathode senkrecht nach unten, im unteren Bild mit der Startrichtung senkrecht nach oben. Weil das Verhältnis $\bar{U}/\bar{U}_k$ erheblich unter 1 liegt, können die Elektronen ohne den Einfluß der Wechselspannung die Anode überhaupt nicht erreichen, unter Mitwirkung der Wechselspannung bewegen sie sich in verschlungenen Bahnen auf die Anode zu, wie die Abb. 77 zeigt. Entsprechend der in Abschnitt 1c angegebenen Näherungslösung hat im vorliegenden Beispiel die Elektronenbewegung die Potentiallinie 60 zur Leitbahn und umkreist sie in vielen Windungen, wobei sie langsam fortschreitet. Wie man aus der Abbildung erkennt, ist dabei die Startrichtung von der Kathode weitgehend belanglos; der Verlauf längs der Leitbahn ändert sich kaum, nur die einzelnen Windungen der Elektronenbahn erhalten eine andere Form.

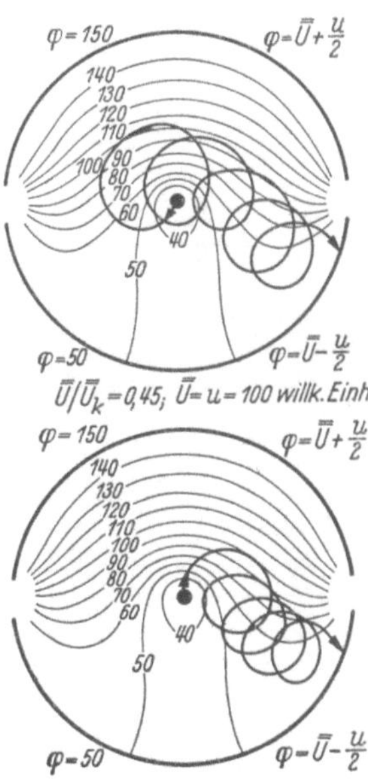

Abb. 77. Potentialverteilung und Elektronenbahnen unter speziellen Betriebsbedingungen in der Zweischlitzröhre.

Das besonders Bemerkenswerte an den in Abb. 77 dargestellten Elektronenbahnen ist, daß die Elektronen auf das auf niedrigem Potential befindliche Anodensegment auftreffen. Es ist dies auf die Form der als Leitbahn wirkenden Potentiallinie zurückzuführen, die in Kathodennähe im Bereich des auf höherem Potential befindlichen oberen Segmentes liegt, um dann in weiterer Entfernung von der Kathode in den Bereich des unteren Segmentes durchzuhängen; die Potentiallinie tritt schließlich durch den Schlitz zwischen den beiden Segmenten, die Elektronen aber, die diese Linie mit einem Radius gewisser Größe umkreisen, sind schon vorher auf das Anodensegment geringeren Potentials aufgetroffen. Diese Tatsache, daß die Elektronen zum Segment des niedrigeren Potentials fliegen, gibt der Strecke zwischen den beiden Segmenten den Charakter eines negativen Widerstandes und gibt die Möglichkeit zur Schwingungserzeugung.

Die Abb. 77 bezog sich auf den Sonderfall $\bar{U}/\bar{U}_k = 0,45$ und $u/\bar{U} = 1$ und betrachtete nur zwei Elektronenstartrichtungen. Um einen voll-

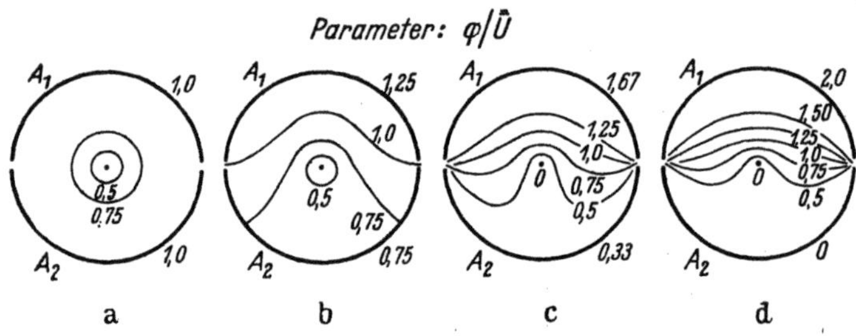

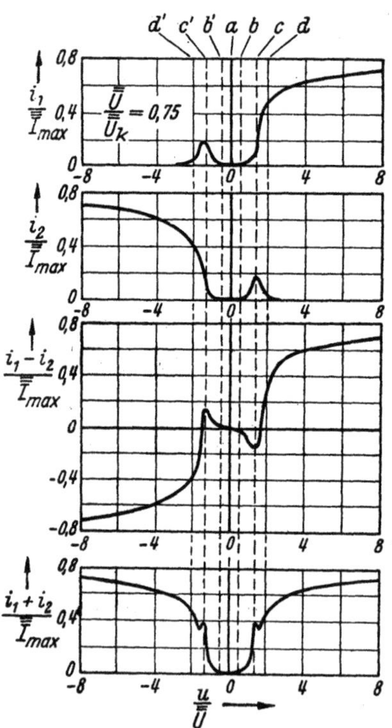

Abb. 78a—d. Potentialverteilung in der Zweischlitzröhre bei verschiedenen Segmentspannungen und die Entstehung der statischen Kennlinie.

ständigen Überblick über die Arbeitsweise der geschlitzten Magnetfeldröhre zu erhalten, müßte man die umständliche graphische Konstruktion für sämtliche Elektronenstartrichtungen, für die verschiedensten Verhältnisse $u/\bar{U}$ und für die verschiedensten Werte von $\bar{U}/\bar{U}_k$ wiederholen. Aber auch dann erhielte man noch keine Lösung, die den praktischen Verhältnissen entspräche, weil die Raumladung unberücksichtigt geblieben ist; und bei den Magnetfeldröhren ist die Raumladung gerade besonders groß, weil die Elektronen infolge ihrer verschlungenen Bahnen eine lange Zeit im Felde bleiben. Man greift deshalb zweckmäßigerweise auf die gemessenen Kennlinien zurück und benutzt die Vorstellungen und Erkenntnisse über den Verlauf der Elektronenbahnen lediglich dazu, um die gemessenen Kennlinien zu erklären.

In Abb. 78 sind die bei niedriger Frequenz gemessenen Kennlinien und einige Augenblicksbilder der Potentialverteilung für eine Zweischlitz-röhre zusammengestellt. Das Spannungsverhältnis $\bar{U}/\bar{U}_k$ ist gleich 0,75, also wiederum unter 1; $\bar{U}/\bar{U}_k < 1$ ist übrigens zur Schwingungserzeugung immer erforderlich; denn nur in diesem Fall kann die zwischen den Segmenten wirkende Wechselspannung die Elektronen zum Segment niedrigen Potentials steuern. Bei den Diagrammen ist als Abszisse das Verhältnis $\frac{u}{\bar{U}}$, als Ordinaten sind die Verhältnisse $\frac{i_1}{\bar{I}_{\max}}$, $\frac{i_2}{\bar{I}_{\max}}$, $\frac{i_1-i_2}{\bar{I}_{\max}}$ und $\frac{i_1+i_2}{\bar{I}_{\max}}$ aufgetragen. $\bar{I}_{\max}$ ist dabei der Sättigungsstrom der Kathode. Die für verschiedene Verhältnisse $u/\bar{U}$ gültigen Potentialbilder sind mit a, b, c und d bezeichnet; in den Diagrammen ist aus den gestrichelten Linien a bis d zu entnehmen, für welche Abszissenwerte $u/\bar{U}$ die einzelnen Bilder gelten. Im einzelnen gestaltet sich die Stromverteilung folgendermaßen: Für $u/\bar{U} = 0$ (Bild a) ist das Feld zylindersymmetrisch; weil k kleiner als 1 ist, können die Elektronen die Anode nicht erreichen; es bildet sich eine starke Raumladung rings um die Kathode herum aus. Beim Verhältnis $u/\bar{U} = 0{,}5$ (Bild b) umschlingen die Potentiallinien, für die $\varphi/\bar{U}$ kleiner als 0,75 ist, die Kathode, während die Potentiallinien mit größerem $\varphi/\bar{U}$ durch die Schlitze hindurchlaufen; die Linie $\varphi/\bar{U} = 0{,}75$ setzt auf das untere Anodensegment A_2 auf. Die Elektronen können sich auch bei dieser Potentialverteilung noch nicht aus dem Bereich der Kathode entfernen, weil sie eine Potentiallinie zur Leitbahn nehmen, die die Kathode umschlingt. Für den Fall $u/\bar{U} = 1{,}33$ (Potentialbild c) ist die Zahl der die Kathode umschlingenden Potentiallinien geringer geworden; die Elektronen haben nunmehr eine Potentiallinie zur Leitbahn, die dicht vor dem unteren Anodensegment A vorbeiläuft und dann durch den Schlitz geht. Dadurch treffen die meisten Elektronen, die den Bereich der Kathode verlassen, auf das Segment mit dem niedrigeren Potential, der Strom i_2 steigt stark an, während der Strom i_1 noch klein bleibt, die Differenz $i_1 - i_2$ wird daher negativ. Schließlich wird bei dem Spannungsverhältnis $u/\bar{U} = 2$ das Potential des Segmentes A_2 Null (Bild d) und bei noch größeren Spannungsverhältnissen sogar negativ, es können dann keine Elektronen auf das untere Segment mehr auftreffen, der Strom i_2 wird Null, der Strom i_1 steigt an, die Differenz $i_1 - i_2$ wird dann positiv. Geht dann im weiteren Verlauf der zwischen den Segmenten liegenden Wechselspannung das Verhältnis $u/\bar{U}$ auf Null zurück, so wiederholen sich die Potentialbilder in umgekehrter Reihenfolge; für negative Werte vertauschen die Segmente A_1 und A_2 und mithin auch die Ströme i_1 und i_2 ihre Rollen; für die Abszissenwerte a', b', c' und d' sind die Potentialbilder a, b, c und d um 180° zu drehen. Auf diese Weise läßt sich der Verlauf der gemessenen Kennlinien anschaulich erklären.

Wie schon im Abschnitt 3a auf S 176 erwähnt, ist für die Anfachung des Resonanzkreises der Strom $\frac{i_1-i_2}{2}$ wirksam; wie das vorletzte Diagramm in Abb. 78 zeigt, hat die Kurve in ihrem mittleren Bereich eine negative Steigung, der Wechselstrom $\frac{i_1-i_2}{2}$ ist gegenüber der Wechselspannung u negativ, die Röhre kann Schwingungen anfachen. Einen besseren Überblick über die Schwingungsanfachung der Röhre erhält man, wenn man von den Augenblickskennlinien der Abb. 78 zu den sog. „Schwingkennlinien" der Abb. 79 übergeht. Die Schwingkennlinien, die in der vorliegenden Abbildung experimentell aufgenommen sind, die aber auch aus den Augenblickskennlinien graphisch konstruiert werden können, entstehen auf folgende Weise: Es wird zwischen die Segmente eine sinusförmige Wechselspannung mit dem Scheitelwert $\hat{U}$ gelegt; diese Spannung erzeugt, wie man aus der Augenblickswert-Kennlinie nach Abb. 78 entnehmen kann, einen Wechselstrom von nicht

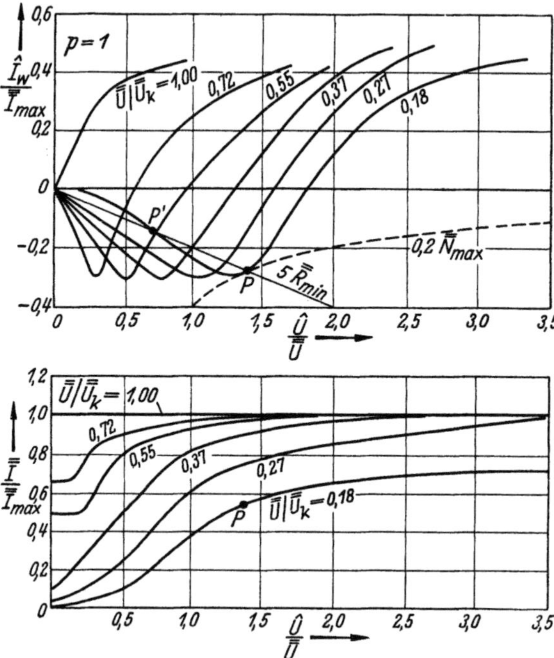

Abb. 79. Schwingkennlinien und Anodengleichstromlinien für eine Zweischlitzröhre bei niedrigen Frequenzen.

sinusförmiger Gestalt; für die Anfachung des Resonanzkreises ist aber nur die Grundwelle dieses Stromes maßgeblich, deren Scheitelwert mit $\hat{I}_W$ bezeichnet werden soll, da die Grundwelle des Wechselstromes einen Wirkstrom darstellt. Weiterhin entsteht durch den Einfluß der Wechselspannung ein mittlerer Anodengleichstrom $\bar{I}$, der aus der Gleichspannungsquelle entnommen wird. Die in Abb. 79 dargestellten Schwingkennlinien und Anodengleichstromlinien zeigen die beiden Ströme $\hat{I}_W$ und $\bar{I}$ in Abhängigkeit von der Wechselspannung $\hat{U}$. Dabei ist $\hat{U}$ zur Gleichspannung $\bar{U}$ ins Verhältnis gesetzt und die Ströme zum Stromwert $\bar{I}_{\max}$, den die Kathode im Höchstfalle abgeben kann. Die einzelnen Kennlinien zeigen den Zusammenhang für verschiedene Werte von $\bar{U}/\bar{U}_k$.

Aus den Schwingkennlinien ist nun der Arbeitszustand der Magnetfeldröhren bei niedrigen Frequenzen eindeutig zu entnehmen, wie in Abb. 79 an einem Beispiel gezeigt werden soll. Besitzt der Resonanzkreis beispielsweise einen Wirkwiderstand von der Größe $R_W = 5\,\overline{\overline{R}}_{\min} = 5\,\dfrac{\bar{U}}{\bar{I}_{\max}}$, so zeichnet man in das Diagramm der Schwingkennlinien in Abb. 79 oben eine Widerstandsgerade mit einer nach unten gerichteten Neigung von R_W [die Gerade muß nach unten geneigt verlaufen, weil der für die Röhre negativ gerechnete Strom $\bar{I}_W$ (Leistungsabgabe) für den Verbraucherwiderstand positiv ist (Leistungsaufnahme)]. Sind Anodengleichspannung $\bar{U}$ und Magnetfeld B gerade so eingestellt, daß $\bar{U}/\bar{U}_k = 0{,}18$ ist, so hat die Widerstandsgerade mit der betreffenden Schwingkennlinie die beiden Schnittpunkte P' und P. Der Schwingungszustand am Punkte P' ist nicht stabil; sobald die Spannung $\hat{U}$ den zum Punkt P' gehörenden Wert etwas übersteigt, so überwiegt die Leistungsabgabe der Röhre den Leistungsverbrauch des Kreises, und die Schwingungen fachen sich zu immer größeren Amplituden an, bis der Punkt P erreicht ist. Andererseits können sich für Wechselspannungen, die kleiner als der zum Punkt P gehörende Spannungswert sind, die Schwingungen nicht aufschaukeln, weil die Röhre die vom Widerstand benötigte Leistung nicht liefern kann; die Röhre schwingt also nicht von beliebig kleinen Wechselspannungen her selbsttätig an, es muß also irgendein Einschaltstoß oder eine Fremderregung die erste Anfachung bewirken; diese Eigenschaft, die bei geschlitzten Magnetfeldröhren häufig auftritt, erweist sich als große Störung des stabilen Senderbetriebes. Am Arbeitspunkt P läßt sich leicht die abgegebene Wechselstromleistung ermitteln, wenn man Hyperbeln für $\dfrac{\hat{U}\hat{I}_W}{2} = $ konst. in das Kennlinienfeld zeichnet. Wie Abb. 79 zeigt, liegt der Punkt P auf der Leistungshyperbel $\dfrac{\hat{U}}{\bar{U}}\dfrac{\hat{I}_{\max}}{\bar{I}} = 0{,}4$, also $N = 0{,}2\,\overline{\overline{N}}_{\max}$. Aus der Anodengleichstrom-Kennlinie im unteren Diagramm, auf der der Arbeitspunkt P ebenfalls gekennzeichnet ist, entnimmt man die Gleichstromleistung $\bar{U}\bar{I} = 0{,}43\,\bar{U}\bar{I}_{\max} = 0{,}54\,\overline{N}_{\max}$, der Wirkungsgrad am vorliegenden Arbeitspunkt ist also $\dfrac{0{,}2}{0{,}54} = 37\%$.

Vergleicht man die Schwingkennlinien für verschiedene Werte von $\bar{U}/\bar{U}_k$ miteinander, so ergibt sich: Je kleiner man $\bar{U}/\bar{U}_k$ macht, um so größer wird der Wirkungsgrad der Schwingungserzeugung, weil die für die stabilen Arbeitspunkte vorliegenden Werte der Wechselspannung $\hat{U}$ immer größer, die Werte für den Gleichstrom $\bar{I}$ immer kleiner werden. Dafür aber erfordern die Kurven für kleineres $\bar{U}/\bar{U}_k$ immer größere Resonanzwiderstände, damit die Schwingungserzeugung überhaupt möglich ist (wenn sich Widerstandsgerade und Schwingkennlinie nicht schneiden, ist eine Schwingungsanfachung ausgeschlossen); schließlich wird für kleineres $\bar{U}/\bar{U}_k$ das Anschwingen von kleinen Wechselspannungswerten her unmöglich, wie schon oben ausgeführt wurde (wie man aus der Abbildung erkennt, haben die Schwingkennlinien für größeres $\bar{U}/\bar{U}_k$ mit der Widerstandsgeraden außer dem Nullpunkt nur einen Schnittpunkt, die Anfachung gelingt dann von beliebig kleinen Spannungen aus). Für $\bar{U}/\bar{U}_k = 1$ oder größer als 1 ist keine negative Kennlinie vorhanden, die Röhren besitzen dann keinen negativen Widerstand.

Die vorliegenden Betrachtungen wurden sämtlich an dem Beispiel einer Zweischlitzröhre durchgeführt; für die Vierschlitzröhren liegen bei Betrieb mit einem einzigen Resonanzkreis nach Abb. 74b die Verhältnisse derart ähnlich, daß bei niedrigen Frequenzen nicht gesondert auf diese Röhrenart eingegangen zu werden braucht.

d) Das Verhalten bei hohen Frequenzen.

Die vorangegangenen Betrachtungen beziehen sich auf die Arbeitsweise der geschlitzten Magnetfeldröhre bei niedrigen Frequenzen. Die Verhältnisse ändern sich dann, wenn die Frequenz der Wechselspannung an den Segmenten derart hoch ist, daß während des Übergangs der einzelnen Elektronen stärkere Spannungsänderungen auftreten. Für die ohne Magnetfeld arbeitenden Röhren wurde der Einfluß der Spannungsänderung während des Elektronenfluges durch den Laufwinkel gekennzeichnet (vgl. S. 5 ff.). Bei den geschlitzten Magnetfeldröhren ist (ebenso wie bei den ungeschlitzten Röhren auf S. 110) die Angabe eines Laufwinkels nicht sinnvoll, weil die Übergangszeiten für die Elektronen recht verschieden sind und auch stark von der Wechselspannung selbst abhängen; liegt beispielsweise die Anodenspannung $\bar{U}$ unterhalb des durch Gl. (133) auf S. 169 festgelegten kritischen Wertes $\bar{U}_k$, so ist ein Elektronenübergang auf die Anode ohne Wechselspannung überhaupt nicht möglich.

Im Gegensatz zu den ungeschlitzten Magnetfeldröhren ist eine wirksame Schwingungserzeugung nur dann möglich, wenn die Hochfrequenzperiode um ein Vielfaches größer ist als die Dauer des Umlaufs, den die einzelnen Elektronen unter dem Einfluß des magnetischen Feldes ohne Mitwirkung von elektrischen Feldern ausführen. Um den Arbeitszustand zu kennzeichnen, vergleicht man zweckmäßigerweise die Eigenfrequenz ω_m des Magnetfeldumlaufes nach Gl. (116) auf S. 153 mit der Kreisfrequenz ω der Hochfrequenzspannung. Auf diese Weise erhält man die sog. „Umlaufzahl" (auch Ordnungszahl genannt):

$$n = \frac{\omega_m}{\omega} = \frac{e}{m}\frac{B}{\omega}. \tag{158}$$

Die Zahl n braucht keine ganze Zahl zu sein. Je niedriger die Betriebsfrequenz wird, um so größer wird n; bei dem unter c) behandelten Fall sehr niedriger Frequenzen wird n unendlich groß, bei dem Fall der ungeschlitzten Anode nach Abschnitt 2b, β war $n = 1$ [vgl. Gl. (141) auf S. 174].

Für den Betrieb der geschlitzten Magnetfeldröhren bei hohen Frequenzen tritt ein besonderer Bewegungsmechanismus der Elektronen auf, der durch das Zusammenwirken der Wechselfelder mit der Leitbahnbewegung der Elektronen entsteht. Die Schwingungen werden als „Leitbahnschwingungen" bezeichnet. Eine vollkommene theoretische Lösung für diesen Schwingungsmechanismus ist außerordentlich schwierig und nur unter Berücksichtigung der Raumladung sinnvoll. Die auf Grund von Messungen erhaltenen Ergebnisse bedingen folgende anschauliche Vorstellungen der Arbeitsweise:

Wenn die Anodengleichspannung $\bar{U}$ unterhalb der kritischen Anodenspannung $\bar{U}_k$ liegt, und wenn die an den einzelnen Segmenten vorhandene Wechselspannung klein ist, so besitzt die Elektronenbewegung Leitbahnen, die die Kathode kreisförmig umschließen, wie bereits für das Beispiel der Zweischlitzröhre bei Behandlung der Abb. 78 auf S. 188 dargestellt wurde. Es ist dann eine bestimmte Winkelgeschwindigkeit ω_L für den Umlauf um die Kathode längs der Leitbahn maßgeblich; die

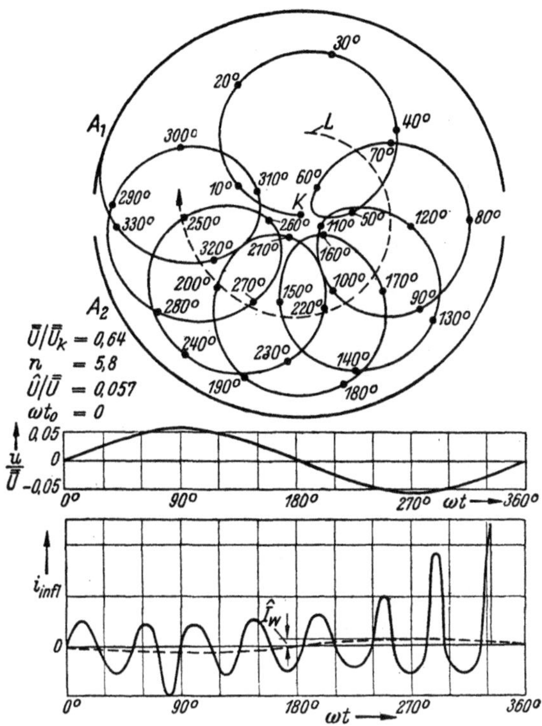

Abb. 80. Beispiel für die Bewegung eines Elektrons in einer Zweischlitzröhre bei hohen Frequenzen, für den erzeugten Influenzstrom i_{infl} und die Wirkkomponente $\hat{i}_w$ des Influenzstromes.

Leitbahn wird von den Elektronen außerdem mit der wesentlich höheren Winkelgeschwindigkeit ω_m in Zykloidenform umkreist. Die Elektronenbewegung erhält ein Aussehen, wie es für die Zweischlitzröhre in Abb. 80 oben dargestellt ist. Die Winkelgeschwindigkeit ω_L für die Leitbahnbewegung läßt sich größenordnungsmäßig leicht abschätzen: man nimmt an, daß die Leitbahn gerade mitten zwischen Kathode und Anode liegt, also den Radius $\frac{r_a + r_0}{2}$ hat. Für die Geschwindigkeit des Fortschreitens auf der Leitbahn ist nach Gl. (122) auf S. 138 das Verhältnis $\frac{|e_{ge}|}{B} = \frac{\bar{E}}{B}$ maßgeblich; die Gleichfeldstärke $\bar{E}$ wird näherungsweise unter Annahme eines homogenen elektrischen Feldes zwischen Kathode und Anode in der Größe $\dfrac{\bar{U}}{r_a - r_0}$ angesetzt. Somit ist die Winkelgeschwindigkeit der Leitbahn näherungsweise:

$$\omega_L \approx \frac{v_L}{(r_a + r_0)/2} \approx \frac{2\,\bar{U}}{B\,(r_a{}^2 - r_0{}^2)}. \tag{159}$$

Durch die Gl. (155) auf S. 185 wurde das elektrische Feld in einer geschlitzten Magnetfeldröhre von bestimmter Schlitzpaarzahl p und bestimmtem Verzögerungsfaktor k dargestellt durch eine Summe von umlaufenden Wellen mit der Ordnungszahl m, deren Umlaufwinkelgeschwindigkeit durch die Gl. (154) auf S. 185 gegeben war. Eine besonders kräftige Rückwirkung des elektrischen Feldes auf die Elektronenbewegung ist bei all den Schwingungszuständen vorhanden, bei denen eine Teilwelle mit der Ordnungszahl m dieselbe Winkelgeschwindigkeit besitzt wie der Elektronenumlauf längs der Leitbahn. Durch Gleichsetzen der Beziehungen (154) und (159) folgt somit:

$$\frac{2\,\bar{U}\,(k - 2pm)}{B\,r_a{}^2\left(1 - \dfrac{r_0{}^2}{r_a{}^2}\right)\omega} \approx 1 \quad \text{oder:} \quad \frac{\bar{U}\,(k - 2pm)}{f\,B\,r_a{}^2\left(1 - \dfrac{r_0{}^2}{r_a{}^2}\right)} \approx \pi. \tag{160}$$

Durch Einsetzen der kritischen Anodenspannung nach Gl. (133) auf S. 169 kann man dieser Formel auch folgende Gestalt geben:

$$\sqrt{\frac{e\,\bar{U}}{8\,m}}\,\sqrt{\frac{\bar{U}}{\bar{U}_k}}\,\frac{k - 2pm}{f\,r_a} \approx \pi. \tag{160a}$$

Es sind bei den geschlitzten Magnetfeldröhren also Schwingbereiche zu erwarten, wenn Betriebsspannung $\bar{U}$, Magnetfeld B und Betriebsfrequenz ω ungefähr nach der Beziehung (160) zusammenhängen. Die für die Schwingungserzeugung günstigste Wellenform ist vorhanden, wenn $k = p$ und $m = 0$ gesetzt wird. In diesem Fall wird die Grundfrequenz desjenigen Schwingungszustandes erregt, bei dem die nebeneinanderliegenden Segmente genau gegenphasig schwingen [vgl. Gl. (146)]. Für diesen Sonderfall erhält die Gl. (160) das Aussehen:

$$\frac{\bar{U}\,p}{f\,B\,r_a{}^2\left(1 - \dfrac{r_0{}^2}{r_a{}^2}\right)} \approx \pi. \tag{160b}$$

Um die Ausbildung der Schwingungsform $k = p$ zu begünstigen, werden oft seitlich von den Anodensegmenten bei den Vielresonator-Magnetfeldröhren nach Abb. 74c besondere Verbindungsbügel angebracht.

Wie sich die Wirkung der Frequenz ω auf die Leitbahn vollzieht, ist für eine einzige Elektronenbahn an dem Beispiel einer Zweischlitzröhre in Abb. 80 dargestellt. Es ist angenommen, daß das Spannungsverhältnis $\bar{U}/\bar{U}_k = 0{,}64$ und die Umlaufzahl $n = 5{,}8$ ist. Die zwischen den Segmenten liegende Wechselspannung $\hat{U}$ ist im Vergleich zur

Anodenspannung $\bar{U}$ sehr klein; es ist das Verhältnis: $\hat{U}/\bar{U} = 0{,}057$. Im Betrieb bei niedrigen Frequenzen würden bei einer so kleinen Wechselspannung fast keine Elektronen zu den Anodensegmenten übergehen, wie man aus den Kurven der Abb. 79 entnehmen kann. In Abb. 80 wird ein Elektron betrachtet, das zu dem Startphasenwinkel $\omega t_0 = 0$ die Kathode verläßt; die Elektronenbahn ist nach dem in Abschnitt 1b angegebenen Verfahren graphisch konstruiert; die einzelnen Zeitphasen ωt sind der Bahn beigeschrieben. Infolge der angenommenen Startrichtung von der Kathode läuft die Leitbahn L zuerst unter dem Segment A_1, das in dieser Zeit die höhere Spannung führt, um dann beim Phasenwinkel von rund $80°$ die Schlitzzone zu passieren und unter das Segment A_2 mit der niedrigeren Spannung zu treten. In diesem Bereich entfernt sich die Leitbahn immer mehr von der Kathode, entsprechend der Form der elektrischen Potentiallinien. Bei der Zeitphase von etwa $180°$ ist die gestrichelte Leitbahn mitten unter das Segment A_2 gekommen; zu dieser Zeit hat aber auch die Wechselspannung zwischen den Segmenten ihren Nulldurchgang, und zu späteren Zeiten ist das Segment A_2 das Segment mit der höheren Spannung. Aus diesem Grund muß die Leitbahn bei ihrem weiteren Verlauf sich abermals weiter von der Kathode entfernen. Die Leitbahn windet sich also spiralförmig so lange nach außen, bis das Elektron die Anode trifft, was im Beispiel der Abb. 80 bei etwa $335°$ eintritt. Wie sich diese Elektronenbewegung auf den außen angeschlossenen Resonanzkreis auswirkt, ist in den unten gezeichneten Diagrammen dargestellt. Das obere Diagramm zeigt den sinusförmigen Verlauf der Wechselspannung, das untere den Verlauf des Influenzstromes i_{infl}, den das Elektron bei seiner Bewegung zwischen den Anodensegmenten erzeugt. Dieser Verlauf ist nach Gl. (5) auf S. 7 graphisch ermittelt; als elektrisches Potentialfeld φ ist in dieser Gleichung nur das Feld der Wechselspannung einzusetzen, φ/u ist also das in Abb. 76 Mitte dargestellte Potentialfeld. Der Influenzstromverlauf zeigt eine stark ausgeprägte Oberwelle mit der Kreisfrequenz ω_m; diese Oberwelle ist für die Anfachung des äußeren Kreises ohne Bedeutung, da dieser nicht auf ω_m abgestimmt ist, und weil außerdem sich zu gleicher Zeit eine große Menge von Elektronen im Raum befinden, die den Kreisumlauf mit der Winkelgeschwindigkeit ω_m mit den verschiedensten Phasen ausführen, wodurch sich die Oberwelleninfluenzströme weitgehend kompensieren. Außerdem besitzt der Influenzstrom eine Grundwelle mit der Frequenz ω, deren Wirkanteil in das unterste Diagramm der Abb. 80 gestrichelt eingetragen ist (Scheitelwert $\hat{I}_W$); man erkennt, daß dieser Strom der Spannung gerade entgegengesetzt ist, und dies bedeutet eine Leistungsabgabe vom bewegten Elektron an den äußeren Kreis. Außer diesem in Abb. 80 betrachteten Elektron gibt es auch andere Elektronen, die zu anderen Startphasen bzw. in anderen Startrichtungen die Kathode verlassen und deren Leitbahn

13*

sich dann nicht nach außen, sondern nach innen windet; solche Elektronen werden entweder von der Kathode aussortiert oder laufen so lange, bis sich die Phasenlage der Leitbahn ändert und sich die Leitbahn dann nach außen windet.

Alle diese Betrachtungen können natürlich nur dazu dienen, das beobachtete Verhalten der geschlitzten Magnetfeldröhren verständlich zu machen, aber sie können keine vollkommene theoretische Lösung darstellen. Die Konstruktionen nach Abb. 80 für alle in verschiedenen Richtungen und zu verschiedenen Zeiten die Kathode verlassenden Elektronen durchzuführen, ist nahezu unmöglich; und außerdem bleibt

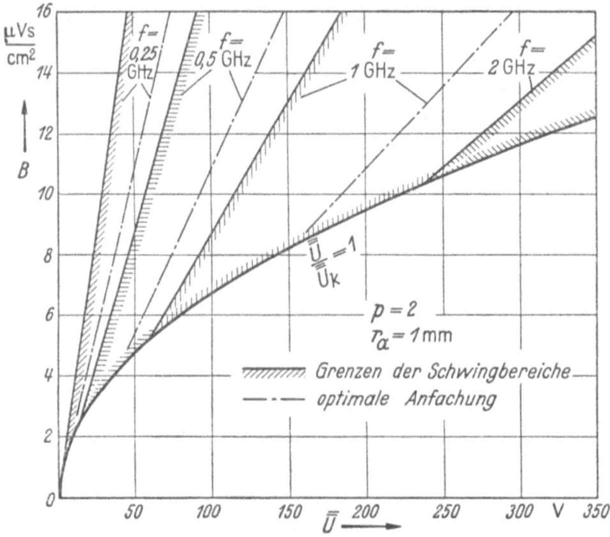

Abb. 81. Schwingbereiche einer Vierschlitzröhre bei verschiedenen Betriebsfrequenzen in Abhängigkeit von der Anodenspannung $\bar{U}$ und dem Magnetfeld B.

bei dieser Konstruktion immer noch der sehr wichtige Einfluß der Raumladung unberücksichtigt.

Es sind experimentelle Untersuchungen durchgeführt worden, um die Schwingbereichgrenzen und die optimale Anfachung bei den Leitbahnschwingungen zu ermitteln. Abb. 81 zeigt ein solches experimentell aufgenommenes Schwingbereichdiagramm, das sich auf eine Vierschlitzröhre ($p = 2$) mit einem Anodenradius von 1 mm und sehr kleinem Kathodenradius bezieht. Das Diagramm zeigt die Schwingbereichgrenzen in Abhängigkeit von der Anodengleichspannung $\bar{U}$ und vom Magnetfeld B. Nach der Gl. (157a) auf S. 186 ist eine Parabel für $\bar{U}/\bar{U}_k$ = 1 eingezeichnet. Für alle Werte von $\bar{U}$ und B, die unterhalb dieser Kurve liegen, ist $\bar{U}/\bar{U}_k$ größer als 1, eine Schwingungsanfachung ist dort bei allen Frequenzen ausgeschlossen. Die Schwingbereiche für die verschiedenen Frequenzen werden nach den experimentellen Ermittlungen begrenzt einmal von der Parabel $\bar{U}/\bar{U}_k = 1$ (bei allen Frequenzen) und zum anderen Mal durch gerade, durch den Nullpunkt laufende Linien (stark ausgezogen, durch Schraffur hervorgehoben), die für die einzelnen Frequenzen verschieden sind; so liegt beispielsweise der Schwingbereich für eine Frequenz von 1 GHz zwischen der schraffierten Geraden für 1 GHz und der Kurve $\bar{U}/\bar{U}_k = 1$. Je niedriger die Frequenz wird, um so weiter dehnt sich der Schwingbereich nach links aus. Die Linien optimaler Anfachung (optimalen Wirkungsgrades) sind ebenfalls durch den Nullpunkt laufende Geraden, die in Abb. 81 strichpunktiert eingezeichnet sind und ebenfalls für die verschiedenen angefachten Frequenzen verschieden sind. Die geraden Linien erfüllen die Gl. (160b) auf S. 194; man kann aus ihrem Verlauf die nur näherungsweise bestimmte Konstante ermitteln. Für die Linien optimaler Anfachung ergibt sich:

$$p\,\frac{\bar{U}}{B f r_a^2} = 3{,}7\,. \tag{161}$$

Bei diesen Werten optimaler Anfachung dürfte die durch Betriebsfrequenz und Segmentpaarzahl bestimmte Winkelgeschwindigkeit der umlaufenden Welle gerade mit der Leitbahnwinkelgeschwindigkeit übereinstimmen. Wird die Betriebsfrequenz gegen die Leitbahnumlauffrequenz zu hoch, so wird schließlich die Anfachung unmöglich; für diese Grenze der Schwingbereiche ergibt sich nach den gemessenen schraffierten Geraden:

$$p\,\frac{\bar{U}}{B f r_a^2} = 2{,}3\,. \tag{162}$$

Wird die Betriebsfrequenz niedriger, so zeigt sich keine Grenze für den Schwingbereich. Es folgt ein lückenloser Übergang zu dem bei niedrigen Frequenzen wirksamen Anfachmechanismus, der bereits in Abschnitt 3c behandelt wurde.

B. Stromverdrängung und dielektrische Verluste.

Der vorliegende Abschnitt behandelt die Verluste an elektromagnetischer Energie, die durch Erwärmung der von elektromagnetischen Feldern durchsetzten Werkstoffe entstehen. Die vorkommenden Werkstoffe seien in zwei Gruppen eingeteilt: in die leitenden Werkstoffe, in denen ein Leitungsstrom fließt, während der Verschiebungsstrom vernachlässigbar klein ist, und in die isolierenden Werkstoffe, bei denen der Verschiebungsstrom vorherrscht und der Leitungsstrom zurücktritt. Die sog. halbleitenden Werkstoffe, bei denen Leitungsstrom und Verschiebungsstrom von etwa gleicher Größenordnung sind, sollen hier nicht behandelt werden; sie kommen in den Geräten der Höchstfrequenztechnik selten vor und haben in der Hauptsache insbesondere für die — im Rahmen dieses Buches nicht behandelte — Wellenausbreitung über halbleitenden Erdbodenschichten Bedeutung. Wie schon in der Einleitung betont, werden die Verluste in den leitenden Werkstoffen durch die Erscheinung der Stromverdrängung besonders groß, während bei den isolierenden Werkstoffen die dielektrischen Verluste auftreten.

I. Die Stromverdrängung.

1. Der Stromfluß in Leitern von unendlich hoher Leitfähigkeit.

Zu Beginn der Behandlung der Stromverdrängung seien elektrische Leiter von unendlich hoher Leitfähigkeit $\varkappa$ vorausgesetzt. In Abb. 82 sind durch die stark ausgezogenen Linien zwei Leiteroberflächen angedeutet, zwischen denen sich ein elektromagnetisches Feld ausbreitet. Das Feld ist dargestellt durch die dünn ausgezogenen elektrischen Feldlinien e und die gestrichelten magnetischen Feldlinien $\mathfrak{h}$. Im Innern der Leiter mit der Leitfähigkeit $\varkappa = \infty$ kann keine elektrische Feldstärke e bestehen, denn die kleinste elektrische Feldstärke müßte einen Strom von unendlich großer Dichte zur Folge haben. Ebenso kann auch keine veränderliche magnetische Feldstärke $\mathfrak{h}$ in den Leitern bestehen, denn diese magnetischen Wechselfelder würden ihrerseits elektrische Wechselfelder entsprechend den Maxwellschen Grundgleichungen hervorrufen und müßten somit wieder Ströme von unendlich großer Dichte bedingen. Infolge der verschwindenden Feldstärken im Innern der Leiter müssen die elektrischen Feldlinien des zwischen beiden Leitern bestehenden Feldes senkrecht auf die Leiteroberflächen aufsetzen, während die magnetischen Feldlinien tangential zu den Leiteroberflächen verlaufen müssen. Denn wäre eine tangentiale Komponente der elektrischen Feldstärke vorhanden, so müßte sie innerhalb und außerhalb der Leiteroberfläche gleich groß sein (ein Magnetfeld längs der Leiteroberfläche von unendlicher Größe, das diese Komponente im Innern zum Verschwinden bringen könnte, kann nicht existieren). Ebenso müßte sich eine normal zur Oberfläche verlaufende magnetische Feldstärke im Innern des Leiters fortsetzen, also ist die Existenz einer solchen Feldstärkenkomponente unmöglich.

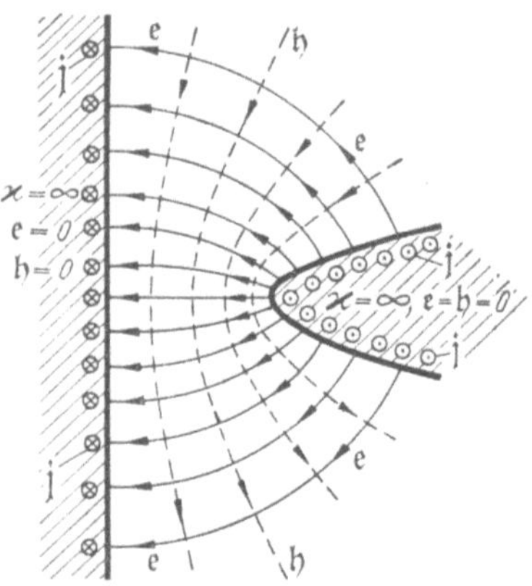

Abb. 82. Verlauf des elektrischen und des magnetischen Feldes zwischen zwei metallischen Leitern von unendlicher Leitfähigkeit.

Durch die Tatsache, daß die elektrischen Feldlinien senkrecht auf die Leiteroberfläche aufsetzen, ergibt sich, daß sich auf der Leiteroberfläche eine elektrische Flächenladung von der Größe

$$\mathfrak{d} = \varepsilon_1 \varepsilon_0 \mathfrak{e} \qquad (163)$$

befinden muß; mißt man die elektrische Feldstärke in V/cm und setzt die absolute Dielektrizitätskonstante $\varepsilon_0 = \dfrac{1}{36\pi\,10^{11}}\,\dfrac{\mathrm{F}}{\mathrm{cm}}$, so ergibt sich die Größe der Flächenladung $\mathfrak{d}$ in Cb/cm². ε_1, die relative Dielektrizitätskonstante für das Dielektrikum im Außenraum, ist eine reine Zahl. Andererseits verlangen die tangential zur Oberfläche verlaufenden magnetischen Feldlinien, daß in der Oberfläche in einer verschwindend dünnen Schicht ein Leitungsstrom von der Dichte $\mathfrak{j}$ (in A/cm) („Strombelag") fließt, wie auch in Abb. 82 angedeutet ist. Die Dichte dieses Oberflächenstromes läßt sich mit Hilfe der Abb. 83 leicht bestimmen. Außerhalb des Leiters mit unendlich hoher Leitfähigkeit befindet sich die tangentiale magnetische Feldstärke $\mathfrak{h}_s$, im Innern ist die magnetische Feldstärke Null. Macht man nun längs des Längenstückes $\varDelta s$ der Oberfläche einen geschlossenen Umlauf, indem man außerhalb des Leiters um das Stück $\varDelta s$ fortschreitet, senkrecht durch die Oberfläche ins

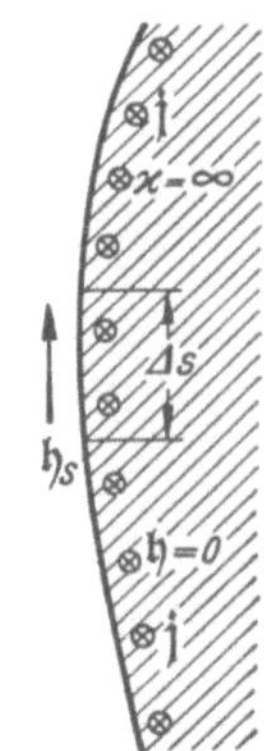

Abb. 83. Zusammenhang zwischen dem Strombelag $\mathfrak{j}$ und der magnetischen Feldstärke $\mathfrak{h}_s$ an der Oberfläche eines unendlich guten Leiters.

Innere tritt und im Innern um das Stück $\varDelta s$ zurückläuft, so ist $\oint \mathfrak{h}\,d\mathfrak{s}$ $= |\mathfrak{h}_s|\,\varDelta s$; dieses Umlaufintegral muß nach den Maxwellschen Grundgleichungen gleich dem umschlungenen Strom sein; dieser beträgt: $|\mathfrak{j}|\,\varDelta s$. Somit ergibt sich für den Strombelag an jeder Stelle der Leiteroberfläche:

$$|\mathfrak{j}| = |\mathfrak{h}_s|. \qquad (164)$$

Strombelag und magnetische Feldstärke werden beide in A/cm gemessen. Der Vektor der Flächenstromdichte steht auf den magnetischen Feldlinien senkrecht und verläuft in der Leiteroberfläche, wie auch aus den Abb. 82 und 83 hervorgeht.

2. Der Stromfluß in einem ebenen Leiter von endlicher Leitfähigkeit.

Unter der Annahme einer unendlich hohen Leitfähigkeit ergab sich unter 1., daß der Leitungsstrom nur in einer unendlich dünnen Oberflächenschicht fließt. Bei endlicher Leitfähigkeit muß nun auch das Innere des Leiters vom Strom durchsetzt werden. Der Einfachheit halber sei zuerst der Stromfluß in einer ebenen Oberfläche von unendlich großen Ausdehnungen betrachtet.

In Abb. 84 ist ein Quader von der Breite b und der Höhe l dargestellt, der aus einer ebenen Wand von der Leitfähigkeit $\varkappa_2$* und von sehr großen Abmessungen herausgeschnitten sein soll. Die Oberfläche dieser Wand liege bei $x = 0$, die positive x-Richtung ist in das Innere des leitenden Werkstoffes gerichtet; die Wand sei auch in dieser Richtung sehr dick. In der z-Richtung soll die Wand von einem Leitungsstrom von der Dichte $\mathfrak{S}_z$ (gemessen in A/cm²) durchflossen werden; diese räumliche Dichte stellt die Stromstärke, bezogen auf ein Querschnitts-

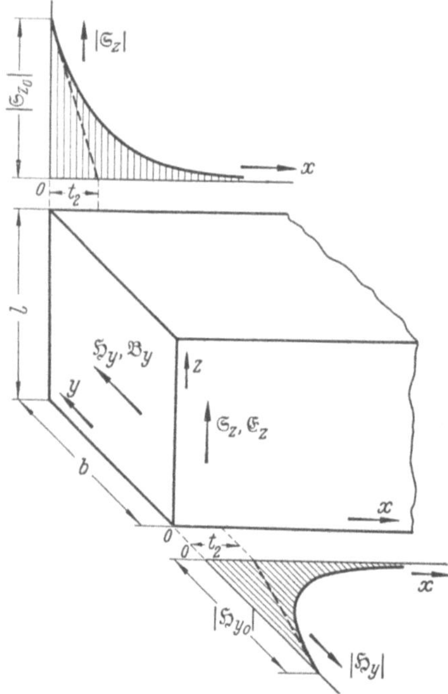

element $\Delta x\, \Delta y = 1\ \mathrm{cm}^2$, dar. In der gleichen Richtung ist auch eine elektrische Feldstärke $\mathfrak{E}_z$ vorhanden, für die der Zusammenhang besteht:

$$\mathfrak{S}_z = \varkappa_2 \mathfrak{E}_z.$$

(Die Leitfähigkeit $\varkappa_2$, gemessen in $\dfrac{1}{\Omega\ \mathrm{cm}}$, soll so groß sein, daß die Verschiebungsstromdichte $\varepsilon_2 \varepsilon_0\, \mathrm{j}\,\omega\, \mathfrak{E}_z$ gegen die Leitungsstromdichte zu vernachlässigen ist; ε_2 ist die Dielektrizitätskonstante im Innern des Leiters.) Wie schon aus den Betrachtungen unter 1. hervorgegangen ist, gehört zu einer Stromdichte in z-Richtung ein magnetisches Feld senkrecht zu z und in Richtung der Oberfläche; diese magnetische Feldstärke ist $\mathfrak{H}_y$, die zu ihr gehörende magnetische Induktion ist im Innern des Leiters:

$$\mathfrak{B}_y = \mu_2 \mu_0 \mathfrak{H}_y.$$

Abb. 84. Stromverteilung und Magnetfeldverteilung in einer ebenen, stromdurchflossenen Wand.

Hierbei ist $\mu_0 = 4\pi \cdot 10^{-9}$ H/cm die absolute Permeabilität und μ_2 die relative Permeabilität des metallischen Werkstoffes; von μ_2 wird angenommen, daß es eine Konstante und von der Größe der Induktion unabhängig ist. Entsprechend den Voraussetzungen des ebenen Falles an einer unendlich ausgedehnten ebenen Wand sollen sich die Größen $\mathfrak{S}_z$, $\mathfrak{E}_z$, $\mathfrak{H}_y$ und $\mathfrak{B}_y$ in y-Richtung und in z-Richtung nicht ändern; nur in x-Richtung, d. h. in die Tiefe des Leiterwerkstoffes hinein, sind die Größen einer Veränderung unterworfen. Da hier nur rein sinusförmige Vorgänge betrachtet werden sollen, sind alle Größen von vornherein in Zeigerdarstellung geschrieben.

* Die Konstanten des Leitermetalls sollen fortan den Index 2, die des Dielektrikums den Index 1 erhalten.

Wendet man die Maxwellschen Grundgleichungen auf den in Abb. 84 vorliegenden Fall an, so folgt:

$$\mathrm{rot}_z\,\mathfrak{H} = \frac{\partial \mathfrak{H}_y}{\partial x} = \mathfrak{S}_z,$$

$$\mathrm{rot}_y\,\mathfrak{E} = -\frac{\partial \mathfrak{E}_z}{\partial x} = -\frac{1}{\varkappa_2}\frac{\partial \mathfrak{S}_z}{\partial x} = -\,\mathrm{j}\,\omega\,\mu_2\,\mu_0\,\mathfrak{H}_y.$$

Differenziert man die letzte Gleichung nochmals und ersetzt die Größe $\partial \mathfrak{H}_y/\partial x$ aus der vorletzten Gleichung, so folgt:

$$\frac{\partial^2 \mathfrak{S}_z}{\partial x^2} = \mathrm{j}\,\omega\,\mu_2\,\mu_0\,\varkappa_2\,\mathfrak{S}_z.$$

Diese Differentialgleichung ist durch den Ansatz:

$$\mathfrak{S}_z = \mathfrak{S}_{z_0}\,\mathrm{e}^{-(1+\mathrm{j})\sqrt{\frac{\omega\,\mu_2\,\mu_0\,\varkappa_2}{2}}\,x}$$

leicht zu lösen. Dieser Ansatz ist nicht die vollständige Lösung; er enthält die Randbedingung, daß bei unendlich großem x die Stromdichte $\mathfrak{S}_z$ Null wird. $\mathfrak{S}_{z_0}$ ist dabei die Stromdichte an der Oberfläche bei $x = 0$. Als Konstante werde der Faktor

$$t_2 = \sqrt{\frac{2}{\varkappa_2\,\omega\,\mu_2\,\mu_0}} \tag{165}$$

eingeführt und aus unten noch näher zu erläuternden Gründen als „Eindringtiefe" t_2 bezeichnet. Dann ergibt sich als Lösung für die Stromdichte:

$$\mathfrak{S}_z = \mathfrak{S}_{z_0}\,\mathrm{e}^{-(1+\mathrm{j})\frac{x}{t_2}} = \mathfrak{S}_{z_0}\,\mathrm{e}^{-\frac{x}{t_2}}\,\mathrm{e}^{-\mathrm{j}\frac{x}{t_2}}. \tag{166}$$

Die Stromdichte besitzt also einen Betrag $|\mathfrak{S}_z| = |\mathfrak{S}_{z_0}|\mathrm{e}^{-\frac{x}{t_2}}$, der nach einem Exponentialgesetz zum Innern des Leiters hin abklingt; außerdem dreht sich die Phase proportional mit x. Der Verlauf des Betrages der Stromdichte ist in Abb. 84 oberhalb des Quaders graphisch dargestellt; zeichnet man bei $x = 0$ die Tangente an die Kurve, so schneidet diese auf der x-Achse gerade die Eindringtiefe t_2 ab. Setzt man die Gl. (166) in die oben gefundene Differentialgleichung $\mathfrak{H}_y = \dfrac{1}{\mathrm{j}\,\omega\,\varkappa_2\,\mu_2\,\mu_0}\dfrac{\partial \mathfrak{S}_z}{\partial x}$ ein, so ergibt sich für die magnetische Feldstärke:

$$\mathfrak{H}_y = \mathfrak{H}_{y_0}\,\mathrm{e}^{-(1+\mathrm{j})\frac{x}{t_2}} = \mathfrak{H}_{y_0}\,\mathrm{e}^{-\frac{x}{t_2}}\,\mathrm{e}^{-\mathrm{j}\frac{x}{t_2}}, \quad \text{wobei:} \quad \mathfrak{H}_{y_0} = \frac{-t_2}{1+\mathrm{j}}\,\mathfrak{S}_{z_0}. \tag{167}$$

Die magnetische Feldstärke $\mathfrak{H}_y$ verläuft also nach dem gleichen Gesetz wie die Stromdichte $\mathfrak{S}_z$; der Verlauf von $|\mathfrak{H}_y|$ ist ebenfalls in Abb. 84 dargestellt.

Von Interesse ist außer der Stromdichteverteilung die Größe des Gesamtstromes, der den Quader mit der Breite b von unten nach oben durchfließt; er ist leicht durch das folgende Integral zu berechnen:

$$\mathfrak{J}_b = b\int_{x=0}^{\infty}\mathfrak{S}_z\,\mathrm{d}x = b\,\mathfrak{S}_{z_0}\frac{t_2}{1+\mathrm{j}} = -\,b\,\mathfrak{H}_{y_0}.$$

Der Gesamtstrombelag $\mathfrak{J}_b/b$ ist also, abgesehen vom Vorzeichen, gleich der tangential zur Oberfläche verlaufenden magnetischen Feldstärke, wie man sich auch leicht aus den Maxwellschen Grundgleichungen durch einen Umlauf in ähnlicher Weise wie in Abb. 83 klarmachen kann; nur darf man den Rücklauf nicht unmittelbar unter der Leiteroberfläche vornehmen, sondern erst bei größeren Werten von x, bei denen die magnetische Feldstärke im Innern des Leiters bereits auf einen vernachlässigbar kleinen Wert abgesunken ist. Aus der an der Oberfläche herrschenden elektrischen Feldstärke $\mathfrak{E}_{z_0} = \mathfrak{S}_{z_0}/\varkappa_2$ kann man die Spannung $\mathfrak{U}_l$ berechnen, die längs des Quaders über die Länge l abfällt; sie ist:

$$\mathfrak{U}_l = l\mathfrak{E}_{z_0} = \mathfrak{J}_b(1 + j)\frac{l}{\varkappa_2 b t_2} = \mathfrak{J}_b\left(\frac{l}{\varkappa_2 b t_2} + j\frac{l}{\varkappa_2 b t_2}\right) = \mathfrak{J}_b(R + j\,\omega L_i).$$

Diese Gleichung stellt weiter nichts als das Ohmsche Gesetz für den Stromfluß im Quader unter Berücksichtigung der Stromverdrängung dar. Der rechts in Klammern stehende Ausdruck stellt den Widerstand dar, der aus einem Wirk- und einem Blindanteil besteht; man setzt seine Größe gleich $R + j\,\omega L_i$, wobei R den Wirkwiderstand und ωL_i den induktiven Blindwiderstand der „inneren Induktivität L_i“ darstellt. Es ergibt sich daher:

$$R = \omega L_i = \frac{l}{\varkappa_2 b t_2}. \tag{168}$$

Wirk- und Blindwiderstand sind einander gleich; der Einfluß der inneren Induktivität L_i, die durch das im Innern des Leiters verlaufende Magnetfeld entsteht,.ist gegen die äußere Induktivität, die durch das außerhalb des Leiters verlaufende Magnetfeld gebildet wird, in den meisten Fällen vernachlässigbar klein. Es interessiert daher in der Hauptsache der Wirkwiderstand R. Wie Gl. (168) zeigt, entspricht seine Größe derjenigen eines Gleichstromwiderstandes, wenn die leitende Wand in x-Richtung eine Dicke von der Größe der Eindringtiefe t_2 hätte; man kann also den Widerstand so berechnen, als ob der Strom nur bis zur Tiefe t_2 in den Leiter eindringt und die Stromdichte über diese Strecke t_2 überall konstant ist; hierdurch ist die Bezeichnung „Eindringtiefe“ für die Größe t_2 begründet. Weil sich die Größe der Eindringtiefe nach Gl. (165) proportional zu $1/\sqrt{\varkappa_2}$ und zu $1/\sqrt{\omega}$ verändert, so steigt der Wirkwiderstand proportional zu $\sqrt{\omega}$ und umgekehrt proportional zu $\sqrt{\varkappa_2}$.

Die Verlustleistung N_v, die innerhalb des Quaders in Wärme umgesetzt wird, ist:

$$N_v = \frac{1}{2}\,|\mathfrak{J}_b|^2 R = \frac{1}{2}\,|b\,\mathfrak{S}_{y_0}|^2\frac{l}{\varkappa_2 b t_2} = \frac{1}{2}\,|\mathfrak{S}_{y_0}|^2\frac{b\,l}{\varkappa_2 t_2}. \tag{169}$$

Die Verlustleistung ist also proportional dem Quadrat der magnetischen Feldstärke $\mathfrak{S}_{y_0}$ an der Oberfläche und proportional der Größe der Oberfläche lb. (Unter den Beträgen der Zeigerwerte sind stets Scheitelwerte zu verstehen.)

Schließlich ist noch zu ermitteln, welche Größe die in Gl. (165) definierte Eindringtiefe im Gebiet der Höchstfrequenztechnik hat. Abb. 85 veranschaulicht den Verlauf der Eindringtiefe in Abhängigkeit von der Frequenz für die Werkstoffe Kupfer, Aluminium, Messing und Konstantan; man erkennt, daß die Eindringtiefe für das Gebiet der Höchstfrequenz in tausendstel Millimetern zu messen ist ($^1/_{1000}$ mm $= 1\,\mu$). Die Unterschiede zwischen den einzelnen Werkstoffen (insbesondere zwischen Kupfer und Aluminium) sind nicht sonderlich groß, weil die Eindringtiefen mit der Wurzel aus den Leitfähigkeiten verlaufen. Für die sehr schlecht leitende Kohle ($\varkappa_2 = 0,09 \cdots 0,17\,\Omega^{-1}\,\mathrm{cm}^{-1}$) liegt die Eindringtiefe oberhalb des in Abb. 85 dargestellten Bereiches. Für ferromagnetische Werkstoffe ist die Eindringtiefe wegen der hohen Permeabilität klein, Zahlenwerte lassen sich aus den statischen Permeabilitäten nicht errechnen, weil μ_2 im Höchstfrequenzgebiet schon erheblich kleiner wird als bei niedrigen Frequenzen (für sehr hohe Frequenzen muß μ_2 schließlich den Wert 1 erreichen).

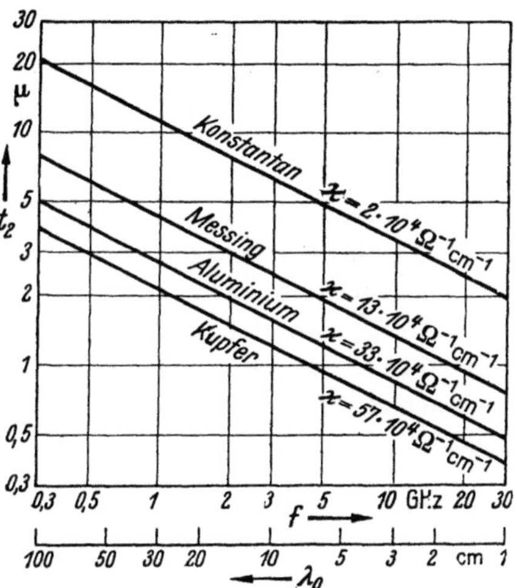

Abb. 85. Größe der Eindringtiefe t_2 für verschiedene Werkstoffe mit der Leitfähigkeit $\varkappa_2$ in Abhängigkeit von der Frequenz und der Wellenlänge λ_0.

Aus der geringen Größe der Eindringtiefen im Gebiete der Höchstfrequenz folgt, daß entsprechend Gl. (166) die Stromdichte $\mathfrak{S}_z$ im Innern des Leiters sehr schnell abklingen muß. Die Forderung, daß die Wand in x-Richtung sehr dick sein muß, kann also dahin eingeschränkt werden, daß sie dick gegen die Eindringtiefe ist. Dies ist in nahezu allen praktischen Fällen gegeben, und zwar auch dann, wenn die Wand mit einer nur dünnen gut leitenden Oberflächenschicht überzogen ist.

3. Die Verallgemeinerung auf beliebig geformte Leiter.

Für die bisherigen Ableitungen der Stromverdrängung war vorausgesetzt, daß der Strom in einer unendlich ausgedehnten ebenen Wand fließt, vor der ein homogenes Magnetfeld verläuft. Die Ableitungen ergaben, daß der Strom nur sehr wenig in das Innere des Leiters eindringt. Deswegen kann man die Voraussetzungen einschränken: die Oberflächen der Leiter müssen nur im Vergleich zur Größe der Eindringtiefe als eben angesehen werden können, d. h. der Krümmungsradius der

Flächen muß groß gegen die Eindringtiefe sein. Ebenso muß das Magnetfeld an der Oberfläche als homogen zu betrachten sein über Strecken, die groß gegen die Eindringtiefe sind. Da die Eindringtiefe bei den üblichen Leiterwerkstoffen im Gebiet der Höchstfrequenztechnik nur wenige μ groß ist, sind diese Bedingungen nahezu immer erfüllt (lediglich bei sehr dünnen Widerstandsdrähten, wie man sie in der Höchstfrequenztechnik gelegentlich zu Meßzwecken verwendet, sind diese Näherungen nicht statthaft).

Unter diesen nähernden Voraussetzungen gestaltet sich die Berechnung des Einflusses der Stromverdrängung außerordentlich einfach. Die elektromagnetischen Felder außerhalb der Leiter werden so berechnet, als ob eine unendlich große Leitfähigkeit vorhanden wäre (der Einfluß der endlichen Leitfähigkeit, der sich insbesondere im Vorhandensein einer kleinen elektrischen Feldstärke in Richtung der Leiteroberfläche äußert, kann vernachlässigt werden). Der Strombelag an der Leiteroberfläche ergibt sich aus der tangentialen magnetischen Feldstärke $\mathfrak{H}_s$ unmittelbar aus Gl. (164) auf S. 199. Der Größe der Eindringtiefe wird nur durch die Berechnung der Verlustleistung, die durch den Leiter dem elektromagnetischen Feld entzogen wird, Rechnung getragen. Durch Differenzieren von Gl. (169) auf S. 202 ergibt sich der Verlustleistungsanteil $\mathrm{d}N_v$ für das Oberflächenelement $\mathrm{d}O = \mathrm{d}b \cdot \mathrm{d}l$, zu dem tangential eine magnetische Feldstärke $\mathfrak{H}_s$ verläuft:

$$\mathrm{d}N_v = \frac{1}{2}\,|\,\mathfrak{H}_s\,|^2\,\frac{\mathrm{d}O}{\varkappa_2 t_2}\,. \tag{170}$$

Kennt man das magnetische Feld überall längs des beliebig geformten Leiters, so kann man durch Integration über die Oberfläche aus dieser Beziehung die gesamte Verlustleistung errechnen. Von dieser Beziehung wird in den folgenden Abschnitten noch öfters Gebrauch gemacht werden.

II. Die dielektrischen Verluste.

Über das physikalische Wesen der dielektrischen Verluste Näheres auszusagen, soll nicht die Aufgabe dieses Kapitels sein; es soll lediglich die rechnerische Grundlage gegeben werden, nach der die Größe der Verlustleistung berechnet werden kann. Ist ein elektrisches Feld vorhanden, dessen Betrag $|\,\mathfrak{E}\,|$ für alle Raumpunkte mit den Koordinaten x, y und z bekannt ist, so läßt sich sofort die im Volumenelement $\mathrm{d}V = \mathrm{d}x\,\mathrm{d}y\,\mathrm{d}z$ vorhandene Blindleistung angeben:

$$\mathrm{d}N_B = \tfrac{1}{2}\,\varepsilon_1\varepsilon_0\,\omega\,|\,\mathfrak{E}\,|^2\,\mathrm{d}V\,.$$

Hierbei ist ε_0 wieder die absolute Dielektrizitätskonstante und ε_1 die relative Dielektrizitätskonstante für das Dielektrikum, in dem sich das elektrische Feld ausbreitet. Durch die Eigenschaften des Dielektrikums entsteht eine Verlustleistung $\mathrm{d}N_v$ im Volumenelement, die der Blindleistung proportional ist; die Proportionalitätskonstante ist der Tangens des Verlustwinkels δ_1, der dem betreffenden Werkstoff eigentümlich ist; $\operatorname{tg}\delta_1$ wird als Verlustfaktor bezeichnet. Somit ergibt sich:

$$N_v = \operatorname{tg}\delta_1 N_B$$

oder

$$\mathrm{d}N_v = \tfrac{1}{2}\operatorname{tg}\delta_1\,\varepsilon_1\,\varepsilon_0\,\omega\,|\mathfrak{E}|^2\,\mathrm{d}V. \tag{171}$$

Kennt man den Verlauf des elektrischen Feldes überall im Raume, so kann man durch Integration die gesamte Verlustleistung bestimmen. Diese Beziehung wird an späterer Stelle noch des öfteren verwendet werden.

Der Verlustfaktor $\operatorname{tg}\delta_1$ liegt bei guten Werkstoffen unterhalb von 10^{-3}. Er ist von der Frequenz verhältnismäßig wenig abhängig; mit zunehmender Temperatur steigt er im allgemeinen an, und zwar bei niedrigeren Frequenzen etwas stärker als bei hohen.

C. Die elementaren Wellen auf Doppelleitungen.

Für die Ausbreitung der elektromagnetischen Wellen sind zwei Möglichkeiten zu unterscheiden: die Ausbreitung längs Leitungen und die freie Ausbreitung im Raume. Die Abschnitte C und D befassen sich mit der Ausbreitung längs Leitungen, der Abschnitt F bringt die Abstrahlung in den Raum. Als Leitung für die Fortführung der elektromagnetischen Energie können in der Technik der niedrigeren Frequenzen nur Doppelleitungen (oder Mehrfachleitungen) Verwendung finden, die aus zwei (oder mehreren) voneinander isolierten langgestreckten Leitern bestehen. Die Höchstfrequenztechnik kennt außerdem noch eine andere Leiterform, die Hohlleitung. Jedoch hat auch die Doppelleitung in der Höchstfrequenztechnik eine außerordentlich große Bedeutung, so daß sie eingehend behandelt werden muß. Die Darstellung der elementaren Wellen auf Doppelleitungen läßt sich mittels einfacher Vorstellungen durchführen, so daß sie der allgemeinen Behandlung des Leitungsproblems vorweggenommen werden soll.

I. Die fortschreitenden Wellen.

1. Die Leitungskonstanten und die Form der Wellenausbreitung.

Die elementare Wellenausbreitung auf der Doppelleitung stellt die einfachste Form der Wellenausbreitung dar; man kann sie mit Hilfe der in der Technik niedriger Frequenzen üblichen Begriffe Selbstinduktion, Kapazität und Widerstand darstellen, ohne im einzelnen die Struktur des elektromagnetischen Feldes zu untersuchen. Grundsätzlich werden bei der hier folgenden Behandlung nur rein sinusförmige Vorgänge dargestellt, sämtliche Größen werden deshalb in Zeigerdarstellung angegeben.

Die in Abb. 86a schematisch dargestellte Doppelleitung besteht aus den beiden Leitern *1* und *2*, die eine beliebige Querschnittsform besitzen können. Die Längsausdehnung der Leitung erstrecke sich in z-Richtung, an den Eingangsklemmen bei $z = 0$ liege die Eingangsspannung $\mathfrak{U}_0$. An einer beliebigen Stelle z betrage die Spannung $\mathfrak{U}$ und der Strom $\mathfrak{J}$; die in Abb. 86 dargestellten Pfeile sollen die positive Zählrichtung angeben; diese Richtung soll einem Transport von elektromagnetischer Energie in z-Richtung entsprechen. Für eine solche Leitung kann man

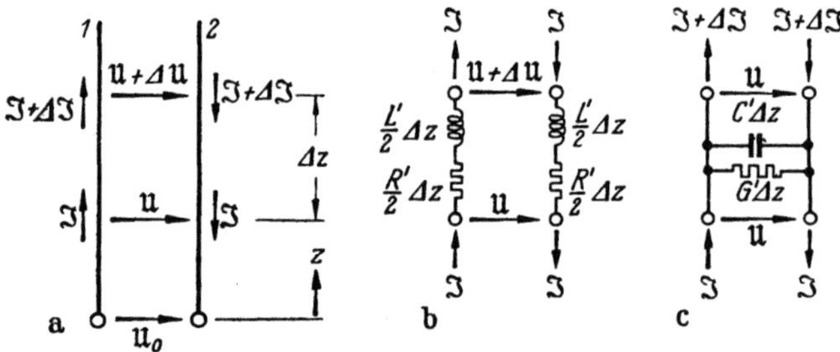

Abb. 86a—c. Zur Ableitung der Leitungsgleichungen: *a* Schema der Spannungen und Ströme, *b* Wirkung des Induktivitäts- und Widerstandsbelages, *c* Wirkung des Kapazitäts- und Leitwertbelages.

die Größen der Selbstinduktion, der Kapazität, des Leitungswiderstandes und des Querableitungswiderstandes angeben, wenn der Aufbau der Leitung bekannt ist, wie im nächsten Abschnitt an Beispielen gezeigt wird. Man bezieht diese vier Leitungskonstanten auf die Längeneinheit und bezeichnet als „Induktivitätsbelag" L' die Selbstinduktion pro Längeneinheit, als „Kapazitätsbelag" C' die Kapazität zwischen den beiden Leitern pro Längeneinheit, als „Widerstandsbelag" R' den Ohmschen Leitungswiderstand (für beide Leiter zusammen) pro Längeneinheit und als „Leitwertbelag" G' den Leitwert für die Querableitung zwischen den beiden Leitern, ebenfalls pro Längeneinheit.

Aus der Doppelleitung werde entsprechend Abb. 86a ein Stück von der Länge Δz herausgeschnitten; Spannung und Strom am Anfang dieses Leitungsstückes seien $\mathfrak{U}$ und $\mathfrak{J}$, am Ende $\mathfrak{U} + \Delta \mathfrak{U}$ und $\mathfrak{J} + \Delta \mathfrak{J}$. Die Größe der Spannungsänderung $\Delta \mathfrak{U}$ kann man aus Abb. 86b ableiten. Hier sind die in der Leitung liegenden Induktivitäten und Widerstände angedeutet; da die Länge des Leitungsstückes Δz beträgt, liegt in jeder Leitung eine Selbstinduktion $\dfrac{L'}{2}\Delta z$ (die Verteilung auf beide Leiter zu gleichen Teilen ist willkürlich) und ein Widerstand $\dfrac{R'}{2}\Delta z$; es besteht somit der folgende Zusammenhang:

$$\mathfrak{U} = \mathfrak{J}\left(\frac{R'}{2}\varDelta z + \mathrm{j}\,\omega\frac{L'}{2}\varDelta z\right) + \mathfrak{U} + \varDelta\mathfrak{U} + \mathfrak{J}\left(\frac{R'}{2}\varDelta z + \mathrm{j}\,\omega\frac{L'}{2}\varDelta z\right)$$

oder

$$\varDelta\mathfrak{U} = -\,\mathfrak{J}\varDelta z(R' + \mathrm{j}\,\omega L').$$

Die Größe der Stromänderung $\varDelta\mathfrak{J}$ errechnet sich aus Abb. 86c; hier ist die zwischen den beiden Leitungen befindliche Kapazität und Querableitung angedeutet; entsprechend der Länge $\varDelta z$ des betrachteten Leitungsstückes betragen die beiden Größen: $C'\varDelta z$ und $G'\varDelta z$; hieraus ergibt sich unmittelbar der Zusammenhang:

$$\mathfrak{J} = \mathfrak{U}(G'\varDelta z + \mathrm{j}\,\omega C'\varDelta z) + \mathfrak{J} + \varDelta\mathfrak{J}$$

oder

$$\varDelta\mathfrak{J} = -\,\mathfrak{U}\varDelta z(G' + \mathrm{j}\,\omega C').$$

Geht man mit der Größe des Leitungsstückes $\varDelta z$ zur Grenze über, so ergeben sich die als „Leitungsgleichungen" bekannten Beziehungen:

$$\left.\begin{aligned}
\frac{\mathrm{d}\mathfrak{U}}{\mathrm{d}z} &= -(R' + \mathrm{j}\,\omega L')\mathfrak{J},\\
\frac{\mathrm{d}\mathfrak{J}}{\mathrm{d}z} &= -(G' + \mathrm{j}\,\omega C')\mathfrak{U}.
\end{aligned}\right\} \tag{172}$$

Um den Verlauf der Spannung längs der Leitung zu bestimmen, differenziert man die obere dieser Gleichungen und setzt die Größe aus der zweiten Gleichung ein:

$$\frac{\mathrm{d}^2\mathfrak{U}}{\mathrm{d}z^2} - (R' + \mathrm{j}\,\omega L')\,(G' + \mathrm{j}\,\omega C')\,\mathfrak{U} = \frac{\mathrm{d}^2\mathfrak{U}}{\mathrm{d}z^2} - \gamma_z^2\,\mathfrak{U} = 0.$$

Hierbei ist zur Abkürzung eingeführt:

$$\gamma_z = \sqrt{(R' + \mathrm{j}\,\omega L')\,(G' + \mathrm{j}\,\omega C')}. \tag{173}$$

Diese Größe γ_z wird als „Fortpflanzungskonstante" bezeichnet, weil sie ein Maß für die Fortpflanzung der Wellen in z-Richtung darstellt, wie aus den folgenden Betrachtungen noch hervorgehen wird. Die allgemeine Lösung der Differentialgleichung für $\mathfrak{U}$ ist:

$$\mathfrak{U} = \mathfrak{U}_0\,\mathrm{e}^{-\gamma_z z} + \mathfrak{U}_1\,\mathrm{e}^{\gamma_z z}.$$

Als Randbedingung soll vorausgesetzt werden, daß Energie nur in z-Richtung fortschreiten soll, daß es sich also um eine reine fortschreitende Welle handelt; infolge der Verluste auf der Leitung muß dann die Spannung $\mathfrak{U}$ mit fortschreitendem z abnehmen, es kann daher nur das erste Glied der Lösung gelten, $\mathfrak{U}_1$ muß Null sein. $\mathfrak{U}_0$ ist dann die Spannung am Leitungsanfang, bei $z = 0$. Die Größe des auf der Leitung fließenden Stromes $\mathfrak{J}$ erhält man durch Einsetzen von $\mathfrak{U}$ in die obere Leitungsgleichung (172):

$$\mathfrak{J} = -\,\frac{1}{R' + \mathrm{j}\,\omega L'}\,(-\gamma_z)\,\mathfrak{U}_0\,\mathrm{e}^{-\gamma_z z}$$

oder

$$\mathfrak{J} = \sqrt{\frac{G' + \mathrm{j}\,\omega C'}{R' + \mathrm{j}\,\omega L'}}\,\mathfrak{U}_0\,\mathrm{e}^{-\gamma_z z} = \frac{\mathfrak{U}_0}{\mathfrak{Z}}\,\mathrm{e}^{-\gamma_z z} = \mathfrak{J}_0\,\mathrm{e}^{-\gamma_z z}.$$

Hierbei ist die Abkürzung eingeführt:

$$\mathfrak{Z}_l = \sqrt{\frac{R' + j\omega L'}{G' + j\omega C'}}. \tag{174}$$

Die Größe $\mathfrak{Z}_l$ wird als „Wellenwiderstand der Leitung" bezeichnet; sie ist an jedem Punkt der Leitung das Verhältnis $\mathfrak{U}/\mathfrak{J}$. Für die Spannungs- und Stromverteilung auf der Leitung ergeben sich bei rein fortschreitenden Wellen die Beziehungen:

$$\left.\begin{aligned} \mathfrak{U} &= \mathfrak{U}_0\, e^{-\gamma_z z}, \\ \mathfrak{J} &= \frac{\mathfrak{U}}{\mathfrak{Z}_l} = \frac{\mathfrak{U}_0}{\mathfrak{Z}_l}\, e^{-\gamma_z z}. \end{aligned}\right\} \tag{175}$$

Es sei vorerst eine verlustlose Leitung angenommen, bei der die Größen R' und G' Null sind. Unter diesen Umständen ist der Wellenwiderstand nach Gl. (174):

$$Z_l = \sqrt{\frac{L'}{C'}}. \tag{174a}$$

Der Wellenwiderstand ist dann ein rein reeller Widerstand. Die Fortpflanzungskonstante nach Gl. (173) ist:

$$\gamma_z = \sqrt{-\omega^2 L' C'} = j\omega \sqrt{L' C'} = j\alpha_z;$$

sie ist rein imaginär; die neu eingeführte Größe α_z wird als „Phasenkonstante" bezeichnet. Die Spannungs- und Stromverteilung bei der verlustlosen Leitung ist somit:

$$\mathfrak{U} = \mathfrak{U}_0\, e^{-j\alpha_z z}; \qquad \mathfrak{J} = \frac{\mathfrak{U}}{Z_l}.$$

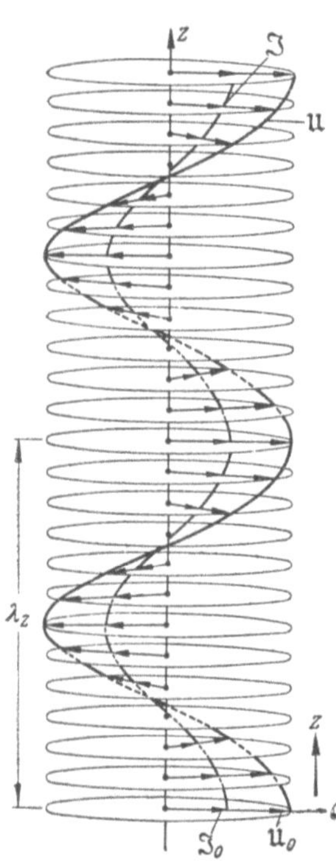

Abb. 87. Zeigerschaubild für die Spannung $\mathfrak{U}$ und den Strom $\mathfrak{J}$ bei ungedämpften fortschreitenden Wellen.

Spannung und Strom ändern ihre Größe beim Fortschreiten auf der Leitung nicht, sondern nur ihre Phase, wie die Phasenkonstante α_z angibt. Ein Bild dieses Ausbreitungsvorganges soll die Abb. 87 vermitteln; es ist hier der Verlauf der Zeiger für $\mathfrak{U}$ und $\mathfrak{J}$ in Abhängigkeit der Fortpflanzungsrichtung z dargestellt. Das Bild ist räumlich zu betrachten als eine Schar von übereinandergeschichteten Kreisen, auf denen die Spitze des Zeigers für $\mathfrak{U}$ umläuft. Die Zeiger $\mathfrak{U}$ und $\mathfrak{J}$ sind stets in Phase, weil der Wellenwiderstand Z_l bei der verlustlosen Leitung eine rein reelle Größe ist. Beide Zeiger drehen sich proportional mit $\alpha_z z$; die Verbindungslinien der Zeigerspitzen bei sämtlichen z-Werten sind Schraubenlinien. Am Anfang der Leitung, bei $z = 0$, sind die Zeiger $\mathfrak{U}_0$ und $\mathfrak{J}_0$. Im Abstand λ_z haben die Zeiger wieder die gleiche Phasenlage;

der Abstand λ_z wird als „Wellenlänge" bezeichnet. In diesem Abstand muß $\alpha_z z$ gerade gleich 2π sein, weil die Zeiger eine volle Umdrehung gemacht haben. Daraus ergibt sich der Zusammenhang:

$$\alpha_z = \omega \sqrt{L'C'} = \frac{2\pi}{\lambda_z}. \tag{176}$$

Die Augenblickswerte von Spannung und Strom erhält man bekanntlich dadurch, daß man die in verschiedenen Richtungen stehenden Zeiger auf eine feste Ebene projiziert; da die Zeiger im Abstande von einer Wellenlänge die gleiche Phasenlage besitzen, sind die Augenblickswerte für Spannung und Strom im Abstand der Wellenlänge gleich. Die zeitliche Änderung der Augenblickswerte kann man dadurch erhalten, daß man die räumliche Figur in Abb. 87 im Linksschraubensinne dreht und die Zeiger immer auf die feste Ebene projiziert. Dabei scheint die Augenblicksverteilung von Spannung und Strom in z-Richtung fortzuschreiten, und zwar muß in jeder Hochfrequenzperiode die Welle um die Strecke λ_z weitergeschritten sein. Damit ergibt sich die Fortpflanzungsgeschwindigkeit in z-Richtung:

$$v_z = \frac{\lambda_z \omega}{2\pi} = \frac{\omega}{\alpha_z} = \frac{1}{\sqrt{L'C'}}. \tag{177}$$

Die angegebenen Beziehungen galten für die verlustlose Leitung; es werde nun der in der Praxis häufigste Fall behandelt, daß die Leitung Verluste besitzt, die verhältnismäßig gering sind, was durch die Annahme $R' \ll \omega L'$ und $G' \ll \omega C'$ ausgedrückt werden soll; unter diesen Voraussetzungen ergibt sich für Fortpflanzungskonstante γ_z nach Gl. (173) auf S. 207:

$$\gamma_z = \sqrt{-\omega^2 L'C'\left(1+\frac{R'}{j\omega L'}\right)\left(1+\frac{G'}{j\omega C'}\right)} \approx \sqrt{-\omega^2 L'C'}\left(1+\frac{R'}{2j\omega L'}+\frac{G'}{2j\omega C'}\right)$$

oder

$$\gamma_z = \sqrt{-\omega^2 L'C'} + \frac{R'}{2}\sqrt{\frac{C'}{L'}} + \frac{G'}{2}\sqrt{\frac{L'}{C'}} = j\,\alpha_z + \beta_v.$$

Die Fortpflanzungskonstante ist in einen Imaginär- und einen Realteil aufgelöst; α_z ist die schon oben angegebene Phasenkonstante der verlustlosen Leitung, β_v ist die „Dämpfungskonstante":

$$\beta_v = \frac{R'}{2}\sqrt{\frac{C'}{L'}} + \frac{G'}{2}\sqrt{\frac{L'}{C'}} = \frac{R'}{2Z_l} + \frac{G'Z_l}{2}. \tag{178}$$

(Der Index v ist angehängt, um anzudeuten, daß es sich bei dieser Dämpfung um einen Verlust an elektromagnetischer Energie handelt, wie die folgenden Zeilen zeigen werden.) Somit ergibt sich für die Verteilung von Spannung und Strom auf der verlustbehafteten Leitung:

$$\mathfrak{U} = \mathfrak{U}_0\,e^{-\beta_v z}e^{-j\alpha_z z}; \qquad \mathfrak{J} = \frac{\mathfrak{U}}{\mathfrak{Z}_l} \approx \frac{\mathfrak{U}}{Z_l}.$$

Der Wellenwiderstand $\mathfrak{Z}_l$ nach Gl. (174) auf S. 208 kann in Näherung bei kleinen Verlusten dem Wert $Z_l = \sqrt{\dfrac{L'}{C'}}$ bei der verlustlosen Leitung gleichgesetzt werden; Spannung und Strom sind also auch hier nahezu in Phase. Der Verlauf der Zeiger für $\mathfrak{U}$ und $\mathfrak{J}$ bei der verlustbehafteten Leitung ist in Abhängigkeit von z in Abb. 88 dargestellt. Die Zeiger drehen wieder wie bei der verlustlosen Leitung ihre Phase mit $\alpha_z z$, sie ändern aber außerdem mit zunehmendem z ihre Größe, die infolge der Verluste in z-Richtung in dem Maße abnimmt, wie die Dämpfungskonstante β_v angibt.

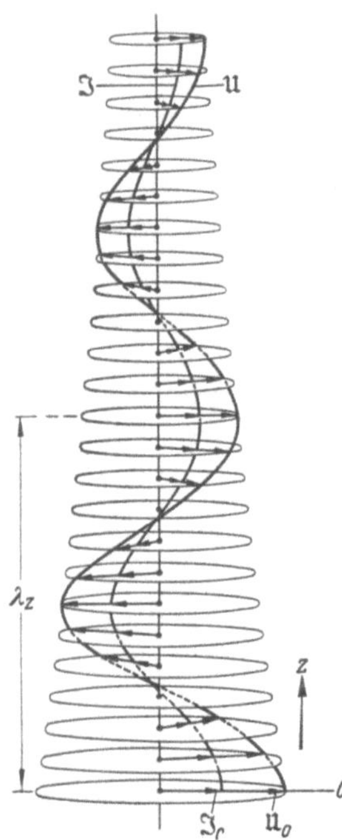

Abb. 88. Zeigerschaubild für die Spannung $\mathfrak{U}$ und den Strom $\mathfrak{J}$ bei gedämpften fortschreitenden Wellen.

Bei den fortschreitenden Wellen auf Doppelleitungen wird das Verhältnis von Spannung zu Strom an jedem Punkte der Leitung durch den Wellenwiderstand $\mathfrak{Z}_l$ angegeben. Schließt man also eine Doppelleitung von beliebiger Länge an ihrem Ende mit dem Wellenwiderstand ab, so bildet sich auf ihr immer eine fortschreitende Welle aus. Im Gegensatz zu den später zu behandelnden stehenden Wellen ermöglichen die fortschreitenden Wellen einen Energietransport mit möglichst geringen Verlusten. Wie groß die Verluste auf der Leitung bei fortschreitenden Wellen sind, läßt sich leicht errechnen.

Herrscht an einer bestimmten Stelle der Leitung die Spannung $\mathfrak{U}$ und der Strom $\mathfrak{J}$, so ist die durch diese Stelle in z-Richtung hindurchgehende Leistung $N_z = \dfrac{|\mathfrak{U}|\,|\mathfrak{J}|}{2}$ (die Zeiger sind bei geringen Leitungsverlusten mit guter Näherung in Phase; die Beträge der Zeiger kennzeichnen die Scheitelwerte von Spannung und Strom, wodurch sich bei der Leistungsberechnung der Faktor $\frac{1}{2}$ erklärt). In einem Leitungselement Δz nach Abb. 86 ist der Verlust an Leistung:

$$\Delta N_v = \frac{|\mathfrak{J}|^2}{2}\,R'\,\Delta z + \frac{|\mathfrak{U}|^2}{2}\,G'\,\Delta z.$$

Setzt man $Z_l = \dfrac{|\mathfrak{U}|}{|\mathfrak{J}|}$ und geht mit der Größe des Leiterelements zur Grenze über, so folgt:

$$\frac{dN_v}{dz} = |\mathfrak{U}|\,|\mathfrak{J}|\left(\frac{R'}{2Z_l} + \frac{G'Z_l}{2}\right) = 2\,N_z\left(\frac{R'}{2Z_l} + \frac{G'Z_l}{2}\right).$$

Führt man schließlich die Größe der Dämpfungskonstanten β_v nach Gl. (178) ein, so ergibt sich:

$$\beta_v = \frac{1}{2}\,\frac{\dfrac{dN_v}{dz}}{N_z} = \frac{1}{2}\,\frac{d\left(\dfrac{N_v}{N_z}\right)}{dz}\,.\tag{179}$$

Die Dämpfungskonstante β_v ist also gleich der Hälfte des relativen Leistungsverlustes pro Längeneinheit.

2. Sonderformen von Doppelleitungen.

Von den Doppelleitungen finden insbesondere zwei Formen in der Höchstfrequenztechnik Anwendung, die konzentrische Leitung und die Paralleldrahtleitung. Die konzentrische Leitung besteht aus zwei ineinander befindlichen koaxialen Rohren, die Paralleldrahtleitung aus zwei parallel zueinander ausgespannten Runddrähten (Abb. 89).

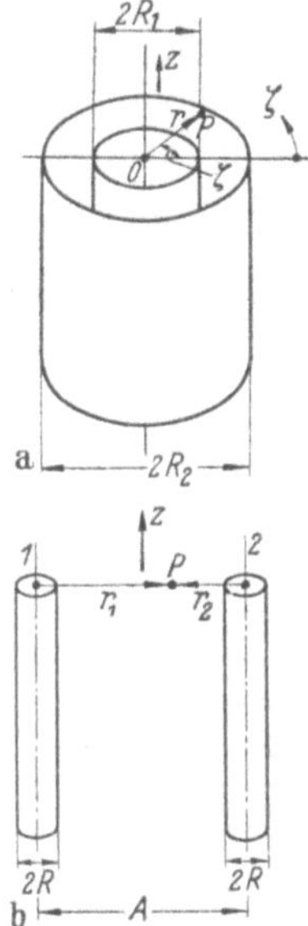

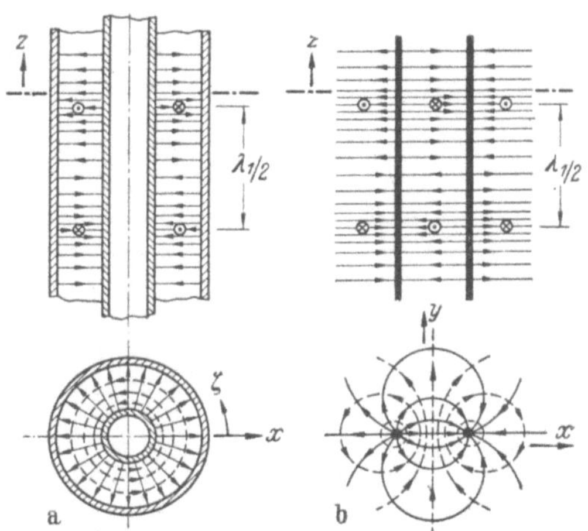

Abb. 89. Formen der Doppelleitung: *a* konzentrische Doppelleitung, *b* Paralleldrahtleitung.

Abb. 90. Verlauf des elektrischen und magnetischen Feldes: *a* bei einer konzentrischen Doppelleitung, *b* bei einer Paralleldrahtleitung.

a) Die konzentrische Leitung.

Die konzentrische Leitung ist schematisch in Abbb. 89a dargestellt. Innenleiter und Außenleiter haben die Radien R_1 und R_2, ein beliebiger Punkt P zwischen den beiden Leitern hat den Radius r. (Dabei ist unter R_2 der innere Radius des Außenleiters und unter R_1 der äußere Radius des Innenleiters zu verstehen.) Bei der konzentrischen Leitung sind die Grundgrößen C', L', G' und R' leicht abzuleiten, weil der Verlauf des elektromagnetischen Feldes besonders einfach ist. Der Feldverlauf ist in Abb. 90a dargestellt (in Aufriß und Grundriß); das Feld-

14*

bild stellt einen Augenblickszustand für den in z Richtung fortschreitenden Wellenzug dar. Die ausgezogenen elektrischen Feldlinien verlaufen radial zwischen den beiden Leitern, die gestrichelten magnetischen Feldlinien verlaufen in Form konzentrischer Kreise. Die Stärke der Felder ist durch die Dichte der Feldlinien schematisch angedeutet; da das elektrische Feld der Spannung zwischen den Leitern und das magnetische Feld dem Strom in den Leitern proportional ist, müssen nach den Betrachtungen des vorangegangenen Abschnittes die Felder im Abstande einer halben Wellenlänge $\lambda_z/2 = \lambda_1/2$ dieselbe Größe, aber entgegengesetzte Richtung haben (wegen des Ansatzes $\lambda_1 = \lambda_z$ vgl. S. 221).

Die Größe des Kapazitätsbelages C' errechnet sich auf folgende Weise: Unter dem Einfluß einer zwischen den beiden Leitern herrschenden Spannung $\mathfrak{U}$ entsteht pro Längeneinheit ein Belag von elektrischer Ladung: $\mathfrak{Q}' = C'\mathfrak{U}$; dieser Ladungsbelag muß gleich dem pro Längeneinheit übergehenden dielektrischen Verschiebungsfluß $2\pi r \varepsilon_1 \varepsilon_0 \mathfrak{E}_r$ sein; hierbei bedeutet ε_0 wieder die absolute Dielektrizitätskonstante und ε_1 die relative Dielektrizitätskonstante des zwischen den beiden Leitern befindlichen Dielektrikums. Hieraus ergibt sich die Größe der radial verlaufenden elektrischen Feldstärke:

$$\mathfrak{E}_r = \frac{C'\mathfrak{U}}{2\pi \varepsilon_1 \varepsilon_0} \frac{1}{r}. \tag{180}$$

Weiterhin muß das Integral der elektrischen Feldstärke über den Weg zwischen R_1 und R_2 gleich der zwischen den beiden Leitern herrschenden Spannung $\mathfrak{U}$ sein, also:

$$\mathfrak{U} = \int_{R_1}^{R_2} \mathfrak{E}_r\, dr = \frac{C'\mathfrak{U}}{2\pi \varepsilon_1 \varepsilon_0} \int_{R_1}^{R_2} \frac{dr}{r} = \frac{C'\mathfrak{U}}{2\pi \varepsilon_1 \varepsilon_0} \ln \frac{R_2}{R_1}.$$

Hieraus ergibt sich die Größe des Kapazitätsbelages:

$$C' = \frac{2\pi \varepsilon_1 \varepsilon_0}{\ln \dfrac{R_2}{R_1}}. \tag{181}$$

Die Größe des Induktivitätsbelages L' bestimmt sich aus dem zwischen beiden Leitern befindlichen Magnetfeld; das im Innern des Leitermetalles befindliche Magnetfeld kann man wegen der sehr geringen Eindringtiefe bei Höchstfrequenz gegen das äußere Feld vernachlässigen. Das Linienintegral der magnetischen Feldstärke $\mathfrak{H}_\zeta$ längs eines Kreisumlaufes mit dem Radius r ist gleich dem im Mittelleiter fließenden Strome, also:

$$\mathfrak{H}_\zeta = \frac{\mathfrak{J}}{2\pi r}. \tag{182}$$

Die zugehörige magnetische Induktion $\mathfrak{B}_\zeta$ errechnet sich aus der Feldstärke durch Multiplikation mit der relativen Permeabilität μ_1 des zwischen den beiden Leitern befindlichen Isolators (allgemein dürfte nur $\mu_1 = 1$ in Frage kommen) und der absoluten Permeabilität $\mu_0 = 4\pi \cdot 10^{-9}$ H/cm, also $\mathfrak{B}_\zeta = \mu_1 \mu_0 \mathfrak{H}_\zeta$. Durch Integration der Induktion über den Zwischenraum zwischen den beiden Leitern errechnet sich der magnetische Fluß Φ' pro Längeneinheit und aus seinem Verhältnis zum Strom $\mathfrak{J}$ die Größe des Induktivitätsbelages:

$$L' = \frac{\Phi'}{\mathfrak{J}} = \frac{\mu_1 \mu_0}{\mathfrak{J}} \int_{R_1}^{R_2} \mathfrak{H}_\zeta \, \mathrm{d}r = \frac{\mu_1 \mu_0}{2\pi} \int_{R_1}^{R_2} \frac{\mathrm{d}r}{r} = \frac{\mu_1 \mu_0}{2\pi} \ln \frac{R_2}{R_1} \, . \qquad (183)$$

Aus C' und L' errechnet sich der Wellenwiderstand der Leitung:

$$Z_l = \sqrt{\frac{L'}{C'}} = \sqrt{\frac{\mu_1 \mu_0}{\varepsilon_1 \varepsilon_0}} \, \frac{\ln \dfrac{R_2}{R_1}}{2\pi} = \frac{Z_1}{2\pi} \ln \frac{R_2}{R_1} = \sqrt{\frac{\mu_1}{\varepsilon_1}} \, 60 \ln \frac{R_2}{R_1} \, [\Omega]. \qquad (184)$$

Hierin ist:
$$Z_1 = \sqrt{\frac{\mu_1 \mu_0}{\varepsilon_1 \varepsilon_0}} = \sqrt{\frac{\mu_1}{\varepsilon_1}} \, Z_0 \qquad (185)$$

der sog. Wellenwiderstand des isolierenden Mediums und

$$Z_0 = \sqrt{\frac{\mu_0}{\varepsilon_0}} = 120\,\pi \, [\Omega] \qquad (186)$$

der Wellenwiderstand des leeren Raumes. Der Verlauf des Wellenwiderstandes Z_1 der konzentrischen Leitung mit Luftisolation ($\varepsilon_1 = 1$ und $\mu_1 = 1$) ist in der unteren Kurve der Abb. 92 auf S. 219 in Abhängigkeit von R_2/R_1 dargestellt. Man erkennt, daß für normale Abmessungen der Wellenwiderstand größenordnungsmäßig weniger als 100 Ohm beträgt.

Im vorangegangenen Abschnitt wurde gezeigt, daß bei fortschreitenden Wellen auf Leitungen mit geringen Verlusten der Zusammenhang $\mathfrak{U}/\mathfrak{J} = Z_l$ besteht. Aus den Gl. (180) und (182) findet man somit:

$$\frac{\mathfrak{E}_r}{\mathfrak{H}_\zeta} = \frac{C'}{\varepsilon_1 \varepsilon_0} Z_l = \frac{2\pi \varepsilon_1 \varepsilon_0}{\varepsilon_1 \varepsilon_0 \ln \dfrac{R_2}{R_1}} \frac{Z_1}{2\pi} \ln \frac{R_2}{R_1} = Z_1 \, .$$

An jeder Stelle im Raum zwischen den beiden Leitern bilden also die elektrische und die magnetische Feldstärke das Verhältnis Z_1.

Für die in Gl. (177) auf S. 209 angegebene Ausbreitungsgeschwindigkeit läßt sich durch Einführen der Gl. (181) und (183) für C' und L' folgender Ausdruck aufstellen:

$$v_z = \frac{1}{\sqrt{L'C'}} = \frac{1}{\sqrt{\mu_1 \mu_0 \varepsilon_1 \varepsilon_0}} = v_1 = \frac{v_0}{\sqrt{\mu_1 \varepsilon_1}} \, . \qquad (177\,\mathrm{a})$$

Die Geschwindigkeit ist nur von den Konstanten μ_1 und ε_1 des Mediums 1 abhängig und wird deshalb mit v_1 bezeichnet. Wie noch weiter unten bei der allgemeinen Theorie der Leitung auf S. 290 zu zeigen ist, gilt dieser Zusammenhang unabhängig von der speziellen Form der Doppelleitung. v_0 ist die Ausbreitungsgeschwindigkeit im leeren Raum ($\varepsilon_1 = \mu_1 = 1$).

Der Leitwertbelag G' ist bei Höchstfrequenz durch die dielektrischen Verluste des Isolators zwischen den beiden Leitern bestimmt. Nach Gl. (171) auf S. 205 beträgt die Verlustleistung pro Längeneinheit:

$$\mathrm{d}N'_v = \tfrac{1}{2}\,\mathrm{tg}\,\delta_1\,\varepsilon_1\,\varepsilon_0\,\omega\,|\mathfrak{E}_r|^2\,2\pi r\,\mathrm{d}r.$$

Führt man die elektrische Feldstärke $\mathfrak{E}_r$ nach Gl. (180) ein, so folgt

$$N'_v = \frac{1}{2}\,\mathrm{tg}\,\delta_1\,\varepsilon_1\,\varepsilon_0\,2\pi\,\omega\,\frac{C'^2\,|\mathfrak{U}|^2}{(2\pi\varepsilon_1\varepsilon_0)^2}\int\limits_{R_1}^{R_2}\frac{\mathrm{d}r}{r} = \frac{1}{2}\,\mathrm{tg}\,\delta_1\,\frac{C'^2\,\omega}{2\pi\varepsilon_1\varepsilon_0}\ln\frac{R_2}{R_1}\,|\mathfrak{U}|^2$$

$$= \frac{1}{2}\,\mathrm{tg}\,\delta_1\,\omega C'\,|\mathfrak{U}|^2 = \frac{1}{2}\,G'\,|\mathfrak{U}|^2,$$

also

$$G' = \mathrm{tg}\,\delta_1\,\omega C'. \tag{187}$$

Der Leitwertbelag ist also dem Verlustfaktor des Werkstoffes, dem Kapazitätsbelag und der Frequenz proportional.

Der Widerstandsbelag ist nach Abschnitt B I so zu berechnen, als ob die Leiter nur in einer Oberflächenschicht von der Dicke der Eindringtiefe vom Strom durchflossen würden; daraus folgt:

$$R' = \frac{1}{2\pi\varkappa_2 t_2}\left(\frac{1}{R_2} + \frac{1}{R_1}\right) = \frac{1}{2\pi\varkappa_2 t_2 R_2}\left(1 + \frac{R_2}{R_1}\right). \tag{188}$$

Für den Widerstandsbelag sind also die Konstanten des Leiterwerkstoffes maßgeblich.

b) Die Paralleldrahtleitung.

Die Paralleldrahtleistung ist schematisch in Abb. 89b dargestellt. Die beiden Drähte sollen den gleichen Radius R und den gegenseitigen Abstand A besitzen. Der Verlauf des elektrischen und magnetischen Feldes zwischen den beiden Leitern, der anschließend ausführlich abgeleitet wird, ist in Abb. 90b gezeichnet. Die elektrischen und magnetischen Feldlinien verlaufen sämtlich in Ebenen senkrecht zur Fortpflanzungsrichtung z der Wellen; die Feldlinien stellen Scharen von sich rechtwinklig schneidenden Kreisen dar.

Zur Ableitung des Verlaufes des elektrischen Feldes soll die Hilfsfigur der Abb. 91a verwendet werden. In den Punkten A und B, die den gegenseitigen Abstand a haben, sollen sich zwei verschwindend dünne Drähte befinden, die sich senkrecht zur Zeichenebene erstrecken. Pro Längeneinheit sollen diese Drähte den Ladungsbelag $+\mathfrak{Q}'$ bzw. $-\mathfrak{Q}'$ besitzen. Infolge dieser Ladungsbeläge entstehen in einem beliebigen Aufpunkt P die elektrischen Feldstärken

$$\mathfrak{E}_A = \frac{\mathfrak{Q}'}{2\pi\varepsilon_1\varepsilon_0\,\overline{AP}} \quad \text{und} \quad \mathfrak{E}_B = \frac{\mathfrak{Q}'}{2\pi\varepsilon_1\varepsilon_0\,\overline{BP}}, \quad \text{also:} \quad \frac{\mathfrak{E}_A}{\mathfrak{E}_B} = \frac{\overline{BP}}{\overline{AP}}.$$

Die Feldstärken liegen in Richtung der Verbindungslinien; ihre Richtungen verlaufen von der positiven Ladung fort bzw. auf die negative

Ladung zu. Aus den beiden Feldstärken $\mathfrak{E}_A$ und $\mathfrak{E}_B$ kann man durch Zeichnen eines Parallelogramms oder des Dreiecks PCD die resultierende Feldstärke $\mathfrak{E}$ ermitteln. Die Dreiecke PCD und APB sind einander ähnlich, weil sie beide den Winkel γ (Wechselwinkel an Parallelen) enthalten und weil die Seitenverhältnisse übereinstimmen:

$$\frac{\overline{DC}}{\overline{PC}} = \frac{\mathfrak{E}_A}{\mathfrak{E}_B} = \frac{\overline{BP}}{\overline{AP}}.$$

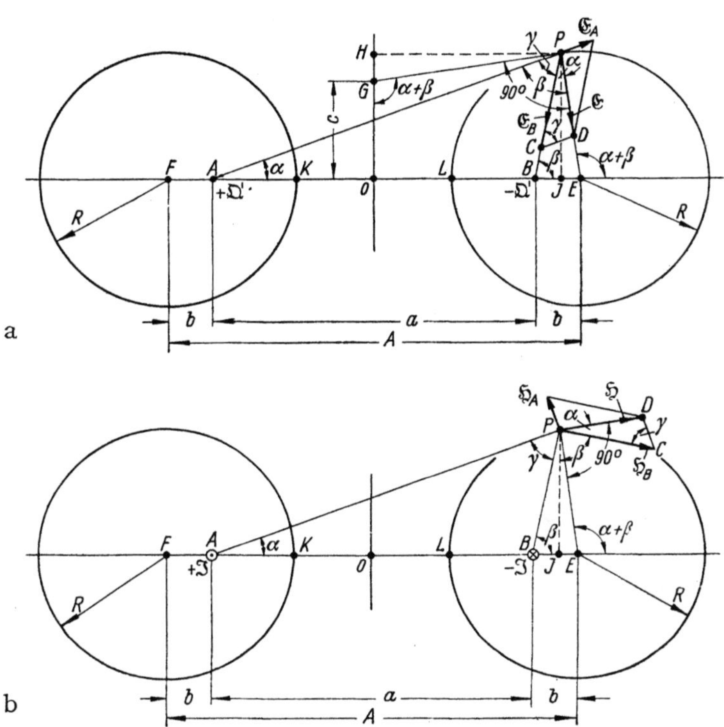

Abb. 91 a u. b. *a* Zur Ableitung des Kapazitätsbelages der Paralleldrahtleitung. *b* Zur Ableitung des Induktivitätsbelages der Paralleldrahtleitung.

Somit ergibt sich die Größe der Feldstärke:

$$\frac{\mathfrak{E}}{\mathfrak{E}_A} = \frac{\overline{PD}}{\overline{CD}} = \frac{\overline{AB}}{\overline{PB}}; \qquad \mathfrak{E} = \frac{\mathfrak{Q}'}{2\pi\varepsilon_1\varepsilon_0}\frac{\overline{AB}}{\overline{AP}\,\overline{BP}}.$$

Die beiden ähnlichen Dreiecke besitzen die beiden gleichen Winkel: $\sphericalangle CPD = \sphericalangle PAB = \alpha$. Am Dreieck ABP findet sich an der Ecke B der Außenwinkel $\beta = \alpha + \gamma$. Um die Richtung der resultierenden Feldstärke $\mathfrak{E}$ zu bestimmen, verlängert man $\overline{PD}$ bis zum Punkte E. Dann ergibt sich, daß die beiden Dreiecke PBE und APE ähnlich sind, weil sie beide die Winkel α und $\beta = \alpha + \gamma$ enthalten. Aus der Ähnlichkeit der Dreiecke folgt: $\dfrac{\overline{PE}}{\overline{BE}} = \dfrac{\overline{AE}}{\overline{PE}}$. Bezeichnet man die Strecken $\overline{AB}$ mit a, $\overline{BE}$ mit b und $\overline{PE}$ mit R, so ergibt sich $\dfrac{R}{b} = \dfrac{a+b}{R}$ oder $R^2 = (a+b)b$. Diese Beziehung gilt unabhängig von der Größe der Winkel und der Strecken $\overline{AP}$ und $\overline{BP}$; verschiebt man also den Punkt P auf einem um E mit dem Radius R geschlagenen Kreise, so bleibt der Zusammenhang unverändert erhalten, d. h. die resultierende Feldstärke $\mathfrak{E}$ steht überall auf dem Kreise senkrecht, der Kreis stellt also eine Potentiallinie des elektrischen Feldes dar. Man kann deshalb den Kreis auch durch eine leitende Fläche ersetzen, ohne das elektrische Feld außerhalb des Leiters zu verändern; man kann somit an die Stelle des sehr dünnen Drahtes im Punkte B einen dicken Draht mit dem Radius R und dem Mittelpunkt E anordnen, der ebenfalls den Ladungsbelag $-\mathfrak{Q}'$ besitzen muß. Aus Symmetriegründen gilt für den dünnen Draht im Punkte A das gleiche; er ist durch einen dicken Draht mit dem Radius R und dem Mittelpunkt F ersetzbar; die Strecke $\overline{AF}$ muß gleich b gemacht werden. Somit ist eine Paralleldrahtleitung aus zwei dicken Drähten entstanden; der Mittelpunktsabstand der beiden Drähte ist $\overline{FE} = A = a + 2b$. Statt der oben gefundenen Beziehung $R^2 = (a+b)b$ kann man jetzt schreiben:

$$R^2 = b(A - b); \qquad b = \frac{A}{2} - \sqrt{\left(\frac{A}{2}\right)^2 - R^2}.$$

Um die zwischen den beiden Drähten herrschende Spannung $\mathfrak{U}$ zu bestimmen, muß man die Feldstärke über einen Weg von der einen Drahtoberfläche zur anderen integrieren. Als Integrationsweg wählt man am besten die Strecke $\overline{KL}$ auf der Verbindung der beiden Drahtmitten. Bezeichnet man den Abstand eines beliebigen Punktes P^* auf dieser Strecke vom Punkte A mit ϱ, so gilt für die elektrischen Feldstärken im Punkte P^*:

$$\mathfrak{E}_A = \frac{\mathfrak{Q}'}{2\pi\varepsilon_1\varepsilon_0\varrho}; \qquad \mathfrak{E}_B = \frac{\mathfrak{Q}'}{2\pi\varepsilon_1\varepsilon_0(a-\varrho)}$$

und für die resultierende Feldstärke:

$$\mathfrak{E} = \mathfrak{E}_A + \mathfrak{E}_B = \frac{\mathfrak{Q}'}{2\pi\varepsilon_1\varepsilon_0}\left(\frac{1}{\varrho} + \frac{1}{a-\varrho}\right) = \frac{\mathfrak{Q}'}{2\pi\varepsilon_1\varepsilon_0}\frac{a}{\varrho(a-\varrho)}.$$

Durch Integration über den Weg $\overline{KL}$ ergibt sich dann die Spannung:

$$\mathfrak{U} = \int_{\varrho=R-b}^{a+b-R}\mathfrak{E}\,d\varrho = \frac{\mathfrak{Q}'a}{2\pi\varepsilon_1\varepsilon_0}\int_{R-b}^{a+b-R}\frac{d\varrho}{\varrho(a-\varrho)} = \frac{\mathfrak{Q}'}{2\pi\varepsilon_1\varepsilon_0}\left[\ln\frac{\varrho}{a-\varrho}\right]_{R-b}^{a+b-R} = \frac{\mathfrak{Q}'}{\pi\varepsilon_1\varepsilon_0}\ln\frac{a+b-R}{R-b}$$

und daraus der Kapazitätsbelag:

$$C' = \frac{\mathfrak{Q}'}{\mathfrak{U}} = \frac{\pi\varepsilon_1\varepsilon_0}{\ln\dfrac{a+b-R}{R-b}} = \frac{\pi\varepsilon_1\varepsilon_0}{\ln\dfrac{R}{b}} \qquad \left(\text{weil } a+b = \frac{R^2}{b}\right).$$

Mit Hilfe der Umformung:

$$b = \frac{A}{2} - \sqrt{\left(\frac{A}{2}\right)^2 - R^2}$$

folgt:

$$C' = \frac{\pi \, \varepsilon_1 \, \varepsilon_0}{\ln\left[\frac{A}{2R} + \sqrt{\left(\frac{A}{2R}\right)^2 - 1}\right]} \, . \tag{189}$$

Schließlich ist noch der Verlauf der elektrischen Feldlinien von Interesse. Man zieht dazu in Abb. 91a durch den Punkt P die Senkrechte zur Richtung der resultierenden Feldstärke $\mathfrak{E}$; diese schneidet die Symmetrieachse im Punkte G. Da die Strecken $\overline{PG}$ und $\overline{PE}$ einerseits und die Strecken $\overline{OG}$ und $\overline{OE}$ anderseits senkrecht aufeinanderstehen, so folgt, daß die neu zu zeichnenden Dreiecke PHG und PJE ähnlich sind; bezeichnet man die Strecke $\overline{OG}$ mit c, so folgt daraus:

$$\frac{\overline{PJ}}{\overline{JE}} = \frac{\frac{A}{2} - \overline{JE}}{\overline{PJ} - c} \, .$$

Weiterhin ergibt sich aus den verschiedenen rechtwinkligen Dreiecken $R^2 = \overline{PJ}^2 + \overline{JE}^2$ und $\overline{PG}^2 = (\overline{PJ} - c)^2 + \left(\frac{A}{2} - \overline{JE}\right)^2$. Aus diesen drei Gleichungen findet man schließlich: $\overline{PG}^2 = c^2 + \left(\frac{a}{2}\right)^2$. Dieser Zusammenhang gilt unabhängig der Größe der einzelnen Winkel und der Strecken $\overline{AP}$ und $\overline{BP}$; schlägt man also um G mit $\overline{GP}$ einen Kreis, so muß die resultierende elektrische Feldstärke immer senkrecht auf dem Radius stehen, d. h. in Richtung des Kreisumfanges liegen, der Kreis ist also eine elektrische Feldlinie. Es läßt sich aus den rechtwinkligen Dreiecken GOB und GOA und der letztgefundenen Formel leicht zeigen, daß der Kreis auch durch die Punkte A und B laufen muß. Die elektrischen Feldlinien sind also sämtlich Kreise, deren Mittelpunkte auf der Symmetrieachse $\overline{HO}$ liegen und deren Peripherie durch die Punkte A und B hindurchgeht. Dies ist bereits in Abb. 90b (untere Skizze) veranschaulicht worden.

Die Ableitung des Induktivitätsbelages läßt sich in ganz ähnlicher Weise mit Hilfe der Abb. 91b durchführen. In den Punkten A und B befinden sich zwei sehr dünne Drähte, die von den Strömen $+\mathfrak{J}$ und $-\mathfrak{J}$ durchflossen werden. Infolge dieser beiden Ströme entstehen in einem beliebigen Aufpunkt P die magnetischen Feldstärken:

$$\mathfrak{H}_A = \frac{\mathfrak{J}}{2\pi\,\overline{AP}} \quad \text{und} \quad \mathfrak{H}_B = \frac{\mathfrak{J}}{2\pi\,\overline{BP}}, \quad \text{also:} \quad \frac{\mathfrak{H}_A}{\mathfrak{H}_B} = \frac{\overline{BP}}{\overline{AP}} \, .$$

Die Feldstärken stehen auf den Verbindungslinien $\overline{AP}$ und $\overline{BP}$ senkrecht, ihr Richtungssinn ergibt sich nach der Rechtsschraubenregel.

Die resultierende Feldstärke $\mathfrak{H}$ ergibt sich durch Zeichnen des Dreiecks PCD, das dem Dreieck APB ähnlich ist (bei den beiden Winkeln γ stehen die Schenkel paarweise senkrecht aufeinander); daraus ergibt sich die Größe der resultierenden magnetischen Feldstärke: $\mathfrak{H} = \dfrac{\mathfrak{J}}{2\pi} \dfrac{\overline{AB}}{\overline{AP}\,\overline{BP}}$; für die elektrische Feldstärke war oben gefunden worden:

$$\mathfrak{E} = \frac{\mathfrak{Q}'}{2\pi\,\varepsilon_1\,\varepsilon_0} \frac{\overline{AB}}{\overline{AP}\,\overline{BP}}\,.$$

Die beiden Größen unterscheiden sich durch die Faktoren $\dfrac{\mathfrak{J}}{2\pi}$ bzw. $\dfrac{\mathfrak{Q}'}{2\pi\,\varepsilon_1\,\varepsilon_0}$ und stehen senkrecht aufeinander; die sonstigen geometrischen Beziehungen sind dieselben, so daß diese Betrachtungen nicht mehr wiederholt zu werden brauchen. Insbesondere liegt die magnetische Feldstärke überall in Richtung des Umfanges eines mit dem Radius $R = \overline{PE}$ um den Punkt E geschlagenen Kreises; der Umfang ist somit eine magnetische Feldlinie. Man kann deshalb den Kreis durch eine leitende Oberfläche ersetzen (sofern die Leitfähigkeit unendlich groß oder wenigstens so groß ist, daß die Eindringtiefe gegen den Radius R sehr klein ist); der dünne Draht im Punkte B wird genau wie oben durch einen dicken Draht von Radius R ersetzt. Für die später folgende Berechnung des Widerstandsbelages ist es wichtig, die Größe der magnetischen Feldstärke $\mathfrak{H} = \dfrac{\mathfrak{J}}{2\pi} \dfrac{\overline{AB}}{\overline{AP}\,\overline{BP}}$ längs des gesamten Drahtumfanges zu kennen. Aus den ähnlichen Dreiecken EPB und EAP folgt: $\dfrac{\overline{AP}}{a+b} = \dfrac{\overline{PB}}{R}$ und aus dem Dreieck EPB ergibt sich: $\overline{BP}^2 = b^2 + R^2 + 2\,b\,R\cos(\alpha+\beta)$. Berücksichtigt man schließlich die schon oben gefundene Beziehung $a + b = \dfrac{R^2}{b}$ und setzt alle Zusammenhänge in die Gleichung für $\mathfrak{H}$ ein, so erhält man:

$$\mathfrak{H} = \frac{\mathfrak{J}}{2\pi} \frac{R^2 - b^2}{R} \frac{1}{b^2 + R^2 + 2\,b\,R\cos(\alpha+\beta)}\,. \tag{190}$$

Zur Berechnung des Induktivitätsbelages bildet man die magnetische Induktion $\mathfrak{B} = \mu_1\mu_0\mathfrak{H}$ und berechnet den magnetischen Induktionsfluß, indem man $\mathfrak{B}$ über die Strecke $\overline{KL}$ integriert; die Berechnungen stimmen, abgesehen von den unterschiedlichen Faktoren, mit denen für den Kapazitätsbelag überein; es folgt:

$$\Phi' = \int\limits_{\varrho=R-b}^{a+b-R} \mathfrak{B}\,d\varrho = \frac{\mu_1\mu_0\mathfrak{J}}{\pi} \ln\frac{a+b-R}{R-b} \quad\text{und}\quad L' = \frac{\Phi'}{\mathfrak{J}}\,,$$

also:

$$L' = \frac{\mu_1\mu_0}{\pi} \ln\left[\frac{A}{2R} + \sqrt{\left(\frac{A}{2R}\right)^2 - 1}\,\right]\,. \tag{191}$$

Aus den Größen L' und C' ergibt sich der Wellenwiderstand der Paralleldrahtleitung:

$$Z_l = \frac{Z_1}{\pi} \ln\left[\frac{A}{2R} + \sqrt{\left(\frac{A}{2R}\right)^2 - 1}\right] = \sqrt{\frac{\mu_1}{\varepsilon_1}}\, 120 \ln\left[\frac{A}{2R} + \sqrt{\left(\frac{A}{2R}\right)^2 - 1}\right] [\Omega]. \quad (192)$$

Die Größe Z_1 ist bereits in der Gl. (185) auf S. 213 erklärt. Für eine Leitung mit Luftisolation ($\mu_1 = 1$ und $\varepsilon_1 = 1$) ist der Verlauf von Z_l in Abhängigkeit vom Verhältnis A/R durch die obere ausgezogene Kurve in Abb. 92 dargestellt. Für Leitungen von üblicher Größe liegt der Wellenwiderstand in der Größenordnung von mehreren hundert Ohm.

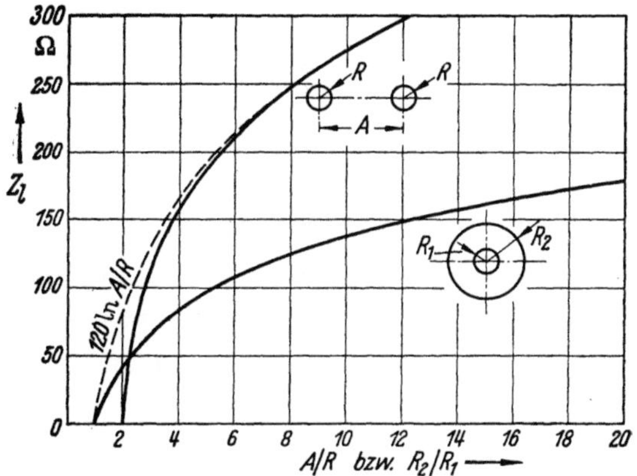

Abb. 92. Verlauf des Wellenwiderstandes Z_l der konzentrischen Leitung und der Paralleldraht-leitung in Abhängigkeit von den Abmessungsverhältnissen.

Wenn der Leiterradius R genügend klein gegen den Leiterabstand A ist, kann man Gl. (191) umformen:

$$Z_l = \sqrt{\frac{\mu_1}{\varepsilon_1}}\, 120 \ln\frac{A}{R} [\Omega].$$

Die Kurve $120 \ln\frac{A}{R}$ ist in Abb. 92 gestrichelt eingetragen; für Verhältnisse $\frac{A}{R} < 4$ darf die Näherung nicht mehr angewendet werden.

Für den Leitwertbelag gilt die bei der konzentrischen Leitung auf S. 214 gefundene Gl. (187) unverändert; der Leitwertbelag ist vom Verlustfaktor des Dielektrikums, von der Frequenz und vom Kapazitätsbelag abhängig.

Erheblich verwickelter ist die Berechnung des Widerstandsbelages; aus der Formel (190) ergab sich bereits, daß die Größe der magnetischen Feldstärke längs des Leiterumfanges nicht konstant ist; deshalb kann auch der Strombelag der Leiteroberfläche nicht konstant sein. Man führt die Berechnung am einfachsten durch, indem man die Verlustleistung pro Längeneinheit der Leitung berechnet, und zwar mittels der Beziehung (170) auf S. 204; die Größe der magnetischen Feldstärke $\mathfrak{H}_s$ längs der Oberfläche ist dabei durch Gl. (190) auf S. 218 gegeben; dann ist die Verlustleistung pro Längeneinheit:

$$N_v' = \frac{2 \cdot \frac{1}{2}}{\varkappa_2 t_2} \int\limits_0^{2\pi} |\mathfrak{H}|^2 R \, \mathrm{d}\,(\alpha+\beta) = 2\,\frac{R}{2}\,\frac{|\mathfrak{J}|^2}{4\,\pi^2}\,\frac{(R^2-b^2)^2}{\varkappa_2 t_2\,R^2} \int\limits_0^{2\pi} \frac{\mathrm{d}\,(\alpha+\beta)}{[b^2+R^2+2\,b\,R\cos(\alpha+\beta)]^2}\,.$$

Die Integration wird über einen vollständigen Umlauf des Zentriwinkels $\alpha + \beta$ (vgl. Abb. 91 b) erstreckt; der Faktor 2 erklärt sich daraus, daß zwei Drähte vorhanden sind, für die wegen der Spiegelsymmetrie die gleichen Zusammenhänge gelten. Diese Verlustleistung wird durch den Widerstandsbelag gekennzeichnet nach der Beziehung: $N_v' = \frac{1}{2}|\mathfrak{J}|^2 R'$. Also ist der Widerstandsbelag:

$$R' = \frac{1}{\pi\,\varkappa_2 t_2}\,\frac{(R^2-b^2)^2}{2\,\pi\,R} \int\limits_0^{2\pi} \frac{\mathrm{d}\,(\alpha+\beta)}{[b^2+R^2+2\,b\,R\cos(\alpha+\beta)]^2}\,.$$

Die elementare, aber verhältnismäßig umständliche Lösung des Integrals soll im einzelnen nicht durchgeführt werden (man setze $\operatorname{tg}\dfrac{\alpha+\beta}{2} = x$ und erhält eine echt gebrochene rationale Funktion unter dem Integralzeichen, die man dann durch Teilbruchzerlegung auflöst). Es ergibt sich als Lösung:

$$R' = \frac{1}{\pi\,\varkappa_2 t_2 R}\,\frac{1}{\sqrt{1 - 4\,\dfrac{R^2}{A^2}}}\,. \tag{193}$$

Es bleibt noch zu betonen, daß der errechnete Widerstandsbelag durch die Stromwärmeverluste hervorgerufen wird; die Paralleldrahtleitung besitzt noch eine weitere Verlustquelle durch die Abstrahlung von elektromagnetischer Energie in den Raum, was unten im Abschnitt E noch ausführlicher behandelt wird. Die Strahlungsverluste machen sich bemerkbar, wenn der Abstand zwischen den Leitern nicht mehr genügend klein gegen die Wellenlänge ist. Die konzentrische Leitung ist von Strahlungsverlusten frei, weil der umhüllende Außenleiter das elektromagnetische Feld der Leitung gegen den Außenraum vollkommen abschirmt.

c) Die Verlustdämpfung der konzentrischen Leitung und der Paralleldrahtleitung.

Für den Betrieb der Leitungen ist außer der Größe des Wellenwiderstandes die Kenntnis der Verlustdämpfung von besonderer Wichtigkeit. Entsprechend der Gl. (178) auf S. 209 zerfällt sie in zwei Anteile, von denen der eine durch den Verlust des Dielektrikums (Index 1), der andere durch den Verlust im Leiter (Index 2) bestimmt ist:

$$\beta_{r_1} = \frac{G'Z_l}{2} \quad \text{und} \quad \beta_{r_2} = \frac{R'}{2Z}\,.$$

Die Konstante β_{v_1} für die dielektrische Verlustdämpfung formt man mittels der Gl. (187) auf S. 214 unter Verwendung der Beziehungen $Z_l = \sqrt{\dfrac{L'}{C'}}$ und (177) auf S. 209 um, also:

$$\beta_{v_1} = \operatorname{tg}\delta_1 \frac{\omega C'}{2}\sqrt{\frac{L'}{C'}} = \frac{\pi \operatorname{tg}\delta_1}{\lambda_z}. \tag{194}$$

Die Dämpfung durch die dielektrischen Verluste ist von der Form der Leitung unabhängig; maßgeblich ist nur der Verlustfaktor des Werkstoffs und die Wellenlänge λ_z auf der Leitung, die ihrerseits wieder von den Werten μ_1 und ε_1 des Dielektrikums abhängt, wie bereits Gl. (177) auf S. 209 für die konzentrische Leitung zeigte. Für die Paralleldrahtleitung läßt sich durch Einsetzen der entsprechenden Werte von L' und C' in die Gl. (176) auf S. 209 die gleiche Beziehung ableiten, es ergibt sich also für beide Arten der Leitungen:

$$\lambda_z = \frac{2\pi}{\omega\sqrt{\mu_1\mu_0\varepsilon_1\varepsilon_0}} = \lambda_0 \frac{1}{\sqrt{\mu_1\varepsilon_1}}. \tag{195}$$

Hierbei ist λ_0 die Wellenlänge der freien Ausbreitung im leeren Raume. Die Verluste des Dielektrikums werden also um so größer, je größer der Verlustfaktor und die Dielektrizitätskonstante ε_1 ist.

Die Verlustdämpfung β_{v_2} durch das Leitermetall ist für die beiden Arten der Leitungen verschieden. Für die konzentrische Leitung ergibt sich aus den Beziehungen (184) auf S. 213 und (188) auf S. 214:

$$\beta_{v_2} = \frac{R'}{2Z_l} = \frac{1}{2\varkappa_2 t_2 Z_1}\frac{1+\dfrac{R_2}{R_1}}{R_2\ln\left(\dfrac{R_2}{R_1}\right)} = K_\beta \frac{1+\dfrac{R_2}{R_1}}{R_2\ln\left(\dfrac{R_2}{R_1}\right)}. \tag{196}$$

Das Ergebnis ist als Produkt von zwei Faktoren geschrieben, von denen der zweite die Dimensionen der Leitung enthält, während der dimensionslose Faktor

$$K_\beta = \frac{1}{2\varkappa_2 t_2 Z_1} = \sqrt{\frac{\omega\mu_2}{8\varkappa_2\mu_0\mu_1^2 v_1^2}} \tag{197}$$

die Frequenz und die Eigenschaften der Werkstoffe enthält. Die Größe $v_1 = \dfrac{1}{\sqrt{\mu_1\mu_1\varepsilon_0\varepsilon_0}}$ bezeichnet nach Gl. (177a) auf S. 213 die Geschwindigkeit der Wellenausbreitung im Dielektrikum. Es ist bemerkenswert, daß auch die Größen μ_1 und ε_1 des Dielektrikums einen Einfluß auf die metallische Verlustdämpfung ausüben. Der Verlauf des Faktors K_β ist in Abb. 93 für drei besonders gebräuchliche Werkstoffkombinationen als Funktion der Frequenz dargestellt; eine solche Darstellung ist zur schnellen Übersicht über die Größe der Verlustdämpfung besonders brauchbar.

Wie Gl. (196) lehrt, sind außer den Werkstoffeigenschaften die Dimensionen der konzentrischen Leitung für die Dämpfung maßgeblich. Der Bruch $\dfrac{1+\dfrac{R_2}{R_1}}{\ln\dfrac{R_2}{R_1}}$ erhält ein Minimum, wenn man $\dfrac{R_2}{R_1}=3{,}6$ macht; dies ist die Dimensionierung für eine Leitung mit minimaler Dämpfungskonstante bei gegebenem Außenradius R_2 (das Minimum verläuft recht flach, das Verhältnis der Radien braucht nicht sehr genau eingehalten zu werden). Als Optimalwert für die Dämpfung folgt dann:

$$\beta_{v_{2\,opt}} = \frac{3{,}6}{R_2}\,K_\beta. \qquad (198)$$

Je größer man den Radius R_2 (und mithin auch R_1) macht, um so kleiner wird die Dämpfung. Betreibt man beispielsweise eine Kupfer-Luft-Leitung mit dem Außenradius $R_2 = 3{,}6$ cm bei einer Frequenz von 1 GHz, so ergibt sich nach Abb. 93 eine Dämpfungskonstante

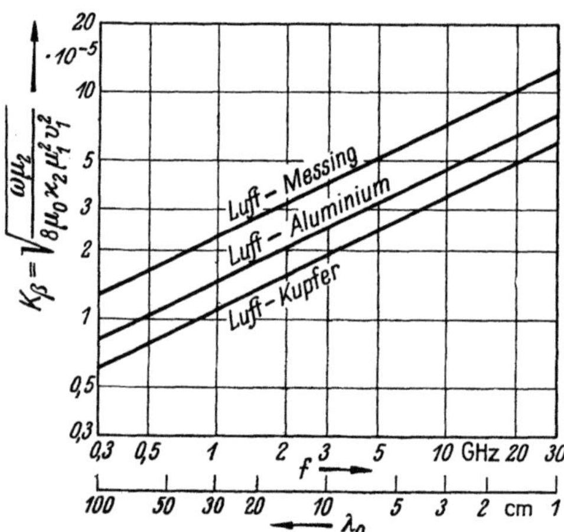

Abb. 93. Koeffizient K_β zur Dämpfungsberechnung von Leitungen für verschiedene Werkstoffe bei veränderlicher Frequenz.

$$\beta_{v_{2\,opt}} = 1{,}1 \cdot 10^{-5}\ \mathrm{cm}^{-1} = 1{,}1\ \text{Neper/km}.$$

Für die Paralleldrahtleitung ergibt sich aus den Gl. (192) auf S. 219 und (193) auf S. 220 als Dämpfungskonstante für die metallische Verlustdämpfung:

$$\beta_{v_2} = K_\beta \frac{2\dfrac{A}{2R}}{A\sqrt{1-4\dfrac{R^2}{A^2}}\,\ln\left[\dfrac{A}{2R}+\sqrt{\left(\dfrac{A}{2R}\right)^2-1}\right]}. \qquad (199)$$

Das Minimum bei festgehaltenem Abstand A erhält man hier bei einem Dimensionsverhältnis $A/2R = 2{,}3$. Der Optimalwert ist:

$$\beta_{v_2} = \frac{3{,}48}{A}\,K_\beta. \qquad (199a)$$

Es sei nochmals betont, daß diese Dimensionierung für die Paralleldrahtleitung nur dann die optimale ist, wenn die Verluste durch Strahlung vernachlässigbar klein bleiben.

d) Die Wendelleitung und ihre Entdämpfung
durch einen Elektronenstrahl.

Für eine Sonderform von Höchstfrequenzverstärkerröhren, die sogenannte „Wanderfeldröhre", hat eine Form der konzentrischen Doppelleitung Bedeutung gewonnen, deren Mittelleiter aus einem wendelförmig (d. h. schraubenlinienförmig) gewundenen Draht besteht (vgl. das Schema der Abb. 94) und die im folgenden kurz als Wendelleitung bezeichnet werden soll. Setzt man voraus, daß der Durchmesser der Wendel sehr klein gegen die Wellenlänge λ_0 der auf der Leitung übertragenen Höchstfrequenzschwingung ist, so kann man auch hier einen Induktivitätsbelag L' und einen Kapazitätsbelag C' definieren und die Wellenausbreitung elementar berechnen. Da durch die Wendelgestalt insbesondere die Größe L' gegenüber dem glattgestreckten Mittelleiter stark erhöht wird, wird die nach Gl. (177a) auf S. 213 zu errechnende Ausbreitungsgeschwindigkeit v_z der fortschreitenden Wellen stark vermindert gegen die im verwendeten Dielektrikum vorhandene ungestörte Wellenausbreitung.

In der Mittelachse der Wendelleitung tritt eine Längsfeldstärke $\mathfrak{E}_z$ auf, die entsprechend Abb. 94 gegen die z-Richtung als positiv gezählt werden soll. Diese Feldstärke steht in engem Zusammenhang mit der

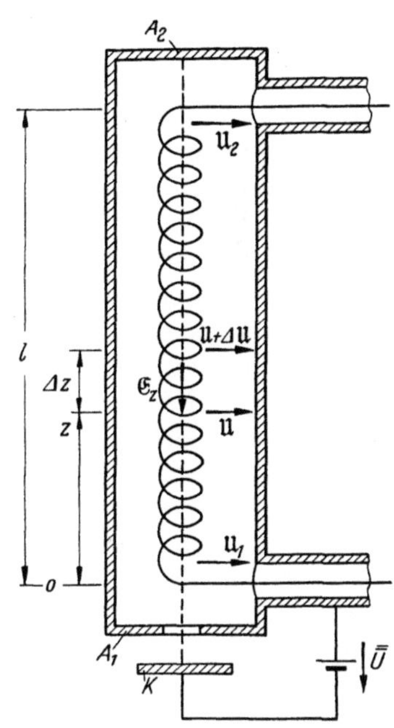

Abb. 94. Schema der Wanderfeldröhre.

zwischen Mittelleiter und Außenleiter bestehenden Spannung $\mathfrak{U}$. Macht man längs eines Leitungsstückes $\varDelta z$ einen Umlauf, indem man vom Außenleiter an der Stelle z zum Mittelleiter übergeht, längs der Wendelwindungen das Stück $\varDelta z$ fortschreitet, zum Außenleiter übergeht und auf dem Außenleiter das Stück $\varDelta z$ zurückläuft, so hat man eine Spannung $-\mathfrak{U} + \mathfrak{U} + \varDelta\mathfrak{U} = \varDelta\mathfrak{U}$ durchlaufen und die Magnetflüsse zwischen Außen- und Mittelleiter und im Innern des Mittelleiters umschlungen (den letzteren mehrfach); läuft man dagegen, von der Stelle z beginnend, die Windungen des Mittelleiters um das Stück $\varDelta z$ entlang, geht dann zur Mittelachse über, läuft hier das Stück $\varDelta z$ zurück und geht wieder auf den Ausgangspunkt, so hat man die Spannung $\mathfrak{E}_z\varDelta z$ durchlaufen und den Fluß im Innern des Mittelleiters mehrfach umschlungen. Die Spannung $\mathfrak{E}_z\varDelta z$ ist also kleiner als die Spannung $\varDelta\mathfrak{U}$, und zwar um einen Betrag, der durch den hier nicht näher zu berechnenden Schwächungsfaktor $\sigma < 1$ gekennzeichnet werden soll. Es folgt daher: $\mathfrak{E}_z \Delta z = \sigma \Delta \mathfrak{U}$ und nach einem Grenzübergang:

$$\mathfrak{E}_z = \sigma \frac{d\mathfrak{U}}{dz}.$$

Die Bedeutung der Wendelleitung liegt darin, daß man die Fortpflanzungsgeschwindigkeit der Wellen so weit herabsetzen kann, daß sie der Fluggeschwindigkeit von Elektronen gleichkommt, die man mit verhältnismäßig niedrigen Gleichspannungen erzielen kann [Größenordnung 1000 V, vgl. Gl. (15a) auf S. 19]. Schickt man einen Elektronenstrahl durch die Achse der Wendelleitung, indem man entsprechend Abb. 94 eine Kathode K anordnet, den Außenleiter mit einer durchlochten Anode A_1 und einer Auffängeranode A_2 versieht und der gesamten Wendelleitung eine Gleichspannung $\bar{U}$ gegen die Kathode erteilt, so tritt eine Wechselwirkung zwischen der fortschreitenden Welle und dem Elektronenstrahl ein: das elektrische Längsfeld $\mathfrak{E}_z$ beeinflußt die Elektronenbewegung, und die Elektronenströmung erzeugt in der Wendel Influenzströme. Es treten ähnliche Erscheinungen wie beim geschwindigkeitsgesteuerten Verstärker nach Abb. 53 auf, mit dem Unterschied, daß Steuerung und Anfachung kontinuierlich längs der Wendel verteilt sind. Die Wanderfeldröhre nach Abb. 94 eignet sich somit als Höchstfrequenzverstärker.

Transportiert der Elektronenstrahl einen Leitungswechselstrom $\mathfrak{J}_l$ (vgl. S. 226), so kann man ein Leitungsstück Δz als eine Anfangsstrecke mit verschwindend kleinem Laufwinkel $\bar{\alpha}$ betrachten, an der die Spannung $\mathfrak{E}_z \Delta z$ liegt; Gl. (85) auf S. 108 lehrt, daß unter diesen Randbedingungen der Influenzstrom gleich dem Leitungsstrom ist. Dieser Influenzstrom wird jedoch auf der Wendel nicht in voller Größe wirksam; da die Spannung $\Delta \mathfrak{U}$ auf dem Leitungsstück Δz um den Betrag $1/\sigma$ größer ist als der Wert $\mathfrak{E}_z \Delta z$, so folgt aus den gleichen Energiebetrachtungen, wie sie bei der Herleitung der Gl. (5) auf S. 7 angestellt wurden, daß der Influenzstrom im gleichen Verhältnis kleiner sein muß. Somit ist der Influenzstrom auf der Wendelleitung:

$$\mathfrak{J}_{infl} = \sigma \mathfrak{J}_l.$$

Dieser Influenzstrom wirkt für die Wellenausbreitung auf der Leitung so, als ob der Induktivität $L' \Delta z$ ein Widerstand von der Größe

$$\Delta \mathfrak{R}_p = \frac{\Delta \mathfrak{U}}{\mathfrak{J}_{infl}} = \frac{1}{\sigma^2} \frac{\mathfrak{E}_z}{\mathfrak{J}_l} \Delta z$$

parallel läge; dieser Scheinwiderstand ist im üblichen Betrieb wegen der kleinen Elektronenleitungsströme groß gegen den induktiven Längswiderstand $j \omega L' \Delta z$; für den resultierenden Längswiderstand findet man deshalb in Näherung:

$$\frac{1}{\dfrac{1}{j\omega L'\Delta z} + \dfrac{1}{\Delta \Re_p}} \approx j\,\omega L'\Delta z \left(1 - \frac{j\omega L'\Delta z}{\Delta \Re_p}\right)$$

$$= j\,\omega L'\Delta z + (\omega L')^2\,\sigma^2\,\frac{\Im l}{\mathfrak{C}_z}\,\Delta z = j\,\omega L'\Delta z + \Re_r'\Delta z.$$

Die Verhältnisse lassen sich daher auch so darstellen, als ob ein zusätzlicher Reihenwiderstandsbelag vorhanden wäre von der Größe:

$$\Re_{r_i}' = (\omega L')^2\,\sigma^2\,\frac{\Im l}{\mathfrak{C}_z}.$$

Es wird unten gezeigt, daß es Betriebszustände gibt, in denen $\Re_r'$ von der räumlichen Lage z unabhängig ist. Nimmt man der Einfachheit halber an, daß die Wendelleitung keine Eigenverluste besitzt (d. h. $R' = 0$ und $G' = 0$), so ergibt sich die Fortpflanzungskonstante γ_z der auf der Wendelleitung fortschreitenden Wellen nach Gl. (173) auf S. 207:

$$\gamma_{z_i}^2 = (\Re_{r_i}' + j\,\omega L')\,j\,\omega C' = -\omega^2 L'C' + j\,\omega C'\Re_r'.$$

Führt man die bei nicht vorhandenem Elektronenstrahl gültigen Größen des Wellenwiderstandes Z_l nach Gl. (174a) und der Phasenkonstanten α_z nach Gl. (176) auf S. 209 ein, so folgt:

$$\gamma_z^2 = -\alpha_z^2 + j\,Z_l\,\sigma^2\,\frac{\Im l}{\mathfrak{C}_z}\,\alpha_z^3.$$

Durch den Einfluß des Elektronenstrahles ist also für die Fortpflanzungskonstante ein Zusatzglied entstanden, das im allgemeinen komplex sein wird.

Um den Einfluß der Welle auf die Elektronenbewegung zu ermitteln, wird für die Längsfeldstärke angesetzt:

$$\mathfrak{C}_z = \mathfrak{C}_{z_0}\,e^{\gamma_z z},$$

wobei $\mathfrak{C}_{z_0}$ die Feldstärke an der Stelle $z = 0$ bedeutet. Für die Elektronenbewegung braucht wegen der hohen Strahlgeschwindigkeit der Einfluß der Raumladung nicht berücksichtigt zu werden; nach Gl. (6) auf S. 8 gilt:

$$\frac{\partial^2 z}{\partial t^2} = \frac{e}{m}\,e_z = \frac{e}{m}\,\mathrm{Re}\,[\mathfrak{C}_{z_0}\,e^{\gamma_z z}]\,e^{j\omega t}].$$

Der einfachen Rechnung halber soll hier nicht mit Sinus-, sondern mit Exponentialfunktionen gerechnet werden. Die Elektronenbeschleunigung ist von der Zeit t und vom Ort z abhängig; um die Ortskoordinate zu eliminieren, wird unter der Annahme kleiner Wechselamplituden in Näherung für den Elektronenweg angesetzt: $z \approx \bar{v}\,(t - t_0)$. Dann ergibt sich:

$$\frac{\partial^2 z}{\partial t^2} = \mathrm{Re}\left[\frac{e}{m}\,\mathfrak{C}_{z_0}\,e^{j\omega t + \gamma_z \bar{v}(t - t_0)}\right].$$

Für die zur Zeit t_0 an der Stelle $z = 0$ eintretenden Elektronen wird (vorläufig ohne Berücksichtigung der durch die Anordnung nach Abb. 94 gegebenen Randbedingungen) eine Eintrittsgeschwindigkeit $\bar{v} + \mathrm{Re}\,[\mathfrak{V}_0\,\mathrm{e}^{j\,\omega\,t_0}]$ angenommen; dann ergibt sich bei einmaliger Integration:

$$\frac{\partial z}{\partial t} = \bar{v} + \mathrm{Re}\left[\mathfrak{V}_0\,\mathrm{e}^{j\,\omega\,t_0} + \frac{\dfrac{e}{m}\,\mathfrak{E}_{z_0}}{j\,\omega + \gamma_z\,\bar{v}}\left(\mathrm{e}^{j\,\omega\,t + \gamma_z\,\bar{\bar{v}}(t-t_0)} - \mathrm{e}^{j\,\omega\,t_0}\right)\right].$$

Über die Eintrittswechselgeschwindigkeit $\mathfrak{V}_0$ der Elektronen wird derart verfügt, daß die Glieder mit $\mathrm{e}^{j\,\omega\,t_0}$ verschwinden, also:

$$\mathfrak{V}_0 = \frac{\dfrac{e}{m}\,\mathfrak{E}_{z_0}}{j\,\omega + \gamma_z\,\bar{v}}$$

und

$$\frac{\partial z}{\partial t} = \bar{v} + \mathrm{Re}\left[\frac{\dfrac{e}{m}\,\mathfrak{E}_{z_0}}{j\,\omega + \gamma_z\,\bar{v}}\,\mathrm{e}^{j\,\omega\,t + \gamma_z\,\bar{\bar{v}}(t-t_0)}\right].$$

Die nochmalige Integration unter der Randbedingung des Elektroneneintritts zur Zeit t_0 ergibt:

$$z = \bar{v}(t - t_0)\,\mathrm{Re}\left[\frac{\dfrac{e}{m}\,\mathfrak{E}_{z_0}}{(j\,\omega + \gamma_z\,\bar{v})^2}\left(\mathrm{e}^{j\,\omega\,t + \gamma_z\,\bar{\bar{v}}(t-t_0)} - \mathrm{e}^{j\,\omega\,t_0}\right)\right].$$

Aus der Elektronenbewegung ergibt sich der Elektronenleitungsstrom nach Gl. (7b) auf S. 11. Für den zur Zeit t_0 an der Stelle $z = 0$ eintretenden Leitungsstrom wird (vorläufig ebenfalls ohne Berücksichtigung der durch den Röhrenaufbau gegebenen Randbedingungen) angesetzt:

$$i_{l_0}(t_0) = \bar{I} + \mathrm{Re}\,[\mathfrak{I}_{l_0}\,\mathrm{e}^{j\,\omega\,t_0}].$$

Durch Einsetzen und Vernachlässigen der Glieder, die von zweiter und höherer Ordnung klein sind, ergibt sich für den Leitungsstrom:

$$i_l = \bar{I} + \mathrm{Re}\left[\mathfrak{I}_{l_0}\,\mathrm{e}^{j\,\omega\,t_0} + \frac{\dfrac{e}{m}\,\mathfrak{E}_{z_0}\,\bar{I}\,j\,\omega}{\bar{v}(j\,\omega + \gamma_z\,\bar{v})^2}\,\mathrm{e}^{j\,\omega\,t + \gamma_z\,\bar{\bar{v}}(t-t_0)} - \frac{\dfrac{e}{m}\,\mathfrak{E}_{z_0}\,\bar{I}\,j\,\omega}{\bar{v}(j\,\omega + \gamma\,\bar{v})^2}\,\mathrm{e}^{j\,\omega\,t_0}\right].$$

Über den eintretenden Leitungswechselstrom wird nun so verfügt, daß auch hier die Glieder mit $\mathrm{e}^{j\,\omega\,t_0}$ verschwinden, also

$$\mathfrak{I}_{l_0} = \frac{\dfrac{e}{m}\,\mathfrak{E}_{z_0}\,\bar{I}\,j\,\omega}{\bar{\bar{v}}\,(j\,\omega + \gamma_z\,\bar{v})^2}$$

und

$$\mathfrak{I}_l = \mathfrak{E}_z\,\frac{\dfrac{e}{m}\,\dfrac{j\,\omega}{\bar{\bar{v}}}\,\bar{\bar{I}}}{\bar{\bar{v}}^2\left(\dfrac{j\,\omega}{\bar{v}} + \gamma_z\right)^2} = \mathfrak{E}_z\,\frac{\dfrac{j\,\omega}{\bar{\bar{v}}}}{2\,\bar{\bar{R}}\left(\dfrac{j\,\omega}{\bar{v}} + \gamma_z\right)^2},$$

wobei in der letzten Umformung die Längsfeldstärke $\mathfrak{E}_z$ nach dem obigen Ansatz, die Gleichspannung $\bar{U}$ nach Gl. (15a) auf S. 19 und die Größe $\bar{\bar{R}} = \bar{U}/\bar{I}$ eingeführt ist. Da jetzt der Leitungswechselstrom in seiner Abhängigkeit von der Längsfeldstärke bestimmt ist, kann man auf die Gleichung für die Fortpflanzungskonstante zurückgreifen und erhält:

$$\gamma_z^2 = -\alpha_z^2 + j\,\frac{\sigma^2 Z_l}{2\,\bar{\bar{R}}}\,\frac{\dfrac{j\,\omega}{\bar{v}}\,\alpha_z^3}{\left(\dfrac{j\,\omega}{\bar{v}} + \gamma_z\right)^2}$$

oder:

$$\left[\left(\frac{\gamma_z\,\bar{v}}{j\,\omega}\right)^2 - \left(\frac{\alpha_z\,\bar{v}}{\omega}\right)^2\right]\left[1 + \frac{\gamma_z\,\bar{v}}{j\,\omega}\right]^2 = -\frac{\sigma^2 Z_l}{2\,\bar{\bar{R}}}\left(\frac{\alpha_z\,\bar{v}}{\omega}\right)^3.$$

Die schwierige Lösung der Gleichung vierten Grades für γ_z vereinfacht man dadurch erheblich, daß man sich sogleich auf den praktisch wichtigen Sonderfall beschränkt, daß die Geschwindigkeit $\bar{v}$ der Elektronen genau gleich der Geschwindigkeit v_z ist, die die Wellen auf der Wendelleitung ohne Einwirkung des Elektronenstrahles haben. Nach Gl. (177) auf S. 209 folgt dann: $\dfrac{\omega}{\alpha_z} = v_z = \bar{v}$, also

$$\left[\left(\frac{\gamma_z}{j\,\alpha_z}\right)^2 - 1\right]\left[1 + \frac{\gamma_z}{j\,\alpha_z}\right]^2 = -\frac{\sigma^2 Z_l}{2\,\bar{\bar{R}}}$$

oder

$$\left(1 - \frac{\gamma_z}{j\,\alpha_z}\right)\left(1 + \frac{\gamma_z}{j\,\alpha_z}\right)^3 = \frac{\sigma^2 Z_l}{2\,\bar{\bar{R}}}.$$

Die auf der rechten Seite dieser Gleichung stehende Größe ist sehr klein, es muß deshalb je eine der auf der linken Seite stehenden Klammern auch einen sehr kleinen Wert haben. Somit folgt

entweder:

$$\frac{\gamma_z}{j\,\alpha_z} \approx 1,$$

also:

$$1 - \frac{\gamma_z}{j\,\alpha_z} = \frac{\sigma^2 Z_l}{16\,\bar{\bar{R}}},$$

oder:

$$\frac{\gamma_z}{j\,\alpha_z} \approx -1,$$

also:

$$1 + \frac{\gamma_z}{j\,\alpha_z} = \sqrt[3]{\frac{\sigma^2 Z_l}{4\,R}}$$

bzw.:

$$= \sqrt[3]{\frac{\sigma^2 Z_l}{4\,\bar{\bar{R}}}}\left(-\frac{1}{2} + \frac{j}{2}\sqrt{3}\right)$$

bzw.:

$$= \sqrt[3]{\frac{\sigma^2 Z_l}{4\,\bar{\bar{R}}}}\left(-\frac{1}{2} + \frac{j}{2}\sqrt{3}\right).$$

Es ergeben sich also insgesamt vier Lösungen für die Fortpflanzungskonstante γ_z, d. h. es bestehen vier verschiedene Wellenformen, die

die gegebenen Randbedingungen erfüllen:

$$\gamma_{z_1} = j\,\alpha_z\left(1 - \frac{\sigma^2 Z_l}{16\,\overline{\overline{R}}}\right),$$

$$\gamma_{z_2} = -j\,\alpha_z\left(1 - \sqrt[3]{\frac{\sigma^2 Z_l}{4\,\overline{\overline{R}}}}\right),$$

$$\gamma_{z_3} = -j\,\alpha_z\left(1 + \frac{1}{2}\sqrt[3]{\frac{\sigma^2 Z_l}{4\,\overline{\overline{R}}}}\right) - \alpha_z\frac{\sqrt{3}}{2}\sqrt[3]{\frac{\sigma^2 Z_l}{4\,\overline{\overline{R}}}},$$

$$\gamma_{z_4} = -j\,\alpha_z\left(1 + \frac{1}{2}\sqrt[3]{\frac{\sigma^2 Z_l}{4\,\overline{\overline{R}}}}\right) + \alpha_z\frac{\sqrt{3}}{2}\sqrt[3]{\frac{\sigma^2 Z_l}{4\,\overline{\overline{R}}}}.$$

Die Lösung γ_{z_1} ist positiv imaginär; ihr Betrag ist etwas kleiner als die Phasenkonstante α_z. Es handelt sich also um eine ungedämpfte Welle, die gegen die z-Richtung läuft, und zwar mit einer Geschwindigkeit, die etwas größer ist als die der durch den Elektronenstrahl nicht beeinflußten Welle. — Die Lösung γ_{z_2} kennzeichnet ebenfalls eine ungedämpfte Welle; sie läuft aber in Strahlrichtung und ihre Geschwindigkeit wird durch die Wechselwirkung mit dem Elektronenstrahl stärker erhöht als die der gegenläufigen Welle. — Die Lösungen γ_{z_3} und γ_{z_4} kennzeichnen durch die Imaginärteile der Fortpflanzungskonstanten Wellen, die mit verminderter Geschwindigkeit in Strahlrichtung verlaufen. Außerdem sind aber Realteile vorhanden, die eine Dämpfung bedingen. Die Lösung γ_{z_3} kennzeichnet eine abklingende, die Lösung γ_{z_4} eine anklingende Welle. Diese letzte Wellenform ermöglicht also die Verstärkung mit der Wanderfeldröhre; das Anklingen der Spannung längs der Wendelleitung wird gekennzeichnet durch die Dämpfungskonstante:

$$\beta_z = \alpha_z\frac{\sqrt{3}}{2}\sqrt[3]{\frac{\sigma^2 Z_l}{4\,\overline{\overline{R}}}}.$$

Von den vier möglichen Wellenformen auf der Wendelleitung ist nur eine für die Verstärkung erwünscht. Die gegen Strahlrichtung laufende Welle läßt sich durch geeigneten Abschluß mit dem Wellenwiderstand am Leitungsende unterdrücken; die übrigen drei Wellen sind jedoch vorhanden und überlagern sich derart, daß sich die zugehörigen Wechselgeschwindigkeiten, Leitungswechselströme und Wechselspannungen addieren. Die Größen der drei Teilwellen müssen sich nun so einstellen, daß die resultierende Wechselgeschwindigkeit und der resultierende Elektronen-Leitungswechselstrom am Leitungsanfang Null werden, wie die technische Anordnung der Röhre nach Abb. 94 es verlangt. Durch Rückeinsetzen läßt sich im Rahmen der überall im Verlauf der Rechnung gemachten Näherungen leicht nachweisen, daß die zugehörigen Wechselspannungswerte untereinander gleich groß werden müssen. Die am Röhreneingang zugeführte Spannung $\mathfrak{U}_1$ zerfällt also in drei gleiche Anteile; am Röhrenausgang nach der Leitungslänge l ist praktisch nur noch die anklingende Welle wirksam und stellt den wesentlichen Beitrag zur

Ausgangsspannung $\mathfrak{U}_2$. Für die Spannungsverstärkung kann man deshalb mit genügender Genauigkeit schreiben:

$$\left|\frac{\mathfrak{U}_1}{\mathfrak{U}_2}\right| = \frac{1}{3}\,e^{\beta_z l}.$$

Dieser Zusammenhang gilt unter der Voraussetzung, daß die Elektronengeschwindigkeit gerade gleich der Geschwindigkeit der ungestörten Wellenausbreitung auf der Wendelleitung ist; bei Geschwindigkeitsabweichungen wird die Verstärkung geringer.

Alle im Abschnitt A beschriebenen Höchstfrequenzverstärkerröhren besaßen einen oder mehrere Resonatoren und waren deshalb nur zur Verstärkung eines schmalen Frequenzbandes brauchbar. Im Gegensatz dazu ist die Wanderfeldröhre außerordentlich breitbandig. In der elementaren Ableitung taucht eine Frequenzabhängigkeit der Verstärkung überhaupt nicht auf; in Wirklichkeit ändert sich die Ausbreitungsgeschwindigkeit, wenn die Frequenz derart hoch wird, daß die ungestörte Wellenlänge nicht mehr groß ist gegen den Wendeldurchmesser. Der Grenzfall der Geschwindigkeit für höchste Frequenzen ist dadurch gegeben, daß die Welle dem gewendelten Draht mit Lichtgeschwindigkeit folgt; in diesem Gebiet wird zugleich die Längsfeldstärke in der Mittelachse immer geringer.

II. Die stehenden Wellen.

Im Abschnitt I wurden fortschreitende elektromagnetische Wellen auf Doppelleitungen behandelt; das Wesen dieser fortschreitenden Wellen bestand darin, daß ein Transport von elektromagnetischer Energie nur in einer Richtung erfolgte, während ein gleichzeitiger entgegengesetzt verlaufender Energietransport ausgeschlossen war. Der vorliegende Abschnitt umfaßt nun die Betriebsfälle der reinen stehenden Wellen, bei denen der Energietransport in den beiden entgegengesetzten Richtungen genau gleich groß ist, und die Fälle des Zusammenwirkens von stehenden und fortschreitenden Wellen, bei denen der Energietransport in den beiden Richtungen verschieden ist.

1. Die Vorgänge auf verlustlosen Leitungen.

a) Entstehung und Eigenschaften der stehenden Welle.

Die allgemeinen Voraussetzungen über die Sonderformen der Doppelleitungen und die Leitungskonstanten sind hier genau die gleichen wie in Abschnitt I (vgl. S. 205ff.). Es werde vorläufig nur die Einschränkung gemacht, daß keine Verluste vorhanden sind, daß also der Widerstandsbelag R' und der Leitwertbelag G' Null werden. Für eine in z-Richtung fortschreitende Welle ergibt sich dann die Lösung nach Gl. (175)

auf S. 208, wobei infolge der verlustlosen Leitung γ_z durch $j\,\alpha_z$ nach Gl. (176) auf S. 209 zu ersetzen ist. Um nun aus der fortschreitenden Welle eine stehende zu gewinnen, müssen zwei in entgegengesetzter Richtung verlaufende Wellenzüge vorhanden sein. Der hinlaufende, d. h. in z-Richtung laufende Wellenzug sei gekennzeichnet durch die Spannung $\mathfrak{U}_h$ und den Strom $\mathfrak{J}_h$, der rücklaufende, d. h. gegen die positive z-Richtung laufende Wellenzug durch die Spannung $\mathfrak{U}_r$ und den Strom $\mathfrak{J}_r$. Die Anfangswerte für $z = 0$ von Spannung und Strom für die beiden Wellenzüge seien gleich $\mathfrak{U}_{h_0}$ bzw. $\mathfrak{J}_{h_0}$ und $\mathfrak{U}_{r_0}$ bzw. $\mathfrak{J}_{r_0}$ gesetzt; entsprechend Gl. (175) auf S. 208 besteht der Zusammenhang:

$$\mathfrak{U}_{h_0} = Z_l\,\mathfrak{J}_{h_0} \quad \text{und} \quad \mathfrak{U}_{r_0} = - Z_l\,\mathfrak{J}_{r_0}.$$

Daraus ergeben sich die folgenden Beziehungen:

$$\mathfrak{U}_h = \mathfrak{U}_{h_0}\,e^{-j\,\alpha_z z}, \qquad\qquad \mathfrak{U}_r = \mathfrak{U}_{r_0}\,e^{j\,\alpha_z z},$$

$$\mathfrak{J}_h = \mathfrak{J}_{h_0}\,e^{-j\,\alpha_z z} = \frac{\mathfrak{U}_{h_0}}{Z_l}\,e^{-j\,\alpha_z z}, \qquad \mathfrak{J}_r = \mathfrak{J}_{r_0}\,e^{j\,\alpha_z z} = - \frac{\mathfrak{U}_{r_0}}{Z_l}\,e^{j\,\alpha_z z}.$$

Bei der rücklaufenden Welle müssen die Phasenkonstante α_z und der Strom $\mathfrak{J}_{r_0}$ ein negatives Vorzeichen erhalten, um den Energietransport gegen die positive z-Richtung zu kennzeichnen. Die Gesamtspannung $\mathfrak{U}$ und der Gesamtstrom $\mathfrak{J}$ auf der Leitung sind dann:

$$\left.\begin{aligned}
\mathfrak{U} &= \mathfrak{U}_h + \mathfrak{U}_r = \mathfrak{U}_{h_0}\,e^{-j\,\alpha_z z} + \mathfrak{U}_{r_0}\,e^{j\,\alpha_z z}, \\
\mathfrak{J} &= \mathfrak{J}_h + \mathfrak{J} = \frac{1}{Z_l}\left(\mathfrak{U}_{h_0}\,e^{-j\,\alpha_z z} - \mathfrak{U}_{r_0}\,e^{j\,\alpha_z z}\right).
\end{aligned}\right\} \tag{200}$$

Da bei stehenden Wellen hinlaufender und rücklaufender Wellenzug gleich groß sein müssen, werde $\mathfrak{U}_{h_0} = \mathfrak{U}_{r_0} = \dfrac{\mathfrak{U}_{\max}}{2}$ gesetzt; dann ergeben sich die Grundgleichungen für die stehende Welle:

$$\left.\begin{aligned}
\mathfrak{U} &= \frac{\mathfrak{U}_{\max}}{2}\left(e^{-j\,\alpha_z z} + e^{j\,\alpha_z z}\right) = \mathfrak{U}_{\max}\cos(\alpha_z z), \\
\mathfrak{J} &= \frac{\mathfrak{U}_{\max}}{2 Z_l}\left(e^{-j\,\alpha_z z} - e^{j\,\alpha_z z}\right) = \frac{\mathfrak{U}_{\max}}{j\,Z_l}\sin(\alpha_z z).
\end{aligned}\right\} \tag{201}$$

Die Entstehung der stehenden Welle aus zwei in entgegengesetzter Richtung laufenden fortschreitenden Wellen, die rechnerisch durch Gl. (201) dargestellt ist, ist anschaulich aus der Abb. 95 zu entnehmen. Die Darstellung ist in ähnlicher Art durchgeführt wie bei der fortschreitenden Welle in Abb. 87; die Spitzen der Zeiger laufen auf Kreisen, die in z-Richtung übereinandergeschichtet sind. Das linke Bild in Abb. 95 zeigt das Entstehen der resultierenden Spannung $\mathfrak{U}$ aus den Teilspannungen $\mathfrak{U}_h$ und $\mathfrak{U}_r$. Die Spitzen der Zeiger $\mathfrak{U}_h$ und $\mathfrak{U}_r$ laufen auf den gezeichneten Kreisen im entgegengesetzten Sinne um; der Umlaufsinn von $\mathfrak{U}_h$ ergibt sich aus der z-Richtung nach der Rechtsschraubenregel; die beiden Zeiger werden in den einzelnen Kreisebenen geometrisch addiert und ergeben dadurch die resultierende Spannung $\mathfrak{U}$, deren Verlauf in Abhängigkeit von z durch den ausgezogenen Kurvenzug [Kosinus-linie entsprechend Gl. (201)] gegeben ist. Man erkennt, daß bei der entstandenen stehenden Welle die Phase der Spannung $\mathfrak{U}$ konstant bleibt und sich nicht wie bei der fortschreitenden Welle mit zunehmendem z dreht; dafür ändert sich aber die Größe der Spannung nach dem

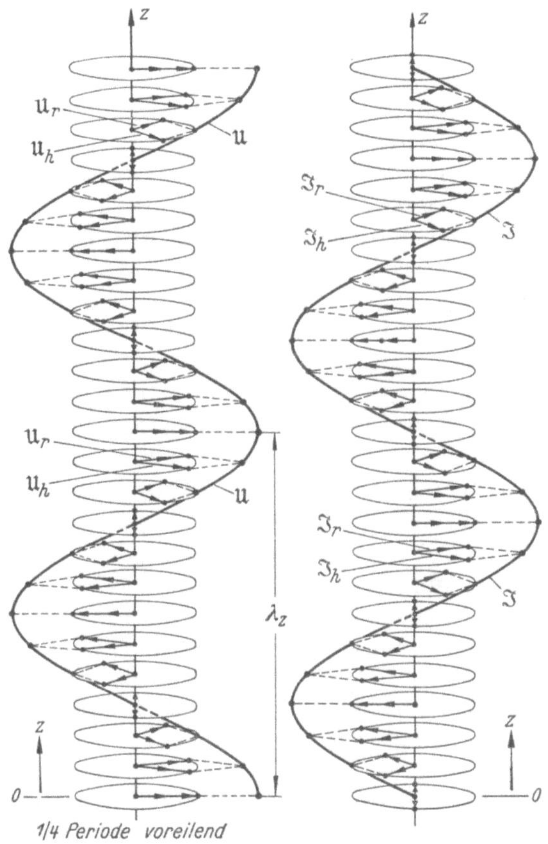

Abb. 95. Entstehung der stehenden Welle aus zwei gegeneinander fortschreitenden Wellen.

Kosinusgesetz, wobei sich Stellen auf der Leitung ergeben, in denen die Spannung immer Null ist („Spannungsknoten"), und Stellen, in denen die Spannung ihr Maximum hat („Spannungsbäuche"). Die Spannungs-knoten haben den gegenseitigen Abstand von einer halben Wellenlänge $(\lambda_z/2)$, ebenso auch die Spannungsbäuche. Der Abstand zwischen Span-nungsbauch und -knoten beträgt $\lambda_z/4$. — Das rechte Bild der Abb. 95 zeigt entsprechend die Entstehung des resultierenden Stromes $\mathfrak{J}$ aus den Zeigern $\mathfrak{J}_h$ und $\mathfrak{J}_r$. Hierbei ist jedoch ein um eine Viertelperiode späterer Zeitpunkt gewählt; man erkennt dies z. B. daraus, daß bei

$z = 0$ die Richtung der Zeiger $\mathfrak{J}_h$ und $\mathfrak{J}_r$ gegen die Richtung der Zeiger $\mathfrak{U}_h$ und $\mathfrak{U}_r$ im linken Bild um 90° gedreht ist (im Uhrzeigersinne) (der Zeiger $\mathfrak{J}_r$ muß bei der rücklaufenden Welle gegen den Zeiger $\mathfrak{U}_r$ um 180° gedreht sein). Aus dem rechten Bild erkennt man, daß der Verlauf des resultierenden Stromes in z-Richtung sich nach einer Sinuskurve vollzieht, wie auch Gl. (201) zeigt (die zeitliche Verschiebung um 90° ist in der Gleichung durch den Faktor 1/j gegeben). Es gibt „Stromknoten" und „Strombäuche"; der Abstand von Strombauch zu Strombauch und der Abstand von Stromknoten zu Stromknoten ist je eine halbe Wellenlänge, der Abstand zwischen Strombauch und Stromknoten ist eine Viertelwellenlänge.

Aus dem Vergleich der beiden Bilder in Abb. 95 entnimmt man ein weiteres, sehr wichtiges Kennzeichen für die stehende Welle. An der Stelle, an der sich ein Spannungsbauch befindet, liegt ein Stromknoten, und dort, wo ein Spannungsknoten ist, befindet sich ein Strombauch. Es gibt also bei der stehenden Welle Stellen auf der Leitung, wo der Strom ständig Null ist und die Spannung ihr Maximum hat, und anderseits Stellen, wo die Spannung dauernd Null ist und der Strom seinen Höchstwert besitzt. Den zeitlichen Verlauf von Strom und Spannung kann man sich dadurch veranschaulichen, daß man die gezeichneten Bilder um die z-Achse rotieren läßt und die Projektion der Sinuskurven auf die Zeichenebene betrachtet; der zeitliche Verlauf äußert sich dann darin, daß die projizierten Sinuskurven bis auf Null zusammensinken, dann mit entgegengesetztem Vorzeichen wieder groß werden, wieder zusammensinken, wieder ihre ursprüngliche Gestalt annehmen, und so fort. Dabei ist noch zu beachten, daß das Bild des Spannungsverlaufes, links in Abb. 95, eine Viertelperiode vor dem Bild des Stromes vorauseilt; in Wirklichkeit ist also, wenn die Stromverteilung ihren zeitlichen Höchstwert erreicht, die Spannung überall auf der Leitung Null und entsprechend entgegengesetzt.

Die Aussage, daß der Leistungstransport bei der stehenden Welle in beiden Richtungen gleich, in der Gesamtwirkung also Null ist, bezieht sich auf die Wirkleistungen; dies besagt nicht, daß keine Blindleistungen vorhanden sein können, daß also ein Hin- und Herschwingen von elektromagnetischer Energie auf der Leitung stattfinden kann. Die Blindleistung findet man hier wegen der Phasenverschiebung von 90° zwischen $\mathfrak{U}$ und $\mathfrak{J}$ nach der Beziehung $N_B = \dfrac{|\mathfrak{U}||\mathfrak{J}|}{2}$ aus den Gl. (201):

$$N_B = \frac{|\mathfrak{U}_{\max}|^2}{2 Z_l} \sin\left(\alpha_z z\right) \cos\left(\alpha_z z\right) = \frac{|\mathfrak{U}_{\max}|^2}{4 Z_l} \sin\left(2\,\alpha_z z\right). \tag{202}$$

In den Spannungsknoten $\left(\alpha_z z = \dfrac{\pi}{2}, \dfrac{3}{2}\pi, \dfrac{5}{2}\pi \ldots\right)$ und den Spannungsbäuchen $(\alpha_z z = 0, \pi, 2\pi, 3\pi \ldots)$ findet kein Blindleistungsübergang statt. Daher bleibt der Inhalt an elektromagnetischer Energie innerhalb eines Leitungsstückes von $\lambda_z/4$ Länge zwischen Spannungsbauch und Spannungsknoten stets konstant, da an den Grenzen weder Energie zu- noch abgeführt wird. Da Spannung und Strom zeitlich um eine Viertelperiode in der Phase gegeneinander verschoben sind, schwingt der Energieinhalt zwischen elektrischer und magnetischer Energie hin und her. Der Energieinhalt kann daher entweder aus dem Scheitelwert der elektrischen oder der magnetischen Energie errechnet werden. Berechnet man den Energieinhalt für ein Leitungsstück von der Länge a_z, das ein ganzzahliges Vielfaches von $\frac{\lambda_z}{4}$ groß sein soll $\left(a_z = k\,\frac{\lambda_z}{4}\right)$, so folgt: Für ein Leitungselement von der Länge dz ist der maximale elektrische Energieinhalt: $\dfrac{|\mathfrak{U}|^2 C'}{2}\,dz$ und der magnetische Energieinhalt: $\dfrac{|\mathfrak{J}|^2 L'}{2}\,dz$; für die gesamte Leitungslänge folgt daraus der Energieinhalt W, wenn man $\mathfrak{U}$ und $\mathfrak{J}$ aus Gl. (201) entnimmt:

$$W = \int\limits_{\alpha_z z=0}^{k\frac{\pi}{2}} \frac{|\mathfrak{U}_{\max}|^2 C'}{2}\cos^2(\alpha_z z)\,dz = \int\limits_{\alpha_z z=0}^{k\frac{\pi}{2}} \frac{|\mathfrak{J}_{\max}|^2 L'}{2}\sin^2(\alpha_z z)\,dz,$$

$$W = \frac{|\mathfrak{U}_{\max}|^2}{4}\,C'\,a_z = \frac{|\mathfrak{J}_{\max}|^2}{4}\,L'\,a_z = \frac{|\mathfrak{U}_{\max}|^2}{4Z_l^2}\,L'\,a_z = \frac{|\mathfrak{U}_{\max}|^2}{4Z_l}\,\frac{a_z}{v_z}. \qquad (203)$$

Für die Umrechnungen sind die Gl. (174a) auf S. 208 und (177) auf S. 209 verwendet worden.

b) Das Zusammenwirken von stehenden und fortschreitenden Wellen.

Genau genommen kann die soeben geschilderte stehende Welle nur auf verlustlosen Leitungen auftreten; jedoch stellen bei kürzeren Leitungsstücken mit geringer Dämpfung die gewonnenen Formeln sehr gute Annäherungen an die wirklichen Verhältnisse dar. Sehr häufig tritt im Betriebe der Fall auf, daß stehende Wellen und fortschreitende Wellen zusammenwirken oder, was dasselbe besagt, daß zwei in entgegengesetzter Richtung laufende fortschreitende Wellen verschiedener Größe vorhanden sind. Auch hier gibt die Betrachtung der verlustlosen Leitung eine sehr gute Annäherung an die meisten Fälle der Praxis.

Die Leitungen werden an ihrem Ende mit einem Verbraucherwiderstand bestimmter Größe, der auch ein komplexer Widerstand sein kann, abgeschlossen. Wie sich aus den folgenden Betrachtungen ergeben wird, ist durch diesen Abschlußwiderstand zugleich die relative Spannungs- und Stromverteilung festgelegt; es ist deshalb zweckmäßig, die Verteilung der Spannung und des Stromes vom Leitungsende ausgehend zu betrachten. In Abb. 96 ist das Schema einer Doppelleitung dargestellt, die an ihrem Ende, bei $z = 0$, durch einen komplexen Widerstand $\mathfrak{R}_0 = \mathfrak{U}_0/\mathfrak{J}_0$ abgeschlossen sein soll; Spannung und Strom an dieser Stelle seien $\mathfrak{U}_0$ und $\mathfrak{J}_0$. Der Wellenwiderstand der Leitung ist Z_l (bei der verlustlosen Leitung ein reeller Widerstand). Die Leitungslänge, vom Ende aus gemessen, sei l (die positive Richtung von l läuft der positiven Richtung von z entgegen). Spannung und Strom am Leitungsanfang seien $\mathfrak{U}$ und $\mathfrak{J}$, der Leitungsanfang stellt somit einen Widerstand $\mathfrak{R} = \mathfrak{U}/\mathfrak{J}$ dar.

Um für die in Abb. 96 dargestellte Leitung die Spannungs- und Stromverteilung zu berechnen, geht man von der allgemeinen Gl. (200) auf S. 230 aus; als Randbedingungen für das Leitungsende gelten:

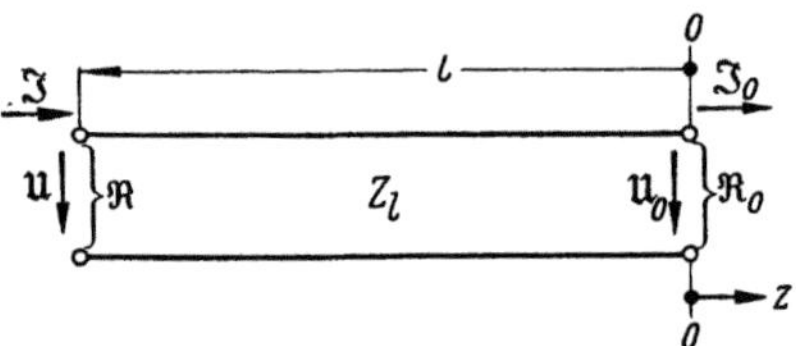

Abb. 96. Zur Festlegung der Spannungs- und Stromrichtung bei einer Doppelleitung von der Länge l.

$$z = 0,$$
$$\mathfrak{U}_0 = \mathfrak{U}_{h_0} + \mathfrak{U}_{r_0},$$
$$Z_l \mathfrak{J}_0 = \mathfrak{U}_{h_0} - \mathfrak{U}_{r_0},$$

also
$$\mathfrak{U}_{h_0} = \tfrac{1}{2}(\mathfrak{U}_0 + Z_l \mathfrak{J}_0);$$
$$\mathfrak{U}_{r_0} = \tfrac{1}{2}(\mathfrak{U}_0 - Z_l \mathfrak{J}_0).$$

Ersetzt man schließlich $-z$ durch l, so ergibt sich:

$$\left.\begin{aligned}
\mathfrak{U} &= (\mathfrak{U}_0 + Z_l \mathfrak{J}_0)\frac{e^{j\alpha_z l}}{2} + (\mathfrak{U}_0 - Z_l \mathfrak{J}_0)\frac{e^{-j\alpha_z l}}{2}, \\
Z_l \mathfrak{J} &= (\mathfrak{U}_0 + Z_l \mathfrak{J}_0)\frac{e^{j\alpha_z l}}{2} - (\mathfrak{U}_0 - Z_l \mathfrak{J}_0)\frac{e^{-j\alpha_z l}}{2}.
\end{aligned}\right\} \quad (204\,\mathrm{a})$$

Durch einfaches Umformen kann man diesen Gleichungen auch die folgende Gestalt geben:

$$\left.\begin{aligned}
\mathfrak{U} &= \mathfrak{U}_0 \cos(\alpha_z l) + j Z_l \mathfrak{J}_0 \sin(\alpha_z l), \\
Z_l \mathfrak{J} &= j \mathfrak{U}_0 \sin(\alpha_z l) + Z_l \mathfrak{J}_0 \cos(\alpha_z l).
\end{aligned}\right\} \quad (204\,\mathrm{b})$$

Um das Ergebnis dieser Gleichungen besonders einfach darzustellen, ist es zweckmäßig anzunehmen, daß die Leitung an ihrem Ende durch einen rein Ohmschen Widerstand $\mathfrak{R}_0 = R_{\mathrm{min}} = \mathfrak{U}_0/\mathfrak{J}_0$ abgeschlossen sein soll; R_{min} soll kleiner als der Wellenwiderstand Z_l sein. Wie sich aus den folgenden Betrachtungen ergeben wird, kann man von dieser einschränkenden Annahme über den Abschlußwiderstand sehr leicht auf beliebige Abschlußwiderstände übergehen. Außerdem werde hier der Strom am Leitungsende $\mathfrak{J}_0 = \mathfrak{J}_{\mathrm{max}}$ gesetzt, weil bei Abschluß der Leitung mit einem Ohmschen Widerstand $R_{\mathrm{min}} < Z_l$ der Strom $\mathfrak{J}_{\mathrm{max}}$ der höchste Wert des Stromes ist, der sich auf der Leitung überhaupt ausbilden kann. Schließlich werde folgende Abkürzung eingeführt:

$$d = \frac{R_{\mathrm{min}}}{Z_l} \leqq 1;$$

die Größe d, deren Bedeutung unten noch ausführlich auseinandergesetzt wird, soll als „Anpassungsmaß" bezeichnet werden, weil sie angibt, in welchem Maße sich der Abschlußwiderstand an den Wellenwiderstand anpaßt. Durch Einführen dieser neuen Voraussetzung und der Abkürzungen kann man den Gl. (204a) folgende Gestalt geben:

$$\left.\begin{aligned}\frac{\mathfrak{U}}{Z_l\,\mathfrak{J}_{\max}} &= (1+d)\,\frac{e^{j\,\alpha_z l}}{2} - (1-d)\,\frac{e^{-j\,\alpha_z l}}{2} = e^{j\,\alpha_z l}\left[\frac{1+d}{2} - \frac{1-d}{2}\,e^{-2\,j\,\alpha_z l}\right],\\[2mm]\frac{\mathfrak{J}}{\mathfrak{J}_{\max}} &= (1+d)\,\frac{e^{j\,\alpha_z l}}{2} + (1-d)\,\frac{e^{-j\,\alpha_z l}}{2} = e^{j\,\alpha_z l}\left[\frac{1+d}{2} + \frac{1-d}{2}\,e^{-2\,j\,\alpha_z l}\right].\end{aligned}\right\} \quad (205)$$

Diese Form der Gleichungen eignet sich gut zu einer graphischen Veranschaulichung, die in Abb. 97 dargestellt ist. In der komplexen Ebene werden vom Nullpunkt aus unter dem Winkel $\alpha_z l$ die Strecken $0\text{—}d$ mit der Länge d und $0\text{—}1$ mit der Länge 1 aufgetragen; das Stück zwischen den Endpunkten dieser beiden Strecken wird durch den Punkt M halbiert, und um M wird ein Kreis geschlagen, der durch die mit d und 1 gekennzeichneten Punkte geht. Der Zeiger $\overrightarrow{OM}$ hat somit die Größe $\dfrac{1+d}{2}$, der Radius des Kreises ist $\dfrac{1-d}{2}$. Durch den Kreis zeichnet man dann einen Durchmesser, der gegen den Zeiger $\overrightarrow{OM}$ um den Winkel $-2\,\alpha_z l$ gedreht ist;

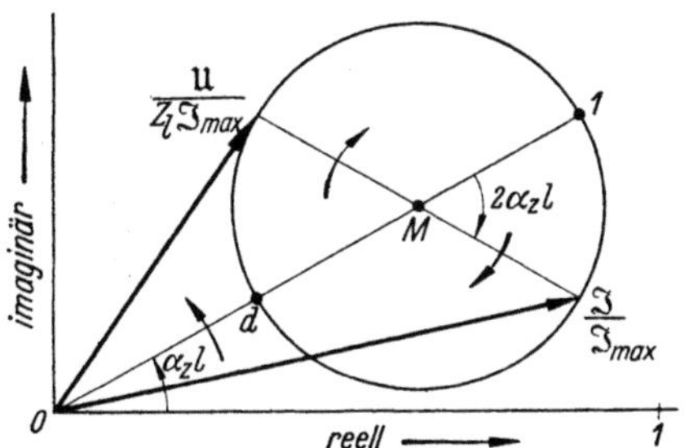

Abb. 97. Graphische Darstellung für den Spannungs- und Stromverlauf längs einer verlustlosen Leitung.

zwischen den Endpunkten dieses Durchmessers und dem Nullpunkt verlaufen dann die beiden Zeiger $\mathfrak{U}/Z_l\mathfrak{J}_{\max}$ und $\mathfrak{J}/\mathfrak{J}_{\max}$, wie man unmittelbar aus der Gl. (205) ablesen kann.

Um nun aus der Figur in Abb. 97 die Größe von Spannung und Strom für jede beliebige Leitungslänge l abzulesen, braucht man nur den Zeiger $\overrightarrow{OM}$ und den gekennzeichneten Durchmesser um den gewünschten Winkel $\alpha_z l$ bzw. $2\,\alpha_z l$ zu drehen, und man erhält sofort die Zeiger $\mathfrak{U}/Z_l\mathfrak{J}_{\max}$ und $\mathfrak{J}/\mathfrak{J}_{\max}$ nach Größe und Richtung. Für die meisten Fälle der praktischen Anwendung interessiert an jeder Stelle l der Leitung nur die gegenseitige Phasenlage zwischen $\mathfrak{U}$ und $\mathfrak{J}$ und nicht die Phasenlage gegen Spannung und Strom am Leitungsende; unter diesen Umständen kann man auf die Drehung des Zeigers $\overrightarrow{OM}$ vollkommen verzichten und nur den Kreisdurchmesser drehen. Daraus kann man dann bezüglich der absoluten Größen $\mathfrak{U}$ und $\mathfrak{J}$ folgendes erkennen: Die größte Länge, die die Zeiger $\mathfrak{U}/Z_l\mathfrak{J}_{\max}$ und $\mathfrak{J}/\mathfrak{J}_{\max}$ annehmen können, ist Eins, die geringste Länge d. Der Höchstwert des Stromes ist also $|\mathfrak{J}| = I_{\max}$; er wird erreicht für $2\,\alpha_z l = 0°$, $360°$, $720°$ usw., also für $l = 0$, $\lambda_z/2$, λ_z usw. Der niedrigste Wert des Stromes ist $|\mathfrak{J}| = I_{\min} = d\,I_{\max}$; er tritt auf an den Stellen $\lambda_z/4$, $\frac{3}{4}\,\lambda_z$, $\frac{5}{4}\,\lambda_z$ usw. Der Höchstwert der Spannung ist $|\mathfrak{U}| = U_{\max} = Z_l I_{\max}$; er ist an den Stellen vorhanden, an denen der Strom gerade seinen niedrigsten Wert besitzt. Der niedrigste Wert der Spannung ist $|\mathfrak{U}| = U_{\min} = d\,U_{\max}$; er befindet sich an den Stellen, an denen der Strom seinen Höchstwert erreicht. Somit ergeben sich zusammenfassend folgende Zusammenhänge zwischen den Höchst- und Kleinstwerten von Spannung und Strom:

$$d = \frac{U_{\min}}{U_{\max}} = \frac{I_{\min}}{I_{\max}}, \qquad (206)$$

$$Z_l = \frac{U_{\max}}{I_{\max}} = \frac{U_{\min}}{I_{\min}}. \qquad (207)$$

Hieraus erkennt man deutlich, daß die Spannungs- und Stromverteilung durch die Größe d beherrscht wird; d ist durch den Abschlußwiderstand $R_{\min}$ bestimmt $(d = R_{\min}/Z_l)$; durch Wahl des (vorläufig als rein ohmisch

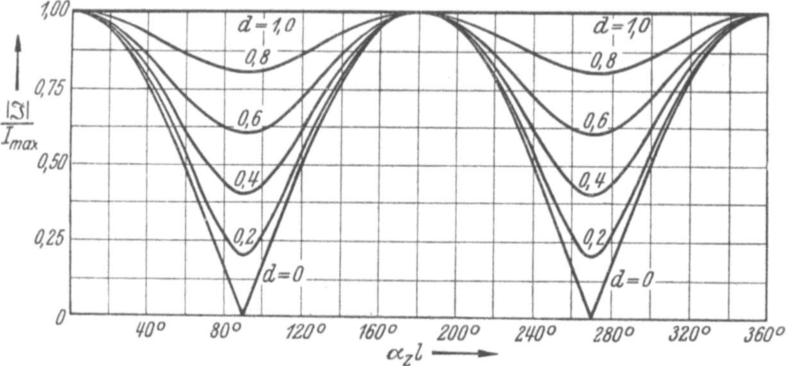

Abb. 98. Verlauf für den Absolutwert des Stromes längs einer Leitung bei verschiedenem Anpassungsmaß d.

vorausgesetzten) Abschlußwiderstandes ist also das Verhältnis zwischen Tiefst- und Höchstwert von Spannung und Strom festgelegt. Ist der Abschlußwiderstand $R_{\min} = 0$, so ist auch die Größe des Anpassungsmaßes $d = 0$, die Tiefstwerte von Spannung und Strom werden Null, es ist der Fall der stehenden Welle vorhanden. Ist $R_{\min} = Z_l$, so ist das Anpassungsmaß $d = 1$; es fällt dann in Abb. 97 der Kreis in den Punkt M, es gibt keine Höchst- und Tiefstwerte von Spannung und Strom mehr; der Betrag von Spannung und Strom bleibt längs der Leitung unverändert (Zusammenhang: $\mathfrak{U}/\mathfrak{J} = Z_l$), es liegt dann der Fall der fortschreitenden Welle vor. — Bezüglich der gegenseitigen Phasenlage zwischen Spannung und Strom ist aus Abb. 97 folgendes zu entnehmen: Die Phasenlage zwischen den Zeigern $\mathfrak{U}/Z_l\,\mathfrak{J}_{\max}$ und $\mathfrak{J}/\mathfrak{J}_{\max}$ ist bei allen beliebigen Leitungslängen zwischen 0 und 90° gelegen; für $d = 1$ (fortschreitende Welle) ist die Phasenverschiebung Null (überall auf der Leitung), für $d = 0$ (stehende Welle) ist die Phasenverschiebung auf der Leitung überall 90°, für die Zwischenwerte von d ändert sich die

Phasenverschiebung im Verlaufe der Leitungslänge, d. h. in Abb. 97 mit dem Winkel $2\,\alpha_z l$.

Um die Zusammenhänge durch eine andere Darstellung noch anschaulicher zu gestalten, ist in den Abb. 98 und 99 der in der Leitung fließende Strom $\mathfrak{J}$ nach Betrag und Phase über der Leitungslänge (bzw. dem Winkel $\alpha_z l$) aufgetragen, wobei verschiedene Werte des Anpassungsmaßes d als Parameter gewählt sind. In Abb. 98 ist der Betrag $|\,\mathfrak{J}\,|$

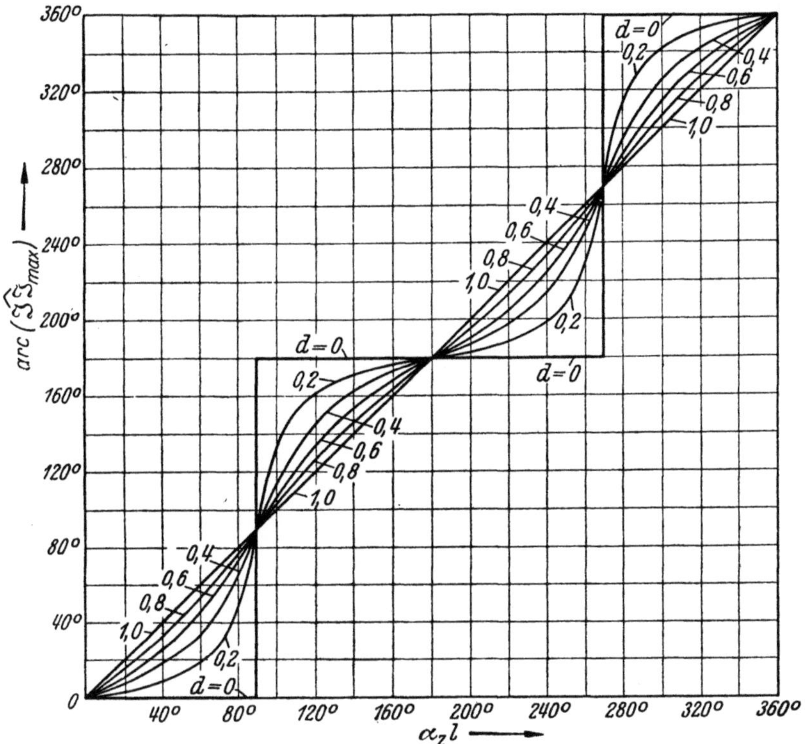

Abb. 99. Verlauf für den Phasenwinkel des Stromes längs einer Leitung bei verschiedenem Anpassungsmaß d.

des Stromes im Verhältnis zum Höchstwert $I_{\max}$ aufgetragen. Bei $d = 1$ (fortschreitende Welle) ist $|\,\mathfrak{J}\,|$ überall gleich $I_{\max}$, für $d < 1$ sattelt er dann an den Stellen $\alpha_z l = 90$ und $270°$, d. h. $l = \lambda_z/4$ und $\tfrac{3}{4}\,\lambda_z$, immer tiefer ein, um schließlich bei $d = 0$ (stehende Welle) den Wert Null zu erreichen. In Abb. 99 ist der Phasenwinkel zwischen dem Strom $\mathfrak{J}$ und dem Strom $\mathfrak{J}_{\max}$ am Leitungsende aufgetragen. Bei $d = 1$ (fortschreitende Welle) ist dieser Phasenwinkel gleich dem Winkel $\alpha_z l$, bei $d = 0$ (stehende Welle) dagegen springt er jeweils um $180°$ (an den Stellen $a_z l = 90$ und $270°$), um im übrigen konstant zu bleiben. Für die Zwischenwerte von d verläuft die Kurve des Phasenwinkels zwischen den beiden Grenzkurven.

Außer der Kenntnis der Spannungs- und Stromverteilung auf der Leitung ist es von besonderer Wichtigkeit, zu wissen, welchen Eingangswiderstand $\mathfrak{R} = \mathfrak{U}/\mathfrak{J}$ eine Leitung mit der Länge l beim Anpassungsmaß d darstellt. Diesen Widerstand berechnet man am einfachsten aus der Gl. (204b) auf S. 234; wenn man $\mathfrak{U}_0/\mathfrak{J}_0 Z_l = R_{\min}/Z_l = d$ setzt und die beiden Gleichungen durcheinander dividiert, so folgt:

$$\frac{\mathfrak{R}}{Z_l} = \frac{d + \mathrm{j}\,\mathrm{tg}\,(\alpha_z l)}{1 + \mathrm{j}\,d\,\mathrm{tg}\,(\alpha_z l)} . \tag{208a}$$

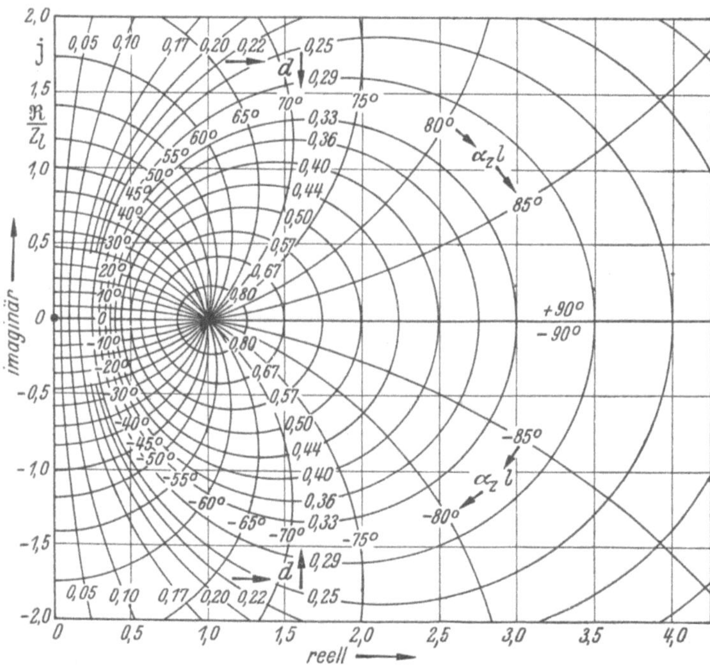

Abb. 100. Verlauf für den komplexen Widerstand $\mathfrak{R}$ längs einer Leitung bei verschiedenem Anpassungsmaß d.

In vielen Fällen ist es bequemer, statt mit dem Widerstand mit dem Leitwert $\mathfrak{G} = 1/\mathfrak{R}$ zu rechnen; für diesen Leitwert ergibt sich:

$$\mathfrak{G} Z_l = \frac{1 + \mathrm{j}\,d\,\mathrm{tg}\,(\alpha_z l)}{d + \mathrm{j}\,\mathrm{tg}\,(\alpha_z l)} . \tag{208b}$$

Um nun eine möglichst gute Übersicht über die Beziehungen (208) zu erhalten, stellt man die Größen $\mathfrak{R}/Z_l$ bzw. $\mathfrak{G} Z_l$ in der komplexen Ebene in Abhängigkeit von d und $\alpha_z l$ dar, wie dies in den Abb. 100 und 101 geschehen ist. Die Endpunkte der Zeiger $\mathfrak{R}/Z_l$ bzw. $\mathfrak{G} Z_l$ liegen für $d = $ konst. und $\alpha_z l = $ konst. auf Kreisscharen, die sich rechtwinklig schneiden (es ist dies im übrigen das gleiche Kreisscharenbild, das bei der Berechnung der elektrischen und magnetischen Feldlinien für die

Paralleldrahtleitung entsteht; vgl. Abb. 90b, 91 und die zugehörigen Ableitungen). Zur Ermittlung dieser Kreisscharen kann man die Gl. (208a) und (208b) in folgender Form schreiben, wie sich durch Zurückrechnen sehr leicht zeigen läßt:

$$\frac{\Re}{Z_l} = \frac{1}{2}\left(d + \frac{1}{d}\right) + \frac{1}{2}\left(d - \frac{1}{d}\right)\frac{1 - \mathrm{j}\,d\,\mathrm{tg}(\alpha_z l)}{1 + \mathrm{j}\,d\,\mathrm{tg}(\alpha_z l)},$$

$$\Im Z_l = \frac{1}{2}\left(d + \frac{1}{2}\right) + \frac{1}{2}\left(\frac{1}{d} - d\right)\frac{d - \mathrm{j}\,\mathrm{tg}(\alpha_z l)}{d + \mathrm{j}\,\mathrm{tg}(\alpha_z l)}.$$

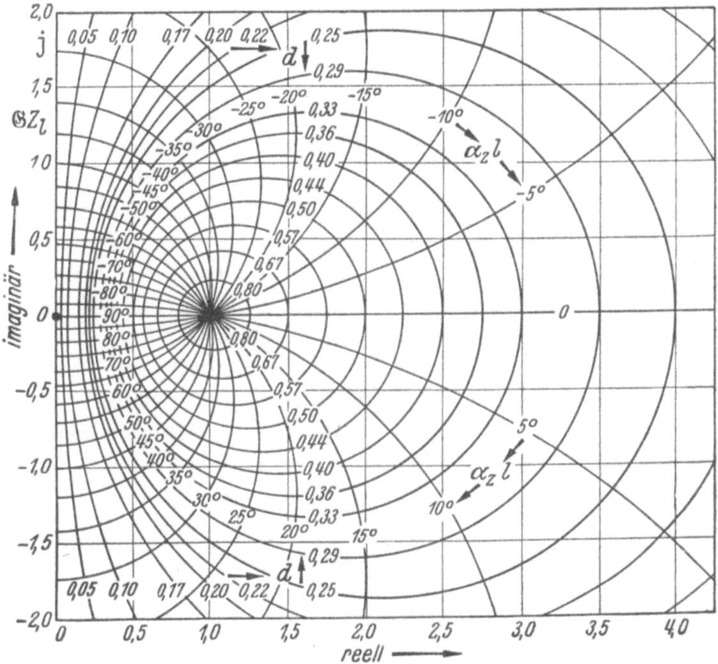

Abb. 101. Verlauf für den komplexen Leitwert $\Im$ längs einer Leitung bei verschiedenem Anpassungsmaß d.

Bei dieser Schreibweise kommt die Größe $\alpha_z l$ nur in den Brüchen $\dfrac{1 - \mathrm{j}\,d\,\mathrm{tg}(\alpha_z l)}{1 + \mathrm{j}\,d\,\mathrm{tg}(\alpha_z l)}$ und $\dfrac{d - \mathrm{j}\,\mathrm{tg}(\alpha_z l)}{d + \mathrm{j}\,\mathrm{tg}(\alpha_z l)}$ vor; diese Brüche haben für alle Werte von $\alpha_z l$ stets den Betrag 1 und ändern mit $\alpha_z l$ nur ihre Phase. Läßt man also d konstant und verändert die Leitungslänge l, so laufen die Endpunkte der Zeiger $\Re/Z_l$ und $\Im Z_l$ auf Kreisen, deren Mittelpunkt auf der reellen Achse bei $\frac{1}{2}\left(d + \frac{1}{d}\right)$ liegt und deren Radius $\left|\frac{1}{2}\left(d - \frac{1}{d}\right)\right|$ beträgt; die Kreise schneiden also die reelle Achse bei den Werten d und $\frac{1}{d}$ und sind somit in besonders einfacher Weise zu konstruieren. Um anderseits die Kreise für konstantes $\alpha_z l$ und veränderliches d zu ermitteln, bringt man die Gl. (208a) und (208b) auf die Form:

$$\frac{\Re}{Z_l} = \frac{\mathrm{j}}{2}\left[\operatorname{tg}(\alpha_z l) - \operatorname{ctg}(\alpha_z l)\right] + \frac{\mathrm{j}}{2}\left[\operatorname{tg}(\alpha_z l) + \operatorname{ctg}(\alpha_z l)\right]\frac{1 - \mathrm{j}\, d\,\operatorname{tg}(\alpha_z l)}{1 + \mathrm{j}\, d\,\operatorname{tg}(\alpha_z l)},$$

$$\mathfrak{G} Z_l = \frac{\mathrm{j}}{2}\left[\operatorname{tg}(\alpha_z l) - \operatorname{ctg}(\alpha_z l)\right] + \frac{\mathrm{j}}{2}\left[\operatorname{tg}(\alpha_z l) + \operatorname{ctg}(\alpha_z l)\right]\frac{d - \mathrm{j}\,\operatorname{tg}(\alpha_z l)}{d + \mathrm{j}\,\operatorname{tg}(\alpha_z l)}.$$

Nunmehr ändern die Brüche $\dfrac{1 - \mathrm{j}\, d\,\operatorname{tg}(\alpha_z l)}{1 + \mathrm{j}\, d\,\operatorname{tg}(\alpha_z l)}$ und $\dfrac{d - \mathrm{j}\,\operatorname{tg}(\alpha_z l)}{d + \mathrm{j}\,\operatorname{tg}(\alpha_z l)}$ mit d ihre Phase, aber nicht ihren Betrag, es entstehen jetzt Kreise, deren Mittelpunkt auf der imaginären Achse bei $\dfrac{\mathrm{j}}{2}\left[\operatorname{tg}(\alpha_z l) - \operatorname{ctg}(\alpha_z l)\right]$ liegt und deren Radius $\frac{1}{2}\left|\operatorname{tg}(\alpha_z l) - \operatorname{ctg}(\alpha_z l)\right|$ beträgt; diese Kreise schneiden somit die imaginäre Achse in den Punkten $\mathrm{j}\operatorname{tg}(\alpha_z l)$ und $-\mathrm{j}\operatorname{ctg}(\alpha_z l)$ und sind somit ebenfalls einfach zu konstruieren. Die Winkelzählung für $\alpha_z l$ ist also im Widerstands- und im Leitwertsdiagramm eine andere, wie man aus den Abb. 100 und 101 entnehmen kann; vermehrt oder vermindert man die Winkel $\alpha_z l$ um 180° oder ganzzahlige Vielfache dieses Betrages, so bleiben die Kreisdiagramme unverändert, der Widerstandsverlauf auf der Leitung ist also im Abstand der halben Wellenlänge periodisch. In den Abb. 100 und 101 sind die Winkelbereiche für $\alpha_z l$ zwischen $+90$ und $-90°$ eingetragen.

Bezüglich der physikalischen Zusammenhänge läßt sich aus dem Widerstandsdiagramm der Abb. 100 folgendes entnehmen: Die Kreise für $d = $ konst. umschlingen sämtlich den Punkt 1 auf der reellen Achse; je kleiner d wird, um so größer wird der Kreis; für $d = 1$ schrumpft der Kreis in den Punkt 1 auf der reellen Achse zusammen, für $d = 0$ fällt der Kreis mit der imaginären Achse zusammen. Hält man das Anpassungsmaß d bei einer Leitung konstant und verändert die Leitungslänge, so wird der Betrag des Zeigers $\Re/Z_l$ größer und kleiner. Der Höchstwert und der Tiefstwert liegen dabei auf der reellen Achse, sie werden mit $R_{\max}/Z_l$ und $R_{\min}/Z_l$ bezeichnet; da die Schnittpunkte des Kreises für $d = $ konst. mit der reellen Achse bei d und $1/d$ liegen, ergeben sich die Zusammenhänge:

$$d = \frac{R_{\min}}{Z_l} = \frac{Z_l}{R_{\max}}, \tag{209a}$$

$$R_{\min} R_{\max} = Z_l^2. \tag{209b}$$

Durch das Anpassungsmaß d der Leitung ist also der Höchstwert und der Tiefstwert gegeben, den der Widerstand bei veränderlicher Leitungslänge annehmen kann; je kleiner das Anpassungsmaß wird, um so kleiner ist der Wert $R_{\min}$ und um so größer ist der Wert $R_{\max}$. Bei $d = 1$ (fortschreitende Welle) ist der Widerstand bei jeder Leitungslänge konstant gleich Z_l, es gibt keinen Höchst- und Tiefstwert; bei $d = 0$ (stehende Welle) ist $R_{\min} = 0$ und $R_{\max} = \infty$. Die Werte des Widerstandes zwischen $R_{\min}$ und $R_{\max}$ haben abwechselnd einen positiven und negativen

Phasenwinkel; das Vorzeichen des Phasenwinkels bestimmt sich am besten aus der folgenden Regel, die sich auch leicht aus Abb. 100 erkennen läßt: Wenn man, von der Spannungsquelle her fortschreitend, die Spannungsverteilung betrachtet und wenn man dabei zuerst ein Spannungsminimum durchläuft (Spannungsknoten, $\Re = R_{min}$), so ist der Eingangswiderstand der Leitung induktiv, d. h. der Phasenwinkel ist positiv; liegt jedoch dicht hinter dem Leitungseingang ein Spannungsmaximum (Spannungsbauch, $\Re = R_{max}$), so ist der Eingangswiderstand kapazitiv (Phasenwinkel negativ). Für das Verhalten des Eingangsleitwertes sind alle für den Eingangswiderstand ermittelten Tatsachen leicht entsprechend anzugeben.

In vielen Fällen der praktischen Anwendung kommt es vor, daß das Anpassungsmaß d so klein ist, daß sich die Diagramme der Leitung nach der Abb. 100 und 101 nicht mehr anwenden lassen; unter diesen Umständen kann man aus den Gl. (208a) und (208b) sehr einfache Näherungen ableiten: Ist $d \ll 1$ und liegt die Leitungslänge nicht in unmittelbarer Nähe eines ungeradzahligen Vielfachen von $\lambda_z/4$, so daß auch $d\,\mathrm{tg}(\alpha_z l) \ll 1$ ist, so gilt für den Eingangswiderstand der Leitung nach Gl. (208a) auf S. 238:

$$\frac{\Re}{Z_l} = \mathrm{j}\,\mathrm{tg}\,(\alpha_z l) + \frac{d}{\cos^2(\alpha_z l)} \,.$$

Man kann hier sofort den Wirk- und Blindanteil des Eingangswiderstandes angeben: $\Re = R_W + \mathrm{j}\,R_B$, wobei

$$R_B = Z_l\,\mathrm{tg}\,(\alpha_z l) \quad \text{und} \quad R_W = \frac{dZ_l}{\cos^2(\alpha_z l)} = \frac{R_{min}}{\cos^2(\alpha_z l)} \,. \tag{210a}$$

Der Blindwiderstand verläuft — wie bei der stehenden Welle mit dem Abschlußwiderstand Null — nach einem Tangensgesetz; der Verlauf des Wirkwiderstandes vollzieht sich mit $1/\cos^2(\alpha_z l)$ [dieser Zusammenhang läßt sich auch nach dem Energiesatz ableiten: Die Verlustleistung, die im Abschlußwiderstand R_{min} vernichtet wird, ist: $\frac{R_{min}}{2} I^2_{max}$; an der Stelle l der Leitung beträgt der Strom: $I = I_{max}\cos(\alpha_z l)$ und die hindurchgehende Leistung: $\frac{R_W}{2} I^2 = \frac{R_W}{2} I^2_{max}\cos^2(\alpha_z l)$; da die Wirkleistung längs der Leitung überall unverändert bleiben muß, ist: $\frac{R_{min}}{2} I^2_{max} = \frac{R_W}{2} I^2_{max}\cos^2(\alpha_z l)$, woraus sich die obige Formel ergibt]. Entsprechend folgt für den Leitwertverlauf längs der Leitung in Näherung nach Gl. (208b) auf S. 238:

$$\mathfrak{G}Z_l = \frac{1}{\mathrm{j}\,\mathrm{tg}\,\alpha_z l} + \frac{d}{\sin^2\alpha_z l}$$

und durch Aufspalten in Wirk- und Blindanteil: $\mathfrak{G} = G_W + \mathrm{j}\,G_B$:

$$G_B = \frac{-1}{Z_l}\,\mathrm{ctg}\,(\alpha_z l) \quad \text{und} \quad G_W = \frac{d}{Z_l \sin^2(\alpha_z l)} \,. \tag{210b}$$

Für alle Ableitungen war bisher die Voraussetzung gemacht worden, daß die betrachtete Leitung an ihrem Ende (d. h. bei $l = 0$) mit einem rein Ohmschen Widerstand R_{min}, der überdies kleiner als der Wellenwiderstand Z_l sein sollte, abgeschlossen ist. Diese spezielle Annahme läßt sich mit Hilfe der Darstellung der Abb. 102 sehr leicht auf sämtliche allgemeinen Betriebsfälle erweitern. Ist eine Leitung von der Länge l mit einem beliebigen komplexen Widerstand $\Re_0 = \mathfrak{U}_0/\mathfrak{J}_0$ abgeschlossen, so denke man sie sich um ein solches Stück l_1 verlängert und mit einem solchen Ohmschen Widerstand R_{min} abgeschlossen, daß die Zusatzleitung am wirklichen Ende der Leitung gerade den Eingangswiderstand $\Re_0$ besitzt. In Abb. 102 sind unter

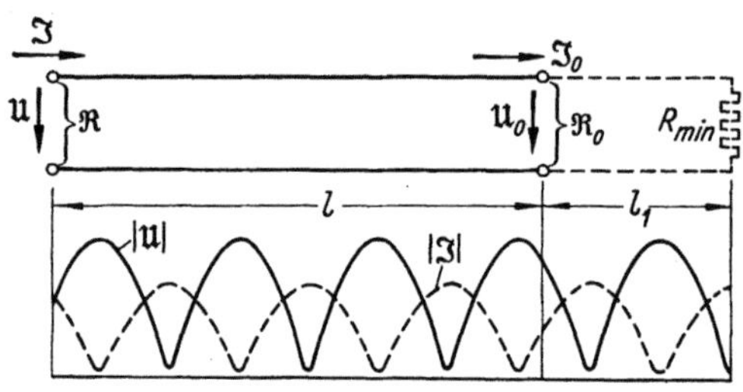

Abb. 102. Ersatz eines beliebigen Abschlußwiderstandes $\Re_0$ durch ein Leitungsstück von der Länge l_1 mit dem Ohmschen Widerstand R_{min}.

der Leitung die Beträge von Spannung und Strom aufgetragen (und zwar für den Betriebsfall eines sehr kleinen Anpassungsmaßes, so daß die Beträge an den Knotenstellen fast die Nullinie erreichen). Die Leitung ist um das Stück l_1 bis zu einem Spannungsknoten verlängert (ob der nächstfolgende oder ein weiter entfernter Knotenpunkt gewählt wird, ist vollkommen gleichgültig) und dort mit dem Widerstand R_{min} abgeschlossen. Wie groß die Verlängerung l_1 und der Abschlußwiderstand $R_{min} = Z_l d$ sein müssen, entnimmt man unmittelbar aus der Abb. 100, indem man den Zeiger $\Re_0/Z_l$ einzeichnet und aus den Kreisscharen die Größen d und $\alpha_z l_1$ abliest; somit ist also auch bei jedem beliebigen Abschlußwiderstand $\Re_0$ das Anpassungsmaß d der Leitung leicht zu ermitteln. Eine für viele Anwendungen sehr nützliche Umformung des Widerstandsdiagramms nach Abb. 100 ist auf S. 446 dargestellt.

2. Die Vorgänge auf verlustbehafteten Leitungen.

a) Die exakte Lösung für beliebige Verlustdämpfungen.

Sämtliche Betrachtungen des vorangegangenen Abschnitts 1 waren unter der Voraussetzung gemacht worden, daß die Doppelleitungen verlustlos sind, daß also die Fortpflanzungskonstante γ_z rein imaginär, nämlich gleich der Phasenkonstanten $j\alpha_z$ ist (vgl. S. 208); diese Einschränkung soll jetzt fallengelassen werden, es seien beliebig große Verlustdämpfungen möglich, die durch die Dämpfungskonstante β_v ausgedrückt werden sollen. Wie es bei der verlustlosen Leitung auf S. 230 geschehen ist, müssen zwei in entgegengesetzter Richtung laufende fortschreitende Wellen angesetzt werden, wobei man von der Grundgleichung (175) auf S. 208 ausgehen muß (infolge der Dämpfung ist auch der Wellenwiderstand $\mathfrak{Z}_l$ nicht mehr reell); völlig analog zu den Gl. (204a) und (204b) der verlustlosen Leitung auf S. 234 erhält man dann:

$$\left.\begin{aligned}
\mathfrak{U} &= (\mathfrak{U}_0 + \mathfrak{Z}_l \mathfrak{J}_0)\,\frac{e^{\gamma_z l}}{2} + (\mathfrak{U}_0 - \mathfrak{Z}_l \mathfrak{J}_0)\,\frac{e^{-\gamma_z l}}{2}\,,\\[4pt]
\mathfrak{Z}_l \mathfrak{J} &= (\mathfrak{U}_0 + \mathfrak{Z}_l \mathfrak{J}_0)\,\frac{e^{\gamma_z l}}{2} - (\mathfrak{U}_0 - \mathfrak{Z}_l \mathfrak{J}_0)\,\frac{e^{-\gamma_z l}}{2}\,;
\end{aligned}\right\} \quad (211\mathrm{a})$$

$$\left.\begin{aligned}
\mathfrak{U} &= \mathfrak{U}_0\,\mathfrak{Cof}(\gamma_z l) + \mathfrak{Z}_l \mathfrak{J}_0\,\mathfrak{Sin}(\gamma_z l)\,,\\[4pt]
\mathfrak{Z}_l \mathfrak{J} &= \mathfrak{U}_0\,\mathfrak{Sin}(\gamma_z l) + \mathfrak{Z}_l \mathfrak{J}_0\,\mathfrak{Cof}(\gamma_z l)\,.
\end{aligned}\right\} \quad (211\mathrm{b})$$

Kennzeichnend für die verlustbehaftete Doppelleitung ist, daß im letzten Gleichungssystem Hyperbelfunktionen an Stelle der Kreisfunktionen bei der verlustlosen Leitung stehen. Da die Fortpflanzungskonstante γ_z eine komplexe Zahl ist, so sind die Hyperbelfunktionen von einem komplexen Argument zu nehmen.

Wie bei der verlustlosen Leitung sind hier die Frage der Spannungsverteilung längs der Leitung und die Frage nach der Größe des Eingangswiderstandes zu lösen. Bezeichnet man wieder den Abschlußwiderstand der Leitung mit $\mathfrak{R}_0 = \mathfrak{U}_0/\mathfrak{J}_0$, so ergibt sich für den Eingangswiderstand der Leitung mit der Länge l:

$$\frac{\mathfrak{R}}{\mathfrak{Z}_l} = \frac{\mathfrak{U}}{\mathfrak{J}\,\mathfrak{Z}_l} = \frac{\dfrac{\mathfrak{R}_0}{\mathfrak{Z}_l} + \mathfrak{Tg}(\gamma_z l)}{\dfrac{\mathfrak{R}_0}{\mathfrak{Z}_l}\,\mathfrak{Tg}(\gamma_z l) + 1}\,.$$

Zur Vereinfachung der Gleichung setzt man:

$$\frac{\mathfrak{R}_0}{\mathfrak{Z}_l} = \mathfrak{Tg}(b + \mathrm{j}\,a) \qquad (212\mathrm{a})$$

und erhält:

$$\frac{\mathfrak{R}}{\mathfrak{Z}_l} = \mathfrak{Tg}(\gamma_z l + b + \mathrm{j}\,a) = \mathfrak{Tg}[(\beta_v l + b) + \mathrm{j}\,(\alpha_z l + a)]\,. \qquad (212\mathrm{b})$$

Die graphische Darstellung dieser Beziehung ist das sog. „Tangensrelief", das man beispielsweise aus den „Tafeln elementarer Funktionen" von Jahnke-Emde entnehmen kann und das in Abb. 103 unter Berücksichtigung des hier vorliegenden Sonderfalles dargestellt ist. In rechtwinkligen geradlinigen Koordinaten sind die Größen $\alpha_z l + a$ und $\beta_v l + b$ aufgetragen, in den krummlinigen Koordinaten die Größe $\mathfrak{R}/\mathfrak{Z}_l$, und zwar nach Betrag und Phase, entsprechend der Beziehung: $\frac{\mathfrak{R}}{\mathfrak{Z}_l} = \left|\frac{\mathfrak{R}}{\mathfrak{Z}_l}\right| e^{\mathrm{j}\,\tau}$. Zur Ermittlung des Eingangswiderstandes $\mathfrak{R}$ bei beliebiger Leitungslänge l geht man vom Abschlußwiderstand $\mathfrak{R}_0$ aus, bestimmt die Größe $\mathfrak{R}_0/\mathfrak{Z}_l$ und sucht den zugehörigen Punkt im Diagramm, wobei sich die Größen a und b ergeben; für das in Abb. 103 dargestellte Beispiel ist $\left|\frac{\mathfrak{R}}{\mathfrak{Z}_l}\right| = 0{,}6$ und der Phasenwinkel $\tau = 45°$ gewählt; daraus ergeben sich: $a = 26{,}5°$ und $b = 0{,}366$. Von dem so gefundenen Punkt $\Re_0/\Im_l$ aus zeichnet man die sog. „Leitungsgerade", eine gerade Linie mit der Neigung β_v/α_z gegen die Abszissenachse; durch die Neigung dieser Geraden sind die speziellen Eigenschaften der Leitung gekennzeichnet, durch ihren Anfangspunkt ist der Abschlußwiderstand $\Re_0$ bestimmt. Im rechtwinkligen geradlinigen Koordinatensystem geben die auf der Geraden liegenden Punkte die Größe $\beta_v l + b + \mathrm{j}\,(\alpha_z l + a)$ für sämtliche l-Werte an, aus den krummlinigen Koordinaten entnimmt man sofort die Größe $\Re/\Im_l$ nach Betrag und Phase. Das Tangensrelief wiederholt sich nach Werten $\alpha_z l + a = 180°$ periodisch.

Aus dem Diagramm der Abb. 103 entnimmt man nun folgendes: Verlängert man allmählich die Länge l der Leitung, so ändern sich

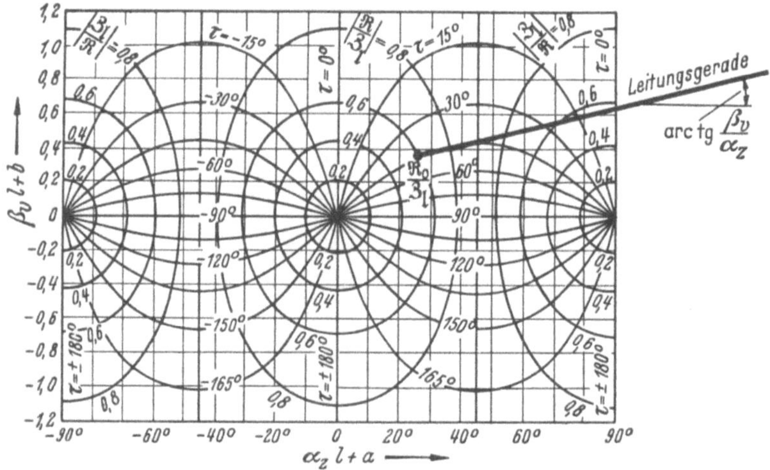

Abb. 103. Widerstandsverlauf $\dfrac{\Re}{Z_l} = \left|\dfrac{\Re}{Z_l}\right| e^{j\tau}$ längs einer Leitung mit der Phasenkonstante α_z und der Dämpfungskonstante β_v (Tangensrelief).

Betrag und Phase des Eingangswiderstandes; es tritt ein periodisches Hin- und Herschwanken von Betrag und Phase auf; je länger man jedoch die Leitung macht, um so kleiner werden die Größen dieser Schwankungen. Je weiter sich die Leitungsgerade mit zunehmendem l von der durch $\beta_v l + b = 0$ festgelegten waagerechten Geraden entfernt, um so mehr kommt man in ein Gebiet, wo $\left|\dfrac{\Re}{\Im_l}\right| \approx 1$ und $\tau \approx 0°$ ist. Macht man also die verlustbehaftete Leitung sehr lang, so verschwinden sämtliche durch den Abschlußwiderstand $\Re_0$ gegebenen Unterschiede, und der Eingangswiderstand ist gleich dem Wellenwiderstand $\Im_l$.

In ähnlicher Weise kann man auch den Kehrwert des Eingangswiderstandes, den Eingangsleitwert, darstellen; man muß dann ein entsprechendes „Kotangensrelief" zeichnen, das sich vom Tangensrelief nur durch die Parallelverschiebung um 90° in Abszissenrichtung unterscheidet. — Die Darstellung des Tangensreliefs nach Abb. 103 ist selbstverständlich auch für verlustlose Leitungen brauchbar; die Leitungsgerade verläuft dann waagerecht; der Eingangswiderstand verändert sich mit zunehmender Leitungslänge periodisch. Für verlustlose Leitungen ist jedoch in den meisten Fällen die Darstellung des Kreisdiagramms nach Abb. 100 bequemer.

Um den Verlauf der Spannung längs der verlustbehafteten Leitung zu bestimmen, geht man von der oberen Gl. (211 b) auf S. 243 aus und gibt ihr durch den Ansatz $\Re_0 = \mathfrak{U}_0/\mathfrak{J}_0$ und durch Gl. (212 a) auf S. 243 die Form:

$$\frac{\mathfrak{U}}{\mathfrak{U}_0} = \frac{\mathfrak{Sin}\,[(\beta_v\,l + b) + \mathfrak{j}\,(\alpha_z\,l + a)]}{\mathfrak{Sin}\,(b + \mathfrak{j}\,a)}.$$

$$(212\,\mathrm{c})$$

Diese Beziehung wird durch das „Sinusrelief" dargestellt, das in Abb. 104 gezeichnet ist. In den geradlinigen Koordinaten sind wieder die Größen $\alpha_z\,l + a$ und $\beta_v\,l + b$ aufgetragen, in den krummlinigen Koordinaten die Größe $\mathfrak{U}/\mathfrak{U}_0$ nach Betrag und Phase entsprechend dem Ansatz: $\frac{\mathfrak{U}}{\mathfrak{U}_0} = \frac{s}{s_0}\,e^{\mathfrak{j}\,(\sigma - \sigma_0)}$. Bei Ermittlung des Spannungsverlaufes

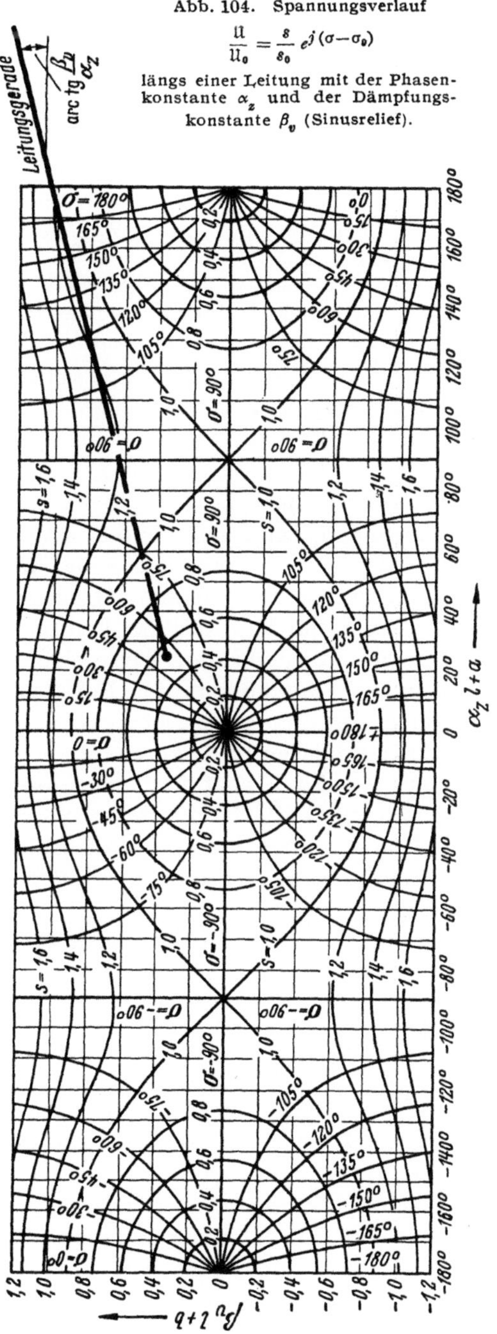

Abb. 104. Spannungsverlauf

$$\frac{\mathfrak{U}}{\mathfrak{U}_0} = \frac{s}{s_0}\,e^{\mathfrak{j}\,(\sigma - \sigma_0)}$$

längs einer Leitung mit der Phasenkonstante α_z und der Dämpfungskonstante β_v (Sinusrelief).

über der Leitungslänge geht man folgendermaßen vor: Durch den Abschlußwiderstand $\mathfrak{R}_0$ sind bereits die Größen a und b bestimmt, die man unmittelbar aus dem Tangensrelief übernimmt; durch Einzeichnen des Punktes $a + \mathrm{j}\,b$ in das Sinusrelief ergibt sich die Größe $\mathfrak{Sin}\,(b + \mathrm{j}\,a) = s_0\,e^{\mathrm{j}\,\sigma_0}$ (für das in Abb. 104 gezeichnete Beispiel ist: $s_0 = 0{,}58$ und $\sigma_0 = 55°$); nunmehr zeichnet man von dem gefundenen Punkte aus genau wie im Tangensrelief die Leitungsgerade mit der Neigung β_v/α_z gegen die Horizontale und kann dann für jede Leitungslänge l die Größe $s\,e^{\mathrm{j}\,\sigma} = \dfrac{\mathfrak{U}}{\mathfrak{U}_0}\,s_0\,e^{\mathrm{j}\,\sigma_0}$ aus dem Diagramm ablesen. Nach Werten von $\alpha_z l + a = 360°$ wiederholt sich das Diagramm periodisch.

Je weiter sich die Leitungsgerade mit zunehmender Länge von der durch $\beta_v l + b = 0$ gegebenen Abszissenachse entfernt, um so mehr nähern sich die Linien für $s =$ konst. bei großen Werten von s horizontalen Geraden, und die Linien für $\sigma =$ konst. nähern sich vertikalen Geraden. Es nimmt somit bei der verlustbehafteten Leitung bei genügender Länge der Wellenzug den Charakter einer fortschreitenden Welle an, sämtliche Wirkungen des Abschlußwiderstandes sind verschwunden, der Phasenwinkel σ wird gleich dem Winkel $\alpha_z l + a$ und der Betrag der Spannung steigt mit zunehmender Entfernung vom Leitungsende nach einem Exponentialgesetz an.

Zur Ermittlung des am Leitungseingang fließenden Stromes kann man in entsprechender Weise ein „Kosinusrelief" zeichnen, oder man kann den Strom aus der Beziehung $\mathfrak{J} = \mathfrak{U}/\mathfrak{R}$ ermitteln, wenn das Sinusrelief für den Spannungsverlauf $\mathfrak{U}$ und das Tangensrelief für den Widerstandsverlauf $\mathfrak{R}$ bereits vorliegen. — Selbstverständlich läßt sich auch das Sinusrelief für verlustlose Leitungen verwenden (Leitungsgerade verläuft dann waagerecht); in den meisten Fällen ist dann jedoch das Kreisdiagramm nach Abb. 97 zur Ermittlung des Spannungsverlaufes einfacher und anschaulicher.

b) Die Näherungslösung für kleine Verlustdämpfungen.

In sehr vielen Fällen des praktischen Betriebes verwendet man Doppelleitungen, deren Verlustdämpfung klein und deren Länge nicht allzu groß ist; in diesen Fällen liegen die Leitungsgeraden in den Reliefs der Abb. 103 und 104 sehr flach und entfernen sich bei nicht allzu großen Leitungslängen gar nicht in Gebiete, in denen der ursprüngliche Charakter der Welle verändert wird. Unter diesen Umständen hat die Spannungs- und Stromverteilung auf der Leitung nahezu den gleichen Verlauf, als wenn die Leitung verlustlos wäre; in diesen Fällen ist es zur Durchführung einer einfacheren Näherungslösung zweckmäßig, die Spannungs- und Stromverteilung der verlustlosen Leitung anzusetzen und aus Leitwertbelag und Widerstandsbelag die Verlustleistung, die in der Leitung entsteht, zu berechnen.

Es sei vorerst angenommen, daß eine nicht allzu lange Leitung mit geringer Dämpfung an ihrem Ende durch einen reinen Blindwiderstand $\Re_0 = 1/\mathrm{j}\,G_{B_0}$ abgeschlossen sei, so daß also durch den Abschlußwiderstand keinerlei Energieverluste entstehen können. Nach dem Schema der Abb. 102 denkt man sich nun die Leitung um ein solches Stück l_1 verlängert, daß am Ende der Verlängerung ein Strombauch entsteht, in dem der Strom die Größe $\Im_{\max}$ hat. Nun nimmt man wie bei der vollkommen verlustlosen Leitung eine rein sinusförmige Spannungs- und Stromverteilung an:

$$\mathfrak{U} = \mathrm{j}\,Z_l\,\Im_{\max} \sin\alpha_z(l + l_1),$$
$$\Im = \Im_{\max} \cos\alpha_z(l + l_1).$$

Die Größen sind dabei auf den Strom $\Im_{\max}$ bezogen; die Gleichungen, die sich nach Abb. 102 sogleich rein anschaulich ergeben, kann man nach Gl. (204 b) auf S. 234 ableiten, wenn man $\mathfrak{U}_0 = \mathrm{j}\,Z_l\Im_{\max} \sin(a_z l_1)$ und $\Im_0 = \Im_{\max} \cos(\alpha_z l_1)$ setzt.

Nachdem die Ansätze für die Spannungsverteilung gemacht sind, kann die Verlustleistung berechnet werden nach der Beziehung:

$$N_v = G'\!\int\limits_0^l \frac{|\mathfrak{U}|^2}{2}\,\mathrm{d}l + R'\!\int\limits_0^l \frac{|\Im|^2}{2}\,\mathrm{d}l;$$

die Verlustleistung setzt sich aus zwei Anteilen zusammen, der erste gibt die Verluste im Dielektrikum (Faktor G'), der zweite die Verluste im Metall (Faktor R'). Durch Einsetzen der oben gefundenen Spannungs- und Stromverteilung ergibt sich:

$$N_v = \frac{|\Im_{\max}|^2}{2}\left[Z_l^2 G'\!\int\limits_0^l \sin^2\alpha_z(l + l_1)\,\mathrm{d}l + R'\!\int\limits_0^l \cos^2\alpha(l + l_1)\,\mathrm{d}l\right],$$

$$N_v = \frac{|\Im_{\max}|^2}{2}\,Z_l\left\{(\beta_{v_1} + \beta_{v_2})l + (\beta_{v_1} - \beta_{v_2})\frac{\sin(2\,\alpha_z l_1) - \sin[2\alpha_z(l + l_1)]}{2\,\alpha_z}\right\}.$$

Hierbei sind zugleich die Dämpfungskonstanten β_{v_1} für das Dielektrikum nach Gl. (194) auf S. 221 und β_{v_2} für das Leitermetall nach Gl. (196) auf S. 221 eingeführt worden. Nunmehr soll entsprechend dem Ersatzbild in Abb. 102 angenommen werden, daß sich am Ende des Verlängerungsstückes von der Länge l_1 ein Ohmscher Widerstand $R_{\min}$ befindet, der vom Strome $\Im_{\max}$ durchflossen wird und in dem die gesamte Verlustleistung der Leitung aufgenommen werden soll; es ist dann also: $N_v = \frac{|\Im_{\max}|^2}{2}\,R_{\min}$. Durch diesen Widerstand ergibt sich für die Leitung infolge ihrer Eigenverluste ein Anpassungsmaß vom Betrage: $d_v = R_{\min}/Z_l$; also ergibt sich:

$$d_v = (\beta_{v_1} + \beta_{v_2})l + (\beta_{v_1} - \beta_{v_2})\frac{\sin(2\,\alpha_z l_1) - \sin[2\alpha_z(l + l_1)]}{2\,\alpha_z}. \tag{213}$$

Man kann also den Fall einer Doppelleitung mit geringen Verlusten bei Abschluß durch einen reinen Blindwiderstand so betrachten, als ob die Leitung selbst verlustlos ist und durch einen kleinen, im Strombauch eingeschalteten Wirkwiderstand so belastet ist, daß der Wert d_v entsteht. Das Verlustanpassungsmaß der Leitung nach Gl. (213) setzt sich aus zwei Summanden zusammen; der zweite Summand wird Null, wenn die Leitungslänge l gerade eine halbe Wellenlänge ($\lambda_z/2$) oder ein ganzzahliges Vielfaches davon beträgt, oder wenn die beiden Dämpfungskonstanten β_{v_1} und β_{v_2} gerade einander gleich sind; in allen anderen Fällen kann der zweite Summand positiv oder negativ sein, seine Größe ist außerdem von l_1, d. h. der Größe des abschließenden Blindwiderstandes $\left[\mathrm{tg}\,(\alpha_z l_1) = \dfrac{-1}{G_{B_0} Z_l}\right]$, abhängig.

Die Berechnung des Anpassungsmaßes d_v, deren Ergebnis in Gl. (213) dargestellt ist, hatte den Abschluß der Leitung durch einen reinen Blindwiderstand zur Voraussetzung; der Abschlußwiderstand kann also nur das Anpassungsmaß 0 hervorrufen. Wenn nun der Abschlußwiderstand eine geringe Wirkkomponente besitzt und somit einen kleinen Anpassungswert d_0 von sich aus hervorruft, kann das Ergebnis in Näherung als richtig beibehalten werden. Denn solange $d_0 < 0{,}1$, ist die Spannungs- und Stromverteilung noch mit sehr guter Näherung sinusförmig, wie anschaulich die Abb. 98 zeigt. In diesem Fall errechnet man das gesamte Anpassungsmaß aus der Summe der beiden Größen d_v und d_0, also

$$d = d_0 + d_v. \tag{214}$$

In der Darstellung des Ersatzbildes nach Abb. 102 liegen dann am Ende der Zusatzleitung zwei kleine Ohmsche Widerstände in Reihe, der erste $R_{\min_0} = Z_l d_0$ ist durch die Wirkkomponente des Abschlußwiderstandes $\Re_0$ bedingt, der zweite $R_{\min_v} = Z_l d_v$ ist durch die Verluste der Leitung verursacht.

Schließlich läßt sich aus den gewonnenen Beziehungen noch ein wichtiger Schluß auf die Leistungsbilanz ziehen. Die in der Leitung vernichtete Leistung ist entsprechend der Ersatzbildvorstellung: $N_v = \dfrac{|\Im_{\max}|^2}{2}\, R_{\min_v}$, die an den Abschlußwiderstand übertragene Leistung ist: $N_z = \dfrac{|\Im_{\max}|^2}{2}\, R_{\min_0}$. Das Verhältnis der beiden Leistungen ist bei der schwach belasteten Leitung mit nahezu sinusförmiger Spannungs- und Stromverteilung: $\dfrac{N_v}{N_z} = \dfrac{R_{\min_v}}{R_{\min_0}} = \dfrac{d_v}{d_0}$. Ist die Leitung mehrere Wellenlängen lang, so verschwindet bei d_v nach Gl. (213) auf S. 247 der zweite Summand gegen den ersten, es folgt: $\dfrac{N_v}{N_z} \approx \dfrac{(\beta_{v_1} + \beta_{v_2})\,l}{d_0} = \dfrac{\beta_v\,l}{d_0}$ für die Leistungsübertragung bei nahezu stehender Welle. Führt man dagegen die Leistungsübertragung bei fortschreitender Welle durch, so errechnet sich durch Integration der Gl. (179) auf S. 211 über ein kürzeres Leitungsstück l (über dessen Länge die Größe N_z genügend konstant bleibt) das Leistungsverhältnis: $N_v/N_z = 2\,\beta_v\,l$. Man ersieht daraus, daß bei fortschreitender Welle die Verlustleistung N_v um den Faktor $d_0/2$ kleiner ist als bei nahezu stehender Welle; zur Leistungsübertragung ist daher nur die fortschreitende Welle zu verwenden. Außerdem ist bei fortschreitenden Wellen der Eingangswiderstand der Leitung bei kleinen Verlusten für alle Frequenzen gleich dem Wellenwiderstand Z_l, so daß sich bei Frequenzänderungen die Abstimmung nicht ändert.

3. Anwendungen.

Wie die soeben durchgeführten Betrachtungen zeigten, eignen sich die stehenden Wellen zur Übertragung von Leistungen über längere Entfernungen nicht. Mit stehenden Wellen wird man daher immer nur auf kurzen Leitungsstücken arbeiten; man verwendet derartige Leitungsstücke als Resonatoren, weil sie bei geeigneter Bemessung Resonanzeigenschaften ähnlich wie die Schwingungskreise der Langwellentechnik besitzen, oder als Transformatoren, weil sich bei stehenden Wellen längs der Leitung die Größen von Spannung, Strom und Widerstand verändern und daher durch solche Leitungsstücke auf andere Beträge transformiert werden können.

a) Das Verhalten von Leitungsstücken als Resonatoren.

Schließt man an das Ende einer kurzen Doppelleitung mit geringen Eigenverlusten einen Blindwiderstand, so erhält die Leitung einen Eingangswiderstand, dessen Größe man beispielsweise aus dem Kreisdiagramm der Abb. 100 entnehmen kann; dieser Eingangswiderstand wird im allgemeinen einen Wirk- und einen Blindanteil besitzen und selbstverständlich von der Größe der Betriebsfrequenz abhängen. Schaltet man nun zwischen die Eingangsklemmen zusätzlich einen Blindwiderstand, der den gleichen Betrag, aber das entgegengesetzte Vorzeichen wie der Blindanteil des Eingangswiderstandes hat, so hat man einen Resonanzkreis geschaffen, in dem sich die Blindkomponenten bei der vorgegebenen Frequenz gegenseitig aufheben und nur noch Wirkkomponenten bestehenbleiben. — Durch beidseitigen Abschluß einer Doppelleitung mit je einem Blindwiderstand lassen sich somit sehr mannigfaltige Formen von Resonatoren schaffen; besondere Bedeutung haben für die praktische Anwendung die Fälle, bei denen die Leitungsenden in Leerlauf oder in Kurzschluß arbeiten; je nach den verschiedenen Arten des Abschlusses beträgt die Länge des in Resonanz befindlichen Leitungsstückes eine Viertelwellenlänge oder ein ganzzahliges Vielfaches dieses Betrages. Die Länge solcher Resonatoren sei mit $a_z = k\,\dfrac{\lambda_z}{4}$ bezeichnet (k = ganze Zahl).

Läßt man eine Doppelleitung an ihrem Ende offen (d. h. $\mathfrak{J}_0 = 0$, $\mathfrak{R}_0 = \infty$) und macht ihre Länge gleich einer halben Wellenlänge oder einem ganzzahligen Vielfachen dieses Betrages, so denkt man sie sich nach Verlängerung um ein Stück $l_1 = \lambda_z/4$ kurzgeschlossen und erhält aus Gl. (208a) und (208b) für den Eingangswiderstand bzw. den Eingangsleitwert $\left[\alpha_z l = \alpha_z a_z + \alpha_z l_1 = \alpha_z \left(2k \frac{\lambda_z}{4} \right) + \alpha_z \frac{\lambda_z}{4} = \pi \left(k + \frac{1}{2} \right) \right]$:

$$\frac{\mathfrak{R}}{Z_l} = \frac{1}{d} \quad \text{oder} \quad \mathfrak{G} Z_l = d.$$

Da in diesem Falle die Leitung durch keinen verlustbehafteten Widerstand abgeschlossen ist, ist das Anpassungsmaß d allein durch die Größe d_v durch die Eigenverluste der Leitung nach Gl. (213) gegeben, die hier wegen des Verschwindens des zweiten Summanden die einfache Form erhält: $d_v = (\beta_{v_1} + \beta_{v_2}) a_z$. Somit erhält man für den Eingangswiderstand und den Eingangsleitwert:

$$\mathfrak{R} = \frac{Z_l}{(\beta_{v_1} + \beta_{v_2}) a_z} \quad \text{und} \quad \mathfrak{G} = \frac{(\beta_{v_1} + \beta_{v_2}) a_z}{Z_l}.$$

Eingangswiderstand und Eingangsleitwert haben keine Blindkomponenten, die Leitung ist also in Resonanz; es soll deshalb immer vom Resonanzwiderstand R_{res} und vom Resonanzleitwert G_{res} gesprochen werden. Man kann nun die beiden Größen in zwei Anteile zerlegen, von denen der eine (R_{res_1} bzw. G_{res_1}) durch die Verluste des Dielektrikums, der andere (R_{res_2} bzw. G_{res_2}) durch die Verluste des Leitermetalls entsteht; dies führt zu folgenden Ansätzen:

$$\left. \begin{aligned} R_{res} &= \frac{R_{res_1} R_{res_2}}{R_{res_1} + R_{res_2}} \, ; & G_{res} &= G_{res_1} + G_{res_2} ; \\ R_{res_1} &= \frac{Z_l}{\beta_{v_1} a_z} \, ; \quad R_{res_2} = \frac{Z_l}{\beta_{v_2} a_z} \, ; & G_{res_1} &= \frac{\beta_{v_1} a_z}{Z_l} \, ; \quad G_{res_2} = \frac{\beta_{v_2} a_z}{Z_l}. \end{aligned} \right\} \quad (215)$$

Die beiden Abteile R_{res_1} und R_{res_2} des Resonanzwiderstandes sind als zwei parallelgeschaltete Widerstände anzusehen.

Der durch die Verluste des Dielektrikums hervorgerufene Resonanzwiderstand R_{res_1} ergibt sich durch Einsetzen der Größe β_{v_1} nach Gl. (194) auf S. 221 $\left(a_z = 2k \frac{\lambda_z}{4} \right)$:

$$R_{res_1} = \frac{Z_l \lambda_z}{\pi \, \mathrm{tg}\, \delta_1 \, a_z} = \frac{2 Z_l}{k \pi \, \mathrm{tg}\, \delta_1}. \tag{216}$$

Die Formel gilt für jede beliebige Form der Doppelleitung. Der Resonanzwiderstand wird um so größer, je größer der Wellenwiderstand der Leitung ist und je kleiner der Verlustfaktor und die Leitungslänge (ausgedrückt in Vielfachen $2k$ der Viertelwellenlänge) werden.

Der durch die metallischen Verluste hervorgerufene Resonanzwiderstand R_{res_2} hat allgemein durch Einsetzen von $\beta_{v_2} = R'/2Z_l$

nach Gl. (178) auf S. 209 die Größe:

$$R_{res_2} = \frac{2\,Z_l^2}{R'\,a_z}. \tag{217a}$$

[Anschaulich kann man sich diesen Wert durch die Annahme ableiten, daß im Strombauch ein Widerstand $R_{\min} = R'\,a_z/2$ vorhanden wäre, wodurch sich nach Gl. (209 b) auf S. 240 der Wert

$$R_{res_2} = R_{\max} = Z_l^2/R_{\min}$$

ergibt; der Widerstandsbelag R' erscheint dabei nur mit der halben Länge a_z multipliziert, weil infolge der sinusförmigen Stromverteilung die Leitung nicht gleichmäßig vom Maximalstromwert im Strombauch durchströmt wird.] Der Resonanzwiderstand R_{res_2} soll für die Fälle der konzentrischen Doppelleitung nach Abb. 105a und der Paralleldrahtleitung nach Abb. 105b im einzelnen

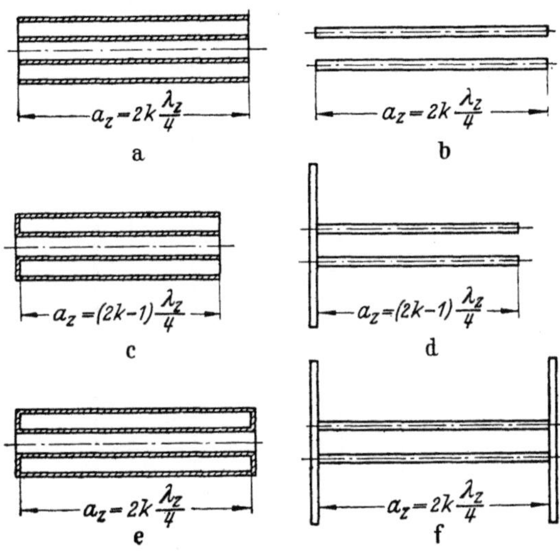

Abb. 105 a—f. Grundformen der Doppelleitungsresonatoren: *a, c, e* konzentrische Leitungen, *b, d, f* Paralleldrahtleitungen, *a, b* beidseitig offen, *c, d* einseitig offen, *e, f* beidseitig geschlossen.

berechnet werden. Für die konzentrische Doppelleitung folgt durch Einsetzen von Z_l nach Gl. (184) auf S. 213 und von R' nach Gl. (188) auf S. 214:

$$R_{res_2} = \frac{Z_l^2}{\pi}\,\varkappa_2 t_2\,\frac{\left[\ln\left(\frac{R_2}{R_1}\right)\right]^2}{\frac{a_z}{R_2}\left(1 + \frac{R_2}{R_1}\right)} = K_R\,\frac{R_2}{a_z}\,\frac{\left(\ln\frac{R_2}{R_1}\right)^2}{1 + \frac{R_2}{R_1}}, \tag{217b}$$

und für die Paralleldrahtleitung ergibt sich aus den Gl. (192) auf S. 219 und (193) auf S. 220:

$$R_{res_2} = \frac{Z_l^2}{\pi}\,\varkappa_2 t_2\,\frac{2\,R}{a_z}\left\{\ln\left[\frac{A}{2R} + \sqrt{\left(\frac{A}{2R}\right)^2 - 1}\right]\right\}^2\sqrt{1 - 4\frac{R^2}{A^2}}$$

$$= K_R\,\frac{2\,R}{a_z}\left\{\ln\left[\frac{A}{2R} + \sqrt{\left(\frac{A}{2R}\right)^2 - 1}\right]\right\}^2\sqrt{1 - 4\frac{R^2}{A^2}}. \tag{217c}$$

Die beiden Gleichungen sind dargestellt als Produkt von zwei Faktoren, von denen der zweite die relativen Leitungsabmessungen enthält, während sich der erste aus den Werkstoffeigenschaften bei der vorliegenden Resonanzfrequenz zusammensetzt; zur Abkürzung wird die Konstante:

$$K_R = \frac{Z_l^2}{\pi}\,\varkappa_2 t_2 = \frac{Z_l^2}{\pi}\sqrt{\frac{2\,\varkappa_2}{\omega\,\mu_2\,\mu_0}} = \frac{Z_l}{2\,\pi\,K_\beta} \tag{218}$$

eingeführt [vgl. Gl. (197) auf S. 221]. Um eine schnelle Ermittlung des Resonanzwiderstandes in den verschiedenen Fällen durchführen zu können, ist in Abb. 106 der Verlauf der Konstanten K_R mit der Frequenz f dargestellt für die meistgebräuchlichen Werkstoffkombinationen (als Dielektrikum ist dabei immer Luft gewählt; unter diesen Umständen treten keine dielektrischen Verluste auf, R_{res_1} ist unendlich groß). Bei steigender Frequenz nimmt K_R mit $1/\sqrt{\omega}$ ab, der Resonanzwiderstand R_{res_2} nimmt jedoch mit der Wurzel aus der Frequenz zu,

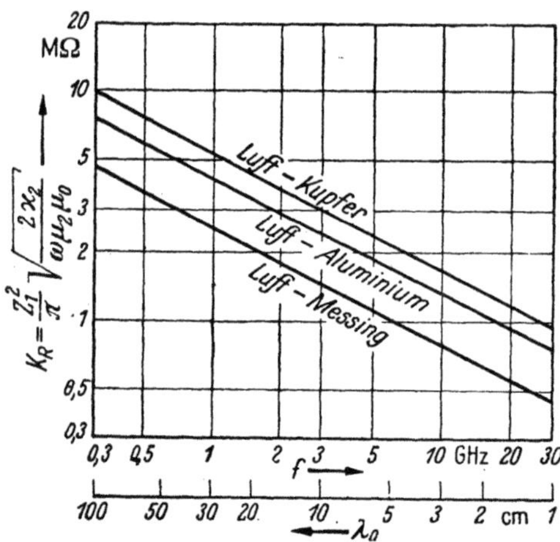

Abb. 106. Koeffizient K_R zur Berechnung von Resonanzwiderständen in Abhängigkeit von der Frequenz für verschiedene Werkstoffe.

weil mit steigender Frequenz die Größe a_z wegen der notwendigen Resonanzabstimmung abnimmt (dies ist jedoch wegen der Strahlung offener Leitungen nicht über beliebige Frequenzbereiche unumschränkt gültig; über den Gültigkeitsbereich der Formeln vgl. die weiter unten auf S. 255 folgenden Bemerkungen).

Der Resonanzwiderstand R_{res_2} ist von den Abmessungsverhältnissen R_2/R_1 bei der konzentrischen Leitung und A/R bei der Paralleldrahtleitung abhängig. Für möglichst hohen Resonanzwiderstand nach den Formeln (217b) und (217c) gibt es optimale Abmessungsverhältnisse, wie man durch Differenzieren der Gleichungen leicht ermitteln kann. Für die konzentrische Leitung wird der optimale Resonanzwiderstand erreicht für $R_2/R_1 = 9,2$ und hat die Größe:

$$(R_{res_2})_{opt} = 0,482 \, K_R \, \frac{R_2}{a_z} \, . \tag{219a}$$

Bei der Paralleldrahtleitung ist das optimale Verhältnis von Leiterabstand zu Leiterradius $A/R = 8,8$, der optimale Resonanzwiderstand ist

$$(R_{res_2})_{opt} = 1,03 \, K_R \, \frac{A}{a_z} \, . \tag{219b}$$

Bemerkenswert ist, daß die optimalen Abmessungen für möglichst hohen Resonanzwiderstand andere sind als die optimalen Abmessungen für möglichst niedrige Dämpfungskonstante β_{v_2}, die für die beiden Leitungsformen auf S. 222 abgeleitet wurden.

Die bisherigen Ableitungen bezogen sich auf Leitungsstücke, die am Anfang und Ende offen waren. Es sollen nun die Beziehungen für Leitungsstücke abgeleitet werden, die an der einen Seite kurzgeschlossen, an der anderen Seite offen sind. Solche Leitungsstücke sind in Abb. 105c und d dargestellt. Schließt man die Doppelleitung an ihrem Ende durch einen sehr kleinen Widerstand kurz und macht man ihre Länge gleich einer Viertelwellenlänge oder einem ungeradzahligen Vielfachen dieses Betrages, also $a_z = (2k - 1)\frac{\lambda_z}{4}$, so folgt für die am Ende kurzgeschlossene Leitung aus den Gl. (208a) und (208b) auf S. 238:

$$\frac{\Re}{Z_l} = \frac{1}{d} \quad \text{und} \quad \Im Z_l = d.$$

Hierbei setzt sich das Anpassungsmaß d für das betrachtete Leitungsstück nach Gl. (214) auf S. 248 aus zwei Anteilen zusammen: $d = d_0 + d_v$. d_v ist das durch Gl. (213) auf S. 247 bestimmte Anpassungsmaß durch die Leitungsverluste, d_0 ist das Anpassungsmaß des abschließenden Kurzschlußwiderstandes R_0 (der Kurzschlußwiderstand ist als rein ohmisch anzusehen); nach Gl. (209a) auf S. 240 folgt unmittelbar: $d_0 = R_0/Z_l$.

Zur Berechnung des Resonanzwiderstandes der an einem Ende kurzgeschlossenen Leitung muß also noch der abschließende Kurzschlußwiderstand R_0 berechnet werden; um R_0 klein zu halten, wird man die Leitung durch eine Metallplatte abschließen, wie dies in den Abb. 105c und d dargestellt ist; diese Platte soll aus dem gleichen Metall gefertigt sein wie die Leitung selbst. Beim konzentrischen Resonator braucht die Platte nur den Zwischenraum zwischen den beiden Leitern auszufüllen, um das elektromagnetische Feld der Leitung nach außen hin abzuschirmen, beim Paralleldrahtleitungsresonator dagegen muß die Platte theoretisch unendlich groß sein, in der Praxis unter allen Umständen in ihren Längenabmessungen ein Mehrfaches des Leiterabstandes A erreichen. Unter diesen Umständen ist das elektrische Feld, das an der Oberfläche der Endplatte herrscht, von gleicher Gestalt wie das elektrische Feld in jedem Querschnitt senkrecht zur Leitung. Dieses elektrische Feld wurde schon oben zur Berechnung des Kapazitätsbelages verwendet (vgl. S. 212 u. 216); aus der elektrischen Feldstärke $\mathfrak{E}$ wurde eine dielektrische Verschiebungsdichte $\mathfrak{D} = \varepsilon_1 \varepsilon_0 \mathfrak{E}$ abgeleitet und daraus der pro Längeneinheit übergehende dielektrische Verschiebungsfluß $\mathfrak{D}' = C'\mathfrak{U}$. Hier wird nun aus der elektrischen Feldstärke $\mathfrak{E}$ eine Leitungsstromdichte $\varkappa_2 \mathfrak{E}$ abgeleitet und daraus der über die Breite der Eindringtiefe t_2 übergehende Strom $\mathfrak{J} = \mathfrak{U}/R_0$, der proportional $\varkappa_2 t_2$ ist. Somit muß das Verhältnis bestehen: $R_0 C' = \dfrac{\varepsilon_1 \varepsilon_0}{\varkappa_2 t_2}$. Der Abschlußwiderstand der Metallplatte ist also $R_0 = \dfrac{\varepsilon_1 \varepsilon_0}{\varkappa_2 t_2 C'}$ und unter Zuhilfenahme der Gl. (177) auf S. 209, (177a), (184) und (185) auf S. 213:

$$R_0 = \frac{\varepsilon_1 \varepsilon_0}{\varkappa_2 t_2} Z_l v_z = \frac{1}{\varkappa_2 t_2} \frac{Z_l}{Z_1}.$$

Das durch den Abschlußwiderstand R_0 bedingte Anpassungsmaß ist somit:

$$d_0 = \frac{R_0}{Z_l} = \frac{1}{\varkappa_2 t_2 Z_1} = \frac{Z_1}{K_R \pi} \qquad (220)$$

[vgl. Gl. (218) auf S. 251]; es ist von der vorliegenden Sonderform der Leitung vollkommen unabhängig.

Nunmehr ist der Resonanzwiderstand leicht zu errechnen; er setzt sich aus den zwei parallelgeschalteten Teilwiderständen R_{res_1} und R_{res_2} zusammen. Der durch die dielektrischen Verluste hervorgerufene Anteil des Resonanzwiderstandes R_{res_1} hat wiederum die in Gl. (216) auf S. 250 angegebene Form; seine Größe kann durch die Anwesenheit einer metallischen Abschlußscheibe nicht verändert werden. Der durch die Verluste im Leitermetall hervorgerufene Resonanzwiderstand ist unter Mitwirkung der Abschlußscheibe in allgemeiner Schreibweise:

$$R_{res_2} = \frac{2 Z_1^2}{a_z R' + \dfrac{2 Z_l}{\varkappa_2 t_2 Z_1}}, \qquad (221\,\text{a})$$

für den Sonderfall der konzentrischen Doppelleitung:

$$R_{res_2} = \frac{Z_1^2}{\pi} \varkappa_2 t_2 \frac{\left[\ln\left(\frac{R_2}{R_1}\right)\right]^2}{\frac{a_z}{R_2}\left(1 + \frac{R_2}{R_1}\right) + 2 \ln \frac{R_2}{R_1}} = K_R \frac{\left(\ln \frac{R_2}{R_1}\right)^2}{\frac{a_z}{R_2}\left(1 + \frac{R_1}{R_2}\right) + 2 \ln \frac{R_2}{R_1}} \qquad (221\,\text{b})$$

und für den Sonderfall der Paralleldrahtleitung:

$$R_{res_2} = K_R \frac{\left\{\ln\left[\frac{A}{2R} + \sqrt{\left(\frac{A}{2R}\right)^2 - 1}\right]\right\}^2}{\frac{a_z}{2R} \frac{1}{\sqrt{1 - 4\frac{R^2}{A^2}}} + \ln\left[\frac{A}{2R} + \sqrt{\left(\frac{A}{2R}\right)^2 - 1}\right]}. \qquad (221\,\text{c})$$

Die Berechnung der optimalen Dimensionierung auf möglichst großen Resonanzwiderstand ist hier nicht so einfach wie bei der beiderseits offenen Leitung nach den Gl. (219a) und (219b); es soll deshalb auf diese Berechnung verzichtet werden.

Schließlich haben die Formen der Resonatoren besondere Bedeutung, bei denen die Doppelleitung beiderseits durch Abschlußplatten kurzgeschlossen ist; derartige Resonatoren sind in Abb. 105e und f dargestellt; ihre Länge a_z muß gleich einer halben Wellenlänge oder einem ganzzahligen Vielfachen dieses Betrages sein $\left(a_z = 2k\frac{\lambda_z}{4}\right)$. Da hier beide Enden der Leitung kurzgeschlossen sind, muß man den Resonanzwiderstand auf einen Spannungsbauch in der Mitte der Leitung beziehen. Am einfachsten verfährt man bei der Berechnung des Resonanzwiderstandes derart, daß man sich die Leitung in diesem Spannungsbauch in zwei

Teile geschnitten denkt; jeder dieser Teile ist einseitig kurzgeschlossen, sein Resonanzwiderstand oder Resonanzleitwert läßt sich nach Gl. (221a) ermitteln, bei der Parallelschaltung der beiden Teile ergibt sich der resultierende Resonanzleitwert als Summe der einzelnen Resonanzleitwerte, also:

$$G_{res_2} = \frac{a_{z_a} R' + \dfrac{2Z_l}{\varkappa_2 t_2 Z_1}}{2Z_l^2} + \frac{a_{z_b} R' + \dfrac{2Z_l}{\varkappa_2 t_2 Z_1}}{2Z_l^2} = \frac{a_z R' + \dfrac{4Z_l}{\varkappa_2 t_2 Z_1}}{2Z_l^2}.$$

a_{z_a} und a_{z_b} sind hierbei die Längen der einzelnen Teile, $a_z = a_{z_a} + a_{z_b}$ die Gesamtlänge des Resonators. Mithin ist der durch die metallischen Verluste bedingte Resonanzwiderstand in allgemeiner Schreibweise:

$$R_{res_2} = \frac{2Z_1^2}{a_z R' + \dfrac{4Z_l}{\varkappa_2 t_2 Z_1}}, \tag{222a}$$

für den Sonderfall der konzentrischen Leitung:

$$R_{res_2} = K_R \frac{\left[\ln\left(\dfrac{R_2}{R_1}\right)\right]^2}{\dfrac{a_z}{R_2}\left(1 + \dfrac{R_2}{R_1}\right) + 4\ln\dfrac{R_2}{R_1}} \tag{222b}$$

und für den Sonderfall der Paralleldrahtleitung:

$$R_{res_2} = K_R \frac{\left\{\ln\left[\dfrac{A}{2R} + \sqrt{\left(\dfrac{A}{2R}\right)^2 - 1}\right]\right\}^2}{\dfrac{a_z}{2R}\dfrac{1}{\sqrt{1 - 4\dfrac{R^2}{A^2}}} + 2\ln\left[\dfrac{A}{2R} + \sqrt{\left(\dfrac{A}{2R}\right)^2 - 1}\right]}. \tag{222c}$$

Sämtliche bisher abgeleiteten Formeln über das Verhalten der Resonatoren sind unter gewissen Vernachlässigungen gewonnen worden, so daß man sich über ihren Gültigkeitsbereich im klaren sein muß. Bei den Leitungen mit offenen Enden sind die Enden selbst als im Leerlauf befindlich angesetzt worden; in Wirklichkeit sind aber zwischen den offenen Leitungsenden stets Streukapazitäten vorhanden, so daß die Leitung genau genommen beiderseits mit kleinen Kapazitäten abgeschlossen ist; dadurch wird die wirkliche Leitungslänge etwas kürzer als die berechnete Länge a_z, für die Größe des Resonanzwiderstandes ist jedoch dieser Einfluß meist zu vernachlässigen. Außerdem haben sämtliche offenen Leitungssysteme die Eigenschaft, elektromagnetische Energie unmittelbar durch Strahlung nach außen abzugeben, wie noch im Abschnitt E ausführlich dargestellt wird. Diese Strahlungsdämpfung setzt den Resonanzwiderstand herab; die gewonnenen Formeln sind nur dann gültig, wenn die Strahlungsverluste gegen die Wärmeverluste im Dielektrikum und im Metall vernachlässigbar werden; dies ist dann der Fall, wenn die Leiterabstände der Doppelleitung und die Leiterdurchmesser der konzentrischen Leitung sehr klein im Vergleich zur Wellenlänge sind. Frei von Strahlungsverlusten ist lediglich die beiderseits metallisch abgeschlossene konzentrische Doppelleitung nach Abb. 105e, weil ihr elektromagnetisches Feld nach außen hin vollkommen abgeschirmt ist (sog. Hohlraumresonator); die Formel (169b) gilt unumschränkt auch für Abmessungen der Radien, die mit der Wellenlänge vergleichbar werden.

Nach den bisherigen Ableitungen stellen sich die Resonatoren als hohe Wirkwiderstände dar; jedoch besitzen die Resonatoren noch andere, sehr wichtige Eigenschaften, durch die sie sich von einfachen Ohmschen Widerständen erheblich unterscheiden. Im Innern des Resonators ist elektromagnetische Energie gespeichert; der in der stehenden Welle gespeicherte Energieinhalt ist in Gl. (203) auf S. 233 angegeben. Die Energie schwingt zwischen den Formen der elektrischen und der magnetischen Energie hin und her; solange man genau mit der Resonanzfrequenz speist, tritt dieser Energiewechsel nach außen nicht in Erscheinung; führt man jedoch eine von der Resonanzfrequenz abweichende Frequenz zu, so ist die Länge des Resonators nicht mehr ein ganzzahliges Vielfaches von $\lambda_z/4$ und es erfolgt über die äußeren Zuleitungen abwechselnd Energiezufuhr und Energierücklieferung, d. h. es muß von außen eine Blindleistung nach Gl. (202) zugeführt werden, es fließt dann an der Anschlußstelle ein Blindstrom. Sobald man also außerhalb der Resonanzfrequenz arbeitet, ist der Resonanzwiderstand nicht mehr ein reiner Wirkwiderstand, sondern erhält noch eine Blindkomponente. Die Eigenschaft der Energiespeicherung in Resonatoren ist von besonderer Wichtigkeit, wenn die Resonatoren mit Elektronenstrecken von negativem Widerstand zu einem selbsterregten Sender zusammengeschaltet sind (vgl. Abschnitt A, II).

Speist man einen Resonator mit einer von der Resonanzfrequenz etwas abweichenden Frequenz, so erscheint ein parallel zum Resonanzleitwert G_{res} liegender Blindleitwert jG_B. Der Resonanzleitwert selbst ändert bei kleinen Frequenzabweichungen seine Größe kaum, da die Spannungs- und Stromverteilung im Resonator und damit auch die Verluste nahezu unverändert bleiben. Die Größe des auftretenden Blindleitwertes kann so berechnet werden, als ob das Anpassungsmaß d für die den Resonator darstellende Leitung Null wäre; nach Gl. (208b) auf S. 238 ergibt sich dann für das offene Ende eines einseitig kurzgeschlossenen Resonators von der Länge $a_z = (2k-1)\dfrac{\lambda_z}{4}$:

$$jG_B = \frac{1}{jZ_l\,\mathrm{tg}\,(\alpha_z a_z)} = \frac{1}{jZ_l}\,\mathrm{ctg}\left(\omega\,\frac{a_z}{v_z}\right).$$

[Hierbei ist nach Gl. (177) auf S. 209 $\alpha_z = \omega/v_z$ gesetzt.] Nunmehr wird durch Differenzieren ermittelt, wie sich der Blindleitwert mit der Frequenz ändert; diese Änderung interessiert nur in der nächsten

Umgebung der Resonanzfrequenz, so daß man nach Durchführung der Differentiation $\omega \frac{a_z}{v_z} \approx (2k-1)\frac{\pi}{2}$ setzen kann:

$$\frac{\mathrm{d}G_B}{\mathrm{d}\omega} = \frac{a_z}{Z_l v_z \sin^2\left(\omega\,\frac{a_z}{v_z}\right)} = \frac{a_z}{Z_l v_z}.$$

Diese Gleichung behält auch für einen Resonator, der beidseitig offen ist, ihre Gültigkeit, wie sich entsprechend ableiten läßt. Aus der Gleichung entnimmt man folgendes: Bei der Resonanzfrequenz selbst ist der Blindleitwert Null; weicht man um den Betrag $\Delta\omega$ von der Resonanzfrequenz ab, so beträgt der Blindleitwert:

$$\Delta G_B = \frac{a_z}{Z_l v_z}\Delta\omega. \tag{223}$$

Speist man nun den Resonator im Spannungsbauch von einem Sender her mit der Spannung $\mathfrak{U}_{\max}$, so ist die zuzuführende Scheinleistung (halbes Produkt aus dem Scheitelwert der Spannung und dem Scheitelwert des Stromes, ohne Rücksicht auf die Phasenlage):

$$N_{Sch} = \frac{|\mathfrak{U}_{\max}|^2}{2}\sqrt{G_{res}^2 + (\Delta G_B)^2} = \frac{|\mathfrak{U}_{\max}|^2}{2}G_{Sch}.$$

Hierbei wird die Größe G_{Sch} als Scheinleitwert bezeichnet. Hat der Sender gerade die Eigenfrequenz des Resonators, so verschwindet der Blindleitwert, die zugeführte Scheinleistung ist eine reine Verlustleistung:

$$N_v = \frac{|\mathfrak{U}_{\max}|^2}{2}G_{res}.$$

Das Verhältnis der beiden Leistungen unter Mitbenutzung der Gl. (223) und durch Einführen von $R_{res} = 1/G_{res}$ ist:

$$\frac{N_{Sch}}{N_v} = \sqrt{1 + \left(\frac{\Delta G_B}{G_{res}}\right)^2} = \sqrt{1 + \left(\frac{2\,\Delta\omega}{\omega}\right)^2\left(\frac{a_z\,\omega\,R_{res}}{2Z_l v_z}\right)^2}.$$

In dieser Beziehung ist die Größe $2Z_l v_z/a_z\omega R_{res}$ allein durch die Eigenschaften des Resonators gegeben; man bezeichnet diese Größe als den „Verlustfaktor" D des Resonators; er kennzeichnet die Größe der im Resonator auftretenden Verluste. Es ergeben sich somit die Beziehungen:

$$D = \frac{2Z_l v_z}{a_z\,\omega}\frac{1}{R_{res}} \tag{224}$$

und

$$\frac{N_{Sch}}{N_v} = \frac{G_{Sch}}{G_{res}} = \sqrt{1 + \left(\frac{2\,\Delta\omega}{\omega}\right)^2\frac{1}{D^2}}. \tag{225}$$

Speist man das offene Ende des Resonators mit einer bei allen Frequenzen konstanten Spannung, so verläuft der Strom bei Frequenzänderungen dem Scheinleitwert proportional und erreicht für $\Delta\omega = 0$ sein Minimum. Beträgt die relative Frequenzänderung gerade $\Delta\omega/\omega = D/2$, so ist $G_B = G_{res}$, und der Strom steigt auf den $\sqrt{2}$-fachen Wert des Minimalwertes. — Speist man dagegen den Resonator mit einem bei allen Frequenzen konstanten Strom, so verläuft die Spannung bei den verschiedenen Frequenzen umgekehrt proportional dem Scheinleitwert, erreicht also bei $\Delta\omega = 0$ ihren Höchstwert und sinkt bei einer relativen Frequenzänderung $\Delta\omega/\omega = D/2$ auf den $\sqrt{2}$-ten Teil des Maximalwertes. — Es besteht also die Möglichkeit, die Größe des Verlustfaktors meßtechnisch aus derjenigen Frequenzänderung zu bestimmen, für die der Blindleitwert gerade gleich dem Resonanzleitwert ist:

$$D = \left(\frac{2\,\Delta\omega}{\omega}\right)_{G_B=G_{res}}.\qquad(226\,\text{a})$$

Der Kehrwert von D wird infolge dieser Eigenschaften als „Resonanzschärfe" oder „Güte" bezeichnet.

Die Größe des Verlustfaktors läßt sich noch auf eine andere Weise ausdrücken, die insbesondere für die Berechnungen an Hohlraumresonatoren beliebiger Gestalt nützlich ist. Die bei der Resonanzfrequenz im Resonator gespeicherte Energie ist nach Gl. (203) auf S. 233: $W = \dfrac{|\mathfrak{U}_{max}|^2\, a_z}{4\,Z_l v_z}$. Die bei der Resonanzfrequenz aufgenommene Verlustleistung ist: $N_v = \dfrac{|\mathfrak{U}_{max}|^2}{2}\,\dfrac{1}{R_{res}}$. Somit ergibt sich unter Mitbenutzung der Gl. (224):

$$D = \frac{N_v}{\omega W} = \frac{1}{2\,\pi}\,\frac{N_v/f}{W}.\qquad(226\,\text{b})$$

Hiernach stellt sich der Verlustfaktor des Resonators dar als das Verhältnis der pro Hochfrequenzperiode zugeführten, im Resonator in Wärme umgesetzten Energie N_v/f zu der im Resonator gespeicherten Energie W, geteilt durch 2π; der Verlustfaktor ist also das Verhältnis von Energieverlust zu Energiespeicherung.

Die Berechnung des Verlustfaktors für die Doppelleitungsresonatoren geschieht am einfachsten mittels der bereits berechneten Resonanzwiderstände aus der Gl. (224). Zerlegt man den Resonanzleitwert wieder in die beiden Anteile G_{res_1} und G_{res_2} nach Gl. (215) auf S. 250, so zerfällt der Verlustfaktor ebenfalls in einen Anteil D_1, der durch die dielektrischen Verluste des Dielektrikums hervorgerufen wird, und einen Anteil D_2, der durch die Ohmschen Verluste des Leitermetalls bedingt ist. Für den Verlustfaktor durch das Dielektrikum findet man mit Hilfe der Gl. (216):

$$D_1 = \frac{2Z_l v_z}{a_z\,\omega}\,\frac{\pi\,\mathrm{tg}\,\delta_1\,a_z}{Z_l\,\lambda_z} = \mathrm{tg}\,\delta_1.\qquad(227)$$

Dieser Verlustfaktor des Resonators ist unabhängig von der Form der Doppelleitung und von der Länge des Resonators und nur durch den Verlustfaktor des Dielektrikums bestimmt.

Für den Verlustfaktor D_2 durch das Leitermetall ergibt sich für die beiderseits offenen Resonatoren nach Abb. 105a und b mit den Gl. (217b) und (217c) auf S. 251 für die konzentrische Leitung:

$$D_2 = \frac{\lambda_1}{2\,\pi\,Z_1\,\varkappa_2\,t_2}\,\frac{1+\dfrac{R_2}{R_1}}{R_2\ln\left(\dfrac{R_2}{R_1}\right)} = K_D\,\frac{1+\dfrac{R_2}{R_1}}{R_2\ln\left(\dfrac{R_2}{R_1}\right)},\qquad(228\,\text{a})$$

und für die Paralleldrahtleitung:

$$D_2 = K_D \frac{1}{R \ln\left(\frac{A}{2R} + \sqrt{\left(\frac{A}{2R}\right)^2 - 1}\right) \sqrt{1 - 4\frac{R^2}{A^2}}} \, . \tag{228b}$$

Auch diese Verlustfaktoren sind von der Leitungslänge a_z unabhängig; alle Werkstoffeigenschaften bei der Betriebsfrequenz sind zusammengefaßt in der Konstanten:

$$K_D = \frac{\lambda_1}{2\pi \varkappa_2 t_2 Z_1} = \frac{\lambda_1}{\pi} K_\beta = \frac{\lambda_1 Z_1}{2\pi^2 K_R} = \sqrt{\frac{\mu_2}{2\varkappa_2 \mu_1^2 \mu_0 \omega}} \tag{229}$$

[vgl. auch Gl. (218) auf S. 251]; um eine schnelle Ermittlung des Verlustfaktors zu ermöglichen, ist K_D in Abb. 107 in Abhängigkeit von der Frequenz für die gebräuchlichsten Werkstoffkombinationen aufgetragen. Die Werte der Verlustfaktoren sind von den Abmessungsverhältnissen R_2/R_1 bzw. $A/2R$ abhängig. Für möglichst kleine Werte des Verlustfaktors ermittelt man durch Differenzieren der Gl. (228a) und (228b) die optimalen Abmessungsverhältnisse

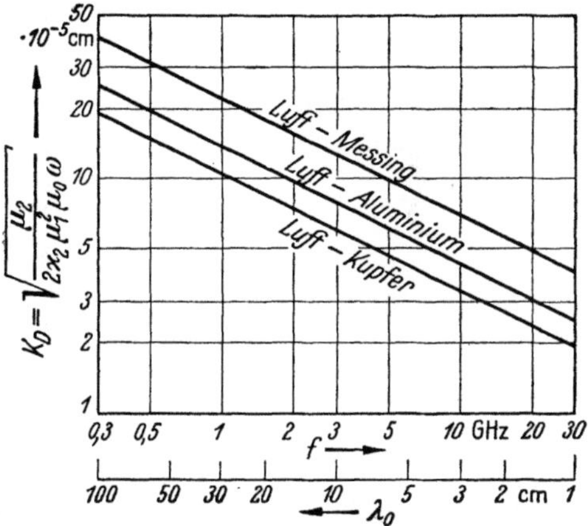

Abb. 107. Koeffizient K_D zur Berechnung der Verlustfaktoren von Resonatoren in Abhängigkeit von der Frequenz für verschiedene Werkstoffe.

$$\left(\frac{R_2}{R_1}\right)_{opt} = 3{,}6 \quad \text{bzw.} \quad \left(\frac{A}{2R}\right)_{opt} = 2{,}3$$

und die optimal erreichbaren Werte des Verlustfaktors für die konzentrische Leitung:

$$(D_2)_{opt} = K_D \frac{3{,}6}{R_2} \tag{230a}$$

und für die Paralleldrahtleitung:

$$(D_2)_{opt} = K_D \frac{3{,}48}{A} \, . \tag{230b}$$

Die optimalen Abmessungen für möglichst geringe Verlustfaktoren sind die gleichen wie die für eine möglichst niedrige Dämpfungskonstante nach den Ableitungen auf S. 222. Zu betonen ist, daß die Optimalabmessungen für einen möglichst hohen Resonanzwiderstand andere sind, wie die Ableitungen auf S. 252 gezeigt haben; die Resonatoren sind also verschieden zu dimensionieren, je nachdem man einen möglichst hohen Resonanzwiderstand oder einen möglichst niedrigen Verlustfaktor zu erreichen sucht.

17*

Für den Verlustfaktor der Doppelleitungsresonatoren nach Abb. 105c und d, die einseitig durch eine Kurzschlußplatte abgeschlossen sind, ergibt sich nach den Gl. (221b) und (221c) auf S. 254 für die konzentrische Leitung:

$$D_2 = K_D \left[\frac{1 + \dfrac{R_2}{R_1}}{R_2 \ln \dfrac{R_2}{R_1}} + \frac{2}{a_z} \right] \tag{231a}$$

und für die Paralleldrahtleitung:

$$D_2 = K_D \left[\frac{1}{R \ln \left[\dfrac{A}{2R} + \sqrt{\left(\dfrac{A}{2R}\right)^2 - 1} \right] \sqrt{1 - 4\dfrac{R^2}{A^2}}} + \frac{2}{a_z} \right]. \tag{231b}$$

Für die Resonatoren nach Abb. 105e u. f, die beiderseits durch Kurzschlußplatten abgeschlossen sind, folgt nach Gl. (222b) und (222c) auf S. 255 für die konzentrische Leitung:

$$D_2 = K_D \left[\frac{1 + \dfrac{R_2}{R_1}}{R_2 \ln \dfrac{R_2}{R_1}} + \frac{4}{a_z} \right] \tag{232a}$$

und für die Paralleldrahtleitung:

$$D_2 = K_D \left[\frac{1}{R \ln \left[\dfrac{A}{2R} + \sqrt{\left(\dfrac{A}{2R}\right)^2 - 1} \right] \sqrt{1 - 4\dfrac{R^2}{A^2}}} + \frac{4}{a_z} \right]. \tag{232b}$$

Den Abschluß der Betrachtungen über die Resonatoren, die aus kurzen Doppelleitungen gebildet werden, soll die Behandlung des in Abb. 108a dargestellten Resonators bilden. Er besteht aus einer beiderseits abgeschlossenen konzentrischen Leitung, deren Mittelleiter an der einen Seite unterbrochen ist und gegen die metallische Abschlußscheibe eine Kapazität bildet. Ein solcher Resonator hat keinerlei Verluste durch Strahlung; er wird häufig als „Topfkreis" bezeichnet. Zu einer überschlagsmäßigen Berechnung der Eigenschaften dieses Resonators werde das Ersatzbild nach Abb. 108b verwendet. Der Resonator wird aufgefaßt als eine konzentrische Leitung von der Länge l und dem Wellenwiderstand Z_l, die auf der einen Seite durch einen Kurzschluß, auf der anderen Seite durch eine Kapazität abgeschlossen ist; als Kapazität soll dabei nur die Kapa-

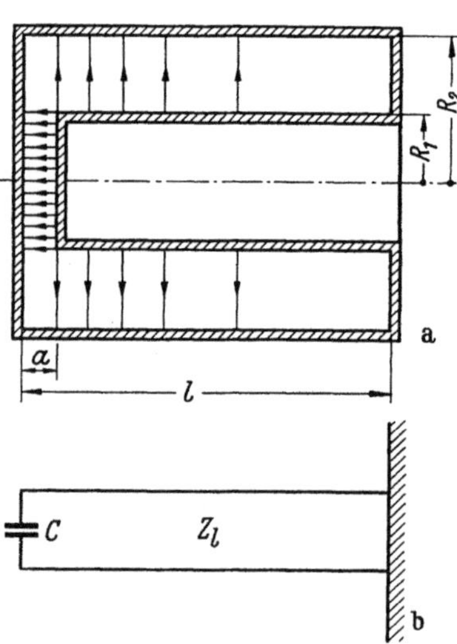

Abb. 108. Konzentrischer Resonator mit Kapazität im Mittelleiter: *a* Aufbau und idealisiertes Feldschema, *b* Ersatzbild.

zität zwischen der Stirnfläche des unterbrochenen Mittelleiters und der metallischen Abschlußscheibe angesehen werden. Es wird also in Näherung angenommen, daß die elektrischen Feldlinien den in Abb. 108a durch die mit Pfeilen versehenen Linien angegebenen Verlauf haben; das Streufeld zwischen der Abschlußplatte auf dem Mittelleiter wird also vernachlässigt; diese Näherung ist um so besser, je kleiner der Abstand a zwischen der Abschlußplatte und dem Mittelleiter ist. Zur Kennzeichnung der Eigenschaften des Resonators müssen die Resonanzfrequenz, der Resonanzwiderstand und der Verlustfaktor berechnet werden.

Zur Berechnung der Resonanzfrequenz wird der Resonator als verlustlos angenommen. Zwischen der Abschlußplatte und der Stirnfläche des Mittelleiters soll die Spannung $\mathfrak{U}$ liegen (wo die Energie, die die Schwingungen des Resonators aufrechterhält, zugeführt wird, ist für die vorliegenden Betrachtungen belanglos). An dieser Spannung liegen zwei Blindleitwerte, der der Kapazität und der des kurzgeschlossenen Leitungsstückes; also ist der gesamte Blindleitwert:

$$\mathrm{j}\,G_B = \mathrm{j}\left(\omega C - \frac{1}{Z_l\,\mathrm{tg}\left(\frac{\omega l}{v_z}\right)}\right) = \mathrm{j}\left(\omega\frac{\varepsilon_1\varepsilon_0\pi R_1{}^2}{a} - \frac{2\pi}{Z_1\ln\frac{R_2}{R_1}\,\mathrm{tg}\left(\frac{\omega l}{v_z}\right)}\right).$$

Hierbei ist die Größe der Kapazität C aus der Fläche πR_1^2 und dem Abstand a errechnet; der Wellenwiderstand Z_l folgt aus der Gl. (184) auf S. 213; der Eingangsleitwert der kurzgeschlossenen Leitung folgt aus Gl. (208b) auf S. 238 für den Sonderfall $d = 0$. Bei Resonanz muß der Blindleitwert Null werden; die Gleichung kann für den Fall der Resonanz beispielsweise aufgelöst werden nach dem Abstand a, wenn man die übrigen Abmessungen R_1, R_2 und l des Resonators und die Resonanzwellenlänge λ_1 vorschreibt; es folgt dann:

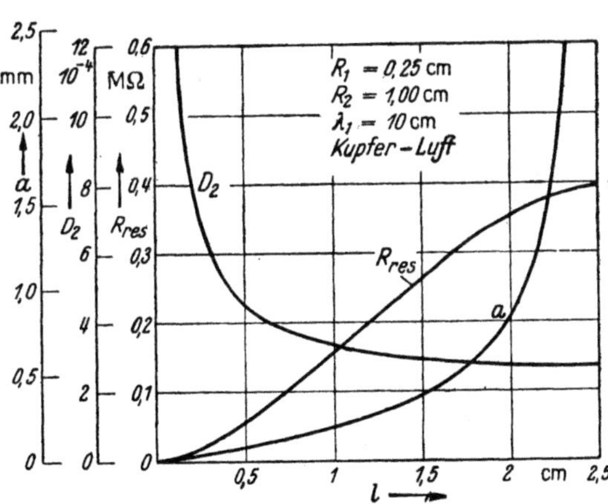

Abb. 109. Kondensatorplattenabstand a, Verlustfaktor D_2 und Resonanzwiderstand R_{res} in Abhängigkeit von der Länge l für eine Wellenlänge von 10 cm.

$$a = \frac{\pi R_1{}^2}{\lambda_1}\ln\left(\frac{R_2}{R_1}\right)\mathrm{tg}\,\frac{2\pi l}{\lambda_1}. \tag{233a}$$

Diese Beziehung ist im Diagramm der Abb. 109 graphisch dargestellt für den Sonderfall eines aus Kupfer mit Luftdielektrikum gebauten Resonators mit den Abmessungen $R_1 = 0,25$ cm und $R_2 = 1,0$ cm bei einer Resonanzwellenlänge von 10 cm. Je größer man die Länge l des Resonators macht, um so größer muß man auch den Abstand a machen; jedoch darf a niemals zu groß werden, weil dann die Näherung des elektrischen Feldlinienbildes zu schlecht wird (für $l = \lambda_z/4$ würde a unendlich groß werden).

Zur Berechnung der Verlustleistung bei Luftdielektrikum geht man folgendermaßen vor: Infolge der rein sinusförmigen Strom- und Spannungsverteilung ist der in der Kurzschlußscheibe (Strombauch) fließende Strom: $\mathfrak{J}_0 = \dfrac{\mathfrak{u}}{Z_l \sin(\alpha_z l)}$. Der über die Kapazität und die andere Endscheibe fließende Strom ist $\mathfrak{J} = \mathfrak{J}_0 \cos(\alpha_z l) = \dfrac{\mathfrak{u}}{Z_l}\operatorname{ctg}(\alpha_z l)$ [diese Beziehungen sind aus Gl. (204 b) unter der Voraussetzung $\mathfrak{u}_0 = 0$ unmittelbar abzuleiten]. Die Verluste der konzentrischen Doppelleitung lassen sich durch einen im Strombauch liegenden Widerstand R_v' nachbilden, dessen Größe sich (bei Vernachlässigung von Verlusten im Dielektrikum) nach Gl. (213) auf S. 247 und Gl. (196) auf S. 221 ergibt:

$$R_v = Z_l d_v = \frac{1 + \dfrac{R_2}{R_1}}{4\,\pi\,\varkappa_2\,t_2\,R_2}\left[l + \frac{\sin(2\,\alpha_z l)}{\alpha_z} \right].$$

Die Abschlußscheiben selbst stellen einen Widerstand dar, der sich aus Gl. (220) auf S. 254 ergibt:

$$R_0 = d_0 Z_l = \frac{\ln \dfrac{R_2}{R_1}}{2\,\pi\,\varkappa_2\,t_2}.$$

Die eine Abschlußscheibe wird vom Strom $\mathfrak{J}_0$, die andere vom Strom $\mathfrak{J} = \mathfrak{J}_0 \cos(\alpha_z l)$ durchflossen. Die gesamte Verlustleistung im Resonator ist dann:

$$N_v = \frac{|\mathfrak{J}_0|^2}{2}\left(R_0 + R_v + R_0 \cos^2(\alpha_z l)\right)$$

$$= \frac{|\mathfrak{J}_0|^2}{2}\frac{1}{4\pi\varkappa_2 t_2}\left[l\left(\frac{1}{R_1} + \frac{1}{R_2}\right)\left\{1 + \frac{\sin(2\alpha_z l)}{2\alpha_z l}\right\} + 2\ln\frac{R_2}{R_1}\left(1 + \cos^2\alpha_z l\right) \right]$$

$$= \frac{|\mathfrak{u}|^2}{2}\frac{2\,\pi}{Z_1^2\,\varkappa_2\,t_2\left(\ln\dfrac{R_2}{R_1}\right)^2\left(1 - \cos(2\alpha_z l)\right)}$$

$$\times \left[\left(\frac{l}{R_1} + \frac{l}{R_2}\right)\left(1 + \frac{\sin(2\alpha_z l)}{2\alpha_z l}\right) + \ln\frac{R_2}{R_1}\left(3 + \cos(2\alpha_z l)\right) \right]$$

$$= \frac{|\mathfrak{u}|^2}{2\,R_{res}}.$$

Wie der letzte Teil dieser Gleichung zeigt, kann man sich diese Verlustleistung in dem an der Stelle der Spannung $\mathfrak{u}$ liegenden Resonanzwiderstand R_{res} vereinigt denken; somit ergibt sich für den zwischen der Stirnfläche des Mittelleiters und der Abschlußscheibe zu messenden Resonanzwiderstand:

$$R_{res} = \frac{K_R}{2} \; \frac{\left(\ln \frac{R_2}{R_1}\right)^2 (1 - \cos(2\alpha_z l))}{l \left(\frac{1}{R_1} + \frac{1}{R_2}\right)\left(1 + \frac{\sin(2\alpha_z l)}{2\alpha_z l}\right) + \ln \frac{R_2}{R_1}(3 + \cos 2\alpha_z l)} . \qquad (233\,\mathrm{b})$$

Grundsätzlich könnte man den Resonanzwiderstand auf jeden beliebigen in dem Resonator auftretenden Spannungswert, d. h. auf jede beliebige Stelle im Resonator beziehen; der hier gewählte Wert ist der höchste, im vorliegenden Resonator mögliche Wert, da $\mathfrak{U}$ die höchste Spannung ist. Für das gerechnete Beispiel ist der Verlauf des Resonanzwiderstandes in Abb. 109 über der Resonatorlänge l aufgetragen; er erreicht Werte, die in Hunderten von $\mathrm{k}\Omega$ zu messen sind. Mit zunehmender Resonatorlänge l steigt der Resonanzwiderstand an, für den praktisch nicht erreichbaren Grenzfall $l = \lambda_z/4$ und $a \rightarrow \infty$ erreicht er den Wert des Resonanzwiderstandes einer einseitig kurzgeschlossenen, einseitig offenen $\lambda/4$-Leitung.

Zur Berechnung des Verlustfaktors kann man die einfache Beziehung (224) auf S. 257 nicht verwenden, weil sie nur für Resonatoren gilt, die ein ganzzahliges Vielfaches von $\lambda_z/4$ lang sind; jedoch bleibt die Gl. (226a) auf S. 258 auch hier unverändert gültig. Durch Differenzieren des oben gefundenen Blindleitwertes G_B erhält man: $\frac{\mathrm{d}G_B}{\mathrm{d}\omega} = C$ $+ l\left/\left(Z_l v_z \sin^2 \frac{\omega l}{v_z}\right)\right.$, wobei an der Resonanzstelle $C = 1\left/\left(\omega Z_l \operatorname{tg} \frac{\omega l}{v_z}\right)\right.$ ist, also:

$$\Delta G_B = \Delta \omega \frac{l}{Z_l v_z \sin^2 \alpha_z l} \left[1 + \frac{\sin(2\alpha_z l)}{2\alpha_z l}\right]$$

$$= \frac{2\Delta\omega}{\omega} \; \frac{2\pi\alpha_z l}{Z_1 \ln \frac{R_2}{R_1}(1 - \cos(2\alpha_z l))} \left[1 + \frac{\sin(2\alpha_z l)}{2\alpha_z l}\right].$$

Mit Hilfe der Gl. (226a) ergibt sich dann nach einigen Umformungen:

$$D_2 = \left(\frac{2\Delta\omega}{\omega}\right)_{\Delta G_B = G_{res} = \frac{1}{R_{res}}},$$

$$D_2 = K_D \left[\frac{3 + \cos(2\alpha_z l)}{l\left(1 + \frac{1}{2\alpha_z l}\sin(2\alpha_z l)\right)} + \frac{1 + \frac{R_2}{R_1}}{R_2 \ln \frac{R_2}{R_1}}\right]. \qquad (233\,\mathrm{c})$$

Auch der Verlauf des Verlustfaktors ist in das Diagramm der Abb. 109 eingetragen; je größer die Länge l wird, um so kleiner wird der Verlustfaktor; für den Grenzfall $l = \lambda_z/4$ und $a \rightarrow \infty$ wird der Wert einer einseitig kurzgeschlossenen und einseitig offenen $\lambda_z/4$-Leitung erreicht [Gl. (231a) für $a_z = \lambda_z/4$].

b) Das Verhalten von Leitungsstücken als Transformatoren.

Wie schon zu Eingang des Absatzes 3 auf S. 249 gesagt wurde, können Leitungsstücke als Transformatoren verwendet werden, weil sich beim Auftreten von stehenden Wellen längs der Leitung die Größen von Spannung, Strom und Widerstand ändern. Bei der Berechnung der Transformationen können die Leitungsstücke im allgemeinen als verlustlos angesehen werden, weil sie kurz sind und durch geeignete Wahl der Werkstoffe möglichst verlustfrei gehalten werden. Grundsätzlich ergibt sich bei diesen Betrachtungen gegenüber dem Abschnitt 1 (S. 229 ff.) nichts Neues, nur erleichtern die hier wiederzugebenden Betrachtungen das praktische Arbeiten in vielen Fällen erheblich.

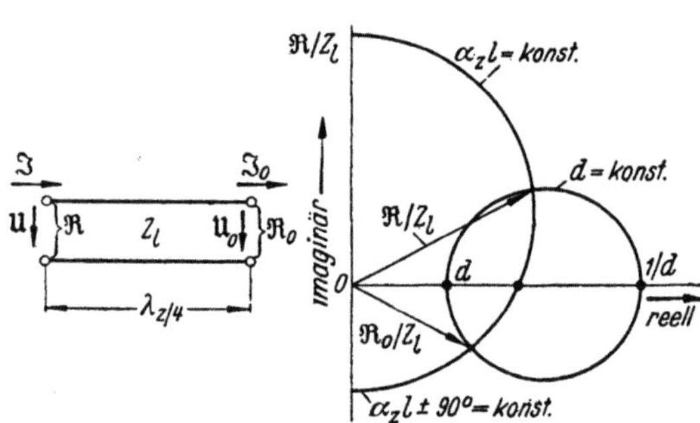

Abb. 110. Verhalten einer verlustlosen λ/4-Leitung als Transformator.

Der einfachste Transformator für Höchstfrequenz besteht aus einer Doppelleitung von der Länge einer Viertelwellenlänge, wie er in Abb. 110 links dargestellt ist. Die Bezeichnungen der Ströme und Spannungen sind die gleichen, wie sie schon in Abb. 96 angewendet wurden. Durch Einsetzen der Beziehungen $\alpha_z l = \pi/2$ und $\Re_0 = \mathfrak{U}_0/\mathfrak{J}_0$ findet man aus der allgemeinen Gl. (204b) auf S. 234:

$$\frac{\mathfrak{U}}{\mathfrak{U}_0} = j\,\frac{Z_l}{\Re_0} = j\,\ddot{u}, \tag{234a}$$

$$\frac{\mathfrak{J}}{\mathfrak{J}_0} = j\,\frac{\Re_0}{Z_l} = \frac{j}{\ddot{u}}, \tag{234b}$$

$$\frac{\Re}{\Re_0} = \frac{\mathfrak{U}\,\mathfrak{J}_0}{\mathfrak{J}\,\mathfrak{U}_0} = \left(\frac{Z_l}{\Re_0}\right)^2 = \ddot{u}^2. \tag{234c}$$

In Analogie zu dem aus der allgemeinen Elektrotechnik bekannten Transformator ist hier ein komplexes Übersetzungsverhältnis $\ddot{u} = |\ddot{u}|\,e^{j\,\vartheta_{\ddot{u}}}$ eingeführt; schreibt man den Abschlußwiderstand in der Form: $\Re_0 = |\Re_0|\,e^{j\,\vartheta_0}$, so erhält man aus (234c):

$$|\ddot{u}| = \frac{Z_l}{|\Re_0|} \quad \text{und} \quad \vartheta_{\ddot{u}} = -\vartheta_0. \tag{234d}$$

Bezüglich der Beträge der zu übersetzenden Größen verhält sich die λ/4-Leitung wie ein normaler Transformator: die Beträge der Spannungen werden im Verhältnis $|\ddot{u}|$, die Beträge der Ströme im Verhältnis $1/|\ddot{u}|$ und die Beträge der Widerstände im Verhältnis $|\ddot{u}|^2$ übersetzt; die Größe $|ü|$ ist dabei durch das Verhältnis vom Wellenwiderstand zum Betrag des Abschlußwiderstandes bestimmt, ist also abhängig von der angeschlossenen Belastung. Eigentümlich ist jedoch die Transformation der Phasen: der Eingangswiderstand hat gerade die Phase entgegengesetzten Vorzeichens wie der Abschlußwiderstand. Die Transformation der Widerstände kann man auch in sehr einfacher Weise aus dem allgemeinen Kreisdiagramm nach Abb. 100 entnehmen, wie in der rechten Skizze der Abb. 110 angedeutet ist. Zeichnet man den Zeiger $\Re_0/Z_l$ in das Diagramm ein, so liegt sein Endpunkt auf dem Schnittpunkt zweier Kreise; der eine Kreis gilt für konstantes Anpassungsmaß d, der andere für konstante Leitungslänge l. Wo sich die beiden Kreise ein zweites Mal schneiden, liegt der Endpunkt des Zeigers $\Re/Z_l$; der Beweis ergibt sich in einfacher Weise daraus, daß das Anpassungsmaß d sich längs der Leitung nicht ändert, und daß der Kreis für konstante Länge l durch den Punkt 1 in zwei Teile geteilt ist, von denen der eine für $\alpha_z l = $ konst. und der andere für $\alpha_z l \pm 90° = $ konst. gültig ist, wie man aus Abb. 100 entnehmen kann.

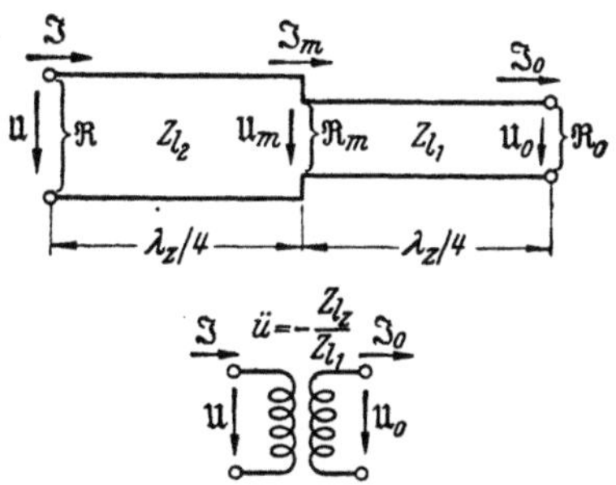

Abb. 111. Transformator, gebildet aus zwei $\lambda/4$-Leitungen mit verschiedenem Wellenwiderstand, und das zugehörige Ersatzbild.

Einen anderen, in seinem Transformationsverhältnis noch einfacheren Transformator erhält man dadurch, daß man entsprechend Abb. 111 zwei Leitungen mit verschiedenem Wellenwiderstand von je $\lambda_z/4$ Länge hintereinanderschaltet. (In den meisten Fällen der Praxis werden beim Zusammenschalten zweier Leitungen mit verschiedenem Wellenwiderstand die beiden Leitungen nicht gerade genau eine Viertelwellenlänge groß sein; es ist in diesen Fällen immer vorteilhaft, die Transformation für die Spannungen und Ströme für die Punkte zu berechnen, die je eine Viertelwellenlänge von der Stoßstelle entfernt sind, und die noch weiter folgende Leitungslängen nach den normalen Leitungsgleichungen bzw. nach dem Kreisdiagramm der Abb. 100 zu behandeln.) Zur Ableitung der Eigenschaften dieses Transformators wird die vereinfachende Annahme gemacht, daß sich an der Stoßstelle der beiden Leitungen keine Streukapazitäten befinden. Bezeichnet man entsprechend Abb. 111 die Größen an der Stoßstelle mit $\mathfrak{U}_m$, $\mathfrak{J}_m$ und $\Re_m = \mathfrak{U}_m/\mathfrak{J}_m$, so ergibt sich nach den Gl. (234):

$$\left.\begin{aligned}\frac{\mathfrak{U}_m}{\mathfrak{U}_0} &= \mathrm{j}\frac{Z_{l_1}}{\Re_0}\\[1.5em]\frac{\mathfrak{J}_m}{\mathfrak{J}_0} &= \mathrm{j}\frac{\Re_0}{Z_{l_1}}\end{aligned}\right\} \quad \text{und} \quad \left.\begin{aligned}\frac{\mathfrak{U}}{\mathfrak{U}_m} &= \mathrm{j}\frac{Z_{l_2}}{\Re_m} = \mathrm{j}\frac{Z_{l_2}\,\Re_0}{Z_{l_1}^2}\\[1.5em]\frac{\mathfrak{J}}{\mathfrak{J}_m} &= \mathrm{j}\frac{\Re_m}{Z_{l_2}} = \mathrm{j}\frac{Z_{l_1}^2}{Z_{l_2}\,\Re_0}\end{aligned}\right\}$$

und durch Eliminieren der Größen an der Stoßstelle:

$$\frac{\mathfrak{u}}{\mathfrak{u}_0} = -\frac{Z_{l_2}}{Z_{l_1}} = \ddot{u}, \tag{235a}$$

$$\frac{\mathfrak{J}}{\mathfrak{J}_0} = -\frac{Z_{l_1}}{Z_{l_2}} = \frac{1}{\ddot{u}}, \tag{235b}$$

$$\frac{\mathfrak{R}}{\mathfrak{R}_0} = \left(\frac{Z_{l_2}}{Z_{l_1}}\right)^2 = \ddot{u}^2, \tag{235c}$$

$$\ddot{u} = -\frac{Z_{l_2}}{Z_{l_1}}. \tag{235d}$$

Diese Anordnung verhält sich, wie man aus den Gleichungen erkennt, genau wie ein aus der allgemeinen Elektrotechnik bekannter Transformator mit dem Übersetzungsverhältnis $\ddot{u}$ ($\ddot{u}$ ist von der Belastung unabhängig); dies ist auch durch das in Abb. 111 unten gezeichnete Ersatzschaltbild angedeutet. Sofern das negative Vorzeichen von $\ddot{u}$ nach (235d), das weiter nichts bedeutet als eine Phasendrehung um 180°, stört, kann man eines der beiden Leitungsstücke nicht $\lambda_z/4$, sondern $\frac{3}{4}\lambda_z$ lang machen, wodurch durch abermalige Phasendrehung um 180° die Gegenphasigkeit wettgemacht wird.

Als Transformatoren wirkende Schaltungen, die Leitungsstücke zusammen mit anderen Schaltelementen enthalten, werden im Abschnitt F behandelt.

D. Die Wellen in Hohlleitungen.

Unter einer Hohlleitung ist, wie schon in der Einleitung auf S. 2 ausgeführt, eine metallische Rohrleitung von beliebig geformtem Querschnitt zu verstehen, deren Inneres leer oder mit einem homogenen Dielektrikum gefüllt ist. Wie schon zu Eingang des Abschnittes C auf S. 205 erwähnt wurde, lassen sich die Hohlleitungen nur in der Höchstfrequenztechnik verwenden und sind für die Technik der längeren Wellen ohne Bedeutung. Außer den Hohlleitungen sind im Gebiete der Höchstfrequenz auch sog. dielektrische Leitungen zur Fortleitung elektromagnetischer Wellen anwendbar, die aus zylindrischen dielektrischen Stäben bestehen.

I. Die fortschreitenden Wellen.

1. Die anschauliche Darstellung für die Entstehung der Hohlraumwellen (Sonderbeispiel).

Damit die recht komplizierten Verhältnisse anschaulicher werden, soll der allgemeinen Ableitung ein Beispiel vorangestellt werden, bei dem sich die wichtigsten Eigenschaften über die Ausbreitung der Hohlraumwellen ohne umfangreiche mathematische Ableitungen erkennen lassen.

In Abb. 112 sind zwei ebene metallische Wände dargestellt, die parallel zueinander im Abstand a_y aufgestellt sind. Beide Wände sollen in der x- und der z-Richtung unendlich große Ausdehnung besitzen und eine sehr hohe elektrische Leitfähigkeit aufweisen. Im Raume zwischen den beiden Wänden soll sich eine ebene elektromagnetische Welle ausbreiten, deren elektrische Feldstärke $\mathfrak{E}_y$ in y-Richtung und deren magnetische Feldstärke $\mathfrak{H}_x$ in x-Richtug verlaufen soll. Das Medium zwischen den beiden Wänden soll die Permeabilität μ_1 und die Dielektrizitätskonstante ε_1 besitzen. Die Maxwellschen Grundgleichungen, die den Zusammenhang zwischen $\mathfrak{E}_y$ und $\mathfrak{H}_x$ ergeben, haben hier die einfache Form:

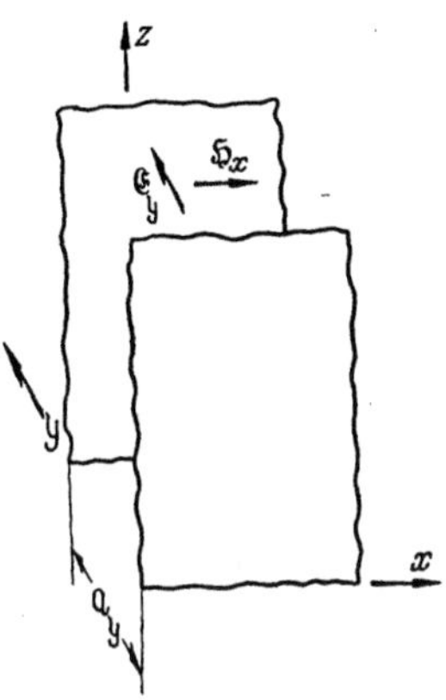

Abb. 112. Zur Ableitung der Gleichungen für eine zwischen zwei ebenen Wänden fortschreitende Welle.

$$\frac{d\,\mathfrak{E}_y}{d\,z} = j\,\omega\,\mu_1\mu_0\,\mathfrak{H}_x \quad \text{und} \quad \frac{d\,\mathfrak{H}_x}{d\,z} = j\,\omega\,\varepsilon_1\varepsilon_0\,\mathfrak{E}_y.$$

Differenziert man die erste Gleichung nach z und setzt dann die zweite Gleichung ein, so erhält man:

$$\frac{d^2\,\mathfrak{E}_y}{d\,z^2} + \omega^2\mu_1\varepsilon_1\mu_0\varepsilon_0\,\mathfrak{E}_y = \frac{d^2\,\mathfrak{E}_y}{d\,z^2} + \frac{\omega^2}{v_1^2}\,\mathfrak{E}_y = \frac{d^2\,\mathfrak{E}_y}{d\,z^2} + \left(\frac{2\,\pi}{\lambda_1}\right)^2\mathfrak{E}_y = 0. \quad (236)$$

Hierbei bezeichnen wie oben $v_1 = 1/\sqrt{\mu_1\mu_0\,\varepsilon_1\varepsilon_0}$ die Geschwindigkeit der ungestörten Wellenausbreitung im Werkstoff mit den Konstanten μ_1 und ε_1 [vgl. Gl. (177a) auf S. 213] und $\lambda_1 = \dfrac{2\,\pi\,v_1}{\omega}$ die Wellenlänge für die ungestörte Wellenausbreitung im Werkstoff. Die gefundenen Gleichungen sind den Leitungsgleichungen (172) auf S. 207 sehr ähnlich und führen deshalb auch auf den gleichen Lösungsansatz [vgl. Gl. (175) auf S. 208]. Man setzt

$$\mathfrak{E}_y = \mathfrak{E}_0\,e^{-2\,\pi\,j\,\frac{z}{\lambda_1}}, \quad (237\,\text{a})$$

wobei $\mathfrak{E}_0$ die elektrische Feldstärke an der Stelle $z = 0$ ist; die Richtigkeit dieses Ansatzes ergibt sich unmittelbar durch Einsetzen in Gl. (236). Durch Einsetzen in die Grundgleichungen folgt die Größe der magnetischen Feldstärke:

$$\mathfrak{H}_x = \frac{1}{j\,\omega\,\mu_1\mu_0}\left(\frac{-2\,\pi\,j}{\lambda_1}\right)\mathfrak{E}_0\,e^{-2\,\pi\,j\,\frac{z}{\lambda_1}} = -\,\mathfrak{E}_y\sqrt{\frac{\varepsilon_1\varepsilon_0}{\mu_1\mu_0}} = -\,\frac{\mathfrak{E}_y}{Z_1}. \quad (237\,\text{b})$$

Hierbei bezeichnet $Z_1 = \sqrt{\dfrac{\mu_1\mu_0}{\varepsilon_1\varepsilon_0}}$ den bereits in Gl. (185) auf S. 213 festgesetzten Wellenwiderstand des Mediums mit den Konstanten μ_1 und ε_1. Es liegt also hier — genau wie bei der Wellenausbreitung auf einer verlustlosen Leitung nach Abb. 87 — eine fortschreitende Welle vor, die die Wellenlänge λ_1 hat und deren Ausbreitungsgeschwindigkeit v_1 beträgt. Elektrische und magnetische Feldstärke sind überall in Phase, ihre Größen bilden dem Betrage nach das Verhältnis Z_1; der Lösungsansatz in Gl. (237a) ist so getroffen, daß sich die Wellenausbreitung in der positiven z-Richtung vollzieht.

Die Form der soeben errechneten ebenen fortschreitenden Welle ist in Abb. 113a nochmals schematisch dargestellt; die einzelnen Größen sind auf die $x - z$-Ebene als Zeichenebene projiziert. Die Vektoren $\mathfrak{E}$ der elektrischen Feldstärke stehen dann auf der Zeichenebene senkrecht (angedeutet durch die Kreise mit Pfeilspitze und Pfeilschaft), die Vektoren $\mathfrak{H}$ der magnetischen Feldstärke liegen in der Zeichenebene. Die gezeichnete Darstellung ist ein Zustandsbild für einen bestimmten Augenblick; die Figur schreitet mit der Geschwindigkeit v_1 in der positiven z-Richtung fort. Es sind die Linien gezeichnet, für die die elektrische und die magnetische Feldstärke ihr positives und negatives Maximum besitzen (gekennzeichnet durch die Kreise für $\mathfrak{E}$ und die Pfeile für $\mathfrak{H}$); außerdem sind als glatte Linien die Knotenlinien gezeichnet, längs denen die elektrische und die magnetische Feldstärke Null ist. Der Abstand zwischen zwei Maximalwerten gleicher Richtung ist die Wellenlänge λ_1.

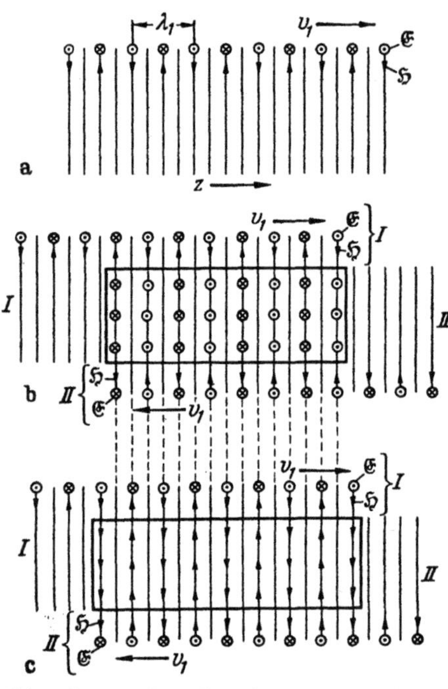

Abb. 113a—c. Die Entstehung einer ebenen stehenden Welle: a ebene fortschreitende Welle, b und c Überlagerung zweier fortschreitender Wellen zu zwei verschiedenen Zeitaugenblicken.

Der Verlauf für die Größe der Feldstärken zwischen den gezeichneten Linien vollzieht sich nach dem Sinusgesetz.

Statt der einen zwischen zwei unendlich großen Ebenen geführten ebenen Welle sollen nach Abb. 113b jetzt zwei ebene Wellen I und II angenommen werden, die sich genau senkrecht entgegenlaufen und deren Feldstärken gleich groß sind. Abb. 113b stellt wieder einen ganz bestimmten Zeitaugenblick dar, in dem die beiden Wellenzüge gerade die dargestellte bestimmte Stellung zueinander haben. Innerhalb des umrandeten Rechtecks ist das resultierende Feld dargestellt, das durch die Überlagerung der beiden Wellenzüge entsteht. Man erkennt leicht, daß im resultierenden Feld das magnetische Feld verschwindet, weil in dem dargestellten Zeitaugenblick die beiden einzelnen gleich großen magnetischen Felder gerade entgegengesetzte Richtung haben; dagegen haben die elektrischen Felder die gleiche Richtung, so daß das resultierende elektrische Feld die doppelte Größe hat; im umrandeten resultierenden Feld sind daher nur elektrische Vektoren vorhanden.

Abb. 113b stellte das Feld für einen bestimmten Zeitaugenblick dar; ist eine Viertelperiode vergangen, so hat das Feld die Form der Abb. 113c angenommen. Beide einzelnen Wellenzüge sind um eine Viertelwellenlänge fortgeschritten, und zwar der Wellenzug *I* nach rechts, der Wellenzug *II* nach links. In dem rechteckig umrandeten resultierenden Feld heben sich jetzt die elektrischen Feldstärken gegenseitig auf, die magnetischen Feldstärken addieren sich zum doppelten Wert. Im Vergleich zu Abb. 113b erkennt man, daß die Linien der größten magnetischen Feldstärke an den Knotenstellen der elektrischen Feldstärke liegen. Nach Verlauf einer weiteren Viertelperiode heben sich wieder die magnetischen Felder auf, nach abermaligem Verlauf einer Viertelperiode wieder die elektrischen und so fort. Dabei bleiben die Linien für die Maximalstellen und die Knotenstellen (Nullstellen) der elektrischen und der magnetischen Feldstärke im Raume fest, im resultierenden Feld ist kein Fortschreiten, sondern nur ein zeitliches Pulsieren zu erkennen, aus der fortschreitenden Welle ist eine stehende Welle geworden (genau wie bei der verlustlosen Doppelleitung nach Abb. 95); bei ihr sind die Knotenstellen der elektrischen und der magnetischen Feldstärke gegeneinander um eine Viertelwellenlänge verschoben (ebenso natürlich auch die Maximalstellen [Bäuche] der elektrischen und der magnetischen Feldstärke).

In Abb. 114 sind zwei zwischen zwei ebenen Platten geführte ebene Wellenzüge dargestellt, die schräg zueinander verlaufen; die Fortschreiterichtung der beiden Wellenzüge ist dabei um den Winkel α gegen die z-Richtung geneigt, der Wellenzug *I* verläuft schräg nach links oben, der Wellenzug *II* schräg nach rechts oben. Das Gebiet, in dem das resultierende Feld der beiden Wellenzüge dargestellt ist, ist durch den rhombusförmigen Linienzug umrandet. Das Ergebnis der Überlagerung der beiden Wellenzüge ist, daß das resultierende Feld in x-Richtung den Charakter einer stehenden Welle und in z-Richtung den Charakter einer fortschreitenden Welle besitzt; denn die in die x-Richtung fallenden Komponenten der Feldstärken für die beiden Wellenzüge laufen sich entgegen, während die auf die z-Richtung fallenden Komponenten in gleicher Richtung laufen. Diese Eigenschaften erkennt man im resultierenden Feld beispielsweise daraus, daß sich längs der strichpunktierten Linien $A—A$ und $B—B$ die elektrischen Feldstärken fortheben und nur magnetische Feldstärken in z-Richtung vorhanden sind. Zwischen diesen und außerhalb dieser beiden Linien sind dagegen senkrecht auf der Zeichenebene stehende elektrische Feldstärken vorhanden. Wenn nun im weiteren Zeitverlauf die beiden

Wellenzüge in ihrer schrägen Bewegungsrichtung fortschreiten, so können trotzdem längs der Linien A—A und B—B im resultierenden Feld niemals elektrische Feldstärken auftauchen, die Linien sind Knotenlinien für die elektrische Feldstärke.

Infolge dieser Eigenschaften des resultierenden elektromagnetischen Feldes nach Abb. 114 ist es möglich, in Richtung der Linien A—A und B—B zwei metallische leitende Wände von sehr hoher Leitfähigkeit senkrecht auf der Zeichenebene aufzustellen, ohne das Feldbild zu verändern; denn auf der Oberfläche dieser Metallwände ist keine elektrische Feldstärke vorhanden, sondern nur eine magnetische, die entsprechend Abb. 83 einen Strombelag auf der Metalloberfläche hervorruft. Das Feld zwischen diesen beiden Wänden muß nun auch für sich bestehen können, das gesamte äußere Feld der beiden schräg zueinander verlaufenden Wellenzüge kann man sich fortdenken. Da nun die gezeichneten elektromagnetischen Felder entsprechend den ursprünglichen Voraussetzungen zwischen zwei parallelen Wänden oberhalb und unterhalb der Zeichenebene im gegenseitigen Abstand a_y (vgl. Abb. 112) vorhanden waren, besteht das nunmehr verbleibende Feld nur innerhalb einer rechteckigen metallischen Röhre, die sich in z-Richtung unendlich weit ausbreitet und den Querschnitt $a_x a_y$ hat (der Abstand zwischen den beiden Linien A—A und B—B sei entsprechend Abb. 114 mit a_x bezeichnet). Somit ist ein Hohlleiter entstanden (vgl. auch die weiter unten auf S. 291 dargestellte Abb. 119), in dessen Inneren sich eine elektromagnetische Welle ausbreitet. Die ursprünglich angenommene Voraussetzung zweier schräg gegeneinander laufenden ebener Wellenzüge war somit nur ein

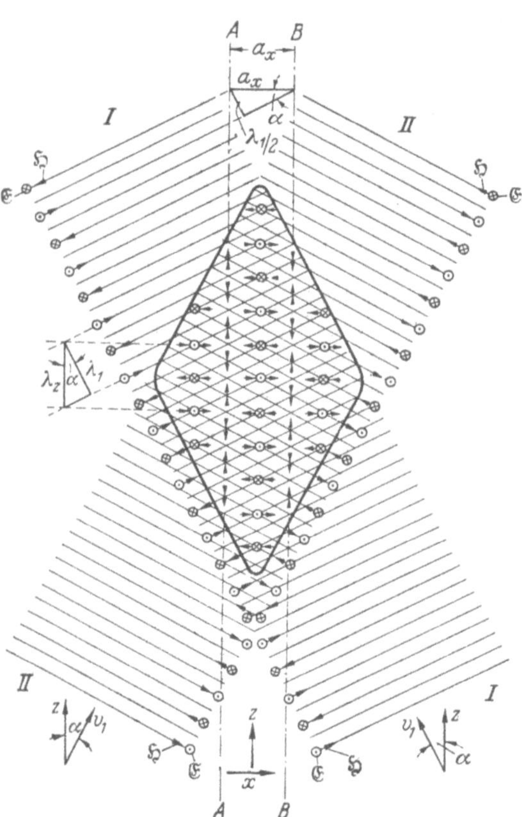

Abb. 114. Entstehung einer fortschreitenden Hohlraumwelle aus zwei schräg gegeneinander fortschreitenden ebenen Wellen.

Gedankenexperiment, um die Eigenschaften der im Innern der rechteckigen Hohlleitung verlaufenden Wellenform zu erkennen. Man kann jetzt auch zu einer anderen Vorstellung übergehen, indem man annimmt, daß ein einziger ebener Wellenzug abwechselnd an den Wänden A—A und B—B zickzackförmig hin und her reflektiert wird. In diesem Fall bleibt der Außenraum zwischen den Grenzwänden vollkommen feldfrei.

Die Wellenlänge λ_z der Wellenausbreitung im Inneren des Hohlleiters ist von der Wellenlänge λ_1 der freien Ausbreitung im Medium mit den Konstanten μ_1 und ε_1 verschieden. Aus der Geometrie der Figuren in Abb. 114 (Dreieck links in der Mitte) erkennt man sofort den Zusammenhang: $\lambda_1/\lambda_z = \cos\alpha$. Anderseits besteht für den Abstand a_x der beiden Hohlraumwände die Beziehung (Dreieck oben in der Mitte): $\lambda_1/2a_x = \sin\alpha$. Da für den Hohlleiter der Winkel α keine physikalische Bedeutung hat, sondern die Abmessung a_x durch den Aufbau von vornherein gegeben ist, wird α aus den beiden Gleichungen eliminiert, also:

$$\left(\frac{\lambda_1}{\lambda_z}\right)^2 + \left(\frac{\lambda_1}{2a_x}\right)^2 = 1 \quad \text{oder} \quad \frac{1}{\lambda_z{}^2} = \frac{1}{\lambda_1{}^2} - \frac{1}{4a_x{}^2} \quad \text{oder} \quad \lambda_z = \sqrt{\frac{4\lambda_1{}^2 a_x{}^2}{4a_x{}^2 - \lambda_1{}^2}} . \quad (238)$$

Hieraus erkennt man folgende wichtige Tatsache: Die Wellenlänge λ_z im (mit einem Medium mit den Konstanten μ_1 und ε_1 gefüllten) Hohlleiter ist unter allen Umständen größer als die Wellenlänge λ_1 der freien Ausbreitung im Medium; dabei wird die Wellenlänge λ_z um so größer, je kleiner man die Leiterabmessung a_x macht (die Leiterabmessung a_y ist bei der hier behandelten speziellen Wellenform ohne Einfluß auf die Wellenlänge). Macht man schließlich $a_x < \lambda_1/2$, so hat die Wellenlänge λ_z nach Gl. (238) keine reelle Lösung mehr, d. h. es kann dann keine Wellenausbreitung im Hohlleiter mehr bestehen. Anders ausgedrückt bedeutet dies folgendes: Hat man einen Hohlleiter von vorgegebener Abmessung a_x und ist dieser mit einem Medium gefüllt, in dem die Wellenlänge der freien Wellenausbreitung λ_1 beträgt, so ist in ihm eine Wellenfortleitung nur dann möglich, wenn $a_x > \lambda_1/2$ ist, d. h. es besteht eine Grenzwellenlänge $\lambda_g = 2a_x$, unterhalb deren eine Wellenausbreitung im Hohlleiter überhaupt erst möglich wird.

Das Vorhandensein einer Grenzwellenlänge gilt für alle Hohlleitungen, unabhängig von der Querschnitts- und Wellenform. Die Grenzwelle hat die gleiche Größenordnung wie die Querschnittsabmessungen; aus diesem Grunde ist die Anwendung der Hohlleitungen auf die Höchstfrequenztechnik beschränkt, weil bei längeren Wellen die Querschnitte so groß werden, daß eine technische Ausführung nicht möglich ist.

Die Tatsache, daß die Wellenlänge λ_z im Inneren des Hohlleiters größer ist als die Wellenlänge λ_1 für die Ausbreitung im freien Raum, ist gleichbedeutend mit der Aussage, daß sich die Punkte gleicher Schwingungsphase mit größerer Geschwindigkeit als Lichtgeschwindigkeit ausbreiten. Die sog. Phasengeschwindigkeit v_{ph} ist demnach größer als die Lichtgeschwindigkeit v_1 im betrachteten Medium. Diese auf den ersten Blick verblüffende Tatsache erklärt sich daraus, daß man entsprechend Abb. 114 die Richtung der Phasenbewegung parallel zur z-Achse, d. h. also schräg zur eigentlichen Ausbreitungsgeschwindigkeit der Wellenzüge, mißt. Es gilt:

$$v_{ph} = \frac{v_1}{\cos \alpha}.$$

Die Geschwindigkeit, mit der sich ein Einschaltvorgang oder ein Modulationsvorgang längs der Hohlleitung ausbreitet, ist mit der Phasengeschwindigkeit nicht gleichbedeutend. Die hierbei auftretende Geschwindigkeit, die sog. Gruppengeschwindigkeit v_{gr}, ergibt sich anschaulich daraus, daß man bei der zickzackförmigen Reflektion der Wellen die Geschwindigkeitskomponente in z-Richtung betrachtet:

$$v_{gr} = v_1 \cos \alpha.$$

Eliminiert man aus den beiden Gleichungen den Winkel α, so ergibt sich die später noch ausführlicher zu behandelnde Beziehung

$$v_{gr} \cdot v_{ph} = v_1^2. \tag{239}$$

Während im Hohlleiter die Phasengeschwindigkeit stets größer als die Lichtgeschwindigkeit ist, muß die Gruppengeschwindigkeit immer unterhalb der Lichtgeschwindigkeit bleiben.

2. Die allgemeine Theorie der leitungsgebundenen Wellen.

Die allgemeine Theorie wird aus den Maxwellschen Grundgleichungen des elektromagnetischen Feldes hergeleitet. Der schon in Abschnitt C behandelte Fall der elementaren Wellen auf der Doppelleitung ist in der allgemeinen Theorie nochmals enthalten. Im folgenden werden unter a) die allgemeinen Gesetze des elektromagnetischen Feldes dargestellt, unter b) werden die verschiedenen Möglichkeiten der Ausbreitung längs der Leitungen behandelt.

a) Die Grundgesetze des elektromagnetischen Feldes, der Begriff der E- und H-Wellen.

Das zu betrachtende elektromagnetische Feld verlaufe in einem verlustfreien, homogenen Medium mit der Permeabilität μ_1 und der Dielektrizitätskonstanten ε_1. Die allgemeinen Gleichungen werden aufgestellt in dem in Abb. 115 dargestellten rechtwinkligen Koordinatensystem x, y, z. Die zeitlich veränderlichen Größen sollen sämtlich rein sinusförmig verlaufen, es wird deshalb die Zeigerdarstellung gewählt.

Am Punkte P in Abb. 115 besitze der Vektor der elektrischen Feldstärke die drei Komponenten $\mathfrak{E}_x$, $\mathfrak{E}_y$ und $\mathfrak{E}_z$, und der Vektor der magnetischen Feldstärke besitze die Komponenten $\mathfrak{H}_x$, $\mathfrak{H}_y$ und $\mathfrak{H}_z$. Raumladungen seien im Medium nicht vorhanden, Elektronenleitungsströme sind also ausgeschlossen, nur Verschiebungsströme sind im Medium möglich (vgl. S. 10 bis 13).

Unter diesen vereinfachenden Annahmen haben die Maxwellschen Gleichungen in Komponentendarstellung die folgende Gestalt:

$$\left.\begin{aligned}
\frac{\partial \mathfrak{E}_x}{\partial x} + \frac{\partial \mathfrak{E}_y}{\partial y} + \frac{\partial \mathfrak{E}_z}{\partial z} &= 0; \\[2mm]
\frac{\partial \mathfrak{H}_x}{\partial x} + \frac{\partial \mathfrak{H}_y}{\partial y} + \frac{\partial \mathfrak{H}_z}{\partial z} &= 0; \\[2mm]
\frac{\partial \mathfrak{E}_z}{\partial y} - \frac{\partial \mathfrak{E}_y}{\partial z} = -\,\mathrm{j}\,\omega\,\mu_1\mu_0\,\mathfrak{H}_x; \qquad & \frac{\partial \mathfrak{H}_z}{\partial y} - \frac{\partial \mathfrak{H}_y}{\partial z} = \mathrm{j}\,\omega\,\varepsilon_1\varepsilon_0\,\mathfrak{E}_x; \\[2mm]
\frac{\partial \mathfrak{E}_x}{\partial z} - \frac{\partial \mathfrak{E}_z}{\partial x} = -\,\mathrm{j}\,\omega\,\mu_1\mu_0\,\mathfrak{H}_y; \qquad & \frac{\partial \mathfrak{H}_x}{\partial z} - \frac{\partial \mathfrak{H}_z}{\partial x} = \mathrm{j}\,\omega\,\varepsilon_1\varepsilon_0\,\mathfrak{E}_y; \\[2mm]
\frac{\partial \mathfrak{E}_y}{\partial x} - \frac{\partial \mathfrak{E}_x}{\partial y} = -\,\mathrm{j}\,\omega\,\mu_1\mu_0\,\mathfrak{H}_z; \qquad & \frac{\partial \mathfrak{H}_y}{\partial x} - \frac{\partial \mathfrak{H}_x}{\partial y} = \mathrm{j}\,\omega\,\varepsilon_1\varepsilon_0\,\mathfrak{E}_z.
\end{aligned}\right\} \quad (240)$$

Hierbei ist wieder:

$$\mu_0 = 4\,\pi \cdot 10^{-9}\left[\frac{\mathrm{H}}{\mathrm{cm}}\right] = \text{absolute Permeabilität},$$

$$\varepsilon_0 = \frac{1}{36\,\pi \cdot 10^{11}}\left[\frac{\mathrm{F}}{\mathrm{cm}}\right] = \text{absolute Dielektrizitätskonstante}.$$

Zur vereinfachten Behandlung des Problems soll angenommen werden, daß in der z-Richtung entweder die Komponente der elektrischen oder die Komponente der magnetischen Feldstärke verschwindet (die z-Richtung ist dabei vollkommen willkürlich als bevorzugte Richtung gewählt). Das Feld, in dem die magnetische Komponente $\mathfrak{H}_z$ verschwindet, soll als Feld der „E-Welle" bezeichnet werden, weil die elektrische Feldstärke in allen Raumrichtungen vorhanden ist; entsprechend soll das Feld, in dem die Komponente $\mathfrak{E}_z$ verschwindet, als Feld der „H-Welle" bezeichnet werden, weil die magnetische Feldstärke in allen Raum-

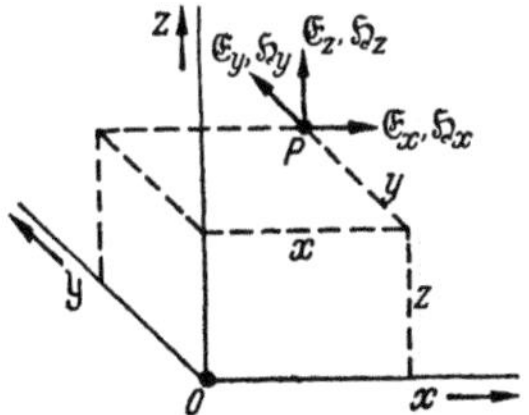

Abb. 115. Komponenten der Feldvektoren im rechtwinkligen Koordinatensystem.

richtungen existiert. Bisweilen wird auch eine andere Bezeichnung der Wellenformen verwendet: die E-Welle wird als TM-Welle (Transversal-Magnetische Welle) bezeichnet, während die H-Welle auch TE-Welle (Transversal-Elektrische Welle) genannt wird. Die Spezialisierung auf E- und H-Wellen bedeutet keine Einschränkung der Allgemeingültigkeit der abzuleitenden Beziehungen; durch Superposition der Felder beider Wellenformen kann man stets die allgemeine Lösung erhalten.

Die Gleichungen für die E- und H-Welle werden bei der Durchführung der weiteren Berechnung nebeneinandergestellt, weil beide Wellenformen analoge Eigenschaften haben, die sich bei Nebeneinanderstellung am einfachsten übersehen lassen. Aus dem Gleichungssystem (240) folgt dann:

<table>
<tr><td align="center">E-Welle:</td><td align="center">H-Welle:</td><td></td></tr>
<tr><td>$\mathfrak{H}_z = 0,$</td><td>$\mathfrak{E}_z = 0,$</td><td>(241a)</td></tr>
<tr><td>$\dfrac{\partial \mathfrak{E}_x}{\partial x} + \dfrac{\partial \mathfrak{E}_y}{\partial y} + \dfrac{\partial \mathfrak{E}_z}{\partial z} = 0,$</td><td>$\dfrac{\partial \mathfrak{H}_x}{\partial x} + \dfrac{\partial \mathfrak{H}_y}{\partial y} + \dfrac{\partial \mathfrak{H}_z}{\partial z} = 0,$</td><td>(241b)</td></tr>
<tr><td>$\dfrac{\partial \mathfrak{H}_x}{\partial x} + \dfrac{\partial \mathfrak{H}_y}{\partial y} = 0,$</td><td>$\dfrac{\partial \mathfrak{E}_x}{\partial x} + \dfrac{\partial \mathfrak{E}_y}{\partial y} = 0,$</td><td>(241c)</td></tr>
<tr><td>$\dfrac{\partial \mathfrak{E}_z}{\partial y} - \dfrac{\partial \mathfrak{E}_y}{\partial z} = -j\omega\mu_1\mu_0 \mathfrak{H}_x,$</td><td>$\dfrac{\partial \mathfrak{H}_z}{\partial y} - \dfrac{\partial \mathfrak{H}_y}{\partial z} = j\omega\varepsilon_1\varepsilon_0 \mathfrak{E}_x,$</td><td>(241d)</td></tr>
<tr><td>$\dfrac{\partial \mathfrak{E}_x}{\partial z} - \dfrac{\partial \mathfrak{E}_z}{\partial x} = -j\omega\mu_1\mu_0 \mathfrak{H}_y,$</td><td>$\dfrac{\partial \mathfrak{H}_x}{\partial z} - \dfrac{\partial \mathfrak{H}_z}{\partial x} = j\omega\varepsilon_1\varepsilon_0 \mathfrak{E}_y,$</td><td>(241e)</td></tr>
<tr><td>$\dfrac{\partial \mathfrak{E}_y}{\partial x} - \dfrac{\partial \mathfrak{E}_x}{\partial y} = 0,$</td><td>$\dfrac{\partial \mathfrak{H}_y}{\partial x} - \dfrac{\partial \mathfrak{H}_x}{\partial y} = 0,$</td><td>(241f)</td></tr>
<tr><td>$-\dfrac{\partial \mathfrak{H}_y}{\partial z} = j\omega\varepsilon_1\varepsilon_0 \mathfrak{E}_x,$</td><td>$-\dfrac{\partial \mathfrak{E}_y}{\partial z} = -j\omega\mu_1\mu_0 \mathfrak{H}_x,$</td><td>(241g)</td></tr>
<tr><td>$\dfrac{\partial \mathfrak{H}_x}{\partial z} = j\omega\varepsilon_1\varepsilon_0 \mathfrak{E}_x,$</td><td>$\dfrac{\partial \mathfrak{E}_x}{\partial z} = -j\omega\mu_1\mu_0 \mathfrak{H}_y,$</td><td>(241h)</td></tr>
<tr><td>$\dfrac{\partial \mathfrak{H}_y}{\partial x} - \dfrac{\partial \mathfrak{H}_x}{\partial y} = j\omega\varepsilon_1\varepsilon_0 \mathfrak{E}_z,$</td><td>$\dfrac{\partial \mathfrak{E}_y}{\partial x} - \dfrac{\partial \mathfrak{E}_z}{\partial y} = -j\omega\mu_1\mu_0 \mathfrak{H}_z.$</td><td>(241i)</td></tr>
</table>

Dabei ist das allgemeine Gleichungssystem für die beiden Wellenformen derart umgeordnet worden, daß analog gebaute Gleichungen nebeneinanderstehen.

Die bisher gewonnenen Beziehungen sollen nun auf eine verlustfreie Hohlleitung, die sich in der z-Richtung erstreckt, spezialisiert werden. Die Hohlleitung soll in allen Ebenen $z =$ konst. den gleichen, im übrigen beliebigen Querschnitt haben; dann wird auch die relative Verteilung des elektrischen Feldes in den verschiedenen Querschnittsebenen die gleiche Form haben, nur die absoluten Größen und Phasenwinkel werden von Querschnitt zu Querschnitt verschieden sein. Es ist deshalb der Ansatz naheliegend, sämtliche Feldgrößen als Produkte von zwei Funktionen darzustellen, von denen die erste nur von den Querschnittskoordinaten x und y abhängt, während die zweite lediglich von z abhängig ist. Für die zweite Funktion wird in Analogie zu den Leitungsgleichungen (175) auf S. 208 der Ansatz $e^{-\gamma_z z}$ getroffen. Somit ergibt sich für die einzelnen Feldgrößen:

<table>
<tr><td>$\mathfrak{E}_x = \mathfrak{E}_{x_0}(x,\,y)\,e^{-\gamma_z z},$</td><td>$\mathfrak{H}_x = \mathfrak{H}_{x_0}(x,\,y)\,e^{-\gamma_z z},$</td><td>(242a)</td></tr>
<tr><td>$\mathfrak{E}_y = \mathfrak{E}_{y_0}(x,\,y)\,e^{-\gamma_z z},$</td><td>$\mathfrak{H}_y = \mathfrak{H}_{y_0}(x,\,y)\,e^{-\gamma_z z},$</td><td>(242b)</td></tr>
<tr><td>$\mathfrak{E}_z = \mathfrak{E}_{z_0}(x,\,y)\,e^{-\gamma_z z},$</td><td>$\mathfrak{H}_z = \mathfrak{H}_{z_0}(x,\,y)\,e^{-\gamma_z z},$</td><td>(242c)</td></tr>
<tr><td>$\mathfrak{H}_x = \mathfrak{H}_{x_0}(x,\,y)\,e^{-\gamma_z z},$</td><td>$\mathfrak{E}_x = \mathfrak{E}_{x_0}(x,\,y)\,e^{-\gamma_z z},$</td><td>(242d)</td></tr>
<tr><td>$\mathfrak{H}_y = \mathfrak{H}_{y_0}(x,\,y)\,e^{-\gamma_z z},$</td><td>$\mathfrak{E}_y = \mathfrak{E}_{y_0}(x,\,y)\,e^{-\gamma_z z}.$</td><td>(242e)</td></tr>
</table>

Entsprechend diesem Ansatz beträgt die Fortpflanzungskonstante der Welle in z-Richtung γ_z. Die Möglichkeit, daß Wellen der z-Richtung entgegenlaufen, soll vorerst nicht betrachtet werden; dies bedeutet keine Einschränkung der Allgemeinheit. Bei Anwendung des Ansatzes ist in den Gl. (241) die Differentiation nach z durch eine Multiplikation mit $-\gamma_z$ zu ersetzen.

Es sollen zuerst die in den Querschnittsebenen $z =$ konst. verlaufenden Feldgrößen betrachtet werden. Durch Einsetzen der Beziehungen (242) in die Gl. (241g) und (241h) folgt:

$$\gamma_z \mathfrak{H}_y = j\,\omega\,\varepsilon_1\,\varepsilon_0\,\mathfrak{E}_x, \qquad\qquad \gamma_z \mathfrak{E}_y = -j\,\omega\,\mu_1\mu_0\,\mathfrak{H}_x, \qquad (243\,\text{a})$$

$$-\gamma_z \mathfrak{H}_x = j\,\omega\,\varepsilon_1\,\varepsilon_0\,\mathfrak{E}_y, \qquad\qquad -\gamma_z \mathfrak{E}_x = -j\,\omega\,\mu_1\mu_0\,\mathfrak{H}_y. \qquad (243\,\text{b})$$

Hieraus folgt:

$$\frac{\mathfrak{E}_x}{\mathfrak{H}_y} = -\frac{\mathfrak{E}_y}{\mathfrak{H}_x} = \frac{\gamma_z}{j\,\omega\,\varepsilon_1\varepsilon_0}, \qquad\qquad \frac{\mathfrak{H}_x}{\mathfrak{E}_y} = -\frac{\mathfrak{H}_y}{\mathfrak{E}_x} = \frac{-\gamma_z}{j\,\omega\,\mu_1\mu_0}. \qquad (244)$$

Aus diesen Gleichungen ist unmittelbar zu erkennen, daß die in den Querschnittsebenen verlaufenden Feldlinien des elektrischen und des magnetischen Feldes aufeinander senkrecht stehen müssen. Außerdem sind die Beträge der elektrischen und der magnetischen Feldstärke in den Querschnittsebenen einander proportional.

Es soll nunmehr ein Zusammenhang zwischen den in der Querschnittsebene verlaufenden Feldgrößen mit dem in z-Richtung verlaufenden Feld gesucht werden. Durch Zusammenfassung der Gl. (241d) und (243b) ergibt sich

$$\frac{\partial \mathfrak{E}_z}{\partial y} = -\gamma_z \mathfrak{E}_y + j\,\omega\,\mu_1\mu_0\,j\,\omega\,\varepsilon_1\varepsilon_0\,\frac{\mathfrak{E}_y}{\gamma_z} \qquad\qquad \frac{\partial \mathfrak{H}_z}{\partial y} = -\gamma_z \mathfrak{H}_y + j\,\omega\,\varepsilon_1\varepsilon_0\,j\,\omega\,\mu_1\mu_0\,\frac{\mathfrak{H}_y}{\gamma_z}$$

$$= -\mathfrak{E}_y\,\frac{\gamma_z^2 + \left(\dfrac{2\,\pi}{\lambda_1}\right)^2}{\gamma_z}, \qquad\qquad = -\mathfrak{H}_y\,\frac{\gamma_z^2 + \left(\dfrac{2\,\pi}{\lambda_1}\right)^2}{\gamma_z}.$$

Hierbei ist durch die Beziehung $\omega^2 \mu_1\mu_0\varepsilon_1\varepsilon_0 = \left(\dfrac{2\,\pi}{\lambda_1}\right)^2$ die Wellenlänge λ_1 der freien Wellenausbreitung im Medium eingeführt worden. Entsprechend folgt aus Gl. (241e) und (243a):

$$-\frac{\partial \mathfrak{E}_z}{\partial x} = \gamma_z \mathfrak{E}_x - j\,\omega\,\mu_1\mu_0\,j\,\omega\,\varepsilon_1\varepsilon_0\,\frac{\mathfrak{E}_x}{\gamma_z} \qquad\qquad -\frac{\partial \mathfrak{H}_z}{\partial x} = \gamma_z \mathfrak{H}_x - j\,\omega\,\varepsilon_1\varepsilon_0\,j\,\omega\,\mu_1\mu_0\,\frac{\mathfrak{H}_x}{\gamma_z}$$

$$= \mathfrak{E}_x\,\frac{\gamma_z^2 + \left(\dfrac{2\,\pi}{\lambda_1}\right)^2}{\gamma_z}, \qquad\qquad = \mathfrak{H}_x\,\frac{\gamma_z^2 + \left(\dfrac{2\,\pi}{\lambda_1}\right)^2}{\gamma_z}.$$

Aus den zuletzt gefundenen Gleichungen ergibt sich durch einfache Umrechnung:

$$\left.\begin{aligned} \mathfrak{E}_x &= -\frac{\gamma_z}{\gamma_z^2 + \left(\dfrac{2\,\pi}{\lambda_1}\right)^2}\,\frac{\partial \mathfrak{E}_z}{\partial x}, & \mathfrak{H}_x &= -\frac{\gamma_z}{\gamma_z^2 + \left(\dfrac{2\,\pi}{\lambda_1}\right)^2}\,\frac{\partial \mathfrak{H}_z}{\partial x}, \\[2em] \mathfrak{E}_y &= -\frac{\gamma_z}{\gamma_z^2 + \left(\dfrac{2\,\pi}{\lambda_1}\right)^2}\,\frac{\partial \mathfrak{E}_z}{\partial y}, & \mathfrak{H}_y &= -\frac{\gamma_z}{\gamma_z^2 + \left(\dfrac{2\,\pi}{\lambda_1}\right)^2}\,\frac{\partial \mathfrak{H}_z}{\partial y}. \end{aligned}\right\} \qquad (245)$$

18*

Diese Gleichungen besagen, daß man die in den Querschnittsebenen verlaufenden Feldkomponenten $\mathfrak{E}_x$ und $\mathfrak{E}_y$ bzw. $\mathfrak{H}_x$ und $\mathfrak{H}_y$ durch Differenzieren aus einem „Potential" von der Größe $\dfrac{\gamma_z}{\gamma_z^2 + \left(\dfrac{2\pi}{\lambda_1}\right)^2}\,\mathfrak{E}_z$ bzw. $\dfrac{\gamma_z}{\gamma_z^2 + \left(\dfrac{2\pi}{\lambda_1}\right)^2}\,\mathfrak{H}_z$ herleiten kann. Die Potentialfunktion ist also der in z-Richtung verlaufenden Feldstärke proportional. Daß eine solche Potentialdarstellung möglich ist, ist an Hand der Gl. (241f) ohne weiteres verständlich, da bei der E-Welle das elektrische Feld infolge Fehlens einer z-Komponente des magnetischen Feldes in der $x - y$-Ebene wirbelfrei sein muß; gleicherweise muß bei der H-Welle das magnetische Feld infolge Fehlens einer elektrischen z-Komponente in allen Querschnittsebenen wirbelfrei sein. Linien für $\mathfrak{E}_z = $ konst. bzw. $\mathfrak{H}_z = $ konst. sind also Potentiallinien des elektrischen Feldes bei der E-Welle bzw. des magnetischen Feldes bei der H-Welle. Da entsprechend den obigen Ausführungen elektrisches und magnetisches Feld aufeinander senkrecht stehen, sind diese Linien bei der E-Welle auch stets die magnetischen und bei der H-Welle die elektrischen Feldlinien.

Die Aussage der Gl. (241c) über die Quellenfreiheit des magnetischen bzw. elektrischen Feldes in der Querschnittsebene ist für den getroffenen Ansatz automatisch erfüllt, wie sich durch Einsetzen leicht beweisen läßt. Die Gl. (241b) und (241i) geben übereinstimmend nach Einführen der gefundenen Zusammenhänge eine Bestimmungsgleichung für die Feldkomponenten in z-Richtung:

E-Welle:

$$\frac{\partial^2 \mathfrak{E}_z}{\partial x^2} + \frac{\partial^2 \mathfrak{E}_z}{\partial y^2} + \left[\gamma_z^2 + \left(\frac{2\pi}{\lambda_1}\right)^2\right] \mathfrak{E}_z = 0,$$

$$\frac{\partial^2 \mathfrak{E}_z}{\partial x^2} + \frac{\partial^2 \mathfrak{E}_z}{\partial y^2} + \left(\frac{2\pi}{\lambda_g}\right)^2 \mathfrak{E}_z = 0,$$

H-Welle:

$$\frac{\partial^2 \mathfrak{H}_z}{\partial x^2} + \frac{\partial^2 \mathfrak{H}_z}{\partial y^2} + \left[\gamma_z^2 + \left(\frac{2\pi}{\lambda_1}\right)^2\right] \mathfrak{H}_z = 0,$$

$$\frac{\partial^2 \mathfrak{H}_z}{\partial x^2} + \frac{\partial^2 \mathfrak{H}_z}{\partial y^2} + \left(\frac{2\pi}{\lambda_1}\right)^2 \mathfrak{H}_z = 0. \tag{246}$$

Hierbei ist rein formal folgende Beziehung eingeführt:

$$\gamma_z^2 + \left(\frac{2\pi}{\lambda_1}\right)^2 = \left(\frac{2\pi}{\lambda_g}\right)^2, \tag{247}$$

worüber anschließend noch ausführlich zu sprechen sein wird.

b) Betriebsfall der Dämpfung und der Wellenausbreitung.

Die unter a) gewonnenen Beziehungen haben ergeben, daß sich alle Größen des elektromagnetischen Feldes in einfacher Weise bei der E-Welle auf die Komponente $\mathfrak{E}_z$ und bei der H-Welle auf die Komponente $\mathfrak{H}_z$ zurückführen lassen. Über die Größen $\mathfrak{E}_z$ bzw. $\mathfrak{H}_z$ selbst machen die Gl. (242c) und (246) nähere Aussagen. Insbesondere muß die Differentialgleichung (246), die sog. Wellengleichung, unter den Randbedingungen der jeweils vorhandenen Querschnittsform der Rohrleitung gelöst werden.

Über die Gestaltung der Leitungen soll hier der in der Praxis vorwiegend interessierende Fall angenommen werden, daß die Leitungen durch metallische Flächen begrenzt werden. Grundsätzlich ist diese Voraussetzung für die Fortleitung von ebenen elektromagnetischen Wellen nicht erforderlich; man kann die Wellen auch an Leitungen aus Isolierstoff entlangführen, sofern dieser eine andere Dielektrizitätskonstante oder Permeabilität besitzt als die umgebende Luft (vgl. unten S. 318ff.). Da vorerst nur verlustfreie Leitungen behandelt werden, müssen die metallischen Grenzflächen als unendlich gut leitend angenommen werden. Dadurch ergibt sich als Randbedingung für die Lösung der Differentialgleichungen, daß die elektrische Feldstärke an der Metalloberfläche keine tangentialen Komponenten haben darf, daß also die elektrischen Feldlinien überall senkrecht auf der Metalloberfläche stehen müssen (daß dies auch bei Metallen mit endlicher Leitfähigkeit noch gut erfüllt ist, haben die oben gemachten Ausführungen über die Stromverdrängung auf S. 198ff. bewiesen). Im Felde der E-Welle sind die Linien für $\mathfrak{E}_z =$ konst. elektrische Potentiallinien in der Querschnittsebene; zur Erfüllung der Randbedingung muß also die metallische Umrandungslinie mit einer Potentiallinie zusammenfallen; außerdem muß auch die Feldstärke $\mathfrak{E}_z$ selbst an der Metallfläche verschwinden. Im Falle der H-Welle sind in jeder Querschnittsebene die Linien für $\mathfrak{H}_z =$ konst. magnetische Potentiallinien, die senkrecht zu den magnetischen Feldlinien verlaufen; die magnetischen Feldlinien müssen zu den unendlich gut leitenden Metallflächen tangential verlaufen, die magnetischen Potentiallinien müssen also auf den Metallflächen senkrecht stehen. Bezeichnet man die Richtung senkrecht zu der Metalloberfläche mit n, so darf sich an der Metalloberfläche die Größe der Feldstärke $\mathfrak{H}_z$ mit n nicht ändern. Somit gilt für die metallischen Grenzflächen bei der Lösung der Differentialgleichungen (246):

<table>
<tr><td>bei der E-Welle:</td><td></td><td>bei der H-Welle:</td><td></td></tr>
<tr><td>$\mathfrak{E}_z = 0,$</td><td></td><td>$\dfrac{\partial \mathfrak{H}_z}{\partial n} = 0.$</td><td>(248)</td></tr>
</table>

Während die Gleichungen für die beiden Wellenformen bisher immer völlig analog gebaut waren, treten bei den Randbedingungen Unterschiede auf.

Es läßt sich nun zeigen, daß sich für die Differentialgleichungen (246) unter den angegebenen Randbedingungen (248) nur Lösungen angeben lassen, wenn die Größe $(2\pi/\lambda_g)^2$ eine Reihe bestimmter Werte (sog. „Eigenwerte") annimmt; bei den einzelnen Eigenwerten sind die Schwin-

gungsformen (d. h. die Gestalt der Potentiallinien) verschieden, es können
sich also verschiedene Wellenformen in einem Hohlleiter von bestimmten
Querschnittsabmessungen ausbilden. Durch die Gestalt des Hohlleiters
und durch die Wellenform ist dann die Größe $(2\,\pi/\lambda_g)^2$ eindeutig festgelegt. Das Problem ist übrigens genau das gleiche wie bei schwingenden
Platten in der Akustik; für eine bestimmte Plattenform gibt es verschiedene Eigenfrequenzen, in denen die Platte schwingen kann; bei
jeder Eigenfrequenz ist die Schwingungsform, die man durch die bekannten Chladnischen Klangfiguren sichtbar machen kann, verschieden.
Im übrigen entspricht die Klangfigur einer am Rande eingespannten
Platte gerade der Verteilung der Linien für $\mathfrak{E}_z = $ konst. bei der E-Welle
in einem Hohlleiter, dessen Querschnitt der Plattenform gleich ist; die
Klangfiguren einer am Rande freien Platte stimmen in der Form mit
den Linien für $\mathfrak{H}_z = $ konst. bei der H-Welle überein.

Die Form der Wellenausbreitung in z-Richtung ist durch die Gl. (242c)
auf S. 274 festgelegt; kennzeichnend für die Ausbreitung ist die Fortpflanzungskonstante γ_z, für die sich aus der Gl. (247) auf S. 276 ergibt:

$$\gamma_z = 2\,\pi\,\sqrt{\frac{1}{\lambda_g{}^2} - \frac{1}{\lambda_1{}^2}}. \tag{249a}$$

Aus den vorangegangenen Betrachtungen hat sich ergeben, daß die
Größe λ_g allein abhängt von der Querschnittsform des Hohlleiters und
der zu übertragenden Wellenform, aber nicht von den Eigenschaften
des Dielektrikums und von der zu übertragenden Frequenz. Die Wellenlänge λ_1 in dem den Hohlleiter erfüllenden dielektrischen Medium ist
abhängig von den Größen μ_1 und ε_1 und der zu übertragenden Frequenz.
Man erkennt aus der Gl. (249a), daß der Radikand je nach dem Verhältnis zwischen λ_1 und λ_g positiv oder negativ werden kann; entsprechend wird die Fortpflanzungskonstante λ_z reell oder imaginär. Ist
$\lambda_1 > \lambda_g$, so ist γ_z reell und kennzeichnet damit ein Abklingen des
Wellenzuges in z-Richtung, also eine räumliche Dämpfung, man setzt
$\gamma_z = \beta_z$ und erhält:

$$\beta_z = 2\,\pi\,\sqrt{\frac{1}{\lambda_g{}^2} - \frac{1}{\lambda_1{}^2}}; \quad \lambda_1 > \lambda_g. \tag{249b}$$

Ist dagegen $\lambda_g > \lambda_1$, so ist die Fortpflanzungskonstante γ_z rein imaginär;
dann liegt keine Größenabnahme in z-Richtung vor, sondern nur eine
Phasendrehung, man setzt γ_z gleich der Phasenkonstante $j\,\alpha_z$ und erhält:

$$\alpha_z = 2\,\pi\,\sqrt{\frac{1}{\lambda_1{}^2} - \frac{1}{\lambda_g{}^2}}; \quad \lambda_1 < \lambda_g. \tag{249c}$$

Die Größe λ_g stellt somit für λ_1 die Grenze zwischen dem Fall der Dämpfung und dem Fall der Wellenausbreitung dar, sie ist also die Grenzwellenlänge; ist die Wellenlänge λ_1 für die freie Wellenausbreitung im
Medium größer als die Grenzwellenlänge, so ergibt sich eine Dämpfung

in z-Richtung, ist sie kleiner als die Grenzwellenlänge, so tritt eine Wellenausbreitung in z-Richtung auf. Für den Fall der Wellenausbreitung ergibt sich die Größe der in z-Richtung auftretenden Wellenlänge entsprechend dem Ansatz $\alpha_z = 2\pi/\lambda_z$ [vgl. Gl. (176) auf S. 209]:

$$\frac{1}{\lambda_z{}^2} = \frac{1}{\lambda_1{}^2} - \frac{1}{\lambda_g{}^2}\,; \qquad \lambda_z = \frac{\lambda_1\,\lambda_g}{\sqrt{\lambda_g{}^2 - \lambda_1{}^2}}\,. \tag{250}$$

Aus dieser Beziehung ergibt sich folgendes: Die Wellenlänge für die Wellenausbreitung in z-Richtung ist stets länger als die Wellenlänge λ_1

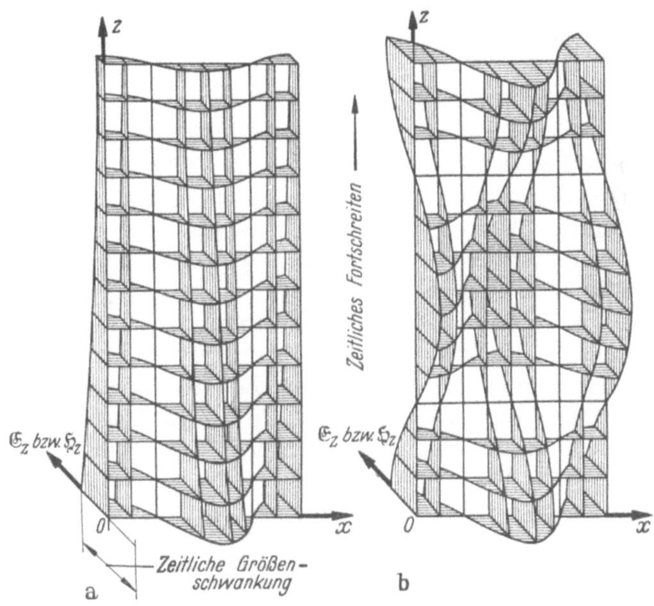

Abb. 116. Beispiele für den Potentialverlauf einer Hohlraumwelle: *a* Fall der Dämpfung, *b* Fall der Wellenfortpflanzung.

für die freie Ausbreitung im Medium; für den Fall, daß sich λ_1 der Grenzwellenlänge λ_g beliebig dicht nähert, wächst λ_z über alle Grenzen, d. h. die Eigenschaften der Wellenausbreitung beginnen zu verschwinden; wenn jedoch λ_1 klein gegen die Grenzwellenlänge ist, unterscheidet sich die Wellenlänge λ_z auf der Hohlleitung nicht nennenswert von der Wellenlänge λ_1 der freien Wellenausbreitung.

Die beiden Fälle der Dämpfung und der Wellenausbreitung sollen an den Diagrammen der Abb. 116 näher erläutert werden. Es ist hier für einen beliebig angenommenen Fall der Verlauf des Augenblickswertes der Feldstärke $\mathfrak{E}_z$ bzw. $\mathfrak{H}_z$ über den Raumkoordinaten x und z aufgetragen. Entsprechend den Forderungen der ebenen Welle muß der bei $z = 0$ angenommene Verlauf $\mathfrak{E}_{z_0}$ bzw. $\mathfrak{H}_{z_0}$ in Abhängigkeit von x in allen anderen Ebenen $z = $ konst. relativ erhalten bleiben [vgl.

Gl. (242c) auf S. 274]. Abb. 116a veranschaulicht den Fall der Dämpfung; mit zunehmendem z nimmt die Größe von $\mathfrak{E}_z$ bzw. $\mathfrak{H}_z$ nach einem Exponentialgesetz ab. Im Falle der Wellenausbreitung dagegen, den Abb. 116b veranschaulicht, schwankt die Größe des Augenblickswertes von $\mathfrak{E}_z$ bzw. $\mathfrak{H}_z$ in der z-Richtung sinusförmig. Die Skizzen der Abb. 116 sind, wie schon erwähnt, Augenblicksbilder; im Zeitverlauf schwankt $\mathfrak{E}_z$ bzw. $\mathfrak{H}_z$ nach einem Sinusgesetz; dies äußert sich in der bildlichen Darstellung der Diagramme so, daß im Falle der Dämpfung die Fläche, die den Verlauf von $\mathfrak{E}_z$ bzw. $\mathfrak{H}_z$ über x und z darstellt, auf und ab pulsiert und in bestimmten Zeitaugenblicken in eine Ebene übergeht; es zeigen sich also in z-Richtung keine Phasenunterschiede. Im Falle der Wellenausbreitung dagegen schreitet das in Abb. 116b gezeichnete Bild im Verlaufe der Zeit in z-Richtung fort.

Zum Falle der Dämpfung sei noch besonders betont, daß das Abklingen der Wellen in z-Richtung nicht einen Verlust an elektromagnetischer Energie bedeutet, weil ja voraussetzungsgemäß überhaupt keine verlustbehafteten Werkstoffe vorhanden sind. Es wird in z-Richtung überhaupt keine elektromagnetische Energie übertragen, es treten nur elektrische Blindleistungen auf.

Für die Übertragung von elektromagnetischer Energie ist nur der Fall der Wellenausbreitung von Bedeutung, der von nun an ausschließlich behandelt werden soll. Führt man die Ansätze der Gl. (242c) auf S. 274 und (249c) und (250) auf S. 279 in die Gl. (245) auf S. 275 und (243) auf S. 275 ein, so erhält man sämtliche Größen des elektromagnetischen Feldes für die E- und H-Welle:

E-Welle: $\qquad\qquad\qquad\qquad$ H-Welle:

$$\mathfrak{H}_z = 0, \qquad\qquad \mathfrak{E}_z = 0, \qquad\qquad\qquad (251\,\text{a})$$

$$\mathfrak{E}_z = \mathfrak{E}_{z_0}\,e^{-j\alpha_z z}, \qquad\qquad \mathfrak{H}_z = \mathfrak{H}_{z_0}\,e^{-j\alpha_z z}, \qquad\qquad (251\,\text{b})$$

$$\mathfrak{E}_x = -\frac{j\,\lambda_g^2}{2\pi\,\lambda_z}\frac{\partial\mathfrak{E}_{z_0}}{\partial x}\,e^{-j\alpha_z z}, \qquad \mathfrak{H}_x = -\frac{j\,\lambda_g^2}{2\pi\,\lambda_z}\frac{\partial\mathfrak{H}_{z_0}}{\partial x}\,e^{-j\alpha_z z}, \qquad (251\,\text{c})$$

$$\mathfrak{E}_y = -\frac{j\,\lambda_g^2}{2\pi\,\lambda_z}\frac{\partial\mathfrak{E}_{z_0}}{\partial y}\,e^{-j\alpha_z z}, \qquad \mathfrak{H}_y = -\frac{j\,\lambda_g^2}{2\pi\,\lambda_z}\frac{\partial\mathfrak{H}_{z_0}}{\partial y}\,e^{-j\alpha_z z}, \qquad (251\,\text{d})$$

$$Z_1\mathfrak{H}_x = \frac{j\,\lambda_g^2}{2\pi\,\lambda_1}\frac{\partial\mathfrak{E}_{z_0}}{\partial y}\,e^{-j\alpha_z z}, \qquad \frac{\mathfrak{E}_x}{Z_1} = -\frac{j\,\lambda_g^2}{2\pi\,\lambda_1}\frac{\partial\mathfrak{H}_{z_0}}{\partial y}\,e^{-j\alpha_z z}, \qquad (251\,\text{e})$$

$$Z_1\mathfrak{H}_y = -\frac{j\,\lambda_g^2}{2\pi\,\lambda_1}\frac{\partial\mathfrak{E}_{z_0}}{\partial x}\,e^{-j\alpha_z z}, \qquad \frac{\mathfrak{E}_y}{Z_1} = \frac{j\,\lambda_g^2}{2\pi\,\lambda_1}\frac{\partial\mathfrak{H}_{z_0}}{\partial x}\,e^{-j\alpha_z z}. \qquad (251\,\text{f})$$

Um diese Gleichungen, auf die später des öfteren zurückgegriffen wird, auf eine möglichst einfache Form zu bringen, ist außerdem der Wellenwiderstand Z_1 des Mediums nach Gl. (185) auf S. 213 eingeführt, ferner die Beziehungen: $v_1^2 = 1/\mu_1\mu_0\varepsilon_1\varepsilon_0$ [vgl. Gl. (177a)] und $\lambda_1 = 2\pi v_1/\omega$. Zu beachten ist, daß sich auch bei den Verhältnissen zwischen den einzelnen Feldgrößen der Einfluß der Grenzwellenlänge bemerkbar macht. Nähert man sich mit der Wellenlänge λ_1 der Grenzwellenlänge λ_g, so wird λ_z groß, und im Felde der E-Welle werden die Größen $\mathfrak{E}_x$ und $\mathfrak{E}_y$ klein gegen $\mathfrak{E}_z$, $\mathfrak{H}_x$ und $\mathfrak{H}_y$, während im Felde der H-Welle $\mathfrak{H}_x$ und $\mathfrak{H}_y$ klein gegen $\mathfrak{H}_z$, $\mathfrak{E}_x$ und $\mathfrak{E}_y$ werden. Wird andererseits die Wellenlänge λ_1 sehr klein gegen λ_g, so liegt λ_z sehr dicht bei λ_1, und die Längsfeldstärken $\mathfrak{E}_z$ bzw. $\mathfrak{H}_z$ treten gegenüber den anderen Feldkomponenten stark zurück.

Bei der bisherigen Ableitung sind sämtliche Größen des Feldes auf $\mathfrak{E}_z$ bzw. $\mathfrak{H}_z$ zurückgeführt, wodurch sich eine besonders übersichtliche Darstellung erreichen ließ. Eine Größe, die bei den praktischen Anwendungen der Hohlleitungen von besonderem Interesse ist, ist die in z-Richtung übertragene elektrische Leistung. Die Berechnung dieser Leistung erfolgt am einfachsten nach dem Satz von Poynting. Für die Dichte der in z-Richtung übertragenen Leistung (d. h. für die pro Flächeneinheit durch das Feld übertragene elektromagnetische Leistung) gilt:

$$N_z^* = \frac{(\mathfrak{E}_x \times \mathfrak{H}_y)}{2} - \frac{(\mathfrak{E}_y \times \mathfrak{H}_x)}{2}.$$

Die Zeichen $(\mathfrak{A} \times \mathfrak{B})$ sollen dabei andeuten, daß es sich um ein skalares Produkt der Zeiger $\mathfrak{A}$ und $\mathfrak{B}$ handelt, daß also die Phasenlage berücksichtigt werden muß; aus dem Gleichungssystem (251) folgt, daß die zusammenstehenden Größen in Phase sind; es ergibt sich also:

E-Welle: $\qquad N_z^* = \dfrac{1}{2\,Z_1} \dfrac{\lambda_g{}^4}{4\,\pi^2\,\lambda_1\lambda_z} \left[\left(\dfrac{\partial\,\mathfrak{E}_{z_0}}{\partial\,x}\right)^2 + \left(\dfrac{\partial\,\mathfrak{E}_{z_0}}{\partial\,y}\right)^2 \right],$

H-Welle: $\qquad N_z^* = \dfrac{Z_1}{2} \dfrac{\lambda_g{}^4}{4\,\pi^2\,\lambda_1\lambda_z} \left[\left(\dfrac{\partial\,\mathfrak{H}_{z_0}}{\partial\,x}\right)^2 + \left(\dfrac{\partial\,\mathfrak{H}_{z_0}}{\partial\,y}\right)^2 \right].$

Versucht man, auch die in x- und y-Richtung übertragenen Leistungen nach entsprechend gebauten Formeln zu berechnen, so erhält man stets die Leistungsdichte Null; in x- und y-Richtung wird keine Leistung übertragen. Um die durch den gesamten Querschnitt der Hohlraumleitung übertragene Leistung zu ermitteln, muß man über die Querschnittsfläche F integrieren und erhält für die in z-Richtung übertragene Leistung:

$$\left.\begin{aligned}
E\text{-Welle:}\quad N_z &= \frac{1}{2\,Z_1} \frac{\lambda_g{}^4}{4\,\pi^2\,\lambda_1\lambda_z} \int\!\!\!\int^{F} \left[\left(\frac{\partial\,\mathfrak{E}_{z_0}}{\partial\,x}\right)^2 + \left(\frac{\partial\,\mathfrak{E}_{z_0}}{\partial\,y}\right)^2 \right] \mathrm{d}x\,\mathrm{d}y \\[2mm]
&= \frac{1}{2\,Z_1} \frac{\lambda_g{}^2}{\lambda_1\lambda_z} \int\!\!\!\int^{F} \mathfrak{E}_{z_0}^2 \,\mathrm{d}x\,\mathrm{d}y, \\[3mm]
H\text{-Welle:}\quad N &= \frac{Z_1}{2} \frac{\lambda_g{}^4}{4\,\pi^2\,\lambda_1\lambda_z} \int\!\!\!\int^{F} \left[\left(\frac{\partial\,\mathfrak{H}_{z_0}}{\partial\,x}\right)^2 + \left(\frac{\partial\,\mathfrak{H}_{z_0}}{\partial\,y}\right)^2 \right] \mathrm{d}x\,\mathrm{d}y \\[2mm]
&= \frac{Z_1}{2} \frac{\lambda_g{}^2}{\lambda_1\lambda_z} \int\!\!\!\int^{F} \mathfrak{H}_{z_0}^2 \,\mathrm{d}x\,\mathrm{d}y.
\end{aligned}\right\} \qquad (252)$$

Hierbei ist noch eine Umformung durchgeführt, die sich, wie nicht näher erläutert werden soll, aus dem Greenschen Satz mit Hilfe der

Beziehungen (246) auf S. 276 und (248) auf S. 277 herleiten läßt; diese Umformung erleichtert die noch später folgenden Berechnungen.

Bei den bisherigen Betrachtungen wurde immer nur von den Größen des elektromagnetischen Feldes im Innern des Hohlleiters gesprochen. Auf der Oberfläche der metallischen Grenzflächen muß selbstverständlich ein Leitungsstrom fließen. Bei der vorausgesetzten unendlich hohen Leitfähigkeit der Metallwände ist der Strombelag an jeder Stelle entsprechend Gl. (164) auf S. 199 unmittelbar gleich der tangentialen magnetischen Feldstärke. Bei Metallwänden mit endlicher Leitfähigkeit ist dieser Strom eine Quelle von Verlusten, wie weiter unten bei der Behandlung der Verlustdämpfung erläutert wird.

Zum Abschluß der Betrachtungen über die fortschreitenden Wellen auf verlustlosen Hohlleitungen ist noch die Ausbreitungsgeschwindigkeit zu erwähnen. Aus der durch Gl. (250) gegebenen Wellenlänge λ_z läßt sich die Geschwindigkeit errechnen, mit der die Ebenen gleicher Phase in z-Richtung fortschreiten; um die Phase des Verlaufs der Feldgrößen zu erhalten, muß man zum Phasenglied $e^{-j\alpha_z z}$ der fortschreitenden Welle das bei der Zeigerdarstellung fortgelassene Zeitglied $e^{j\omega t}$ hinzufügen und das Produkt $e^{-j\alpha_z z} e^{j\omega t}$ konstant, z. B. gleich Null halten, also $\omega t = \alpha_z z = 2\pi \dfrac{z}{\lambda_z}$. Daraus folgt für die sog. „Phasengeschwindigkeit":

$$v_{ph} = \frac{z}{t} = \frac{\lambda_z \omega}{2\pi} = \lambda_z f = v_1 \frac{\lambda_z}{\lambda_1}$$

oder mit (250)

$$v_{ph} = v_1 \frac{\lambda_g}{\sqrt{\lambda_g^2 - \lambda_1^2}} . \tag{253}$$

Hierbei ist wieder $v_1 = \lambda_1 f$ die Geschwindigkeit der ungestörten Wellenausbreitung im Medium. Man erkennt, daß v_{ph} immer größer als v_1 ist; bei einem Hohlleiter ist also die Phasengeschwindigkeit größer als die Lichtgeschwindigkeit. Diese Phasengeschwindigkeit hat mit der Geschwindigkeit, mit der eine Nachrichtenübermittlung durch den Hohlleiter vor sich geht, nichts zu tun; sie ist eine reine Rechengröße ohne besondere physikalische Bedeutung. Für die Nachrichtenübertragung ist eine einzige Frequenz unbrauchbar, es ist eine Gruppe verschiedener Frequenzen erforderlich; die für die Übertragung maßgebliche Geschwindigkeit ist die „Gruppengeschwindigkeit". Zur Ableitung sollen zwei Schwingungszustände betrachtet werden, deren Kreisfrequenzen sich um den Betrag $\Delta\omega$ und deren Phasenkonstanten sich um den Betrag $\Delta\alpha_z$ unterscheiden; die absoluten Größen der beiden Felder sollen im übrigen gleich sein. Die Summe beider Felder (gleichgültig, ob es sich um E- oder H-Wellen handelt) ist:

$$\mathfrak{E}_z = \mathfrak{E}_{z_0}\left(e^{j(\omega t - \alpha_z z)} + e^{j[(\omega + \Delta\omega)t - (\alpha_z + \Delta\alpha_z)z]}\right)$$

oder nach einfacher Umformung:

$$\mathfrak{E}_z = \mathfrak{E}_{z_0}\, e^{j(\omega t - \alpha_z z)} \left(1 + e^{j(\Delta\omega t - \Delta\alpha_z z)}\right).$$

Dabei bezeichnet der Ausdruck $e^{j(\omega t - \alpha_z z)}$ eine Schwingung mit gleichbleibender Amplitude; der Ausdruck $e^{j(\Delta\omega t - \Delta\alpha_z z)}$ enthält die Modulation, also das zu übertragende Signal; verfolgt man die Fläche mit der für diesen Ausdruck konstanten Phase, so ergibt sich die Gruppengeschwindigkeit:

$$v_{gr} = \frac{\Delta\omega}{\Delta\alpha_z} = \frac{d\omega}{d\alpha_z} = \frac{d\left(2\pi\frac{v_1}{\lambda_1}\right)}{d\left(\frac{2\pi}{\lambda_z}\right)} = v_1\frac{d\left(\frac{1}{\lambda_1}\right)}{d\left(\frac{1}{\lambda_z}\right)} = v_1\frac{\lambda_z^2}{\lambda_1^2}\frac{d\lambda_1}{d\lambda_z}\,.$$

Durch Einsetzen der Beziehung (250) auf S. 279 ergibt sich dann schließlich:

$$v_{gr} = v_1\frac{\sqrt{\lambda_y^2 - \lambda_1^2}}{\lambda_g} \tag{254}$$

und mit Gl. (253) auf S. 282:

$$v_{ph} \cdot v_{gr} = v_1^2. \tag{255}$$

Das Produkt aus Phasen- und Gruppengeschwindigkeit ist also gleich dem Quadrat der Ausbreitungsgeschwindigkeit der freien Welle, die Gruppengeschwindigkeit ist stets kleiner als die Lichtgeschwindigkeit, wie schon oben auf S. 272 für einen Sonderfall gefunden wurde.

c) Die Verlustdämpfung der Hohlraumwellen.

Die Ausbreitung der fortschreitenden Wellen in Hohlleitungen ist bisher nur unter der Annahme verlustfreier Werkstoffe behandelt worden. In Wirklichkeit unterliegen die fortschreitenden Wellen einer Verlustdämpfung, die ein allmähliches Abklingen der Feldstärken mit zunehmenden z-Werten zur Folge hat; die Dämpfungskonstante soll mit β_v (wie oben bei den Doppelleitungen) bezeichnet werden; wie schon oben auf S. 280 erwähnt, darf diese Konstante β_v der Verlustdämpfung unter keinen Umständen verwechselt werden mit der Dämpfungskonstanten β_z für den Fall $\lambda_1 > \lambda_g$. Die Berechnung der Verlustdämpfung der Hohlraumwellen erfolgt an dieser Stelle unter der Annahme, daß die Werkstoffverluste derart klein sind, daß die für den verlustfreien Fall berechnete Feldverteilung nicht nennenswert verändert wird; mit Hilfe der Feldverteilung und der Werkstoffkonstanten wird die Größe der Verlustleistung pro Längeneinheit dN_v/dz berechnet; genau wie bei den Doppelleitungen in Gl. (179) auf S. 211 wird dieser Leistungsverlust ins Verhältnis gesetzt zur gesamten in z-Richtung übertragenen Leistung N_z; das Verhältnis des halben Leistungsverlustes pro Längeneinheit zur übertragenen Leistung ist die Dämpfungskonstante:

$$\beta_v = \frac{1}{2}\frac{dN_v/dz}{N_z}\,.$$

Wie der Abschnitt B ausführlich behandelte, gibt es zwei Arten von Verlusten, die Verluste durch Stromwärme und die dielektrischen

Verluste. Der einfacheren Behandlung wegen sollen die dielektrischen Verluste der Hohlleitungen zuerst berechnet werden. Die dielektrischen Verluste entstehen durch das isolierende Medium (Index 1, also Verlustfaktor $\mathrm{tg}\,\delta_1$); die Berechnung der Verlustleistung vollzieht sich nach Gl. (171) auf S. 205:

$$\mathrm{d}N_{v_1} = \tfrac{1}{2}\,\mathrm{tg}\,\delta_1 \cdot \varepsilon_1\,\varepsilon_0\,\omega\,|\,\mathfrak{E}\,|^2\,\mathrm{d}V.$$

Das Volumenelement ist $\mathrm{d}x\,\mathrm{d}y\,\mathrm{d}z$; es wird die Integration über die Querschnittsfläche F des Dielektrikums der Hohlleitung durchgeführt, also:

$$\frac{\mathrm{d}N_{v_1}}{\mathrm{d}z} = \frac{1}{2}\,\mathrm{tg}\,\delta_1 \cdot \varepsilon_1\,\varepsilon_0\,\omega \int\!\!\int^{F} |\,\mathfrak{E}\,|^2\,\mathrm{d}x\,\mathrm{d}y.$$

Zur Berechnung des Betrages der elektrischen Feldstärke für die E- und H-Wellen dienen die Gl. (251 b bis f) auf S. 280:

$$
\begin{array}{c|c}
E\text{-Welle:} & H\text{-Welle:} \\[4pt]
|\,\mathfrak{E}\,|^2 = |\,\mathfrak{E}_x\,|^2 + |\,\mathfrak{E}_y\,|^2 + |\,\mathfrak{E}_z\,|^2 & |\,\mathfrak{E}\,|^2 = |\,\mathfrak{E}_x\,|^2 + |\,\mathfrak{E}_y\,|^2 \\[6pt]
= \left(\dfrac{\lambda_g{}^2}{2\pi\,\lambda_z}\right)^2 \left[\left(\dfrac{\partial\mathfrak{E}_{z_0}}{\partial x}\right)^2 + \left(\dfrac{\partial\mathfrak{E}_{z_0}}{\partial y}\right)^2\right] + \mathfrak{E}_{z_0}^2, & = Z_1^2\left(\dfrac{\lambda_g{}^2}{2\pi\,\lambda_1}\right)^2 \left[\left(\dfrac{\partial\mathfrak{H}_{z_0}}{\partial x}\right)^2 + \left(\dfrac{\partial\mathfrak{H}_{z_0}}{\partial y}\right)^2\right].
\end{array}
$$

Also gilt für die Verlustleistung bei der E-Welle:

$$\frac{\mathrm{d}N_{v_1}}{\mathrm{d}z} = \frac{\mathrm{tg}\,\delta_1 \cdot \varepsilon_1\,\varepsilon_0\,\omega}{2}\left[\left(\frac{\lambda_g{}^2}{2\pi\,\lambda_z}\right)^2 \int\!\!\int^{F}\left[\left(\frac{\partial\mathfrak{E}_{z_0}}{\partial x}\right)^2 + \left(\frac{\partial\mathfrak{E}_{z_0}}{\partial y}\right)^2\right]\mathrm{d}x\,\mathrm{d}y + \int\!\!\int^{F}\mathfrak{E}_{z_0}^2\,\mathrm{d}x\,\mathrm{d}y\right]$$

und bei der H-Welle:

$$\frac{\mathrm{d}N_{v_1}}{\mathrm{d}z} = \frac{\mathrm{tg}\,\delta_1 \cdot \varepsilon_1\,\varepsilon_0\,\omega}{2}\,Z_1^2\left(\frac{\lambda_g{}^2}{2\pi\,\lambda_1}\right)^2 \int\!\!\int^{F}\left[\left(\frac{\partial\mathfrak{H}_{z_0}}{\partial x}\right)^2 + \left(\frac{\partial\mathfrak{H}_{z_0}}{\partial y}\right)^2\right]\mathrm{d}x\,\mathrm{d}y.$$

Die in z-Richtung übertragene Leistung ist durch Gl. (252) auf S. 281 bestimmt; also gilt für die Dämpfungskonstante:

$$
\begin{aligned}
\beta_{v_1} &= \frac{1}{2}\,\mathrm{tg}\,\delta_1 \cdot \varepsilon_1\,\varepsilon_0\,\omega\left(\frac{\lambda_g{}^2}{\lambda_z{}^2}+1\right)\frac{Z_1\,\lambda_1\,\lambda_z}{\lambda_g{}^2} \\
&= \frac{1}{2}\,\mathrm{tg}\,\delta_1 \cdot \varepsilon_1\,\varepsilon_0\,\omega Z_1\,\lambda_1\,\lambda_z\left(\frac{1}{\lambda_z{}^2}+\frac{1}{\lambda_g{}^2}\right)
\end{aligned}
\qquad
\beta_{v_1} = \frac{1}{2}\,\mathrm{tg}\,\delta_1 \cdot \varepsilon_1\,\varepsilon_0\,\omega Z_1\,\frac{\lambda_z}{\lambda_1}
$$

und mit Gl. (250):

$$\beta_{v_1} = \frac{1}{2}\,\mathrm{tg}\,\delta_1 \cdot \varepsilon_1\,\varepsilon_0\,\omega Z_1\,\frac{\lambda_z}{\lambda_1}.$$

Bei den Formeln für die E-Welle ist hierbei von der in Gl. (252) dargestellten Identität auf Grund des Greenschen Satzes Gebrauch gemacht; nach einigen elementaren Umrechnungen ergibt sich schließlich für beide Wellenformen:

$$\beta_{v_1} = \frac{\pi\,\mathrm{tg}\,\delta_1}{\lambda_1}\,\frac{\lambda_z}{\lambda_1} = \frac{\pi\,\mathrm{tg}\,\delta_1}{\lambda_g}\,\frac{\left(\frac{\lambda_g}{\lambda_1}\right)^2}{\sqrt{\left(\frac{\lambda_g}{\lambda_1}\right)^2-1}} = \frac{\pi\,\mathrm{tg}\,\delta_1}{\lambda_g}\,\frac{\left(\frac{f}{f_g}\right)^2}{\sqrt{\left(\frac{f}{f_g}\right)^2-1}}. \tag{256}$$

Die Dämpfungskonstante setzt sich aus zwei Faktoren zusammen. Der erste Faktor $\pi\,\mathrm{tg}\,\delta_1/\lambda_g$ enthält die Werte, die durch den Aufbau der Leitung gegeben sind: den Verlustfaktor des verwendeten Dielektrikums und die Grenzwellenlänge, die durch die Größenverhältnisse des Querschnitts und die zu übertragende Wellenform bestimmt ist. Der zweite Faktor $\dfrac{(\lambda_g/\lambda_1)^2}{\sqrt{(\lambda_g/\lambda_1)^2-1}}$ gibt den Einfluß des Verhältnisses zwischen Grenzwellenlänge λ_g und der freien Wellenlänge λ_1 an; λ_1 ist durch die Betriebsfrequenz f und die Geschwindigkeit v_1 der freien Wellenausbreitung im Medium bestimmt; statt des Wellenlängenverhältnisses λ_g/λ_1 kann man

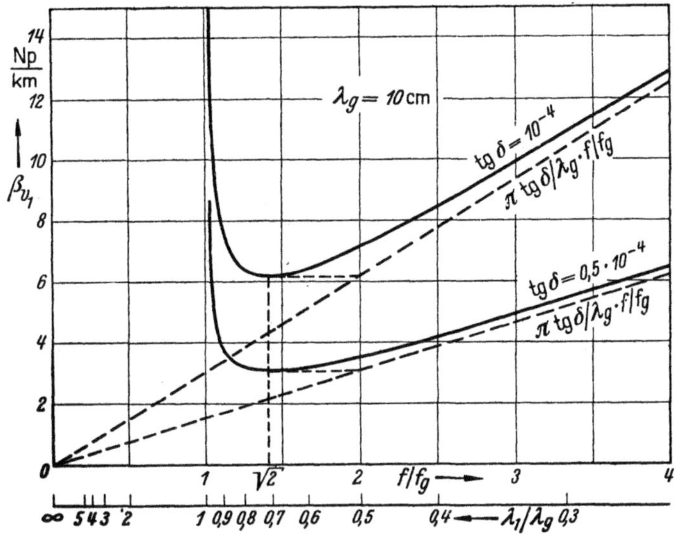

Abb. 117. Frequenzabhängigkeit der dielektrischen Verlustdämpfung in Hohlleitungen, bezogen auf die Grenzfrequenz f_g.

auch das Frequenzverhältnis f/f_g einführen; f_g ist dabei die Grenzfrequenz, d. h. diejenige Betriebsfrequenz, bei der die Wellenlänge λ_1 im Medium gleich der Grenzwellenlänge wird.

Wie aus der Gl. (256) folgt, wird die Dämpfung um so größer, je mehr man sich der Grenzwellenlänge bzw. der Grenzfrequenz nähert; an der Grenze selbst wird die Dämpfung unendlich groß. Diese Erscheinung läßt sich auf Grund der Beziehungen (251) auf S. 280 dadurch erklären, daß bei Annäherung an die Grenzwellenlänge die Wellenlänge λ_z in z-Richtung unbegrenzt wächst; damit nimmt die in z-Richtung transportierte Leistung N_z nach Gl. (252) ab, während die Feldkomponenten $\mathfrak{E}_z$ bei der E-Welle bzw. $\mathfrak{E}_x$ und $\mathfrak{E}_y$ bei der H-Welle unverändert bleiben. Der Verlauf der durch die dielektrischen Verluste bedingten Dämpfungskonstanten β_{v_1} ist für zwei Beispiele in Abb. 117 dargestellt. Der zugrunde liegende Hohlleiter soll eine Grenzwelle $\lambda_g = 10$ cm besitzen; die beiden ausgezogenen Kurven zeigen den Verlauf von β_{v_1} in Abhängigkeit von f/f_g bzw. λ_1/λ_g für die zwei Werte $\mathrm{tg}\,\delta_1 = 10^{-4}$ und $0{,}5 \cdot 10^{-4}$. An der Grenzfrequenz selbst ($f/f_g = 1$) ist β_{v_1} unendlich groß, sinkt dann steil ab, um langsam wieder anzusteigen und sich asymptotisch dem Verlauf der gestrichelten Geraden zu nähern, die der Gleichung $\pi\,\mathrm{tg}\,\delta_1/\lambda_g \cdot f/f_g$ gehorcht, wie man leicht aus Gl. (256) erkennen kann. Wie man ebenfalls aus Gl. (256) leicht ableitet, liegt das Minimum der Dämpfungskonstanten bei dem Wert $f/f_g = \sqrt{2}$ und hat die Größe $\beta_{v_1\,\mathrm{min}} = 2\,\dfrac{\pi\,\mathrm{tg}\,\delta_1}{\lambda_g}$. Das Diagramm der Abb. 117 ist auch für andere Werte der Grenzwellenlänge zu gebrauchen, wenn man sich vergegenwärtigt, daß β_{v_1} sich umgekehrt proportional zu λ_g verhält. Man erkennt ferner, daß die Werte von β_{v_1} selbst bei dielektrischen Werkstoffen von sehr geringen Verlusten, wie sie der Abb. 117 zugrunde gelegt sind, gegen die in der Fernsprechtechnik üblichen Werte groß sind. Aus diesem Grunde werden Hohlleitungen, die mit dielektrischen Werkstoffen gefüllt sind, für die Zwecke der Praxis nicht in Frage kommen; nur die Hohlleitungen mit Luftdielektrikum haben Bedeutung.

Die Berechnungen der Verluste durch Stromverdrängung, die durch die Werkstoffeigenschaften der Metallwände bestimmt wird, bereitet größere Schwierigkeiten; die Werte der Dämpfungskonstanten sind für die einzelnen Wellenformen verschieden. Es war schon oben auf S. 282 ausgeführt worden, daß sich in den Metallwänden ein Strombelag ausbildet, der an allen Stellen der Oberfläche der tangentialen magnetischen Feldstärke in der Größe gleich ist, aber zu ihr senkrecht gerichtet ist. Bei den E-Wellen sind magnetische Feldstärken nur in der x—y-Ebene möglich, der Strom in den Metallwänden muß deshalb ausschließlich in z-Richtung verlaufen. Die H-Wellen dagegen haben magnetische Feldstärkekomponenten in allen Richtungen; die Ströme in den Wandungen laufen daher nicht nur in der Fortpflanzungsrichtung der Wellen, sondern auch senkrecht dazu.

Zur Berechnung der durch die Stromverdrängung bedingten Verlustleistung greift man auf die Gl. (170) auf S. 204 zurück:

$$\mathrm{d}N_{v_2} = \frac{1}{2}\,|\mathfrak{H}_s|^2\,\frac{\mathrm{d}O}{\varkappa_2\,t_2}.$$

(Der Index 2 soll hierbei den metallischen Werkstoff kennzeichnen.) $|\mathfrak{H}_s|$ ist der Betrag der Feldstärke an der Oberfläche. Das Oberflächenelement $\mathrm{d}O$ ist gleich $\mathrm{d}s \cdot \mathrm{d}z$, wobei $\mathrm{d}s$ das Linienelement der Umrandungslinie der Metallflächen in der x—y-Ebene ist. Dann ist die Verlustleistung pro Längeneinheit in z-Richtung:

$$\frac{\mathrm{d}N_{v_2}}{\mathrm{d}z} = \frac{1}{2\varkappa_2 t_2}\int\limits^{S}|\mathfrak{H}_s|^2\,\mathrm{d}s,$$

oder wenn man die gesamte Feldstärke $\mathfrak{H}_s$ aus den einzelnen Komponenten zusammensetzt:

E-Welle:

$$\frac{\mathrm{d}\,N_{v_2}}{\mathrm{d}\,z} = \frac{1}{2\,\varkappa_2\,t_2}\int^S (|\,\mathfrak{H}_x\,|^2 + |\,\mathfrak{H}_y\,|^2)\,\mathrm{d}\,s,$$

H-Welle:

$$\frac{\mathrm{d}\,N_{v_2}}{\mathrm{d}\,z} = \frac{1}{2\,\varkappa_2\,t_2}\int^S (|\,\mathfrak{H}_x\,|^2 + |\,\mathfrak{H}_y\,|^2 + |\,\mathfrak{H}_z\,|^2)\,\mathrm{d}\,s.$$

S soll hierbei die Gesamtlänge der Randlinie in der x—y-Ebene darstellen. Mit Hilfe der Gl. (179) auf S. 211 ergibt sich dann die durch die Stromverdrängung bedingte Dämpfungskonstante:

$$\beta_{v_2} = \frac{1}{4\,\varkappa_2\,t_2}\,\frac{\int^s (|\,\mathfrak{H}_x\,|^2 + |\,\mathfrak{H}_y\,|^2)\,\mathrm{d}\,s}{N_z},$$

$$\beta_{v_2} = \frac{1}{4\,\varkappa_2\,t_2}\,\frac{\int^s (|\,\mathfrak{H}_x\,|^2 + |\,\mathfrak{H}_y\,|^2 + |\,\mathfrak{H}_z\,|^2)\,\mathrm{d}\,s}{N_z}.$$

Führt man schließlich die einzelnen Feldgrößen nach den Gleichungssystemen (251) auf S. 280 und (252) auf S. 281 ein, so ergibt sich:

für die E-Welle:

$$\beta_{v_2} = \frac{\lambda_z}{2\,\varkappa_2\,t_2\,Z_1\,\lambda_1}\;\frac{\displaystyle\int^S \left[\left(\frac{\partial\,\mathfrak{E}_{z_0}}{\partial\,x}\right)^2 + \left(\frac{\partial\,\mathfrak{E}_{z_0}}{\partial\,y}\right)^2\right]\mathrm{d}\,s}{\displaystyle\int\!\!\int^F \left[\left(\frac{\partial\,\mathfrak{E}_{z_0}}{\partial\,x}\right)^2 + \left(\frac{\partial\,\mathfrak{E}_{z_0}}{\partial\,y}\right)^2\right]\mathrm{d}\,x\,\mathrm{d}\,y},$$

für die H-Welle:

$$\beta_{v_2} = \frac{1}{2\,\varkappa_2\,t_2\,Z_1}\left[\frac{\lambda_1}{\lambda_z}\,\frac{\displaystyle\int^S \left[\left(\frac{\partial\,\mathfrak{H}_{z_0}}{\partial\,x}\right)^2 + \left(\frac{\partial\,\mathfrak{H}_{z_0}}{\partial\,y}\right)^2\right]\mathrm{d}\,s}{\displaystyle\int\!\!\int^F \left[\left(\frac{\partial\,\mathfrak{H}_{z_0}}{\partial\,x}\right)^2 + \left(\frac{\partial\,\mathfrak{H}_{z_0}}{\partial\,y}\right)^2\right]\mathrm{d}\,x\,\mathrm{d}\,y} + \frac{\lambda_z\,\lambda_1}{\lambda_g^2}\,\frac{\displaystyle\int^S \mathfrak{H}_{z_0}^2\,\mathrm{d}\,s}{\displaystyle\int\!\!\int^F \mathfrak{H}_{z_0}^2\,\mathrm{d}\,x\,\mathrm{d}\,y}\right],$$

oder

für die E-Welle:

$$\beta_{v_2} = K_\beta\,\frac{\lambda_z}{\lambda_1}\;\frac{\displaystyle\int^S \left[\left(\frac{\partial\,\mathfrak{E}_{z_0}}{\partial\,x}\right)^2 + \left(\frac{\partial\,\mathfrak{E}_{z_0}}{\partial\,y}\right)^2\right]\mathrm{d}\,s}{\displaystyle\int\!\!\int^F \left[\left(\frac{\partial\,\mathfrak{E}_{z_0}}{\partial\,x}\right)^2 + \left(\frac{\partial\,\mathfrak{E}_{z_0}}{\partial\,y}\right)^2\right]\mathrm{d}\,x\,\mathrm{d}\,y}, \qquad (257\mathrm{a_E})$$

für die H-Welle:

$$\beta_{v_2} = K_\beta\,\frac{\lambda_1}{\lambda_z}\,\frac{\displaystyle\int^S \left[\left(\frac{\partial\,\mathfrak{H}_{z_0}}{\partial\,x}\right)^2 + \left(\frac{\partial\,\mathfrak{H}_{z_0}}{\partial\,y}\right)^2\right]\mathrm{d}\,s}{\displaystyle\int\!\!\int^F \left[\left(\frac{\partial\,\mathfrak{H}_{z_0}}{\partial\,x}\right)^2 + \left(\frac{\partial\,\mathfrak{H}_{z_0}}{\partial\,y}\right)^2\right]\mathrm{d}\,x\,\mathrm{d}\,y} + K_\beta\,\frac{\lambda_z\,\lambda_1}{\lambda_g^2}\,\frac{\displaystyle\int^S \mathfrak{H}_{z_0}^2\,\mathrm{d}\,s}{\displaystyle\int\!\!\int^F \mathfrak{H}_{z_0}^2\,\mathrm{d}\,x\,\mathrm{d}\,y}. \qquad (257\mathrm{a_H})$$

Nach einigen weiteren Umformungen mit Gl. (250) ergibt sich schließlich

für die E-Welle:

$$\beta_{v_2} = K_\beta\,\frac{\dfrac{f}{f_g}}{\sqrt{\left(\dfrac{f}{f_g}\right)^2 - 1}}\;\frac{\displaystyle\int^S \left[\left(\frac{\partial\,\mathfrak{E}_{z_0}}{\partial\,x}\right)^2 + \left(\frac{\partial\,\mathfrak{E}_{z_0}}{\partial\,y}\right)^2\right]\mathrm{d}\,s}{\displaystyle\int\!\!\int^F \left[\left(\frac{\partial\,\mathfrak{E}_{z_0}}{\partial\,x}\right)^2 + \left(\frac{\partial\,\mathfrak{E}_{z_0}}{\partial\,y}\right)^2\right]\mathrm{d}\,x\,\mathrm{d}\,y}, \qquad (257\mathrm{b_E})$$

für die H-Welle:

$$\beta_{v_2} = K_\beta \frac{\sqrt{\left(\frac{f}{f_g}\right)^2 - 1}}{\frac{f}{f_g}} \cdot \frac{\int\limits_{s}\left[\left(\frac{\partial \mathfrak{H}_{z_0}}{\partial x}\right)^2 + \left(\frac{\partial \mathfrak{H}_{z_0}}{\partial y}\right)^2\right] \mathrm{d}s}{\iint\limits_{F}\left[\left(\frac{\partial \mathfrak{H}_{z_0}}{\partial x}\right)^2 + \left(\frac{\partial \mathfrak{H}_{z_0}}{\partial y}\right)^2\right] \mathrm{d}x\,\mathrm{d}y}$$

$$+ K_\beta \frac{1}{\frac{f}{f_g}\sqrt{\left(\frac{f}{f_g}\right)^2 - 1}} \cdot \frac{\int\limits_{s}\mathfrak{H}_{z_0}^2\,\mathrm{d}s}{\iint\limits_{F}\mathfrak{H}_{z_0}^2\,\mathrm{d}x\,\mathrm{d}y}\,.$$

$$(257\,\mathrm{b_H})$$

Hierin bedeutet K_β wieder den durch Gl. (197) auf S. 221 definierten und in Abb. 94 für einige Sonderfälle dargestellten Werkstoffaktor.

Wie man aus den Gl. (257) erkennt, verlaufen die Dämpfungswerte β_{v_2} für die E- und die H-Wellen verschieden. Bei der E-Welle setzt sich β_{v_2}

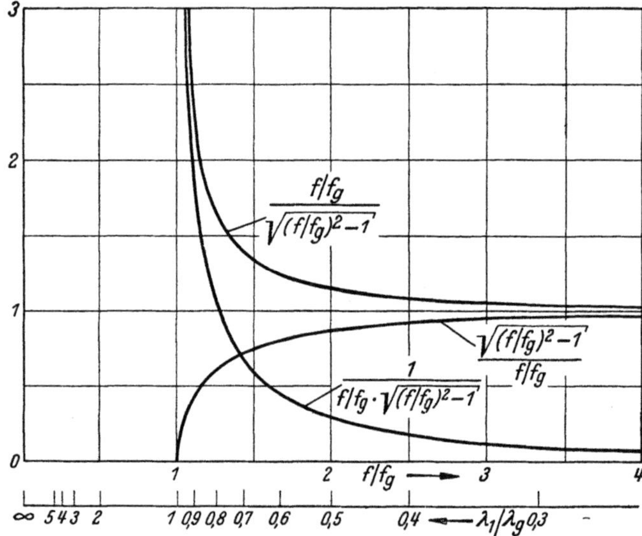

Abb. 118. Zur Darstellung der Frequenzabhängigkeit der metallischen Verlustdämpfung von Hohlleitungen, bezogen auf die Grenzfrequenz f_g.

aus drei Faktoren zusammen: erstens aus K_β, der die Werkstoffeigenschaften bei der Betriebsfrequenz f enthält, zweitens aus dem Faktor $\frac{f/f_g}{\sqrt{(f/f_g)^2 - 1}} = \frac{\lambda_2}{\lambda_1}$, der den Abstand der Betriebsfrequenz von der Grenzfrequenz kennzeichnet, und drittens aus dem Verhältnis der beiden Integrale, dessen Größe man erst angeben kann, wenn man bestimmte Voraussetzungen über die Querschnittsform der Leitung und die auftretende Wellenform macht. Der Verlauf des Faktors $\frac{f/f_g}{\sqrt{(f/f_g)^2 - 1}}$ ist in der obersten Kurve in Abb. 118 dargestellt; man erkennt, daß bei der

Grenzfrequenz die Dämpfung wieder unendlich groß wird (wie bei der dielektrischen Dämpfung; die Gründe sind hier genau entsprechend); für höhere Werte von f/f_g nähert sich der Faktor dem Wert 1. Bei der H-Welle besteht β_{v_2} aus zwei ähnlich gebauten Summanden; der erste Summand wird durch den Strombelag in z-Richtung bedingt, der zweite durch den Strombelag in s-Richtung. Jeder Summand setzt sich wieder aus drei Faktoren zusammen: dem Werkstoffaktor K_β, dem Faktor für das Verhältnis von Betriebsfrequenz zu Grenzfrequenz und dem Faktor für die Wellenform, der erst nach Festlegung auf eine bestimmte Leitungsform und eine bestimmte Wellenform rechnerisch ermittelt werden kann. Die Faktoren

$$\frac{\sqrt{(f/f_g)^2 - 1}}{f/f_g} = \frac{\lambda_1}{\lambda_z} \quad \text{und} \quad \frac{1}{f/f_g \sqrt{(f/f_g)^2 - 1}} = \frac{\lambda_z \lambda_1}{\lambda_g^2},$$

die den Abstand von der Grenzfrequenz kennzeichnen, sind ebenfalls in Abb. 118 dargestellt. Der Faktor $\dfrac{\sqrt{(f/f_g)^2 - 1}}{f/f_g}$ für die Dämpfung durch den Strombelag in z-Richtung ist bei $f = f_g$ Null und steigt asymptotisch auf den Wert 1 [wie Gl. (251) lehrt, werden an der Grenzfrequenz die magnetischen Feldstärken $\mathfrak{H}_x$ und $\mathfrak{H}_y$ verschwindend klein gegen $\mathfrak{H}_z$; deshalb verschwindet auch der Strombelag in z-Richtung gegen den Strombelag in s-Richtung]. Der Faktor $\dfrac{1}{f/f_g \sqrt{(f/f_g)^2 - 1}}$ für die Dämpfung durch den Strombelag in s-Richtung ist bei $f = f_g$ unendlich groß und geht für hohe Betriebsfrequenzen asymptotisch gegen Null [für sehr hohe Frequenzen verschwindet nämlich $\mathfrak{H}_z$ gegen $\mathfrak{H}_x$ und $\mathfrak{H}_y$, wie wiederum aus den Gl. (251) zu beweisen ist; daher wird auch der Strombelag in s-Richtung immer kleiner]. Infolge dieser Eigenschaft sind die Dämpfungswerte für die H-Wellen im Durchschnitt geringer als für die E-Wellen, wie noch später folgende Beispiele lehren werden. Bezüglich des Frequenzverlaufs der Dämpfungskonstanten ist zu bemerken: K_β läuft mit $\sqrt{f}$ [vgl. Gl. (197) auf S. 221]; für die E-Welle hat β_{v_2} ein Minimum bei $f/f_g = \sqrt{3}$; bei der Dämpfungskonstanten der H-Welle steigt das erste Glied mit zunehmender Frequenz, das zweite sinkt, das Minimum liegt je nach Wellenart an verschiedener Stelle.

Für die Beurteilung der Dämpfung durch die Stromverdrängung ist noch der folgende Gesichtspunkt wesentlich: Füllt man eine Hohlleitung unter Beibehaltung ihrer Querschnittsabmessungen mit einem dielektrischen Werkstoff mit der Dielektrizitätskonstanten ε_1, so erniedrigen sich die Ausbreitungsgeschwindigkeit v_1 und die Grenzfrequenz f_g mit $1/\sqrt{\varepsilon_1}$; andererseits vergrößert sich die Konstante K_β mit $\sqrt{\varepsilon_1}$. Sofern man sich nicht in allzu großer Nähe der Grenzfrequenz befindet, bringt deshalb, wie man aus Gl. (257) auf S. 287 entnehmen kann, das Einführen eines dielektrischen Werkstoffes keine Verringerung der Metalldämpfung β_{v_2}; da nun außerdem noch die dielektrischen Verluste hinzukommen, ist die Füllung der Hohlleitung mit einem Dielektrikum niemals zweckmäßig.

d) Die Anwendung auf den Sonderfall der elementaren Welle der Doppelleitung.

Die abgeleiteten allgemeinen Gleichungen über das Verhalten der Hohlleitungen haben keinerlei Voraussetzungen über die Formgebung der Leitungen gemacht; es war lediglich angenommen, daß ein Dielektrikum von metallischen Wänden begrenzt wird. Unter diese Voraussetzungen fallen auch die im Abschnitt C behandelten Doppelleitungen; die Wellenausbreitung auf Doppelleitungen muß sich also auch nach den allgemeinen Gleichungen lösen lassen; dabei stellt sich heraus, daß die bereits oben abgeleitete elementare Wellenform keineswegs die einzige Möglichkeit für die Wellenausbreitung auf Doppelleitungen ist, sondern daß es noch andere Wellenformen geben kann, wie später im Absatz 3 für die konzentrische Doppelleitung gezeigt werden wird.

Die elementare Wellenform auf der Doppelleitung ist dadurch gekennzeichnet, daß sie die Grenzfrequenz Null besitzt, d. h. daß beliebig niedrige Frequenzen über die Doppelleitung übertragen werden können. Die Grenzwellenlänge für die elementare Wellenform ist somit unendlich. Führt man $\lambda_g = \infty$ in die allgemeinen Grundgleichungen ein, so erhält man: Die Gl. (250) auf S. 279 ergibt $\lambda_z = \lambda_1$, d. h. die Wellenlänge in z-Richtung auf der Leitung ist gleich der Wellenlänge λ_1 für die freie Wellenausbreitung im Medium. Nach den Gl. (253) bis (255) folgt, daß $v_{ph} = v_{gr} = v_1$ wird, d. h. es gibt keinen Unterschied zwischen Phasen- und Gruppengeschwindigkeit mehr. Für die Einführung in das Gleichungssystem (251) ist ein Grenzübergang erforderlich; mit $\lambda_g \to \infty$ müssen $\mathfrak{E}_{z_0}$ bzw. $\mathfrak{H}_{z_0}$ derart verschwinden, daß $\lambda_g^2 \mathfrak{E}_{z_0}$ bzw. $\lambda_g^2 \mathfrak{H}_{z_0}$ endlich bleiben. Beide Wellenformen besitzen keine Feldkomponenten in z-Richtung mehr, d. h. die Unterschiede zwischen den beiden Wellenformen sind verschwunden, die Gleichungssysteme der E- und H-Wellen beschreiben den gleichen Vorgang. Dasselbe gilt auch für die Werte der Dämpfungskonstanten β_{v_2} nach Gl. (257) auf S. 287; denn für den Fall $f_g = 0$ werden die Faktoren $\dfrac{f/f_g}{\sqrt{(f/f_g)^2 - 1}} = \dfrac{\lambda_z}{\lambda_1}$ und $\dfrac{\sqrt{(f/f_g)^2 - 1}}{f/f_g} = \dfrac{\lambda_1}{\lambda_z}$ gleich Eins, und der Faktor $\dfrac{1}{f/f_g \sqrt{(f/f_g)^2 - 1}} = \dfrac{\lambda_z \lambda_1}{\lambda_g^2}$ wird Null.

Die allgemeinen Gleichungen für das elektrische Feld nach Gl. (241 b) und (241 c) auf S. 274 erhalten für $\lambda_g \to \infty$ die gleiche Form:

$$\frac{\partial \mathfrak{E}_x}{\partial x} + \frac{\partial \mathfrak{E}_y}{\partial y} = 0.$$

Dies ist die Gleichung für ein wirbelfreies, elektrostatisches Feld. Wenn dieses Feld nicht überall im Raume Null sein soll, muß mindestens eine

Quelle und eine Senke für das Feld vorhanden sein, d. h. es müssen mindestens zwei voneinander isolierte, auf verschiedenem Potential befindliche Metallflächen vorhanden sein. Die Voraussetzung der verschwindend kleinen Grenzfrequenz ist also nur bei einer Doppelleitung oder einer Mehrfachleitung möglich.

Für die Sonderfälle der konzentrischen Leitung und der Paralleldrahtleitung wurden die Formen der elementaren Welle mit der Grenzfrequenz Null bereits auf Grund einfacherer Beziehungen auf den S. 205 bis 229 abgeleitet, so daß hier auf ine Wiederholung der Ergebnisse verzichtet werden kann.

3. Grundformen von Hohlleitungen.

Für die Übertragung von Höchstfrequenz werden zwei Formen von Hohlleitungen bevorzugt, die Hohlleitung mit rechteckigem Querschnitt, in der die Struktur des elektromagnetischen Feldes besonders klar und übersichtlich ist, und die Hohlleitung mit kreisförmigem Querschnitt, die herstellungsmäßig die einfachste ist. Ferner behandelt dieser Absatz auch die Formen der Hohlraumwellen in einer konzentrischen Doppelleitung; ihre Bedeutung liegt nicht in der praktischen Anwendung zur Übertragung, sondern darin, daß die Hohlraumwellen sich als Störwellen bei der Übertragung der elementaren Wellenform überlagern können. Abschließend folgen kurze Bemerkungen über die metallische und dielektrische Einfachleitung.

a) Die rechteckige Hohlleitung.

Die Hohlleitung mit rechteckigem Querschnitt ist in Abb. 119 dargestellt. Der Nullpunkt des Koordinatensystems ist in eine Kante gelegt; die Längserstreckung der Leitung verläuft in z-Richtung, die Kantenlängen in x- und y-Richtung sind a_x und a_y.

Um die Wellenausbreitung für die Formen der E- und H-Wellen zu ermitteln, muß lediglich die Differentialgleichung (246) auf S. 276 unter den Randbedingungen der Gl. (248) auf S. 277 für den rechteckigen Querschnitt gelöst werden. Als Lösungsansatz wird die Feldstärke $\mathfrak{E}_{z_0}$ bzw. $\mathfrak{H}_{z_0}$ als Produkt von zwei Funktionen dargestellt, von denen die eine nur von x, die andere nur von y abhängen soll. Wegen der partiellen Ableitungen zerfällt die Gleichung in zwei Differentialgleichungen, von denen die eine x und die andere y als unabhängige Veränderliche enthält, und die sich beide durch Sinus- und Kosinusfunktionen lösen lassen; somit erhält

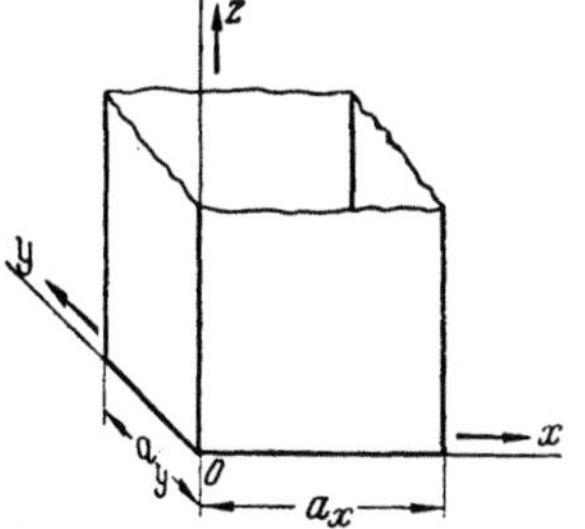

Abb. 119. Schema der rechteckigen Hohlleitung.

19*

der allgemeine Lösungsansatz die Form (für E- und H-Wellen):

$$\mathfrak{E}_{z_0} \text{ bzw. } \mathfrak{H}_{z_0} = (\mathfrak{A} \sin \alpha_x x + \mathfrak{B} \cos \alpha_x x)(\mathfrak{C} \sin \alpha_y y + \mathfrak{D} \cos \alpha_y y), \quad (258a)$$

wobei die Größen α_x und α_y Konstanten sind. Damit dieser Ansatz die Gl. (246) und (247) erfüllen kann, muß der Zusammenhang

$$\alpha_x^2 + \alpha_y^2 = \left(\frac{2\pi}{\lambda_g}\right)^2 \qquad (258b)$$

bestehen. Während diese Beziehung für beide Wellenarten gilt, sind die Randbedingungen für die E- und die H-Wellen verschieden. Für die E-Wellen muß für $x = 0$ und für $y = 0$ auch die Feldstärke $\mathfrak{E}_{z_0}$ verschwinden, weil sich bei $x = 0$ und bei $y = 0$ Metallwände befinden. Dies ist nur möglich, wenn die Konstanten $\mathfrak{B}$ und $\mathfrak{D}$ Null sind. Die beiden anderen Metallwände befinden sich bei $x = a_x$ und bei $y = a_y$; da auch hier die Größe $\mathfrak{E}_{z_0}$ verschwinden muß, muß gelten $\sin \alpha_x a_x = 0$ und $\sin \alpha_y a_y = 0$ oder:

$$\alpha_x = \frac{n_x \pi}{a_x} \quad \text{und} \quad \alpha_y = \frac{n_y \pi}{a_y}. \qquad (258c)$$

Hierbei sind n_x und n_y ganze Zahlen, gleich oder größer als Null. Um die Randbedingungen für die H-Welle nach Gl. (248) zu ermitteln, bildet man:

$$\frac{\partial \mathfrak{H}_{z_0}}{\partial x} = \alpha_x (\mathfrak{A} \cos \alpha_x x - \mathfrak{B} \sin \alpha_x x)(\mathfrak{C} \sin \alpha_y y + \mathfrak{D} \cos \alpha_y y),$$

$$\frac{\partial \mathfrak{H}_{z_0}}{\partial y} = \alpha_y (\mathfrak{A} \sin \alpha_x x + \mathfrak{B} \cos \alpha_x x)(\mathfrak{C} \cos \alpha_y y - \mathfrak{D} \sin \alpha_y y).$$

Diese Größen müssen für $x = 0$ und für $y = 0$, ferner für $x = a_x$ und $y = a_y$ Null sein; dies ist nur zu erfüllen, wenn die Konstanten $\mathfrak{A}$ und $\mathfrak{C}$ Null werden und wenn wiederum die Gl. (258b und c) gelten. Durch die Randbedingungen hat sich also die allgemeine Beziehung für den Potentialverlauf erheblich vereinfacht; setzt man schließlich noch $\mathfrak{A}\mathfrak{C} = \mathfrak{E}_{z_m}$ und $\mathfrak{B}\mathfrak{D} = \mathfrak{H}_{z_m}$, so ergibt sich als endgültige Lösung:

$$\mathfrak{E}_{z_0} = \mathfrak{E}_{z_m} \sin\left(\frac{n_x \pi}{a_x} x\right) \sin\left(\frac{n_y \pi}{a_y} y\right), \quad \bigg| \quad \mathfrak{H}_{z_0} = \mathfrak{H}_{z_m} \cos\left(\frac{n_x \pi}{a_x} x\right) \cos\left(\frac{n_y \pi}{a_y} \pi\right). \quad (259)$$

$\mathfrak{E}_{z_m}$ bzw. $\mathfrak{H}_{z_m}$ sind dabei die Höchstwerte, die die elektrische Feldstärke $\mathfrak{E}_{z_0}$ bzw. die magnetische Feldstärke $\mathfrak{H}_{z_0}$ im Innern der Hohlleitung annehmen kann. Für die Grenzwellenlänge ergibt sich schließlich aus den Gl. (258b) und (258c) der Zusammenhang:

$$\left(\frac{n_x}{a_x}\right)^2 + \left(\frac{n_y}{a_y}\right)^2 = \left(\frac{2}{\lambda_g}\right)^2 \quad \text{oder} \quad \frac{\lambda_g}{a_x} = \frac{\dfrac{2}{n_x}\dfrac{a_y}{a_x}}{\sqrt{\left(\dfrac{n_y}{n_x}\right)^2 + \left(\dfrac{a_y}{a_x}\right)^2}}. \qquad (260)$$

Bevor die Größe der Grenzwellenlänge näher diskutiert werden kann, muß erst die Struktur des elektromagnetischen Feldes genauer betrachtet werden.

Die verschiedenen Wellenarten der E- und H-Wellen sind entsprechend Gl. (259) durch die Größen n_x und n_y bestimmt. Dabei gibt n_x die Zahl der sinusförmigen Halbwellen innerhalb der Hohlleitung in x-Richtung an, während n_y die Zahl der Halbwellen in y-Richtung angibt. Für eine Rechteckleitung von vorgegebenen Abmessungen sind Wellenarten mit verschiedenen Werten n_x und n_y möglich; dabei ist die Grenzwellenlänge für die einzelnen Wellenarten verschieden; ob die zu übertragende Betriebswellenlänge oberhalb oder unterhalb der Grenzwellenlänge liegt, ob also der Fall der Dämpfung oder der Wellenfortpflanzung vorliegt (vgl. S. 278), muß in jedem Einzelfall erst entschieden werden. Um die verschiedenen Arten der E- und H-Wellen zu kennzeichnen, hängt man die Zahlen n_x und n_y den Buchstaben E und H an, spricht also von $E_{n_x n_y}$-Wellen und von $H_{n_x n_y}$-Wellen. So bezeichnet z. B. eine E_{23}-Welle diejenige Sonderart der E-Wellenform, bei der in x-Richtung 2 und in y-Richtung 3 Halbwellen vorhanden sind.

Um die Bilder des elektromagnetischen Feldes zeichnen zu können, muß man nach den Gl. (251a) bis (251f) auf S. 280 und nach Gl. (259) auf S. 292 die einzelnen Komponenten der Feldstärken ermitteln. Es ergibt sich:

$E_{n_x n_y}$-Welle:

$$\mathfrak{E}_x = \quad \mathfrak{E}_{z_m} \frac{\lambda_g^2}{2\pi\lambda_z} \frac{\pi n_x}{a_x} \cos\left(\frac{\pi n_x}{a_x} x\right) \sin\left(\frac{\pi n_y}{a_y} y\right) e^{-j\alpha_z\left(z+\frac{\lambda_z}{4}\right)}, \quad (261a_E)$$

$$\mathfrak{E}_y = \quad \mathfrak{E}_{z_m} \frac{\lambda_g^2}{2\pi\lambda_z} \frac{\pi n_y}{a_y} \sin\left(\frac{\pi n_x}{a_x} x\right) \cos\left(\frac{\pi n_y}{a_y} y\right) e^{-j\alpha_z\left(z+\frac{\lambda_z}{4}\right)}, \quad (261b_E)$$

$$\mathfrak{E}_z = \quad \mathfrak{E}_{z_m} \qquad\qquad \sin\left(\frac{\pi n_x}{a_x} x\right) \sin\left(\frac{\pi n_y}{a_y} y\right) e^{-j\alpha_z z}, \quad (261c_E)$$

$$Z_1 \mathfrak{H}_x = - \mathfrak{E}_{z_m} \frac{\lambda_g^2}{2\pi\lambda_1} \frac{\pi n_y}{a_y} \sin\left(\frac{\pi n_x}{a_x} x\right) \cos\left(\frac{\pi n_y}{a_y} y\right) e^{-j\alpha_z\left(z+\frac{\lambda_z}{4}\right)}, \quad (261d_E)$$

$$Z_1 \mathfrak{H}_y = \quad \mathfrak{E}_{z_m} \frac{\lambda_g^2}{2\pi\lambda_1} \frac{\pi n_x}{a_x} \cos\left(\frac{\pi n_x}{a_x} x\right) \sin\left(\frac{\pi n_x}{a_x} y\right) e^{-j\alpha_z\left(z+\frac{\lambda_z}{4}\right)}, \quad (261e_E)$$

$$Z_1 \mathfrak{H}_z = \quad 0. \qquad\qquad (261f_E)$$

$H_{n_x n_y}$-Welle:

$$\mathfrak{H}_x = - \mathfrak{H}_{z_m} \frac{\lambda_g^2}{2\pi\lambda_z} \frac{\pi n_x}{a_x} \sin\left(\frac{\pi n_x}{a_x} x\right) \cos\left(\frac{\pi n_y}{a_y} y\right) e^{-j\alpha_z\left(z+\frac{\lambda_z}{4}\right)}, \quad (261a_H)$$

$$\mathfrak{H}_y = - \mathfrak{H}_{z_m} \frac{\lambda_g^2}{2\pi\lambda_z} \frac{\pi n_y}{a_y} \cos\left(\frac{\pi n_x}{a_x} x\right) \sin\left(\frac{\pi n_y}{a_y} y\right) e^{-j\alpha_z\left(z+\frac{\lambda_z}{4}\right)}, \quad (261b_H)$$

$$\mathfrak{H}_z = \quad \mathfrak{H}_{z_m} \qquad\qquad \cos\left(\frac{\pi n_x}{a_x} x\right) \cos\left(\frac{\pi n_y}{a_y} y\right) e^{-j\alpha_z z}, \quad (261c_H)$$

$$\frac{\mathfrak{E}_x}{Z_1} = - \mathfrak{H}_{z_m} \frac{\lambda_g^2}{2\pi\lambda_1} \frac{\pi n_y}{a_y} \cos\left(\frac{\pi n_x}{a_x} x\right) \sin\left(\frac{\pi n_y}{a_y} y\right) e^{-j\alpha_z\left(z+\frac{\lambda_z}{4}\right)}, \quad (261d_H)$$

$$\frac{\mathfrak{E}_y}{Z_1} = \quad \mathfrak{H}_{z_m} \frac{\lambda_g^2}{2\pi\lambda_1} \frac{\pi n_x}{a_x} \sin\left(\frac{\pi n_x}{a_x} x\right) \cos\left(\frac{\pi n_y}{a_y} y\right) e^{-j\alpha_z\left(z+\frac{\lambda_z}{4}\right)}, \quad (261e_H)$$

$$\frac{\mathfrak{E}_z}{Z_1} = \quad 0. \qquad\qquad (261f_H)$$

Eine kleine Umformung ist beim Übergang von Gl. (251) auf Gl. (261) durchgeführt; es ist $-\mathrm{j} = \mathrm{e}^{-\mathrm{j}\,\alpha_z \frac{\lambda_z}{4}}$ geschrieben und in den Exponenten der Funktion $\mathrm{e}^{-\mathrm{j}\,\alpha_z z}$ gesetzt worden; die zeitliche Phasenverschiebung, die der Faktor $-\mathrm{j}$ kennzeichnete, kann also auch durch eine räumliche Verschiebung in z-Richtung um die Strecke $\lambda_z/4$ dargestellt werden.

Im allgemeinen wird sich die praktische Anwendung auf möglichst niedrige Ordnungszahlen n_x und n_y wegen der hohen Grenzwellenlänge, d. h. der niedrigen Grenzfrequenz, beschränken; deshalb ist die Frage nach den niedrigsten Werten von n_x und n_y von Wichtigkeit. Setzt man bei den E-Wellenarten n_x oder n_y gleich Null, so erkennt man unmittelbar aus dem Gleichungssystem (261_E), daß sämtliche Feldkomponenten Null werden, daß also eine solche Wellenart nicht existieren kann; die E-Welle mit niedrigsten Ordnungszahlen ist also die E_{11}-Welle. Bei den H-Wellenarten kann man dagegen entweder n_x oder n_y gleich Null setzen, ohne daß sämtliche Komponenten des Feldes verschwinden, wie man leicht aus dem Gleichungssystem (261_H) entnimmt. Die niedrigsten Ordnungszahlen haben also hier die H_{10}-Welle und die H_{01}-Welle. Für diese beiden Wellenarten ist die Feldstruktur besonders einfach; für die H_{10}-Welle seien die Gleichungen angeschrieben:

H_{10}-Welle:

$$\mathfrak{H}_x = -\,\mathfrak{H}_{z_m} \frac{\lambda_g{}^2}{2\pi\,\lambda_z}\,\frac{\pi}{a_x}\,\sin\left(\frac{\pi}{a_x}\,x\right)\mathrm{e}^{-\mathrm{j}\,\alpha_z\left(z+\frac{\lambda_z}{4}\right)}, \tag{262a}$$

$$\mathfrak{H}_z = \mathfrak{H}_{z_m}\cos\left(\frac{\pi}{a_x}\,x\right)\mathrm{e}^{-\mathrm{j}\,\alpha_z z}, \tag{262b}$$

$$\frac{\mathfrak{E}_y}{Z_1} = \mathfrak{H}_{z_m}\frac{\lambda_g{}^2}{2\pi\,\lambda_1}\,\frac{\pi}{a_x}\,\sin\left(\frac{\pi}{a_x}\,x\right)\mathrm{e}^{-\mathrm{j}\,\alpha_z\left(z+\frac{\lambda_z}{4}\right)}, \tag{262c}$$

$$\mathfrak{H}_y = \mathfrak{E}_x = \mathfrak{E}_y = 0. \tag{262d}$$

Die Bilder des elektromagnetischen Feldes sind für die H_{10}-, die H_{11}- und die E_{11}-Welle in Abb. 120 dargestellt. Die Bilder zeigen einen Schnitt durch die Hohlleitung in z-Richtung und einen Schnitt in der x-y-Ebene; die elektrischen Feldlinien sind glatt ausgezogen, die magnetischen Feldlinien sind gestrichelt gezeichnet. Der Verlauf der Feldlinien für die H_{10}-Welle ist besonders übersichtlich; die elektrischen Feldlinien verlaufen sämtlich parallel in y-Richtung, wie man auch aus der Gl. (262c) erkennt; die elektrische Feldstärke selbst ist in der Mitte am stärksten und klingt nach einem Sinusgesetz zu den Rändern bis auf Null ab (denn an der Oberfläche der Metallwände muß die tangentiale elektrische Feldstärke Null werden). Die magnetischen Feldlinien verlaufen in der x-z-Ebene, wie man aus dem Aufrißbild besonders deutlich erkennt; sie bilden geschlossene Linienzüge und passen sich außen den Metallwänden des Kastens an. Die elektrischen Feldlinien durchsetzen die x-z-Ebene senkrecht; ihre Richtung ist durch Pfeilspitze (Punkt) und Pfeilschaft (Kreuz) gekennzeichnet. An den Stellen der z-Richtung, an denen die elektrische Feldstärke ihren Höchstwert besitzt, ist die Komponente $\mathfrak{H}_z$ Null, die magnetischen Feldlinien laufen an dieser Stelle in x-Richtung; im Aufriß der Abbildung ist durch strichpunktierte Linien angedeutet, an welche Stelle die Schnittebene, die im Grundriß dargestellt ist, gelegt ist. Das Feldbild der H_{11}-Welle, das in der Mitte der Abb. 120 dargestellt ist, ist verwickelter. Die elektrischen Feldlinien, die vollständig in der x-y-

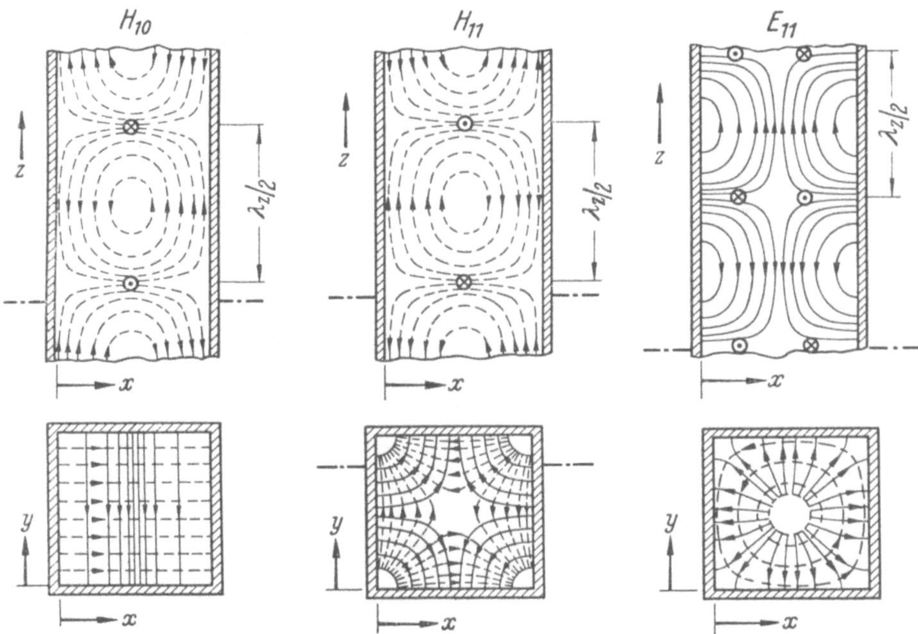

Abb. 120. Feldbilder für die Wellenarten H_{10}, H_{11} und E_{11} in einer quadratischen Hohlleitung (elektrische Feldlinien glatt ausgezogen, magnetische Feldlinien gestrichelt).

Ebene liegen, verlaufen winklig gekrümmt und setzen überall senkrecht auf die Metallwände auf; die magnetischen Feldlinien sind räumliche Kurven; für die Darstellung der gestrichelten Linien sind immer nur die in der Zeichenebene liegenden Komponenten berücksichtigt. Beim Feld der E_{11}-Welle verlaufen die magnetischen Feldlinien in der x-y-Ebene, die elektrischen Feldlinien sind räumliche Kurven. Die Kurven sind denen der H_{11}-Welle ähnlich, wenn man die elektrischen und die magnetischen Feldlinien gegeneinander vertauscht und die verschiedenen Grenzbedingungen an der Metalloberfläche berücksichtigt. (Denkt man sich z. B. den Aufriß der E_{11}-Welle senkrecht in der Mitte aufgeschnitten und die linke Hälfte nach rechts außen versetzt, so haben die elektrischen Feldlinien der E_{11}-Welle die gleiche Form wie die magnetischen Feldlinien der H_{11}-Welle.) Die Feldbilder für die Wellen höherer Ordnungszahl sind grundsätzlich die gleichen; sie entstehen durch Vervielfachen der Grundbilder nach Abb. 120. Beispielsweise entsteht das Feldbild der H_{21}-Welle aus dem der H_{11}-Welle, wenn man das gleiche Feldbild nochmals ·seitlich danebensetzt, wobei der Abstand a_x der Metallwände verdoppelt werden muß. Will man anderseits aus dem Bild der E_{11}-Welle das Bild einer E_{12}-Welle gewinnen, so muß man im Grundriß das gleiche Feldbild nochmals daruntersetzen und dabei den Abstand der Metallwände in y-Richtung verdoppeln. Aus der H_{10}-Welle gewinnt man die H_{01}-Welle, wenn man die Feldbilder um die z-Achse um 90° dreht.

Die Größe der Grenzwellenlängen für die verschiedenen Wellenformen der rechteckigen Hohlleitung ergibt sich aus der Gl. (260) auf S. 292. Um einen anschaulichen Überblick über die Größe der Grenzwellenlänge

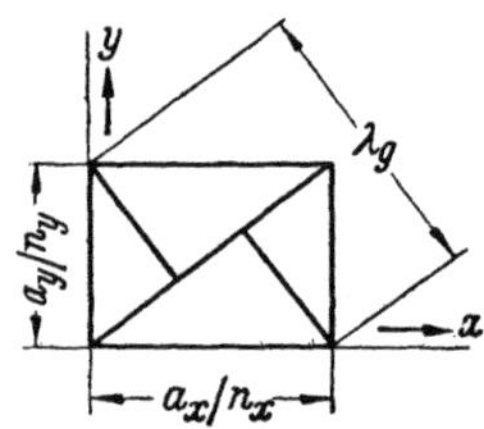

Abb. 121. Geometrische Ermittlung der Grenzwellenlänge λ_g für eine rechteckige Hohlleitung.

zu gewinnen, verwendet man die geometrische Konstruktion nach Abb. 121. Man zeichnet ein Rechteck mit den Seiten a_x/n_x und a_y/n_y, zieht eine Diagonale zwischen zwei gegenüberliegenden Ecken und fällt von den beiden anderen Ecken auf die Diagonale je ein Lot. Die Länge jedes Lotes ist gleich der halben Grenzwellenlänge, wie sich aus Gl. (260) mit Hilfe der entstandenen ähnlichen Dreiecke sehr leicht nachweisen läßt. Mißt man in Richtung der Lote den Abstand der der Diagonale gegenüberliegenden Ecken, so erhält man unmittelbar die Länge λ_g, wie aus der Abb. 121 hervorgeht. Die halbe Grenzwellenlänge ist stets kleiner als die kleinere der beiden Seiten a_x/n_x und a_y/n_y. Für den Sonderfall, daß das Rechteck zu einem Quadrat wird, ist die Grenzwellenlänge unmittelbar gleich der Diagonalen. Grundsätzlich bleibt die Konstruktion auch dann richtig, wenn für den Fall der H-Wellen eine der Ordnungszahlen n_x oder n_y Null wird; dann wird eine der Rechteckseiten unendlich groß, die halbe Grenzwellenlänge wird gleich der anderen Rechteckseite; die Grenzwellenlänge ist dann nur durch eine Rechteckseite bestimmt, die Größe der anderen kann beliebig sein. So ist beispielsweise für die H_{10}-Welle nur die Seite a_x der Hohlleitung für die Grenzwellenlänge ausschlaggebend, die Seite a_y kann beliebig klein oder beliebig groß gemacht werden. Die Größe der Grenzwellenlängen nach Gl. (260) auf S. 292 ist in Abb. 122 für verschiedene Wellenformen dargestellt. Es ist eine Hohlleitung vorausgesetzt, deren größere Seite a_x und deren kleinere Seite a_y sei. Das Verhältnis der Grenzwellenlänge λ_g zur größeren Seite a_x ist in Abhängigkeit des Seitenverhältnisses a_y/a_x dargestellt. Die Grenzwellenlängen der Wellen H_{10} und H_{20} sind von der Größe der Seite a_y unabhängig, es entstehen horizontale Geraden; die Grenzwellenlängen der H_{01}- und H_{02}-Welle steigen proportional mit a_y (und sind von a_x unabhängig), sie werden also durch Geraden durch den Nullpunkt dargestellt. Die übrigen Grenzwellenlängenkurven haben hyperbolischen Verlauf; die E- und H-Wellen mit den gleichen Ordnungszahlen haben die gleiche Grenzwellenlänge. Für sehr große Werte von a_y/a_x (in der Abbildung nicht dargestellt) nähern sich alle Wellen mit $n_x = 1$ dem Wert $\lambda_g/a_x = 2{,}0$ asymptotisch, während sich alle Wellen mit $n_x = 2$ dem Wert $\lambda_g/a_x = 1{,}0$ asymptotisch nähern; denn es ging bereits aus Abb. 121 hervor, daß die halbe Grenzwellenlänge kleiner ist als a_x/n_x und für sehr große Werte von a_y/n_y den Wert a_x/n_x asymptotisch erreicht. (Bezüglich der Feldbilder in Abb. 120 ergibt sich, daß die Wellenformen H_{10} und H_{11} bei den gleichen Abmessungen der Hohlleitung eine verschiedene Grenzwellenlänge haben müssen; da die Wellenlängen λ_z gleich groß gezeichnet sind, ergibt sich für Abb. 120 als Voraussetzung, daß durch die Hohlleitungen verschieden große Frequenzen übertragen werden.)

Als besonders wichtiger Punkt für den Betrieb der rechteckigen Hohlleitungen bleibt noch die metallische Verlustdämpfung zu berechnen. Hierzu ist in die allgemeine Formel (257) auf S. 287 die Lösung für $\mathfrak{E}_{z_0}$ bzw. $\mathfrak{H}_{z_0}$ der rechteckigen Hohlleitung nach Gl. (259) auf S. 292 einzusetzen. Hierbei ergeben sich für den Fall, daß n_x und n_y von Null verschieden sind, die folgenden Zusammenhänge:

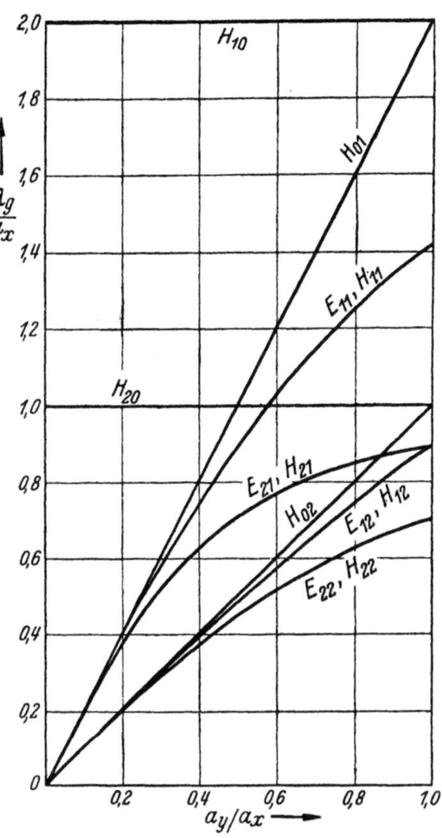

Abb. 122. Größe der Grenzwellenlänge λ_y in Abhängigkeit von den Querschnittsabmessungen a_x und a_y der rechteckigen Hohlleitung für verschiedene Wellenarten.

für die E-Welle:
$$\left(\frac{\partial \mathfrak{E}_{z_0}}{\partial x}\right)^2 + \left(\frac{\partial \mathfrak{E}_{z_0}}{\partial y}\right)^2$$
$$= \mathfrak{E}_{z_m}^2 \left[\left\{\frac{\pi\,n_x}{a_x}\cos\left(\frac{\pi\,n_x}{a_x}\,x\right)\sin\left(\frac{\pi\,n_y}{a_y}\,y\right)\right\}^2 + \left\{\frac{\pi\,n_y}{a_y}\sin\left(\frac{\pi\,n_x}{a_x}\,x\right)\cos\left(\frac{\pi\,n_y}{a_y}\,y\right)\right\}^2\right],$$

für die H-Welle:
$$\left(\frac{\partial \mathfrak{H}_{z_0}}{\partial x}\right)^2 + \left(\frac{\partial \mathfrak{H}_{z_0}}{\partial y}\right)^2$$
$$= \mathfrak{H}_{z_m}^2 \left[\left\{\frac{\pi\,n_x}{a_x}\sin\left(\frac{\pi\,n_x}{a_x}\,x\right)\cos\left(\frac{\pi\,n_y}{a_y}\,y\right)\right\}^2 + \left\{\frac{\pi\,n_y}{a_y}\cos\left(\frac{\pi\,n_x}{a_x}\,x\right)\sin\left(\frac{\pi\,n_y}{a_y}\,y\right)\right\}^2\right]$$

und daraus die Integrale über die Querschnittsfläche:

$$\int_{x=0}^{a_x}\int_{y=0}^{a_y}\left[\left(\frac{\partial \mathfrak{E}_{z_0}}{\partial x}\right)^2+\left(\frac{\partial \mathfrak{E}_{z_0}}{\partial y}\right)^2\right]\mathrm{d}x\,\mathrm{d}y = \mathfrak{E}_{z_m}^2\,\frac{\pi^2 a_x a_y}{4}\left(\frac{n_x^2}{a_x^2}+\frac{n_y^2}{a_y^2}\right);$$

$$\int_{x=0}^{a_x}\int_{y=0}^{a_y}\left[\left(\frac{\partial \mathfrak{H}_{z_0}}{\partial x}\right)^2+\left(\frac{\partial \mathfrak{H}_{z_0}}{\partial y}\right)^2\right]\mathrm{d}x\,\mathrm{d}y = \mathfrak{H}_{z_m}^2\,\frac{\pi^2 a_x a_y}{4}\left(\frac{n_x^2}{a_x^2}+\frac{n_y^2}{a_y^2}\right);$$

für die Integrale längs der Umrandungslinien läuft der Integrationsweg von $x=0$ bis a_x, wobei $y=0$, dann von $y=0$ bis a_y, wobei $x=a_x$, weiter von $x=a_x$ bis 0, wobei $y=a_y$, und schließlich von $y=a_y$ bis 0, wobei $x=0$; bei dieser Integration ergibt sich:

$$\int^{S}\left[\left(\frac{\partial \mathfrak{E}_{z_0}}{\partial x}\right)^2+\left(\frac{\partial \mathfrak{E}_{z_0}}{\partial y}\right)^2\right]\mathrm{d}s = \mathfrak{E}_{z_m}^2\,\pi^2 a_x a_y\left[\frac{n_x^2}{a_x^3}+\frac{n_y^2}{a_y^3}\right],$$

$$\int^{S}\left[\left(\frac{\partial \mathfrak{H}_{z_0}}{\partial x}\right)^2+\left(\frac{\partial \mathfrak{H}_{z_0}}{\partial y}\right)^2\right]\mathrm{d}s = \mathfrak{H}_{z_m}^2\,\pi^2 a_x a_y\left[\frac{n_x^2}{a_x^2}\,\frac{1}{a_y}+\frac{n_y^2}{a_y^2}\,\frac{1}{a_x}\right].$$

Für die Dämpfung der H-Wellen braucht man außerdem:

$$\int_{x=0}^{a_x}\int_{y=0}^{a_y}\mathfrak{H}_{z_0}^2\,\mathrm{d}x\,\mathrm{d}y = \mathfrak{H}_{z_m}^2\,\frac{a_x a_y}{4};\qquad \int^{S}\mathfrak{H}_{z_0}^2\,\mathrm{d}s = \mathfrak{H}_{z_m}^2\,(a_x+a_y).$$

Daraus ergibt sich die metallische Verlustdämpfungskonstante für den Fall $n_x \neq 0$ und $n_y \neq 0$:

für die E-Welle:

$$\beta_{v_2}=4\,K_\beta\left[\frac{\dfrac{f}{f_g}}{\sqrt{\left(\dfrac{f}{f_g}\right)^2-1}}\,\frac{\left(\dfrac{n_x}{a_x}\right)^2\dfrac{1}{a_x}+\left(\dfrac{n_y}{a_y}\right)^2\dfrac{1}{a_y}}{\left(\dfrac{n_x}{a_x}\right)^2+\left(\dfrac{n_y}{a_y}\right)^2}\right],$$

für die H-Welle: $\hspace{6cm}$ (263)

$$\beta_{v_2}=4\,K_\beta\left[\frac{\sqrt{\left(\dfrac{f}{f_g}\right)^2-1}}{\dfrac{f}{f_g}}\,\frac{\left(\dfrac{n_x}{a_x}\right)^2\dfrac{1}{a_y}+\left(\dfrac{n_y}{a_y}\right)^2\dfrac{1}{a_x}}{\left(\dfrac{n_x}{a_x}\right)^2+\left(\dfrac{n_y}{a_y}\right)^2}+\frac{1}{\dfrac{f}{f_g}\sqrt{\left(\dfrac{f}{f_g}\right)^2-1}}\left(\frac{1}{a_x}+\frac{1}{a_y}\right)\right].$$

Bei den H-Wellen besteht außerdem noch die Möglichkeit, daß eine der beiden Ordnungszahlen n_x oder n_y Null wird; dann folgt:

für $n_x=0$: $\hspace{3cm}\dfrac{\partial \mathfrak{H}_{z_0}}{\partial x}=0,$

$$\int_{x=0}^{a_x}\int_{y=0}^{a_y}\left(\frac{\partial \mathfrak{H}_{z_0}}{\partial y}\right)^2\mathrm{d}x\,\mathrm{d}y = \mathfrak{H}_{z_m}^2\,\frac{\pi^2}{2}\,\frac{n_y^2 a_x}{a_y};\qquad \int^{S}\left(\frac{\partial \mathfrak{H}_{z_0}}{\partial y}\right)^2\mathrm{d}s = \mathfrak{H}_{z_m}^2\,\frac{\pi^2 n_y^2}{a_y};$$

$$\int_{x=0}^{a_x}\int_{y=0}^{a_y}\mathfrak{H}_{z_0}^2\,\mathrm{d}x\,\mathrm{d}y = \mathfrak{H}_{z_m}^2\,\frac{a_x a_y}{2};\qquad \int^{S}\mathfrak{H}_{z_0}^2\,\mathrm{d}s = \mathfrak{H}_{z_m}^2\,(2a_x+a_y);$$

für $n_y = 0$: entsprechende Ergebnisse durch Vertauschen des Indizes x und y.

Daraus ergibt sich für beide Fälle:

$n_x = 0$:
$$\beta_{v_2} = 4 K_\beta \left[\frac{\sqrt{\left(\frac{f}{f_g}\right)^2 - 1}}{\frac{f}{f_g}} \frac{1}{2 a_x} + \frac{1}{\frac{f}{f_g} \sqrt{\left(\frac{f}{f_g}\right)^2 - 1}} \left(\frac{1}{2 a_x} + \frac{1}{a_y}\right) \right], \quad (264\,\text{a})$$

$n_y = 0$:
$$\beta_{v_2} = 4 K_\beta \left[\frac{\sqrt{\left(\frac{f}{f_g}\right)^2 - 1}}{\frac{f}{f_g}} \frac{1}{2 a_y} + \frac{1}{\frac{f}{f_g} \sqrt{\left(\frac{f}{f_g}\right)^2 - 1}} \left(\frac{1}{2 a_y} + \frac{1}{a_x}\right) \right]. \quad (264\,\text{b})$$

In den Beziehungen (263) und (264) sind die Werte der Dämpfungskonstanten β_{v_2} für sämtliche Wellenformen auf der rechteckigen Hohlleitung zusammengestellt. Der allgemeine Aufbau der Formeln wurde bereits oben bei der Behandlung der Gl. (257) auf S. 288 besprochen; lediglich die Faktoren, die die Wellenart und die Verhältnisse der Leitungsdimensionen enthalten, sind hier für die Rechteckleitung errechnet. Man kann die einzelnen Brüche auch so umformen, daß sie nur die Verhältnisse n_x/n_y und a_x/a_y enthalten.

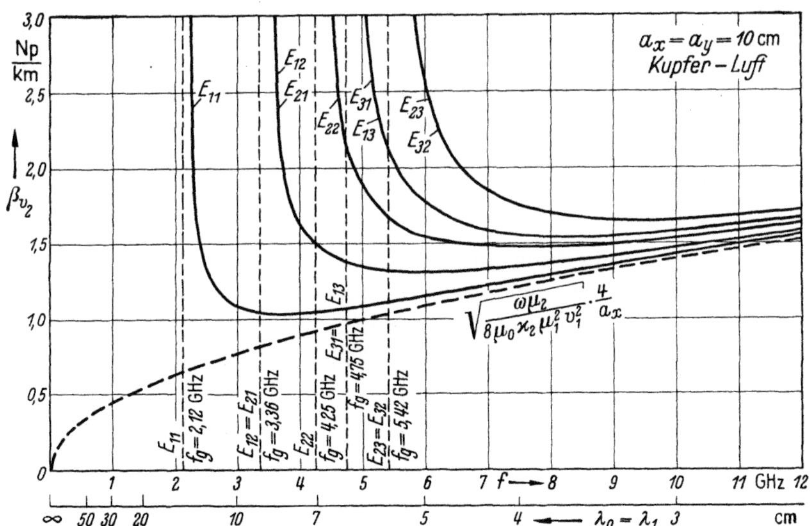

Abb. 123. Dämpfungskonstante β_{v_2} für die metallische Verlustdämpfung in Abhängigkeit von der Frequenz für einige E-Wellen bei der quadratischen Hohlleitung.

Um einen Überblick über den Verlauf der Dämpfungskonstanten zu geben, ist in den Abb. 123 und 124 β_{v_2} über der Frequenz aufgetragen, und zwar für den Sonderfall eines quadratischen Querschnitts $a_x = a_y = 10$ cm. Für diesen Sonderfall vereinfachen sich in den Gl. (263) und (264) die Brüche, die die Wellenart kennzeichnen, wesentlich, wie man sich leicht durch Einsetzen überzeugen kann; die Ordnungszahlen n_x und n_y kürzen sich heraus, die einzelnen Arten der E- und H-Wellen unterscheiden sich nur durch die verschiedenen Grenzfrequenzen. Für die Zahlenbeispiele ist als Leiterwerkstoff Kupfer und als Dielektrikum Luft vorausgesetzt. Abb. 123 zeigt den Dämpfungsverlauf für die E-Wellen; durch Umtauschen der Indizes n_x und n_y ändert sich der Verlauf der Dämpfungskurven nicht, was bei

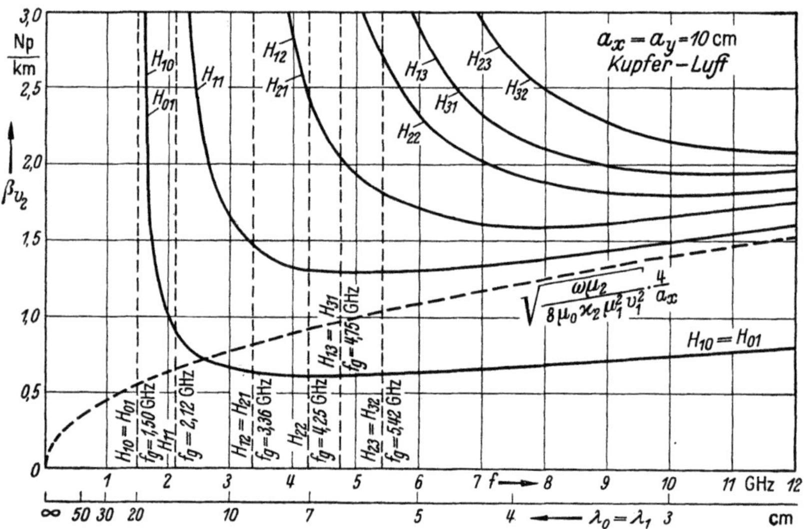

Abb. 124. Dämpfungskonstante β_{v_2} für die metallische Verlustdämpfung in Abhängigkeit von der Frequenz für einige H-Wellen bei der quadratischen Hohlleitung.

der quadratischen Leitung aus Symmetriegründen ohne weiteres verständlich ist. Die einzelnen Kurven haben ein flaches Minimum an der Stelle $f/f_g = \sqrt{3}$, wie bereits oben auf S. 289 abgeleitet wurde. Für sehr hohe Frequenzen nähert sich der Dämpfungsverlauf für sämtliche Wellenarten der Kurve

$$4 \frac{K_\beta}{a_x} = \sqrt{\frac{\omega \mu_2}{8 \mu_0 \varkappa_2 \mu_1{}^2 v_1{}^2}} \frac{4}{a_x}$$

asymptotisch. Die Wellenart mit der niedrigsten Grenzfrequenz und dem niedrigsten Dämpfungsminimum ist die E_{11}-Welle; ihre Grenzfrequenz ist 2,12 GHz, entsprechend einer Grenzwellenlänge von 14,14 cm, die gleich der Diagonale des quadratischen Querschnitts ist (vgl. die Wellenlängenskala unter der Frequenzskala); das Dämpfungsminimum liegt etwas über einem Neper pro Kilometer. Abb. 124 veranschaulicht den Verlauf der Dämpfungskonstanten für die H-Wellen. Die Grenzfrequenzen für die E- und H-Wellen mit gleichen Ordnungszahlen sind gleich; der asymptotische Grenzwert für sehr hohe Frequenzen ist wieder $\sqrt{\dfrac{\omega\,\mu_2}{8\,\mu_0\,\varkappa_2\,\mu_1{}^2\,v_1{}^2}}\;\dfrac{4}{a_x}$; jedoch liegen die Dämpfungsminima bei den H-Wellen höher als bei den E-Wellen gleicher Ordnungszahl [dies ist zurückzuführen auf den zweiten Summanden in der Dämpfungsformel (263)]. Eine Ausnahme im allgemeinen Verlauf machen lediglich die H_{10}- und die H_{01}-Welle. Diese haben die niedrigste Grenzfrequenz von 1,5 GHz, entsprechend einer Grenzwellenlänge von 20 cm, die der doppelten Seitenlänge $a_x = a_y$ gleich ist. Das Dämpfungsminimum ist erheblich niedriger (etwa 0,6 Neper pro Kilometer), für hohe Frequenzen nähert sich die Kurve asymptotisch dem Wert $\sqrt{\dfrac{\omega\,\mu_2}{8\,\mu_0\,\varkappa_2\,\mu_1{}^2\,v_1{}^2}}\;\dfrac{2}{a_x}$ (das ist die Hälfte des asymptotischen Grenzwertes sämtlicher anderer Wellenarten). Physikalisch ist das abweichende Verhalten dieser beiden Wellenarten darauf zurückzuführen, daß in einer Richtung der Querschnittsebene eine homogene Feldverteilung vorliegt; die Verluste durch den Leitungsstrom in den Metallwänden werden am geringsten, wenn der Strom mit gleichmäßiger Dichte über die Metallfläche verteilt ist.

Die Zahlenwerte der Abb. 123 und 124 erlangen für beliebig dimensionierte quadratische Leitungen allgemeine Bedeutung, wenn man folgende Umrechnungen vornimmt, die sich leicht aus den Gl. (197) auf S. 221, (260) auf S. 292, (263) und (264) auf S. 298 ableiten lassen. Erhöht man die Leitungsabmessungen auf das m-fache, so steigt die Grenzwellenlänge auf das m-fache, die Grenzfrequenz geht auf $1/m$ zurück; die Abszissenskala ist dann mit $1/m$ und die Ordinatenskala mit $1/m^{3/2}$ zu erweitern. Ersetzt man das Kupfer durch einen Werkstoff von der Leitfähigkeit $\varkappa_x$, so sind die β_{v_2}-Werte mit $\sqrt{\varkappa_{\mathrm{Cu}}/\varkappa_x}$ zu erweitern. Füllt man die Leitung mit einem Werkstoff mit der Dielektrizitätskonstanten ε_1, so ist die Ordinatenskala mit $\sqrt{\varepsilon_1}$, die Abszissenskala mit $1/\sqrt{\varepsilon_1}$ zu erweitern; die Dämpfung durch die dielektrischen Verluste ist dann noch gesondert nach Gl. (256) auf S. 284 zu errechnen.

Nach den bisherigen Betrachtungen erwiesen sich die H_{10}- und die H_{01}-Welle für die Energieübertragung als bestgeeignet. Abb. 125 veranschaulicht den Dämpfungsverlauf der H_{10}-Welle für Rechteckleitungen von verschiedenen Querschnittsverhältnissen a_x/a_y; hierbei soll die Länge $a_x = 10$ cm konstant bleiben. Wie aus der Gl. (260) für $n_x = 1$ und $n_y = 0$ hervorgeht, ist die Grenzwellenlänge also von der Länge a_y unabhängig. Die dargestellten Kurven haben somit für die verschiedenen Querschnittsverhältnisse a_x/a_y die gleiche Grenzfrequenz. Sie unterscheiden sich jedoch erheblich in der Größe der Dämpfungen; für hohe Werte von f ist β_{v_2} der Länge a_y umgekehrt proportional [vgl. Gl. (264 b)]. Es erscheint also am günstigsten, bei Übertragung der H_{10}-Welle die Länge a_y möglichst groß zu machen. Hierbei tritt jedoch eine Schwierigkeit auf, die ebenfalls an Abb. 125 erläutert werden soll; es können sich in der Hohlleitung noch andere Wellenarten, insbesondere die H_{01}-Welle, fortpflanzen, weil deren Grenzfrequenz genügend niedrig liegt. Die Grenzfrequenz der H_{01}-Welle für die verschiedenen Verhältnisse ist in Abb. 125 durch die senkrecht gestrichelten Linien eingetragen. Verwendet man beispielsweise eine Leitung mit dem Seitenverhältnis $a_x/a_y = 3$ und arbeitet bei einer Frequenz von 3 GHz, so ist die H_{10}-Welle die einzige Wellenart, die innerhalb der Leitung überhaupt bestehen kann; die Grenzfrequenz der H_{01}-Welle liegt bei 4,5 GHz, so daß sich diese Wellen-

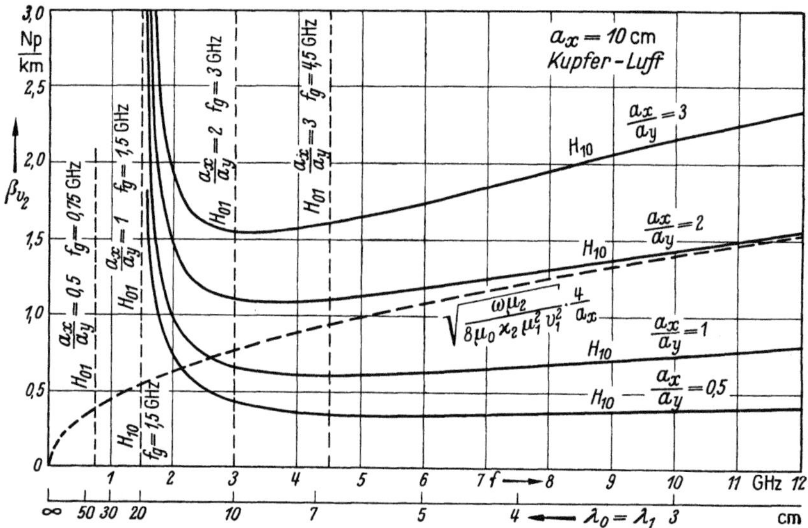

Abb. 125. Dämpfungskonstante β_{v_2} für die metallische Verlustdämpfung in Abhängigkeit von der Frequenz für die H_{10}-Welle in rechteckigen Hohlleitungen von verschiedenen Abmessungen.

art in der Leitung nicht fortpflanzen kann. Verwendet man dagegen bei der gleichen Betriebsfrequenz eine Leitung mit dem Seitenverhältnis $a_x/a_y = 0,5$, so ist die Dämpfung der H_{10}-Welle erheblich geringer; es kann sich dann aber auch die H_{01}-Welle in der Leitung fortpflanzen, da ihre Grenzfrequenz jetzt bei 0,75 GHz liegt; außerdem können sich auch noch die H_{02}-, H_{03}-, H_{11}-, E_{11}-, H_{12}- und die E_{12}-Welle ausbreiten, wie man sich leicht für diesen Sonderfall aus der Grenzwellengleichung (260) klarmachen kann. Diese verschiedenen Wellenformen haben zum Teil erheblich höhere Dämpfungskonstanten als die zu übertragende H_{10}-Welle. Bei Übertragungen auf längere Entfernungen gelingt es nun infolge von unvermeidlichen Leitungsunsymmetrien (Krümmungen usw.) nicht, die Wellenart rein zu erhalten; es bilden sich andere Wellenarten als Störwellen aus, und die Energieübertragung erfolgt mit größerer Dämpfung, als man nach der Berechnung der H_{10}-Welle annehmen würde. Man muß also bei der Dimensionierung von Hohlleitungen allgemein darauf achten, daß die Wellenform möglichst rein erhalten bleibt; deshalb haben die Wellenarten mit den niedrigsten Grenzfrequenzen für die Übertragung besondere Bedeutung. Dieser Grundsatz bezieht sich nicht nur auf rechteckige Hohlleitungen, sondern gilt allgemein für alle Leitungsformen.

b) Die kreisförmige Hohlleitung.

Die Hohlleitung mit kreisförmigem Querschnitt ist in Abb. 126 dargestellt. Der Nullpunkt des Koordinatensystems liegt auf der Rotationsachse, der Durchmesser sei $2R$.

Um die allgemeine Feldstärkegleichung (246) auf S. 276 unter den Randbedingungen (248) für den Sonderfall des Zylindermantels zu lösen, ist es zweckmäßig, von den rechtwinkligen Koordinaten x, y und z auf die in Abb. 126 dargestellten Zylinderkoordinaten r, ζ und z über

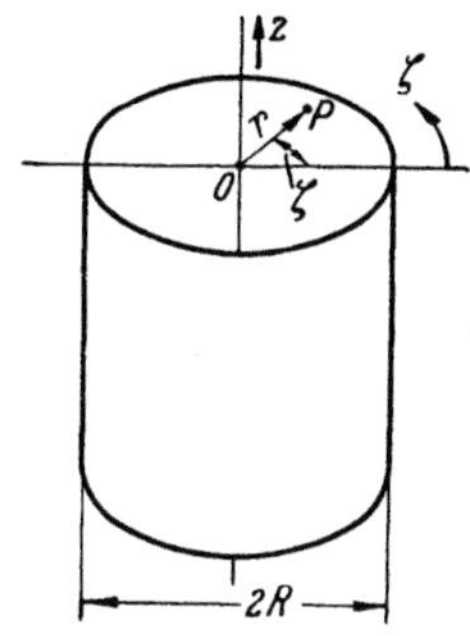

Abb. 126. Schema der kreisförmigen Hohlleitung.

zugehen. Die Umformung, die man in allen Lehrbüchern der Vektorrechnung abgeleitet findet, ergibt für die beiden Wellenformen:

$$\left.\begin{aligned}
\text{E-Welle:} \quad & \frac{\partial^2 \mathfrak{E}_{z_0}}{\partial r^2} + \frac{1}{r}\frac{\partial \mathfrak{E}_{z_0}}{\partial r} + \frac{1}{r^2}\frac{\partial^2 \mathfrak{E}_{z_0}}{\partial \zeta^2} + \left(\frac{2\pi}{\lambda_g}\right)^2 \mathfrak{E}_{z_0} = 0, \\
\text{H-Welle:} \quad & \frac{\partial^2 \mathfrak{H}_{z_0}}{\partial r^2} + \frac{1}{r}\frac{\partial \mathfrak{H}_{z_0}}{\partial r} + \frac{1}{r^2}\frac{\partial^2 \mathfrak{H}_{z_0}}{\partial \zeta^2} + \left(\frac{2\pi}{\lambda_g}\right)^2 \mathfrak{H}_{z_0} = 0.
\end{aligned}\right\} \quad (265)$$

Die Randbedingungen für die metallische Mantelfläche ($r = R$) erhalten entsprechend Gl. (248) auf S. 277 die Form:

$$\mathfrak{E}_{z_0} = 0, \qquad\qquad \frac{\partial \mathfrak{H}_{z_0}}{\partial r} = 0. \qquad (266)$$

Wie bei der rechteckigen Hohlleitung wird als Lösungsansatz die Feldstärke $\mathfrak{E}_{z_0}$ bzw. $\mathfrak{H}_{z_0}$ als Produkt von zwei Funktionen dargestellt, von denen die eine nur von r, die andere nur von ζ abhängen soll. Man setzt also $\mathfrak{E}_{z_0}$ bzw. $\mathfrak{H}_{z_0} = f(r) \cdot g(\zeta)$ und erhält aus der Gl. (265) die Differentialgleichung:

$$\frac{g''(\zeta)}{g(\zeta)} + \frac{r^2 \left[f''(r) + \dfrac{1}{r} f'(r) + \left(\dfrac{2\pi}{\lambda_g}\right)^2 f(r) \right]}{f(r)} = 0.$$

Die linke Hälfte der Gleichung wird gelöst durch den Ansatz: $g(\zeta) = \cos(n_\zeta \zeta)$ (der allgemeine Lösungsansatz enthält die Summe einer Kosinus- und einer Sinusfunktion; das Sinusglied bleibt hier ohne Einschränkung der Allgemeinheit fort; seine Berücksichtigung würde physikalisch nur bedeuten, daß die Feldverteilung um die ζ-Achse um einen bestimmten Winkel gedreht ist); n_ζ ist eine Konstante, deren Bedeutung später noch ausführlich behandelt wird; da das elektromagnetische Feld bei Vergrößerung von ζ um Vielfache von 2π unverändert bleiben muß, muß n_ζ unter allen Umständen eine ganze Zahl sein. Die nach Einsetzen von $g(\zeta)$ verbleibende Differentialgleichung wird gelöst durch eine allgemeine Zylinderfunktion:

$$Z_{n_\zeta}\left(\frac{2\pi r}{\lambda_g}\right) = \mathrm{J}_{n_\zeta}\left(\frac{2\pi r}{\lambda_g}\right) - K\,\mathrm{N}_{n_\zeta}\left(\frac{2\pi r}{\lambda_g}\right),$$

wobei K eine Konstante, J_{n_ζ} die Besselsche Funktion und N_{n_ζ} die Neumannsche Funktion von der Ordnung n_ζ darstellt (vgl. „Funk-

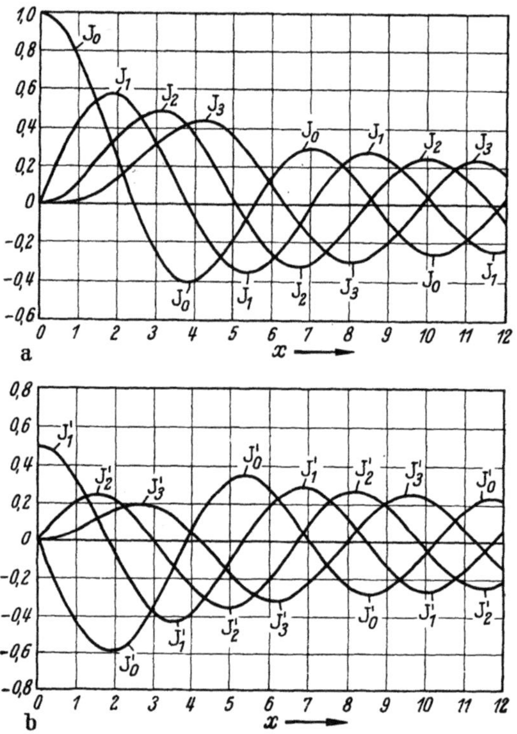

Abb. 127. Verlauf der Besselschen Funktionen J_0 bis J_3 und ihrer Ableitungen $\mathrm{J}_0{}'$ bis $\mathrm{J}_3{}'$ nach dem Argument x.

tionentafeln" von Jahnke-Emde). Somit lautet die allgemeine Lösung für die Gl. (265) auf S. 303:

$$E\text{-Welle:} \quad \mathfrak{E}_{z_0} = \mathfrak{E}_{z_m}\left[\mathrm{J}_{n_\zeta}\left(\frac{2\pi r}{\lambda_g}\right) - K\,\mathrm{N}_{n_\zeta}\left(\frac{2\pi r}{\lambda_g}\right)\right]\cos(n_\zeta\zeta),$$

$$H\text{-Welle:} \quad \mathfrak{H}_{z_0} = \mathfrak{H}_{z_m}\left[\mathrm{J}_{n_\zeta}\left(\frac{2\pi r}{\lambda_g}\right) - K'\,\mathrm{N}_{n_\zeta}\left(\frac{2\pi r}{\lambda_g}\right)\right]\cos(n_\zeta\zeta). \tag{267}$$

Die Neumannsche Funktion hat die Eigenschaft, bei $r = 0$ unendlich groß zu werden; da aber in der kreisförmigen Hohlleitung die Feldstärke der z-Achse aus physikalischen Gründen nicht unendlich groß werden kann, muß in Gl. (267) die Konstante K bzw. K' Null werden.

Es ergibt sich dann als endgültige Lösung für die kreisförmige Hohlleitung:

$$\mathfrak{E}_{z_0} = \mathfrak{E}_{z_m} \, J_{n_\zeta}\!\left(\frac{2\pi r}{\lambda_g}\right) \cos(n_\zeta \zeta), \qquad \mathfrak{H}_{z_0} = \mathfrak{H}_{z_m} \, J_{n_\zeta}\!\left(\frac{2\pi r}{\lambda_g}\right) \cos(n_\zeta \zeta). \tag{268}$$

Um eine bessere Übersicht zu gestatten, ist im oberen Diagramm der Abb. 127 der Verlauf der Besselschen Funktionen nullter bis dritter Ordnung ($J_0(x)$ bis $J_3(x)$) in Abhängigkeit vom Argument x dargestellt. Für $x = 0$ ist $J_0 = 1$, alle anderen Funktionen sind Null. Im unteren Diagramm sind die Ableitungen der Funktionen ($J_0'(x)$ bis $J_3'(x)$) nach ihrem Argument x dargestellt.

Die einzelnen Komponenten des elektrischen und des magnetischen Feldes werden nach Gl. (268) und dem Gleichungssystem (251) auf S. 280 ermittelt; da hier die Komponenten in r- und ζ-Richtung gesucht werden, sind die partiellen Ableitungen nach r und nach ζ (unter Hinzufügen des Faktors $1/r$) durchzuführen:

E-Welle:

$$\mathfrak{E}_r = + \frac{\lambda_g}{\lambda_z} \, \mathfrak{E}_{z_m} \, J'_{n_\zeta}\!\left(\frac{2\pi r}{\lambda_g}\right) \cos(n_\zeta \zeta) \, e^{-j\alpha_z\left(z+\frac{\lambda_z}{4}\right)}, \tag{269a_E}$$

$$\mathfrak{E}_\zeta = - \frac{\lambda_g^2}{2\pi\lambda_z} \frac{n_\zeta}{r} \, \mathfrak{E}_{z_m} \, J_{n_\zeta}\!\left(\frac{2\pi r}{\lambda_g}\right) \sin(n_\zeta \zeta) \, e^{-j\alpha_z\left(z+\frac{\lambda_z}{4}\right)}, \tag{269b_E}$$

$$\mathfrak{E}_z = \quad \mathfrak{E}_{z_m} \, J_{n_\zeta}\!\left(\frac{2\pi r}{\lambda_g}\right) \cos(n_\zeta \zeta) \, e^{-j\alpha_z z}, \tag{269c_E}$$

$$Z_1 \mathfrak{H}_r = + \frac{\lambda_g^2}{2\pi\lambda_1} \frac{n_\zeta}{r} \, \mathfrak{E}_{z_m} \, J_{n_\zeta}\!\left(\frac{2\pi r}{\lambda_g}\right) \sin(n_\zeta \zeta) \, e^{-j\alpha_z\left(z+\frac{\lambda_z}{4}\right)}, \tag{269d_E}$$

$$Z_1 \mathfrak{H}_\zeta = + \frac{\lambda_g}{\lambda_1} \, \mathfrak{E}_{z_m} \, J'_{n_\zeta}\!\left(\frac{2\pi r}{\lambda_g}\right) \cos(n_\zeta \zeta) \, e^{-j\alpha_z\left(z+\frac{\lambda_z}{4}\right)}, \tag{269e_E}$$

$$Z_1 \mathfrak{H}_z = 0. \tag{269f_E}$$

H-Welle:

$$\mathfrak{H}_r = + \frac{\lambda_g}{\lambda_z} \, \mathfrak{H}_{z_m} \, J'_{n_\zeta}\!\left(\frac{2\pi r}{\lambda_g}\right) \cos(n_\zeta \zeta) \, e^{-j\alpha_z\left(z+\frac{\lambda_z}{4}\right)}, \tag{269a_H}$$

$$\mathfrak{H}_\zeta = - \frac{\lambda_g^2}{2\pi\lambda_z} \frac{n_\zeta}{r} \, \mathfrak{H}_{z_m} \, J_{n_\zeta}\!\left(\frac{2\pi r}{\lambda_g}\right) \sin(n_\zeta \zeta) \, e^{-j\alpha_z\left(z+\frac{\lambda_z}{4}\right)}, \tag{269b_H}$$

$$\mathfrak{H}_z = \quad \mathfrak{H}_{z_m} \, J_{n_\zeta}\!\left(\frac{2\pi r}{\lambda_g}\right) \cos(n_\zeta \zeta) \, e^{-j\alpha_z z}, \tag{269c_H}$$

$$\frac{\mathfrak{E}_r}{Z_1} = - \frac{\lambda_g^2}{2\pi\lambda_1} \frac{n_\zeta}{r} \, \mathfrak{H}_{z_m} \, J_{n_\zeta}\!\left(\frac{2\pi r}{\lambda_g}\right) \sin(n_\zeta \zeta) \, e^{-j\alpha_z\left(z+\frac{\lambda_z}{4}\right)}, \tag{269d_H}$$

$$\frac{\mathfrak{E}_\zeta}{Z_1} = - \frac{\lambda_g}{\lambda_1} \, \mathfrak{H}_{z_m} \, J'_{n_\zeta}\!\left(\frac{2\pi r}{\lambda_g}\right) \cos(n_\zeta \zeta) \, e^{-j\alpha_z\left(z+\frac{\lambda_z}{4}\right)}, \tag{269e_H}$$

$$\frac{\mathfrak{E}_z}{Z_1} = 0. \tag{269f_H}$$

Aus den Komponentengleichungen erkennt man, daß n_ζ Null werden kann, ohne daß sämtliche Feldstärkekomponenten verschwinden.

Aus Gleichungssystem (269) ist zu entnehmen, daß n_ζ die Anzahl der Halbwellen des elektromagnetischen Feldes angibt, die in zirkularer Richtung (ζ-Richtung) längs eines Halbkreises (d. h. im Bereich $\zeta = 0 \ldots 180°$) auftreten. Es war schon oben ausgeführt, daß n_ζ eine ganze Zahl ist; längs eines vollen Kreisumlaufes in zirkularer Richtung ist also nur eine gerade Anzahl von Halbwellen möglich. Zur Kennzeichnung der Wellenform ist außerdem noch die Angabe der Halbwellenzahl n_r in radialer Richtung erforderlich; diese Zahl ist aus den Gleichungen noch nicht zu entnehmen, weil die Randbedingungen am Metallmantel noch nicht eingeführt sind.

Führt man die Gl. (268) in die für $r = R$ gültigen Randbedingungen nach Gl. (266) ein, so folgt:

$$J_{n_\zeta}\left(\frac{2\pi R}{\lambda_g}\right) = 0, \qquad\qquad J'_{n_\zeta}\left(\frac{2\pi R}{\lambda_g}\right) = 0. \tag{270}$$

Am Metallmantel muß also bei den E-Wellen die Besselsche Funktion, bei den H-Wellen die Ableitung der Besselschen Funktion Null werden. Somit wird durch die Nullstellen der Funktionen, die man aus Abb. 127 entnehmen kann, die Größe der Grenzwellenlänge λ_g bestimmt. Zugleich erkennt man mit den Nullstellen die Anzahl n_r der Halbwellen des Feldes in r-Richtung. Die Verteilung der Feldkomponente in z-Richtung verläuft nach Gl. (268) auf S. 305 für die E- und H-Wellen nach der Besselschen Funktion; bei den E-Wellen ergibt sich die Größe n_r unmittelbar daraus, welche Nullstelle in der Ebene des Metallmantels liegt. Dabei sind die Nullstellen im Nullpunkt selbst nicht mitzuzählen; für die Funktion J_0 liegt die als erste zu zählende Nullstelle bei $x = 2{,}41$. Bei den H-Wellen erkennt man, daß an den Stellen, an denen die Funktionen J'_1, J'_2 und J'_3 ihre ersten Nullstellen erreichen, das mit J_1, J_2 und J_3 verlaufende Feld noch keine Halbwelle durchlaufen hat; als Halbwellenzahl wird deshalb $n_r = 0$ angegeben; entsprechend ist dann für die zweiten Nullstellen der Funktionen J'_1, J'_2 und J'_3 die Halbwellenzahl $n_r = 1$ zu setzen, und entsprechend fortlaufend. Der Wert des Argumentes x, bei dem die Funktion J_{n_ζ} die durch die Halbwellenzahl n_r gekennzeichnete Nullstelle hat, werde mit $x_{n_\zeta n_r}$ bezeichnet; entsprechend bezeichnet man mit $x'_{n_\zeta n_r}$ das Argument, bei dem die Funktion J'_{n_ζ} die zur Halbwellenzahl n_r gehörende Nullstelle aufweist. Es sind bei der kreisförmigen Hohlleitung die verschiedensten Wellenarten möglich, die sich durch die verschiedenen Werte von n_ζ und n_r unterscheiden; demgemäß spricht man von $E_{n_\zeta n_r}$-Wellen und $H_{n_\zeta n_r}$-Wellen[1]. Für diese verschiedenen Wellenarten

---

[1] Die Anordnung der Indizes $n_\zeta n_r$ ist mit Rücksicht auf die in der Literatur übliche Schreibweise geschehen; daß dies nicht der durch das Rechtssystem r, ζ, z gegebenen Ordnung entspricht, scheint belanglos. — Daß unter n_r die Halbwellenzahl in r-Richtung verstanden wird, steht im Gegensatz zu vielen Literatur-

ergeben sich die Grenzwellenlängen:

$$\lambda_g = \frac{2\pi R}{x_{n_\zeta n_r}}, \qquad\qquad \lambda_g = \frac{2\pi R}{x'_{n_\zeta n_r}}. \qquad (271)$$

Für die E- und H-Wellen mit gleichen Ordnungszahlen sind hier die Grenzwellenlängen verschieden im Gegensatz zu den Wellen in der rechteckigen Hohlleitung. Zur Schaffung eines besseren Überblickes seien die Nullstellen der Funktionen und die Verhältnisse $\lambda_g/2R$ der Grenzwellenlänge zum Rohrdurchmesser für die verschiedenen Wellenarten zusammengestellt:

Nullstellen der Besselschen Funktionen.

n_ζ \ n_r	1	2	3
0	2,41	5,52	8,65
1	3,83	7,02	10,17
2	5,14	8,42	11,62
3	6,38	9,76	13,02

Nullstellen der Ableitungen der Besselschen Funktionen.

n_ζ \ n_r	0	1	2
0	—	3,83	7,02
1	1,84	5,33	8,54
2	3,05	6,70	9,96
3	4,3	8,05	11,3

Verhältnis $\lambda_g/2R$ zwischen Grenzwellenlänge und Durchmesser bei E-Wellen.

n_ζ \ n_r	1	2	3
0	1,31	0,57	0,36
1	0,82	0,45	0,31
2	0,61	0,37	0,27
3	0,49	0,32	0,24

Verhältnis $\lambda_g/2R$ zwischen Grenzwellenlänge und Durchmesser bei H-Wellen.

n_ζ \ n_r	0	1	2
0	—	0,82	0,45
1	1,71	0,59	0,37
2	1,01	0,47	0,32
3	0,73	0,39	0,28

Die Grenzwellenlängen fallen mit zunehmendem n_ζ und zunehmendem n_r. Die höchste Grenzwellenlänge hat die H_{10}-Welle; sie beträgt das 1,71fache des Durchmessers. Die E_{1n_r}-Wellen und die H_{0n_r}-Wellen haben für gleiches n_r die gleichen Grenzwellenlängen.

Die Feldbilder, die sich nach den Gl. (269) auf S. 305 errechnen lassen, sind für die vier Wellenarten E_{01}, H_{01}, E_{11} und H_{10} in Abb. 128 dargestellt. Wie in den früheren Feldbildern sind die elektrischen Feldlinien glatt ausgezogen, während die magnetischen Feldlinien gestrichelt sind. Bei der E_{01}-Welle verläuft die magnetische Feldstärke nur in zirkularer Richtung, die magnetischen Feldlinien sind im Grundriß

veröffentlichungen, die mit n_r die Zahl der Nullstelle der Funktion J_{n_ζ} bzw. J'_{n_ζ} bezeichnen. Die im Rahmen dieses Buches einheitlich durchgeführte Kennzeichnung nach der Halbwellenzahl erleichtert den weiter unten durchzuführenden Vergleich zwischen den Wellenformen in rechteckigen, kreisförmigen und konzentrischen Hohlleitungen.

Kreise. Da die elektrische Feldkomponente in zirkularer Richtung verschwindet, liegen die elektrischen Feldlinien in der durch die Rotationsachse gehenden Ebene, sie liegen also innerhalb der Ebene des Aufrisses; an den Stellen der Längsausdehnung, an denen die magnetische Feldstärke ihr Maximum hat, verschwindet die z-Komponente der elektrischen Feldstärke, in der Umgebung dieser Zone mündet die Mehrzahl der elektrischen Feldlinien senkrecht auf dem Metallmantel ein. Bei der H_{01}-Welle verlaufen die elektrischen Feldlinien im Grundriß in Form konzentrischer Kreise, die elektrische Feldstärke hat nur eine

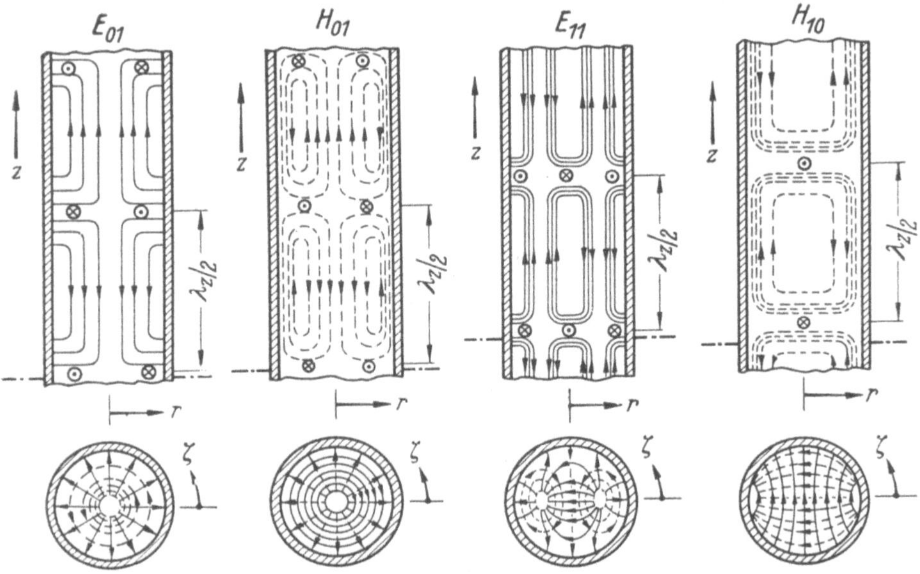

Abb. 128. Feldbilder für die Wellenarten E_{01}, H_{01}, E_{11} und H_{10} in einer kreisförmigen Hohlleitung (elektrische Feldlinien glatt ausgezogen, magnetische Feldlinien gestrichelt).

zirkulare Komponente, deren Größe an der Metallwand bis auf Null abnimmt; die magnetischen Feldlinien liegen innerhalb der Aufrißebene und laufen zu der metallischen Mantelfläche tangential. Die Felder der E_{11}- und der H_{10}-Welle haben kompliziertere Gestalt. Bei der E_{11}-Welle liegen die elektrischen Feldlinien nur noch im Mittelschnitt in einer Ebene, sonst sind sie überall räumliche Kurven; das Feldbild im Grundriß hat Ähnlichkeit mit dem Feld einer in einer metallischen Hülle geführten Doppeldrahtleitung. Bei der H_{10}-Welle liegen die magnetischen Feldlinien nur noch im Mittelschnitt, der im Aufrißbild dargestellt ist, innerhalb einer Ebene; an den übrigen Stellen sind sie räumliche Kurven. Das Grundrißbild zeigt einen sehr einfachen und übersichtlichen Feldverlauf, aus dessen Form es anschaulich verständlich wird, daß die H_{10}-Welle von allen Wellenarten die längste Grenzwellenlänge besitzt. Es ist zu betonen, daß die Feldbilder der Abb. 128 auf die gleiche Wellenlänge λ_z reduziert sind; damit dies physikalisch möglich ist, muß man annehmen, daß die Leitungen verschieden große Betriebsfrequenzen übertragen; lediglich die Betriebsfrequenzen für die H_{01}- und die E_{11}-Welle müssen gleich sein, weil diese beiden Wellenarten die gleiche Grenzwellenlänge besitzen, wie aus den Tabellen auf S. 307 hervorgeht.

Schließlich muß noch der Verlauf der Dämpfungskonstanten für die verschiedenen Wellenarten in der kreisförmigen Hohlleitung berechnet werden. Die Form des Längsfeldes nach Gl. (268) auf S. 305 ist in die allgemeinen Dämpfungsgleichungen (257) auf S. 287 einzusetzen. Nach Umwandlung auf Zylinderkoordinaten sind folgende Integrale zu lösen [von der in Gl. (252) angegebenen Umformung mit Hilfe des Green-schen Satzes wird dabei Gebrauch gemacht]:

Integrale über die Querschnittsfläche (allgemein für die Feldkomponente $\mathfrak{E}_{z_0}$ oder $\mathfrak{H}_{z_0}$): $(n_\zeta \neq 0)$

$$\int\int^F\left[\left(\frac{\partial \mathfrak{E}_{z_0}}{\partial r}\right)^2 + \frac{1}{r^2}\left(\frac{\partial \mathfrak{E}_{z_0}}{\partial \zeta}\right)^2\right] r\,\mathrm{d}r\,\mathrm{d}\zeta$$

$$= \left(\frac{2\pi}{\lambda_g}\right)^2 \int\int^F \mathfrak{E}_{z_0}^2 r\,\mathrm{d}r\,\mathrm{d}\zeta = \left(\frac{2\pi}{\lambda_g}\right)^2 \mathfrak{E}_{z_m}^2 \int\limits_{\zeta=0}^{2\pi}\cos^2(n_\zeta\zeta)\,\mathrm{d}\zeta \int\limits_{r=0}^{R}\left[J_{n_\zeta}\left(\frac{2\pi r}{\lambda_g}\right)\right]^2 r\,\mathrm{d}r$$

$$= \left(\frac{2\pi}{\lambda_g}\right)^2 \mathfrak{E}_{z_m}^2 \pi \frac{R^2}{2}\left\{\left[J_{n_\zeta}\left(\frac{2\pi R}{\lambda_g}\right)\right]^2\left[1-\left(\frac{n_\zeta\lambda_g}{2\pi R}\right)^2\right] + \left[J'_{n_\zeta}\left(\frac{2\pi R}{\lambda_g}\right)\right]^2\right\} *.$$

Mit Gl. (270) auf S. 306:

für die E-Welle:

$$\int\int^F \mathfrak{E}_{z_0}^2 r\,\mathrm{d}r\,\mathrm{d}\zeta = \mathfrak{E}_{z_m}^2 \pi \frac{R^2}{2}\left[J'_{n_\zeta}\left(\frac{2\pi R}{\lambda_g}\right)\right]^2,$$

für die H-Welle:

$$\int\int^F \mathfrak{H}_{z_0}^2 r\,\mathrm{d}r\,\mathrm{d}\zeta = \mathfrak{H}_{z_m}^2 \pi \frac{R^2}{2}\left[J_{n_\zeta}\left(\frac{2\pi R}{\lambda_g}\right)\right]^2\left[1-\left(\frac{n_\zeta\lambda_g}{2\pi R}\right)^2\right].$$

Integrale über die Randlinie $(r = R)$ (allgemein für die Feldkomponente $\mathfrak{E}_{z_0}$ oder $\mathfrak{H}_{z_0}$):

$$\int\limits_{\zeta=0}^{2\pi}\left[\left(\frac{\partial \mathfrak{E}_{z_0}}{\partial r}\right)^2 + \frac{1}{r^2}\left(\frac{\partial \mathfrak{E}_{z_0}}{\partial \zeta}\right)^2\right] R\,\mathrm{d}\zeta$$

$$= \mathfrak{E}_{z_m}^2 R\left[\left(\frac{2\pi}{\lambda_g}\right)^2\left\{J'_{n_\zeta}\left(\frac{2\pi R}{\lambda_g}\right)\right\}^2 \int\limits_0^{2\pi}\cos^2(n_\zeta\zeta)\,\mathrm{d}\zeta + \frac{n_\zeta^2}{R^2}\left\{J_{n_\zeta}\left(\frac{2\pi R}{\lambda_g}\right)\right\}^2 \int\limits_0^{2\pi}\sin^2(n_\zeta\zeta)\,\mathrm{d}\zeta\right]$$

$$= \mathfrak{E}_{z_m}^2 \pi R\left[\left(\frac{2\pi}{\lambda_g}\right)^2\left\{J'_{n_\zeta}\left(\frac{2\pi R}{\lambda_g}\right)\right\}^2 + \frac{n_\zeta^2}{R^2}\left\{J_{n_\zeta}\left(\frac{2\pi R}{\lambda_g}\right)\right\}^2\right].$$

---

* Vgl. Jahnke-Emde, a. a. O. S. 149.

Für die E-Welle:

$$\int\limits_{\zeta=0}^{2\pi}\left[\left(\frac{\partial\mathfrak{E}_{z_0}}{\partial r}\right)^2+\frac{1}{r^2}\left(\frac{\partial\mathfrak{E}_{z_0}}{\partial\zeta}\right)^2\right]R\,\mathrm{d}\zeta=\mathfrak{E}_{z_m}^2\,\pi\,R\left(\frac{2\pi}{\lambda_g}\right)^2\left\{\mathrm{J}'_{n_\zeta}\left(\frac{2\pi R}{\lambda_g}\right)\right\}^2.$$

Für die H-Welle:

$$\int\limits_{\zeta=0}^{2\pi}\left[\left(\frac{\partial\mathfrak{H}_{z_0}}{\partial r}\right)^2+\frac{1}{r^2}\left(\frac{\partial\mathfrak{H}_{z_0}}{\partial\zeta}\right)^2\right]R\,\mathrm{d}\zeta=\mathfrak{H}_{z_m}^2\,\pi\,R\,\frac{n_\zeta^2}{R^2}\left\{\mathrm{J}_{n_\zeta}\left(\frac{2\pi R}{\lambda_g}\right)\right\}^2,$$

$$\int\limits_{\zeta=0}^{2\pi}\mathfrak{H}_{z_0}^2\,R\,\mathrm{d}\zeta=\mathfrak{H}_{z_m}^2\,\pi\,R\left\{\mathrm{J}_{n_\zeta}\left(\frac{2\pi R}{\lambda_g}\right)\right\}^2.$$

Also ergibt sich für die Dämpfungskonstanten:

E-Welle:

$$\beta_{v_1}=K_\beta\,\frac{\dfrac{f}{f_g}}{\sqrt{\left(\dfrac{f}{f_g}\right)^2-1}}\,\frac{2}{R}\,.$$

(272)

H-Welle:

$$\beta_{v_2}=K_\beta\left[\frac{\sqrt{\left(\dfrac{f}{f_g}\right)^2-1}}{\dfrac{f}{f_g}}\,\frac{\left(\dfrac{n_\zeta\lambda_g}{2\pi R}\right)^2}{1-\left(\dfrac{n_\zeta\lambda_g}{2\pi R}\right)^2}+\frac{1}{\dfrac{f}{f_g}\sqrt{\left(\dfrac{f}{f_g}\right)^2-1}}\,\frac{1}{1-\left(\dfrac{n_\zeta\lambda_g}{2\pi R}\right)^2}\right].$$

Bei der Ableitung ist bisher vorausgesetzt, daß $n_\zeta\neq0$ ist; für den Fall $n_\zeta=0$ ergibt sich folgender Rechnungsgang:

Für die E-Welle:

$$\int\limits^{F}\!\!\int\mathfrak{E}_{z_0}^2\,r\,\mathrm{d}r\,\mathrm{d}\zeta=\mathfrak{E}_{z_m}^2\,\pi\,R^2\left[\mathrm{J}'_{n_\zeta}\left(\frac{2\pi R}{\lambda_g}\right)\right]^2,$$

$$\int\limits_{\zeta=0}^{2\pi}\left[\left(\frac{\partial\mathfrak{E}_{z_0}}{\partial r}\right)^2+\frac{1}{r^2}\left(\frac{\partial\mathfrak{E}_{z_0}}{\partial\zeta}\right)^2\right]R\,\mathrm{d}\zeta=\mathfrak{E}_{z_m}^2\,2\pi\,R\left(\frac{2\pi}{\lambda_g}\right)^2\left[\mathrm{J}'_{n_\zeta}\left(\frac{2\pi R}{\lambda_g}\right)\right]^2.$$

Für die H-Welle:

$$\int\limits^{F}\!\!\int\mathfrak{H}_{z_0}^2\,r\,\mathrm{d}r\,\mathrm{d}\zeta=\mathfrak{H}_{z_m}^2\,\pi\,R^2\left[\mathrm{J}_{n_\zeta}\left(\frac{2\pi R}{\lambda_g}\right)\right]^2\left[1-\left(\frac{n_\zeta\lambda_g}{2\pi R}\right)^2\right],$$

$$\int\limits_{\zeta=0}^{2\pi}\left[\left(\frac{\partial\mathfrak{H}_{z_0}}{\partial r}\right)^2+\frac{1}{r^2}\left(\frac{\partial\mathfrak{H}_{z_0}}{\partial\zeta}\right)^2\right]R\,\mathrm{d}\zeta=\mathfrak{H}_{z_m}^2\,2\pi\,R\,\frac{n_\zeta^2}{R^2}\left[\mathrm{J}_{n_\zeta}\left(\frac{2\pi R}{\lambda_g}\right)\right]^2,$$

$$\int\limits_{0}^{2\pi}\mathfrak{H}_{z_0}^2\,R\,\mathrm{d}\zeta=\mathfrak{H}_{z_m}^2\left[\mathrm{J}_{n_\zeta}\left(\frac{2\pi R}{\lambda_g}\right)\right]^2\,2\pi\,R.$$

Weil sich hier sämtliche Beziehungen gegen die obigen um den Faktor 2 unterscheiden, ist das Ergebnis das gleiche wie in Gl. (272). Man erkennt aus diesen Beziehungen, daß bei den E-Wellen die verschiedenen Wellenarten sich nur in der verschiedenen Grenzwellenlänge bemerkbar machen, daß aber sonst die Beziehung für alle Wellenarten die gleiche bleibt. Bei den H-Wellen ist der Zusammenhang komplizierter, da auch n_ζ in die Gleichung mit eingeht. Für den Fall $n_\zeta = 0$ verschwindet der erste Summand; dann sinkt die Dämpfungskonstante β_{v_2} mit zunehmender Frequenz allmählich auf Null ab; die H-Wellen mit $n_\zeta = 0$ nehmen daher eine Sonderstellung unter allen Hohlraumwellen ein, weil ihre Dämpfung mit zunehmendem f/f_g beliebig kleine Werte annimmt.

Um einen besseren Überblick über die Frequenzabhängigkeit der Dämpfungskonstanten β_{v_2} zu geben, sind in den Abb. 129 und 130 die

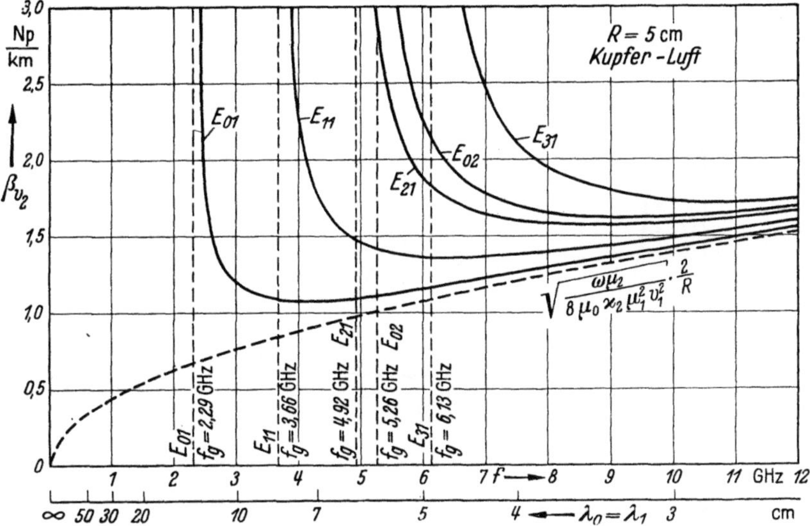

Abb. 129. Dämpfungskonstante β_{v_2} für die metallische Verlustdämpfung in Abhängigkeit von der Frequenz für einige E-Wellen bei der kreisförmigen Hohlleitung.

Werte β_{v_2} über der Frequenz für das Beispiel einer Leitung mit 10 cm Durchmesser aufgetragen; der Hohlraummantel ist aus Kupfer, das Dielektrikum ist Luft. Abb. 129 zeigt den Verlauf für die E-Wellen, Abb. 130 für die H-Wellen. Die Kurven für die E-Wellen nähern sich mit steigender Frequenz sämtlich asymptotisch der Kurve

$$K_\beta \frac{2}{R} = \sqrt{\frac{\omega\,\mu_2}{8\,\mu_0\,\varkappa_2\,\mu_1{}^2\,v_1{}^2}}\;\frac{2}{R}\,.$$

Für die H-Wellen ist ein einheitlicher asymptotischer Grenzwert nicht vorhanden; die Dämpfung der H_{01}-Welle geht mit zunehmender Frequenz nach Null, alle anderen Dämpfungskurven steigen nach Durchlaufen eines Minimums wieder an (bei der Kurve der H_{11}-Welle erfolgt der Anstieg erst bei höheren Werten von f, als im Diagramm der Abb. 130 dargestellt ist). Die Kurven der Abb. 129 und 130 haben auch für andere

Durchmesser der Hohlleitung und andere Werkstoffe Bedeutung, wenn man die bei den Rechteckleitungen auf S. 301 erwähnten Maßstabstransformationen durchführt.

Für die Energieübertragung durch kreisförmige Hohlleitungen erscheint auf Grund der Dämpfungskurven die H_{01}-Welle besonders geeignet, weil sie die niedrigste Dämpfung aufweist. Man erkennt aus den Abbildungen, daß sie nicht die niedrigste Grenzfrequenz besitzt; die H_{10}-, E_{01}- und die H_{20}-Wellen haben niedrigere Grenzfrequenzen, die E_{11}-Welle hat die gleiche Grenzfrequenz. Daher tritt bei der Übertragung der H_{01}-Welle über längere Leitungen die schon oben bei den Recht-

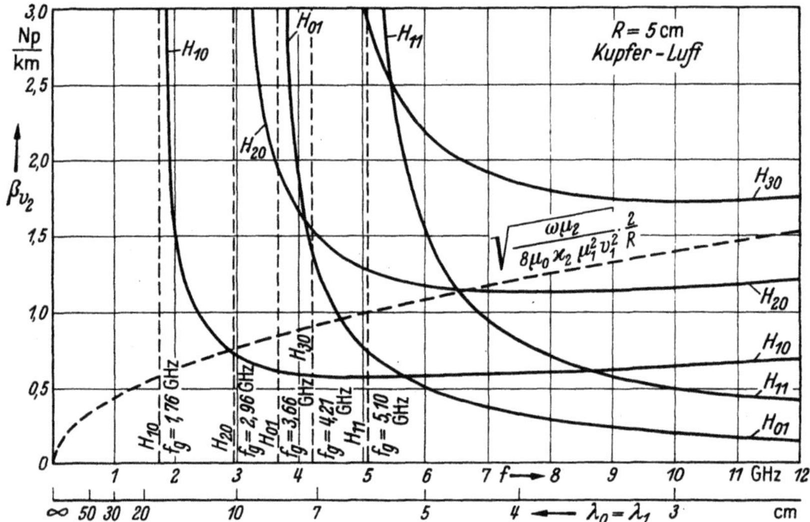

Abb. 130. Dämpfungskonstante β_{v_2} für die metallische Verlustdämpfung in Abhängigkeit von der Frequenz für einige H-Wellen bei der kreisförmigen Hohlleitung.

eckleitungen dargestellte Schwierigkeit auf, daß es nicht gelingt, die Ausbildung anderer Wellenformen zu unterdrücken, so daß diese einen gewissen Energietransport übernehmen und infolge ihrer höheren Dämpfungskonstanten die Vorteile der H_{01}-Welle zunichte machen. Im übrigen ist der Verlauf der H_{01}-Welle ein Entartungsfall; sobald die Leitungsform nur etwas von der Kreisform abweicht, beginnt die Kurve bei höheren Frequenzen wieder zu steigen, hat allerdings immer noch sehr niedrige Dämpfungswerte. Im allgemeinen dürfte für die Energieübertragung die H_{10}-Welle sich wegen ihrer niedrigen Grenzfrequenz besonders gut eignen.

c) Die Hohlraumwellen in der konzentrischen Doppelleitung.

Wie schon zu Eingang des Absatzes 3 auf S. 291 betont, können sich auf der konzentrischen Doppelleitung außer der elementaren Wellenform (Abschnitt C, Kapitel I, Absatz 2a auf S. 211 ff.) auch Hohlraumwellen ausbreiten, die den Verlauf der elementaren Wellenform stören können und deren Feldstruktur und Grenzwellenlängen deshalb von Interesse sind.

Das Schema der konzentrischen Doppelleitung ist bereits in Abb. 89a dargestellt. Die allgemeinen Ansätze für den Verlauf der Längsfelder sind die gleichen wie bei der kreisförmigen Hohlleitung; die Gl. (267) auf S. 304 gilt hier unverändert:

$$E\text{-Welle:}\qquad \mathfrak{E}_{z_0} = \mathfrak{E}_{z_m}\left[J_n\left(\frac{2\pi r}{\lambda_g}\right) - K N_{n_\zeta}\left(\frac{2\pi r}{\lambda_g}\right)\right]\cos\left(n_\zeta\zeta\right),$$

$$H\text{-Welle:}\qquad \mathfrak{H}_{z_0} = \mathfrak{H}_{z_m}\left[J_{n_\zeta}\left(\frac{2\pi r}{\lambda_g}\right) - K' N_{n_\zeta}\left(\frac{2\pi r}{\lambda_g}\right)\right]\cos\left(n_\zeta\zeta\right).$$

Bei der kreisförmigen Hohlleitung mußte die Konstante K bzw. K' Null werden, bei der konzentrischen Doppelleitung ist dies nicht mehr erforderlich; denn am Radius $r = 0$ hat das Feld wegen der Anwesenheit des Mittelleiters keine physikalische Existenz, die Unendlichkeitsstellen der Neumannschen Funktionen stören hier nicht. Der Verlauf der Funktionen $N_0(x)$ bis $N_3(x)$ und ihrer Ableitungen $N_0'(x)$ bis $N_3'(x)$ nach dem Argument x ist in Abb. 131 dargestellt. Für verschwindend kleine x-Werte nehmen die Funktionen unbeschränkt große negative, die Ableitungen unbeschränkt große positive Werte an. Besonders auffallend ist der Kurvenverlauf für die Ableitungen N_1' bis N_3' bei kleineren x-Werten.

Die Grenzbedingungen für die Metallflächen sind für beide Wellenformen

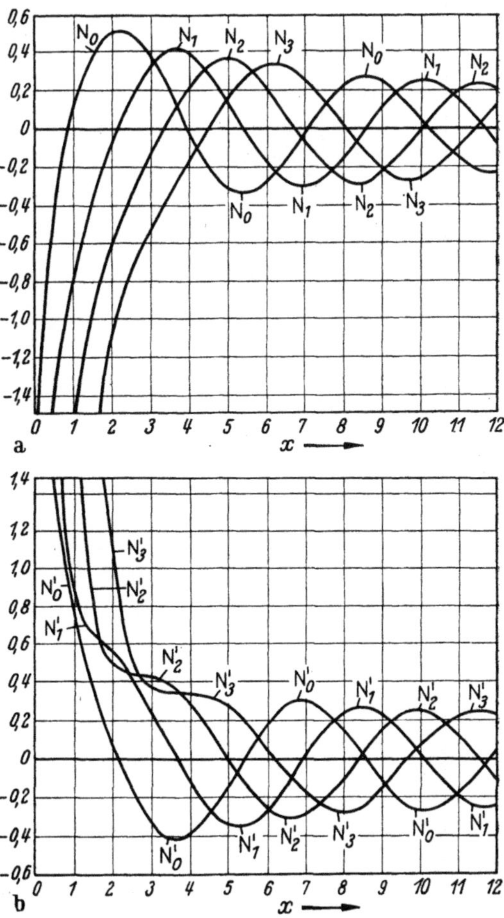

Abb. 131. Verlauf der Neumannschen Funktion N_0 bis N_3 und ihrer Ableitungen N_0' bis N_3' nach dem Argument x.

aus der Gl. (266) auf S. 303 zu übernehmen; für $r = R_1$ und $r = R_2$ muß bei allen Werten von ζ gelten:

$$\mathfrak{E}_{z_0} = 0, \qquad\qquad \frac{\partial \mathfrak{H}_{z_0}}{\partial r} = 0.$$

Durch Einsetzen der Gl. (267) ergibt sich dann:

$$J_{n_\zeta}\left(\frac{2\pi R_1}{\lambda_g}\right) - K N_{n_\zeta}\left(\frac{2\pi R_1}{\lambda_g}\right) = 0, \qquad J'_{n_\zeta}\left(\frac{2\pi R_1}{\lambda_g}\right) - K' N'_{n_\zeta}\left(\frac{2\pi R_1}{\lambda_g}\right) = 0,$$

$$J_{n_\zeta}\left(\frac{2\pi R_2}{\lambda_g}\right) - K N_n\left(\frac{2\pi R_2}{\lambda_g}\right) = 0, \qquad J'_{n_\zeta}\left(\frac{2\pi R_2}{\lambda_g}\right) - K' N'_{n_\zeta}\left(\frac{2\pi R_2}{\lambda_g}\right) = 0,$$

oder nach einfacher Umformung:

$$K = \frac{J_{n_\zeta}\left(\frac{2\pi R_1}{\lambda_g}\right)}{N_{n_\zeta}\left(\frac{2\pi R_1}{\lambda_g}\right)} = \frac{J_{n_\zeta}\left(\frac{2\pi R_2}{\lambda_2}\right)}{N_{n_\zeta}\left(\frac{2\pi R_2}{\lambda_g}\right)}, \qquad K' = \frac{J'_{n_\zeta}\left(\frac{2\pi R_1}{\lambda_g}\right)}{N'_{n_\zeta}\left(\frac{2\pi R_1}{\lambda_g}\right)} = \frac{J'_{n_\zeta}\left(\frac{2\pi R_2}{\lambda_g}\right)}{N'_{n_\zeta}\left(\frac{2\pi R_2}{\lambda_g}\right)}. \qquad (273)$$

Hat man eine konzentrische Doppelleitung mit vorgegebenen Radien R_1 und R_2, so kann man aus der Doppelgleichung (273) die Konstante K bzw. K' und die Grenzwellenlänge λ_g errechnen, und zwar für die verschiedenen Wellenarten, die durch n_ζ gekennzeichnet sind. Zur Ermittlung der Grenzwellenläng$_e$ wählt man zweckmäßigerweise eine graphische Darstellung. In Abb. 132 sind die Funktionsverhältnisse J_{n_ζ}/N_{n_ζ} und $I'_{n_\zeta}/N'_{n_\zeta}$ als Funktionen von x für n_ζ zwischen 0 bis 3 aufgetragen; diese Kurven ergeben sich durch Division der in den Abb. 127 und 131 dargestellten Funktionen. Man geht nun derart vor, daß man mit Hilfe dieser Kurven Wertepaare des Argumentes x sucht, für die die Funktion J_{n_ζ}/N_{n_ζ} bzw. $J'_{n_\zeta}/N'_{n_\zeta}$ den gleichen Wert hat. So hat beispielsweise im oberen Diagramm der Abb. 132 die Funktion J_1/N_1 für die Abszissen x_1 und x_2 den gleichen Wert; im unteren Diagramm ist die Funktion J'_1/N'_1 für die Abszissenwerte x_1, x_2 und x_3 gleich groß. Für jedes so ausgesuchte Wertepaar x_1 und x_2 bildet man $x_1/x_2 = R_1/R_2$ und $2\pi/x_2 = \lambda_g/R_2$ und trägt λ_g/R_2 über R_1/R_2 auf und erhält dadurch in Abhängigkeit vom Radienverhältnis R_1/R_2 der Doppelleitung die Größe der Grenzwellenlänge λ_g im Verhältnis zum Außenradius R_2. Das Ergebnis dieser graphischen Ermittlung ist in Abb. 133 wiedergegeben; das obere Diagramm bezieht sich auf die E-Wellen (graphisch ermittelt aus dem oberen Diagramm der Abb. 132), das untere Diagramm (aus Abb. 132 unten ermittelt) stellt den Grenzwellenlängenverlauf für die H-Wellen dar.

Zur Kennzeichnung der verschiedenen Wellenarten dienen wieder die Ordnungszahlen n_ζ und n_r. n_ζ gibt an, wieviel Halbwellen sich auf einem halben Kreisumfang befinden, n_r kennzeichnet die Zahl der Halbwellen in r-Richtung zwischen Innen- und Außenleiter. Die Größe der Zahl n_r erkennt man daraus, wieviel Unendlichkeitsstellen der Funk-

tionen $J_{n\zeta}/N_{n\zeta}$ bzw. $J'_{n\zeta}/N'_{n\zeta}$ sich zwischen den nach Abb. 132 aus-
gewählten Argumenten x_1 und x_2 befinden; durchlaufen die Funktionen
also zwischen x_1 und x_2 nur eine Unendlichkeitsstelle, so ist $n_r = 1$,

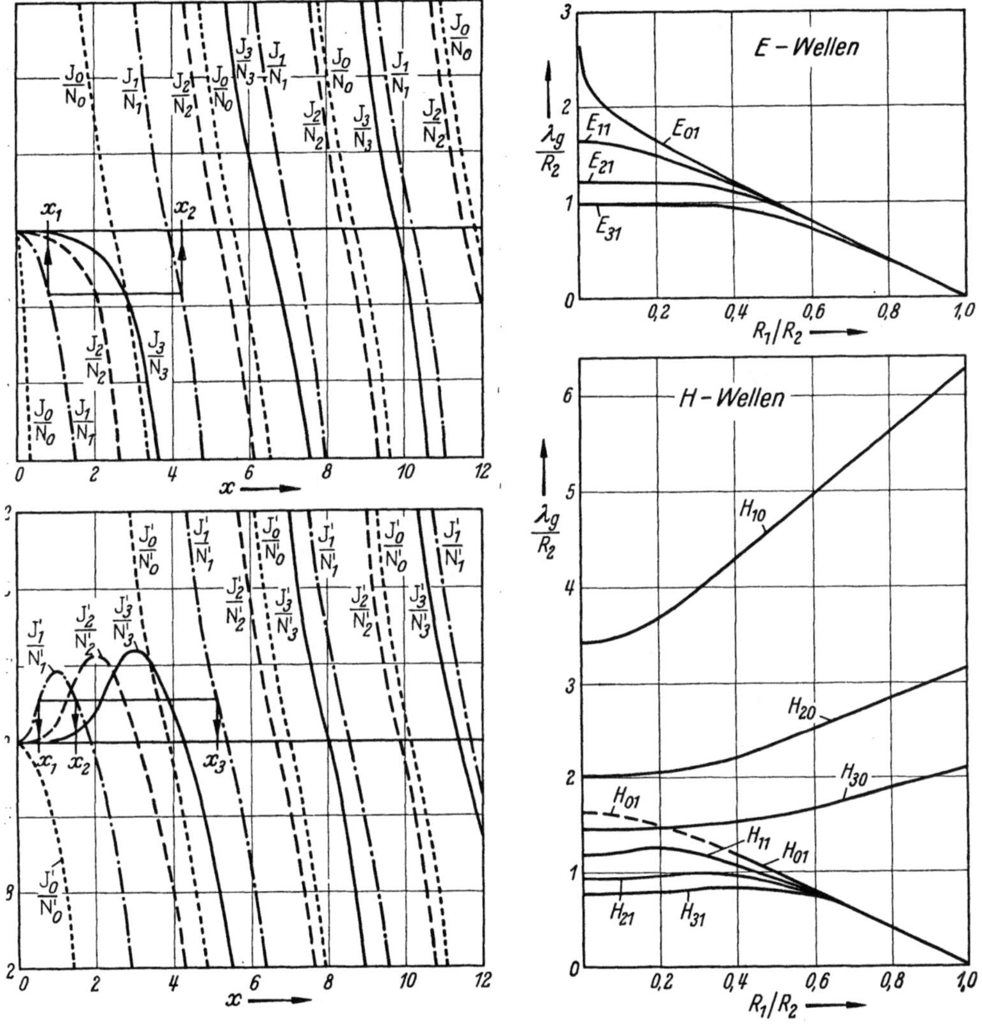

Abb. 132. Quotienten aus Besselschen und
Neumannschen Funktionen bzw. aus ihren Ableitungen; Ermittlung zusammengehöriger Wertepaare x_1, x_2, x_3 zur Bestimmung der Grenzwellenlängen in der konzentrischen Hohlleitung.

Abb. 133. Größe der Grenzwellenlänge λ_g
in Abhängigkeit von den Radien R_1 und R_2
bei der konzentrischen Hohlleitung.

bei zwei Unendlichkeitsstellen ist $n_r = 2$, und so fort. Bemerkenswert
bei dieser Kennzeichnung sind die H-Wellen bei kleinen Argumenten.
Aus dem unteren Diagramm der Abb. 132 geht hervor, daß die Funktionen J'_1/N'_1, J'_2/N'_2 und J'_3/N'_3, vom Nullpunkt ausgehend, mit steigen-

dem x zuerst ein Maximum durchlaufen und erst dann den allgemeinen Kurvencharakter annehmen. In der Umgebung dieser Maxima finden sich nun Werte x_1 und x_2, zwischen denen keine Unendlichkeitsstelle der Funktion $J'_{n_\zeta}/N'_{n_\zeta}$ liegt (vgl. auch das im unteren Diagramm der Abb. 132 an der Funktion J'_1/N'_1 eingezeichnete Beispiel); in diesem Fall ist $n_r = 0$ zu setzen, was physikalisch dadurch berechtigt ist, daß in diesem Falle keine vollständige Halbwelle zwischen den beiden Leitern vorhanden ist.

Die Grenzwellenlängen der auf diese Weise gekennzeichneten Wellenarten sind in Abb. 133 aufgetragen. Für verschwindend kleinen Innenradius, also für $R_1/R_2 = 0$, haben die Grenzwellenlängen die gleichen Werte wie bei der Hohlleitung mit kreisförmigem Querschnitt. Alle Grenzwellenlängenkurven für $n_r = 1$ nähern sich für $R_1/R_2 \to 1$ asymptotisch der geraden Linie $\frac{\lambda_g}{R} = 2\left(1 - \frac{R_1}{R_2}\right)$, wie man aus den Diagrammen der Abb. 133 sehr leicht entnehmen kann. Physikalisch ist diese Tatsache folgendermaßen begründet: Wenn R_1/R_2 dicht bei 1 liegt, so ist der Abstand zwischen den beiden Leitern klein gegen die Radien; unter diesen Umständen sind die beiden Metallflächen als nahezu parallel anzusehen, und die sich ausbreitende Hohlraumwelle muß die gleiche Struktur haben, wie sie in einer rechteckigen Hohlleitung vorhanden ist. Bei der rechteckigen Hohlleitung ist aber für den Fall $n_y = 1$, $a_y \to 0$ die Grenzwellenlänge $\lambda_g = 2 a_y$ [vgl. Gl. (260) auf S. 292], d. h. für den hier vorliegenden Grenzfall der konzentrischen Doppelleitung:

$$\lambda_g = 2\,(R_2 - R_1) \quad \text{oder} \quad \frac{\lambda_g}{R_2} = 2\left(1 - \frac{R_1}{R_2}\right).$$

Einen völlig anderen Verlauf besitzen die Grenzwellenlängenkurven der H-Wellen mit $n_r = 0$; hier steigt die Größe der Grenzwellenlänge mit zunehmendem Radienverhältnis R_1/R_2 an (E-Wellen mit $n_r = 0$ existieren nicht). Die Werte der Grenzwellenlänge für $R_1/R_2 \to 1$ kann man sich wieder aus dem Vergleich mit der rechteckigen Hohlleitung klarmachen; wenn in der rechteckigen Leitung a_y sehr klein wird, so sind H_{10}-, H_{20}- und H_{30}-Wellen möglich, für die $\lambda_g = 2 a_x$ bzw. a_x bzw. $\frac{2}{3} a_x$ ist; wenn man den Rechteckquerschnitt zu einem Halbkreis krümmt, so daß er den halben Querschnitt der konzentrischen Doppelleitung darstellt, so ist: $a_x \approx \pi R_2$, also sind die Grenzwellenlängen für die $H_{n_\zeta 0}$-Wellen bei $R_1/R_2 = 1$ von der Größe:

$$\frac{\lambda_g}{R_2} = \frac{2\,\pi}{n_\zeta}.$$

Die Komponenten des elektrischen und des magnetischen Feldes sind durch Einsetzen der Gl. (267) auf S. 304 in das Gleichungssystem (251) auf S. 280 zu ermitteln, wobei von den rechtwinkligen Koordinaten auf Zylinderkoordinaten überzugehen ist; die Größen der Konstanten K und K' sind aus Gl. (273) auf S. 314 zu entnehmen.

E-Welle:

$$\mathfrak{E}_r = \frac{\lambda_g}{\lambda_z}\, \mathfrak{E}_{zm}\left[J'_{n_\zeta}\!\left(\frac{2\pi r}{\lambda_g}\right) - K N'_{n_\zeta}\!\left(\frac{2\pi r}{\lambda_g}\right)\right] \cos(n_\zeta\zeta)\, e^{-j\,\alpha_z\left(z+\frac{\lambda_z}{4}\right)}, \tag{274a$_E$}$$

$$\mathfrak{E}_\zeta = -\frac{\lambda_g{}^2}{2\pi\lambda_z}\frac{n_\zeta}{r}\, \mathfrak{E}_{zm}\left[J_{n_\zeta}\!\left(\frac{2\pi r}{\lambda_g}\right) - K N_{n_\zeta}\!\left(\frac{2\pi r}{\lambda_g}\right)\right] \sin(n_\zeta\zeta)\, e^{-j\,\alpha_z\left(z+\frac{\lambda_z}{4}\right)}, \tag{274b$_E$}$$

$$\mathfrak{E}_z = \mathfrak{E}_{zm}\left[J_{n_\zeta}\!\left(\frac{2\pi r}{\lambda_g}\right) - K N_{n_\zeta}\!\left(\frac{2\pi r}{\lambda_g}\right)\right] \cos(n_\zeta\zeta)\, e^{-j\,\alpha_z z}, \tag{274c$_E$}$$

$$Z_1\mathfrak{H}_r = \frac{\lambda_g{}^2}{2\pi\lambda_1}\frac{n_\zeta}{r}\, \mathfrak{E}_{zm}\left[J_{n_\zeta}\!\left(\frac{2\pi r}{\lambda_g}\right) - K N_{n_\zeta}\!\left(\frac{2\pi r}{\lambda_g}\right)\right] \sin(n_\zeta\zeta)\, e^{-j\,\alpha_z\left(z+\frac{\lambda_z}{4}\right)}, \tag{274d$_E$}$$

$$Z_1\mathfrak{H}_\zeta = \frac{\lambda_g}{\lambda_1}\, \mathfrak{E}_{zm}\left[J'_{n_\zeta}\!\left(\frac{2\pi r}{\lambda_g}\right) - K N'_{n_\zeta}\!\left(\frac{2\pi r}{\lambda_g}\right)\right] \cos(n_\zeta\zeta)\, e^{-j\,\alpha_z\left(z+\frac{\lambda_z}{4}\right)}, \tag{274e$_E$}$$

$$Z_1\mathfrak{H}_z = 0. \tag{274f$_E$}$$

H-Welle:

$$\mathfrak{H}_r = \frac{\lambda_g}{\lambda_z}\, \mathfrak{H}_{zm}\left[J'_{n_\zeta}\!\left(\frac{2\pi r}{\lambda_g}\right) - K' N'_{n_\zeta}\!\left(\frac{2\pi r}{\lambda_g}\right)\right] \cos(n_\zeta\zeta)\, e^{-j\,\alpha_z\left(z+\frac{\lambda_z}{4}\right)}, \tag{274a$_H$}$$

$$\mathfrak{H}_\zeta = -\frac{\lambda_g{}^2}{2\pi\lambda_z}\frac{n_\zeta}{r}\, \mathfrak{H}_{zm}\left[J_{n_\zeta}\!\left(\frac{2\pi r}{\lambda_g}\right) - K' N_{n_\zeta}\!\left(\frac{2\pi r}{\lambda_g}\right)\right] \sin(n_\zeta\zeta)\, e^{-j\,\alpha_z\left(z+\frac{\lambda_z}{4}\right)}, \tag{274b$_H$}$$

$$\mathfrak{H}_z = \mathfrak{H}_{zm}\left[J_{n_\zeta}\!\left(\frac{2\pi r}{\lambda_g}\right) - K' N_{n_\zeta}\!\left(\frac{2\pi r}{\lambda_g}\right)\right] \cos(n_\zeta\zeta)\, e^{-j\,\alpha_z z}, \tag{274c$_H$}$$

$$\frac{\mathfrak{E}_r}{Z_1} = -\frac{\lambda_g{}^2}{2\pi\lambda_1}\frac{n_\zeta}{r}\, \mathfrak{H}_{zm}\left[J_{n_\zeta}\!\left(\frac{2\pi r}{\lambda_g}\right) - K' N_{n_\zeta}\!\left(\frac{2\pi r}{\lambda_g}\right)\right] \sin(n_\zeta\zeta)\, e^{-j\,\alpha_z\left(z+\frac{\lambda_z}{4}\right)}, \tag{274d$_H$}$$

$$\frac{\mathfrak{E}_\zeta}{Z_1} = -\frac{\lambda_g}{\lambda_1}\, \mathfrak{H}_{zm}\left[J'_{n_\zeta}\!\left(\frac{2\pi r}{\lambda_g}\right) - K' N'_{n_\zeta}\!\left(\frac{2\pi r}{\lambda_g}\right)\right] \cos(n_\zeta\zeta)\, e^{-j\,\alpha_z\left(z+\frac{\lambda_z}{4}\right)}, \tag{274e$_H$}$$

$$\frac{\mathfrak{E}_z}{Z_1} = 0. \tag{274f$_H$}$$

Die Feldbilddarstellung soll hier auf die Wiedergabe der elektrischen Feldlinien für die H_{10}- und H_{11}-Welle beschränkt werden, die in den beiden unteren Bildern der Abb. 134 wiedergegeben sind; darüber ist zum Vergleich die Verteilung des elektrischen Feldes bei der H_{10}-Welle in der kreisförmigen Hohlleitung dargestellt (vgl. Abb. 128). Einen anschaulichen Vergleich für die Feldbilder bei der Doppelleitung erhält man dadurch, wenn man von den Feldbildern der rechteckigen Hohlleitung ausgeht und sich den Querschnitt der Rechteckleitung halbkreisförmig zusammengebogen denkt; dabei treten selbstverständliche Verzerrungen im Feldlinienverlauf auf, die grundsätzliche Struktur des

Feldes aber bleibt erhalten. Zur Veranschaulichung des Bildes der H_{10}-Welle in der konzentrischen Doppelleitung muß man von der H_{10}-Welle in der Rechteckleitung ausgehen (vgl. Abb. 120); den Recht-

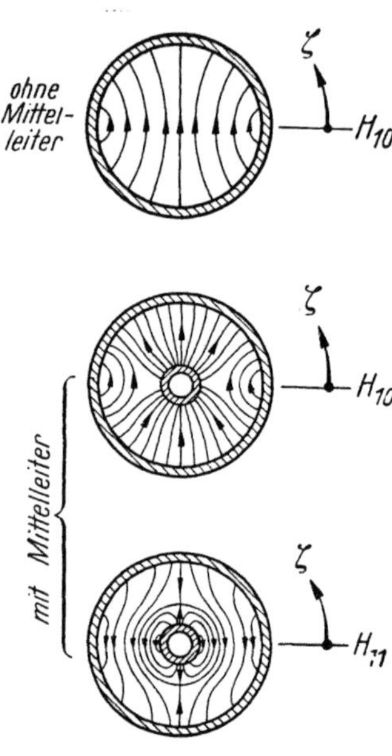

Abb. 134. Feldbilder für die H_{10}-Welle der kreisförmigen Hohlleitung und für die H_{10}- und H_{11}-Welle der konzentrischen Hohlleitung.

eckquerschnitt muß man zu einem Halbkreis zusammenbiegen, daß die x-Richtung in die ζ-Richtung und die y-Richtung in die r-Richtung fällt; bei dieser Verformung verlaufen die elektrischen Feldlinien im wesentlichen in r-Richtung, nur in der Umgebung von ζ = 0 und 180° verlaufen die elektrischen Feldlinien nicht zum Mittelleiter, sondern gehen zum Außenleiter zurück. Das entstandene Feldbild ähnelt auch stark dem darübergestellten Bild der H_{10}-Welle der kreisförmigen Hohlleitung; es schließt sich nur ein größerer Teil der Feldlinien nicht mehr in sich, sondern nimmt den Weg über den Mittelleiter. Das Feldbild der H_{11}-Welle in der konzentrischen Doppelleitung kann man sich entsprechend aus dem Bild der H_{11}-Welle in der Rechteckleitung zusammengebogen denken. Der Fall der rechteckigen Hohlleitung läßt sich übrigens aus dem Fall der konzentrischen Leitung durch Grenzübergang auf unendlich große Radien mathematisch herleiten.

Auf die Wiedergabe der Berechnung der Dämpfungskonstanten für die Hohlraumwellen in der konzentrischen Leitung soll hier verzichtet werden; es ergeben sich verhältnismäßig unübersichtliche Formeln, die Zylinderfunktionen enthalten.

d) Wellenausbreitung an ebenen Flächen und in dielektrischen Platten.

Das zu behandelnde Problem beschäftigt sich mit der Ausbreitung elektromagnetischer Wellen längs unendlich ausgedehnter ebener Flächen. Entsprechend Abb. 135 soll angenommen werden, daß der gesamte Raum, von dem ein quaderförmiger Ausschnitt dargestellt ist, durch die Ebene $x = 0$ in zwei Hälften geteilt wird, die mit Stoffen verschiedener elektrischer Eigenschaften (Leitfähigkeit bzw. Dielektrizitätskonstante) angefüllt sind. Die in den beiden Medien längs der Grenzfläche sich ausbreitenden Wellen sollen in z-Richtung fortschreiten. Wenn auch die Anordnung nach Abb. 135 keine eigentliche Hohlleitung ist, sollen die Probleme an dieser Stelle behandelt werden, da sie berechnungsmäßig und physikalisch der Ausbreitung auf Hohlleitungen stark ähneln. In der Praxis dürfte eine Wellenausbreitung an einer sehr weit ausgedehnten Fläche kaum vorkommen, jedoch bieten die Zusammenhänge einen guten Überblick im Hinblick auf das unten zu behandelnde Problem der Wellenausbreitung an zylindrischen Flächen.

Die Behandlung des Problems erfolgt in rechtwinkligen Koordinaten genau wie bei der rechteckigen Hohlleitung. Jedoch sind hier die Spezialansätze der E- und H-Welle nur in Sonderfällen geeignet, die Randbedingungen des Problems zu erfüllen. Es war schon oben bei der Lösung der Maxwellschen Gl. (240) auf S. 273 darauf hingewiesen worden, daß der Ansatz der E- und H-Wellen, die in Fortpflanzungsrichtung nur eine elektrische bzw. nur eine magnetische Feldkomponente haben, eine willkürliche Zerlegung der Lösung in zwei Teillösungen ist. Die gesamte Lösung erhält man durch Superposition der E- und H-Wellen, wie auch schon oben ausgeführt wurde.

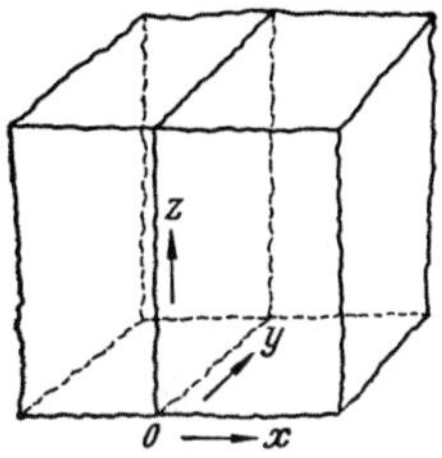

Um die Berechnungen für den vorliegenden, in der Praxis nicht sehr bedeutsamen Fall nicht allzu weit auszudehnen, soll angenommen werden, daß das elektromagnetische Feld sich in der y-Richtung

Abb. 135. Koordinatenschema für die Wellenausbreitung an ebenen Flächen.

nicht verändert, d. h. $\partial/\partial y = 0$ oder $n_y = 0$. In diesem Sonderfall sind die E- und H-Wellen noch geeignet, die Randbedingungen des Problems zu erfüllen. Der allgemeine Lösungsansatz findet sich in Gl. (258a) auf S. 292. Die Randbedingungen der rechteckigen Hohlleitung gaben seinerzeit eine Bestimmungsmöglichkeit für die Konstanten $\mathfrak{A}$, $\mathfrak{B}$, $\mathfrak{C}$ und $\mathfrak{D}$. Im vorliegenden Fall ist eine solche Beschränkung nicht gegeben, und es wird deshalb für die Feldkomponenten in Fortpflanzungsrichtung ein etwas allgemeinerer Ansatz gemacht, der anstatt des Ansatzes (259) auf S. 292 bei der rechteckigen Hohlleitung verwendet wird:

$$\mathfrak{E}_{z_0} = \mathfrak{E}_{z_m} (\cos \alpha_x x + \mathfrak{K} \sin \alpha_x x), \quad \mathfrak{H}_{z_0} = \mathfrak{H}_{z_m} (\cos \alpha_x x + \mathfrak{K} \sin \alpha_x x). \quad (275)$$

Bei diesem Ansatz ist die Tatsache, daß das Feld in y-Richtung sich nicht ändern soll, sogleich zum Ausdruck gebracht ($n_y = 0$). $\mathfrak{K}$ ist eine Konstante, über die später noch verfügt werden kann. Durch Einsetzen dieses Ansatzes in das Gleichungssystem (251) auf S. 280 entsteht das Gleichungssystem für sämtliche Feldkomponenten, das dem System (261) auf S. 293 stark ähnelt.

E-Welle:

$$\mathfrak{E}_x = - \frac{\lambda_g^2}{2 \pi \lambda_z} \mathfrak{E}_{z_m} \alpha_x (\sin \alpha_x x - \mathfrak{K} \cos \alpha_x x)\, e^{-j \alpha_z \left(z + \frac{\lambda_z}{4}\right)}, \quad (276\mathrm{a}_\mathrm{E})$$

$$\mathfrak{E}_y = 0, \quad (276\mathrm{b}_\mathrm{E})$$

$$\mathfrak{E}_z = \mathfrak{E}_{z_m} (\cos \alpha_x x + \mathfrak{K} \sin \alpha_x x)\, e^{-j \alpha_z z}, \quad (276\mathrm{c}_\mathrm{E})$$

$$Z_1 \mathfrak{H}_x = 0, \quad (276\mathrm{d}_\mathrm{E})$$

$$Z_1 \mathfrak{H}_y = - \frac{\lambda_g^2}{2 \pi \lambda_1} \mathfrak{E}_{z_m} \alpha_x (\sin \alpha_x x - \mathfrak{K} \cos \alpha_x x)\, e^{-j \alpha_z \left(z + \frac{\lambda_z}{4}\right)}, \quad (276\mathrm{e}_\mathrm{E})$$

$$Z_1 \mathfrak{H}_z = 0, \quad (276\mathrm{f}_\mathrm{E})$$

H-Welle:

$$\mathfrak{H}_x = -\frac{\lambda_g^2}{2\pi\lambda_z}\,\mathfrak{H}_{z_m}\,\alpha_x\,(\sin\alpha_x x - \mathfrak{K}\cos\alpha_x x)\,e^{-j\alpha_z\left(z+\frac{\lambda_z}{4}\right)}, \qquad (276a_H)$$

$$\mathfrak{H}_y = 0, \qquad (276b_H)$$

$$\mathfrak{H}_z = \mathfrak{H}_{z_m}(\cos\alpha_x x + \mathfrak{K}\sin\alpha_x x)\,e^{-j\alpha_z z}, \qquad (276c_H)$$

$$\frac{\mathfrak{E}_x}{Z_1} = 0, \qquad (276d_H)$$

$$\frac{\mathfrak{E}_y}{Z_1} = \frac{\lambda_g^2}{2\pi\lambda_1}\,\mathfrak{H}_{z_m}\,\alpha_x\,(\sin\alpha_x x - \mathfrak{K}\cos\alpha_x x)\,e^{-j\alpha_z\left(z+\frac{\lambda_z}{4}\right)}, \qquad (276e_H)$$

$$\frac{\mathfrak{E}_z}{Z_1} = 0. \qquad (276f_H)$$

Die durch die Gl. (258b) auf S. 292 und (250) auf S. 279 gegebenen Beziehungen für die Grenzwellenlänge und die Wellenlänge in Fortpflanzungsrichtung bleiben hier unverändert erhalten:

$$\alpha_x = \frac{2\pi}{\lambda_g}\,; \qquad \frac{1}{\lambda_z^2} = \frac{1}{\lambda_1^2} - \frac{1}{\lambda_.^2} = \frac{1}{\lambda_1^2} - \left(\frac{\alpha_x}{2\pi}\right)^2.$$

Es war oben darauf hingewiesen worden, daß in einer rechteckigen Hohlleitung eine E-Welle mit $n_y = 0$ nicht bestehen kann. Unter den hier vorliegenden Grenzbedingungen ist die Existenz einer E-Welle jedoch möglich, da metallisch leitende Flächen in der x-z-Ebene nicht vorhanden sind.

Sofern man annimmt, daß der Halbraum rechts von der Grenzfläche $(x > 0)$ unendlich ausgedehnt ist, kann die im Gleichungssystem (276) dargestellte Lösung die Randbedingungen nicht erfüllen, wenn das Feld in der x-Richtung periodisch verläuft, d. h. wenn α_x eine reelle Zahl ist. Im Fall des periodischen Feldverlaufs in der x-Richtung nimmt in der Richtung senkrecht zur Grenzfläche das elektromagnetische Feld in seiner Größe nicht ab, und die im Feld innerhalb des Halbraumes $(0 < x < \infty)$ enthaltene Energie ist unendlich groß. Es muß daher die Möglichkeit ins Auge gefaßt werden, daß die Phasenkonstante α_x keine reelle Zahl ist, so daß man mittels des Ansatzes

$$\alpha_x = \frac{\gamma_x}{j}$$

eine komplexe Fortpflanzungskonstante in x-Richtung einführen muß. Wählt man für die noch zur Verfügung stehende Konstante $\mathfrak{K}$ den Wert $-j$, so ergibt sich mit den Beziehungen

$$\cos\frac{\gamma_x x}{j} - j\sin\frac{\gamma_x x}{j}\,x = e^{-\gamma_x x},$$

$$-\frac{\gamma_x}{j}\left(\sin\frac{\gamma_x x}{j} + j\cos\frac{\gamma_x x}{j}\right) = -\gamma_x e^{-\gamma_x x}$$

eine in x-Richtung abklingende Welle. Die vollständigen Feldgleichungen lauten dann:

E-Welle:

$$\mathfrak{E}_x = -\frac{\lambda_g^2}{2\pi\lambda_z}\,\mathfrak{E}_{z_m}\gamma_x\,\mathrm{e}^{-\gamma_x x}\,\mathrm{e}^{-\mathrm{j}\,\alpha_z\left(z+\frac{\lambda_z}{4}\right)}, \qquad (277\,\mathrm{a_E})$$

$$\mathfrak{E}_y = 0, \qquad (277\,\mathrm{b_E})$$

$$\mathfrak{E}_z = \mathfrak{E}_{z_m}\,\mathrm{e}^{-\gamma_x x}\,\mathrm{e}^{-\mathrm{j}\,\alpha_z z}, \qquad (277\,\mathrm{c_E})$$

$$Z_1\mathfrak{H}_x = 0, \qquad (277\,\mathrm{d_E})$$

$$Z_1\mathfrak{H}_y = -\frac{\lambda_g^2}{2\pi\lambda_1}\,\mathfrak{E}_{z_m}\gamma_x\,\mathrm{e}^{-\gamma_x x}\,\mathrm{e}^{-\mathrm{j}\,\alpha_z\left(z+\frac{\lambda_z}{4}\right)}, \qquad (277\,\mathrm{e_E})$$

$$Z_1\mathfrak{H}_z = 0, \qquad (277\,\mathrm{f_E})$$

H-Welle:

$$\mathfrak{H}_x = -\frac{\lambda_g^2}{2\pi\lambda_z}\,\mathfrak{H}_{z_m}\gamma_x\,\mathrm{e}^{-\gamma_x x}\,\mathrm{e}^{-\mathrm{j}\,\alpha_z\left(z+\frac{\lambda_z}{4}\right)}, \qquad (277\,\mathrm{a_H})$$

$$\mathfrak{H}_y = 0, \qquad (277\,\mathrm{b_H})$$

$$\mathfrak{H}_z = \mathfrak{H}_{z_m}\,\mathrm{e}^{-\gamma_x x}\,\mathrm{e}^{-\mathrm{j}\,\alpha_z z}, \qquad (277\,\mathrm{c_H})$$

$$\frac{\mathfrak{E}_x}{Z_1} = 0, \qquad (277\,\mathrm{d_H})$$

$$\frac{\mathfrak{E}_y}{Z_1} = \frac{\lambda_g^2}{2\pi\lambda_1}\,\mathfrak{E}_{z_m}\gamma_x\,\mathrm{e}^{-\gamma_x x}\,\mathrm{e}^{-\mathrm{j}\,\alpha_z\left(z+\frac{\lambda_z}{4}\right)}, \qquad (277\,\mathrm{e_H})$$

$$\frac{\mathfrak{E}_z}{Z_1} = 0. \qquad (277\,\mathrm{f_H})$$

Infolge des veränderten Ansatzes ergibt sich für die Wellenlänge in der Fortpflanzungsrichtung:

$$\frac{1}{\lambda_z^2} = \frac{1}{\lambda_1^2} + \left(\frac{\gamma_x}{2\pi}\right)^2.$$

Es ist hier die Wellenlänge kleiner als die zur freien Wellenausbreitung im Medium gehörende Wellenlänge λ_1, d. h. die Phasengeschwindigkeit der in z-Richtung fortschreitenden Wellen liegt unterhalb der Lichtgeschwindigkeit v_1.

Die durch das Gleichungssystem (277) gegebene Lösung gestattet die Berechnung der Wellenausbreitung längs einer unendlich ausgedehnten metallischen Wand. Es sei angenommen, daß nach Abb. 135 der linke Halbraum ($x < 0$) aus einem Metall von hoher Leitfähigkeit besteht. Es lassen sich dann die oben bei der Stromverdrängung auf S. 201 gefundenen Beziehungen für den linken Halbraum unmittelbar anwenden. Da im Leitermetall die Feldstärken außerordentlich schnell abklingen, braucht nicht der ganze linke Halbraum mit Metall gefüllt zu sein; es genügt eine metallische Wand, deren Dicke groß gegenüber der Eindringtiefe ist. Es war bereits oben in Gl. (167) auf S. 201 der Zusammenhang zu der an der Oberfläche herrschenden magnetischen Feldstärke $\mathfrak{H}_{y_0}$ und der Stromdichte $\mathfrak{S}_{z_0}$ bzw. der elektrischen Feldstärke $\mathfrak{E}_{z_0} = \mathfrak{S}_{z_0}/\varkappa_2$ angegeben worden. Dieser Zusammenhang läßt sich hier übernehmen, wenn man nur berücksichtigt, daß in dem durch Abb. 135 angegebenen Fall die Metallwand sich nicht in positiver, sondern in negativer x-Richtung ausdehnt, was einem Vorzeichenwechsel in der Gl. (167) gleichkommt. Man erhält somit den Zusammenhang:

$$\mathfrak{H}_{y_0} = \frac{t_2\,\varkappa_2}{1+\mathrm{j}}\,\mathfrak{E}_{z_0}. \tag{278}$$

Die durch diese Gleichung gegebenen Bedingungen an der Grenzebene kann durch eine sich im rechten Halbraum ausbreitende E-Welle entsprechend Gl. (277) erfüllt werden. Es ist lediglich erforderlich, daß die in der Grenzebene liegenden Feldkomponenten kontinuierlich von einem Medium in das andere übergehen. Aus den Gl. $(277\mathrm{e_E})$ und $(277\mathrm{c_E})$ erhält man:

$$\frac{\mathfrak{H}_{y_0}}{\mathfrak{E}_{z_0}} = \frac{\mathrm{j}\,\lambda_g{}^2\,\gamma_x}{2\,\pi\,\lambda_1 Z_1} = \frac{t_2\,\varkappa_2}{1+\mathrm{j}}$$

und mit Einführung der Beziehung $(2\,\pi/\lambda_g)^2 = -\gamma_x^2$:

$$\gamma_x = \frac{(1+\mathrm{j})\,(-2\,\pi\,\mathrm{j})}{\varkappa_2\,t_2\,\lambda_1 Z_1} = (1-\mathrm{j})\,\frac{2\,\pi}{\varkappa_2\,t_2\,\lambda_1 Z_1}.$$

In Analogie zu den Beziehungen der Stromverdrängung im Metall kann man auch für den nichtmetallischen Außenraum eine Eindringtiefe t_1 definieren durch den Ansatz:

$$\mathrm{e}^{-\gamma_x x} = \mathrm{e}^{-\frac{x}{t_1}}\,\mathrm{e}^{\mathrm{j}\frac{x}{t_1}}.$$

Dadurch ergibt sich für diese Eindringtiefe der elektromagnetischen Welle in dem rechten dielektrischen Halbraum:

$$t_1 = t_2\,\frac{Z_1\lambda_1\varkappa_2}{2\,\pi} = \frac{\lambda_1}{4\,\pi\,K_\beta}. \tag{279}$$

In dieser Gleichung ist der in der Beziehung (197) auf S. 221 und durch Abb. 94 dargestellte Werkstoffaktor K_β eingeführt, um die Zahlenrechnung zu erleichtern. Ein rechnerischer Überschlag für die Materialien Kupfer und Luft bei einer Betriebsfrequenz von 3 GHz ergibt die Größen:

$$\lambda_1 = 10\ \mathrm{cm}, \qquad K_\beta \approx 2\cdot 10^{-5}, \qquad t_2 \approx 400\ \mathrm{m}.$$

Man erhält also im dielektrischen Medium ganz außerordentlich große Eindringtiefen, die mit der Wurzel aus der Leitfähigkeit des Metalls zunehmen. Bemerkenswert ist, daß in diesem Fall die Leitfähigkeit der Metallwand den Verlauf der Wellenausbreitung maßgeblich beeinflußt, und daß man hier ein völlig unzureichendes Bild erhält, wenn man, wie bei den metallischen Hohlleitungen, die Leitfähigkeit der Grenzwand als unendlich groß annehmen würde. Die sehr hohen Werte der Eindringtiefe bringen es mit sich, daß man in der Praxis die hier berechnete Form der Wellenausbreitung niemals beobachtet; denn man muß fordern, daß die metallische Ebene in ihren Abmessungen noch groß gegenüber der Eindringtiefe t_1 ist, damit die Voraussetzungen der Rechnung erfüllt sind.

Mit der sehr großen Eindringtiefe t_1 ist eine sehr kleine Fortpflanzungs-konstante γ_x im dielektrischen Medium unmittelbar verknüpft. Aus diesem Grund ist die Wellenlänge in Fortpflanzungsrichtung nahezu gleich der Wellenlänge für die freie Ausbreitung im Medium, d. h. die Wellen breiten sich nahezu mit Lichtgeschwindigkeit aus. Das Bild der elektrischen Feldlinien im Dielektrikum kann man aus dem Gleichungssystem (277) gewinnen. Die elektrischen Feldlinien setzen auf das Leitermetall nahezu senkrecht auf und schließen sich im Außenraum erst in sehr großer Entfernung.

Außer der Wellenausbreitung längs einer metallischen Ebene sei eine Wellenausbreitung längs einer dielektrischen Platte von der Dicke $2\,a_x$ entsprechend Abb. 136 betrachtet. Die Dielektrizitäts-konstante ε_{1_b} in der Platte sei größer als die Dielektri-zitätskonstante ε_{1_a} im Außenraum. Nur unter dieser Voraussetzung ist es möglich, daß das Feld nach außen hin mit zunehmender Entfernung abklingt. Für die dielektrische Platte gilt die Wellenausbreitung nach Gl. (276). Um umfangreiche Rechnungen zu vermeiden, soll nur der Sonderfall behandelt werden, daß sich die Wellenausbreitung symmetrisch zur Mittelebene der Platte ($x = 0$) vollzieht. Die Rechnung braucht dann nur für den rechten Halbraum durchgeführt zu werden. Wegen dieser Voraussetzung müssen die in x-Richtung verlaufenden Feldkomponenten an der Stelle $x = 0$ ver-schwinden, d. h. in dem vorliegenden Fall muß im

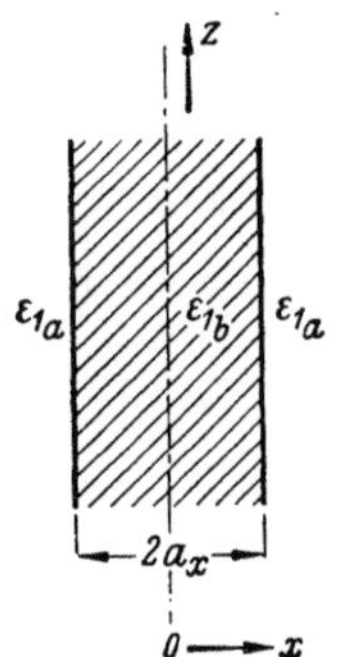

Abb. 136. Schema einer unendlich ausgedehnten dielektrischen Platte.

Gleichungssystem (276) die Konstante $\Re$ Null werden. Die im Außenraum verlaufende Welle wird durch das Gleichungssystem (277) bestimmt. An den Grenzflächen ($x = \pm\,a_x$) müssen die Feldkomponenten, die in der Grenzebene verlaufen, in beiden Medien gerade einander gleich sein. Kennzeichnet man die Größen des Mediums für den Innenraum durch den Index b, die Größen für den Außenraum durch den Index a, so erhält man auf diese Weise folgende Zusammenhänge:

E-Welle:
$$\mathfrak{E}_{z_{m_b}} \cos \alpha_{x_b}\,a_x = \mathfrak{E}_{z_{m_a}}\,\mathrm{e}^{-\gamma_{x_a}a_x},$$

$$\frac{-\lambda_{g_b}^2}{2\pi\,\lambda_{1_b}Z_{1_b}}\,\mathfrak{E}_{z_{m_b}}\,\alpha_{x_b}\sin\alpha_{x_b}\,a_x = \frac{-\lambda_{g_a}^2}{2\pi\,\lambda_{1_a}Z_{1_a}}\,\mathfrak{E}_{z_{m_a}}\,\gamma_{x_a}\,\mathrm{e}^{-\gamma_{x_a}a_x},$$

H-Welle:
$$\mathfrak{H}_{z_{m_b}} \cos \alpha_{x_b}\,a_x = \mathfrak{H}_{z_{m_a}}\,\mathrm{e}^{-\gamma_{x_a}a_x},$$

$$\frac{\lambda_{g_b}^2 Z_{1_b}}{2\pi\,\lambda_{1_b}}\,\mathfrak{H}_{z_{m_b}}\,\alpha_{x_b}\sin\alpha_{x_b}\,a_x = \frac{\lambda_{g_a}^2 Z_{1_a}}{2\pi\,\lambda_{1_a}}\,\mathfrak{H}_{z_{m_a}}\,\gamma_{x_a}\,\mathrm{e}^{-\gamma_{x_a}a_x}.$$

Mit den Gl. (177a) auf S. 213 und (185) auf S. 213 erhält man unter der Annahme gleicher Permeabilitäten in beiden Medien den

Zusammenhang:

$$\frac{Z_{1_a}}{\lambda_{1_a}} = \frac{Z_{1_a}f}{v_{1_a}} = \sqrt{\frac{\mu_{1_a}\mu_0}{\varepsilon_{1_a}\varepsilon_0}}\, f \sqrt{\mu_{1_a}\mu_0\,\varepsilon_{1_a}\varepsilon_0} = f\mu_{1_a}\mu_0 = f\mu_{1_b}\mu_0 = \frac{Z_{1_b}}{\lambda_{1_b}}.$$

Durch Einführung dieses Zusammenhangs ergibt sich:

$$\frac{\lambda_{g_b}^2}{\lambda_{1_b}Z_{1_b}}\,\alpha_{x_b}\,\operatorname{tg}\alpha_{x_b}\,a_x = \frac{\lambda_{g_a}^2}{\lambda_{1_a}Z_{1_a}}\,\gamma_{x_a}, \qquad\qquad \lambda_{g_b}^2\,\alpha_{x_b}\,\operatorname{tg}\alpha_{x_b}\,a_x = \lambda_{g_a}^2\gamma_{x_a},$$

oder mit: $\quad \dfrac{1}{\lambda_{g_a}^2} = -\left(\dfrac{\gamma_{x_a}}{2\pi}\right)^2, \quad \dfrac{1}{\lambda_{g_b}^2} = \left(\dfrac{\alpha_{x_b}}{2\pi}\right)^2 \quad$ und $\quad \dfrac{Z_{1_a}\lambda_{1_a}}{Z_{1_b}\lambda_{1_b}} = \dfrac{\varepsilon_{1_b}}{\varepsilon_{1_a}} :$

$$\gamma_{x_a}\,a_x = -\frac{\varepsilon_{1_a}}{\varepsilon_{1_b}}\,\alpha_{x_b}\,a_x\,\operatorname{ctg}\alpha_{x_b}\,a_x, \qquad \gamma_{x_a}\,a_x = -\alpha_{x_b}\,a_x\,\operatorname{ctg}\alpha_{x_b}\,a_x. \qquad (280)$$

Der zweite Zusammenhang zwischen den Größen $\gamma_{x_a}a_x$ und $a_{x_b}\alpha_x$ ergibt sich aus den Gl. (250) auf S. 279 und (258b) auf S. 292:

$$\frac{4\pi^2}{\lambda_z^2} = \frac{4\pi^2}{\lambda_{1_b}^2} - \alpha_{x_b}^2 = \frac{4\pi^2}{\lambda_{1_a}^2} + \gamma_{x_a}^2,$$

oder:

$$\gamma_{x_a}^2\,a_x^2 + \alpha_{x_b}^2\,a_x^2 = \left(\frac{2\pi a_x}{\lambda_0}\right)^2 (\varepsilon_{1_b} - \varepsilon_{1_a}). \qquad (281)$$

Man ermittelt die Größen $\gamma_{x_a}a_x$ und $\alpha_{x_b}a_x$ am besten mittels einer graphischen Lösung, wie sie in Abb. 137 dargestellt ist. Nach Gl. (280) trägt man die Kurven $-\dfrac{\varepsilon_{1_a}}{\varepsilon_{1_b}}\alpha_{x_b}a_x\,\operatorname{ctg}\alpha_{x_b}a_x$ über der Variablen $\alpha_{x_b}a_x$ für verschiedene Werte von $\varepsilon_{1_b}/\varepsilon_{1_a}$ auf; die für die H-Welle gebrauchte Kurve $-\alpha_{x_b}a_x\,\operatorname{ctg}\alpha_{x_b}a_x$ ergibt sich als Sonderfall für das Verhältnis $\varepsilon_{1_b}/\varepsilon_{1_a} = 1$; die negativen Äste der Kurven kommen für die vorliegende Lösung nicht in Betracht. Diese Kurven bringt man zum Schnitt mit den Kurven nach Gl. (281), die Kreise mit dem Radius $\dfrac{2\pi a_x}{\lambda_0}\sqrt{\varepsilon_{1_b} - \varepsilon_{1_a}}$ darstellen. Die Schnittpunkte ergeben Wertepaare von $\gamma_{x_a}a_x$ und $\alpha_{x_b}a_x$, für die eine Wellenausbreitung möglich ist.

Vermindert man bei fest vorgegebener Plattenabmessung a_x allmählich die Wellenlänge λ_0, so nehmen die Radien der Kreise nach Abb. 137 allmählich zu. Die Wellenausbreitung in der dielektrischen Platte mit nach außen abklingendem Feld ($\gamma_{x_a} > 0$) wird erst möglich, wenn $\dfrac{2\pi a_x}{\lambda_0}\sqrt{\varepsilon_{1_b} - \varepsilon_{1_a}}$ den Wert $\dfrac{\pi}{2} = \alpha_{x_b}a_x$ erreicht. Hierdurch ist die Grenzwellenlänge der resultierenden Wellenform definiert. In diesem Falle ist in der Platte gerade eine Halbwelle des elektromagnetischen Feldes vorhanden; andererseits ist $\gamma_{x_a} = 0$, d. h. es ist $\lambda_z = \lambda_{1_a}$; dies bedeutet, daß die Welle sich mit der im Medium a geltenden Lichtgeschwindigkeit v_{1_a} ausbreitet, während im Medium b die Ausbreitung mit Überlichtgeschwindigkeit erfolgt. Vergrößert man nun den Radius weiter, so verschiebt sich der Kurvenschnittpunkt, γ_{x_a} steigt zu sehr hohen Werten an, während $\alpha_{x_b} a_x$ nur bis zum Wert π steigen kann. In diesem Fall sind dann im Dielektrikum zwei Halbwellen vorhanden, und zwar derart, daß die z-Komponente des elektrischen bzw. magnetischen Feldes an der Grenzebene gerade ihren Höchstwert hat; dabei erreicht die Wellenlänge λ_z den Wert λ_{1_b} [weil $1/\lambda_{1_b}^2$ mit $1/\lambda_0^2$ steigt, α_{x_b} aber begrenzt ist, muß sich λ_z dem Wert λ_{1_b} nähern, vgl. den Zusammen-

hang in Gl. (281)], die Ausbreitung im Medium entspricht
nahezu der Lichtgeschwindigkeit v_{1_b}, während sie sich im
Medium a mit Unterlichtge-
schwindigkeit vollzieht. Wegen
des hohen Wertes von γ_{x_a} klingt
das Feld im Medium a mit
zunehmendem x sehr schnell
ab. Es zeigt sich also hier der
sehr interessante Fall, daß die
elektromagnetische Welle fast
vollständig im Dielektrikum
geführt wird und im Außenraum sehr schnell abklingt.
Die Verhältnisse sind der Ausbreitung in einem metallischen
Hohlleiter recht ähnlich, allerdings sind die Randbedingungen an der Grenzebene der
dielektrischen Platte andere.

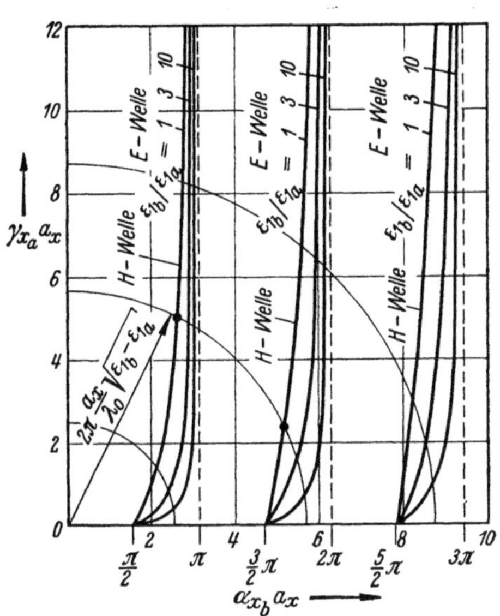

Abb. 137. Graphische Ermittlung der Fortpflanzungskonstanten γ_{x_a} und α_{x_b} für die Ausbreitung längs einer dielektrischen Platte.

Bei der Verminderung von λ_0, d. h. bei Zunahme des Radius $\frac{2\pi a_x}{\lambda_0}\sqrt{\varepsilon_{1_b} - \varepsilon_{1_a}}$, entstehen noch Wellen höherer Ordnung entsprechend den Schnittpunkten mit den weiteren Kurvenästen. Die Zahl der Halbwellen ist jedesmal um 2 vermehrt (die Vermehrung um nur eine Halbwelle ist wegen der eingangs geforderten Symmetrie zur Ebene $x = 0$ unmöglich). Das Verhalten der Wellen höherer Ordnung ist genau entsprechend; insbesondere ist die Ausbreitungsgeschwindigkeit bei Unterschreiten der zugehörigen Grenzwellenlänge gleich der Lichtgeschwindigkeit im Medium a, um dann bei weiterer Verminderung von λ_0 allmählich auf die Lichtgeschwindigkeit im Medium b überzugehen. Dabei wird das Abklingen der Welle mit zunehmender Entfernung von der Platte immer stärker.

Ein grundsätzlicher Unterschied zwischen den in einer dielektrischen Platte geführten E- und H-Wellen besteht nicht; die Grenzwellenlängen sind die gleichen, wie man aus Abb. 137 leicht erkennt. Die geringen Unterschiede sind aus Abb. 137 zu entnehmen.

e) Wellenausbreitung an Kreiszylinderflächen und in dielektrischen Stäben.

Entsprechend der Abb. 126 sei ein massiver Kreiszylinder vorausgesetzt, an dessen Außenfläche eine Wellenausbreitung in z-Richtung stattfinden soll. Das Problem muß in Zylinderkoordinaten berechnet werden, wobei der bereits bei der konzentrischen Hohlleitung eingeführte allgemeine Ansatz mit Besselschen und Neumannschen Funktionen verwendet werden muß. Um auch hier die mit sehr großem Rechenaufwand verbundene Superposition auf E- und H-Wellen zu vermeiden, seien nur rotationssymmetrische Wellen betrachtet ($\partial/\partial\zeta = 0$, $n_\zeta = 0$). Das Gleichungssystem (274) auf S. 317 kann mit geringen Änderungen unmittelbar übernommen werden.

E-Welle:

$$\mathfrak{E}_r = \frac{\lambda_g}{\lambda_z}\,\mathfrak{E}_{zm}\left[\mathrm{J}_0'\left(\frac{2\pi r}{\lambda_g}\right) - \mathfrak{K}\,\mathrm{N}_0'\left(\frac{2\pi r}{\lambda_g}\right)\right]e^{-j\alpha_z\left(z+\frac{\lambda_z}{4}\right)}, \qquad (282\,\mathrm{a_E})$$

$$\mathfrak{E}_\zeta = 0, \qquad (282\,\mathrm{b_E})$$

$$\mathfrak{E}_z = \mathfrak{E}_{zm}\left[\mathrm{J}_0\left(\frac{2\pi r}{\lambda_g}\right) - \mathfrak{K}\,\mathrm{N}_0\left(\frac{2\pi r}{\lambda_g}\right)\right]e^{-j\alpha_z z}, \qquad (282\,\mathrm{c_E})$$

$$Z_1\mathfrak{H}_r = 0, \qquad (282\,\mathrm{d_E})$$

$$Z_1\mathfrak{H}_\zeta = \frac{\lambda_g}{\lambda_1}\,\mathfrak{E}_{zm}\left[\mathrm{J}_0'\left(\frac{2\pi r}{\lambda_g}\right) - \mathfrak{K}\,\mathrm{N}_0'\left(\frac{2\pi r}{\lambda_g}\right)\right]e^{-j\alpha_z\left(z+\frac{\lambda_z}{4}\right)}, \qquad (282\,\mathrm{e_E})$$

$$Z_1\mathfrak{H}_z = 0, \qquad (282\,\mathrm{f_E})$$

H-Welle:

$$\mathfrak{H}_r = \frac{\lambda_g}{\lambda_z}\,\mathfrak{H}_{zm}\left[\mathrm{J}_0'\left(\frac{2\pi r}{\lambda_g}\right) - \mathfrak{K}\,\mathrm{N}_0'\left(\frac{2\pi r}{\lambda_g}\right)\right]e^{-j\alpha_z\left(z+\frac{\lambda_z}{4}\right)}, \qquad (282\,\mathrm{a_H})$$

$$\mathfrak{H}_\zeta = 0, \qquad (282\,\mathrm{b_H})$$

$$\mathfrak{H}_z = \mathfrak{H}_{zm}\left[\mathrm{J}_0\left(\frac{2\pi r}{\lambda_g}\right) - \mathfrak{K}\,\mathrm{N}_0\left(\frac{2\pi r}{\lambda_g}\right)\right]e^{-j\alpha_z z}, \qquad (282\,\mathrm{c_H})$$

$$\frac{\mathfrak{E}_r}{Z_1} = 0, \qquad (282\,\mathrm{d_H})$$

$$\frac{\mathfrak{E}_\zeta}{Z_1} = -\frac{\lambda_g}{\lambda_1}\,\mathfrak{H}_{zm}\left[\mathrm{J}_0'\left(\frac{2\pi r}{\lambda_g}\right) - \mathfrak{K}\,\mathrm{N}_0'\left(\frac{2\pi r}{\lambda_g}\right)\right]e^{-j\alpha_z\left(z+\frac{\lambda_z}{4}\right)}, \qquad (282\,\mathrm{e_H})$$

$$\frac{\mathfrak{E}_z}{Z_1} = 0. \qquad (282\,\mathrm{f_H})$$

Im Innenraum ($r < R$) muß die Konstante $\mathfrak{K}$ verschwinden, da an der Stelle $r = 0$ die Neumannschen Funktionen unendlich groß werden. Diese Bedingungen wurden bereits oben bei der kreiszylindrischen Hohlleitung gestellt. Im Außenraum soll die Welle mit zunehmendem Radius abklingen. Die Besselschen und Neumannschen Funktionen nehmen bei reellem λ_g für sehr große Radien umgekehrt proportional mit der Wurzel aus dem Radius ab (vgl. Jahnke-Emde, Funktionentafeln). Ein derartiges Abklingen genügt für den vorliegenden Fall nicht, da der Energieinhalt im Außenraum unendlich groß werden müßte (denn der Umfang der Zylinderflächen nimmt nach außen hin zu). Ein stärkeres Abklingen ist nur dann möglich, wenn die Größe λ_g einen Imaginärteil besitzt und wenn die Konstante $\mathfrak{K}$ den Wert $-\mathrm{j}$ hat. Somit entsteht die Hankelsche Funktion:

$$\mathrm{H}_0^{(1)}(x) = \mathrm{J}_0(x) + \mathrm{j}\,\mathrm{N}_0(x),$$

die die Eigenschaft hat, bei sehr großem Argument exponentiell abzuklingen, sofern der Imaginärteil des Arguments x positiv ist. Diese Aussage erfordert, daß der Imaginärteil von λ_g negativ wird. Die Größe λ_g hat dann nicht mehr die anschauliche Bedeutung einer Grenzwellenlänge, sondern geht lediglich als Rechengröße in die Beziehung $\frac{1}{\lambda_z^2} = \frac{1}{\lambda_1^2} - \frac{1}{\lambda_g^2}$ ein. Durch Einführen der $\mathrm{H}_0^{(1)}$-Funktion erhält das Gleichungssystem (282) folgendes Aussehen:

E-Welle:

$$\mathfrak{E}_r = \frac{\lambda_g}{\lambda_z}\,\mathfrak{E}_{z_m}\,\mathrm{H}_0^{(1)\prime}\left(\frac{2\pi r}{\lambda_g}\right)\mathrm{e}^{-\mathrm{j}\,\alpha_z\left(z+\frac{\lambda_z}{4}\right)}, \tag{283a$_\mathrm{E}$}$$

$$\mathfrak{E}_\zeta = 0, \tag{283b$_\mathrm{E}$}$$

$$\mathfrak{E}_z = \mathfrak{E}_{z_m}\,\mathrm{H}_0^{(1)}\left(\frac{2\pi r}{\lambda_g}\right)\mathrm{e}^{-\mathrm{j}\,\alpha_z z}, \tag{283c$_\mathrm{E}$}$$

$$Z_1\,\mathfrak{H}_r = 0, \tag{283d$_\mathrm{E}$}$$

$$Z_1\,\mathfrak{H}_\zeta = \frac{\lambda_g}{\lambda_1}\,\mathfrak{E}_{z_m}\,\mathrm{H}_0^{(1)\prime}\left(\frac{2\pi r}{\lambda_g}\right)\mathrm{e}^{-\mathrm{j}\,\alpha_z\left(z+\frac{\lambda_z}{4}\right)}, \tag{283e$_\mathrm{E}$}$$

$$Z_1\,\mathfrak{H}_z = 0, \tag{283f$_\mathrm{E}$}$$

H-Welle:

$$\mathfrak{H}_r = \frac{\lambda_g}{\lambda_z}\,\mathfrak{H}_{z_m}\,\mathrm{H}_0^{(1)\prime}\left(\frac{2\pi r}{\lambda_g}\right)\mathrm{e}^{-\mathrm{j}\,\alpha_z\left(z+\frac{\lambda_z}{4}\right)}, \tag{283a$_\mathrm{H}$}$$

$$\mathfrak{H}_\zeta = 0, \tag{283b$_\mathrm{H}$}$$

$$\mathfrak{H}_z = \mathfrak{H}_{z_m}\,\mathrm{H}_0^{(1)}\left(\frac{2\pi r}{\lambda_g}\right)\mathrm{e}^{-\mathrm{j}\,\alpha_z z}, \tag{283c$_\mathrm{H}$}$$

$$\frac{\mathfrak{E}_r}{Z_1} = 0, \tag{283d$_\mathrm{H}$}$$

$$\frac{\mathfrak{E}_\zeta}{Z_1} = -\frac{\lambda_g}{\lambda_1}\,\mathfrak{H}_{z_m}\,\mathrm{H}_0^{(1)\prime}\left(\frac{2\pi r}{\lambda_g}\right)\mathrm{e}^{-\mathrm{j}\,\alpha_z\left(z+\frac{\lambda_z}{4}\right)}, \tag{283e$_\mathrm{H}$}$$

$$\frac{\mathfrak{E}_z}{Z_1} = 0. \tag{283f$_\mathrm{H}$}$$

Aus dem letzten Gleichungssystem kann man das Problem errechnen, wie sich die Welle längs eines einzelnen metallischen Drahtes hoher

Leitfähigkeit ausbildet. Es wird vorausgesetzt, daß der Drahtradius R sehr groß gegenüber der Eindringtiefe t_2 im Leitermetall ist, so daß die oben gefundene Lösung für eine ebene Stromverdrängung mit ausreichender Näherung angewendet werden kann. Aus der Gl. (167) auf S. 201 ergibt sich dann (in ähnlicher Weise wie oben bei der Wellenausbreitung längs einer metallischen Wand):

$$\frac{\mathfrak{H}_{\zeta_0}}{\mathfrak{E}_{z_0}} = \frac{t_2 \varkappa_2}{1+\mathrm{j}}.$$

Im Außenraum ist nur eine E-Welle möglich, für die entsprechend den Gl. (283e) und (283c) der Zusammenhang gilt:

$$\frac{\mathfrak{H}_{\zeta_0}}{\mathfrak{E}_{z_0}} = \frac{-\mathrm{j}\,\lambda_g}{\lambda_1 Z_1}\,\frac{\mathrm{H}_0^{(1)\prime}\left(\dfrac{2\pi R}{\lambda_g}\right)}{\mathrm{H}_0^{(1)}\left(\dfrac{2\pi R}{\lambda_g}\right)}.$$

Hieraus folgt:

$$\frac{2\pi R}{\lambda_g}\,\frac{\mathrm{H}_0^{(1)}\left(\dfrac{2\pi R}{\lambda_g}\right)}{\mathrm{H}_0^{(1)\prime}\left(\dfrac{2\pi R}{\lambda_g}\right)} = \frac{(1-\mathrm{j})\,2\pi R}{\varkappa_2 t_2 \lambda_1 Z_1}.$$

Da die rechte Seite dieser Gleichung klein ist, muß auch die linke Seite klein sein, das Argument der $H_0^{(1)}$-Funktion muß ebenfalls klein werden. Unter diesen Bedingungen kann man für die Hankelsche Funktion folgende Näherungslösung ansetzen (vgl. Jahnke-Emde, Funktionentafel S. 135):

$$\left.\begin{aligned}
\mathrm{H}_0^{(1)}(x) &= \frac{2\mathrm{j}}{\pi}\ln\left(\frac{\gamma x}{2\mathrm{j}}\right), \\
\mathrm{H}_0^{(1)\prime}(x) &= \frac{2\mathrm{j}}{\pi x},
\end{aligned}\right\} \quad x \to 0, \quad \gamma = 1{,}781\ldots$$

Durch Einsetzen folgt dann:

$$\frac{x\,\mathrm{H}_0^{(1)}(x)}{\mathrm{H}_0^{(1)\prime}(x)} = x^2 \ln\left(\frac{\gamma x}{2\mathrm{j}}\right),$$

also:

$$\left(\frac{2\pi R}{\lambda_g}\right)^2 \ln\left(\frac{\gamma \pi R}{\mathrm{j}\,\lambda_g}\right) = \frac{(1-\mathrm{j})\,4\pi K_\beta R}{\lambda_1}. \tag{284}$$

Eine genaue Diskussion der Feldstruktur würde im hier vorliegenden Rahmen zu weit führen. Ein Beispiel möge die Verhältnisse erläutern: Es sei eine Betriebsfrequenz von 3 GHz angenommen und ein Draht mit einem Radius $R = 1\,\mathrm{mm}$. Dann ergeben sich für die Werkstoffe Kupfer und Luft folgende Größen: $\lambda_1 = 10\,\mathrm{cm}$, $K_\beta \approx 2\cdot 10^{-5}$, und man erhält schließlich durch ein Rechenverfahren der schrittweisen Näherung: $\lambda_g \approx 8{,}8\,(\mathrm{j} - 0{,}42)\,\mathrm{m}$. [Das Verfahren beruht darin, die Größe $\ln(\gamma\pi R/\mathrm{j}\lambda_g)$ beliebig anzunehmen, λ_g zu errechnen, dadurch einen verbesserten Wert von $\ln(\gamma\pi R/\mathrm{j}\lambda_g)$ zu ermitteln und das Verfahren so lange zu wiederholen, bis die genügende Genauigkeit erreicht ist.] Die Größe λ_g ist also ihrem Betrage nach außerordentlich groß. Die Wellenlänge in Fortpflanzungsrichtung kommt der Wellenlänge im freien Raum nahezu gleich. Das Abklingen des Feldes erfolgt mit zunehmendem Radius verhältnismäßig langsam; die Verhältnisse sind dem Fall der Wellenausbreitung an einer ebenen Platte sehr ähnlich.

Um die Wellenausbreitung längs eines kreiszylindrischen dielektrischen Stabes mit dem Radius R zu berechnen, verwendet man für den Innenraum das Gleichungssystem (282) (wobei $\Re = 0$) und für den Außenraum das Gleichungssystem (283). In der Grenzfläche $r = R$ müssen die in z- und ζ-Richtung liegenden Feldkomponenten für beide Medien gleich sein. Bezeichnet man die Größen des Innenraumes mit dem Index b und des Außenraumes mit dem Index a, so ergibt sich:

E-Welle:
$$\mathfrak{E}_{z_{m_b}} \mathrm{J}_0\left(\frac{2\pi R}{\lambda_{g_b}}\right) = \mathfrak{E}_{z_{m_a}} \mathrm{H}_0^{(1)}\left(\frac{2\pi R}{\lambda_{g_a}}\right),$$

$$\frac{\lambda_{g_b}}{Z_{1_b}\lambda_{1_b}} \mathfrak{E}_{z_{m_b}} \mathrm{J}_0'\left(\frac{2\pi R}{\lambda_{g_b}}\right) = \frac{\lambda_{g_a}}{Z_{1_a}\lambda_{1_a}} \mathfrak{E}_{z_{m_a}} \mathrm{H}_0^{(1)\prime}\left(\frac{2\pi R}{\lambda_{g_a}}\right),$$

H-Welle:
$$\mathfrak{H}_{z_{m_b}} \mathrm{J}_0\left(\frac{2\pi R}{\lambda_{g_b}}\right) = \mathfrak{H}_{z_{m_a}} \mathrm{H}_0^{(1)}\left(\frac{2\pi R}{\lambda_{g_a}}\right),$$

$$\frac{\lambda_{g_b} Z_{1_b}}{\lambda_{1_b}} \mathfrak{H}_{z_{m_b}} \mathrm{J}_0'\left(\frac{2\pi R}{\lambda_{g_b}}\right) = \frac{\lambda_{g_a} Z_{1_a}}{\lambda_{1_a}} \mathfrak{H}_{z_{m_a}} \mathrm{H}_0^{(1)\prime}\left(\frac{2\pi R}{\lambda_{g_a}}\right).$$

Hier lassen sich die Größen $\mathfrak{E}_{z_{m_a}}$ und $\mathfrak{E}_{z_{m_b}}$ bzw. $\mathfrak{H}_{z_{m_a}}$ und $\mathfrak{H}_{z_{m_b}}$ eliminieren, und man erhält nach einigen Umformungen ähnlicherweise wie beim ebenen Fall nach Gl. (280) auf S. 324:

E-Welle:
$$\frac{\varepsilon_{1_b}}{\varepsilon_{1_a}} \frac{2\pi R}{\lambda_{g_a}} \frac{\mathrm{H}_0^{(1)}\left(\frac{2\pi R}{\lambda_{g_a}}\right)}{\mathrm{H}_0^{(1)\prime}\left(\frac{2\pi R}{\lambda_{g_a}}\right)} = \frac{2\pi R}{\lambda_{g_b}} \frac{\mathrm{J}_0\left(\frac{2\pi R}{\lambda_{g_b}}\right)}{\mathrm{J}_0'\left(\frac{2\pi R}{\lambda_{g_b}}\right)},$$

H-Welle:
$$\frac{2\pi R}{\lambda_{g_a}} \frac{\mathrm{H}_0^{(1)}\left(\frac{2\pi R}{\lambda_{g_a}}\right)}{\mathrm{H}_0^{(1)\prime}\left(\frac{2\pi R}{\lambda_{g_a}}\right)} = \frac{2\pi R}{\lambda_{g_b}} \frac{\mathrm{J}_0\left(\frac{2\pi R}{\lambda_{g_b}}\right)}{\mathrm{J}_0'\left(\frac{2\pi R}{\lambda_{g_b}}\right)}. \tag{285}$$

Ein weiterer Zusammenhang ergibt sich nach Gl. (250) auf S. 279:

$$\frac{1}{\lambda_z^2} = \frac{1}{\lambda_{1_a}^2} - \frac{1}{\lambda_{g_a}^2} = \frac{1}{\lambda_{1_b}^2} - \frac{1}{\lambda_{g_b}^2}$$

oder

$$\left(\frac{2\pi R}{\lambda_{g_b}}\right)^2 + \left(\frac{2\pi R}{\mathrm{j}\,\lambda_{g_a}}\right)^2 = \left(\frac{2\pi R}{\lambda_0}\right)^2 (\varepsilon_a - \varepsilon_b). \tag{286}$$

Bei der zuletzt erfolgten Umformung ist sogleich die Tatsache berücksichtigt, daß λ_{g_a} einen negativen Imaginärteil haben muß.

Die Ermittlung von $j\lambda_{g_a}$ und λ_{g_b} aus den Gl. (285) und (286) erfolgt nach genau dem gleichen graphischen Verfahren wie im Fall der ebenen dielektrischen Platte [Abb. 137 und Gl. (280) und (281)]. Erschwerend kommt hinzu, daß die Funktionen in Gl. (285) schwerer zu übersehen sind als in Gl. (280). In Abb. 138a ist über dem Argument x die Funktion $x\dfrac{J_0(x)}{J_0'(x)}$ aufgetragen, die sich beispielsweise aus Abb. 127 gewinnen läßt. Außerdem sind die Kurven

$$j\,x\,\frac{H_0^{(1)}(j\,x)}{H_0^{(1)\prime}(j\,x)}\,,\quad 3\,j\,x\,\frac{H_0^{(1)}(j\,x)}{H_2^{(1)\prime}(j\,x)}$$

und $\quad 10\,j\,x\,\dfrac{H_0^{(1)}(j\,x)}{H_0^{(1)\prime}(j\,x)}$

eingezeichnet, die man beispielsweise nach den „Funktionentafeln" von Jahnke-Emde errechnen kann. Sie weichen von Geraden, die durch den Nullpunkt verlaufen, verhältnismäßig wenig ab. Nunmehr muß man in der Abb. 138a Abszissenwerte suchen (beispielsweise x_1 und x_2), bei denen die Kurven $x\dfrac{J_0(x)}{J_0'(x)}$ und $j\,x\dfrac{H_0^{(1)}(j\,x)}{H_0^{(1)\prime}(j\,x)}$ bzw. das $\varepsilon_{1_b}/\varepsilon_{1_a}$-fache dieser Kurve gleiche Ordinatenwerte besitzen. Die zusammengehörigen Werte x_1 und x_2 stellen zusammengehörige Werte von $\dfrac{2\pi R}{\lambda_{g_b}}$ und $\dfrac{2\pi R}{j\,\lambda_{g_a}}$ dar, die dann in die Abb. 138b eingetragen werden. Auf diese Weise entsteht das gesuchte Diagramm, das sehr große Ähnlichkeit mit dem des ebenen Falles in Abb. 137 besitzt. Die anschließende graphische Konstruktion ist die gleiche wie beim ebenen Fall und braucht hier nicht nochmals dargestellt zu werden.

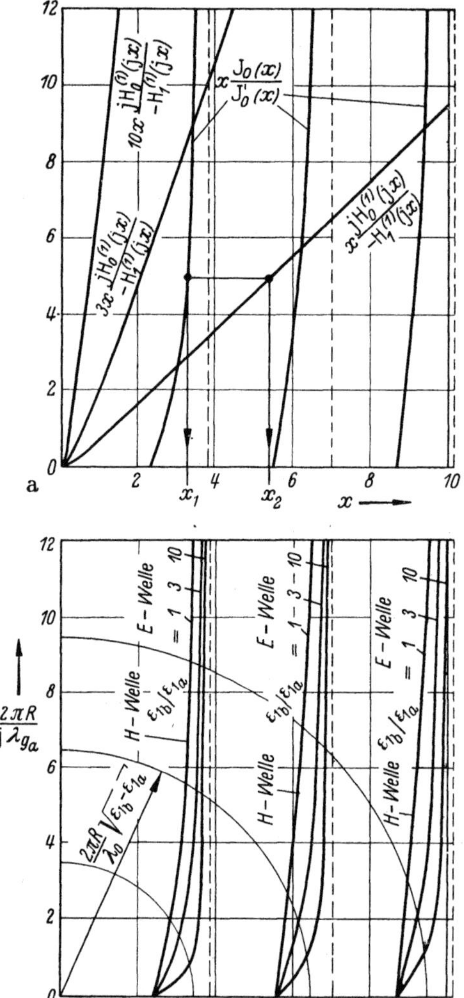

Abb. 138. Graphische Ermittlung der Fortpflanzungskonstanten $2\pi/j\,\lambda_{g_a}$ und $2\pi/j\,\lambda_{g_b}$ für die Ausbreitung längs eines dielektrischen Kreiszylinders.

Die in dielektrischen kreiszylindrischen Stäben geführten elektromagnetischen Wellen verhalten sich also ganz ähnlich wie die Wellen in ebenen dielektrischen Platten. Steigert man allmählich die Frequenz, d. h. vermindert man die Wellenlänge λ_0, so wird bei einer bestimmten Grenzwellenlänge die Ausbreitung möglich; sie erfolgt mit einer Geschwindigkeit, die der Geschwindigkeit v_{1_a} der freien Ausbreitung im Medium a gleich ist. Bei weiterer Erhöhung der Frequenz geht die Geschwindigkeit allmählich auf die Geschwindigkeit v_{1_b} der freien Ausbreitung im Medium b über. Bei hohen Frequenzen sind auch Wellen höherer Ordnung möglich, bei denen sich eine größere Halbwellenzahl längs des Radius R ausbildet. Die Verlustdämpfung, die durch die Verluste im Dielektrikum verursacht wird, soll hier nicht berechnet werden; für den Fall, daß man weit entfernt von der Grenzwellenlänge arbeitet, daß also das Feld im Außenraum sehr schnell abklingt, erfolgt der Energietransport fast vollständig im Innern des dielektrischen Stabes, und es ist dann für die Verlustdämpfung in Näherung die Formel (256) auf S. 284 anzuwenden.

f) Die Ankopplung an Hohlleitungen.

Die bisherigen Betrachtungen des Abschnitts D befaßten sich mit den verschiedenen Arten der Hohlraumwellen und ihrer Ausbreitung in Hohlleitungen bzw. dielektrischen Leitungen. Bei der Berechnung der Ausbreitung wurde angenommen, daß die Wellenart von vornherein im Hohlleiter oder im dielektrischen Leiter vorhanden ist; die Frage, wie die Welle durch Anschluß der Hohlleitung an einen Sender erregt wird, wurde bisher nicht behandelt. Möglichkeiten zur Anregung von Hohlraumwellen gibt es außerordentlich viele. In Abb. 139 sind einige Ausführungsbeispiele veranschaulicht. In den meisten Fällen kommt die Energie vom Sender her auf einer Doppelleitung an; sie wird dem Hohlleiter zugeführt über das elektrische Feld eines Koppelstifts oder eines Koppeldipols (Abb. 139a—c) oder über das magnetische Feld einer Koppelschleife (Abb. 139d—f). Will man zwei Hohlleiter untereinander koppeln, so kommen außer den Koppeldipolen und Koppelschleifen auch Koppelschlitze in Betracht, die in die metallische Grenzfläche zwischen den beiden Hohlleitern senkrecht zur Richtung der Wandströme eingeschnitten sind, wodurch ein Stromaustausch erfolgt (Ausführungsbeispiel 139g). Für alle Ankopplungsarten gilt folgendes: In der Nähe der Ankopplungsstelle ist die zu erregende Wellenart niemals rein vorhanden, sondern es ist eine große Zahl anderer Wellenarten überlagert derart, daß die Randbedingungen an der Oberfläche des koppelnden Elementes erfüllt sind. Dabei können auch solche Wellenarten vorhanden sein, die sich in der Leitung nicht fortpflanzen können, weil die Betriebsfrequenz unterhalb der Grenzfrequenz liegt. Infolge der Dämpfung sind diese Wellenarten in größerer Entfernung von der Anregungsstelle nicht mehr vorhanden, sondern nur noch die Wellenarten, für die die Fortpflanzung möglich ist.

Das zur Kopplung dienende Element wird man derart auswählen, daß das Feld am Koppelelement möglichst weitgehend mit dem Feld der anzuregenden Wellenart übereinstimmt. Die Anordnung eines Koppelstiftes nach Abb. 139a ergibt ein elektrisches Feld in Längs-

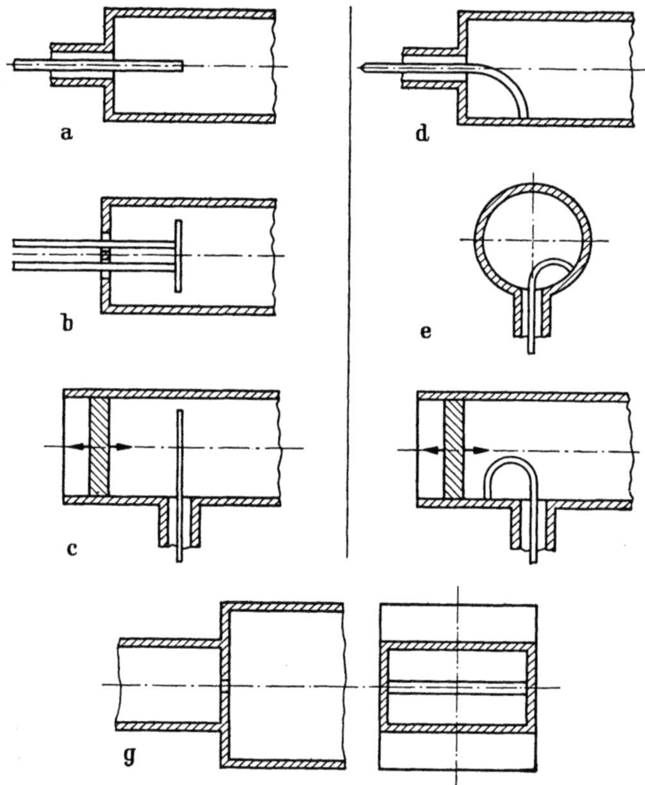

Abb. 139a—f: Ausführungsbeispiele für die Ankopplung von Doppelleitungen an Hohlleitungen; g Ausführungsbeispiel einer Schlitzkopplung zwischen zwei Hohlleitungen.

richtung der Hohlleitung, sie eignet sich deshalb zur Anregung von E-Wellen. Dagegen eignen sich die Anordnungen nach Abb. 139b und c auch zur Anregung von H-Wellen, weil das primäre elektrische Feld vorwiegend senkrecht zur Fortpflanzungsrichtung sich erstreckt. Ähnliche Gesichtspunkte gelten bei den magnetischen Koppelschleifen nach Abb. 139d—f. Die Ankopplungen nach Abb. 139c und f sehen einen verschiebbaren Abschluß der Hohlleitung vor, um auf möglichst günstige Energieübertragung abstimmen zu können.

Man erkennt, daß es bei allen Ankopplungen große Schwierigkeiten macht, eine bestimmte Wellenart rein herzustellen; es gelingt dies mit

Sicherheit nur bei der Wellenart mit der längsten Grenzwellenlänge, wenn man durch Wahl der Betriebsfrequenz die Ausbreitung aller anderen Wellenarten unmöglich macht.

Die gleichen Anordnungen für die Ankopplung sind zu verwenden, wenn man die über eine Hohlleitung übertragene Energie wieder auf eine Doppelleitung zurückübersetzen will.

II. Die stehenden Wellen.

1. Die Vorgänge auf verlustlosen Leitungen.

a) Entstehung und Eigenschaften der stehenden Welle.

Wie bei der Behandlung der elementaren Wellenform auf Doppelleitungen geht man auch bei den Hohlraumwellen davon aus, daß zwei fortschreitende Wellenzüge vorhanden sind, die in entgegengesetzter Richtung laufen. Als Formen der Wellenzüge sind wieder die E-Wellen und die H-Wellen möglich, von denen es die verschiedensten Arten gibt, wie die Ausführungen in Kapitel I zeigten; selbstverständlich ist es nur sinnvoll, entgegengesetzt laufende Wellenzüge der gleichen Art und der gleichen Polarisationsrichtung zu überlagern. Bei den elementaren Wellen konnte der fortschreitende Wellenzug durch die Spannung $\mathfrak{U}$ gekennzeichnet werden; sämtliche anderen Größen, wie Strom, Widerstand und Leistung, konnten daraus abgeleitet werden. Bei den fortschreitenden Wellen in Hohlleitungen wird der Wellenzug durch die elektrische oder magnetische Längskomponente des Feldes $\mathfrak{E}_{z_0}$ oder $\mathfrak{H}_{z_0}$ gekennzeichnet; sämtliche anderen Größen des Wellenzuges können daraus abgeleitet werden, wie das Gleichungssystem (251) auf S. 280 gezeigt hat. Den Komponenten des hinlaufenden, d. h. in z-Richtung fortschreitenden Wellenzuges wird der Index h, denen des rücklaufenden Wellenzuges der Index r gegeben. Somit folgt:

<table>
<tr><td>

E-Welle:

$$\mathfrak{E}_{z_h} = \mathfrak{E}_{z_{h_0}}\, e^{-j\,\alpha_z z},$$
$$\mathfrak{E}_{z_r} = \mathfrak{E}_{z_{r_0}}\, e^{+j\,\alpha_z z},$$

</td><td>

H-Welle:

$$\mathfrak{H}_{z_h} = \mathfrak{H}_{z_{h_0}}\, e^{-j\,\alpha_z z},$$
$$\mathfrak{H}_{z_r} = \mathfrak{H}_{z_{r_0}}\, e^{+j\,\alpha_z z}.$$

</td></tr>
</table>

Beim rücklaufenden Wellenzug ist die Größe α_z mit $-\alpha_z$ zu vertauschen; dies gilt nicht nur bei den Längskomponenten, sondern auch bei allen anderen Größen, die nach dem Gleichungssystem (251) aus diesen Komponenten abgeleitet werden.

Um nun eine reine stehende Welle zu erhalten, müssen die Polarisationsrichtungen und die Beträge von $\mathfrak{E}_{z_0}$ bzw. $\mathfrak{H}_{z_0}$ für den hinlaufenden und den rücklaufenden Wellenzug gleich groß sein; die Phasen können an sich beliebig gewählt werden, sie bedingen nur die räumliche Lage der Bäuche und Knoten der entstehenden Welle, wie aus den noch folgenden Betrachtungen hervorgehen wird. Aus Zweckmäßigkeitsgründen mit Rücksicht auf die später einzuführenden Randbedingungen soll gesetzt werden:

bei der E-Welle:

$$\mathfrak{E}_{z_h} = \frac{\mathfrak{E}_{z_0}}{2}\, e^{-j\,\alpha_z z},$$

$$\mathfrak{E}_{z_r} = \frac{\mathfrak{E}_{z_0}}{2}\, e^{+j\,\alpha_z z},$$

bei der H-Welle:

$$\mathfrak{H}_{z_h} = -\frac{\mathfrak{H}_{z_0}}{2\,j}\, e^{-j\,\alpha_z z},$$

$$\mathfrak{H}_{z_r} = \frac{\mathfrak{H}_{z_0}}{2\,j}\, e^{+j\,\alpha_z z}.$$

Daraus ergibt sich die Größe für die Längskomponenten der stehenden Welle:

$$\mathfrak{E}_z = \mathfrak{E}_{z_h} + \mathfrak{E}_{z_r} = \mathfrak{E}_{z_0} \cos(\alpha_z z), \qquad \mathfrak{H}_z = \mathfrak{H}_{z_h} + \mathfrak{H}_{z_r} = \mathfrak{H}_{z_0} \sin(\alpha_z z).$$

Durch Ansatz einer hinlaufenden und einer rücklaufenden Welle für sämtliche Komponenten des Gleichungssystems (251) auf S. 280 ergeben sich sämtliche Größen des elektromagnetischen Feldes der stehenden Welle:

E-Welle:

$$\mathfrak{E}_x = -\frac{\lambda_g{}^2}{2\pi\lambda_z}\,\frac{\partial\mathfrak{E}_{z_0}}{\partial x}\,\sin(\alpha_z z), \tag{287a$_\mathrm{E}$}$$

$$\mathfrak{E}_y = -\frac{\lambda_g{}^2}{2\pi\lambda_z}\,\frac{\partial\mathfrak{E}_{z_0}}{\partial y}\,\sin(\alpha_z z), \tag{287b$_\mathrm{E}$}$$

$$\mathfrak{E}_z = \mathfrak{E}_{z_0}\cos\alpha_z z, \tag{287c$_\mathrm{E}$}$$

$$Z_1\mathfrak{H}_x = \frac{j\,\lambda_g{}^2}{2\pi\lambda_1}\,\frac{\partial\mathfrak{E}_{z_0}}{\partial y}\,\cos(\alpha_z z), \tag{287d$_\mathrm{E}$}$$

$$Z_1\mathfrak{H}_y = -\frac{j\,\lambda_g{}^2}{2\pi\lambda_1}\,\frac{\partial\mathfrak{E}_{z_0}}{\partial x}\,\cos(\alpha_z z), \tag{287e$_\mathrm{E}$}$$

$$Z_1\mathfrak{H}_z = 0, \tag{287f$_\mathrm{E}$}$$

H-Welle:

$$\mathfrak{H}_x = \frac{\lambda_g{}^2}{2\pi\lambda_z}\,\frac{\partial\mathfrak{H}_{z_0}}{\partial x}\,\cos(\alpha_z z), \tag{287a$_\mathrm{H}$}$$

$$\mathfrak{H}_y = \frac{\lambda_g{}^2}{2\pi\lambda_z}\,\frac{\partial\mathfrak{H}_{z_0}}{\partial y}\,\cos(\alpha_z z), \tag{287b$_\mathrm{H}$}$$

$$\mathfrak{H}_z = \mathfrak{H}_{z_0}\sin(\alpha_z z), \tag{287c$_\mathrm{H}$}$$

$$\frac{\mathfrak{E}_x}{Z_1} = -\frac{j\,\lambda_g{}^2}{2\pi\lambda_1}\,\frac{\partial\mathfrak{H}_{z_0}}{\partial y}\,\sin(\alpha_z z), \tag{287d$_\mathrm{H}$}$$

$$\frac{\mathfrak{E}_y}{Z_1} = \frac{j\,\lambda_g{}^2}{2\pi\lambda_1}\,\frac{\partial\mathfrak{H}_{z_0}}{\partial x}\,\sin(\alpha_z z), \tag{287e$_\mathrm{H}$}$$

$$\frac{\mathfrak{E}_z}{Z_1} = 0. \tag{287f$_\mathrm{H}$}$$

Bezüglich des Zusammenhanges der Größen λ_z und λ_g sei auf Gl. (250) auf S. 279 verwiesen. Aus den Beziehungen (287) sind alle Kennzeichen einer stehenden Welle zu entnehmen: Sämtliche Größen des elektrischen und des magnetischen Feldes ändern in z-Richtung ihre Größe nach einem Sinus- bzw. Kosinusgesetz; eine Phasendrehung mit zunehmender z-Richtung, die das Kennzeichen einer fortschreitenden Welle ist, besteht nicht. Jedoch unterscheiden sich jetzt die elektrischen und die magnetischen Feldstärken um den Faktor j, d. h. das elektrische und das magnetische Feld sind gegeneinander in der Phase um eine Viertelperiode verschoben, sie wechseln sich also zeitlich ab, die Energie auf der Leitung schwingt zwischen der elektrischen und der magnetischen Energieform hin und her. Diese Phasenverschiebung zwischen der elektrischen und der magnetischen Feldstärke muß man insbesondere berücksichtigen, wenn man nach Gl. (252) auf S. 281 die Leistung zu berechnen sucht; da die Leistungsdichte nach dem Poyntingschen Satz aus dem Produkt von elektrischer und magnetischer Feldstärke errechnet wird (vgl. S. 281), so ergibt sie sich als eine reine Blindleistung:

E-Welle:

$$
\left.
\begin{aligned}
N_{B_z} &= \frac{\lambda_g{}^4}{16\,\pi^2\,\lambda_z\,\lambda_1 Z_1}\sin\left(2\,\alpha_z\,z\right) \int\!\!\int^{F}\left[\left(\frac{\partial\,\mathfrak{E}_{z_0}}{\partial x}\right)^2 + \left(\frac{\partial\,\mathfrak{E}_{z_0}}{\partial y}\right)^2\right]\mathrm{d}\,x\,\mathrm{d}\,y \\[2mm]
&= \frac{\lambda_g{}^2}{4\,\lambda_z\,\lambda_1 Z_1}\sin\left(2\,\alpha_z\,z\right)\int\!\!\int^{F}\mathfrak{E}_{z_0}^2\,\mathrm{d}\,x\,\mathrm{d}\,y, \\[3mm]
N_{B_z} &= \frac{\lambda_g{}^4\,Z_1}{16\,\pi^2\,\lambda_z\,\lambda_1}\sin\left(2\,\alpha_z\,z\right)\int\!\!\int^{F}\left[\left(\frac{\partial\,\mathfrak{H}_{z_0}}{\partial x}\right)^2 + \left(\frac{\partial\,\mathfrak{H}_{z_0}}{\partial y}\right)^2\right]\mathrm{d}\,x\,\mathrm{d}\,y \\[2mm]
&= \frac{\lambda_g{}^2\,Z_1}{4\,\lambda_z\,\lambda_1}\sin\left(2\,\alpha_z\,z\right)\int\!\!\int^{F}\mathfrak{H}_{z_0}^2\,\mathrm{d}\,x\,\mathrm{d}\,y.
\end{aligned}
\right\} \quad (288)
$$

H-Welle: *(siehe zweite Gleichung oben)*

Um einen klaren Überblick über den Charakter der stehenden Hohlraumwellen zu erhalten, muß man wie bei den fortschreitenden Wellen die Bilder des elektromagnetischen Feldes für alle verschiedenen Hohlleitungen und Wellenarten zeichnen. Da jedoch die Verteilung des Feldes über den Querschnitt der Leitung der gleiche wie bei den fortschreitenden Wellen ist, ergeben die Bilder derart große Ähnlichkeiten, daß man sich auf die Darstellung eines einzigen Beispiels beschränken kann. In Abb. 140 ist das Feldbild der stehenden H_{10}-Welle in der Rechteckleitung in Aufriß und Grundriß dargestellt, das mit dem in Abb. 120 links gezeichneten Bild der fortschreitenden H_{10}-Welle zu vergleichen ist. Da bei der stehenden Welle das magnetische und das elektrische Feld in der Phase um eine Viertelperiode verschoben sind, sind in Abb. 140 zwei um eine Viertelperiode verschiedene Momentbilder gezeichnet, von denen das linke nur das magnetische Feld darstellt, während das rechte den um eine Viertelperiode späteren Zustand des elektrischen Feldes darstellt. In der Zeit zwischen den beiden dargestellten Augenblicken sind selbstverständlich beide Felder gleichzeitig, jedoch beide in geringerer Stärke vorhanden. Im Vergleich mit der fortschreitenden Welle ist außer der zeitlichen Verschiebung auch noch eine räumliche um eine Viertelwellenlänge zu beobachten; im übrigen ist die Form der Feldlinien gleich. Im zeitlichen Verlauf schreitet das Bild der fort-schreitenden Welle in der z-Richtung weiter, während die Bilder der stehenden Welle stets an der gleichen Stelle bleiben, wobei die Felder nur ihre Größe und Richtung ändern. — Diese Grundsätze gelten unverändert für alle verschiedenen Wellenarten, wie man sofort aus dem Vergleich der Gl. (251) auf S. 280 und (287) auf S. 334 entnehmen kann.

Die Verteilung der Bäuche und Knoten des elektrischen und des magnetischen Feldes lassen sich ebenfalls unmittelbar aus dem Glei-

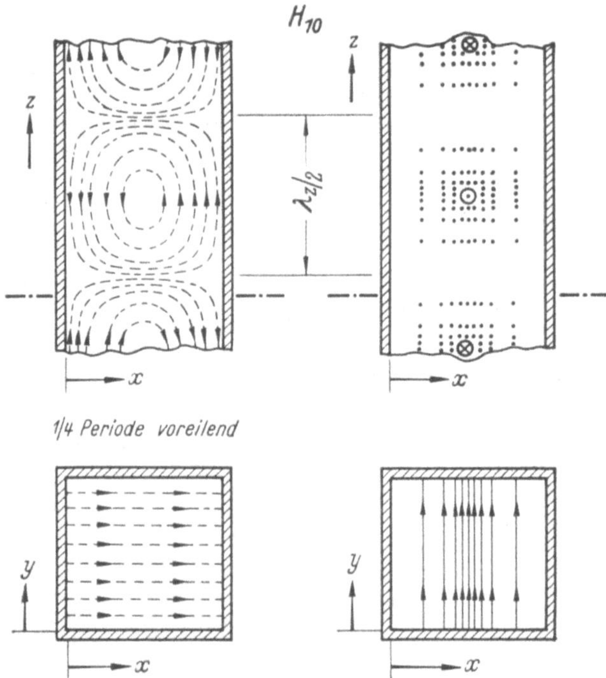

Abb. 140. Stehende H_{10}-Welle in einer rechteckigen Hohlleitung.

chungssystem (287) ablesen; jedoch liegen die Verhältnisse hier etwas komplizierter als bei den im Abschnitt C auf S. 229ff. behandelten elementaren Wellen, da auch noch Feldkomponenten in z-Richtung auftreten. Die E-Welle hat an den Stellen $\alpha_z z = 0, \pi, 2\pi \ldots$ Bäuche des magnetischen Feldes; an diesen Punkten hat das elektrische Feld nur eine z-Komponente, die Komponenten senkrecht zur Fortpflanzungs-richtung sind verschwunden; umgekehrt sind an den Stellen $\alpha_z z = \dfrac{\pi}{2}$, $\dfrac{3}{2}\pi, \dfrac{5}{2}\pi \ldots$ Knoten des magnetischen Feldes, und das elektrische Feld hat nur Komponenten senkrecht zur Fortpflanzungsrichtung. Bei der H-Welle sind an den Stellen $\alpha_z z = 0, \pi, 2\pi \ldots$ Knoten des elektrischen Feldes vorhanden, und die magnetische Feldstärke hat nur Komponenten senkrecht zur Fortpflanzungsrichtung; an den Stellen $\alpha_z z = \dfrac{\pi}{2}, \dfrac{3}{2}\pi,$ $\dfrac{5}{2}\pi \ldots$ liegen die Bäuche des elektrischen Feldes, das magnetische Feld hat nur eine z-Komponente.

Aus der Beziehung (288) auf S. 335 erkennt man, daß an den Stellen $\alpha_z z = 0, \dfrac{\pi}{2}, \pi, \dfrac{3}{2}\pi \ldots$ kein Übergang von Blindleistung erfolgt. In einem $\lambda_z/4$-Stück zwischen derartigen Stellen bleibt also der Energieinhalt stets konstant, da über die Enden keine Zufuhr oder Abfuhr von Energie stattfindet. Zur später erfolgenden Berechnung des Verlustfaktors ist die Größe des Energieinhaltes von Interesse. Um möglichst einfach zu rechnen, berechnet man den Energieinhalt bei der E-Welle aus dem magnetischen Feld für den Augenblick, in dem das elektrische Feld Null wird; umgekehrt berechnet man den Energieinhalt bei der H-Welle aus dem elektrischen Feld für den Augenblick des verschwindenden magnetischen Feldes. Somit ergibt sich der Energieinhalt für ein Leitungsstück von der Länge $a_z = k\,\dfrac{\lambda_z}{4}$, dessen Größe eine ganze Anzahl von Viertelwellenlängen beträgt:

$$W = \tfrac{1}{2}\mu_1\mu_0 \iiint |\mathfrak{H}|^2 \, \mathrm{d}x\,\mathrm{d}y\,\mathrm{d}z, \quad \bigg| \quad W = \tfrac{1}{2}\varepsilon_1\varepsilon_0 \iiint |\mathfrak{E}|^2 \, \mathrm{d}x\,\mathrm{d}y\,\mathrm{d}z,$$

und mit Gl. (287d) und (287e):

$$\left.\begin{array}{ll}
E\text{-Welle:} & W = \dfrac{a_z \lambda_g^4}{16\pi^2 v_1 Z_1 \lambda_1^2} \int\!\!\!\int^{F} \left[\left(\dfrac{\partial \mathfrak{E}_{z_0}}{\partial x}\right)^2 + \left(\dfrac{\partial \mathfrak{E}_{z_0}}{\partial y}\right)^2\right] \mathrm{d}x\,\mathrm{d}y, \\[3ex]
H\text{-Welle:} & W = \dfrac{a_z Z_1 \lambda_g^4}{16\pi^2 v_1 \lambda_1^2} \int\!\!\!\int^{F} \left[\left(\dfrac{\partial \mathfrak{H}_{z_0}}{\partial x}\right)^2 + \left(\dfrac{\partial \mathfrak{H}_{z_0}}{\partial y}\right)^2\right] \mathrm{d}x\,\mathrm{d}y.
\end{array}\right\} \quad (289)$$

Ein besonders eigentümlicher Fall der stehenden Welle tritt ein, wenn die Betriebsfrequenz gerade gleich der Grenzfrequenz bzw. die Betriebswellenlänge λ_1 gerade gleich der Grenzwellenlänge λ_g wird. Aus Gl. (250) auf S. 279 erkennt man, daß für diesen Fall die Wellenlänge λ_z der Ausbreitung in z-Richtung unendlich wird; hierdurch verschwinden einige Komponenten, und man erhält aus den Gl. (287) bis (289) für diese Sonderform der stehenden Welle ($\lambda_1 = \lambda_g$) (bei der H-Welle muß vor Durchführung des Grenzüberganges $\lambda_z \to \infty$, $\alpha_z \to 0$ das Argument $\alpha_z z$ der trigonometrischen Funktionen durch $\alpha_z z + \dfrac{\pi}{2}$ ersetzt werden):

$$
\begin{array}{ll}
\mathfrak{E}_x = \mathfrak{E}_y = 0, \quad \mathfrak{H}_z = 0, & \qquad \mathfrak{H}_x = \mathfrak{H}_y = 0, \quad \mathfrak{E}_z = 0, \qquad (290\,\mathrm{a}) \\[2ex]
\mathfrak{E}_z = \mathfrak{E}_{z_0}, & \qquad \mathfrak{H}_z = \mathfrak{H}_{z_0}, \qquad\qquad\qquad\qquad\quad (290\,\mathrm{b}) \\[2ex]
Z_1 \mathfrak{H}_x = \dfrac{\mathrm{j}\,\lambda_1}{2\pi}\,\dfrac{\partial \mathfrak{E}_{z_0}}{\partial y}, & \qquad \dfrac{\mathfrak{E}_x}{Z_1} = -\dfrac{\mathrm{j}\,\lambda_1}{2\pi}\,\dfrac{\partial \mathfrak{H}_{z_0}}{\partial y}, \qquad\quad (290\,\mathrm{c}) \\[3ex]
Z_1 \mathfrak{H}_y = -\dfrac{\mathrm{j}\,\lambda_1}{2\pi}\,\dfrac{\partial \mathfrak{E}_{z_0}}{\partial x}, & \qquad \dfrac{\mathfrak{E}_y}{Z_1} = \dfrac{\mathrm{j}\,\lambda_1}{2\pi}\,\dfrac{\partial \mathfrak{H}_{z_0}}{\partial x}, \qquad\qquad (290\,\mathrm{d}) \\[3ex]
N_{B_z} = 0, & \qquad N_{B_z} = 0, \qquad\qquad\qquad\qquad\quad (290\,\mathrm{e})
\end{array}
$$

E-Welle:

$$W = \frac{a_z \lambda_1^2}{8\pi^2 v_1 Z_1} \int\int^F \left[\left(\frac{\partial \mathfrak{E}_{z_0}}{\partial x}\right)^2 + \left(\frac{\partial \mathfrak{E}_{z_0}}{\partial y}\right)^2\right] \mathrm{d}x\,\mathrm{d}y = \frac{a_z}{2v_1 Z_1} \int\int^F \mathfrak{E}_{z_0}^2\, \mathrm{d}x\,\mathrm{d}y,$$

H-Welle:

$$W = \frac{a_z Z_1 \lambda_1}{8\pi^2 v_1} \int\int^F \left[\left(\frac{\partial \mathfrak{H}_{z_0}}{\partial x}\right)^2 + \left(\frac{\partial \mathfrak{H}_{z_0}}{\partial y}\right)^2\right] \mathrm{d}x\,\mathrm{d}y = \frac{a_z Z_1}{2v_1} \int\int^F \mathfrak{H}_{z_0}^2\, \mathrm{d}x\,\mathrm{d}y.$$

$$\tag{290f}$$

Das wesentlichste Merkmal dieser Wellenform ist, daß bei der E-Welle die elektrischen und bei der H-Welle die magnetischen Feldlinien nur in z-Richtung verlaufen, also zueinander parallel sind; irgendein Austausch von Blindenergie in z-Richtung kann nicht stattfinden, die Größe sämtlicher Feldstärken ändert sich mit der z-Richtung nicht.

b) Das Zusammenwirken von stehenden und fortschreitenden Wellen.

Bereits bei der Behandlung der elementaren Wellen auf Doppelleitungen (S. 233 ff.) wurde das Zusammenwirken von stehenden und fortschreitenden Wellen dadurch veranschaulicht, daß zwei entgegengesetzt laufende fortschreitende Wellenzüge mit verschiedener Intensität angenommen wurden. Genau das gleiche läßt sich für die Hohlraumwellen durchführen, wenn man zwei entgegengesetzt fortschreitende Hohlraumwellen der gleichen Wellenart und der gleichen Polarisationsrichtung mit verschiedenen Größen der Längsfeldstärken $\mathfrak{E}_{z_0}$ bzw. $\mathfrak{H}_{z_0}$ ansetzt. Um die Analogie zu den Doppelleitungen noch vollständiger zu gestalten, definiert man auch bei der Hohlleitung einen Wellenwiderstand. Um gekünstelte Definitionen des Wellenwiderstandes und ebenso des Abschlußwiderstandes bei Hohlleitungen zu umgehen, bezeichnet man am zweckmäßigsten das Verhältnis zwischen der transversalen elektrischen Feldstärke und der transversalen magnetischen Feldstärke als Widerstand längs der Leitung. Nach dem Gleichungssystem (251) auf S. 280 galt für die transversalen Feldkomponenten (das sind die Feldkomponenten, die senkrecht zur Fortpflanzungsrichtung stehen):

$$\mathfrak{E}_x = -\frac{j\lambda_g^2}{2\pi\lambda_z}\frac{\partial \mathfrak{E}_{z_0}}{\partial x}e^{-j\alpha_z z}, \qquad\qquad \mathfrak{H}_x = -\frac{j\lambda_g^2}{2\pi\lambda_z}\frac{\partial \mathfrak{H}_{z_0}}{\partial x}e^{-j\alpha_z z},$$

$$\mathfrak{E}_y = -\frac{j\lambda_g^2}{2\pi\lambda_z}\frac{\partial \mathfrak{E}_{z_0}}{\partial y}e^{-j\alpha_z z}, \qquad\qquad \mathfrak{H}_y = -\frac{j\lambda_g^2}{2\pi\lambda_z}\frac{\partial \mathfrak{H}_{z_0}}{\partial y}e^{-j\alpha_z z},$$

$$Z_1 \mathfrak{H}_x = \frac{j\lambda_g^2}{2\pi\lambda_1}\frac{\partial \mathfrak{E}_{z_0}}{\partial y}e^{-j\alpha_z z}, \qquad\qquad \frac{\mathfrak{E}_x}{Z_1} = -\frac{j\lambda_g^2}{2\pi\lambda_1}\frac{\partial \mathfrak{H}_{z_0}}{\partial y}e^{-j\alpha_z z},$$

$$Z_1 \mathfrak{H}_y = -\frac{j\lambda_g^2}{2\pi\lambda_1}\frac{\partial \mathfrak{E}_{z_0}}{\partial x}e^{-j\alpha_z z}, \qquad\qquad \frac{\mathfrak{E}_y}{Z_1} = \frac{j\lambda_g^2}{2\pi\lambda_1}\frac{\partial \mathfrak{H}_{z_0}}{\partial x}e^{-j\alpha_z z}.$$

Betrachtet man die transversalen Feldstärken $\mathfrak{E}_t$ und $\mathfrak{H}_t$ an einem beliebigen Punkt (x, y) des Querschnitts, so ergibt sich aus ihrem Verhältnis der „Feldwellenwiderstand $\mathfrak{Z}_l$" der Hohlleitungswelle:

$$Z_l = \frac{\mathfrak{E}_t}{\mathfrak{H}_t} = \frac{\sqrt{\mathfrak{E}_x^2 + \mathfrak{E}_y^2}}{\sqrt{\mathfrak{H}_x^2 + \mathfrak{H}_y^2}} = \frac{\lambda_1}{\lambda_z}Z_1\,, \quad\Bigg|\quad Z_l = \frac{\mathfrak{E}_t}{\mathfrak{H}_t} = \frac{\sqrt{\mathfrak{E}_x^2 + \mathfrak{E}_y^2}}{\sqrt{\mathfrak{H}_x^2 + \mathfrak{H}_y^2}} = \frac{\lambda_z}{\lambda_1}Z_1\,. \tag{291}$$

Man erkennt, daß der Feldwellenwiderstand unabhängig ist von den räumlichen Koordinaten, jedoch abhängig vom Verhältnis der Wellenlänge λ_z in z-Richtung zur Wellenlänge λ_1 der freien Ausbreitung.

Genau wie bei der Behandlung der Doppelleitungen setzt man nunmehr zwei in entgegengesetzter Richtung laufende Wellenzüge verschiedener Intensität, aber gleicher Wellenart und gleicher Polarisationsrichtung an. Die Feldstärken in der transversalen Richtung werden an einem beliebigen Punkt des Querschnitts gemessen (beispielsweise schneidet man in die Hohlleitung einen Längsschlitz, um mit einer Sonde das elektrische oder das magnetische Feld in einer bestimmten durch die Sonde gegebenen Richtung abzutasten). Für die in z-Richtung fortschreitende Welle, die den Index h (hinlaufende Welle) erhalten soll, gilt der Zusammenhang:

$$\mathfrak{E}_{t_h} = \mathfrak{E}_{t_{h_0}} \, \mathrm{e}^{-\mathrm{j}\,\alpha_z z}, \quad \mathfrak{H}_{t_h} = \frac{\mathfrak{E}_{t_h}}{Z_l} = \frac{\mathfrak{E}_{t_{h_0}}}{Z_l} \, \mathrm{e}^{-\mathrm{j}\,\alpha_z z}. \tag{292}$$

Diese Gleichung entspricht dem Ansatz (175) auf S. 208 bei den Doppelleitungen, wenn man den Zusammenhang $\mathrm{j}\alpha_z = \gamma_z$ berücksichtigt. Für die rücklaufende Welle gilt entsprechend:

$$\mathfrak{E}_{t_r} = \mathfrak{E}_{t_{r_0}} \, \mathrm{e}^{\mathrm{j}\,\alpha_z z}, \quad \mathfrak{H}_{t_r} = -\frac{\mathfrak{E}_{t_r}}{Z_l} = -\frac{\mathfrak{E}_{t_{r_0}}}{Z_l} \, \mathrm{e}^{\mathrm{j}\,\alpha_z z}. \tag{293}$$

Hierbei ist der Vorzeichenwechsel bei der magnetischen Komponente zu beachten; er ist erforderlich, da ja der Leistungsfluß entsprechend dem Poyntingschen Vektor in entgegengesetzter Richtung verlaufen muß. Die Gesamtfeldstärken an der gewählten Querschnittsstelle der Hohlleitung sind dann:

$$\left. \begin{aligned} \mathfrak{E}_t &= \mathfrak{E}_{t_h} + \mathfrak{E}_{t_r} = \mathfrak{E}_{t_{h_0}} \, \mathrm{e}^{-\mathrm{j}\,\alpha_z z} + \mathfrak{E}_{t_{r_0}} \, \mathrm{e}^{\mathrm{j}\,\alpha_z z}, \\ \mathfrak{H}_t &= \mathfrak{H}_{t_h} + \mathfrak{H}_{t_r} = \frac{1}{Z_l} \left(\mathfrak{E}_{t_{h_0}} \, \mathrm{e}^{-\mathrm{j}\,\alpha_z z} - \mathfrak{E}_{t_{r_0}} \, \mathrm{e}^{\mathrm{j}\,\alpha_z z} \right). \end{aligned} \right\} \tag{294}$$

Dieses Gleichungssystem entspricht genau dem System (200) auf S. 230.

Nimmt man nunmehr an, daß am Leitungsende bei $z = 0$ die Feldstärken die Größen $\mathfrak{E}_{t_0}$ und $\mathfrak{H}_{t_0}$ haben, so ergibt sich:

$$\mathfrak{E}_{t_0} = \mathfrak{E}_{t_{h_0}} + \mathfrak{E}_{t_{r_0}},$$
$$Z_l \mathfrak{H}_{t_0} = \mathfrak{E}_{t_{h_0}} - \mathfrak{E}_{t_{r_0}},$$

folglich:

$$\mathfrak{E}_{t_{h_0}} = \tfrac{1}{2} \left(\mathfrak{E}_{t_0} + Z_l \, \mathfrak{H}_{t_0} \right),$$
$$\mathfrak{E}_{t_{r_0}} = \tfrac{1}{2} \left(\mathfrak{E}_{t_0} - Z_l \, \mathfrak{H}_{t_0} \right).$$

Setzt man diese Größen in das Gleichungssystem (294) ein und nimmt ferner an, daß die Leitungslänge l in negativer z-Richtung gemessen wird, so entsteht der Zusammenhang

$$\left. \begin{aligned} \mathfrak{E}_t &= \mathfrak{E}_{t_0} \cos(\alpha_z l) + \mathrm{j}\, Z_l \mathfrak{H}_{t_0} \sin(\alpha_z l), \\ Z_l \mathfrak{H}_t &= \mathrm{j}\, \mathfrak{E}_{t_0} \sin(\alpha_z l) + Z_l \mathfrak{H}_{t_0} \cos(\alpha_z l). \end{aligned} \right\} \tag{295}$$

22*

Dieses Gleichungssystem ist in voller Übereinstimmung mit (204b) auf S. 234.

Die weiteren Berechnungen der Ausbildung der Welle auf der Leitung brauchen nicht eingehender betrachtet zu werden, da sie vollkommen mit der Ausbreitung auf Doppelleitungen übereinstimmen. Stellt man sich den Abschluß der Leitung ohmisch vor, etwa in der Art

$$\frac{\mathfrak{E}_{t_0}}{\mathfrak{H}_{t_0}} = R_{\min} < Z_l$$

und definiert das Anpassungsmaß $d = \dfrac{R_{\min}}{Z_l}$, so erhält man in Analogie zu den Gl. (206), (207) und (208a) auf S. 238 die Zusammenhänge:

$$d = \frac{E_{t\min}}{E_{t\max}} = \frac{H_{t\min}}{H_{t\max}}, \tag{296}$$

$$Z_l = \frac{E_{t\max}}{H_{t\max}} = \frac{E_{t\min}}{H_{t\min}}, \tag{297}$$

$$\frac{\Re}{Z_l} = \frac{d + j\,\mathrm{tg}(\alpha_z\, l)}{1 + j\,d\,\mathrm{tg}(\alpha_z\, l)}. \tag{298}$$

Aus der letzten Gleichung ist insbesonders zu erkennen, daß man die in den Abb. 100 und 101 dargestellten Widerstandsdiagramme unverändert verwenden kann.

Ein Beispiel möge die Verhältnisse etwas näher erläutern. Es sei eine Hohlleitung beliebiger Querschnittsformen vorhanden, die in ihrer unteren Hälfte ($z < 0$) mit einem Dielektrikum von der Dielektrizitätskonstanten ε_1 und in ihrer oberen Hälfte ($z > 0$) mit Luft gefüllt ist. Die Ausdehnung der Leitung sei beliebig lang, die Leistungsübertragung erfolge in positiver z-Richtung. Im Luftraum ist also eine reine fortschreitende Welle vorhanden, die Leitung stellt also an der Stelle $z = 0$ einen Widerstand dar von der Größe:

$$E\text{-Welle} \qquad\qquad\qquad\qquad H\text{-Welle:}$$

$$\Re_0 = Z_{l_0} = Z_0 \frac{\lambda_0}{\lambda_{z_0}}, \qquad\qquad \Re_0 = Z_{l_0} = Z_0 \frac{\lambda_{z_0}}{\lambda_0}.$$

(Der Index 0 soll dabei das Medium Luft kennzeichnen.) Aus Gl. (250) auf S. 279 folgt:

$$\lambda_{z_0} = \frac{\lambda_0\,\lambda_g}{\sqrt{\lambda_g{}^2 - \lambda_0{}^2}} \qquad \text{und} \qquad \lambda_{z_1} = \frac{\lambda_1\,\lambda_g}{\sqrt{\lambda_g{}^2 - \lambda_1{}^2}}.$$

Um das Anpassungsmaß d_1 in dem mit Dielektrikum gefüllten Leitungsteil zu ermitteln, bildet man:

$$\frac{\Re_0}{Z_{l_1}} = \frac{\Re_0\,\lambda_{z_1}}{Z_1\,\lambda_1}, \qquad\qquad\qquad \frac{\Re_0}{Z_{l_1}} = \frac{\Re_0\,\lambda_1}{Z_1\,\lambda_{z_1}},$$

$$\frac{\Re_0}{Z_{l_1}} = \sqrt{\varepsilon_1}\,\sqrt{\frac{\lambda_g{}^2 - \lambda_0{}^2}{\lambda_g{}^2 - \lambda_1{}^2}}, \qquad\qquad \frac{\Re_0}{Z_{l_1}} = \sqrt{\varepsilon_1}\,\sqrt{\frac{\lambda_g{}^2 - \lambda_1{}^2}{\lambda_g{}^2 - \lambda_0{}^2}}. \tag{299}$$

Je nach der Größe der Dielektrizitätskonstanten ε_1 und nach der Größe der Betriebsfrequenz sind verschiedene Betriebsfälle möglich. Wenn man bei der E-Welle die Betriebsfrequenz allmählich vermindert, d. h. die Wellenlängen λ_0 und λ_1 allmählich vergrößert, während λ_g konstant bleibt, so tritt folgender Fall ein: Für sehr kleine Werte λ_0 ist das Verhältnis $\mathfrak{R}_0/Z_{l_1}$ reell und größer als 1, das entsprechende Anpassungsmaß $d_1 = Z_{l_1}/\mathfrak{R}_0$ ist ebenfalls reell. Bei weiterer Vergrößerung von λ_0 und λ_1 wird $\mathfrak{R}_0/Z_{l_1}$ kleiner als 1, um schließlich bei $\lambda_0 = \lambda_g$ den Punkt Null zu erreichen. Das Anpassungsmaß hat dann ebenfalls den Wert Null erreicht. Bei weiterer Vergrößerung von λ_0 wird das Verhältnis $\mathfrak{R}_0/Z_{l_1}$ imaginär in der Weise, daß $\mathfrak{R}_0$ einen induktiven Widerstand darstellt. In diesem Fall ist die Grenzwellenlänge im Luftraum überschritten, in der rechten Hälfte der Hohlleitung kann keine Energie mehr transportiert werden und die Welle wird vollständig reflektiert, es entstehen im Dielektrikum reine stehende Wellen.

Bei den H-Wellen sind die Verhältnisse etwas weniger kompliziert. Solange $\lambda_0 < \lambda_g$ ist, ist die Größe $\mathfrak{R}_0/Z_{l_1}$ reell und größer als 1, das Anpassungsmaß hat den Wert $d_1 = Z_{l_1}/\mathfrak{R}_0$. Bei $\lambda_0 = \lambda_g$ erreicht $\mathfrak{R}_0/Z_{l_1}$ den Wert Unendlich, bei weiterer Vergrößerung von λ_0 wird $\mathfrak{R}_0$ imaginär und kapazitiv. In diesem Fall ist wieder eine vollständige Reflektion der Welle an der Grenzfläche $z = 0$ vorhanden.

2. Die aus Leitungsstücken gebildeten Hohlraumresonatoren.

a) Die allgemeinen Grundlagen.

Ein besonders wichtiges Anwendungsgebiet für die stehenden Wellen in Hohlleitungen stellen die Hohlraumresonatoren dar. Wie bei den im Abschnitt C auf S. 249 ff. behandelten Doppelleitungen können auch bei Hohlleitungen Resonatoren dadurch gebildet werden, daß man Leitungsstücke bestimmter Länge an ihren Enden mit einem geeigneten Abschluß versieht. Als wesentliche Sonderfälle kommen wie bei den Doppelleitungen der Leerlauf und der Kurzschluß in Frage; im ersten Falle wären die Hohlraumleitungen an den Enden einfach offen zu lassen, im zweiten Falle durch eine ebene Metallplatte abzuschließen.

Für den Fall der am Ende offenen Hohlleitung verlangen die Randbedingungen des elektromagnetischen Feldes, daß im Idealfall in der Ebene der Öffnung die in Richtung dieser Ebene liegenden Komponenten des magnetischen Feldes verschwinden; denn es soll an dieser Stelle in den Metallwänden kein Strom in Längsrichtung fließen. Das Verschwinden des Magnetfeldes gilt allerdings nur näherungsweise, weil auch außerhalb der Hohlleitung noch elektrische und magnetische Streufelder vorhanden sind. Gleichzeitig erfolgt durch die offene Hohlleitung eine Abstrahlung von elektromagnetischer Energie, wie noch unten im Abschnitt E ausführlich zu berichten sein wird. Durch diese

Strahlung erhält der Resonator eine zusätzliche Dämpfung; aus diesem Grunde wird man am Ende offene Hohlleitungen im allgemeinen nicht als Resonatoren, sondern nur als Strahler verwenden.

Die an beiden Enden metallisch geschlossene Hohlleitung ist als Resonator vorzüglich geeignet. In den metallischen Abschlußebenen muß das elektrische Feld verschwinden, d. h. die Komponenten $\mathfrak{E}_x$ und $\mathfrak{E}_y$ müssen Null werden; das gleiche gilt für die Komponente $\mathfrak{H}_z$. Wie man aus dem Gleichungssystem (287) auf S. 334 ersehen kann, sind diese Randbedingungen für die Abschlußebene erfüllt, wenn $\sin(\alpha_z z) = \sin(2\pi z/\lambda_z) = 0$ ist. Die Länge des Resonators, die mit a_z bezeichnet werden soll, muß daher ein ganzzahliges Vielfaches der halben Wellenlänge $\lambda_z/2$ betragen, es muß also gelten:

$$a_z = n_z \frac{\lambda_z}{2}\,. \tag{300}$$

Hierbei ist n_z eine ganze Zahl, die die Anzahl der Halbwellen des elektromagnetischen Feldes in der z-Richtung angibt. Die Kennzeichnung eines bestimmten Schwingungszustandes in einem Hohlraumresonator kann somit durch drei Indizes erfolgen, von denen die beiden ersten den Schwingungszustand in der Ebene senkrecht zur z-Richtung genau wie bei den fortschreitenden Wellen kennzeichnen, während der dritte durch n_z gegeben ist. So spricht man beispielsweise bei einem Resonator, der durch metallischen Abschluß einer rechteckigen Hohlleitung entstanden ist, von einem Schwingungszustand $E_{n_x n_y n_z}$ bzw. $H_{n_x n_y n_z}$; ebenso spricht man bei einem zylindrischen Resonator, der aus einer kreisförmigen Hohlleitung entstanden ist, von den Schwingungszuständen $E_{n_\zeta n_r n_z}$ und $H_{n_\zeta n_r n_z}$. Einen Sonderfall in dieser Hinsicht stellt die Wellenform nach dem Gleichungssystem (290) auf S. 337 dar, bei der die Betriebswellenlänge λ_1 gleich der Grenzwellenlänge λ_g ist; wie man aus den Gleichungen entnehmen kann, ist das Verschwinden des elektrischen Feldes in den Abschlußebenen nur bei der E-Welle möglich; die H-Welle kann nur bestehen in dem beiderseits offenen Resonator, der an dieser Stelle nicht besprochen werden soll. In der z-Richtung tritt bei der E-Welle dieser Art keine Veränderung der Felder auf, n_z ist daher Null; man hat hier von $E_{n_x n_y 0}$-Wellen bei rechteckigen Resonatoren und von $E_{n_\zeta n_r 0}$-Wellen bei zylindrischen Resonatoren zu sprechen.

Genau wie bei den oben behandelten Doppelleitungsresonatoren (vgl. S. 256ff.) interessiert bei den Hohlraumresonatoren die Größe des Verlustfaktors bzw. sein Kehrwert, die Güte. Der Resonanzwiderstand hat bei den Hohlraumresonatoren nicht die Bedeutung, die ihm bei den Doppelleitungsresonatoren zukommt; denn bei den Hohlraumresonatoren ist die Stelle, auf den man den Resonanzwiderstand beziehen soll, nicht von vornherein gegeben. Es ist an sich möglich, im Innern des Hohlraumresonators nach Festlegung eines

bestimmten Integrationsweges im elektrischen Feld eine Spannung zu
definieren und das halbe Quadrat dieser Spannung, geteilt durch die
im Resonator auftretende Verlustleistung, als Resonanzwiderstand zu
bezeichnen; jedoch ist dies in den meisten Fällen ohne Bedeutung für
die praktische Anwendung. Sinnvoll wäre die Festlegung eines Resonanzwiderstandes lediglich für die An-
koppelstellen, an denen dem Resonator über Doppelleitungen Energie
zugeführt oder entnommen wird; derartige Ankopplungen sind bereits in
Abb. 139 dargestellt; jedoch ist die
Berechnung des Resonanzwiderstandes für solche Stellen im allgemeinen
schwierig, da die Ankopplungen das
ursprüngliche Feld verzerren.

Die Berechnung des Verlustfaktors wird hier unter etwas anderen
Voraussetzungen als bei den Doppelleitungsresonatoren durchgeführt.
Abb. 141a zeigt einen Hohlraumresonator im Querschnitt; seine Form
kann an sich beliebig sein, die Ausdehnung a_z ist in der Figur angegeben.
Vor der oberen metallischen Abschlußplatte denkt man sich den Resonator durch eine beliebig dünne
hypothetische Schicht aufgetrennt,
durch die dem Resonator von außen
her eine Scheinleistung N_{sch} (Wirkleistung und Blindleistung) zuge-

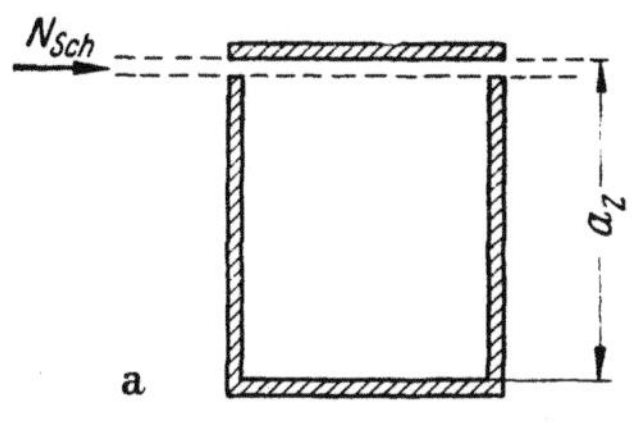

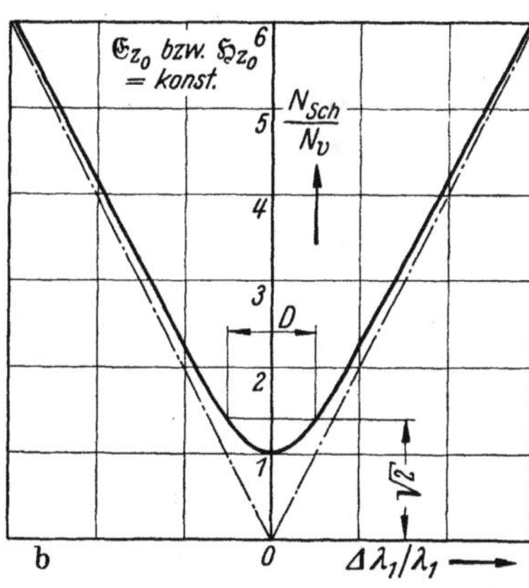

Abb. 141. Entstehung der Resonanzkurve:
a Zuführung der Scheinleistung N_{Sch} durch
eine ebene Schicht, *b* Verhältnis von Scheinleistung N_{Sch} zu Verlustleistung N_v in Abhängigkeit von der Wellenlängenänderung
$\Delta\lambda_1$.

führt werden kann. Die Leistungszufuhr durch diese Schicht, die
in der Praxis nicht verwirklicht werden kann, soll ohne Verzerrung
des ursprünglich vorhandenen Feldes erfolgen. Die durch die Schicht
zuzuführende Blindleistung ergibt sich aus der Gl. (288) auf S. 335;
sie ist proportional der Größe $\frac{\lambda_z}{\lambda_1}\sin(2\alpha_z z)$ (im vorliegenden Fall ist
$z = a_z$). Setzt man diese Blindleistung ins Verhältnis zu dem durch
Gl. (289) auf S. 337 gegebenen Energieinhalt des Resonators, so folgt:

$$\frac{N_{B_z}}{W} = \frac{\lambda_1}{\lambda_z}\,\frac{v_1}{a_z}\sin(2\alpha_z z).$$

Wird der Resonator bei seiner Resonanzwellenlänge betrieben, so
ist $a_z = n_z\frac{\lambda_z}{2}$, und die zuzuführende Blindleistung ist Null; weicht man
dagegen mit der von außen zugeführten Betriebswellenlänge um einen

kleinen Betrag $\Delta\lambda_1$ von der Resonanzwellenlänge λ_1 ab, so ändert sich auch die Größe λ_z, und der Resonator nimmt eine kleine Blindleistung ΔN_B auf. Durch Benutzung der Gl. (250) auf S. 279 kann man für die letztgefundene Beziehung schreiben:

$$\frac{N_{B_z}}{W} = \frac{\sqrt{\lambda_g^2 - \lambda_1^2}}{\lambda_g}\,\frac{v_1}{a_z}\sin\left(\frac{4\pi\,a_z\,\sqrt{\lambda_g^2 - \lambda_1^2}}{\lambda_g\,\lambda_1}\right).$$

Durch Differenzieren dieser Gleichung nach λ_1 ergibt sich für die Umgebung der Resonanzwellenlänge:

$$\Delta N_B = -\frac{\Delta\lambda_1}{\lambda_1}\,2\,\omega\,W. \tag{301}$$

Die zuzuführende Blindleistung ist also der Wellenlängenänderung $\Delta\lambda_1$ und dem Energieinhalt W proportional. Bezüglich der Verlustleistung N im Resonator kann man für die nächste Umgebung der Resonanzfrequenz annehmen, daß sie sich nicht ändert, weil sich die relative Feldverteilung nur äußerst wenig ändert. Die durch die hypothetische Schicht zuzuführende Scheinleistung ist:

$$N_{sch} = \sqrt{N_v^2 + \Delta N_B^2}.$$

Das Minimum dieser Scheinleistung wird bei Resonanzabstimmung erreicht und ist gleich der Verlustleistung N_v. Bildet man das Verhältnis von N_{sch} zu N_v unter Mitbenutzung der Gl. (301), ergibt sich:

$$\frac{N_{sch}}{N_v} = \sqrt{1 + \left(\frac{\Delta N_B}{N_v}\right)^2} = \sqrt{1 + \left(\frac{2\,\Delta\lambda_1}{\lambda_1}\right)^2\left(\frac{\omega\,W}{N_v}\right)^2}. \tag{301a}$$

Wenn man berücksichtigt, daß relative Wellenlängenänderung $\Delta\lambda_1/\lambda_1$ und relative Frequenzänderung $\Delta\omega/\omega$ ihrem Betrage nach gleich sind, so stimmt diese Beziehung in ihrer Form mit der Gl. (225) auf S. 257 überein, durch die ganz allgemein für alle Resonatoren der Begriff des Verlustfaktors definiert wurde. Der Verlustfaktor D eines Hohlraumresonators ergibt sich somit zu:

$$D = \frac{N_v}{\omega\,W}. \tag{302}$$

Diese Beziehung stimmt mit der für den speziellen Fall des Doppelleitungsresonators gefundenen Gl. (226b) auf S. 258 überein. Der Verlustfaktor ist ganz allgemein für sämtliche Resonatoren gegeben durch das Verhältnis von Verlustleistung zu Kreisfrequenz mal Energieinhalt. Der Verlauf der Gl. (301a), der übrigens mit der Gl. (225) auf S. 257 für die Doppelleitung übereinstimmt, ist in Abb. 141b dargestellt. Die Kurve verläuft zu der sonst bei Resonatoren allgemein dargestellten Resonanzkurve reziprok. Bei der Resonanz ($\Delta\lambda_1 = 0$) wird als Scheinleistung N_{sch} nur die Größe der Verlustleistung N_v zugeführt; bei dieser zugeführten Leistung stellt sich im Innern des Resonators eine bestimmte Größe der Längsfeldstärken $\mathfrak{E}_{z_0}$ bzw. $\mathfrak{H}_{z_0}$ ein. Wenn man nun außerhalb der Resonanz (allerdings in Resonanznähe) die Größe dieser Feldstärke und damit auch die Größe der Verlustleistung N_v aufrechterhalten will, so muß man die zugeführte Scheinleistung in der durch die Kurve dargestellten Weise erhöhen. Zieht man in der Höhe $\sqrt{2}$ die Parallele zur Abszissenachse, so ist das von der Kurve herausgeschnittene Stück gerade gleich D, wie sich unmittelbar aus der Gl. (301a) oder (225) ergibt. Je geringer der Verlustfaktor des Resonators ist, um so spitzer verläuft die Kurve. Wenn $N_{sch}/N_v = \sqrt{2}$ ist, so ist die zugeführte Blindleistung $N_B = \sqrt{N_{sch}^2 - N_v^2}$ gerade gleich der Verlustleistung N_v; mithin ergibt sich in Analogie zur Gl. (226a) auf S. 258:

$$D = \left(\frac{2\,\Delta\,\omega}{\omega}\right)_{N_B = N_v} = \left(\frac{2\,\Delta\,\lambda_1}{\lambda_1}\right)_{N_B = N_v}.$$

In der Praxis muß nun an Stelle der hypothetischen Schicht für die Energiezufuhr am Resonator eine Ankopplung etwa in der Art von Abb. 139 vorhanden sein, die die Hohlraumwelle in eine Doppelleitungswelle oder eine andere Hohlraumwelle umsetzt. Da im allgemeinen die Ankopplung sehr lose erfolgen kann, sind die in der Ankopplungsleitung fließenden Ströme sehr klein im Verhältnis zum Resonanzstrom im Resonator selbst; die Ankopplung verursacht daher keine großen Energieverluste, der Verlustfaktor D wird durch die Ankopplung nicht nennenswert beeinflußt.

Die hier gegebene Ableitung für den Verlustfaktor eines Hohlraumresonators ist für die Schwingungsform $n_z = 0$ nicht brauchbar, weil bei dieser Schwingungsform kein Energietransport in der z-Richtung stattfindet. Man muß sich hier die hypothetische, energiezuführende Schicht rings innerhalb der metallischen Mantelfläche angeordnet denken. Das Ergebnis der Rechnungen, die hier nicht gebracht werden sollen, ist das gleiche wie oben, also durch die Gl. (302) gegeben.

Um den Verlustfaktor zahlenmäßig zu berechnen, muß man die Größe der Verlustleistung N_v in den Hohlraumresonatoren kennen. Die Bestimmung der Verlustleistung erfolgt ähnlich wie bei den fortschreitenden Wellen in Abschnitt I, c auf S. 283. Es gibt zwei Verlustquellen: die dielektrischen Verluste des den Hohlraum erfüllenden Dielektrikums und die Stromverdrängungsverluste der Metallwände.

Zur Berechnung der dielektrischen Verluste ist die Gl. (171) auf S. 205 zu verwenden:

$$dN_{v_1} = \operatorname{tg}\delta_1 \frac{\varepsilon_1\varepsilon_0\omega}{2}\,|\mathfrak{E}|^2\,dV.$$

Diese Verlustleistung interessiert nur im Zusammenhang mit dem Energieinhalt, der sich für die E- und die H-Wellen in der gleichen Form schreiben läßt:

$$dW = \frac{\varepsilon_1\varepsilon_0}{2}\,|\mathfrak{E}|^2\,dV.$$

Für jedes Volumenelement besteht das Verhältnis:

$$\frac{\mathrm{d}N_{v_1}}{\mathrm{d}W} = \mathrm{tg}\,\delta_1 \cdot \omega,$$

ganz unabhängig von der räumlichen Lage des Volumenelementes und von der Wellenform; also gilt dieses Verhältnis auch, wenn man Verlustleistung und Energieinhalt auf das gesamte Volumen bezieht:

$$\frac{N_{v_1}}{W} = \mathrm{tg}\,\delta_1 \cdot \omega.$$

Somit ergibt sich nach der Gl. (302) auf S. 394 der Verlustfaktor durch das Dielektrikum:

$$D_1 = \mathrm{tg}\,\delta_1. \tag{303}$$

Diese Beziehung, die für den Sonderfall der Doppelleitung bereits in Gl. (227) auf S. 258 gefunden war, gilt für sämtliche Formen der Resonatoren. Bei der später folgenden Behandlung der verschiedenen Formen der Resonatoren braucht also über den dielektrischen Verlustfaktor nichts mehr gesagt zu werden.

Die Verlustleistung durch die Stromverdrängung im Metall zerfällt in zwei Anteile, die Verlustleistung $N_{v_z}^*$ in der Mantelfläche des Hohlraums und die Verlustleistung $N_{v_z}^{**}$ in den Endscheiben. Für die Berechnung der Verlustleistung $N_{v_s}^*$ im Mantel macht man die gleichen Ansätze wie bei der fortschreitenden Welle auf S. 286 ff. Nach Gl. (170) auf S. 204 ist:

$$\mathrm{d}N_{v_z}^* = \frac{1}{2}\,|\mathfrak{H}_s|^2\,\frac{\mathrm{d}O}{\varkappa_2 t_2}.$$

Hierbei ist das Oberflächenelement $\mathrm{d}O = \mathrm{d}z\,\mathrm{d}s$, wenn man mit $\mathrm{d}s$ das Linienelement der Randlinie des Querschnitts durch den Hohlraumresonator bezeichnet. Durch Verwendung des Gleichungssystems (287) auf S. 334 folgt dann:

E-Welle:

$$N_{v_z}^* = \frac{1}{2\varkappa_2 t_2 Z_1^2}\left(\frac{\lambda_g{}^2}{2\pi\lambda_1}\right)^2 \int\limits_{z=0}^{a_z}\cos^2(\varkappa_z z)\,\mathrm{d}z\int^{S}\left[\left(\frac{\partial\mathfrak{E}_{z_0}}{\partial x}\right)^2 + \left(\frac{\partial\mathfrak{E}_{z_0}}{\partial y}\right)^2\right]\mathrm{d}s,$$

$$N_{v_z}^* = \frac{a_z}{4\varkappa_2 t_2 Z_1^2}\left(\frac{\lambda_g{}^2}{2\pi\lambda_1}\right)^2 \int^{S}\left[\left(\frac{\partial\mathfrak{E}_{z_0}}{\partial x}\right)^2 + \left(\frac{\partial\mathfrak{E}_{z_0}}{\partial y}\right)^2\right]\mathrm{d}s,$$

H-Welle:

$$N_{v_z}^* = \frac{1}{2\varkappa_2 t_2}\left\{\left(\frac{\lambda_g{}^2}{2\pi\lambda_z}\right)^2 \int\limits_{z=0}^{a_z}\cos^2(\alpha_z z)\,\mathrm{d}z\int^{S}\left[\left(\frac{\partial\mathfrak{H}_{z_0}}{\partial x}\right)^2 + \left(\frac{\partial\mathfrak{H}_{z_0}}{\partial y}\right)^2\right]\mathrm{d}s\right.$$

$$\left. + \int\limits_{z=0}^{a_z}\sin^2(\varkappa_z z)\,\mathrm{d}z\int^{S}\mathfrak{H}_{z_0}^2\,\mathrm{d}s\right\},$$

$$N_{v_z}^* = \frac{a_z}{4\varkappa_2 t_2}\left\{\left(\frac{\lambda_g{}^2}{2\pi\lambda_z}\right)^2 \int^{S}\left[\left(\frac{\partial\mathfrak{H}_{z_0}}{\partial x}\right)^2 + \left(\frac{\partial\mathfrak{H}_{z_0}}{\partial y}\right)^2\right]\mathrm{d}s + \int^{S}\mathfrak{H}_{z_0}^2\,\mathrm{d}s\right\}.$$

Für den Sonderfall $n_z = 0$ ist entsprechend dem Gleichungssystem (290) auf S. 339 keine Sinusverteilung des elektromagnetischen Feldes in z-Richtung vorhanden; bei der Integration fällt der Faktor $\frac{1}{2}$ fort, außerdem verschwinden einige Feldkomponenten; die Verlustleistung ist in diesem Fall:

E-Welle:

$$N_{v_2}^* = \frac{a_z}{2\,\varkappa_2 t_2 Z_1{}^2} \left(\frac{\lambda_1}{2\pi}\right)^2 \int\limits^{S}\left[\left(\frac{\partial \mathfrak{E}_{z_0}}{\partial x}\right)^2 + \left(\frac{\partial \mathfrak{E}_{z_0}}{\partial y}\right)^2\right] \mathrm{d}s,$$

H-Welle:

$$N_{v_2}^* = \frac{a_z}{2\,\varkappa_2 t_2} \int\limits^{S} \mathfrak{H}_{z_0}^2\, \mathrm{d}s.$$

Die Verlustleistung in den beiden Endscheiben des Resonators ist:

E-Welle:

$$N_{v_2}^{**} = \frac{2}{2\,\varkappa_2 t_2} \iint\limits^{F} [|\mathfrak{H}_x|^2 + |\mathfrak{H}_y|^2]\, \mathrm{d}x\,\mathrm{d}y$$

$$= \frac{1}{\varkappa_2 t_2 Z_1{}^2} \left(\frac{\lambda_g{}^2}{2\pi\lambda_1}\right)^2 \iint\limits^{F} \left[\left(\frac{\partial \mathfrak{E}_{z_0}}{\partial x}\right)^2 + \left(\frac{\partial \mathfrak{E}_{z_0}}{\partial y}\right)^2\right] \mathrm{d}x\,\mathrm{d}y,$$

H-Welle:

$$N_{v_2}^{**} = \frac{2}{2\,\varkappa_2 t_2} \iint\limits^{F} [|\mathfrak{H}_x|^2 + |\mathfrak{H}_y|^2]\, \mathrm{d}x\,\mathrm{d}y$$

$$= \frac{1}{\varkappa_2 t_2} \left(\frac{\lambda_g{}^2}{2\pi\lambda_z}\right)^2 \iint\limits^{F} \left[\left(\frac{\partial \mathfrak{H}_{z_0}}{\partial x}\right)^2 + \left(\frac{\partial \mathfrak{H}_{z_0}}{\partial y}\right)^2\right] \mathrm{d}x\,\mathrm{d}y,$$

wobei der in den Gl. (287) gegebene Zusammenhang berücksichtigt ist. Für den Fall $n_z = 0$ ergibt sich für die E-Welle:

$$N_{v_2}^{**} = \frac{1}{\varkappa_2 t_2 Z_1{}^2} \left(\frac{\lambda_1}{2\pi}\right)^2 \iint\limits^{F} \left[\left(\frac{\partial \mathfrak{E}_{z_0}}{\partial x}\right)^2 + \left(\frac{\partial \mathfrak{E}_{z_0}}{\partial y}\right)^2\right] \mathrm{d}x\,\mathrm{d}y.$$

(Die H-Welle ist, wie schon oben erwähnt, im geschlossenen Resonator für $n_z = 0$ unmöglich.) Die Größe des Verlustfaktors durch die Metallwände ergibt sich nunmehr aus der Gl. (302) auf S. 344 unter Mitbenutzung der Gleichungen für den Energieinhalt (289) auf S. 337 bzw. (290f) auf S. 338:

$$D_2 = \frac{N_{v_2}^* + N_{v_2}^{**}}{\omega W},$$

E-Welle:

$$D_2 = \frac{v_1}{\omega\varkappa_2 t_2 Z_1} \cdot \frac{\displaystyle\int\limits^{S}\left[\left(\frac{\partial \mathfrak{E}_{z_0}}{\partial x}\right)^2 + \left(\frac{\partial \mathfrak{E}_{z_0}}{\partial y}\right)^2\right] \mathrm{d}s}{\displaystyle\iint\limits^{F}\left[\left(\frac{\partial \mathfrak{E}_{z_0}}{\partial x}\right)^2 + \left(\frac{\partial \mathfrak{E}_{z_0}}{\partial y}\right)^2\right] \mathrm{d}x\,\mathrm{d}y} + \frac{4\,v_1}{a_z\varkappa_2 t_2 \omega Z_1},$$

H-Welle:

$$D_2 = \frac{v_1}{\omega \varkappa_2 t_2 Z_1}\left[\left(\frac{\lambda_1}{\lambda_z}\right)^2 \frac{\int\limits^{S}\left[\left(\frac{\partial \mathfrak{E}_{z_0}}{\partial x}\right)^2 + \left(\frac{\partial \mathfrak{E}_{z_0}}{\partial y}\right)^2\right] ds}{\iint\limits_{F}\left[\left(\frac{\partial \mathfrak{E}_{z_0}}{\partial x}\right)^2 + \left(\frac{\partial \mathfrak{E}_{z_0}}{\partial y}\right)^2\right] dx\,dy} + \left(\frac{\lambda_1}{\lambda_g}\right)^2 \frac{\int\limits^{S}\mathfrak{E}_{z_0}^2 ds}{\iint\limits_{F}\mathfrak{E}_{z_0}^2 dx\,dy}\right]$$

$$+ \frac{4\,v_1}{a_z \varkappa_2 t_2 \omega Z_1}\left(\frac{\lambda_1}{\lambda_z}\right)^2.$$

Die Verhältnisse der Linien- und Flächenintegrale wurden bereits bei der Dämpfungskonstanten β_{v_2} der fortschreitenden Wellen berechnet, wie man aus Gl. (257) auf S. 287 ersieht. Um die Berechnungen für die einzelnen Wellenformen nicht wiederholen zu müssen, wird nunmehr β_{v_2} in die Gleichungen eingeführt unter gleichzeitiger Benutzung der Faktoren K_β nach Gl. (197) auf S. 221 und K_D nach Gl. (229) auf S. 259:

$$D_2 = K_D\left[\frac{\lambda_1}{\lambda_z}\frac{\beta_{v_2}}{K_\beta} + \frac{4}{a_z}\right], \;\; \Big| \;\; D_2 = K_D\left[\frac{\lambda_1}{\lambda_z}\frac{\beta_{v_2}}{K_\beta} + \frac{4}{a_z}\left(\frac{\lambda_1}{\lambda_z}\right)^2\right]. \tag{304}$$

Für den Sonderfall der E-Welle mit $n_z = 0$ folgt entsprechend:

$$D_2 = \frac{\dfrac{a_z}{2\varkappa_2 t_2 Z_1^2}\left(\dfrac{\lambda_1}{2\pi}\right)^2 \int\limits^{S}\left[\left(\dfrac{\partial \mathfrak{E}_{z_0}}{\partial x}\right)^2 + \left(\dfrac{\partial \mathfrak{E}_{z_0}}{\partial y}\right)^2\right] ds + \dfrac{1}{\varkappa_2 t_2 Z_1^2}\left(\dfrac{\lambda_1}{2\pi}\right)^2 \iint\limits_{F}\left[\left(\dfrac{\partial \mathfrak{E}_{z_0}}{\partial x}\right)^2 + \left(\dfrac{\partial \mathfrak{E}_{z_0}}{\partial y}\right)^2\right] dx\,dy}{\omega \dfrac{a_z}{2 v_1 Z_1}\left(\dfrac{\lambda_1}{2\pi}\right)^2 \iint\limits_{F}\mathfrak{E}_{z_0}^2 dx\,dy},$$

$$D_2 = K_D\left[\frac{\lambda_1}{\lambda_z}\frac{\beta_{v_2}}{K_\beta} + \frac{2}{a_z}\right]. \tag{305}$$

Der Unterschied gegen die Beziehung der E-Welle in Gl. (304) liegt nur darin, daß sich die durch die Endscheiben verursachte Dämpfung hier auf die Hälfte reduziert. Bei der zahlenmäßigen Auswertung ist die Größe K_D aus der Abb. 107 zu entnehmen. Die Gl. (304) gelten auch für die Doppelleitungsresonatoren ($\lambda_z = \lambda_1$); führt man β_{v_2} nach den Gl. (196) auf S. 221 und (199) auf S. 222 ein, so erhält man die Beziehungen (232a) und (232b) auf S. 260.

b) Der rechteckige Hohlraumresonator.

Im Abschnitt I, 3 wurden drei Sonderformen von Hohlleitungen behandelt: die rechteckige Hohlleitung, die kreisförmige Hohlleitung und die konzentrische Doppelleitung. Aus metallisch abgeschlossenen Stücken dieser Leitungen erhält man drei Formen von Hohlraumresonatoren: den rechteckigen Hohlraumresonator, den kreiszylindrischen Hohlraumresonator und den konzentrischen Doppelleitungsresonator. Diese drei Resonatorformen sind in Abb. 142 dargestellt. Der rechteckige Hohlraumresonator soll zuerst behandelt werden.

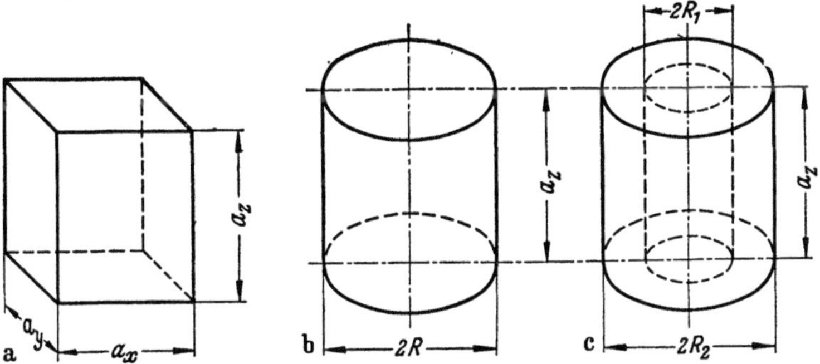

Abb. 142. Grundformen der Hohlraumresonatoren: *a* rechteckiger Resonator, *b* kreiszylindrischer Resonator, *c* konzentrischer Resonator.

Zur Bestimmung der Resonanzwellenlänge λ_1 des Resonators verwendet man Gl. (250) auf S. 279:

$$\frac{1}{\lambda_z^2} = \frac{1}{\lambda_1^2} - \frac{1}{\lambda_g^2}$$

und Gl. (300) auf S. 342:

$$a_z = n_z \frac{\lambda_z}{2}$$

und erhält:

$$\left(\frac{2}{\lambda_1}\right)^2 = \left(\frac{2}{\lambda_g}\right)^2 + \left(\frac{n_z}{a_z}\right)^2. \tag{306}$$

Führt man nunmehr die Grenzwellenlänge λ_g für die rechteckige Hohlleitung nach Gl. (260) auf S. 292 ein:

$$\left(\frac{2}{\lambda_g}\right)^2 = \left(\frac{n_x}{a_x}\right)^2 + \left(\frac{n_y}{a_y}\right)^2,$$

so erhält man:

$$\left(\frac{2}{\lambda_1}\right)^2 = \left(\frac{n_x}{a_x}\right)^2 + \left(\frac{n_y}{a_y}\right)^2 + \left(\frac{n_z}{a_z}\right)^2. \tag{307}$$

Bevor die Größe der Resonanzwellenlänge näher betrachtet wird, ist festzustellen, welche Schwingungsformen (gekennzeichnet durch $E_{n_x n_y n_z}$ und $H_{n_x n_y n_z}$) überhaupt existieren. Zu diesem Zwecke werden die einzelnen Feldgrößen nach dem Gleichungssystem (287) auf S. 334 berechnet unter Benutzung der Gl. (259) auf S. 292 für die Längsfeldstärken. Die einzelnen Größen des elektrischen und des magnetischen Feldes sind dann:

$E_{n_x n_y n_z}$-Welle: $\left(\alpha_x = \frac{\pi n_x}{a_x}, \quad \alpha_y = \frac{\pi n_y}{a_y}, \quad \alpha_z = \frac{\pi n_z}{a_z}\right)$

$$\mathfrak{E}_x = -\mathfrak{E}_{z_m} \frac{\alpha_x \alpha_z}{\alpha_x^2 + \alpha_y^2} \cos(\alpha_x x) \sin(\alpha_y y) \sin(\alpha_z z), \tag{308a$_\mathrm{E}$}$$

$$\mathfrak{E}_y = -\mathfrak{E}_{z_m} \frac{\alpha_y \alpha_z}{\alpha_x^2 + \alpha_y^2} \sin(\alpha_x x) \cos(\alpha_y y) \sin(\alpha_z z), \tag{308b$_\mathrm{E}$}$$

$$\mathfrak{E}_z = \mathfrak{E}_{z_m} \sin(\alpha_x x) \sin(\alpha_y y) \cos(\alpha_z z), \tag{308c$_\mathrm{E}$}$$

$$Z_1 \mathfrak{H}_x = \mathfrak{E}_{z_m} \frac{\frac{2\pi j}{\lambda_1} \alpha_y}{\alpha_x^2 + \alpha_y^2} \sin(\alpha_x x) \cos(\alpha_y y) \cos(\alpha_z z), \tag{308d$_\mathrm{E}$}$$

$$Z_1 \mathfrak{H}_y = -\mathfrak{E}_{z_m} \frac{\frac{2\pi j}{\lambda_1} \alpha_x}{\alpha_x^2 + \alpha_y^2} \cos(\alpha_x x) \sin(\alpha_y y) \cos(\alpha_z z), \tag{308e$_\mathrm{E}$}$$

$$Z_1 \mathfrak{H}_z = 0, \tag{308f$_\mathrm{E}$}$$

$H_{n_x n_y n_z}$-Welle:

$$\mathfrak{H}_x = -\mathfrak{H}_{z_m} \frac{\alpha_x \alpha_z}{\alpha_x{}^2 + \alpha_y{}^2} \sin(\alpha_x x) \cos(\alpha_y y) \cos(\alpha_z z), \qquad (308a_H)$$

$$\mathfrak{H}_y = -\mathfrak{H}_{z_m} \frac{\alpha_y \alpha_z}{\alpha_x{}^2 + \alpha_y{}^2} \cos(\alpha_x x) \sin(\alpha_y y) \cos(\alpha_z z), \qquad (308b_H)$$

$$\mathfrak{H}_z = \mathfrak{H}_{z_m} \cos(\alpha_x x) \cos(\alpha_y y) \sin(\alpha_z z), \qquad (308c_H)$$

$$\frac{\mathfrak{E}_x}{Z_1} = \mathfrak{H}_{z_m} \frac{\dfrac{2\pi j}{\lambda_1} \alpha_y}{\alpha_x{}^2 + \alpha_y{}^2} \cos(\alpha_x x) \sin(\alpha_y y) \sin(\alpha_z z), \qquad (308d_H)$$

$$\frac{\mathfrak{E}_y}{Z_1} = -\mathfrak{H}_{z_m} \frac{\dfrac{2\pi j}{\lambda_1} \alpha_x}{\alpha_x{}^2 + \alpha_y{}^2} \sin(\alpha_x x) \cos(\alpha_y y) \sin(\alpha_z z), \qquad (308e_H)$$

$$\frac{\mathfrak{E}_z}{Z_1} = 0. \qquad (308f_H)$$

Es ist dabei eine Umformung durchgeführt worden, die sich aus den Gl. (300) auf S. 342 und (250) auf S. 279 erklärt. Damit nicht sämtliche Komponenten des elektromagnetischen Feldes verschwinden, müssen bei den E-Wellen die Größen n_x und n_y gleich oder größer als Eins sein, während die Größe n_z Null werden kann. Bei den H-Wellen dagegen kann entweder n_x oder n_y Null werden, n_z muß mindestens Eins sein. Die Wellenarten mit den niedrigsten Ordnungszahlen sind somit E_{110}, H_{011} und H_{101}. Sieht man sich die Komponentengleichungen für diese drei Wellenarten, die sich nach dem Gleichungssystem (308) unmittelbar anschreiben lassen, im einzelnen an, so erkennt man folgende gemeinsame Kennzeichen: Es ist nur eine Komponente der elektrischen Feldstärke vorhanden, die elektrischen Feldlinien verlaufen also zueinander parallel; die magnetische Feldstärke setzt sich aus zwei Komponenten zusammen und verläuft in der Ebene senkrecht zur elektrischen Feldstärke. Die drei Wellenarten sind miteinander identisch, wenn man die Koordinaten x, y und z zyklisch miteinander vertauscht; denn beim rechtwinkligen Resonator gibt es ja keine Vorzugsrichtung. Die Unterscheidung zwischen E- und H-Wellen hat bei diesem Hohlraumresonator ihren Sinn verloren; denn die Buchstaben E bzw. H geben an, ob in der z-Richtung eine elektrische bzw. eine magnetische Feldstärkenkomponente vorhanden ist; die Wahl der z-Richtung ist hier aber eine vollkommen willkürliche.

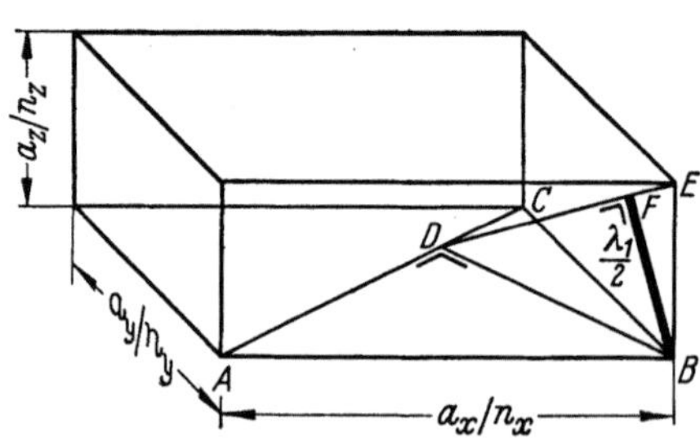

Abb. 143. Geometrische Ermittlung der Resonanzwellenlänge für einen rechtwinkligen Hohlraumresonator.

Für jeden beliebigen Schwingungszustand im rechteckigen Hohlraumresonator kann man die Resonanzwellenlänge leicht geometrisch

bestimmen, wie Abb. 143 zeigen soll. Man schneidet aus dem Hohlraum einen Quader mit den Seitenlängen a_x/n_x, a_y/n_y und a_z/n_z heraus. In der Grundfläche zieht man dann eine Diagonale $(\overline{AC})$ und fällt darauf von der gegenüberliegenden Ecke B der Grundfläche das Lot mit dem Fußpunkt D; dann zieht man eine Verbindungslinie von D zur oberen Ecke E und fällt schließlich auf diese Strecke $\overline{DE}$ von B aus das Lot; dies Lot hat dann die Länge $\lambda_1/2$. Zu beweisen ist diese Aussage folgendermaßen: Der Flächeninhalt des Dreiecks ABC ist: $\dfrac{\overline{AC} \cdot \overline{BD}}{2}$
$= \dfrac{\overline{AB} \cdot \overline{BC}}{2}$; daraus folgt $\left(\text{mit } \overline{AC}^2 = \overline{AB}^2 + \overline{BC}^2\right)\ \dfrac{1}{\overline{BD}^2} = \dfrac{1}{\overline{AB}^2} + \dfrac{1}{\overline{BC}^2}$;
der Inhalt des Dreiecks DBE ist: $\dfrac{\overline{DE} \cdot \overline{BF}}{2} = \dfrac{\overline{BD} \cdot \overline{BE}}{2}$; daraus folgt entsprechend: $\dfrac{1}{\overline{BF}^2} = \dfrac{1}{\overline{BE}^2} + \dfrac{1}{\overline{BD}^2}$; durch Einsetzen der Beziehung für $\dfrac{1}{\overline{BD}^2}$ ergibt sich dann: $\dfrac{1}{\overline{BF}^2} = \dfrac{1}{\overline{BE}^2} + \dfrac{1}{\overline{AB}^2} + \dfrac{1}{\overline{BC}^2}$; also $\overline{BF} = \dfrac{\lambda_1}{2}$.
Diese geometrische Konstruktion ist auch dann noch richtig, wenn eine der Größen n_x, n_y und n_z Null wird, also eine Seite des Quaders unendlich groß wird; die räumliche Figur zieht sich dann in eine ebene zusammen, die mit der Figur der Abb. 121 übereinstimmt.

Zur Berechnung des metallischen Verlustfaktors des rechteckigen Hohlraumresonators geht man von der Gl. (304) auf S. 348 aus und führt die Dämpfungskonstante β_{v_2} nach Gl. (263) auf S. 298 ein und erhält:

E-Welle:
$$D_2 = 4 K_D \left[\frac{\left(\dfrac{n_x}{a_x}\right)^2 \dfrac{1}{a_x} + \left(\dfrac{n_y}{a_y}\right)^2 \dfrac{1}{a_y}}{\left(\dfrac{n_x}{a_x}\right)^2 + \left(\dfrac{n_y}{a_y}\right)^2} + \frac{1}{a_z} \right],$$

H-Welle:
$$D_2 = 4 K_D \left\{ \left(\frac{\lambda_1}{\lambda_z}\right)^2 \left[\frac{\left(\dfrac{n_x}{a_x}\right)^2 \dfrac{1}{a_y} + \left(\dfrac{n_y}{a_y}\right)^2 \dfrac{1}{a_x}}{\left(\dfrac{n_x}{a_x}\right)^2 + \left(\dfrac{n_y}{a_y}\right)^2} + \frac{1}{a_z} \right] + \left(\frac{\lambda_1}{\lambda_g}\right)^2 \left(\frac{1}{a_x} + \frac{1}{a_y}\right) \right\}.$$

Bei der Gleichung für die H-Wellen kann man die Größen λ_1/λ_z und λ_1/λ_g nach den Gl. (307) auf S. 349 und (300) auf S. 342 durch die Abmessungen des Resonators ausdrücken und erhält dann:

E-Welle:
$$D_2 = 4 K_D \left[\frac{\left(\dfrac{n_x}{a_x}\right)^2 \dfrac{1}{a_x} + \left(\dfrac{n_y}{a_y}\right)^2 \dfrac{1}{a_y}}{\left(\dfrac{n_x}{a_x}\right)^2 + \left(\dfrac{n_y}{a_y}\right)^2} + \frac{1}{a_z} \right],$$

H-Welle:
$$D_2 = 4 K_D \left[\frac{\left(\dfrac{n_x}{a_x}\right)^2 \dfrac{1}{a_x} + \left(\dfrac{n_y}{a_y}\right)^2 \dfrac{1}{a_y} + \left(\dfrac{n_z}{a_z}\right)^2 \dfrac{1}{a_z}}{\left(\dfrac{n_x}{a_x}\right)^2 + \left(\dfrac{n_y}{a_y}\right)^2 + \left(\dfrac{n_z}{a_z}\right)^2} + \frac{\left(\dfrac{n_x}{a_x}\right)^2 \dfrac{1}{a_y} + \left(\dfrac{n_y}{a_y}\right)^2 \dfrac{1}{a_x}}{\left(\dfrac{n_x}{a_x}\right)^2 + \left(\dfrac{n_y}{a_y}\right)^2} \right].$$
$$\tag{309}$$

Für den Sonderfall $n_x = 0$ ergibt sich mit Hilfe der Gl. (305) auf S. 348 für den Verlustfaktor der $E_{n_x n_y 0}$-Welle:

$$D_2 = 4 K_D \left[\frac{\left(\dfrac{n_x}{a_x}\right)^2 \dfrac{1}{a_x} + \left(\dfrac{n_y}{a_y}\right)^2 \dfrac{1}{a_y}}{\left(\dfrac{n_x}{a_x}\right)^2 + \left(\dfrac{n_y}{a_y}\right)^2} + \frac{1}{2\,a_z} \right]. \tag{310a}$$

Ist $n_z = 0$, so ergibt sich mit Hilfe der Gl. (264a) auf S. 299 für den Verlustfaktor des Schwingungszustandes $H_{0 n_y n_z}$:

$$D_2 = 4 K_D \left[\frac{\left(\dfrac{n_y}{a_y}\right)^2 \dfrac{1}{a_y} + \left(\dfrac{n_z}{a_z}\right)^2 \dfrac{1}{a_z}}{\left(\dfrac{n_y}{a_y}\right)^2 + \left(\dfrac{n_z}{a_z}\right)^2} + \frac{1}{2\,a_x} \right]. \tag{310b}$$

Entsprechend folgt mit (264b) auf S. 299 für den Schwingungszustand $H_{n_x 0 n_z}$:

$$D_2 = 4 K_D \left[\frac{\left(\dfrac{n_z}{a_z}\right)^2 \dfrac{1}{a_z} + \left(\dfrac{n_x}{a_x}\right)^2 \dfrac{1}{a_x}}{\left(\dfrac{n_z}{a_z}\right)^2 + \left(\dfrac{n_x}{a_x}\right)^2} + \frac{1}{2\,a_y} \right]. \tag{310c}$$

Diese drei zuletzt angegebenen Gleichungen gehen durch zyklische Vertauschung der Größen x, y und z ineinander über, wie das ja auch nach dem oben betrachteten Zusammenhang zwischen den drei Wellentypen nicht anders sein kann.

Ein besonders einfacher Sonderfall des rechteckigen Hohlraumresonators ist der Würfel, d. h. ein Hohlraum mit gleichen Seitenlängen $a_x = a_y = a_z = a$. Aus Gl. (307) auf S. 349 ergibt sich die Resonanzwellenlänge:

$$\left(\frac{2\,a}{\lambda_1}\right)^2 = n_x^2 + n_y^2 + n_z^2. \tag{311a}$$

Ist keine der Größen n_x, n_y und n_z gleich Null, so folgt der Verlustfaktor aus Gl. (309):

$$D_2 = 8\,\frac{K_D}{a}. \tag{311b}$$

Ist eine der Größen n_x, n_y und n_z gleich Null, so folgt aus Gl. (310):

$$D_2 = 6\,\frac{K_D}{a}. \tag{311c}$$

Diese Verlustfaktoren sind für die E- und die H-Wellen gleich. Als Zahlenbeispiel sind in Abb. 144 die Resonanzwellenlängen und die Verlustfaktoren für einen Würfel aus Kupfer mit Luftdielektrikum mit einer Kantenlange von 10 cm aufgetragen. Als Abszissen sind die Resonanzfrequenzen dargestellt, als Ordinaten die Verlustfaktoren. Die senkrechten Linien bezeichnen jeweils eine Resonanzfrequenz und den zu ihr gehörenden Verlustfaktor; die Größen n_x, n_y und n_z, die die Schwingungsform kennzeichnen, sind den einzelnen Linien beigeschrieben; die Reihenfolge der Indizes und die Bezeichnung E und H sind dabei gleichgültig. Die Darstellung ist also ein „Spektrum" der elektromagnetischen Schwingungen des Würfelhohlraums. Man erkennt bereits in dem dargestellten Frequenzbereich eine große Anzahl von Resonanzfrequenzen (wären die Kantenlängen nicht gleich, sondern sämtlich verschieden, so würde sich die Anzahl der Resonanzfrequenzen verdreifachen); je höher die Resonanzfrequenz wird, um so kleiner wird der Verlustfaktor (mit steigenden Ordnungszahlen wird nämlich die Zahl der Elementarquader mit den Abmessungen a_x/n_x, a_y/n_y und a_z/n_z immer größer; dadurch gibt es im Verhältnis immer weniger Elementarquader, die an die verlustbedingenden Metallwände angrenzen). Die Größenordnung des Verlustfaktors bei einem Kupferwürfel ist 10^{-5}.

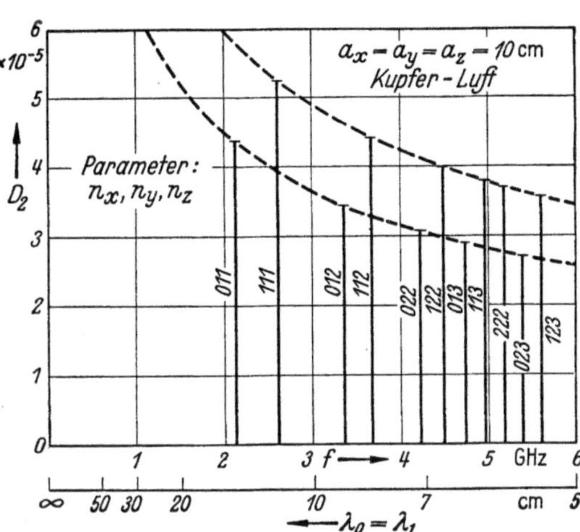

Abb. 144. Resonanzfrequenzen und zugehörige Verlustfaktoren für einen würfelförmigen Resonator.

c) Der kreiszylindrische Hohlraumresonator.

Um die Resonanzfrequenz des zylindrischen Hohlraumes zu ermitteln, greift man wieder auf die Gl. (306) auf S. 349 zurück und führt die Grenzwellenlänge λ_g, die für die E- und die H-Wellen verschieden ist, nach Gl. (271) auf S. 307 ein:

$$\lambda_g = \frac{2\pi R}{x_{n_\zeta n_r}}, \qquad\qquad \lambda_g = \frac{2\pi R}{x'_{n_\zeta n_r}}.$$

Also ist die Resonanzwellenlänge:

$$\left(\frac{2}{\lambda_1}\right)^2 = \left(\frac{x_{n_\zeta n_r}}{\pi R}\right)^2 + \left(\frac{n_z}{a_z}\right)^2, \qquad \left(\frac{2}{\lambda_1}\right)^2 = \left(\frac{x'_{n_\zeta n_r}}{\pi R}\right)^2 + \left(\frac{n_z}{a_z}\right)^2. \tag{312}$$

Hierbei sind $x_{n_\zeta n_r}$ die Abszissen für die Nullstellen der Funktion J_{n_ζ}; $x'_{n_\zeta n_r}$ sind die Abszissen für die Nullstellen der Funktion J'_{n_ζ}. Die Zahlenwerte für diese Größen und für die Grenzwellenlängen wurden bereits bei der Behandlung der fortschreitenden Wellen auf S. 307 in Tabellen zusammengestellt.

Die Verteilung des elektromagnetischen Feldes im Resonator ergibt sich aus dem Gleichungssystem (287) auf S. 334, wenn man die Längsfeldstärken nach der Gl. (268) auf S. 305 einführt und gleichzeitig auf Zylinderkoordinaten übergeht.

E-Welle:

$$\mathfrak{E}_r = -\mathfrak{E}_{z_m} \frac{\lambda_g^2}{2\pi\lambda_z} \frac{2\pi}{\lambda_g} J'_{n_\zeta}\left(\frac{2\pi r}{\lambda_g}\right) \cos(n_\zeta\zeta)\sin(\alpha_z z), \tag{313a$_E$}$$

$$\mathfrak{E}_\zeta = \mathfrak{E}_{z_m} \frac{\lambda_g^2}{2\pi\lambda_z} \frac{n_\zeta}{r} J_{n_\zeta}\left(\frac{2\pi r}{\lambda_g}\right) \sin(n_\zeta\zeta)\sin(\alpha_z z), \tag{313b$_E$}$$

$$\mathfrak{E}_z = \mathfrak{E}_{z_m} J_{n_\zeta}\left(\frac{2\pi r}{\lambda_g}\right) \cos(n_\zeta\zeta)\cos(\alpha_z z), \tag{313c$_E$}$$

$$Z_1\mathfrak{H}_r = -\mathfrak{E}_{z_m} \frac{j\lambda_g^2}{2\pi\lambda_1} \frac{n_\zeta}{r} J_{n_\zeta}\left(\frac{2\pi r}{\lambda_g}\right) \sin(n_\zeta\zeta)\cos(\alpha_z z), \tag{313d$_E$}$$

$$Z_1\mathfrak{H}_\zeta = -\mathfrak{E}_{z_m} \frac{j\lambda_g^2}{2\pi\lambda_1} \frac{2\pi}{\lambda_g} J'_{n_\zeta}\left(\frac{2\pi r}{\lambda_g}\right) \cos(n_\zeta\zeta)\cos(\alpha_z z), \tag{313e$_E$}$$

$$Z_1\mathfrak{H}_z = 0, \tag{313f$_E$}$$

H-Welle:

$$\mathfrak{H}_r = \mathfrak{H}_{z_m} \frac{\lambda_g^2}{2\pi\lambda_z} \frac{2\pi}{\lambda_g} J'_{n_\zeta}\left(\frac{2\pi r}{\lambda_j}\right) \cos(n_\zeta\zeta)\cos(\alpha_z z), \tag{313a$_H$}$$

$$\mathfrak{H}_\zeta = -\mathfrak{H}_{z_m} \frac{\lambda_g^2}{2\pi\lambda_z} \frac{n_\zeta}{r} J_{n_\zeta}\left(\frac{2\pi r}{\lambda_c}\right) \sin(n_\zeta\zeta)\cos(\alpha_z z), \tag{313b$_H$}$$

$$\mathfrak{H}_z = \mathfrak{H}_{z_m} J_{n_\zeta}\left(\frac{2\pi r}{\lambda_g}\right) \cos(n_\zeta\zeta)\sin(\alpha_z z), \tag{313c$_H$}$$

$$\frac{\mathfrak{E}_r}{Z_1} = \mathfrak{H}_{z_m} \frac{j\lambda_g^2}{2\pi\lambda_1} \frac{n_\zeta}{r} J_{n_\zeta}\left(\frac{2\pi r}{\lambda_g}\right) \sin(n_\zeta\zeta)\sin(\alpha_z z), \tag{313d$_H$}$$

$$\frac{\mathfrak{E}_\zeta}{Z_1} = \mathfrak{H}_{z_m} \frac{j\lambda_g^2}{2\pi\lambda_1} \frac{2\pi}{\lambda_g} J'_{n_\zeta}\left(\frac{2\pi r}{\lambda_c}\right) \cos(n_\zeta\zeta)\sin(\alpha_z z), \tag{313e$_H$}$$

$$\frac{\mathfrak{E}_z}{Z_1} = 0. \tag{313f$_H$}$$

Aus diesen Gleichungen lassen sich sogleich die niedrigsten Ordnungszahlen erkennen; bei der E-Welle können n_z und n_ζ gleichzeitig Null sein, n_r muß dagegen mindestens 1 betragen; bei der H-Welle können n_r oder n_ζ Null sein, n_z muß mindestens die Größe 1 haben. Zahlenmäßig ergibt sich für die E_{010}-Welle: $x_{01} = 2{,}41$, also:

$$\lambda_1 = 2{,}61\,R \tag{314a}$$

und für die H_{101}-Welle: $x'_{10} = 1{,}84$, also:

$$\lambda_1 = \frac{2}{\sqrt{\left(\frac{1{,}84}{\pi R}\right)^2 + \left(\frac{1}{a_z}\right)^2}}. \tag{314b}$$

Macht man a_z sehr groß, so nähert sich die Resonanzwellenlänge der H_{101}-Welle asymptotisch dem Wert $3{,}42\,R$.

Der Verlustfaktor durch die Stromverdrängungsverluste im Metall ergibt sich aus Gl. (304) auf S. 348, wobei der Wert β_{v_2} aus der Gl. (272) auf S. 310 einzuführen ist:

E-Welle:
$$D_2 = K_D \left(\frac{2}{R} + \frac{4}{a_z} \right),$$

H-Welle:
$$D_2 = K_D \left\{ \frac{2}{R} \left[\left(\frac{\lambda_1}{\lambda_z} \right)^2 \frac{\left(\frac{n_\zeta \lambda_g}{2\pi R} \right)^2}{1 - \left(\frac{n_\zeta \lambda_g}{2\pi R} \right)^2} + \left(\frac{\lambda_1}{\lambda_g} \right)^2 \frac{1}{1 - \left(\frac{n_\zeta \lambda_g}{2\pi R} \right)^2} \right] + \frac{4}{a_z} \left(\frac{\lambda_1}{\lambda_z} \right)^2 \right..$$

Den Verlustfaktor für die H-Welle kann man dadurch umformen, daß man die Größen λ_1/λ_z und λ_1/λ_g durch die Gl. (300) auf S. 342 und (312) auf S. 353 auf die Abmessungen des Resonators zurückführt, und erhält dann:

E-Welle:
$$D_2 = K_D \left(\frac{2}{R} + \frac{4}{a_z} \right),$$

H-Welle:
$$D_2 = K_D \frac{\left(\frac{n_\zeta}{x'_{n_\zeta n_r}} \right) \left(\frac{n_z}{a_z} \right)^2 \left(\frac{2}{R} - \frac{4}{a_z} \right) + \frac{4}{a_z} \left(\frac{n_z}{a_z} \right)^2 + \frac{2}{R} \left(\frac{x'_{n_\zeta n_r}}{\pi R} \right)^2}{\left(\frac{x'_{n_\zeta n_r}}{\pi R} \right)^2 - \left(\frac{n_\zeta}{\pi R} \right)^2 + \left(\frac{n_z}{a_z} \right)^2 - \left(\frac{n_\zeta n_z}{x'_{n_\zeta n_r} a_z} \right)^2}. \tag{315}$$

Für den Sonderfall $n_z = 0$ ergibt sich bei der $E_{n_\zeta n_r 0}$-Welle:

$$D_2 = K_D \left(\frac{2}{R} + \frac{2}{a_z} \right) \tag{315a}$$

[vgl. Gl. (305) auf S. 348]. Wenn n_ζ Null wird, so läßt sich der Verlustfaktor ohne Veränderung aus der Gl. (315) entnehmen.

Als Zahlenbeispiel soll hier derjenige Zylinder behandelt werden, der bei gegebenem Volumen die kleinste Oberfläche besitzt; dies ist der Fall, wenn die Höhe a_z gerade gleich dem Durchmesser $2R$ ist. Für diesen Zylinder ergibt sich:

$$D_2 = K_D \frac{4}{R}, \qquad \qquad D_2 = K_D \frac{2}{R} \frac{x'^2_{n_\zeta n_r}}{x'^2_{n_\zeta n_r} - n_\zeta^2}, \tag{316}$$

und für den Schwingungszustand $n_z = 0$:

$$D_2 = K_D \frac{3}{R}. \tag{316a}$$

Für den Fall $a_z = 2R = 10$ cm ist in Abb. 145 das „Spektrum" der Resonanzfrequenzen und die dazugehörenden Verlustfaktoren aufgetragen. Die Werte n_ζ, n_r und n_z sind als Parameter den einzelnen Linien beigeschrieben. Die Kurven $K_D \frac{4}{R}$ und $K_D \frac{3}{R}$ sind in die Diagramme gestrichelt eingezeichnet. Der Verlustfaktorenverlauf für die E-Wellen ergibt sich unmittelbar nach diesen Kurven, der für die H-Wellen ist unregelmäßig, erreicht aber niedrigere Werte.

23*

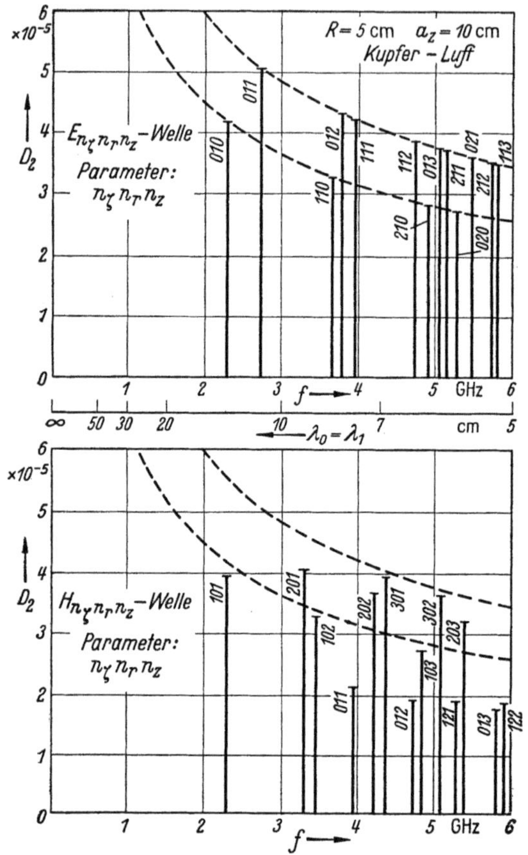

Abb. 145. Resonanzfrequenzen und zugehörige Verlustfaktoren für einen kreiszylindrischen Hohlraumresonator.

d) Der konzentrische Hohlraumresonator.

Um die Resonanzwellenlänge des konzentrischen Resonators zu ermitteln, greift man wieder auf die Gl. (306) auf S. 349 zurück. Die Grenzwellenlängen, die sich aus recht komplizierten Ausdrücken ergeben (vgl. S. 314), entnimmt man am besten aus der Abb. 133. Für den Fall $n_z = 0$ ist $\lambda_1 = \lambda_g$ zu setzen.

Die Verteilung des elektromagnetischen Feldes im Resonator ergibt sich wieder aus der Gl. (287) nach Umformung auf Zylinderkoordinaten, wobei die Größe der Feldstärken $\mathfrak{E}_{z_0}$ bzw. $\mathfrak{H}_{z_0}$ aus der Gl. (267) auf S. 304 zu entnehmen ist; bezüglich der Bedeutung der Größen K und K' ist auf Gl. (273) auf S. 314 zu verweisen. Die Feldgrößen sind dann:

E-Welle:

$$\mathfrak{E}_r = -\mathfrak{E}_{z_m} \frac{\lambda_g^2}{2\pi\lambda_z} \frac{2\pi}{\lambda_g} \left[J'_{n_ζ}\left(\frac{2\pi r}{\lambda_g}\right) - K N'_{n_ζ}\left(\frac{2\pi r}{\lambda_g}\right) \right] \cos(n_ζ ζ) \sin(\alpha_z z),$$
$$(317a_E)$$

$$\mathfrak{E}_ζ = \mathfrak{E}_{z_m} \frac{\lambda_g^2}{2\pi\lambda_z} \frac{n_ζ}{r} \left[J_{n_ζ}\left(\frac{2\pi r}{\lambda_g}\right) - K N_{n_ζ}\left(\frac{2\pi r}{\lambda_g}\right) \right] \sin(n_ζ ζ) \sin(\alpha_z z),$$
$$(317b_E)$$

$$\mathfrak{E}_z = \mathfrak{E}_{z_m} \left[J_{n_ζ}\left(\frac{2\pi r}{\lambda_g}\right) - K N_{n_ζ}\left(\frac{2\pi r}{\lambda_g}\right) \right] \cos(n_ζ ζ) \cos(\alpha_z z), \qquad (317c_E)$$

$$Z_1 \mathfrak{H}_r = -\mathfrak{E}_{z_m} \frac{j\lambda_g^2}{2\pi\lambda_1} \frac{n_ζ}{r} \left[J_{n_ζ}\left(\frac{2\pi r}{\lambda_g}\right) - K N_{n_ζ}\left(\frac{2\pi r}{\lambda_g}\right) \right] \sin(n_ζ ζ) \cos(\alpha_z z),$$
$$(317d_E)$$

$$Z_1 \mathfrak{H}_ζ = -\mathfrak{E}_{z_m} \frac{j\lambda_g^2}{2\pi\lambda_1} \frac{2\pi}{\lambda_g} \left[J'_{n_ζ}\left(\frac{2\pi r}{\lambda_g}\right) - K N'_{n_ζ}\left(\frac{2\pi r}{\lambda_g}\right) \right] \cos(n_ζ ζ) \cos(\alpha_z z),$$
$$(317e_E)$$

$$Z_1 \mathfrak{H}_z = 0, \qquad\qquad\qquad\qquad\qquad\qquad\qquad\qquad (317f_E)$$

H-Welle:

$$\mathfrak{H}_r = \mathfrak{H}_{zm} \frac{\lambda_l^2}{2\pi\lambda_z} \frac{2\pi}{\lambda_g} \left[J'_{n_\zeta}\left(\frac{2\pi\,\nu}{\lambda_g}\right) - K'\,N'_{n_\zeta}\left(\frac{2\pi\,\nu}{\lambda_g}\right) \right] \cos(n_\zeta\,\zeta)\,\cos(\alpha_z z), \tag{317a$_H$}$$

$$\mathfrak{H}_\zeta = -\mathfrak{H}_{zm} \frac{\lambda_g^2}{2\pi\lambda_z} \frac{n_\zeta i}{\nu} \left[J_{n_\zeta}\left(\frac{2\pi\,\nu}{\lambda_g}\right) - K'\,N_{n_\zeta}\left(\frac{2\pi\,\nu}{\lambda_g}\right) \right] \sin(n_\zeta\,\zeta)\,\cos(\alpha_z z), \tag{317b$_H$}$$

$$\mathfrak{H}_z = \mathfrak{H}_{zm} \left[J_{n_\zeta}\left(\frac{2\pi\,\nu}{\lambda_g}\right) - K'\,N_{n_\zeta}\left(\frac{2\pi\,\nu}{\lambda_g}\right) \right] \cos(n_\zeta\,\zeta)\,\sin(\alpha_z z), \tag{317c$_H$}$$

$$\frac{\mathfrak{E}_r}{Z_1} = \mathfrak{H}_{zm} \frac{j\lambda_g^2}{2\pi\lambda_1} \frac{n_\zeta}{\nu} \left[J_{n_\zeta}\left(\frac{2\pi\,\nu}{\lambda_g}\right) - K'\,N_{n_\zeta}\left(\frac{2\pi\,\nu}{\lambda_g}\right) \right] \sin(n_\zeta\,\zeta)\,\sin(\alpha_z z), \tag{317d$_H$}$$

$$\frac{\mathfrak{E}_\zeta}{Z_1} = \mathfrak{H}_{zm} \frac{j\lambda_g^2}{2\pi\lambda_1} \frac{2\pi}{\lambda_g} \left[J'_{n_\zeta}\left(\frac{2\pi\,\nu}{\lambda_g}\right) - K'\,N'_{n_\zeta}\left(\frac{2\pi\,\nu}{\lambda_g}\right) \right] \cos(n_\zeta\,\zeta)\,\sin(\alpha_z z), \tag{317e$_H$}$$

$$\frac{\mathfrak{E}_z}{Z_1} = 0. \tag{317f$_H$}$$

Als niedrigste Ordnungszahlen kann bei der E-Welle n_ζ und n_z Null werden, n_r muß mindestens 1 sein; bei der H-Welle kann entweder n_r oder n_ζ Null werden, n_z muß mindestens 1 sein. Die längsten Resonanzwellenlängen haben, abgesehen von den elementaren Doppelleitungswellen, diejenigen H-Wellen, bei denen $n_r = 0$ ist, wie man bereits aus dem Grenzwellenlängendiagramm in Abb. 133 entnehmen kann. Wie schon auf S. 290 erwähnt, lassen sich durch Grenzübergang die elementaren Doppelleitungswellen aus den Gleichungen ableiten; die Wellenformen sind als E_{00n_z} oder H_{00n_z} zu bezeichnen.

Die Größen des Verlustfaktors, die für die konzentrische Doppelleitung verhältnismäßig komplizierte Gleichungen ergeben, sollen hier im einzelnen nicht berechnet werden. Zur zahlenmäßigen Veranschaulichung sind in Abb. 146 die Resonanzwellenlängen und die zugehörigen Verlustfaktoren für den Fall eines Kupferresonators mit

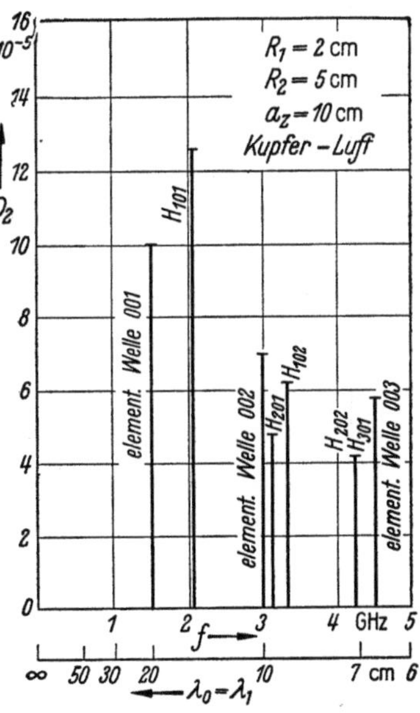

Abb. 146. Resonanzfrequenzen und zugehörige Verlustfaktoren für einen konzentrischen Hohlraumresonator.

Luftdielektrikum und den Abmessungen $R_1 = 2$ cm, $R_2 = 5$ cm und $a_z = 10$ cm aufgetragen. In dem dargestellten Frequenzbereich sind nur die Doppelleitungswellen und diejenigen H-Wellen vorhanden, für die $n_r = 0$ ist. Der Verlustfaktor der Doppelleitungswellen ist nach Gl. (232a) auf S. 260 zu errechnen, wobei $a_z = n_z \frac{\lambda_1}{2}$ zu setzen ist. Der Verlustfaktor hat bei den Hohlraumwellen geringere Werte als bei den Doppelleitungswellen, weil bei den Hohlraumwellen der Mittelleiter entlastet wird. (Wird der Radius sehr klein, so wird bei den Hohlraumwellen der Mittelleiter stromlos, während bei den Doppelleitungswellen der Strom im Mittelleiter seinen Wert beibehält und sich auf immer engerem Querschnitt zusammendrängt.)

E. Kugelwellen.

Die bisher bei den Hohlleitungen besprochenen Wellenformen waren sämtlich ebene Wellen, die sich in der z-Richtung fortpflanzten. Ihr Kennzeichen war, daß der Schwingungszustand in allen Ebenen senkrecht zur z-Richtung die gleiche Phase besaß. Die Maxwellschen Gleichungen des elektromagnetischen Feldes lassen nun eine unendliche Vielzahl von elektromagnetischen Wellen zu, bei denen die Flächen gleicher Phase keine Ebenen sind, sondern irgendeine gekrümmte Form besitzen. Beispielsweise ist es möglich, daß sich die Wellen mit zylindrischen Phasenflächen ausbreiten. Die stehenden Wellen dieses zylindrischen Typus sind bereits in der Behandlung der ebenen Wellen in Kreiszylindern mit eingeschlossen. Von außerordentlicher Bedeutung für die gesamte Höchstfrequenztechnik sind die Kugelwellen, bei denen die Flächen gleicher Phase die Form von konzentrischen Kugelflächen besitzen. Die Kugelwellen treten auf bei der Wellenausbreitung im freien Raum, bei der Ausbreitung auf kegelförmig ausgebildeten Leitungen und in kegelförmigen oder kugelförmigen Resonatoren.

I. Die fortschreitenden Kugelwellen.

1. Allgemeine Grundgleichungen.

Zur rechnerischen Behandlung der Kugelwellen wird ein System von Kugelkoordinaten gewählt, wie es in Abb. 147 dargestellt ist. Ein beliebiger Punkt P im Raum ist bestimmt durch die Winkel ϑ und ζ und durch den Radius r. Das elektromagnetische Feld wird in Komponenten in den Richtungen ϑ, ζ und r zerlegt. Die Reihenfolge ϑ, ζ, r ist gewählt, um ein Rechtssystem zu erhalten.

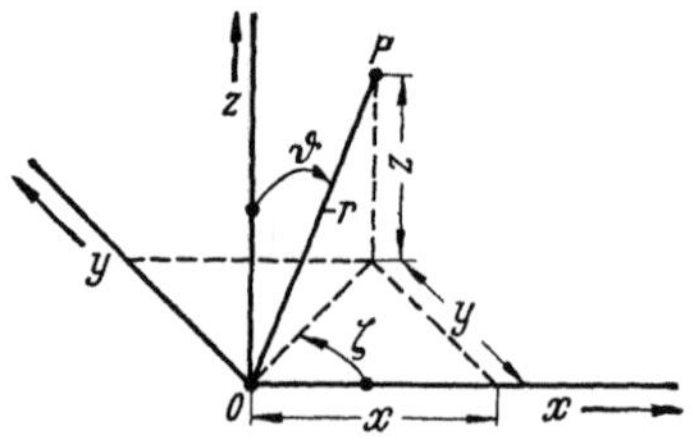

Abb. 147. Zur Darstellung der Feldgleichungen in Kugelkoordinaten.

Die Grundgleichungen des elektromagnetischen Feldes sind bereits in Gl. (240) auf S. 273 dargestellt. Bei Kugelkoordinaten erhält das Gleichungssystem nachfolgende Form (die Ableitung ist nicht im einzelnen ausgeführt, da sie in allen einführenden Lehrbüchern über Vektor-rechnung nachgelesen werden kann):

$$\left.\begin{aligned}
&\frac{1}{r\sin\vartheta}\,\frac{\partial(\mathfrak{E}_\vartheta\sin\vartheta)}{\partial\vartheta}+\frac{1}{r\sin\vartheta}\,\frac{\partial\mathfrak{E}_\zeta}{\partial\zeta}+\frac{1}{r^2}\,\frac{\partial(r^2\mathfrak{E}_r)}{\partial r}=0,\\[4pt]
&\frac{1}{r\sin\vartheta}\,\frac{\partial(\mathfrak{H}_\vartheta\sin\vartheta)}{\partial\vartheta}+\frac{1}{r\sin\vartheta}\,\frac{\partial\mathfrak{H}_\zeta}{\partial\zeta}+\frac{1}{r^2}\,\frac{\partial(r^2\mathfrak{H}_r)}{\partial r}=0,\\[4pt]
&\frac{1}{r\sin\vartheta}\,\frac{\partial\mathfrak{E}_r}{\partial\zeta}-\frac{1}{r}\,\frac{\partial(r\,\mathfrak{E}_\zeta)}{\partial r}=-\mathrm{j}\,\omega\mu_1\mu_0\,\mathfrak{H}_\vartheta,\\[4pt]
&\frac{1}{r}\,\frac{\partial(r\,\mathfrak{E}_\vartheta)}{\partial r}-\frac{1}{r}\,\frac{\partial\mathfrak{E}_r}{\partial\vartheta}=-\mathrm{j}\,\omega\mu_1\mu_0\,\mathfrak{H}_\zeta,\\[4pt]
&\frac{1}{r\sin\vartheta}\,\frac{\partial(\mathfrak{E}_\zeta\sin\vartheta)}{\partial\vartheta}-\frac{1}{r\sin\vartheta}\,\frac{\partial\mathfrak{E}_\vartheta}{\partial\zeta}=-\mathrm{j}\,\omega\mu_1\mu_0\,\mathfrak{H}_r,\\[4pt]
&\frac{1}{r\sin\vartheta}\,\frac{\partial\mathfrak{H}_r}{\partial\zeta}-\frac{1}{r}\,\frac{\partial(r\,\mathfrak{H}_\zeta)}{\partial r}=\mathrm{j}\,\omega\varepsilon_1\varepsilon_0\,\mathfrak{E}_\vartheta,\\[4pt]
&\frac{1}{r}\,\frac{\partial(r\,\mathfrak{H}_\vartheta)}{\partial r}-\frac{1}{r}\,\frac{\partial\mathfrak{H}_r}{\partial\vartheta}=\mathrm{j}\,\omega\varepsilon_1\varepsilon_0\,\mathfrak{E}_\zeta,\\[4pt]
&\frac{1}{r\sin\vartheta}\,\frac{\partial(\mathfrak{H}_\zeta\sin\vartheta)}{\partial\vartheta}-\frac{1}{r\sin\vartheta}\,\frac{\partial\mathfrak{H}_\vartheta}{\partial\zeta}=\mathrm{j}\,\omega\varepsilon_1\varepsilon_0\,\mathfrak{E}_r.
\end{aligned}\right\}\quad(318)$$

Genau wie bei den ebenen Wellen wird eine E- und eine H-Welle definiert; als Ausbreitungsrichtung gilt hier an Stelle von z die r-Richtung. Die E-Welle besitzt in der r-Richtung keine magnetische Komponente, während die H-Welle keine elektrische Komponente in dieser Richtung aufweist. Die Gleichungen erhalten dann die folgende Form, die dem Gleichungssystem (241) auf S. 274 entspricht:

E-Welle:

$$\mathfrak{H}_r=0,\qquad\qquad\qquad\qquad\qquad\qquad\qquad\qquad(319\mathrm{a}_\mathrm{E})$$

$$\frac{1}{r\sin\vartheta}\,\frac{\partial(\mathfrak{E}_\vartheta\sin\vartheta)}{\partial\vartheta}+\frac{1}{r\sin\vartheta}\,\frac{\partial\mathfrak{E}_\zeta}{\partial\zeta}+\frac{1}{r^2}\,\frac{\partial(r^2\mathfrak{E}_r)}{\partial r}=0,\quad(319\mathrm{b}_\mathrm{E})$$

$$\frac{1}{r\sin\vartheta}\,\frac{\partial(\mathfrak{H}_\vartheta\sin\vartheta)}{\partial\vartheta}+\frac{1}{r\sin\vartheta}\,\frac{\partial\mathfrak{H}_\zeta}{\partial\zeta}=0,\qquad\qquad(319\mathrm{c}_\mathrm{E})$$

$$\frac{1}{r\sin\vartheta}\,\frac{\partial\mathfrak{E}_r}{\partial\zeta}-\frac{1}{r}\,\frac{\partial(r\,\mathfrak{E}_\zeta)}{\partial r}=-\mathrm{j}\,\omega\mu_1\mu_0\,\mathfrak{H}_\vartheta,\qquad(319\mathrm{d}_\mathrm{E})$$

$$\frac{1}{r}\,\frac{\partial(r\,\mathfrak{E}_\vartheta)}{\partial r}-\frac{1}{r}\,\frac{\partial\mathfrak{E}_r}{\partial\vartheta}=-\mathrm{j}\,\omega\mu_1\mu_0\,\mathfrak{H}_\zeta,\qquad\quad(319\mathrm{e}_\mathrm{E})$$

$$\frac{1}{r\sin\vartheta}\,\frac{\partial(\mathfrak{E}_\zeta\sin\vartheta)}{\partial\vartheta}-\frac{1}{r\sin\vartheta}\,\frac{\partial\mathfrak{E}_\vartheta}{\partial\zeta}=0,\qquad\qquad(319\mathrm{f}_\mathrm{E})$$

$$-\frac{1}{r}\,\frac{\partial(r\,\mathfrak{H}_\zeta)}{\partial r}=\mathrm{j}\,\omega\varepsilon_1\varepsilon_0\,\mathfrak{E}_\vartheta,\qquad\qquad\qquad(319\mathrm{g}_\mathrm{E})$$

$$\frac{1}{r}\,\frac{\partial(r\,\mathfrak{H}_\vartheta)}{\partial r}=\mathrm{j}\,\omega\varepsilon_1\varepsilon_0\,\mathfrak{E}_\zeta,\qquad\qquad\qquad(319\mathrm{h}_\mathrm{E})$$

$$\frac{1}{r\sin\vartheta}\,\frac{\partial(\mathfrak{H}_\zeta\sin\vartheta)}{\partial\vartheta}-\frac{1}{r\sin\vartheta}\,\frac{\partial\mathfrak{H}_\vartheta}{\partial\zeta}=\mathrm{j}\,\omega\varepsilon_1\varepsilon_0\,\mathfrak{E}_r,\quad(319\mathrm{i}_\mathrm{E})$$

H-Welle:

$$\mathfrak{E}_r = 0, \tag{319a_H}$$

$$\frac{1}{r\sin\vartheta}\,\frac{\partial(\mathfrak{H}_\vartheta\sin\vartheta)}{\partial\vartheta} + \frac{1}{r\sin\vartheta}\,\frac{\partial\mathfrak{H}_\zeta}{\partial\zeta} + \frac{1}{r^2}\,\frac{\partial(r^2\mathfrak{H}_r)}{\partial r} = 0, \tag{319b_H}$$

$$\frac{1}{r\sin\vartheta}\,\frac{\partial(\mathfrak{E}_\vartheta\sin\vartheta)}{\partial\vartheta} + \frac{1}{r\sin\vartheta}\,\frac{\partial\mathfrak{E}_\zeta}{\partial\zeta} = 0, \tag{319c_H}$$

$$\frac{1}{r\sin\vartheta}\,\frac{\partial\mathfrak{H}_r}{\partial\zeta} - \frac{1}{r}\,\frac{\partial(r\,\mathfrak{H}_\zeta)}{\partial r} = j\,\omega\,\varepsilon_1\,\varepsilon_0\,\mathfrak{E}_\vartheta, \tag{319d_H}$$

$$\frac{1}{r\sin\vartheta}\,\frac{\partial(r\,\mathfrak{H}_\vartheta)}{\partial r} - \frac{1}{r}\,\frac{\partial\mathfrak{H}_r}{\partial\vartheta} = j\,\omega\,\varepsilon_1\,\varepsilon_0\,\mathfrak{E}_\zeta, \tag{319e_H}$$

$$\frac{1}{r\sin\vartheta}\,\frac{\partial(\mathfrak{H}_\zeta\sin\vartheta)}{\partial\vartheta} - \frac{1}{r\sin\vartheta}\,\frac{\partial\mathfrak{H}_\vartheta}{\partial\zeta} = 0, \tag{319f_H}$$

$$-\frac{1}{r}\,\frac{\partial(r\,\mathfrak{E}_\zeta)}{\partial r} = -j\,\omega\,\mu_1\,\mu_0\,\mathfrak{H}_\vartheta, \tag{319g_H}$$

$$\frac{1}{r}\,\frac{\partial(r\,\mathfrak{E}_\vartheta)}{\partial r} = -j\,\omega\,\mu_1\,\mu_0\,\mathfrak{H}_\zeta, \tag{319h_H}$$

$$\frac{1}{r\sin\vartheta}\,\frac{\partial(\mathfrak{E}_\zeta\sin\vartheta)}{\partial\vartheta} - \frac{1}{r\sin\vartheta}\,\frac{\partial\mathfrak{E}_\vartheta}{\partial\zeta} = -j\,\omega\,\mu_1\,\mu_0\,\mathfrak{H}_r. \tag{319i_H}$$

Bei den ebenen Wellen ließ sich das gesamte elektromagnetische Feld durch einfache Beziehungen auf die Längskomponenten $\mathfrak{E}_z$ und $\mathfrak{H}_z$ zurückführen; für diese Längskomponenten galt die in Gl. (246) auf S. 276 dargestellte Wellengleichung, die unter den jeweils vorliegenden Randbedingungen zu lösen war. Bei den Kugelwellen ergeben sich für die Längskomponenten $\mathfrak{E}_r$ und $\mathfrak{H}_r$ recht komplizierte Ausdrücke, so daß es einfacher ist, neue Hilfsgrößen einzuführen, aus denen man das gesamte elektromagnetische Feld ableitet. Diese Hilfsgrößen sind das sog. skalare Potential und das Vektorpotential. Bei der E-Welle ist in jeder Kugelebene (r = konst.) das elektrische Feld wirbelfrei, weil die Kugelfläche von keinem magnetischen Feld durchsetzt wird; deshalb ist es zweckmäßig, die Komponenten des elektrischen Feldes, die in der Kugelfläche verlaufen, aus einem Potential φ_e abzuleiten. In gleicher Weise kann man bei der H-Welle die in der Kugelfläche liegenden Komponenten des magnetischen Feldes aus einem magnetischen Potential φ_m ableiten. Entsprechend den Definitionen ist die Maßeinheit für das elektrische Potential das Volt, für das magnetische Potential das Ampere. Die Potentiale sind durch folgende Gleichungen definiert:

$$\begin{aligned}\mathfrak{E}_\vartheta &= -\frac{1}{r}\,\frac{\partial\varphi_e}{\partial\vartheta}, & \mathfrak{H}_\vartheta &= -\frac{1}{r}\,\frac{\partial\varphi_m}{\partial\vartheta}, \\[1.2ex] \mathfrak{E}_\zeta &= -\frac{1}{r\sin\vartheta}\,\frac{\partial\varphi_e}{\partial\zeta}, & \mathfrak{H}_\zeta &= -\frac{1}{r\sin\vartheta}\,\frac{\partial\varphi_m}{\partial\zeta}.\end{aligned} \tag{320}$$

Durch Einführung der Potentiale wird Gl. (319f) unmittelbar erfüllt, die Zahl der Variablen ist um eine vermindert. Um die Menge der Variablen weiter herabzusetzen, leitet man die noch verbleibenden, in der Kugelfläche verlaufenden Feldkomponenten aus einem Vektor $\mathfrak{A}$ ab, der in r-Richtung verläuft. Die Größe $\mathfrak{A}$ wird als Vektorpotential bezeichnet. Bei der E-Welle wird ein magnetisches Vektorpotential $\mathfrak{A}_m$, gemessen in A, bei der H-Welle ein elektrisches Vektorpotential $\mathfrak{A}_e$, gemessen in V, eingeführt. Das Vektorpotential wird derart definiert, daß rot $\mathfrak{A}$ den entsprechenden Feldkomponenten gleichgesetzt wird:

$$\mathfrak{H}_\vartheta = \frac{1}{r \sin \vartheta} \frac{\partial \mathfrak{A}_m}{\partial \zeta}, \qquad \mathfrak{E}_\vartheta = \frac{1}{r \sin \vartheta} \frac{\partial \mathfrak{A}_e}{\partial \zeta},$$

$$\mathfrak{H}_\zeta = -\frac{1}{r} \frac{\partial \mathfrak{A}_m}{\partial \vartheta}, \qquad \mathfrak{E}_\zeta = -\frac{1}{r} \frac{\partial \mathfrak{A}_e}{\partial \vartheta}. \tag{321}$$

Durch diesen Ansatz ist die Gl. (319c) unmittelbar erfüllt. Die neu gefundenen Größen φ_e und $\mathfrak{A}_m$ bzw. φ_m und $\mathfrak{A}_e$ müssen nun in die übrigen Gleichungen eingesetzt werden. Setzt man in die Gl. (319g) und (319h) ein und führt anschließend in Gl. (319g) eine Integration über ϑ und in (319h) eine Integration über ζ durch, so ergeben sich übereinstimmend die Beziehungen:

$$\frac{\partial \mathfrak{A}_m}{\partial r} = -j \,\omega\, \varepsilon_1 \,\varepsilon_0 \,\varphi_e, \qquad \frac{\partial \mathfrak{A}_e}{\partial r} = j \,\omega\, \mu_1 \,\mu_0 \,\varphi_m. \tag{322}$$

Die Integrationskonstante ist hierbei willkürlich Null gesetzt. Die Gleichungen geben einen Zusammenhang zwischen dem skalaren Potential und dem Vektorpotential. Setzt man die Größen φ_e und $\mathfrak{A}_m$ bzw. φ_m und $\mathfrak{A}_e$ in die Gl. (319d) und (319e) ein und integriert die Gl. (319d) über ζ und die Gl. (319e) über ϑ, so ergibt sich übereinstimmend:

$$\mathfrak{E}_r + \frac{\partial \varphi_e}{\partial r} = -j \,\omega\, \mu_1 \,\mu_0 \,\mathfrak{A}_m, \qquad \mathfrak{H}_r + \frac{\partial \varphi_m}{\partial r} = j \,\omega\, \varepsilon_1 \,\varepsilon_0 \,\mathfrak{A}_e. \tag{323}$$

Auf diese Weise sind auch die Längskomponenten $\mathfrak{E}_r$ und $\mathfrak{H}_r$ auf die Potentiale zurückgeführt. Die noch verbleibenden Gleichungen des Gleichungssystems (319) ergeben eine Bestimmungsgleichung für das Vektorpotential. Drückt man beispielsweise in Gl. (319i) alle Größen durch das Vektorpotential aus, so erhält man:

für die E-Welle:

$$\frac{1}{r^2} \frac{\partial^2 \mathfrak{A}_m}{\partial \vartheta^2} + \frac{\cos \vartheta}{r^2 \sin \vartheta} \frac{\partial \mathfrak{A}_m}{\partial \vartheta} + \frac{1}{(r \sin \vartheta)^2} \frac{\partial^2 \mathfrak{A}_m}{\partial \zeta^2} + \frac{\partial^2 \mathfrak{A}_m}{\partial r^2} + \left(\frac{2\pi}{\lambda_1}\right)^2 \mathfrak{A}_m = 0, \tag{324_E}$$

für die H-Welle:

$$\frac{1}{r^2} \frac{\partial^2 \mathfrak{A}_e}{\partial \vartheta^2} + \frac{\cos \vartheta}{r^2 \sin \vartheta} \frac{\partial \mathfrak{A}_e}{\partial \vartheta} + \frac{1}{(r \sin \vartheta)^2} \frac{\partial^2 \mathfrak{A}_e}{\partial \zeta^2} + \frac{\partial^2 \mathfrak{A}_e}{\partial r^2} + \left(\frac{2\pi}{\lambda_1}\right)^2 \mathfrak{A}_e = 0. \tag{324_H}$$

Diese Differentialgleichungen für das Vektorpotential sind unter den jeweils vorhandenen Randbedingungen zu lösen. Nach gefundener Lösung kann man sämtliche Feldgrößen aus dem Vektorpotential ableiten, wie sich aus den oben gefundenen Gleichungen ergibt. Zwecks besserer Übersichtlichkeit seien die Ableitungen nochmals zusammengestellt, wobei die Beziehungen

$$Z_1 = \sqrt{\frac{\mu_1 \mu_0}{\varepsilon_1 \varepsilon_0}} \quad \text{und} \quad \lambda_1 = \frac{2\pi v_1}{\omega} = \frac{2\pi}{\omega \sqrt{\mu_1 \mu_0 \varepsilon_1 \varepsilon_0}}$$

zusätzlich eingeführt sind.

$$\mathfrak{E}_\vartheta = -\mathrm{j}\frac{\lambda_1}{2\pi r} Z_1 \frac{\partial^2 \mathfrak{A}_m}{\partial r \partial \vartheta}, \qquad \mathfrak{H}_\vartheta = \mathrm{j}\frac{\lambda_1}{2\pi r} \frac{1}{Z_1} \frac{\partial^2 \mathfrak{A}_e}{\partial r \partial \vartheta}, \tag{325a}$$

$$\mathfrak{E}_\zeta = -\mathrm{j}\frac{\lambda_1}{2\pi r \sin\vartheta} Z_1 \frac{\partial^2 \mathfrak{A}_m}{\partial r \partial \zeta}, \qquad \mathfrak{H}_\zeta = \mathrm{j}\frac{\lambda_1}{2\pi r \sin\vartheta} \frac{1}{Z_1} \frac{\partial^2 \mathfrak{A}_e}{\partial r \partial \zeta}, \tag{325b}$$

$$\mathfrak{E}_r = -\mathrm{j}Z_1\left(\frac{2\pi}{\lambda_1}\mathfrak{A}_m + \frac{\lambda_1}{2\pi}\frac{\partial^2 \mathfrak{A}_m}{\partial r^2}\right), \qquad \mathfrak{H}_r = \frac{\mathrm{j}}{Z_1}\left(\frac{2\pi}{\lambda_1}\mathfrak{A}_e + \frac{\lambda_1}{2\pi}\frac{\partial^2 \mathfrak{A}_e}{\partial r^2}\right), \tag{325c}$$

$$\mathfrak{H}_\vartheta = \frac{1}{r\sin\vartheta}\frac{\partial \mathfrak{A}_m}{\partial \zeta}, \qquad \mathfrak{E}_\vartheta = \frac{1}{r\sin\vartheta}\frac{\partial \mathfrak{A}_e}{\partial \zeta}, \tag{325d}$$

$$\mathfrak{H}_\zeta = -\frac{1}{r}\frac{\partial \mathfrak{A}_m}{\partial \vartheta}, \qquad \mathfrak{E}_\zeta = -\frac{1}{r}\frac{\partial \mathfrak{A}_e}{\partial \vartheta}, \tag{325e}$$

$$\mathfrak{H}_r = 0, \qquad \mathfrak{E}_r = 0. \tag{325f}$$

Nunmehr ist die Lösung der Differentialgleichung (324) für das Vektorpotential $\mathfrak{A}$ durchzuführen; bei der Durchführung dieser Lösung ist es gleichgültig, ob es sich um das magnetische Vektorpotential $\mathfrak{A}_m$ oder das elektrische Vektorpotential $\mathfrak{A}_e$ handelt. Die Größe $\mathfrak{A}$ wird dargestellt als Produkt von drei Funktionen:

$$\mathfrak{A} = f_\vartheta \cdot f_\zeta \cdot f_r,$$

wobei die Funktion f_ϑ nur von ϑ, die Funktion f_ζ nur von ζ und die Funktion f_r nur von r abhängt. Durch Einsetzen in die Gl. (324) und durch Erweitern mit $\dfrac{r^2}{f_\vartheta f_\zeta f_r}$ ergibt sich:

$$\frac{1}{f_\vartheta}\frac{\mathrm{d}^2 f_\vartheta}{\mathrm{d}\vartheta^2} + \frac{\mathrm{ctg}\,\vartheta}{f_\vartheta}\frac{\mathrm{d}f_\vartheta}{\mathrm{d}\vartheta} + \frac{1}{f_\zeta \sin^2\vartheta}\frac{\mathrm{d}^2 f_\zeta}{\mathrm{d}\zeta^2} + \frac{r^2}{f_r}\frac{\mathrm{d}^2 f_r}{\mathrm{d}r^2} + \left(\frac{2\pi r}{\lambda_1}\right)^2 = 0.$$

Da diese Gleichung für alle Werte von ϑ, ζ und r erfüllt sein muß, müssen die Größen $\dfrac{1}{f_\zeta}\dfrac{\mathrm{d}^2 f_\zeta}{\mathrm{d}\zeta^2}$ und $\dfrac{r^2}{f_r}\dfrac{\mathrm{d}^2 f_r}{\mathrm{d}r^2} + \left(\dfrac{2\pi r}{\lambda_1}\right)^2$ konstant sein, d. h. sie dürfen von ihren jeweiligen Variablen nicht abhängen. Durch den Teilansatz: $f_\zeta = \cos(n_\zeta \zeta)$ ergibt sich: $\dfrac{1}{f_\zeta}\dfrac{\mathrm{d}^2 f_\zeta}{\mathrm{d}\zeta^2} = -n_\zeta^2$. Die Größe n_ζ muß dabei eine ganze Zahl sein, da sich das elektromagnetische Feld bei einem Umlauf $\zeta = 2\pi$ periodisch wiederholen muß. Der Ansatz der Kosinusfunktion stellt nicht die vollständige Lösung dar, jedoch kann man ohne Einschränkung der Allgemeinheit auf den zusätzlichen Ansatz der Sinusfunktion verzichten, da ihre Einführung lediglich der Drehung des Koordinatensystems um einen gewissen Winkel entspricht. Macht man weiterhin den Ansatz:

$$\frac{r^2}{f_r}\frac{\mathrm{d}^2 f_r}{\mathrm{d}r^2} + \left(\frac{2\pi r}{\lambda_1}\right)^2 = n_\vartheta(n_\vartheta + 1) = \left(n_\vartheta + \frac{1}{2}\right)^2 - \frac{1}{4},$$

wobei n_ϑ eine willkürliche, noch später festzulegende Konstante darstellt, so ergibt sich nach einigen Umformungen die Differentialgleichung:

$$\frac{\mathrm{d}^2 f_r}{\mathrm{d}(\alpha_1 r)^2} + f_r\left[1 - \frac{(n_\vartheta + \frac{1}{2})^2 - \frac{1}{4}}{(\alpha_1 r)^2}\right] = 0, \quad \text{wobei} \quad \alpha_1 = \frac{2\pi}{\lambda_1}.$$

Nach den Funktionentafeln von Jahnke-Emde S. 150 wird diese Gleichung gelöst durch den Ansatz:

$$f_r = \sqrt{\alpha_1 r}\left[\mathrm{J}_{n_\vartheta + \frac{1}{2}}(\alpha_1 r) - \Re\,\mathrm{N}_{n_\vartheta + \frac{1}{2}}(\alpha_1 r)\right],$$

wobei $\mathrm{J}_{n_\vartheta + \frac{1}{2}}$ und $\mathrm{N}_{n_\vartheta + \frac{1}{2}}$ die Besselschen und Neumannschen Funktionen von der Ordnung $n_\vartheta + \frac{1}{2}$ darstellen. Die Größe $\Re$ ist eine beliebige, später noch zu bestimmende Konstante. Aus dem noch verbleibenden Teil der eingangs aufgestellten Differentialgleichung ergibt sich nach Einführen der Konstanten n_ζ und n_ϑ:

$$\frac{\mathrm{d}^2 f_\vartheta}{\mathrm{d}\vartheta^2} + \operatorname{ctg}\vartheta\,\frac{\mathrm{d}f_\vartheta}{\mathrm{d}\vartheta} - \frac{n_\zeta^2}{\sin^2\vartheta}f_\vartheta + n_\vartheta(n_\vartheta + 1)f_\vartheta = 0.$$

Durch den Ansatz $\cos\vartheta = x$, $\dfrac{\mathrm{d}f_\vartheta}{\mathrm{d}x} = f_\vartheta'$ und $\dfrac{\mathrm{d}^2 f_\vartheta}{\mathrm{d}x^2} = f_\vartheta''$ ergibt sich:

$$(x^2 - 1)f_\vartheta'' + 2x f_\vartheta' - \left[n_\vartheta(n_\vartheta + 1) - \frac{n_\zeta^2}{1 - x^2}\right]f_\vartheta = 0.$$

Diese Gleichung läßt sich lösen durch die zugeordneten Kugelfunktionen $\mathrm{P}_{n_\vartheta}^{n_\zeta}$ und $\mathrm{Q}_{n_\vartheta}^{n_\zeta}$, wie man beispielsweise aus den „Funktionentafeln" von Jahnke-Emde S. 112 ersieht. Also folgt:

$$f_\vartheta = \mathfrak{C}_1\,\mathrm{P}_{n_\vartheta}^{n_\zeta}(\cos\vartheta) + \mathfrak{C}_2\,\mathrm{Q}_{n_\vartheta}^{n_\zeta}(\cos\vartheta).$$

Die Größen $\mathfrak{C}_1$ und $\mathfrak{C}_2$ sind Konstanten, über die später noch verfügt werden kann.

Nach Bestimmung der drei Funktionen f_ζ, f_r und f_ϑ ergibt sich die gesamte Lösung für das magnetische bzw. elektrische Vektorpotential:

$$\mathfrak{A} = \left[\mathfrak{C}_1\mathrm{P}_{n_\vartheta}^{n_\zeta}(\cos\vartheta) + \mathfrak{C}_2\mathrm{Q}_{n_\vartheta}^{n_\zeta}(\cos\vartheta)\right]$$

$$\times \cos(n_\zeta\zeta)\sqrt{\alpha_1 r}\left[\mathrm{J}_{n_\vartheta + \frac{1}{2}}(\alpha_1 r) - \Re\,\mathrm{N}_{n_\vartheta + \frac{1}{2}}(\alpha_1 r)\right]. \tag{326}$$

Aus dieser Beziehung erhält man eine in r-Richtung fortschreitende Welle, wenn die Konstante $\Re$ den Wert j hat; in ähnlicher Weise wie oben auf S. 327 lassen sich dann die Besselsche und Neumannsche Funktion durch die Hankelsche Funktion ersetzen: $\mathrm{J} - j\mathrm{N} = \mathrm{H}^{(2)}$. Für die gegen die r-Richtung fortschreitende Welle muß die Konstante $\Re$ den Wert $-j$ erhalten, und es gilt hier die Hankelsche Funktion: $\mathrm{J} + j\mathrm{N} = \mathrm{H}^{(1)}$. Somit ergibt sich als endgültige Beziehung für die nach außen fortschreitende Welle:

E-Welle:

$$\mathfrak{A}_m = [\mathfrak{C}_{1_m} \mathrm{P}_{n_\vartheta}^{n_\zeta}(\cos\vartheta) + \mathfrak{C}_{2_m} \mathrm{Q}_{n_\vartheta}^{n_\zeta}(\cos\vartheta)]\cos(n_\zeta\zeta)\sqrt{\alpha_1 r}\,\mathrm{H}_{n_\vartheta+\frac{1}{2}}^{(2)}(\alpha_1 r), \quad (327_\mathrm{E})$$

H-Welle:

$$\mathfrak{A}_e = [\mathfrak{C}_{1_e} \mathrm{P}_{n_\vartheta}^{n_\zeta}(\cos\vartheta) + \mathfrak{C}_{2_e} \mathrm{Q}_{n_\vartheta}^{n_\zeta}(\cos\vartheta)]\cos(n_\zeta\zeta)\sqrt{\alpha_1 r}\,\mathrm{H}_{n_\vartheta+\frac{1}{2}}^{(2)}(\alpha_1 r), \quad (327_\mathrm{H})$$

und für die nach innen fortschreitende Welle:

E-Welle:

$$\mathfrak{A}_m = [\mathfrak{C}_{3_m} \mathrm{P}_{n_\vartheta}^{n_\zeta}(\cos\vartheta) + \mathfrak{C}_{4_m} \mathrm{Q}_{n_\vartheta}^{n_\zeta}(\cos\vartheta)]\cos(n_\zeta\zeta)\sqrt{\alpha_1 r}\,\mathrm{H}_{n_\vartheta+\frac{1}{2}}^{(1)}(\alpha_1 r), \quad (328_\mathrm{E})$$

H-Welle:

$$\mathfrak{A}_e = [\mathfrak{C}_{3_e} \mathrm{P}_{n_\vartheta}^{n_\zeta}(\cos\vartheta) + \mathfrak{C}_{4_e} \mathrm{Q}_{n_\vartheta}^{n_\zeta}(\cos\vartheta)]\cos(n_\zeta\zeta)\sqrt{\alpha_1 r}\,\mathrm{H}_{n_\vartheta+\frac{1}{2}}^{(1)}(\alpha_1 r). \quad (328_\mathrm{H})$$

Mit Hilfe des Gleichungssystems (325) können alle Komponenten des elektromagnetischen Feldes aus diesen Beziehungen abgeleitet werden. Die Lösung soll auf den Fall beschränkt werden, daß n_ϑ eine ganze Zahl $\geq n_\zeta$ ist, wodurch die Hankelschen Funktionen im vorliegenden Fall von gebrochener Ordnung sind. Diese Hankelschen Funktionen lassen sich durch elementare Funktionen ausdrücken. Für die niedrigsten Ordnungen gelten folgende Zusammenhänge:

$$\sqrt{\frac{\pi}{2}\,x}\,\mathrm{H}_{\frac{1}{2}}^{(2)}(x) = \mathrm{j}\,\mathrm{e}^{-\mathrm{j}x}, \tag{329a}$$

$$\sqrt{\frac{\pi}{2}\,x}\,\mathrm{H}_{1+\frac{1}{2}}^{(2)}(x) = -\,\mathrm{e}^{-\mathrm{j}x}\left(1 - \frac{\mathrm{j}}{x}\right), \tag{329b}$$

$$\sqrt{\frac{\pi}{2}\,x}\,\mathrm{H}_{2+\frac{1}{2}}^{(2)}(x) = -\,\mathrm{j}\,\mathrm{e}^{-\mathrm{j}x}\left(1 - \frac{3\mathrm{j}}{x} - \frac{3}{x^2}\right), \tag{329c}$$

$$\sqrt{\frac{\pi}{2}\,x}\,\mathrm{H}_{3+\frac{1}{2}}^{(2)}(x) = \mathrm{e}^{-\mathrm{j}x}\left(1 - \frac{6\mathrm{j}}{x} - \frac{15}{x^2} + \frac{15\mathrm{j}}{x^3}\right), \tag{329d}$$

$$\sqrt{\frac{\pi}{2}\,x}\,\mathrm{H}_{\frac{1}{2}}^{(1)}(x) = -\,\mathrm{j}\,\mathrm{e}^{\mathrm{j}x}, \tag{330a}$$

$$\sqrt{\frac{\pi}{2}\,x}\,\mathrm{H}_{1+\frac{1}{2}}^{(1)}(x) = -\,\mathrm{e}^{\mathrm{j}x}\left(1 + \frac{\mathrm{j}}{x}\right), \tag{330b}$$

$$\sqrt{\frac{\pi}{2}\,x}\,\mathrm{H}_{2+\frac{1}{2}}^{(1)}(x) = \mathrm{j}\,\mathrm{e}^{\mathrm{j}x}\left(1 + \frac{3\mathrm{j}}{x} - \frac{3}{x^2}\right), \tag{330c}$$

$$\sqrt{\frac{\pi}{2}\,x}\,\mathrm{H}_{3+\frac{1}{2}}^{(1)}(x) = \mathrm{e}^{\mathrm{j}x}\left(1 + \frac{6\mathrm{j}}{x} - \frac{15}{x^2} - \frac{15\mathrm{j}}{x^3}\right). \tag{330d}$$

Auch die Kugelfunktionen $\mathrm{P}_{n_\vartheta}^{n_\zeta}$ und $\mathrm{Q}_{n_\vartheta}^{n_\zeta}$, die als zugeordnete Kugelfunktionen 1. und 2. Art bezeichnet werden, sind für ganzzahlige Werte von n_ϑ und n_ζ als Kombinationen von elementaren Funktionen darzustellen:

Zugeordnete Kugelfunktionen 1. Art:

$$P_0^0(\cos\vartheta) = 1, \qquad (331\,\mathrm{a})$$

$$P_1^0(\cos\vartheta) = \cos\vartheta, \qquad (331\,\mathrm{b})$$

$$P_1^1(\cos\vartheta) = \sin\vartheta, \qquad (331\,\mathrm{c})$$

$$P_2^0(\cos\vartheta) = \tfrac{1}{4}\,(3\cos 2\vartheta + 1), \qquad (331\,\mathrm{d})$$

$$P_2^1(\cos\vartheta) = \tfrac{3}{2}\,\sin 2\vartheta, \qquad (331\,\mathrm{e})$$

$$P_2^2(\cos\vartheta) = \tfrac{3}{2}\,(1 - \cos 2\vartheta), \qquad (331\,\mathrm{f})$$

$$P_3^0(\cos\vartheta) = \tfrac{1}{8}\,(5\cos 3\vartheta + 3\cos\vartheta), \qquad (331\,\mathrm{g})$$

$$P_3^1(\cos\vartheta) = \tfrac{3}{8}\,(\sin\vartheta + 5\sin 3\vartheta), \qquad (331\,\mathrm{h})$$

$$P_3^2(\cos\vartheta) = \tfrac{15}{4}\,(\cos\vartheta - \cos 3\vartheta), \qquad (331\,\mathrm{i})$$

$$P_3^3(\cos\vartheta) = \tfrac{15}{4}\,(3\sin\vartheta - \sin 3\vartheta). \qquad (331\,\mathrm{k})$$

Zugeordnete Kugelfunktionen 2. Art:

$$Q_0^0(\cos\vartheta) = \ln\left(\operatorname{ctg}\frac{\vartheta}{2}\right), \qquad (332\,\mathrm{a})$$

$$Q_1^0(\cos\vartheta) = \cos\vartheta\,\ln\left(\operatorname{ctg}\frac{\vartheta}{2}\right) - 1, \qquad (332\,\mathrm{b})$$

$$Q_1^1(\cos\vartheta) = \sin\vartheta\,\ln\left(\operatorname{ctg}\frac{\vartheta}{2}\right) + \operatorname{ctg}\vartheta, \qquad (332\,\mathrm{c})$$

$$Q_2^0(\cos\vartheta) = \frac{1}{4}\,(3\cos 2\vartheta + 1)\ln\left(\operatorname{ctg}\frac{\vartheta}{2}\right) - \frac{3}{2}\cos\vartheta, \qquad (332\,\mathrm{d})$$

$$Q_2^1(\cos\vartheta) = \frac{3}{2}\sin 2\vartheta\,\ln\left(\operatorname{ctg}\frac{\vartheta}{2}\right) - 3\sin\vartheta + \frac{1}{\sin\vartheta}, \qquad (332\,\mathrm{e})$$

$$Q_2^2(\cos\vartheta) = \frac{3}{2}\,(1 - \cos 2\vartheta)\ln\left(\operatorname{ctg}\frac{\vartheta}{2}\right) + 3\cos\vartheta + \frac{2\operatorname{ctg}\vartheta}{\sin\vartheta}. \qquad (332\,\mathrm{f})$$

Durch Einsetzen in die Differentialgleichungen kann man sich von der Gültigkeit der Lösungen leicht überzeugen.

Bei einer in radialer Richtung nach außen fortschreitenden Kugelwelle erfolgt die Ausbreitung auf immer größere Kugelflächen. Bei den ebenen Wellen in Hohlleitungen hatte es sich gezeigt, daß bei einem zu kleinen Querschnitt (Betriebswellenlänge oberhalb der Grenzwellenlänge) die Welle gedämpft wurde, d. h. mit zunehmender Entfernung in ihrer Intensität nach einer Exponentialfunktion abnahm. Bei einem genügend großen Querschnitt dagegen zeigte sich der Fall der Wellenausbreitung, wobei die Wellenlänge in Fortpflanzungsrichtung beim Arbeiten dicht unterhalb der Grenzwellenlänge sehr groß war und allmählich abnahm bis nahezu auf den Wert für die freie Ausbreitung im Raum. Bei den Kugelwellen zeigt sich nun ein kontinuierlicher Übergang zwischen dem Fall der Dämpfung und dem Fall der Wellenausbreitung. Bei sehr großer Entfernung r wird das Argument $x = \alpha_1 r$

der Hankelschen Funktionen in Gl. (329) und (330) sehr groß, die Funktionen $\sqrt{\frac{\pi}{2}\, x}\, H^{(2)}_{n_\vartheta + \frac{1}{2}}(x)$ bzw. $\sqrt{\frac{\pi}{2}\, x}\, H^{(1)}_{n_\vartheta + \frac{1}{2}}(x)$ nähern sich den Werten $j^{(n_\vartheta+1)}\, e^{-jx}$ bzw. $(-j)^{(n_\vartheta+1)}\, e^{jx}$. In diesem Fall zeigt das Vektorpotential nur eine Phasendrehung mit zunehmendem Radius r, aber keine Amplitudenänderung; es liegt der Fall der fortschreitenden Welle vor. Bei sehr kleinen Radien dagegen erreichen die Exponentialfunktionen in Gl. (329) und (330) nahezu den Wert 1, und es gilt für sehr kleine Argumente $x = \alpha_1 r$:

$$\sqrt{\frac{\pi}{2}\, x}\, H^{(2)}_{\frac{1}{2}}(x) \approx j\,; \qquad\qquad \sqrt{\frac{\pi}{2}\, x}\, H^{(1)}_{\frac{1}{2}}(x) \approx -j\,;$$

$$\sqrt{\frac{\pi}{2}\, x}\, H^{(2)}_{1+\frac{1}{2}}(x) \approx \frac{j}{x}\,; \qquad\qquad \sqrt{\frac{\pi}{2}\, x}\, H^{(1)}_{1+\frac{1}{2}}(x) \approx -\frac{j}{x}\,;$$

$$\sqrt{\frac{\pi}{2}\, x}\, H^{(2)}_{2+\frac{1}{2}}(x) \approx \frac{3j}{x^2}\,; \qquad\qquad \sqrt{\frac{\pi}{2}\, x}\, H^{(1)}_{2+\frac{1}{2}}(x) \approx -\frac{3j}{x^2}\,, \qquad \text{usw.}$$

Hier ist keine Phasendrehung bei Veränderung des Arguments mehr vorhanden, es zeigt sich lediglich ein starkes Abnehmen des Funktionswertes mit zunehmendem Radius r; die Abnahme ist um so stärker, je höher die Ordnung der Hankelschen Funktion ist.

Die Wellenform selbst ist durch die ganzen Zahlen n_ζ und n_ϑ gekennzeichnet. Wie aus dem Gleichungssystem (332) hervorgeht, werden die zugeordneten Kugelfunktionen 2. Art längs der z-Achse, d. h. bei $\vartheta = 0$ und $\vartheta = \pi$, unendlich groß. Diese Funktionen sind nur unter der Randbedingung brauchbar, daß sich in Richtung der z-Achse ein metallischer Leiter befindet. (Ähnliche Zusammenhänge zeigen sich bei der Neumannschen Funktion in zylindrischen Hohlleitern, vgl. S. 313.) Bei den Kugelfunktionen kennzeichnet n_ζ die Halbwellenzahl in ζ-Richtung längs eines Bogens $\zeta = 0 \dots 180°$. Die Größe n_ϑ kennzeichnet jedoch nicht in allen Fällen die Halbwellenzahl in ϑ-Richtung zwischen $\vartheta = 0 \dots 180°$; die Zusammenhänge sind komplizierter. Solange n_ζ Null ist, ist die Halbwellenzahl durch n_ϑ unmittelbar gegeben. Ist jedoch $n_\zeta > 0$, so hat die Halbwellenzahl den Wert $1 + n_\vartheta - n_\zeta$. Im einzelnen soll die Struktur des Feldes der Kugelwelle bei den anschließend zu behandelnden Beispielen näher erläutert werden.

2. Elementare Wellen auf der Doppelkonusleitung.

Die elementare Welle ist dadurch gekennzeichnet, daß in Fortpflanzungsrichtung weder eine elektrische noch eine magnetische Feldkomponente existiert. Im Fall der ebenen Wellen zeigten sich die elementaren Wellen bei den Randbedingungen der Doppelleitung (vgl. S. 290). In ähnlicher Weise sind elementare Wellen auch bei den Kugelwellen möglich. Sie können längs einer Doppelleitung geführt werden, die aus zwei koaxialen Kegeln besteht.

Die elementare Kugelwelle ist gekennzeichnet durch $n_\vartheta = 0$ und $n_\zeta = 0$. Die Funktion P_0^0 ist in diesem Fall unbrauchbar, da sie eine Konstante darstellt und somit sämtliche Feldkomponenten, die durch Differenzieren aus ihr gewonnen werden, verschwinden müssen. Es kommt hier nur die Kugelfunktion 2. Art für die Lösung in Betracht. Aus Gründen der unten zu behandelnden Randbedingungen erfolgt die Ableitung lediglich aus dem magnetischen Vektorpotential. Für die nach außen fortschreitende Welle ergibt sich aus den Gl. (327), (332a) und (329a)

$$\mathfrak{A}_m = \mathfrak{C}_{2_m} \ln \left(\mathrm{ctg}\, \frac{\vartheta}{2} \right) \sqrt{\frac{2}{\pi}}\, \mathrm{j}\, \mathrm{e}^{-\mathrm{j}\,\alpha_1 r}.$$

Entsprechend ergibt sich für die nach innen fortschreitende Welle mit der Gl. (328):

$$\mathfrak{A}_m = -\mathfrak{C}_{4_m} \ln \left(\mathrm{ctg}\, \frac{\vartheta}{2} \right) \sqrt{\frac{2}{\pi}}\, \mathrm{j}\, \mathrm{e}^{\mathrm{j}\,\alpha_1 r}.$$

Setzt man diese Ergebnisse in das Gleichungssystem (325) ein, so folgt für die nach außen fortschreitende Welle:

$$\mathfrak{E}_\zeta = \mathfrak{E}_r = 0, \qquad \mathfrak{H}_\vartheta = 0,$$

$$\mathfrak{E}_\vartheta = \mathrm{j} \sqrt{\frac{2}{\pi}}\, \frac{Z_1 \mathfrak{C}_{2_m}}{r \sin \vartheta}\, \mathrm{e}^{-\mathrm{j}\,\alpha_1 r}, \tag{333a}$$

$$\mathfrak{H}_\zeta = \mathrm{j} \sqrt{\frac{2}{\pi}}\, \frac{\mathfrak{C}_{2_m}}{r \sin \vartheta}\, \mathrm{e}^{-\mathrm{j}\,\alpha_1 r}, \tag{333b}$$

und für die nach innen fortschreitende Welle:

$$\mathfrak{E}_\zeta = \mathfrak{E}_r = 0, \qquad \mathfrak{H}_\vartheta = 0,$$

$$\mathfrak{E}_\vartheta = \mathrm{j} \sqrt{\frac{2}{\pi}}\, \frac{Z_1 \mathfrak{C}_{4_m}}{r \sin \vartheta}\, \mathrm{e}^{\mathrm{j}\,\alpha_1 r}, \tag{334a}$$

$$\mathfrak{H}_\zeta = -\mathrm{j} \sqrt{\frac{2}{\pi}}\, \frac{\mathfrak{C}_{4_m}}{r \sin \vartheta}\, \mathrm{e}^{\mathrm{j}\,\alpha_1 r}. \tag{334b}$$

Die Struktur des Feldes ist in Abb. 148a dargestellt. Die elektrischen Feldlinien sind Kreise, die in Ebenen $\zeta = $ konst. liegen. Die magnetischen Feldlinien stellen ebenfalls Kreise dar, für die $\vartheta = $ konst. gilt. Die Feldrichtungen sind in Abb. 148a für nach außen fortschreitende Wellen angegeben. Es ist unmittelbar einleuchtend, daß eine Kugelwelle dieser Art zwischen zwei koaxialen Konen, deren Spitzen zusammenfallen, fortgeleitet werden kann, denn die elektrischen Feldlinien stehen auf den Kegelflächen senkrecht, die magnetischen Feldlinien verlaufen zu den Kegelflächen tangential. Die in Abb. 148a dargestellten Kegel haben die Öffnungswinkel ϑ_1 und ϑ_2.

Es besteht die Möglichkeit, die beiden Kegel entsprechend Abb. 148b als eine Doppelleitung zu betrachten, längs der sich ähnlich wie auf einer Paralleldrahtleitung oder einer konzentrischen Leitung eine Welle fortpflanzt. Die Spannung der Doppelleitung wird in Richtung der elektrischen Feldlinien definiert und ergibt sich nach Abb. 148b und Gl. (333a):

$$\mathfrak{U} = \int_{\vartheta=\vartheta_1}^{\vartheta_2} \mathfrak{E}_\vartheta\, r\, \mathrm{d}\vartheta = \mathrm{j}\, \sqrt{\frac{2}{\pi}}\, Z_1\, \mathfrak{C}_{2_m} \ln\left(\frac{\operatorname{ctg} \vartheta_1/2}{\operatorname{ctg} \vartheta_2/2}\right) \mathrm{e}^{-\mathrm{j}\,\alpha_1 r}.$$

Der Strom $\mathfrak{J}$ läuft in radialer Richtung auf dem Kegelmantel entlang. Unter Berücksichtigung des in Gl. (164) S. 199 gegebenen Zusammenhangs zwischen Strombelag und magnetischer Feldstärke ergibt sich für den Strom:

$$\mathfrak{J} = \int_{\zeta=0}^{2\pi} \mathfrak{H}_{\zeta(\vartheta=\vartheta_1)}\, r \sin\vartheta_1\, \mathrm{d}\zeta = \int_{\zeta=0}^{2\pi} \mathfrak{H}_{\zeta(\vartheta=\vartheta_2)}\, r \sin\vartheta_2\, \mathrm{d}\zeta = 2\pi\, \mathrm{j}\, \sqrt{\frac{2}{\pi}}\, \mathfrak{C}_{2_m} \mathrm{e}^{-\mathrm{j}\,\alpha_1 r}.$$

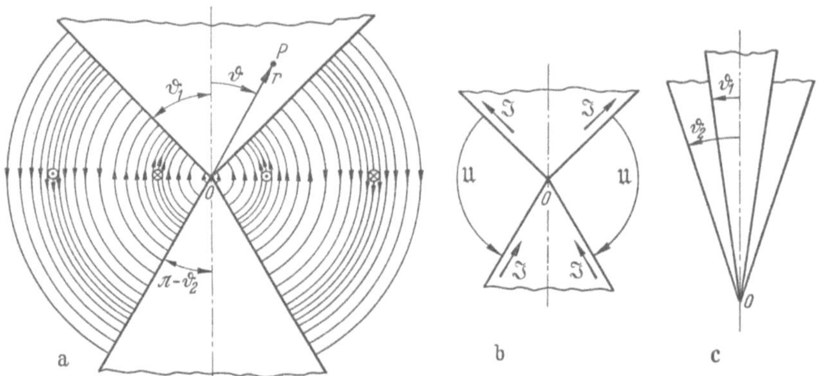

Abb. 148a—c. *a* Feldbild für die elementare Welle auf der Doppelkonusleitung, *b* Definition von Spannung und Strom, *c* Doppelkonusleitung mit engem Öffnungswinkel.

Das Verhältnis von Spannung zu Strom ergibt bei der fortschreitenden Welle den Wellenwiderstand, der bei der hier vorliegenden Doppelkonusleitung folgende Größe hat:

$$Z_l = \frac{\mathfrak{U}}{\mathfrak{J}} = \frac{Z_1}{2\pi} \ln\left(\frac{\operatorname{ctg} \vartheta_1/2}{\operatorname{ctg} \vartheta_2/2}\right). \tag{335}$$

Bezeichnet man die Spannung zwischen den beiden Kegelspitzen (d. h. also an der Stelle $r = 0$) mit

$$\mathfrak{U}_0 = \mathrm{j}\, \sqrt{\frac{2}{\pi}}\, Z_1\, \mathfrak{C}_{2_m} \ln\left(\frac{\operatorname{ctg} \vartheta_1/2}{\operatorname{ctg} \vartheta_2/2}\right),$$

so ergeben sich für die nach außen fortschreitende Welle die Beziehungen

$$\mathfrak{U} = \mathfrak{U}_0\, \mathrm{e}^{-\mathrm{j}\,\alpha_1 r}, \qquad \mathfrak{J} = \frac{\mathfrak{U}}{Z_l} = \frac{\mathfrak{U}_0}{Z_l} \mathrm{e}^{-\mathrm{j}\,\alpha_1 r}.$$

Dieser Zusammenhang entspricht genau der Gl. (175) auf S. 208 für die fortschreitende Welle auf Doppelleitungen. Für die nach innen laufende Welle ändert sich das Vorzeichen im Exponenten.

Da die elementare Betrachtung bei der Doppelkonusleitung eine einfache Übersicht über die Zusammenhänge gestattet, ist es nützlich, wie bei den normalen Doppelleitungen auch einen Widerstandsbelag R' zu definieren. Zur Berechnung dieser Größe denkt man sich aus beiden Kegelmänteln bei einem Radius r einen Streifen von der Breite Δr herausgeschnitten und berechnet mit Hilfe der Leitfähigkeit $\varkappa_2$ und der Eindringtiefe t_2 des Mantels die Größe:

$$R' = \frac{\Delta r}{\Delta r\,\varkappa_2\,t_2\,2\pi\,r} \left(\frac{1}{\sin\vartheta_1} + \frac{1}{\sin\vartheta_2}\right) = \frac{1}{2\pi\,\varkappa_2\,t_2\,r} \left(\frac{1}{\sin\vartheta_1} + \frac{1}{\sin\vartheta_2}\right). \quad (336)$$

Es ist zu beachten, daß der Widerstandsbelag R' mit zunehmendem Radius r abnimmt, während der Wellenwiderstand eine Konstante darstellt.

Es ist ohne weiteres möglich, daß die Neigungswinkel ϑ_1 und ϑ_2 beider Kegel kleiner als $90°$ sind, wie dies Abb. 148c zeigt. In diesem Fall hat die Doppelkonusleitung gewisse Ähnlichkeit mit der konzentrischen Doppelleitung und kann als Übergangsstück zwischen zwei konzentrischen Leitungen mit verschiedenen Leiterradien verwendet werden.

3. Das Strahlungsfeld des Elementardipols.

a) Die Grundgleichungen für den elektrischen und den magnetischen Elementardipol.

Die einfachsten Formen der Wellenausbreitung im freien Raum sind durch die Kugelfunktion P_1^0 darzustellen. (Die Kugelfunktion Q_1^0 kann im freien Raum nicht verwendet werden, da sie in Richtung der z-Achse unendlich große Feldstärken erfordert.) Die Lösung ergibt sich nach Gl. (327) auf S. 364 zusammen mit den Gl. (329b) auf S. 364 und (331b) auf S. 365. Für die Ausbreitung im freien Raum kommt nur die nach außen laufende Welle in Frage.

$$\mathfrak{A}_m = \mathfrak{C}_m \cos\vartheta\, e^{-j\alpha_1 r}\left(1 + \frac{1}{j\alpha_1 r}\right), \quad \bigg| \quad \mathfrak{A}_e = \mathfrak{C}_e \cos\vartheta\, e^{-j\alpha_1 r}\left(1 + \frac{1}{j\alpha_1 r}\right). \quad (337)$$

Bei der Darstellung der Gleichung ist der Zahlenfaktor $-\sqrt{\dfrac{2}{\pi}}$ fortgeblieben; dies kann ohne weiteres geschehen, da die Konstanten $\mathfrak{C}_m$ bzw. $\mathfrak{C}_e$ noch nicht näher bestimmt sind. Durch Einsetzen der Gl. (337) in das Gleichungssystem (325) auf S. 362 ergeben sich die einzelnen Komponenten des Feldes:

E-Welle:

$$\mathfrak{E}_\vartheta = Z_1 \mathfrak{C}_m \frac{\sin\vartheta}{r} e^{-j\alpha_1 r}\left[1 + \frac{1}{j\alpha_1 r} + \left(\frac{1}{j\alpha_1 r}\right)^2\right], \quad (338a_E)$$

$$\mathfrak{E}_\zeta = 0, \quad (338b_E)$$

$$\mathfrak{E}_r = 2 Z_1 \mathfrak{C}_m \frac{\cos\vartheta}{r} e^{-j\alpha_1 r}\left[\frac{1}{j\alpha_1 r} + \left(\frac{1}{j\alpha_1 r}\right)^2\right], \quad (338c_E)$$

$$\mathfrak{H}_\vartheta = 0, \quad (338d_E)$$

$$\mathfrak{H}_\zeta = \mathfrak{C}_m \frac{\sin\vartheta}{r} e^{-j\alpha_1 r}\left(1 + \frac{1}{j\alpha_1 r}\right), \quad (338e_E)$$

$$\mathfrak{H}_r = 0; \quad (338f_E)$$

H-Welle:

$$\mathfrak{H}_\vartheta = -\frac{\mathfrak{C}_e}{Z_1}\,\frac{\sin\vartheta}{r}\,e^{-j\alpha_1 r}\left[1 + \frac{1}{j\alpha_1 r} + \left(\frac{1}{j\alpha_1 r}\right)^2\right], \qquad (338\,\text{a}_\text{H})$$

$$\mathfrak{H}_\zeta = 0, \qquad (338\,\text{b}_\text{H})$$

$$\mathfrak{H}_r = -\frac{2\,\mathfrak{C}_e}{Z_1}\,\frac{\cos\vartheta}{r}\,e^{-j\alpha_1 r}\left[\frac{1}{j\alpha_1 r} + \left(\frac{1}{j\alpha_1 r}\right)^2\right], \qquad (338\,\text{c}_\text{H})$$

$$\mathfrak{E}_\vartheta = 0, \qquad (338\,\text{d}_\text{H})$$

$$\mathfrak{E}_\zeta = \mathfrak{C}_e\,\frac{\sin\vartheta}{r}\,e^{-j\alpha_1 r}\left[1 + \frac{1}{j\alpha_1 r}\right], \qquad (338\,\text{e}_\text{H})$$

$$\mathfrak{E}_r = 0. \qquad (338\,\text{f}_\text{H})$$

Bei der E-Welle stellen die magnetischen Feldlinien geschlossene Kreise um die z-Achse dar, während bei der H-Welle die elektrischen Feldlinien in Kreisform um die z-Achse verlaufen. Bei der E-Welle liegen die elektrischen Feldlinien in Ebenen, die durch die z-Achse gehen ($\zeta =$ konst.); in gleicher Weise liegen bei der H-Welle die magnetischen Feldlinien in Ebenen ($\zeta =$ konst.). Die genaue Struktur des Feldes wird weiter unten erläutert.

b) Die Nahzone.

Die im Gleichungssystem (338) dargestellten Feldkomponenten wurden aus der allgemeinen Lösung der Wellengleichung erhalten. Die Form des Erregers, von dem die Wellen ausgehen, ist bisher noch nicht behandelt. Man kann diese Welle durch einen sog. Elementardipol erregen, der sich am Nullpunkt befindet und in seinen Abmessungen sehr klein gegenüber der Wellenlänge ist. Zur Untersuchung des Feldes um den Elementardipol muß also die nächste Umgebung des Nullpunkts ($r \to 0$), die sog. Nahzone, näher betrachtet werden. Unter der Voraussetzung $\alpha_1 r \approx 0$ vereinfachen sich die Gl. (338) dadurch, daß man die Exponentialfunktion gleich 1 setzen kann und nur die höchste Potenz der Glieder $\dfrac{1}{j\alpha_1 r}$ berücksichtigen muß:

$$\mathfrak{E}_\vartheta = -Z_1\mathfrak{C}_m\,\frac{\sin\vartheta}{\alpha_1{}^2 r^3}, \qquad\qquad \mathfrak{H}_\vartheta = \frac{\mathfrak{C}_e}{Z_1}\,\frac{\sin\vartheta}{\alpha_1{}^2 r^3}, \qquad (339\,\text{a})$$

$$\mathfrak{E}_r = -2Z_1\mathfrak{C}_m\,\frac{\cos\vartheta}{\alpha_1{}^2 r^3}, \qquad\qquad \mathfrak{H}_r = 2\,\frac{\mathfrak{C}_e}{Z_1}\,\frac{\cos\vartheta}{\alpha_1{}^2 r^3}, \qquad (339\,\text{b})$$

$$\mathfrak{H}_\zeta = -j\,\mathfrak{C}_m\,\frac{\sin\vartheta}{\alpha_1 r^2}, \qquad\qquad \mathfrak{E}_\zeta = -j\,\mathfrak{C}_e\,\frac{\sin\vartheta}{\alpha_1 r^2}. \qquad (339\,\text{c})$$

Besonders kennzeichnend für die Nahzone ist, daß man bei der E-Welle auch das radiale elektrische Feld und bei der H-Welle auch das radiale magnetische Feld aus dem skalaren Potential ableiten kann, entsprechend den Zusammenhängen:

$$\mathfrak{E}_\vartheta = -\frac{\partial\varphi_e}{r\,\partial\vartheta}, \qquad\qquad \mathfrak{H}_\vartheta = -\frac{\partial\varphi_m}{r\,\partial\vartheta},$$

$$\mathfrak{E}_r = -\frac{\partial\varphi_e}{\partial r}, \qquad\qquad \mathfrak{H}_r = -\frac{\partial\varphi_m}{\partial r}.$$

Hierbei ist φ_e das elektrische Potential (gemessen in V), φ_m das magnetische Potential (gemessen in A). Durch Integration der Gl. (339a) und
(339b) ergibt sich unmittelbar:

$$\varphi_e = -Z_1 \mathfrak{C}_m \frac{\cos\vartheta}{\alpha_1{}^2 r^2}, \qquad\qquad \varphi_m = \frac{\mathfrak{C}_e}{Z_1} \frac{\cos\vartheta}{\alpha_1{}^2 r^2}. \qquad (339\,\mathrm{d})$$

(Die Integrationskonstante kann willkürlich $= 0$ gesetzt werden.)

Zur genaueren Errechnung der Feldstruktur soll zuerst das Feld
der E-Welle näher betrachtet werden. Das elektrische Potentialfeld φ_e
kann erzeugt werden durch einen Elementardipol, der in Abb. 149a dargestellt ist. Er besteht aus zwei gleich großen elektrischen Ladungen $\mathfrak{Q}$
von entgegengesetztem Vorzeichen, die sich in sehr geringem gegen-
seitigem Abstand s befinden; s liegt in Richtung der z-Achse, der Null-

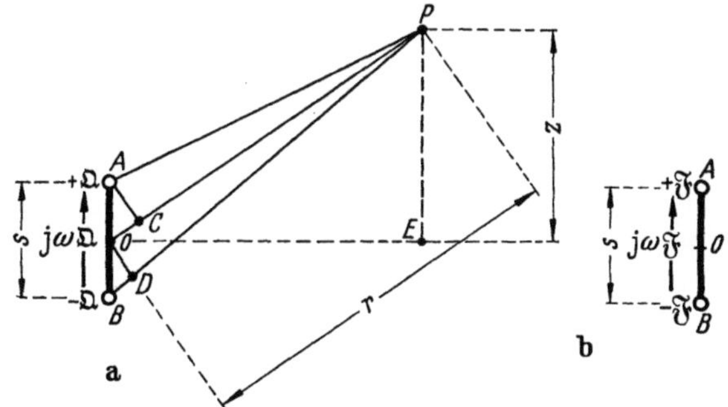

Abb. 149. Schema der Elementardipole: *a* elektrischer Elementardipol,
b magnetischer Elementardipol.

punkt 0 des Koordinatensystems liegt in der Mitte von s. Es soll nun
das durch diese Ladungen hervorgerufene elektrische Potential berechnet werden, und zwar in einem Punkt P, der durch die Ko-
ordinaten $r = \overline{OP}$ und z bestimmt ist. Die durch die Ladung $+\mathfrak{Q}$
erzeugte elektrische Feldstärke ist $\mathfrak{E}_+ = \dfrac{\mathfrak{Q}}{4\pi\varepsilon_1\varepsilon_0 a^2}$, wobei a den Abstand zwischen dem Aufpunkt und der Ladung darstellt. Um nun das
Potential im Punkte P zu ermitteln, integriert man die elektrische
Feldstärke $\mathfrak{E}_+$ über den Weg von $a = \infty$ bis $a = \overline{AP}$ und erhält für
das durch die Ladung $+\mathfrak{Q}$ erzeugte Potential: $\varphi_+ = \dfrac{\mathfrak{Q}}{4\pi\varepsilon_0 \overline{AP}}$; entsprechend ergibt sich das durch die Ladung $-\mathfrak{Q}$ im Punkte P hervor-
gerufene Potential φ_-; das gesamte Potential ist dann die Summe der
beiden Größen:

$$\varphi_e = \frac{\mathfrak{Q}}{4\pi\varepsilon_0}\left(\frac{1}{\overline{AP}} - \frac{1}{\overline{BP}}\right).$$

Um die Abstände $\overline{AP}$ und $\overline{BP}$ durch r, z und s auszudrücken, macht
man die Voraussetzung, daß s gegen r sehr klein sein soll (wobei andererseits aber r stets genügend klein gegen λ_1 bleiben muß); in diesem Falle

sind die drei Strecken $\overline{AP}$, $\overline{BP}$ und $\overline{OP} = r$ nahezu einander parallel, die Dreiecke ACO und ODB sind nahezu kongruent und dem Dreieck OEP ähnlich; dann ergibt sich: $\overline{OC} = \overline{BD} = \dfrac{s}{2}\dfrac{z}{r}$, und daraus folgt:

$$\frac{1}{\overline{AP}} - \frac{1}{\overline{BP}} = \frac{1}{r - \dfrac{s}{2}\dfrac{z}{r}} - \frac{1}{r + \dfrac{s}{2}\dfrac{z}{r}} \approx \frac{sz}{r^3}.$$

Somit ergibt sich für das Potential im Punkte P:

$$\varphi_e = \frac{\mathfrak{Q}s}{4\pi\varepsilon_0}\frac{z}{r^3}$$

oder wegen des Zusammenhangs $\dfrac{z}{r} = \cos\vartheta$:

$$\varphi_e = \frac{\mathfrak{Q}s}{4\pi\varepsilon_0}\frac{\cos\vartheta}{r^2}.$$

Die Abhängigkeit des Potentials von den Koordinaten des Punktes P entspricht also genau der Gl. (339d) (links). Wenn die beiden Ladungen im Zeitverlauf ihre Größe mit der Kreisfrequenz ω ändern, so muß zwischen den beiden Metallelektroden, auf denen sich die Ladungen befinden, eine Verbindung vorhanden sein, in der ein Wechselstrom (Leitungsstrom) von der Größe

$$\mathfrak{J}_e = j\,\omega\,\mathfrak{Q}$$

in z-Richtung fließt; selbstverständlich muß in der Verbindungsleitung irgendeine Energiequelle liegen, die den Stromfluß dauernd aufrechterhält. Durch Einführen in die Gleichung für φ_e folgt:

$$\varphi_e = \frac{\mathfrak{J}_e s}{4\pi\,j\,\omega\,\varepsilon_1\varepsilon_0}\frac{\cos\vartheta}{r^2};$$

zusammen mit der Gl. (339d) (links) auf S. 371 und mit der Beziehung

$$\frac{1}{\omega\lambda_1} = \frac{1}{2\pi v_1}\frac{\sqrt{\mu_1\mu_0\varepsilon_1\varepsilon_0}}{2\pi}$$

ergibt sich:

$$\mathfrak{E}_m = -\frac{\mathfrak{J}_e s}{2j\,\lambda_1}.$$

Das elektrische Feld der E-Welle ist also zu erzeugen durch einen Elementardipol, der aus zwei in geringem gegenseitigen Abstand angeordneten kleinen Metallkugeln und einem zwischen ihnen gezogenen Verbindungsdraht besteht, in dem ein elektrischer Wechselstrom fließt.

Es ist nun noch zu prüfen, ob auch das durch diesen Dipol erzeugte magnetische Feld mit dem Feld der Gl. (339c) (links) übereinstimmt. Für die von einem kurzen Leiterstück s, das von einem Strom $\mathfrak{J}_e$ durchflossen wird, erzeugte magnetische Feldstärke ergibt sich nach dem Gesetz von Biot-Savart:

$$\mathfrak{H}_\zeta = \frac{\mathfrak{J}_e s}{4\pi r^2}\sin\vartheta.$$

Durch Vergleich mit Gl. (339c) erhält man ebenfalls die schon gefundene Beziehung für $\mathfrak{E}_m$. Also ist in der Nahzone das berechnete Feld der E-Welle durch einen Elementardipol von der beschriebenen Art zu erzeugen.

Ähnlich liegen die Verhältnisse für die Erzeugung des Feldes der H-Welle. Rein formal wird ein magnetischer Elementardipol angesetzt, der in Abb. 149b dargestellt ist. Er besteht aus zwei im Abstand s befindlichen magnetischen Quellen, von denen die magnetischen Flüsse $+\mathfrak{F}$ und $-\mathfrak{F}$ ausgehen. Physikalisch kann ein solcher magnetischer Elementardipol dargestellt werden durch eine kleine langgestreckte Spule, die von einem elektrischen Wechselstrom durchsetzt wird und dadurch an ihren Enden den Magnetfluß $\mathfrak{F}$ austreten läßt. Genau wie beim elektrischen Elementardipol läßt sich zeigen, daß dieser magnetische Dipol ein magnetisches Potential von der Größe φ_m erzeugt. Wenn sich der Magnetfluß in der langgestreckten kleinen Spule ändert, so soll in Analogie zum elektrischen Dipol von einem magnetischen Strom $\mathfrak{J}_m$ gesprochen werden. Als Maßeinheit für den magnetischen Strom

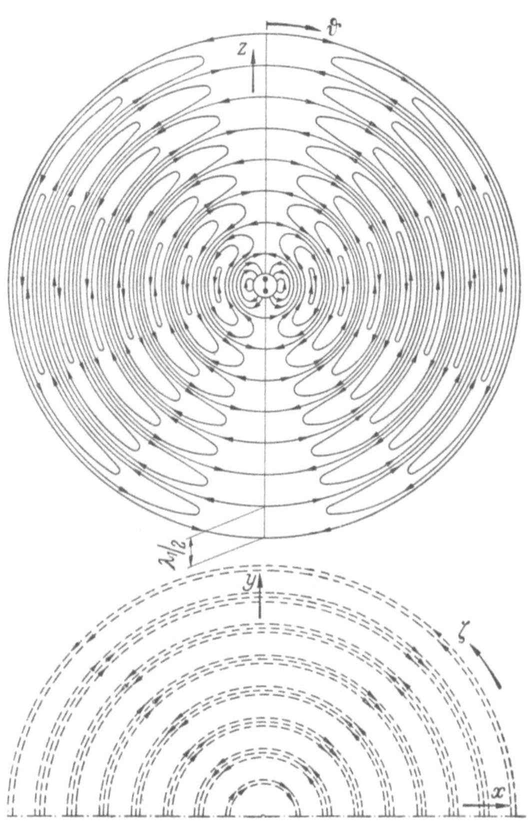

Abb. 150. Feldbild der E-Welle beim Elementardipol.

ergibt sich das V. Um den Zusammenhang mit Gl. (339d) (rechts) herzustellen, ist zu setzen: $\mathfrak{E}_e = \dfrac{\mathfrak{J}_m\, s}{2\,\mathrm{j}\,\lambda_1}$.

In Zusammenfassung hat sich bei der Betrachtung der E- und H-Welle in der Nahzone ergeben:

$$\mathfrak{E}_m = -\frac{\mathfrak{J}_e\, s}{2\,\mathrm{j}\,\lambda_1}, \qquad\qquad \mathfrak{E}_e = \frac{\mathfrak{J}_m\, s}{2\,\mathrm{j}\,\lambda_1}. \tag{340}$$

Die Feldstruktur der E-Welle ist in Abb. 150 in Aufriß und Grundriß dargestellt (von dem symmetrischen Grundriß ist nur eine Hälfte gezeichnet). Das Feldbild ist nach den allgemeinen Gleichungen der

E-Welle (338) zu berechnen. Die gestrichelt gezeichneten magnetischen Feldlinien sind konzentrische Kreise, wie man aus dem Grundriß erkennt, die die elektrischen Feldlinien durchlaufen in Ebenen $\zeta =$ konst. In der Umgebung von $\vartheta = \frac{\pi}{2}$ sind die elektrischen Feldlinien kreisförmig, in der Umgebung von $\vartheta = 0$ und $\vartheta = \pi$ weichen sie von der Kreisform ab, um sich in sich selbst zu schließen. In Abständen von $\frac{\lambda_1}{2}$ hat sich die Richtung des elektrischen und des magnetischen Feldes jeweils umgedreht. Im Mittelpunkt ist der Elementardipol schematisch angedeutet; in seiner nächsten Umgebung ist das elektromagnetische Feld nicht gezeichnet.

Das Feldbild für die *H*-Welle hat genau die gleiche Gestalt, wenn man die elektrischen und die magnetischen Feldlinien gegeneinander vertauscht und die Pfeilrichtung einer Linienart umdreht; eine besondere zeichnerische Darstellung erübrigt sich.

c) Die Fernzone.

Aus der Betrachtung der Nahzone konnte im vorangegangenen Absatz die Form des Erregers, von dem die Welle ausgeht, bestimmt werden. Für die Anwendung der elektromagnetischen Strahlung zur Nachrichtenübertragung interessieren immer nur Entfernungen, die sehr groß gegenüber der Wellenlänge sind; das Gebiet, das durch $\alpha_1 r \gg 1$ gekennzeichnet ist, soll als „Fernzone" bezeichnet werden. Für die Fernzone erhält man aus dem Gleichungssystem (338) auf S. 369, wenn man die Gl. (340) auf S. 373 einführt:

E-Welle:
$$\mathfrak{E}_\vartheta = \mathrm{j}\,\frac{Z_1\,\mathfrak{J}_e\,S}{2\,\lambda_1\,r}\sin\vartheta\,\mathrm{e}^{-\mathrm{j}\,\alpha_1 r}, \tag{341 a$_\mathrm{E}$}$$

$$\mathfrak{E}_r = \frac{Z_1\,\mathfrak{J}_e\,S}{2\,\pi\,r^2}\cos\vartheta\,\mathrm{e}^{-\mathrm{j}\,\alpha_1 r}, \tag{341 b$_\mathrm{E}$}$$

$$\mathfrak{H}_\zeta = \mathrm{j}\,\frac{\mathfrak{J}_e\,S}{2\,\lambda_1\,r}\sin\vartheta\,\mathrm{e}^{-\mathrm{j}\,\alpha_1 r} = \frac{\mathfrak{E}_\vartheta}{Z_1}, \tag{341 c$_\mathrm{E}$}$$

H-Welle:
$$\mathfrak{H}_\vartheta = \mathrm{j}\,\frac{\mathfrak{J}_m\,S}{2\,Z_1\,\lambda_1\,r}\sin\vartheta\,\mathrm{e}^{-\mathrm{j}\,\alpha_1 r}, \tag{341 a$_\mathrm{H}$}$$

$$\mathfrak{H}_r = \frac{\mathfrak{J}_m\,S}{2\,\pi\,r^2\,Z_1}\cos\vartheta\,\mathrm{e}^{-\mathrm{j}\,\alpha_1 r}, \tag{341 b$_\mathrm{H}$}$$

$$\mathfrak{E}_\zeta = -\mathrm{j}\,\frac{\mathfrak{J}_m\,S}{2\,\lambda_1\,r}\sin\vartheta\,\mathrm{e}^{-\mathrm{j}\,\alpha_1 r} = -Z_1\,\mathfrak{H}_\vartheta. \tag{341 c$_\mathrm{H}$}$$

Sieht man von der nächsten Umgebung der z-Richtung ab, so ist die Längsfeldstärke $\mathfrak{E}_r$ bzw. $\mathfrak{H}_r$ klein gegenüber der Querfeldstärke $\mathfrak{E}_\vartheta$ bzw. $\mathfrak{H}_\vartheta$. Die Feldstärken $\mathfrak{E}_\vartheta$ und $\mathfrak{H}_\zeta$ bei der E-Welle bzw. $\mathfrak{H}_\vartheta$ und $\mathfrak{E}_\zeta$ bei der H-Welle nehmen umgekehrt proportional mit dem Abstand r ab. Die nach dem Poyntingschen Satz aus der elektrischen und der magnetischen Feldstärke zu errechnende Leistungsdichte verläuft in r-Richtung und nimmt mit $1/r^2$ ab.

Durch den Elementardipol läßt sich die einfachste Form der Kugelwelle, die durch die Kugelfunktion P_1^0 gekennzeichnet ist, erzeugen. Kugelwellen höherer Ordnung lassen sich erregen durch Anordnung von mehreren Elementardipolen, die sich sämtlich in der Nahzone befinden, d. h. deren gegenseitige Abstände sehr klein gegenüber der Wellenlänge λ_1 sind. Durch Kombination zweier Dipole erhält man den sog. Quadrupol; ordnet man die zwei Dipole senkrecht übereinander an derart, daß Ladungen gleichen Vorzeichens nebeneinander liegen, so erregt die Anordnung eine Kugelwelle mit $n_\vartheta = 2$ und $n_\zeta = 0$. Stellt man dagegen die beiden Dipole nebeneinander derart, daß Ladungen gleichen Vorzeichens auf den Diagonalen des entstehenden Quadrats liegen, so erregt die Anordnung eine Kugelwelle mit $n_\vartheta = 2$ und $n_\zeta = 1$. Je höher die Ordnung von n_ϑ wird, um so stärker klingen entsprechend den Gl. (329) die Feldstärken nach außen hin ab. Dies bedeutet, daß bei Kugelwellen höherer Ordnung die Felder in der Nahzone erheblich größer werden müssen, um in die Fernzone gleiche Feldstärken zu erhalten.

4. Hohlraumwellen auf der Doppelkonusleitung.

Außer der bereits oben auf S. 366 behandelten elementaren Wellenform können sich auf der Doppelkonusleitung nach Abb. 148a auch Hohlraumwellen ausbreiten. Zur Lösung des Problems werden die Gleichungen der Kugelwellen (327) und (328) auf S. 364 verwendet. Aus dem in diesen Gleichungen dargestellten Vektorpotential werden die einzelnen Feldkomponenten nach Gl. (325) auf S. 362 gewonnen. Wenn man annimmt, daß die Doppelkonusleitung aus einem Material von unendlich großer Leitfähigkeit besteht, so ergeben sich für die Kegelflächen folgende Randbedingungen: Bei den Winkeln $\vartheta = \vartheta_1$ und $\vartheta = \vartheta_2$ müssen die elektrischen Feldstärkekomponenten $\mathfrak{E}_r$ und $\mathfrak{E}_\zeta$ und die magnetische Feldstärkenkomponente $\mathfrak{H}_\vartheta$ verschwinden. Nach Gl. (325) auf S. 362 bedeutet dies:

<table>
<tr><td>für die E-Welle:</td><td>für die H-Welle:</td></tr>
<tr><td>$$\mathfrak{A}_m = 0,$$</td><td>$$\frac{\partial \mathfrak{A}_e}{\partial \vartheta} = 0.$$</td></tr>
</table>

Diese Randbedingungen gelten in gleicher Weise für die nach außen wie für die nach innen fortschreitende Welle.

Zur allgemeinen Lösung muß man die eingangs gemachte Voraussetzung fallen lassen, daß n_ϑ eine ganze positive Zahl sein soll. Die Behandlung der Kugelfunktionen mit nicht ganzzahligem n_ϑ, die allgemein als Legendresche Funktionen bezeichnet werden, erfordert recht erheblichen mathematischen Aufwand und soll an dieser Stelle nicht durchgeführt werden. Wenn man sich auf ganzzahlige Werte n_ϑ beschränkt, so lassen sich die Randbedingungen nur für bestimmte, durch die Funktionen $P_{n_\vartheta}^{n_\zeta}$ und $Q_{n_\vartheta}^{n_\zeta}$ vorgeschriebene Werte von ϑ_1

und ϑ_2 erfüllen. Die Behandlung solcher Sonderfälle genügt jedoch, um einen anschaulichen Überblick über die Form der Hohlraumwellen auf der Doppelkonusleitung zu erhalten. Für die Sonderfälle erfordert die Anwendung der oben angegebenen Randbedingungen auf die Gl. (327) bzw. (328) auf S. 364 die folgenden Zusammenhänge:

E-Welle:

$$\mathfrak{C}_{1_m} \, \mathrm{P}_{n_\vartheta}^{n_\zeta} (\cos\vartheta_1) + \mathfrak{C}_{2_m} \, \mathrm{Q}_{n_\vartheta}^{n_\zeta} (\cos\vartheta_1) = 0,$$

$$\mathfrak{C}_{1_m} \, \mathrm{P}_{n_\vartheta}^{n_\zeta} (\cos\vartheta_2) + \mathfrak{C}_{2_m} \, \mathrm{Q}_{n_\vartheta}^{n_\zeta} (\cos\vartheta_2) = 0,$$

$$\mathfrak{C}_{3_m} \, \mathrm{P}_{n_\vartheta}^{n_\zeta} (\cos\vartheta_1) + \mathfrak{C}_{4_m} \, \mathrm{Q}_{n_\vartheta}^{n_\zeta} (\cos\vartheta_1) = 0,$$

$$\mathfrak{C}_{3_m} \, \mathrm{P}_{n_\vartheta}^{n_\zeta} (\cos\vartheta_2) + \mathfrak{C}_{4_m} \, \mathrm{Q}_{n_\vartheta}^{n_\zeta} (\cos\vartheta_2) = 0,$$

H-Welle:

$$\mathfrak{C}_{1_e} \, \mathrm{P}_{n_\vartheta}^{n_\zeta}{}' (\cos\vartheta_1) + \mathfrak{C}_{2_e} \, \mathrm{Q}_{n_\vartheta}^{n_\zeta}{}' (\cos\vartheta_1) = 0,$$

$$\mathfrak{C}_{1_e} \, \mathrm{P}_{n_\vartheta}^{n_\zeta}{}' (\cos\vartheta_2) + \mathfrak{C}_{2_e} \, \mathrm{Q}_{n_\vartheta}^{n_\zeta}{}' (\cos\vartheta_2) = 0,$$

$$\mathfrak{C}_{3_e} \, \mathrm{P}_{n_\vartheta}^{n_\zeta}{}' (\cos\vartheta_1) + \mathfrak{C}_{4_e} \, \mathrm{Q}_{n_\vartheta}^{n_\zeta}{}' (\cos\vartheta_1) = 0,$$

$$\mathfrak{C}_{3_e} \, \mathrm{P}_{n_\vartheta}^{n_\zeta}{}' (\cos\vartheta_2) + \mathfrak{C}_{4_e} \, \mathrm{Q}_{n_\vartheta}^{n_\zeta}{}' (\cos\vartheta_2) = 0.$$

Bei den Gleichungen für die H-Welle ist hierbei die Ableitung der Funktionen $\mathrm{P}_{n_\vartheta}^{n_\zeta}$ und $\mathrm{Q}_{n_\vartheta}^{n_\zeta}$ nach dem Winkel ϑ durch einen Strich gekennzeichnet worden. Durch einfache Umformung erhält man:

E-Welle:

$$-\frac{\mathfrak{C}_{2_m}}{\mathfrak{C}_{1_m}} = -\frac{\mathfrak{C}_{4_m}}{\mathfrak{C}_{3_m}} = \frac{\mathrm{P}_{n_\vartheta}^{n_\zeta} (\cos\vartheta_1)}{\mathrm{Q}_{n_\vartheta}^{n_\zeta} (\cos\vartheta_1)} = \frac{\mathrm{P}_{n_\vartheta}^{n_\zeta} (\cos\vartheta_2)}{\mathrm{Q}_{n_\vartheta}^{n_\zeta} (\cos\vartheta_2)}, \qquad (342_\mathrm{E})$$

H-Welle:

$$-\frac{\mathfrak{C}_{2_e}}{\mathfrak{C}_{1_e}} = -\frac{\mathfrak{C}_{4_e}}{\mathfrak{C}_{3_e}} = \frac{\mathrm{P}_{n_\vartheta}^{n_\zeta}{}' (\cos\vartheta_1)}{\mathrm{Q}_{n_\vartheta}^{n_\zeta}{}' (\cos\vartheta_1)} = \frac{\mathrm{P}_{n_\vartheta}^{n_\zeta}{}' (\cos\vartheta_2)}{\mathrm{Q}_{n_\vartheta}^{n_\zeta}{}' (\cos\vartheta_2)}. \qquad (342_\mathrm{H})$$

Diese Gleichungen sind in ihrer Ableitung und in ihrem Inhalt den Gl. (273) auf S. 314, die für die Hohlraumwelle auf einer konzentrischen Leitung gelten, sehr ähnlich. Die Lösung soll hier im einzelnen nicht durchgeführt werden; die Lösungsmethode ist die gleiche wie bei Gl. (273) (vgl. Abb. 132). Es werden die Quotienten der Kugelfunktionen $\mathrm{P}_{n_\vartheta}^{n_\zeta}/\mathrm{Q}_{n_\vartheta}^{n_\zeta}$ bzw. $\mathrm{P}_{n_\vartheta}^{n_\zeta}{}'/\mathrm{Q}_{n_\vartheta}^{n_\zeta}{}'$ über den Winkel ϑ für die verschiedenen Werte von n_ϑ und n_ζ aufgetragen. Aus jeder Kurve kann man jetzt eine Reihe von Wertepaaren ϑ_1 und ϑ_2 suchen, für die die Funktionen gleiche Ordinatenwerte haben. Hierdurch gewinnt man zusammenhängende Werte von ϑ_1 und ϑ_2, für die sich die Lösung in Kugelfunktionen mit ganzzahligem n_ϑ durchführen läßt. Es ist von vornherein ersichtlich, daß sich durch diese Bedingungen nicht sämtliche beliebigen Werte von ϑ_1 und ϑ_2 erfüllen lassen. Anschließend sollen zwei Beispiele dargestellt werden, bei denen die Winkel ϑ_1 und ϑ_2 so gewählt sind, daß die Lösung sich allein durch die Kugelfunktion 1. Art darstellen läßt (d. h. $P^{n\zeta}_{n\vartheta}/Q^{n\zeta}_{n\vartheta} = 0$ bzw. $P^{n\zeta'}_{n\vartheta}/Q^{n\zeta'}_{n\vartheta} = 0$).

　　Abb. 151 zeigt eine Doppelkonusleitung mit den Öffnungswinkeln ϑ_1 $= 25°$ und $\vartheta_2 = 122{,}6°$, auf der sich eine E-Welle nach der Kugelfunktion $P^0_5(\cos\vartheta) = \frac{1}{8}(63\cos^5\vartheta - 10\cos^3\vartheta + 15\cos\vartheta)$ ausbreitet. Die

Winkel ϑ_1 und ϑ_2 sind so gewählt, daß die Kugelfunktion bei diesen Werten Nullstellen besitzt und daher die Randbedingungen erfüllt. Das nach den Gl. (327) auf S. 364 und (325) auf S. 362 zu errechnende Feldbild ist durch die nach außen fortschreitende Welle in Abb. 151 dargestellt. Da im vorliegenden Fall Rotationssymmetrie herrscht, braucht nur ein Querschnitt in Richtung der Rotationsachse dargestellt zu werden. Die magnetischen Feldlinien

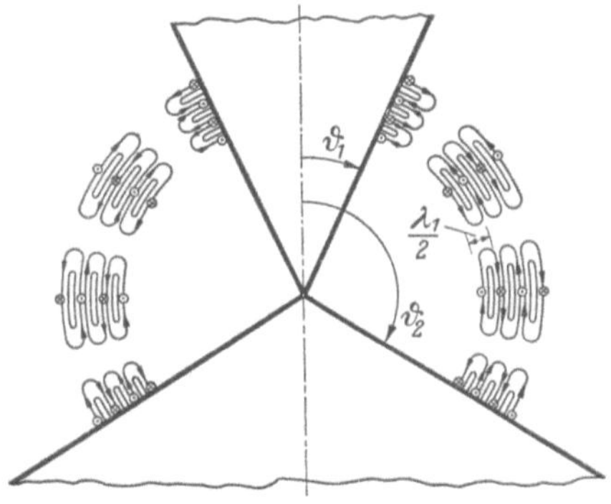

Abb. 151. Feldbild der E_{30}-Welle auf der Doppelkonusleitung.

umschlingen die Achse kreisförmig, während die elektrischen Feldlinien vorwiegend in ϑ-Richtung verlaufen und sich in sich selbst schließen oder senkrecht auf das Leitermetall aufsetzen. In der Leitung sind im vorliegenden Fall drei Halbwellen des Feldes in ϑ-Richtung vorhanden (E_{30}-Welle). Das Feld in näherer Umgebung der Kegelspitzen ist nicht dargestellt, sein Verlauf ist dort erheblich komplizierter. Die dargestellten Feldlinien befinden sich in der „Fernzone".

　　Abb. 152 zeigt eine Doppelkonusleitung, in der sich eine H-Welle nach der Kugelfunktion P^2_3 [vgl. Gl. (331i) auf S. 365] ausbreitet. Die Öffnungswinkel ϑ_1 und ϑ_2 sind so gewählt, daß an dieser Stelle die Ableitung der Kugelfunktion $P^{2\prime}_3 = \frac{15}{4}(-\sin\vartheta + 3\sin3\vartheta)$ verschwindet. In der Fernzone, d. h. für $\alpha_1 r \gg 1$, ergibt sich dann nach Gl. (327) auf S. 364 zusammen mit den Gl. (331i) auf S. 365 und (329d) auf S. 364 für das elektrische Vektorpotential:

$$\mathfrak{A}_e = \mathfrak{C}_{1e}(\cos\vartheta - \cos3\vartheta)\cos(2\zeta)\,e^{-j\,\alpha_1 r}.$$

(Einige konstante Zahlenwerte konnten dabei fortgelassen werden, da die Konstante $\mathfrak{C}_{e_1}$ noch nicht bestimmt ist.) Aus dieser Beziehung ist nach den Gl. (325) auf S. 362 das Feld im einzelnen abzuleiten. Die Wellenform selbst ist in Abb. 152 dargestellt. Die elektrischen Feldlinien sind ausgezogen, die magnetischen gestrichelt gezeichnet. Die Darstellung ist derart durchgeführt, daß in die Doppelkonusleitung eine Kugelfläche vom Radius R gelegt ist, auf die die elektrischen Feldlinien aufgezeichnet sind. (Bei der H-Welle müssen die elektrischen

Feldlinien ja in der Kugelfläche liegen.) Außerdem sind auf der Kugelfläche die Projektionen der magnetischen Feldlinien gestrichelt gezeichnet. Außerhalb der Kugel mit dem Radius R ist die Doppelkonusleitung geschnitten gezeichnet, und zwar in der Ebene $\zeta = 0$. In dieser Ebene liegen die magnetischen Feldlinien, die sich in sich selbst schließen, während die elektrischen Feldlinien senkrecht darauf stehen. Man er-

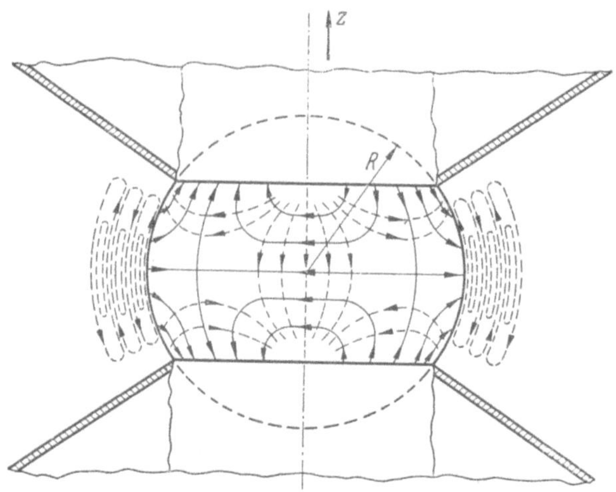

Abb. 152. Feldbild der H_{11}-Welle auf der Doppelkonusleitung.

kennt, daß in ζ-Richtung auf dem Halbkreis zwei Halbwellen vorhanden sind, während in ϑ-Richtung zwischen den beiden Kegeln nur eine Halbwelle existiert. Ähnlichkeiten im Feldbild mit der Wellenform H_{11} auf der rechteckigen Hohlleitung nach Abb. 120 sind leicht zu erkennen, wenn man einen sektorförmigen Ausschnitt mit einem Öffnungswinkel zwischen $\zeta = 0°$ und $\zeta = -90°$ aus der Doppelkonusleitung heraustrennt.

5. Wellen in kegelförmigen Hohlleitungen.

Bei kegelförmigen Hohlleitungen nehmen die linearen Querschnittsabmessungen proportional mit der Länge zu. Die Ausbreitung der Wellen in solchen Leitungen lassen sich ebenfalls mit Kugelfunktionen lösen. Die nachfolgenden Ausführungen werden auf einfachste Beispiele beschränkt.

Die Lösungen für eine kegelförmige Hohlleitung mit kreisförmigem Querschnitt sind bereits in den allgemeinen Ansätzen für die Kugelwelle vorhanden. Um das Problem für jeden Öffnungswinkel ϑ_1 des Kegels lösen zu können, muß man für n_ϑ beliebige Werte annehmen, ganzzahlige n_ϑ lösen das Problem nur für spezielle Werte des Öffnungswinkels. Zeichnet man das in Abb. 151 dargestellte Feldbild auch innerhalb des in positiver z-Richtung verlaufenden Kegels, so kommt man zu der Feldverteilung nach Abb. 153a. Der Öffnungswinkel des Kegels muß dabei 25° betragen. Innerhalb des Kegels schreitet eine E-Welle nach außen fort, die rotationssymmetrisch zur z-Achse liegt. Unterhalb des Schnittbildes durch den Kegel ist die Aufsicht auf eine Kugelfläche

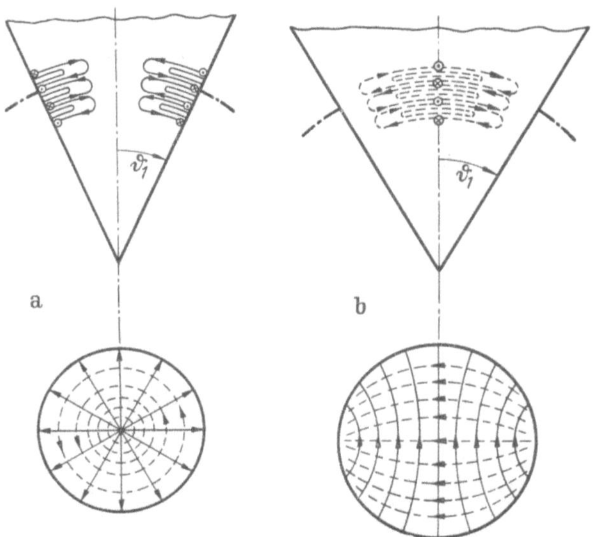

Abb. 153. a Feldbild einer E_{10}-Welle, b Feldbild einer H_{01}-Welle in einer kreiskegelförmigen Hohlleitung.

dargestellt, aus der man den kreisförmigen Verlauf der magnetischen Feldlinien deutlich erkennt. In ϑ-Richtung ist eine Halbwelle innerhalb des Kegels vorhanden.

Abb. 153b zeigt als weiteres Beispiel den Verlauf einer H-Welle mit $n_\zeta = 1$ und $n_\vartheta = 3$. Um die Randbedingungen an der Kegelfläche zu erfüllen, muß der Öffnungswinkel $\vartheta_1 = 31°$ betragen. Schneidet man den Kegel in der durch seine Achse laufenden Schnittebene, so entstehen die im Aufriß gezeichneten magnetischen Feldlinien. Darunter gezeichnet ist die Aufsicht auf eine Kugelfläche, auf die man sich die elektrischen Feldlinien gezeichnet denken muß.

Der Feldverlauf in den kreiskegelförmigen Hohlleitungen ist dem Feldverlauf in den kreiszylindrischen Hohlleitungen außerordentlich ähnlich. Die Wellenform nach Abb. 153a ähnelt der E_{01}-Welle nach Abb. 128, während das Feld nach Abb. 153b dem Feld der H_{10}-Welle in Abb. 128 nahezu gleichkommt. Es ist deshalb von vornherein naheliegend, die kegelförmigen Hohlleitungen durch zylindrische Hohlleitungen zu speisen, indem man den Kegel ein gewisses Stück vor der Spitze abbricht und dort in ein zylindrisches Rohr übergeht. In diesem Fall bilden sich auf der kegelförmigen und zylindrischen Hohlleitung die gleichen Wellenformen aus, an der Stoßstelle sind nur kleine Verzerrungen vorhanden. In gleicher Weise werden kegelförmige Hohlleitungen mit rechteckigem Querschnitt am zweckmäßigsten durch rechteckige zylindrische Hohlleitungen gespeist.

Die Wellenausbreitung auf kegelförmigen Hohlleitungen von rechteckigem Querschnitt kann man am besten dadurch gewinnen, daß man entsprechend Abb. 154 von der Doppelkonusleitung mit den Winkeln ϑ_1 und ϑ_2 ausgeht und aus dieser Leitung ein sektorförmiges Stück mit dem Öffnungswinkel ζ_1 herausschneidet und seitlich durch metallische Wände begrenzt. Liegen die beiden Öffnungswinkel ϑ_1 und ϑ_2 nicht allzu weit von 90° entfernt, und ist der Öffnungswinkel ζ_1 nicht allzu groß, so kann man näherungsweise die Kegelmantelflächen durch ebene Flächen ersetzen, ohne stärkere Veränderungen der Wellenform

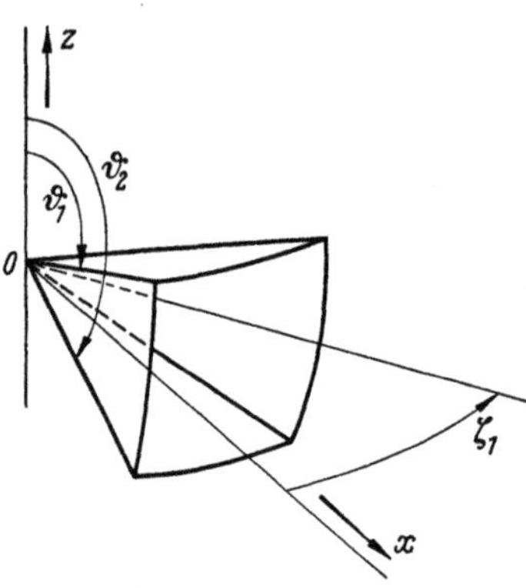

Abb. 154. Kegelförmige Hohlleitung mit Rechteckquerschnitt.

befürchten zu müssen. Außer den schon oben angegebenen Randbedingungen für die Kegelmantelflächen ergeben sich für die seitlichen Grenzwände die Bedingungen, daß bei $\zeta = 0$ und $\zeta = \zeta_1$ für die Vektorpotentiale gelten muß:

$$\mathfrak{A}_m = 0 \qquad\qquad\qquad \frac{\partial \mathfrak{A}_e}{\partial \vartheta} = 0.$$

Die allgemeine Lösung für beliebige Öffnungswinkel ϑ_1 und ϑ_2 erfordert die Annahme von nicht ganzzahligen Werten n_ϑ. Hier müssen zusätzlich auch nicht ganzzahlige Werte n_ζ angenommen werden, um die Bedingungen für beliebige Öffnungswinkel ζ_1 zu erfüllen. Nur in Sonderfällen läßt sich die Lösung auf die oben angeschriebenen einfachen Kugelfunktionen zurückführen. Ein Bild für die Wellenausbreitung in einer kegelförmigen Leitung von angenähert rechteckigem Querschnitt kann man dadurch erhalten, daß man aus der in Abb. 152 dargestellten, durch die Winkel $\vartheta_1 = 54,7°$ und $\vartheta_2 = 125,3°$ begrenzten Doppelkonusleitung einen Sektor zwischen $\zeta = 0°$ und $\zeta = -90°$ herausschneidet. Die dabei entsprechende Wellenform hat Ähnlichkeit mit der in Abb. 120 dargestellten H_{11}-Welle auf der rechteckigen Hohlleitung.

6. Allgemeine Grundlagen des Antennenproblems.

Antennen (Strahler) sind die Quellen, von denen elektromagnetische Wellen in den unendlich ausgedehnt und homogen gedachten Raum ausgehen. Im Raum sind Kugelwellen vom E- oder H-Typus nach den Kugelfunktionen $P_{n_\vartheta}^{n_\zeta}$ möglich, wobei n_ϑ und n_ζ ganze positive Zahlen sein müssen. Die einfachsten Formen dieser Kugelwellen waren bereits oben beim Elementardipol auf S. 373 dargestellt. In allgemeineren Fällen werden auch Wellen höherer Ordnung vorhanden sein. Wünscht man insbesondere eine scharfe Bündelung der von der Antenne ausgehenden elektromagnetischen Wellen, so sind die Kugelwellen höherer Ordnung unbedingt erforderlich. Man kann in diesem Fall das gewünschte Strahlungsfeld zusammensetzen, indem man in der ζ-Richtung eine Synthese des Feldes nach trigonometrischen Funktionen (Fourier-Synthese) durchführt, während man in der ϑ-Richtung eine Synthese nach Kugelfunktionen durchführen muß. Die Kugelfunktionen gestatten in ähnlicher Weise wie die trigonometrischen Funktionen durch Überlagerung jede beliebige Kurvenform darzustellen.

Es war bereits auf S. 375 darauf hingewiesen worden, daß man Kugelwellen höherer Ordnung durch Kombination von Dipolen in der nächsten Umgebung des Nullpunkts erzeugen kann. Infolgedessen ist es prinzipiell auch möglich, beliebig scharf gebündelte Strahlungen durch eine beliebig kleine Antenne zu erzeugen. Die Schwierigkeit liegt jedoch darin, daß die elektromagnetischen Felder gerade bei den Kugelwellen höherer Ordnung in der nächsten Umgebung des Nullpunkts außerordentlich kräftig werden, worauf schon oben hingewiesen wurde. Man hat aus diesem Grund auf einer Antenne von sehr geringen Abmessungen außerordentlich hohe Ströme, die sehr große Wärmeverluste hervorrufen und deshalb das Arbeiten einer solchen beliebig kleinen Antenne in Frage stellen. Außerdem wäre mit einer scharf bündelnden Antenne, die in ihren Abmessungen klein gegen die Wellenlänge ist, für die Praxis wenig gewonnen; denn die umgebenden elektrischen und magnetischen Felder sind außerordentlich stark, so daß auch kleinste Hindernisse, die sich in der nächsten Umgebung der Antenne befinden, die Strahlungscharakteristik stark verändern. Man wird aus diesen Gründen in der Höchstfrequenztechnik zur Erzielung einer gewissen Bündelung immer Antennen verwenden, die die Größe der Wellenlänge erreichen oder überschreiten.

Die Berechnung des Strahlungsfeldes einer Antenne läßt sich als Randwertaufgabe durchführen. Wenn man annimmt, daß sich die Antenne in der Umgebung des Nullpunkts befindet, so hat man die Differentialgleichung (324) auf S. 361 zu lösen unter den Randbedingungen der Antennenoberfläche und des unendlich ausgedehnten Raumes. (Diese letzte Bedingung besagt, daß die Intensität der Felder nach außen hin abklingen muß.) Die Lösung der Differentialgleichung (324) wird man zweckmäßig als die Summe von Kugelfunktionen darstellen, wobei die Amplituden und Phasenlagen der einzelnen Kugelwellen so bestimmt werden müssen, daß die Randbedingungen erfüllt sind. Als Beispiel für die Durchführung des Berechnungsgangs veranschaulicht Abb. 155 eine Doppelkonusantenne, die rotationssymmetrisch gebaut ist und deshalb nur rotationssymmetrische Kugelwellen ($n_\zeta = 0$) aussenden kann. Die Doppelkonusantenne erstreckt sich bis zum Radius R. An dieser Stelle sei eine Grenzkugel gelegt, die den Antennenraum und den Außenraum voneinander trennt. Die Kugelwellen für den Innenraum und den Außenraum sind verschieden, da sie verschiedene Randbedingungen erfüllen müssen. In der Grenzkugel müssen die resultierenden, in Richtung der Kugeloberfläche verlaufenden Feldkomponenten für den Innen- und Außenraum einander gleich sein. Exakt läßt sich diese Forderung nur mit einer unendlichen Anzahl von verschiedenen Werten n_ϑ durchführen, jedoch sind die Kugelwellen niedrigster Ordnung am stärksten vertreten. Um die Verhältnisse etwas näher zu veranschaulichen, ist in Abb. 155a das elektrische Feld der elementaren

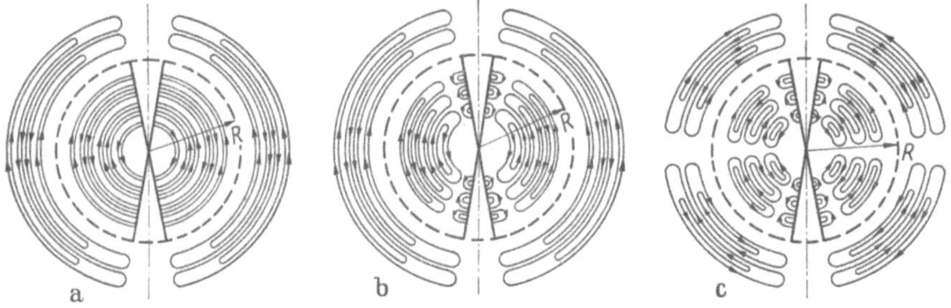

Abb. 155 a—c. Feldbildschema verschiedener Wellenformen an der Doppelkonusantenne.

Welle im Innenraum dargestellt, während im Außenraum das Feld der $E_{n_\vartheta=1}$-Welle gezeichnet ist. Die elektrischen Feldlinien verlaufen in der Umgebung von $\vartheta = 90°$ in beiden Feldern nahezu kreisförmig. In der Umgebung von $\vartheta = 0°$ und $\vartheta = 180°$ setzen im Innenraum die Feldlinien senkrecht auf die Kegelflächen auf, während sie im Außenraum von der Kreisform abweichen und sich in sich selbst schließen. In der Grenzzone passen die Felder nicht vollständig zusammen, zur Erfüllung der Randbedingung müssen noch Wellen höherer Ordnung hinzugezogen werden. In Abb. 155b ist im Innenraum ein Feld gezeichnet, bei dem in ϑ-Richtung zwei Halbwellen auftreten, während im Außenraum wiederum die einfachste Wellenform dargestellt ist. Abb. 155c veranschaulicht drei Halbwellen im Innenraum und zwei Halbwellen im Außenraum in der ϑ-Richtung. Die rechnerische Lösung im einzelnen ist verhältnismäßig kompliziert und soll an dieser Stelle nicht durchgeführt werden.

Liegt die Lösung der Feldverteilung für die in Abb. 155 dargestellte Doppelkonusleitung vor, so kann man aus ihr auch die auf den Kegelmantelflächen fließenden Ströme berechnen. Der in r-Richtung verlaufende Strom muß beim Radius $r = R$ verschwinden. (Ein gewisses Herübergreifen der Stromfäden auf die Deckelflächen der Kegel ist allerdings möglich.) Im wesentlichen ist der Stromverlauf durch die elementare Welle bestimmt, d. h. man erhält nahezu eine stehende Welle, die an der Stelle $r = R$ einen Stromknoten besitzt. Die Kugelwellen höherer Ordnung im Innenraum bringen eine verhältnismäßig geringe Veränderung der Sinusform mit sich, jedenfalls dann, wenn die Öffnungswinkel der Kegel klein sind. Durch den am Ende bei $r = R$ erzwungenen Stromknoten auf der Doppelkonusantenne ist auch für die elementare Welle der Blindanteil des Antennenwiderstandes am Speisungspunkt zwischen den beiden Kegelspitzen festgelegt. Er errechnet sich wie bei einer elementaren Doppelleitung aus Wellenwiderstand und Leitungslänge. In erster Näherung stellt die Doppelkonusantenne an ihrem Speisungspunkt also einen Blindwiderstand dar, dessen Größe vom Verhältnis der Leitungslänge zur Wellenlänge abhängt. Durch die Abstrahlung von elektromagnetischer Energie nach außen ergeben sich selbstverständlich zusätzliche Wirkanteile.

In ähnlicher Art wie die Doppelkonusantenne ist die Drahtantenne zu behandeln, bei der statt der kegelförmigen Leiter zylindrische Leiter vorhanden sind. Die Berechnung der elementaren Wellenform ist hier jedoch schwieriger, da sich bei zylindrischen Leitern der Wellenwiderstand mit dem Radius r verändert. In entsprechender Weise wie die Doppelkonusleitung lassen sich auch offene zylindrische oder kegelförmige Hohlleitungen berechnen, jedoch ist hier zur Lösung des Randwertproblems der mathematische Aufwand noch größer.

Um einfachere näherungsmäßige Lösungen für das Strahlungsfeld einer Antenne zu erhalten, geht man in vielen Fällen den Weg, daß man die Strom- bzw. Feldverteilung auf der Antenne bzw. in nächster Umgebung der Antenne als bekannt voraussetzt und dann mit Hilfe der Lösung des Elementardipols das Strahlungsfeld aus der bekannten Verteilung ermittelt. Die Berechnung wird derart durchgeführt, daß man die Stromverteilung in einzelne kurze Stromelemente auflöst, die man als Elementardipole auffaßt, deren Felder man sämtlich summiert. Die Annahme der Stromverteilung bzw. Feldverteilung auf der Antenne erfolgt so, als ob die Antenne nicht strahlte, d. h. man berechnet die Verteilung nach den bekannten Gleichungen der Wellenausbreitung auf Leitungen.

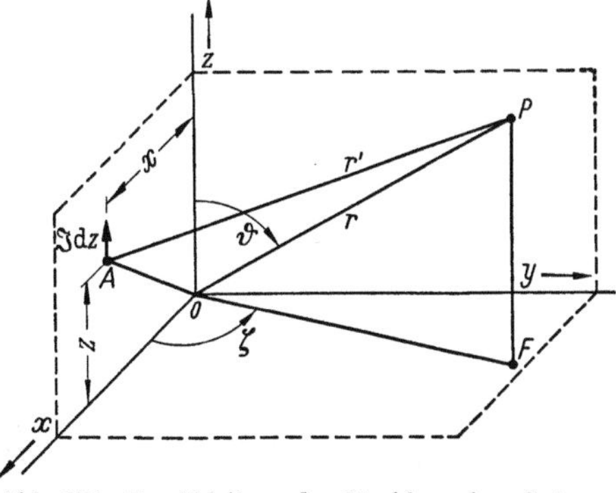

Abb. 156. Zur Ableitung der Strahlungskennlinien.

Als Beispiel für das Verfahren soll entsprechend Abb. 156 angenommen werden, daß in der x—z-Ebene eine beliebige flächenhafte Stromverteilung (Strombelag) vorhanden ist. Dieser flächenhaft verteilte Strom wird aufgelöst in einzelne Elementardipole von infinitesimaler Länge, die in jedem Punkt die Richtung des Strombelags haben. Insbesondere befindet sich im Punkte A dieser Ebene ein Elementardipol $\mathfrak{J}\,\mathrm{d}z$, dessen Richtung der Einfachheit halber mit der z-Richtung zusammenfallen soll. Es ist für die vorliegende Betrachtung gleichgültig, ob es sich um einen elektrischen oder magnetischen Dipol handelt, der Strom $\mathfrak{J}$ kann also ein elektrischer oder ein magnetischer Strom sein. Die Länge des Dipols soll die infinitesimale Größe $\mathrm{d}z$ haben. Die Koordinaten des Punktes A sind x und z; sie können vergleichbar mit der Wellenlänge oder auch größer als diese sein. In einem entfernten Punkte P, der durch die Kugelkoordinaten ϑ, ζ und r festgelegt ist, soll das Feld des Dipols errechnet werden. Hierbei soll — wie es bei der praktischen Anwendung der Strahlung fast stets der Fall ist — der Abstand r groß gegen x, z und λ_1 sein. Bezeichnet man den Abstand zwischen A und P mit r', so ergibt sich die elektrische Feldstärke, die von einem elektrischen bzw. einem magnetischen Dipol erzeugt wird, nach Gl. (341) auf S. 374:

$$\mathrm{d}\mathfrak{E}_\vartheta = \mathrm{j}\,\frac{Z_1 \mathfrak{J}_e\,\mathrm{d}z}{2\,\lambda_1\,r'}\sin\vartheta\,e^{-\mathrm{j}\,\alpha_1 r'}, \qquad\Big|\qquad \mathrm{d}\mathfrak{E}_\zeta = -\mathrm{j}\,\frac{\mathfrak{J}_m\,\mathrm{d}z}{2\,\lambda_1\,r'}\sin\vartheta\,e^{-\mathrm{j}\,\alpha_1 r'}.$$

Es werden für die Betrachtungen im Fernfeld nur die elektrischen Komponenten senkrecht zur Fortpflanzungsrichtung angeschrieben; die zu ihnen senkrecht stehenden magnetischen Komponenten transversal zur Fortpflanzungsrichtung erhält man mittels Division durch den Wellenwiderstand Z_1; die in Fortpflanzungsrichtung verlaufenden Komponenten sind im Fernfeld so klein, daß sie nicht berechnet zu werden brauchen. Der Abstand r' muß durch die Koordinaten ϑ, ζ und r ausgedrückt werden:

$$r'^2 = (r\sin\vartheta\cos\zeta - x)^2 + (r\sin\vartheta\sin\zeta)^2 + (r\cos\vartheta - z)^2$$
$$= r^2 + x^2 + z^2 - 2r(x\sin\vartheta\cos\zeta + z\cos\vartheta).$$

Da nun $x \ll r$ und $z \ll r$ ist, folgt in Näherung:

$$r' \approx r\sqrt{1 - \frac{2}{r}(x\sin\vartheta\cos\zeta + z\cos\vartheta)} \approx r - (x\sin\vartheta\cos\zeta + z\cos\vartheta).$$

Also gilt:

$$e^{-\mathrm{j}\,\alpha_1 r'} \approx e^{-\mathrm{j}\,\alpha_1 r'}\,e^{\mathrm{j}\,\alpha_1 x\sin\vartheta\cos\zeta}\,e^{\mathrm{j}\,\alpha_1 z\cos\vartheta}.$$

Bei größeren Abständen unterscheiden sich r' und r nur sehr wenig voneinander. Auf die absolute Größe der Feldstärke macht es deshalb sehr wenig aus, wenn man im Nenner der oben angeschriebenen Feldstärkegleichung r' durch r ersetzt. Dagegen darf man bei der Exponentialfunktion diese Näherung nicht durchführen, da es hier bezüglich der Phasenlage auf die Differenz zwischen r und r' und ihr Verhältnis zur Wellenlänge λ_1 ankommt. Somit ergibt sich für die elektrische Feldstärke:

E-Welle:

$$d\mathfrak{E}_\vartheta = j \frac{Z_1 \mathfrak{J}_e \, dz}{2\lambda_1 r} \sin\vartheta \, e^{-j\alpha_1 r} e^{j\alpha_1 x \sin\vartheta \cos\zeta} e^{j\alpha_1 z \cos\vartheta}, \qquad (343_\mathrm{E})$$

H-Welle:

$$d\mathfrak{E}_\zeta = -j \frac{\mathfrak{J}_m \, dz}{2\lambda_1 r} \sin\vartheta \, e^{-j\alpha_1 r} e^{j\alpha_1 x \sin\vartheta \cos\zeta} e^{j\alpha_1 z \cos\vartheta} \qquad (343_\mathrm{H})$$

Diese Gleichungen sind nützlich, um die Eigenschaften räumlich ausgedehnter Strahler zu berechnen. Gegenüber dem im Nullpunkt stehenden Elementarstrahler sind hier die Phasenglieder $e^{j\alpha_1 x \sin\vartheta \cos\zeta} e^{j\alpha_1 z \cos\vartheta}$ hinzugekommen.

Das gesamte elektrische Feld in der Fernzone setzt sich durch Integration über alle in den obigen Betrachtungen behandelten Elementardipole zusammen. Wünscht man die von der Antenne insgesamt ausgestrahlte Leistung zu berechnen, so geht man von der Leistungsdichte aus, die durch eine in sehr großem Abstand um die Antenne gelegte Kugeloberfläche mit dem Radius r hindurchtritt. Ist der Betrag der senkrecht zur Fortpflanzungsrichtung stehenden Feldstärke an dieser Kugel $\mathfrak{E}_t$, so ist nach dem Poyntingschen Satz (vgl. S. 281) die Leistungsdichte:

$$N_r^* = \frac{1}{2}\left(\mathfrak{E}_t \times \mathfrak{H}_t\right) = \frac{1}{2Z_1}|\mathfrak{E}_t|^2.$$

(Weil elektrisches und magnetisches Feld in der Fernzone in Phase sind und durch den Wellenwiderstand Z_1 verbunden sind, ergibt sich die Beziehung hier in sehr einfacher Form.) Die Gesamtleistung erhält man durch Integration über die gesamte Kugeloberfläche:

$$N_r = \frac{1}{2Z_1} r^2 \int\limits_{\zeta=0}^{2\pi} \int\limits_{\vartheta=0}^{\pi} |\mathfrak{E}_t|^2 \sin\vartheta \, d\vartheta \, d\zeta. \qquad (344)$$

Die Berechnung des Strahlungsfeldes aus dem elektrischen Strombelag der metallischen Leiter ist bei drahtförmigen Antennen (linearen Strahlern) außerordentlich bequem. Größere Schwierigkeiten macht die Berechnung der Strahlung von offenen zylinder- oder kegelförmigen Hohlleitungen. Auch wenn man die näherungsmäßige Voraussetzung macht, daß sich im Inneren der Hohlleitung eine stehende Welle befindet derart, daß die in der Öffnungsebene liegenden Komponenten des magnetischen Feldes verschwinden (vgl. S. 371), und wenn man weiter annimmt, daß auf der Außenseite der Hohlleitung keine Wandströme vorhanden sind, so muß man trotzdem über den Strombelag der gesamten Innenfläche der Hohlleitung integrieren, um die Strahlung zu erhalten. Man erleichtert sich die Berechnung wesentlich dadurch, daß man die offene Fläche der Hohlleitung als den Erreger der Strahlung ansieht und ihr nach einer anschließend wiederzugebenden Äquivalenzbetrachtung einen magnetischen Strombelag zuordnet.

Zur Ableitung des Äquivalenztheorems sei folgende Zwischenbetrachtung durchgeführt: Abb. 157a stellt den Teil einer Hohlleitung dar, die an ihrem Ende senkrecht zur z-Richtung durch eine ebene metallische Scheibe von unendlich großer Leitfähigkeit $\varkappa_2$ abgeschlossen sein soll. Wie schon bei der Betrachtung der stehenden Welle auf Hohlleitungen ausgeführt wurde, bildet sich dadurch auf der Leitung eine stehende Welle aus. Die Randbedingungen für die Abschlußscheibe sind, daß das elektrische Feld tangential zur Metalloberfläche verschwindet

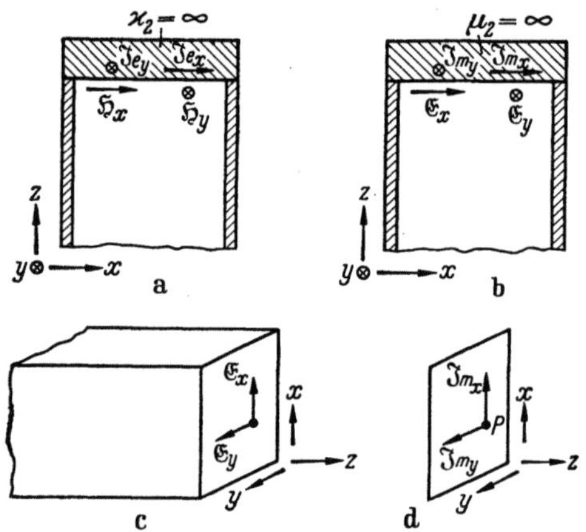

und daß im Innern des Metalls das elektrische und das magnetische Feld Null werden. Um das Verschwinden des magnetischen Feldes im Innern zu ermöglichen, muß sich in der Metalloberfläche ein Strombelag ausbilden, der das tangentiale Magnetfeld nach innen hin abschirmt und dem Betrage nach dem Magnetfeld gleich ist, wie schon Gl. (164) auf S. 199 und die Betrachtungen der Abb. 83 zeigten. Für den Zusammenhang zwischen den Komponenten des Strombelages und des magnetischen Feldes gilt:

$$\mathfrak{Je}_y = -\mathfrak{H}_x \quad \text{und} \quad \mathfrak{Je}_x = \mathfrak{H}_y.$$

Abb. 157a—d. Zur Ableitung des Äquivalenztheorems für die Berechnung der Hohlraumstrahler: *a* Leitung mit Platte von unendlicher elektrischer Leitfähigkeit abgeschlossen, *b* Leitung mit Platte von unendlicher Permeabilität abgeschlossen, *c* elektrisches Feld am offenen Ende einer Hohlleitung, *d* Ersatz des offenen Leitungsendes durch eine Fläche mit magnetischen Flächenströmen.

Nunmehr soll als reines Gedankenexperiment der Fall behandelt werden, daß entsprechend Abb. 157b die Hohlleitung durch eine Scheibe mit unendlich hoher magnetischer Leitfähigkeit, d. h. mit unendlich hoher Permeabilität μ_2, abgeschlossen sein soll. Diese Scheibe, die sich praktisch nicht verwirklichen läßt, soll außerdem eine vernachlässigbar kleine elektrische Leitfähigkeit besitzen. Es gelten nunmehr alle Beziehungen analog wie bei der metallischen Abschlußscheibe, man muß nur elektrische und magnetische Felder gegeneinander vertauschen und einen magnetischen Strombelag einführen. Es bildet sich auf der Leitung wieder eine stehende Welle aus; das magnetische Feld in Richtung der Oberfläche der Abschlußscheibe muß verschwinden (wäre eine magnetische Feldstärke vorhanden, so müßte auch im Innern der Scheibe eine magnetische Feldstärke vorhanden sein, da ein elektrischer Strombelag in der Oberfläche nicht fließen kann; eine magnetische Feldstärke in der Scheibe hätte aber eine unendlich große magnetische Induktion zur Folge, was unmöglich ist). Außerdem muß im Innern der Scheibe das elektrische Feld verschwinden, denn ein elektrisches Wechselfeld müßte wieder unendlich große magnetische Induktionen zur Folge haben. Um das Verschwinden des elektrischen Feldes im Innern zu ermöglichen, muß sich in der Oberfläche der permeablen Scheibe ein magnetischer Strombelag ausbilden, der das tangentiale elektrische Feld nach innen hin abschirmt und dem Betrage nach gleich dem elektrischen Feld ist. Für die Komponenten ist der Zusammenhang:

$$\mathfrak{Im}_y = \mathfrak{E}_x \quad \text{und} \quad \mathfrak{Im}_x = -\mathfrak{E}_y,$$

der aus der allgemeinen Beziehung $\oint \mathfrak{E}\,ds = -j\,\omega\,\Phi_m$ abzuleiten ist. Der magnetische Strombelag ist der magnetische Strom pro Längeneinheit (auf der Oberfläche in Richtung senkrecht zur Stromrichtung gemessen); der magnetische Strom, der schon auf S. 373 definiert ist, ist der zeitlichen Änderung des Magnetflusses gleich und wird daher in Volt gemessen. Der magnetische Strombelag ist somit die zeitliche Änderung des die Scheibenoberfläche durchfließenden Magnetflusses, bezogen auf die Längeneinheit, senkrecht zur Flußrichtung gemessen. Der Abschluß der Leitung durch eine permeable Scheibe ergibt also ganz andere Randbedingungen für die Wellenausbreitung im Innern der Hohlleitung als die metallische Abschlußscheibe; nach außen hin ist auch bei der permeablen Abschlußscheibe das elektromagnetische Feld vollkommen abgeschirmt.

In Abb. 157c ist eine an ihrer Vorderseite offene Hohlleitung dargestellt. Als Randbedingung für die Öffnungsfläche wird näherungsweise angenommen, daß in der Ebene nur eine elektrische und keine magnetische Feldstärke vorhanden ist; dagegen ist eine magnetische Feldstärke senkrecht zur Fläche, d. h. in z-Richtung, möglich. Durch die Wirkung der in der Öffnungsfläche vorhandenen Feldstärken muß sich auch im Außenraum ein elektromagnetisches Feld ausbilden, dessen Gestalt noch unbekannt ist. Schließt man jetzt die offene Leitung wie in Abb. 157c durch eine Scheibe aus einem Werkstoff der Permeabilität $\mu_2 = \infty$ ab, so kann sich das Feld im Innern der Hohlleitung nicht ändern, da die Randbedingungen für die Abschlußebene unverändert bleiben; dagegen ist das äußere Feld vollkommen verschwunden. Das Verschwinden des Feldes im Außenraum ist aber nur möglich, wenn der in der Abschlußscheibe vorhandene magnetische Strombelag ein elektromagnetisches Feld im Außenraum erzeugt, das genau gleich, aber entgegengesetzt gerichtet dem ursprünglich vorhandenen Feld ist. Also kann man sich das Feld der offenen Hohlleitung auch erzeugt denken durch eine permeable Scheibe, die sich allein im Raume befindet (Abb. 157d) und einen magnetischen Strombelag besitzt, der genau gleich, aber entgegengesetzt dem Strombelag ist, der in der permeablen

25*

Scheibe bei Abschluß der Hohlleitung fließen würde. Zwischen den in der Öffnungsebene der Hohlleitung vorhandenen elektrischen Feldstärkekomponenten und dem magnetischen Strombelag in der Ersatzscheibe besteht daher der Zusammenhang:

$$\mathfrak{J}m_x = \mathfrak{E}_y; \qquad \mathfrak{J}m_y = -\mathfrak{E}_x. \tag{345}$$

Unter Anwendung der Ersatzscheibe ist die Strahlungswirkung im Fernfeld verhältnismäßig einfach zu berechnen, weil man die durch den magnetischen Strombelag erzeugte Feldstärke im Fernfeld aus der Gl. (343_H) auf S. 385 kennt.

Exakt genommen müßte man noch der Tatsache Rechnung tragen, daß die Metallwände der Hohlleitung auf ihrer Außenseite einen elektrischen Strombelag führen, der seinerseits zur Strahlung beitragen kann, dessen Wirkung aber vernachlässigt ist. Man kann im allgemeinen nur erwarten, daß das Strahlungsdiagramm in Richtung der Leitungsöffnung, aber nicht entgegengesetzter Richtung richtig berechnet wird.

In ähnlicher Weise wie eine offene Hohlleitung kann auch ein dielektrischer Strahler behandelt werden. Der dielektrische Strahler besteht meistens aus einem Stab von bestimmter Länge und bestimmten Querschnittsabmessungen, an dem sich eine elektromagnetische Welle fortpflanzt, wie dies bereits auf S. 326ff. beschrieben wurde. Entsprechend der bekannten Feldstärkeverteilung auf der Oberfläche des Stabes nimmt man auch hier elektrische bzw. magnetische Flächenströme an, aus denen sich das Strahlungsfeld näherungsweise berechnen läßt.

7. Berechnungsbeispiele für Antennen.

a) Einzelstrahler.

Eine einzelne, beliebig gestaltete Antenne stellt einen Einzelstrahler dar, der bestimmte Strahlungseigenschaften besitzt, welche beispielsweise durch seine Richtcharakteristik im Fernfeld und durch seinen Strahlungswiderstand gekennzeichnet werden können, wie anschließend ausgeführt wird. Durch Kombination mehrerer gleichartiger Einzelstrahler erhält man einen sog. Gruppenstrahler, der weiter unten behandelt werden soll. Von den Einzelstrahlern werden fünf Beispiele dargestellt: die kurze lineare Antenne, der $\lambda/2$-Dipol, die offene Hohlleitung, optische Strahleranordnungen und die offene konzentrische Leitung. Die beiden ersten Strahler kann man auch als „Linearstrahler" bezeichnen, da der strahlungserzeugende Strom sich längs einer Linie verteilt, während die drei letzten Strahler als Flächenstrahler zu bezeichnen sind.

α) Die kurze Linearantenne.

Die kurze Linearantenne findet in der Höchstfrequenztechnik nur in geringem Maße Anwendung, weil die Herstellung von Strahlern, die

die Größenordnung der Wellenlänge erreichen, keine Schwierigkeiten bereitet. Die kurze Linearantenne ist ein kurzer Draht, der an beiden Enden durch eine größere Metallmasse als Endkapazität abgeschlossen ist; der Strom I ist über die gegen die Wellenlänge kleine Länge gleichmäßig verteilt. Diese Antenne entspricht genau dem elektrischen Elementardipol; für den Betrag der elektrischen Feldstärke ergibt sich nach (Gl. 341 a$_E$) auf S. 374:

$$\hat{E}_\vartheta = \frac{I Z_1 s}{2\lambda_1} \frac{\sin\vartheta}{r} = \hat{E}_{\max} \sin\vartheta.$$

$$(346)$$

$\hat{E}_{\max}$ ist hierbei die auf einer Kugel vom Radius r auftretende Höchstfeldstärke. Die Strahlungskennlinien sind in Abb. 158 dargestellt; das Verhältnis $\hat{E}_\vartheta/\hat{E}_{\max}$ ist im Polardiagramm über dem Winkel ϑ (Vertikaldiagramm) und dem Winkel ζ (Horizontaldiagramm) (wobei $\vartheta = 90°$) aufgetragen. Das Horizontaldiagramm ist ein Kreis um den Nullpunkt, d. h. die Energie wird in allen ζ-Richtungen gleichmäßig abgestrahlt. Das Vertikaldiagramm ist ein Kreis, der den Nullpunkt durchläuft; das Maximum der elektrischen Feldstärke liegt bei $\vartheta = 90°$, in den Richtungen $\vartheta = 0$ und $180°$ wird keine Energie ausgestrahlt. Es zeigt sich also eine Bündelung der Energie.

Weiterhin interessiert die insgesamt ausgestrahlte Leistung. Sie ergibt sich aus den Gl. (344) auf S. 385 und (346):

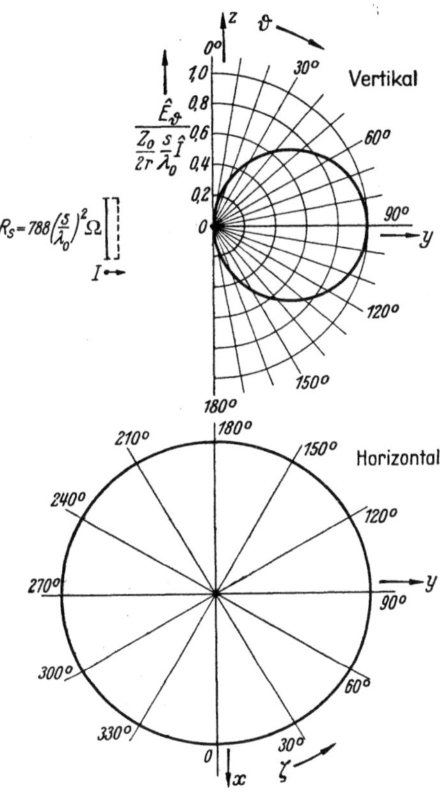

Abb. 158. Strahlungskennlinien der kurzen Linearantenne.

$$N_s = \frac{I^2 Z_1 s^2}{2(2\lambda_1)^2} \int_0^{2\pi} \mathrm{d}\zeta \int_0^{\pi} \sin^3\vartheta\, \mathrm{d}\vartheta = \frac{I^2 Z_1 s^2}{2(2\lambda_1)^2}\, 2\pi \int_0^{\pi} \sin^3\vartheta\, \mathrm{d}\vartheta.$$

Die Lösung des Integrals ist:

$$\int_0^{\pi} \sin^3\vartheta\, \mathrm{d}\vartheta = \int_0^{\pi} (1 - \cos^2\vartheta)\, \mathrm{d}(-\cos\vartheta) = \tfrac{4}{3}.$$

Die Strahlungsleistung N_s muß von der Energiequelle, die den Strom liefert, aufgebracht werden; im Ersatzbild kann man sich dies so vorstellen, als ob ein Wirkwiderstand $R_s = \dfrac{2\,N_s}{I^2}$ den Stromkreis belastete.

Für diesen Widerstand, der als „Strahlungswirkwiderstand" bezeichnet wird, ergibt sich (bei Luftdielektrikum, $Z_1 = Z_0 = 120\,\pi\;[\Omega]$, $\lambda_1 = \lambda_0$);

$$R_s = \frac{2}{3}\,\pi\,Z_1\left(\frac{s}{\lambda_1}\right)^2 = 788\left(\frac{s}{\lambda_0}\right)^2\,[\Omega]. \tag{347}$$

Der Strahlungswirkwiderstand wächst also mit dem Quadrat der Antennenlänge s; es ist jedoch zu bedenken, daß die Länge s nicht in die Größenordnung der Wellenlänge λ_1 kommen darf.

β) Der $\lambda/2$-Dipol.

Der $\lambda/2$-Dipol besteht aus einem Draht, der eine halbe Wellenlänge lang ist. Es wird angenommen, daß sich bei Erregung von einer Energiequelle her über seine Länge eine stehende Welle von Sinusform ausbildet, wobei an den Enden Stromknoten und in der Mitte ein Strombauch entstehen. Zu dieser Annahme kommt man, wenn man den Dipol als Teil einer Doppelleitung ansieht, deren anderer Leiter unendlich weit entfernt ist. Wenn man den Nullpunkt des Koordinatensystems in die Dipolmitte und die z-Richtung in die Längsausdehnung des Dipols legt, so kann man nach Gl. (201) auf S. 230 für die Stromverteilung auf dem Dipol schreiben:

$$\mathfrak{J} = \mathfrak{J}_{max}\cos(\alpha_1 z).$$

[Gegenüber Gl. (201) ist die Verschiebung des Nullpunktes um $\lambda_1/4$ zu beachten.] Der Strom $\mathfrak{J}_{max}$ ist der Höchststrom, der im Strombauch auftritt. Dieser Ansatz für die Stromverteilung kann selbstverständlich nur eine Näherung sein; in Wirklichkeit wirken die Streukapazitäten der freien Enden und die Strahlung mit; damit der Dipol in Resonanz ist, muß er daher etwas kürzer als $\lambda_1/2$ sein, was jedoch bei der Durchführung der folgenden Berechnung (deren Ergebnis mit den Erfahrungen der Praxis gut übereinstimmt) nicht weiter berücksichtigt werden soll.

Die von diesem Dipol im Fernfeld erzeugte elektrische Feldstärke ist nach Gl. (343_E) auf S. 385 zu berechnen; da der Nullpunkt des Koordinatensystems auf dem Dipol selbst liegt, ist $x = 0$ zu setzen:

$$\mathfrak{E}_\vartheta = \mathrm{j}\,\frac{\mathfrak{J}_{max}\,Z_1}{2\,\lambda_1}\,\frac{\sin\vartheta}{r}\,\mathrm{e}^{-\mathrm{j}\,\alpha_1 r}\int\limits_{-\frac{\lambda_1}{4}}^{\frac{\lambda_1}{4}}\cos(\alpha_1 z)\,\mathrm{e}^{\mathrm{j}\,\alpha_1 z\cos\vartheta}\,\mathrm{d}z.$$

Zur Lösung des Integrals formt man die cos-Funktion in eine Exponentialfunktion um und erhält:

$$\frac{1}{2}\left[\int \mathrm{e}^{\mathrm{j}\,\alpha_1 z(\cos\vartheta + 1)}\,\mathrm{d}z + \int \mathrm{e}^{\mathrm{j}\,\alpha_1 z(\cos\vartheta - 1)}\,\mathrm{d}z\right]_{z=-\frac{\lambda_1}{4}}^{\frac{\lambda_1}{4}}$$

$$= \frac{\sin\left[\dfrac{\pi}{2}(\cos\vartheta + 1)\right]}{\alpha_1(\cos\vartheta + 1)} + \frac{\sin\left[\dfrac{\pi}{2}(\cos\vartheta - 1)\right]}{\alpha_1(\cos\vartheta - 1)} = \frac{2\cos\left(\dfrac{\pi}{2}\cos\vartheta\right)}{\alpha_1\sin^2\vartheta}.$$

Wenn man die Phasenlage zwischen der elektrischen Feldstärke und dem Dipolstrom außer acht läßt, erhält man durch Einführen der Beträge:

$$\hat{E}_\vartheta = \frac{\hat{I}_{max} Z_1}{2\pi r} \frac{\cos\left(\frac{\pi}{2}\cos\vartheta\right)}{\sin\vartheta}$$

$$= \hat{E}_{max} \frac{\cos\left(\frac{\pi}{2}\cos\vartheta\right)}{\sin\vartheta}. \qquad (348)$$

Die aus dieser Gleichung sich ergebenden Strahlungsdiagramme sind in Abb. 159 dargestellt. Das Horizontaldiagramm ist ein Kreis um den Nullpunkt, denn aus Symmetriegründen muß die Horizontalabstrahlung in allen Richtungen gleich sein. Das Vertikaldiagramm ist im Gegensatz zur kurzen Linearantenne etwas abgeplattet; die Bündelung in der Richtung $\vartheta = 90°$ ist besser als bei der kurzen Linearantenne.

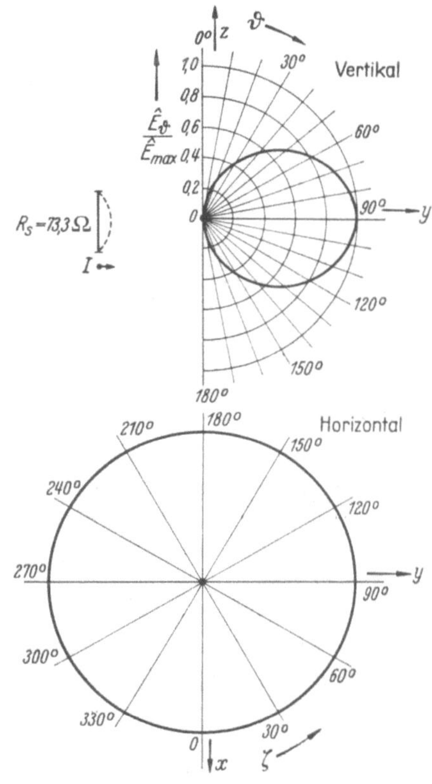

Abb. 159. Strahlungskennlinien des $\lambda/2$-Dipols.

Die abgestrahlte Leistung wird nach Gl. (344) auf S. 385 errechnet:

$$N_s = \frac{r^2}{2Z_1}\left(\frac{\hat{I}_{max}Z_1}{2\pi r}\right)^2 \int\limits_0^{2\pi} d\zeta \int\limits_0^{\pi} \frac{\cos^2\left(\frac{\pi}{2}\cos\vartheta\right)}{\sin\vartheta}\, d\vartheta$$

$$= \frac{\hat{I}_{max}^2}{2}\frac{Z_1}{2\pi}\int\limits_0^{\pi} \frac{\cos^2\left(\frac{\pi}{2}\cos\vartheta\right)}{\sin\vartheta}\, d\vartheta = \frac{\hat{I}_{max}^2}{2} R_s.$$

Als Strahlungswirkwiderstand R_s wird ein Widerstand von solcher Größe definiert, daß er beim Einschalten in den Strombauch gerade eine Leistung von der Größe der Strahlungsleistung vernichten würde. Zur Lösung des Integrals setzt man:

$$\frac{\pi}{2}\cos\vartheta = u$$

und erhält

$$\int_0^\pi \frac{\cos^2\left(\frac{\pi}{2}\cos\vartheta\right)}{\sin\vartheta}\,\mathrm{d}\vartheta = 2\pi \int_{\frac{\pi}{2}}^{-\frac{\pi}{2}} \frac{\cos^2 u}{(2u)^2 - \pi^2}\,\mathrm{d}u$$

$$= \frac{1}{4}\int_0^{-2\pi} \frac{1-\cos(2u-\pi)}{2u-\pi}\,\mathrm{d}(2u-\pi) - \frac{1}{4}\int_{2\pi}^0 \frac{1-\cos(2u+\pi)}{2u+\pi}\,\mathrm{d}(2u+\pi)$$

$$= \frac{1}{2}\int_0^{2\pi} \frac{1-\cos t}{t}\,\mathrm{d}t = \frac{1}{2}\left[\ln(2\pi\gamma) - \mathrm{Ci}(2\pi)\right];$$

hierbei ist $\gamma = 1{,}781$ und Ci die Funktion des Integralkosinus, deren Werte aus den „Funktionentafeln" von Jahnke-Emde zu entnehmen sind. Dann ergibt sich für den Strahlungswirkwiderstand eines $\lambda/2$-Dipols in Luft:

$$R_s = \frac{Z_1}{4\pi}\left[\ln(2\pi\gamma) - \mathrm{Ci}(2\pi)\right] = 73{,}3\ [\Omega]. \tag{349}$$

Dieser Wert ist von der Wellenlänge unabhängig, weil ja die Länge des Dipols voraussetzungsgemäß mit der Wellenlänge verändert werden muß.

γ) Die offene Hohlleitung mit Rechteckquerschnitt.

Abb. 160a zeigt eine rechteckige Hohlleitung, die an ihrem vorderen Ende offen ist. Bezüglich der im Innern der Leitung vorhandenen

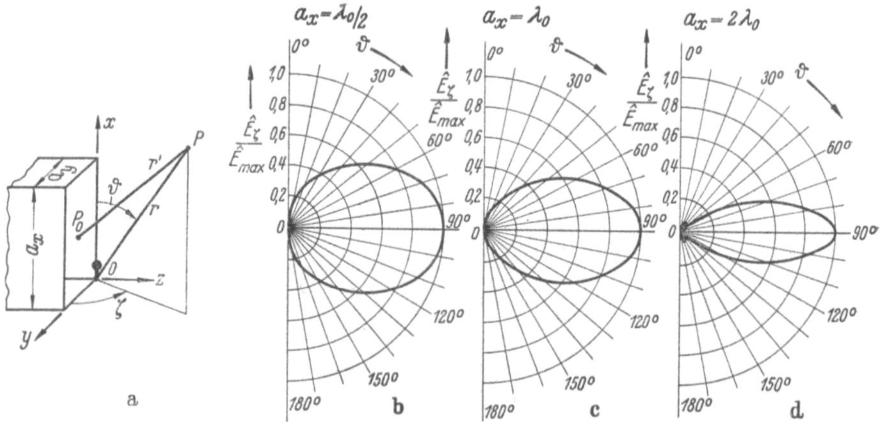

Abb. 160a—d. Strahlungskennlinien einer offenen rechteckigen Hohlleitung (H_{10}-Welle): *a* zur Ableitung der Strahlungskennlinien, *b* Vertikaldiagramm für die Abmessung $a_x = \lambda_1/2$, *c* Vertikaldiagramm für die Abmessung $a_x = \lambda_1$, *d* Vertikaldiagramm für die Abmessung $a_x = 2\lambda_1$.

Wellenart sei von vornherein einschränkend angenommen, daß $n_y = 0$ ist, daß also das Feld im Innern in y-Richtung keine Veränderung erfährt; diese Annahme ist nur bei einer H-Welle möglich (vgl. S. 294). Den Verlauf der Feldstärken kann man aus dem Gleichungssystem (308) auf S. 350 entnehmen; α_y ist Null, in der Öffnungsebene muß z ein ungeradzahliges Vielfaches von $\lambda_z/4$ sein, um die Randbedingungen der Öffnung zu erfüllen. Die elektrische Feldstärke in der Öffnungsebene hat nur eine y-Komponente von der Größe:

$$\mathfrak{E}_y = -Z_1 \, \mathfrak{H}_{z_m} \frac{2\,\pi\,\mathrm{j}}{\lambda_1\,\alpha_x} \sin(\alpha_x\,x).$$

Es ist ferner $\alpha_x\,a_x = n_x\pi$; $\alpha_x = n_x\pi/a_x$, also kann man die Feldstärke in der Form schreiben:

$$\mathfrak{E}_y = \mathfrak{E}_1 \sin\left(n_x\,\pi\,\frac{x}{a_x}\right),$$

wobei $\mathfrak{E}_1$ den Höchstwert der Feldstärke darstellt.

Entsprechend den Ausführungen über das Äquivalenztheorem auf S. 386 ersetzt man nun die offene Leitung durch eine ebene Fläche von der Größe $a_x\,a_y$, in der nach Gl. (345) ein magnetischer Strombelag von der Größe

$$\mathfrak{J}_{m_x} = \mathfrak{E}_1 \sin\left(n_x\,\pi\,\frac{x}{a_x}\right)$$

vorhanden sein soll. Ein magnetischer Strombelag ist also nur in x-Richtung vorhanden. Dieser magnetische Strombelag in der Scheibe erzeugt in der Fernzone ein elektrisches Feld, das sich nach Gl. (343$_\mathrm{H}$) durch Integration über die gesamte Fläche ergibt; hierbei ist noch zu berücksichtigen, daß für die Gleichungen des Feldes im Hohlleiter nach Abb. 160a und für Gl. (343), die aus der Abb. 156 abgeleitet ist, die Koordinatensysteme verschieden bezeichnet sind; in Gl. (343) ist deshalb für das hier vorliegende Problem z durch x und x durch y zu ersetzen. Zwischen dem magnetischen Strom und dem magnetischen Strombelag besteht der Zusammenhang:

$$\mathrm{d}\,\mathfrak{J}_m = \mathfrak{J}_{m_x}\,\mathrm{d}\,y.$$

Somit ergibt sich durch Einsetzen der Größen für die elektrische Feldstärke im Fernfeld:

$$\mathrm{d}^2\mathfrak{E}_\zeta = \frac{-\mathrm{j}\,\mathfrak{E}_1}{2\,\lambda_1}\,\mathrm{e}^{-\mathrm{j}\,\alpha_1 r}\,\frac{\sin\vartheta}{r}\,\sin\left(\frac{n_x\,\pi\,x}{a_x}\right)\,\mathrm{e}^{\mathrm{j}\,\alpha_1 x\cos\vartheta}\,\mathrm{e}^{\mathrm{j}\,\alpha_1 y\sin\vartheta\cos\zeta}\,\mathrm{d}\,x\,\mathrm{d}\,y.$$

Nunmehr muß über die Fläche $a_x\,a_y$ integriert werden; die Phasenlage zwischen dem elektrischen Feld in der Ferne und dem elektrischen Feld in der Öffnungsebene der Hohlleitung interessiert nicht. Dann folgt:

$$\hat{E}_\zeta = \frac{\hat{E}_1}{2\,\lambda_1}\,\frac{\sin\vartheta}{r}\left|\int\limits_{x=0}^{a_x}\sin\left(\frac{n_x\,\pi\,x}{a_x}\right)\,\mathrm{e}^{\mathrm{j}\,\alpha_1 x\cos\vartheta}\,\mathrm{d}\,x\int\limits_{y=0}^{a_y}\mathrm{e}^{\mathrm{j}\,\alpha_1 y\sin\vartheta\cos\zeta}\,\mathrm{d}\,y\right|.$$

Die beiden Integrale haben folgende Lösungen:

$$\left|\int\limits_0^{a_x}\sin\left(\frac{n_x\,\pi\,x}{a_x}\right)\,\mathrm{e}^{\mathrm{j}\,\alpha_1 x\cos\vartheta}\,\mathrm{d}\,x\right| = \frac{2\,\dfrac{a_x}{n_x\,\pi}}{1-\left(\dfrac{2\,a_x}{\lambda_1\,n_x}\right)^2\cos^2\vartheta}\left\{\begin{matrix}\sin\\\cos\end{matrix}\right\}\left(\frac{\alpha_1\,a_x\cos\vartheta}{2}\right)$$

(ist n_x gerade, so ist die Sinusfunktion gültig; bei ungeradem n_x gilt die Kosinusfunktion);

$$\left| \int_0^{a_y} e^{j\,\alpha_1\,y\,\sin\vartheta\,\cos\zeta}\,d\,y \right| = \frac{2 \sin\left(\frac{\alpha_1\,a_y}{2}\sin\vartheta\cos\zeta\right)}{\alpha_1\sin\vartheta\cos\zeta}.$$

Also ergibt sich die endgültige Lösung:

$$\hat{E}_\zeta = \frac{\hat{E}_1}{\pi^2}\,\frac{a_x}{r\,n_x}\,\frac{1}{1-\left(\frac{2\,a_x}{n_x\,\lambda_1}\right)^2\cos^2\vartheta}\,\frac{\sin\left(\frac{\alpha_1\,a_y}{2}\sin\vartheta\cos\zeta\right)}{\cos\zeta}\left\{\begin{array}{c}\sin\\\cos\end{array}\right\}\left(\frac{\alpha_1\,a_x\cos\vartheta}{2}\right). \tag{350}$$

Wieder gilt die Sinusfunktion für gerades n_x, die Kosinusfunktion für ungerades n_x.

Im einzelnen soll nun der Sonderfall untersucht werden, daß $n_x = 1$ ist, daß also in x-Richtung sich in der strahlenden Hohlleitung nur eine Halbwelle ausbildet. Die Querschnittsabmessungen a_x und a_y können dann entsprechend den Eigentümlichkeiten der Hohlraumwellen (H_{10}-Welle) immer noch beliebig gewählt werden; a_x ist nur der Beschränkung unterworfen, daß es größer als $\lambda_1/2$ sein muß. a_x beeinflußt die Größe der Wellenlänge λ_z im Innern der Hohlleitung (also auch die Längenabmessungen, die man der Hohlleitung in z-Richtung geben muß); nach Gl. (260) auf S. 292 ergibt sich die Grenzwellenlänge auf der Leitung: $\lambda_g/a_x = 2$ und nach Gl. (250) auf S. 279:

$$\lambda_z = \frac{\lambda_1\,\lambda_g}{\sqrt{\lambda_g{}^2-\lambda_1{}^2}} = \frac{2\,a_x\,\lambda_1}{\sqrt{4\,a_x{}^2-\lambda_1{}^2}}.$$

Wäre $a_x < \lambda_1/2$, so würde λ_z imaginär.

Für den gewählten Sonderfall der H_{10}-Welle ist die Feldstärke im Fernfeld:

$$\hat{E}_\zeta = \frac{\hat{E}_1}{\pi^2}\,\frac{a_x}{r}\,\frac{1}{1-\left(\frac{2\,a_x}{\lambda_1}\right)^2\cos^2\vartheta}\,\frac{\sin\left(\frac{\alpha_1\,a_y}{2}\sin\vartheta\cos\zeta\right)}{\cos\zeta}\cos\left(\frac{\alpha_1\,a_x\cos\vartheta}{2}\right). \tag{351a}$$

Das Maximum der Feldstärke wird in der Richtung $\vartheta = \zeta = 90°$ ausgestrahlt und hat die Größe:

$$\hat{E}_{\max} = \frac{\hat{E}_1}{\pi}\,\frac{a_x\,a_y}{r\,\lambda_1}. \tag{351b}$$

Es ist also proportional der Öffnungsfläche $a_x a_y$ und der in dieser Fläche vorhandenen Höchstfeldstärke $\hat{E}_1$. In Abb. 160 sind die Vertikalcharakteristiken in der Hauptrichtung $\zeta = 90°$ dargestellt, und zwar für verschiedene Abmessungen a_x.

$$\text{Für } a_x = \frac{\lambda_1}{2} \quad \text{ist:} \quad \frac{\hat{E}_\zeta}{\hat{E}_{\text{max}}} = \frac{\cos\left(\dfrac{\pi}{2}\cos\vartheta\right)}{1 - \cos^2\vartheta}\sin\vartheta \qquad \text{(Abb. 160 b)},$$

$$\text{für } a_x = \lambda_1 \quad \text{ist:} \quad \frac{\hat{E}_\zeta}{\hat{E}_{\text{max}}} = \frac{\cos(\pi\cos\vartheta)}{1 - 4\cos^2\vartheta}\sin\vartheta \qquad \text{(Abb. 160 c)},$$

$$\text{für } a_x = 2\lambda_1 \quad \text{ist:} \quad \frac{\hat{E}_\zeta}{\hat{E}_{\text{max}}} = \frac{\cos(2\pi\cos\vartheta)}{1 - 16\cos^2\vartheta}\sin\vartheta \qquad \text{(Abb. 160 d)}.$$

Aus den Diagrammen erkennt man eindeutig: je größer man a_x macht, um so schärfer wird die Bündelung; jedoch treten bei größeren Abmessungen Nebenmaxima auf.

Wie oben ausgeführt, kann man durch Integration des Quadrates des elektrischen Fernfeldes über eine Kugelfläche die abgestrahlte Leistung bestimmen; wegen des komplizierten Aufbaus der Gleichung ist ein graphisches Integrationsverfahren am zweckmäßigsten.

δ) Optische Strahleranordnungen.

Werden flächenhafte Strahler mit sehr großen Abmessungen im Vergleich zur Wellenlänge gebaut, so läßt sich ihre Berechnung erheblich vereinfachen, und zwar nach den gleichen Methoden, wie sie in der Optik allgemein bekannt sind. Die Flächenstrahler selbst können dann ebenfalls wie optische Strahler konstruiert werden, d. h. es lassen sich Spiegel und Linsen verwenden.

Macht man bei Hohlleitungen die Querschnittsabmessungen sehr groß gegen die Wellenlänge, so wird bei Wellenformen niedriger Ordnungszahl die Grenzwellenlänge sehr groß gegenüber der Wellenlänge bei freier Ausbreitung im Medium, und die Phasengeschwindigkeit in der Hohlleitung nähert sich immer mehr der Geschwindigkeit v_1 für die freie Ausbreitung. Dabei werden die Längskomponenten des elektrischen oder des magnetischen Feldes immer kleiner gegenüber den Querkomponenten, und das Verhältnis der elektrischen und magnetischen Querkomponenten zueinander, der sog. Feldwellenwiderstand [vgl. Gl. (291) auf S. 338], nähert sich immer mehr dem Wellenwiderstand Z_1 des Mediums. Die Hohlraumwelle nimmt also immer mehr die Eigenschaften einer elementaren ebenen stehenden Welle an, und alle sehr großen Flächenstrahler können daher nach den Gesetzen der ebenen Wellen berechnet werden.

Es sei ein sehr großer Flächenstrahler angenommen, dessen räumlicher Aufbau der Abb. 160a entsprechen soll; es soll vorausgesetzt werden, daß über die gesamte Querschnittsfläche eine elektrische Feldstärke $\mathfrak{E}_y = \mathfrak{E}_1$ und eine magnetische Feldstärke $\mathfrak{H}_x = -\dfrac{\mathfrak{E}_1}{Z_1}$ unverändert vom Ort vorhanden ist; dies entspricht der Voraussetzung, daß eine ebene fortschreitende Welle durch die Strahleröffnung hindurchtritt. (Selbstverständlich muß an der oberen und an der unteren

Strahlerkante die elektrische Feldstärke in irgendeiner Weise nach Null abklingen; diese kleine Randstreuung hat jedoch auf die Berechnung der Strahlereigenschaften einen nur geringen, hier vernachlässigbaren Einfluß.) Entsprechend dem auf S. 386 ff. abgeleiteten Äquivalenztheorem kann dann angenommen werden, daß in der Öffnungsfläche ein elektrischer Strombelag von der Größe $\mathfrak{J}_{e_y} = \mathfrak{E}_1/Z_1$ und ein magnetischer Strombelag von der Größe $\mathfrak{J}_{m_x} = \mathfrak{E}_1$ besteht. Beide erzeugen in der Fernzone je ein elektromagnetisches Feld, die erst einzeln und anschließend in ihrer Gesamtwirkung berechnet werden müssen.

Die durch den magnetischen Strombelag im Fernfeld erzeugte elektrische Feldstärke ergibt sich nach der gleichen Grundformel wie bei der offenen Hohlleitung auf S. 393 unter der Voraussetzung, daß der Abstand r groß gegen die Strahlerabmessungen ist:

$$\mathrm{d}^2\,\mathfrak{E}_{\zeta_m} = \frac{-\,\mathrm{j}\,\mathfrak{E}_1}{2\,\lambda_1}\,\mathrm{e}^{-\mathrm{j}\,\alpha_1 r}\,\frac{\sin\vartheta}{r}\,\mathrm{e}^{\mathrm{j}\,\alpha_1 x\cos\vartheta}\,\mathrm{e}^{\mathrm{j}\,\alpha_1 y\sin\vartheta\cos\zeta}\,\mathrm{d}x\,\mathrm{d}y.$$

Die Integration über die Querschnittsfläche:

$$\mathfrak{E}_{\zeta_m} = \frac{-\,\mathrm{j}\,\mathfrak{E}_1}{2\,\lambda_1}\,\mathrm{e}^{-\mathrm{j}\,\alpha_1 r}\,\frac{\sin\vartheta}{r}\,\int_0^{a_x}\mathrm{e}^{\mathrm{j}\,\alpha_1 x\cos\vartheta}\,\mathrm{d}x\,\int_0^{a_y}\mathrm{e}^{\mathrm{j}\,\alpha_1 y\sin\vartheta\cos\zeta}\,\mathrm{d}y$$

bringt das Ergebnis:

$$\mathfrak{E}_{\zeta_m} = \frac{-\,\mathrm{j}\,\mathfrak{E}_1}{2}\,\frac{a_x\,a_y}{r\,\lambda_1}\,\mathrm{e}^{-\mathrm{j}\,\alpha_1\left[r+\frac{a_x}{2}\cos\vartheta+\frac{a_y}{2}\sin\vartheta\cos\zeta\right]}$$

$$\times\left\{\sin\vartheta\cdot\frac{\sin\dfrac{\pi\,a_x\cos\vartheta}{\lambda_1}}{\dfrac{\pi\,a_x\cos\vartheta}{\lambda_1}}\cdot\frac{\sin\dfrac{\pi\,a_y\sin\vartheta\cos\zeta}{\lambda_1}}{\dfrac{\pi\,a_y\sin\vartheta\cos\zeta}{\lambda_1}}\right\}.$$

Die in geschweifte Klammern gesetzten Faktoren kennzeichnen die Abhängigkeit von der räumlichen Richtung; für $\vartheta = 90°$ und $\zeta = 90°$ haben sie den Wert 1. Die Verhältnisse a_x/λ_1 und a_y/λ_1 sind voraussetzungsgemäß sehr groß, d. h. schon bei sehr kleinen Abweichungen der Winkel ϑ und ζ von 90° steigen die Nenner der beiden Brüche stark an, während die Zähler in schneller Folge zwischen $+1$ und -1 pendeln. Die Strahlungsintensität geht also schon bei kleinen Abweichungen von der Hauptstrahlungsrichtung sehr stark zurück, die Bündelung ist also sehr scharf. Aus diesem Grunde ist es statthaft, das Glied $\sin\vartheta$, das im interessierenden Gebiet sehr nahe bei 1 liegt, fortzulassen und die Formel dadurch für die Winkel ϑ und ζ zu symmetrisieren:

$$\mathfrak{E}_{\zeta_m} = \frac{-\,\mathrm{j}\,\mathfrak{E}_1}{2}\,\frac{a_x\,a_y}{r\,\lambda_1}\,\mathrm{e}^{-\mathrm{j}\,\alpha_1\left[r+\frac{a_x}{2}\cos\vartheta+\frac{a_y}{2}\cos\zeta\right]}\left\{\frac{\sin\dfrac{\pi\,a_x\cos\vartheta}{\lambda_1}}{\dfrac{\pi\,a_x\cos\vartheta}{\lambda_1}}\cdot\frac{\sin\dfrac{\pi\,a_y\cos\zeta}{\lambda_1}}{\dfrac{\pi\,a_y\cos\zeta}{\lambda_1}}\right\}.$$

Das Fernfeld des elektrischen Strombelages kann man durch eine einfache Überlegung bestimmen: Wie die allgemeine Gegenüberstellung der E- und H-Wellen ergeben hat, verhält sich das magnetische Fernfeld zum elektrischen Strombelag genau so wie das elektrische Fernfeld zum magnetischen Strombelag, was soeben berechnet wurde. Aus dem magnetischen Fernfeld folgt durch Multiplikation mit Z_1 und durch Drehung um $90°$ das zugehörige elektrische Fernfeld. Bedenkt man nun, daß der elektrische Strombelag aus dem magnetischen durch Division durch Z_1 und durch Drehung um $90°$ hervorgegangen ist, so erhält man zusammen mit der Tatsache der Symmetrie in x und y-Richtung, daß das elektrische Fernfeld des elektrischen Strombelages die gleiche Größe hat wie das des magnetischen Strombelages. Das gesamte Fernfeld des Flächenstrahlers erhält man also durch einfache Multiplikation mit 2:

$$\mathfrak{E}_\zeta = -j\,\mathfrak{E}_1 \frac{a_x\,a_y}{r\,\lambda_1}\,e^{-j\,\alpha_1\left[r+\frac{a_x}{2}\cos\vartheta+\frac{a_y}{2}\cos\zeta\right]} \left\{\frac{\sin\dfrac{\pi\,a_x\cos\vartheta}{\lambda_1}}{\dfrac{\pi\,a_x\cos\vartheta}{\lambda_1}} \cdot \frac{\sin\dfrac{\pi\,a_y\cos\zeta}{\lambda_1}}{\dfrac{\pi\,a_y\cos\zeta}{\lambda_1}}\right\}.$$

Der Höchstwert der elektrischen Feldstärke im Fernfeld, die von einem gleichmäßig erregten Flächenstrahler von der Fläche $F = a_x a_y$ ausgeht, ist demnach:

$$\hat{E}_{\max} = \hat{E}_1 \frac{F}{r\,\lambda_1}. \tag{352}$$

Dies Ergebnis für den Strahler von sehr großen Abmessungen im Vergleich zur Wellenlänge, durch dessen Öffnung eine ebene fortschreitende Welle austritt, geht letzten Endes auf die Gl. (343_E) und (343_H) auf S. 385 zurück. Wenn man die Resultate, daß die elektrischen und magnetischen Feldstärken im Fernfeld ebenso wie die magnetischen und elektrischen Strombeläge in der Öffnungsebene durch Z_1 miteinander verknüpft sind und daß das Glied $\sin\vartheta$ gleich Eins gesetzt werden kann, von Anfang an vorweggenommen hätte, so hätte man die Berechnung mit folgender Integralformel beginnen können:

$$\mathfrak{E}_\zeta = -\frac{j}{\lambda_1}\int\limits_{x=0}^{a_x}\int\limits_{y=0}^{a_y}\frac{\mathfrak{E}_y}{r'}\,e^{-j\,\alpha_1 r'}\,d\,x\,d\,y \tag{353}$$

und hätte erheblich einfacher rechnen können. Diese Gleichung stellt das in der Optik bekannte Huygenssche Prinzip dar: Von jedem Punkt der Öffnungsfläche gehen kugelsymmetrische Wellen aus, die sich nach Größe und Phase superponieren. Die Gl. (353) gilt, wenn die Phasenflächen der durch die Öffnung tretenden Welle zur Öffnungsfläche parallel liegen; liegen sie geneigt, so kommt noch der Kosinus des Richtungswinkels zwischen den beiden Flächennormalen hinzu. Die Anwendung des Huygensschen Prinzips erleichtert die Berechnung der optischen Strahlenanordnungen der Höchstfrequenztechnik erheblich.

Die in Abb. 161 dargestellten Spiegel und Linsen eignen sich für
die Höchstfrequenztechnik, wenn man die meist etwas unhandlichen
räumlichen Dimensionen in Kauf nimmt. Der in Abb. 161a dargestellte
Spiegel ist um die waagrechte Achse rotationssymmetrisch. Von einer im
Punkte F befindlichen „punktförmigen" Strahlungsquelle geht eine
elektromagnetische Welle aus, deren Phasenflächen die Form konzentrischer Kugeln haben. Für eine solche Strahlungsquelle eignet sich
beispielsweise ein kegelförmiger Hornstrahler. Der vom Spiegel zu-
rückgestrahlte Wellenzug soll ebene, in x-Richtung fortschreitende
Phasenflächen haben. Diese Bedingung ist erfüllt, wenn alle vom
Punkte F über den Spiegel bis zur Ebene $x = f$ laufenden Strahlen
die gleiche Länge haben. Insbesondere gilt das für den in Abb. 161a

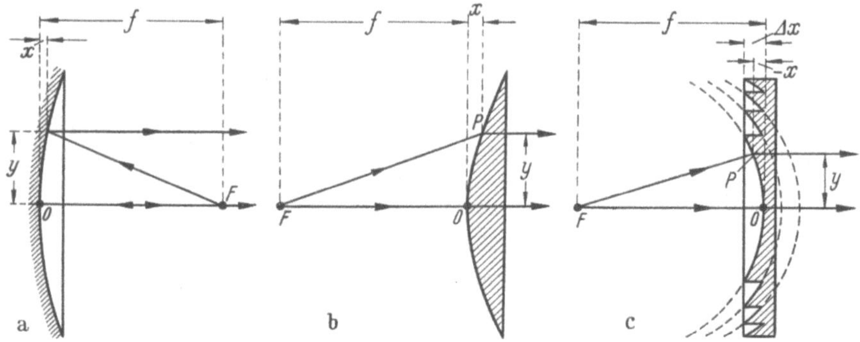

Abb. 161a—c. Optische Strahleranordnungen: *a* Parabolspiegel, *b* Verzögerungslinse,
c Beschleunigungslinse.

dargestellten Strahl, der über den Punkt P mit den Koordinaten x
und y läuft:

$$\sqrt{y^2 + (f - x)^2} + f - x = 2f.$$

Durch einfache Umformung ergibt sich daraus die Gleichung für den
Spiegelquerschnitt:

$$y^2 = 4fx. \tag{354}$$

Der Spiegel muß also die Form eines Rotationsparaboloids haben, wie
aus der Optik allgemein bekannt ist.

Abb. 161b zeigt den Querschnitt durch eine Linse. Innerhalb des
schraffierten Linsengebietes habe die ebene elektromagnetische Welle
eine Fortpflanzungsgeschwindigkeit v_2, die von der Geschwindigkeit v_1
des Außenraumes abweicht. Damit die vom Punkte F ausgehenden
kugelförmigen Phasenflächen in ebene Phasenflächen umgewandelt
werden, müssen alle Strahlen für den Weg vom Punkte F bis zur Vorder-
ebene der Linse die gleiche Zeit benötigen; die Zeit ergibt sich aus dem
Quotienten von Weg und Geschwindigkeit. In der Zeit, in der nach
Abb. 161b ein Strahl von F nach P läuft, muß der in Achsenrichtung

laufende Strahl den Weg $f + x$ durchlaufen haben. Also gilt:

$$\frac{\sqrt{y^2 + (f + x)^2}}{v_1} = \frac{f}{v_1} + \frac{x}{v_3},$$

woraus sich nach einfacher Umrechnung die Gleichung für den Linsenquerschnitt ergibt:

$$y^2 = x^2 \left[\left(\frac{v_1}{v_2}\right)^2 - 1 \right] + 2 f x \left(\frac{v_1}{v_2} - 1\right). \tag{355}$$

Ist $v_2 < v_1$, so liegt der Fall einer Verzögerungslinie vor, weil die Strahlen im Medium der Linse verzögert werden; die Gl. (355) kennzeichnet dann eine Ellipse, und die Linse hat eine konvexe Form, wie es in Abb. 161b dargestellt ist. Wenn dagegen $v_2 > v_1$ ist, so kennzeichnet die Gl. (355) eine Hyperbel; die in diesem Falle vorliegende Beschleunigungslinse hat konkave Gestalt, wie Abb. 161c zeigt. Hier ist die begrenzende, durch den Punkt O verlaufende Hyperbel teilweise gestrichelt gezeichnet. Um eine beträchtliche Tiefe der Linse zu vermeiden, läßt man zweckmäßigerweise die wirkliche Linsenbegrenzung in gewissen Abschnitten um ein Stück Δx zurückspringen, wie Abb. 161c veranschaulicht. Dies ist möglich, wenn die an der Sprungstelle in den beiden Medien nebeneinanderher laufenden Strahlen gerade den Zeitunterschied von einer Hochfrequenzperiode längs der Wegstrecke Δx erhalten, also:

$$\frac{\Delta x}{v_1} - \frac{\Delta x}{v_2} = T = \frac{\lambda_1}{v_1}.$$

Hieraus ergibt sich die Sprungstrecke:

$$\Delta x = \frac{\lambda_1}{1 - \dfrac{v_1}{v_2}}.$$

Wenn man die Linsen der Höchstfrequenztechnik aus den üblichen Isolierstoffen aufbauen würde, so würden sie wegen ihrer Größe ein außerordentlich großes Gewicht besitzen. Nun ist es aber hier keineswegs nötig, daß die verwendeten Dielektrika eine mikroskopische Feinstruktur besitzen, da ja nicht optische Strahlen gebündelt werden sollen. Man schafft sich zu diesem Zwecke „künstliche Dielektrika", wofür Abb. 162 drei Beispiele zeigt. Abb. 162a veranschaulicht ein Dielektrikum in drei Schnittbildern, das aus parallel zueinander angeordneten ebenen metallischen Platten besteht, zwischen denen die elektromagnetischen Wellen in x-Richtung hindurchtreten. Die elektrische Feldstärke der Wellen muß dabei in Richtung der Plattenebenen, d. h. in y-Richtung verlaufen. Unter diesen Umständen bilden sich zwischen den Platten fortschreitende H_{01}-Wellen aus, die denen in der rechteckigen Hohlleitung vollkommen entsprechen (die in Abb. 162a unten angedeutete Feldstruktur entspricht der Abb. 120). Somit ist die Fortpflanzungsgeschwindigkeit im künstlichen Dielektrikum durch die

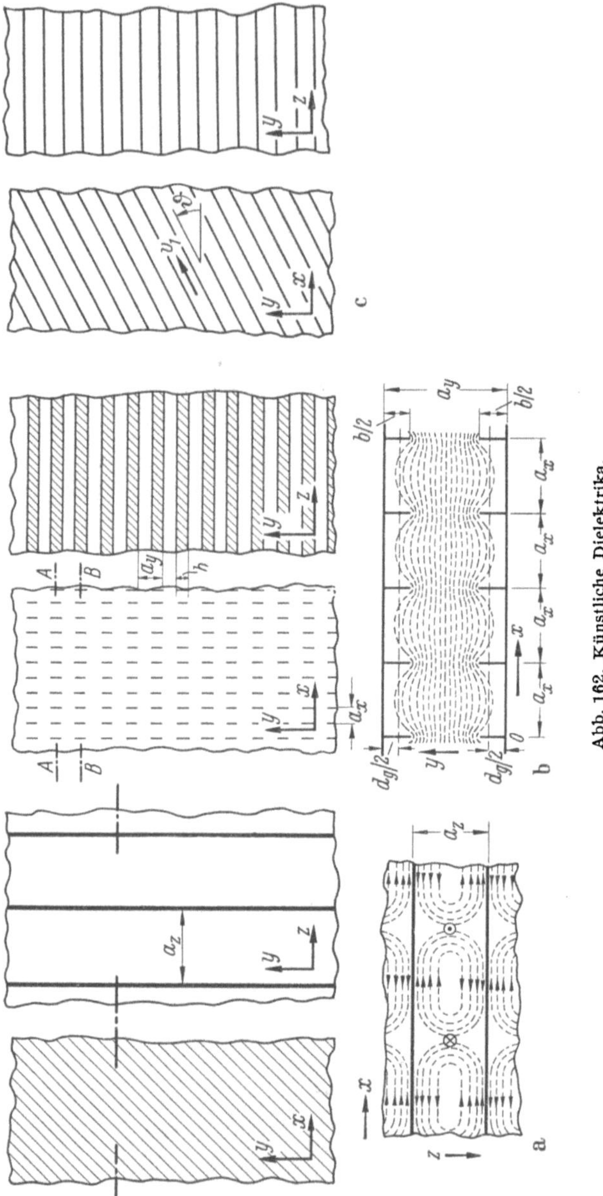

Abb. 162. Künstliche Dielektrika.

Phasengeschwindigkeit der H_{01}-Welle gegeben, und es folgt unter Benutzung der Gl. (260) auf S. 292 und der Gl. (253) auf S. 282 bei entsprechender Drehung des Koordinatensystems:

$$\frac{v_1}{v_2} = \frac{v_1}{v_{ph}} = \sqrt{1 - \left(\frac{\lambda_1}{\lambda_g}\right)^2} = \sqrt{1 - \left(\frac{\lambda_1}{2\,a_z}\right)^2}.$$

Der Plattenabstand a_z muß etwas größer als $\lambda_1/2$ sein. Die aus einem solchen künstlichen Dielektrikum gebauten Linsen sind wegen $v_2 > v_1$ Beschleunigungslinsen; der Brechungsindex v_1/v_2 ist recht stark frequenzabhängig, wie aus obiger Gleichung hervorgeht; die Linse ist also nur für ein schmales Frequenzband brauchbar.

Ein anderes künstliches Dielektrikum, das in Abb. 162b in Aufriß und Seitenriß dargestellt ist, zeigt keine ausgeprägte Frequenzabhängigkeit. Es besteht aus schmalen, dicht nebeneinander angeordneten metallischen Streifen; Streifenbreite b und die Abstände a_x und a_y sind klein gegen die Wellenlänge. Die durchlaufende Welle schreitet in x-Richtung fort, ihre elektrische Feldstärke muß in y-Richtung verlaufen. Schneidet man nach Abb. 162b aus dem Dielektrikum in Richtung der Linien $A-A$ und $B-B$ eine Scheibe heraus, so werden die Begrenzungsflächen von den elektrischen Feldlinien aus Symmetriegründen genau senkrecht durchsetzt, und man kann die Flächen durch metallische Ebenen ersetzen, ohne an der Feldverteilung etwas zu ändern. Die herausgeschnittene Scheibe, die in Abb. 162b unten vergrößert dargestellt ist, kann man als eine Doppelleitung auffassen, die aus zwei parallelen Bändern besteht, wobei der Kapazitätsbelag C' durch die daraufsitzenden halbierten Metallstreifen künstlich erhöht, der Induktivitätsbelag L' dagegen unverändert erhalten ist. Nach Gl. (177) auf S. 209 wird dadurch die Fortpflanzungsgeschwindigkeit herabgesetzt, die in dieser Weise gebauten Linsen sind Verzögerungslinsen. Um die Änderung des Kapazitätsbelages abschätzen zu können, wird eine Reihe von hochkant nebeneinanderstehenden Streifen als ein ebenes Gitter aufgefaßt, das in einem homogenen Felde liegt. Unter Annahme des in Abb. 162b unten gezeichneten Koordinatensystems ergibt sich für die Potentialverteilung:

$$\varphi = \frac{E\,a_x}{\pi}\,\operatorname{Ar\,\mathfrak{Cof}}\sqrt{\dfrac{\cos^2\dfrac{\pi x}{a_x}+\mathfrak{Sin}^2\dfrac{\pi y}{a_x}+\mathfrak{Cof}^2\dfrac{\pi b}{2a_x}+\sqrt{\left(\cos^2\dfrac{\pi x}{a_x}+\mathfrak{Sin}^2\dfrac{\pi y}{a_x}+\mathfrak{Cof}^2\dfrac{\pi b}{2a_x}\right)^2-4\cos^2\dfrac{\pi x}{a_x}\,\mathfrak{Cof}^2\dfrac{\pi y}{a_x}\,\mathfrak{Cof}^2\dfrac{\pi b}{2a_x}}}{2\,\mathfrak{Cof}^2\dfrac{\pi b}{2a_x}}}\,.$$

Diese Beziehung soll hier nicht hergeleitet werden; ihre Richtigkeit läßt sich durch Einsetzen in die Maxwellschen Gleichungen und durch die Randbedingungen nachweisen. E ist die Stärke des Feldes, in das das betrachtete Steggitter hineingebracht ist. Die Vorzeichen der Wurzeln ergeben sich eindeutig durch die Forderung, daß φ stets reell bleiben muß; φ ist für positive y ebenfalls positiv zu rechnen. Um den Einfluß des Gitters auf den Kapazitätsbelag zu ermitteln, wird in der gleichen Weise verfahren wie bei dem Runddrahtgitter nach Abb. 32: das Gitter wird durch eine leitende Platte von der Dicke d_g ersetzt.

Für sehr große Werte von y geht die oben angeschriebene Potentialgleichung über in die Form:

$$\varphi = E\left[y - \frac{a_x}{\pi}\ln\left(\mathfrak{Co}\mathfrak{f}\,\frac{\pi b}{2\,a_x}\right)\right] = E\left[y - \frac{d_g}{2}\right],\quad y > 0.$$

Hierbei ist sogleich in die Formel eingeführt, daß die Koordinate y um die Größe $d_g/2$ verschoben scheint (vgl. die analogen Betrachtungen auf S. 74); somit folgt für die Dicke der Ersatzplatte:

$$d_g = b\,\frac{\ln\left(\mathfrak{Co}\mathfrak{f}\,\dfrac{\pi b}{2\,a_x}\right)}{\dfrac{\pi b}{2\,a_x}}.$$

Bei der in Abb. 162b unten dargestellten Bandleitung erscheinen deshalb für die Berechnung des Kapazitätsbelages die beiden Bänder ersatzbildmäßig je um die Strecke $d_g/2$ näher zur Mitte gerückt. Mit Gl. (177) auf S. 209 folgt dann für die Fortpflanzungsgeschwindigkeiten:

$$\frac{v_1}{v_2} = \sqrt{\frac{C_2'}{C_1'}} = \sqrt{\frac{a_y}{a_y - d_g}} = \sqrt{\frac{1}{1 - \dfrac{d_g}{a_y}}}.$$

Für kleine Bandbreiten (d. h. $b \ll a_x$ und $b \ll a_y$) vereinfacht sich diese Beziehung:

$$d_g \approx \frac{\pi}{4}\frac{b^2}{a_x};\quad \frac{v_1}{v_2} \approx 1 + \frac{1}{2}\frac{d_g}{a_y} = 1 + \frac{\pi}{8}\frac{b^2}{a_x\,a_y}.$$

Eine besonders einfache Form des künstlichen Dielektrikums zeigt Abb. 162c. Es sind hier schräggestellte ebene Platten vorgesehen, deren gegenseitiger Abstand kleiner als die halbe Wellenlänge ist. Zwischen den einzelnen Platten pflanzen sich die Wellen genau wie auf einer Doppelleitung mit unveränderter Geschwindigkeit v_1 fort. Wegen der Schrägstellung der Platten um den Winkel ϑ erscheint jedoch die für die Linsenwirkung allein maßgebliche Geschwindigkeit in x-Richtung vermindert, so daß im Dielektrikum eine wirksame Geschwindigkeit: $v_2 = v_1 \cos\vartheta$ erscheint. Also gilt für den Brechungsindex:

$$\frac{v_1}{v_2} = \frac{1}{\cos\vartheta}.$$

Die Wirkung einer derart gebauten Linse beruht also darauf, daß die von der punktförmig ausgehenden Strahlungsquelle ausgehenden Strahlen verschieden große Umwege geführt werden; man bezeichnet eine solche Linse deshalb auch als Umweglinse.

ε) Die einseitig offene konzentrische Leitung.

In Abb. 163 ist das offene Ende einer konzentrischen Doppelleitung dargestellt; Aufgabe der folgenden Berechnung soll sein, die von diesem Leitungsende in den Raum abgestrahlte Leistung zu errechnen und daraus den Wirkwiderstand zu bestimmen, der infolge der Strahlung am offenen Leitungsende auftaucht. Das Rechenverfahren ist das gleiche wie bei der strahlenden Hohlleitung: Es wird die offene Leitung durch eine (im vorliegenden Falle ringförmige) ebene Fläche ersetzt, in der ein magnetischer Strom fließt, und die von diesem Strom erzeugte Strahlung wird berechnet.

Bezeichnet man die am Leitungsende zwischen den beiden Leitern auftretende Spannung mit $\mathfrak{U}$ und die in der Endfläche im Punkte P_0 am Radius r_0 auftretende elektrische Feldstärke mit $\mathfrak{E}_{r_0}$, so kann man aus den Gl. (180) und (181) auf S. 212 folgenden Zusammenhang entnehmen:

$$\mathfrak{E}_{r_0} = \frac{\mathfrak{U}}{r_0 \ln \dfrac{R_2}{R_1}}.$$

Durch diese elektrische Feldstärke $\mathfrak{E}_{r_0}$ wird die Größe des magnetischen Strombelages bestimmt, der in der Ersatzfläche fließt,

$$\mathfrak{J}_{m_0} = \mathfrak{E}_{r_0} = \frac{\mathfrak{U}}{r \ln \dfrac{R_2}{R_1}}.$$

Diesen Zusammenhang gewinnt man leicht aus der Gl. (345) auf S. 388, wenn man zu Zylinderkoordinaten übergeht; der magnetische Strombelag besitzt nur eine Komponente in ζ-Richtung (vgl. Abb. 163), der magnetische Strom ist also ein Ringstrom in der Ringfläche.

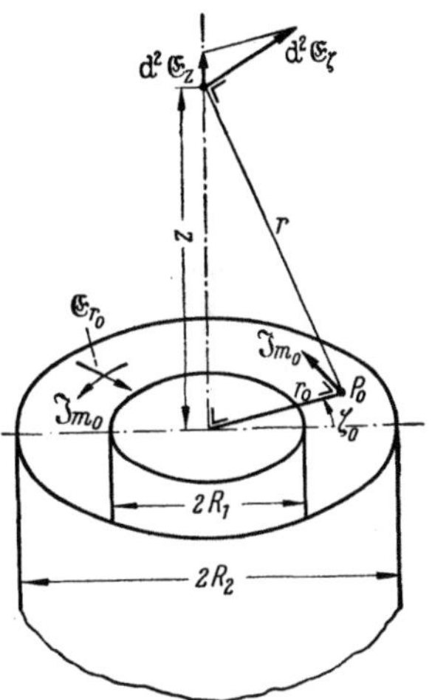

Abb. 163. Zur Ableitung der Strahlung einer offenen konzentrischen Doppelleitung.

Um die Berechnung des Strahlungsfeldes verhältnismäßig einfach durchführen zu können, sei angenommen, daß die ringförmige Öffnung der Leitung sehr klein gegen die Wellenlänge λ_1 ist. Unter diesen Umständen kann das Feld in der nächsten Umgebung des vom magnetischen Strom durchflossenen Ringes leicht berechnet werden, wenn man das oben auf S. 372 angegebene Gesetz von Biot-Savart umkehrt und einen Zusammenhang zwischen dem magnetischen Strom und der von ihm erzeugten elektrischen Feldstärke darstellt. Mit den auf S. 372 gewählten Koordinatenrichtungen folgt:

$$\mathfrak{E}_\zeta = \frac{\mathfrak{J}_m\, s}{4\,\pi\,r^2}\sin\vartheta.$$

Es war dabei angenommen, daß der magnetische Strom in z-Richtung fließt. Genau wie eine vom elektrischen Strom durchflossene Drahtwandung einen magnetischen Fluß erzeugt, so erzeugt im hier vorliegenden Falle der vom magnetischen Strom durchflossene Ersatzring einen elektrischen Fluß, der den Ring in z-Richtung durchsetzt. Ein solcher elektrischer Fluß könnte auch ausgehen von zwei entgegengesetzten elektrischen Ladungen, wie es oben beim elektrischen Elementardipol auf S. 370 dargestellt wurde. Das Fernfeld des als klein angenommenen Ersatzringes ist also gleich dem Fernfeld des Elementardipols. Der Ring ist also einem elektrischen Elementardipol äquivalent, für den die Größe $\mathfrak{J}_e\,s$ (das sog. Dipolmoment) noch berechnet werden muß. Zu diesem Zweck verwendet man am einfachsten den Verlauf der elektrischen Feldstärke in der z-Richtung im Nahfeld. Beim elektrischen Elementardipol ergibt sich diese Feldstärke $\mathfrak{E}_z = \mathfrak{E}_r$ für $\vartheta = 0$ und $z = r$ nach den Gl. (339b) (links) und (340) (links):

$$\mathfrak{E}_r = \frac{Z_1\,\mathfrak{J}_e\,s}{j\,\lambda_1}\,\frac{1}{\alpha_1^2\,z^3} = \frac{Z_1\,\mathfrak{J}_e\,s\,\lambda_1}{4\,\pi^2\,j\,z^3}\,. \tag{356}$$

Das Nahfeld des durchströmten Ringes wird nach Abb. 163 berechnet: Am Punkte P_0 sei ein magnetischer Stromfaden $d\,\mathfrak{J}_m = \mathfrak{J}_{m_0}\,d r_0$ von der Länge $r_0\,d\zeta_0$ vorhanden. Dieser erzeugt im Abstand r auf der z-Achse die elektrische Feldstärke

$$d^2\mathfrak{E}_\zeta = \frac{\mathfrak{J}_{m_0}\,d r_0\,r_0\,d\zeta_0}{4\,\pi\,r^2}\,,$$

welche auf dem Radius r senkrecht steht. Die in z-Richtung verlaufende Komponente dieser Feldstärke ist:

$$d^2\mathfrak{E}_z = \frac{r_0}{r}\,d^2\mathfrak{E}_\zeta = \frac{\mathfrak{J}_{m_0}}{4\,\pi}\,\frac{r_0^2}{r^3}\,d r_0\,d\zeta\,.$$

Durch Einführen der oben angegebenen Größe des magnetischen Strombelages $\mathfrak{J}_{m_0}$ und durch Integration über die Fläche des gesamten Ringes folgt:

$$\mathfrak{E}_z = \frac{\mathfrak{u}}{4\,\pi\,\ln\dfrac{R_2}{R_1}}\int\limits_{r_0=R_1}^{R_2}\int\limits_{\zeta=0}^{2\pi}\frac{r_0}{r_3}\,d r_0\,d\zeta = \frac{\mathfrak{u}}{2\,\ln\dfrac{R_2}{R_1}}\int\limits_{r_0=R_1}^{R_2}\frac{r_0\,d r_0}{(z^2+r_0^2)^{3/2}}$$

(unter Berücksichtigung des Zusammenhangs $r^2 = r_0^2 + z^2$). Daraus folgt:

$$\mathfrak{E}_z = \frac{\mathfrak{u}}{2\,\ln\dfrac{R_2}{R_1}\cdot z}\int\limits_{r_0=R_1}^{R_2}\frac{\dfrac{r_0}{z}\,d\left(\dfrac{r_0}{z}\right)}{\left[1+\left(\dfrac{r_0}{z}\right)^2\right]^{3/2}} = \frac{\mathfrak{u}}{4\,z\,\ln\dfrac{R_2}{R_1}}\int\limits_{r_0=R_1}^{R_2}\frac{d\left[1+\left(\dfrac{r_0}{z}\right)^2\right]}{\left[1+\left(\dfrac{r_0}{z}\right)^2\right]^{3/2}}$$

$$= \frac{\mathfrak{u}}{2\,z\,\ln\dfrac{R_2}{R_1}}\left[\frac{1}{\sqrt{1+\left(\dfrac{R_1}{z}\right)^2}} - \frac{1}{\sqrt{1+\left(\dfrac{R_2}{z}\right)^2}}\right]\,.$$

Da die beiden Radien R_1 und R_2 voraussetzungsgemäß sehr klein werden sollen, kann man in Näherung schreiben:

$$\mathfrak{E}_z = \frac{\mathfrak{u}}{2\,z\,\ln\dfrac{R_2}{R_1}}\left[1 - \frac{1}{2}\left(\frac{R_1}{z}\right)^2 - 1 + \frac{1}{2}\left(\frac{R_2}{z}\right)^2\right],$$

$$\mathfrak{E}_z = \frac{\mathfrak{u}}{4\ln\dfrac{R_2}{R_1}}\,\frac{R_2^2 - R_1^2}{z^3}. \tag{357}$$

Durch Vergleich dieser Größe mit der elektrischen Feldstärke des äquivalenten elektrischen Dipols nach Gl. (352) ergibt sich der Zusammenhang:

$$\mathfrak{J}_e\,s = \frac{4\,\pi^2\,\mathrm{j}}{Z_1\,\lambda_1}\,\frac{\mathfrak{u}}{4\ln\dfrac{R_2}{R_1}}\,(R_2^2 - R_1^2) = \frac{\mathfrak{u}\,\mathrm{j}\,F}{2\,\lambda_1\,Z_l}\,,$$

wobei nach Gl. (184) auf S. 213 der Wellenwiderstand Z_l der konzentrischen Leitung eingeführt und die Öffnungsfläche mit $F = \pi\,(R_2^2 - R_1^2)$ bezeichnet wurde. Da man nunmehr den äquivalenten elektrischen Dipol kennt, kann man aus dessen Fernfeld nach Gl. $(341a_\mathrm{E})$ auf S 374 die elektrische Feldstärke des magnetischen Ringes berechnen:

$$\hat{E}_\vartheta = \frac{\hat{U}}{4}\,\frac{F Z_1}{\lambda_1^2 Z_l\,r}\,\sin\vartheta. \tag{358}$$

Die abgestrahlte Leistung ergibt sich nach Gl. (344) auf S. 385:

$$N_s = \frac{r^2}{2 Z_1}\,\frac{\hat{U}^2}{16}\,\frac{F^2 Z_1^2}{\lambda_1^4 Z_l^2\,r^2}\,2\,\pi\int\limits_{\vartheta=0}^{\pi}\sin^3\vartheta\,\mathrm{d}\vartheta.$$

Die Lösung des Integrals ist bereits auf S. 389 durchgeführt, so daß hier sogleich das Resultat angeschrieben werden kann:

$$N_s = \frac{\pi}{6}\,\frac{Z_1 F^2}{\lambda_1^4 Z_l^2}\,\frac{\hat{U}^2}{2}\,.$$

Ersatzbildmäßig kann man die Leistungsabstrahlung am offenen Ende der konzentrischen Leitung durch einen Strahlungswirkwiderstand R_s darstellen, der von der Spannung $\hat{U}$ die Leistung $\hat{U}^2/2R_s$ aufnimmt; hieraus folgt:

$$R_s = \frac{6}{\pi}\,\frac{\lambda_1^4}{F^2}\,\frac{Z_l^2}{Z_1}\,. \tag{359}$$

Der Strahlungswiderstand ist also proportional λ_1^4/F^2; das Verhältnis F/λ_1^2 ist dabei immer eine kleine Größe, weil für die Rechnung vorausgesetzt wurde, daß der äußere Leitungsdurchmesser klein gegen die Wellenlänge ist.

Ein Zahlenbeispiel soll den Einfluß der Strahlungsverluste näher erläutern. Es soll ein konzentrischer Resonator in der in Abb. 105c dargestellten Form vorausgesetzt werden, der an einem Ende geschlossen, am anderen Ende offen ist und die Länge von einer Viertelwellenlänge hat. Er soll aus Kupfer mit Luftdielektrikum hergestellt sein; seine Länge soll 7,5 cm betragen, wodurch sich eine Resonanzwellenlänge von 30 cm ergibt. Als Verhältnis der Radien von Außen- und Innenleiter soll $R_2/R_1 = 3,6$ gewählt werden. Dann ergibt sich der Verlustfaktor durch die Verluste im Metall nach Gl. (231a) auf S. 260:

$$D_2 = \left[5{,}85 + \frac{3{,}6 \text{ cm}}{R_2} \right] 10^{-5}$$

(die Zahlenwerte sind hier bereits eingesetzt, die Größe K_D ist dabei aus der Abb. 107 entnommen). — Infolge der Strahlung am offenen Ende ergibt sich ein im Spannungsbauch liegender Widerstand R_s nach Gl. (355) auf S. 399. Nimmt man jetzt einmal an, daß nur Strahlungsverluste und keine metallischen Verluste vorhanden sind, so ist R_s auch der Resonanzwiderstand des Resonators, und man kann den Verlustfaktor unmittelbar nach der Gl. (224) auf S. 257 errechnen; es ergibt sich durch Einsetzen der Zahlenwerte der Strahlungsverlustfaktor D_s zu:

$$D_s = \frac{4}{\pi} \frac{Z_l}{R_s} = 1{,}72 \frac{R_2^4}{\lambda_1^4} \, .$$

Es soll nun nach der Größe des Außenradius der Leitung gefragt werden, bei dem der metallische Verlustfaktor und der Strahlungsverlustfaktor gerade einander gleich sind; aus $D_2 = D_s$ ergibt sich: $R_2 = 2,43$ cm. Mit zunehmendem Außenradius nimmt der metallische Verlustfaktor ab, der Strahlungsverlustfaktor aber in erheblich höherem Maße zu, da er mit R_2^4 ansteigt. Man erkennt hieraus, daß schon bei verhältnismäßig geringen Querschnittsabmessungen der offenen Leitung der Strahlungsverlust eine erhebliche Rolle spielt. Will man also einen Resonator mit möglichst geringem Verlustfaktor bauen, so ist es günstig, einen beiderseits geschlossenen $\lambda/2$-Resonator zu verwenden, bei dem der metallische Verlustfaktor gegen den $\lambda/4$-Resonator unverändert bleibt (vgl. oben auf S. 259), aber der Strahlungsverlust Null geworden ist. Wünscht man dagegen einen möglichst hohen Resonanzwiderstand zu erzielen, so liegen die Verhältnisse anders: beim $\lambda/2$-Resonator halbiert sich der durch die metallischen Verluste verursachte Resonanzwiderstand gegen den des $\lambda/4$-Resonators. Solange der Außenradius R_2 der Resonanzleitung unter 2,43 cm liegt, ist daher der $\lambda/4$-Resonator trotz der auftretenden Strahlungsverluste günstiger; erst bei größeren Außenradien als 2,43 cm hat der $\lambda/2$-Resonator einen höheren Resonanzwiderstand als der $\lambda/4$-Resonator.

b) Gruppenstrahler.

α) Die Gruppenstrahlungskennlinien.

Der Gruppenstrahler besteht aus einer Kombination von Einzelstrahlern, die vom gleichen Sender gespeist werden. Der Zweck der Anordnung ist, ein gewünschtes Strahlungsdiagramm zu erzielen, das sich mit dem Einzelstrahler nicht herstellen läßt. Es sei im folgenden stets angenommen, daß die Einzelstrahler gleichartig sind und daß sie sämtlich in einer Ebene (im Sonderfall in einer geraden Linie) aufgestellt werden und daß sie schließlich in gleicher Richtung polarisiert sind, d. h. daß die von ihnen erzeugten Einzelfelder die gleiche Richtung haben.

In Abb. 164 sind die Einzelstrahler durch Punkte in der x—z-Ebene angedeutet. In der x-Richtung werden n_x Strahler mit dem gegenseitigen Abstand d_x und in der z-Richtung n_z Strahler mit dem Abstand d_z angeordnet. Ein beliebiger, im Punkte A befindlicher Strahler ist dann gekennzeichnet durch die Koordinaten $(v_x - 1) d_x$ und $(v_z - 1) d_z$. Jeder Einzelstrahler erzeugt ein Fernfeld, das durch Angabe der elektrischen Feldstärke $\mathfrak{E}_e$ senkrecht zur Fortpflanzungsrichtung ausreichend gekennzeichnet ist. Die räumliche Richtung dieser Feldstärke $\mathfrak{E}_e$ interessiert im vorliegenden Fall nicht. $\mathfrak{E}_e$ ist

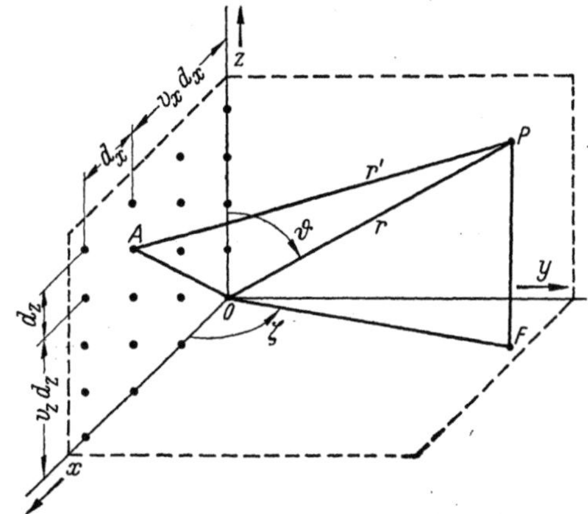

Abb. 164. Zur Ableitung der Strahlungskennlinien eines Gruppenstrahlers.

abhängig von den räumlichen Koordinaten des fernen Aufpunktes P und von der Stärke der Antennenerregung; als Antennenerregung wählt man beim einzelnen Dipol zweckmäßig den Strom $\mathfrak{J}_e$ am Speisungspunkt, während man bei der offenen Hohlleitung zweckmäßigerweise die maximale elektrische Feldstärke in der Öffnung wählt. Im folgenden wird die Erregung immer mit $\mathfrak{J}_e$ bezeichnet, auch wenn die betrachteten Antennen keine Dipolantennen sind. Die Feldstärke des Einzelstrahlers im Fernfeld kann man für alle beliebigen Antennenformen durch eine Formel von der Art:

$$\mathfrak{E}_e = \mathfrak{J}_e f_e(\vartheta, \zeta) \frac{e^{-j\alpha_1 r'}}{r'}$$

darstellen. Die Funktion f_e bezeichnet dabei die Abhängigkeit der Feldstärke von den Koordinaten ϑ und ζ und stellt somit die Richtcharakteristik des Einzelstrahlers dar. In einem weit entfernten Aufpunkt P (vgl. Abb. 164) müssen die Feldstärken aller Einzelstrahler summiert werden. Ist die Entfernung r' des Punktes P groß gegen die Abstände zwischen den Strahlern, so ist der Unterschied zwischen den Radien r' und r verhältnismäßig klein, beide Radien verlaufen nahezu parallel, die räumliche Richtung von r' kann der Richtung von r gleichgesetzt werden. Es muß bei der Berechnung der Feldstärke lediglich berücksichtigt werden, daß die Wegdifferenz $r - r'$ die Größenordnung der Wellenlänge λ_1 haben kann, wodurch Phasenunterschiede zwischen den Feldern der Einzelstrahler entstehen. Bereits oben auf S. 383 war an Hand der Abb. 156 gefunden worden:

$$r' \approx r - (x \sin\vartheta \cos\zeta + z \cos\vartheta).$$

Das bedeutet für den vorliegenden Fall:

$$r' \approx r - [(\nu_x - 1)d_x \sin\vartheta \cos\zeta + (\nu_z - 1)d_z \cos\vartheta].$$

Bezeichnet man den Strom des betrachteten Strahlers im Punkte A mit $\mathfrak{J}_{\nu_x \nu_z}$, so entsteht durch Summenbildung über alle Strahler die Gesamtfeldstärke im Punkte P:

$$\mathfrak{E}_{gr} = \frac{e^{-j\alpha_1 r}}{r} f_e(\vartheta, \zeta) \sum_{\nu_x=1}^{n_x} \sum_{\nu_z=1}^{n_z} \left[\mathfrak{J}_{\nu_x \nu_z} e^{j\alpha_1[(\nu_x-1)d_x \sin\vartheta \cos\zeta + (\nu_z-1)d_z \cos\vartheta]}\right].$$

Da im Fernfeld die Phasenlagen gegen die Antennenerregung nicht interessieren, schreibt man zweckmäßig:

$$\hat{E}_{gr} = \hat{E}_e(\vartheta, \zeta) \left| \sum_{\nu_x=1}^{n_x} \sum_{\nu_z=1}^{n_z} \frac{\mathfrak{J}_{\nu_x \nu_z}}{\mathfrak{J}_e} e^{j\alpha_1[(\nu_x-1)d_x \sin\vartheta \cos\zeta + (\nu_z-1)d_z \cos\vartheta]} \right|. \tag{360}$$

Die Einzelcharakteristik des Strahlers $\hat{E}_e$ ist also mit einem „Gruppenfaktor" multipliziert, der hier in Form einer Doppelsumme erscheint.

Bei speziellen Annahmen über die Erregung der Einzelstrahler läßt sich die Beziehung für den Gruppenfaktor erheblich vereinfachen. Wenn alle Einzelstrahler gleich stark und in gleicher Phase erregt werden, so gilt $\mathfrak{J}_{\nu_x \nu_z} = \mathfrak{J}_e$, und der Gruppenfaktor erhält die Form:

$$\left| \sum_{\nu_x=1}^{n_x} \left(e^{j\alpha_1 d_x \sin\vartheta \cos\zeta}\right)^{(\nu_x-1)} \right| \cdot \left| \sum_{\nu_z=1}^{n_z} \left(e^{j\alpha_1 d_z \cos\vartheta}\right)^{(\nu_z-1)} \right|.$$

Die beiden Summen stellen geometrische Reihen dar und lassen sich deshalb in folgender Form schreiben:

$$\left| \frac{e^{j\alpha_1 n_x d_x \sin\vartheta \cos\zeta} - 1}{e^{j\alpha_1 d_x \sin\vartheta \cos\zeta} - 1} \right| \cdot \left| \frac{e^{j\alpha_1 n_z d_z \cos\vartheta} - 1}{e^{j\alpha_1 d_z \cos\vartheta} - 1} \right|.$$

Dieser Ausdruck werde mit der Größe

$$\frac{e^{-j\frac{\alpha_1}{2} n_x d_x \sin\vartheta \cos\zeta}}{e^{-j\frac{\alpha_1}{2} d_x \sin\vartheta \cos\zeta}} \cdot \frac{e^{-j\frac{\alpha_1}{2} n_z d_z \cos\vartheta}}{e^{-j\frac{\alpha_1}{2} d_z \cos\vartheta}}$$

erweitert. Der Betrag dieser Größe ist 1, so daß durch die Erweiterung der Betrag des Gruppenfaktors unverändert bleibt. Nunmehr lassen sich die Exponentialfaktoren auf trigonometrische Funktionen zurückführen, und man erhält für gleich stark und gleichphasig erregte Einzelstrahler:

$$\hat{E}_{gr} = \hat{E}_e\,(\vartheta, \zeta)\left|\frac{\sin\left(\frac{\alpha_1}{2} n_x d_x \sin\vartheta \cos\zeta\right)}{\sin\left(\frac{\alpha_1}{2} d_x \sin\vartheta \cos\zeta\right)} \cdot \frac{\sin\left(\frac{\alpha_1}{2} n_z d_z \cos\vartheta\right)}{\sin\left(\frac{\alpha_1}{2} d_z \cos\vartheta\right)}\right|. \quad (361)$$

Sind die einzelnen Strahler gleich stark, aber abwechselnd gegenphasig erregt, so gilt: $\Im_{v_x v_z} = \Im_e\,(-1)^{(v_x-1)}\,(-1)^{(v_z-1)}$. Der Gruppenfaktor bekommt hier die Form:

$$\left|\sum_{v_x=1}^{n_x} \left(-e^{+j\,\alpha_1 d_x \sin\vartheta \cos\vartheta}\right)^{(v_x-1)}\right| \cdot \left|\sum_{v_z=1}^{n_z} \left(-e^{j\,\alpha_1 d_z \cos\vartheta}\right)^{(v_z-1)}\right|$$

$$= \left|\frac{1-(e^{j\,\alpha_1 n_x d_x \sin\vartheta \cos\zeta})\,(-1)^{n_x}}{1+e^{j\,\alpha_1 d_x \sin\vartheta \cos\zeta}}\right| \cdot \left|\frac{1-(e^{j\,\alpha_1 n_z d_z \cos\vartheta})\,(-1)^{n_z}}{1+e^{j\,\alpha_1 d_z \cos\vartheta}}\right|,$$

und es ergibt sich für die Feldstärke bei gegenphasiger Erregung:

$$\hat{E}_{gr} = \hat{E}_e\left|\frac{\begin{Bmatrix}\sin\\\cos\end{Bmatrix}\left(\frac{\alpha_1}{2} n_x d_x \sin\vartheta \cos\zeta\right)}{\cos\left(\frac{\alpha_1}{2} d_x \sin\vartheta \cos\zeta\right)} \cdot \frac{\begin{Bmatrix}\sin\\\cos\end{Bmatrix}\left(\frac{\alpha_1}{2} n_z d_z \cos\vartheta\right)}{\cos\left(\frac{\alpha_1}{2} d_z \cos\vartheta\right)}\right|. \quad (362)$$

Hierbei sind die Sinus- bzw. die Kosinusfunktionen zu verwenden, je nachdem, ob n_x und n_z gerade oder ungerade ganze Zahlen sind.

Der Verlauf des Gruppenfaktors wird unten im Zusammenhang mit den Ausführungsbeispielen näher betrachtet.

$\beta)$ **Die Strahlungsleistung beim Gruppenstrahler, Gegenstrahlungswiderstand von Dipolen.**

Aus den soeben durchgeführten Berechnungen für das Fernfeld eines Gruppenstrahlers läßt sich nach Gl. (344) auf S. 385 die abgestrahlte Leistung berechnen:

$$N_s = \frac{r^2}{2Z_1} \int\limits_{\zeta=0}^{2\pi} \int\limits_{\vartheta=0}^{\pi} \hat{E}_e^2\,|\,\text{Gruppenfaktor}\,|^2 \sin\vartheta\,d\vartheta\,d\zeta.$$

Es ist unmittelbar einleuchtend, daß diese Leistung im allgemeinen nicht die Summe der Strahlungsleistungen von den Einzelstrahlern darstellt. Das bedeutet, daß die Einzelstrahler ihren Strahlungswiderstand verändern, wenn man sie zu einer Gruppe zusammenfaßt. Es tritt eine Gegenstrahlung auf, die einzelnen Strahler können sich gegenseitig Leistung zustrahlen oder entziehen.

Die Berechnung der Gegenstrahlung soll näher ausgeführt werden an dem Beispiel von Dipolen; die Gegenstrahlung von anderen Strahlertypen wäre entsprechend zu berechnen. Bei Dipolen führt man zweckmäßigerweise den Begriff des „Gegenstrahlungswiderstandes" ein, dessen

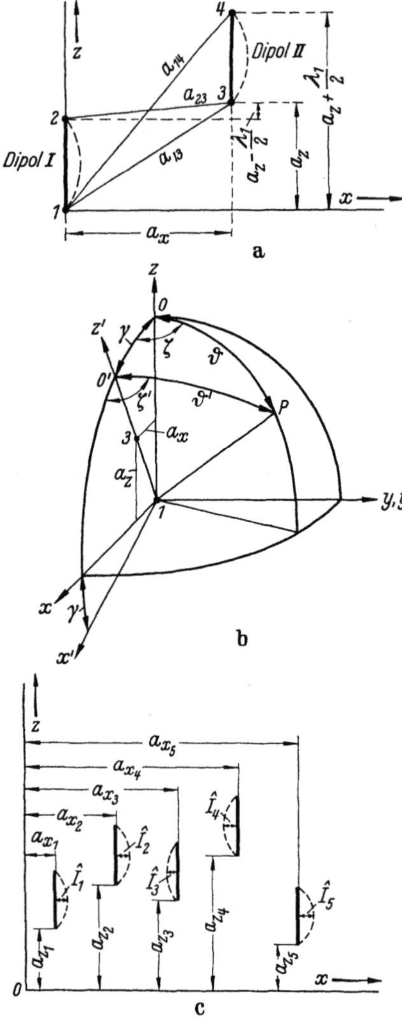

Abb. 165 a—c. Zur Ableitung des Gegenstrahlungswiderstandes: *a* Schema von zwei $\lambda/2$-Dipolen, *b* Drehung des Koordinatensystems, *c* mehrere $\lambda/2$-Dipole mit verschiedener Erregung (Ströme $\hat{I}_1$ bis $\hat{I}_5$).

Wirkanteil sich aus dem Fernfeld berechnen läßt. Zuerst soll die Gegenstrahlung zwischen zwei Dipolen betrachtet werden.

In Abb. 165a sind zwei $\lambda/2$-Dipole *I* und *II* dargestellt, die beide in der x—z-Ebene liegen und deren Achsen parallel zur z-Richtung verlaufen. Der Fußpunkt 1 des Dipols *I* ist der Einfachheit halber in den Nullpunkt gelegt, der Fußpunkt 3 des Dipols *II* hat die Koordinaten a_x und a_z. Die beiden Dipole sollen durch Speisung von einem beliebigen Sender her mit gleicher Intensität und gleicher Phase erregt werden. Für die Stromverteilung gilt dann:

im Dipol *I*:
$$\mathfrak{J}_I = \mathfrak{J}_{\max} \sin(\alpha_1 z),$$
im Dipol *II*:
$$\mathfrak{J}_{II} = \mathfrak{J}_{\max} \sin[\alpha_1(z - a_z)].$$

Um nach Gl. (360) auf S. 408 die Feldstärke im Fernfeld zu bestimmen, muß man die Einzelcharakteristik des $\lambda/2$-Dipols kennen, die bereits durch die Gl. (348) auf S. 391 dargestellt ist. In der Gl. (360) ist die Summe nur über zwei Strahler zu erstrecken, das eine Summenglied hat (entsprechend dem im Nullpunkte angeordneten Strahler) die Größe 1, beim anderen Summenglied ist

$$(v_x - 1)d_x = a_x$$
und $$(v_z - 1)d_z = a_z$$

zu setzen. Somit folgt:

$$\hat{E}_{gr} = \frac{\hat{I}_{\max} Z_1}{2\pi r} \left| \frac{\cos\left(\frac{\pi}{2}\cos\vartheta\right)}{\sin\vartheta} \right| \left| 1 + e^{j\,\alpha_1(a_x \sin\vartheta \cos\zeta + a_z \cos\vartheta)} \right|.$$

Erweitert man den in Klammern stehenden Ausdruck mit

$$e^{-j\frac{\alpha_1}{2}(a_x \sin\vartheta \cos\zeta + a_z \cos\vartheta)},$$

so kann man von den Exponentialfunktionen zu einer trigonometrischen Funktion übergehen, ohne daß der Betrag des Ausdruckes sich ändert. Es ergibt sich somit für die beiden Dipole:

$$\hat{E}_{gr} = \frac{I_{\max} Z_1}{\pi r} \left| \frac{\cos\left(\frac{\pi}{2}\cos\vartheta\right)}{\sin\vartheta} \cos\left[\frac{\alpha_1}{2}(a_x \sin\vartheta \cos\zeta + a_z \cos\vartheta)\right] \right|.$$

Aus dem Betrag der Feldstärke ist nach Gl. (344) auf S. 385 die abgestrahlte Leistung zu bestimmen; diese ist:

$$N_s = \frac{I_{\max}^2 Z_1}{2\pi^2} \int\limits_{\zeta=0}^{2\pi} \int\limits_{\vartheta=0}^{\pi} \frac{\cos^2\left(\frac{\pi}{2}\cos\vartheta\right)}{\sin\vartheta} \cos^2\left[\frac{\alpha_1}{2}(a_x \sin\vartheta \cos\zeta + a_z \cos\vartheta)\right] d\vartheta \, d\zeta.$$

Diese Strahlungsleistung muß durch die beiden Dipole aufgebracht werden; aus Symmetriegründen müssen die beiden Dipole mit gleich großen Strahlungswiderständen $R_s = R_{s_{II}}$ behaftet sein; demnach ist die Strahlungsleistung: $N_s = 2\frac{I_{\max}^2}{2} R_{s_I}$; durch Umformen der obigen Gleichung folgt:

$$N_s = 2\frac{I_{\max}^2}{2}\left[\frac{Z_1}{4\pi^2} \int\limits_{\zeta=0}^{2\pi} \int\limits_{\vartheta=0}^{\pi} \frac{\cos^2\left(\frac{\pi}{2}\cos\vartheta\right)}{\sin\vartheta} d\vartheta \, d\zeta \right.$$

$$\left. + \frac{Z_1}{4\pi^2} \int\limits_{\zeta=0}^{2\pi} \int\limits_{\vartheta=0}^{\pi} \frac{\cos^2\left(\frac{\pi}{2}\cos\vartheta\right)}{\sin\vartheta} \cos\left[\alpha_1(a_x \sin\vartheta \cos\zeta + a_z \cos\vartheta)\right] d\vartheta \, d\zeta \right].$$

Das erste Integral entspricht dem Integral auf S. 392, dessen Lösung durch Gl. (349) auf S. 392 dargestellt ist; es ist dies der Strahlungswiderstand des Dipols, wenn er sich allein im Raume befinden würde; seine Größe soll als „Eigenstrahlungswiderstand" (Wirkanteil) bezeichnet werden:

$$R_{II} = R_{II II} = 73{,}3\ \Omega. \tag{363a}$$

Das zweite Integral drückt die Wechselwirkung zwischen den beiden Dipolen aus; der hierdurch hervorgerufene Widerstandsanteil soll als „Gegenstrahlungswiderstand" (Wirkanteil) bezeichnet werden:

$$R_{III} = R_{III I}$$

$$= \frac{Z_1}{8\pi^2} \int\limits_{\zeta=0}^{2\pi} \int\limits_{\vartheta=0}^{\pi} \frac{1 + \cos(\pi\cos\vartheta)}{\sin\vartheta} \cos\left[\alpha_1(a_x \sin\vartheta \cos\zeta + a_z \cos\vartheta)\right] d\vartheta \, d\zeta. \tag{363b}$$

Der Gesamtstrahlungswiderstand eines jeden einzelnen Dipols ist dann:

$$R_{s_I} = R_{s_{II}} = R_{II} + R_{III}; \tag{363c}$$

er setzt sich also aus dem Eigenstrahlungswiderstand und dem Gegenstrahlungswiderstand zusammen.

Die Berechnung des Gegenstrahlungswiderstandes nach Gl. (363b) ist verhältnismäßig umständlich; der Rechnungsgang soll nur in großen Zügen angedeutet werden. Durch Umformung ergibt sich:

$$
R_{I\,II} = \frac{Z_1}{8\,\pi^2} \left\{ \int\limits_{\zeta=0}^{2\pi} \int\limits_{\vartheta=0}^{\pi} \cos\left[\alpha_1\left(a_x \sin\vartheta \cos\zeta + a_z \cos\vartheta\right)\right] \frac{\mathrm{d}\vartheta\,\mathrm{d}\zeta}{\sin\vartheta} \right.
$$

$$
+ \frac{1}{2} \int\limits_{\zeta=0}^{2\pi} \int\limits_{\vartheta=0}^{\pi} \cos\left[\alpha_1\left\{a_x \sin\vartheta \cos\zeta + \left(a_z + \frac{\lambda_1}{2}\right)\cos\vartheta\right\}\right] \frac{\mathrm{d}\vartheta\,\mathrm{d}\zeta}{\sin\vartheta}
$$

$$
\left. + \frac{1}{2} \int\limits_{\zeta=0}^{2\pi} \int\limits_{\vartheta=0}^{\pi} \cos\left[\alpha_1\left\{a_x \sin\vartheta \cos\zeta + \left(a_z - \frac{\lambda_1}{2}\right)\cos\vartheta\right\}\right] \frac{\mathrm{d}\vartheta\,\mathrm{d}\zeta}{\sin\vartheta} \right\}.
$$

Hierdurch sind drei gleichgebaute Integrale entstanden, die sich nur durch die Konstanten a_z, $a_z + \frac{\lambda_1}{2}$ und $a_z - \frac{\lambda_1}{2}$ unterscheiden; nur eines dieser Integrale braucht berechnet zu werden, die Lösung der beiden anderen ergibt sich dann entsprechend. Es sei:

$$
X = \int\limits_{\zeta=0}^{2\pi} \int\limits_{\vartheta=0}^{\pi} \frac{\cos\left[\alpha_1\left(a_x \sin\vartheta \cos\zeta + a_z \cos\vartheta\right)\right]}{\sin^2\vartheta} \sin\vartheta\,\mathrm{d}\vartheta\,\mathrm{d}\zeta.
$$

Zur Lösung dieses Integrals wird entsprechend Abb. 165b das Koordinatensystem x, y und z durch Drehung um die y-Achse in das System x', y' und z' verwandelt. Die Drehung erfolgt um den Winkel γ derart, daß die z'-Achse durch den Fußpunkt 3 des Dipols II hindurchgeht; also ist: $\operatorname{tg}\gamma = \frac{a_x}{a_z}$; $\sin\gamma = \frac{a_x}{a_{13}}$; $\cos\gamma = \frac{a_z}{a_{13}}$, wobei a_{13} den Abstand zwischen den beiden Punkten 1 und 3 darstellt. Im gestrichenen Koordinatensystem erhält X folgende Größe:

$$
X = \int\limits_{\zeta'=0}^{2\pi} \int\limits_{\vartheta'=0}^{\pi} \frac{\cos\left(\alpha_1 a_{13}\cos\vartheta'\right)\sin\vartheta'\,\mathrm{d}\vartheta'\,\mathrm{d}\zeta'}{1 - \cos^2\gamma \cos^2\vartheta' + 2\cos\gamma \sin\gamma \sin\vartheta' \cos\vartheta' - \sin^2\gamma \sin^2\vartheta' \cos^2\zeta'}.
$$

Nunmehr läßt sich die Integration über ζ' durchführen und ergibt:

$$
X = \int\limits_{\vartheta'=0}^{\pi} \pi \cos\left(\alpha_1 a_{13}\cos\vartheta'\right)\left[\frac{1}{\lvert\cos\vartheta' + \cos\gamma\rvert}\right] + \left[\frac{1}{\lvert\cos\vartheta' - \cos\gamma\rvert}\right]\sin\vartheta'\,\mathrm{d}\vartheta'.
$$

Da in den Nennern der Brüche die Beträge von $\lvert\cos\vartheta' + \cos\gamma\rvert$ und $\lvert\cos\vartheta' - \cos\gamma\rvert$ vorkommen, zerfällt für die Integration über ϑ' der Integrationsbereich in mehrere Teile:

$$X = \pi \left[\int_0^\gamma \frac{\cos(\alpha_1 a_{13} \cos\vartheta')\sin\vartheta'\,d\vartheta'}{\cos\vartheta' + \cos\gamma} + \int_0^\gamma \frac{\cos(\alpha_1 a_{13}\cos\vartheta')\sin\vartheta'\,d\vartheta'}{\cos\vartheta' - \cos\gamma} \right.$$

$$+ \int_\gamma^{\pi-\gamma} \frac{\cos(\alpha_1 a_{13}\cos\vartheta')\sin\vartheta'\,d\vartheta'}{\cos\vartheta' + \cos\gamma} + \int_\gamma^{\pi-\gamma} \frac{\cos(\alpha_1 a_{13}\cos\vartheta')\sin\vartheta'\,d\vartheta'}{\cos\gamma - \cos\vartheta'}$$

$$\left. - \int_{\pi-\gamma}^\pi \frac{\cos(\alpha_1 a_{13}\cos\vartheta')\sin\vartheta'\,d\vartheta'}{\cos\vartheta' + \cos\gamma} + \int_{\pi-\gamma}^\pi \frac{\cos(\alpha_1 a_{13}\cos\vartheta')\sin\vartheta'\,d\vartheta'}{\cos\gamma - \cos\vartheta'} \right].$$

Setzt man nun

$$\cos\vartheta' + \cos\gamma = v \quad \text{und} \quad \cos\vartheta' - \cos\gamma = w,$$

so folgt:

$$\cos(\alpha_1 a_{13}\cos\vartheta') = \cos(\alpha_1 a_{13} v)\cos(\alpha_1 a_z) + \sin(\alpha_1 a_{13} v)\sin(\alpha_1 a_z)$$
$$= \cos(\alpha_1 a_{13} w)\cos(\alpha_1 a_z) - \sin(\alpha_1 a_{13} w)\sin(\alpha_1 a_z).$$

Führt man dies in das Integral ein, so kommt man auf die Funktionen des Integralsinus und des Integralkosinus, die aus den „Funktionentafeln" von Jahnke-Emde auf S. 1ff. zu entnehmen sind:

$$X = 2\pi\left[\cos(\alpha_1 a_z)\{2\,\mathrm{Ci}(0) + \mathrm{Ci}(\alpha_1(a_{13} + a_z)) + \mathrm{Ci}(\alpha_1(a_{13} - a_z))\}\right.$$
$$\left. + \sin(\alpha_1 a_z)\{\mathrm{Si}(\alpha_1(a_{13} + a_z)) - \mathrm{Si}(\alpha_1(a_{13} - a_z))\}\right].$$

Das Integral X war nur ein Teil des allgemeinen Ausdrucks für den Gegenstrahlungswiderstand $R_{I\,II}$; die anderen Teile erhält man dadurch, daß man a_z durch $a_z - \frac{\lambda_1}{2}$ oder $a_z + \frac{\lambda_1}{2}$ ersetzt und für a_{13} den Wert a_{23} oder a_{14} einführt; der Gegenstrahlungswiderstand zwischen zwei $\lambda/2$-Dipolen ist dann:

$$R_{I\,II} = \frac{Z_1}{8\pi}\left|\begin{array}{l} 2\cos(\alpha_1 a_z)\{\mathrm{Ci}[\alpha_1(a_{13} + a_z)] + \mathrm{Ci}[\alpha_1(a_{13} - a_z)]\} \\[2mm] + 2\sin(\alpha_1 a_z)\{\mathrm{Si}[\alpha_1(a_{13} + a_z)] - \mathrm{Si}[\alpha_1(a_{13} - a_z)]\} \\[2mm] - \cos(\alpha_1 a_z)\left\{\mathrm{Ci}\left[\alpha_1\left(a_{23} + a_z - \frac{\lambda_1}{2}\right)\right] + \mathrm{Ci}\left[\alpha_1\left(a_{23} - a_z + \frac{\lambda_1}{2}\right)\right]\right\} \\[2mm] - \sin(\alpha_1 a_z)\left\{\mathrm{Si}\left[\alpha_1\left(a_{23} + a_z - \frac{\lambda_1}{2}\right)\right] - \mathrm{Si}\left[\alpha_1\left(a_{23} - a_z + \frac{\lambda_1}{2}\right)\right]\right\} \\[2mm] - \cos(\alpha_1 a_z)\left\{\mathrm{Ci}\left[\alpha_1\left(a_{14} + a_z + \frac{\lambda_1}{2}\right)\right] + \mathrm{Ci}\left[\alpha_1\left(a_{14} - a_z - \frac{\lambda_1}{2}\right)\right]\right\} \\[2mm] - \sin(\alpha_1 a_z)\left\{\mathrm{Si}\left[\alpha_1\left(a_{14} + a_z + \frac{\lambda_1}{2}\right)\right] - \mathrm{Si}\left[\alpha_1\left(a_{14} - a - \frac{\lambda_1}{2}\right)\right]\right\} \end{array}\right|. \quad (364)$$

Da die zahlenmäßige Auswertung dieser Formel umständlich ist, sind die Zahlenwerte für den Gegenstrahlungswiderstand in der folgenden Tabelle zusammengestellt, und zwar für den Sonderfall, daß die Abstände a_x und a_z ganzzahlige Vielfache von $\lambda_1/2$ sind (die Größen a_{13}, a_{23} und a_{14} sind nach den durch Abb. 165 gegebenen Zusammenhängen zu errechnen).

Gegenstrahlungswiderstände, gemessen in Ohm.

a_z/λ_1 \\ a_x/λ_1	0,0	0,5	1,0	1,5	2,0	2,5	3,0	3,5	4,0
0,0	$+73,29$	$-12,36$	$+4,08$	$-1,77$	$+1,18$	$-0,75$	$+0,42$	$-0,33$	$+0,21$
0,5	$+26,40$	$-11,80$	$+8,83$	$-5,75$	$+3,76$	$-2,79$	$+1,86$	$-1,54$	$+1,08$
1,0	$-\ 4,07$	$-\ 0,78$	$+3,56$	$-6,26$	$+6,05$	$-5,67$	$+4,51$	$-3,94$	$+3,08$
1,5	$+\ 1,78$	$+\ 0,80$	$-2,92$	$+1,96$	$+0,16$	$-2,40$	$+3,24$	$-3,76$	$+3,68$
2,0	$-\ 0,96$	$-\ 1,00$	$+1,13$	$+0,56$	$-2,55$	$+2,74$	$-2,07$	$+0,74$	$+0,51$
2,5	$+\ 0,58$	$+\ 0,45$	$-0,42$	$-0,96$	$+1,59$	$-0,28$	$-1,59$	$+2,66$	$-2,49$
3,0	$-\ 0,43$	$-\ 0,30$	$0,13$	$+0,85$	$-0,45$	$-0,10$	$+1,74$	$-1,03$	$-0,09$

Man erkennt aus den Zahlenwerten dieser Tabelle, daß die Gegenstrahlungswiderstände auch negative Werte annehmen können; das bedeutet, daß sich die beiden Dipole auch gegenseitig Energie zustrahlen können.

Die bisherigen Betrachtungen bezogen sich lediglich auf zwei Dipole mit gleich großer und gleichphasiger Erregung. Es sollen jetzt mehrere Dipole mit verschiedener Erregung und Phase betrachtet werden. In Abb. 165c ist eine Reihe von $\lambda/2$-Dipolen mit verschiedener Erregung dargestellt; die Dipolachsen sind sämtlich parallel der z-Achse. Für den Dipol I sind die Fußpunktskoordinaten a_{x_1} und a_{z_1} und die Stromverteilung $\mathfrak{J}_1 = \hat{I}_1\, e^{j\beta_1} \sin[\alpha_1(z - a_{z_1})]$; entsprechend gilt allgemein für den Dipol ν: Fußpunktskoordinaten a_{x_ν} und a_{z_ν}, Stromverteilung: $\mathfrak{J}_\nu = \hat{I}_\nu\, e^{j\beta_\nu} \sin[\alpha_1(z - a_{z_\nu})]$. Die Gesamtzahl aller vorhandenen Dipole sei n. Die durch diese Dipole hervorgerufene Feldstärke im Raume ist aus Gl. (360) auf S. 408 zu ermitteln, und zwar in ähnlicher Weise, wie es bei den gleichphasig erregten Dipolen geschehen ist. Es folgt:

$$\mathfrak{E}_\vartheta = j\, \frac{Z_1 e^{-j\alpha_1 r}}{2\pi r}\, \frac{\cos\left(\dfrac{\pi}{2}\cos\vartheta\right)}{\sin\vartheta}\, e^{j\frac{\pi}{2}\cos\vartheta} \sum_{\nu=1}^{n} \hat{I}_\nu\, e^{j\beta_\nu}\, e^{j\alpha_1(a_{x_\nu}\sin\vartheta\cos\zeta + a_{z_\nu}\cos\vartheta)}\,.$$

$$(365)$$

Das Problem sei nun auf den praktisch häufigsten Fall beschränkt, daß die Dipole gleichphasig oder gegenphasig erregt sind; β_ν wird Null gesetzt, die Werte $\hat{I}_\nu$ können positiv oder negativ sein. Um die Größe der Strahlungsleistung zu bestimmen, ist das Quadrat des Betrages der elektrischen Feldstärke zu ermitteln:

$$\hat{E}_\vartheta^2 = \frac{Z_1^2}{(2\pi v)^2}\, \frac{\cos^2\left(\dfrac{\pi}{2}\cos\vartheta\right)}{\sin^2\vartheta} \left[\left\{\sum_{\nu=1}^{n} \hat{I}_\nu \cos[\alpha_1(a_{x_\nu}\sin\vartheta\cos\zeta + a_{z_\nu}\cos\vartheta)]\right\}^2 \right.$$
$$\left. + \left\{\sum_{\nu=1}^{n} \hat{I}_\nu \sin[\alpha_1(a_{x_\nu}\sin\vartheta\cos\zeta + a_{z_\nu}\cos\vartheta)]\right\}^2 \right]\,.$$

Die bei der Ausrechnung der Quadrate unter den beiden Summenzeichen sich ergebenden Produkte sind von der Form:

$$\hat{I}_\mu \hat{I}_\nu \{\cos[\alpha_1(a_{x_\mu}\sin\vartheta\cos\zeta + a_{z_\mu}\cos\vartheta)]\cos[\alpha_1(a_{x_\nu}\sin\vartheta\cos\zeta + a_{z_\nu}\cos\vartheta)]$$
$$+ \sin[\alpha_1(a_{x_\mu}\sin\vartheta\cos\zeta + a_{z_\mu}\cos\vartheta)]\sin[\alpha_1(a_{x_\nu}\sin\vartheta\cos\zeta + a_{z_\nu}\cos\vartheta)]\}.$$

Somit ergibt sich für die Strahlungsleistung [vgl. Gl. (344) auf S. 385]:

$$N_S = \sum_{\mu=1}^{n}\sum_{\nu=1}^{n}\frac{\hat{I}_\mu \hat{I}_\nu}{2}\frac{Z_1}{8\pi^2}\int_{\zeta=0}^{2\pi}\int_{\vartheta=0}^{\pi}\frac{1+\cos(\pi\cos\vartheta)}{\sin\vartheta}$$
$$\times \cos[\alpha_1\{(a_{x_\mu}-a_{x_\nu})\sin\vartheta\cos\zeta + (a_{z_\mu}-a_{z_\nu})\cos\vartheta\}]\,d\zeta\,d\vartheta.$$

Durch Vergleich mit der Gl. (363b) auf S. 411 erkennt man, daß das Integral den bereits berechneten Gegenstrahlungswiderstand $R_{\mu\nu}$ zwischen den beiden Dipolen μ und ν darstellt und daß man die Strahlungsleistung in der folgenden Form schreiben kann:

$$N_S = \sum_{\mu=1}^{n}\sum_{\nu=1}^{n}\frac{\hat{I}_\mu \hat{I}_\nu}{2}R_{\mu\nu}.$$

Die Summation ist auch über die Fälle $\mu = \nu$ zu erstrecken; dann ist der Gegenstrahlungswiderstand $R_{\mu\nu} = R_{\nu\mu} = R_{II}$ gleich dem Eigenstrahlungswiderstand eines $\lambda/2$-Dipols [vgl. Gl. (349) auf S. 392). Die gesamte Strahlungsleistung muß von allen Dipolen gemeinsam aufgebracht werden. Man denkt sich jeden Dipol in seinem Strombauch (Strom $\hat{I}_\mu$) durch einen — in seiner Größe vorerst noch unbekannten — Strahlungswiderstand R_{S_μ} belastet; die Summe der Strahlungsleistungen aller einzelnen Dipole $\left(\frac{\hat{I}_\mu^2}{2}R_{S_\mu}\right)$ muß dann die gesamte, bereits errechnete Strahlungsleistung ergeben:

$$N_S = \sum_{\mu=1}^{n}\frac{\hat{I}_\mu^2}{2}R_{S_\mu} = \sum_{\mu=1}^{n}\frac{\hat{I}_\mu}{2}\sum_{\nu=1}^{n}\hat{I}_\nu R_{\mu\nu}.$$

Da die Summen auf den beiden Seiten dieser Gleichung bei beliebiger Wahl der Ströme gleich sein müssen, müssen die einzelnen Summenglieder einander gleich sein, also:

$$\frac{\hat{I}_\mu^2}{2}R_{S_\mu} = \frac{\hat{I}_\mu}{2}\sum_{\nu=1}^{n}\hat{I}_\nu R_{\mu\nu}.$$

Somit ergibt sich der Strahlungswiderstand eines einzelnen Dipols μ:

$$R_{S_\mu} = \sum_{\nu=1}^{n}\frac{\hat{I}_\nu}{\hat{I}_\mu}R_{\mu\nu}. \tag{366}$$

So gilt beispielsweise für den Dipol I:

$$R_{S_1} = R_{11} + \frac{\hat{I}_2}{\hat{I}_1}R_{12} + \frac{\hat{I}_3}{\hat{I}_1}R_{13} + \frac{\hat{I}_4}{\hat{I}_1}R_{14} + \cdots$$

Der Gesamtstrahlungswiderstand eines Dipols der Gruppe setzt sich demnach zusammen aus dem Eigenstrahlungswiderstand und der Summe der Gegenstrahlungswiderstände zwischen dem betrachteten Dipol und allen anderen Dipolen, multipliziert mit dem Verhältnis der Ströme; beim Einsetzen der Ströme ist insbesondere auf das Vorzeichen zu achten, durch das die Gleich- oder Gegenphasigkeit der Erregung der Dipole ausgedrückt wird.

Strahlungskennlinien und Strahlungswiderstände sollen anschließend für einige Kombinationen von $\lambda/2$-Dipolen eingehender berechnet werden.

γ) Der Oberwellendipol.

Der Oberwellendipol ist ein glatter Draht, der ein ganzzahliges Vielfaches einer Halbwellenlänge lang ist. Wird dieser Strahler von einem Sender her zu Schwingungen angeregt, so bildet sich über seine Länge ein stehender Wellenzug aus, wobei sich an den freien Enden Stromknoten befinden. Abb. 166 zeigt Beispiele für Strahler von zwei, drei und vier Halbwellenlängen; die Stromverteilung ist in dem Strahlerschema neben den Strahlungskennlinien angedeutet.

Für die Berechnung der Strahlungsdiagramme ist der Oberwellendipol aufzufassen als eine Zeile von unmittelbar hintereinanderstehenden, abwechselnd erregten einzelnen $\lambda/2$-Dipolen. Somit gilt die Gl. (362) auf S. 409 zusammen mit (348) auf S. 391, wenn man $d_z = \lambda_1/2$ setzt und die Teile des Gruppenfaktors fortläßt, die eine Summation über x enthalten:

$$\hat{E}_\vartheta = \frac{\hat{I}_{max} Z_1}{2\pi r} \left| \frac{\begin{Bmatrix} \sin \\ \cos \end{Bmatrix} \left(\dfrac{\pi}{2} n_z \cos\vartheta\right)}{\sin\vartheta} \right| \qquad \begin{Bmatrix} n_z \text{ gerade} \\ n_z \text{ ungerade} \end{Bmatrix} . \tag{367}$$

Die nach dieser Gleichung berechneten Strahlungsdiagramme sind für die drei Sonderfälle in Abb. 166 dargestellt; es sind nur die Vertikaldiagramme gezeichnet; die Horizontaldiagramme sind in sämtlichen Fällen zum Nullpunkt konzentrische Kreise. Wesentlich für alle drei Diagramme ist, daß es Richtungen ϑ gibt, in denen die Feldstärke Null wird, in denen also keine Energie ausgestrahlt wird; je größer die Zahl der Halbwellen auf dem Dipol wird, um so größer ist auch die Zahl der Nullstellen. Nach der Gl. (367) erklärt sich dieses Verhalten folgendermaßen: Wenn der Winkel ϑ von 0 bis 90° läuft, so läuft $\cos\vartheta$ von 1 bis 0, und die Größe $\dfrac{\pi}{2} n_z \cos\vartheta$ läuft von $\dfrac{\pi}{2} n_z$ bis 0; je größer nun n_z ist, einen um so größeren Bereich durchläuft die Größe $\pi/2\, n_z \cos\vartheta$, und um so mehr Null- und Maximalstellen hat die Funktion $\begin{Bmatrix} \sin \\ \cos \end{Bmatrix} \left(\dfrac{\pi}{2} n_z \cos\vartheta\right)$. Ist n_z gerade, so wird in der Hauptrichtung ($\vartheta = 90°$) keine Energie ausgestrahlt. Die großen Maxima liegen in allen Fällen seitlich, d. h. dicht an $\vartheta = 0°$ und $\vartheta = 180°$.

Die Strahlungswiderstände für die einzelnen $\lambda/2$-Stücke sind in Abb. 166 dem Strahlerschema beigeschrieben. Man kann sich also die Strahlungsbelastung so vorstellen, als ob in jeden Strombauch ein Ohmscher Widerstand von der beigeschriebenen Größe geschaltet ist. Man kann sich jedoch auch die Summe aller Strahlungswiderstände, die als Gesamtstrahlungswiderstand R_S bezeichnet werden soll, in einem einzigen Strombauch vereinigt denken; auch die Größe R_S ist in Abb. 166 unter den einzelnen Strahlerschemata angegeben. Man erkennt ganz allgemein aus den angegebenen Zahlenwerten, daß die Strahlungs-

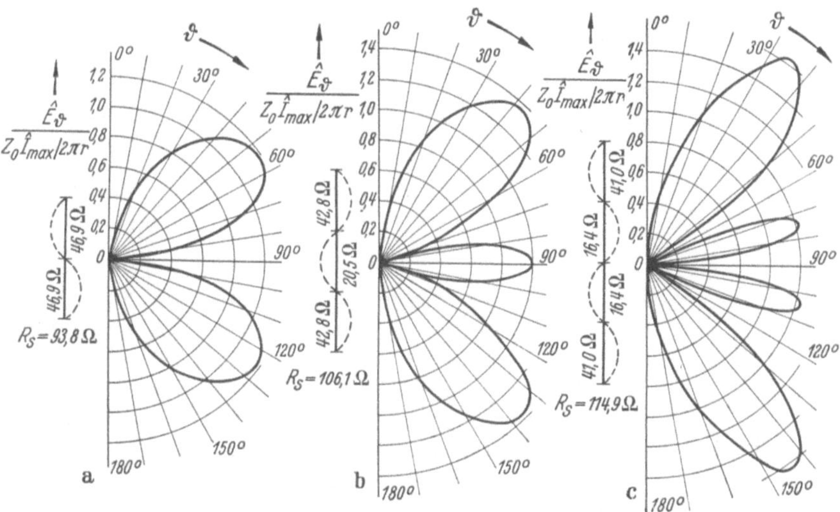

Abb. 166 a—c. Strahlungskennlinien des Oberwellendipols: *a* mit zwei Halbwellen, *b* mit drei Halbwellen, *c* mit vier Halbwellen.

widerstände der $\lambda/2$-Stücke kleiner sind als bei einem allein im Raume befindlichen $\lambda/2$-Stück, dessen Strahlungswiderstand 73,3 Ohm beträgt.

Die in der Abb. 166 eingetragenen Strahlungswiderstände sind nach Gl. (366) auf S. 415 und der Tabelle auf S. 414 errechnet. Um den Rechnungsgang zu erläutern, sollen für den Fall $n_z = 3$ die Strahlungswiderstände errechnet werden. Es ergibt sich für den ersten und den dritten Dipol:

$$R_{S_1} = R_{11} + \frac{I_2}{I_1} R_{12} + \frac{I_3}{I_1} R_{13} \quad \text{und} \quad R_{S_3} = R_{33} + \frac{I_2}{I_3} R_{23} + \frac{I_1}{I_3} R_{13}.$$

Die Ströme sind gleich groß, I_1 und I_3 sind gleichphasig, I_2 hat entgegengesetzte Phase, also:

$$R_{S_1} = R_{11} - R_{12} + R_{13} \quad \text{und} \quad R_{S_3} = R_{33} - R_{23} + R_{13} = R_{11} - R_{12} + R_{13} = R_{S_1}.$$

Nun folgt nach der Tabelle auf S. 414: für $a_x = 0$ und für $a_z = 0$: $R_{11} = 73,3 \ \Omega$, für $a_z = \lambda_1/2$: $R_{12} = R_{23} = 26,4 \ \Omega$ und für $a_z = \lambda_1$:

$R_{13} = -4,1\ \Omega$; durch Zusammenzählen ergibt sich: $R_{S_1} = R_{S_3} = 42,8\ \Omega$. Beim mittleren Dipol ist der Strahlungswiderstand: $R_{S_2} = R_{22} - R_{12} - R_{13}$. Nach der Tabelle ist für $a_z = 0$: $R_{22} = 73,3\ \Omega$, für $a_z = \lambda_1/2$: $R_{12} = R_{13} = 26,4\ \Omega$, also ist $R_{S_2} = 20,5\ \Omega$. Der Gesamtstrahlungswiderstand des Oberwellendipols ist bei $n_z = 3$: $R_S = R_{S_1} + R_{S_2} + R_{S_3} = 106,1\ \Omega$.

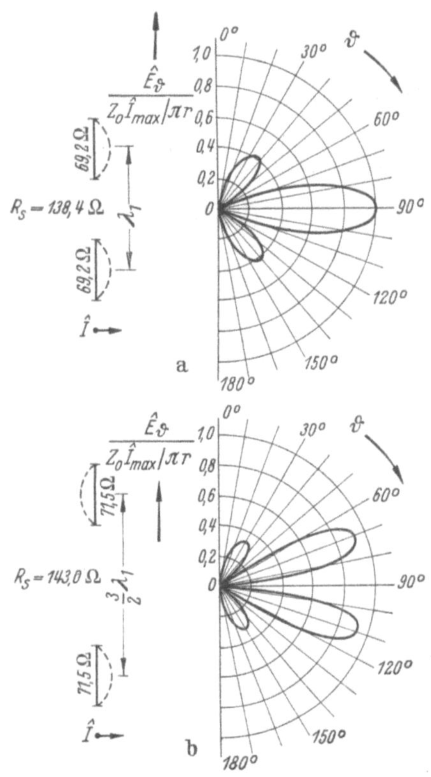

Abb. 167. Strahlungskennlinien von Oberwellendipolen mit Mittenabschirmung: *a* eine Halbwelle abgeschirmt, *b* zwei Halbwellen abgeschirmt.

δ) Der Oberwellendipol mit Mittenabschirmung.

Der Oberwellendipol mit Mittenabschirmung ist wie der Oberwellendipol gewöhnlicher Art ein Draht, der eine ganze Zahl von Halbwellenlängen groß ist, bei dem aber der mittlere Teil abgeschirmt ist und nur zwei freie Halbwellenenden an beiden Seiten herausragen. Die Strahlung des mittleren Teiles ist durch die Abschirmung unterdrückt, nur die beiden Halbwellenenden strahlen. Die Anordnung ist äquivalent einer Anordnung von zwei $\lambda/2$-Dipolen, die ein ganzzahliges Vielfaches einer Halbwellenlänge voneinander entfernt sind und durch besondere Speiseleitungen vom Sender her gespeist werden. Zwei Beispiele sind in Abb. 167 dargestellt.

Zur Berechnung der Strahlungscharakteristik benutzt man die Gl. (361) und (362) auf S. 409. Die Zahl der strahlenden Dipole ist hier $n_z = 2$. Bezeichnet man die Zahl der insgesamt auf dem Dipol befindlichen Halbwellen (einschließlich der abgeschirmten) mit n, so ist der Fußpunktabstand der beiden strahlenden Dipole

$$d_z = (n-1)\lambda_1/2.$$

Ist n eine ungerade Zahl, so strahlen die beiden Enden gleichphasig, man verwendet die Gl. (361), wobei man $n_x = 1$ setzen muß:

$$\hat{E}_\vartheta = \frac{\hat{I}_{max} Z_1}{2\pi r} \frac{\cos\left[\dfrac{\pi}{2}\cos\vartheta\right]}{\sin\vartheta} \frac{\sin\left[\pi(n-1)\cos\vartheta\right]}{\sin\left[\dfrac{\pi}{2}(n-1)\cos\vartheta\right]}.$$

Ist n ungerade, so ist wegen der Gegenphasigkeit der strahlenden Halbwellenenden die Gl. (362) anzuwenden ($n_x = 1$):

$$\hat{E}_\vartheta = \frac{\hat{I}_{\max} Z_1}{2\pi r} \frac{\cos\left[\dfrac{\pi}{2}\cos\vartheta\right]}{\sin\vartheta} \frac{\sin\left[\pi\,(n-1)\cos\vartheta\right]}{\cos\left[\dfrac{\pi}{2}\,(n-1)\cos\vartheta\right]} .$$

Zusammenfassend kann man die Strahlungscharakteristik nach einfacher Umformung schreiben:

$$\hat{E} = \frac{\hat{I}_{\max} Z_1}{\pi r} \frac{\cos\left(\dfrac{\pi}{2}\cos\vartheta\right)}{\sin\vartheta} \left\{\begin{matrix}\sin\\\cos\end{matrix}\right\} \left[\frac{\pi}{2}\,(n-1)\cos\vartheta\right] \left\{\begin{matrix}n\text{ gerade}\\n\text{ ungerade}\end{matrix}\right\} . \tag{368}$$

Für gerades n ist die Sinusfunktion, für ungerades n die Kosinusfunktion anzuwenden.

In Abb. 167 sind die Fälle $n = 3$ und $n = 4$ dargestellt. Je größer man n wählt, um so mehr Nullstellen hat die Strahlungskennlinie. Ist n gerade, so wird in der Richtung $\vartheta = 90°$ keine Energie ausgestrahlt; oberhalb und unterhalb $90°$ liegen dann die größten Maxima. Ist n ungerade, so liegt das größte Maximum bei $\vartheta = 90°$. Die Strahlungswiderstände sind wiederum nach Gl. (366) errechnet und den Dipolen beigeschrieben. Die Strahlungswiderstände sind niedriger als derjenige für einen frei im Raum befindlichen $\lambda/2$-Dipol. Je weiter die beiden Halbwellenenden auseinandergerückt werden, um so mehr nähert sich ihr Strahlungswiderstand dem des allein im Raum befindlichen Dipols.

ε) Die Dipolzeile.

Die Dipolzeile besteht aus einer größeren Anzahl von $\lambda/2$-Dipolen, die in einer Achse dicht hintereinander angeordnet sind und sämtlich gleichphasig erregt werden. Die einzelnen Dipole können hier nicht wie beim Oberwellendipol aus einem glatten Draht bestehen, sondern ihre Enden müssen gegeneinander isoliert werden, und die Speisung vom Sender muß über besondere Umwegleitungen erfolgen. Zur Berechnung des Strahlungsdiagrammes ist Gl. (361) auf S. 409 zusammen mit Gl. (348) auf S. 391 zu verwenden, n_x ist gleich Eins und $d_z = \lambda_1/2$ zu setzen:

$$\hat{E}_\vartheta = \frac{\hat{I}_{\max} Z_1}{2\pi r} \frac{\cos\left(\dfrac{\pi}{2}\cos\vartheta\right)}{\sin\vartheta} \frac{\sin\left(\dfrac{\pi}{2}\,n_z\cos\vartheta\right)}{\sin\left(\dfrac{\pi}{2}\cos\vartheta\right)} . \tag{369a}$$

Die größte Feldstärke wird in der Hauptrichtung $\vartheta = 90°$ ausgestrahlt; ihre Größe ist:

$$\hat{E}_{\max} = \frac{\hat{I}_{\max} Z_1}{2\pi r}\,n_z . \tag{369b}$$

Die Maximalfeldstärke wächst also mit der Anzahl der vorhandenen Dipole (selbstverständlich wächst dabei auch der Strahlungswiderstand der gesamten Anordnung, d. h. die Belastung des Senders).

Für die Fälle $n_z = 2$ und $n_z = 4$ sind die Strahlungskennlinien und die Strahlungswiderstände in Abb. 168 angegeben. Der Gesamtstrahlungswiderstand R_S ist die Summe der einzelnen Strahlungswiderstände; er ist ein Maß für die Belastung des Senders. Je größer man die Zahl der Dipole macht, um so schärfer wird die Bündelung beim Hauptmaximum und um so mehr Nebenmaxima entstehen. Bei $n_z = 2$ sind noch keine Nebenmaxima vorhanden, bei $n_z = 4$ erkennt man zwei Nebenmaxima. In diesem letzten Fall bilden sich Nullstellen, wenn

$$\sin\left(\frac{\pi}{2}\, n_z \cos\vartheta\right) = \sin\left(2\pi \cos\vartheta\right) \text{ Null}$$

wird; dies ist der Fall, wenn $\cos\vartheta = \frac{1}{2}$ wird, also bei $\vartheta = 60°$. Die Strahlungswiderstände der einzelnen Dipole sind hier größer als der Strahlungswiderstand eines einzelnen, frei im Raum befindlichen $\lambda/2$-Dipols.

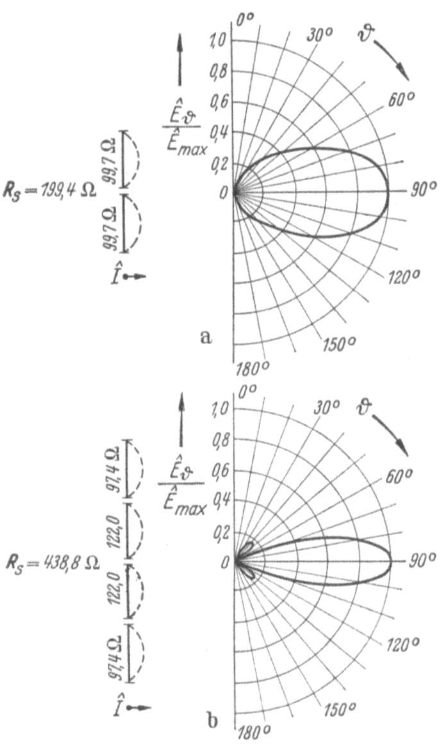

Abb. 168. Strahlungskennlinien der Dipolzeile: *a* zwei $\lambda/2$-Dipole, *b* vier $\lambda/2$-Dipole.

ζ) Die Dipolebene.

Die Dipolebene besteht aus einer größeren Anzahl von Dipolen, die in einer Ebene nebeneinander und übereinander in je $\lambda_1/2$-Abstand angeordnet sind. Sämtliche Dipole sollen gleich stark und in gleicher Phase erregt werden. Zur Berechnung des Strahlungsdiagramms ist die Gl. (361) und (348) zu verwenden, wenn man $d_z = d_x = \lambda_1/2$ setzt:

$$\hat{E}_\vartheta = \frac{\hat{I}_{\max} Z_1}{2\pi r}\; \frac{\cos\left(\dfrac{\pi}{2}\cos\vartheta\right)}{\sin\vartheta}\; \left|\frac{\sin\left(\dfrac{\pi}{2}\, n_z \cos\vartheta\right)}{\sin\left(\dfrac{\pi}{2}\cos\vartheta\right)}\right|\; \left|\frac{\sin\left(\dfrac{\pi}{2}\, n_x \sin\vartheta \cos\zeta\right)}{\sin\left(\dfrac{\pi}{2}\sin\vartheta \cos\zeta\right)}\right|. \tag{370a}$$

Die größte Feldstärke wird in der Richtung $\vartheta = 90°$ und $\zeta = 90°$ ausgestrahlt; sie beträgt:

$$\hat{E}_{\max} = \frac{\hat{I}_{\max} Z_1}{2\pi r}\, n_x\, n_z. \tag{370b}$$

In der Gl. (370a) gibt der letzte Faktor die Abhängigkeit von ζ wieder; es ist hier also auch eine Horizontalcharakteristik mit ausgesprochenen Bündelungseigenschaften vorhanden, während alle bisher behandelten Anordnungen als Horizontalcharakteristik einen Kreis besaßen.

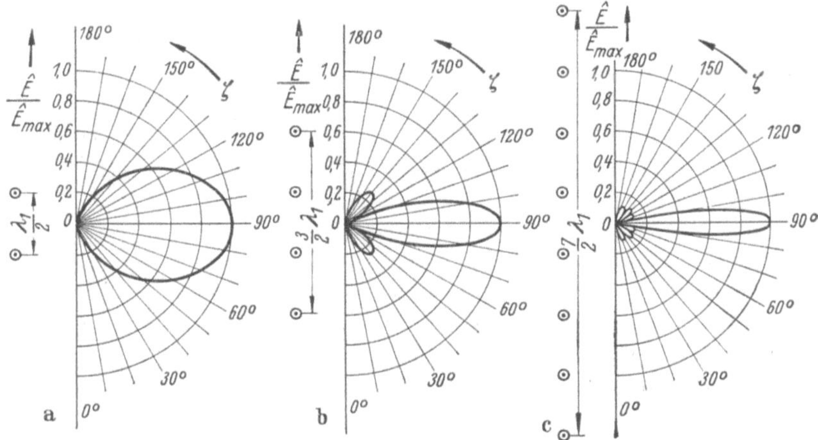

Abb. 169 a—c. Strahlungskennlinien von Dipolgruppen: *a* zwei Dipole im Abstand $\lambda_1/2$, *b* vier Dipole im Abstand $\lambda_1/2$, *c* acht Dipole im Abstand $\lambda_1/2$.

Setzt man $\vartheta = 90°$, so kann man die Horizontalcharakteristik darstellen. Dies ist in Abb. 169 für die Fälle $n_x = 2$, 4 und 8 durchgeführt. Genau wie bei der Vertikalcharakteristik steigt mit zunehmender Dipolzahl die Schärfe des Hauptmaximums und die Anzahl der Nebenmaxima, wobei ihre Größe abnimmt. Grundsätzlich ist die Bündelung im Horizontaldiagramm etwas weniger scharf als im Vertikaldiagramm der Dipolzeile mit gleicher Dipolzahl, weil die Vorbündelung durch die Charakteristik des Einzeldipols (ausgedrückt durch

das Glied $\dfrac{\cos\left(\dfrac{\pi}{2}\cos\vartheta\right)}{\sin\vartheta}$) fehlt.

Als Beispiel für eine vollständige Dipolebene ist in Abb. 170 eine Anordnung von vier mal vier Strahlern dargestellt. Sämtliche Strahlungswiderstände der einzelnen Dipole sind angegeben. Die Berechnung der Strahlungswiderstände ist wieder nach der Gl. (366) auf S. 415 und der Tabelle auf

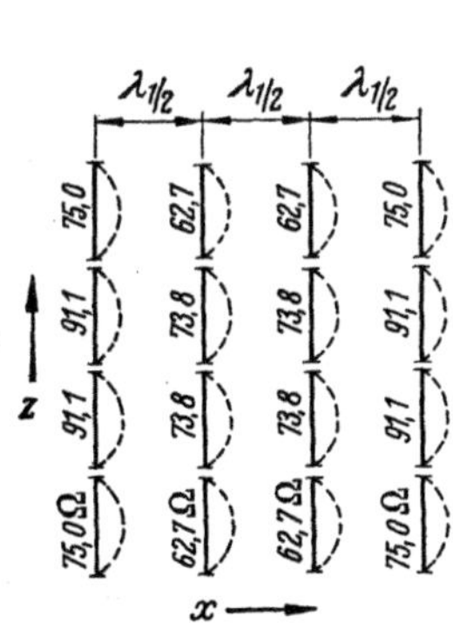

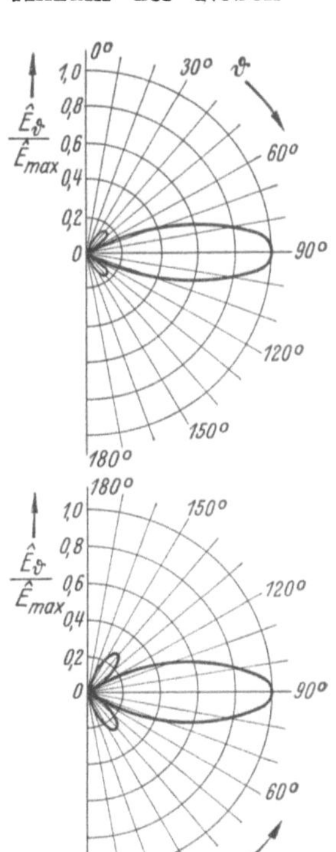

Abb. 170. Strahlungskennlinien einer Dipolebene, bestehend aus 16 gleichphasig erregten $\lambda/2$-Dipolen.

S. 414 durchzuführen. Das Vertikaldiagramm entspricht der Abb. 168b, das Horizontaldiagramm der Abb. 169b. Aus der Nebeneinanderstellung ist die schärfere Bündelung des Vertikaldiagramms deutlich zu erkennen. Die Speisung der einzelnen Dipole erfolgt über besondere Doppelleitungen, die mittels symmetrischer Verzweigungen vom Sender zu den Strombäuchen der einzelnen Dipole führen (sog. Tannenbaumantenne). Die Horizontalcharakteristik ist nur zwischen $\zeta = 0$ bis $180°$ gezeichnet; für $\zeta = 180$ bis $360°$ verläuft die Charakteristik entsprechend spiegelbildlich; in der rückwärtigen Richtung liegt also bei $\zeta = 270°$ ein gleich großes Hauptmaximum.

Baut man eine Antennenform, bei der die Dipolabstände nicht $\lambda_1/2$, sondern λ_1 betragen, so ergeben sich Hauptmaxima in den Richtungen $\zeta = 0$ und $180°$, wie sich durch eine entsprechend durchzuführende Rechnung leicht zeigen läßt.

η) Der Reflektordipol.

Unter den vielen Möglichkeiten, eine Anzahl von Dipolen zu Gruppenstrahlern anzuordnen, soll hier nur noch eine für die praktische Anwendung recht wichtige Anordnung herausgegriffen werden, nämlich der Reflektordipol. Er ist ein $\lambda/2$-Dipol, der neben dem eigentlichen Senderdipol in $\lambda_1/4$ Abstand aufgestellt wird und so erregt wird, daß der in ihm fließende Strom gegen den Strom im Senderdipol eine Phasenverschiebung von $90°$ hat. Dieser Dipol braucht nicht vom Sender her gespeist zu werden, sondern kann durch „Strahlungskopplung" vom Senderdipol her zum Mitschwingen erregt werden, zu welchem Zwecke er durch besondere Abstimmittel abgestimmt werden muß. Auf diese Kopplungsverhältnisse soll hier nicht näher eingegangen werden, sondern es soll nur der Einfluß dieses Dipols auf die Strahlungscharakteristik untersucht werden; es wird sich zeigen, daß er die Strahlung in einer Richtung unterdrückt und in der anderen verstärkt, weshalb die Anordnung auch den Namen Reflektordipol erhalten hat.

Die grundsätzliche Anordnung ist in Abb. 171 dargestellt; in der Horizontalebene stehen zwei Dipole in $\lambda_1/4$ Abstand nebeneinander; der eine ist der vom Sender gespeiste Dipol, der andere ist der Reflektordipol, der einen gleich großen, in der Phase um $90°$ voreilenden Strom führen soll. Zur Berechnung der elektrischen Feldstärke im Fernfeld verwendet man die Gl. (365) auf S. 414; die Summe besteht in

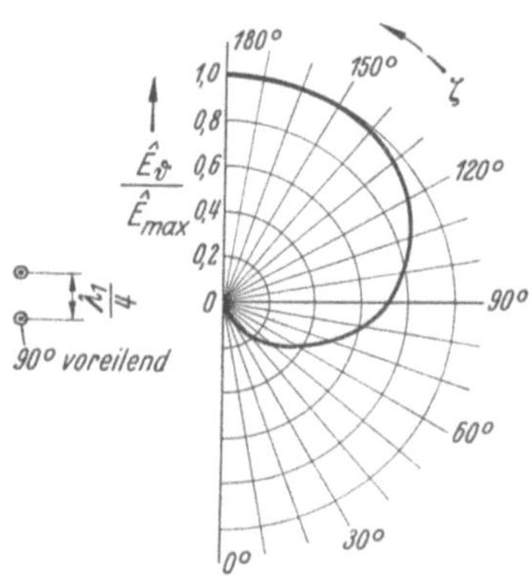

Abb. 171. Strahlungskennlinien für zwei im Abstand $\lambda_1/4$ aufgestellte Dipole, deren Erregerströme um $90°$ phasenverschoben sind.

diesem Falle nur aus zwei Gliedern; es ist $I_1 = I_2 = I_{\max}$, $a_{z_1} = a_{z_2} = 0$, $a_{x_1} = 0$, $a_{x_2} = \lambda_1/4$, und die Phasenwinkel sind $\beta_1 = 0$ und $\beta_2 = \pi/2$. Dann erhält man:

$$\mathfrak{E}_\vartheta = j\,\frac{Z_1\,e^{-j\alpha_1 r}}{2\,\pi\,r}\,\frac{\cos\left(\dfrac{\pi}{2}\cos\vartheta\right)}{\sin\vartheta}\,e^{j\frac{\pi}{2}\cos\vartheta}\,\mathfrak{I}_{\max}\left[1 + e^{j\left(\frac{\pi}{2} + \frac{\pi}{2}\sin\vartheta\cos\zeta\right)}\right].$$

Für den Betrag der Feldstärke folgt dann:

$$\hat{E}_\vartheta = \frac{I_{\max} Z_1}{\pi\,r}\,\frac{\cos\left(\dfrac{\pi}{2}\cos\vartheta\right)}{\sin\vartheta}\,\cos\left\{\frac{\pi}{4}\,(1 + \sin\vartheta\cos\zeta)\right\}. \tag{371a}$$

Der Höchstwert der Feldstärke liegt bei $\vartheta = 90°$ und $\zeta = 180°$ und beträgt:

$$\hat{E}_{\max} = \frac{I_{\max} Z_1}{\pi\,r} . \tag{371b}$$

Der Reflektordipol erhöht also die Feldstärke in der einen Richtung auf das Doppelte gegenüber dem einfachen $\lambda/2$-Dipol [vgl. Gl. (348) auf S. 391]. Die Horizontalcharakteristik ist in Abb. 171 dargestellt. In der Richtung $\zeta = 0$ ist die Feldstärke Null, in der Richtung $\zeta = 180°$ hat sie ihr Maximum. Dieses Verhalten des Reflektordipols ist auch anschaulich ohne weiteres verständlich: in der Richtung $\zeta = 180°$ addieren sich die durch die beiden Dipole erzeugten Feldstärken, denn die vom Reflektordipol ausgehende Wellenfront hat einen um $\lambda_1/4$ längeren Laufweg, dafür eilt aber die Erregung in der Phase um $90°$ vor. In der Richtung $\zeta = 0$ dagegen heben sich die beiden Feldstärken gegenseitig auf; hier hat die vom Senderdipol ausgehende Wellenfront einen um $\lambda_1/4$ längeren Laufweg und eilt außerdem in der Phase um eine Viertelperiode nach, so daß die Feldstärke gegen die des Reflektordipols um $180°$ phasenverschoben ist.

Der Strahlungswiderstand eines mit Reflektordipol ausgerüsteten Senderdipols soll hier nicht abgeleitet werden; der Rechnungsgang ist hier in ähnlicher Weise wie auf S. 413ff. durchzuführen. Bei den Anordnungen der Dipolebene versieht man zweckmäßigerweise jeden einzelnen Dipol mit einem Reflektordipol, um die Strahlung in der einen Richtung zu unterdrücken und in der anderen Richtung in ihrer Intensität zu steigern.

Es ist auch möglich, vor dem eigentlichen Senderdipol in $\lambda_1/4$ Abstand einen strahlungsgekoppelten Dipol aufzustellen und diesen so abzustimmen, daß er in der Phase um $90°$ voreilt. Dann entsteht eine Anordnung, die der des Reflektordipols in ihrer Wirkung gleichkommt: die Rückwärtsstrahlung wird unterdrückt, die Vorwärtsstrahlung gefördert. Den zusätzlichen strahlungserregten Dipol bezeichnet man als Leitdipol.

ϑ) Die Reflexion der Strahlung an einer großen leitenden Fläche.

Bei den sehr kleinen Strahlerabmessungen in der Höchstfrequenztechnik ist es möglich, zur Reflexion der Strahlung hinter den Strahlern metallische Flächen anzubringen, deren Abmessungen groß im Vergleich zum Strahler und zur Wellenlänge sind. Eine solche Ebene wirkt als Spiegel.

In Abb. 172 ist eine große metallische Fläche 0—0 angedeutet, oberhalb deren sich drei beliebig angeordnete Dipole befinden (Ströme $\hat{I}_1$ bis $\hat{I}_3$, Längen s_1 bis s_3). Die Leitfähigkeit der Ebene sei als unendlich groß angenommen. Dann dürfen die elektrischen Feldlinien nur senkrecht auf die Ebene aufsetzen, alle elektrischen Komponenten in Richtung der Ebene müssen verschwinden. Das entstehende elektrische Feld kann man dadurch errechnen, daß man die Ebene fortdenkt und an ihrer

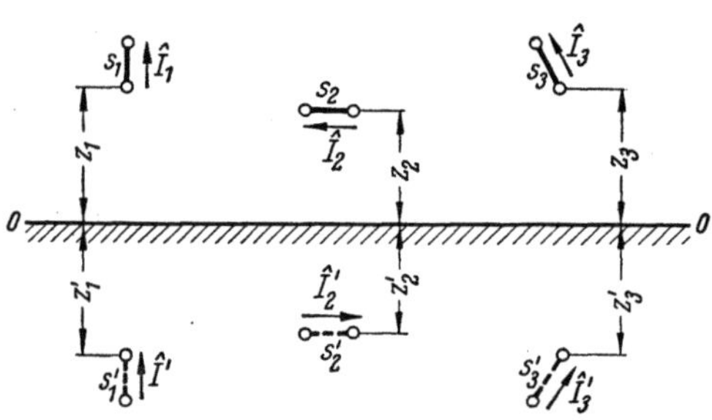

Abb. 172. Reflexion an einer großen metallischen Ebene.

Stelle drei unterhalb befindliche gespiegelte Dipole mit den Strömen $\hat{I}_1'$ bis $\hat{I}_3'$ und den Längen s_1' bis s_3' annimmt. Die Lage und die Abmessungen dieser Dipole ist genau spiegelbildlich, die Stromrichtungen sind dagegen nach erfolgter Spiegelung umzudrehen. Denn für jede Ladung muß im Spiegelbild eine gleich große Ladung entgegengesetzten Vorzeichens angenommen werden, damit in der Spiegelebene sich die elektrischen Tangentialkomponenten zu Null aufheben. Diese Art der Spiegelung ist aus Abb. 172 leicht zu erkennen.

Um die Strahlungswiderstände der einzelnen Dipole zu errechnen, muß man die Gegenstrahlungswiderstände zu den gespiegelten Dipolen unter Berücksichtigung der Stromrichtungen so in Rechnung setzen, als ob diese reell vorhanden wären. Bei dieser Berechnung ergeben sich für sämtliche wirklich vorhandenen Dipole die Strahlungswiderstände; diese Strahlungswiderstände müssen sämtlich halbiert werden, da eine Strahlungsleistung nur im Halbraum oberhalb der Metallebene abgegeben wird und sich dadurch gegenüber einer frei in den Raum abgegebenen Strahlungsleistung halbiert.

Eine Metallfläche mit endlicher Leitfähigkeit verursacht zusätzliche Verluste, die sich aus dem Strombelag in der Metalloberfläche errechnen lassen; auf die nähere Behandlung dieser Verluste soll hier verzichtet werden.

ι) **Die Strahlung der beiderseits offenen Paralleldrahtleitung.**

Bei der Paralleldrahtleitung soll der Einfachheit halber nur der Fall ins Auge gefaßt werden, daß die Leitung an beiden Seiten offen ist. Dann bilden sich auf der Leitung stehende Wellen aus, an den beiden Enden liegen Spannungsbäuche und Stromknoten. Die Leitung läßt sich als eine Kombination von mehreren $\lambda/2$-Dipolen auffassen, die alle mit der gleichen Intensität und abwechselnd entgegengesetzten Phasen schwingen. Die Strahlungs- und Gegenstrahlungswiderstände sind bereits bekannt; es braucht hier nur noch die Anwendung auf den Sonderfall durchgerechnet zu werden.

In Abb. 173 sind drei Dipole dargestellt, die aus der gesamten Doppelleitung herausgeschnitten sind; ein $\lambda_1/2$-Stück des einen Leitungsdrahtes ist als Dipol 1 bezeichnet; geht man auf der Leitung um $n-1$ Halbwellen weiter, so erreicht man im Abstand $a_z = (n-1)\,\lambda_1/2$ zwei Halbwellen auf den beiden Leitungsdrähten, die als Dipol n und n' bezeichnet sind. Die Gegenstrahlungswiderstände zwischen den Dipolen n und n' einerseits und dem Dipol 1 anderseits sollen berechnet werden; da n und n' stets mit gleicher Intensität, aber in entgegengesetzter Phase schwingen müssen, interessiert nur die Differenz $R_{1n} - R_{1n'}$ der beiden Gegenstrahlungswiderstände, wie man sich aus der Gl. (366) auf S. 415 klarmachen kann. Die allgemeine Formel für den Gegenstrahlungswiderstand (bezogen auf den Strombauch) ist durch Gl. (364) auf S. 413 gegeben. Durch Einsetzen der hier vorliegenden Werte ergeben sich einige Vereinfachungen: $\sin(\alpha_1 a_z) = 0$ und $\cos(\alpha_1 a_z) = -(-1)^n$. Also folgt:

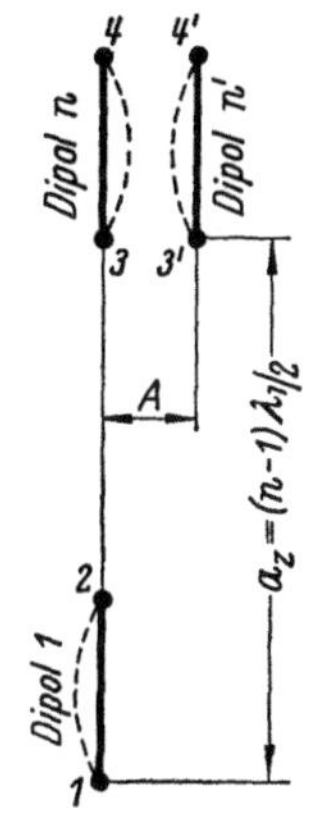

Abb. 173. Zur Ableitung der Strahlung einer offenen Paralleldrahtleitung.

$$R_{1n'} = \frac{-Z_1\,(-1)^n}{8\pi} \times$$

$$
\left[
\begin{aligned}
&2\{\mathrm{Ci}\,[\alpha_1\,(\sqrt{a_z^2 + A^2} + a_z)] + \mathrm{Ci}\,[\alpha_1\,(\sqrt{a_z^2 + A^2} - a_z)]\} \\
&-\left\{\mathrm{Ci}\left[\alpha_1\left(\sqrt{\left(a_z - \tfrac{\lambda_1}{2}\right)^2 + A^2} + a_z - \tfrac{\lambda_1}{2}\right)\right] + \mathrm{Ci}\left[\alpha_1\left(\sqrt{\left(a_z - \tfrac{\lambda_1}{2}\right)^2 + A^2} - a_z + \tfrac{\lambda_1}{2}\right)\right]\right\} \\
&-\left\{\mathrm{Ci}\left[\alpha_1\left(\sqrt{\left(a_z + \tfrac{\lambda_1}{2}\right)^2 + A^2} + a_z + \tfrac{\lambda_1}{2}\right)\right] + \mathrm{Ci}\left[\alpha_1\left(\sqrt{\left(a_z + \tfrac{\lambda_1}{2}\right)^2 + A^2} - a_z - \tfrac{\lambda_1}{2}\right)\right]\right\}
\end{aligned}
\right].
$$

Die verschiedenen Abstände zwischen den Dipolenden sind hier bereits durch a_z und A ausgedrückt. Eine Vereinfachung dieser recht undurchsichtigen Beziehung ergibt sich daraus, daß man sich auf den in der Praxis vorzugsweise interessierenden Fall beschränkt, daß der Abstand A zwischen den beiden Leitungsdrähten klein gegen die Wellenlänge λ_1 ist; dann lassen sich die Wurzeln in Näherung durch die binomische Reihe auflösen, und für die Integralkosinusfunktionen verwendet man folgende Näherungsformeln: Ist $\delta \ll x$ und $\delta \ll 1$, so gilt:

$$\mathrm{Ci}\,(x + \delta) = \mathrm{Ci}\,(x) + \frac{\delta}{x}\cos x \quad \text{und} \quad \mathrm{Ci}\,(\delta) = \ln\gamma\,\delta - \frac{\delta^2}{4}$$

[dies läßt sich leicht aus der Grundgleichung $\mathrm{Ci}\,(x) = -\int\limits_{x}^{\infty} \frac{\cos t}{t}\,\mathrm{d}t$

beweisen]. Durch Einsetzen erhält man dann Lösungen, die nur noch elementare Funktionen enthalten. Es ergibt die leicht durchzuführende, hier im einzelnen nicht wiederzugebende Rechnung:

für $n = 1$:
$$R_{11} - R_{11'} = \frac{Z_1}{4\pi}\,\frac{A^2}{\lambda_1^2}\,(2\pi^2 + 1); \tag{372a}$$

für $n = 2$:
$$R_{12} - R_{12'} = \frac{Z_1}{8\pi}\,\frac{A^2}{\lambda_1^2}\left(2\pi^2 + \frac{7}{4}\right); \tag{372b}$$

für $n > 2$:
$$R_{1n} - R_{1n'} = \frac{Z_1}{8\pi}\,(-1)^n\,\frac{A^2}{\lambda_1^2}\left[\frac{2}{(n-1)^2} - \frac{1}{(n-2)^2} - \frac{1}{n^2}\right]. \tag{372c}$$

Für den Verlustfaktor der Leitung ist nur der gesamte Strahlungswiderstand der Leitung maßgeblich. Ist nur ein Dipolpaar vorhanden, d. h. ist die Leitung nur eine Halbwelle lang, so ist der gesamte Strahlungswiderstand:

$$R_S = R_{11} + R_{1'1'} - R_{11'} - R_{1'1} = 2\,(R_{11} - R_{11'}),$$

also:
$$R_S = \frac{Z_1}{2\pi}\,\frac{A^2}{\lambda_1^2}\,(2\pi^2 + 1) = 1240\,\frac{A^2}{\lambda_1^2}\,[\Omega] \tag{373a}$$

[hierbei entstehen die negativen Vorzeichen dadurch, daß man die Phasenlagen der Ströme berücksichtigen muß, wie man aus der Gl. (366) auf S. 415 entnehmen kann]. Ist die Leitung zwei Halbwellen lang, so besteht der Strahlungswiderstand insgesamt aus folgenden Anteilen: den vier Eigenstrahlungswiderständen $R_{11'}$ der einzelnen Dipole, den vier Gegenstrahlungswiderständen R_{11} von je zwei nebeneinanderliegenden Dipolen (wegen der Gegenphasigkeit der Ströme mit negativem Vorzeichen), den vier Gegenstrahlungswiderständen R_{12} von je zwei in einer Linie liegenden Dipolen (ebenfalls mit negativem Vorzeichen) und den vier Gegenstrahlungswiderständen $R_{12'}$ von je zwei einander schräg gegenüberliegenden Dipolen (wegen der Gleichphasigkeit der Ströme mit gleichem Vorzeichen); also folgt:

$$R_S = 4\,(R_{11} - R_{11'} - R_{12} + R_{12'}),$$
$$R_S = \frac{Z_1}{2\pi}\,\frac{A^2}{\lambda_1^2}\left(2\pi^2 + \frac{1}{4}\right) = 1200\,\frac{A^2}{\lambda_1^2}\,[\Omega]\,. \tag{373b}$$

Ist die Leitung insgesamt n Halbwellen lang ($n > 2$), so ergibt die Summierung sämtlicher Gegenstrahlungswiderstände:

$$R_S = \frac{Z_1}{2\pi}\,\frac{A^2}{\lambda_1^2}\left[2\pi^2 + 3 + \frac{n}{8}\,(3n - 17)\right]. \tag{373c}$$

Aus dem Vergleich erkennt man: Eine Leitung von zwei Halbwellen Länge hat den geringsten Widerstand, bei höheren Längen steigt der Widerstand an [für große n überwiegt in Gl. (373c) das Glied $\frac{n}{8} \cdot 3n$, der Anstieg erfolgt also mit n^2].

Zum Schluß soll als Beispiel eine $\lambda_1/2$-Leitung betrachtet werden, die aus Kupferdrähten von 1 mm Radius und Luftdielektrikum besteht (die notwendige Halterung der beiden Drähte kann in der Mitte im Spannungsknoten erfolgen, wo das Vorhandensein von Isolierstoff ohne Wirkung auf die elektrischen Eigenschaften ist). Die Leitung soll 15 cm lang sein, die Resonanzwellenlänge ist also 30 cm. Der Abstand A der beiden Drähte soll vorläufig noch nicht bestimmt sein. Der durch das Metall verursachte Verlustfaktor D_2 ergibt sich nach Gl. (228b) auf S. 259 zu (Annahme: $R \ll A$):

$$D_2 = \frac{220 \cdot 10^{-5}}{\ln\left[\dfrac{A}{2R} + \sqrt{\left(\dfrac{A}{2R}\right)^2 - 1}\right]}$$

(die Größe K_D wird dabei der Abb. 107 entnommen). Aus dem auf den Strombauch bezogenen Strahlungswiderstand R_S nach Gl. (373b) kann man nach Gl. (192) auf S. 219 und (209b) auf S. 240 den Resonanzwiderstand $R_{max} = Z_l^2/R_S$ errechnen und daraus nach der Gl. (224) auf S. 257 den Verlustfaktor:

$$D_S = 6{,}6\,\frac{A^2}{\lambda_1^2}\,\frac{1}{\ln\left[\dfrac{A}{2R} + \sqrt{\left(\dfrac{A}{2R}\right)^2 - 1}\right]} \cdot$$

Der Abstand A der beiden Leitungsdrähte soll nun so bestimmt werden, daß der metallische Verlustfaktor und der Strahlungsverlustfaktor gerade einander gleich werden; aus $D_2 = D_S$ ergibt sich $A = 5{,}5$ cm. Es tritt also schon bei recht geringen Abständen ein merklicher Einfluß der Strahlung auf; bei $A = 5{,}5$ cm ist der Gesamtverlustfaktor der Leitung $D = D_2 + D_S = 2{,}64 \cdot 10^{-3}$ und der auf den Spannungsbauch zu beziehende Resonanzwiderstand [nach Gl. (224) auf S. 257 zu berechnen]: $R_{res} = \dfrac{2}{\pi}\,\dfrac{Z_2}{D} = 48{,}3$ kΩ. Die Werte liegen jedoch noch immer so günstig, daß eine derartige Anordnung als technisch brauchbar zu bezeichnen ist.

II. Die stehenden Kugelwellen.

1. Allgemeine Grundgleichungen.

Die stehenden Kugelwellen treten vorwiegend in kugelförmig gestalteten Resonatoren auf, wie sie in Abb. 174 veranschaulicht sind. Abb. 174a zeigt eine Hohlkugel, Abb. 174b eine Hohlkugel mit zwei zum Mittelpunkt eingestülpten Kegeln, für die sich die Feldstruktur ebenfalls durch Kugelwellen berechnen läßt. Die Energiezufuhr bzw.

-abfuhr zu solchen Resonatoren kann durch Koppelstifte, Koppelschleifen oder Schlitze in ähnlicher Weise erfolgen, wie es für die zylindrischen Hohlleitungen in Abb. 139 gezeigt ist; der Doppelkonusresonator nach Abb. 174b kann auch durch einen Elektronenstrahl angeregt werden, der in axialer Richtung zwischen den beiden am Ende etwas abgeplatteten Kegelspitzen übergeht.

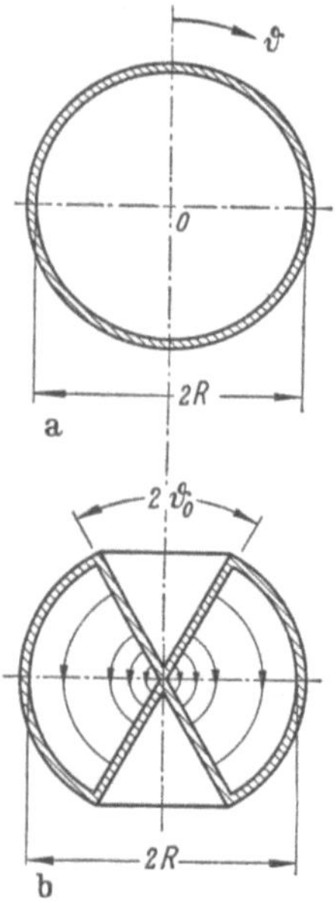

Wie bei den ebenen Wellen wird für die hier vorliegenden Kugelwellen die Schwingungsform der stehenden Wellen durch die Überlagerung von vorwärts- und rücklaufenden Wellenzügen gewonnen. Die allgemeine Lösung wird wiederum für das magnetische bzw. das elektrische Vektorpotential $\mathfrak{A}_m$ bzw. $\mathfrak{A}_e$ nach den Gl. (327) und (328) auf S. 364 angeschrieben; im vorliegenden Fall sind die nach außen und innen fortschreitenden Felder zusammenzufassen. Die einzelnen Feldkomponenten entnimmt man dann aus dem Gleichungssystem (325) auf S. 362. Bei der Addition der vorwärts- und rückwärtsschreitenden Wellenzüge müssen deren Amplituden einander gleich sein, wobei durch die Addition der Hankelschen Funktionen 1. und 2. Art sich die Besselschen und Neumannschen Funktionen ergeben. Nach den bereits auf S. 363 benutzten Formeln folgt:

Abb. 174. Kugelresonatoren: *a* Hohlkugel-, *b* Doppelkonusresonator.

$$J_n(x) = \tfrac{1}{2}[H_n^{(2)}(x) + H_n^{(1)}(x)],$$

$$N_n(x) = \frac{\mathrm{j}}{2}[H_n^{(2)}(x) - H_n^{(1)}(x)].$$

Daraus ergibt sich im vorliegenden Fall nach den Gl. (327) und (328):

für die E-Welle:

$$\mathfrak{A}_m = \mathfrak{C}_m\left[P_{n_\vartheta}^{n_\zeta}(\cos\vartheta) + \mathfrak{K}_1 Q_{n_\vartheta}^{n_\zeta}(\cos\vartheta)\right]$$
$$\times \sqrt{\alpha_1 r}\,[J_{n_\vartheta+\frac{1}{2}}(\alpha_1 r) + \mathfrak{K}_2 N_{n_\vartheta+\frac{1}{2}}(\alpha_1 r)]\cos(n_\zeta \zeta), \qquad (374_\mathrm{E})$$

für die H-Welle:

$$\mathfrak{A}_e = \mathfrak{C}_e\left[P_{n_\vartheta}^{n_\zeta}(\cos\vartheta) + \mathfrak{K}_3 Q_{n_\vartheta}^{n_\zeta}(\cos\vartheta)\right]$$
$$\times \sqrt{\alpha_1 r}\,[J_{n_\vartheta+\frac{1}{2}}(\alpha_1 r) + \mathfrak{K}_4 N_{n_\vartheta+\frac{1}{2}}(\alpha_1 r)]\cos(n_\zeta \zeta). \qquad (374_\mathrm{H})$$

Beim Zusammenfassen der Funktionen sind im vorliegenden Fall veränderte Konstanten eingeführt.

Besselsche und Neumannsche Funktionen, deren Ordnungszahl ein ungeradzahliges Vielfaches von $\tfrac{1}{2}$ ist, lassen sich ebenso wie die Hankelschen Funktionen nach Gl. (329) und (330) auf S. 364 durch elementare Funktionen darstellen. Durch Einsetzen der Hankelschen Funktionen folgt unmittelbar:

$$\sqrt{\frac{\pi}{2}\,x}\;J_{\frac{1}{2}}(x) = \sin x, \tag{375a}$$

$$\sqrt{\frac{\pi}{2}\,x}\;J_{1+\frac{1}{2}}(x) = -\cos x + \frac{\sin x}{x}, \tag{375b}$$

$$\sqrt{\frac{\pi}{2}\,x}\;J_{2+\frac{1}{2}}(x) = -\sin x - \frac{3\cos x}{x} + \frac{3\sin x}{x^2}, \tag{375c}$$

$$\sqrt{\frac{\pi}{2}\,x}\;J_{3+\frac{1}{2}}(x) = \cos x - \frac{6\sin x}{x} - \frac{15\cos x}{x^2} + \frac{15\sin x}{x^3}; \tag{375d}$$

$$\sqrt{\frac{\pi}{2}\,x}\;N_{\frac{1}{2}}(x) = \cos x, \tag{376a}$$

$$\sqrt{\frac{\pi}{2}\,x}\;N_{1+\frac{1}{2}}(x) = -\sin x - \frac{\cos x}{x}, \tag{376b}$$

$$\sqrt{\frac{\pi}{2}\,x}\;N_{2+\frac{1}{2}}(x) = -\cos x - \frac{3\sin x}{x} - \frac{3\cos x}{x^2}, \tag{376c}$$

$$\sqrt{\frac{\pi}{2}\,x}\;N_{3+\frac{1}{2}}(x) = \sin x + \frac{6\cos x}{x} + \frac{15\sin x}{x^2} - \frac{15\cos x}{x^3}. \tag{376d}$$

Sämtliche Besselschen Funktionen bleiben in Nullpunktnähe endlich, während die Neumannschen Funktionen unendliche Werte annehmen.

Die allgemeinen Gl. (374_E) und (374_H) für die stehenden Kugelwellen müssen die Randbedingungen der Kugelresonatoren erfüllen. Die Kugelfunktion 2. Art wird längs der z-Achse unendlich groß; sie kommt für die Lösung nur in Betracht, wenn sich in Richtung der z-Achse metallische Leiter befinden, wie dies beim Doppelkonusresonator nach Abb. 174b der Fall ist. Im Falle der Hohlkugel müssen die Konstanten $\mathfrak{K}_1$ und $\mathfrak{K}_3$ verschwinden. Die Neumannsche Funktion $N_{n\vartheta+\frac{1}{2}}$ wird am Nullpunkt unendlich groß. Auch sie kommt nur für die Lösung beim Doppelkonusresonator in Betracht, bei der Hohlkugel verschwinden die Konstanten $\mathfrak{K}_2$ und $\mathfrak{K}_4$ ebenfalls. Beim Doppelkonusresonator ist das Anwachsen des Feldes im Nullpunkt möglich, da bei beliebig enger Annäherung der Spitzen die zwischen ihnen herrschende Spannung endlich bleibt. — Auf der äußeren Grenzkugel müssen bei beiden Formen der Kugelresonatoren die Feldkomponenten $\mathfrak{E}_\zeta$, $\mathfrak{E}_\vartheta$ und $\mathfrak{H}_r$ verschwinden. Nach den Komponentengleichungen (325) auf S. 362 gilt für den Radius $r = R$:

$$\frac{\partial \mathfrak{A}_m}{\partial r} = 0, \qquad\qquad \mathfrak{A}_e = 0. \tag{377}$$

Hiermit sind sämtliche Randbedingungen für die Lösung der stehenden Kugelwelle bekannt. Einzelne Schwingungsformen werden bei den anschließenden Sonderfällen behandelt.

2. Die elementare Schwingungsform des Doppelkonusresonators.

Die durch $n_\vartheta = 0$ und $n_\zeta = 0$ gekennzeichnete elementare Lösung ist (in ähnlicher Weise wie bei den fortschreitenden Wellen auf S. 366) nur für den Doppelkonusresonator möglich; da die Funktion P_0^0 eine Konstante darstellt, können die Ableitungen nach den räumlichen Koordinaten entsprechend Gl. (325) auf S. 362 nicht zur Lösung beitragen; das Feld wird allein durch die Funktion Q_0^0 bestimmt. Die beim Doppelkonusresonator vorhandenen Randbedingungen besagen, daß nur die E-Welle brauchbar ist. Somit folgt nach den Gl. (374_E) auf S. 428 und (332a) auf S. 365:

$$\mathfrak{A}_m = \mathfrak{C}_m \ln\left(\operatorname{ctg} \frac{\vartheta}{2}\right) [\sin(\alpha_1 r) + \mathfrak{K}_2 \cos(\alpha_1 r)]. \tag{378}$$

Wie bei den elementaren fortschreitenden Wellen auf S. 368 ist es im vorliegenden Fall vernünftig, eine Spannung, einen Strom und einen Widerstand auf den Kegeln zu definieren. Die Integration der elektrischen Feldstärke $\mathfrak{E}_\vartheta$ muß zwischen den Winkeln ϑ_0 und $180° - \vartheta_0$ erfolgen, um die Spannung zu erhalten; für den vorliegenden Fall ist angenommen, daß der obere und der untere Kegel den gleichen Öffnungswinkel hat. Somit folgt:

$$\mathfrak{U} = \mathfrak{U}_0 [\cos(\alpha_1 r) - \mathfrak{K}_2 \sin(\alpha_1 r)],$$

$$\mathfrak{J} = \frac{\mathfrak{U}_0}{\mathrm{j} Z_l} [\sin(\alpha_1 r) + \mathfrak{K}_2 \cos(\alpha_1 r)].$$

Im Hinblick auf die Anregung des Resonators durch einen Elektronenstrahl interessiert insbesondere der Fall, daß zwischen den Kegelspitzen die maximale Spannung und kein Strom vorhanden ist. Die Bedingung $\mathfrak{J} = 0$ für $r = 0$ ergibt $\mathfrak{K}_2 = 0$, also folgt:

$$\mathfrak{U} = \mathfrak{U}_{\mathrm{max}} \cos(\alpha_1 r),$$

$$\mathfrak{J} = \frac{\mathfrak{U}_{\mathrm{max}}}{\mathrm{j} Z_l} \sin(\alpha_1 r) = \mathfrak{J}_{\mathrm{max}} \sin(\alpha_1 r).$$

[Vgl. hierzu die Gl. (201) auf S. 230 für stehende Wellen auf Doppelleitungen.] Entsprechend Gl. (335) auf S. 368 ist der Wellenwiderstand der Doppelkonusleitung:

$$Z_l = \frac{Z_1}{\pi} \ln\left(\operatorname{ctg} \frac{\vartheta_0}{2}\right),$$

und nach Gl. (336) auf S. 369 beträgt der Widerstandsbelag:

$$R' = \frac{1}{\pi \varkappa_2 t_2 r \sin \vartheta_0}.$$

Beim Radius $r = R$ muß die Spannung verschwinden, also folgt $\cos(\alpha_1 R) = 0$ oder $\alpha_1 R = \frac{2\pi R}{\lambda_1} = \frac{\pi}{2}(1 + 2n_r)$. Hieraus ergibt sich die Resonanzwellenlänge für den Doppelkonusresonator:

$$\lambda_1 = \frac{4R}{1 + 2n},$$

wobei n_r eine ganze Zahl darstellt. Für den Betriebsfall der maximalen Spannung zwischen den Kegelspitzen muß bei Resonanz der Radius R ein ungeradzahliges Vielfaches von $\lambda_1/4$ betragen.

Um den Resonanzwiderstand und den Verlustfaktor für den Doppelkonusresonator zu berechnen, verwendet man das gleiche Verfahren wie bei den Doppelleitungsresonatoren. Die äußere Grenzkugel wird vom maximalen Strom $\hat{I}_{\max}$ durchflossen; sie wird mit einer Eindringtiefe t_2 durchströmt und hat somit den elementar zu errechnenden Widerstand:

$$R_0 = \int\limits_{\vartheta=\vartheta_0}^{\pi-\vartheta_0} \frac{R\,\mathrm{d}\vartheta}{\varkappa_2 t_2\, 2\pi R \sin\vartheta} = \frac{\ln\left(\operatorname{ctg}\frac{\vartheta_0}{2}\right)}{\pi\,\varkappa_2 t_2} = \frac{Z_l}{Z_1\,\varkappa_2 t_2}.$$

Man beachte die Ähnlichkeit dieses Widerstandes mit dem Abschlußwiderstand von Doppelleitungsresonatoren [vgl. die vor Gl. (220) auf S. 253 stehende Formel]. Wie bei den Doppelleitungsresonatoren auf S. 247 wird die Verlustleistung berechnet:

$$N_{v_2} = \frac{1}{2}\int\limits_{r=0}^{R} |\mathfrak{J}|^2\, R'\, \mathrm{d}r + \hat{I}_{\max}\frac{R_0}{2} = \frac{\hat{I}_{\max}^2}{2}\left[\frac{1}{\varkappa_2 t_2 \pi \sin\vartheta_0}\int\limits_0^{R}\frac{\sin^2(\alpha_1 r)}{r}\,\mathrm{d}r + R_0\right].$$

Das Integral wird zur Lösung folgendermaßen umgeformt:

$$\int\limits_0^{R}\frac{\sin^2(\alpha_1 r)}{r}\,\mathrm{d}r = \int\limits_0^{R}\frac{\frac{1}{2}[1-\cos(2\alpha_1 r)]\,\mathrm{d}r}{r} = \frac{1}{2}\int\limits_0^{2\alpha_1 R}\frac{[1-\cos(2\alpha_1 r)]\,\mathrm{d}(2\alpha_1 r)}{2\alpha_1 r}.$$

Nach den Funktionentafeln von Jahnke-Emde S. 1ff. besteht der Zusammenhang:

$$\int\limits_0^{x}\frac{1-\cos t}{t}\,\mathrm{d}t = \ln(\gamma x) - \operatorname{Ci}(x),$$

wodurch sich das vorliegende Integral durch die Funktion des Integralkosinus lösen läßt und die endgültige Beziehung für die Verlustleistung folgende Form annimmt:

$$N_{v_2} = \frac{\hat{I}_{\max}^2}{2\varkappa_2 t_2}\left[\frac{\ln[\gamma\pi(1+2n_r)] - \operatorname{Ci}[\pi(1+2n_r)]}{2\pi\sin\vartheta_0} + \frac{Z_l}{Z_1}\right].$$

Somit ergibt sich der zwischen den Spitzen der Konen gemessene Resonanzwiderstand:

$$R_{res_2} = \frac{\hat{U}_{\max}^2}{2 N_{v_2}} = \frac{Z_l^2\,\hat{I}_{\max}^2}{2 N_{v_2}},$$

$$R_{res_2} = K_R\, \frac{\ln(\operatorname{ctg}\vartheta_0/2)}{1 + \dfrac{\ln(\gamma\pi) + \ln(1+2n_r) - \operatorname{Ci}[\pi(1+2n_r)]}{2\sin\vartheta_0 \ln(\operatorname{ctg}\vartheta_0/2)}}. \tag{379a}$$

Hierbei ist wieder die Konstante K_R nach Gl. (218) auf S. 251 und nach Abb. 106 eingeführt. Der Verlustfaktor ergibt sich mit $a_z = R$ nach Gl. (224) auf S. 257:

$$D_2 = \frac{2 Z_l v_z}{a_z \omega R_{res_2}},$$

$$D_2 = K_D \frac{2}{R} \left[1 + \frac{\ln(\gamma\pi) + \ln(1 + 2n_r) - \text{Ci}[\pi(1 + 2n_r)]}{2\sin\vartheta_0 \ln(\text{ctg}\,\vartheta_0/2)} \right]. \tag{379b}$$

Die Konstante K_D ist aus Gl. (229) auf S. 259 und aus Abb. 107 zu entnehmen.

Der Resonanzwiderstand des Doppelkonusresonators ändert sich mit dem Radius R, d. h. auch mit der Anzahl n_r der in ihm vorhandenen Wellen, verhältnismäßig wenig. Der Verlustfaktor nimmt ungefähr mit $1/R$ ab; die Verhältnisse liegen hier anders als bei Doppelleitungen, da sich der Strom mit zunehmendem Radius r auf immer größere Querschnitte ausbreitet. Den Grenzübergang $n_r \to \infty$ darf man für die vorliegenden Formeln jedoch nicht durchführen, da in diesem Fall die Näherungsberechnung für die Verluste nicht mehr gültig ist; entsprechend gilt das auch für Doppelleitungsresonatoren, wo man auch bei sehr großen Längenabmessungen auf die exakte Berechnung nach Hyperbelfunktionen entsprechend S. 242 ff. übergehen muß.

Als Beispiel für die Berechnung eines Doppelkonusresonators ist in Abb. 175 der Verlauf des Verlustfaktors D_2 und des Resonanzwiderstandes R_{res_2} in Abhängigkeit vom Öffnungswinkel der Kegel aufgetragen. Der Resonator soll in $\lambda_1/4$ schwingen, sein Außenradius ist 2,5 cm, die Betriebswellenlänge also 10 cm; das Optimum für den geringsten Verlustfaktor liegt beim Öffnungswinkel $\vartheta_0 = 34°$, das Optimum für größten Resonanzwiderstand bei $\vartheta_0 = 9°$. Wie bei den Doppelleitungsresonatoren ist die optimale Dimensionierung für geringsten Verlustfaktor und größten Resonanzwiderstand verschieden. Die Resonanzwiderstände erreichen mehrere Megohm, die Verlustfaktoren

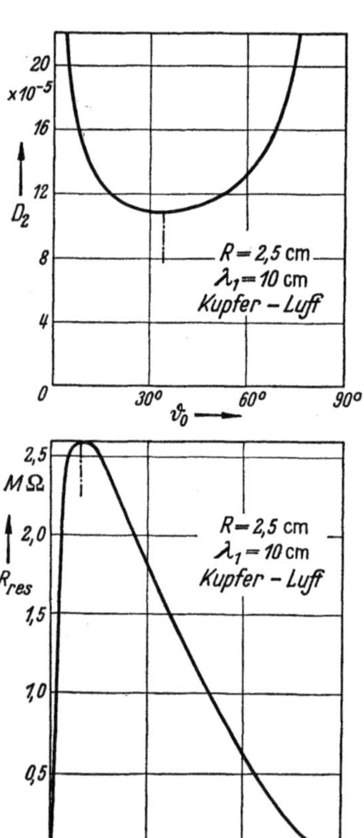

Abb. 175. Verlustfaktor D_2 und Resonanzwiderstand R_{res} für einen Doppelkonusresonator in Abhängigkeit vom Kegelöffnungswinkel ϑ_0 bei einer Wellenlänge $\lambda_1 = 10$ cm.

liegen in den gleichen Größenordnungen wie bei anderen Hohlraum-resonatoren.

3. Die einfachsten Schwingungsformen des Hohlkugelresonators.

Beim Hohlkugelresonator sind die verschieden möglichen Schwingungsformen durch die Symbole $E_{n_\vartheta n_\zeta n_r}$ und $H_{n_\vartheta n_\zeta n_r}$ gekennzeichnet. Die schon auf S. 429 dargestellten Randbedingungen ergeben, daß für die Hohlkugel nach Abb. 174a nur die Lösungsfunktionen $P_{n_\vartheta}^{n_\zeta}$ und $J_{n_\vartheta+\frac{1}{2}}$ in Frage kommen. Die Funktion P_0^0 ist entsprechend Gl. (331a) auf S. 365 konstant und daher nicht verwendbar. Die einfachsten Schwingungsformen sind durch $n_\vartheta = 1$ und $n_\zeta = 0$ gegeben. Somit folgt nach den Gl. (374) auf S. 428, (331b) auf S. 365 und (375b) auf S. 429:

für die E-Welle:
$$\mathfrak{A}_m = \mathfrak{C}_m \cos\vartheta \left[\frac{\sin(\alpha_1 r)}{\alpha_1 r} - \cos(\alpha_1 r)\right], \qquad (380\,\mathrm{a_E})$$

für die H-Welle:
$$\mathfrak{A}_e = \mathfrak{C}_e \cos\vartheta \left[\frac{\sin(\alpha_1 r)}{\alpha_1 r} - \cos(\alpha_1 r)\right]. \qquad (380\,\mathrm{a_H})$$

Der beim Einsetzen der Funktionen noch auftretende Faktor $\sqrt{2/\pi}$ konnte in diesen Gleichungen fortbleiben, da die Konstante $\mathfrak{C}$ noch nicht näher bestimmt ist. Nach Gl. (325) auf S. 362 ergeben sich dann die Komponenten:

$E_{10\,n_r}$-Welle:
$$\mathfrak{E}_\vartheta = \frac{\mathrm{j}\,Z_1\,\mathfrak{C}_m \sin\vartheta}{r}\left[\sin(\alpha_1 r)\left(1 - \frac{1}{(\alpha_1 r)^2}\right) + \frac{\cos(\alpha_1 r)}{\alpha_1 r}\right], \qquad (380\,\mathrm{b_E})$$

$$\mathfrak{E}_r = -2\,\mathrm{j}\,Z_1\,\mathfrak{C}_m \frac{1}{\alpha_1 r}\frac{\cos\vartheta}{r}\left[\frac{\sin(\alpha_1 r)}{\alpha_1 r} - \cos(\alpha_1 r)\right], \qquad (380\,\mathrm{c_E})$$

$$\mathfrak{H}_\zeta = \frac{\mathfrak{C}_m}{r}\sin\vartheta\left[\frac{\sin(\alpha_1 r)}{\alpha_1 r} - \cos(\alpha_1 r)\right], \qquad (380\,\mathrm{d_E})$$

$$\mathfrak{E}_\zeta = 0, \quad \mathfrak{H}_\vartheta = \mathfrak{H}_r = 0; \qquad (380\,\mathrm{e_E})$$

$H_{10\,n_r}$-Welle:
$$\mathfrak{H}_\vartheta = -\mathrm{j}\frac{\mathfrak{C}_e}{Z_1}\frac{\sin\vartheta}{r}\left[\sin(\alpha_1 r)\left(1 - \frac{1}{(\alpha_1 r)^2}\right) + \frac{\cos(\alpha_1 r)}{\alpha_1 r}\right], \qquad (380\,\mathrm{b_H})$$

$$\mathfrak{H}_r = 2\,\mathrm{j}\frac{\mathfrak{C}_e}{Z_1}\frac{1}{\alpha_1 r}\frac{\cos\vartheta}{r}\left[\frac{\sin(\alpha_1 r)}{\alpha_1 r} - \cos(\alpha_1 r)\right], \qquad (380\,\mathrm{c_H})$$

$$\mathfrak{E}_\zeta = \frac{\mathfrak{C}_e}{r}\sin\vartheta\left[\frac{\sin(\alpha_1 r)}{\alpha_1 r} - \cos(\alpha_1 r)\right], \qquad (380\,\mathrm{d_H})$$

$$\mathfrak{H}_\zeta = 0, \quad \mathfrak{E}_\vartheta = \mathfrak{E}_r = 0. \qquad (380\,\mathrm{e_H})$$

Die schon oben angeführten Randbedingungen verlangen bei $r = R$:

$$\mathfrak{E}_\vartheta = 0, \qquad\qquad\qquad \mathfrak{E}_\zeta = 0,$$

also:

$$\sin(\alpha_1 R)\left(1 - \frac{1}{(\alpha_1 R)^2}\right) + \frac{\cos(\alpha_1 R)}{\alpha_1 R} = 0, \qquad \frac{\sin(\alpha_1 R)}{\alpha_1 R} - \cos(\alpha_1 R) = 0.$$

Die kleinsten Lösungen dieser beiden Gleichungen sind:

$$\alpha_1 R = 2,74, \qquad\qquad \alpha_1 R = 4,49.$$

Für diese Lösungen besteht bei der E-Welle zwischen den Radien $r = 0$ und $r = R$ noch keine Halbwelle des elektromagnetischen Feldes, n_r ist in diesem Fall gleich Null zu setzen. Bei der H-Welle ist eine Halbwelle voll ausgebildet, es ist also $n_r = 1$. Somit ergeben sich die Resonanzwellenlängen:

E_{100}-Welle:
$$\lambda_1 = 2,29\,R,$$
H_{101}-Welle:
$$\lambda_1 = 1,40\,R. \tag{381}$$

Die Feldstruktur für die E_{100}- und die H_{101}-Welle ist in Abb. 176 dargestellt; es sind die Augenblicksbilder des elektrischen Feldes und des magnetischen Feldes gezeichnet, und zwar immer für den Zeitpunkt, bei dem das andere Feld gerade Null ist; denn wie bei allen Resonatoren schwingt die Energie zwischen der elektrischen und der magnetischen Form hin und her; die nebeneinanderstehenden Feldbilder sind zeitlich um eine Viertelperiode gegeneinander verschoben, wie es auch der Faktor j in den Komponentengleichungen (380) ausdrückt. Für die Äquatorialebene ($\vartheta = 90°$) ist der Verlauf des Betrages der elektrischen und der magnetischen Feldstärke in besonderen Kurven aufgetragen;

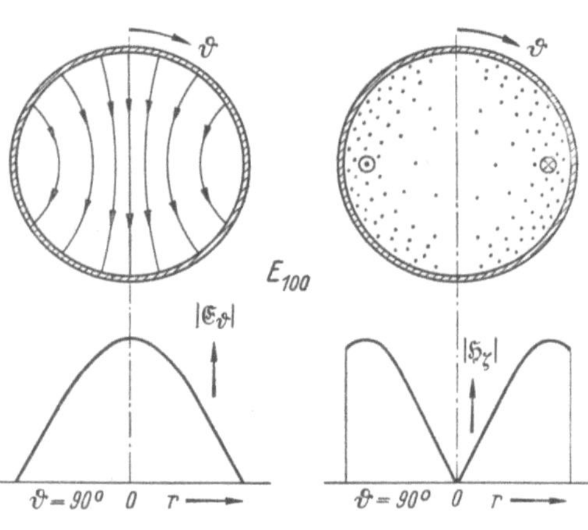

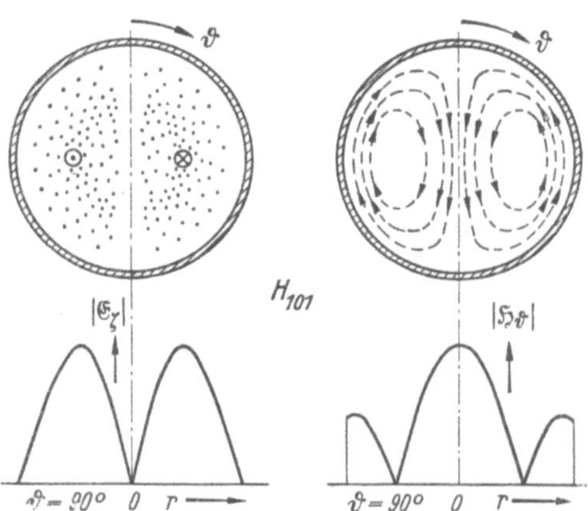

Abb. 176. Feldbilder für die Wellenarten E_{100} und H_{101} eines Hohlkugelresonators.

im übrigen ist die Darstellung die gleiche wie bei allen früheren Feldbildern.

Schließlich ist bei den beiden untersuchten Wellenarten noch die Größe des Verlustfaktors des Kugelresonators von Interesse. Für den Verlustfaktor D_1 durch das Dielektrikum gilt unverändert wie bei allen Resonatoren die Gl. (303) auf S. 346. Der Verlustfaktor D_2 durch die Metallwand errechnet sich am einfachsten mit Hilfe der Gl. (302) auf S. 344 aus dem Energieinhalt W und der durch das Metall verursachten Verlustleistung N_{v_2}. Die Berechnung, die grundsätzlich nichts Neues bietet und bei den vorliegenden Funktionen recht langwierig ist, soll hier nicht dargestellt werden; es ergibt sich:

$$E_{100}\text{-Welle:} \qquad\qquad\qquad H_{101}\text{-Welle:}$$

$$D_2 = K_D\,\frac{2{,}72}{R} = K_D\,\frac{6{,}23}{\lambda_1}, \qquad\qquad D_2 = K_D\,\frac{2}{R} = K_D\,\frac{2{,}80}{\lambda_1}. \qquad (382)$$

Bezüglich der Größe K_D ist auf die Gl. (229) auf S. 259 und auf die Abb. 107 zu verweisen.

F. Vierpoltheorie.

I. Die allgemeinen linearen Vierpole.

1. Der Begriff des Vierpols in der Höchstfrequenztechnik.

Die Vierpoltheorie hat sich in der gesamten elektrischen Nachrichtentechnik als nützlich erwiesen. Sie ermöglicht, über das äußere Verhalten von komplizierten Schaltungen gewisse Aussagen zu machen, ohne den inneren Schaltungsaufbau im einzelnen zu kennen. In der Höchstfrequenztechnik muß der Begriff des Vierpols etwas gewandelt werden, um die allgemeinen Grundlagen der Theorie ausnutzen zu können. Beim Vierpol der Höchstfrequenztechnik sind die vier Pole nicht immer unmittelbar zu erkennen. Das Wesen des Vierpols liegt darin, daß er eine Eingangsleitung und eine Ausgangsleitung besitzt. Solange diese Leitungen Doppelleitungen sind, sind die vier Pole vorhanden. Sind diese Leitungen jedoch — wie häufig in der Höchstfrequenztechnik — Hohlleitungen, so sind die Pole selbst nicht mehr zu erkennen, die Theorie behält jedoch ihre unveränderte Gültigkeit. Aus historischen Gründen soll auch für die Höchstfrequenztechnik der Name Vierpoltheorie hier beibehalten werden.

Entsprechend Abb. 177 stellt sich der Vierpol in der Höchstfrequenztechnik als ein nach außen völlig abgeschirmtes Gebilde von beliebigem Innenaufbau dar, in das zwei beliebig geformte zylindrische Hohlleitungen 1 und 2 einmünden. Im Inneren des Vierpols sollen keine Energiequellen vorhanden sein ("passiver Vierpol"); Energieverluste im

Inneren sind jedoch möglich. Der Vierpol soll vorzugsweise so betrieben werden, daß über die Leitung 1 die Energiezufuhr und über die Leitung 2 die Energieabfuhr erfolgt; entsprechend sind auch die Achsenrichtungen z_1 und z_2 für die beiden Leitungen gewählt. Die Querschnittsform der Leitungen kann ganz beliebig sein, die auf ihnen sich ausbreitenden Wellenformen ebenfalls. Jedoch soll sofort einschränkend angenommen werden, daß auf jeder Leitung sich immer nur eine einzige Wellenform mit unveränderlicher Polarisationsrichtung ausbildet. (Bei kreiszylindrischen Leitungen beispielsweise ist eine Drehung der Polarisationsrichtung um die Zylinderachse ohne weiteres denkbar.) Mehrere Wellenformen auf

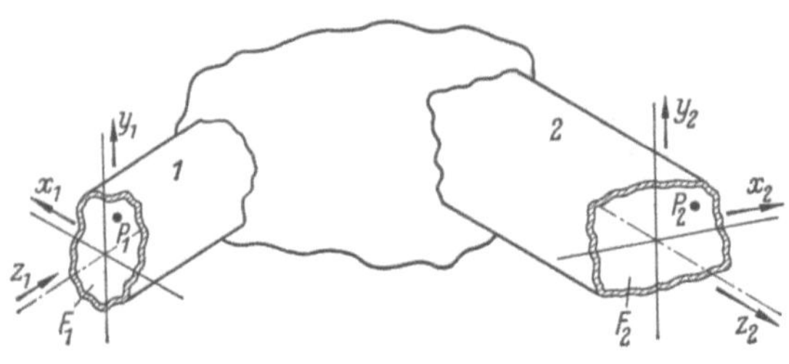

Abb. 177. Schema eines „Vierpols" mit Hohlleitungen.

der gleichen Leitung dürfen nicht auftauchen. Sie müssen unterdrückt werden, beispielsweise derart, daß man nur die Wellenform mit der größten Grenzwellenlänge benutzt und durch geeignete Dimensionierung des Leitungsquerschnittes die Wellenausbreitung anderer Wellenformen ausschließt.

Im Inneren des Vierpols können dielektrische, magnetische und leitende Werkstoffe mit beliebiger Formgebung vorhanden sein. Die durch diese Werkstoffe bestimmten Konstanten ε_1, μ_1 und $\varkappa_1$ können sich beliebig mit dem Orte ändern. Sie unterliegen aber der Beschränkung, daß sie nicht amplitudenabhängig sein dürfen (Elektronenströmungen im Inneren des Vierpols sind daher im allgemeinen ausgeschlossen). Bei amplitudenunabhängigen Werkstoffkonstanten ist der Vierpol „linear", d. h. beispielsweise, eine Vergrößerung des elektrischen Feldes zieht eine entsprechende Vergrößerung des magnetischen Feldes mit sich.

2. Die Gleichungen des linearen Vierpols.

Allgemein können die Wellen auf Hohlleitungen aus stehenden und fortschreitenden Wellen zusammengesetzt werden, wie schon auf S. 338 dargestellt wurde. Betrachtet man einen beliebigen Punkt P_1 in der Öffnungsfläche F_1 der Eingangsleitung, so herrscht hier in dieser Fläche F_1 eine transversale elektrische Feldstärke $\mathfrak{E}_{t_1}$ und eine senkrecht zu ihr stehende transversale magnetische Feldstärke $\mathfrak{H}_{t_1}$. Daß die beiden Feldstärken aufeinander senkrecht stehen müssen, war bereits oben auf S. 275 bewiesen; ihre räumliche Richtung ist je nach Wellenform und Wahl des Punktes P_1 verschieden und für die vorliegenden

Betrachtungen ohne Interesse. Das Verhältnis der elektrischen Transversalfeldstärke $\mathfrak{E}_{t_1}$ zur magnetischen Transversalfeldstärke $\mathfrak{H}_{t_1}$

$$\frac{\mathfrak{E}_{t_1}}{\mathfrak{H}_{t_1}} = \mathfrak{R}_1 \qquad (383\,\mathrm{a})$$

werde als „Feldwiderstand" bezeichnet; der Name ist gewählt, weil hier das Verhältnis von Feldstärken eingeführt ist und nicht das Verhältnis von Spannung und Strom. Wie ebenfalls schon oben bewiesen, ist dieser Feldwiderstand $\mathfrak{R}_1$ unabhängig von der Wahl des Punktes P_1 auf der Ebene F_1. Der Feldwiderstand ist über den gesamten Querschnitt konstant. Die von außen ankommende Welle ist also durch den Vierpoleingang in der Fläche F_1 mit einem Feldwiderstand $\mathfrak{R}_1$ belastet. In ähnlicher Weise wird für eine Ausgangsquerschnittsfläche F_2 angesetzt:

$$\frac{\mathfrak{E}_{t_2}}{\mathfrak{H}_{t_2}} = \mathfrak{R}_2. \qquad (383\,\mathrm{b})$$

Mit diesem Feldwiderstand $\mathfrak{R}_2$ ist der Vierpol ausgangsseitig belastet.

In den beiden Querschnittsflächen F_1 und F_2 sollen je zwei feste Punkte P_1 und P_2 gewählt und die an ihnen herrschenden Feldstärken mit $\mathfrak{E}_{t_I}$ und $\mathfrak{H}_{t_I}$ bzw. $\mathfrak{E}_{t_{II}}$ und $\mathfrak{H}_{t_{II}}$ bezeichnet werden. Zwischen diesen Feldstärken bestehen lineare Beziehungen. Denkt man sich z. B. die Querschnittsfläche F_2 durch eine magnetische Kurzschlußplatte abgeschlossen ($\mu_2 = \infty$, vgl. oben S. 386), so ist die magnetische Feldstärke $\mathfrak{H}_{t_{II}} = 0$ und nur die elektrische Feldstärke $\mathfrak{E}_{t_{II}}$ vorhanden. Verdoppelt sich aus irgendwelchen Gründen diese elektrische Feldstärke $\mathfrak{E}_{t_{II}}$, so ist dies bei unveränderter Wellenform nur möglich, wenn sich gleichzeitig auch die Feldstärken $\mathfrak{E}_{t_I}$ und $\mathfrak{H}_{t_I}$ in der Eingangsfläche F_1 verdoppeln. Es gelten also die linearen Beziehungen

$$\mathfrak{E}_{t_I} = \mathfrak{A}_{11}\,\mathfrak{E}_{t_{II}},$$
$$\mathfrak{H}_{t_I} = \mathfrak{A}_{21}\,\mathfrak{E}_{t_{II}},$$

wobei $\mathfrak{A}_{11}$ und $\mathfrak{A}_{21}$ konstante Größen darstellen. Stellt man sich in der Ausgangsfläche F_2 einen elektrischen Kurzschluß vor ($\varkappa_2 = \infty$), so besteht nur eine transversale magnetische Feldstärke $\mathfrak{H}_{t_{II}}$, und es ergibt sich die lineare Abhängigkeit:

$$\mathfrak{E}_{t_I} = \mathfrak{A}_{12}\,\mathfrak{H}_{t_{II}},$$
$$\mathfrak{H}_{t_I} = \mathfrak{A}_{22}\,\mathfrak{H}_{t_{II}}.$$

Eine beliebige Belastung in der Ausgangsfläche kann man sich als Überlagerung der beiden Grenzfälle $\mu_2 = \infty$ und $\varkappa_2 = \infty$ vorstellen, wodurch sich die allgemeinen Zusammenhänge ergeben:

$$\left.\begin{aligned}
\mathfrak{E}_{t_I} &= \mathfrak{A}_{11}\,\mathfrak{E}_{t_{II}} + \mathfrak{A}_{12}\,\mathfrak{H}_{t_{II}}, \\
\mathfrak{H}_{t_I} &= \mathfrak{A}_{21}\,\mathfrak{E}_{t_{II}} + \mathfrak{A}_{22}\,\mathfrak{H}_{t_{II}}.
\end{aligned}\right\} \qquad (384)$$

$\mathfrak{A}_{11}$, $\mathfrak{A}_{12}$, $\mathfrak{A}_{21}$ und $\mathfrak{A}_{22}$ sind vier voneinander unabhängige komplexe Konstanten, die durch den Aufbau des Vierpols, die vorhandenen

Wellenformen und die Wahl der Punkte P_1 und P_2 bedingt sind. Dividiert man die beiden Gleichungen durcheinander und führt die in Gl. (383) definierten Feldwiderstände ein, so ergibt sich der Zusammenhang:

$$\Re_1 = \frac{\mathfrak{E}_{t_I}}{\mathfrak{H}_{t_I}} = \frac{\mathfrak{A}_{11}\mathfrak{E}_{t_{II}} + \mathfrak{A}_{12}\mathfrak{H}_{t_{II}}}{\mathfrak{A}_{21}\mathfrak{E}_{t_{II}} + \mathfrak{A}_{22}\mathfrak{H}_{t_{II}}} = \frac{\mathfrak{A}_{11}\Re_2 + \mathfrak{A}_{12}}{\mathfrak{A}_{21}\Re_2 + \mathfrak{A}_{22}}.$$

Die Feldwiderstände $\Re_1$ und $\Re_2$ sind im Gegensatz zu den Feldstärken $\mathfrak{E}_{t_I}$, $\mathfrak{H}_{t_I}$, $\mathfrak{E}_{t_{II}}$ und $\mathfrak{H}_{t_{II}}$ von der speziellen Wahl der Punkte innerhalb der Querschnittsflächen unabhängig. Da man den in obiger Gleichung gefundenen Bruch durch eine der Konstanten $\mathfrak{A}$ dividieren kann, ergeben sich insgesamt drei voneinander unabhängige Konstanten, die den Zusammenhang zwischen den Feldwiderständen im Ausgang und Eingang kennzeichnen. Um die Zusammenhänge etwas übersichtlicher zu gestalten, führt man zweckmäßigerweise andere, anschließend zu definierende Konstanten ein: Ist der Ausgang durch einen unendlich großen Widerstand belastet, d. h. $\Re_2 = \infty$ (magnetische Kurzschlußscheibe, vgl. oben), so herrscht eingangsseitig der sog. Eingangsleerlaufwiderstand:

$$\Re_{1l} = \frac{\mathfrak{A}_{11}}{\mathfrak{A}_{21}}.$$

Ist der Ausgang kurzgeschlossen, d. h. $\Re_2 = 0$ (elektrische Kurzschlußscheibe), so tritt eingangsseitig der „Eingangskurzschlußwiderstand" auf:

$$\Re_{1k} = \frac{\mathfrak{A}_{12}}{\mathfrak{A}_{22}}.$$

Stellt man sich den Vierpol in umgekehrter Richtung betrieben vor, d. h. schließt man die Energiezufuhr an die Querschnittsfläche F_2 an und den Verbraucher an die Querschnittsfläche F_1, so ergeben sich folgende charakteristische Widerstände: bei leerlaufendem Eingang (d. h. $\Re_1 = \infty$) findet sich in der Fläche F_2 der „Ausgangsleerlaufwiderstand":

$$\Re_{2l} = (-\Re_2)_{\Re_1=\infty} = \frac{\mathfrak{A}_{22}}{\mathfrak{A}_{21}}$$

(wegen der umgekehrten Energierichtung ist ein Vorzeichenwechsel bei $\Re_2$ einzuführen). Findet sich in der Fläche F_1 ein Kurzschluß, so herrscht in der Fläche F_2 der „Ausgangskurzschlußwiderstand":

$$\Re_{2k} = (-\Re_2)_{\Re_1=0} = \frac{\mathfrak{A}_{12}}{\mathfrak{A}_{11}}.$$

Nur drei dieser bis jetzt definierten vier Widerstände sind voneinander unabhängig. Formt man die oben gefundene allgemeine Gleichung für den Zusammenhang zwischen $\Re_1$ und $\Re_2$ durch Einführen der Größen $\Re_{1l}$, $\Re_{2l}$ und $\Re_{1k}$ um, so erhält man:

$$\Re_1 = \frac{\Re_{1l}\Re_2 + \Re_{1k}\Re_{2l}}{\Re_2 + \Re_{2l}} \tag{385a}$$

oder:

$$\Re_1 = \Re_{1l} + \Re_{2l}\frac{\Re_{1k} - \Re_{1l}}{\Re_2 + \Re_{2l}}. \tag{385b}$$

Statt mit Feldwiderständen zu rechnen, kann man auch ihre Reziprokwerte, die „Feldleitwerte", einführen:

$$\mathfrak{G}_1 = \frac{1}{\mathfrak{R}_1}, \qquad \mathfrak{G}_2 = \frac{1}{\mathfrak{R}_2}, \qquad \mathfrak{G}_{1k} = \frac{1}{\mathfrak{R}_{1k}}, \qquad \mathfrak{G}_{1l} = \frac{1}{\mathfrak{R}_{1l}}, \qquad \mathfrak{G}_{2k} = \frac{1}{\mathfrak{R}_{2k}};$$

es ergibt sich völlig analog:

$$\mathfrak{G}_1 = \frac{\mathfrak{G}_{1k}\,\mathfrak{G}_2 + \mathfrak{G}_{1l}\,\mathfrak{G}_{2k}}{\mathfrak{G}_2 + \mathfrak{G}_{2k}}, \tag{386a}$$

$$\mathfrak{G}_1 = \mathfrak{G}_{1k} + \mathfrak{G}_{2k}\,\frac{\mathfrak{G}_{1l} - \mathfrak{G}_{1k}}{\mathfrak{G}_2 + \mathfrak{G}_{2k}}. \tag{386b}$$

Es herrscht Übereinstimmung zwischen den Gleichungen für den Widerstand und den Leitwert, wenn man die Indizes für Leerlauf und Kurzschluß gegeneinander vertauscht. Da die Einführung der Feldleitwerte keine neuen Gesichtspunkte für die Rechnung bringt, wird künftig nur mit Feldwiderständen gerechnet.

Bei Doppelleitungen, auf denen sich elementare Wellenformen ausbreiten, ist das Rechnen mit Feldwiderständen, d. h. mit den Verhältnissen von elektrischer zu magnetischer Feldstärke, im allgemeinen unbefriedigend, da man im Betrieb nicht die Feldstärkeverhältnisse, sondern das Verhältnis von Spannung zu Strom bestimmt. Man führt also statt des „Feldwiderstandes" den „Leitungswiderstand" ein. Der Leitungswiderstand läßt sich aus dem Feldwiderstand genau so berechnen, wie man den Leitungswellenwiderstand Z_l aus dem Feldwellenwiderstand Z_1 berechnen kann, also bei der konzentrischen Doppelleitung durch Multiplikation mit $\frac{1}{2\pi}\ln\frac{R_2}{R_1}$ [vgl. Gl. (184) auf S. 213] und bei der Paralleldrahtleitung durch Multiplikation mit $\frac{1}{\pi}\ln\left[\frac{A}{2R} + \sqrt{\left(\frac{A}{2R}\right)^2 - 1}\right]$ [vgl. Gl. (192) auf S. 219]. Zeichnet man den in Abb. 177 dargestellten Vierpol schematisch um auf Doppelleitungen mit elementaren Wellen, so ergibt sich das aus der Nachrichtentechnik allgemein bekannte Vierpolschema nach Abb. 178. Die Verhältnisse zwischen den Eingangs- und Ausgangswiderständen können im folgenden unabhängig davon berechnet werden,

Abb. 178. Schema eines Vierpols mit Doppelleitungen.

ob es sich um Feldwiderstände oder Leitungswiderstände handelt. Die als Konstanten in die Gl. (385) eingehenden Leerlauf- und Kurzschlußwiderstände müssen selbstverständlich entsprechend als Feld- oder Leitungswiderstände festgelegt werden. Man kann auch Vierpole nach diesen Gleichungen berechnen, bei denen auf der einen Seite Feld- und auf der anderen Seite Leitungswiderstände vorliegen. In den folgenden Ausführungen wird allgemein nur vom Widerstand gesprochen, gleichgültig, ob es sich um Leitungs- oder Feldwiderstände handelt.

3. Kreisgeometrie des Vierpols.

Besonders anschaulich wird die Beziehung nach Gl. (385) durch eine geometrische Darstellung, wenn man die Widerstandszeiger $\Re_1$ und $\Re_2$ in komplexen Ebenen darstellt. Die vom Nullpunkt ausgehenden Zeiger legen in der zugehörigen komplexen Ebene je einen Punkt fest. Die in Gl. (385) dargestellten Zusammenhänge bilden die Zeigerebene für den Widerstand $\Re_2$ auf die Zeigerebene für $\Re_1$ ab; d. h. zu jedem durch die Größe von $\Re_2$ gegebenen Punkt der $\Re_2$-Ebene gibt es einen zugehörigen Punkt der $\Re_1$-Ebene. Verändert man den Wert $\Re_2$ um einen Betrag $d\Re_2$, so ändert sich der Wert $\Re_1$ um einen Betrag $d\Re_1$. Der Zusammenhang ergibt sich durch Differentiation der Gl. (385b):

$$ d\,\Re_1 = \frac{\Re_{2l}(\Re_{1l} - \Re_{1k})}{(\Re_2 + \Re_{2l})^2}\, d\,\Re_2. \tag{387} $$

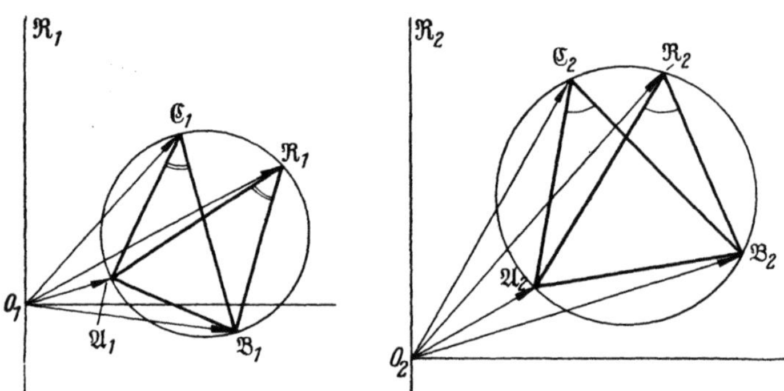

Abb. 179. Zur Ableitung der Kreisabbildung durch einen Vierpol.

Die kleine Widerstandsänderung $d\Re_2$ ist eine Zeigergröße, d. h. sie besitzt einen Betrag und eine Richtung. Die Zeigergröße $d\Re_1$ erscheint entsprechend der Gl. (387) um den Winkel von $\dfrac{\Re_{2l}(\Re_{1l} - \Re_{1k})}{(\Re_2 + \Re_{2l})^2}$ gegen die Richtung von $d\Re_2$ gedreht, d. h. mit anderen Worten, sämtliche Linien, die in der $\Re_2$-Ebene durch den Endpunkt von $\Re_2$ gehen, werden um den gleichen Winkelbetrag gedreht und behalten daher ihre gegenseitigen Schnittwinkel bei. Die Abbildung ist also eine winkeltreue Abbildung. Auch die Beträge $|d\Re_2|$ der Widerstandsänderungen werden um einen konstanten Faktor $\left| \dfrac{\Re_{2l}(\Re_{1l} - \Re_{1k})}{(\Re_2 + \Re_{2l})^2} \right|$ transformiert, d. h. die Figuren in der nächsten Umgebung des Endpunktes von $\Re_2$ bleiben geometrisch ähnlich, man spricht von einer „konformen Abbildung“.

Unter den verschiedenen konformen Abbildungen nimmt die Abbildung durch die Vierpolgleichungen (385) eine besondere Stellung ein, weil alle Kreise in der einen Ebene auch als Kreise in der anderen Ebene abgebildet werden. Zum Beweis dieses Satzes soll entsprechend Abb. 179 ein Kreis in der $\Re_2$-Ebene angenommen werden, dessen Lage durch die

Endpunkte der Zeiger $\mathfrak{A}_2$, $\mathfrak{B}_2$ und $\mathfrak{C}_2$ eindeutig bestimmt ist. Der Endpunkt des Zeigers $\mathfrak{R}_2$ soll diesen Kreis durchlaufen. Weil Peripheriewinkel über den gleichen Bogen einander gleich sein müssen, so sind die Winkel zwischen $\mathfrak{C}_2 - \mathfrak{A}_2$ und $\mathfrak{C}_2 - \mathfrak{B}_2$ einerseits und zwischen $\mathfrak{R}_2 - \mathfrak{A}_2$ und $\mathfrak{R}_2 - \mathfrak{B}_2$ anderseits einander gleich, d. h. das sog. „Doppelverhältnis":

$$p_2 = \frac{(\mathfrak{C}_2 - \mathfrak{A}_2)/(\mathfrak{C}_2 - \mathfrak{B}_2)}{(\mathfrak{R}_2 - \mathfrak{A}_2)/(\mathfrak{R}_2 - \mathfrak{B}_2)}$$

muß eine reelle Zahl sein. Bei Abbildung dieses Kreises auf die $\mathfrak{R}_1$-Ebene gehen die Zeiger $\mathfrak{A}_2$, $\mathfrak{B}_2$ und $\mathfrak{C}_2$ in die Zeiger $\mathfrak{A}_1$, $\mathfrak{B}_1$ und $\mathfrak{C}_1$ über, d. h. nach Gl. (385b):

$$\mathfrak{A}_1 = \mathfrak{R}_{1l} + \frac{\mathfrak{R}_{2l}(\mathfrak{R}_{1k} - \mathfrak{R}_{1l})}{\mathfrak{A}_2 + \mathfrak{R}_{2l}}; \qquad \mathfrak{B}_1 = \mathfrak{R}_{1l} + \frac{\mathfrak{R}_{2l}(\mathfrak{R}_{1k} - \mathfrak{R}_{1l})}{\mathfrak{B}_2 + \mathfrak{R}_{2l}};$$

$$\mathfrak{C}_1 = \mathfrak{R}_{1l} + \frac{\mathfrak{R}_{2l}(\mathfrak{R}_{1k} - \mathfrak{R}_{1l})}{\mathfrak{C}_2 + \mathfrak{R}_2}.$$

Der Widerstand $\mathfrak{R}_2$ transformiert sich in $\mathfrak{R}_1$ ebenfalls nach Gl. (385b). Bildet man auch in der $\mathfrak{R}_1$-Ebene das Doppelverhältnis und führt die transformierten Größen ein, so erhält man:

$$p_1 = \frac{(\mathfrak{C}_1 - \mathfrak{A}_1)/(\mathfrak{C}_1 - \mathfrak{B}_1)}{(\mathfrak{R}_1 - \mathfrak{A}_1)/(\mathfrak{R}_1 - \mathfrak{B}_1)} = \frac{\left(\dfrac{1}{\mathfrak{A}_2 + \mathfrak{R}_{2l}} - \dfrac{1}{\mathfrak{C}_2 + \mathfrak{R}_{2l}}\right)\Big/\left(\dfrac{1}{\mathfrak{A}_2 + \mathfrak{R}_{2l}} - \dfrac{1}{\mathfrak{C}_2 + \mathfrak{R}_{2l}}\right)}{\left(\dfrac{1}{\mathfrak{A}_2 + \mathfrak{R}_{2l}} - \dfrac{1}{\mathfrak{R}_2 + \mathfrak{R}_{2l}}\right)\Big/\left(\dfrac{1}{\mathfrak{B}_2 + \mathfrak{R}_{2l}} - \dfrac{1}{\mathfrak{R}_2 + \mathfrak{R}_{2l}}\right)}$$

$$= \frac{(\mathfrak{C}_2 - \mathfrak{A}_2)/(\mathfrak{C}_2 - \mathfrak{B}_2)}{(\mathfrak{R}_2 - \mathfrak{A}_2)/(\mathfrak{R}_2 - \mathfrak{B}_2)} = p_2.$$

Die Doppelverhältnisse in den beiden Ebenen sind also einander gleich. Da das Doppelverhältnis in der $\mathfrak{R}_1$-Ebene ebenfalls reell ist, muß auch der Endpunkt des Zeigers $\mathfrak{R}_1$ auf einem Kreis liegen, d. h. jeder Kreis der $\mathfrak{R}_2$-Ebene wird in einen Kreis der $\mathfrak{R}_1$-Ebene abgebildet. Außerdem enthält die Tatsache von der Gleichheit der Doppelverhältnisse auch die eindeutige Bestimmung der Größe und Richtung des Zeigers.

4. Der Grenzkreis des passiven Vierpols.

Wird ein Vierpol mit einem passiven Widerstand $\mathfrak{R}_2$ abgeschlossen und besteht er selbst nur aus passiven Elementen, so muß sein Eingangswiderstand $\mathfrak{R}_1$ ebenfalls ein passiver Widerstand sein, da am Vierpoleingang nur Energie hineingeleitet, aber nicht herausgezogen werden kann. Ein passiver Widerstand wird in der rechten Hälfte der komplexen Zeigerebene abgebildet. Wenn also der Ausgangswiderstand in der rechten Hälfte der $\mathfrak{R}_2$-Ebene liegt, so muß bei einem passiven Vierpol auch der Eingangswiderstand in der rechten Hälfte der $\mathfrak{R}_1$-Ebene liegen. Durchläuft der Ausgangswiderstand $\mathfrak{R}_2$ die imaginäre Achse, die die rechte und linke Hälfte der Zeigerebene voneinander trennt, so muß in der $\mathfrak{R}_1$-Ebene die imaginäre Achse in einen Kreis abgebildet werden, der vollständig in der rechten Hälfte der $\mathfrak{R}_1$-Ebene liegt. (Die gerade

Linie ist der Grenzfall eines Kreises mit unendlich großem Radius, also
muß bei der kreisgeometrischen Abbildung eine gerade Linie in einen
Kreis oder im Grenzfall in eine andere gerade Linie abgebildet werden.)
Sämtliche Punkte, die der Endpunkt des Zeigers $\Re_1$ überhaupt erreichen
kann, liegen deshalb im Innern dieses Kreises, der als „Grenzkreis"
bezeichnet wird. Es ist aus diesem Grunde zweckmäßig, einen Vierpol
durch seinen Grenzkreis zu kennzeichnen. Wie Abb. 180 zeigt, liegen
die Endpunkte des Eingangsleerlaufwiderstandes $\Re_{1l}$ und des Eingangs-
kurzschlußwiderstandes $\Re_{1k}$ ebenfalls auf dem Grenzkreis, da ja in
der $\Re_2$-Ebene die Punkte 0 und ∞ auf der imaginären Achse liegen.
Kennt man den Grenzkreis und die Widerstände $\Re_{1l}$ und $\Re_{1k}$, so kann
man auch das Bild der reellen Achse in der $\Re_1$-Ebene einzeichnen. Die

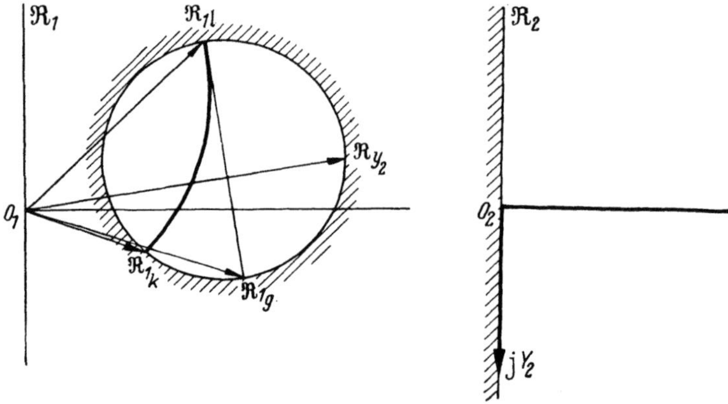

Abb. 180. Grenzkreis eines passiven Vierpols.

reelle Achse muß ein Kreis werden, der den Grenzkreis in den Endpunkten von $\Re_{1l}$ und $\Re_{1k}$ senkrecht schneidet; der senkrechte Schnitt
ist wegen der winkeltreuen Abbildung erforderlich. Besitzt man den
Grenzkreis und das Bild der reellen Achse, so ist der Vierpol noch
nicht eindeutig festgelegt, man muß noch eine weitere Größe zu seiner
Kennzeichnung einführen. Dies erkennt man am besten, wenn man
versucht, ein Koordinatennetz der $\Re_2$-Ebene in die $\Re_1$-Ebene ab-
zubilden.

Abb. 181 zeigt in der $\Re_2$-Ebene das Netz der Polarkoordinaten. Alle
Linien für konstante Winkel gehen durch den Nullpunkt. Bei der Abbildung in der $\Re_1$-Ebene müssen diese Linien Kreise sein, die durch
die Endpunkte von $\Re_{1l}$ und $\Re_{1k}$ hindurchgehen und infolge der winkeltreuen Abbildung am Endpunkt von $\Re_{1k}$ mit dem Bild der reellen
Achse dieselben Winkel bilden wie in der $\Re_2$-Ebene. (Die Endpunkte
von $\Re_{1l}$ und $\Re_{1k}$ sind hier mit ∞ und 0 beschriftet, entsprechend den
zugehörigen Werten von $\Re_2$.) Einer von diesen Kreisen muß eine durch
die Endpunkte von $\Re_{1l}$ und $\Re_{1k}$ hindurchgehende gerade Linie sein.

Wenn der Endpunkt des Zeigers $\Re_1$ zufällig auf dieser Linie liegt, so ist das Verhältnis $\dfrac{\Re_{1l} - \Re_1}{\Re_1 - \Re_{1k}}$ eine reelle Zahl. Führt man jetzt die durch Gl. (385b) gegebene Größe von $\Re_1$ ein, so entsteht nach einigen Umrechnungen:

$$\frac{\Re_{1l} - \Re_1}{\Re_1 - \Re_{1k}} = \frac{\dfrac{1}{\Re_2 + \Re_{2l}}}{\dfrac{1}{\Re_{2l}} - \dfrac{1}{\Re_2 + \Re_{2l}}} = \frac{\Re_{2l}}{\Re_2}.$$

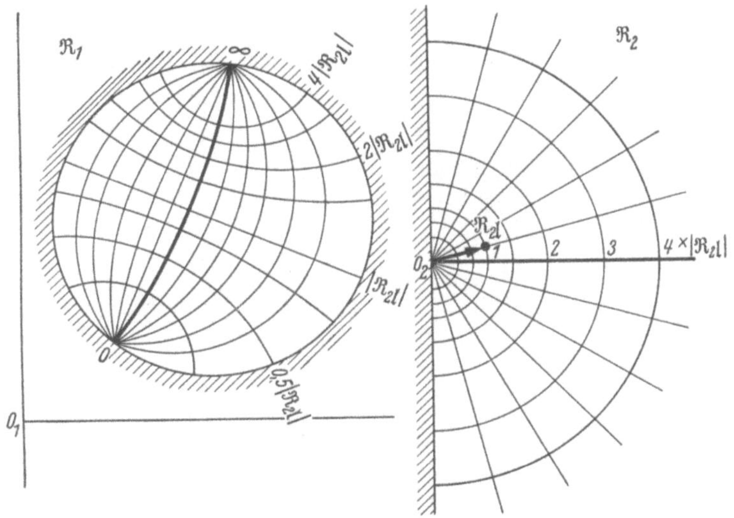

Abb. 181. Abbildung eines Polarkoordinatennetzes durch einen Vierpol.

Es muß also das Verhältnis $\Re_{2l}/\Re_2$ in diesem Sonderfall ebenfalls eine reelle Zahl sein. Dies bedeutet mit anderen Worten: wenn der Zeiger $\Re_2$ zufällig die Richtung von $\Re_{2l}$ hat, so wird er in einem Zeiger abgebildet, der auf der geraden Linie zwischen den Endpunkten von $\Re_{1l}$ und $\Re_{1k}$ liegt und diese gerade Linie im Verhältnis $\Re_{2l}/\Re_2$ teilt. Mit Hilfe dieses Teilungsverhältnisses kann man jetzt auch die Kreise für konstante Beträge in der $\Re_2$-Ebene auf die $\Re_1$-Ebene abbilden. Wegen der Winkeltreue müssen die Bilder dieser Kreise ebenfalls Kreise sein, welche die Verbindungslinie zwischen den Endpunkten von $\Re_{1l}$ und $\Re_{1k}$ und den Grenzkreis senkrecht schneiden. Der Kreis mit dem Radius $|\Re_{2l}|$ in der $\Re_2$-Ebene wird demzufolge eine gerade Linie, die die Mittelsenkrechte auf der Verbindungslinie zwischen den Endpunkten von $\Re_{1l}$ und $\Re_{1k}$ darstellt. Der Kreis für den Betrag $2\,|\Re_{2l}|$ in der $\Re_2$-Ebene wird in der $\Re_1$-Ebene ein Kreis, der die Verbindungslinie im Verhältnis $1:2$ teilt. Alle anderen Kreise lassen sich auf die gleiche Art konstruieren, wie dies Abb. 181 zeigt. Das Bild der sich schneidenden Kreisscharen ist übrigens genau das gleiche wie das Bild des elektromagnetischen Feldes

einer Paralleldrahtleitung nach Abb. 90 b und das Bild für den komplexen
Widerstand und Leitwert für eine Doppelleitung nach Abb. 100 und 101.

Abb. 182 zeigt die Abbildung eines rechtwinkligen Koordinaten-
netzes der $\mathfrak{R}_2$-Ebene in den Grenzkreis der $\mathfrak{R}_1$-Ebene. Sämtliche Parallelen zur imaginären Achse in der $\mathfrak{R}_2$-Ebene müssen in der $\mathfrak{R}_1$-Ebene
Kreise werden, die den Grenzkreis im Endpunkt von $\mathfrak{R}_{1l}$ tangieren und
das Kreisbild der reellen Achse senkrecht schneiden. Linien, die parallel
zur reellen Achse in der $\mathfrak{R}_2$-Ebene verlaufen, werden Kreise, die den
Grenzkreis zweimal senkrecht schneiden und sämtlich durch den Endpunkt von $\mathfrak{R}_{1l}$ gehen. Einer von diesen Kreisen muß eine gerade Linie
werden, die dem durch den Endpunkt von $\mathfrak{R}_{1l}$ gehenden Durchmesser

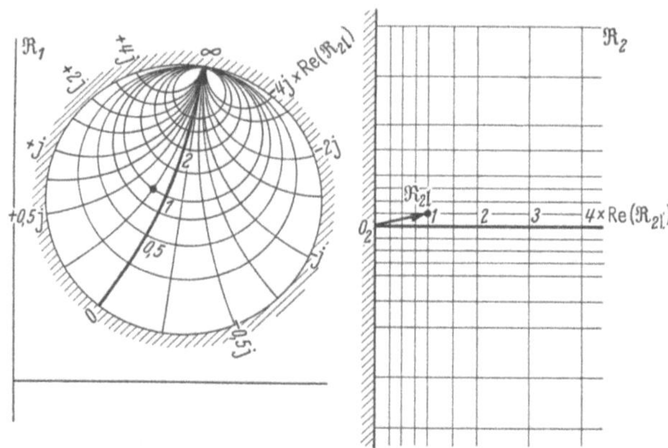

Abb. 182. Abbildung eines rechtwinkligen Koordinatennetzes durch einen Vierpol.

des Grenzkreises entspricht. Der zweite Schnittpunkt dieses Durchmessers mit dem Grenzkreis ist in der Abb. 180 mit $\mathfrak{R}_{1g}$ bezeichnet.
Der Wert $\mathfrak{R}_{1g}$ muß noch rechnerisch ermittelt werden. Liegt der Endpunkt des Widerstandes $\mathfrak{R}_1$ zufällig auf der Verbindungslinie zwischen
den Endpunkten von $\mathfrak{R}_{1l}$ und $\mathfrak{R}_{1g}$, so ist das Verhältnis $\dfrac{\mathfrak{R}_1 - \mathfrak{R}_{1g}}{\mathfrak{R}_{1l} - \mathfrak{R}_1}$ eine
reelle Zahl. Drückt man jetzt den Widerstand $\mathfrak{R}_2$ durch seinen Real-
und seinen Imaginärteil aus, so folgt: $\mathfrak{R}_2 = X_2 + j Y_2$ und nach Gl. (385a)
auf S. 438:

$$\mathfrak{R}_1 = \frac{\mathfrak{R}_{1l}(X_2 + j Y_2) + \mathfrak{R}_{1k}\,\mathfrak{R}_{2l}}{X_2 + j Y_2 + \mathfrak{R}_{2l}},$$

und für das obige Verhältnis ergibt sich nach kurzer Zwischenrechnung:

$$\frac{\mathfrak{R}_1 - \mathfrak{R}_{1g}}{\mathfrak{R}_{1l} - \mathfrak{R}_1} = \frac{X_2(\mathfrak{R}_{1l} - \mathfrak{R}_{1g}) + j Y_2(\mathfrak{R}_{1l} - \mathfrak{R}_{1g}) + \mathfrak{R}_2(\mathfrak{R}_{1k} - \mathfrak{R}_{1g})}{\mathfrak{R}_{2l}(\mathfrak{R}_{1l} - \mathfrak{R}_{1k})}.$$

Da dieses Verhältnis bei beliebigen Werten von X_2 eine reelle Zahl
sein muß, müssen auch die Größen

$$\frac{\mathfrak{R}_{1l} - \mathfrak{R}_{1g}}{\mathfrak{R}_{2l}(\mathfrak{R}_{1l} - \mathfrak{R}_{1k})} \quad \text{und} \quad \frac{j Y_2(\mathfrak{R}_{1l} - \mathfrak{R}_{1g}) + \mathfrak{R}_{2l}(\mathfrak{R}_{1k} - \mathfrak{R}_{1g})}{\mathfrak{R}_{2l}(\mathfrak{R}_{1l} - \mathfrak{R}_{1k})}$$

reelle Zahlen sein. Dieses verlangt wiederum:

$$Y_2 = -\mathrm{Im}\,(\mathfrak{R}_{2\,l});$$

$$\frac{\mathfrak{R}_{1l} - \mathfrak{R}_{1g}}{\mathfrak{R}_{2l}(\mathfrak{R}_{1l} - \mathfrak{R}_{1k})} = \frac{1}{\mathrm{Re}\,(\mathfrak{R}_{2l})}\,; \qquad \frac{j\,Y_2(\mathfrak{R}_{1\,l} - \mathfrak{R}_{1g}) + \mathfrak{R}_{2l}(\mathfrak{R}_{1k} - \mathfrak{R}_{1g})}{\mathfrak{R}_{2l}(\mathfrak{R}_{1l} - \mathfrak{R}_{1k})} = 0,$$

wie man sich durch Rückeinsetzen leicht klarmacht, so daß sich schließlich

$$\frac{\mathfrak{R}_1 - \mathfrak{R}_{1g}}{\mathfrak{R}_{1l} - \mathfrak{R}_1} = \frac{X_2}{\mathrm{Re}\,(\mathfrak{R}_{2l})}$$

ergibt. Anschaulich bedeutet dies folgendes: Die in der $\mathfrak{R}_2$-Ebene im Abstand $-\mathrm{Im}\,(\mathfrak{R}_{2l})$ zur reellen Achse parallel laufende gerade Linie wird in der $\mathfrak{R}_1$-Ebene wieder in eine gerade Linie abgebildet. Die Bilder der Parallelen zur imaginären Achse teilen diese gerade Linie im Verhältnis $X_2/\mathrm{Re}\,(\mathfrak{R}_{2l})$. Hierdurch ist die Abbildung eindeutig bestimmt. Ihr Bild ist in Abb. 182 dargestellt. In der $\mathfrak{R}_1$-Ebene sind an die Kreise die Werte für den zugehörigen Widerstand $\mathfrak{R}_2$ geschrieben.

5. Die Abbildung auf den Einheitskreis.

Die durch einen allgemeinen passiven Vierpol gegebenen Abbildungen der unendlich ausgedehnten rechten Hälfte der $\mathfrak{R}_2$-Ebene in eine begrenzte Kreisfläche der $\mathfrak{R}_1$-Ebene haben den Vorteil, daß man durch die Transformation sämtliche Punkte innerhalb eines begrenzten Gebietes zusammenhält und beispielsweise bei graphischen Konstruktionen niemals die Grenzen des Zeichenblattes überschreiten kann. Darum ist es oft zweckmäßig, die komplexe Ebene, die man für beliebige Rechnungen benötigt, rein rechnerisch auf einen Kreis zu transformieren. Man wählt zweckmäßigerweise den Kreisradius gleich 1 und spricht von der Abbildung auf den Einheitskreis. Mit einem passiven Vierpol ist eine solche Abbildung physikalisch nicht zu realisieren, sie stellt nur eine mathematische Umformung dar. Der Einheitskreis ist festgelegt durch den Ansatz:

$$\mathfrak{R}_{2l} = Z\,; \qquad \frac{\mathfrak{R}_{1k}}{Z} = -1\,; \qquad \frac{\mathfrak{R}_{1l}}{Z} = 1.$$

Hierbei stellt Z einen beliebig zu wählenden reellen Widerstand dar. Die Gl. (385a) auf S. 438 erhält nunmehr die Form:

$$\frac{\mathfrak{R}_1}{Z} = \frac{\dfrac{\mathfrak{R}_2}{Z} - 1}{\dfrac{\mathfrak{R}_2}{Z} + 1}. \tag{388}$$

Die Abbildung eines rechtwinkligen Koordinatennetzes auf den Einheitskreis hat dann die in Abb. 183a dargestellte Form. Den Kreisen sind die Zahlenwerte für $\mathrm{Re}\,(\mathfrak{R}_2/Z)$ und $\mathrm{Im}\,(\mathfrak{R}_2/Z)$ beigeschrieben. Die Ähnlichkeit mit der Darstellung in Abb. 182 ist sofort zu erkennen.

Abb. 183b zeigt die Abbildung eines Polarkoordinatennetzes auf den Einheitskreis. Die beigeschriebenen Zahlenwerte beziehen sich auf $|\Re_2/Z|$

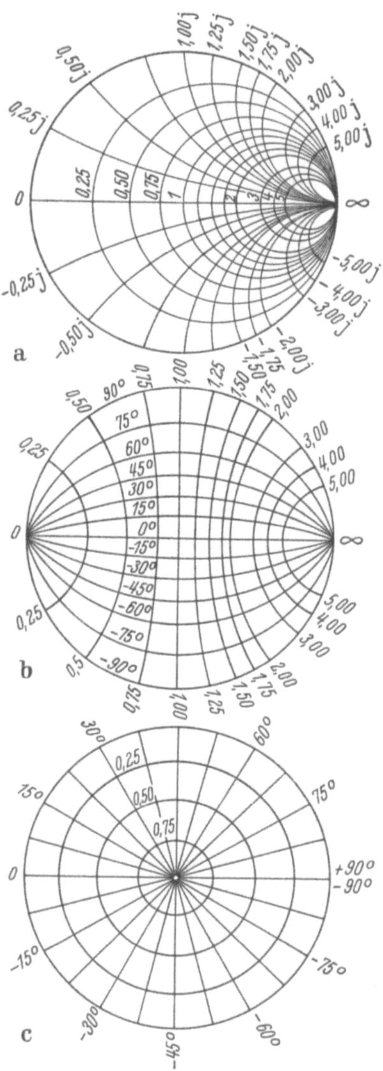

Abb. 183 a—c. Abbildung auf den Einheitskreis: *a* rechtwinklige Koordinaten, *b* Polarkoordinaten, *c* Leitungskoordinaten.

und arc $(\Re_2)$. Schließlich kann man noch das Diagramm für die Widerstandstransformation einer Doppelleitung, das in Abb. 100 in rechtwinkligen Koordinaten dargestellt ist, auf den Einheitskreis transformieren. Wie hier nicht bewiesen werden soll, entsteht eine Schar von konzentrischen Kreisen, die von einem Büschel von durch den Nullpunkt gehenden Linien geschnitten wird. Die beigeschriebenen Werte beziehen sich auf d und $\alpha_z l$. Das Leitungsdiagramm in dieser Form ist sehr übersichtlich, da das Fortschreiten längs der Leitung durch eine der Leitungslänge proportionale Winkeldrehung dargestellt wird.

Um einen Widerstand in rechtwinkligen Koordinaten, Polarkoordinaten und Leitungskoordinaten schnell ablesen zu können, kann man die in Abb. 183 dargestellten drei Bilder in verschiedenen Farben unmittelbar übereinander zeichnen.

6. Die Ersatzschaltbilder von Vierpolen.

Für viele Zwecke der praktischen Anwendung ist es nützlich, den Vierpol durch eine Ersatzschaltung darzustellen. Solange man die Vierpoleigenschaften nur bei einer einzigen Frequenz studiert (bei variabler Frequenz ändern sich die Werte $\Re_{1l}$, $\Re_{2l}$, $\Re_{1k}$), kann man sehr viele einfache Schaltungen angeben, die die Eigenschaften der Widerstandstransformation nachbilden. Die in der Fernmeldetechnik übliche Ersatzbilddarstellung wählt im allgemeinen eine T- oder Π-Schaltung. Für die Anwendung in der Höchstfrequenztechnik dagegen ist es zweckmäßig, Doppelleitungen in das Vierpol-Ersatzschaltbild aufzunehmen, da man gerade dann für meßtechnische Anwendungen einen besonders einfachen Überblick erhält.

Wenn ein Vierpol völlig verlustlos ist, so muß er die rechte Hälfte der $\Re_2$-Ebene auf die rechte Hälfte der $\Re_1$-Ebene abbilden. Der Grenzkreis in der $\Re_1$-Ebene fällt dann mit der imaginären Achse zusammen. Dieses Verhalten ist nach dem Energiesatz unmittelbar verständlich. Wenn man nämlich den Vierpol mit einem beliebigen Blindwiderstand abschließt, so muß auch sein Eingangswiderstand ein reiner Blindwiderstand sein, da voraussetzungsgemäß im Vierpol keine Verluste auftreten sollen. Im Falle des verlustlosen Vierpols liegen auch die Endpunkte von $\Re_{1l}$, $\Re_{2l}$ und $\Re_{1k}$ auf der imaginären Achse, d. h. der verlustlose Vierpol ist durch drei Blindwiderstände vollständig gekennzeichnet.

Wenn man hinter einen verlustbehafteten Vierpol noch einen verlustlosen Vierpol schaltet, so bleibt eingangsseitig der Grenzkreis in der $\Re_1$-Ebene erhalten, denn der nachgeschaltete verlustlose Vierpol kann ja Blindwiderstände nur innerhalb der

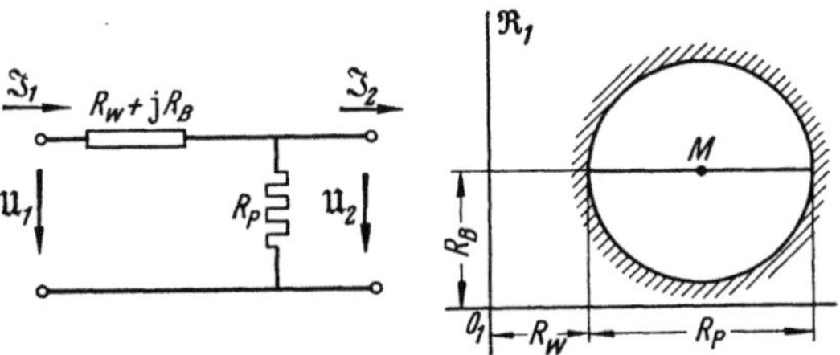

Abb. 184. Ersatzbilddarstellung für einen verlustbehafteten Vierpol.

imaginären Achse verschieben. Durch die Nachschaltung eines verlustlosen Vierpols werden sich im allgemeinen die Endpunkte der Widerstände $\Re_{1l}$ und $\Re_{1k}$ auf dem Grenzkreis verschieben, der Grenzkreis selbst jedoch bleibt unverändert erhalten.

Für die Zwecke der Ersatzbilddarstellung ist es nützlich, einen verlustbehafteten Vierpol durch die Reihenschaltung eines möglichst einfachen verlustbehafteten Vierpols und eines verlustfreien Vierpols darzustellen. Eine einfache Ersatzschaltung für einen verlustbehafteten Vierpol zeigt Abb. 184. Die Ersatzschaltung besteht aus einem komplexen Reihenwiderstand $R_W + jR_B$ und einem reellen Parallelwiderstand R_P. Die Lage des Grenzkreises, die ebenfalls in Abb. 184 dargestellt ist, läßt sich aus dieser Schaltung unmittelbar ablesen; denn der Eingangsleerlaufwiderstand ist $R_W + R_P + jR_B$, und der Eingangskurzschlußwiderstand ist $R_W + jR_B$; ein beliebiger Ohmscher Abschlußwiderstand liegt auf einer parallel zur reellen Achse im Abstand R_B liegenden Geraden. Der Grenzkreis muß also durch diese Gerade in zwei gleiche Hälften geteilt werden und außerdem durch die Endpunkte von $R_W + R_P + jR_B$ und $R_W + jR_B$ hindurchgehen.

Ersatzschaltbilder für verlustlose Vierpole, die sich in der Höchstfrequenztechnik besonders bewähren, sind in Abb. 185 gezeichnet. Das Ersatzschaltbild der Abb. 185a zeigt zwei verlustlose Leitungsstücke mit beliebig vorgegebenen Wellenwiderständen Z_1 und Z_2, beliebigen

Phasenkonstanten α_{z_1} und α_{z_2} und den Längen l_1 und l_2, die durch einen idealen Übertrager mit dem Übersetzungsverhältnis $\ddot{u}$ miteinander gekoppelt sind. Abb. 185b zeigt zwei Leitungsstücke mit beliebig vorgegebenen Wellenwiderständen Z_1 und Z_2 und Phasenkonstanten α_{z_1} und α_{z_2}, die unter Zuschaltung eines idealen Anpassungstransformators mit dem Übersetzungsverhältnis $\ddot{u} = \sqrt{Z_2/Z_1}$ und eines Blindwiderstandes jR_B aneinandergeschlossen sind. Abb. 185c zeigt zwei Leitungsstücke, die über einen Anpassungstransformator unmittelbar aneinandergeschlossen sind, wobei an der Stoßstelle ein Überbrückungsleitwert jG_B eingeführt ist. Für die Ersatzschaltbilder sind die notwendigen drei Bestimmungsstücke gegeben, da die Länge der beiden Leitungsstücke und die Eigenschaft des zwischen den Leitungen liegenden Schaltelements beliebig variiert werden können. Die Wellenwiderstände Z_1 und Z_2 und Phasenkonstanten α_{z_1} und α_{z_2} können beliebig gewählt werden, und zwar werden sie zweckmäßigerweise den Wellenwiderständen (Feldwellenwiderständen oder Leitungswellenwiderständen) und Phasenkonstanten der außen angeschlossenen Leitungen gleichgesetzt (vgl. Abb. 177); ob es

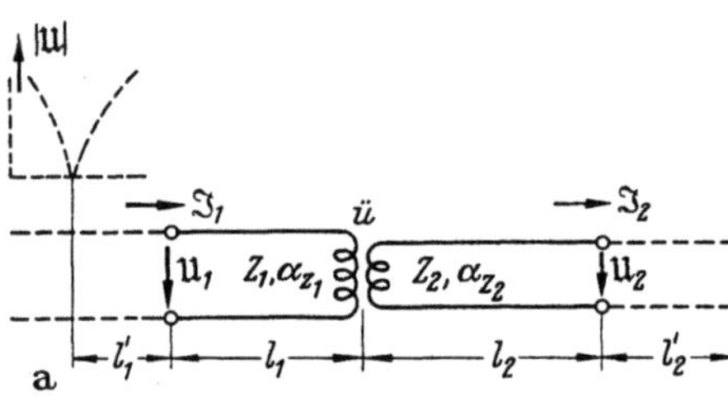

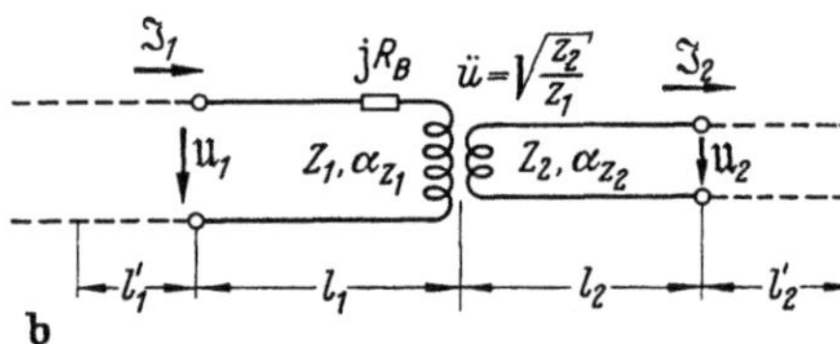

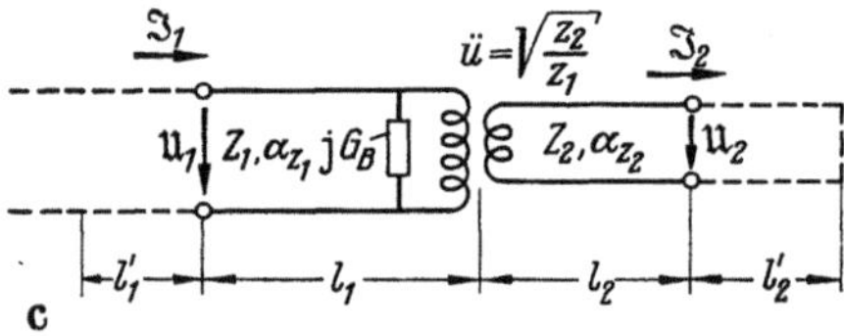

Abb. 185 a—c. Ersatzbilder für verlustfreie Vierpole.

sich um Doppelleitungen oder Hohlleitungen handelt, ist gleichgültig. Die Ersatzschaltbilder werden der Einfachheit halber für Doppelleitungen gezeichnet.

Die rechnerische Bestimmung der Kurzschluß- und Leerlaufwiderstände interessiert in diesem Falle nur verhältnismäßig wenig. Man wird den Vierpol durch die Eigenschaften kennzeichnen, die sich aus seinem Verhalten zwischen zwei angeschlossenen Leitungen ergeben. Um diese Eigenschaften zu ermitteln, stellt man sich vor, daß an den Vierpol ausgangsseitig ein am Ende kurzgeschlossenes Leitungsstück vom Wellenwiderstand Z_2, der Phasenkonstante α_{z_2} und der Länge l_2' angeschlossen ist. Eingangsseitig wird eine Meßleitung vom Wellenwiderstand Z_1 und der Phasenkonstanten α_{z_1} angeschlossen und auf ihr die Lage des elektrischen Feldstärkeknotens gesucht. Der „Feldstärkeknoten" liegt in dem Querschnitt, in dem die transversale elektrische Feldstärke verschwindet; bei einer Doppelleitung nennt man diese Stelle auch „Spannungsknoten". Der Abstand des ersten Feldstärkeknotens vom Vierpoleingang sei mit l_1' bezeichnet. Die zur Bestimmung der Vierpoleigenschaften nötigen Leitungsstücke l_1' und l_2' sind in Abb. 185 gestrichelt eingezeichnet. Um die Vierpoleigenschaften zu bestimmen, verändert man die Länge l_2' und ermittelt die Veränderung der Lage l_1' des elektrischen Feldstärkeknotens.

Für die Ersatzschaltung nach Abb. 185a ergibt sich für die Leitungslängen der folgende Zusammenhang: Der rechte Leitungsteil erscheint am rechten Klemmenpaar des Transformators als ein Blindwiderstand von der Größe $j Z_2 \operatorname{tg}[\alpha_{z_2}(l_2 + l_2')]$ und am linken Klemmenpaar des Transformators als ein Blindwiderstand von der Größe $j \frac{Z_2}{\ddot{u}^2} \operatorname{tg}[\alpha_{z_2}(l_2 + l_2')]$.

An den gleichen Klemmen erscheint die linke Hälfte der Leitung, deren Länge von der Stelle des Spannungsminimums aus gemessen wird, als ein Blindwiderstand von der Größe $j Z_1 \operatorname{tg}[\alpha_{z_1}(l_1 + l_1')]$. Diese beiden Blindwiderstände müssen einander entgegengesetzt gleich sein, da nur unter dieser Bedingung das Spannungsminimum an der Stelle l_1' vorhanden sein kann. Somit folgt:

$$\operatorname{tg}[\alpha_{z_1}(l_1 + l_1')] = -\frac{Z_2}{Z_1 \ddot{u}^2} \operatorname{tg}[\alpha_{z_2}(l_2 + l_2')]. \tag{389a}$$

Trägt man den Zusammenhang graphisch auf, so entsteht die Darstellung nach Abb. 186. Die Winkel $\alpha_{z_2}(l_2 + l_2')$ und $\alpha_{z_1}(l_1 + l_1')$ sind nur bis auf ganzzahlige Vielfache von $180°$ bestimmt (n_1 und n_2 sind ganze Zahlen). Die für die verschiedenen Parameterwerte $\frac{Z_2}{Z_1 \ddot{u}^2}$ dargestellten Kurven liegen zwischen einer unter $45°$ geneigten geraden Linie (für den Parameterwert 1) und zwei Treppenkurven (für die Parameterwerte 0 und ∞). Wenn man bei der meßtechnischen Untersuchung von Vierpolen den Zusammenhang aufnimmt, sind die Längen l_1 und l_2 vorerst noch unbekannt. Man muß dann die Kurve über l_1' und l_2' auftragen, aus der Kurvenform den Parameterwert $\frac{Z_2}{Z_1 \ddot{u}^2}$ bestimmen und dann die Kurve so verschieben, daß sie mit einer der Parameterkurven nach Abb. 186 zur Deckung kommt. Aus der Verschiebung ergeben sich unmittelbar die Längen l_1 und l_2. Im übrigen gibt es für die Ermittlung zwei Möglichkeiten: Verändert man nämlich die Größen $\alpha_{z_2}(l_2 + l_2')$ und $\alpha_{z_1}(l_1 + l_1')$ je um $90°$, so geht der Parameterwert $\frac{Z_2}{Z_1 \ddot{u}^2}$ gerade auf seinen Reziprokwert über. Für einen gemessenen verlustlosen Vierpol gibt es also zwei Darstellungsmöglichkeiten nach dem Schaltbild der Abb. 185a, bei denen sich die Leitungslängen um eine Viertelwellenlänge und das Übersetzungsverhältnis $\ddot{u}$ um den Reziprokwert unterscheidet.

Für das Ersatzschaltbild nach Abb. 185b ergibt sich der Blindwiderstand des rechten Leitungsstückes an den rechten Klemmen des Transformators in der Größe $jZ_2 \, \mathrm{tg}\,[\alpha_{z_2}(l_2 + l_2')]$, an dem linken Paar des Transformators entsprechend: $\dfrac{jZ_2}{\ddot{u}^2}\,\mathrm{tg}\,[\alpha_{z_2}(l_2 + l_2')] = jZ_1\,\mathrm{tg}\,[\alpha_{z_2}(l_2 + l_2')]$.

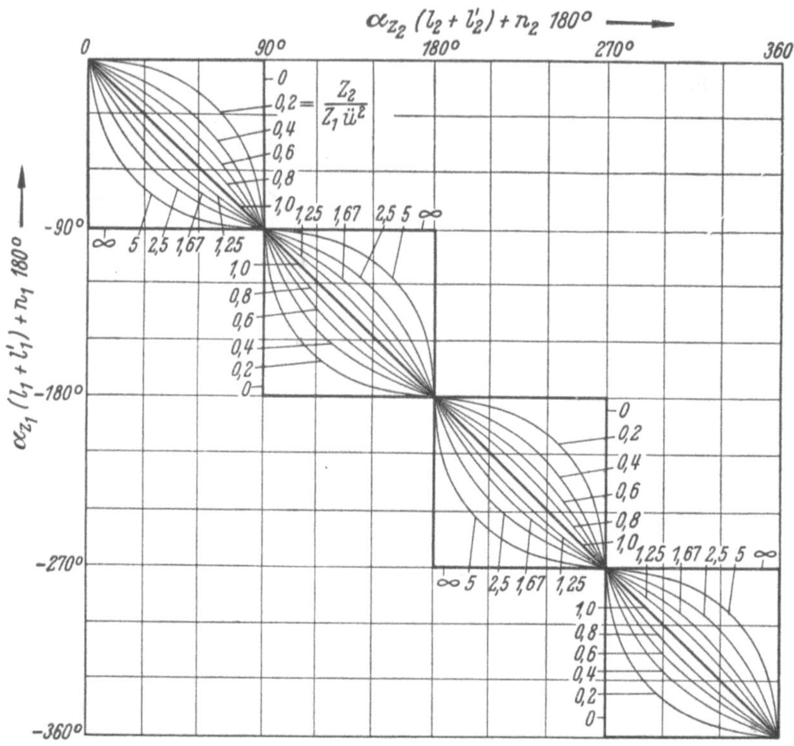

Abb. 186. Graphische Ermittlung der Werte $Z_2/Z_1\ddot{u}^2$, $\alpha_{z_1}l_1$ und $\alpha_{l_2}l_2$ für das Vierpolersatzbild nach Abb. 183a.

Das linke Leitungsstück, vom Punkt des Spannungsminimums aus gemessen, hat den Blindwiderstand $jZ_1\,\mathrm{tg}\,[\alpha_{z_1}(l_1 + l_1')]$. Die beiden Blindwiderstände müssen sich zusammen mit dem eingeschalteten Blindwiderstand jR_B zu Null ergänzen, also gilt:

$$\mathrm{tg}\,[\alpha_{z_1}(l_1 + l_1')] = -\mathrm{tg}\,[\alpha_{z_2}(l_2 + l_2')] - \frac{R_B}{Z_1}. \tag{389b}$$

Der durch diese Gleichung gegebene Zusammenhang zwischen $\alpha_{z_2}(l_2 + l_2')$ und $\alpha_{z_1}(l_1 + l_1')$ ist in Abb. 187 dargestellt. Die für die verschiedenen Parameterwerte geltenden Kurven liegen zwischen einer geraden Linie (für den Parameterwert 0) und zwei Treppenkurven (für die Parameterwerte $+\infty$ und $-\infty$). Auch hier gibt es wiederum zwei Möglichkeiten, einen gemessenen Vierpol durch das Ersatzschaltbild nach Abb. 185b darzustellen. Verändert man nämlich die Winkel $\alpha_{z_2}(l_2 + l_2')$ und $\alpha_{z_1}(l_1 + l_1')$ um die Größe $\mathrm{arc\,ctg}(R_B/2\,Z_1) + n \cdot 180°$, so ändert der Parameter R_B/Z_1 sein Vorzeichen, wie sich leicht durch Einsetzen in die Gl. (389b) zeigen läßt. Man kann also für jeden verlustlosen Vierpol

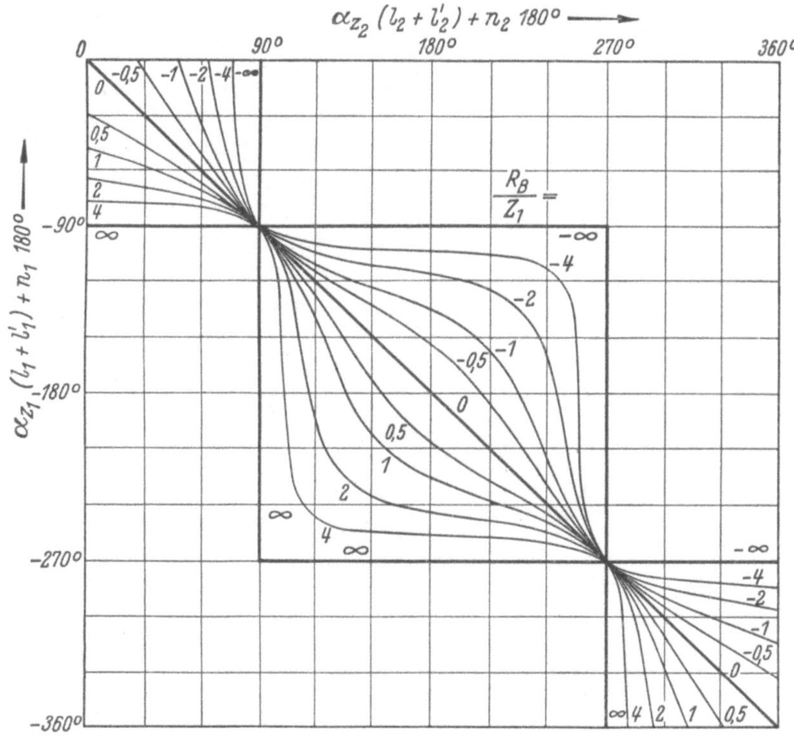

Abb. 187. Graphische Ermittlung der Werte R_B/Z_1, $\alpha_{z_1}l_1$ und $\alpha_{l_2}l_2$ für das Vierpolersatzbild nach Abb. 183b.

zwei Ersatzschaltbilder angeben, die sich durch verschiedene Längen l_1 und l_2 und das Vorzeichen von R_B unterscheiden. Es ist also sogar möglich, lediglich mit induktiven oder kapazitiven Ersatzwiderständen R_B auszukommen.

Die Zusammenhänge für das Schaltbild nach Abb. 185c ergeben sich analog, wenn man statt mit Widerständen mit Leitwerten rechnet. Die Beziehung zwischen den Leitungslängen ist:

$$\mathrm{ctg}\,[\alpha_{z_1}(l_1 + l_1')] = -\mathrm{ctg}\,[\alpha_{z_2}(l_2 + l_2')] + G_B Z_1. \qquad (389\,\mathrm{c})$$

Für die graphische Darstellung dieses Zusammenhanges kann man die Abb. 187 benutzen, wenn man die Koordinaten $\alpha_{z_2}(l_2 + l_2')$ und $\alpha_{z_1}(l_1 + l_1')$ um 90° gegen den Nullpunkt verschiebt.

Zwei Ausführungsbeispiele von Vierpolen, die dem Ersatzschaltbild in Abb. 185c sehr nahe kommen, zeigt die Abb. 188. Im Zuge einer konzentrischen Leitung ist eine Kapazität zwischen Außen- und Mittelleiter vorhanden, die im Falle a durch einen metallischen oder dielektrischen Ring, im Falle b durch eine metallische oder dielektrische Schraube dargestellt ist. Der Ring läßt sich mit Hilfe eines im Außenleiter befindlichen Schlitzes längs der Leitung verschieben, so daß man durch räumliche Verlagerung des Transformationsgliedes verschiedene Transformationseigenschaften errechnen kann. Die Schraube anderseits läßt sich in ihrem Abstand zum Mittelleiter verändern, wodurch sich eine veränderliche Kapazität ergibt.

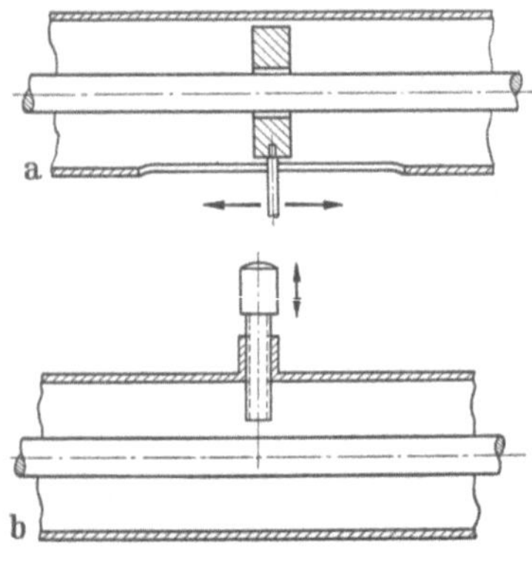

Abb. 188. Ausführungsbeispiele von Vierpolen, die ungefähr dem Ersatzbild nach Abb. 183c entsprechen.

Die Ersatzschaltbilder waren entworfen worden, um die Eigenschaften der Widerstandstransformation nach Gl. (385) auf S. 438 nachzubilden. Die Ersatzschaltbilder haben noch weitere Eigenschaften, die bisher nicht betrachtet worden sind, insbesondere erfüllen sie den anschließend zu behandelnden Umkehrsatz, den die allgemeinen Vierpolgleichungen in der Feldstärkendarstellung nach Gl. (384) auf S. 437 im allgemeinen nicht erfüllen. Man darf die Eigenschaften der Ersatzschaltbilder nur unter vier anschließend näher zu behandelnden Bedingungen verallgemeinern.

II. Der Umkehrsatz der Vierpole.

1. Allgemeine Ableitung des Umkehrsatzes.

Bei den bisherigen Betrachtungen war vorausgesetzt worden, daß der Vierpol passiv und linear ist. Hieraus ergeben sich brauchbare Aussagen über die Zusammenhänge zwischen Eingangs- und Ausgangswiderständen. Die Eingangs- und Ausgangswiderstände setzen die transversalen elektrischen und magnetischen Feldstärken an der Eingangs- oder Ausgangsseite des Vierpols zueinander ins Verhältnis. Der Umkehrsatz (Reziprozitätstheorem) macht Aussagen über die Zusammenhänge zwischen den elektrischen und magnetischen Feldstärken auf entgegengesetzten Seiten des Vierpols.

Es werde ein Vierpol entsprechend Abb. 177 betrachtet. Im gesamten Innenraum gelten die Maxwellschen Gleichungen nach (240) auf S. 273. Die im Innern vorhandenen Werkstoffe können auch eine Ohmsche Leitfähigkeit $\varkappa_1$ besitzen, was beim Gleichungssystem (240) ausgeschlossen wurde; in diesem Fall ist außer der Verschiebungsstromdichte $j\omega\varepsilon_1\varepsilon_0\mathfrak{E}$ zusätzlich noch eine Leitungsstromdichte $\varkappa_1\mathfrak{E}$ möglich. Beide Größen addieren sich zur Gesamtstromdichte $(\varkappa_1 + j\omega\varepsilon_1\varepsilon_0)\mathfrak{E}$. Für das hier vorliegende Problem ist der Faktor $j\omega\varepsilon_1\varepsilon_0$ in Gl. (240) durch den Faktor $\varkappa_1 + j\omega\varepsilon_1\varepsilon_0$ zu ersetzen. Die Größen μ_1, ε_1 und $\varkappa_1$ können beliebig ortsabhängig sein, dürfen aber durch die Feldamplituden nicht beeinflußt werden (Forderung der Linearität).

Je nach Abschlußwiderstand sind im Vierpol die verschiedensten Schwingungszustände möglich (Wellenformen in den Leitungen müssen unverändert bleiben!). Sämtliche Schwingungszustände erfüllen die Maxwellschen Gleichungen unter den Randbedingungen an den Abschlußebenen und an der Abschirmhülle. Es sollen nun zwei beliebige, voneinander völlig unabhängige Schwingungszustände des Feldes herausgegriffen und durch die Indizes a und b gekennzeichnet werden. Die Gleichungen für den Wirbel des elektrischen und magnetischen Feldes entsprechend (240) nehmen dann die anschließend dargestellte Form an; dabei werden die Gleichungen nur für eine Raumrichtung angeschrieben, die Gleichungen für die anderen Raumrichtungen ergeben sich durch zyklische Vertauschung der Koordinaten x, y und z.

$$\frac{\partial\mathfrak{E}_{z_a}}{\partial y} - \frac{\partial\mathfrak{E}_{y_a}}{\partial z} = -j\,\omega\mu_1\mu_0\,\mathfrak{H}_{x_a}, \qquad\qquad -\mathfrak{H}_{x_b}$$

$$\frac{\partial\mathfrak{E}_{z_b}}{\partial y} - \frac{\partial\mathfrak{E}_{y_b}}{\partial z} = -j\,\omega\mu_1\mu_0\,\mathfrak{H}_{x_b}, \qquad\qquad \mathfrak{H}_{x_a}$$

$$\frac{\partial\mathfrak{H}_{z_a}}{\partial y} - \frac{\partial\mathfrak{H}_{y_a}}{\partial z} = (\varkappa_1 + j\,\omega\,\varepsilon_1\varepsilon_0)\,\mathfrak{E}_{x_a}, \qquad -\mathfrak{E}_{x_b}$$

$$\frac{\partial\mathfrak{H}_{z_b}}{\partial y} - \frac{\partial\mathfrak{H}_{y_b}}{\partial z} = (\varkappa_1 + j\,\omega\,\varepsilon_1\varepsilon_0)\,\mathfrak{E}_{x_b}. \qquad \mathfrak{E}_{x_a}$$

Um zu einer Aussage zu gelangen, in der die Materialkonstanten nicht mehr erscheinen, werden alle vier Gleichungen mit den rechts neben ihnen stehenden Feldgrößen multipliziert und sämtlich addiert, wodurch sich folgendes Ergebnis zeigt:

$$\mathfrak{H}_{x_a}\left(\frac{\partial\mathfrak{E}_{z_b}}{\partial y} - \frac{\partial\mathfrak{E}_{y_b}}{\partial z}\right) - \mathfrak{H}_{x_b}\left(\frac{\partial\mathfrak{E}_{z_a}}{\partial y} - \frac{\partial\mathfrak{E}_{y_a}}{\partial z}\right)$$
$$+ \mathfrak{E}_{x_a}\left(\frac{\partial\mathfrak{H}_{z_b}}{\partial y} - \frac{\partial\mathfrak{H}_{y_b}}{\partial z}\right) - \mathfrak{E}_{x_b}\left(\frac{\partial\mathfrak{H}_{z_a}}{\partial y} - \frac{\partial\mathfrak{H}_{y_a}}{\partial z}\right) = 0.$$

Entsprechend ergibt sich durch zyklische Vertauschung:

$$\mathfrak{H}_{y_a}\left(\frac{\partial\mathfrak{E}_{x_b}}{\partial z} - \frac{\partial\mathfrak{E}_{z_b}}{\partial x}\right) - \mathfrak{H}_{y_b}\left(\frac{\partial\mathfrak{E}_{x_a}}{\partial z} - \frac{\partial\mathfrak{E}_{z_a}}{\partial x}\right)$$
$$+ \mathfrak{E}_{y_a}\left(\frac{\partial\mathfrak{H}_{x_b}}{\partial z} - \frac{\partial\mathfrak{H}_{z_b}}{\partial x}\right) - \mathfrak{E}_{y_b}\left(\frac{\partial\mathfrak{H}_{x_a}}{\partial z} - \frac{\partial\mathfrak{H}_{z_a}}{\partial x}\right) = 0,$$

$$\mathfrak{H}_{z_a}\left(\frac{\partial\mathfrak{E}_{y_b}}{\partial x} - \frac{\partial\mathfrak{E}_{x_b}}{\partial y}\right) - \mathfrak{H}_{z_b}\left(\frac{\partial\mathfrak{E}_{y_a}}{\partial x} - \frac{\partial\mathfrak{E}_{x_a}}{\partial y}\right)$$
$$+ \mathfrak{E}_{z_a}\left(\frac{\partial\mathfrak{H}_{y_b}}{\partial x} - \frac{\partial\mathfrak{H}_{x_b}}{\partial y}\right) - \mathfrak{E}_{z_b}\left(\frac{\partial\mathfrak{H}_{y_a}}{\partial z} - \frac{\partial\mathfrak{H}_{x_a}}{\partial y}\right) = 0.$$

Addiert man alle drei Gleichungen, indem man die Glieder etwas umstellt und zu geeigneten Produkten zusammenfaßt, so erhält man:

$$\frac{\partial}{\partial x}[\mathfrak{E}_{y_a}\mathfrak{H}_{z_b} - \mathfrak{E}_{z_a}\mathfrak{H}_{y_b}] + \frac{\partial}{\partial y}[\mathfrak{E}_{z_a}\mathfrak{H}_{x_b} - \mathfrak{E}_{x_a}\mathfrak{H}_{z_b}] + \frac{\partial}{\partial z}[\mathfrak{E}_{x_a}\mathfrak{H}_{y_b} - \mathfrak{E}_{x_a}\mathfrak{H}_{y_b}]$$

$$= \frac{\partial}{\partial x}[\mathfrak{E}_{y_b}\mathfrak{H}_{z_a} - \mathfrak{E}_{z_b}\mathfrak{H}_{y_a}] + \frac{\partial}{\partial y}[\mathfrak{E}_{z_b}\mathfrak{H}_{x_a} - \mathfrak{E}_{x_b}\mathfrak{H}_{z_a}] + \frac{\partial}{\partial z}[\mathfrak{E}_{x_b}\mathfrak{H}_{y_a} - \mathfrak{E}_{y_b}\mathfrak{H}_{x_a}].$$

An dieser Stelle müssen einige Sätze der Vektorrechnung vorausgesetzt werden, um umfangreiche mathematische Beweise zu vermeiden. Die auf der linken Seite in Klammern stehenden Ausdrücke sind die drei räumlichen Komponenten eines Vektors $[\mathfrak{e}_a\mathfrak{h}_b]$, der das Vektorprodukt der Feldstärken $\mathfrak{e}_a$ und $\mathfrak{h}_b$ darstellt. Die Ableitung der einzelnen Komponenten nach den zugehörigen räumlichen Koordinaten ist die Divergenz des Vektors $[\mathfrak{e}_a\mathfrak{h}_b]$. In gleicher Weise stellt die rechte Seite der Gleichung die Divergenz des Vektors $[\mathfrak{e}_a\mathfrak{h}_b]$ dar. Also gilt:

$$\mathrm{div}\,[\mathfrak{e}_a\mathfrak{h}_b] - \mathrm{div}\,[\mathfrak{e}_b\mathfrak{h}_a] = 0.$$

(In der vorliegenden Schreibweise kennzeichnen die deutschen Buchstaben die Vektorgrößen, wobei es sich gleichzeitig um Zeigergrößen handelt.) Die letztgefundene Gleichung muß über den gesamten Innenraum des Vierpols integriert werden. Hierbei wird der Gaußsche Integralsatz angewendet: das räumliche Integral über die Divergenz wird zu einem Oberflächenintegral, bei dem die Normalkomponente des Vektors über die Oberfläche integriert wird. An der gesamten Abschirmung des Vierpols ist die Normalkomponente von $[\mathfrak{e}_a\mathfrak{h}_b]$ und $[\mathfrak{e}_b\mathfrak{h}_a]$ gleich Null, weil die in der Abschirmungsfläche liegende Komponente von $\mathfrak{e}$ verschwinden muß. Es tragen also nur die beiden Flächen F_1 und F_2 nach Abb. 177 zum Integral bei. In den zylindrischen Hohlleitern stehen die elektrischen und magnetischen Transversalkomponenten $\mathfrak{E}_t$ und $\mathfrak{H}_t$ senkrecht aufeinander, so daß z. B. die Normalkomponente des Vektors $[\mathfrak{e}_a\mathfrak{h}_b]$ gleich $\mathfrak{E}_{t_a}\mathfrak{H}_{t_b}$ ist. Somit folgt:

$$\left.\begin{aligned} &\int\limits^{F_1}\!\!\!\int [\mathfrak{E}_{t_{1a}}\mathfrak{H}_{t_{1b}} - \mathfrak{E}_{t_{1b}}\mathfrak{H}_{t_{1a}}]\,d x_1\,d y_1 \\ &- \int\limits^{F_2}\!\!\!\int [\mathfrak{E}_{t_{2a}}\mathfrak{H}_{t_{2b}} - \mathfrak{E}_{t_{2b}}\mathfrak{H}_{t_{2a}}]\,d x_2\,d y_2 = 0. \end{aligned}\right\} \tag{390}$$

Das Minuszeichen vor dem 2. Integral erklärt sich aus der Feldrichtung im Hohlleiter 2, da hier der Energietransport von innen nach außen erfolgt. Die Gl. (390) ist die allgemeine Fassung des Umkehrsatzes für Vierpole, der sich jedoch für die verschiedenen Leitungsformen noch in wesentlich übersichtlicherer Gestalt darstellen läßt.

2. Anwendung auf Doppelleitungsvierpole.

Doppelleitungsvierpole sollen solche Vierpole sein, bei denen entsprechend Abb. 178 die Energiezufuhr und -abfuhr durch Doppelleitungen erfolgt, auf denen sich nur elementare Wellenformen ausbreiten. Elektrisches und magnetisches Feld haben in diesem Fall keine Komponente in Fortpflanzungsrichtung, das elektrische Feld ist im Raum zwischen den beiden Leitern wirbel- und quellenfrei. Statt der Koordinaten x und y in den Querschnittsflächen werden zweckmäßigerweise rechtwinklige Koordinaten eingeführt, die in Richtung der elektrischen und magnetischen Feldlinien laufen und deren Linienelemente die Größen ds_e und ds_h haben mögen. Dadurch erhält die Gl. (390) folgende Form:

$$\int\int^{F_1} [\mathfrak{E}_{t_{1a}} \mathfrak{H}_{t_{1b}} - \mathfrak{E}_{t_{1b}} \mathfrak{H}_{t_{1a}}]\, ds_{e_1}\, ds_{h_1} = \int\int^{F_2} [\mathfrak{E}_{t_{2a}} \mathfrak{H}_{t_{2b}} - \mathfrak{E}_{t_{2b}} \mathfrak{H}_{t_{2a}}]\, ds_{e_2}\, ds_{h_2}.$$

Wegen der Quellenfreiheit der Felder zwischen den Leitern kann man die Doppelintegrale aufspalten:

$$\int^{s_{e_1}} \mathfrak{E}_{t_{1a}}\, ds_{e_1} \int^{s_{h_1}} \mathfrak{H}_{t_{1b}}\, ds_{h_1} - \int^{s_{e_1}} \mathfrak{E}_{t_{1b}}\, ds_{e_1} \int^{s_{h_1}} \mathfrak{H}_{t_{1a}}\, ds_{h_1}$$

$$= \int^{s_{e_2}} \mathfrak{E}_{t_{2a}}\, ds_{e_2} \int^{s_{h_2}} \mathfrak{H}_{t_{2b}}\, ds_{h_2} - \int^{s_{e_2}} \mathfrak{E}_{t_{2b}}\, ds_{e_2} \int^{s_{h_2}} \mathfrak{H}_{t_{2a}}\, ds_{h_2}.$$

Das Linienintegral längs der elektrischen Feldlinien ist nichts anderes als die Spannung zwischen den beiden Leitern, das Linienintegral längs der magnetischen Feldlinien ist gleich dem Strom, der von ihnen umschlungen wird. Also folgt:

$$\mathfrak{U}_{1_a} \mathfrak{J}_{1_b} - \mathfrak{U}_{1_b} \mathfrak{J}_{1_a} = \mathfrak{U}_{2_a} \mathfrak{J}_{2_b} - \mathfrak{U}_{2_b} \mathfrak{J}_{2_a}. \tag{391}$$

Besonders anschaulich sind diese Verhältnisse bei der konzentrischen Doppelleitung zu verstehen. Hier ist $\mathfrak{E}_t = \mathfrak{E}_r$; $\mathfrak{H}_t' = \mathfrak{H}_\zeta$; $ds_e = dr$ und $ds_h = r\, d\zeta$. Weiterhin ist die magnetische Feldstärke proportional $1/r$, also ist $\int \mathfrak{H}_t\, ds_h$ nicht von r abhängig. Das Integral der elektrischen Feldstärke über r ist die Spannung zwischen Innen- und Außenleiter; das Integral über ζ zwischen 0 und 2π ist der im Innenleiter fließende Strom. Die Integrationsgrenzen sind dadurch gegeben, daß über die ganze Querschnittsfläche integriert werden muß.

Da der Umkehrsatz in der vorliegenden Form etwas über den Zusammenhang zwischen Spannung und Strom aussagt, muß man auch die Vierpolgleichungen (384) auf S. 437 in Spannungen und Strömen ausdrücken. Da Spannungen und Ströme bei elementaren Leitungen den in beliebigen Punkten der Querschnittsfläche herrschenden Feldstärken proportional sind, gelten die Vierpolgleichungen in gleicher Weise für Spannungen und Ströme, wobei natürlich die konstanten Koeffizienten $\mathfrak{A}$ entsprechend variiert werden müssen:

$$\left.\begin{aligned} \mathfrak{U}_1 &= \mathfrak{A}_{11} \mathfrak{U}_2 + \mathfrak{A}_{12} \mathfrak{J}_2, \\ \mathfrak{J}_1 &= \mathfrak{A}_{21} \mathfrak{U}_2 + \mathfrak{A}_{22} \mathfrak{J}_2. \end{aligned}\right\} \tag{392}$$

Diese Gleichungen müssen für den Vorgang a und den Vorgang b in gleicher Weise gelten. Also können mit ihrer Hilfe in der Gl. (391) die für die Eingangsseite geltenden Größen (das sind die Größen mit dem Index 1) eliminiert werden:

$$(\mathfrak{A}_{11}\,\mathfrak{U}_{2_a} + \mathfrak{A}_{12}\,\mathfrak{J}_{2_a})\,(\mathfrak{A}_{21}\,\mathfrak{U}_{2_b} + \mathfrak{A}_{22}\,\mathfrak{J}_{2_b})$$
$$- (\mathfrak{A}_{11}\,\mathfrak{U}_{2_b} + \mathfrak{A}_{12}\,\mathfrak{J}_{2_b})\,(\mathfrak{A}_{21}\,\mathfrak{U}_{2_a} + \mathfrak{A}_{22}\,\mathfrak{J}_{2_a}) = \mathfrak{U}_{2_a}\,\mathfrak{J}_{2_b} - \mathfrak{U}_{2_b}\,\mathfrak{J}_{2_a}$$

oder:

$$(\mathfrak{U}_{2_a}\,\mathfrak{J}_{2_b} - \mathfrak{U}_{2_b}\,\mathfrak{J}_{2_a})\,(\mathfrak{A}_{11}\,\mathfrak{A}_{22} - \mathfrak{A}_{21}\,\mathfrak{A}_{12} - 1) = 0.$$

Da nun die Größe $\mathfrak{U}_{2_a}\,\mathfrak{J}_{2_b} - \mathfrak{U}_{2_b}\,\mathfrak{J}_{2_a}$ bei beliebiger Wahl der Betriebszustände a und b nicht stets Null sein kann, folgt zwangsläufig:

$$\mathfrak{A}_{11}\,\mathfrak{A}_{22} - \mathfrak{A}_{12}\,\mathfrak{A}_{21} = 1. \tag{393}$$

Der Umkehrsatz verlangt also, daß die Koeffizientendeterminante in Gl. (392) die Größe 1 annimmt. Die vier Koeffizienten sind nicht unabhängig voneinander. — Die Vierpolgleichungen für den Doppelleitungsvierpol lassen sich auch noch auf viele andere Arten darstellen. Beispielsweise kann man die Eingangs- und Ausgangsspannung in Abhängigkeit von den Strömen darstellen in folgender Form:

$$\mathfrak{U}_1 = \mathfrak{R}_{11}\,\mathfrak{J}_1 + \mathfrak{R}_{12}\,\mathfrak{J}_2,$$
$$\mathfrak{U}_2 = \mathfrak{R}_{21}\,\mathfrak{J}_1 + \mathfrak{R}_{22}\,\mathfrak{J}_2.$$

Hierbei sind die Widerstandsgrößen $\mathfrak{R}$ Konstanten, deren Größen sich durch entsprechende Umformung auf die Koeffizienten $\mathfrak{A}$ der Gl. (392) zurückführen lassen. Dadurch folgt:

$$\mathfrak{R}_{11} = \frac{\mathfrak{A}_{11}}{\mathfrak{A}_{12}} = \mathfrak{R}_{1l},$$
$$\mathfrak{R}_{22} = -\frac{\mathfrak{A}_{22}}{\mathfrak{A}_{21}} = -\mathfrak{R}_{2l},$$
$$\mathfrak{R}_{12} = -\frac{\mathfrak{A}_{11}\,\mathfrak{A}_{22} - \mathfrak{A}_{12}\,\mathfrak{A}_{21}}{\mathfrak{A}_{21}} = -\frac{1}{\mathfrak{A}_{21}} = -\mathfrak{R}_{21}.$$

Die Größen $\mathfrak{R}_{1l}$ und $\mathfrak{R}_{2l}$ sind die schon oben auf S. 438 definierten Eingangs- und Ausgangsleerlaufwiderstände. Die Größen $\mathfrak{R}_{12}$ und $\mathfrak{R}_{21}$ sind entgegengesetzt gleich. Die Größe $\mathfrak{R}_{21}$ wird in der Vierpolrechnung als „Kernwiderstand" bezeichnet, der für die beiden Betriebsrichtungen gleich ist. Die verschiedenen Vorzeichen von $\mathfrak{R}_{12}$ und $\mathfrak{R}_{21}$ erklären sich durch verschiedene Richtungsdefinitionen der Ströme auf der Eingangs- und Ausgangsseite. Somit ergibt sich für den Doppelleitungsvierpol:

$$\left.\begin{aligned}\mathfrak{U}_1 &= \mathfrak{R}_{1l}\,\mathfrak{J}_1 - \mathfrak{R}_{21}\,\mathfrak{J}_2,\\\mathfrak{U}_2 &= \mathfrak{R}_{21}\,\mathfrak{J}_1 - \mathfrak{R}_{2l}\,\mathfrak{J}_2.\end{aligned}\right\} \tag{394}$$

Die in Abb. 185 dargestellten Ersatzschaltbilder für Vierpole erfüllen diese Gleichungen selbstverständlich auch.

3. Anwendung auf Hohlleitungsvierpole.

Hohlleitungsvierpole haben entsprechend Abb. 177 eingangsseitig und ausgangsseitig je eine Hohlleitung. Bei der Auswertung der Integrale des Umkehrsatzes in der Fassung (390) auf S. 454 gelingt die Aufspaltung in Ströme und Spannungen naturgemäß nicht mehr, sofern man nicht durch irgendwelche gekünstelte Definitionen solche Spannungen und Ströme als Rechengrößen einführt. Lediglich für H-Wellen in rechteckigen Hohlleitern, bei denen entweder n_x oder n_y gleich Null ist (vgl. S. 294), ist die Festlegung einer Spannung noch sinnvoll, da die elektrischen Feldlinien sämtlich parallel laufen und der Integrationsweg dadurch von vornherein vorgeschrieben ist. Als Strom kann man in diesem Fall — wie bei allen H-Wellen — den in der metallischen Wandung in z-Richtung fließenden Gesamtstrom festlegen, so daß man in diesem Sonderfall auch noch bei einer Hohlleitung von Leitungswiderständen und Leitungswellenwiderständen sprechen kann. — Um die allgemeine Integration nach Gl. (390) für den Hohlleiter durchzuführen, muß man entsprechend Abb. 177 die Punkte P_1 und P_2 festlegen, an denen man die Feldstärken messen will, die durch die Vierpolgleichungen (384) in Beziehung gesetzt werden. Die an anderen Punkten der Querschnittsflächen F_1 und F_2 herrschenden Feldstärken sind dann den an den festgelegten Aufpunkten herrschenden Feldstärken proportional, was durch folgende Beziehungen gekennzeichnet werden soll:

$$\left.\begin{aligned}
\mathfrak{E}_{t_{1_a}} &= \mathfrak{E}_{t_{I_a}}\, f_I(x_1, y_1), & \mathfrak{E}_{t_{2_a}} &= \mathfrak{E}_{t_{II_a}}\, f_{II}(x_2, y_2), \\
\mathfrak{E}_{t_{1_b}} &= \mathfrak{E}_{t_{I_b}}\, f_I(x_1, y_1), & \mathfrak{E}_{t_{2_b}} &= \mathfrak{E}_{t_{II_b}}\, f_{II}(x_2, y_2), \\
\mathfrak{H}_{t_{1_a}} &= \mathfrak{H}_{t_{I_a}}\, f_I(x_1, y_1), & \mathfrak{H}_{t_{2_a}} &= \mathfrak{H}_{t_{II_a}}\, f_{II}(x_2, y_2), \\
\mathfrak{H}_{t_{1_b}} &= \mathfrak{H}_{t_{I_b}}\, f_I(x_1, y_1), & \mathfrak{H}_{t_{2_b}} &= \mathfrak{H}_{t_{II_b}}\, f_{II}(x_2, y_2).
\end{aligned}\right\} \quad (395)$$

Die Funktionen f_I und f_{II} sind durch die Wellenform und die Wahl der Punkte P_1 und P_2 festgelegt. Es ist hierbei von der oben schon mehrfach angewandten Beziehung Gebrauch gemacht, daß die relative Verteilung für die transversalen elektrischen und magnetischen Feldkomponenten die gleiche ist. Durch Einsetzen in Gl. (390) ergibt sich:

$$\left.\begin{aligned}
&\int\limits^{F_1}\!\!\int f_I^2(x_1, y_1)\, \mathrm{d}x_1\, \mathrm{d}y_1 \cdot [\mathfrak{E}_{t_{I_a}} \mathfrak{H}_{t_{I_b}} - \mathfrak{E}_{t_{I_b}} \mathfrak{H}_{t_{I_a}}] \\
&= \int\limits^{F_2}\!\!\int f_{II}^2(x_2, y_2)\, \mathrm{d}x_2\, \mathrm{d}y_2 \cdot [\mathfrak{E}_{t_{II_a}} \mathfrak{H}_{t_{II_b}} - \mathfrak{E}_{t_{II_b}} \mathfrak{H}_{t_{II_a}}].
\end{aligned}\right\} \quad (396)$$

Um zu den gleichen einfachen und übersichtlichen Beziehungen zu kommen, wie man sie bei den Doppelleitungsvierpolen gewinnen konnte, muß man die Punkte P_1 und P_2 so auswählen, daß die Flächenintegrale über f_I^2 und f_{II}^2 einander gleich werden. Integrale derselben Form tauchen auch bei der Leistungsberechnung in Hohlleitungen auf (vgl.

S. 281). Zum Beispiel ist die für den Vorgang a durch den Querschnitt F_1 transportierte Wirkleistung:

$$N_{z_{1_a}} = \tfrac{1}{2}(\mathfrak{E}_{t_{I_a}} \times \mathfrak{H}_{t_{I_a}}) \int\limits^{F_1}\!\!\int f_I^2(x_1, y_1)\, \mathrm{d}x_1\, \mathrm{d}y_1$$

und die Wirkleistung im Querschnitt 2:

$$N_{z_{2_a}} = \tfrac{1}{2}(\mathfrak{E}_{t_{II_a}} \times \mathfrak{H}_{t_{II_a}}) \int\limits^{F_2}\!\!\int f_{II}^2(x_2, y_2)\, \mathrm{d}x_2\, \mathrm{d}y_2.$$

Sollen nun in der Beziehung (396) die Flächenintegrale einander gleich sein, so müssen die Punkte P_1 und P_2 so ausgewählt werden, daß bei gleichem Leistungstransport durch die Hohlleitungen auch die gleichen Leistungsdichten an den gewählten Punkten vorhanden sind. Da in einem Hohlleiterquerschnitt die Leistungsdichten an den verschiedenen Punkten zwischen einem Höchstwert und Null liegen, so lassen sich für zwei beliebige Hohlleiter immer Punkte gleicher Leistungsdichte finden. Sind insbesondere die beiden Hohlleiter einander gleich und führen die gleiche Wellenform, so erfüllen Punktepaare, die die gleichen Flächenkoordinaten haben, diese Bedingung.

Sind die Punkte P_1 und P_2 nach den angegebenen Gesichtspunkten gewählt, so gilt für die Beziehung (384) auf S. 437 ebenfalls die in Gl. (393) dargestellte Forderung, daß die Koeffizientendeterminante 1 sein muß. Bei entsprechender Umformung kann man wie in Gl. (394) auch für die vorliegenden Feldgrößen schreiben:

$$\left.\begin{aligned} \mathfrak{E}_{t_I} &= \mathfrak{R}_{11}\,\mathfrak{H}_{t_I} - \mathfrak{R}_{21}\,\mathfrak{H}_{t_{II}}, \\ \mathfrak{E}_{t_{II}} &= \mathfrak{R}_{21}\,\mathfrak{H}_{t_I} - \mathfrak{R}_{2l}\,\mathfrak{H}_{t_{II}}. \end{aligned}\right\} \tag{397}$$

Auf diese Weise lassen sich die Vierpolgleichungen auch auf die Feldgrößen ohne Einschränkung anwenden.

4. Anwendung auf Antennensysteme.

Besonders bemerkenswerte Ergebnisse zeigt die Vierpoltheorie einschließlich des Umkehrsatzes bei der Anwendung auf Antennensysteme. Abb. 189 zeigt einen Vierpol, dessen Pole durch die Anschlußklemmen zweier Strahler gebildet werden. Im bevorzugten Betriebsfall liegt am Strahler I der Sender, am Strahler II der Empfänger. Die Spannungen und Ströme entsprechen dann in ihren Definitionen genau dem Vierpol nach Abb. 178 auf S. 439. Es wird für das vorliegende Beispiel nur der Doppelleitungsvierpol behandelt. Im Hohlleitungsvierpol (z. B. bei der Anwendung von Hornstrahlern) sind die Verhältnisse in gleicher Weise zu errechnen.

Im vorliegenden Fall ist der Vierpol gegenüber den bisher betrachteten Aufbauformen umgestülpt, indem das Innere des Vierpols in den Außenraum gekehrt ist. Die Abschirmhüllen des Vierpols sind die um den Sender und den Empfänger liegenden Abschirmungen. Nach dem Außenraum hin ist der Vierpol offen. Man kann sich eine weitere Begrenzungsfläche des Vierpols dadurch vorstellen, daß man eine Kugel mit sehr großem Radius um die gesamte Anordnung gelegt denkt. Für die Lösung des Umkehrsatzes muß das Integral (390) auf S. 454 auch über diese äußere Grenzfläche erstreckt werden. Bei sehr großem Radius der Kugel sind zwar die Feldstärken sehr klein, anderseits die Kugelfläche aber sehr groß. Stellt man sich die Kugel so groß vor, daß ihr Radius auch gegen den räumlichen Abstand zwischen Sender und Empfänger groß wird, so wird man an der Kugelfläche das Strahlungsfeld als eine Kugelwelle oder als Überlagerung einer endlichen Anzahl von Kugelwellen

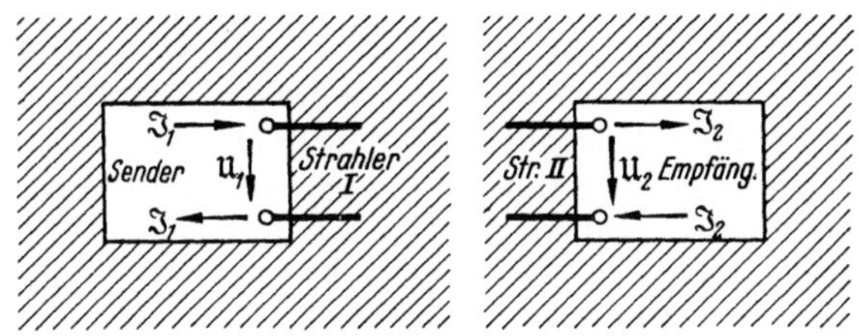

Abb. 189. Zur Awendung der Vierpoltheorie auf Antennensysteme.

auffassen können. Für Kugelwellen gilt aber entsprechend den Ausführungen auf S. 374 in der Fernzone: $\mathfrak{E}_t = Z_1 \mathfrak{H}_t$. Also gilt entsprechend $\mathfrak{E}_{t_{1a}} = Z_1 \mathfrak{H}_{t_{1a}}$, $\mathfrak{E}_{t_{1b}} = Z_1 \mathfrak{H}_{t_{1b}}$, und es folgt daraus:

$$\mathfrak{E}_{t_{1a}} \mathfrak{H}_{t_{1b}} - \mathfrak{E}_{t_{1b}} \mathfrak{H}_{t_{1a}} = Z_1 \mathfrak{H}_{t_{1a}} \mathfrak{H}_{t_{1b}} - Z_1 \mathfrak{H}_{t_{1b}} \mathfrak{H}_{t_{1a}} = 0.$$

Mithin verschwindet bei der Integration über die große Außenkugel der Integrand und somit das gesamte Integral. Die Gl. (390) mit all ihren Folgen bleibt unverändert vorhanden. Insbesondere gilt für den in Abb. 189 dargestellten Doppelleitungsvierpol nach Gl. (394) auf S. 456:

$$\mathfrak{U}_1 = \mathfrak{R}_{11} \mathfrak{I}_1 - \mathfrak{R}_{21} \mathfrak{I}_2,$$
$$\mathfrak{U}_2 = \mathfrak{R}_{21} \mathfrak{I}_1 - \mathfrak{R}_{2l} \mathfrak{I}_2.$$

Die Größe $\mathfrak{R}_{21}$, die oben als „Kernwiderstand" bezeichnet wurde, wird auch oft „Gegenwiderstand" genannt.

In den meisten Fällen der Praxis sind Sender- und Empfängerantennen räumlich weit voneinander entfernt. Unter diesen Umständen wird der Gegenwiderstand $\mathfrak{R}_{21}$ sehr klein; die Widerstände $\mathfrak{R}_{11}$ und $\mathfrak{R}_{2l}$ stellen die Eigenwiderstände der Antennen dar, die auch in dem Fall vorhanden waren, daß sich jede der beiden Antennen allein im freien Raum befindet. In dem Sonderfall der in Abschnitt E auf S. 388ff. berechneten Linearantennen können dies die Strahlungswiderstände der beiden Antennen sein, deren Realteile oben errechnet wurden. Dies ist jedoch nur dann der Fall, wenn man die Vierpolklemmen wirklich unmittelbar auf die Anschlußpunkte der beiden Antennen bezieht;

schaltet man noch eine Doppeldrahtleitung oder einen beliebigen Vierpol dazwischen, so erscheinen diese Widerstände transformiert. In der oberen Gl. (394) kann man das 2. Glied rechts fortlassen, da sowohl $\Re_{21}$ als auch $\Im_2$ sehr klein ist. Dies bedeutet mit anderen Worten, daß der Empfänger keinerlei Rückwirkung auf den Sender ausübt. In der unteren Gl. (394) dagegen darf kein Glied fortbleiben. Die geringe Größe von $\Re_{21}$ besagt lediglich, daß Spannung $\mathfrak{U}_2$ und Strom $\Im_2$ am Empfänger auch klein sein müssen. Vertauscht man Sender und Empfänger gegeneinander, so vertauschen sich auch die Belastungen durch die Eigenwiderstände $\Re_{1l}$ und $\Re_{2l}$. Der Gegenwiderstand dagegen bleibt beim Betrieb in beiden Richtungen unverändert.

Alle Strahler haben eine mehr oder weniger ausgeprägte Richtwirkung (vgl. oben). Ändert man die räumliche Anordnung der beiden betrachteten Strahler beispielsweise durch Drehen eines Strahlers, so ändert sich der Gegenwiderstand $\Re_{21}$, während die Eigenwiderstände $\Re_{1l}$ und $\Re_{2l}$ unverändert bleiben. Hierbei ist es wegen des Umkehrsatzes vollkommen belanglos, ob der gedrehte Strahler als Sender- oder Empfangsstrahler verwendet wird. Verwendet man den gedrehten Strahler als Senderstrahler, so ändert sich die Spannung am Empfänger je nach Richtcharakteristik mit dem Drehwinkel. Verwendet man dagegen den gedrehten Strahler als Empfangsantenne, so ist die relative Spannungsänderung mit dem Drehwinkel genau die gleiche. Dies bedeutet, daß die Richtcharakteristiken für einen Strahler im Sende- und Empfangsfall einander gleich sind.

Der betrachtete Vierpol ist mit dem Empfängereingangswiderstand $\Re_2 = \dfrac{\mathfrak{U}_2}{\Im_2}$ abgeschlossen. Aus der zweiten Gl. (394) folgt:

$$\Im_1 \Re_{21} = \Im_2 (\Re_{2l} + \Re_2) = \mathfrak{U}_{2l}.$$

Diese Größe ist gleich der Leerlaufspannung $\mathfrak{U}_{2l}$ an der Empfangsantenne. Der Strom im Empfänger ist von der Belastung durch den Widerstand $\Re_2$ abhängig. Der optimale Leistungsentzug aus der Empfangsantenne entsteht bekanntlich, wenn der Belastungswiderstand $\Re_2$ zu dem inneren Widerstand $\Re_{2l}$ konjugiert komplex ist, d. h. es muß Abstimmung auf Resonanz vorhanden sein. Somit folgt:

$$\mathrm{Re}\,(\Re_{2l}) = \mathrm{Re}\,(\Re_2),$$
$$I_1 |\Re_{21}| = I_2 \cdot 2\,\mathrm{Re}\,(\Re_{2l}) = \hat{U}_{2l}.$$

Die maximale, der Empfangsantenne zu entnehmende Leistung ist:

$$N_2 = \frac{1}{2} I_2^2\,\mathrm{Re}\,(\Re_{2l}) = \frac{\hat{U}_{2l}^2}{8\,\mathrm{Re}\,(\Re_{2l})}.$$

Entsprechend ergibt sich für die Senderleistung:

$$N_1 = \tfrac{1}{2} I_1^2\,\mathrm{Re}\,(\Re_{1l}).$$

Beachtet man den Zusammenhang durch die Vierpolgleichungen:

$$I_1^2 \, |\Re_{21}|^2 = I_2^2 \cdot 4 \, \mathrm{Re}^2 (\Re_{2l}),$$

so ergibt sich zwischen Sende- und maximaler Empfangsleistung der folgende Zusammenhang

$$N_2 = N_1 \frac{|\Re_{21}|^2}{4 \, \mathrm{Re}\,(\Re_{1l}) \, \mathrm{Re}\,(\Re_{2l})} \, . \tag{398}$$

Bei der bis jetzt erfolgten Darstellung ist noch unbefriedigend, daß man den Betrag des Gegenwiderstandes $|\Re_{21}|$ und seine Abhängigkeit von den Antennenformen und dem Antennenabstand nicht kennt. Zur Berechnung dieser Größe werden zweckmäßig zwei neue Begriffe eingeführt, die effektive Antennenhöhe h und die Wirkfläche F der Antenne.

Wird eine Antenne in ein am Empfangsort herrschendes homogenes elektrisches Feld $\hat{E}_2$ hineingebracht, so zeigt sie an ihren Klemmen eine Leerlaufspannung $\hat{U}_{2l}$. Über den Begriff der effektiven Höhe werden Leerlaufspannung und Feldstärke in Beziehung gesetzt: $h_2 = \dfrac{\hat{U}_{2l}}{\hat{E}_2}$. Die effektive Höhe h_2 ist eine Funktion der räumlichen Orientierung. Die Berechtigung dieser Definition ist am Beispiel der kurzen Linearantenne leicht verständlich, da in diesem Fall die effektive Höhe h_2 mit der Länge s der kurzen Linearantenne unmittelbar übereinstimmt, wenn die Antenne in Richtung der Feldlinien angeordnet ist. Man kann jedoch den Begriff der effektiven Höhe für beliebig geformte Drahtantennen und Flächenstrahler verwenden.

Befindet sich am Empfangsort eine homogene Feldstärke $\hat{E}_2$, so ist im ungestörten elektromagnetischen Feld die Leistungsdichte $N_2^* = \dfrac{\hat{E}_2^2}{2 Z_1}$. Wenn man bei günstigster Anpassung der Empfangsantenne eine Leistung N_2 entziehen kann, so definiert man als „Wirkfläche" der Antenne die Größe:

$$F_2 = \frac{N_2}{N_2^*} = \frac{N_2}{\left(\dfrac{\hat{E}_2^2}{2 Z_1}\right)} \, .$$

Auch die Größe der Wirkfläche ist richtungsabhängig. Die Berechtigung der Definition zeigt sich besonders bei Flächenstrahlern, deren Ausdehnungen sehr groß gegen die Wellenlänge sind. In diesem Fall stimmt in der Hauptstrahlungsrichtung die Wirkfläche mit der geometrischen Fläche überein. Die Definition der Wirkfläche kann jedoch auch im Falle beliebiger Antennenausdehnung (d. h. auch bei linearen Antennen) verwendet werden.

Den Zusammenhang zwischen effektiver Höhe und Wirkfläche an Empfangsantennen erkennt man aus den Vierpolgleichungen (394) auf S. 456. Es ist:

$$\hat{U}_{2l} = |\Re_{21}|\, \hat{I}_1; \qquad N_2 = \hat{U}_{2l}^2/[8\,\mathrm{Re}\,(\Re_{2l})];$$

also:

$$F_2 = h_2^2\, \frac{Z_1}{4\,\mathrm{Re}\,(\Re_{2l})}\,. \tag{399}$$

Durch diese Beziehung ist der unmittelbare Zusammenhang zwischen den beiden Größen dargestellt. Welche der beiden Größen man zur Kennzeichnung der Antennen verwendet, ist grundsätzlich gleichgültig. Im Gebiete der Höchstfrequenztechnik bewährt sich der Begriff der Wirkfläche besser, da die meisten Antennenanordnungen Flächenstrahler sind, die die Größe der Wellenlänge übertreffen. Außerdem kann man bei Anschluß eines verlustlosen Vierpols an die Empfangsantenne den Begriff der Wirkfläche unverändert beibehalten, da sich die Größe der maximal zu entziehenden Leistung durch die Zwischenschaltung des verlustlosen Vierpols nicht ändert. Dagegen transformiert sich am Empfänger die Leerlaufspannung, d. h. die effektive Höhe nimmt einen anderen Wert an. Entsprechend Gl. (347) auf S. 390 ergibt sich für die kurze Linearantenne:

$$\mathrm{Re}\,(\Re_{2l}) = R_s = \frac{2}{3}\pi Z_1 \left(\frac{h_2}{\lambda_1}\right)^2,$$

$$F_{lin} = \frac{3}{8\pi}\lambda_1^2. \tag{400}$$

Die Wirkfläche der kurzen Linearantenne ist also unabhängig von der Antennengröße selbst, sofern diese nur genügend klein gegenüber der Wellenlänge bleibt. Dies bedeutet, daß man den Leistungsentzug auch bei beliebig kleinen Antennen zustande bringen könnte, sofern keine Stromwärmeverluste an der Antenne auftreten.

Wegen der Gültigkeit des Umkehrsatzes lassen sich die Größen h_2 und F_2, die bisher nur für die Empfangsantennen definiert wurden, auch auf Senderantennen anwenden. Betrachtet man vorerst den Sonderfall, daß die Senderantenne eine kurze Linearantenne ist, so gilt entsprechend Gl. (346) auf S. 389 für das elektrische Feld in der Hauptstrahlungsrichtung:

$$\hat{E}_2 = \frac{\hat{I}_1 Z_1 h_1}{2\,\lambda_1 r}\,. \tag{401}$$

Die Empfangsantenne kann beliebig gestaltet sein und soll eine effektive Höhe h_2 besitzen. Dann ist die Leerlaufspannung: $\hat{U}_{2l} = h_2\hat{E}_2$. Für den Betrag des Gegenwiderstandes ergibt sich dann:

$$|\Re_{21}| = \frac{\hat{U}_{20}}{\hat{I}_1}\,,$$

$$|\Re_{21}| = Z_1\frac{h_1 h_2}{2\,\lambda_1 r}\,. \tag{402}$$

Entsprechend den oben dargestellten Zusammenhängen ändert sich der Gegenwiderstand nicht, wenn man Sender- und Empfangsantenne vertauscht. In diesem Fall ist die Empfangsantenne eine kurze Linearantenne von der Länge h_2. Die Feldstärke am Empfangsort ist:

$$\hat{E}_2 = \frac{\hat{U}_{2l}}{h_2} = \frac{|\Re_{21}|\,\hat{I}_1}{h_1} = Z_1\frac{h_2\,\hat{I}_1}{2\,\lambda_1\,r}.$$

Es ist wiederum die Gl. (401) entstanden. Dies bedeutet, daß die Gleichung nicht nur für kurze Linearantennen, sondern für Antennen beliebiger Art gilt, wenn man die gültige effektive Höhe einsetzt. In gleicher Weise gilt auch die Gl. (402) für beliebige Antennen.

Eliminiert man aus den Gl. (402) und (399) die effektiven Antennenhöhen, so erhält man:

$$|\Re_{21}|^2 = 4\frac{F_1 F_2}{\lambda_1^2\,r^2}\,\mathrm{Re}\,(\Re_{1l})\cdot\mathrm{Re}\,(\Re_{2l}).$$

Zusammen mit Gl. (398) ergibt sich dann:

$$N_2 = N_1\frac{F_1 F_2}{\lambda_1^2\,r^2}. \tag{403}$$

Diese Formel stellt die Beziehung zwischen Sendeleistung und maximaler Empfangsleistung dar. Die Wirkflächen F_1 und F_2 der beiden zur Übertragung verwendeten Antennen sind richtungsabhängig, werden jedoch im allgemeinen auf die Hauptstrahlungsrichtung bezogen.

Für eine Reihe von Berechnungen ist es günstig, den „Gewinn" einer Antenne zu betrachten, indem man ihre Wirkfläche mit der Wirkfläche der kurzen Linearantenne entsprechend der Gl. (400) auf S. 462 vergleicht. Der Gewinn ist definiert durch die Beziehung:

$$g = \frac{F}{F_{lin}}$$

und stellt ebenfalls eine richtungsabhängige Größe dar. Durch Einführung von g erhält die Leistungsgleichung (403) die Form

$$N_2 = g_1 g_2 N_1\frac{9}{64\,\pi^2}\frac{\lambda_1^2}{r^2}. \tag{404}$$

Der Gewinn einer Antenne läßt sich aus ihrem Erregerstrom $\hat{I}_1$, dem Wirkanteil ihres Strahlungswiderstandes $\mathrm{Re}\,(\Re_{1l}) = R_S$ und der elektrischen Feldstärke im Fernfeld $\hat{E}_2$ nach den Gl. (401), (400) und (399) errechnen. Zum Beispiel gilt für die Antenne 1:

$$g_1 = \frac{8\,\pi}{3}\frac{r^2}{Z_1 R_S}\frac{\hat{E}_2^2}{\hat{I}_1^2}. \tag{405}$$

G. Literaturverzeichnis.

Auf Literaturhinweise innerhalb des Textes wurde bewußt verzichtet, um eine in sich geschlossene Darstellung des Stoffes zu erzielen. Das hier folgende Literaturverzeichnis soll Quellenangaben und Hinweise auf ausführlichere Arbeiten liefern. Es erhebt keinerlei Anspruch auf Vollständigkeit, sondern stellt eine bewußte Auswahl aus der sehr großen Anzahl der erschienenen Veröffentlichungen dar. Grundsätzlich wurde nur die Zeitschriftenliteratur berücksichtigt; zusammenfassende Buchveröffentlichungen und Patentschriften wurden nicht aufgenommen. Bevorzugt wurden die Arbeiten, die den Stoff besonders klar darstellen, ohne Rücksicht darauf, ob sie die Erstveröffentlichungen sind.

Um dem Leser die Benutzung des Literaturverzeichnisses zu erleichtern, sind kurze Hinweise eingestreut. Die Gliederung ist die gleiche wie im vorangegangenen Text.

Bei mathematischen Ableitungen und zahlenmäßigen Auswertungen wurde innerhalb des Textes mehrfach auf die „Funktionentafeln" von Jahnke und Emde hingewiesen; die Seitenzahlen beziehen sich auf die Auflage:

[1] Jahnke u. Emde: Tafeln höherer Funktionen (bearbeitet von F. Emde). 4. Aufl. Leipzig: B. G. Teubner Verlag 1948.

1. Elektronenströmungen.

Die Elektronenbewegung in beliebig gestalteten elektrischen Feldern ist in sehr vielen Arbeiten zusammengestellt, die sich mit irgendwelchen Teilproblemen der Laufzeitröhren befassen. Mit der *Erscheinung des Influenzstromes* beschäftigen sich speziell die Arbeiten:

[2] Ramo, S.: Currents induced by electron motion. Proc. Inst. Radio Engrs. Bd. 27 (1939) S. 584.

[3] Shockley, W.: Currents to conductors induced by a moving point charge. J. Appl. Phys. Bd. 9 (1938) S. 635.

Die *Elektronenbewegung in ebenen elektrischen Feldern* bei Vernachlässigung des Raumladungseinflusses auf die Bewegung findet sich bei:

[4] Bakker, C. J. and G. de Vries: Amplification of small alternating tensions by an inductive action of the electrons in a radio valve. Physica Bd. 1 (1934) S. 1045.

[5] — On vacuum tube electronics. Physica Bd. 2 (1935) S. 683.

[6] Gundlach, F. W.: Die lineare Theorie der Laufzeitröhren. FTZ Bd. 2 (1949) S. 319.

Eine Berücksichtigung der Raumladung bringen die Arbeiten:

[7] Müller, J.: Elektronenschwingungen im Hochvakuum. Hochfrequenztechn. Bd. 41 (1933) S. 156.

[8] Benham, W. E.: A contribution to tube and amplifier theory. Proc. Inst. Radio Engrs. Bd. 26 (1938) S. 1093.

[9] König, H. W.: Die Ähnlichkeitsgesetze des elektromagnetischen Feldes und ihre Anwendung auf Elektronenröhren. Hochfrequenztechn. Bd. 60 (1942) S. 50.

[10] — Über das Verhalten von Elektronenströmen im elektrischen Längsfeld. Hochfrequenztechn. Bd. 62 (1943) S. 76.

Die Berechnung der *Sättigungsdiode* ist in den schon erwähnten Arbeiten [4], [5], [6] und [7] enthalten; die *Raumladungsdiode* wird außer in den Arbeiten [7] und [8] insbesondere im Hinblick auf große Wechselspannungen behandelt bei:

[11] G u n d l a c h , F. W.: Die Raumladungssteuerung im Laufzeitgebiet bei hohen Aussteuerungsgraden. Z. Naturforschg. Bd. 2a (1947) S. 111 — Funk u. Ton Bd. 2 (1948) S. 417, 454 u. 516.

Experimentelle Ergebnisse behandeln die Aufsätze:

[12] M ü l l e r , J.: Experimentelle Untersuchungen über Elektronenschwingungen. Hochfrequenztechn. Bd. 44 (1934) S. 195.

[13] L l e w e l l i n , F. B. and A. E. B o w e n : The production of ultra-high frequency oscillations by means of diodes. Bell. Syst. techn. J. Bd. 18 (1939) S. 280.

Die *Diode mit endlicher Startgeschwindigkeit* ist im Arbeitsbereich bei kleinen Wechselspannungen bereits in den Aufsätzen [5] und [6] enthalten, eine ausführliche rechnerische Behandlung bei großen Wechselspannungen finbet sich bei:

[14] K l e i n s t e u b e r , W.: Laufzeitschwingung bei großer Amplitude. Hochfrequenztechn. Bd. 59 (1942) S. 112.

Über die *Bremsfeldröhren* ist die Literatur außerordentlich umfangreich, was sich dadurch erklärt, daß die Bremsfeldröhren die ersten Laufzeitröhren waren. Unterschiedliche Betrachtungsweisen ergeben sich dadurch, daß eine einfache Hin- und Herbewegung oder ein Mehrfachpendeln der Elektronen im Hochfrequenzfeld vorliegen kann. Die Erstveröffentlichung:

[15] B a r k h a u s e n , H. u. K. K u r z : Die kürzesten, mit Vakuumröhren herstellbaren Wellen. Phys. Z. Bd. 21 (1920) S. 1

setzt eine Mehrfachpendelung voraus, während die Arbeit:

[16] G i l l , E. W. B. and J. H. M o r r e l l : Short electric waves obtained by valves. Phil. Mag. Bd. 44 (1922) S. 161

eine einfache Bewegung der Elektronen annimmt. Diese Unterschiede wurden in älteren Arbeiten oft nicht klar herausgebracht. Um eine grundsätzliche Klärung bemüht sich die Arbeit:

[17] G u n d l a c h , F. W. u. W. K l e i n s t e u b e r : Über den Elektronenmechanismus bei der Bremsfeldröhre. Z. techn. Phys. Bd. 22 (1941) S. 57.

Für kleine Wechselspannungen sind die Lösungen für einfachen Hin- und Rückgang in den Arbeiten [5] und [6] zu finden, sofern man von Raumladungseinflüssen auf die Elektronenbewegung absieht; mit der Raumladung beschäftigt sich die Arbeit:

[18] K l e i n s t e u b e r , W.: Der Einfluß der Raumladung im ebenen Bremsfeld. Hochfrequenztechn. Bd. 53 (1939) S. 199.

Das Verhalten bei großen Wechselspannungen untersuchen die Arbeiten:

[19] K l e i n s t e u b e r , W.: Die Bremsfeldanfachung bei großen Wechselspannungen. Hochfrequenztechn. Bd. 57 (1941) S. 1.

[20] K o c k e l , B.: Barkhausen-Kurz-Schwingungen bei hohen Wechselspannungen. Z. techn. Phys. Bd. 22 (1941) S. 215.

Daß die Vorstellungen des einfachen Hin- und Herpendelns brauchbare Ergebnisse liefern, zeigt außer der schon zitierten Arbeit [17] der Aufsatz:

[21] A l l e r d i n g , A., W. D ä l l e n b a c h u. W. K l e i n s t e u b e r : Der Resotank, ein neuer Generator für Mikrowellen. Hochfrequenztechn. Bd. 51 (1938) S. 96.

Die Untersuchungen über die Mehrfachpendelung der Elektronen, auf die im Textteil dieses Buches nicht näher eingegangen ist, finden sich in folgenden Arbeiten:

[22] Kockel, B. u. B. Mrowka: Zur Theorie der Barkhausen-Kurz-Röhre. Z. techn. Phys. Bd. 20 (1939) S. 42.

[23] Kockel, B.: Beiträge zur Theorie der Barkhausen-Kurz-Schwingungen. Jb. AEG-Forschg. Bd. 6 (1939) S. 104.

[24] Mrowka, B.: Die Elektronenpendelung im Hochfrequenzfeld. Jb. AEG-Forschg. Bd. 6 (1939) S. 111.

Zwei sehr umfangreiche und eingehende Arbeiten zu diesem Thema sind:

[25] Dick, M.: Die Grundschwingungen der Raumladeschwingungen im elektrischen Bremsfeld. Elektr. Nachr.-Techn. 1936, Sonderheft.

[26] Alfvén, H.: Investigations on ultrashort waves. Uppsala: Universitets Arsskrift 1934.

Über *Gitterelektroden*, die von Elektronenströmungen durchsetzt werden, finden sich rechnerische Darstellungen in allen Lehrbüchern über Elektronenröhren. Die Darstellung, die sich der Problemstellung bei Laufzeitröhren am besten anpaßt, ist:

[27] Gundlach, F. W.: Berechnung der Gittersteuerung in Elektronenröhren mittels einer Ersatzbilddarstellung. Arch. Elektrotechn. Bd. 37 (1943) S. 463.

Eine eingehende Berechnung für Paralleldrahtgitter ist durchgeführt in der Arbeit:

[28] Herne, H.: Valve amplification factor. Wireless Engr. Bd. 21 (1944) S. 59.

Blendenelektroden, mit denen sich viele Arbeiten über Elektronenoptik befassen, sind berechnet in der Arbeit:

[29] Glaser, A. u. W. Henneberg: Die Potentialverteilung in Schlitzblende und Lochblende. Z. techn. Phys. Bd. 16 (1935) S. 222.

Mit den statischen *Raumladungsverhältnissen in Elektronenstrahlen*, die durch kreislochförmige Blenden treten, beschäftigen sich die Beiträge:

[30] Labus, J.: Der Einfluß der Raumladung auf die Phasenfokussierung von Elektronenstrahlen. Z. Naturforschg. Bd. 3a (1948) S. 52.

[31] Doehler, O. u. W. Kleen: Über den Einfluß der Raumladung in der Laufzeitröhre. Funk u. Ton Bd. 3 (1949) S. 392.

[32] Watson, E. E.: Dispersion of an electron beam. Phil. Mag. Bd. 7, 3 (1927) S. 849.

[33] Haeff, A. V.: Space charge effects in electron beams. Proc. Inst. Radio Engrs. Bd. 27 (1939) S. 586.

Das Grundproblem der *Intensitätssteuerung* bei Vierpolstrecken, die in allen Fällen der Praxis eine Raumladungssteuerung ist, findet sich in den Arbeiten [7], [8], [11]; zusätzlich ist zu verweisen auf die Darstellung:

[34] Zuhrt, H.: Die Verstärkung einer Dreielektrodenröhre mit ebenen Elektroden bei ultrahohen Frequenzen. Hochfrequenztechn. Bd. 47 (1936) S. 58 u. 79.

Die Literatur über die *Geschwindigkeitssteuerung* ist sehr umfangreich; die Grundlagen für kleine Wechselspannungen sind bereits in den Arbeiten [5] und [6] enthalten. Deutlich herausgearbeitet wurde der Begriff der Geschwindigkeitssteuerung in den Veröffentlichungen:

[35] Brüche, E. u. A. Recknagel: Über die Phasenfokussierung bei der Elektronenbewegung in schnell veränderlichen elektrischen Feldern. Z. Phys. Bd. 108 (1938) S. 459.

[36] Hahn, W. C. and G. F. Metcalf: Velocity-modulated tubes. Proc. Inst. Radio Engrs. Bd. 27 (1939) S. 106.

[37] Varian, R. H. and S. F. Varian: A high-frequency oscillator and amplifier. J. Appl. Phys. Bd. 10 (1939) S. 321.

Die Theorie der Geschwindigkeitssteuerung bei kleinen Wechselspannungen ist ausführlich dargestellt bei:

[38] Hahn, W. C.: Small signal theory of velocity-modulated electron beams. Gen. Elektr. Rev. Bd. 42 (1949) S. 238.

Mit rechnerischen Lösungen bei großen Wechselspannungen befassen sich die schon erwähnte Arbeit [14] und die Arbeiten:

[39] Webster, D. L.: Cathode ray-bunching. Theory of klystrom oscillations. J. Appl. Phys. Bd. 10 (1939) S. 501 u. 864.

[40] Kockel, B.: Geschwindigkeitsgesteuerte Laufzeitröhren. Beitrag zur Theorie. Z. techn. Phys. Bd. 22 (1941) S. 77.

[41] Döring, H.: Zur Theorie geschwindigkeitsgesteuerter Laufzeitröhren. Teil I. Hochfrequenztechn. Bd. 62 (1943) S. 98 — Teil II. Arch. elektr. Übertrag. Bd. 3 (1949) S. 293.

Um rein graphische Lösungen des Problems bemühen sich die Arbeiten:

[42] Geiger, M.: Stromcharakteristiken in Röhren mit Geschwindigkeitssteuerung. Telefunkenröhre 1939, H. 16, S. 177.

[43] — Graphische Ermittlung von Elektronenlaufzeiten im homogenen elektrischen Schwingungsfelde. Telefunkenröhre 1940, H. 19/20, S. 109.

Eine experimentelle Lösung mittels Analogieversuchen behandelt die Arbeit:

[44] Hollmann, H. E.: Ballistische Modelle von geschwindigkeitsgesteuerten Laufzeitgeräten. Hochfrequenztechn. Bd. 55 (1940) S. 73.

Während alle bisher genannten Arbeiten über Geschwindigkeitssteuerung den Einfluß der Raumladung auf die Elektronenbewegung vernachlässigen, wird dieser in den schon oben zitierten Arbeiten [30] und [31] berücksichtigt.
Die *Geschwindigkeitssteuerung bei reflektierter Elektronenströmung*, die für kleine Wechselspannungen in den Arbeiten [5] und [6] enthalten ist und die auch in einigen anderen schon genannten Arbeiten Erwähnung findet (insbesondere [41]), wird ausführlich dargestellt bei:

[45] Lafferty, J. M.: Velocity-modulated reflex oscillator. Proc. Inst. Radio Engrs. Bd. 35 (1947) S. 913.

Der Einfluß des *endlichen Laufwinkels in der Steuerstrecke* wird in den meisten genannten Arbeiten über die Geschwindigkeitssteuerung behandelt; eine Sonderdarstellung findet das Problem in der Arbeit:

[46] Phillips, H. B. and L. A. Ware: Transit-time effect in klystron gaps. Proc. Inst. Radio Engrs. Bd. 35 (1947) S. 1076.

Die *Anfachung* bei kleinen Amplituden der Wechselspannung ist aus den Arbeiten [5] und [6] zu entnehmen. Viele der genannten Arbeiten über Geschwindigkeitssteuerung umfassen das Problem der Anfachung ebenfalls. Speziell mit der Anfachung bei großen Wechselspannungen befaßt sich der Aufsatz:

[47] Gundlach, F. W.: Die Anfachung von Resonanzkreisen durch Elektronenströmungen im Laufzeitgebiet. Arch. elektr. Übertrag. Bd. 1 (1947) S. 173.

Die Schaltungsarten beim *intensitätsgesteuerten Höchstfrequenzverstärker* sind dargestellt in den Arbeiten:

[48] Kleen, W.: Gittersteuerung, Kathodensteuerung, Kathodenverstärker. Elektr. Nachr.-Techn. Bd. 20 (1943) S. 140.

[49] Gundlach, F. W.: Die Triode und ihre Anwendung bei höchsten Frequenzen. ETZ Bd. 69 (1948) S. 185.

In der letzten Arbeit sind auch die technischen Ausführungsformen von Röhren dargestellt, die sich zur Durchführung der Gitterbasisschaltung eignen. Über die in Deutschland entwickelten Röhren dieser Art fehlen Originalveröffentlichungen in Zeitschriften bedauerlicherweise völlig; über die entsprechende amerikanische Entwicklung informiert beispielsweise die Arbeit:

[50] Gurewitsch, A. M. and J. R. Whinnery: Microwave oscillators using disk-seal tubes. Proc. Inst. Radio Engrs. Bd. 35 (1947) S. 462.

Über *Verstärker mit Geschwindigkeitssteuerung* berichtet die schon erwähnte Arbeit [36].

Über *rückgekoppelte Generatoren mit raumladungsgesteuerten Trioden* sind außer den schon genannten Arbeiten [34] und [50] folgende Aufsätze zu erwähnen:

[51] Zuhrt, H.: Die Leistungsverstärkung bei ultrahohen Frequenzen und die Grenze der Rückkopplungsschwingungen. Hochfrequenztechn. Bd. 49 (1937) S. 73; Bd. 51 (1938) S. 135.

Über den *Heilschen Generator*, der an sich eine Spezialform der geschwindigkeitsgesteuerten Röhren darstellt, berichten:

[52] Arsenjewa-Heil, A. u. O. Heil: Eine neue Methode zur Erzeugung kurzer, ungedämpfter, elektromagnetischer Wellen großer Intensität. Z. Phys. Bd. 95 (1935) S. 752

und die schon erwähnten Aufsätze [40] und [41], schließlich:

[53] Gebauer, H.: Über den Wirkungsgrad der Schwingungserzeugung durch geschwindigkeitsmodulierte Elektronenstrahlen in gegenphasigen Feldstrecken endlicher Länge. Wiss. Veröff. T. H. Darmstadt Bd. 1 (1949) S. 65.

Das *Reflektionsklystron* behandeln die Arbeiten [41] und [45], ferner:

[54] Ginzton, E. L. and A. E. Harrison: Reflex-klystron oscillators. Proc. Inst. Radio Engrs. Bd. 34 (1946) S. 97 P.
[55] McNally, O. and W. G. Shepherd: Reflex oscillators for radar systems. Proc. Inst. Radio Engrs. Bd. 35 (1947) S. 1424.
[56] Motz, H.: An analysis of klystron reflector performance. J. Inst. electr. Engrs. Bd. 95 III (1948) S. 295.

Die in allen genannten Arbeiten und im vorangegangenen Text behandelten Reflexionsklystren setzen nur einen einmaligen Hin- und Rückgang der Elektronen im Hochfrequenzfeld voraus; genau wie bei der Bremsfeldröhre (vgl. S. 465) lassen sich auch Röhren entwickeln, bei denen die Elektronen mehrfach durch das Hochfrequenzfeld hindurchpendeln; über eine solche Entwicklung berichtet:

[57] Coeterier, F.: Die Multireflexionsröhre, eine neue Oszillatorröhre für sehr kurze Wellen. Philips techn. Rdsch. Bd. 8 (1946) S. 257.

Rauscherscheinungen von Elektronenströmungen und ihre Schwächung durch die Raumladung werden grundlegend behandelt bei:

[58] Schottky, W. u. E. Spenke: Die Raumladungsschwächung des Schroteffektes. Wiss. Veröff. Siemens-Konzern Bd. 16 (1937) H. 2, S. 1.

Das Rauschen im Laufzeitgebiet untersuchen die Aufsätze:

[59] Spenke, E.: Die Frequenzabhängigkeit des Schroteffektes. Wiss. Veröff. Siemens-Konzern Bd. 16 (1937) H. 3, S. 127.
[60] Fraser, B. D.: Noise spectrum of temperature-limited diodes. Wireless Engr. Bd. 26 (1949) S. 129.

Das Zusammenwirken von schwankungsbehafteten Elektronenströmungen mit Resonatoren der Höchstfrequenztechnik wird dargestellt in den Arbeiten:

[61] Müller, J.: Empfindlichkeit von Röhrenanordnungen mit Geschwindigkeitsmodulation. Hochfrequenztechn. Bd. 60 (1942) S. 19.

[62] MacDonald, D. K. C. and R. Kompfner: Fluctuation phenomena arising in the quantum interaction of electrons with high-frequency fields. Proc. Inst. Radio Engrs. Bd. 37 (1949) S. 1424.

Dle Laufzeitberechnungen in *zylindrischen Elektrodensystemen,* in denen die Raumladung vernachlässigbar klein ist, sind für die Diode und die Bremsfeldröhre durchgeführt von:

[63] Scheibe, A.: Untersuchungen über die Erzeugung sehr kleiner Wellen mit Glühkathodenröhren nach Barkhausen-Kurz. Ann. Phys. Bd. 4, 73 (1924) S. 54.

Der Einfluß der Raumladung auf die Potentialverteilung in zylindrischen Elektrodensystemen behandelt die Arbeit:

[64] Langmuir, I. and K. B. Blodgett: Currents limited by space charge between coaxial cylinders. Phys. Rev. Bd. 22 (1923) S. 347.

Unter Benutzung dieser Ergebnisse wurde die Laufzeit berechnet von:

[65] Fortescue, C. L.: The time of flight of electrons in a cylindrical diode. Case when the current is limited by space charge. Wireless Engr. Bd. 12 (1935) S. 310.

Untersuchungen über Bremsfeldschwingungen in einer Röhre mit zylindrischen Elektroden sind durchgeführt von:

[66] Kleinsteuber, W.: Das zylindrische Bremsfeld. Hochfrequenztechn. Bd. 61 (1943) S. 38.

Zwei Grundprinzipien, die sich auch für den Bau von Laufzeitröhren ausnutzen lassen, die aber in der Praxis bisher keine Bedeutung erlangt haben, sind im Textteil unerwähnt geblieben. Es handelt sich um die Ausnutzung der *Sekundäremission,* worüber beispielsweise die folgende Arbeit berichtet:

[67] Orthuber, R. u. A. Recknagel: Zur Wirkungsweise des Elektronenvervielfachers. Jb. AEG-Forschg. Bd. 6 (1939) S. 86

und um die *Quersteuerung* einer Elektronenstrahles in der Art, wie sie in Braunschen Röhren üblich ist; über die dabei auftretenden Laufzeiteinflüsse berichtet:

[68] Hollmann, H. E.: Das Verhalten der Kathodenstrahlröhre im Laufzeitgebiet. Fortschr. Hochfrequenztechn. Bd. 1 (1941) S. 453.

Die Literatur über die *Magnetfeldröhren* ist außerordentlich umfangreich, und die bei den Magnetfeldröhren auftretenden Schwingungsformen sind außerordentlich mannigfach. Eine endgültige Klärung der Zusammenhänge besteht noch nicht. Allgemeine Grundlagen über die *Elektronenbewegung in gekreuzten elektrischen und magnetischen Feldern* sind beispielsweise in der folgenden Arbeit enthalten:

[69] Gundlach, F. W.: Das Verhalten der Habannröhre als negativer Widerstand. Elektr. Nachr.-Techn. Bd. 15 (1938) S. 183.

Speziell mit dem Problem der Elektronenbewegung beschäftigen sich die Arbeiten:

[70] Kleinwächter, H.: Die Darstellung der ebenen Bewegung von Elektronen in magnetischen und elektrischen Feldern mit komplexen Ortsvektoren. Arch. Elektrotechn. Bd. 33 (1939) S. 479.

[71] Weimer, P. H. and A. Rose: The motion of electrons subject to forces transverse to a uniform magnetic field. Proc. Inst. Radio Engrs. Bd. 35 (1947) S. 1273.

Graphische Konstruktionen von Elektronenbahnen finden sich in der Arbeit [69]
und bei:

[72] Fritz, K.: Zur Schwingungserzeugung mit der Habannröhre. Hochfrequenztechn. Bd. 46 (1935) S. 16.

[73] Kilgore, G. H.: Magnetron oscillations for the generation of frequencies
between 300 and 600 megacycles. Proc. Inst. Radio Engrs. Bd. 24 (1936)
S. 1140.

Die Bewegung der Elektronen in der ebenen Raumladungsdiode mit Magnetfeld
ist berechnet von:

[74] Tonks, L.: On the motion of electrons in crossed electric and magnetic fields
with space charge. Phys. Z. Sowjet. Bd. 8 (1935) S. 572.

Die zylindrische Diode behandelt:

[75] Hull, A. W.: The effect of a uniform magnetic field on the motion of electrons
between coaxial cylinders. Phys. Rev. Bd. 18 (1921) S. 31.

Die Wirkung eines ebenen elektrischen *Wechselfeldes* und *eines homogenen Magnetfeldes* auf die Bewegung der Elektronen berechnen:

[76] Benham, W. E.: Electronic theory and the magnetron oscillator. Proc.
phys. Soc., Lond. Bd. 47 (1935) S. 1.

[77] Müller, J.: Untersuchungen über Elektronenströmungen. Hochfrequenztechn. Bd. 46 (1935) S. 145.

[78] Kockel, B.: Der Wirkungsgrad ungeschlitzter und geschlitzter Magnetfeldröhren. Jb. AEG-Forschg. Bd. 7 (1940) S. 176.

Experimentelle Untersuchungen finden sich bei:

[79] Megaw, E. S. C.: An investigation of the magnetron short-wave oscillator.
J. Inst. electr. Engrs. Bd. 72 (1933) S. 326.

Die erste Arbeit über *geschlitzte Magnetfeldröhren* und ihr statisches Verhalten ist:

[80] Habann, E.: Eine neue Generatorröhre. Hochfrequenztechn. Bd. 24 (1924)
S. 115 u. 135.

Das statische Verhalten der geschlitzten Röhren ist dargestellt in der Arbeit [69]
und in folgenden Beiträgen:

[81] Groszkowski, J. u. S. Ryzko: Die Verteilung des elektrostatischen Feldes
in Schlitzanoden-Magnetronen. Hochfrequenztechn. Bd. 47 (1936) S. 55.

[82] Lerbs, A. u. K. Lämmchen: Die statische negative Kennlinie des Habann-
rohres. Hochfrequenztechn. Bd. 51 (1938) S. 60.

Die *Leitbahnschwingungen in geschlitzten Magnetfeldröhren* behandeln folgende
Arbeiten:

[83] Posthumus, K.: Oscillations in a split anode magnetron. Mechanism of
generation. Wireless Engr. Bd. 12 (1935) S. 126.

[84] Fischer, F. u. F. Lüdi: Die Posthumus-Schwingungen im Magnetron. Bull.
schweiz. elektrotechn. Ver. Bd. 28 (1937) S. 277.

[85] Herriger, F. u. F. Hülster: Die Schwingungen der Magnetfeldröhren und
ihre Erklärungen. Telefunkenröhre 1936, H. 7, S. 71; H. 8, S. 221.

[86] Fritz, K. u. W. Engbert: Schwingungsformen und Ordnungszahlen der
Magnetfeldröhren. Telefunken-Mitt. Bd. 21 (1940) H. 84, S. 41.

[87] Lüdi, F.: Zur Theorie der geschlitzten Magnetfeldröhren. Helv. phys. Acta
Bd. 16 (1943) S. 59.

88] — Der Turbator. BBC-Mitt. Bd. 36 (1949) S. 315.

Eine ausführliche Zusammenfassung der in den USA geleisteten theoretischen und praktischen Arbeiten an *Vielschlitzmagnetrons* bringt die Arbeit:

[89] Fisk, J. B., H. D. Hagstrum and P. L. Hartmann: The magnetron as a generator of centimeter waves. Bell. Syst. techn. J. Bd. 25 (1946) S. 167.

2. Stromverdrängung und dielektrische Verluste.

Die elementare Darstellung der *Stromverdrängung* findet sich in fast allen Lehrbüchern über theoretische Physik und theoretische Elektrotechnik. Den Sonderfall eines geschichteten Mediums (z. B. Metall mit einem besonders gut leitenden Überzug aus Silber oder Kupfer) behandelt die Arbeit:

[90] Kruse, H. u. O. Zinke: Stromverdrängung in geschichteten zylindrischen Leitern. Hochfrequenztechn. Bd. 44 (1934) S. 195.

Bei ferromagnetischen Werkstoffen ergeben sich bei der Berechnung der Eindringtiefe im Gebiet der Höchstfrequenz dadurch Schwierigkeiten, daß die Permeabilität mit steigender Frequenz abnimmt. Mit dieser Frage befassen sich die Arbeiten:

[91] Möhring, D.: Die Permeabilität von magnetischen Metallen im Gebiet der hohen Frequenzen. Hochfrequenztechn. Bd. 53 (1939) S. 196.

[92] Lindmann, K. F.: Die Fortpflanzungsgeschwindigkeit elektrischer Wellen längs dünner Metalldrähte und die Permeabilität des Eisens für Hertzsche Schwingungen. Z. techn. Phys. Bd. 19 (1938) S. 158.

[93] — Über die magnetische Permeabilität des Nickels für Hertzsche Schwingungen. Z. techn. Phys. Bd. 19 (1938) S. 323.

[94] — Über elektrische Wellen an einfachen Drähten und an Paralleldrahtsystemen. Z. techn. Phys. Bd. 20 (1939) S. 185.

[95] — Über die Permeabilität des Eisens und des Nickels für Hertzsche Schwingungen. Z. techn. Phys. Bd. 21 (1940) S. 27.

Die allgemeinen Grundlagen über die *dielektrischen Verluste* sind in fast allen Lehrbüchern über Hochfrequenztechnik behandelt; hinzuweisen ist hier auf die Arbeit:

[96] Müller, E. u. O. Zinke: Grundsätzliches über die Messung von Verlustwinkeln und die Bedeutung der Temperaturabhängigkeit des $tg\delta$ in der Hochfrequenztechnik. Hochfrequenztechn. Bd. 43 (1934) S. 145.

Meßtechnische Untersuchungen über die Größe der Dielektrizitätskonstanten und des Verlustfaktors der gebräuchlichen Isolierstoffe sind in neuerer Zeit in größerer Anzahl durchgeführt worden:

[97] Borgnis, F.: Messung der Dielektrizitätskonstanten und des Verlustfaktors dielektrischer Stoffe bei einer Wellenlänge von 14 cm mittels Hohlraumresonatoren. Phys. Z. Bd. 43 (1942) S. 284.

[98] Works, C. N., T. W. Dakin and F. W. Boggs: A resonant-cavity method for measuring dielectric properties at ultra-high frequencies. Proc. Inst. Radio Engrs. Bd. 33 (1945) S. 245.

[99] Works, C. N.: Resonant cavities for dielectric measurements. J. Appl. Phys. Bd. 18 (1947) S. 605.

[100] Dakin, T. W. and C. N. Works: Microwave dielectric measurements. J. Appl. Phys. Bd. 18 (1947) S. 789.

[101] Roberts, S. and A. v. Hippel: A new method for measuring dielectric constant and loss in the range of centimeter waves. J. Appl. Phys. Bd. 17 (1946) S. 610.

[102] Surber, W. H.: Universal curves for dielectric-filled wave guides and microwave dielectric measurement methods for liquids. J. Appl. Phys. Bd. 19 (1948) S. 514.

[103] Jackson, W. and J. A. Saxton: High-frequency absorption phenomena in liquids and solids. Proc. Instn. El. Engrs. Bd. 96 III (1949) S. 77.

3. Die elementaren Wellen auf Doppelleitungen.

Die grundlegenden Ableitungen über die *Ausbreitung der fortschreitenden Wellen* und die *Eigenschaften der Leitungen* finden sich in fast allen Lehrbüchern der Fernmeldetechnik und der Hochfrequenztechnik, weshalb Literaturangaben an dieser Stelle überflüssig sind. Außerdem finden sich die Grundlagen in einer großen Anzahl der weiter unten zu nennenden Arbeiten, die das Zusammenwirken von stehenden und fortschreitenden Wellen zum Gegenstand haben.

Neu und in ihrer technischen Entwicklung noch nicht voll ausgereift ist lediglich die *Wendelleitung*, die durch einen Elektronenstrahl entdämpft wird (Wanderfeldröhre). Die grundlegenden Arbeiten hierüber sind:

[104] Pierce, J. R.: Theory of the beam-type traveling-wave tube. Proc. Inst. Radio Engrs. Bd. 35 (1947) S. 111.

[105] Kompfner, R.: The traveling-wave tube as amplifier at microwaves. Proc. Inst. Radio Engrs. Bd. 35 (1947) S. 124.

[106] Döhler, O. u. W. Kleen: Über die Wirkungsweise der „Traveling-wave"-Röhre. Arch. elektr. Übertrag. Bd. 3 (1949) S. 54 u. 93.

[107] Iperen, B. B. van: Die Wendel als Schwingungskreis zur Erzeugung sehr hoher Frequenzen. Philips techn. Rdsch. Bd. 11 (1950) S. 225.

[108] Field, L. M.: Recent developments in traveling-wave tubes. Electronics Bd. 23 (1950) H. 1, S. 100.

Es soll bei dieser Gelegenheit darauf hingewiesen werden, daß man die Wendelleitung durch eine Reihe anderer Gebilde ersetzen kann, die eine fortschreitende Welle mit einer Phasengeschwindigkeit übertragen, die gegen die Lichtgeschwindigkeit klein ist; hierzu ist sogar ein zweiter Elektronenstrahl geeignet, der eine etwas andere Geschwindigkeit hat. Einzelheiten über diese Röhren findet man bei:

[109] Neergaard, L. S.: Analysis of a simple model of a two-beam growing-wave tube. RCA-Rev. Bd. 9 (1948) S. 585.

[110] Haeff, A. V.: The electron-wave tube. — A novel method of generation and amplification of microwave energy. Proc. Inst. Radio Engrs. Bd. 37 (1949) S. 4.

Das *Zusammenwirken von fortschreitenden und stehenden Wellen* auf Doppelleitungen hat eine ganz außerordentliche Bedeutung für die Höchstfrequenzmeßtechnik, weshalb diesem Gebiet eine Vielzahl von Arbeiten gewidmet ist. Mit den grundsätzlichen Zusammenhängen beschäftigen sich die Arbeiten:

[111] Schmidt, O.: Das Paralleldrahtsystem als Meßinstrument in der Kurzwellentechnik. Hochfrequenztechn. Bd. 41 (1933) S. 2.

[112] Bruckmann, H.: Widerstandsmessungen mit der Paralleldrahtleitung. Hochfrequenztechn. Bd. 51 (1938) S. 128.

[113] Kaufmann, H.: Scheinwiderstandsmessungen im Dezimeterwellengebiet. Hochfrequenztechn. Bd. 53 (1939) S. 61.

[114] Brück, L.: Messung von Blindwiderständen im Dezimeterwellengebiet. Telefunkenröhre 1942, H. 24/25, S. 1.

[115] — Widerstandsmessung bei Dezimeterwellen. Telefunkenröhre 1942, H. 24/25, S. 60.

[116] Meinke, H. H.: Fortschritte der Dezimeterwellen-Meßtechnik. Frequenz Bd. 2 (1948) S. 41.

[117] King, D. D.: Impedance measurements on transmission lines. Proc. Inst. Radio Engrs. Bd. 35 (1947) S. 509.

Über die Anwendung der Doppelleitungen zu Meßzwecken in einer technisch besonders hochentwickelten Form berichten die Arbeiten:

[118] Meinke, H. H.: Eine Meßleitung mit Sichtanzeige. FTZ Bd. 2 (1949) S. 233.

[119] Raymond, R. C. and C. E. Drumheller: High-frequency impedance plotter. Electronics Bd. 22 (1949), H. 3, S. 128.

Mit graphischen Lösungen über die Strom-, Spannungs- und Widerstandsverteilung längs der Doppelleitungen befassen sich die Arbeiten:

[120] Paine, R. C.: Graphical solution of voltage and current distribution and impedance of transmission lines. Proc. Inst. Radio Engrs. Bd. 32 (1944) S. 686.

[121] Westcott, C. H.: Standing waves and impedance circle diagrams. Wireless Engr. Bd. 26 (1949) S. 230.

Mit den Fehlermöglichkeiten beim Arbeiten mit Meßleitungen beschäftigt sich die Arbeit:

[122] Meinke, H. H.: Über die Grenzen der absoluten Meßgenauigkeit von Widerstandsmessungen bei hohen Frequenzen. Arch. elektr. Übertrag. Bd. 1 (1947) S. 101.

Über die speziellen Fehler, die durch die Meßsonden selbst entstehen, berichten die Arbeiten:

[123] Altar, W., F. B. Marshall and L. P. Hunter: Probe error in standing-wave detectors. Proc. Inst. Radio Engrs. Bd. 34 (1946) S. 33 P.

[124] Tomiyasu, K.: Loading and coupling effects of standing-wave detectors. Proc. Inst. Radio Engrs. Bd. 37 (1949) S. 1405.

Fehler durch Diskontinuitäten längs der Leitung, insbesondere durch Stützscheiben, behandeln die Arbeiten:

[125] Kaden, H. u. G. Ellenberger: Reflexionsfreie Stützscheiben in koaxialen Leitungen. Arch. elektr. Übertrag. Bd. 3 (1949) S. 313.

[126] Cornes, R. W.: A coaxial-line support for 0 to 4000 Mc. Proc. Inst. Radio Engrs. Bd. 37 (1949) S. 94.

[127] Miles, J. W.: Plane discontinuities in coaxial lines. Proc. Inst. Radio Engrs. Bd. 35 (1947) S. 1498.

[128] Whinnery, J. R., H. W. Jamicson and T. E. Robbins: Coaxial-line discontinuities. Proc. Inst. Radio Engrs. Bd. 32 (1944) S. 695.

Interessante Ausführungen, die konzentrischen Leitungen mittels eines Kolbens ohne einen galvanischen Kontakt abzustimmen, enthält die Arbeit:

[129] Huggins, W. H.: Broad-band noncontacting short circuits for coaxial lines. Proc. Inst. Radio Engrs. Bd. 35 (1947) S. 906, 1085 u. 1324.

Um das umständliche Meßverfahren, die Meßleitungen mittels einer Meßsonde abzutasten, zu umgehen, hat man Anordnungen entwickelt, die nur auf fortschreitende Wellen in einer bestimmten Richtung ansprechen; das Grundprinzip hat gewisse Ähnlichkeit mit dem einer Richtantenne; Einzelheiten über derartige „Richtungskoppler" findet man in den Arbeiten:

[130] Korman, N. J.: Note on a reflection-coefficient meter. Proc. Inst. Radio Engrs. Bd. 34 (1946) S. 657.

[131] Early, H. C.: A wide-band directional coupler for waveguide. Proc. Inst. Radio Engrs. Bd. 34 (1946) S. 883.

[132] Mumford, W. W.: Directional couplers. Proc. Inst. Radio Engrs. Bd. 35 (1947) S. 160.

[133] Riblet, H. J.: A mathematical theory of directional couplers. Proc. Inst. Radio Engrs. Bd. 35 (1947) S. 1307.

[134] Allan, H. R. and C. D. Curling: The reflectometer. Proc. Instn. El. Engrs. Bd. 96 III (1949) S. 25.

Über die Anwendung von kurzen *Doppelleitungen als Resonatoren* berichten die Arbeiten:

[135] Terman, F. E.: Resonant lines in radio circuits. Electr. Engng. Bd. 53 (1934) S. 1046.

[136] Neergaard, L. S. and B. Salzberg: Resonance impedance of transmission lines. Proc. Inst. Radio Engrs. Bd. 27 (1939) S. 579.

Der sog. Topfkreis (geschlossene konzentrische Leitung, deren Mittelleiter an einem Ende durch eine Kapazität unterbrochen ist) wird ausführlich berechnet bei:

[137] Hansen, W. W.: On the resonant frequency of closed concentric lines. J. Appl. Phys. Bd. 10 (1939) S. 38.

Kurze *Doppelleitungsstücke* in ihrer Anwendung *als Schaltelemente* verschiedener Art werden behandelt bei:

[138] Hofweegen, J. M. van: Application of transmission lines in ultra-high frequency technique. Electronic Appl. Bull. Bd. 10 (1949) S. 57, 96 u. 122.

[139] Meinke, H. H.: Das Breitbandproblem der Dezimeterwellentechnik. Elektrotechn. Bd. 2 (1948) S. 137.

Durch Kombination von Doppelleitungsstücken lassen sich *Filter* herstellen, wie man beispielsweise aus folgenden Arbeiten entnimmt:

[140] Reed, M.: Coaxial and balanced transmission lines. Some uses at high radio frequencies. Wireless Engr. Bd. 15 (1938) S. 414.

[141] Buchholz, H.: Konzentrische Leitungen mit längsgeschichtetem Dielektrikum als Bandsperren im m-Wellenbereich und darunter. Elektr. Nachr.-Techn. Bd. 16 (1939) S. 258.

Filtereigenschaften haben auch Doppelleitungen, deren Wellenwiderstand sich mit der Leitungslänge verändert (z. B. nach einer Exponentialfunktion), wie man aus folgenden Arbeiten entnimmt:

[142] Burrows, C. R.: The exponential transmission line. Bell Syst. techn. J. Bd. 17 (1938) S. 555.

[143] Wheeler, H. A.: Transmission lines with exponential taper. Proc. Inst. Radio Engrs. Bd. 27 (1939) S. 65.

[144] Burkhardtsmaier, W.: Widerstandstransformationen mit Leitungen. Funk u. Ton Bd. 3 (1949) S. 151 u. 202.

[145] Ruhrmann, A.: Verbesserung der Transformationseigenschaften der Exponentialleitung durch Kompensationsschaltungen. Arch. elektr. Übertrag. Bd. 4 (1950) S. 23.

4. Die Wellen in Hohlleitungen.

Die rechnerischen Grundlagen über die Wellenausbreitung in Hohlleitungen sind schon vor 50 Jahren geschaffen worden, wie man aus folgenden Arbeiten erkennt:

[146] Lord Rayleigh: On the passage of electric waves through tubes or the vibrations of electric cylinders. Phil. Mag. Bd. 43 (1897) S. 125.

[147] Weber, R. H.: Elektromagnetische Schwingungen in Metallröhren. Ann. Phys. Bd. 4, 8 (1902) S. 721.

[148] Kalähne, A.: Elektrische Schwingungen in ringförmigen Metallrohren. Ann. Phys. Bd. 4, 18 (1905) S. 92; Bd. 4, 19 (1906) S. 80.

Die Untersuchungen über Hohlleitungen wurden in größerem Umfang wiederaufgenommen, als man durch die Fortschritte der Röhrentechnik über geeignete Generatoren für Höchstfrequenz verfügte. Grundlegende Arbeiten über *kreisförmige Hohlleitungen* sind:

[149] Southworth, G. C.: Hyperfrequency wave guides. Bell Syst. techn. J. Bd. 15 (1936) S. 284.

[150] Carson, J. R., S. P. Mead and S. A. Schelkunoff: Hyperfrequency wave guides. Bell Syst. techn. J. Bd. 15 (1936) S. 310.

[151] Barrow, W. L.: Transmission of electromagnetic waves in hollow tubes of metal. Proc. Inst. Radio Engrs. Bd. 24 (1937) S. 1298.

Speziell über *rechteckige Hohlleitungen* berichten:

[152] Chu, L. J. and W. L. Barrow: Electromagnetic waves in hollow metal tubes of rectangular cross section. Proc. Inst. Radio Engrs. Bd. 26 (1938) S. 1520.

[153] Buchholz, H.: Die Gesetze der Abstrahlung elektromagnetischer Wellen in hohlen Ultrakurzwellenleitern von rechteckigem Querschnitt. Jb. AEG-Forschg. Bd. 6 (1939) S. 53.

Zusammenfassende Arbeiten über die Theorie der Hohlleitungen sind:

[154] Schelkunoff, S. A.: Transmission theory of plane electromagnetic waves. Proc. Inst. Radio Engrs. Bd. 25 (1937) S. 1457.

[155] Brillouin, L.: Theoretische Studie über dielektrische Kabel. Elektr. Nachr.-Wes. Bd. 16 (1938) S. 361.

[156] Droste, H. W.: Ultrahochfrequenz-Übertragung längs zylindrischen Leitern und Nichtleitern. TFT Bd. 27 (1938) S. 199, 273, 310 u. 337.

[157] Violet, P. G.: Die Wellenausbreitung in hohlen Metallrohren. Funk u. Ton Bd. 2 (1938) S. 38 u. 88.

[158] Jacottet, P.: Das transversale Feld im kreiszylindrischen Hohlleiter. Arch. Elektrotechn. Bd. 39 (1949) S. 108.

[159] Wegener, H. J. u. O. Zinke: Dämpfung von Hohlkabeln bei cm-Wellen. Frequenz Bd. 2 (1948) S. 203.

Über die Normung von Hohlleiterquerschnitten berichten die Arbeiten:

[160] Moreno, Th.: Engineering approach to wave guides. Electronics Bd. 19 (1946) H. 5, S. 99.

[161] Fenn, W. H.: Standard of waveguides. Electronics Bd. 22 (1949) H. 6, S. 110.

Bei der technischen Anwendung von Hohlleitungen taucht eine Reihe von Problemen auf, die im Textteil nicht behandelt werden konnten. Es handelt sich zumeist um Inhomogenitäten im Zuge der Leitungen, die bei der technischen Gestaltung unvermeidlich sind. Den *Einfluß von Krümmungen und Ecken* in den Hohlleitungen behandeln die Aufsätze:

[162] Buchholz, H.: Der Einfluß der Krümmung von rechteckigen Hohlleitern auf das Phasenmaß ultrakurzer Wellen. ENT Bd. 16 (1939) S. 73.

[163] Miles, J. W.: The equivalent circuit of a corner bend in a rectangular wave guide. Proc. Inst. Radio Engrs. Bd. 35 (1947) S. 1313.

[164] Rice, S. O.: Reflection from corners in rectangular wave guides-conformal transformation. Bell Syst. techn. J. Bd. 28 (1949) S. 104.

[165] Albersheim, W. J.: Propagation of TE_{01} waves in curved wave guides. Bell Syst. techn. J. Bd. 28 (1949) S. 1.

Den Einfluß der *Schlitze in Hohlleitungen* untersuchen die Arbeiten:

[166] Wang, C. C.: Electromagnetic field inside a cylinder with a gap. J. Appl. Phys. Bd. 16 (1945) S. 351.

[167] Stevenson, A. F.: Theory of slots in rectangular wave guides. J. Appl. Phys. Bd. 19 (1948) S. 24.

[168] Buchholz, H.: Der Einfluß von Trennfugen auf das Hohlleiterfeld. Arch. elektr. Übertrag. Bd. 2 (1948) S. 14.

[169] — Berechnung von Wellenwiderstand und Dämpfung von Hochfrequenzleitungen vom Feldbild des vollkommenen Leiters her. Arch. Elektrotechn. Bd. 39 (1948) S. 79 u. 202.

[170] Klages, G.: Der Einfluß von Mantelöffnungen auf die Wellenausbreitung in metallischen Hohlleitern. Arch. elektr. Übertrag. Bd. 3 (1949) S. 85.

Inhomogenitäten infolge von *Blenden und Querschnittssprüngen* behandeln die Arbeiten:

[171] Miles, J. W.: The equivalent circuit for a plane discontinuity in a cylindrical wave guide. Proc. Inst. Radio Engrs. Bd. 34 (1946) S. 728.

[172] Fellers, R. G. and R. T. Weidner: Broad-band wave-guide admittance matching by use of irises. Proc. Inst. Radio Engrs. Bd. 35 (1947) S. 1080.

[173] Fränz, K.: Die Reflexion elektrischer Wellen an der kapazitiven Blende im rechteckigen Hohlrohr. Arch. elektr. Übertrag. Bd. 2 (1948) S. 140.

[174] — Reflexion einer H_1-Welle im rechteckigen Hohlleiter an einem Querschnittssprung. Frequenz Bd. 2 (1948) S. 227.

[175] Meinke, H. H.: Die Anwendung der konformen Abbildung auf Wellenfelder. Z. angew. Phys. Bd. 1 (1949) S. 245.

[176] Piloty, R.: Die Anwendung der konformen Abbildung auf die Feldgleichungen in inhomogenen Rechteckrohren. Z. angew. Phys. Bd. 1 (1949) S. 441.

Die Ausbreitung von Hohlleitungswellen in konzentrischen Leitungen berechnet der Beitrag:

[177] Buchholz, H.: Ultrakurzwellen in konzentrischen Kabeln und die Hohlraumresonatoren in Form von Kreislochscheiben. Hochfrequenztechn. Bd. 54 (1939) S. 161.

Die Untersuchung der Ausbreitung der *elektromagnetischen Wellen an metallischen und dielektrischen Grenzschichten* ist genau wie die Berechnung der Hohlleiter schon vor geraumer Zeit erfolgt; die Ausbreitung an metallischen Drähten behandelt:

[178] Sommerfeld, A.: Über die Fortpflanzung elektromagnetischer Wellen längs eines Drahtes. Ann. Phys. Bd. 3, 67 (1899) S. 233.

Mit der Ausbreitung der Wellen an der Grenzfläche von Dielektriken beschäftigt sich die Arbeit:

[179] Hondros, D. u. P. Debye: Elektromagnetische Wellen an dielektrischen Drähten. Ann. Phys. Bd. 4, 32 (1910) S. 465.

Für die Höchstfrequenztechnik haben diese Vorgänge bei dielektrischen Antennen (vgl. unten) wieder Bedeutung gewonnen und bei *Wanderfeldröhren,* wo man eine stark verminderte Phasengeschwindigkeit der Wellen benötigt, was sich beispielsweise durch Dielektrika hoher Dielektrizitätskonstante durchführen läßt. Hierüber berichten folgende Arbeiten:

[180] Buchholz, H.: Der Hohlleiter von kreisförmigem Querschnitt mit geschichtetem dielektrischen Einsatz. Ann. Phys. Bd. 5, 43 (1943) S. 313.

[181] Bruck, G. G. and E. R. Wicker: Slow transverse magnetic waves in cylindrical guides. J. Appl. Phys. Bd. 18 (1947) S. 766.

[182] Frankel, S.: TM_{01} mode in circular wave guides with two coaxial dielectrics. J. Appl. Phys. Bd. 18 (1947) S. 650.

[183] Oliner, A. A.: Remarks on slow waves in cylindrical guides. J. Appl. Phys. Bd. 19 (1948) S. 109.

Um Wellen mit verminderter Phasengeschwindigkeit zu erhalten, kann man außer den natürlichen Dielektriken auch „*künstliche Dielektrika*" herstellen, die beispielsweise aus übereinandergeschichteten Metallscheiben bestehen. Über diese Entwicklungen berichten folgende Arbeiten:

[184] Chu, E. L. and W. W. Hansen: The theory of disk-loaded wave guides. J. Appl. Phys. Bd. 18 (1947) S. 996.

[185] Brillouin, L.: Wave guides for slow waves. J. Appl. Phys. Bd. 19 (1948) S. 1023.

[186] Kettel, E.: Eine Hohlrohrleitung mit der Phasengeschwindigkeit $v < c$ für die E_{10}-Welle. Frequenz Bd. 3 (1949) S. 73.

[187] Field, L. M.: Some slow-wave structures for traveling-wave tubes. Proc. Inst. Radio Engrs. Bd. 37 (1949) S. 34.

Über *Ankopplungen von Doppelleitungen an Hohlleitungen*, die zum Teil auch in obenerwähnten Arbeiten schon beschrieben sind, berichten die Aufsätze:

[188] Cohn, S. B.: Design of simple broad-band wave-guide-to-coaxial-line junctions. Proc. Inst. Radio Engrs. Bd. 35 (1947) S. 920.

[189] Gooden, J. S.: The field surrounding an antenna in a wave guide. J. Instn. El. Engrs. Bd. 95 III (1948) S. 346.

Die stehenden Wellen auf Hohlleitungen treten insbesondere bei *Hohlraumresonatoren* auf. Eine allgemeingehaltene Theorie über das Verhalten beliebiger Hohlräume bei kleinen Veränderungen der Frequenz, der äußeren Form oder des im Inneren befindlichen Dielektrikums findet man bei:

[190] Müller, J.: Untersuchungen über elektromagnetische Hohlräume. Hochfrequenztechn. Bd. 54 (1939) S. 157.

Berechnungen über zylindrische Hohlräume sind angestellt von:

[191] Borgnis, F.: Elektromagnetische Eigenschwingungen dielektrischer Hohlräume. Ann. Phys. Bd. 5, 35 (1939) S. 359.

[192] Hansen, W. W.: A type of electrical resonator. J. Appl. Phys. Bd. 9 (1938) S. 654.

[193] Borgnis, F.: Die elektrische Grundschwingung zylindrischer Hohlräume. Hochfrequenztechn. Bd. 54 (1939) S. 121.

[194] — Die konzentrische Leitung als Resonator. Hochfrequenztechn. Bd. 56 (1940) S. 47.

Bezüglich des konzentrischen Resonators ist auch auf die bereits erwähnte Arbeit [177] zu verweisen.

Wenn im Inneren der Hohlraumresonatoren Elektronenströmungen übergehen sollen, müssen die Wände der Resonatoren derart eingezogen sein, daß sie sich an einer Stelle in geringem Abstand gegenüberstehen, um genügend kurze Laufstrecken für die Elektronen zu ermöglichen. Solche Ausführungsformen sind berechnet bei:

[195] Hansen, W. W. and R. D. Richtmyer: On resonators suitable for klystron oscillators. J. Appl. Phys. Bd. 10 (1939) S. 189.

[196] Dällenbach, W.: Resonanzbedingung, Schwingende Feldenergie, Verlustleistung, Dämpfungskonstante und Frequenzänderung kreiszylindrischer, konzentrischer Hohlraumresonatoren. Hochfrequenztechn. Bd. 61 (1943) S. 129.

Ganz allgemein mit der Anwendung von Hohlleitungen und Hohlraumresonatoren in der Höchstfrequenztechnik beschäftigt sich die Arbeit:

[197] Meinke, H. H.: Die technische Anwendung der Hohlleiter in Zentimeterwellenschaltungen. Elektrotechn. Bd. 2 (1948) S. 1.

5. Kugelwellen.

Die Grundlagen über die Kugelwellen finden sich in den meisten Lehrbüchern der theoretischen Physik und der theoretischen Elektrotechnik. Die im Textteil gebrachte Darstellung, insbesondere die Behandlung der *Doppelkonusleitung*, schließt sich an die folgende Arbeit an:

[198] Schelkunoff, S. A.: Theory of antennas of arbitrary size and shape. Proc. Inst. Radio Engrs. Bd. 29 (1941) S. 493.

Bei der Berechnung des *Elementardipols* sind folgende Arbeiten zu nennen:

[199] Hertz, H.: Untersuchung über die Ausbreitung der elektrischen Kraft. Ann. Phys. Bd. 36 (1888) S. 1.
[200] Möller, H. G.: Die Strahlung des Dipols, mit einfachen Hilfsmitteln abgeleitet. Hochfrequenztechn. Bd. 52 (1938) S. 26.
[201] Kiebitz, F.: Beiträge zur Veranschaulichung der Dipolstrahlung. Arch. elektr. Übertrag. Bd. 2 (1948) S. 49.

Die Wellen in *kegelförmigen Leitungen* werden in den folgenden Arbeiten dargestellt:

[202] Barrow, W. L. and L. J. Chu: Theory of the electromagnetic horn. Proc. Inst. Radio Engrs. Bd. 27 (1939) S. 51.
[203] Barrow, W. L. and F. D. Lewis: The sectoral electromagnetic horn. Proc. Inst. Radio Engrs. Bd. 27 (1939) S. 41.
[204] Buchholz, H.: Die Bewegung elektromagnetischer Wellen in einem kegelförmigen Horn. Ann. Phys. Bd. 5, 37 (1940) S. 173.
[205] Rice, S. O.: A set of second-order differential equations associated with reflections in rectangular wave guides. — Application to guide connected to horn. Bell Syst. techn. J. Bd. 28 (1949) S. 136.
[206] Bannett, H. S.: Transmission-line characteristics of the sectoral horn. Proc. Inst. Radio Engrs. Bd. 37 (1949) S. 738.

Die allgemeinen *Grundlagen des Antennenproblems* gehen im wesentlichen auf die schon genannte Arbeit [198] von Schelkunoff zurück. Ergänzend hierzu ist die folgende Arbeit zu nennen:

[207] Schelkunoff, S. A.: Principal and complementary waves in antennas. Proc. Inst. Radio Engrs. Bd. 39 (1946) S. 23 P.

Die bei der *Doppelkonusantenne* auftretenden Probleme behandeln ausführlich:

[208] Kandoian, A. G., W. Sichak and R. A. Felsenheld: High gain with discone antennas. Electr. Commun. Bd. 25 (1948) S. 139.
[209] Smith, P. D. P.: The conical dipole of wide angle. J. Appl. Phys. Bd. 19 (1948) S. 11.

Das für die Berechnung von Flächenstrahlern wichtige *Äquivalenztheorem* ist dargestellt bei:

[210] Schelkunoff, S. A.: Some equivalence theorems of electromagnetics and their application to radiation problems. Bell Syst. techn. J. Bd. 15 (1936) S. 92.

Der $\lambda/2$-*Dipol* hat als einfachste Linearantenne eine außerordentlich häufige Behandlung erfahren, beispielsweise bei:

[211] Howe, G. W. O.: The effective length of a half-wave dipole. Wireless Engr. Bd. 23 (1946) S. 95.
[212] King, D. D.: The measured impedance of cylindrical dipoles. J. Appl. Phys. Bd. 17 (1946) S. 844.

[213] Brown, G. H. and O. M. Woodward: Experimentally determined impedance characteristics of cylindrical antennas. Proc. Inst. Radio Engrs. Bd. 33 (1945) S. 257.
[214] Glinski, G.: Note on impedance matching of shunt-fed half-wave dipole. Proc. Inst. Radio Engrs. Bd. 33 (1945) S. 408.

Die Strahlung der *offenen Rechteckleitung* ist untersucht von:
[215] Barrow, W. L. and F. M. Greene: Rectangular hollow-pipe radiators. Proc. Inst. Radio Engrs. Bd. 26 (1938) S. 1498.
[216] Bolljahn, J. T.: Some properties of radiation from rectangular waveguides. Proc. Inst. Radio Engrs. Bd. 37 (1949) S. 617.

Die *Hornstrahler* gleichen in ihrer rechnerischen Behandlung den offenen rechteckigen Hohlleitungen; außer den Arbeiten [202] bis [206] ist die folgende Arbeit zu nennen:
[217] Horton, C. W.: On the theory of the radiation patterns of electromagnetic horns of moderate flare angles. Proc. Inst. Radio Engrs. Bd. 37 (1949) S. 744.

Optische Strahleranordnungen sind in neuerer Zeit vielfach untersucht worden; über *Reflektoren* handeln die Arbeiten:
[218] Riblet, H. J. and C. B. Barker: A general divergence formula. J. Appl. Phys. Bd. 19 (1948) S. 63.
[219] Lewin, L.: Reflections from flat sheet and angle reflectors. J. Instn. El. Engrs. Bd. 95 III (1948) S. 485.
[220] Seely, S.: Microwave antenna analysis. Proc. Inst. Radio Engrs. Bd. 35 (1947) S. 1093.
[221] Cutler, C. C.: Parabolic-antenna design for microwaves. Proc. Inst. Radio Engrs. Bd. 35 (1947) S. 1284.
[222] Klages, G.: Zur optimalen Dimensionierung eines Zylinderparabolspiegels. Frequenz Bd. 2 (1948) S. 151.

Linsenantennen untersuchen die Arbeiten:
[223] Kock, W. E.: Metal-lens antennas. Proc. Inst. Radio Engrs. Bd. 34 (1946) S. 828.
[224] — Broadband lens antenna for microwaves. Electronics Bd. 21 (1948) H. 4, S. 108.
[225] Cohn, S. B.: Analysis of the metal-strip delay structure for microwave lenses. J. Appl. Phys. Bd. 20 (1949) S. 257.
[226] De Vore, H. B. and H. Jams: Microwave optics between parallel conducting sheets. RCA-Rev. Bd. 9 (1948) S. 721.
[227] Ruze, J.: Wide-angle metal-plate optics. Proc. Inst. Radio Engrs. Bd. 38 (1950) S. 53.

Die Strahlung der einseitig *offenen konzentrischen Leitung* ist berechnet in der schon genannten Arbeit [210] von Schelkunoff und bei:
[228] Whithmer, R.: Radiation resistance of concentric conductor transmission lines. Proc. Inst. Radio Engrs. Bd. 21 (1933) S. 1343.

Gruppenstrahler, die *aus $\lambda/2$-Dipolen* gebildet werden, sind Gegenstand vieler Arbeiten, von denen nur eine Auswahl genannt wird. Die Größe des *Gegenstrahlungswiderstandes* wird in folgenden Arbeiten berechnet:
[229] Pistolkors, A. A.: The radiation resistance of beam antennas. Proc. Inst. Radio Engrs. Bd. 17 (1929) S. 562.
[230] Harrison, C. W.: Mutual and self-impedance for colinear antennas. Proc. Inst. Radio Engrs. Bd. 33 (1945) S. 398.

[231] Affanasiev, H. J.: Simplifications in the consideration of mutual effects between half-wave dipoles in collinear and parallel orientations. Proc. Inst. Radio Engrs. Bd. 34 (1946) S. 635.

[232] Cox, C. R.: Mutual impedance between vertical antennas of unequal heights. Proc. Inst. Radio Engrs. Bd. 35 (1947) S. 1367.

[233] Starnecki, B. and E. Fitch: Mutual impedance of two centre-driven parallel aerials. Wireless Engr. Bd. 25 (1948) S. 385.

Zusammenfassungen über die verschiedenen *Ausführungsformen* der *Gruppenstrahler aus λ/2-Dipolen* finden sich in den Arbeiten:

[234] Ochmann, W. und M. Rein: Theorie und praktische Anwendung der gerichteten Strahlung. Hochfrequenztechn. Bd. 42 (1923) S. 27.

[235] Metschl, E. C.: Richtstrahler für sehr kurze Wellen. Funktechn. Mh. 1939, S. 11.

[236] Bechmann, R.: Berechnung der Strahlungsdiagramme von Antennenkombinationen. Telefunkenztg. H. 53 (1929) S. 54.

[237] — Berechnung der Strahlungswiderstände von Antennen und Antennenkombinationen. Telefunkenztg. H. 55 (1930) S. 52.

[238] Hollmann, H. E.: Partiell abgeschirmte Oberwellenantennen. Hochfrequenztechn. Bd. 51 (1938) S. 195.

Über Dipolebenen sind folgende Arbeiten zusätzlich zu nennen:

[239] Zinke, O.: Gespeiste Dipolgruppen als Längsstrahler für breiten Frequenzbereich. Funk u. Ton Bd. 2 (1948) S. 435.

[240] Harrison, C. W.: A theory for three-element broadside arrays. Proc. Inst. Radio Engrs. Bd. 34 (1946) S. 204 P.

Dipolanordnungen mit *Reflektordipolen* werden behandelt bei:

[241] Fränz, K.: Berechnung des Strahlungswiderstandes einiger Dipolantennen. Elektr. Nachr.-Techn. Bd. 16 (1939) S. 24.

[242] Sammer, F.: Die Wirkungsweise von Drahtreflektoren. Telefunkenztg. H. 53 (1929) S. 61.

Kombinationen mit Reflektor- und Leitdipolen behandeln die Arbeiten:

[243] King, H.: The field of a dipole with a tuned parasite at constant power. Proc. Inst. Radio Engrs. Bd. 36 (1948) S. 872.

[244] Fishenden, R. M. and E. R. Wiblin: Design of Yagi aerials. Proc. Instn. El. Engrs. Bd. 96 III (1949) S. 5.

Über die Strahlung von kurzen Paralleldrahtleitungen findet man Beiträge von:

[245] King, R.: The telegraphist's equations at ultra-high frequencies. Physics Bd. 6 (1935) S. 121.

[246] Reukema, L. E.: Transmission lines of very high radio frequencies. Electr. Engng. Bd. 56 (1937) S. 1002; Bd. 57 (1938) S. 104.

Einige Antennenprobleme und Antennenformen wurden im Textteil nicht behandelt; einige Literaturnachweise dürften trotzdem nützlich sein. Das Problem, mit einer *möglichst kleinen Antenne* eine möglichst scharfe Bändelung zu erhalten, behandeln die Arbeiten:

[247] Fradin, A.: Zur Frage des punktförmigen Strahlers (russisch). J. techn. Phys., Leningrad Bd. 9 (1939) S. 1161.

[248] Wheeler, H. A.: Fundamental limitations of small antennas. Proc. Inst. Radio Engrs. Bd. 35 (1947) S. 1479.

Die Frage, wie man durch günstige Stromverteilung auf dem Strahler eine möglichst scharfe Bündelung erhält, diskutieren die Arbeiten:

[249] Riblet, H. J.: Note on the maximum directivity of an antenna. Proc. Inst. Radio Engrs. Bd. 36 (1948) S. 620.
[250] Woodward, P. M. and J. D. Lawson: The theoretical precision with which an arbritary radiation-pattern may be obtained from a source of finite size. J. Instn. El. Engrs. Bd. 95 III (1948) S. 363.

Eine neuere Antennenform ist die sog. *Schlitzantenne,* bei der in einer metallischen Fläche bestimmter Form eine gewünschte Stromverteilung durch schlitzförmige Einschnitte angeregt wird. Diese Antennenform ist behandelt bei:

[251] Lindenblaad, N. E.: Slot antennas. Proc. Inst. Radio Engrs. Bd. 35 (1947) S. 1472.
[252] Putman, J. L., B. Russell and W. Walkinshaw: Field distributions near a centre-fed half-wave radiating slot. J. Instn. El. Engrs. Bd. 95 III (1948) S. 282.
[253] Putman, J. L.: Input impedances of centre-fed slot aerials near half-wave resonance. J. Instn. El. Engrs. Bd. 95 III (1948) S. 290.
[254] Meinke, H. H.: Schlitzantennen. Elektron Bd. 2 (1948) S. 220.
[255] Barzilai, G.: Experimental determination of the distribution of current and charge along cylindrical antennas. Proc. Inst. Radio Engrs. Bd. 37 (1949) S. 825.
[256] Rhodes, D. R.: Flush-mounted antenna for mobile application. Electronics Bd. 22 (1949) H. 3, S. 115.

Eine weitere Antennenform sind die *dielektrischen Strahler,* die aus dielektrischen Stäben bestehen; berichtet hierüber wird von:

[257] Mallach, P.: Dielektrische Richtstrahler. FTZ Bd. 2 (1949) S. 33.
[258] Watson, B. B. and C. W. Horton: The radiation patterns of dielectric rods. — Experiment and theory. J. Appl. Phys. Bd. 19 (1948) S. 661.

In ähnlicher Weise eignen sich *Wendeln zur Wellenabstrahlung* in Längsrichtung:

[259] Wheeler, H. A.: A helical antenna for circular polarisation. Proc. Inst. Radio Engrs. Bd. 35 (1947) S. 1484.
[260] Kraus, J. D. and J. E. Williamson: Characteristics of helical antennas radiating in the axial mode. J. Appl. Phys. Bd. 19 (1948) S. 87.
[261] Kraus, J. D.: Helical beam antennas for wide-band applications. Proc. Inst. Radio Engrs. Bd. 36 (1948) S. 1236.

Die Berechnungen der *kugelförmigen Hohlraumresonatoren* sind in den bereits zitierten Arbeiten von Borgnis [191] und Hansen [192] enthalten; zusätzlich ist zu nennen:

[262] Berg, T. G. Owe: Elementare Theorie des sphärischen Hohlraumresonators. Hochfrequenztechn. Bd. 57 (1941) S. 56.

6. Vierpoltheorie.

.   Die allgemeinen Grundlagen der Vierpoltheorie sind in allen Lehrbüchern der Fernmeldetechnik enthalten. Die *Anwendung der Vierpoltheorie in der Höchstfrequenztechnik* geht insbesondere auf die folgenden Arbeiten zurück:

[263] Weissfloch, A.: Kreisgeometrische Vierpoltheorie und ihre Bedeutung für die Meßtechnik und Schaltungstheorie des Dezimeter- und Zentimeterwellengebietes. Hochfrequenztechn. Bd. 61 (1943) S. 100.

[264] — Bestimmung des Phasenunterschiedes der Spannung bzw. des Stromes zwischen Vierpoleingang und -ausgang aus der Impedanztransformation. Hochfrequenztechn. Bd. 62 (1943) S. 149.
[265] — Die Wirkleistungsverluste in linearen Vierpolen in Abhängigkeit vom Wert des transformierten Scheinwiderstandes. Elektr. Nachr.-Techn. Bd. 19 (1942) S. 259.

Die Darstellung von *Vierpol-Ersatzschaltbildern* für die Zwecke der Höchstfrequenztechnik geht vorwiegend auf folgende Arbeiten zurück:

[266] Weissfloch, A.: Ein Transformationssatz über verlustlose Vierpole und seine Anwendung auf die experimentelle Untersuchung von Dezimeter- und Zentimeterwellenschaltungen. Hochfrequenztechn. Bd. 60 (1942) S. 67.
[267] — Anwendung des Transformationssatzes über verlustlose Vierpole auf die Hintereinanderschaltung von Vierpolen. Hochfrequenztechn. Bd. 61 (1943) S. 19.
[268] — Eine einfache Methode zur Bestimmung der Wirkleistungsverluste in Empfangsdioden bei sehr hohen Frequenzen. Elektr. Nachr.-Techn. Bd. 20 (1943) S. 89.

In diesem Zusammenhang ist auch auf die bereits genannte Arbeit [197] von Meinke zu verweisen.

Der für die Vierpoltheorie besonders wichtige *Umkehrsatz*, der auch in den soeben angeführten Arbeiten verwendet wird, ist ausführlich abgeleitet bei:

[269] Carson, J. R.: Reciprocal theorems in radio communication. Proc. Inst. Radio Engrs. Bd. 17 (1929) S. 952.
[270] Dällenbach, W.: Der Reziprozitätssatz des elektromagnetischen Feldes. Arch. Elektrotechn. Bd. 36 (1942) S. 153 u. 572.
[271] Clavier, A. G.: Reciprocity between generalized mutual impedance for closed or open circuits. Proc. Inst. Radio Engrs. Bd. 38 (1950) S. 69.

Beispiele für die Gestaltung und Anwendung von *Doppelleitungsvierpolen* enthalten die Arbeiten:

[272] Weissfloch, A.: Ein Verfahren zur Messung sehr kleiner bzw. sehr großer Scheinwiderstände im Dezimeter- und Zentimeterwellengebiet. ETZ Bd. 64 (1943) S. 377.
[273] Dällenbach, W.: Transformationsstücke mit von der Wellenlänge unabhängigem Übersetzungsverhältnis. Hochfrequenztechn. Bd. 62 (1943) S. 33.

Über *Hohlleitungsvierpole* unterrichtet der Beitrag:

[274] Gundlach, F. W.: Die Anwendung der Vierpoltheorie auf Hohlleitungssysteme. Arch. elektr. Übertrag., im Erscheinen

und die schon genannte Arbeit [197] von Meinke.

Aus der Anwendung der Vierpoltheorie in der Höchstfrequenztechnik ergeben sich viele interessante *Schaltungsprobleme*, die im Textteil nicht behandelt werden konnten; einige Arbeiten auf diesem Gebiet sind:

[275] Meinke, H. H.: Das Breitbandproblem der Dezimeterwellentechnik. Elektrotechn. Bd. 2 (1948) S. 137.
[276] — Symmetrierungsschaltungen bei hohen Frequenzen. FTZ Bd. 1 (1948) S. 193.
[277] Macek, O.: Das Problem der Spannungsteilung bei Zentimeter- und Millimeterwellen. Frequenz Bd. 3 (1949) S. 117.
[278] Cohn, S. B.: Analysis of a wide-band waveguide filter. Proc. Inst. Radio Engrs. Bd. 37 (1949) S. 651.
[279] Karakash, J. J. and D. E. Mode: A coupled "coaxial" transmission-line band-pass filter. Proc. Inst. Radio Engrs. Bd. 38 (1950) S. 48.

Wie in der Doppelleitungstheorie kann man auch in der Hohlleitertechnik Schaltungsgebilde schaffen, in die mehr als zwei Leitungen einmünden (sog. $2n$-Pole) und die besondere Eigenschaften, insbesondere auch Eigenschaften von Brückenschaltungen aufweisen können. Hierüber berichten:

[280] Tyrrell, W. A.: Hybrid circuits for microwaves. Proc. Inst. Radio Engrs. Bd. 35 (1947) S. 1294.

[281] Budenborn, H. T.: Analysis and performance of waveguide-hybrid rings for microwaves. Bell Syst. techn. J. Bd. 27 (1948) S. 473.

[282] Chodorow, M. and E. L. Ginzton: A microwave impedance bridge. Proc. Inst. Radio Engrs. Bd. 37 (1949) S. 634.

Die Anwendung der Vierpoltheorie und besonders *des Umkehrsatzes auf Antennensysteme* wird unter anderem in folgenden Arbeiten dargestellt:

[283] Fränz, K.: Die Verbesserung des Übertragungswirkungsgrades durch Richtantennen. Telefunken-Hausmitt. H. 83 (1940) S. 49.

[284] Friis, H. T.: A note on a simple transmission formula. Proc. Inst. Radio Engrs. Bd. 34 (1948) S. 254.

[285] Becker, R.: Die Absorptionsfläche von Antennen und ihre Messung bei Zentimeter- und Dezimeterwellen. Arch. elektr. Übertrag. Bd. 2 (1948) S. 120.

[286] Lawson, J. D.: Some methods for determining the power gain of microwave aerials. J. Instn. El. Engrs. Bd. 95 III (1948) S. 205.

[287] Bell, D. A.: Gain of aerial systems. Wireless Engr. Bd. 26 (1949) S. 306.

[288] King, D. D.: The measurement and interpretation of antenna scattering. Proc. Inst. Radio Engrs. Bd. 37 (1949) S. 770.

Übersicht über die verwendeten Formelzeichen.

Die Zusammenstellung soll zum Nachschlagen bei der Benutzung der im Text angegebenen Formeln dienen. Die Formelzeichen sind deshalb in alphabetischer Reihenfolge angeordnet. Bei zeitlich veränderlichen Größen dienen im allgemeinen die kleinen lateinischen Buchstaben zur Kennzeichnung des Augenblickswertes, die großen lateinischen mit ∧ versehenen Buchstaben zur Kennzeichnung des Scheitelwertes, die großen deutschen Buchstaben zur Kennzeichnung des Zeigers (zeitlicher Vektor in der komplexen Zahlenebene); die kleinen deutschen Buchstaben werden für die physikalischen Vektoren (gerichtete Größen im Raum) verwendet. Die Maßeinheiten werden in eckige Klammern gesetzt.

a	Abstand [cm], im Sonderfall Länge des Zylinders bei der Geschwindigkeitssteuerung
a_{13}, a_{14}	Abstand zwischen den Punkten 1 und 3 bzw. 1 und 4 [cm]
a_x, a_y, a_z	Abstände in x-, y- und z-Richtung [cm], insbesondere Abmessungen von rechteckigen Hohlleitungen
A	Leiterabstand bei der Paralleldrahtleitung [cm]
$\mathfrak{a}$	Vektor des Abstandes zwischen zwei Potentiallinien [cm]
[A]	Ampere
$\mathfrak{A}_e$	Zeiger des elektrischen Vektorpotentials [V]
$\mathfrak{A}_m$	Zeiger des magnetischen Vektorpotentials [A]
$\mathfrak{A}_{11}$, $\mathfrak{A}_{12}$, $\mathfrak{A}_{21}$, $\mathfrak{A}_{22}$	Konstanten (Zeiger) [Einheit je nach Anwendung verschieden]
arc ( )	Bogen von ( )
b	Abstand [cm], im Sonderfall Breite eines Quaders
$\mathfrak{b}$	Vektor der magnetischen Induktion [Vs/cm²]
B	Induktion im magnetischen Gleichfeld [Vs/cm²]
B_k	kritische magnetische Induktion [Vs/cm²]
$\mathfrak{B}_y$, $\mathfrak{B}_\zeta$	Zeiger für die magnetische Induktion in y- und ζ-Richtung [Vs/cm²]
c	Abstand [cm]
C	Kapazität [F]
C'	Kapazitätsbelag [F/cm]
[Cb]	Coulomb
$\mathfrak{C}_e$, $\mathfrak{C}_m$	räumlich konstanter Wert für das elektrische bzw. magnetische Vektorpotential [V bzw. A] (Zeiger)
C_b	Ersatzbildkapazität einer Kreislochblende [F]
C_g	Gitterkapazität im Gitterersatzbild [F]
Ci	Integralkosinus
[cm]	Zentimeter
cos	Kosinus
$\mathfrak{Cof}$	Hyperbelkosinus
ctg	Kotangens
$\mathfrak{Ctg}$	Hyperbelkotangens
d…	Differentialzeichen
∂…	Differentialzeichen für partielle Ableitung
d	Abstand [cm], insbesondere zwischen Elektroden
d_1, d_2	verschiedene Elektrodenabstände [cm]
d_{gk}, d_{ga}	Abstand zwischen den Elektroden G und K bzw. G und A [cm]

d_k	kritischer Abstand bei der Magnetfeldröhre [cm]
d_u	Umkehrstrecke bei der Bremsfeldröhre [cm]
d_x, d_z	Abstände in x- und z-Richtung [cm]
d_g	Plattendicke im Gitterersatzbild [cm]
d	Anpassungsmaß bei einer Doppelleitung oder Hohlleitung (eine Verwechslung mit dem Elektrodenabstand ist in sämtlichen Formeln ausgeschlossen)
d_v	Anpassungsmaß infolge der Eigenverluste der Leitung
D	Verlustfaktor eines Resonators
D_1	Verlustfaktor durch Verluste im Dielektrikum (ε_1, $\mathrm{tg}\,\delta_1$)
D_2	Verlustfaktor durch Verluste im Leitermetall ($\varkappa_2$)
D_s	Strahlungsverlustfaktor eines Resonators
D_{sg}	Durchgriff der Elektrode S durch die Elektrode G (bei Elektronenröhren)
$\mathfrak{d}$	Vektor der dielektrischen Verschiebung [Cb/cm²]
div	Divergenz
e	Basis der natürlichen Logarithmen
e	Ladung des Elektrons [Cb]
e_{el}	Ladung des Elektrons (Ausweichzeichen) [Cb]
$\mathfrak{e}$	Vektor der elektrischen Feldstärke [V/cm]
$\mathfrak{e}_0$	Vektor der elektrischen Feldstärke an der Ebene 0 [V/cm]
e	Augenblickswert für den Betrag der elektrischen Feldstärke [V/cm]
e_n	Normalfeldstärke (Augenblickswert) [V/cm]
e_x, e_y	Feldstärkekomponenten in x- und y-Richtung (Augenblickswerte) [V/cm]
$\bar{E}$	Feldstärke des elektrischen Gleichfeldes [V/cm]
$\bar{E}_l$	elektrische Feldstärke längs der Strecke l [V/cm]
$\bar{E}_g$	elektrische Gleichfeldstärke an der Elektrode G [V/cm]
$\bar{E}_R$	radiale Gleichfeldstärke am Rande eines Elektronenstrahles [V/cm]
$\bar{E}_u$	elektrische Gleichfeldstärke am Umkehrpunkt von Elektronen [V/cm]
$\mathfrak{E}$	Zeigerwert für die elektrische Feldstärke [V/cm]
$\mathfrak{E}_x, \mathfrak{E}_y, \mathfrak{E}_z$ $\mathfrak{E}_\vartheta, \mathfrak{E}_\zeta, \mathfrak{E}_r$	Zeiger für die Feldstärkekomponenten in x-, y-, z-, ϑ-, ζ-, r-Richtung [V/cm]
$\mathfrak{E}_{z_h}, \mathfrak{E}_{z_r}$	Zeiger der z-Komponente der elektrischen Feldstärke für hin- und rücklaufende Wellen [V/cm]
$\mathfrak{E}_{r_0}$	Zeiger der elektrischen Feldstärke an einem Punkt auf dem Radius r_0 [V/cm]
$\mathfrak{E}_{z_0}$	Zeiger der z-Komponente der elektrischen Feldstärke an der Ebene x_0 [V/cm]
$\mathfrak{E}_t$	Zeiger der elektrischen Transversalfeldstärke [V/cm]
$\mathfrak{E}_{t_h}, \mathfrak{E}_{t_r}$	Zeiger der elektrischen Transversalfeldstärke für hin- und rücklaufende Wellen [V/cm]
$\mathfrak{E}_A, \mathfrak{E}_B$	Zeiger der elektrischen Feldstärken, verursacht durch elektrische Ladungen in den Punkten A und B [V/cm]
$\hat{E}_{max}$	Höchstfeldstärke in der Hauptrichtung beim Strahler [V/cm]
$\hat{E}_1$	Höchstwert der elektrischen Feldstärke in der Strahleröffnung [V/cm]
f	Frequenz [Hz]
f_g	Grenzfrequenz [Hz]
$f(\ )$	Funktion von ( )
$f_\vartheta, f_\zeta, f_r$	Funktionen von ϑ, ζ und r
F	Flächeninhalt, insbesondere Querschnittsfläche einer Leitung [cm²]
F_1, F_2	Wirkflächen von Strahlern [cm²]

32*

F_{lin}	Wirkfläche einer kurzen Linearantenne [cm²]
[F]	Farad
$\mathfrak{F}$	Zeiger für den magnetischen Fluß [Vs]
F_k	Schwächungsfaktor für den Rauschstrom bei Raumladungskathoden
g	Gewinn einer Antenne
[g]	Gramm
G	Gleichstromleitwert [S]
[GHz]	Gigahertz
$\mathfrak{G}$	Zeiger für den Leitwert [S]
$\mathfrak{G}_l$	Leerlaufleitwert (Zeiger) bei Vierpolen [S]
$\mathfrak{G}_k$	Kurzschlußleitwert (Zeiger) bei Vierpolen [S]
G_W	Wirkleitwert [S]
G_B	Blindleitwert [S]
G_{Wa}, G_{Ba}	Wirk- und Blindleitwert für den äußeren Kreis [S]
G_{res}	Resonanzleitwert [S]
G_{res_1}	Resonanzleitwert durch den Einfluß der Verluste im Dielektrikum $(\varepsilon_1, \mathrm{tg}\,\delta_1)$ [S]
G_{res_2}	Resonanzleitwert durch den Einfluß der Verluste im Leitermetall $(\varkappa_2)$ [S]
G'	Leitwertbelag [S/cm]
[H]	Henry
h_1, h_2	effektive Höhen von Antennen [cm]
$\mathfrak{h}$	Vektor der magnetischen Feldstärke [A/cm]
$\mathfrak{h}_s$	Vektor der magnetischen Feldstärke in Richtung s [A/cm]
$\mathfrak{H}_x, \mathfrak{H}_y, \mathfrak{H}_z$ $\mathfrak{H}_\vartheta, \mathfrak{H}_\zeta, \mathfrak{H}_r, \mathfrak{H}_s$	Komponenten der magnetischen Feldstärke (Zeiger) in x-, y-, z-, ϑ-, ζ-, r- und s-Richtung [A/cm]
$\mathfrak{H}_{z_h}, \mathfrak{H}_{z_r}$	Zeiger der z-Komponente der magnetischen Feldstärke für hin- und rücklaufende Wellen [A/cm]
$\mathfrak{H}_{y0}$	Zeiger der y-Komponente der magnetischen Feldstärke an der Ebene $x = 0$ [A/cm]
$\mathfrak{H}_t$	Zeiger der magnetischen Transversalfeldstärke [A/cm]
$\mathfrak{H}_{t_h}, \mathfrak{H}_{t_r}$	Zeiger der magnetischen Transversalfeldstärke für hin- und rücklaufende Wellen [A/cm]
$\mathfrak{H}_A, \mathfrak{H}_B$	Zeiger der magnetischen Feldstärken, verursacht durch einen Strom im Leiter A bzw. B [A/cm]
$H_n^{(1)}, H_n^{(2)}$	Hankelsche Funktionen der Ordnung n
[Hz]	Hertz
$i, \hat{I}, \mathfrak{J}$	Augenblickswert, Scheitelwert und Zeiger des elektrischen Stromes [A]
i_σ	kapazitiver Ladestrom (Augenblickswert) [A]
$i_{infl}, \hat{I}_{infl}, \mathfrak{J}_{infl}$	Influenzstrom (Augenblicks-, Scheitel- und Zeigerwert) [A]
$i_l, \hat{I}_l, \mathfrak{J}_l$	elektrischer Leitungsstrom (Augenblicks-, Scheitel- und Zeigerwert) [A]
$i_{l_0}, \hat{I}_{l_0}, \mathfrak{J}_{l_0}$ $i_{lk}, \hat{I}_{lk}, \mathfrak{J}_{lk}$ $i_{lg}, \hat{I}_{lg}, \mathfrak{J}_{lg}$	elektrische Leitungsströme (Augenblicks-, Scheitel- und Zeigerwerte) an den Elektroden $0, K, G$ [A]
$i_v, \hat{I}_v, \mathfrak{J}_v$ $i_{v_0}, \hat{I}_{v_0}, \mathfrak{J}_{v_0}$	elektrischer Verschiebungsstrom (Augenblicks-, Scheitel- und Zeigerwert), allgemein und an der Elektrode 0 [A]
i_{ges}	Augenblickswert des Gesamtstromes [A]
$i_{ab}, \mathfrak{J}_{ab}$ $i_{bc}, \mathfrak{J}_{bc}$ $i_{cd}, \mathfrak{J}_{cd}$	Augenblicks- und Zeigerwerte für den elektrischen Strom zwischen den Elektroden A und B bzw. B und C bzw. C und D [A]
I	Gleichstrom [A]
I_k	Gleichstrom beim kritischen Zustand in Magnetfeldröhren [A]

$\overset{\circ}{I}_s$	Sättigungsstrom der Kathode [A]
$\mathfrak{I}_b$	Strom (Zeiger) in einem Quader von der Breite b [A]
$\mathfrak{I}_h,\ \mathfrak{I}_{h_0}$	Strom (Zeiger) der hinlaufenden Welle auf einer Doppelleitung, allgemein und an der Stelle 0 [A]
$\mathfrak{I}_r,\ \mathfrak{I}_{r_0}$	Strom (Zeiger) der rücklaufenden Welle auf einer Doppelleitung, allgemein und an der Stelle 0 [A]
$\mathfrak{I}_{max},\ \hat{I}_{max}$	Zeiger und Betrag des Maximalstromes (auf Doppelleitungen) [A]
$\mathfrak{I}_{min},\ \hat{I}_{min}$	Zeiger und Betrag des Minimalstromes (auf Doppelleitungen) [A]
$\mathfrak{I}_e,\ \mathfrak{I}_m$	elektrischer Strom [A] und magnetischer Strom [V] bei der Behandlung des Äquivalenztheorems auf S. 386
$\hat{I}_\mu,\ \hat{I}_\nu$	Strom im Strombauch beim Dipol μ und ν [A]
$\hat{I}_{s_n},\ \hat{I}_{c_n}$	Teilstromamplituden für die Sinus- und Kosinusschwingungen bei einer Fourierzerlegung [A]
$i_W,\ i_B$	Augenblickswert des Wirkstromes und des Blindstromes [A]
$\mathfrak{I}_k,\ \mathfrak{I}_a$	Zeiger der Ströme in den Zuleitungen zu den Elektroden K und A [A]
$\mathfrak{I}_{Wa},\ \mathfrak{I}_{Ba}$	Zeiger für die Wirk- und Blindströme in den Zuleitungen zu den
$\mathfrak{I}_{Wg},\ \mathfrak{I}_{Bg}$	Elektroden A und G [A]
I_r	Rauschstrom (Effektivwert) [A]
$I_{r_{infl}}$	Rausch-Influenzstrom (Effektivwert) [A]
Im $(\dots)$	Imaginärteil von ...
j	imaginäre Einheit $= \sqrt{-1}$
J_n	Besselsche Funktion der Ordnung n
$j,\ \mathfrak{I}$	Augenblickswert und Zeiger des Strombelages [A/cm]
$\mathfrak{I}_{ex},\ \mathfrak{I}_{ey}$	elektrischer Strombelag (Zeiger) [A/cm] in x- und in y-Richtung (Äquivalenztheorem auf S. 386)
$\mathfrak{I}_{mx},\ \mathfrak{I}_{my},\ \mathfrak{I}_{m_0}$	magnetischer Strombelag (Zeiger) [V/cm] in x- und in y-Richtung und an der Stelle P_0 (Äquivalenztheorem auf S. 386)
k	Konstante oder ganze Zahl
k	Boltzmannsche Konstante [Ws/K]
[K]	Kelvin
K	Rückkopplungsfaktor
$K,\ K'$	Konstanten bei der Berechnung von Hohlraumwellen in konzentrischen Doppelleitungen
$\mathfrak{K}_1,\ \mathfrak{K}_2,\ \mathfrak{K}_3,\ \mathfrak{K}_4$	Konstanten (Zeiger) [Einheit je nach Anwendung verschieden]
K_β	Koeffizient für die Dämpfungskonstante β, bedingt durch Verluste im Leitermetall
K_R	Koeffizient [Ω] für die Berechnung des durch Leitermetallverluste bedingten Resonanzwiderstandes
K_D	Koeffizient [cm] zur Berechnung des metallischen Verlustfaktors von Resonatoren
l	Länge [cm], insbesondere von Leitungen
$\mathfrak{l}$	Vektor der Länge [cm]
$l'_1,\ l'_2$	Länge einer Leitungsverlängerung [cm]
ln	natürlicher Logarithmus
L_i	innere Induktivität [H]
L'	Induktivitätsbelag [H/cm]
m	Masse des Elektrons [Ws³/cm²]
[m]	Meter
M'	Dipollinienladung [Cb]
$n_x,\ n_y,\ n_z$ $n_\vartheta,\ n_\zeta,\ n_r$	Ordnungszahlen für die verschiedenen Arten der Hohlraumwellen, gleichbedeutend mit der Anzahl der Halbwellen in der durch den Index gekennzeichneten Richtung

n	Umlaufzahl bei Magnetfeldröhren
n	ganze Zahl
N	elektrische Leistung [W]
N_z^*, N_r^*	Leistungsdichte in z- und r-Richtung [W/cm²]
N_2^*	Leistungsdichte an der Stelle 2 [W/cm²]
N_v	Verlustleistung [W]
N_{v_1}	Verlustleistung im Dielektrikum (ε_1, $\operatorname{tg}\delta_1$) [W]
N_{v_2}	Verlustleistung im Leitermetall ($\varkappa_2$) [W]
N_v'	Verlustleistung pro Längeneinheit [W/cm]
N_B	Blindleistung [VA]
N_{Bz}	in z-Richtung übertragene Blindleistung [VA]
N_{Sch}	Scheinleistung [VA]
N_S	Strahlungsleistung [W]
N_a	Anodenleistung [W]
N_A	Leistung einer Antenne [W]
N_g	Gitterleistung [W]
$\overline{N}_{\mathrm{max}}$	maximale Gleichstromleistung [W]
N_z	in z-Richtung übertragene Leistung [W]
N_n	Neumannsche Funktion der Ordnung n
O	Oberfläche [cm²]
$\mathfrak{p}$	Vektor der Kraft [Ws/cm]
$\mathfrak{p}_e$, $\mathfrak{p}_b$	Kraftvektoren [Ws/cm], bedingt durch die elektrische Feldstärke e und die magnetische Induktion b
p_x, p_y	Kraftkomponenten in x- und y-Richtung [Ws/cm]
p	Schlitzpaarzahl bei geschlitzten Magnetfeldröhren
p_1, p_2	Doppelverhältnisse beim Vierpol
$\mathrm{P}_{n\vartheta}^{n\zeta}$	zugeordnete Kugelfunktion erster Art
$\mathfrak{Q}$	Zeiger der elektrischen Ladung [Cb]
Q'	Ladungsbelag [Cb/cm]
$\mathfrak{Q}'$	Ladungsbelag (Zeiger) [Cb/cm]
$\overline{Q}$	Gleichstromladung [Cb]
$\mathrm{Q}_{n\vartheta}^{n\zeta}$	zugeordnete Kugelfunktion zweiter Art
r	Radius bei Zylinder- und Kugelkoordinaten [cm]
r_o, r_a, r_g, r_b	Radius der zylindrischen Elektroden O, A, G, B [cm]
r_k	kritischer Radius [cm] bei Magnetfeldröhren
r_u	Umkehrradius [cm]
R	Radius, z. B. beim Draht einer Paralleldrahtleitung, bei einer kreisförmigen Hohlleitung, bei einer Elektronenbahn, bei einer Kreislochblende [cm]
R_1, R_2	Innen- und Außenradius bei einer konzentrischen Leitung [cm]
R	Widerstand, allgemein und Verlustwiderstand [Ω]
R_W	Wirkwiderstand [Ω]
R_B	Blindwiderstand [Ω]
$\mathfrak{R}$	Zeiger des Widerstandes, insbesondere bei Doppelleitungen [Ω]
R'	Widerstandsbelag [Ω/cm]
$\mathfrak{R}_0$	Abschlußwiderstand einer Leitung (Zeiger) [Ω]
R_{max}, R_{min}	Maximal- und Minimalwiderstand auf einer Leitung [Ω]
R_{res}	Resonanzwiderstand [Ω]
R_{res_1}	Resonanzwiderstand durch den Einfluß der Verluste im Dielektrikum (ε_1, $\operatorname{tg}\delta_1$) [$\Omega$]
R_{res_2}	Resonanzwiderstand durch den Einfluß der Verluste im Leitermetall ($\varkappa_2$) [Ω]

R_s	Strahlungswiderstand $[\Omega]$
R_{sI}, R_{sII}	Strahlungswiderstand der Dipole I und II $[\Omega]$
R_{II}, $R_{\mu\mu}$	Eigenstrahlungswiderstände $[\Omega]$
R_{III}, $R_{\mu\nu}$	Gegenstrahlungswiderstände $[\Omega]$
$\mathfrak{R}_{12}$, $\mathfrak{R}_{21}$	Gegenwiderstand (Zeiger) bei Vierpolen $[\Omega]$
$\mathfrak{R}_a$	Zeiger des Außenwiderstandes bei einer Röhre $[\Omega]$
$\mathfrak{R}_l$	Leerlaufwiderstand (Zeiger) bei Vierpolen $[\Omega]$
$\mathfrak{R}_k$	Kurzschlußwiderstand (Zeiger) bei Vierpolen $[\Omega]$
$\mathfrak{R}_p$	Zeiger für den Parallelwiderstand $[\Omega]$
$\mathfrak{R}_r$	Zeiger für den Widerstandsbelag (Wendelleitung) $[\Omega/\text{cm}]$
Re $(\ldots)$	Realteil von $\ldots$
rot	Rotation
$[\text{s}]$	Sekunde
$[\text{S}]$	Siemens
$\mathfrak{s}$, s	Strecke (Vektor und Betrag), Koordinate einer Umrandungslinie
s	Länge des Elementardipols $[\text{cm}]$, Drahtdurchmesser $[\text{cm}]$
S	Länge einer Umrandungslinie $[\text{cm}]$
s_e, s_h	Strecken in Richtung von elektrischen und magnetischen Feldlinien $[\text{cm}]$
$\mathfrak{z}_l$, $\mathfrak{S}_l$	Dichte des elektrischen Leitungsstromes (Vektor und Zeiger) $[\text{A/cm}^2]$
$\mathfrak{z}_{l_0}$, $\mathfrak{S}_{l_0}$	Leitungsstromdichte (Vektor und Zeiger) an der Stelle $x = 0$ $[\text{A/cm}^2]$
$\mathfrak{z}_v$, $\mathfrak{S}_{v_0}$	Verschiebungsstromdichte, allgemein und an der Stelle $x = 0$ $[\text{A/cm}^2]$ (Vektor)
$\mathfrak{z}_{ges}$	Vektor der Gesamtstromdichte $[\text{A/cm}^2]$
$\mathfrak{S}_z$	Zeiger für die Stromdichte in z-Richtung $[\text{A/cm}^2]$
$\mathfrak{S}$	Zeiger für die komplexe Steilheit einer Elektronenröhre $[\text{S}]$ (eine Verwechslung mit der Stromdichte ist in sämtlichen Formeln ausgeschlossen)
$\overline{\overline{S}}$	statische Steilheit $[\text{S}]$
sgn $(\;)$	Vorzeichen von $(\;)$
Si	Integralsinus
sin	Sinus
$\mathfrak{Sin}$	Hyperbelsinus
t	Zeit $[\text{s}]$
t_0	Startzeit von einer Elektrode $[\text{s}]$
t_{01}, t_{02}	verschiedene Startaugenblicke $[\text{s}]$
t_1, t_2	verschiedene Zeitaugenblicke $[\text{s}]$
T	Dauer einer Periode $[\text{s}]$
t_1	Eindringtiefe in einem Dielektrikum $[\text{cm}]$
t_2	Eindringtiefe des elektrischen Stromes in das Leitermetall $(\varkappa_2)$ $[\text{cm}]$ (eine Verwechslung mit der Zeit ist in keiner der angegebenen Formeln möglich)
tg	Tangens
$\mathfrak{Tg}$	Hyperbeltangens
u, $\hat{U}$, $\mathfrak{U}$	Augenblickswert, Scheitelwert und Zeiger der elektrischen Spannung $[\text{V}]$
$\bar{U}$	Gleichspannung $[\text{V}]$
$\hat{U}_{gr}$	Grenzspannung (Scheitelwert) $[\text{V}]$
$\bar{U}_g$, $\bar{U}_b$, $\bar{U}_a$, $\bar{U}_s$, $\bar{U}_c$, $\bar{U}_d$	Gleichspannung $[\text{V}]$ an den Elektroden G, B, A, S, C, D gemessen gegen einen gemeinsamen Bezugspunkt
$\bar{U}_{gs}$, $\bar{U}_{ga}$	Gleichspannung zwischen den Elektroden G und S bzw. G und A $[\text{V}]$

$\bar{U}_k$	kritische Anodengleichspannung (Magnetfeldröhre) [V]
$\bar{U}_m$	Gleichspannung in der Potentialsenke vor einer Raumladungskathode [V]
$\bar{U}_\pi$	Gleichspannung mit dem zugehörigen Laufwinkel π [V]
u_{st}, $\mathfrak{U}_{st}$, $\bar{U}_{st}$	Augenblickswert, Zeiger und Gleichstromwert der Steuerspannung [V]
$\mathfrak{U}_1$, $\mathfrak{U}_2$	Zeiger für Eingangs- und Ausgangsspannung beim Verstärker und Vierpol [V]
u_0, u_1	Spannungen an den Stellen 0 und 1 [V]
$\mathfrak{U}_h$, $\mathfrak{U}_{h_0}$	Spannung (Zeiger) der hinlaufenden Welle auf einer Doppelleitung, allgemein und an der Stelle 0 [V]
$\mathfrak{U}_r$, $\mathfrak{U}_{r_0}$	Spannung (Zeiger) der rücklaufenden Welle auf einer Doppelleitung, allgemein und an der Stelle 0 [V]
$\mathfrak{U}_{\max}$, $\hat{U}_{\max}$	höchste Spannung auf einer Leitung bei stehenden Wellen (Zeiger und Scheitelwert) [V]
$\mathfrak{U}_{\min}$, $\hat{U}_{\min}$	niedrigste Spannung auf einer Leitung bei stehenden Wellen (Zeiger und Scheitelwert) [V]
$\ddot{u}$	Übersetzungsverhältnis
$\ddot{\mathfrak{u}}$	komplexes Übersetzungsverhältnis
[V]	Volt
V	Volumen [cm^3]
$\mathfrak{v}$	Vektor der Geschwindigkeit [cm/s]
$\mathfrak{v}_a$	Vektor der Geschwindigkeit in der Richtung von a [cm/s]
v_x, v_y	Geschwindigkeitskomponenten in x- und y-Richtung [cm/s]
v_i	Tangentialgeschwindigkeit (Magnetfeldröhre) [cm/s]
$\bar{v}$	Elektronengeschwindigkeit, bedingt durch das elektrische Gleichfeld [cm/s]
$\bar{v}_{\max}$	maximale Geschwindigkeit im Gleichfeld [cm/s]
$\bar{v}_g$, $\bar{v}_b$, $\bar{v}_c$	Gleichfeldgeschwindigkeiten an den Elektroden G, B, C [cm/s]
v_L	Leitbahngeschwindigkeit in Magnetfeldröhren [cm/s]
v_k, $\mathfrak{V}_k$, v_b, $\mathfrak{V}_b$ }	Augenblickswerte und Zeiger für die Geschwindigkeiten der Elektronen an den Elektroden K, B, C [cm/s]
v_c, $\mathfrak{V}_c$	
$\mathfrak{V}_{b_0}$	Zeiger für die Elektronengeschwindigkeit an der Elektrode B beim Laufwinkel Null [cm/s]
$\mathfrak{V}_0$	Zeiger für die Anfangsgeschwindigkeit der Elektronen [cm/s]
v_0	Geschwindigkeit der elektromagnetischen Wellen im Vakuum [cm/s]
v_1	Geschwindigkeit der elektromagnetischen Wellen im Medium mit den Konstanten μ_1 und ε_1 [cm/s]
v_z	Geschwindigkeit der Wellenausbreitung in z-Richtung [cm/s]
v_{ph}	Phasengeschwindigkeit [cm/s]
v_{gr}	Gruppengeschwindigkeit [cm/s]
W	Energieinhalt [Ws]
x	Abszisse bei rechtwinkligen Koordinaten [cm]
x_M	Mittelpunktskoordinate [cm]
x_L	Leitbahnkoordinate [cm]
x_0	Anfangskoordinate [cm]
y	Ordinate bei rechtwinkligen Koordinaten [cm]
y_1, y_2	verschiedene Ordinaten [cm]
y_M	Mittelpunktskoordinate [cm]
y_L	Leitbahnkoordinate [cm]
$\mathfrak{Y}_1$, $\mathfrak{Y}_2$	verschiedene Laufwinkelfunktionen

z	Koordinate in einem rechtwinkligen Koordinatensystem, im Sonderfall Längsrichtung einer Leitung [cm]
z_0	Anfangskoordinate [cm]
z_L	Leitbahnkoordinate [cm]
Z	Wellenwiderstand, allgemein [Ω]
$\mathfrak{Z}_l$	Zeiger des Wellenwiderstandes einer Doppelleitung oder des Feldwellenwiderstandes bei Hohlleitungen [Ω]
Z_l	Wellenwiderstand einer verlustlosen Doppelleitung oder Feldwellenwiderstand bei verlustlosen Hohlleitungen [Ω]
Z_1	Wellenwiderstand [Ω] eines Mediums mit den Konstanten μ_1 und ε_1
Z_0	Wellenwiderstand des leeren Raumes [Ω]
Z_n	allgemeine Zylinderfunktion der Ordnung n
α	Winkel, insbesondere Laufwinkel der Elektronen
$\bar{\bar{\alpha}}$	Laufwinkel im Gleichfeld
$\bar{\alpha}_a, \bar{\alpha}_d, \bar{\alpha}_l$	Laufwinkel im Gleichfeld längs der Strecken a, d und l
$\bar{\alpha}_{gk}, \bar{\alpha}_{ga}, \bar{\alpha}_{de}$	Laufwinkel im Gleichfeld zwischen den Elektroden G und K bzw. G und A bzw. D und E
α_0	Phasenkonstante im leeren Raum [cm^{-1}]
$\alpha_x, \alpha_y, \alpha_z$	Phasenkonstanten für die in x-, y- und z-Richtung fortschreitenden Wellen [cm^{-1}]
β	Winkel
β_z	Dämpfungskonstante für eine in z-Richtung fortschreitende Welle [cm^{-1}]
$\beta_v, \beta_{v_1}, \beta_{v_2}$	Dämpfungskonstanten für die Verlustdämpfung [cm^{-1}] allgemein, im Dielektrikum (ε_1, tgδ_1) und im Leitermetall ($\varkappa_2$)
γ	Winkel
Υ	Konstante bei der Ci-Funktion
γ_x	Fortpflanzungskonstante für eine in x-Richtung fortschreitende Welle [cm^{-1}]
γ_z	Fortpflanzungskonstante für eine in z-Richtung fortschreitende Welle [cm^{-1}]
δ	kleiner Abstand [cm]
δ_1	Verlustwinkel im Dielektrikum (ε_1)
$\Delta \dots$	Änderung von …
ε_0	absolute Dielektrizitätskonstante [F/cm]
$\varepsilon_1, \varepsilon_2$	relative Dielektrizitätskonstanten für die Medien 1 und 2
ζ	Winkel bei Zylinder- und Kugelkoordinaten
ζ_0	Anfangswinkel
η	Wirkungsgrad
ϑ	Winkel bei Kugelkoordinaten
$\vartheta_0, \vartheta_1, \vartheta_2$	Öffnungswinkel beim Doppelkonusresonator
ϑ	Phasenwinkel
$\vartheta_u, \vartheta_i, \vartheta_v, \vartheta_0$	Phasenwinkel für die Spannung u, den Strom i, die Elektronenwechselgeschwindigkeit v, den Widerstand $\mathfrak{R}_0$
$\varkappa, \varkappa_1, \varkappa_2$	elektrische Leitfähigkeit [S/cm], allgemein und für die Medien 1 und 2
λ	Wellenlänge [cm]
λ_0	Wellenlänge bei der Ausbreitung im freien Raum [cm]
λ_1, λ_2	Wellenlänge bei Ausbreitung im Medium 1 und in z-Richtung [cm]
λ_g	Grenzwellenlänge bei Hohlleitungen [cm]
$[\mu]$	$= 0{,}001$ mm
$[\mu]$	Mikro $= 10^{-6}$ (Vorsilbe bei Maßeinheiten)
μ_0	absolute Permeabilität [H/cm]
μ_1, μ_2	relative Permeabilität in den Medien 1 und 2

ν_x, ν_z	Ordnungszahlen für die x- und z-Richtung bei Strahleranordnungen
π	$= 3,1415$
ϱ	Radius, im Sonderfall Krümmungsradius der Elektronenbahn [cm]
ϱ_1, ϱ_2	verschiedene Krümmungsradien [cm]
ϱ	Raumladungsdichte in einem Elektronenstrahl [Cb/cm³]
σ	Schwächungsfaktor bei der Wanderfeldröhre
σ	Phasenwinkel im Sinusrelief
Σ	Summe
τ	Phasenwinkel im Tangensrelief
τ	Laufzeit des Elektrons [s]
$\bar{\tau}$	Laufzeit des Elektrons im elektrischen Gleichfeld [s]
$\bar{\tau}_d$	Laufzeit im Gleichfeld längs einer Strecke d [s]
$\bar{\tau}_l$	Laufzeit im Gleichfeld längs der Strecke l [s]
φ	Potential (Augenblickswert oder Zeiger)
φ_e	elektrisches Potential [V]
φ_m	magnetisches Potential [A]
$\bar{\bar{\varphi}}$	Potential im elektrischen Gleichfeld [V]
φ_1, φ_2	verschiedene elektrische Potentiale [V]
φ_+, φ_-	elektrische Potentiale [V], erzeugt durch die Ladungen $+\mathfrak{Q}$ und $-\mathfrak{Q}$
Φ'	magnetischer Fluß pro Längeneinheit [Vs/cm]
Φ_m	Magnetfluß [Vs]
Φ_e	elektrischer Verschiebungsfluß [Cb]
ψ	Phasenverschiebungswinkel
$[\Omega]$	Ohm
ω	Kreisfrequenz [s⁻¹]
ω_{feld}	Winkelgeschwindigkeit des Feldumlaufs in Magnetfeldröhren [s⁻¹]
ω_m	Winkelgeschwindigkeit im Magnetfeld, Kreisfrequenz des Magnetfeldes [s⁻¹]
ω_L	Kreisfrequenz für den Leitbahnumlauf (Magnetfeldröhren) [s⁻¹]

Sachverzeichnis.